国家级一流本科专业建设成果教材

化学工业出版社“十四五”普通高等教育规划教材

普通高等教育药学类创新型系列教材

Pharmaceutical Production Technology Workshop Training

药品生产技术
车间实训

蔡 挺 何小荣 主 编

郭敏珊 黄 纯 刘 灿 副主编

化学工业出版社

·北京·

内容简介

《药品生产技术车间实训》主要以药品生产新技术、新工艺及新设备为主线，将药学、药剂学、制药工程学等相关专业交叉融合，拓展药物制剂与人工智能、制药自动化、生产信息化等交叉融合的新教材体系建设。本教材共分为八章，系统涵盖了行业常见注射剂、固体制剂、生物药物、冻干粉针剂等，紧密结合目前制药行业的绿色制造、连续制造和智能制造等发展趋势，充分体现了现代化制药企业的新技术的应用成果。

《药品生产技术车间实训》可作为高等学校药学类各专业本科生实训教材，也可供制药行业从业人员参考使用，或作为员工岗位培训教材。

图书在版编目（CIP）数据

药品生产技术车间实训 / 蔡挺，何小荣主编. 北京：化学工业出版社，2025. 6. --（化学工业出版社“十四五”普通高等教育规划教材）. -- ISBN 978-7-122-48655-4

Ⅰ. TQ460.6

中国国家版本馆CIP数据核字第202580ZD97号

责任编辑：褚红喜　　文字编辑：丁　宁　朱　允
责任校对：王鹏飞　　装帧设计：刘丽华

出版发行：化学工业出版社
（北京市东城区青年湖南街13号　邮政编码100011）
印　　装：河北鑫兆源印刷有限公司
850mm × 1168mm　1/16　印张28¾　字数874千字
2025年10月北京第1版第1次印刷

购书咨询：010-64518888
售后服务：010-64518899
网　　址：http://www.cip.com.cn
凡购买本书，如有缺损质量问题，本社销售中心负责调换。

定　　价：89.80元　　

《药品生产技术车间实训》编写组

主　　编：蔡　挺　何小荣

副 主 编：郭敏珊　黄　纯　刘　灿

其他编者（按姓氏笔画排序）：

万里阳（中国医药集团联合工程有限公司）
朱　莹（无锡合全药业有限公司）
刘　明（中国医药集团联合工程有限公司）
许小红（江苏海宏制药有限公司）
李玉林（无锡合全药业有限公司）
杨戬恺（上海合全药物研发有限公司）
汪福源（中国药科大学）
张　帅（上海合全医药有限公司）
张小娟（中国药科大学）
陈金辉（中国医药集团联合工程有限公司）
林志展（江苏中有信科技有限公司）
於　平（中国药科大学）
郑　蛟（无锡合全药业有限公司）
郑起平（楚天科技股份有限公司）
赵雅洁（无锡合全药业有限公司）
黄泉明（中国药科大学）
蒋树杨（中国医药集团联合工程有限公司）
韩果红（中国药科大学）

前言

当今世界，医药产业正经历着前所未有的技术变革浪潮。智能制造、连续化生产、数字化管理、绿色制药等创新理念正在深刻重塑全球药品制造的产业格局。《药品生产技术车间实训》旨在为高等学校医药类专业学生和制药行业技术从业者提供一本理论与实践并重的专业教材。随着国家"卓越工程师培养计划"的深入推进，培养具有创新能力和工程实践素养的高层次制药工程技术人才已成为行业共识。基于这一背景，本书不仅系统介绍了药品生产车间的关键技术与实训方法，还着重培养学生工程思维、创新能力和解决复杂工程问题的综合素质，以满足新时代卓越工程师的需求。

《药品生产技术车间实训》教材共分为八章，全书以药品绿色制造理念为引领，以生产过程控制和质量控制为核心，按注射剂、固体制剂、生物药物等分类展开。在内容编排上，从车间设计、工艺过程、质量控制、制剂装备到信息化建设等维度，全方位展现了现代药品生产的技术体系。本书新增了自动化生产线、在线监测系统及清洁生产技术等前沿技术内容，如无菌制剂和固体制剂连续制造技术的过程分析、纯化水系统的多级过滤工艺，体现了行业技术革新和可持续发展的最新趋势。

本书具有系统性、新颖性和实用性等特色：系统性体现在本书阐述了主要剂型的特点和要求，层次分明，编排合理；新颖性表现在本书参考了很多国内外最新的技术和研究成果，充分地反映了国内外行业最新发展，部分内容如固体制剂连续生产为首次在教材中引入；实用性表现在本书通过实际生产场景模拟与案例分析，密切结合药学专业从业人员实践能力培养的需要。同时，本书还配套了数字化资源，提供相应的配套学习PPT、拓展知识及在线自测题库等，突破传统教材的静态局限。

此外，本书充分体现了产教融合的特点，全书成稿得到了多名行业专家的鼎力支持。特别感谢合全药业有限公司朱莹博士团队撰写的"固体制剂连续制造技术"章节，楚天科技股份有限公司郑起平专家指导的"注射剂生产技术"章节，以及中国医药集团联合工程有限公司陈金辉团队、江苏中有信科技有限公司林志展等专家编写的"药品生产绿色制造"、"药品生产自控系统及信息化技术"章节。此外，还有多位企业专家参与了审稿，确保了制药生产技术内容的准确性和教学适用性。

药品生产技术的进步不仅依赖于科学理论的突破，更在于工程实践的创新。本书的编写团队由高校教授、企业工程师和行业专家共同组成，力求将最前沿的技术趋势与最实用的车间实践经验相结合。希望本书能够帮助读者了解药品生产的核心技能，适应行业变革，为未来制药工业的发展贡献力量。

最后，感谢所有为本书编写提供支持的同行和企业专家，也恳请广大读者批评指正，多提宝贵意见，以便我们在后续版本中不断完善。

蔡挺　何小荣
2025年6月于南京

目录

第一章
药品生产过程控制概述

第一节　药品生产绿色制造

一、绿色制造相关战略与发展历程

（一）绿色制造的定义与重要性

绿色制造，也称为环境意识制造或面向环境的制造，是一种综合考虑环境影响和资源效益的现代化制造模式。其目标是使产品在从设计、制造、包装、运输、使用到报废处理的全生命周期中，对环境的影响（负面作用）最小，资源利用率最高，并使企业经济效益和社会效益协调优化。在满足产品功能、质量和成本要求的前提下，绿色制造强调在整个生命周期中不产生环境污染或使环境污染最小化，符合环境保护要求，对生态环境无害或危害极少，节约资源和能源，使资源利用率最高，能源消耗最低。

全面推行绿色制造，是建设生态文明的必由之路。加快构建科技含量高、资源消耗低、环境污染少的产业结构和生产方式，实现生产方式绿色化，一方面能够有效缓解能源资源约束和生态环境压力，另一方面也有利于促进节能环保等战略性新兴产业、绿色产业发展，实现绿色增长。

（二）绿色制造的战略背景

1. 国际背景

在全球范围内，绿色制造已经成为国际社会共同追求的目标。联合国2030年可持续发展目标（SDGs）中明确提出了促进清洁生产、提高资源效率的要求。欧盟、美国、日本等已经制定了一系列绿色制造的政策和标准，如欧盟的生态设计指令（Eco-Design Directive）、美国的能源政策法案（Energy Policy Act）等，旨在推动制造业向更加环保的方向转型。此外，国际标准化组织（ISO）也发布了多项关于环境管理体系和产品碳足迹的标准，为全球绿色制造提供了技术支撑。

2. 中国背景

中国作为世界上最大的发展中国家，面临着巨大的环境保护压力。快速工业化和城市化进程导致了严重的环境污染和资源浪费问题。为了实现经济的长期可持续发展，中国政府高度重视绿色制造的发展。早在20世纪末，中国就开始关注环保问题，并逐步将绿色制造纳入国家战略。进入21世纪后，随着经济发展水平的提高和国际社会对环境问题的关注，中国政府进一步加大了对绿色制造的支持力度，出台了一系列政策措施，推动制造业向绿色化、智能化方向转型。

（三）政策支持与法律法规

近年来，中国政府在绿色制造领域出台了一系列政策和法律法规，为绿色制造的发展提供了强有力的保障。2015年，国务院发布《中国制造2025》，明确提出要大力发展绿色制造，推动制造业绿色化、智能化、服务化。2016年，工业和信息化部、国家发展和改革委员会等多部门联合发布了《绿色制造工程实施指南（2016—2020年）》，明确了绿色制造的重点任务和具体措施，包括推广绿色设计、建设绿色工厂、开发绿色产品、构建绿色供应链等。此外，还出台了《工业节能管理办法》《中华人民共和国清洁生产促进法》等一系列法律法规，为绿色制造的实施提供了法律依据。

（四）绿色制造的主要内容与体系

绿色制造体系包括多个方面的内容，主要涵盖绿色工厂、绿色产品、绿色园区和绿色供应链、标准与认证体系等。

1. 绿色工厂

绿色工厂是制造业的生产单元，是绿色制造的实施主体。它侧重于生产过程的绿色化，具备用地集约化、生产洁净化、废物资源化、能源低碳化等特点。通过采用绿色建筑技术建设改造厂房，预留可再生能源应用场所和设计负荷，合理布局厂区内能量流、物质流路径，推广绿色设计和绿色采购，开发生产绿色产品，采用先进适用的清洁生产工艺技术和高效末端治理装备，淘汰落后设备，建立资源回收循环利用机制，推动用能结构优化，实现工厂的绿色发展。

2. 绿色产品

绿色产品是以绿色制造实现供给侧结构性改革的最终体现。它侧重于产品全生命周期的绿色化，按照全生命周期的理念，在产品设计开发阶段系统考虑原材料选用、生产、销售、使用、回收、处理等各个环节对资源环境造成的影响，实现产品对能源资源消耗最低化、生态环境影响最小化、可再生率最大化。

3. 绿色园区

绿色园区是突出绿色理念和要求的生产企业和基础设施集聚的平台。它侧重于园区内工厂之间的统筹管理和协同链接，在园区规划、空间布局、产业链设计、能源利用、资源利用、基础设施、生态环境、运行管理等方面贯彻资源节约和环境友好理念，从而实现具备布局集聚化、结构绿色化、链接生态化等特色的绿色园区。

4. 绿色供应链

绿色供应链是绿色制造理论与供应链管理技术结合的产物。它侧重于供应链节点上企业的协调与协作，要求企业建立以资源节约、环境友好为导向的采购、生产、营销、回收及物流体系，推动上下游企业共同提升资源利用效率，改善环境绩效，达到资源利用高效化、环境影响最小化、链上企业绿色化的目标。

5. 标准与认证体系

（1）绿色制造标准　中国不断完善绿色制造标准体系，制定了多项国家标准和行业标准，为绿色制造的实施提供了技术支撑。例如，工业和信息化部发布了《绿色工厂评价通则》《绿色设计产品评价技术规范》等标准，为企业的绿色制造提供了一套科学、系统的评价方法。

（2）绿色认证　中国还建立了绿色制造认证体系，通过第三方机构对企业进行绿色工厂、绿色产品等认证，提高了绿色制造的透明度和可信度。例如，中国质量认证中心（CQC）开展了绿色工厂、绿色产品的认证工作，为企业提供了权威的绿色认证服务。

（五）绿色制造的发展历程

绿色制造的发展历程是一个从初步认识到广泛应用的过程，以下是其详细的发展历程。

1. 初步认识与萌芽阶段

在工业革命后期，随着工业化进程的加速，环境问题逐渐显现，人们开始意识到传统制造方式对环境的破坏和资源的大量消耗。此时，一些有前瞻性的学者和企业开始探索更加环保、可持续的制造方式，绿色制造的概念开始萌芽。

2. 理论体系构建与探索阶段

随着环境问题的日益突出，绿色制造的理论体系逐渐形成并不断完善。绿色制造强调在保证产品功能、质量的前提下，综合考虑环境影响和资源效率，通过技术创新及系统优化，将绿色设计、绿色技术和工艺、绿色生产、绿色管理、绿色供应链等贯穿于产品全生命周期中。这一理论体系的构建，为绿色制造的实践提供了重要的指导和支撑。

3. 实践应用与推广阶段

在理论体系构建的基础上，绿色制造开始进入实践应用与推广阶段。各国政府和企业开始积极推广绿色制造技术和方法，推动制造业的绿色转型。

4. 政策引导与标准化阶段

随着绿色制造的广泛应用，各国政府开始出台相关政策引导绿色制造的发展，并加强标准化工作。在政策引导方面，政府通过税收优惠、资金补贴等激励措施，鼓励企业采用绿色制造技术和方法。在标准化方面，政府和企业共同制定绿色制造相关标准和认证体系，规范制造业的生产行为，推动绿色制造技术的广泛应用。

5. 国际合作与全球竞争阶段

近年来，随着全球环境问题的日益严峻和全球气候变化的挑战，绿色制造已成为全球制造业发展的重要趋势。各国企业开始加强在绿色制造领域的合作与竞争，共同推动全球制造业的绿色转型和可持续发展。在国际合作方面，各国政府和企业通过技术交流、合作研发等方式，共同推动绿色制造技术的创新和应用。在全球竞争方面，绿色制造已成为企业提升竞争力的重要手段之一，企业纷纷加强在绿色设计、绿色生产、绿色管理等方面的投入和创新。

（六）绿色制造的主要战略

1. 构建绿色制造体系

构建绿色制造体系是绿色制造战略的核心。这包括建立绿色工厂、绿色园区、绿色供应链等，形成从产品设计、原材料采购、生产制造、物流配送到回收处理的全生命周期绿色管理体系。通过优化生产流程、提高资源利用效率、减少废弃物排放等措施，实现制造业的绿色转型。

2. 推广绿色制造技术

绿色制造技术是绿色制造战略的重要支撑。这包括节能技术、减排技术、资源综合利用技术等。通过推广这些技术，可以降低制造业的能耗和排放，提高资源利用效率，实现制造业的可持续发展。

3. 加强绿色制造标准建设

绿色制造标准是绿色制造战略的重要保障。通过制定和完善绿色制造标准，可以规范制造业的生产行为，推动制造业向更加环保、高效的方向发展。同时，绿色制造标准还可以为国际贸易提供技术支持，促进绿色贸易的发展。

4. 推动绿色制造国际合作

绿色制造国际合作是绿色制造战略的重要组成部分。通过加强与国际社会的合作与交流，可以共同应对全球环境问题，推动全球制造业的绿色转型。同时，国际合作还可以促进绿色制造技术的传播与应用，提高全球制造业的竞争力。

二、绿色低碳技术在医药厂房中的应用

医药厂房由于生产工艺及洁净环境的要求，投资高，能耗大，在绿色发展的大背景下，在设计、施工以及后续运营方面对节能减排提出了更高的要求，为更好地满足节能减排要求，同时创造更大的经济效益，医药厂房建设及运行过程中需考虑以下方面。

1. 建筑本体节能技术

建筑本体节能技术是指通过优化建筑自身的设计、结构和材料等方面，来减少能源消耗，实现节能

的目的。建筑本体节能可考虑围护结构采用保温隔热性能良好的材料，如高效的保温板、中空玻璃等，减少热量的传递。控制建筑物体形系数，尽量减小外表面积与体积的比值，降低热量散失，比如，方正的建筑体形通常比复杂的体形更节能。建筑优先采用自然通风设计，设置合理的通风通道和开口，利用风压和热压促进空气流通，降低夏季空调使用率。同时考虑采取遮阳措施，在窗户外部或内部设置遮阳装置，如遮阳板、百叶窗等，减少夏季太阳辐射的热。同时采用节能绿色建筑材料，减少碳排放及有毒有害气体散发，建筑上常采用的材料包含生态水泥、环保涂料以及再生木材等。同时设计施工在条件允许的情况下尽量采用装配式建筑，能够减少现场施工的废弃物和建筑垃圾，降低能源消耗。另外，一些装配式建筑项目通过采用可再生材料和节能技术，实现了建筑的绿色发展。

2. 可再生能源利用

医药厂房由于有新风及洁净度要求，空调耗能巨大，厂区优先考虑采用光伏发电，建筑光伏系统应根据建筑物光照条件、建筑结构、使用功能、用电负荷等情况，结合建筑外观、结构安全、并网条件、发电效率、运行维护等因素进行设计。光伏发电是利用光生伏特效应，将光子转化为电子，将光能转化为电能来进行发电。同时针对夏季制冷、冬季供热地区，可以考虑采用地源热泵技术节省能耗。针对冷冻水温度≥0℃的制冷机房，考虑采用高效制冷机房，高效制冷机房具备安全、智能、高效的特点，系统通过优化设计、智能控制和先进设备集成，实现制冷系统高效、节能、稳定运行。部分负荷机房系统能效比更高，制冷机年耗电比高达80%以上，机房系统年均能效超过5.0，对制冷、自控专业要求高，不依赖人工操作。针对峰谷电价差，在南方部分区域厂房设置有蓄冷措施。水蓄冷系统是利用峰谷电价差，在电网低电价时段通过低温水储存冷量，在电网峰时段蓄存冷量供冷的冷冻系统。水蓄冷系统供冷时，可以不开制冷主机、冷却塔和冷却泵。水蓄冷系统可实现大温差供冷和提供应急冷源，可设置专门的蓄冷设备，如蓄冷水罐现已普遍采用，也可利用消防水池、备用水箱等储存冷量。水蓄冷系统部分负荷性能优越，在低负荷或过渡季节供冷，可为系统提供稳定持续的冷源，解决了制冷压缩机频繁启动以及由于负荷率低而启动不了的问题，并为用户节省运行费用，经济效益明显，同时水蓄冷系统还具有移峰填谷、均衡电网负荷、减少厂房投资等良好的社会效益。

3. 工艺布置采用黑白分区布局技术

生物原液产品生产企业在大规模原液生产过程中会倾向于使用密闭不锈钢系统，不会选择一次性使用系统。目前不锈钢罐安装有两种形式：一是模块化制造，在工厂内预制、管道焊接、测试等，到现场采用拼接形式安装，减少现场安装工程量；二是非模块化制造，在现场进行安装管件，包括焊接、酸碱钝化、测试等操作，现场安装工作量繁重。

近年来，越来越多不锈钢罐采用模块化形式制造及安装，工艺罐、配液罐、储液罐、在线清洗（CIP）等各种功能的罐体设计成模块化，不锈钢罐模块化是将公用介质管道尽可能集中成排布置在管架内，仅支管与罐子接口对接，换热器、泵、阀岛箱、I/O柜、配电柜等也集中布置在管架内。硬件组装和所有的功能性测试在工厂完成，项目现场拼接，可以提高项目质量水平，降低项目现场的施工工期。

不锈钢罐模块化布置，尽可能采用黑白分区，即将生产车间分为黑区和白区两个部分，用于区分不同的功能。黑区代表机械区，环境定义为控制但不分级（controlled non-classified，CNC）区，用于放置管架及其附件等可能产生污染的运行部件；白区代表有洁净级别要求的区域，用于放置不锈钢罐或有敞口操作的部分。

黑白分区常见的做法有以下几类。

① 不锈钢罐整体位于白区，管架位于黑区（图1-1）。

② 不锈钢罐有敞口操作的部分，例如投料口、人孔、取样位于白区，罐子其余部分和管架位于黑区（图1-2）。这种“凹式”做法的目标，是将洁净区的面积减少到刚好满足非密闭操作所需的区域。

③ 不锈钢罐仅有取样位于白区，罐子其余部分和管架位于黑区（图1-3）。

④ 不锈钢罐和管架全部位于黑区（图1-4）。采用密闭取样，且整个单元操作在功能上均实现密闭。

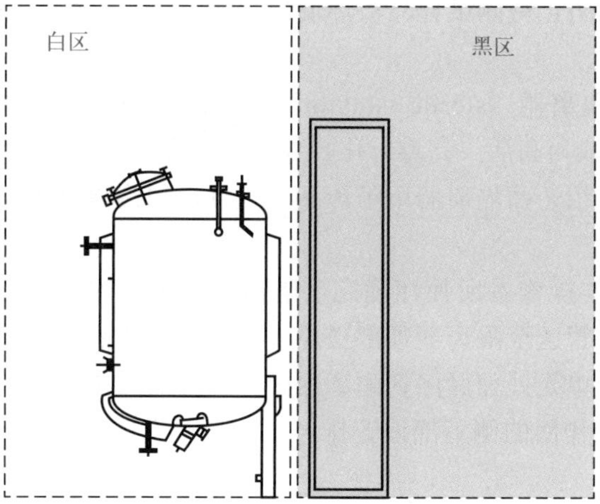

图1-1　黑白分区推荐做法（a）

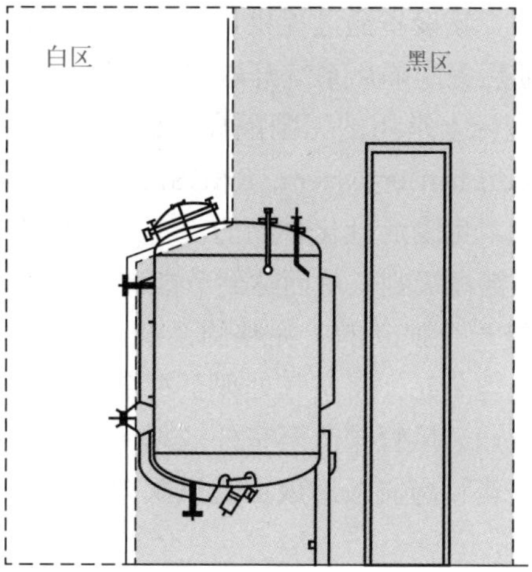

图1-2　黑白分区推荐做法（b）

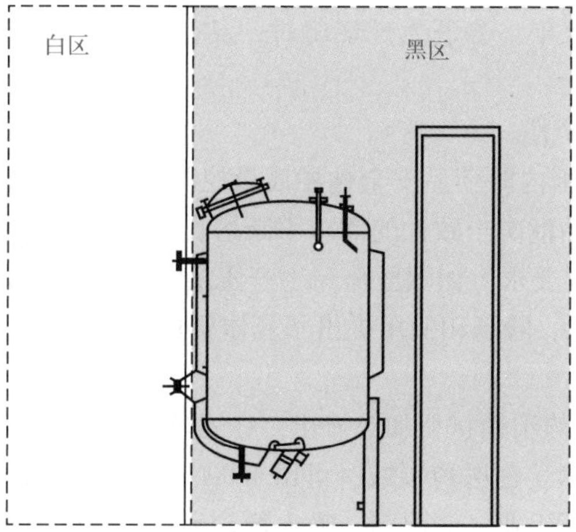

图1-3　黑白分区推荐做法（c）

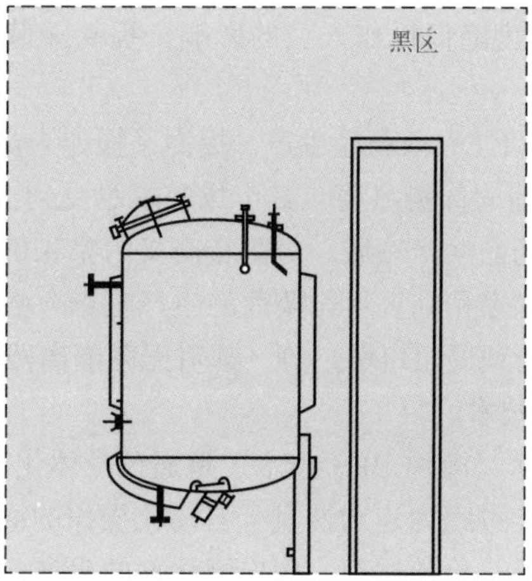

图1-4　黑白分区推荐做法（d）

若不需要洁净区，房间环境简化为CNC区。

实现上述黑白分区的做法，前提是密闭化，即将密闭化的部分放在黑区，非密闭化的部分（有敞口操作）放在白区（比如非密闭的取样系统、固体物料添加等）。黑区与白区之间的连接需密封，比如具有称量或搅拌功能的不锈钢罐，如果罐体与墙面采用硬连接，将无法保证称量精度，因此在黑白分区交界位置需要有软连接密封处理。

相比传统方式的配液系统全部在洁净区，这种黑白分区布局方式具有明显的优势：

① 随着生物制品单批生产规模的扩大，布局使用黑白分区有利于尽可能缩小洁净区面积，控制投资成本，节省系统运行能耗。

② 公用工程介质管道、非关键部件等可布置于黑区，便于日常维护。

③ CIP清洗站由于能实现全密闭操作，布置于黑区机械间，尽量靠近被清洗对象，有效减少管道长度，达到节水目标。

由于该方式具有显著的经济性和更优的操作与维护方式，不但在生物制品工厂的不锈钢管罐系统中广泛应用，近些年也在大容量注射剂项目的配液系统中广泛应用。

4. 无菌隔离技术

隔离技术最早起源于第二次世界大战时使用的手套箱技术，用于处理放射性物质以保护操作人员安全。自20世纪80年代以来，隔离技术的应用日益广泛。最初，主要应用于实验室的无菌检查隔离器在欧洲发展起来，该设备通过提供可靠的环境保障来有效防止待测试样品被环境微生物污染，以减少假阳性的产生，随后无菌隔离系统开始广泛应用于制药工业。

目前，国际上常用的无菌隔离系统主要分为无菌隔离器（sterile isolator）和限制性进出隔离系统（restricted access barrier system，RABS），其中隔离器已成为高活（高毒）化合物生产过程中的必备系统，用于保护操作者免受活性化合物的侵害。本小节主要介绍无菌隔离器用于药品生产过程和检验过程，以降低环境背景洁净级别，从而达到节能减排的效果。

隔离器是一个独立的、完整的系统，系统内环境与操作者所处环境完全隔离。系统内的空气通过独立的空气处理单元，将空气处理至符合要求后通过风管送至隔离器顶部送风口进入隔离器内部。隔离器内部的空气通过风管排放至室外或再次经过空气处理单元处理后回到隔离器内。隔离器内送风位于顶部，设置静压箱和均流板形成层流风吹向操作面，在操作面的侧下部设置排风口，从而实现操作面的A级洁净度。

无菌隔离器在无菌药品生产中，其优势主要表现在以下几方面。

① 隔离器所处环境可以低于药品暴露操作所对应的环境，从而可以取消B级洁净区，大幅降低空调系统运行成本。

② 最大限度降低操作人员的影响，提高无菌保障水平，降低生产环境对产品微生物污染的风险，提高产品质量。

③ 对于高活性无菌药品生产，提高了操作人员的安全性。

无菌隔离器的优势显著，其市场需求也受到全球范围内对药品安全性和质量控制要求提高的推动，特别是在生物药品生产领域，对防止交叉污染和确保产品批次一致性的需求不断增长。另外，在政策法规方面，不同国家和地区对无菌药品生产有着严格的法规要求，如欧盟药品生产质量管理规范（GMP）、美国食品药品管理局（FDA）等，都对无菌隔离器的设计、验证和使用提出了具体要求。

5. 吹灌封技术

吹灌封技术（简称 BFS 技术）是通过一体化设备将热塑性材料加热挤出，在同一模具内形成容器、灌装和密封，全过程为连续性且全自动化操作的灌装技术。在医药领域，可用于0.1～1500mL不同装量的药品、化妆品、检验试剂、伤口漂洗剂的生产；在制药工业，滴眼剂、吸入剂、小针剂都广泛采用该技术生产。

BFS设备在生产操作过程中不需要过多的人为干预，是先进的无菌技术之一，GMP无菌附录设有专门章节规定该技术的使用要求。BFS设备分为开放式型坯和封闭式型坯两种类型。开放式型坯通过旋转模具的方式将熔化的塑料粒子注入模具内，在型坯的挤出工位，挤出机挤出型坯，熔融的塑料粒子被除菌过滤的气体（称为支撑气体，该气体通常通过挤出头吹出）吹入塑料型坯的内部减少了其塌陷的风险，当仪器识别到型坯的长度合适时，主模具合模夹持着型坯，容器主体的形成是通过模具真空成型的，在容器主体形成的同时，型坯被切断。此时，模具快速移至灌装工位，芯轴向下进入容器内部，待灌装产品被注入容器内后，芯轴向上离开模具，最后由模具上部（密封模具）对其进行封口处理合模成型，再经灌装及封口的容器脱模，完成成品。封闭式型坯与开放式型坯的主要区别在于BFS循环之间有无型坯的切割，其吹制-灌装-密封的步骤相同，封闭式型坯已最低限度降低了人为干预和环境带来的污染风险。

BFS技术在节能减碳方面也体现出了明显的优势:

① 玻璃瓶生产过程中使用的能源和产生的环境污染比塑料粒子生产过程使用的能源和产生的环境污染更大。

② 相比BFS设备，玻璃瓶生产线装机功率高达50%，洁净区面积大一倍以上。

③ 原辅包仓库中，玻璃瓶暂存面积比塑料粒子暂存面积大一倍以上。

④ 目前BFS生产线速度更快（约25%），生产效率更高。

⑤ BFS设备集成度更高，设备操作人员减半。

⑥ 生产过程中，BFS设备不使用注射用水，而注射用水是制药工厂的高能耗介质。

相比于传统生产工艺，BFS技术属于推广技术，其无菌保证性能有着特别的优势，而且生产成本低，逐步在小容量注射剂、滴眼剂、吸入剂等剂型中应用，随着制药工业包装塑化的趋势，其也在口服液、大容量注射剂、化妆品、检验试剂等众多领域应用。

6. 在线配液技术

随着国内生物制药的快速发展，药品生产规模不断扩大，对缓冲液的配制量、配制速度、切换速度的要求也越来越高。传统配液方式实现这些要求所花费的成本高昂，主要体现在需要大量的管罐系统，且占地面积很大。在线配液技术（图1-5）可以很好地解决这些问题，适用于大规模生产的缓冲液配制，是一种先进的缓冲液管理策略。

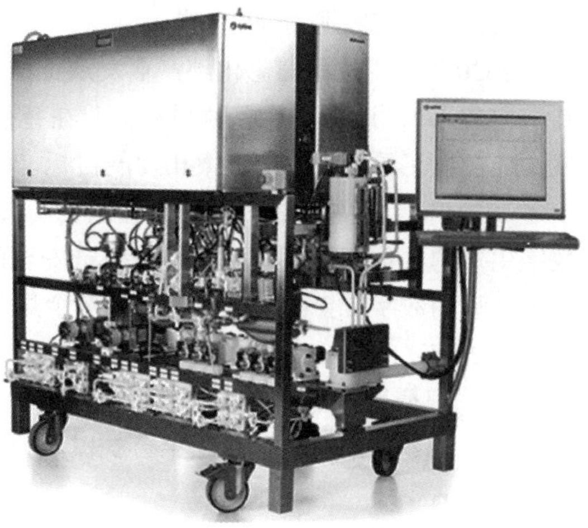

图1-5　在线配液技术设备图

在线配液系统一般是不锈钢管罐系统，包括配制罐、母液暂存罐、在线配液系统、缓冲罐（或跟随罐）。

在线配液系统的工作流程：①企业根据生产实际需求，先将需要的缓冲液拆分成单组分，使用配制罐配制缓冲液母液，即高浓度单组分储备溶液，主要有高浓度盐、酸和碱母液；②配制好的缓冲液母液经减菌过滤后，输送到对应的母液暂存罐；③利用在线配液系统，按照配方将不同缓冲液母液和水进行在线混合和监测，配制成工作缓冲液，检测合格溶液。配制完成的溶液有两种处理方式：一是可以转移到缓冲罐（或跟随罐），分配到各使用点；二是可以直接输送至层析、超滤等使用点，无须将合格溶液再次储存后转移。

在线配液系统更加侧重于智能化、定制化，能够实时监测和调节，保证产品质量，已在大规模商业化生产的不锈钢管罐系统工厂中广泛使用，其显著的优势不断推广其使用范围。

未来，绿色制造战略将继续深化和完善。随着全球环境问题的日益严峻和资源约束的加剧，绿色制造将成为全球制造业发展的重要趋势。同时，随着技术的不断进步和创新，绿色制造将呈现出更加智能化、高效化和可持续化的特点。因此，各国应继续加强绿色制造战略的研究与实践，推动全球制造业的绿色转型和可持续发展。

第二节　生产过程的数字化与智能化

一、数字化与智能化的发展与意义

（一）发展背景

随着信息技术的飞速发展，全球范围内的制造业正经历着深刻的变革。制造业的数字化转型之路是一条复杂而漫长的道路，它不仅涉及技术的革新，还涉及企业经营模式、管理理念以及产业链结构的全面升级。我国政府高度重视制造业的数字化转型，将其视为推进新型工业化和建设现代化产业体系的关键举措，并陆续出台了一系列政策来推动我国制造业的数字化发展。相关政策如下。

2015年，国务院发布《中国制造2025》战略，该战略的提出，标志着中国制造业转型升级和跨越发展的战略部署正式启动。

2018年，工业和信息化部、国家标准化管理委员会共同组织制定了《国家智能制造标准体系建设指南（2018年版）》，该指南进一步完善了智能制造标准体系，对基础共性标准、关键技术标准、行业应用标准进行了统筹规划与宏观指导。

2020年，工业和信息化部产业发展促进中心和中国医药企业管理协会共同发布《中国制药工业智能制造白皮书》，该文件是中国制药行业在智能制造领域的重要指导文件，它不仅总结了行业的现状和挑战，还提出了具体的解决方案和发展目标。

2021年，中央网络安全和信息化委员会发布《“十四五”国家信息化规划》，规划部署了构建释放数字生产力的创新发展体系、培育先进安全的数字产业体系、构建产业数字化转型发展体系、构筑共建共治共享的数字社会治理体系、建立健全规范有序的数字化发展治理体系等十大重点任务。

2024年，工业和信息化部等部门联合制定了《制造业数字化转型行动方案》，该方案总体目标是到2027年，规模以上工业企业数字化研发设计工具普及率、关键工序数控化率分别超过90%、75%，包括加快新型工业网络建设、增强平台支撑能力、提升安全保障水平等，以实现制造业数字化、网络化、智能化转型。

制药行业是具有重要地位和影响力的行业之一，其发展不仅关系到人们的健康和生命安全，也对经济发展、社会稳定以及国际竞争力产生深远影响。制药行业同时也是一个高度技术密集型的行业，涉及生物工程、化学合成、药物制剂等多个领域。自20世纪中后期以来，信息技术逐渐渗透到各行各业，制药行业也不例外。初期的信息化建设主要围绕企业内部流程的电子化管理，如财务系统、企业资源计划（ERP）系统的引入。随着近年来全球开始由工业经济向数字经济转型过渡，制药行业正处于数字化转型发展的历史阶段中，并且沿着自动化、网络化、数字化、智能化阶段不断跃升。

（二）数字化与智能化的概念与特征

从概念上来看，数字化是指将生产过程中的各类信息转化为数字形式，实现数据的采集、存储、传输和分析，它通过云计算、大数据、物联网及人工智能等前沿数字技术，构建出全感知、全场景、全智能的数字平台。而智能化则是在此基础上，通过大数据分析、人工智能等技术手段，挖掘、分析和整合各系统数据，实现系统的自动化和智能化决策，智能化强调系统应具备自主决策和执行的能力，能够模拟人类的思维和行为。

从发展阶段来看，数字化是智能化的前提和基础，只有实现了数字化，才能为智能化提供必要的数据支持和技术保障。智能化是数字化的高级阶段和发展方向，通过智能化技术的应用，可以实现更高层次的自动化和智能化，提高生产效率和服务质量。

从最终目的来看，数字化的目标是提高工作效率、降低信息丢失和偏差，并为其他技术（如人工智能）提供数据基础。智能化的目标是通过模拟人类的思维和行为，实现系统的自主决策和执行，从而提高生产效率和服务质量。

总的来说，数字化与智能化是两个密切相关但又有区别的概念。数字化是智能化的基础和前提，而智能化则是数字化的高级阶段和发展方向。两者相互促进、共同协作，共同推动生产效能的提升。

数字化与智能化是最终迈向智能制造所必须经历的阶段，《国家智能制造标准体系建设指南（2018年版）》中对“智能制造”所作的定义如下：智能制造是基于新一代信息通信技术与先进制造技术深度融合，贯穿于设计、生产、管理、服务等制造活动的各个环节，具有自感知、自学习、自决策、自执行、自适应等功能的新型生产方式。

根据以上定义的内容，将来“数字化、智能化”的制药工厂必须至少满足以下“智能制造”的要求和特征：

① 以物联网、大数据、云计算、工业互联网等新一代信息技术为基础，即必须是通过“新一代信息技术”（而非传统的信息技术）与制造过程全生命周期活动的各个环节（包括设计、生产、管理、服务等）紧密融合，可以理解为是要建立虚拟数字平台与现实物理世界相融合的信息物理系统。

② 所构成的制造过程、系统与模式必须满足五个“自”要求，即信息深度“自感知”、系统能力“自学习”、智慧优化“自决策”、精准控制“自执行”、运行模式“自适应”等。

③“数字化、智能化”的最终目的是形成一种新型的生产方式，相对现有的传统生产方式，这种新的生产方式必然要具有缩短产品研制周期、提高生产效率、提升产品质量、降低资源能源消耗的优势。

（三）制药工业数字化与智能化发展现状

制药工业作为我国智能化水平重点提升十大领域之一，在数字化与智能化转型中面临着特殊的机遇与挑战。与汽车制造、电子制造、冶金、石化等行业相比，制药工业的平均自动化水平不高，运用信息化管理的理念和管理水平相对较低，具体原因主要包括信息化建设基础弱、安全质量监管强、药品生产工艺种类多、新药研发投资周期长且收益见效慢四个方面。

我国制药企业普遍处于机械化阶段，数字化手段局限于单个设备或者生产单元，缺乏跨设备、跨流程步骤的统一管理。比如，原料药生产普遍在局部单元支持自动化或远程操作，制剂生产环节的信息化程度相对较好，但大部分设备仍不具备网络或数据通信功能，且大多设备均为自有的独立信息化系统，相互之间无法建立联系，存在“信息孤岛”。另外，各生产环节间的物料转运和投放大多依靠人工，导致生产管理相关数据不能互联互通，管理操作无法“连点成线”，数据上形成“信息孤岛”，距离实现智能制造仍存在较大差距。

药品安全关系国计民生，药品质量是制药工业的重中之重。因此，药品研发、生产、物流和使用等全生命周期各环节都受到相关法律法规和有关部门的严格监管。以生产为例，为保证药物质量符合注册标准，满足批间一致性的要求，相关设备和工艺流程通常都要经过设计确认（DQ）、安装确认（IQ）、运行确认（OQ）和性能确认（PQ）等验证后才能投入使用。由于数字化与智能化转型过程不可避免地会对现有的设备、厂房或工艺流程进行调整，往往涉及复杂的变更和风险评估流程。由此带来的重大变更都需要消耗大量时间来重新验证生产流程，相关变更需要重新向监管部门注册。因此，为了避免变更和重新验证、注册带来的质量风险，多数制药企业在数字化与智能化转型过程中采取相对谨慎的态度和发展路线。

在新药研发投入越来越大、市场竞争和政策环境变化的环境下，大量制药企业面临更严格的成本控制要求和资金周转压力。为数字化与智能化转型所作出的投入，很难在短时间内产生具体、可观的成本节省或盈利增收，即便是部分企业先行先试大量投入，但由于缺少整体规划，相关系统运行与生产实践需要长期磨合，进一步增加了不确定性。

（四）发展数字化与智能化的意义

1. 加强质量控制、降低质量风险

数字化与智能化技术能够帮助制药企业加强质量控制、降低质量风险。数字化系统增强了业务流程的透明性和可控性，并可自动排查潜在的产品质量风险，帮助制药企业管理层和质量控制部门实时掌握产品情况：一方面系统能够更精准地控制全批次物料配比和流程参数，更好地保证批间和批内的质量一致性，有效降低因产品质量问题而产生的批次报废、产品召回、生产线暂停的可能性；另一方面，为质量安全监管提供有效手段，降低不合规产品流入市场的风险，避免造成危害公共安全的恶劣事件。

2. 提升生产效率、降低生产成本

数字化与智能化系统通过生产、质量、物流、营销、人力等环节的互联互通，实现生产资源的最优化调度，提升生产效率。同时，智能化装备能够减少耗时、低水平的重复操作，有助于提升企业整体效率。此外，智能化系统能对设备状态进行实时跟踪，协助规划设备的预防性维护保养，有效降低总体维护成本，避免因为设备故障而导致生产停滞或产出残次品。在物流方面，智能化仓储设备能够根据库存及订单情况，高效、精准地备料和配货，降低库存成本等。

3. 新型生产方式、改善患者体验

通过与上游供应商和下游用户的相关系统对接，制药企业可以合理高效地利用大健康数据、医疗大数据，制定更有针对性的研发方向和市场战略。同时，生产、质量、供应链系统的高度集成将让质量数据在线收集和产品质量在线放行成为可能，帮助制药企业改变传统间歇性生产的方式，探索形成连续性生产模式。此外，自动化的移动式设备将帮助制药企业实现柔性生产，根据不同患者的基因组等特征进行定制化生产，以满足罕见病、传染病患者对于药物的特殊需求。

4. 打造企业核心竞争力

未来，实现高水平智能制造的制药企业可以通过中央监控平台实时监控各个工艺环节和各个设备的状态，基于大数据形成业务决策和干预指令，并通过自动化设备精准执行指令和执行效果自动反馈。人机交互和机器间交互通过数据链接实时、无缝进行，通过质量在线控制、实时处理校正和参数放行，管理决策时间可从现在的几小时降低到毫秒。同时，针对不同的用药需求，自动汇总确定排产、供采方案，实现高水平、质量安全可靠的超前生产。

二、数字化与智能化的实施路径

2017年12月，中国工程院《中国智能制造发展战略研究报告》提出了智能制造发展的基本范式(图1-6)：第一阶段，数字化制造。建立重要工艺单元的数据化基础，对现有设备进行自动化、信息化升级改造，并将数字化进一步扩大到全流程，打造智能业务单元。在数字化建设的基础上或同时并行建立生产信息化管理系统。第二阶段，数字化网络化制造。建立比较完整的数字化智能业务模块，并深入推进工业生产数据的挖掘、分析、建模及应用。打通业务条线的不同环节，链接各制造要素，发挥大数据的作用，进一步促进智能化水平的提高。第三阶段，新一代智能制造。结合网络应用，建立公司智能业务模块、工厂之间的信息化整合与协同，建成智能工厂，并推动供应链上下游之间的信息整合及平台建设，形成整体的智能制造网络与商业系统。

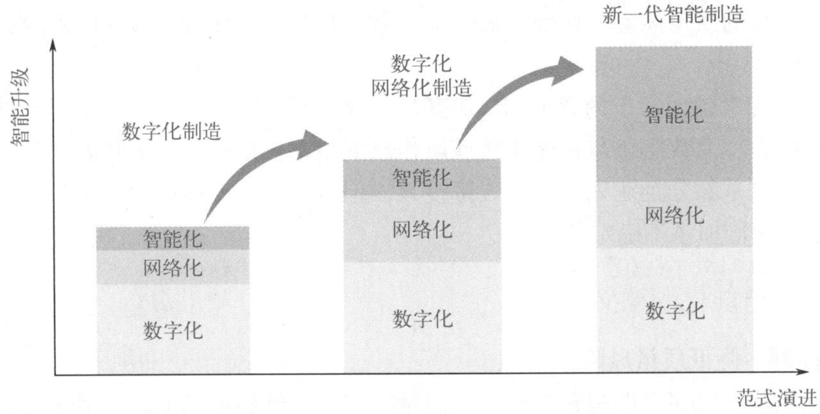

图1-6 智能制造基本范式

可以看到，发展数字化与智能化是一个较为漫长的过程，必须遵循国家智能制造体系标准，药品生产企业需要结合制药工艺的特点来分步实施，通过分析制药车间控制功能模型，规划系统接口、数据流向，模块化设计各自动化、信息化系统，来规划整体的系统架构。具体实施路径可分为以下几个阶段。

（一）基础设施建设

1. 网络架构

建立一个高效、安全的网络架构是数字化转型的基础。制药厂房通常会涉及办公、安防、生产、研发四大网络，需统一设计与实施，并满足不同业务系统对网络的需求特点，同时网络架构应具备高可靠性，方便运营维护与后期扩展。

2. 数据中心

企业需要部署可靠的数据中心，确保业务数据的安全存储和快速访问。同时，还需要建立完善的数据备份和恢复机制，防止数据丢失。可采用云计算平台技术（私有云或公有云）来搭建数据中心，其提供了强大的计算能力和灵活的服务模式，可以帮助制药企业快速构建和扩展信息技术（IT）系统。同时通过云端服务，企业可以实现资源的按需分配，降低IT成本。

（二）关键技术的应用

1. 物联网（IoT）

物联网技术可以将生产设备、传感器和其他终端设备连接起来，实现数据的实时采集和传输。例如，智能传感器可以监测温度、湿度、压力等关键参数，并将数据传输到中央控制系统进行分析。

2. 工业大数据

大数据技术能够处理海量的数据，包括药物研发、生产、物流、经营管理等各个环节中生成的全部数据，这些数据是企业发展宝贵的战略资源，是推动企业数字化、网络化、智能化发展的关键生产要素，通过数据分析发现潜在的问题和机会。例如，生产和质量管理层面，制药企业可以通过追溯性回顾识别和控制影响药品质量的关键因素；通过对人、机、料、法、环、测等信息的智能化分析实现主动调整。

3. 云计算技术

云计算以互联网为中心，提供快速且安全的数据计算与存储服务，帮助用户随时随地、按需、便捷地使用共享的计算设施、存储设备、应用程序等资源。云服务包含基础架构即服务（IaaS）、平台即服务（PaaS）、软件即服务（SaaS）三种模式。灵活运用云计算技术，可以帮助制药企业在信息化建设的初期大幅降低资金和人员投入。比如，在数据规模较小的情况下，使用云计算存储器、交换机等硬件资源，按需付费，可以避免自有资源空置带来的额外成本。同时，云计算可以帮助制药企业降低信息部门的运维投入，从而更好地把有限的人力资源集中在智能制造系统规划和建设等具有更高附加值的工作中。

4. 人工智能与机器学习

人工智能和机器学习技术可以对复杂的生产数据进行深度分析，提供决策支持。例如在生产和物流环节，制药企业可以利用机器学习技术，挖掘产品缺陷与历史相关数据之间的关系，形成控制规则，从而减少产品缺陷。此外，人工智能算法可以帮助制药企业科学规划物料需求与生产排程，减轻计划人员的工作量，同时提高生产资源的利用效率。

5. 数字孪生

数字孪生是指利用数字化技术营造与现实世界对称的数字化镜像。数字孪生充分利用物理模型、传感器数据、运行历史数据，在虚拟空间中完成对物理对象的完整映射。在数字孪生平台上收集、分析和整合各系统数据，为企业提供可用于决策和战略规划的视图。把数据按照企业内部组织形态集成到一个管理系统中，用统一的视角观测、分析和利用数据。提供更精确的数据挖掘、分析和报表功能，各部门数据的汇总、可视化，还有可视化数据的分析、统计数据驾驶舱等功能可以有效帮助企业发掘精准的信息。

（三）信息化系统的应用

1. 企业资源计划（ERP）系统

ERP系统整合了企业内部的各项资源，包括采购、库存、生产、销售等环节，实现对生产制造板块的全面、实时管控，是整个经营管理层最为重要的信息化系统。ERP系统主要包括主数据管理、客户订单管理、生产计划管理、生产排程管理、物料需求管理、采购计划管理、采购订单管理、仓储管理、销售管理、成本管理、财务管理、绩效管理和GMP管理等功能。ERP系统与其他信息化系统进行数据交换，形成以ERP为核心的闭环管理系统，实现各相关流程的全面结合、全面受控、实时反馈和动态协调。

2. 制造执行系统（MES）

制造执行系统具有生产管理、生产执行、操作规范、设备管理、质量管理及批生产记录设计等功能模块，以制药GMP规范为核心，以生产管理为主线，贯穿药品生产的整个过程。制造执行系统能实现以电子批记录为核心的关键业务流程信息化管理和以偏差控制为核心的现场质量管理，使生产过程更加透明化、精细化和规范化。

3. 质量管理系统（QMS）

QMS负责监督和管理整个生产过程的质量，确保药品质量符合标准。QMS可以记录和管理质量检测数据，追溯质量问题的根源，提供持续改进的建议。制药企业可通过质量管理系统提升偏差管理、变更管理、投诉管理、纠正和预防措施（CAPA）管理、检验结果偏差（OOS）等体系的效率，通过闭环的质量管理，实现质量管理的持续改进。

4. 电子文档管理系统（eDMS）

电子文档管理系统主要用于管理GMP活动中所有文件的生命周期，定义和管理文件工作流，按GMP要求实现文件起草、审核、批准、发放、培训、生效、失效、归档、定期回顾更新等全生命周期管理及相应的电子化流程控制，包括可以对文档进行权限管理，确保让合适的人，以合适的权限访问合适的内容。

5. 工艺过程控制系统（PCS）

工艺过程控制系统主要应用于原料药（API）生产工艺流程的自动化运行，以化学合成原料药工艺为例，PCS可以实时监控各反应单元生产状态，通过现场传感器的实时反馈，自动控制现场各个阀门的动作逻辑，实现反应物加入量、反应物温度、反应物pH等参数的精确控制，同时具备安全联锁功能，保证生产过程的安全。

6. 楼宇管理系统（BMS）

BMS的主要用途是监控生产车间的净化空调系统，用于控制洁净区域的温度、湿度、压力、风量等，以保证车间环境满足相关法规及生产工艺的要求。BMS还可以集成冷站、蒸汽、压缩空气等公用系统的监控，以实现集中化管理。

7. 环境监测系统（EMS）

EMS是指通过自动化系统将与产品质量直接有关的生产/存储等GMP区域内的GMP关键参数进行监视和记录，以确保药品生产的过程中环境参数都符合工艺要求。EMS的功能通常包括洁净生产工作区房间、走廊等关键参数的监视、记录及报警，关键参数包括温湿度、差压、层流风速、悬浮粒子和浮游菌等。

8. 数据采集与监控（SCADA）系统

SCADA系统主要用于实现数据全集成，解决“数据孤岛”的问题，从而改变既往分散的监控模式，实现各系统的集中管控。一般包括生产过程的实时监控、异常报警记录、数据处理与分析、实时数据管理与归档、权限管理等。其中数据处理与分析是SCADA系统的核心，它由数据采集、实时数据库、事件报警、历史趋势数据库、历史数据/事件报警转储等功能模块共同组成。SCADA系统后期可以为其他信息化系统（比如MES）提供数据。

三、数字化与智能化在原料药生产中的应用

原料药是制药产业链的重要组成部分，其生产的质量和效率直接影响到最终药品的品质，以下是数字化与智能化技术在原料药生产中的几类应用。

1. 化学合成原料药工艺的数字化控制

化学合成原料药工艺过程涉及多个化学反应步骤，每个步骤都需要精确控制反应条件（如温度、压力、pH值等）。传统的人工操作方式难以保证高精度的控制，而数字化技术可以通过以下方式改进：①实时监测，使用高精度传感器实时监测反应条件，确保各项参数在设定范围内。②自动调整，当监测到参数偏离设定值时，系统自动调整反应条件，确保反应的正常进行。③数据记录，全程记录反应过程中的各项参数，形成电子批记录（EBR），便于后续审核和追溯。反应釜数字化控制如图1-7所示。

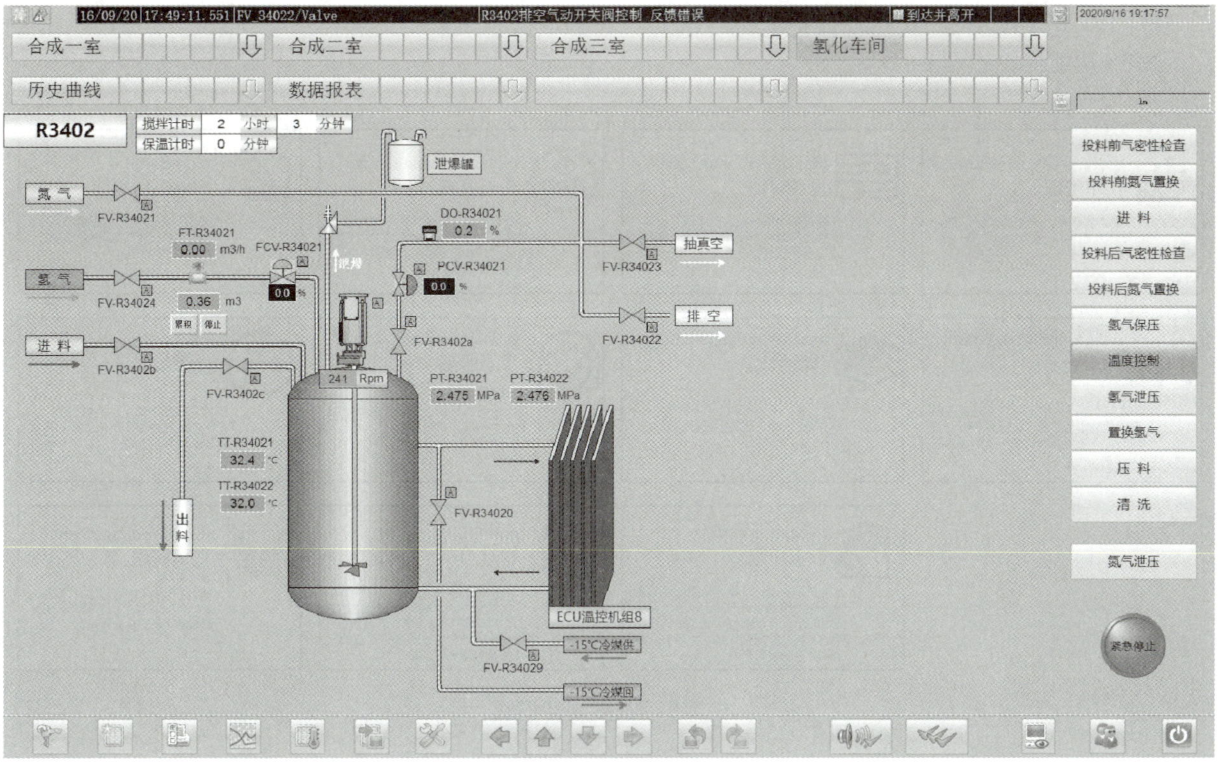

图 1-7 反应釜数字化控制

2. 原料药车间MES应用

传统的药品生产过程中，质量控制及放行非常严格，从原材料入库到最终生产出成品，涉及检验、称配、生产过程、包装等各个环节均需要人员大量填写或打印纸质记录，用于形成该批次产品的批生产报告，其中任意环节出现操作不规范或人员失误都有可能导致产生质量偏差，通过应用MES实现无纸化生产，并严格约束生产过程的规范性，从而提高生产效率与合规性。MES在实际应用中可以解决以下问题。

生产计划管理：MES能够根据订单需求和库存情况，自动生成详细的生产计划，并将其分配到各个生产线。这有助于确保生产的有序进行，减少生产延误和资源浪费。

物料流转管理：MES通过射频识别（RFID）条码等技术，实现物料的实时追踪和管理。系统能够记录物料的来源、去向和使用状态，确保物料的合理使用和避免浪费。同时，系统还能实时显示生产过程中物料、产品的状态数据及位置，便于实施物料、产品的追踪控制。

电子批记录管理：MES能够自动记录生产过程中的各项数据，包括工艺参数、操作步骤、质量检验结果等，形成完整的电子批记录。这些记录不仅便于追溯和审计，还能为后续的生产优化提供数据支持。

质量管理：MES对生产过程中的每一个环节进行质量控制，确保产品符合质量标准。系统能够实时监测工艺参数，如温度、湿度、压力等，一旦发现异常立即报警提示。同时，系统还支持质量问题的分析和解决，帮助企业不断提高产品质量。

设备管理：MES实时跟踪设备状态，包括设备的运行时间、维护记录、故障信息等。系统能够提醒企业及时进行设备保养和维修，减少设备故障的发生。同时，系统还能分析设备的运行效率和能耗情况，为企业优化资源配置提供依据。

可视化管理：MES通过可视化界面展示车间的生产情况、设备状态、物料流转等信息。这使得管理人员能够直观地了解车间的运行状况，及时发现并解决问题。同时，系统还支持远程监控和操作，提高了管理的便捷性和效率。

MES功能模块如图1-8所示。

图1-8　MES功能模块

四、数字化与智能化在制剂生产中的应用

制剂生产是将原料药加工成适合患者使用的药品的过程，包括片剂、胶囊剂、注射液等多种剂型。数字化与智能化技术在制剂生产中的应用主要体现在以下几个方面。

1. 制剂工艺中的过程分析技术（PAT）

制药行业应用PAT可以加强对生产工艺的理解与控制，通过在线、在位、近线测量和中间过程控制来缩短生产周期，预防不合格、报废、返工的发生。对于物料、中间产品可以做到实时检测、实时放行，提高生产的自动化程度，以提高操作人员安全性并降低人为的差错。通过机器学习功能，PAT系统可以分析以往的监测数据及质量检验结果，提高不合格品的识别精度，并自主优化生产工艺参数，提高产品的合格率。片剂包衣过程分析技术如图1-9所示。

图1-9　片剂包衣过程分析技术

2. 数字孪生工厂

某中药企业通过数字孪生平台对接集团厂区环境系统、空调系统、生产管理系统、设备数据采集系统、集团总部ERP系统以及异地车间和种植基地监控系统等，进行实时数据监控展示和可视化三维展示，可上传主流视频，指定大屏显示车间、设备、视频等内容（图1-10）。

平台通过数字孪生技术实现了实体车间和虚拟车间的“状态感知-实时采集-精准执行”闭环，构建了全要素、全流程、全业务数据集成化管控模式，依托统一的数据标准，采集人员、设备、物料等要素的数据，并在信息空间中建立数字工厂的镜像。

通过数据建模，将车间的物理设备、生产工艺、经验、知识及方法进行模型化、标准化、软件化、复用化，形成可重复使用的设备基础模型、工艺模型集等。

实现信息空间与物理空间的“精确映射”与“精准执行”，创建虚拟空间与实体工厂的虚拟映射，实时映射生产过程、设备运行情况、质量跟踪状态等。

开发部署可调用的数字孪生应用程序（APP），优化智能制造服务，推动企业各环节信息的互联互通和数据共享。

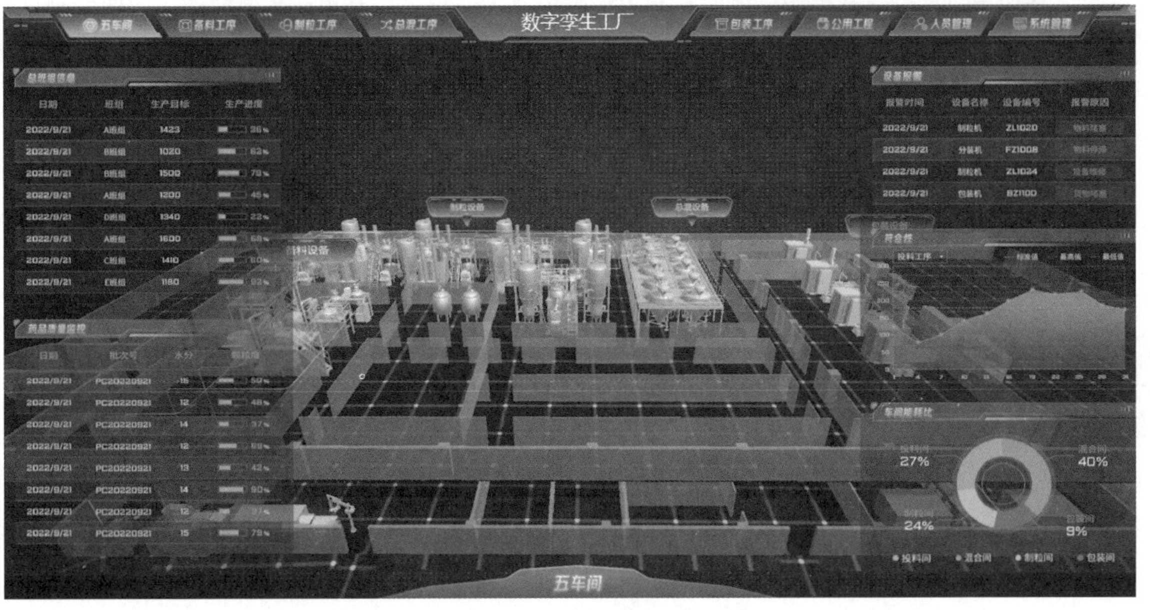

图1-10　数字孪生工厂

3. 智能化立体仓库

制剂生产过程中，原辅料、包材、成品等都需要在仓库中进行储存。数字化与智能化技术可以提高物流和仓储的效率，比如智能化立体仓库（图1-11）可以利用垂直空间存储更多货物，并通过自动化设备实现快速存取。智能化立体仓库实现了原辅料收货、入库存储、成品的入库/出库、拣选自动化、无人作业化，极大降低了企业劳动强度，提高了工作效率和质量。

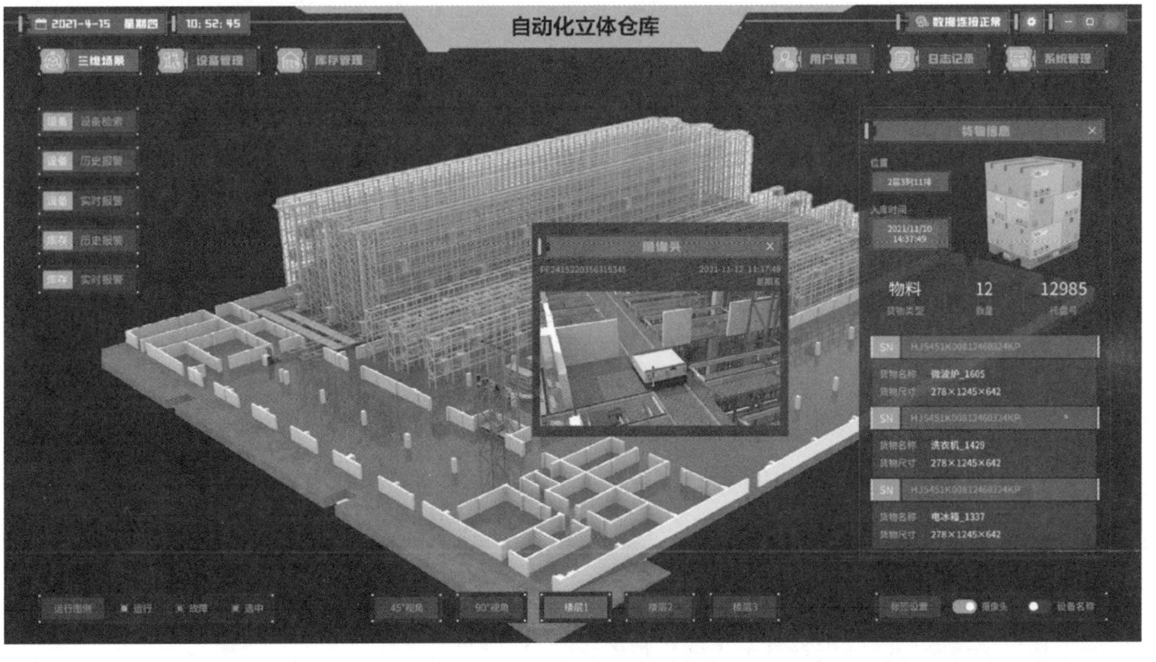

图1-11　智能化立体仓库

第三节 药品生产数据可靠性管理

在药品的整个生命周期中，数据是全过程质量管理的重要基础，是药品安全性、有效性及质量可控的重要证据，及时、如实记录相关生产和检验数据，是对药品生产活动进行管理的重要内容。目前，我国对药品数据管理规则要求的理解和落实还存在差距。长春长生生物疫苗事件就是典型的例子。

2017年10月—2018年7月，长春长生生物科技有限责任公司先后受到吉林省药品监督管理局（简称药监局）调查和国家药监局的生产现场飞行检查，被发现生产的“双氰胺疫苗”“人用冻干狂犬病疫苗”“百白破疫苗”均存在质量问题，并且严重违反GMP，违法行为性质恶劣，具体表现在八个方面：

拓展知识：关于药品生产数据可靠性的法规

① 将不同批次的原液进行勾兑配制，再对勾兑合批后的原液重新编造生产批号；
② 更改部分批次涉案产品的生产批号或实际生产日期；
③ 使用过期原液生产部分涉案产品；
④ 未按照规定方法对成品制剂进行效价测定；
⑤ 生产药品使用的离心机变更，未按规定备案；
⑥ 销毁生产原始记录，编造虚假的批生产记录；
⑦ 通过提交虚假资料骗取生物制品批签发合格证；
⑧ 为掩盖违法事实而销毁硬盘等证据。

处理结果：依法从严顶格处罚，没收其违法生产的产品，没收违法所得18.9亿多元，并处违法生产销售货值金额三倍的罚款共计72.1亿元，两项合计91亿元；吊销其药品生产许可证，撤销其狂犬病疫苗药品批准证明文件；对涉案的高某某等14名直接负责的主管人员和其他直接责任人员，作出依法不得从事药品生产经营活动的处罚；构成刑事犯罪的15人被移交司法机关处理。

此外，中国共产党中央纪律检查委员会（简称中纪委）和吉林省委还对监管不力、负有领导责任的相关人员追责并给予行政处分。

监管者对制药企业和产品的科学判断，是建立在企业诚信基础上的。监管者看到的绝大多数材料都是企业提供的，如果这部分材料的数据可靠性存在问题，那么对于产品有效性、安全性、质量稳定性等所有的评估都是毫无意义的，甚至是错误的。

任何篡改、编造生产、检验、记录等数据的弄虚作假行为，都是严重的违法行为，必将受到法律的严惩。长春长生生物疫苗事件引发我们思考：如何保证药品生产数据的可靠性?

一、数据管理的基本原则

数据可靠性（data integrity）是一个业界从未停止讨论的话题，也是药品监管部门重点关注的对象。

（一）数据可靠性的定义

世界卫生组织（WHO）定义：数据可靠性是指数据完整、一致、准确、值得信赖和可靠的程度，以及在整个数据生命周期中保持数据的这些特征的程度。

MHRA & PIC/S & PDA定义：在整个数据生命周期中，所有数据的完整、一致和准确的程度。

数据生命周期（data lifecycle）是指数据从产生、记录、处理、审核、分析、报告、转移、储存、归档、恢复直至失效、销毁等的全过程。

数据和记录是药品在研发、生产、经营、使用活动中产生的反映活动执行情况的信息、相关活动执行过程与结果的凭证，而药品质量、安全性和有效性依赖于产品生命周期中产生的大量数据，因此数据应具有可靠性，这是质量管理体系的基础。

（二）数据管理的基本原则

国外药品数据管理相关指南要求药品生命周期内各环节的数据均应符合“ALCOA + ”原则，即可追溯性（attributable）、清晰可辨性（legible）、同步性（contemporaneous）、原始性（original）、准确性（accurate），以及完整性（complete）、一致性（consistent）、持久性（enduring）与可获得性（available），强调风险管理在整个数据生命周期中的应用。

通俗讲，“ALCOA+”原则就是用来评估数据可靠性的基本原则。实际上就是对记录生成、录入、修改、存储、检索、备份、恢复和输出等数据生命周期内的所有操作的要求。如果数据的管理满足了以上原则，就可以认为该数据记录满足数据可靠性要求。

1. 可追溯性

数据归属至人，通过数据和记录的签名追溯到产生数据、修改数据的人或系统，确保数据和记录中的签名与实际操作人员保持一致。

（1）纸质数据及记录　应由执行操作的人员本人填写，并同时签署日期，必要时签署至具体时间。

修改原始数据和记录，应注明修改人、修改日期，必要时应当说明修改的理由。

手写签名与存档签名应一致。

（2）电子数据及记录　应制订书面规程规定用户的访问和权限，用户访问应授权，仅允许使用本人账号登录系统。

用户创建、修改或删除数据的行为能追踪到进行该操作的用户。

审计追踪可追踪到个人，有日期和时间戳。

电子签名可追踪到个人，安全且能永久地链接到签名记录。

举例1：某企业的QC实验室使用的1台酶标仪只设有一个用户名和登录密码，所有相关实验人员共享，这种情况下可能无法追溯到某一次使用酶标仪的具体工作人员。

举例2：在某药品的稳定性考察中产生了两份样品含量的相对标准偏差（RSD）超出规定值，在异常数据处理登记台账中记录人并未签名和日期，可能导致异常数据和偏差管理出现混乱。

2. 清晰可辨性

清晰可辨是指数据及记录在整个生命周期内清晰可读取、易懂、可追溯、可保存，在数据及记录中清晰地呈现步骤或事件发生的顺序，以保证所有开展的GMP活动在GMP规定的数据及记录保存期限内，能够完整地重现这些数据及记录。

（1）纸质数据及记录　使用不易褪色墨水的笔记录数据，不得使用铅笔或其他可擦除的方式记录。

用于记录数据的记录纸应适合长期保存，不使用热敏纸、光敏纸或易于氧化的纸，若因条件受限使用不易长期保存的纸张，应将原始数据制作成真实副本，操作人在副本上签名、日期并进行确认。

修改原始数据和记录时，应确保修改前后的数据清晰可读，不使用修正液或其他方法遮盖原始记录。

受控管理空白纸质记录和表格要求如下。

① 制作控制：设计的记录和表格应便于填写人员理解需填写的内容，并有足够的空间填写；应有唯一的版本号控制，并经过审批；主文件与副本有明显的区别，例如使用不同颜色或不同标记的纸张等，防止误用。

② 分发控制：受控分发空白记录和表格，确保页码连续、数量受控，例如有些公司将空白记录装订成册，每本记录印有唯一的识别号，每页记录印有页码，按识别号顺序分发和收回，并进行数量平衡的核算。

（2）电子数据及记录　电子数据在活动发生时刻、在进行下一个步骤之前应被妥善保存（例如，采取必要的措施防止在临时存储器上生成、处理和删除电子记录，应强制要求在执行活动过程中数据即时被提交到持久保存的媒介中，而后方可进入下一步骤）。

通过系统配置和标准操作规程（standard operating procedure，SOP）规定，限制高级安全权限的使用（例如，系统管理员角色可能有权关闭审计追踪），此类权限只能赋予负责电子记录填写的无关方。

应基于系统能力选择系统配置或流程规定，禁用或者禁止数据覆盖的权限，包括禁止对初始数据和中间处理数据的覆盖。

严格控制数据标注工具的使用，避免显示或者打印的数据被掩盖。

使用安全的、带有时间戳的审计追踪，独立记录操作员工的行为。若现有的计算机化系统缺乏审计追踪，应根据GMP数据的具体内容以及数据风险评估，用可替代方式，如使用登记本、记录本、纸质记录与电子记录组合等方式进行控制。

对于一些简单的电子系统，如天平、pH计或简单的处理设备，不能存储数据，而是直接打印成纸质记录，应在打印的纸质记录上签名、写上日期，确保可追溯性。

对电子数据及记录进行备份以保证灾难性恢复。

对电子记录进行安全可控的存档。

举例1：某企业的一台气相色谱仪储存在AllChrom软件中的审计追踪被删除了，审计追踪只能通过一系列的外部Word文档进行审核，没有控制措施来防止审计追踪数据被篡改，可能导致数据产生的顺序无法准确重现。

举例2：某企业的批记录现场填写工艺参数有不规范的涂改，将时间11：32改成11：33，把2涂成3，无法看清原来记录的时间，修改人也没有签名、写上日期，属于数据不清晰、不可追溯的问题。

3. 同步性

数据同步记录，在数据产生时，应及时、不提前、直接地正式记录，确保在执行下一步操作前，数据不被篡改、删除或覆盖。

（1）纸质数据及记录　人员在活动进行的同时直接在受控记录本上（如实验记录本、批记录等）记录数据，禁止先在非正式记录上记录数据，再事后誊写成正式记录的行为。如在称重和制备样品时，样品称重信息（如日期、时间、人员姓名、天平编号）应同时记录在实验记录本，不提前记录，也不滞后记录。

应按规程规定在纸质记录中记录活动发生的日期，对于需要记录确切时间的活动，现场应有合适的显示时间的仪表以记录时间。

（2）电子数据及记录　生成电子数据的时间与GMP活动同步，系统时间/日期和时间戳不被人员篡改。

对于可能影响系统时间的因素，应有控制，例如时区控制。

电子数据在活动发生时，进入事件序列下一个步骤之前，应被提交到持久保存的媒介中。

举例1：某企业车间部分操作工序的记录不及时，很可能导致事后补写记录与实际情况不一致产生问题。

举例2：某企业的普通操作者有权限修改高效液相色谱（HPLC）的控制电脑的时区，产生改时间操作，有篡改和覆盖数据的风险。

4. 原始性

原始性意味着保存的数据与原始数据具有一致性。原始数据是指首次采集/保存下来的数据或信息，包括后续经处理产生的报告或结果，例如存储在孤立的计算机化实验室仪器系统［如紫外-可见分光光度计、红外分光光度计、液质联用仪、血液分析仪、化学分析仪等］中的原始电子数据以及元数据，存储在自动化生产系统［如自动滤膜完整性测试系统、数据采集与监控（supervisory control and data acquisition，SCADA）系统、分散控制系统（distributed control system，DCS）等］中的原始电子数据以及元数据，存储在网络数据库系统［如实验室信息管理系统（laboratory information management system，LIMS）、企业资源计划（enterprise resource planning，ERP）系统、制造执行系统（manufacturing execution system，MES）、电子病历报告表/电子数据采集（electronic case report form/electronic data capture，eCRF/EDC）系统、毒理学数据库、偏差和CAPA数据库等］中的原始电子数据以及元数据，纸质记录本中手写的样品制备信息、纸质版批记录。

如果电子设备不存储电子数据或仅提供打印的数据输出，例如天平读数的打印记录，则打印件构成原始数据。原始数据必须能够全面记录该活动，如果是以动态方式采集并以电子方式生成，则纸质副本不被认为是“原始数据”。

（1）原始数据的复核和审核（包括纸质和电子数据）　对GMP相关原始数据和记录的复核和审核，应根据GMP数据的具体内容以及数据风险评估，在规程中制订合理的复核和审核流程、频次及时限要求，以及相关的范围、过程和责任。

数据复核和审核不应局限于纸质记录/报告，应包含电子系统中的原始数据、审计追踪、报警记录等。

数据复核和审核应有书面的记录，提供证据证明所有数据来源都已由一名独立的具备资质的人员审核。在纸质记录中，通常通过在已审核的纸质记录上签名确认复核和审核工作已完成；在电子记录中，通常通过电子签名确认复核和审核工作已完成。

复核和审核发现的错误或遗漏需要有对应记录追踪，并采取相应的措施。

复核和审核发现数据出现超标、超趋势或异常时，应当进行调查。

（2）原始数据和记录的保存

① 纸质数据和记录。纸质数据和记录应保存在安全并受控的储存区域，例如防火、防潮、防虫鼠、防未授权人员进入等。应建立保存文件的索引以便快捷查阅，例如建立档案标识、档案盒内放记录清单、档案放置位置等。

若原始纸质记录制作成真实副本，应建立制作真实副本过程的书面程序，例如获得待转换文件的文件原件、对原始文件进行转换的方式（转换要保留原始记录的全部内容和意义）、确认新的副本为真实副本（如在新的纸质副本上签名和写上日期）等。

如果真实副本是通过扫描原始文件并转换为电子图像，如PDF文件，则应采取额外的方法以保护电子图像免受进一步的更改（例如，电子图像的安全储存位置、电子归档人员的访问权限设定、备注工具的限定或其他预防进一步修改的方法）。

若原始纸质记录被复制为真实副本并以微缩胶卷或微缩胶片存档，应提供适当的读取设备。

② 电子数据和记录。电子数据和记录除了与纸质数据记录有同样的要求外，还应建立保存文件的索引以便快捷查阅，例如文件夹的存放路径。应进行定期测试以确认归档的电子数据和记录在储存位置的恢复能力。应提供适当的读取设备，例如软件、操作系统和可视化环境等，以查看归档的电子数据和记录。

动态电子数据和记录的真实副本应采用电子方式创建，包括所有的元数据，禁止创建PDF版本的真实副本。

举例1：某企业的实验人员在每次使用酶联免疫检测仪检测完成后用U盘输出数据存储到另外一台普通电脑，存储的文件采用Excel方式，通过该电脑可修改数据，且该电脑没有安装审计追踪系统，应该存储成只读文件，保证数据的原始性。

举例2：某企业未制定完善的电子数据储存、备份、出现故障或损坏时的管理文件和防护措施，一旦发生意外情况，可能无法获得原始数据。

5. 准确性

准确性意味着数据正确、真实、有效、可靠，确保所记录的数据本身接近真实的程度及可靠的程度。数据准确性的实现依赖于完善的质量管理体系，包括适当的规程、过程控制、系统化控制等。

纸质记录和电子记录的数据准确性的考量包括但不限于以下内容：

① 由经过批准的人员录入计算机的关键数据，并由第二人进行复核。

② 验证和控制计算公式。

③ 若合适，对于一些关键主数据，一旦被确认，将这些数据锁定，防止后续修改（若后续确需修改，必须遵循合适的流程，如变更控制流程）。

④ 对产生数据的计算机化系统进行验证，包括数据在系统之间的转移。

⑤ 对产生打印输出的设备进行确认、校准并维护，例如天平、pH计等。

⑥ 验证分析方法。

⑦ 验证生产工艺。

⑧ 审核原始记录。

⑨ 调查偏差、可疑值、超标结果。

⑩ 其他质量管理体系的风险管理控制。

举例1：某企业在进行原料药稳定性试验杂质检测遇到试验失败时，制备了相同份数的新鲜样品溶液，再次用HPLC进样，得到了符合标准的结果，该操作未进行记录，且没有启动OOS调查程序，导致无法确定初始失败结果的原因。

举例2：某企业在样品检测过程中发现不合格的结果则终止检测，造成无法创建永久性数据文件，临时储存器中的数据被删除，检验员修改HPLC计算机的时间并重复检测直到获得预期的结果，属于操纵数据、挑选数据的不真实行为。

6. 完整性

完整性是指所有数据和元数据都被保留，通过数据可以清晰和完整地了解所有GMP活动，包括执行的任何重复或重新分析活动。

检验记录、批生产记录、辅助性记录应该涵盖所有数据。关键信息不可缺漏，例如设备编号、环境条件、时间日期、样品信息、设置参数、产品批号等。操作过程应当完整记录，例如溶液配制过程、对照品和供试品称量过程、试剂使用、取样操作、恒重过程等。

举例1：某企业在进行某项稳定性试验杂质检测时，方法是HPLC，共进样了7针样品，前5针被永久删除，只报告了后2针，导致数据不完整。

举例2：某产品的批检验记录中，无紫外分光光度计的编号；红外检验记录中，无某种对照品的批号，属于记录不完整。

7. 一致性

一致性是指数据能够提供清晰的事件和行动的时间顺序，包括与实际生成逻辑顺序一致、记录人与实际的操作人一致、数据没有矛盾或差异等。

记录的信息和实际的操作应当一致；现场记录和数据与申报资料中的数据应当一致，尤其是稳定性试验的数据；申报资料的数据应当前后一致；生产工艺信息表中内容和实际的操作记录信息应当一致；记录内容不可矛盾；记录的时间逻辑应当正确，不可混乱；现场实际情况应当与记录一致。

举例1：某企业的物料入库台账、出库台账、退货登记表、对照品台账、样品检测台账均未打印纸质版，而是使用电子格式，导致容易被修改，缺少有效控制，非常容易与实际情况产生不一致，例如某些批号的药材无法在原始台账中找到。

举例2：某企业红外分光光度计的计算机系统回收站有乙醇的7个批次的图谱，与保存的用于物料放行的同一名称的图谱不一致，即实际操作与记录的信息不一致。

8. 持久性

持久性是指数据的保存方式应使其在生命周期内持续使用，且不丧失可读性，意味着其在整个保存期内应不可磨灭、持久、完整地保存，在需要时可被访问。

数据和记录在规定的保留时间之内应当可以提供。数据备份的硬盘存放位置应当可以避免灾害发生时的数据损害。备份数据应当定期进行确认。备份数据的恢复应当经过验证，确保准确性和完整性。

举例1：某企业的HPLC系统中未保存2018年以前的检测数据，只有2018年以后的检测数据，所有数据未按要求进行备份。

举例2：某企业《数据备份和恢复标准操作规程》要求电子数据每月备份一次，实际情况该企业未按文件要求执行，核查时无法为核查人员提供指定月份的备份数据。

9. 可获得性

可及时获取，并可用于审评或检查。

现场核查时应能够及时提供核查单位索要的数据和记录，包括仪器使用记录、溶液配制记录、仪器运行数据、批生产记录、批检验记录等。

举例1：某企业的18批首次检测无菌不合格的原料药中，仅能提供10批原料药的调查记录，还有8批原料药的调查记录未能提供。

举例2：某企业设备的使用、清洁和维护记录没有集中管理，不便于查阅，审评检查时无法及时获取。

二、数据可靠性的实施策略

数据可靠性产生问题主要的原因是企业的质量管理体系不够完善，对数据的管理有可能不规范或者过于片面，对于人员数据可靠性培训不到位，岗位职责不明确等，对法规的落实不到位，属于规范性问题，有整改空间。还有小部分原因是主观故意造假，擅自篡改或删除数据，目的是对公众和监管机构进行欺骗，属于真实性问题，性质更为严重。

良好数据管理应考量生命周期每一阶段数据和记录“ALCOA+”原则的符合性，确保每一阶段的数据和记录是可靠的。

（一）数据的产生和记录

将人工观测数据记录在纸质记录上或录入计算机化系统，或仪器和设备产生的数据自动收集到系统中，所有数据的获取和记录都应当遵守“ALCOA+”原则，此阶段需考虑的要点包括但不限于以下内容。

① 人工填写的纸质数据应由经过培训的人员按纸质文件指定格式填写，包括填写的详细信息、填写人身份和填写时间，填写的关键数据应经过第二人复核。根据数据对产品质量的影响程度以及数据被修改和删除后被审核发现的可能性，企业运用风险管理工具，评估确定关键数据。

② 人工录入计算机化系统的关键数据应由经过授权的人员按软件指定格式录入数据，包括录入的详细信息、录入人身份和录入时间，录入的关键数据应经过第二人或计算机化系统核查，录入的数据的格式应经过验证。可使用外部装置或系统接口方法减少人工录入数据以及与计算机系统的人工交互，例如使用条码扫描仪、ID读卡器等。

③ 人工将纸质记录上的信息录入电子化系统时应可追溯到保留原记录数据的纸质记录。

④ 自动收集数据的原始系统、数据采集和记录系统之间的接口应经过验证，确保数据的准确性。系统采集的数据应该以不易被篡改、丢失和修改的格式保存至存储器中。

⑤ 对数据的任何修改必须根据已批准的程序进行授权和控制，如手动积分、纸质记录的数据修改等。

⑥ 应注意数据产生过程中可能的人为风险，禁止如下的行为，并通过相应的措施（例如提升系统配置、修订程序、加强培训、加强监管等方式）来防止和识别不限于以下所列的数据可靠性问题：

a. 编造数据。

b. 覆盖、删除、丢弃、修改原始数据，例如丢弃原始称量、溶液配制等信息，删除电子图谱（删除部分图谱或者删除整个序列）。

c. 重复测试以得到合格的结果，例如一些单机版系统。

d. 正式系统适用性试验前，采用待测样品试针。

e. 采取替代样品或者从多次测试中挑选合格的结果。

f. 未经适当的评估或者更新，采用与注册不一致的方法进行生产或检验。

g. 修改系统日期和时间来补数据。

（二）数据处理

数据处理是对数据按指定格式进行提取、呈现或获取信息的一系列操作，例如将原始电子信号转换为色谱图，随后计算出数值结果。数据处理应使用经验证/确认或核实的方案、过程、方法、系统、设备，并依据已批准的程序，此阶段需考虑的要点包括但不限于以下内容。

① 数据处理时应确保原始数据被正确地引用或转化，例如使用统一的运算单位，防止转移错误等。

② 任何用户所进行的任何数据的数据处理活动应有足够的可追溯性，包括数据处理人、处理时间和处理的内容，例如样品色谱分析使用不同方法/参数对数据进行处理时，应记录每个版本的处理方法。

（三）数据的转移/迁移

数据转移/迁移是将已存储的数据从一个持久的存储位置转移至另一个存储位置的过程，可能包括数据格式的改变，但并不改变内容和含义，此阶段需考虑的要点包括但不限于以下内容。

① 通常情况下，转移/迁移后的数据应在新转移/迁移的存储介质类型或计算机化系统上可用或可见。若新转移/迁移的存储介质类型或计算机化系统不支持，可能需要将现有存档数据转换为新格式，但若无法转换为新格式，则应维护旧软件，例如安装在一台计算机上或采用其他技术解决方案，在调取数据时有机会读取存档数据。

② 应深入了解待转移/迁移数据的格式，以及数据在生成、转移和后续存储的每个阶段被改变的可能性。转移/迁移流程应经过严格的设计，以防止数据在转移过程中意外丢失、被修改或错误转录。

③ 数据转移应经过验证，在验证期间应对接口进行评估和说明，接口应有合适的输入和数据处理正确性和安全性的内置检查，确保数据在转移至工作表或其他应用程序的过程中及转移后不被改变。

④ 数据的转移/迁移过程尽可能可以被审计追踪。若数据转移/迁移操作不正确，应遵守相关质量管理规程进行处理。

（四）数据保存

数据保存目的是基于数据的归档或备份，应有安全的控制措施保证数据不被有意或无意修改和丢失，确保数据在保存期内的可靠性。

1. 归档

归档是以重现流程或活动为目的，将数据和相关元数据以最终格式长期、永久地保存在指定的安全区域或设施（例如柜子、房间、建筑物或计算机化系统）内，保存区域仅允许经过授权的人员进入。此阶段需考虑的要点包括但不限于以下内容。

① 归档数据存储区域/设施应通过授权进行管理，防止在保存期限内数据被篡改、删除或损坏。

② 归档方式的设计必须允许在整个要求的保留期限内能够进行数据和元数据的恢复和读取。构成数据的原始数据、元数据、审计追踪等信息应同时被保存，以保证数据的可读性，必要时可以实现对数据的重现。如果归档的是电子数据，此流程应经过验证；如果归档的是混合记录，纸质和电子数据之间的引用应被维护，以便在整个保存期内可以实现对GMP活动的全面呈现。

2. 备份

备份是以灾难性破坏后恢复数据为目的而保留的一份拷贝，包括现有的原始数据、元数据和系统参数设定等。

备份/恢复流程应在规程中进行定义，包括执行备份/恢复的方式（手动或者自动）和频率、执行备份的人员、备份/恢复过程的记录等内容。备份的频率应基于风险评估决定。

备份和恢复流程必须经过验证。恢复验证需确保数据恢复后的可读性与可靠性。

备份数据的管理应等同于原始数据的管理，应控制数据的访问权限，保证数据的安全性。

数据的备份应有相应的记录。

备份/恢复功能应定期进行测试，测试流程以及频率需要在程序中进行定义。测试频率应基于风险评估确定。

（五）数据的销毁

数据在满足企业内部以及法规要求的存储期限后，可以以受控的方式进行销毁。

① 数据的保存期限需要在程序中进行明确规定。数据销毁应考虑其关键程度并符合法规要求以及客户的质量协议。

② 销毁的流程应在规程中进行定义，包括销毁数据的申请与批准、执行人的权限、销毁方式、销毁记录等。

③ 对于计算机化系统，只有经授权的人员才能删除数据；该数据删除行为应可以被审计追踪，并且有相应的理由和记录。

第四节　药品生产质量管理

一、质量管理体系的发展历程

药品质量管理的发展历程是与其他行业质量管理的整体水平不断提高分不开的。回顾药品生产质量管理的发展历史，大致可以概括为以下三个阶段。

（一）第一阶段——质量检验阶段

对最终产品的质量检验是历史沿袭下来的传统做法。但是仅对产品质量实行事后把关，从统计学的角度来看，无法全部剔除产品中的次品或废品，未从根本上确保患者用药的质量和安全，并且造成大量的人力和物力资源的浪费。因此，质量检验阶段只是药品质量管理的初级阶段。

（二）第二阶段——质量保证阶段

自20世纪中叶，产品质量的管理从单纯的产品最终检验合格，扩展到对产品生产全过程的控制管理，包括对生产所使用的厂房、设备和物料的管理，生产过程中的工艺监测和产品放行、储存和运输过程的管理。

我国GMP是伴随着中国制药工业的成长和改革开放而产生和发展的。从20世纪80年代开始，大约经历了五个发展阶段。第一阶段是1985版GMP，由行业组织制定，起到宣传教育的作用；第二阶段是1988版GMP，由国家医药管理局制定，企业自愿申请GMP认证，属于试水阶段；第三阶段是1992版GMP，由国家卫生部制定，要求无菌制剂（粉针剂、大输液）限期强制认证；第四阶段是1998版GMP，由国家药品监督管理局制定，对所有药品生产企业实施强制GMP认证，但是洁净度标准要求偏低；第五阶段是2010 版GMP，由国家卫生部制定，吸纳了国际GMP的先进标准，其基本要求采用欧盟文本，原料药采用国际人用药品注册技术协调会（ICH）Q7版本，洁净区的划分采用WHO标准，逐步实现与国际标准接轨。

2010版GMP引入了许多新的质量管理理念与措施，主要包括质量授权人、质量风险管理、产品质量回顾分析、持续稳定性考察计划、供应商的审计和批准、变更控制、偏差处理、纠正和预防措施等，以期强化制药企业对于相关环节的控制和管理。

（三）第三阶段——质量体系化管理阶段

降低人为错误风险、关注对操作人员的资质确认和培训、强化对流程和文档的管理以及加大在质量部门的投入，在很大程度上提高了企业对药品质量的把控，但要从根本上保证药品的质量，还需要充分认识到药品质量的关键在于产品开发、研制、设计的科学性，对物料、设备、工艺在实际生产环境中随时间可能发生变异的识别和控制的及时性，对产品检验从取样、检测方法至数据处理中不确定因素的判断、把控的合理性，以及产品全生命周期参与人员的质量素质、专业基本知识、技能掌握与需求的符合性。而实现这一切的基础在于企业最高管理者对质量的承诺和兑现、对企业机构和质量部门管理机制设置的有效性、资源配置的合理性和企业各级管理层对质量管理体系运行的实效性的重视和管理。

我国2010版GMP第一章总则明确制药“企业应当建立药品质量管理体系”，标志着我国对药品质量管理已进入了体系化监管的阶段。

二、GMP与药品质量管理体系

《药品生产监督管理办法》第二十六条规定：从事药品生产活动，应当遵守GMP，建立健全药品生产质量管理体系，涵盖影响药品质量的所有因素，保证药品生产全过程持续符合法定要求。

GMP只是质量保障的一部分，所以有关药品法律法规要求企业必须建立质量管理体系。那什么是药品质量管理体系（pharmaceutical quality management system，PQMS）呢？

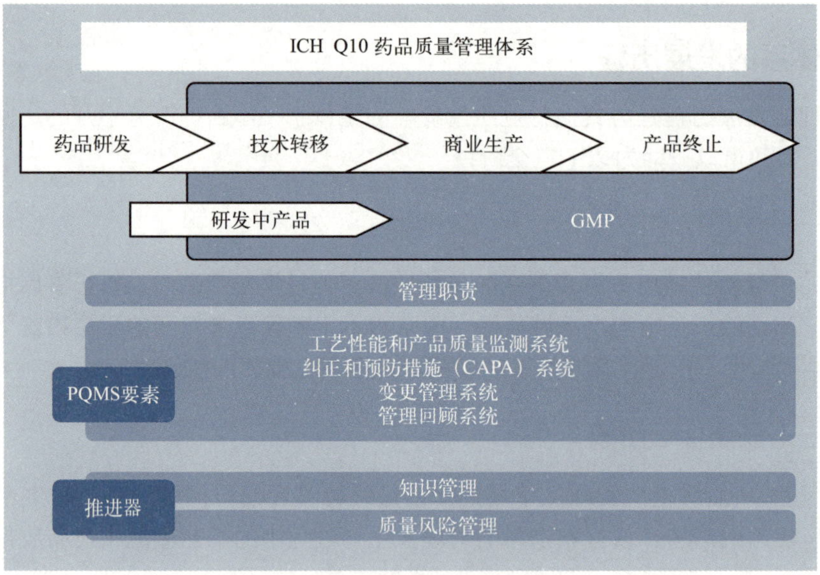

图1-12 药品质量管理体系

从图1-12中可以解读到药品质量管理体系的以下要点：

① 药品质量管理体系包含药品研发、技术转移、商业生产、产品终止等全生命周期质量管理；

② GMP是质量体系的核心部分，它不仅适用于生产过程，也适用于研究用产品；

③ 管理职责贯穿于整个药品生命周期之中，起到决定性作用；

④ 影响PQMS的主要因素是：工艺性能和产品质量监测系统、纠正和预防措施（CAPA）系统、变更管理系统、管理回顾系统；

⑤ 促进PQMS发展的两个推进器是知识管理和质量风险管理。

以上这五个方面的有机结合构成了药品质量管理体系，它们互相联系，互相影响，缺一不可。同时从中也可以理解为什么药品法律法规要求企业不仅应当遵守GMP，还必须建立质量管理体系的道理。

三、我国GMP监管模式的转变

（一）GMP认证制度模式

长期以来，我国实行GMP认证制度，企业取得“生产许可证”之后，再申请GMP认证，认证合格后发给“GMP证书”，有效期5年。自1998年GMP认证制度实施二十多年以来，我国制药行业发生了很大的变化，尤其是硬件设施得到了明显的改善，整洁的厂区，漂亮的厂房，崭新的设备，生产能力和技术水平也得到相应提升，这使我国制药业整体水平迈上了一个新台阶，二十多年来，我国医药工业产值年均增速达到15%以上，这与实施GMP认证有很大关系。

值得注意的是，在实施GMP认证后也暴露出一些不可忽视的问题，部分企业重硬件改造，轻软件管理；有的制药企业拿到GMP证书之后，万事大吉，管理松懈，过程失控，标准操作规程（SOP）形同虚设；更有甚者涂改记录，数据造假，将GMP证书当作“遮羞布”，药品事故时有发生。特别是在制药企业全部通过GMP认证之后的十几年里，连续发生了几起震惊全国的药害事件，见表1-1。

表1-1　典型药害事件统计表

时间	药害事件	事件原因
2006年4月	“齐二药”事件	辅料渠道非法、检验环节失控
2006年7月	“欣弗”事件	违法操作、质量部门失职
2007年6月	“甲氨蝶呤”事件	违反GMP规定，有组织地隐瞒违规生产事实、干扰调查
2008年10月	“刺五加”事件	药品流通环节违规
2012年4月	“铬超标胶囊”事件	使用工业明胶，空心胶囊和制剂生产企业均违反相关规定
2016年3月	“山东非法经营疫苗”事件	未按要求冷链运输、存储疫苗，使用过期疫苗
2018年7月	“长春长生生物疫苗”事件	违反国家药品标准和GMP、编造虚假生产记录、地方政府和监管部门失职失察、个别工作人员渎职

这些药害事件，不仅暴露了制药企业存在的问题，也暴露了药品监管体制上的漏洞和缺陷，GMP是药品生产中每天都要做的事情，靠一次认证解决不了生产质量管理的复杂问题。2019年版《中华人民共和国药品管理法》（以下简称《药品管理法》）改变了对GMP的监管模式，取消了GMP证书，改为动态监管，突出质量风险管理意识，将GMP持续合规性作为药品注册、药品生产许可的基本条件，重在加强日常的符合性检查，开启动态GMP监管的新时代，基本与欧美发达国家GMP理念接轨。

（二）动态监管模式

GMP动态监管是药监部门一种新的监管模式，也称作GMP符合性检查，是指药监部门按照GMP规定，持续对药品生产企业质量管理体系和生产现场进行合规性检查的行为。检查的类型分为许可检查、常规检查和有因检查等监督检查。《药品生产监督管理办法》第三十一条规定，药品上市许可持有人、药品生产企业在药品生产中，应当开展风险评估、控制、验证、沟通、审核等质量管理活动，对已识别的风险及时采取有效的风险控制措施，以保证产品质量。

GMP符合性检查不同于认证检查，带有随机性，应结合风险点开展完整的风险管理程序，包括风险评估、风险控制、风险沟通与审核等，查找药品生产环节的风险点。

GMP符合性检查的风险点如下。

① 关注软件。符合性检查重点关注软件的执行，检查企业内部的SOP及制度是否得到遵守，如果出现违反情况，必须得到纠正。书面记录是否完善，企业内部是否出现无程序可依的情况等。在药品生产的过程中任何操作都需要符合书面的SOP，而不是"领导指示"，或者"师傅经验"。

② 关注证据。质量管理文件体系比较完善后，能不能确保这些文件有效运行，是检查重点。产品放行不只是看检验报告，而是依据生产活动的所有记录，包括批生产记录、批检验记录、验证和校准记录、培训记录等，把记录作为证据。GMP符合性检查建立在审核证据的基础之上。若发现记录简单、缺失和随意涂改，或者记录保存疏忽、混乱，记录不真实等现象，必须提出处理意见。

③ 关注注册批件。检查批记录不能只对照工艺规程，还要查看注册批件对工艺参数设定的范围和限度。如果不相符合，可能给药品质量带来风险。比如，国家药品监督管理局（NMPA）对瑞士某企业生产现场检查时，发现该品种的发酵工艺变更、发酵条件变更、裂解步骤混合工艺变更未按规定申报。

④ 关注防污染措施。GMP第一百九十八条提出了应当定期检查防止污染和交叉污染的措施并评估其适用性和有效性，促使企业不断自我完善。应增强所有员工防止污染和交叉污染的意识，严格按SOP进行各项操作，对制水系统和空调净化系统要制定严格的防微生物污染措施。

⑤ 关注生产过程。药品质量是设计和生产出来的，GMP符合性检查不能只看检验结果，更重要的是检查生产过程中的人、机、料、法、测、环每个要素是否能有效控制，组成有机统一的体系，并有序运行。

GMP符合性检查实行属地化管理，《药品生产监督管理办法》第三条规定：从事药品生产活动，应当经所在地省、自治区、直辖市药品监督管理部门批准，依法取得药品生产许可证，严格遵守GMP，确保生产过程持续符合法定要求。原料药生产企业应当按照核准的生产工艺组织生产，严格遵守GMP，确保生产过程持续符合法定要求。

四、生产质量管理体系要素

综合ISO质量体系、ICH Q10、美国与欧盟的GMP，以及中国现行版GMP，制药企业质量管理体系必须包括的基本要素为：政策和流程、人员及培训、质量管理、质量控制实验室管理、稳定性考察、物料管理、包装材料管理、生产及包装操作、批号控制和批生产记录、变更控制、偏差调查和处理、设施和设备及系统管理、校验与维护、仓储及运输、污染控制、验证、缺陷产品的处理、返工流程、产品放行、不良反应及投诉、产品召回、退货处理、年度产品回顾、自检/审计、质量风险管理、外包服务、技术转移等。

药品生产是一个动态的过程，需要不断运用从生产实践中获得的新的知识和经验来优化管理流程，对发现的问题、偏离正常操作程序的行为和异常的检测结果进行及时、科学的调查和有效的处置。

五、生产管理

药品生产管理涉及的范围非常广泛，我们在此仅讨论在药品生产过程中有关GMP实施的问题。药品的生产制造过程同其他商品一样，都是以工序生产为基本单元，生产过程中某一工序或影响这些工序的因素出现变化，如人员操作、生产环境、设施与设备、物料、生产工艺等变化，必然会引起药品质量的波动。在生产过程中，通过对这些因素进行严格的控制，从而使药品质量稳定并符合标准要求。

在药品的生产中，重要的是防止污染、混淆和人为差错，确保药品生产的安全，确保产品的质量。生产管理的重点包括：工艺管理、批号管理、包装管理、生产记录管理、不合格品管理、收率和物料平衡管理、清场管理等。

药品生产过程管理的主要目标是确保生产加工按批准的规程、在符合GMP的生产环境下进行，杜绝偏差，防止混药、混批的发生，防止微生物、物理的污染和交叉污染。药品生产过程管理主要包括生产指令、批号、物料、生产工艺和文件、卫生、返工、混药/混批预防、偏差等管理。

（一）人员

生产车间所有人员（包括维修人员）均定期接受培训。培训内容除应包括GMP观念的培训外，还应有标准操作规程（standard operating procedure，SOP）的培训。应力图使GMP行为成为员工的自觉行为，确保员工熟悉SOP并严格执行，使员工养成按要求正确着装、按规程办事、按规定如实填写记录、遇事及时汇报上级等习惯，从而最大程度地防止发生混药/混批的人为因素。

外来人员必须经过批准并在指定人员的陪同下方可进入车间。任何私人药品不得带入车间。

（二）设备

我国GMP对设备的管理从多方面提出了原则要求，在GMP第五章“设备”的第一节就提出了GMP对设备管理的基本要求，例如：“设备的设计、选型、安装、改造和维护必须符合预定用途”；“应当建立设备使用、清洁、维护和维修的操作规程，并保存相应的操作记录”；“应当建立并保存设备采购、安装、确认的文件和记录”。既有对设备本身的要求，又有对设备使用维护的要求，其核心思想符合现代设备综合管理全过程控制的理念。

企业在实施GMP、制订设备管理规程时，既要按照药品生产和质量管理的基本思路，必须符合GMP对设备管理的要求，又应该借鉴现代设备综合管理的方法，根据生产计划，确定设备维护管理目标，选定重点设备和重点部位，在设备使用及运行过程中进行必要的监控。根据确定的目标、设定的维修标准和运行监控的结果，制订维修作业计划并组织实施。正常运行时进行预防性维修，突发性故障则组织抢修。使用、维修、监控均应做好记录，重大故障及抢修均应有详细的技术报告，维修的优劣必须由设备运行的结果来验证。这样建立起来的设备维护管理系统应简明有效，做到运行、维修、管理三者构成一个有机整体，这样才能使设备管理和GMP管理有机地结合起来，确保GMP制度的真正落实。

生产设备应易于清洗，密封完整，不存在对药品污染的风险。设备中应尽量避免出现凹槽等难清洗部位。使用结束后必须将产品及包装材料从设备上清理出去，并按规定程序进行清洁/洗、灭菌。清洗一般分拆洗和在线清洗（cleaning in place，CIP）两种方法。其中，在线清洗指系统或设备在原安装位置不做任何移动条件下的清洗工作。在线灭菌（sterilization in place，SIP）指系统或设备在原安装位置不做任何移动条件下的蒸汽灭菌。

拆洗、在线清洗与在线灭菌的条件、方法、步骤及频率应根据生产实际情况制订，但所用清洁剂、消毒剂，以及清洗方法、清洁剂的残留等必须经过验证，以确保能达到预期效果。一般情况下，生产产品更换时必须进行拆洗、在线清洗以防止混药。当产品中发现微生物超标时，必须进行在线灭菌。

生产线的设计应与产品的工艺流向相一致，确保生产过程流畅，产品无须中途离开生产线。

每台设备均应有状态标识，如“待清洁”“已清洁”“已灭菌”“5%葡萄糖配制中”等。各固定管道应标明内容物名称及流向。

（三）生产过程

生产开始前，必须进行清场并且确保各设备已处于清洁/灭菌状态。各工段均应有标示牌标明正在生产的产品的名称、代码、规格、批号、数量。不同产品的生产不得在同一房间进行，除非有有效的物理隔断加以分离。

车间在接收原辅料及包装材料时，必须有专人根据生产核料单仔细核对来料名称、代码、数量、批号和供应商名称等。

生产过程必须严格按照岗位SOP规定进行，并及时准确地做相应记录，如有修改，原修改处内容应清晰可见，并由修改人签字、注明日期。如发现偏差，应立即汇报并记录在相应的批生产记录上，同时，填写偏差记录单；出现严重偏差，应及时汇报并停车检查，直至消除偏差。严重偏差应进行彻底调查，查出原因，纳入纠正和预防措施文件中，防止偏差的再次发生。

未贴签产品拿离生产线，一般不得返回。若拿离生产线后立即送回，则经第二人核查无误后方可返回生产线，但应在批生产记录上加以记录。

生产过程中所抽取的样品，应立即进行封装，贴上取样标签，并存放在单独的房间内。标签应紧接着上一道工序进行。若两道工序间不能有效连接，则必须有如何防止混淆的书面规程。

每批产品生产结束时，应对每批标签进行数额平衡。

（四）清场

清场是指在生产操作完成后对生产线及周围辅助设施进行全面检查，以确保该工位生产结束清场后，已把所有与生产品种有关的文件、物料、产品、包材及标签等材料全部清除出生产线。由清场人员负责填写清场记录，记录应当包括工位编号、产品名称、批号、生产工序、清场时间、检查项目及结果，清场负责人及复核人签字后，纳入批生产记录。清场结束后应挂上写有“已清场”字样的指示牌。待再进行生产时，应对生产现场进行清场复核，填写清场复核单，纳入本批产品批生产记录。生产前清场复核后应尽快开展生产操作，间隔时间不能太长，比如不可在下午进行清场复核而在第二天上午进行生产，除非清场复核后的生产区域能有效防止非授权人进入。

在同一生产区域内不得同时进行不同品种和规格药品的操作，不同产品或同一产品不同批之间，均应进行清场；必须有清场指令详细规定如何进行清场，并规定检查点，必要时，应用图来说明检查点的位置，对于难以检查到的地方，如生产线下面、桌子或椅子下面等，应在清场指令中特别指出；在相应的清场指令后应附清场清单，清场清单应列出所有需检查的内容。

（五）批生产记录

1. 批号管理

药品的生产批号是药品用以追溯和审查该批药品生产历史的重要线索，贯穿药品生产和销售的整个环节，是药品生产管理的一项重要内容。为了体现每批药品的可追溯性，药品的批号应具备专有性和唯一性，因此，企业应根据GMP的规范制订批号的编制和划分原则。

在规定限度内具有同一性质和质量，并在同一连续生产周期中生产出来的一定数量的药品为一批，每批药品均应编制生产批号。对于不同剂型的药品有关批的划分原则如下。

对于非无菌药品：固体、半固体制剂在成型或分装前使用同一台混合设备一次混合所生产的均质产品为一批；液体制剂以灌装（封）前经最后混合的药液所生产的均质产品为一批。

对于无菌药品：大（小）容量注射剂以同一配液罐最终一次配制的药液所生产的均质产品为一批；粉针剂以一批无菌原料药在同一连续生产周期内生产的均质产品为一批；冻干产品以同一批配制的药液使用同一台冻干设备在同一生产周期内生产的均质产品为一批。

原料药：对于连续生产的，以在一定时间间隔内生产的在规定限度内的均质产品为一批；对于间隔生产的原料药，可由一定数量的产品经最后混合所得的在规定限度内的均质产品为一批。

对于生物制品，应按《中华人民共和国药典》（简称《中国药典》）2025年版（三部）中的“生物制品分包装及贮运管理”执行。

药品批号是用于识别一个特定批的具有唯一性的数字和/或字母的组合。例如，由8位数字组成，其中前四位表示生产年度、月份，第五、六位为生产线编号，后两位表示该生产线当月的流水号，如16090101，表示该企业2016年9月一号生产线生产的流水号为01的产品。如果有划分亚批号的需要，可在此8位数后加横线再加数字或字母以示区别。

2. 批记录管理

批记录是用于记录每批药品生产、包装、质量检验和放行审核的所有文件和记录，可追溯所有与成品质量有关的全过程历史信息。根据岗位也可分别称为批生产记录、批包装记录和批检验记录，这里的批生产记录特指制剂成型的阶段，但也可包括制剂成型、包装和检验过程。

按GMP的要求，对药品生产的所有环节，即从原辅材料基本信息、配料直至成品入库，都需记录该批生产中的工艺管理、设备运行、人员操作、偏差处理等情况。

批生产记录可由两部分组成：一部分是操作指令部分，阐述何时、何地、如何完成何种操作；另外一部分是操作记录部分，由操作人员如实记录实际操作的结果。这两部分应一一对应，避免操作指令和实际操作过程脱节。当然，在操作指令部分，一些通则性的操作规范如设备的清洁、中间控制分析方法等，不必全文抄录，只需注明相应的文件编号备查，以免批生产记录篇幅过长。

操作人员应按要求认真填写，做到字迹清楚、内容真实、数据完整，不得任意撕毁和涂改。需要更改错误时，应在原错误的地方画一横线，使原来的内容可以辨认，更改人应在更改处签名并标注更改日期。记录表格有未填写的部分时，应在该项中画一斜线以示空白处。

批记录应按批号整编归档，保存至药品失效期后一年，未规定药品失效期的至少保存三年。所保存的记录可以是原始记录，也可以是其复制件。

六、参数放行

（一）参数放行的概念及发展

所谓参数放行（parametric release），根据美国21 CFR 211.167（联邦21号规范第211部分167条款：具体检验要求）中的定义，即为一种基于对业已通过验证的灭菌程序的有效的质量控制、监测和系统文件管理，替代依赖于最终产品检验的无菌放行程序。欧洲质量组织（European organization for quality，EOQ）规定参数放行的概念为：基于药品生产过程中采集的数据信息以及与GMP中参数放行的相关规定的符合程度，能够提供保证一批药品符合预定质量标准的放行系统。我国对参数放行的定义是：根据有效的控制、监测以及灭菌工艺验证的数据资料，对产品的无菌保证进行评价，以替代根据成品无菌检查结果的放行系统。

目前发达国家的药品监管部门已普遍接受了参数放行理念和实践。美国、欧盟、加拿大、澳大利亚等对参数放行的批准及日常监管内容和形式基本一致，都是在现行GMP管理的基础上颁布参数放行指南和申报办法，由企业根据药品品种自愿提出申请。药品监管部门进行严格的资料审核和现场检查后，决定是否批准企业的申请。已获批准的药品如果发生重要因素的变更，如更换生产地址，还须重新申请。批准后的日常监管除要求相关药品符合GMP管理以外，还必须符合专门的参数放行指南。

我国参考美国、欧盟等的参数放行指南与参数放行的具体实践后，于2005年3月1日，由国家食品药品监督管理局下发了《关于开展药品参数放行试点工作的通知》，明确了我国药品生产过程中参数放行的地位和标准。这标志着参数放行正式进入我国药品生产和质量的GMP管理。

参数放行充分克服了单纯以抽样检验为手段的质量控制体系的缺陷。现代制药技术和质量控制方法不断发展，尤其是微生物杀灭理论研究和技术手段日臻成熟，如果在产品生产过程中，全过程质量控制得当，就可以保证无菌产品的质量而无须再进行无菌检验。这就为参数放行理论与实践提供了广阔的发展空间。

参数放行依赖于严密的工艺验证，包括严密的厂房设施和仪器设备验证、产品工艺过程监测所获得数据的回顾性验证，以及能够提供预期的质量保证的过程参数。

（二）药品生产质量授权人制度

为促进药品生产企业完善质量管理体系，明确企业质量管理工作中的职权，切实保证GMP的有效实施，确保药品质量，保障人民用药安全，我国2010版GMP引用了WHO以及发达国家的药品生产质量授权人制度，要求生产企业实施质量授权人（qualified person，QP）的产品放行职责，这也是我国GMP管理理念的重大提升。我国《药品管理法》规定：药品生产企业应当建立药品出厂放行规程，明确出厂放行的标准、条件。符合标准、条件的，经质量授权人签字后方可放行。这从法律层面强调了质量授权人的产品放行职责。

欧盟要求药品放行负责人履行质量授权人职责。在欧盟生产的药品，药品放行负责人必须保证每批产品的生产及检验应符合欧盟法令及药品注册批准的要求。在欧盟以外生产的药品，药品放行负责人必须保证每批进口药品在进口国已按相应的要求进行检验。以上保证必须通过文件呈现。

药品放行负责人应是企业全职人员，必须达到欧盟2001/82/EC号法令第49条所规定的资质要求，应遵从药品注册批准文件持有人的安排。药品放行职责仅能委托给药品放行负责人。

资质方面，药品放行负责人应持有毕业文凭、完成大学至少四年理论和实践课程而授予的正式的资格证书，或由欧盟各成员国认定的同等学力证明。要求专业：药学，医学，兽医/药学，化学，药物化学和制药工艺学，生物学等。大学学时最短要求三年，但须具备毕业后一年的理论和实践培训经历（至少六个月公共药房的培训），并经大学水平考试合格。培训课程至少应包括以下学科的理论及实践知识：应用物理、普通和无机化学、有机化学、分析化学、药物化学（包括药物分析）、普通和应用生物化学（医学）、生理学、微生物学、药剂学、制药工艺学、毒理学、生药学，从而使药品放行负责人拥有履行责任所需的基本知识背景与实习经历。没有大学经历者，可提供达到相应要求的证明材料。

实践方面，药品放行负责人应具有两年以上的药品生产企业的工作时间，从事过原料药定性分析、定量分析以及药品质量保证相关的检测和检查。如果大学学制五年，实践期可减少一年；如果大学学习持续时间超过六年，实践期可减少一年半。

管理上，一般由“药师协会”类似机构负责考核、认定药品放行负责人。通过制订“药品放行负责人执业行为规范”“药品放行负责人失职惩罚程序”来规范药品放行负责人的职业行为。一个企业可以拥有多个药品放行负责人，质量管理部门负责人可以兼任药品放行负责人。

质量授权人行使产品放行的具体职责概括如下：

① 保证产品符合注册要求以及产品相应的质量标准。

② 保证产品生产符合GMP要求。

③ 签署证书或证明文件。

④ 保证产品相关方差、偏差、变更和检验结果偏差（out of specification，OOS）都经过相应的调查和处理。

⑤ 保证需要经过药品监督管理部门批准的重大变更已经上报并得到批准。

⑥ 保证完成所有的必要检验。

⑦ 保证所有的必要生产和检验文件已经完成并被批准。

⑧ 判断和评价生产和检验文件的结果。

⑨ 考虑其他可能影响产品质量的因素。

⑩ 决策产品放行和物料拒收。

（三）物料和产品放行

物料和产品放行是质量保证的重要环节，目的在于保证物料、产品及其生产过程符合注册、GMP法规和质量标准的要求。我国2010版GMP明确规定，药品生产企业应当建立物料和产品批准放行的操作规程，明确批准放行的标准、职责，并有相应的记录；应当由指定人员签名批准物料放行，由质量授权人签名批准每批药品放行。质量评价相关部门（质量部门、生产部门）应该将药品相关正确信息、评价、决议传递给放行决策者，以便其正确行使放行权。

物料和产品放行的主要流程包括质量评价和批准放行。

1. 质量评价

质量评价是指对物料和产品相关原始数据进行评估，评判物料、生产过程是否符合质量标准、注册标准和GMP要求。

物料的质量评价内容应当至少包括生产商的检验报告、物料包装完整性和密封性的检查情况和检验结果，并有明确的结论，如批准放行、不合格或其他决定（如拒收）。

产品放行的质量评价也称成品的批评价，是通过对该批产品的批档案进行回顾检查审核以确定产品是否符合质量标准，是否准予放行。GMP规定应由质量管理部门专职人员负责成品的批评价。评价步骤一般为：审查批档案、评价偏差对质量的影响、出具合格报告、准予放行。

批档案通常包括：物料单，如配料单、核料单；批生产记录；批包装记录；清场记录；中间控制记录；印刷包装材料数额平衡清单；关键工艺设备运行图谱，如灭菌柜的灭菌曲线、冻干机的冻干曲线、烘房温度变化曲线等；取样单；化验申请单；批检验记录；偏差报告；环境监测报告等。由质量管理部门负责成品批档案保管，至少保留至产品有效期后1年。

质量保证（QA）部门专职人员负责成品的批评价。一般由QA质量评价员对每批产品完整的批档案进行审核，检查重点在于：①所有与本批相关的记录是否齐全；②生产过程中工艺、设备运行是否正常；③生产过程中工艺条件是否在规定的范围内；④相应的清洁和清洗、清场操作是否规范；⑤洁净区域的环境条件是否在规定范围内；⑥中间控制结果是否符合要求；⑦成品检查结果是否符合标准；⑧原始图谱、数据是否齐全；⑨各工段主管的审核意见；⑩如有偏差发生，偏差调查是否已完成，各项纠偏措施的完成情况及综合评估对最终成品质量的影响。

审核完成，审核人应在成品批质量评价报告书上签名，上报QA负责人审核，确定是否批准偏差报告和最终成品放行的决定。

由于药品生产中，关键工艺参数或检验数据与历史数据统计值的异常偏差可能是工艺控制发生波动的征兆。因此，QA质量评价员在进行成品质量评价时，应对关键工艺参数和主要检验数据进行趋势分析，绘制曲线图，以反映工艺受控状态，以便寻找产品异常波动可能的原因，采取必要的纠正措施，防止重大偏差的发生。应定期对所有批次的产品进行系统的回顾分析，其趋势分析总结应及时报质量管理部门、生产部门以及企业管理层相关人员。

2. 批准放行

批准放行是指放行责任人以书面形式或在电子系统中完成物料或产品的决策过程，可以通过签署检验报告书、合格证等形式体现。产品的批准放行由质量授权人执行。

QA质量评价员完成产品批评价报告书，上报QA负责人或质量授权人审核。当上述各项检查项目均符合要求时，准予合格放行；对于一般的偏差，经调查有理由和证据表明不会影响成品质量时，可准予合格放行；对于严重偏差，明显会影响成品质量时，应判为不合格，不得上市销售：对于不能评判是否合格的产品，可根据具体情况进行必要的试验，如增加特殊的试验项目、进行加速或特殊条件下的稳定性考察、进行趋势分析等，运用专业知识及质量风险管理理念对最终成品的放行做出正确判断。若审核结论是合格放行，由质量负责人或质量授权人签字，准予成品放行。

七、偏差管理

（一）偏差的概念

按照ICH Q7的定义，偏差（deviation）是指偏离已批准的程序或标准的任何情况。药品生产企业的标准是为实现产品质量而制订的各种技术标准。一般GMP没有确定偏离程度的大小，任何偏离程序与标准的情况都属于偏差管理范畴。我国2010版GMP所界定的偏差涉及生产工艺、物料平衡限度、质量标准、检验方法、操作规程等的任何偏离情况。

偏差需要纠正（correction）和预防（prevention）。纠正是指为消除已发现的不合格而采取的行动，采取纠正措施是为了改正现有偏离，防止不合格再次发生，如返工、降级。预防是指为消除潜在不合格和潜在导致不合格原因所采取的行动，采取预防措施是为了防止不合格发生。

偏差管理是指对产品生产、检验、仓储运输等过程中出现的一切偏离标准情况进行处理的要求与程序，一般包括偏差的报告、偏差的调查、偏差的处理等。偏差管理属于风险管理范畴，偏差管理有效实施的前提是企业已经建立并有效运行控制药品生产与确保药品质量的规定、程序、标准。没有预先的规定，不可能出现偏离。偏差管理的目的在于预防偏差的出现，确保药品质量。偏差管理系统应该覆盖GMP要求的全范围。

我国2010版GMP对偏差管理的基本规定：各部门负责人应当确保所有人员正确执行生产工艺、质量标准、检验方法和操作规程，防止偏差的产生。应当建立偏差处理的操作规程，规定偏差的报告、记录、调查、处理以及所采取的纠正措施，并有相应的记录。任何偏差都应当评估其对产品质量的潜在影响，如偏离生产工艺、物料平衡限度、质量标准、检验方法、操作规程等情况。

有效运行偏差管理，是制药企业发现问题、自我纠正、不断完善、保证产品质量的重要途径。

（二）偏差的分类

GMP要求对偏差的分类应该基于药品质量影响的分类。药品生产企业应该评估偏差对药品质量的潜在影响，并结合产品工艺特性、质量管理体系情况，建立适当的偏差分类标准。可根据偏差性质、范围大小、对产品质量的影响程度、是否影响用药者健康、与法规不符合的程度等，对偏差进行分类，如：重大偏差、次要偏差；关键偏差、中等偏差、微小偏差；关键偏差、重要偏差、小偏差；Ⅰ类偏差、Ⅱ类偏差、Ⅲ类偏差。

对于微小或小偏差，属细小标准偏离，不足以影响产品质量，无须深入调查，但必须立刻采取纠正措施，并记录。而对于关键、重要或重大偏差，可能对药品质量产生严重或潜在的影响，必须进行偏差调查，找到原因，采取纠正措施进行整改，并执行预防措施，有效防止类似偏差再次发生。

无论企业采用何种偏差分类，应严格实施被批准的分类标准，防止执行中人为降低偏差等级，带来药品质量隐患。

（三）偏差的处理流程

① 偏差识别及报告。

② 偏差调查。

③ 纠正措施和预防措施的确定和执行。

④ 偏差报告。

⑤ 偏差报告时限。

⑥ 偏差趋势分析。

⑦ 偏差记录、报告存档。

八、确认与验证

（一）定义

GMP对验证和确认的定义规定如下。

验证：证明任何操作规程（或方法）、生产工艺或系统能够达到预期结果的有“文件证明”的一系列活动。

确认：证明厂房、设施、设备能正确运行并可达到预期结果的有“文件证明”的一系列活动。

确认与验证应该贯穿于产品生命周期的全过程。

（二）适用范围

确认主要针对厂房、设施、设备和检验仪器。其中厂房和设施主要指药品生产所需的建筑物以及与工艺配套的空调系统、水处理系统等公用工程；生产、包装、清洁、灭菌所用的设备以及用于质量控制

（包括用于中间过程控制）的检测设备、分析仪器等也都是确认的考察对象。

验证主要考察生产工艺、操作规程、检验方法和清洁方法等。GMP对计算机化系统进行了定义，其中虽未明确规定验证的要求，但在制药行业中通常认为计算机化系统也属于验证的范畴。本节关于计算机化系统验证的内容主要参考GMP计算机化系统附录和良好自动化生产实践规范5（good automated manufacturing practice 5，GAMP 5）。

确认或验证的范围和程度都应经过风险评估来确定。

（三）确认

确认包括设计确认（DQ）、安装确认（IQ）、运行确认（OQ）和性能确认（PQ）。

厂房、设施、设备等的生命周期包含设计、采购、施工、测试、操作、维护、变更以及退役，而确认工作应贯穿生命周期的全过程，确保生命周期中的所有步骤始终处于一种受控的状态。通过图1-13可以看出确认与生命周期的对应关系。

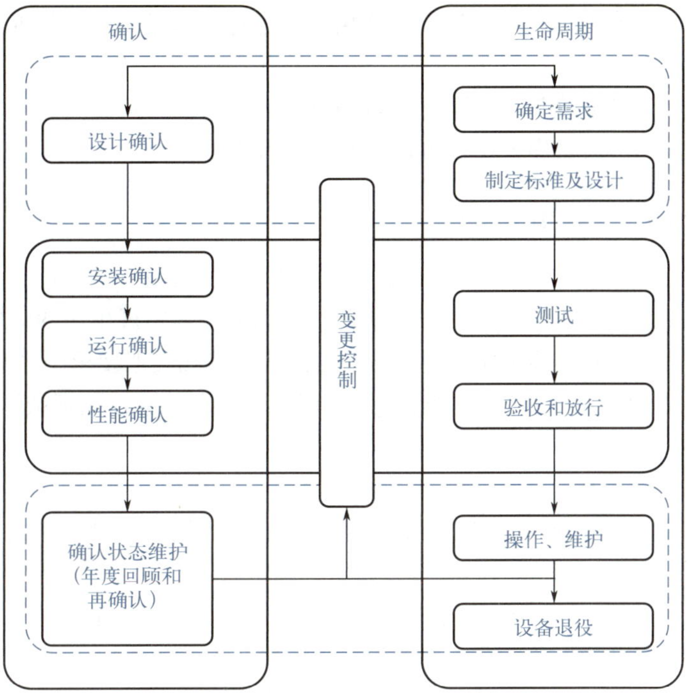

图1-13 确认与生命周期的对应关系

1. 设计确认（design qualification，DQ）

设计确认是有文件记录的对厂房、设施、设备等的设计所进行的审核活动，目的是确保设计符合用户所提出的各方面需求，经过批准的设计确认是后续确认活动（如安装确认、运行确认、性能确认）的基础。

新的厂房、设施、设备确认的第一步为设计确认。

2. 安装确认（installation qualification，IQ）

安装确认是指在设备制造商的帮助下，对设备是否按设计进行制造、设备本身（包括技术资料的完整性以及设备计量及性能参数准确性、安装环境及安装过程的符合性与正确性）进行确认，对设备安装后各种系统检查及技术资料（包括标准操作规程的文件化工作）进行确认。

安装确认所要达到的目标是确保设备的规格、型号、安装质量、辅助设施的配套的正确性和准确性。随着制药设备技术不断提高，如计算机控制的广泛运用等，使得这些设备的结构和运行变得更加复杂，使安装确认变得更加重要。

3. 运行确认（operational qualification，OQ）

运行确认是根据在安装确认中形成的各类规程的草案，对设备的每一部分和整体进行空载试验，确保设备在工作时正常运行，并且性能达到规定的技术指标。运行确认是通过检查、检测等的方式，用文件的形式证明设备的运行状况符合设备出厂技术参数，能满足设备的用户需求说明和设计确认中的功能技术指标，是证明系统或设备各项技术参数能否达到设定要求的一系列活动。测试应包括所谓的“最差条件”，即操作参数的上下限（例如最高和最低温度），而且测试应重复足够的次数以确保结果可靠并且有意义。

4. 性能确认（performance qualification，PQ）

性能确认是指在给定的具体工艺情况下，对设备实际生产过程中运行的稳定性、可靠性进行确认，确保设备在实际生产过程中能生产出合格产品。

性能确认应在安装确认和运行确认成功完成之后执行。可以将性能确认作为一个单独的活动进行描述，在有些情况下也可将性能确认与运行确认结合在一起进行。性能确认可通过文件证明当设备、设施等其他系统完成连接后能够有效地可重复地发挥作用，即通过测试设施、设备等的产出物来证明它们的正确性。

就工艺设备而言，性能确认实际上是通过实际负载生产的方法，考察其运行的可靠性、关键工艺参数的稳定性，以及产出产品的质量均一性、重现性的一系列活动。

（四）工艺验证（process validation）

用于证实某一工艺过程能始终如一地生产出符合预定规格及质量标准的产品，并根据验证的结果制订、修订工艺规程。采用新的生产处方或生产工艺前，必须验证其常规生产的适用性。生产工艺在使用规定的原辅料和设备条件下，应当能够始终生产出符合预定用途和注册要求的产品。

工艺验证通常可以按照以下三种方式进行：前验证（也称为前瞻性验证或预验证）、同步验证、回顾性验证。

1. 前验证

前验证是正式投产前的质量活动，指新产品、新处方、新工艺、新设备正式投入生产使用前，必须完成并达到设定要求的验证。

前验证一般适用于产品要求高，单靠生产控制和成品检查不足以确保重现性及产品的质量的生产过程，例如，大容量注射剂产品的灭菌、冻干剂的除菌过滤以及无菌灌装都必须进行前验证。

工艺验证中所生产的产品批量应与最终上市的产品批量相同。通常，工艺验证要求进行连续三个成功批次的生产。

2. 同步验证

在某些非常特殊的情况下也可以通过同步验证的方式进行工艺验证，即以常规生产过程中获得的数据作为文件的依据，来证明某项工艺、设备等达到预定的要求。同步验证中生产的产品如果符合所有验证方案中规定的要求，可以在最终验证报告完成之前放行。进行同步验证的决定必须合理、有文件记录并且经过质量管理负责人批准。

因同步验证批次产品的工艺和质量评价尚未全部完成，产品即上市，企业应当增加对验证批次产品的监控。

3. 回顾性验证

回顾性验证是以历史数据的统计分析为基础，旨在证明正式生产工艺条件适用性的验证。当某一生产工艺有较长的生产稳定历史，通过监控已积累了充分的历史数据时可采用回顾性验证的方式。

回顾性验证的批次应当是验证阶段中有代表性的生产批次，包括不合格批次。应当有充足的批次数以证明工艺的稳定性。必要时，可用留样检验获得数据作为回顾性验证的补充。

（五）清洁验证

清洁验证是通过文件证明清洁程序有效性的活动，目的是确保产品不会受到来自生产设备或系统的产品残留、清洁剂以及微生物的污染。

为了证明清洁程序的有效性，在清洁验证中应至少执行连续3个成功的清洁循环。

多产品共线要综合考虑药品的特性、生产过程、预定用途、厂房设施与设备等因素。共用设备的清洁验证要基于活性成分的药理毒理或基于健康的暴露限度（HBEL）等信息确定合理的限度。

对于专用设备，清洁验证可以不必对活性成分进行考察，但必须考虑清洁剂残留以及潜在的微生物污染等因素，对于一些特殊的产品，还应考察降解产物。对于没有与药物成分接触的设备（如加工辅料用的流化床或包衣片所使用的包装设备），清洁验证可以不必对活性成分进行考察，但必须考虑清洁剂残留及微生物污染等因素。

清洁验证中需对下列放置时间进行考察，进而确定常规生产中设备的放置时间：①设备最后一次使用与清洁之间的最大时间间隔（待清洁放置时间）；②设备清洁后至下一次使用的最大时间间隔（清洁后放置时间）。

（六）分析方法验证

药品生产过程所涉及的物料、中间产品和成品都要进行必要的检测和分析，为了证明这些检测和分析方法确实能够准确、稳定地反映物料、中间产品和成品的质量，就必须对这些检测与检验方法进行验证。

典型的验证项目有：准确度、精密度、重复性、中间精密度、专属性、检测限、定量限、线性、范围。要清楚了解分析方法的目的，从而决定需要评价哪些验证项目。

（七）计算机化系统验证

随着IT 业的快速发展，IT 技术在制药业的应用越来越广泛，自动化制药设备、仪器、生产过程、管理系统等不断涌现。在 20世纪 90年代，制药业的计算机化系统（computerized system，CS）和计算机化系统验证（computerized system validation，CSV）被正式提出。计算机化系统验证属于验证范畴，但是又不同于其他验证，国际、国内都认为其是验证工作中的难点。

当前，国际上新的制药理念不断被提出并付诸实施，如基于科学的质量风险管理、质量源于设计等，它们都强调基于对产品和过程的了解做出科学的分析和判断，从而建立自己的计算机化系统验证方法，以适应不同的需求。

（八）再验证

再验证是指对已经验证过的生产工艺、关键设施及设备、系统或物料在生产一定周期后进行的重复验证。旨在证实其维持“验证状态”没有发生漂移。药品生产中的关键工艺往往需要进行再验证。

根据再验证的原因，可以将再验证分为三种类型。

1. 强制性再验证

该类再验证至少包括下述几种情况：①无菌操作的培养基灌装试验；②计量器具的强制检定，包括计量标准，用于贸易结算、安全防护、医疗卫生、环境监测方面并列入国家强制检定目录的工作计量器具。此外，一年一度的高效过滤器检漏也成为再验证的必要项目。

2. 改变性再验证

药品生产过程中，由于各种主观及客观的原因需要对设备、系统、材料及管理或操作规程等做某种变更。有些情况下，变更可能对产品质量造成重大的影响，因此，需要进行再验证，这类验证被称为改变性再验证。例如：①原料、包装材料质量标准的改变或产品包装形式的改变（如将铝塑包装改为瓶装）；②工艺参数的改变或工艺路线的变更；③设备的改变；④生产处方的修改或批量数量级的改变；⑤常规检测表明系统存在着影响质量的变迁迹象等。

3. 定期再验证

由于有些关键设备和关键工艺对产品的质量和安全性起着决定性的作用，如无菌药品生产过程中使用的灭菌设备、关键洁净区的空调净化系统等。因此，即使是在设备及规程没有变更的情况下也应定期进行再验证。

九、产品质量回顾

1979年，美国FDA在其cGMP中开始执行产品的质量回顾，要求药品生产企业对自己生产的药品进行总结，促使企业对产品的各项质量标准进行回顾与评估。产品工艺与质量回顾管理也是ICH Q10明确的药品质量体系重要组成部分。现在许多国家的GMP指南都明确了产品质量回顾内容，强调企业对产品各种质量信息开展回顾，以确定产品生产过程的可靠性，发现不良趋势，应启动相关整改行动。我国2010版GMP也首次将产品质量回顾纳入其中，要求企业定期开展产品质量回顾。

产品质量回顾是指企业通过定期对产品生产和质量的相关数据的回顾分析，以评价产品生产工艺的稳定可靠性，以及物料、成品现行质量标准的适用性，便于识别其发展趋势，并对不良趋势进行控制，确保生产稳定可控，产品符合质量标准的要求，也为持续改进产品质量提供依据。

质量回顾内容主要包括两部分。

① 各项数据的汇总：按照规程要求，对相应时间范围内所有的生产和检验等方面的数据进行收集。

② 总结报告：完成所有数据汇总之后，在各种数据基础上，对产品生产情况，包括偏差、趋势等进行总结，形成正式的质量回顾总结报告。

企业应当按照操作规程，每年对所有生产的药品按品种进行产品质量回顾分析，一般流程如下：

① 由质量管理部门制订年度回顾计划，并将任务分配给相关部门负责人，规定完成时间期限；

② 各相关部门负责人在规定时限内完成数据汇总，并反馈给质量管理部门；

③ 质量管理部门对年度数据进行趋势分析，必要时应召集相关部门负责人共同讨论；

④ 质量管理部门会同相关部门对回顾分析结果进行讨论，形成产品质量回顾总结报告；

⑤ 质量管理部门会同相关部门针对发现的问题或不良趋势制订相关改进和预防行动计划；

⑥ 各相关部门负责人对产品质量回顾总结报告进行审核、审批；

⑦ 质量管理部门将年度产品质量回顾总结报告复印、分发给各部门；

⑧ 质量管理部门和相关部门负责人共同对改进与预防措施执行的有效性进行跟踪。

产品质量回顾总结报告原件与相关记录由质量管理部门负责归档，永久保存。

第五节　药品生产过程风险管理

一、风险管理的基本概念及发展历程

风险管理的理念被有效地应用于诸多领域，但是在制药行业的应用起步比较晚。2010年我国把质量风险管理引入新版GMP中，国内制药企业才逐步接受。在医药领域中，质量风险管理是一个贯穿于产品生命周期的对其质量风险进行评估、控制、沟通和回顾的系统化过程。

（一）基本概念

1. 风险（risk）

风险是危险发生的可能性和严重性的组合。

风险程度=危险概率×危险严重性

危险：对健康的损害，包括因产品质量或可及性的缺失而可能造成的损害。

可能性：指情形发生的机缘，不论是明确的、测量的或客观的或主观的、定性的或定量的、确信的、一致的或精准的描述（如在一段时间内的可能性或频率）。

严重性：指某种危害发生时所致伤害结果的程度。

2. 风险管理（risk management）

通过对风险的识别、衡量和控制，以最小成本使风险造成的损失降到最低程度的管理方法。

在管理中引入质量风险管理之后，通过采取一系列积极措施，风险程度转变成：风险程度=危害概率×危害严重性×可预见性×干预度。此时的风险程度将有效降低。

3. 药品质量风险管理（quality risk management，QRM）

通过掌握足够的知识、事实、数据后，前瞻性地推断未来可能会发生的事件，通过风险控制，避免危害发生。

4. 风险识别/危害源识别（risk identification）

参照风险问题或问题描述，系统地运用信息来辨识危险因素。这些信息可能包括：历史数据、理论分析、意见及风险涉众的考虑。根据ICH《Q9（R1）质量风险管理》更新内容，基于风险构成要素为伤害的可能性及严重性，及“危害源”即潜在伤害的来源，将风险识别明确为危害源识别。风险辨识关注“什么可能出错？”这个问题，包括辨识可能的结果。这为进一步的质量风险管理过程奠定了基础。

5. 风险分析（risk analysis）

运用有用的信息和工具，对危险进行识别、评估。它是对发生事件的可能性与灾害严重性进行定量或定性的过程。

6. 风险控制（risk control）

制定减小风险的计划和对风险减小计划的执行，以及对执行后果进行评价。

7. 风险沟通（risk communication）

在决策者和其他人员之间分享有关风险和风险管理的信息。

8. 风险评审（risk review）

运用关于风险的新知识和经验来评审管理过程的输出或结果。评审频率应该取决于风险水平。

9. 质量系统（quality system）

一个执行质量政策，确保实现质量目标的系统的所有方面的总和。

（二）药品质量风险管理的发展历程

质量风险管理的概念最早出现在美国FDA 2002年发布的《21世纪GMP》中：一种基于风险管理的方法。鼓励制药企业采用先进的制药技术，运用现代化的质量管理手段和风险管理的方法，保证产品的质量。2005年11月，国际人用药品注册技术协调会（International Conference on Harmonization of Technical Requirements for Registration of Pharmaceuticals for Human Use，ICH）发布了Q9（质量风险管理），为企业和管理部门提供了质量风险管理的原则和部分风险管理工具。2006年1月，欧盟将ICH Q9转化为官方指南。2006年9月，美国FDA发布了《符合药品cGMP法规要求的质量体系》指南文件，将风险管理的理念引入药品生产过程的质量系统中。2006年9月，日本官方将ICH Q9转化为日文指南。2008年2月，欧盟将质量风险管理引入新修订的GMP指南中。2009年出台的ICH Q10（药品质量体系）也明确将质量风险管理作为构成有效药品质量体系不可或缺的部分，在药品全生命周期内，可以提供一种主动的方法来识别、科学评估和控制潜在的质量风险，促进工艺性能和产品质量的持续改进。2010年8月，世界卫生组织发布了“质量风险管理指南（草案）”，提交给2010年10月的第45次世界卫生组织药品制剂规范专家委员会讨论，并于2013年正式发布。

我国2010版GMP增加了质量风险管理的内容，在第二章第四节“质量风险管理”中表述为：质量风险管理是在整个产品生命周期中采用前瞻或回顾的方式，对质量风险进行评估、控制、沟通、审核的系统过程。要求企业应当根据科学知识及经验对质量风险进行评估，以保证产品质量；并要求质量风险管理过程所采用的方法、措施、形式及形成的文件应当与存在风险的级别相适应。药品质量管理中的质量授权人制度、变更管理、偏差管理、供应商评估、确认与验证等要求均体现了风险管理的理念。

2017年，中国国家药监部门正式加入ICH。国家药品监督管理局（NMPA）于2020年1月发布的《国家药监局关于推荐适用〈Q8（R2）：药品研发〉等4个国际人用药品注册技术协调会指导原则的公告》（2020年第6号），要求为推动药品注册技术标准与国际接轨，推荐适用ICH指导原则Q9（质量风险管理）。

2019年12月1日实施的《中华人民共和国药品管理法》中多处要求依据风险管理对药品进行管理，强调药品生命周期的质量风险管理，涵盖药品监督管理、药品上市前临床、上市后质量管理等方面。

药品检查合作计划（PIC/S）于2021年1月也发布了关于质量风险管理的检查备忘录PI 038-2，在提出风险体系化管理的同时，强调风险管理不是独立于质量系统之外的独立体系，必须是质量系统不可或缺的一部分。风险管理作为一个理念和工具应系统地融入生产质量管理的各个方面中，应有全面的规划、风险的清晰定义、管理层的参与和支持。

在全球范围内，无论是WHO，还是ICH，以及各国政府的药品监督管理部门，在社会历史发展的适当时期分别就药品质量风险管理以不同的文件形式作为GMP的补充或基础，是非常明智和正确的。相应法规和指南的更新均体现了关于质量风险管理实施方面的具体要求和监管期待。质量风险管理已经成为质量管理体系的重要内容。政府监管部门对企业应对风险管理能力的要求也越来越高，风险分析已成为现场检查及生产监管环节中重点审查的部分。

二、药品质量风险管理的原则

（一）质量风险评估应该基于科学知识并最终与保护患者利益相联系

我国GMP（2010年修订）第十四条规定：“应当根据科学知识及经验对质量风险进行评估，以保证产品质量。”

药学包括6个主干学科：药物化学、药理学、药剂学、生药学、药物分析、微生物和生化制药学。研究药学要以化学为基础，以临床医学为指导。药品审评审批的风险管理以及药品上市后的风险管理，其核心都在于进行利益和风险的分析，一切要凭事实和数据说话，对药品质量风险的评估必须建立在科学知识的基础上，一切从患者利益出发，以人为本，符合科学性原则。

（二）质量风险管理过程的投入水准、形式和文件，应与风险级别相适应

我国GMP（2010年修订）第十五条规定：“质量风险管理过程所采用的方法、措施、形式及形成的文件应当与存在风险的级别相适应。”

风险分级的基本思想是基于以下风险理论的数学关系。

$$风险程度=危险概率\times危险严重性$$

如果能够定量计算出风险程度，则可根据风险程度水平来进行风险分级。但是，在实际的风险管理过程中很难进行精确及定量的风险计算，因此，常常用定性或半定量的方法进行风险分级。

目前最广泛采用的具有代表性的一种方法是美国军用标准（MIL-STD-882）中提供的定性分级方法。该分级方法分别规定了危险严重性等级以及危险概率的定性等级。通过不同的等级组合进行风险水平的分级。

危险概率等级和危险严重性等级分别如表1-2和表1-3所示。

表1-2　危险概率等级（MIL-STD-882）

分类等级	特征	项目说明	发生情况
一	频繁	几乎经常出现	连续发生
二	容易	在一个项目使用寿命周期中将出现若干次	经常发生
三	偶然	在一个项目使用寿命周期中可能出现	有时发生
四	很少	不能认为不可能发生	可能发生
五	不易	出现的概率接近于零	可以假设不发生
六	不能	不可能出现	不可能发生

表1-3　危险严重性等级（MIL-STD-882）

分类等级	危险性	破坏	伤害
一	灾难性的	系统报废	死亡
二	危险性的	主要系统损坏	严重伤害
三	临界的	次要系统损坏	轻伤
四	安全的	系统无损坏	无损害

危险概率等级和危险严重性等级的组合，用半定量打分法来构成风险评价指数矩阵，见表1-4。

表1-4　风险定性分级

可能性	灾难的	严重的	轻度的	轻微的
频繁	1	2	7	13
很可能	2	5	9	16
有时	4	6	11	18
极少	8	10	14	19
几乎不可能	12	15	17	20

应用表1-4的数值即可进行风险分级，这种方法称作风险评价指数矩阵法。风险评价指数矩阵法是一种评价风险水平和确定风险的简单方法。

用矩阵中指数的大小作为以下风险分级的准则。

一级风险：指数为1～5，是不能接受的风险。

指与药品管理的法律法规和标准有偏离，或与GMP要求有严重偏离，必然造成企业巨大的经济和名誉损失的；或产品可能对使用者造成高危健康损害，如致畸、致残、致突变等不可逆损伤；或危及生命，导致急救，甚至死亡，或不可预知的损伤。药品自然属性导致的不良反应除外。

二级风险：指数为6～9，是不希望有的风险。

指与企业质量方针、内部规程和标准，或GMP要求有较大偏离，可能造成企业较大的经济和名誉损失的；或产品可能对使用者造成非高危健康损害，如可预知的一过性的可逆伤害或疗效降低，不需要急救。药品自然属性导致的不良反应除外。

三级风险：指数为10～17，是有条件接受的风险。

指与企业质量方针、内部规程和标准，或GMP要求有轻微偏离，可能造成企业一定程度经济损失的；或提示质量趋势向坏，不加以控制可能发展为一、二级风险的；或不会造成使用者健康损害的。

四级风险：指数为18～20，是完全可以接受的风险。

药品质量风险的分级可以采用上述矩阵指数大小的分级方法，或者更适当的其他方法。

质量风险管理是具有效益的。从经济学观点看。质量风险管理活动要正常进行，必须有一定的投入，一般把投入质量风险管理活动的一切人力、物力和财力的总和称为质量风险管理过程的投入，其投入水平理应与风险的级别相适应。

三、质量风险管理流程及步骤

（一）质量风险管理流程

图1-14是典型的质量风险管理流程示意图。质量风险管理的标准化流程主要是：启动质量风险管理流程、风险评估、风险控制、质量风险管理过程的输出/结果、风险回顾以及贯穿管理过程始终的风险沟通环节。其中，风险评估环节包括危害源识别、风险分析和风险评价；风险控制环节包括风险降低和风险接受。

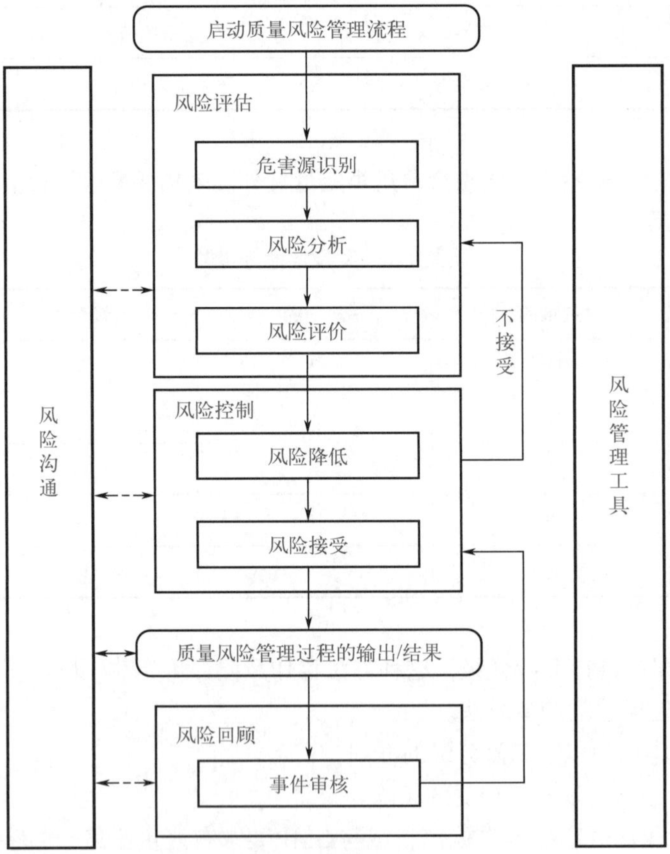

图1-14　质量风险管理流程

在图1-14中并没有标明风险判定的结点（decisionnote），因为风险的判定可以出现在质量风险管理过程中的任何一点，可以返回到前一步，并挖掘更多的信息来调整风险模式，或者终止风险管理程序（基于获得的支持性信息能说明终止的合理性）。流程图中的“不接受”（unacceptable）不仅限于法定的、立法的和法规的要求，还需要重新回顾风险评估的程序。

（二）质量风险管理步骤

1. 风险评估（risk assessment）

风险评估包括对危害源的识别、分析和评价暴露于相应危害的风险。质量风险评估从明确的问题描述或风险疑问开始，当明确定义所讨论的风险后，更容易识别适当的风险管理工具以及解决问题所需的信息类型。

进行风险评估首先应明确以下基本问题：

① 什么可能出错？

② 出错的可能性有多大？

③ 结果（严重性）是什么？

利用明确的问题描述或风险疑问，确立暴露在相应危害下相关可能的风险，选择合适的风险管理工具和回答风险提问所需的信息类型。

（1）危害源识别　风险管理小组根据风险提问和问题描述，系统地利用相关信息确定危害。风险管理小组根据已确认的问题和（或）风险提问，筛选风险驱动者提供的信息资料，必要时要求风险驱动者增加必要的信息资料。一旦问题暴露在相应危害下的风险确认，风险评估驱动者将向质量管理部门提供汇报评估的内容，以及所收集到的与评估相关的潜在风险的背景信息与资料。

（2）风险分析　风险分析是对所识别危害源的相关风险进行估计，是将危害发生可能性和严重性相结合的定性或定量过程。进行风险分析时，需要评估危害发生和重现的可能性、严重性和可检测性。步骤如下：

① 选择风险评估的工具（choose risk assessment tool），参见本节内容“四、风险管理常用工具”；

② 确定风险的因素（determine risk factors），如危害发生的可能性、严重性、可检测性；

③ 界定风险因素的范围（define the scales for the risk factors）；

④ 界定风险的类型或确定风险的矩阵（define the risk terms and/or develop matrix）；

⑤ 确定采取的行动（determine the threshold for action）。

（3）风险评价　风险评价是将已经识别和分析的风险与确定的可接受标准进行比较。风险评价要综合考虑上述三个基本问题的证据力度。在进行有效的风险评估时，数据的可靠程度非常重要，其决定了评估输出结果的质量。对假设及不确定性的合理来源的揭示，可以增加风险评估输出结果的可信度和（或）有助于识别该结果的局限性。不确定性是由于工艺知识的不全面和工艺中存在预期或非预期变化的共同作用所致，其典型来源包括对制药科学和工艺的理解、危害的来源（如工艺失败模式、波动来源）和问题的检出可能性等知识的局限。

风险评价结果既可以是风险的定量估计，也可以是风险的定性描述，相应指标应尽可能详细地定义。例如：定量表示为具体的数字，如0到10（0到100%）；或定性表示为风险的级别，如高、中、低。在风险分级中有时使用“风险评分”进一步定义风险等级。当一系列风险产生时，采用定量法进行风险评价，可估计某一特定后果的可能性。因此，风险定量估计在对特定后果进行逐一估计时是有用的。另外，也可使用一些风险管理工具把多个水平的风险严重性和可能性组合到一个整体的评估中，给出一个相对风险度量。评分过程的中间步骤有时可以使用定量风险估计。

2. 风险控制

风险控制的目的是降低风险至可接受水平，包括风险降低和风险接受。

根据风险评估步骤的结果，风险评估小组确定控制、降低或消除风险的措施，以及风险可接受水平。对风险控制而采取的措施应与风险的级别相适应，风险决策者可根据以下问题来判断风险控制的最佳水平：

① 风险是否在可接受水平以上？

② 风险评估的结论是否反映了患者安全的风险水平？对患者安全的风险程度如何？

③ 怎样才能降低、控制或消除风险？

④ 为降低风险结果而引进的新的风险或已有风险的变化是否处于受控状态?

⑤ 在利益、风险和资源间合适的平衡点是什么?

(1) 风险降低　确定风险降低的方法。包括：采取行动来转移或消除风险中危害的引入；增加预防措施来降低风险发生的可能性；应用一些方法和程序来提高识别和检测危害源的能力。需要注意的是：风险降低的一些方法可能对系统引入新的风险或显著提高其他已存在的风险，如为降低风险而引入的风险或产生变化的风险，也应同时进行风险评估，以保证其是否能够接受或处于受控状态，因此风险评估必须重复进行，以确定和评估风险可能的变化。

另外注意：如不改变风险评估的情形，在现有风险点（危害源）识别后，风险中伤害的严重性不应改变，可通过降低风险中伤害发生的可能性和提高危害发生的可检测性来降低风险的级别。

(2) 风险接受　风险接受是指接受风险的决策。风险接受可以是一个接受剩余风险的正式决策，或者是当剩余风险不明确时被动接受的决策。当风险管理小组认为已经采取了当前最适宜的质量风险管理策略时，质量风险已降低到可接受水平，风险管理的驱动者应根据讨论情况，完成风险评估记录或报告。

风险接受可采用最低合理可行原则（as low as reasonably practicable，ALARP），它的含义是：任何工业系统都是存在风险的，不可能通过预防措施来彻底消除风险，即使是最好的质量风险管理实践活动，某些损害的风险也不会完全被消除；而且，当系统的风险水平越低时，要进一步降低就越困难，其成本往往呈指数曲线上升。因此，必须在工业系统的风险水平和成本之间做出一个折中的决定，在这些情况下，可以认为已经采取了最适宜的质量风险管理策略，质量风险已经降低至特定的（可接受的）水平。这个（特定的）接受水平由多种因素决定并应该根据具体情况判定。

3. 风险回顾

风险管理效果的监测及回顾：风险评估管理应当是持续动态的质量管理过程，并需要进行必要的监测。如果风险评估管理控制显示无效或有失效的风险或趋势，应当重新评估风险管理控制要求。应根据系统的变化因素的引入或新的风险的识别，对现有风险产生的影响完成相应的风险重新评估及控制工作。同时随着经验的积累和科学知识的更新，风险管理过程的结果应结合新的知识与经验进行回顾。风险回顾可能也包括基于新的知识及监管、法规要求等对于风险接受决定的再考量。

监测及回顾频率应当结合事件/活动风险的重要性，相应回顾机制应结合企业的质量管理形式执行。例如：在变更提出的行动计划中对相应变化内容的风险评估及控制措施定义的回顾形式；在偏差、异常调查等提出的整改行动计划中制定的追踪、再回顾计划；定期正式地对风险评估报告或活动的再评价或回顾等。

4. 风险沟通

风险沟通是决策制定者及其他人员间交换或分享风险及其管理信息的过程。为保证风险管理的全面性，在执行风险管理程序的过程中可能会涉及多部门间的沟通交流，以确保风险管理的科学性和合理性。在质量风险管理任一过程中，风险决策者可以将风险管理情况通报企业相关部门。全面风险管理风险决策者可以根据质量风险严重程度要求企业相关职能部门根据法规要求通报监管部门。对于企业或监管部门间就质量风险管理决定进行通报时，可参照相关法规与指南所规定的方式进行。

四、风险管理常用工具

进行质量风险评估时，针对不同的风险项目或数据可选择不同的风险评估工具和方法。这里介绍几种常用的风险评估工具，但风险管理工具不限于此。

注意，没有一种万能的工具可适用于质量风险管理过程中的每一种情况，这点十分重要。

（一）常用统计工具

用于收集或组织数据、构建项目管理等，包括：流程图、图形分析、鱼骨图、检查列表等。这些技术分析数据可用于汇总数据、分析趋势等，以帮助完成质量偏差、投诉、缺陷等的风险管理。

1. 柏拉图统计法（platonic statistics）

柏拉图统计法（图1-15）的使用要以层别法为前提，将层别法已确定的项目从大到小进行排列，再加上累积值的图形。它可以帮助我们找出关键的问题，抓住重要的少数及有用的多数，适用于计数值统计，有人称为ABC图，又因为柏拉图的排序是从大到小，故又称为排列图。

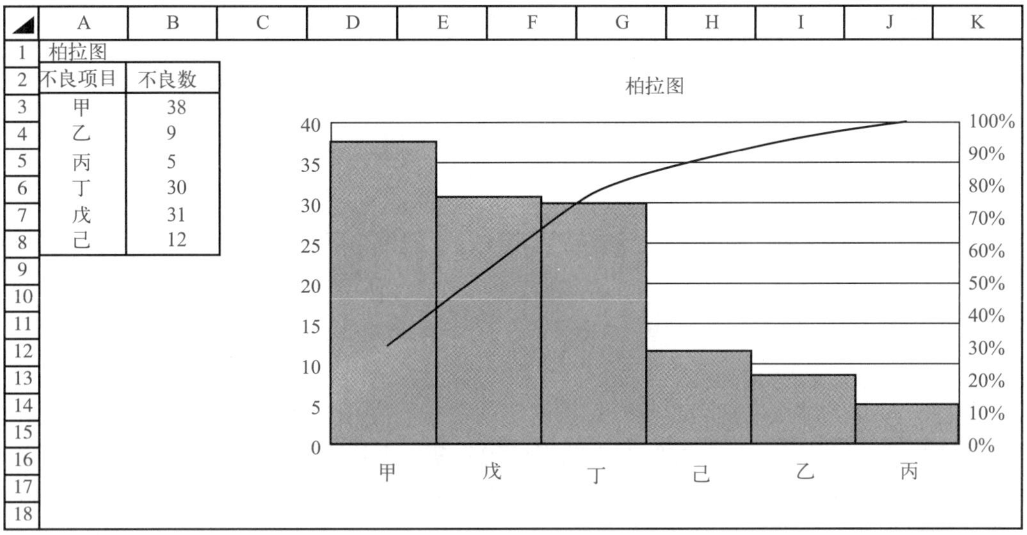

图1-15 柏拉图统计法示例

实施步骤：①收集数据，用层别法分类，计算各层别项目占整体项目的百分数；②把分好类的数据进行汇总，由多到少进行排列，并计算累计百分数；③绘制横轴和纵轴刻度；④绘制柱状图；⑤绘制累积曲线；⑥记录必要事项；⑦分析柏拉图。

2. 鱼骨图分析法

鱼骨图分析法（图1-16）主要用于分析品质特性与影响品质特性的可能原因之间的因果关系，通过把握现状、分析原因、寻找措施来促进问题的解决。也称为因果图、石川图。

实施步骤：①成立因果图分析小组，3～6人为好，最好是各部门的代表；②确定问题点；③画出干线主骨、中骨、小骨及确定重大原因［一般从5M1E，即人员（Man）、机器（Machine）、物料（Material）、方法（Method）、测量（Measure）、环境（Environment）六个方面全面找出原因］；④与会人员热烈讨论，依据重大原因进行分析，找到中原因或小原因，绘至因果图中；⑤因果图小组要形成共识，把最可能是问题根源的项目用红笔或特殊记号标识；⑥记入必要事项。

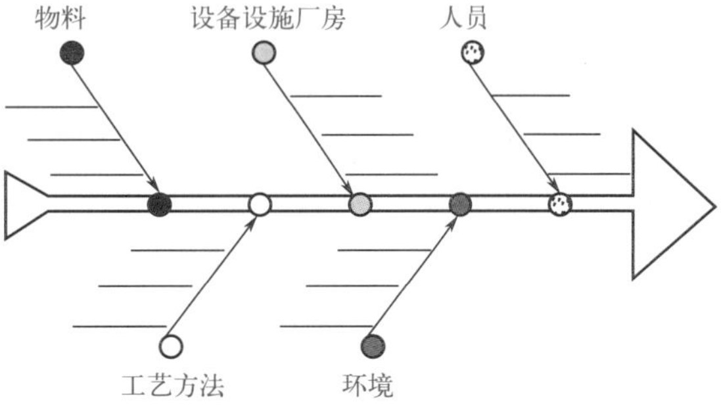

图1-16 鱼骨图分析法示例

3. 控制图分析法

影响产品质量的因素有很多，有静态因素也有动态因素，有没有一种方法能够即时监控产品的生产过程、及时发现质量隐患，以便改善生产过程，减少废品和次品的产出？控制图分析法（图1-17）就是这样一种以预防为主的质量控制方法，它利用现场收集到的质量特征值，绘制成控制图，通过观察图形来判断产品的生产过程的质量状况。控制图可以提供很多有用的信息，控制图分析法是质量管理的重要方法之一。

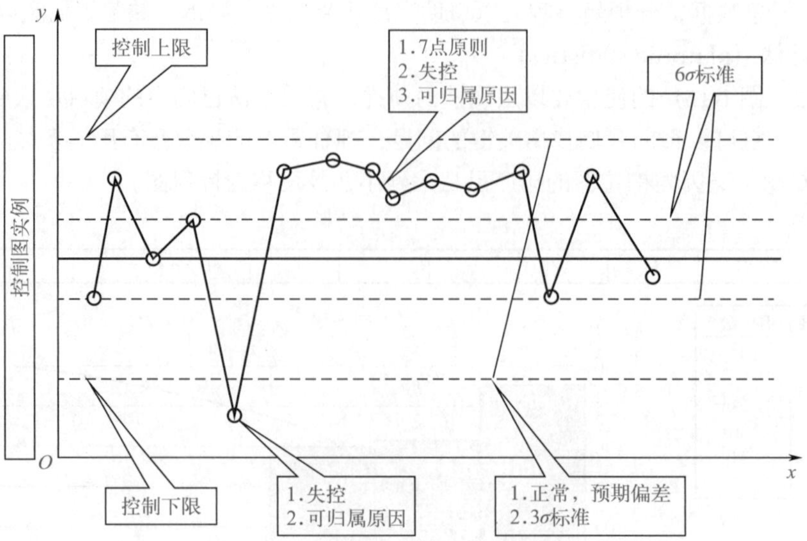

图1-17　控制图分析法示例

制作控制图一般要经过以下几个步骤：①按规定的抽样间隔和样本大小抽取样本；②测量样本的质量特性值，计算其统计量数值；③在控制图上描点；④判断生产过程是否有并行。

用控制图识别生产过程的状态，主要是根据样本数据形成的样本点位置以及变化趋势进行分析和判断。当数据点超越管理界限时，一般认为生产过程存在异常现象，此时就应该追究原因，并采取对策。控制图对异常现象的揭示能力，将根据数据分组时各组数据的多少、样本的收集方法、层别的划分不同而不同。不应仅仅满足于对一份控制图的使用，而应变换各种各样的数据收集方法和使用方法，制作出各种类型的图表，这样才能收到更好的效果。

（二）风险排序和筛选（risk ranking and filtering，RRF）

风险排序和筛选是一个用于比较风险并将风险分级的工具。复杂体系中的风险等级通常需要对每一个风险中复杂多样的定量及定性因素作出评估。这个工具将每一个基本的风险问题尽可能多地分解开，以包括风险中的各种因素。这些因素被合并成一个单独的相对风险分值，以用于划分风险的等级。筛选即通过对各因素进行权重或对风险分值作删减的形式进行，从而使风险分级适用于管理或政策性目的。该方法是将风险因素进行排序和比较，对每种风险因素做多重的定量和定性的评价，权重因素并确定风险得分。

风险评价可以使用风险“低”“中”“高”分类和简单的矩阵。

1. 矩阵图

用于风险评估的矩阵图如图1-18所示。

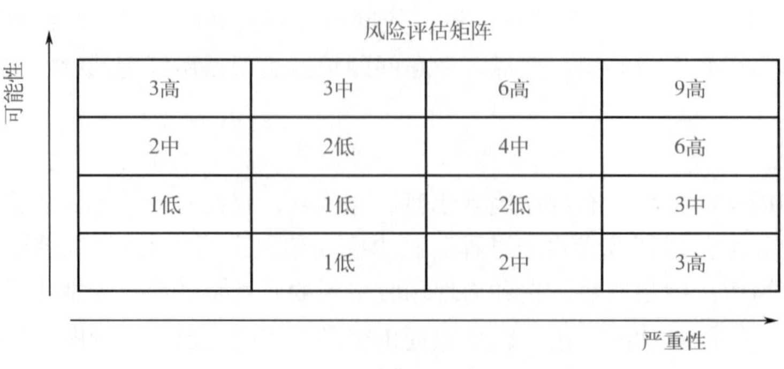

图1-18　用于风险评估的矩阵图

2. 风险排序筛选表

用于风险评估的风险排序筛选（RRF）表如表1-5所示。

表1-5　用于风险评估的风险排序筛选表

潜在的风险	风险分析		风险评价得分
	可能性	严重性	
风险1	低（1）	高（3）	中（3）
风险2	中（2）	低（1）	低（2）
风险3	中（2）	中（2）	中（4）

（三）初级危害分析（preliminary hazard analysis，PHA）

初级危害分析，又称为预危险性分析、初步危险分析。这种方法是在开发阶段对建设项目中物料、装置、工艺过程，以及能量失控时可能出现的危险性、类别、条件及可能造成的后果作宏观的概略分析，其目的是辨识系统中存在的潜在危险，确定其危险等级，防止这些危险发展成事故。

PHA对固有系统中采取新的操作方法、接触新的危险性物质、采用新的工具和新的设备时进行分析也比较合适。这种方法是一种简单易行、经济有效的定性分析方法。

在运用PHA这个分析工具之前，应获取某个危害及失效（failure）的经验或知识，来识别潜在的危害、危害处境和可能引起损害的事件，并估计其在某个特定的活动、厂房设施、产品或系统中发生的概率。

初步危害分析的矩阵见表1-6。

表1-6　初步危害分析矩阵

可能性	严重性			
	可忽略	次要	主要	严重
频繁	低	中	高	高
可能	低	中	高	高
偶尔	微小	中	中	高
罕见	微小	低	中	中

注：表格中风险的水平和定义及高中低要求仅供参考，具体需根据接受水平、具体风险案例分析制定。

当条件不允许采用其他工具时，PHA有助于对已有系统进行分析或确定危害的优先级。它可应用于产品、工艺与设施设计，还可应用于评价从产品的基本类型，到产品类别，最终到某一具体产品的危害类型。PHA常用于缺乏详细设计或操作规程方面信息的项目研发初期，并经常作为进一步研究的铺垫。对PHA所确定的危害，通常会使用本章节中其他的风险管理工具进一步评估。

（四）失效模式与影响分析（failure mode effects analysis，FMEA）

失效模式与影响分析是一项用于确定、识别、预防或消除产品在系统、设计、过程和服务中已知的和潜在的失效、问题、错误的工程技术。FMEA是一种定性分析方法，可以用于设备和设施，用于分析生产操作及其对产品和工艺的影响。一旦失效模式被建立，风险降低就可被用来消除、减少或控制潜在的失败，这有赖于对产品和过程的理解。FMEA在制药行业中应用最广泛，在总结重要的失效模式、引起这些失效的因素和这些失效的潜在后果方面，它是一个强有力的工具。

FMEA 合理地对复杂过程进行分析，将其分解为可操作的步骤。具体有以下5步：①确认分析对象系统；②分析元素失效类型和产生原因；③研究失效类型的后果；④填写失效模式和后果分析表格；⑤风险分析评价。

在FMEA中进行风险分析评价的主要依据是风险优先指数（RPN），指的是严重性（S）、可能性（P）和可检测性（D）的乘积。严重性指影响后果的级别；可能性指某一特定的起因在设计寿命内出现的概率；可检测性是与设计控制中心所列的最佳探测控制相关联的定级数。这三个指标的范围可以由评价者来定义，比如从1到10，程度依次加深。

FMEA排列标准和失败得分举例如下：

严重性×可能性×可检测性=风险优先级得分

失效模式与影响分析评分见表1-7。

表1-7 失效模式与影响分析评分

赋值	严重性	发生的频率	可测量性	风险优先级 RPN
1	潜在的次要伤害且不是永久的伤害；次要的药政法规问题且可以改正	孤立发生	很容易被鉴别的风险，并可采取行动避免	1
2	潜在的严重伤害但不是永久的伤害；显著的药政法规问题	发生的可能性中等	中等	8
3	潜在的死亡或永久的伤害；主要的药政法规的问题	某种程度上不可避免	不容易被鉴别的风险，不易采取行动避免	27

失效模式与影响分析的矩阵见表1-8。

表1-8 失效模式与影响分析矩阵

风险	行动	风险得分
高	此风险必须降低	12，18，27
中	此风险必须适当地降至尽可能低	8，9
低	考虑费用和收益，此风险必须适当地降至尽可能低	3，4，6
微小	通常可以接受的风险	1，2

例如，表1-9是某制药企业密闭式离心机的风险评估表（开箱验收环节），所采取的风险评估方法就是FMEA，分别判断密闭式离心机开箱验收环节各个风险的严重性、可能性和可检测性，计算RPN，确定风险水平并采取相应措施。由此对开箱验收环节进行了风险评估，确定风险水平。

表1-9 离心机风险评估表（开箱验收环节）（部分）

风险	影响	控制措施	可能性（P）	严重性（S）	可检测性（D）	RPN	风险水平
设备送货到场后，型号不符，设备损坏，设备及其配件、文件资料不齐	设备不能正常安装使用，设备资料不齐影响日常使用维护及培训管理	进行设备开箱验收的确认，确认设备到货部件的名称、型号、数量，是否有损坏及腐蚀，设备配件及文件资料是否齐全	2	4	1	8	低
与药品直接接触的设备材质不符合GMP要求	对产品质量产生不良影响	进行设备开箱验收的确认，取得供应商的材质证明	2	5	1	10	中
焊接不符合要求	导致交叉污染	进行设备开箱验收的确认，确认焊接是否符合要求	2	4	1	8	低
表面光洁度不符合要求	导致交叉污染	进行设备开箱验收的确认，确认表面光洁度是否满足要求	2	4	1	8	低

FMEA可被用于设备和设施中，也可用于分析生产过程以确定高风险步骤或关键参数。FMEA的评价结果是每一种失效模式的相对的风险“分数”，这种“分数”被用于评价风险模式的等级。

（五）危害分析和关键控制点（hazard analysis and critical control point，HACCP）

危害分析和关键控制点是一个系统的、前瞻性的和预防性的用于确保产品质量、可靠性和安全性的方法。它是一个结构化的方法，应用了技术和科学的原理分析、评估、预防和控制风险，或与设计、开发、生产和产品有关的危害的负效应。

HACCP方法的实施步骤共有7步：

① 列出过程每一步的潜在危害，进行危害分析和控制；

② 确定关键控制点；

③ 对关键控制点建立可接受限度；

④ 对关键控制点建立监测系统；

⑤ 当监测数据显示关键控制点处于非受控状态时应采取的改正措施；

⑥ 建立系统以确保HACCP系统有效运行；

⑦ 建立记录系统。

HACCP可用于物理、化学和生物（包括微生物污染）有关危害的风险识别及管理。当对产品和工艺有充分全面的理解以支持识别关键控制点时，HACCP最为有用。将HACCP分析的输出结果作为风险管理信息，不仅可促进生产过程中关键点监测，也可促进产品生命周期中其他阶段的关键点监测。

（六）故障树分析

故障树分析（fault tree analysis，FTA）是鉴别假设可能会发生过失的原因分析方法。FTA结合过失产生原因的多种可能假设，基于对过程的认识做出正确的判断。

基本图形见图1-19。

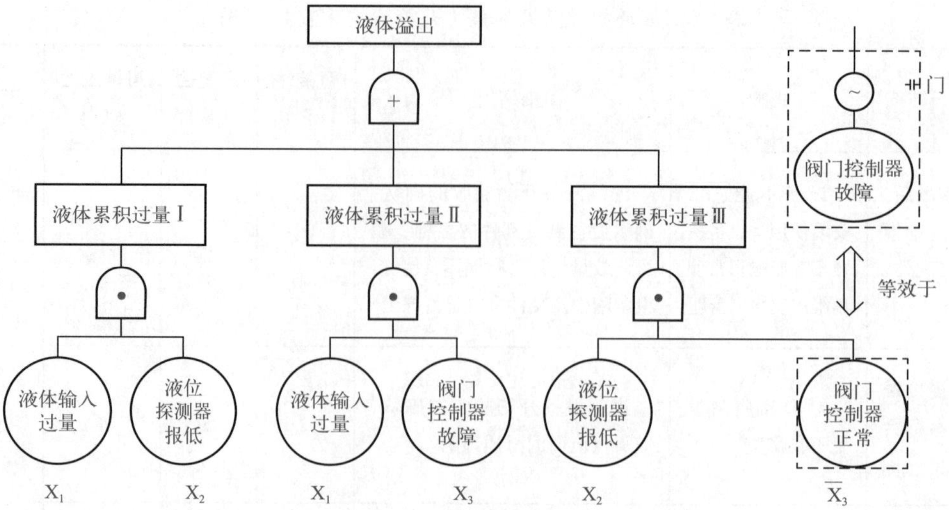

图1-19 故障树分析图

这种方法可被用于建立一个途径以找到错误的根源。在对投诉或者偏差进行调查时，可以利用FTA充分了解造成错误的根本原因，确保针对性的改进方法能根本性地解决一个问题，而不引起其他问题。故障树分析是一个评估多种因素如何影响一个既定结果的好方法。FTA的分析结果既包括了对错误模式的一种形象化描述，又包括了对每一个错误模式发生可能性的量化评估。它对风险评估及设计阶段的监控程序都十分有用。

第二章 注射剂生产技术

第一节 概述

拓展知识：注射剂生产（思政案例）

一、注射剂的介绍

注射剂系指原料药物或与适宜的辅料制成的供注入体内的无菌制剂，是临床应用最广泛的剂型之一，包括溶液型、乳状液型、混悬型以及临用前现配的无菌粉末。配制注射剂时，可根据需要加入适宜的辅料，如渗透压调节剂、pH调节剂、增溶剂、助溶剂、抗氧剂、抑菌剂、乳化剂、助悬剂等。辅料的选择应考虑到对药物疗效和安全性的影响，使用浓度不得引起毒性或明显的刺激，且避免对检验产生干扰。

注射剂可用于皮下注射、皮内注射、肌内注射、静脉注射和滴注、鞘内注射、椎管内注射等，且具有以下优点：①药效迅速、剂量准确、作用可靠；②适用于不宜口服用药的患者，如晕厥患者；③适用于不宜口服的药物，如胰岛素、肝素等在胃肠道内不易被吸收，而通过适宜注射途径给药；④脂质体或静脉乳剂注射后，在肝、肺、脾等器官中药物分布较多，有定向作用；⑤可起到局部作用，如局麻药的使用、局部造影用于疾病诊断。注射剂缺点包括：①注射剂的使用需专业人员操作，不适合自行处理，具有使用局限性；②注射剂注射和药物的刺激性均会产生疼痛感，患者顺应性差；③相对于口服制剂，注射剂直接进入体内，一旦剂量用错或出现质量问题时，无法中止给药，有可能给患者带来危害，甚至造成无法挽回的后果；且受到感染的可能性更大；④注射剂是无菌制剂，质量要求高，因此对制备条件和制造人员要求高，研制和生产过程复杂，导致生产费用和成本较高。

拓展知识：《中华人民共和国药品管理法》

二、注射剂产品的质量控制

药品质量控制的目的是确保药品的安全性、有效性和一致性，向消费者提供符合质量特性的制剂产品，以满足患者的治疗需求。通过质量控制，可以有效地控制药品的成分、纯度、稳定性和可靠性，提高药品的质量水平，减少药品的不合格率，保障患者的用药安全。有关药物制剂质量控制的法规要求可参考《中华人民共和国药品管理法》和《中华人民共和国药品管理法实施条例》，以及其他相关的政策法规，包括《中华人民共和国药典》《药品注册管理办法》《直接接触药品的包装材料和容器管理办法》《药品说明书和标签管理规定》《药品生产质量管理规范》（good manufacturing practice，GMP）等。

拓展知识：《中华人民共和国药品管理法实施条例》

为了确保产品全部符合质量要求，对药品质量的管理不仅限于药品生产所涉及的物料、介质、中间产品、待包装产品检验和成品出厂检验，还涉及整个生产过程的全部监控措施（如必要的环境监测等）。质量控制包括相应的组织机构、文件系统、取样以及检验等，确保物料或产品在放行前完成必要的检验，确认其质量符合要求。药品质量控制的基本要求可参考《药品生产质量管理规范》(2010年修订)。

(一)最终灭菌小容量注射剂

最终灭菌小容量注射剂简称小针剂或水针剂，是指容量在50mL以下的最终灭菌注射剂。目前，小容量注射剂生产所使用的容器有玻璃容器和塑料容器（图2-1）。玻璃容器包括安瓿和西林瓶；塑料（高分子材料）容器包括塑料（PP/PE/COP）的安瓿、西林瓶。最终灭菌小容量注射剂生产主要经过称量、配制、容器清洗及干燥灭菌、灌封、灭菌、灯检、检测、包装等工序，小容量注射剂联动线主要生产工序的质量控制点如表2-1所示。

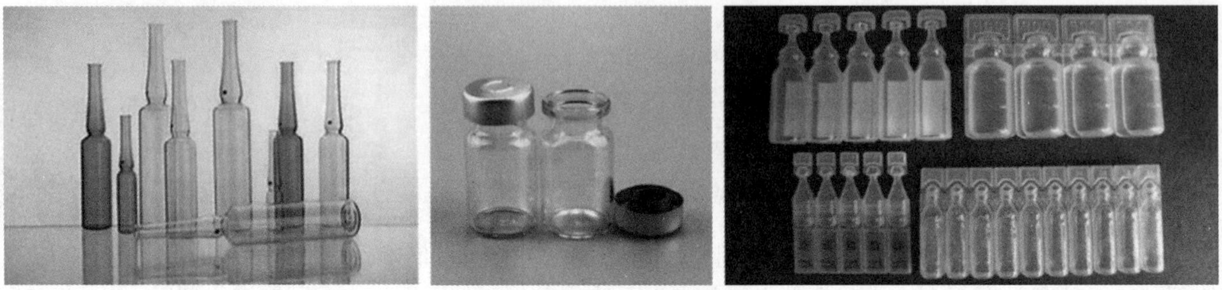

图2-1 小容量注射剂的容器

表2-1 最终灭菌小容量注射剂生产过程质量控制点

工序	控制项目	内容	检测频次
称量	原辅料	生产企业、包装、异物	每批
		名称、批号、生产日期、有效期、检验报告	每批
配制	投料	品种、数量	每批
		异物	每批
	配液	加入方式、温度、含量、pH、有关物质、澄明度	每批
	超滤系统	完整性、衰减值	每批
容器清洗及干燥灭菌	洗瓶机注射水	压力值、超声波功率、电导值	半小时 / 班
	洗瓶机压缩空气		半小时 / 班
	洗瓶机循环水		半小时 / 班
	隧道烘箱	预热区、灭菌区、冷却区温度、170℃下标准干燥灭菌时间（F_H）	半小时 / 班
	隧道烘箱	预热区、灭菌区、冷却区高效压差	半小时 / 班
	隧道烘箱网带	速度值	半小时 / 班
灌封	灌封封口机	药液澄明度	定时 / 班
		装量	定时 / 班
		封口效果检查	定时 / 班
		除菌过滤滤芯泡点检测（PUPSIT）	班前、班后
灭菌	灭菌柜	标记、装载方式、探头摆放、121℃下标准灭菌时间（F_0）	每柜 / 班
	灭菌前半成品	微生物负载、标识、存放	每柜 / 班
	灭菌后半成品	外壁清洁度、标识、存放、无菌检测	每柜 / 班

续表

工序	控制项目	内容	检测频次
灯检	灯检品	澄明度、外观	每柜/班
检漏	检漏品	容器密封性	每支（瓶）
包装	贴签	生产日期、产品批号、有效期至、外观	每支（瓶）
	装盒	说明书、生产日期、产品批号、有效期至	每批
	电子监管码	对应关系	每支/盒/箱
	装箱	生产日期、产品批号、有效期至、数量、柜次号	每批

（二）最终灭菌大容量注射剂

最终灭菌大容量注射剂简称大输液或输液，是指50mL以上的最终灭菌注射剂。输液剂的容器目前国内常用的是玻璃瓶装、塑料瓶装、软袋装三种，如图2-2。

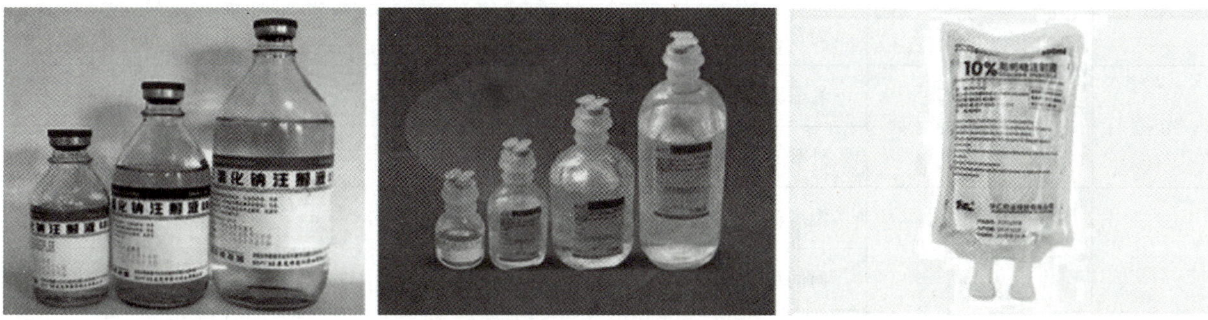

图2-2 大容量注射剂的容器

1. 最终灭菌大容量注射剂（玻璃瓶装）

最终灭菌大容量注射剂（玻璃瓶装）生产共需经过洗瓶、配液、灌装、轧盖、灭菌、灯检及包装七个主要工序。生产过程中，各工序的质量控制点见表2-2。

表2-2 最终灭菌大容量注射剂（玻璃瓶装）生产过程质量控制点

工序	控制项目	内容	检测频次
洗瓶	粗洗过程	针头对中情况	每批
		压缩空气压力	每批
		循环水压力	每批
		饮用水压力	每批
	精洗过程	针头对中情况	每批
		工艺用压缩空气压力	每批
		循环水压力	每批
		注射用水压力	每批
		控制用压缩空气压力	每批

续表

工序	控制项目	内容	检测频次
配液	注射用水	pH：5.0～7.0等（《中国药典》的标准要求）	每批
	配制原辅料	原辅料质量	每批
	介质	工艺用压缩空气压力	每批
		控制用压缩空气压力	每批
	配制过程	按照经批准生产工艺进行，生产工艺需定期检查	每批
	药液	形状、含量、pH等项目	每批
	除菌过滤器	完整性检测	2次/批、生产前后
灌装	介质	工艺用压缩空气压力	在线监测
		控制用压缩空气压力	在线监测
	药液装量	需符合产品要求	每批
轧盖	轧盖效果	轧盖紧密度	每批
		外观不得飞边、无褶皱、瓶口无裂纹	每批
灭菌	灭菌过程	温度符合工艺要求	每柜
		时间符合工艺要求	每柜
		灭菌图谱完整	每柜
		F_0值符合要求	每柜
		灭菌指示带变色	每车
	介质	工业蒸汽压力	在线监测
		控制用压缩空气压力	在线监测
		冷冻水压力	在线监测
		纯化水压力	在线监测
灯检	灯检品	可见异物	每瓶
包装	贴签	生产日期、产品批号、有效期至、外观	每批
	装盒	说明书、生产日期、产品批号、有效期至	每批
	电子监管码	对应关系	每支/盒/箱
	装箱	生产日期、产品批号、有效期至、数量、柜次号	每批

2. 最终灭菌大容量注射剂（塑料瓶装）

最终灭菌大容量注射剂（塑料瓶装）生产过程中，各个工序的质量控制点见表2-3。

表2-3　最终灭菌大容量注射剂（塑料瓶装）生产过程质量控制点

工序	控制项目	内容	检查频次	责任人	备注
制水	纯化水	电阻率、氨、酸碱度、氯化物，应有记录	每 2h	操作人员	贮罐、管道定期清洗消毒
	注射用水	电阻率、氨、pH 值、氯化物，应有记录	每 2h	操作人员	
空调	温度、湿度	18～26℃、45%～65%	每班	操作人员	定期监测、维护
	净化系统	空气洁净度（尘埃粒子、菌落数等）	定期	QC 人员	
配料	浓配	每次收料前应检查原辅料的外观质量，核对品名、批号、生产厂家、数量。脱掉外包装后，送料员应在内包装上贴标签，标明品名、批号、数量，否则拒收	每班	物控送料员、浓配操作人员	防混
	投料与余料的管理	每次称量后余料应包装好，在包装上贴好标签；投料前复核数量，如有偏差，应在规定的范围内，如不符合偏差规定，应及时通知QA人员，共同分析原因，确认不影响产品质量方可投料	每班	操作人员	
	稀配	① 体积准确、混合均匀； ② QA 人员审核符合要求才能进行下一工序； ③ 若所需加料加水量超出日常添加量时，及时通知现场QA人员，确认无潜在质量隐患后方可加料加水	每班	操作人员、QC人员、QA 人员	取样要有代表性
	配液罐、管道清洗	换品种清洗管道后，取洗净水检查理化项目，停产后再生产需取洗净水做全检	每班	QC 人员	
洗灌封	上瓶	瓶子干净、无变形、无异物、无气泡、无杂质，瓶口、瓶身、胶口完整	逐个	操作人员	瓶的贮存
	上吊环	① 检查吊环是否完整，无毛边、无翘起现象； ② 保证每个瓶上都能上好吊环； ③ 发现不合格的瓶子要剔除	逐个	操作人员	可以免去
	焊吊环	① 检查焊接头温度； ② 检查吊环焊接效果	每 1h	操作人员	可以免去
	灌装前的确认	每班灌装的前40瓶重点检查澄明度，调节装量，合格才可继续灌装	每班灌装前	操作人员、QA人员	避免污染
	组合盖	每桶组合盖使用前检查组合盖标识是否完整，盖是否干净无杂质	每桶	操作人员	按先进先出原则用盖
	气洗效果确认	吹针完整，能放电，吹气、吸气现象明显；气洗管路不漏气	每 2h	QA 人员	包括洗瓶、洗盖

续表

工序	控制项目	内容	检查频次	责任人	备注
洗灌封	封口	① 观察加热片温度； ② 观察加热片、瓶口、吸盖头三者的位置和距离； ③ 不定时地抽查2组产品，用人工挤压的方法检查封口情况、歪头情况	随时	QA人员	—
	澄明度、装量	每1h抽查一次，每次30瓶，检查澄明度、装量	每1h	QA人员	—
	洗净水	换品种清洗管道后，取洗净水检查理化项目，停产后再生产需取洗净水做全检	每天	QC人员	—
灭菌	上瓶	① 检查从灌装室输送过来的产品是否有歪头、气泡、杂质，装量是否有明显差异； ② 产品在灭菌车上的摆放要整齐，摆放数量要适宜	随时	操作人员	—
	灭菌温度、时间、压力	① 每次灭菌前检查柜内各点的温度探头是否完好； ② 控制好压力系数、灭菌时间、灭菌温度及冷却出柜温度； ③ 产品出柜后必须有标识，品名、批号要完整	每柜	操作人员、QA人员	如有异常，及时通知现场QA人员
	下瓶	核对产品品名、规格、批号	每柜	操作人员、QA人员	如有异常，及时通知现场QA人员
检漏	检测度、漏检率	所设参数与实际是否相符	每批	操作人员、QA人员	如有异常，及时通知现场QA人员
灯检	光源	塑料瓶：照度为2000～3000lx	每月	QA人员	注意避免视力疲劳
	视力	0.9以上（不包含矫正后的视力）	每年	灯检员	
	方法	按直、横、倒三步法，每次拿1～2瓶，每瓶10s。人眼与产品的距离为25cm	每瓶	操作人员	
	判断	外观：瓶身完整清洁，无砂眼、大气泡等	每瓶	操作人员	
		药液澄明度：澄明无异物	每瓶	操作人员	
	不合格品	不合格品必须将拉环拉掉	每瓶	操作人员	
包装	物料	收料时应核对数量、品名、规格；每批包装前，应按生产指令计数领取标签、说明书、合格证、纸箱	每班	操作人员	包材的领用数=使用数+残损数+剩余数 残损标签销毁有记录
	核对	每批纸箱、标签、合格证的批号、生产日期、有效期打样后交专人复核，确认无误后开始包装。样签附于生产记录中。合格证上有对应的装箱人员签名	每班	操作人员	
		每层或每箱装完后应逐瓶点数，封箱前检查合格证、装箱单、说明书是否齐全。有加药便签时检查给药签的数量	每班	操作人员	

3. 最终灭菌大容量注射剂（软袋装）

最终灭菌大容量注射剂（软袋装）生产过程中，各个工序的质量控制点见表2-4。

表2-4　最终灭菌大容量注射剂（软袋装）生产过程质量控制点

工序	控制项目	内容	检查频次	责任人	备注
制水	纯化水	电阻率、氨、酸碱度、氯化物，应有记录	每2h	操作人员	贮罐、管道定期清洗消毒
	注射用水	电阻率、氨、pH值、氯化物，应有记录	每2h	操作人员	
空调	温度、湿度	18～26℃、45%～65%	每班	操作人员	定期监测、维护
	净化系统	空气洁净度（尘埃粒子、菌落数等）	定期	QC人员	
配料	浓配	每次收料前应检查原辅料的外观质量，核对品名、批号、生产厂家、数量。脱掉外包装后，送料员应在内包装上贴标签，标明品名、批号、数量，否则拒收	每班	物控送料员、配液操作人员	防混
	投料与余料的管理	每次称量后余料应包装好，在包装上贴好标签；投料前复核数量，如有偏差，应在规定的范围内，如不符合偏差规定，应及时通知QA人员，共同分析原因，确认不影响产品质量方可投料	每班	称料员	
	稀配	① 体积准确、混合均匀； ② QA人员审核符合要求才能进行下一工序； ③ 若所需加料加水量超出日常添加量时，及时通知现场QA人员，确认无潜在质量隐患后方可加料加水	每班	操作人员、QC人员、QA人员	取样要有代表性
	配液罐、管道清洗	换品种清洗管道后，取洗净水检查理化项目，停产后再生产需取洗净水做全检	每班	QC人员	
制袋灌封	膜、口管	检查洁净度，是否脱外包装	逐件	操作人员	—
	印字	确认品名、规格、批号、生产日期、有效期	每班生产前	操作人员	—
	组合盖	每桶组合盖使用前检查组合盖标识是否完整，盖是否干净无杂质	每桶	操作人员	未用完的报废处理
	灌装前的确认	每班灌装的前6组重点检查澄明度，调节装量，合格才可继续灌装	每班灌装前	操作人员、QA人员	避免污染
	口管焊接	检查焊接头温度、焊接效果	每小时	操作人员	—
	气洗效果确认	吹针完整，能放电，吹气、吸气现象明显；气洗管路不漏气	每2h	QA人员	—
	焊盖封口	① 观察加热片温度； ② 观察加热片、组合盖、接口三者的位置和距离； ③ 不定时地抽查2组产品，用人工挤压的方法检查焊接封口情况、歪头情况	随时	QA人员	—

续表

工序	控制项目	内容	检查频次	责任人	备注
制袋灌封	可见异物、装量	每1h抽查一次，每次20袋，检查可见异物、用电子秤检查装量	每1h	QA人员	—
灭菌	上袋	① 检查从灌封室输送过来的产品是否焊封严密，是否有歪头、杂质，装量是否有明显差异； ② 产品在灭菌车上的摆放要整齐，摆放数量要一致	随时	操作人员	—
	灭菌温度、时间、压力	① 每次灭菌前检查柜内各点的温度探头是否完好； ② 控制好压力系数、灭菌时间、灭菌温度及冷却出柜温度； ③ 产品出柜后必须有标识，品名、批号要完整	每柜	操作人员、QA人员	如有异常，及时通知带班长和现场QA人员
	装载	核对产品品名、规格、批号	每柜	操作人员、QA人员	如有异常，及时通知带班长和现场QA人员
烘干	温度	检查设定温度（60～70℃）	每班	操作人员、QA人员	—
检漏	剔除漏液	所设参数与实际是否相符	每批	操作人员、QA人员	如有异常，及时通知带班长和现场QA人员
灯检	光源	照度为2000～3000lx	每月	QA人员	注意避免视力疲劳
	视力	0.9以上（不包含矫正后的视力）	每年	灯检员	
	方法	按直、横、倒三步法，每次拿1袋，每袋检测10s。人眼与产品的距离为25cm	每袋	操作人员	
	判断	外观：袋身完整清洁，无砂眼；焊缝完整，印字清晰，袋身干燥、无明显水珠等	每袋	操作人员	
		可见异物检查：药液澄明无异物	每袋	操作人员	
	不合格品	不合格品用剪刀剪破，倒出药液	每袋	操作人员	—
包装	物料	班长收料时应核对品名、数量、规格，每批包装前应按生产指令计数领取膜、说明书、加药便签、合格证、纸箱	每班	操作人员	包材的领用数=使用数+残损数+剩余数
	核对	每批纸箱、合格证的批号、生产日期、有效期打样后专人复核，确认无误后开始包装。合格证上有对应的装箱人员签名	每班	操作人员	
		装箱时应每层或每箱逐袋点数，封箱前检查合格证、装箱单、说明书、加药便签是否齐全	每班	操作人员	

（三）无菌分装粉针剂

粉针剂是指采用无菌工艺或冻干技术制成的注射用无菌粉末或块状制剂。粉针剂是非最终灭菌的注射剂，具有无菌、无热原和高纯度等特性。

1. 生产管理要点

（1）分装前

① 确认各分装设备清洁、干燥，装量符合规定后方可正式生产。

② 应由专人将原料分配至分装设备，加料前后都应仔细检查原料入口，以防异物落入。

③ 气流分装机在分装过程中所用压缩空气应经除油、去湿（根据产品性质控制湿度）和除菌过滤的处理。

④ 螺杆分装机应设有故障报警和自停装置，以防螺杆与漏斗摩擦产生金属屑。

（2）分装过程中

① 分装过程中应定时进行装量检查，装量出现偏差时，应及时进行调整。

② 定期检查生产过程中产品内的可见异物。

③ 控制压塞的质量。

④ 分装过程中纠正性干预操作应有记录。

（3）分装结束后　接触粉末的部件应按照SOP要求进行拆洗和灭菌。

2. 质量控制要点

① 原料的主要质量控制项目为：无菌、不溶性微粒、可见异物等。

② 原料性质对装量的影响：企业应结合产品特性和《中国药典》要求制定适宜质量标准加以控制。

③ 控制分装扬粉，防止扬粉影响封口进而影响产品密封性。

④ 分装室温湿度控制：不同粉剂对温湿度要求不一致，根据产品特性进行房间、设施环境温湿度控制，更好地保证产品分装过程质量。

⑤ 保护气体的压力、流量、微生物限度、悬浮粒子等控制。

⑥ 分装后半成品的装量控制：装量控制项目通常在无菌分装开始后马上进行，按照企业内控标准进行严格控制，以更好地确保分装过程中的剂量准确性。

3. 验证工作要点

① 确认分装能力达到设计要求，确保不同分装速度下装量达到企业内控标准的要求，确保分装机装量稳定性；确定实际生产中装量检查的频次。

② 层流过滤器完整性、风速、风量（如适用）等测定。

③ 装量差异。

④ 充保护气或抽真空性能。

⑤ 分装过程最长时限验证。

⑥ 无菌工艺模拟试验。

⑦ 与产品直接接触的灌装系统、内包材的清洁灭菌效果。

对于粉液双室袋包装形式，此种包装形式有别于传统西林瓶等包装，生产工艺相对更为复杂。粉液双室袋包装分为液剂腔室和粉剂腔室，其中液剂腔室一般采用最终灭菌方式进行生产。液剂腔室灌装结束后再进行粉剂腔室分装。图2-3为粉液双室袋粉剂腔室无菌分装工艺流程示例。

粉液双室袋非最终灭菌粉剂分装生产中的相关要求与西林瓶粉剂分装要求基本相同，但粉液双室袋的包装形式使得分装机发生变化，进而导致其与西林瓶生产相关要求又出现一些不同之处：①分装过程中需要进行袋口残留粉和切口、开袋、封口效果的检查；②验证工作要点有确认分装机切口、开袋、充气（如需要）、封口等效果，开袋时的粒子情况，同时还需特别注意粉液双室袋灭菌后干燥效果。

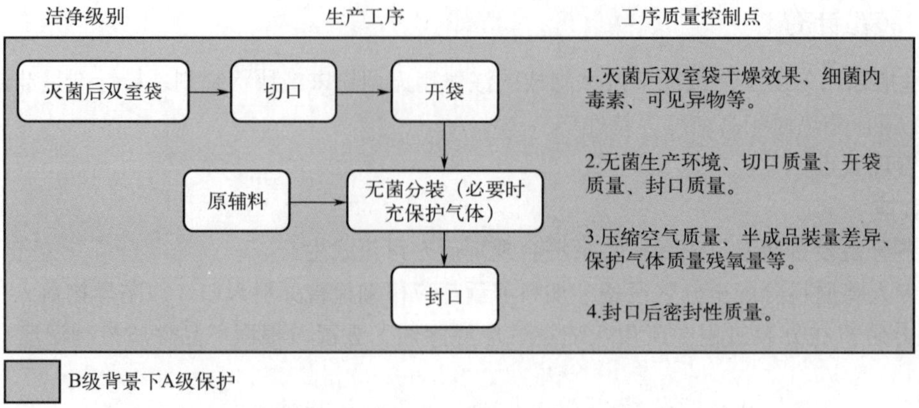

图2-3　粉液双室袋粉剂腔室无菌分装工艺流程示例

（四）预灌封注射剂

预灌封注射剂将“药物储存”和“注射”功能融为一体，是一种技术含量较高、实用性强、新型的剂型，一般主要用于疫苗、生物制品、非最终灭菌的药品或医疗器械，同时目前也有采用最终灭菌工艺的预灌封注射器产品出现。预灌封注射剂的生产一般利用即用型预灌封注射器进行无菌灌装和加塞。使用即用型包材的生产工艺主要由拆外包、拆内包、配液、灌装、加塞、灯检、旋杆、贴签和包装等一系列活动组成，灌装生产线直接影响产品的关键质量属性，例如无菌、密封性、装量等。需要重点关注灌装过程中的生产质量控制（表2-5），同时在生产过程中进行质量风险管理，针对识别的风险采取适当的纠正和预防措施。

表2-5　预灌封注射剂生产过程的质量控制点

控制项目	内容
外包装外清	对巢盒采用酒精或其他清洁液擦拭清洁，并在清洗后采用汽化过氧化氢（VHP）灭菌
拆外包	环境检测A级层流保护的条件下进行，避免外袋对于巢盒和环境的微生物和颗粒的污染
拆内包	无菌A级环境下进行，为了避免颗粒进入注射器内，在撕膜和转移衬垫时避免动作幅度过大产生颗粒，并充分利用层流的气流保护注射器不被颗粒污染；在该区域进行实时的在线粒子监控，评估和控制拆内包生产过程中产生的颗粒的影响；为降低微生物污染风险，减少拆内包手动操作，选择自动拆内包的生产工序
配液	配液工序一般在C级进行，配液后一般通过两级除菌过滤器，第一级除菌过滤器安装在C级，第二级除菌过滤器安装在灌装机的A级层流下，除菌过滤后的无菌产品利用缓冲袋或缓冲罐暂存后进行无菌灌装
灌装	注意人员的无菌操作，尽可能减少人员操作对生产过程的干扰。灌装时，应控制灌装的速度，确保灌装的精度，定期检测装量，最好使用在线称量系统；如使用在线称量系统，需要在生产前，对在线称量系统进行校准
加塞	为了避免出现胶塞损坏、产生颗粒和密封线变形等问题，在套管加塞设备的调试和确认中，需对套管尺寸和粗糙度进行检查和确认，保证加塞过程中减少对胶塞的损坏，从而确保预充式注射器的密封性和产品的无菌性
灭菌	（1）预灌封注射器产品内外压差平衡控制：产品装载方式应经过确认，例如可设置专门的不锈钢小盒子，将蜂巢板整板倒置在盒子里面灭菌，灭菌过程中护帽朝上；由于预灌封注射器产品性质不同，耐热性不同、受热膨胀系数不同，不同产品灭菌压力参数需要测试和确认，并最终固化程序的压力控制参数。 （2）预灌封注射剂灭菌温度控制：空气蒸汽混合灭菌柜灭菌工艺过程包括预热、升温、灭菌、冷却四个阶段

续表

控制项目	内容
灭菌	① 预热阶段，夹套进工业蒸汽，箱体进纯蒸汽与洁净压缩空气的混合气体，循环风机启动，强制对流。 ② 升温阶段，控制夹套进工业蒸汽保持夹套恒温。箱体进纯蒸汽与洁净压缩空气的混合气体到设定压力后停止进压缩空气。调节阀开始自动调节，循环风机保持强制对流。 ③ 灭菌阶段，调节阀自动调节，保持箱内恒温。循环风机保持强制对流，确保箱内温度均匀。 ④ 冷却阶段，箱内冷却盘管开始进冷却水，箱体开始降温，通过控制进冷却水阀门来控制降温速度。控制箱内进洁净压缩空气，保持箱内压力的恒定。循环风机保持强制对流，确保箱内温度均匀。 灭菌过程中可以将一个探头插入预灌封注射器中，一般选用直径很细的热电偶或热电阻探头，在线监测产品内部实际温度，根据在线监测结果进行压力的自动调节，生产记录中应保存温度、压力等灭菌参数的记录。 （3）灭菌柜内蒸汽与空气的充分混合：因为空气和蒸汽的比重不同，需选择适合的风机及适合的对流形式（水平流或垂直流），最好选用磁力传动形式的风扇，杜绝灭菌腔室的泄漏风险。在灭菌过程中对蒸汽和空气进行混合，确保温度分布和热穿透符合要求，确认注射器内产品的热穿透符合要求。 （4）预灌封注射器针头和针管焊接处的灭菌适应性：预灌封注射器针头和针管一般采用光敏胶进行连接，如果采用高温灭菌工艺进行灭菌，需要在灭菌工艺开发前确认针头和针管的连接材料和连接效果是否满足高温灭菌的要求，避免因为高温灭菌导致预灌封注射器的针头和针管连接处的密闭性出现异常（如脱胶），无法保证产品的无菌性
灯检	如为人工灯检，灯检前，需要对灯检机的照度进行确认，确认能够满足灯检的需要。如使用灯检机，在灯检前，除了需要确认设备的参数满足工艺需求外，还应使用缺陷品对灯检机进行使用前的确认
加推杆和贴签	一般旋杆和贴标工序在一起实施，旋杆和贴签工序主要是将推杆旋进注射器，在注射器表面粘贴一张标签，标明产品品名、规格等产品信息；旋杆工序的扭矩旋转圈数或者力度需进行确认，考虑到过度旋杆有可能会影响预充针针管和胶塞的位移，导致密封性出现异常，进而造成产品无菌性受到影响，因此在培养基模拟灌装时，也需要考虑进行旋杆工序的挑战
泡罩包装	预灌封注射器为玻璃材质，易碎，护帽接触碰撞后有脱落的风险，针头碰撞后有歪针的风险，对预灌封注射器的密闭性存在一定的影响，为了能够更好地保证其包装不受影响，一般采用特殊形状的泡罩板对预灌封注射器进行包装，有的包装还会增加旋杆保护块，避免推杆和胶塞的移动。 在进行泡罩板设计的时候应充分考虑以上因素，设计卡槽固定预灌封注射器，防止其在泡罩壳内晃动，泡罩壳内留有足够的放置和拿取空间，将注射剂放入泡罩壳内的过程中应注意方向和方式，减少对产品护帽和针头的碰撞
装盒	装盒一般采用手动装盒或机器自动装盒，将泡罩、说明书装入小盒中，在小盒的表面打印生产批号和有效期，然后进行装箱入库

三、注射剂生产的无菌保证与验证

无菌是指在指定物体、介质或环境中不存在任何活的微生物，从严格意义上讲，无菌药品应不含任何活的微生物，但由于目前检验手段的局限性，绝对无菌的概念不能适用于对整批产品的无菌性评价，因此目前所使用的“无菌”概念，是概率意义上的“无菌”，指特定批次药品的无菌特性只能通过该批药品中活微生物存在的概率低至某个可接受的水平，即无菌保证水平（sterility assurance level，SAL）来表征，该值越小，表明产品中微生物存在的概率越小，而这种概率意义上的无菌需通过合理设计和全面验证的灭菌/除菌工艺过程、良好的无菌保证体系以及在生产过程中严格执行药品生产质量管理规范（GMP）予以保证。

（一）注射剂的灭菌工艺

注射剂无菌保证工艺系指为实现规定的无菌保证水平所采取的经过充分验证后的灭菌（无菌）生产工艺。目前，注射剂的无菌保证工艺主要包括终端灭菌工艺（terminal sterilization process）和无菌生产工艺（aseptic processing）。其中，终端灭菌工艺指在注射剂灌封后，通过湿热灭菌方式杀灭微生物，该方法成本低，无菌保证水平高，是注射剂首选的灭菌工艺。无菌生产工艺（非终端灭菌工艺），即无菌的环境下，通过除菌过滤法或无菌操作法除去微生物。为了保证注射剂的无菌性，要求采用湿热灭菌法制备的产品的SAL不得大于10^{-6}，而采用无菌生产工艺的产品一般只能达到10^{-3}。可见，采用无菌生产工艺的产品含有微生物的概率远远高于终端灭菌工艺，故只有经充分的研究（包括处方工艺研究、质量控制研究等）证实产品无法耐受终端灭菌工艺时，方可选用无菌生产工艺。

国家药监局药品审评中心发布的《化学药品注射剂灭菌和无菌工艺研究及验证指导原则（试行）》（2020年版）明确了灭菌工艺选择的决策树，注射剂的湿热灭菌工艺应首选过度杀灭法，即F_0（标准灭菌时间）值大于12的灭菌工艺；对热不稳定的药物，可以选择残存概率法，即F_0值大于8的灭菌工艺。如果F_0值不能达到8，提示选择湿热灭菌工艺不合适，需要考虑无菌生产工艺。

拓展知识：《化学药品注射剂灭菌和无菌工艺研究及验证指导原则（试行）》

（二）无菌保证工艺的技术要求

1. 大容量注射剂

① 应采取终端灭菌工艺，建议首选过度杀灭法（$F_0 \geqslant 12$），如产品不能耐受过度杀灭的条件，可考虑采用残存概率法（$8 \leqslant F_0 < 12$），但均应保证产品灭菌后的SAL $\leqslant 10^{-6}$。原则上不应采用其他F_0值小于8的终端灭菌工艺。

② 如产品不能耐受终端灭菌工艺条件，应尽量优化处方工艺，以改善制剂的耐热性。如确实无法耐受，则应考虑选择其他剂型，而非大容量注射剂。

③ 应进行规范的灭菌工艺验证，部分验证工作可结合生产线验证一并进行。

2. 小容量注射剂

① 应首选终端灭菌工艺，建议首选过度杀灭法（$F_0 \geqslant 12$），如产品不能耐受过度杀灭的条件，可考虑采用残存概率法（$8 \leqslant F_0 < 12$），但均应保证产品灭菌后的SAL $\leqslant 10^{-6}$。原则上不应采用其他F_0值小于8的终端灭菌工艺。

② 如有充分的依据证明不能采用终端灭菌工艺的品种，且为临床必需注射给药的品种，可考虑采用无菌生产工艺，应能保证SAL不得大于10^{-3}。

③ 对于采用无菌生产工艺生产的小容量注射剂，生产线的验证应结合无菌生产工艺进行。

3. 粉针剂

采用无菌生产工艺的粉针剂，应能保证SAL不得大于10^{-3}，这主要依赖于无菌生产工艺是否严格按照药品生产质量管理规范（GMP）的要求进行生产与验证。

（三）注射剂灭菌工艺的验证

1. 湿热灭菌工艺的验证

湿热灭菌工艺的验证一般分为物理确认和生物学确认两部分，其中，物理确认包括热分布试验、热穿透试验等，主要对设备进行验证；生物学确认主要是微生物挑战试验。物理确认和生物学确认结果应一致，两者不能相互替代。

（1）物理确认 物理确认所用的温度测试系统应在验证和/或试验前、后进行校准，校准的频次应根据仪器设备的性能、验证持续的时间长短来确定。物理确认所涉及的灭菌设备，应该在灭菌工艺验证前已通过设备确认。

① 空载热分布试验：确认灭菌室内的温度均匀性和灭菌介质的稳定性，测定灭菌腔内空载时不同位置的温差状况，确定可能存在的冷点（低温点）和热点（高温点）。一般在规定的灭菌程序运行达到灭菌温度时，个别点的温度与平均温度有显著差异时，该点为冷点或热点。

建议通过风险评估方式确定温度探头的数量和位置（例如蒸汽最难或最易达到的位置、空气最难或最易移除的位置），一般至少选择10个温度探头，编号后固定在水平向和垂直向有代表性的空间内，几何中心和角落应有代表性点，另外在与温度控制传感器相连的冷凝水排放口（低温点）放置探头连续重复3次，要求最冷点与灭菌腔平均温度间的差值应不超过±1℃。

注意事项如下：A. 测温探头尖端不能与灭菌腔的金属表面接触，连接线应与设备密封完好，通常情况下，冷凝水排放口是可能的最冷点。B. 验证过程中无论使用有线传感器还是无线温度探头，探头必须周期性校验，热电偶探头验证前进行校正，热电阻探头定期进行校正。通常在验证前和验证后全部探头在恒温炉中进行测试。通常可以进行0℃或25℃、125℃两个条件的测试，各探头校准偏差建议应小于±1.0℃（验证设备有特殊要求时，可依据相关要求进行校准）。C. 探头数量依据灭菌器托盘而定，但为保证热分布测试的代表性，探头必须覆盖被分化成大致体积一致的整个空间，实际操作中建议考虑在以下三个位置放置探头：a. 有可能的冷点附近的产品探头位置；b. 设备本身附带的温度探头位置；c. 冷凝水排放口探头位置。

② 满载热分布试验：满载热分布试验主要是确定在满载的情况下灭菌器腔室内温度分布的均匀性，温度探头的位置与空载热分布试验相同，放置于待灭菌的容器周围，且不可接触或非常接近待灭菌容器。该试验需重复3次，最冷点与灭菌腔平均温度间的差值应不超过±1℃。通过该试验可获得：a. 保温阶段的最高温度和最低温度（温度范围）及平均温度；b. 最小和最大F_0值；c. 保温时间。

③ 热穿透试验：热穿透试验主要考察热量在灭菌产品内部的穿透性情况，验证灭菌器和灭菌程序对待灭菌产品的适用性，目的是确认产品内部是否能达到预定的灭菌温度、灭菌时间或F_0值。测试时，一个好的灭菌器和灭菌程序，既要使所有待灭菌产品达到一定的F_0值，以保障产品的SAL$\leqslant 10^{-6}$，同时又不能使部分产品受热过度而造成产品中活性成分的降解，导致同一灭菌批次的产品出现质量不均一的情况。

热穿透试验的温度探头的个数和采样位置可参考满载热分布设置，采样位置的确定应基于风险评估的原则，包括热分布试验确定的高温点和低温点、其他可能的高温点、灭菌器温度探头附近、产品温度记录探头处等。除要求采用足够数量的温度探头外，还应将热穿透温度探头置于药液中最难或最迟达到灭菌温度的点，即整个包装中最难灭菌的位置。对于小容量注射液，如果有数据支持或有证据表明将探头放在产品包装之外也能够反映出产品的灭菌程度，风险能够充分得到控制，也可以考虑将探头放在容器之外。

热穿透试验的步骤及要求与满载热分布试验基本相同，每一装载方式的热穿透试验也需要至少进行三次。通过热穿透试验可以确定在设定的灭菌程序下，灭菌器内各个位置的待灭菌产品是否能够达到设定的温度、时间或F_0值。再结合灭菌前微生物污染水平的检测，可以确定灭菌器内各个位置的待灭菌产品是否能够达到预期的无菌保证水平。

对于F_0值最大点位置的样品，由于其受热情况最为强烈，因此应评估该位置产品的稳定性情况，以进一步确认灭菌对于产品的稳定性没有影响。

当使用的是过度杀灭法时，通常只考虑连续进行3次热穿透试验，以确保测试点持续达到足够的杀灭效力，对热分布温度数据不存在硬性要求。而对于残存概率法灭菌方式，一般在蒸汽灭菌柜中很少使用，大部分是应用在过热水灭菌工艺、空气和蒸汽混合式灭菌工艺中，满载热分布和热穿透试验建议分别实施，并制定详细的温度探头分布图。

④ 热分布和热穿透试验数据的分析处理：在物理确认试验中，应确认关键和重要的运行参数并有相应的文件和记录。需要关注的主要参数可能包括：保温阶段每个探头所测得温度的变化范围；保温阶段不同探头之间测得的温度差值；保温阶段探头测得的温度与设定温度之间的差值；升温阶段探头测得达到设定温度的最短及最长时间；F_0的最大值及最小值；灭菌结束时的最低F_0值；保温阶段腔室的最低和最高温度；热穿透温度探头之间的最大温差或F_0的变化范围；最长平衡时间以及正常运行的探头数。

以上参数的合格标准应结合灭菌条件、灭菌设备的特点以及产品的实际情况制定。通常情况下，热分布试验的保温时间内温度波动应在±1.0℃之内。升、降温过程的温度波动可通过总体F_0值来反映，如果温度或F_0值差别过大，提示灭菌器的性能不符合要求、装载方式选择不当等，需要寻找原因并进行改进，重新进行验证。另外，对于热敏感的药物，还应该控制灭菌器的升温和降温时间，以保证输入的热能控制在合理的范围内，不会对产品的热稳定性造成影响。

（2）生物学确认 湿热灭菌工艺的微生物挑战试验是指将一定量已知微生物耐热参数（D值）的耐热芽孢（生物指示剂）在设定的湿热灭菌条件下进行灭菌，以验证设定的灭菌工艺是否确实能使产品达到预定的无菌保证水平。生物指示剂被杀灭的程度，是评价一个灭菌程序有效性的直观指标。

① 生物指示剂选用的一般原则：芽孢稳定、非致病菌、易于培养、有效期长、保存及使用方便、安全性好。针对具体的灭菌工艺和具体的产品，还应注意所用的生物指示剂的耐热性应强于待灭菌产品中的污染菌。

湿热灭菌工艺常用的生物指示剂有以下几种：嗜热脂肪芽孢杆菌、生孢梭菌、枯草芽孢杆菌等。对于采用过度杀灭法的灭菌程序，生物指示剂主要是嗜热脂肪芽孢杆菌的孢子，或其他$D_{121℃}$值大于1的芽孢。对于残存概率法灭菌，由于其热输入量比较低，因此在验证中使用的生物指示剂的耐热性可以小于嗜热脂肪芽孢杆菌。

② 生物指示剂的使用和放置：实际验证过程中可以将生物指示剂接种在待灭菌产品中或直接采用市售的生物指示剂成品，残存概率法推荐采用直接接种法。由于生物指示剂在不同介质或环境中的耐热性会有所不同，当采用将生物指示剂接种到待灭菌产品上的方法时，首先应考虑产品对生物指示剂耐热性的影响，即测定生物指示剂在该产品中在温度T下的耐热性［D_T值（min）］。如果待灭菌产品会使芽孢的耐受性增加，应采用直接接种到待灭菌产品上的方法。如果生物指示剂与产品不相容，可以用与产品相似的溶液来代替产品。采用市售的生物指示剂时，应确保生物指示剂的D_T值和总芽孢数等主要质量参数的准确性。

生物指示剂的接种量需要根据生物指示剂在待灭菌样品中的耐热性和灭菌工艺条件来确定，应符合挑战性试验的要求。生物指示剂的接种量可以采用以下方法进行计算：

$$\lg N_0 = \frac{F_{(T,\ Z)}}{D_T} + \lg N_T$$

式中，$F_{(T,\ Z)}$指在规定的温度系数（Z值）下，灭菌工艺期望获得的温度T下的等效灭菌时间，min；D_T指生物指示剂在温度T下的耐热参数，min；N_0为灭菌前生物指示剂的初始芽孢数；N_T指灭菌后生物指示剂的存活芽孢数。

一般在灭菌验证时，要求灭菌后所有生物指示剂为阴性结果（即全部杀灭），则N_T实际能够达到10^{-2}～10^{-1}，甚至更低。但是，为了增加灭菌保障的安全边际，一般取N_T=1，即$\lg N_T$=0。以上公式中，当生物指示剂确定后，其D_T可确定，灭菌工艺确定后，所期望的灭菌值$F_{(T,\ Z)}$可确定，$\lg N_T$取0，则可计算N_0。特殊情况下，若选取$N_T<1$计算N_0，应提供合理性说明。

装有生物指示剂的容器应紧邻于装有测温探头的容器，直接接种供试品宜放置在热穿透试验产品的紧邻位置，在灭菌设备的冷点处必须放置生物指示剂。灭菌器的其他部位应装载产品或者类似物，以尽可能地模仿实际生产时的状况。

③ 灭菌：生物指示剂的验证应该按照产品设定的灭菌工艺进行灭菌。每个产品的每个规格的每一灭菌程序，至少需要连续进行三次生物指示剂挑战试验。

④ 检查和培养：可以根据生物指示剂的生长特性以及验证时的接种方式，采用适当的方法进行检查和培养。完成灭菌后，尽快将挑战生物指示剂放入培养基中进行培养。需要注意的是，不同的生物指示剂所需要的培养条件也各不相同，应根据所用生物指示剂的特性和供应商的说明书来确定培养条件，同时应放置阳性对照样品。

⑤ 试验结果的评价：根据生物指示剂的D_T值、接种量以及挑战试验验证结果，结合产品灭菌前微生物的污染水平（耐受性及微生物污染数量）来评价产品在验证的灭菌条件下实际达到的SAL值。如果验证结果出现不合格，需要分析原因，采取相应的改进措施后重新进行验证工作。

2. 基于风险评估的验证方案设计

湿热灭菌工艺验证时，如存在不同灭菌器（一般指相同工作和设计原理的灭菌器）、处方组成、容器规格、装量、装载方式等情况，在不牺牲无菌保证水平的前提下，为减少验证试验数量，降低验证成本，可综合考虑各方面因素，在风险评估的基础上，通过充分的合理性论证，选用具有代表性的灭菌器、待灭菌产品和装载方式等进行灭菌工艺验证，每个灭菌器均需要做灭菌效果的验证。

（四）注射剂无菌生产工艺的验证

无菌生产工艺验证主要包括除菌过滤工艺验证及无菌工艺模拟试验。采用除菌过滤工艺的产品应进行除菌过滤工艺验证及无菌工艺模拟试验，采用无菌分装工艺的产品应进行无菌工艺模拟试验。

1. 除菌过滤工艺验证

除菌过滤工艺验证一般包括细菌截留试验、化学兼容性试验、可提取物或浸出物试验、安全性评估和吸附评估等内容。应结合产品特点及实际过滤工艺中的最差条件，对相关验证试验进行合理设计，具体验证操作（如细菌截留试验中挑战用微生物的选择、滤膜的要求，可提取物和浸出试验中的风险评估、提取方式、检测方法及安全性评估，化学兼容性试验中应重点考察的指标，吸附试验的试验条件等）可参照《除菌过滤技术及应用指南》及《化学药品注射剂生产所用的塑料组件系统相容性研究技术指南》相关内容进行。其中，结合产品特点，还应关注的内容如下所述。

拓展知识：《除菌过滤技术及应用指南》

（1）细菌截留试验中挑战溶液的选择　药品和/或工艺条件本身可能会影响挑战微生物的存活力，因此在进行细菌截留试验之前，需要确认挑战微生物于工艺条件下在药品中的存活情况（生存性实验/活度实验），以确定合理的细菌挑战方法。对于非杀菌性/非抑菌性的药液，直接在药液中接种测试微生物是测试除菌级过滤器细菌截留能力的首选方法；对于抑菌性的/杀菌性的药液，可采用修改工艺（如调整温度）、修改测试液配方（调整pH值、去除杀菌成分或使用产品的替代溶液）等方法对过滤器进行预处理后再进行细菌挑战试验。如果使用替代溶液进行试验，需要提供合理的数据和解释。对于同一组产品，即具有相同组分而不同浓度的产品，可以用挑战极限浓度的方法进行验证，替代性地接受中间的浓度。

（2）细菌截留试验条件的合理性　过滤温度、过滤时间、过滤批量和压差或流速等会影响细菌截留试验的结果。建议对实际生产的过滤工艺进行一次彻底评估，包括溶剂性质（例如水溶性、酸性、碱性、脂溶性）、过滤时间、工艺压差、工艺流速、工艺温度、过滤批量和过滤器设计规范，以便合理设计细菌截留试验条件。如果细菌截留验证研究中，在过滤器的下游检测到测试用微生物，则应进行调查。如果调查确认测试用微生物能穿透完整性检测达标的过滤器，那么就应重新考虑此种过滤器在这些工作条件下的适用性。

（3）关于除菌过滤系统的完整性测试　完整性测试贯穿于细菌截留试验以及化学兼容性试验，除此之外，在药品连续三批生产工艺验证及常规生产过程中也涉及完整性测试。应明确过滤器使用后完整性测试的润湿介质（包括水、乙醇等标准介质或药液），如果采用的润湿介质为药液，则应进行产品相关完整性标准的验证以支持该标准的确定。对于冗余过滤，使用后应先对主过滤器进行完整性测试，如果主过滤器完整性测试通过，则不需要对冗余过滤器进行完整性测试；如果主过滤器完整性测试失败，则需要对冗余过滤器进行完整性测试。对于经过验证需要一系列（两个或以上）的除菌级过滤器的除菌单元，在使用后必须全部通过完整性测试。

（4）关于过滤器重复使用时的验证考虑　过滤器的重复使用对于制药过程来说通常是不被推荐的，如在实际工作中存在重复使用的情况，应进行充分的风险评估，包括细菌的穿透、过滤器完整性缺陷、可提取物的增加、清洗方法对产品内各组分清洗的适用性、产品存在的残留（或组分经灭菌后的衍生物）对下一批次产品质量风险的影响、过滤器过早堵塞、过滤器组件老化引起的性能改变等，并提供充分的验证和数据支持。

（5）关于采用减菌过滤工艺时应进行的验证 减菌过滤通常设计在终端灭菌工艺生产的无菌制剂的灌装前端，或非最终灭菌工艺生产的无菌制剂的除菌过滤工序前端。通常采用0.45μm或0.22μm（及以下）孔径的过滤器。针对减菌过滤应进行的验证包括化学兼容性、可提取物/浸出物及吸附试验等。

2. 无菌工艺模拟试验

拓展知识：《无菌工艺模拟试验指南（无菌制剂）》

拓展知识：《无菌工艺模拟试验指南（无菌原料药）》

无菌工艺模拟试验是指采用适当的培养基或其他介质，模拟制剂生产中无菌操作的全过程，评价该工艺无菌保证水平的一系列活动。应结合产品特点及实际工艺中的最差条件，对相关验证试验进行合理设计，具体验证操作包括模拟介质的选择与评价（培养基、其他介质）、灌装数量及容器的装量、最差条件的选择、培养方式、结果评价等，可参照《无菌工艺模拟试验指南（无菌制剂）》相关内容进行。同时，应重点关注以下内容。

（1）最差条件及干预操作的代表性 应结合产品实际生产工艺，评估模拟试验设计的最差条件及干预操作是否能够涵盖实际生产过程中可能产生的情况。

最差条件并不是指人为创造的超出允许范围的生产状况和环境。为了确认无菌工艺风险控制的有效性，应通过风险评估并结合无菌生产工艺、设备装备水平、人员数量和干预等因素来设计模拟试验最差条件。包括但不限于以下方面：

① 人员：应充分考虑人员及其活动对无菌生产工艺带来的风险。如模拟生产过程的最多人数，当操作人员数量减少可能导致其他方面污染风险增加时，则此类条件也视为最差条件之一。参与人员应包括日常参与无菌生产的全部人员，如生产操作、取样、环境监测和设备设施维护人员，同时应考虑以上人员交叉作业、班次轮换、更衣、夜班疲劳状态等因素。

② 时限：在条件允许的情况下，适当考虑模拟实际生产操作过程中房间、设备、物料消毒或灭菌后放置的最长时间及最长的工艺保留时限等，如设备设施、分装容器、无菌器具灭菌后最长的放置时间等。

③ 灌装速度/分装速度：模拟试验应涵盖产品实际灌装速度范围，基于无菌风险的角度分析评价灌装速度对工艺过程及其他方面的影响程度。例如采用最慢的灌装速度、最大的容器用以模拟最长暴露时间；或采用最快的灌装速度、最小的容器用以模拟最大操作强度/难度。

④ 环境：无菌工艺模拟试验期间环境的消毒处理应依据正常生产期间的消毒方法进行，避免过度消毒及过度使用消毒剂。

干预是指由操作人员按照相关规定参与无菌工艺生产的所有操作活动。干预可分为固有干预和纠正性干预。固有干预是指常规和有计划的无菌操作，如装载胶塞、环境监控、设备安装等；纠正性干预是指对无菌生产过程的纠正或调整，如生产过程中更换部件、设备故障排除等。

（2）不同形式注射剂无菌工艺模拟试验

① 注射液：注射液通常采用培养基溶液进行常规的无菌工艺模拟试验。

② 注射用冻干粉末：注射用冻干粉末的无菌工艺模拟试验还包括冻干过程的进箱、冻干、出箱操作（冷冻可能会抑制微生物生长），通常情况下可采用缩短维持时间模式，即将培养基灌装到容器中，半压塞后将容器转移至冻干机内部抽真空，维持时间短于实际冻干周期，然后箱体破空（可依据产品特性设计破空次数）后进行压塞。

③ 注射用无菌粉末：注射用无菌粉末分装所用的生产线与常规液体灌装线不同，进行无菌工艺模拟试验时需要将培养基及模拟介质均灌装入容器中，模拟方法通常包括：使用无菌粉末分装设备将液体培养基和模拟介质进行一步灌装；加装特殊设备灌装液体培养基；先在线灌装无菌液体培养基到容器中，然后再在生产线上进行无菌粉末的分装模拟；先在生产线

上进行无菌粉末的分装，然后再灌装无菌液体培养基到容器中；或其他方式。应根据具体情况设计培养基灌装工艺，并充分说明设计的合理性。

第二节 注射剂的包装

一、注射剂的包装要求

注射剂的包材是一个封闭系统，是其所有成分的总和，整个系统对注射剂产品起重要的保护作用。根据是否与药品直接接触，可以把注射剂的包材分为两个部分：第一层包装（与药品直接接触）和第二层包装（不与药品直接接触）。属于第一层包装的有：安瓿、西林瓶、预充式注射器、塑料瓶、软袋及组成系统的橡胶瓶塞等；属于第二层包装的有：预充式注射器的塑料推杆、注射用品的铝/塑压密封轧口、外包装、油墨、标签及纸箱等。

按照包装容器的密封性能，包装容器可以分为熔封与机械密封。密闭容器可以防止固体异物进入，气密容器可以防止固体异物液体浸入，密封容器可以防止气体微生物进入。“包装使得药物更广泛地传到患者手中。没有它，就没有制药行业”，这句话充分地说明了包材对于制剂的重要性。工艺开发时充分地认识注射剂的包装材料，有助于保障制剂安全稳定地运送到患者的手中。

（一）安瓿

安瓿（拉丁文ampulla的译音），是一种通过拉丝熔封成型的硬质玻璃容器，常用于存放注射剂（疫苗、注射药物、血清等），也有少量应用于口服液的包装。安瓿容量通常为1mL、2mL、5mL、7mL、10mL、20mL、25mL等几种规格。根据安瓿的形状，可分为直颈安瓿和曲颈安瓿两种，直颈安瓿和曲颈安瓿最重要的区别是直颈安瓿没有刻痕，折断后切口错杂不齐，掰断后会有很多肉眼不可见的玻璃碎屑掉入瓶中，给患者造成很大的安全隐患。而曲颈安瓿在曲颈部位有一细微刻痕，可以从刻痕处徒手将安瓿掰开，同时只会产生极少量的玻璃碎屑，对患者更安全。因此，自1995年安瓿国标GB 2637—1995推行后，注射剂强制采用曲颈易折安瓿，直颈安瓿已逐渐被淘汰。曲颈安瓿根据易折点生产工艺的不同，主要可分为色环易折安瓿和点刻痕易折安瓿。色环易折安瓿是将一种膨胀系数高于安瓿玻璃两倍的低熔点粉末熔固在安瓿颈部成为环状，冷却后两种玻璃的膨胀系数不同，环状部位存在应力同时有起指示作用的环状色带，因此用力掰折即可使安瓿从环状部位平整折断，同时不易产生碎屑。点刻痕易折安瓿是在安瓿曲颈位置有一圈细微刻痕，同时在刻痕处标有直径2mm的色点，用力掰折即可使安瓿从色点环形处折断，断面平整，也不易于产生碎屑，目前国内使用更广泛的是点刻痕易折安瓿。

根据安瓿的颜色，可分为无色安瓿和棕色安瓿。目前实际使用中的安瓿大多为无色，更利于检查药液的澄明度。棕色安瓿可过滤掉紫外线，适用于需要遮光保存的药物。需要注意的是，棕色安瓿含有氧化铁，痕量的氧化铁有可能被浸出进入药液中，对部分含有易被铁离子催化成分的药品的质量产生影响，因此，此类药品不能采用棕色安瓿进行一次包装。

根据安瓿的瓶型，安瓿可分为A、B、C、D、E五种瓶型，A型安瓿即为直颈瓶型，目前已被移出国际和我国医药包材系列标准，B、C、D、E四种瓶型均为曲颈安瓿（图2-4），B型形态最为多见，特点是呈圆弧形和最顶端自然形成的瓶口。在实际生产中，B型安瓿会扩口，因此在易于灌封的基础上，C型安瓿口外径稍大，大约比同规格的B型安瓿的瓶口外径大1～3mm，均为立式制瓶机生产。相较B型安瓿，C型安瓿由于瓶口较大，因此更易于灌封，但也因此对玻璃原料要求更高，一般会选用中硼硅玻璃作为原料，成本更高。D型安瓿的瓶口为球形密闭瓶口，辨识度较高，E型安瓿为细长密闭瓶口，D型和E型安瓿由于口部是密封的，可以防止外部灰尘等污染，在药品生产中无须进行洗瓶，但需要增加一道去密封的工序。

根据安瓿的原材料，安瓿可分为低硼硅玻璃安瓿、中硼硅玻璃安瓿及高硼硅玻璃安瓿，其最大的区别是氧化硼含量的不同，低硼硅玻璃氧化硼含量为5%～8%（质量分数），价格适宜，因此市场占有率高，中硼硅玻璃氧化硼含量为8%～12%（质量分数），化学抗冲击性好，但价格较高，更多地应用于中高端产品。在最新版的安瓿国标（GB/T 2637—2016）扩展文件中，对注射剂强制使用的曲颈易折安瓿的折断力要求作出了明确规定（表2-6）。

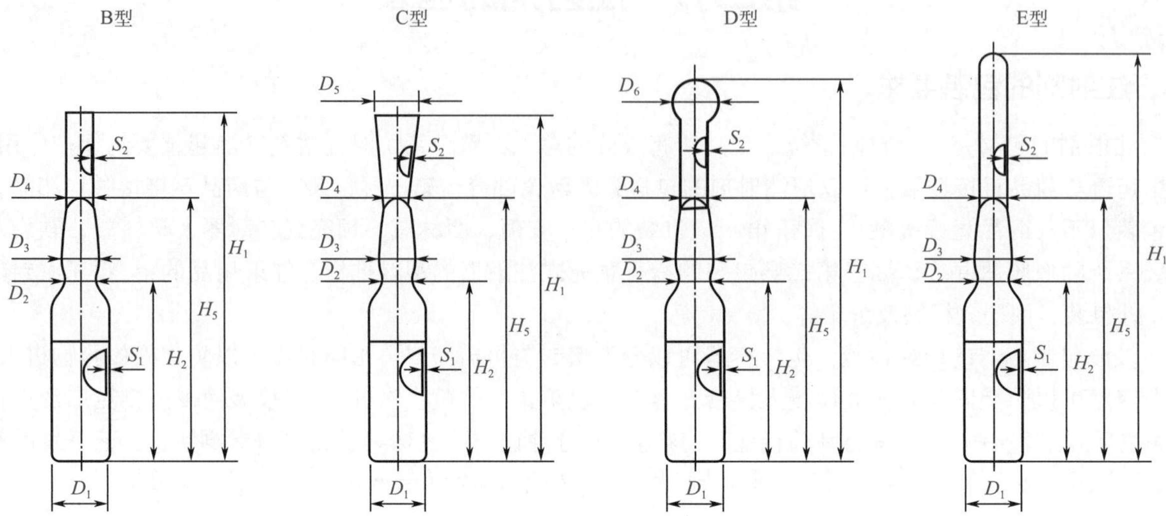

图2-4　B、C、D、E四种安瓿瓶型的结构图

表2-6　不同规格安瓿的折断力要求

<table>
<tr><th rowspan="2">规格 /mL</th><th rowspan="2">支架距离 $l=(l_1+l_2)$ /mm</th><th colspan="2">折断力 /N</th></tr>
<tr><th>最小值</th><th>最大值</th></tr>
<tr><td>1</td><td rowspan="4">36=（18+18）</td><td rowspan="8">30</td><td rowspan="4">80</td></tr>
<tr><td>2</td></tr>
<tr><td>3</td></tr>
<tr><td>5</td></tr>
<tr><td>10</td><td rowspan="4">60=（22+38）</td><td>90</td></tr>
<tr><td>20</td><td rowspan="3">100</td></tr>
<tr><td>25</td></tr>
<tr><td>30</td></tr>
</table>

（二）西林瓶

西林瓶是一种由胶塞和铝盖组合进行封口的玻璃小瓶，由于早期多用于盛装抗生素盘尼西林，故名西林瓶，常见规格有2mL、5mL、7mL、10mL、12mL、15mL、20mL、30mL，可用于小容量注射剂、疫苗制剂、生物制剂、粉针剂、冻干制剂、口服液等药品的包装。

西林瓶包装系统的重要部分是瓶身，根据生产工艺，西林瓶主要分为模制瓶和管制瓶两种。模制瓶是用硼砂、石英砂、纯碱等化工原料，通过1500～1600℃高温窑炉熔解后注入模具，再经冷切、切口、回火形成的玻璃瓶。模制瓶的生产工艺决定了其瓶的质量，先进的生产工艺制得的西林瓶，除底部较厚以外，其他与管制瓶基本一致，但是其放置的稳定性好，更加适合冻干制剂的工艺要求。管制瓶的制法则不同：首先将原料硼硅玻璃拉成玻管，或直接采购硼硅玻璃玻管，然后通过高温将玻管熔化，最后通过吹管、拉管等一系列步骤制成管制瓶。管制瓶在外观上比模制瓶更精细，且透明度好、玻璃壁厚薄均匀、底部平整、不存在纵向缝线，目前市面上使用更多的是管制瓶。

根据其原材料进行分类，用以包装注射剂的西林瓶原料最早是钠钙玻璃和硼硅玻璃，但钠钙玻璃的耐水性较差，存在脱片混入药品、给人体造成严重伤害的风险，随着法规的完善，目前已经几乎不使用钠钙玻璃作为注射剂包材。目前市面上的西林瓶主要原料为硼硅玻璃，其中，低硼硅玻璃熔点较低、原料价低，目前被更广泛地应用；中硼硅玻璃耐水性更好，材料性质稳定，加工过程中不易断裂，但由于价格较高，主要应用于中高端注射剂产品。所以目前中硼硅西林瓶市场占有率低于低硼硅西林瓶。随着法规的趋严，目前虽然暂无明确要求，但采用中硼硅玻璃作为注射剂包材已然成为必然趋势。高硼硅玻璃稳定性最好，但由于价高、生产要求高，目前应用较少。根据瓶身颜色，西林瓶主要分为透明西林瓶和棕色西林瓶等，棕色西林瓶适用于光敏性药物。根据其是否经过清洗灭菌，可分为免洗免灭的西林瓶和非免洗免灭的西林瓶。免洗免灭的西林瓶在包材厂完成清洗灭菌后使用无菌巢盒进行包装，在药厂将包材拆出上料后可直接进行药液灌装，无须再进行洗瓶和烘干；非免洗免灭的西林瓶则需要在药厂完成洗瓶和烘干后再进行药液灌装。

西林瓶系统的另一个重要组成部分是用以对西林瓶进行密封的胶塞和铝盖，部分西林瓶装注射剂药品在铝盖外还会有一层塑料盖，这些组件通过轧盖铆合、无菌压塞等工段，实现对西林瓶装注射剂的密封，满足此类产品的无菌性要求。按照成分进行分类，药用胶塞均为卤化丁基胶塞，是丁基胶塞的改性产品，将丁基胶塞溶于环烃/环烷烃中，在搅拌下进行卤化反应得到卤化丁基胶塞。丁基胶塞卤化后，耐热性好，透气率低，耐老化性好，化学稳定性更好，更适合应用于制药工业。目前，常用的药用胶塞主要为溴化丁基胶塞、氯化丁基胶塞和覆膜胶塞。氯化丁基胶塞出现较早。氯化丁基胶塞和溴化丁基胶塞本身之间并不存在优劣势，只是具备不同的特性，因此有不同的适用领域，如某些药品对溴离子敏感，就要选用氯化丁基胶塞，反之亦然。覆膜胶塞是指在普通胶塞与药物接触的表面覆盖一层牢固的膜层的胶塞产品，相较普通胶塞，覆膜胶塞表面覆有一层具有阻隔作用的塑料薄膜，可以更好地避免由于胶塞与药物直接接触所导致的相容性问题的发生，更适合高敏感性药物，提高药物长期保存的稳定性，如抗生素、生化制剂等。覆膜主要采用氟膜膜材，具有优异的化学稳定性和生物惰性，可耐强酸、强碱和各种有机溶剂，具有较好耐热性、介电性、自润滑性和抗老化性，在高温下也不会同王水进行反应，同时在加工过程中不需要使用任何加工助剂。主流氟膜膜材有两种，一种是乙烯-四氟乙烯共聚物，简称ETFE，这种膜材拉伸性比较好，如冻干胶塞的结构较为复杂，多采用拉伸性好的ETFE膜材；另外一种是四氟乙烯-六氟丙烯共聚物，简称FEP，主要应用于水针剂胶塞和粉针剂胶塞；除此之外，还有聚酯膜材等，但应用非常少。按照表面清洁无菌水平分类，胶塞可分为：非免洗免灭胶塞、免洗胶塞和免洗免灭胶塞。非免洗免灭胶塞在包材厂内经过纯化水的清洗硅化，药企使用前还须采用注射用水对胶塞进行清洗并灭菌后使用；免洗胶塞在包材厂内经过注射用水的清洗和硅化，药企使用前不需要清洗，直接灭菌后使用；免洗免灭胶塞在包材厂内经过注射用水清洗、硅化、灭菌和干燥，药企使用前不需要清洗、灭菌和干燥，直接开包装使用。这三类胶塞具有不同的洁净度、生物性能和水分指标等。从形状和尺寸进行区分，西林瓶的胶塞形态主要分为长款和短款两种，其中，长款为冻干胶塞，形状较为复杂，而短款为普通胶塞，形状相对常规；从胶塞尺寸进行分类，西林瓶包装的注射剂常规规格均在50mL以下，在ISO和国家药包材标准（2015年版）的YBB00042005—2015《注射液用卤化丁基橡胶塞》中，均规定了大、小两种尺寸，大的外径20mm、内径12.6mm，小的外径13mm、内径7mm。最终胶塞的选择，还是需要通过药企的需求和包材的相容性试验来确认，如果不同胶塞的包材相容性试验结果无明显差异，则可以由药企自主进行选择。

在注射剂产品包装系统中，另一个包装组件为铝盖，铝盖一般视为次级包装组件，虽然不直接接触药物产品，但同样发挥着关键的功能，如维持包装的整体无菌性、保护胶塞上的注射部位等。铝盖的设计多种多样，总体而言，可归为两个基本类别：全铝制铝盖和铝塑组合盖。全铝制铝盖分为掀开型铝盖和撕开型铝盖，外层没有塑料盖，由单独一个铝盖对胶塞进行密封，成本低于铝塑组合盖，但需要双手操作打开，存在因锐缘而导致医护人员受伤的风险，并且几乎无法显示篡改痕迹，所以现在少用于人用注射剂，一般常用于兽药及诊断性药物。铝塑组合盖在铝盖的外层连接了一层塑料盖，可单手打开，没有锐缘外露的风险，也没有在塑料盖取下后因接桥翘起造成医护人员受伤的风险，同时，此类组合盖一旦掀开，就无法再正常重新连接，因此具备防篡改性。最外层的塑料盖还可设计不同的颜色，以与其他产品区分开。目前，人用注射剂几乎都采用铝塑组合盖进行包装。虽然铝塑组合盖并不直接接触药液，但是《药品生产质量管理规范》（GMP）还是将其定性为内包材，轧盖区域一般设置在B或C级，铝盖的导入应符合产品注册申报的要求。

（三）预灌封注射器

预灌封注射器是近年来发展起来的新型药物包材，兼具药物储存和注射的作用，主要用于疫苗、生物制品、生化产品等药品的包装。预灌封注射器主要由针管、橡胶活塞、推杆、不锈钢注射针或锥头（鲁尔锥头）和针帽组成。以材质对其进行分类，预灌封注射器可分为玻璃预灌封注射器和聚合物预灌封注射器。根据国家药包材标准（2015年版）YBB00062004—2015《预灌封注射器用硼硅玻璃针管》，玻璃预灌封注射器需采用硼硅玻璃作为原材料，目前绝大多数采用稳定性更好、价格适中的中硼硅玻璃作为预灌封注射器的原材料，此种注射器规格为0.5～20mL，属管制瓶，即由中硼硅药用玻璃管通过制瓶工艺加工完成。塑料材质的预灌封注射器主要使用环烯烃共聚物（COC/COP）制备，规格为5～50mL。环烯烃共聚物（COC/COP）是经环烯烃单体聚合反应而成的高分子材料，具有很好的透明性与优异的水汽阻隔性能，同时溶出物和杂质的含量极低，具有优异的生物相容性，可以延长药品的保存时间，此种注射器除了适用于注射玻尿酸、胶原蛋白、液体肉毒素等医美项目之外，还在部分医药（包括敏感性的生物制药及需低温保存的mRNA疫苗等）包装行业有着广泛的应用。

目前，玻璃材质预灌封注射器是目前最主要的应用类型，在全球预灌封注射器产量市场的占比超过83%，而在国内市场，预灌封注射器产量市场的占比超过了93%。以是否带针头对预灌封注射器进行分类，可分为带注射针的和不带注射针的。带注射针的为针头嵌入式，由针管、针头护帽、活塞和推杆组成；不带针的分为锥头式和螺旋头式。锥头式由针管、锥头护帽、活塞和推杆组成；螺旋头式由针管、螺旋头护帽、螺旋头、活塞和推杆组成。因此，除了玻璃套筒外，预灌封注射器还包含推杆、锥头护帽、螺旋头护帽、螺旋头、活塞、不锈钢针头等组件。其中，锥头护帽、螺旋头护帽、螺旋头均采用聚异戊二烯橡胶作为原材料，针头采用不锈钢材质，胶塞为卤化丁基胶塞。预灌封小容量注射剂采用的是免洗免灭的巢盒式包材，因此不需要对包材进行多次清洗和灭菌，但包材成本相较非免洗免灭的包材成本更高。

（四）吹灌封塑料安瓿（BFS）

吹灌封塑料安瓿是通过吹瓶（blow）、灌装（fill）、封口（seal）的技术手段，将医用聚乙烯（PE）或聚丙烯（PP）颗粒通过高温高压熔融后，吹制形成小容量注射剂包装容器，并能全自动地完成药液灌装和封口工艺。整个过程可在无菌保证条件下进行，在原材料满足要求的情况下，也可对生产出的药品进行终端灭菌，最终实现无菌药品的生产。相较于传统玻璃安瓿，塑料安瓿杜绝玻璃安瓿因内部负压从而在折断开启时将气载细菌、微粒、玻璃碎屑和玻璃粉尘引入药液而引发不良反应的缺陷，同时可有效保护操作人员免受玻璃划伤，提高职业防护，且塑料材质不会碎裂，易于运输。因此，塑料安瓿的使用日益广泛，可应用于小容量注射剂领域，替代传统的安瓿包装的小容量注射剂，也可应用于生物制剂、吸入制剂、眼用制剂等领域。以原料材质为标准进行分类，市场上流通的塑料安瓿主要分为聚丙烯塑料安瓿和聚乙烯塑料安瓿两大类。聚丙烯与聚乙烯熔点不同，导致对高温灭菌的耐受性有很大差异，聚丙烯可耐受121℃高温，聚乙烯一般不耐受110℃以上温度灭菌。因此，聚丙烯塑料安瓿产品可选择湿热灭菌工艺，普遍应用于可耐受终端灭菌的注射剂，而聚乙烯塑料安瓿产品需要采用除菌过滤的灭菌工艺，较多地应用于无菌工艺生产的注射剂。同时，聚丙烯塑料安瓿拥有更高的透明度和强度。

（五）大容量玻璃瓶

大容量玻璃瓶是大容量注射剂的一类传统包装方式，玻璃瓶成本低、透明度好、直立式包装便于医护人员操作，但仍存在许多问题，如：重量大，体积大，运输不便；瓶盖可能发生松动，增加药液污染机会；玻璃瓶易破损、在运输过程中可出现不易察觉的脱片和裂缝现象；穿刺时胶屑易脱落，不溶性微粒可阻塞人体微循环；半开放式体系，输液时必须经通气管路向溶液引入空气产生压力，增加空气中的灰尘和微生物由此进入玻璃瓶污染输液的机会等。因此，目前大容量玻璃瓶在大容量注射剂中的运用已经逐渐减少，逐渐被更优的大容量注射剂包材所取代。

（六）塑料瓶

塑料大输液瓶主要是以聚丙烯和低密度聚乙烯（LDPE）为原料生产的大容量注射剂包材，具备自重轻、不易破损、运输方便、运费相对低廉等优势。相较于玻璃，塑瓶化学稳定性、阻隔性、密封性、与药物相容性较好。但同时仍存在一些问题，如半开放式的输液方式，使用过程中仍需插入空气针，需建立空气通路，才能使药液顺利滴入，空气中的微生物及微粒仍可通过空气针进入输液通路，对人体造成安全风险。同时，塑瓶透明度较差，不利于输液澄明度检查，且聚丙烯塑料瓶不耐低温，遇冷易脆、开裂，聚乙烯塑料瓶不耐高温，不能耐受常用湿热灭菌温度121℃。因此，目前塑瓶的使用也在逐渐减少。

（七）非聚氯乙烯（PVC）软袋

软袋大输液制剂目前多数采用非PVC多层共挤膜现场直接进行软袋制备的方式灌装生产，目前广泛使用的是聚烯烃多层共挤膜，以3层结构为主：内层为完全无毒的惰性聚合物，化学稳定性好，不脱落或降解出异物，通常采用聚丙烯、聚乙烯；中层为致密材料，具有优良的水、气阻隔性能，如聚丙烯、聚酰胺（PA）；外层主要是提高软袋的机械强度，目前市场上软袋所采用的材料通常有聚丙烯、聚酰胺等。其制袋特点是制袋过程不使用黏合剂、增塑剂，并且膜材无溶出、不掉屑，为输液软袋的安全使用提供了保障；同时，3层膜材的熔点不同，从内到外逐渐升高，利于由内向外热合，使其更加严密牢固，易于热封、弹性好、抗冲击；温度耐受范围广，既耐高温（可在121℃下灭菌），又抗低温（−40℃）；透明度高，利于澄明度检查；化学惰性、药物相容性好，适宜包装各种大输液制剂等；采用密闭式输液，自身具有平衡压力，无须引入外界空气便可维持人体循环的密闭系统，避免了空气污染的风险。随着软塑料包装原料量的增加、生产技术的发展，设备制造成本不断下降，价格高这一制约软塑料包装产品发展的最大障碍将被清除，非PVC输液软袋包装将在输液产品包装的应用中发挥重要作用，成为输液包装市场的主流产品。非PVC软袋装的大输液产品通常为最终灭菌产品，灭菌要求同玻璃瓶大输液。

（八）直立式软袋

直立式软袋为非PVC软袋包装结构的改良产物，是继玻璃瓶、聚丙烯塑瓶、非PVC多层共挤膜软袋之后原国家食品药品监督管理总局（SFDA）批准的第四类全新的输液包装材料和容器。直立式软袋兼具了玻璃瓶、塑料瓶、软袋的众多优点，可以采用密闭输液的方式，无须导入外界空气，有效地避免了二次污染。可以直立摆放，与玻璃瓶和塑料瓶一样，符合医护人员的操作习惯，克服了非PVC软袋不能直立摆放、配液操作不便等缺点，提高了护理工作的效率，适用性更强。其材料具有无毒、无味、化学稳定性好、耐腐蚀、耐药液浸泡等优点，比其他材料更安全，适宜运输和储存。废袋焚烧以后的分解物无毒性，避免了医疗垃圾对环境的污染和危害。

二、包材技术

注射剂的包装材料应用最为广泛的有玻璃和塑料。

（一）玻璃

玻璃是目前最常见的注射剂包装材料之一，它具有透明、稳定、不易被污染等优点，可以确保注射剂的质量和安全性。玻璃材料还具有较高的化学稳定性，不会影响注射剂的药效和成分，适用范围广泛，适用于各种类型的注射剂，包括液体、粉末和冻干制剂等。此外，玻璃也可以在高温环境下进行烘干和灭菌处理，以确保注射剂的安全性。其最大缺点是易碎。

图2-5为药用玻璃包装分类。通常玻璃按照其耐水性分类，可分为Ⅰ类玻璃和Ⅲ类玻璃。Ⅰ类玻璃为硼硅类玻璃，具有高的耐水性，是一种中性玻璃，也叫硼硅酸盐玻璃，配方中氧化硼的含量约占10%，理化性能好，但价格较贵。Ⅲ类玻璃为钠钙类玻璃，具有中等耐水性。Ⅲ类玻璃制成容器的内表面经过中性化处理后，可达到高的内表面耐水性，称为Ⅱ类玻璃容器。现在有相当一部分输液瓶采用Ⅱ类玻璃，即钠钙玻璃。钠钙玻璃的化学稳定性较差，因此，通常需要对内表面做酸化处理。国内已有一种改良性Ⅱ类玻璃，生产厂家在钠钙玻璃的配方中加了约1%的氧化硼并同时对内表面做酸化处理。目前，钠钙玻璃由于其不稳定性、易与药液发生反应，不利于药液的储存，已经逐渐不再运用于注射剂的包装，市面上包装注射剂的玻璃以硼硅玻璃为主。2017年12月，国家食品药品监督管理总局发布《已上市化学仿制药（注射剂）一致性评价技术要求（征求意见稿）》，明确提及了“不建议使用低硼硅玻璃和钠钙玻璃”。虽然没有进行硬性规定，但政策的导向性已经十分明确。

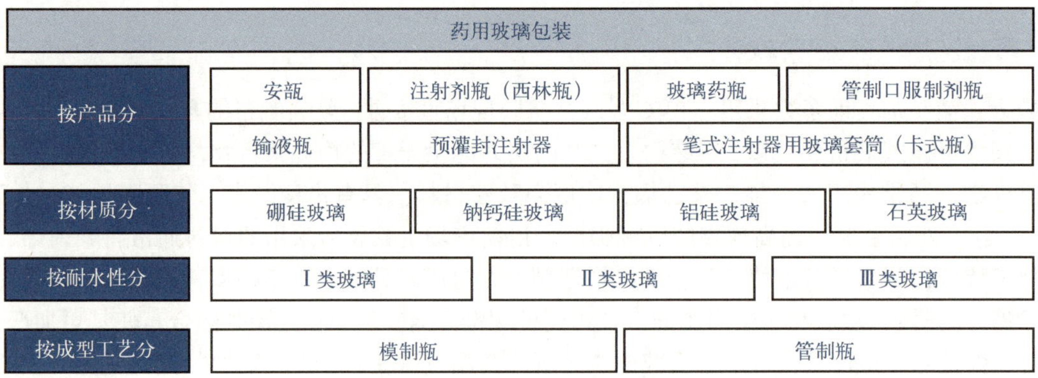

图2-5 药用玻璃包装分类

硼硅玻璃成分与性能比较见表2-7。

表2-7 硼硅玻璃成分与性能比较

玻璃种类	低硼硅玻璃	中硼硅玻璃	高硼硅玻璃
氧化硼含量/%（质量分数）	5～8	8～12	＞12
热膨胀系数/$\times10^{-6}K^{-1}$	6.0～7.5	4.0～5.0	3.3
耐水性	1级	1级	1级
耐酸性	—	1级	1级
耐碱性	—	2级	2级
熔化温度/℃	≤1500	1500～1650	≥1650
生产成本	中等	较高	高
成型难度	中等	较难	困难

续表

玻璃种类	低硼硅玻璃	中硼硅玻璃	高硼硅玻璃
优缺点	热膨胀系数较大，强度、抗热震性、耐冷冻性较差，存储冻干制剂时瓶子易破裂，难以包装酸性、碱性较强的药品，化学稳定性较差，生产成本低，成型难度不高	热膨胀系数小，更适合冻干药品的包装，化学稳定性优异，适合包装强酸强碱性药品，可以有效保障药品安全，生产成本中等，有一定成型难度，目前成型技术已经完善	热膨胀系数小，化学稳定性优异，适合包装各种类型的注射剂，但生产成本较高，成型难度大
主要应用领域	普通抗生素粉针剂、口服液等	绝大多数注射剂产品现已采用中硼硅玻璃包装，包括血液制品、生物制剂、疫苗等	目前在制药领域的应用较少

模制瓶的主要品种有大容量注射液包装用的输液瓶、小容量注射剂包装用的模制西林瓶。管制瓶的主要品种有小容量注射剂包装用的安瓿、管制注射西林瓶、预灌封注射器玻璃套筒、笔式注射器（或称卡氏瓶）玻璃套筒等。目前药包材厂家部分自产玻管后生产管制瓶，也有部分外购玻管后生产管制瓶。管制瓶一般容量较小，瓶身较薄且厚薄均匀，透明度好，瓶身无缝线。由于低硼硅玻璃自身特性的局限性，目前，管制瓶几乎全部采用中硼硅玻璃原料，管制瓶的核心工艺壁垒是玻管的拉管技术，由于管制瓶生产是先拉管、再制瓶，相比制瓶而言，拉管工艺的技术壁垒更高，尤其中硼硅玻璃管的生产需要更复杂的窑炉设计和强大的工艺精度控制。中硼硅玻璃管生产工艺特点包括：①中硼硅熔化温度高，传统药玻企业的窑炉碹顶很难耐受中硼硅玻璃的熔化温度，并且还需采用全电加热或混电加热的方式才能满足中硼硅玻璃的熔化要求，因此需要设计更加复杂精密的窑炉才能满足中硼硅玻管生产要求；②中硼硅玻璃液熔化后，三氧化二铝（Al_2O_3）含量高，密度大，容易下沉，底层三氧化二铝（Al_2O_3）含量（9.6%）一般远高于表面（2.3%），底部三氧化二铝（Al_2O_3）不参与玻璃对流并形成变质层结石，因此需在窑炉底部设计鼓泡装置和放料装置；③中硼硅玻璃液黏度高，澄清困难，气泡不易排出，表面张力小不利于小气泡吸收；④在拉管阶段，由于玻璃管属于无模成型工艺，拉管成型过程中，中硼硅玻璃的成型温度与析晶温度非常接近，容易产生玻璃析晶缺陷，且料道和熔化池玻璃液面高低变化影响中硼硅玻璃管的拉管成型，因此需要更高的工艺精度控制和检测技术。

在药包材的选择中，药用玻璃的相容性检测是起到决定意义的一环。《中国药典》（2025 年版）四部中提到，“药包材与药物的相容性研究是选择药包材的基础，药物制剂在选择药包材时必须进行药包材与药物的相容性研究”。包材相容性研究主要包括三个方面：一是器具、包装系统对药品的影响（包括浸出物、迁移物、吸附活性成分和/或功能性辅料等）；二是药品对器具、包装系统的影响（包括器具的变形或变性、包装系统的保护性和密封完整性被破坏等）；三是包装制剂后药物的质量变化（即药物稳定性）。玻璃容器与药物相容性研究主要需要关注玻璃成分中金属离子向药液中的迁移，玻璃容器中有害物质的浸出量不得超过安全值，各种离子的浸出量不得影响药品的质量，如碱金属离子的浸出应不导致药液的 pH 值变化。药物对玻璃包装的作用应考察玻璃表面的侵蚀程度，以及药液中玻璃屑和玻璃脱片等；评估玻璃脱片及非肉眼可见和肉眼可见玻璃颗粒可能产生的危险程度；考察玻璃容器能否承受所包装药物的作用，确保药品贮藏的过程中玻璃容器的内表面结构不被破坏。药用玻璃相容性的测定实操中，可以根据 YBB00142002—2015《药品包装材料与药物相容性试验指导原则》来参考检验。检测的项目主要为碱溶出试验、耐水性能、碱侵蚀试验、碱性离子的开释性、不溶性微粒（含脱片试验）、药物与添加剂的被吸附性、有色玻璃的避光性、有害金属元素（铅、砷、镉）等。检测一般按照以下步骤进行：①确定直接接触药品的包装组件；②了解或分析包装组件材料的组成、包装组件与药品的接触方式与接触条件、生产工艺过程，如玻璃容器的生产工艺（模制或管制）、玻璃类型、玻璃成型后的处理方法等，并根据注射剂的理化性质对拟选择的玻璃容器进行初步评估；③对玻璃包装进行模拟试验，预测玻璃容器是否会产生脱片以及其他问题；④进行制剂与包装容器系统的相互作用研究，主要考察玻璃容器对药品的影响以及药品对玻璃容器的影响，应进行药品常规项目检查、迁移试验、吸附试验，同时对玻璃内表面的侵蚀性进行考察；⑤对试验结果进行安全性评估和/或研究；⑥对药品与所用包装材料的相容性进行总结，得出包装系统是否适用于药品的结论。经过包装的相容性试验，最终得到适宜药品的包装容器，最大限度地保障药品的稳定性、安全性。

（二）塑料

塑料药用包材由可塑性高分子材料构成，主要由树脂和多种化学助剂成分组成，具有质地轻盈、机械性能良好、耐腐蚀、化学稳定性好、光学性能较好、方便封口、成本较低等特点，近年来广泛应用于医药包装中。注射剂用塑料包材主要为聚乙烯、聚丙烯、聚对苯二甲酸乙二醇酯（PET）、环状聚烯烃等。聚乙烯根据其密度和结构的差异，可分为线性低密度聚乙烯（LLDPE）、低密度聚乙烯（LDPE）、中密度聚乙烯（MDPE）、高密度聚乙烯（HDPE）等。高密度聚乙烯是相对硬和韧的材料，对各类化学品具有较强耐受性，透明性相对较低，阻透性好；低密度聚乙烯柔软、透明、热封性好，但是对气体或气味的阻透性差；线性低密度聚乙烯韧性、弹性、阻透性优于LDPE，其更薄，比低密度聚乙烯减薄20%，可以制成更柔、更薄的薄膜，并且具有良好的热封性。聚丙烯外观上与聚乙烯较为相似，但其密度比聚乙烯更小，比聚乙烯更轻，是目前塑料包材中最轻的一种。PP具备很高的化学耐受性，力学性能优于PE，尤其是有较好的抗弯曲性和刚性，比PE透明度高，防潮能力好，阻气能力好于PE，能够很好地防止异味通过，耐热性能好，可作为需要高温消毒灭菌产品的包装材料。但聚丙烯低温时很脆，耐寒性远不如PE，不适合在低温下使用，耐老化能力相对较弱，常常需要加入一些抗氧剂，因此实际使用方面也存在一些局限性。

环状聚烯烃是非PVC膜的原材料，分为内、中、外三层，根据厂家设计及工艺的不同，每层的材料可能也有不同。同时，每层材料具备不同的特性：内层材料热封性能好、具备良好的惰性、无毒、与药品的相容性好；中层材料韧性好、抗冲击性好，起到连接内外两层的作用；外层材料具备良好的耐热性能和阻隔性能，同时还要便于印刷。非PVC膜材严格符合医用药用材料标准，采用多层共挤工艺，不使用黏合剂和增塑剂，用后处理对环境不造成污染。薄膜在B级（局部A级）洁净区内生产，采用双重盘绕的方式进行收卷，可保证与药品接触的内表面紧密贴合，有效地避免了产品后续加工及运输、储存时二次污染的可能性。根据多层共挤膜输液用袋生产用料的药用质量标准，要求在共挤膜生产过程中不使用黏合剂和增塑剂，且内层材料无毒、具有良好的惰性和良好的热封性，外层材料机械性较强，可以清晰印刷。多层共挤膜输液用袋的膜通常使用多层共挤吹塑工艺生产。将各种特殊功能的聚合物在适宜的条件下经多台挤出机挤出，通过环状模头形成膜泡，经水浴或冷风进行骤冷，经过气泡稳定装置和人字板后进行收卷。在挤出成型过程中，筒膜内部充填洁净级达到A级的过滤空气。有的产品还需经过射线辐射进行交联。大折径的筒膜还需要经分切工序分切，形成“双辐膜”，经过特殊的包装保证膜表面的洁净度、无菌性，能满足输液袋的各种要求。多层共挤膜输液用袋的生产工艺流程大致为卷膜材固定下料，除静电及真空除尘，印刷产品名称及规格，拉膜且热封合，打制吊孔并切割成型，真空吸料转运，软管与软袋定位热合，制成软袋后，至充填机灌装药液。

拓展知识：《化学药品注射剂与塑料包装材料相容性研究技术指导原则（试行）》

注射剂塑料包装同样必须进行药品包装相容性试验，2012年9月，针对塑料包装材料相容性研究，NMPA发布了《化学药品注射剂与塑料包装材料相容性研究技术指导原则（试行）》，药厂根据该指导原则提供的基本思路完成注射剂塑料包装的相容性试验，注射剂所采用的塑料包材主要考察四个项目——双向穿透性、溶出性、吸附性和化学反应性，包括提取试验、迁移试验和吸附试验。

三、包装密封检测技术

包装密封检测是无菌药品生产中关键的一步，可确保药包材和药品共同组成的密封系统的完整性，保障药品在注射剂的整个保质期内保持无菌和药品的稳定性。无菌注射剂包装容器密封完整性在2022年国家药典委发布的《药品包装系统密封性研究指导原则》征求意见中提出，要对药品包装系统密封性研究中的泄漏方式及风险，风险识别评价方法选择及验证、研究结果进行评价，将来会将密封性检测纳入药典。《美国药典》（USP1207）在2013年第一次以药典法规形式明确要求包装容器密封完整性（CCI）的检测，并阐述了各种测试方法及方法学验证。目前，根据产品特性和注射剂密封性检测的要求，主要有以下几种常见的包装密封检测技术供选择。

拓展知识：《药品包装系统密封性研究指导原则》

（一）真空衰减法

真空衰减法是目前应用范围最广的确定性检测方法，可用于大部分液体注射剂的检测，包含负压、常压，有颜色、无颜色等多种包装系统的密封性检测，是一种非破坏性检测手段，方法灵敏度为1.0～5.0μm，适用的包材类型较多，含西林瓶、安瓿、BFS、输液瓶、输液袋、预灌封注射器、卡式瓶等，但同样具备局限性——不适用于混悬液、乳状液（如蛋白质）、高黏度物质（如糖浆）等容易堵塞泄漏通道的注射剂产品的密封性检测。并且，真空衰减法是定性检测，只能区分是否有泄漏，但无法区分泄漏位置，无法区分是多个泄漏孔还是单个泄漏孔。真空衰减法检测速度快，检测结果准确可重复，对药液的选择性低，目前在安瓿检测中的应用逐步推广。但是在血液制品应用领域，需要评估电流对血液制品的理化特性的影响（虽然电流很小）。

（二）高压放电法

内容物必须是导电的液体，无法应用于冻干粉针或粉针等固体内容物注射剂产品，适用于混悬液、乳状液、黏稠液体、蛋白质等各类制品测试。目前，较多应用于大输液、BFS等产品的测试。检测速度快，可准确找到泄漏位置，但无法估计泄漏点尺寸大小。方法灵敏度为1.0～5.0μm。适用包装类型有西林瓶、安瓿、BFS、输液瓶、输液袋、预灌封注射器、滴眼剂瓶、卡式瓶。

（三）压力衰减法

适用于具有一定顶空气体、无液体填充的包装，泄漏部位必须有气体，对于注射液来说无法检测液体泄漏。常用于冻干粉针注射剂、固体粉末注射剂等产品。适用的包装类型比较少，由于需要顶空气体，因此仅适用于西林瓶包材包装的注射剂类产品。方法灵敏度为1.0～5.0μm。如果通道被堵塞会造成误判，无法区分泄漏位置以及是多个还是单个泄漏孔。

（四）示踪液法（色水法）

示踪液法（色水法）是比较传统的一种密封性检测方式，检测精度低，灵敏度也比较低，主要依靠人眼观察，受到很大的人为因素的影响。内容物必须与液体示踪剂兼容，且产品不得堵塞泄漏路径，广泛应用于安瓿针剂。此方法测试简便，设备成本低，方法灵敏度为5.0～10.0μm，适用包装类型有西林瓶、安瓿、BFS、输液瓶、输液袋、预灌封注射器、滴眼剂瓶、卡式瓶。由于其检测灵敏度低，受到检测人员影响较大，目前处在被逐步淘汰的趋势中。

无菌注射剂包装密封完整性测试的方法，除了以上几种较为常用外，还有微生物侵入法、示踪气体法、质量提取法、激光顶空法等，都分别具有不同的优劣势和应用领域。无菌注射剂生产企业要综合考虑检测效率、测试成本、检测灵敏度、无损等多方面因素来选择合适的测试方法。同时，不论采用哪种注射剂密封性检测手段，由于每个品种药品包装尺寸不同、内容物不同，在确定好测试仪器后还要进行密封性检漏方法学验证，其中内容大致包括准确度、耐用性、检测限、线性、专属性等验证项目。保证注射剂密封性检测的结果是准确的、可重复的，尽可能少地受到人为因素的影响，最终保证注射剂的产品质量和终端患者用药的安全性。

第三节　最终灭菌小容量注射剂的生产

一、小容量注射剂生产车间设计和布局

（一）小容量注射剂车间的设计要求

按照GMP的规定，最终灭菌小容量注射剂生产环境分为三个区域：一般生产区（CNC区）、D级洁净区、C级洁净区。一般生产区可进行安瓿外清处理、半成品的灭菌、可见异物检查、印字包装等；D级洁净区可进行物料质检、安瓿的洗烘、工作服的洗涤等；C级洁净区可进行称量、配液、灌封，且灌封区局部A级层流。洁净区与非洁净区之间、不同等级洁净区之间的压差应不低于10Pa。必要时，相同洁净度级别的不同功能区域（操作间）之间应保持适当的压差梯度。洁净室压差的设计通常是气流由高洁净级别流向低洁净级别。在操作结束、人员撤离条件下，经15～20分钟（指导值）“自净时间”后，洁净室的悬浮粒子应达到相应的静态标准级别。因此空调净化系统设计时应提供必要的换气次数，特别是更衣室等房间的设计。换气次数的设计，必须考虑满足空间产生的热/湿量、微粒数、维持环境级别所需的自净时间三个条件。洁净区的悬浮粒子、浮游菌、沉降菌应进行动态监测，应符合相应的动态标准。必要时应进行人员及环境表面微生物监测。

车间设计要贯彻人流、物流分开的原则。人员在进入各个级别的生产车间时，要先更衣，不同级别的生产区需有相应级别的更衣净化措施。物流路线的一条线是原辅料，物料经过外清处理，进行称量配液；另一条线是安瓿，安瓿经过外清处理后，进入洗灌封联动线清洗、烘干灭菌。两条线汇聚于灌封工序。灌封后的安瓿再经过灭菌、检漏、晾瓶、可见异物检查，最后进行外包，完成整个生产过程。各相关洁净区可考虑设计门禁系统，限制无权限的人员进出洁净区，并对进出洁净区的人数进行控制。洁净区不同房间最大允许进入人数需综合考虑该房间空调净化系统送风的新风量、人员带来的微生物以及微粒污染、空调的自净能力、满足动态洁净度标准等因素确定。

可以参考下列两种计算方式，取计算的最小值确定洁净区房间最大允许进入人数。

① 按照洁净室内新鲜空气量进行计算：最大允许进入人数=实际送风量（m^3/h）×新风占比（%）/标准新风量[m^3/（人·h）]。

② 根据不同的空气洁净度等级和工作人员数量进行计算：洁净厂房内人员净化用室和生活用室的建筑面积应合理确定，原则上可按每人2～4m^2进行计算，确定洁净区设计人数，计算时应考虑剔除洁净区设备占有面积。

无菌制剂配制、直接接触无菌制剂的包装材料和器具等最终清洗、A/B级洁净区内消毒剂和清洁剂配制的用水应当符合注射用水的质量标准。无菌制剂需要使用清洁的压缩空气和惰性气体，并在进入无菌生产区或与无菌容器、物料接触前经过可靠的除菌过滤。

生产区要严格按照生产工艺流程布置，各个级别相同的生产区相对集中，洁净级别不同的房间相互联系中设立传递窗或缓冲间，使物料传递路线尽量短捷、顺畅。辅助用房的合理设置是制剂车间GMP设计的一个重要环节。厂房内设置与生产规模相适应的原辅材料，以及半成品、成品存放区域，且尽可

能靠近与其联系的生产区域，减少运输过程中的混杂与污染。存放区域内应安排待验区、合格品区、不合格品区和贮料称量室，并且要有利于包括空调风管在内的公用管线的布置。

小容量注射剂车间内，地面一般做耐清洗的环氧自流坪地面，隔墙采用轻质彩钢板，墙与墙、墙与地面、墙与吊顶之间接缝处采用圆弧角处理，不得留有死角。

小容量注射剂车间需要排热、排湿的房间有配液间、工具清洗间、灭菌间、洗瓶间、洁具室等，灭菌需考虑通风。公用工程包括给排水、供气、供热、强弱电、制冷、通风、采暖等专业设计应符合GMP原则。小容量注射剂车间布局设计见图2-6。

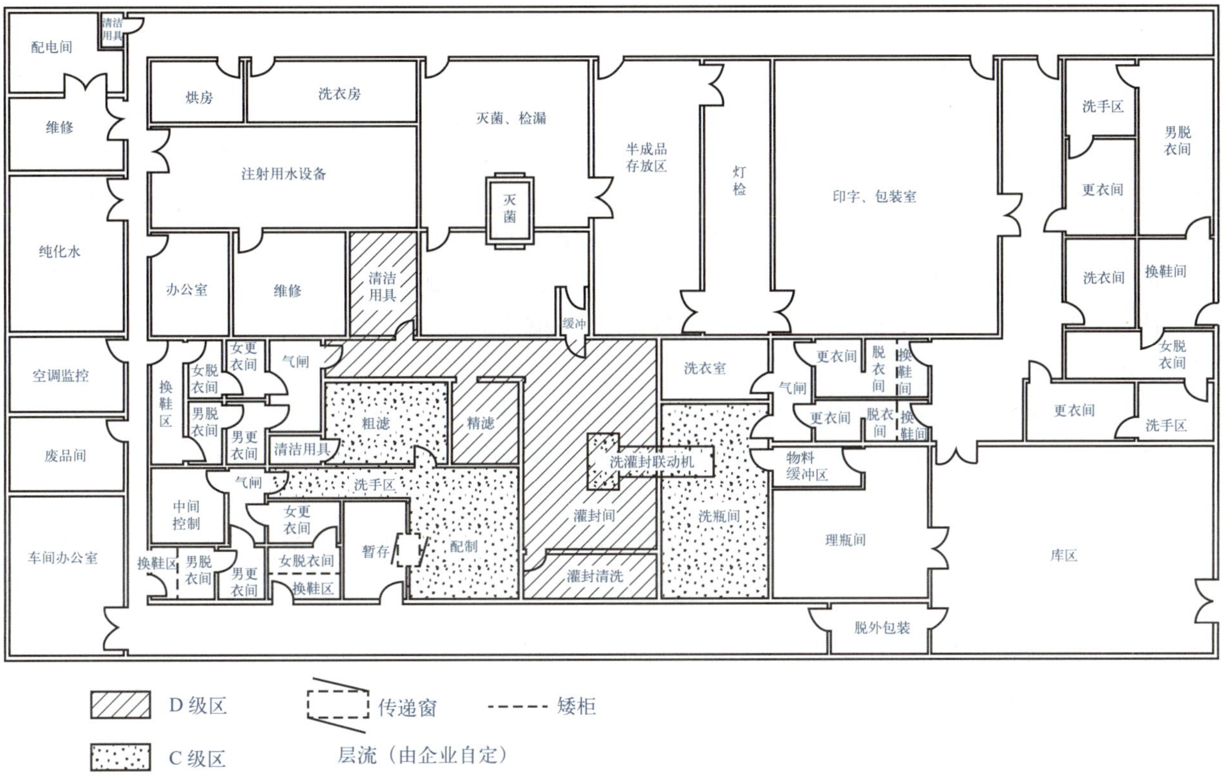

图2-6　小容量注射剂车间布局设计图

（二）注射剂的生产管理

对于无菌注射剂，生产管理最重要的目的是控制污染，污染源主要包括三类：微生物、热原（或细菌内毒素）和微粒（如玻璃和其他可见或不可见微粒）。如果产品的无菌得不到保障，或热原/细菌内毒素、微粒超标很可能会对患者带来严重危害，且无菌检测有一定的局限性，因此，无菌产品的生产管控尤为重要。

在GMP中，除了正文部分阐述的相关要求外，无菌药品附录在29个条款中提及污染和污染控制，涉及厂房设施设备、洁净要求、人员管理、生产管理、物料管理、清洁消毒、灭（除）菌工艺、质量控制等主要的GMP管理要素，凸显了污染控制对无菌药品的重要性。

企业应制定相应的污染控制策略，即基于对产品和工艺的理解，为确保工艺性能和产品质量而制定的一整套针对微生物、热原和微粒的控制措施。这些控制包括与活性成分、辅料、药物及其包装容器组件、设施和设备的运行状态、中间品、成品质量标准等相关的参数和属性的设定，以及监控方法和频次。

污染控制策略文件中至少应该考虑如下因素（表2-8）。

表2-8 污染控制策略需要考虑的因素

污染控制维度	污染控制要素				备注
与生产系统相关的因素	厂房设计	设施和设备	人员	公用工程和介质	综合评估污染控制措施在各因素中的有效性，推进持续改进
	清洁和消毒	环境控制	供应商和外包服务	预防性维护	
与产品和工艺相关的因素	产品信息和工艺设计	物料（原料、辅料、包装材料）和中间产品及其控制	产品容器及密封系统	供应商和外包服务	
	工艺风险评估	工艺（包括灭菌工艺）验证、清洁验证	生产过程及环境监测系统	趋势分析及纠正和预防措施	

无菌制剂质量保证的重点在于微生物、热原/细菌内毒素和微粒的污染控制，同时也需要关注混淆、差错和交叉污染。基于风险管理的理念，生产应当精心设计并按照经验证的方法和规程进行。为了降低微粒、微生物和热原/细菌内毒素污染的风险，无菌制剂的生产过程中应考虑各种接触品的潜在污染，如清洗用水，直接（间接）接触物料、器具、零件的清洗过程，灭菌过程，灭菌后存放条件，从污染物的来源、灭菌方法的有效性、容器密封完整性、保证体系等方面采取措施降低污染风险。

降低污染风险的另外一个重要措施就是时限管理。无菌制剂生产准备和生产过程各个环节的持续时间应限定在规定时限内，时限应经过验证，包括：

① 设备、组件和工器具清洁、干燥和灭菌之间的保持时间。

② 已灭菌设备、组件和工器具在使用前和灌装/装配过程中的保持时间。

③ 已净化环境（如RABS或隔离器）在使用前的保持时间。

④ 从产品制备开始，到产品灭菌或通过除菌过滤器过滤，直到无菌灌装过程结束之间的时间。每个产品应有最长允许时间，其中考虑了其组件和规定的贮存方法。

⑤ 已除菌过滤后药液灌装前的保持时间。

⑥ 无菌工艺时间。

⑦ 灌装时间。

根据微生物相关要求，药液的准备和过滤应考虑从混合调配开始到过滤的时间、过滤到灌装的存放时间、灌装的产品在灭菌前的存放时间，以及已灭菌设备、容器、物料和密闭系统等的贮存时间，除菌过滤器的过滤总时间等。确定各阶段存放时间时，应进行充分评估。任何偏离时间限度的偏差都应被记录和调查，检查结果应归入批生产记录。

为了防止药品生产中不同品种、规格、批号之间的污染和交叉污染、混淆和差错，各生产工序在更换品种、更换规格、更换批号或阶段性生产结束时，应彻底清理及检查作业场所。

二、玻璃安瓿小容量注射剂生产工艺

最终灭菌安瓿小容量注射剂生产工艺流程主要包括：原辅料的准备、配液、灌封、灭菌检漏、可见异物检查、包装等，其生产工艺流程如图2-7所示。

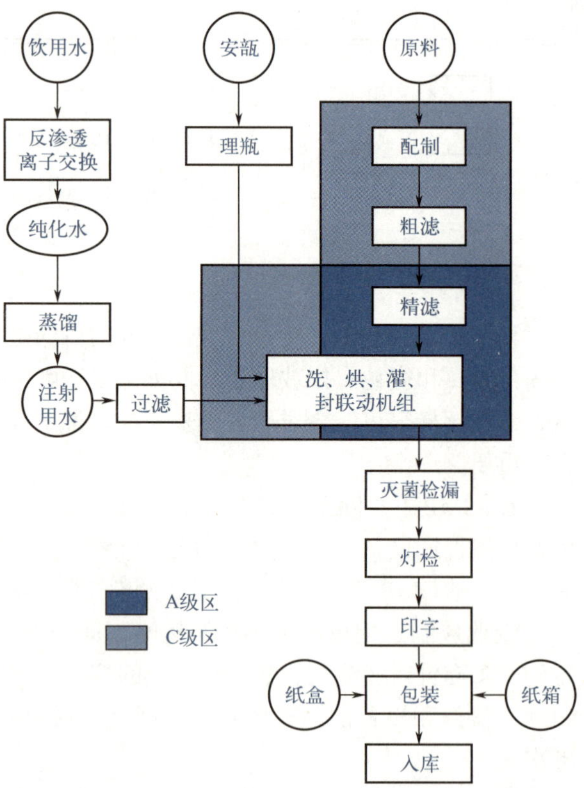

图2-7 最终灭菌安瓿小容量注射剂生产工艺流程

（一）领料与称量

1. 领料

注射剂原料一般要求使用注射级规格，辅料至少使用药用级规格。注射剂原辅料对微生物限度和热原有控制要求。注射剂原辅料应从经审计评估确认的合格供应商处购买，并且每批物料必须根据企业内控标准进行检验检测，检验合格出具合格的原辅料检验报告书，方可领用。

领取原辅料时，只有经质量部门批准放行的物料才可用于下一步生产。领取时要认真核对生产厂家、品名、规格、批号、有效期及数量，检查物料颜色、结晶等物理性状是否正常。领回车间后，在原料暂存室按品种、规格、批号等分别存放，并做好相应记录。可考虑使用信息化手段确认物料和处方要求的一致性。

2. 称量

称量操作要点如下所述。

通常，物料在洁净环境内进行称量，避免可能的污染和交叉污染。为防止粉尘扩散和交叉污染，其称量应在完全独立的区域内完成（如独立的通风橱或称量罩）。称量室应采取适当措施有效避免交叉污染，降低所称物料对其他区域造成污染的风险，如称量室保持相对负压、回风口除尘机捕集等。

如使用自动称量，也应满足数据可靠性要求，需注意称量的精度应符合工艺要求、大宗物料的结块可能影响称量的准确性、称重模块应定期确认和校准、确认输送管路的残留等。如所称量物料为黏稠液体或易吸附且投料损耗对含量影响较大的原料药，应注意减少转移次数，转移后进行洗涤，洗涤水应转移至配制系统，尽量减少物料损失。

只有质量管理部门批准放行的原辅料方可配制使用。更换原辅料供应商及特殊品种，需经小样实验或经过验证。剩余的原辅料应封口贮存，在容器外标明品名、批号、日期、剩余量及使用人签名。天平、电子秤每次使用前，应校正并定期由计量部门专人校验，并做好记录。

称量过程应独立复核，以避免人员操作误差、设备误差等不易被发现的异常差异。一般是一人称量另一人独立复核，或一人称量另一人监督。若称量天平没有连接打印机或未通过电子方式记录，应一人记录数据，另一人确认数据是否准确。通常不采用第二人再次称量的方式进行复核。

容器和设备使用后可以用纯化水作为冲洗水。在清洗过程中，纯化水也可以作为直接接触产品容器的冲洗水以及浸泡水和喷洒水。在最终清洗时清洗水必须符合注射用水的质量标准，其清洁程序应得到验证。

（二）配液

溶液的配制是按工艺规程要求把各活性成分、辅料以及溶剂等按顺序投料并进行混合，制备成溶液，以待下一步灌装。配液可采用稀配法和浓配法两种方式。

稀配法是将原料加入所需溶剂中一次配成所需浓度的药液，适用于质量好的原料。

浓配法是将全部原辅料加入部分溶剂中配成浓溶液，经加热或冷藏、过滤等处理后，稀释至所需浓度。溶解度小的杂质在浓配时可以滤过除去。当原料质量较差时，常采用该法。

根据原料或工艺要求的不同，有一些企业将浓配与稀配分区域设置，也有一些企业将浓配和稀配合并设置在C级区，但应考虑提高洁净级别后，对其他C级区域的污染风险。传统注射剂工艺中，由于物料质量问题等原因，浓配工艺中大多会加入活性炭以吸附药液中色素、分子量较大的杂质，如细菌内毒素。由于活性炭固有的缺陷，会给产品质量带来不良影响，建议通过科学合理的研究，取消浓配工艺中活性炭的使用（即采用“无炭工艺”）。2019年国家药监局发布的《化学药品注射剂仿制药质量和疗效一致性评价技术要求（征求意见稿）》中指出：“为了有效控制热原（细菌内毒素），需加强对原辅包、生产过程等的控制，注射剂生产中不建议使用活性炭。”无炭工艺是更为推荐的方法，现在的配液基本上都采用稀配法。

配液操作应注意：接触药液的一切容器具管道应根据验证的结果制定清洁规程。配液结束后对溶液的质量应进行必要的监控，如含量、微生物限度、pH值、渗透压及摩尔浓度等。调整含量需经复核，精滤药液经过半成品检查合格后，才能灌装。直接与药液接触的惰性气体、压缩空气使用前要净化处理，气体纯度（指惰性气体）、无油及含微粒量等应符合规定要求。盛装精滤品的容器应密闭，容器的通气口应安装不脱落纤维的疏水性无菌过滤器（呼吸器）。配制容器和附属系统的清洗、灭菌方法应经过验证，宜选择在线清洗和在线灭菌。

（三）过滤

制药行业所称的过滤，根据过滤孔径的大小可分成粗滤、微滤、超滤和反渗透四种方式。其中粗滤一般指截留物直径大于10μm的过滤，广泛用于药液的澄清、细胞碎片的去除等。微滤一般指孔径在0.1μm到10μm之间的过滤，主要目的是去除微生物和药液中的小型颗粒。例如，0.65μm过滤器常用于对真菌的去除，相对孔径0.22μm（有些过滤器厂家标识为0.2μm）的过滤器常用作除菌过滤，而0.1μm过滤器广泛用于去除血清中的支原体。超滤通常用于大分子物质的纯化和浓缩工艺，例如蛋白质、脂肪、糖类、核酸物质的纯化工艺。另外，超滤还常用于去除一些小分子药品中的热原。反渗透主要用于纯化水的制备。无菌制剂生产所用的微滤过滤器有多种分类方式。根据使用目的的不同分成三种：澄清过滤器、预过滤器和除菌过滤器。这三种过滤器可能有不同或相同的规格，例如0.22μm规格，可以用于预过滤，也可以用于除菌过滤。

相对于除菌过滤，减菌过滤是通过过滤的方法将待过滤介质中的微生物污染水平下降到可接受程度的过滤工艺。减菌过滤通常设计在最终灭菌工艺生产的前端。减菌过滤不仅能够有效地控制和降低药液中的微生物污染水平，而且能去除药液中的一些杂质颗粒等。另一方面，由于减菌过滤器的使用，湿热灭菌前药液中的微生物污染水平降低，灭菌后的热原水平相对较低。

根据生产品种选择粗、精过滤器。过滤系统由三级膜过滤器组成，初滤进行澄明度检查，不合格时返回配液罐重新过滤。滤膜使用时，先用注射用水漂洗或压滤，至无异物脱落，并在使用前后做起泡点试验（详见本书第七章第四节“灭菌工艺过程”内容）。精滤过程中，如发现过滤压力突然下降或过滤速度突然加快，应重新测试滤膜的完好性。药液经粗、精滤至澄明（无毛、点、块），送至灌封岗位。

减菌过滤器在最终灭菌工艺中的应用见图2-8，当条件允许时，全封闭的并能在线灭菌和完整性测试的系统是第一选择。过滤系统一般组成包括：过滤器前药液罐、过滤后药液罐、泵、完整性测试仪、过滤器（套筒、过滤芯）、压力测定装置（压力表或压力传感器）、温度记录装置（温度表或温度传感器）、过滤管线、冷凝水处理装置（如疏水阀）等。

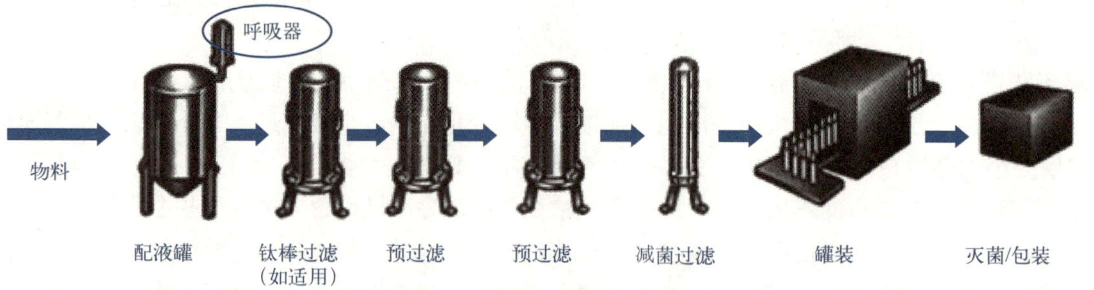

图2-8 减菌过滤器在最终灭菌工艺中的应用

应在充分了解产品和工艺风险的基础上，采用风险评估的方式，对能否反复使用过滤器进行评价。风险因素包括：细菌的穿透、过滤器完整性缺陷、可提取物的增加、清洗方法对产品内各组分清洗的适用性、产品存在的残留（或组分经灭菌后的衍生物）对下一批次产品质量风险的影响、过滤器过早堵塞、过滤器组件老化引起的性能改变等。

预过滤是为了降低终端过滤器的负载，其材质通常采用PP材质，由于材质本身特性无须进行完整性测试，因此应按照厂家推荐的条件进行重复使用，随着使用次数和灭菌次数的增加，应有数据或相关研究支持最多使用次数、最大过滤批量、滤芯清洗效果、相容性研究和提取物（浸出物），在使用过程中应关注过滤器的灭菌（或消毒）次数、使用次数、过滤压力等，并对关键信息进行记录。

过滤操作应注意：滤棒按品种专用；药液用孔径 0.22～0.8μm 过滤器过滤；过滤器完整性测试宜考虑在线测试，当无法满足在线测试条件时，可选择进行离线完整性测试。

（四）半成品检验

依据不同品种的工艺规程、工艺卡片及检验操作规程要求，进行配液后半成品的检验，并根据规定标准及检验结果，出具检验报告单，交给配液岗位。对灌装过程中的半成品，无特殊要求的，应定期进行检验。

（五）洗瓶、干燥灭菌及灌封

安瓿的清洗和灭菌自动化程度比较高，目前多数采用洗烘灌封联动生产线，可有效提高洗瓶效率，也可避免生产过程中的微生物污染。其生产工艺流程如下：

安瓿上料 ⟶ 喷淋水 ⟶ 超声波洗涤 ⟶ 第一次冲循环水 ⟶ 第二次冲循环水 ⟶ 压缩空气吹干 ⟶ 冲注射用水 ⟶ 三次吹压缩空气 ⟶ 预热 ⟶ 高温灭菌 ⟶ 冷却 ⟶ 螺杆进瓶 ⟶ 前充氮 ⟶ 灌药 ⟶ 后充氮 ⟶ 预热 ⟶ 熔融拉丝封口 ⟶ 出半成品。

1. 摆选瓶

按生产指令领取安瓿，按检验单及领料单认真核对安瓿的外观质量、数量、生产厂家、规格，验收无误后，再进行摆选瓶，安瓿要均匀地摆放在安瓿盘中，摆好的安瓿要整齐地摆放在中转车内。

2. 安瓿的洗烘灌封

根据生产品种确定是否通惰性气体；循环注射用水、压缩空气、惰性气体及药液的澄明度应合格；隧道烘箱内应保持清洁，清洗灭菌后的安瓿应清洁干燥，于1h 内使用，超过时间应重新清洗灭菌；灌封过程中随时调整液量及火焰，并检查澄明度，正常后方可连续进行。1mL、2mL、20mL 易流动液装量分别控制在 1.1mL、2.15mL、20.6mL 以上，黏稠液装量分别控制在 1.15mL、2.25mL、20.9mL 以上；每灌完一盘后，仔细检查将不合格品挑出，堵条插牢，放入灌封卡，整齐摆放于指定地点；生产结束后要进行清洁和清场，设备、输药管路及灌封针头应按验证要求的SOP进行冲洗、灭菌。

灌装时药液将直接暴露在开放空气条件下，虽然在A 级环境下操作，但仍应该缩短灌装和密封的时间，以最大限度降低污染的可能。

洗烘灌封操作应注意：领取经质量部门批准使用的安瓿。使用时，应核对规格、批号、生产厂家、数量，然后摆选瓶。应定时抽取安瓿检查洁净度，控制洗瓶速度、超声波频率、注射用水水温、注射用水压力、洁净压缩空气压力等，监控隧道烘箱的温度、压差、履带传送速度等。灭菌后的安瓿宜立即使用或清洁存放。同时，还应定期监测隧道烘箱内的悬浮粒子数等。需充惰性气体的品种在灌封操作过程中要注意压力变化，保证充填足够的惰性气体。在灌封工序，应每班随时检查烘干安瓿的洁净度、药液的色泽和澄明度、封口的长度和外观、封口后半成品的药液装量和澄明度。

（六）灭菌及检漏

（1）灭菌　灌封后的药品整齐排列装车，置于灭菌设备内，利用饱和蒸汽、蒸汽-空气混合物、蒸汽-空气-水混合物或过热水等手段使微生物菌体中的蛋白质、核酸发生变性而杀灭微生物，达到百万分之一的无菌保证水平。在同一灭菌柜内，不得同时灭菌不同品种、不同规格的药品。

（2）高压放电式微孔检漏法　灭菌后的药品进入高压放电式微孔检漏设备，将电极布置在容器可能泄漏处，施加电压。当容器不泄漏时，产生感应电流很小，则该产品作为合格品进入下一工序。当容器泄漏时，瓶壁和电极之间的电容消失，此时因电容所产生的容抗为零，回路产生相对较大的电流，该产品将作为不合格品被剔除。

（七）可见异物和其他包装外观缺陷检查（灯检）

可见异物是指存在于注射剂、眼用液体制剂和无菌原料药中，在规定条件下目视可以观测到的不溶性物质，其粒径或长度通常大于50μm。其他外观缺陷包括瓶身污渍、焦头、泡头、胶塞不完整、轧盖缺陷等。

可见异物可分为三个类别：固有异物、内源性异物、外源性异物。固有异物是指作为产品特性所固有的异物，例如蛋白质颗粒、脂质体或附聚体等；内源性异物是指来自与产品接触的生产设备、产品处方或内包材的异物，例如硅油、金属、玻璃等；外源性异物是指源自生产环境且属于生产工艺之外的异物，如头发、玻璃纤维等。可见异物不仅直接关系到患者的用药安全，也可间接反映出药品是否严格按照GMP的要求生产，产品的处方、工艺、药包材的选择是否合理，剂型的选择是否得当，因此对可见异物进行严格控制很有必要。

可见异物和其他外观缺陷的测试可以利用人工肉眼检测或机器（半自动或自动）检测。现在自动检测技术日趋成熟，若产品类型适用自动检测，则优先选择机器自动检测的方法，以减少人为差错的风险。必要时可采用多种方法组合而成的混合方法进行检查。

由于灯检工艺的概率特性，无论是人工灯检还是设备检查，都难以达到100%的检出，所以可见异物的控制不能仅依赖检查手段，应当建立可见异物控制体系，贯穿产品生产的全周期，形成有效的正、负反馈机制，确保产品批次基本上不含可见异物。

人工肉眼灯检法检查装置如图2-9所示。

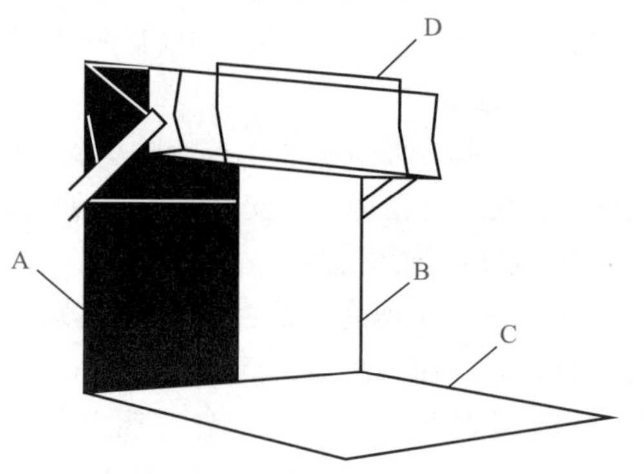

图2-9 灯检法示意图

A—不反光的黑色面板；B—不反光的白色背景（供检查有色异物）；C—不反光的白色面板；D—带有遮光板的日光灯光源（光照度可在1000～4000lx范围内调节）

（1）人工肉眼灯检法 核对待检产品的品名、批号、亚批号、数量，正确无误后按批号及亚批号进行灯检；首先检查外观质量，然后检查可见异物。

将供试品置遮光板边缘处，在明视距离（指供试品至人眼的清楚观测距离，通常为25cm）下，手持容器颈部，轻轻旋转和翻转容器（但应防止产生气泡），使药液中可能存在的可见异物悬浮，分别在黑色和白色背景下目视检查，重复观看，总检查时限为20秒。注意一般气泡是向上走的且速度较快，但对于略黏稠的液体来说，气泡会停止不动或向上走得很慢，在这种情况下，应注意区别气泡和可见异物。溶液中有大量气泡对检查产生影响时，需静置足够时间至气泡消失后检查；用无色透亮容器包装的无色供试品溶液，检查时被观看供试品所在处的光照度应为1000～1500lx；用透亮塑料容器包装、棕色透亮容器包装的供试品或有色供试品溶液，光照度应为2000～3000lx；混悬型供试品或乳状液，光照度应增加至约4000lx。按照GMP的相关规定，一个灯检室只能检查一个品种的安瓿。

灯检员连续工作1小时要休息至少5分钟，灯检人员应无色盲，裸眼视力应在4.9或4.9以上，或矫正视力在5.0或5.0以上。灯检人员的视力应至少每年检查一次。每年进行人员灯检能力测试，测试时间可选择在人员较疲劳时执行，模拟较差工况。

灯检人员需要明确知道产品中可能存在的异物类型，以提高灯检时的潜在观察意识，通常存在的异物类型见表2-9。

不透明的产品和容器（如冻干粉、悬浮液、着色瓶）对视觉检查有明显的挑战。对于此类产品，应当考虑抽样进行额外的增补测试，例如：转移、过滤、澄清、过筛等。

（2）全自动灯检机检测法 对注射液等制剂中所含可见异物的检查，主要利用机器视觉原理对可见异物进行识别检测。被检测样品在高速旋转下被制动静止，工业相机进行连续拍照获得多张图片，计算机系统进行分析比较，从而判断被检测样品是否合格，并自动区分合格品与不合格品。

表2-9　溶液中可能出现的可见异物

安瓿	胶塞玻璃瓶	塑料容器（透明）
纤维	纤维	纤维
玻璃碎片	玻璃碎片	无色颗粒
黑色颗粒	胶塞材质的粒子	褐色颗粒
褐色颗粒	有色颗粒	金属反光颗粒
无色颗粒	金属反光颗粒	有色颗粒
悬浮粒子（非晶态）	悬浮粒子（非晶态）	悬浮粒子（非晶态）

全自动检测设备可以检测可见异物、容器外观缺陷、微小裂缝、密封缺陷等多项内容，优点是可以消除人为错误。

选择全自动检测设备应关注：①检测范围是否包含可能的或高风险的区域。②采用视觉检测原理时，悬浮或无法随药液旋转的异物检测是一个技术难区。③控制缺陷剔除率前提下的误剔率。④剔除通道的设置是否利于缺陷分类。⑤背景光亮度对检测性能的影响。

设备灯检性能应当经过验证，并定期检查设备的性能。当检出缺陷品时，应能将其分开并剔除。在批生产记录中，按缺陷类型记录检测结果。

无论是人工肉眼灯检、半自动灯检还是全自动灯检，企业都应对产品执行100%灯检，灯检应在产品完成灌装后、易被观察的状态下执行，如贴标前。生产中应建立可见异物数据库，将识别后的潜在异物来源、形状、材质纳入数据库中，当生产中发现可见异物时，需与异物数据库进行对比，有利于判断异物的来源及产生的原因。

三、玻璃安瓿小容量注射剂生产设备

（一）配液设备

配液设备有浓配罐、稀配罐及辅助装置，其外形见图2-10。

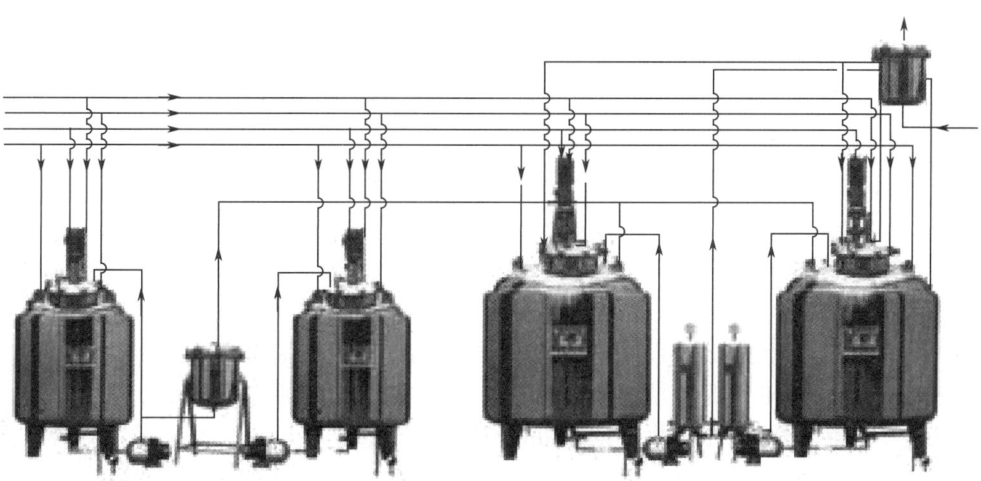

图2-10　配液系统外形图

配液罐根据配液工艺要求不同，分为浓配罐和稀配罐，浓配罐和稀配罐的基本配置大体相同。配液罐有各种不同的容积规格。通常浓配罐容积较小，稀配罐容积较大。

浓、稀配液罐是具有搅拌、加热和保温功能的罐体设备，主要结构见图2-11。配液罐罐体特性为支脚立式，夹套加热保温，上、下椭圆封头结构，采用316L不锈钢板制造。搅拌轴的密封一般采用机械密封，可采用变频调速器控制。目前，磁力搅拌器和射流搅拌器在配液系统中大量应用。罐内接口多采用便拆卸、易清洗、灭菌的国际通用ISO标准快装卡盘式接口，罐体设有液位计、可自动周转的CIP万向洗罐装置（俗称清洗球）、视孔灯、视镜、pH计、数显式温度计、称重模块、防爆膜、洁净呼吸器滤器、投料口等辅助装置。

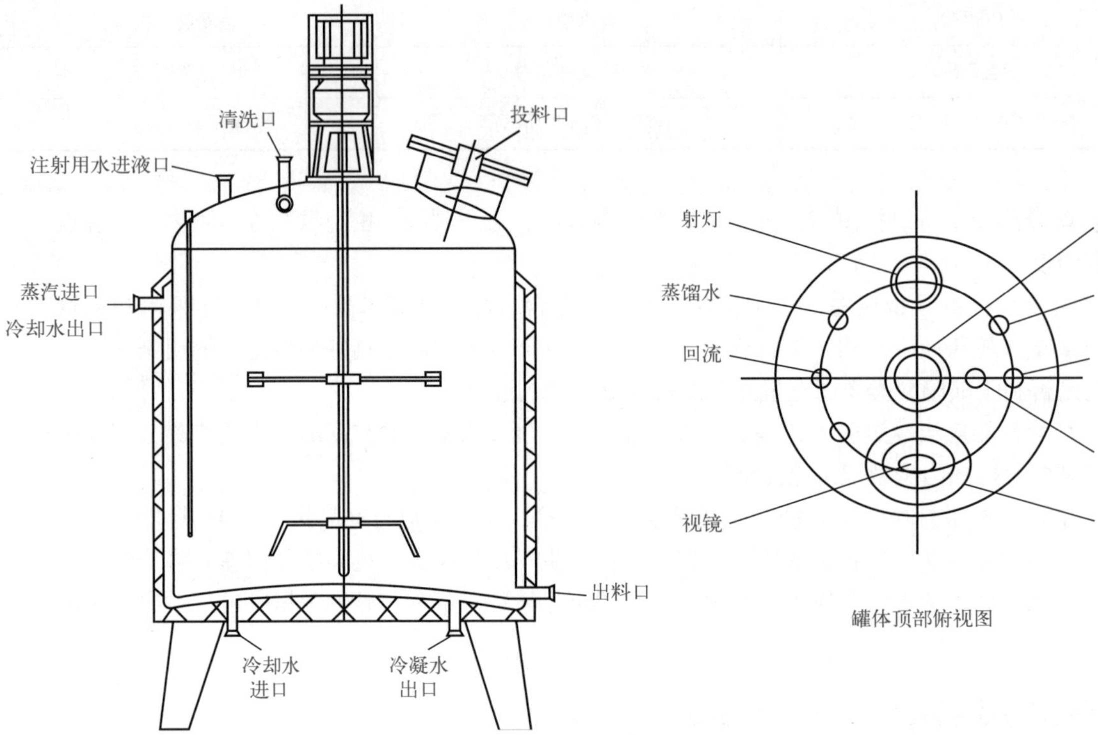

图2-11 浓、稀配罐结构示意图

（二）过滤系统

1. 过滤器的选择

制药工业中常见的过滤器有圆筒式、囊式、平板式。单芯或多芯圆筒状是注射剂生产中常用的过滤器，使用316L不锈钢制成，内表面精细抛光处理。其进出口使用卫生型快卡接口形式，主要用来安装压力仪表、排气口、排放口和完整性实验的器件。

在注射剂产品的生产中，过滤器选择时还应考虑其是否便于清洁，特别是滤盘底座最好选择可拆卸型底座（花盘底座），清洁过程中不留死角，减少染菌可能性，同时更换滤芯方便。

滤芯结构：由支撑层作为滤芯筒体，滤膜经过多层打褶后热压熔封形成圆筒状塞入筒体作为过滤介质，端帽、底端采用热熔技术焊接，并在滤芯根部配有双层O型密封圈。

注射剂生产中为了保证过滤效果，降低终端滤器的损耗，一般采用多级阶梯过滤设计，即采用三级或四级孔径递减的方式，也就是澄清过滤—预过滤—终端过滤，亦称过滤系统。第一级澄清过滤一般用钛棒或聚丙烯，孔径可选择10μm、5μm或3μm；第二级预过滤一般用聚丙烯或纤维素等，孔径可选择0.6μm、0.45μm或0.22μm；第三级终端过滤一般用聚醚砜、聚四氟乙烯等材质，孔径可选择0.22μm或0.1μm。在选配过滤系统时必须针对具体的药品生产工艺要求选配过滤系统的组成器件，在此基础上，分别确定每级过滤器使用的材质和孔径大小，既能有效去除微生物，同时也去除了药液中的不溶性微粒及异物，使注射剂的可见异物、不溶性微粒、微生物得到有效控制。

2. 过滤器的安装方法及使用注意事项

安装底座时看清进口、出口方向，料液应从滤芯外部流向中心，与滤芯插口相通的管道是出口。

安装滤芯的步骤：①装前仔细检查滤芯外包装、滤芯筒体上的印字编码，确认滤芯型号是否与所要求的一致。②确认无误后从滤芯插口端划开袋口，确认O型圈是否安装正确并完好无损，将开口端O型圈在水中沾湿，以减少插入时的摩擦力。③将滤芯插口端垂直插入滤器芯座，要求插到底，并以右手顺时针方向旋转定位，以保证两个O型圈都起到密封作用。注意：在操作中，为防止滤芯结构变形，要求操作者手握滤芯根部（近O型圈处）。④过滤器内压板压在滤芯的翅片上，并将压板上的弹簧轻轻压紧（滤芯在高温下将受热伸长，若弹簧压得过紧，滤芯无伸长空间将会扭曲变形）。⑤装好过滤器外壳并封严，检查全部密封处无渗漏，测试过滤器的完整性。

3. 滤芯的使用及维护

①所选滤芯的材质必须与过滤液具有化学相容性；②过滤器正常工作前必须使外壳内的气体全部排空；③为保证过滤效果，每批药液过滤前、后均应做完整性测试；④液体过滤器两端压差超过正常值、过滤量大幅度衰减、达到累计的滤芯灭菌次数时（一般不超过30次，具体可参照厂家实验数据），应更换滤芯；⑤为保证过滤效果，应同时更换过滤器中的全部滤芯。

4. 滤过方式

① 常压滤过通常采用高位静压滤过装置。该装置适用于楼房，配液间和储液罐在楼上，待滤药液通过管道自然流入滤器，滤液流入楼下的贮液容器。利用液位差形成的静压，促使经过滤器的滤材自然滤过。此法简便、压力稳定、质量好，但滤速慢。

② 减压滤过是在滤液贮存器上不断抽去空气，形成一定真空度，促使在滤器上方的药液经滤材流入滤液贮存器内。

③ 加压滤过是采用离心泵输送药液通过滤器进行滤过。其特点是：压力稳定、滤速快、质量好、产量高。由于全部装置保持正压，空气中的微生物和微粒不易侵入滤过系统，同时滤层不易松动，因此滤过质量比较稳定。适用于配液、滤过、灌封在同一平面工作。此方法在目前制药生产中比较常见。

不论采用何种滤过方式和装置，由于滤材的孔径不可能完全一致，故最初的滤液不一定澄明，需将初滤液回滤，直至滤液澄明度完全合格后，方可正式滤过，供灌封。

5. 常用的滤器的种类

（1）折叠式微孔膜滤芯过滤器　为了增大过滤单位体积的过滤面积，常将高分子平板微孔膜折叠成手风琴状后再围成圆筒形。加压的原药液自管外向管内过滤后，可作为成品药液去灌装。主要种类有聚丙烯滤芯、尼龙膜滤芯、聚偏二氟乙烯膜滤芯、聚偏四氟乙烯膜滤芯。过滤器外壳采用316L不锈钢板，快装式接口，配洁净 316L 不锈钢压力表，内含滤芯。折叠式微孔膜滤芯过滤器如图2-12所示。

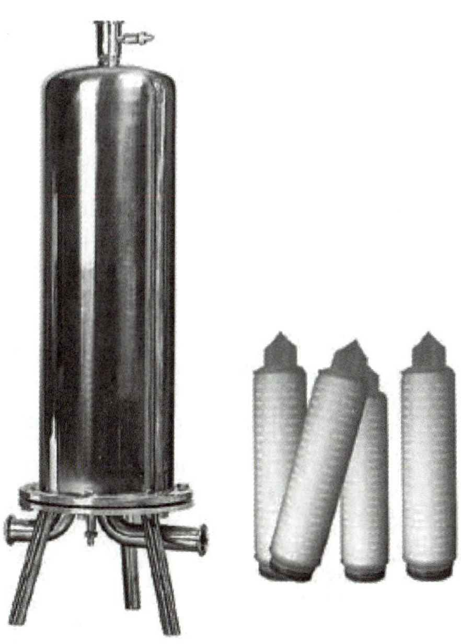

图2-12　折叠式微孔膜滤芯过滤器

微孔滤膜是作为末端精滤使用的过滤介质，所以对其前置的预过滤要求极为严格，否则极易发生堵塞。膜滤器中经常使用的微孔滤膜孔径应用范围：＞0.45～1.2μm 用于滤除不溶性微粒；0.2～0.45μm用于滤除细菌；＜0.01μm（超滤膜）用于滤除病毒和热原。

（2）钛滤芯过滤器（包括管式和板式）　如图2-13所

示，钛滤芯是以工业高纯钛粉为原料，经分筛、冷等静压成型后，高温、高真空烧结而成。筒体钢板采用316L不锈钢板，内外电抛光，筒体可作180°旋转，便于排料彻底，接口采用快装式，配洁净隔膜压力表。广泛应用于大输液、小针剂、滴眼液、口服液浓配环节中的脱炭过滤，及稀配环节中终端过滤前的保安过滤。

钛滤芯以其高科技材料组成和特殊成型工艺，而具有独有的优良性能：结构均匀，孔径分布窄，分离效率高；孔隙率高，过滤阻力小，渗透效率高；耐高温；化学稳定性好，耐酸碱腐蚀，具有抗氧化性能；无微粒脱落，不使原液形成二次污染，符合GMP要求；机械性能好，可压滤可抽滤，操作简单；压差低，占地面积小，流量大；抗微生物能力强，不与微生物发生作用；成型工艺好，整体无焊接部分的长度较长；可在线再生，易清洗，使用寿命较长。

图2-13 钛滤芯过滤器

（三）小容量注射剂洗烘灌封联动线

小容量注射剂联动线是将安瓿洗涤、烘干、灭菌以及药液灌封联合起来的生产线，实现了注射剂生产承前联后同步协调操作。联动线由安瓿超声波清洗机、隧道式热风循环灭菌干燥箱和多针拉丝灌封机三台设备组成，各设备的工作原理如下。

1. 安瓿超声波清洗机

首先瓶子由网带进瓶，在斜斗中先注满水，再滑入水池中。经过约1min的超声波清洗，安瓿由推瓶杆推至喷针上，输送到各清洗工位，倒置的安瓿通过各个清洗工位时，不断由热水及压缩空气进行交替内部清洗，各清洗工位冲洗过程为：循环水—循环水—压缩空气—新鲜水—压缩空气—压缩空气—压缩空气。安瓿外部由喷射水流清洗。（详细介绍请参考本书第六章“冻干粉针生产技术”部分内容。）

2. 隧道式热风循环灭菌干燥箱

详细请参考本书第六章“冻干粉针生产技术”第二节“冻干粉针车间设计及设备”中“隧道式灭菌干燥机”。

3. 多针拉丝灌封机

该机采用直线间歇式灌装和封口。安瓿进入传瓶输送带，向前运动至绞龙部件，绞龙将安瓿整理成有序的状态，并将安瓿逐个地推进至进瓶拨轮，进瓶拨轮连续将安瓿递交给前行走梁部件，安瓿由连续运动转变为间歇运动方式。中间行走梁部件将安瓿按步进方式送至下一工位。5个间歇工位依次为：前充气工位、灌液工位、后充气工位、预热工位、拉丝封口工位。前充气工位可设定为充压缩空气，也可设定为氮气，后充气工位则设定为氮气。在灌液工位，玻璃柱塞泵通过灌针将药液注入安瓿，各灌装泵装量可通过调节手轮来调整。在预热工位，安瓿被喷嘴吹出的氢气和氧气（由氢氧发生器产生）的混合燃烧气体加热，同时在滚轮作用下产生自旋运动。在拉丝封口工位，安瓿顶部进一步受热软化，被拉丝夹拉丝封口，封好口后的安瓿经出瓶拨轮被推出，进入接瓶盘中。

安瓿洗烘灌封联动机各组成单机，既能单独使用，也能联合使用，联合使用时，各台机器的同步配合是关键，这是由自控装置和同步传动机构共同完成的。

（四）灭菌检漏设备

1. 灭菌设备

常用的灭菌设备有：水浴式灭菌柜、蒸汽-空气混合灭菌柜、脉动真空压力蒸汽灭菌柜。

（1）水浴式灭菌柜　利用过热循环水作为灭菌加热载体，对物品进行水淋式灭菌操作。以过热纯化水（或注射用水）作为传热介质，通过循环泵+板式换热器将其加热至工艺温度。加热后的水经顶部喷淋系统（布水器/螺旋喷头）形成均匀水幕，对柜内已密封的药品进行淋浴式或喷淋式加热。柜内水温保持在设定灭菌温度并维持规定时间，利用湿热使微生物蛋白质凝固变性，达到终端灭菌效果。

（2）蒸汽–空气混合灭菌柜　给灭菌腔室通入高温高压的饱和纯蒸汽，使腔内温度达到灭菌工艺所要求的温度，使微生物的蛋白质和核酸受热变性，致其死亡。同时，为了防止灭菌物品发生变形和损坏，腔内压力必须和灭菌物品容器内部的压力保持平衡，这就需要对灭菌腔室通入洁净的压缩空气，或排出混合气体，以达到压力平衡。

（3）脉动真空压力蒸汽灭菌柜　通过真空泵借助水的流动抽出灭菌柜室内冷空气，使其处于负压状态，然后输入饱和蒸汽，使其迅速穿透到物品内部，如此反复3次或4次。在高温和高压的作用下使微生物蛋白质变性凝固而灭活达到灭菌要求。灭菌后，抽真空使灭菌物品迅速干燥。

2. 检漏设备

高压放电式微孔检漏机：在绝缘容器（玻璃、塑料）两侧施加高频高压，如瓶完好，则液体与电极形成等效电容，电流微小；如瓶泄漏，则微裂纹/针孔处电场击穿，电容短路，电流/功率突变，被剔除。检出限可达0.2μm。

（五）灯检设备

全自动灯检设备主要检测玻璃安瓿封装的水剂，常规的功能包含异物和液位（装量）检测，如图2-14、图2-15所示。扩展功能包含焦头和瓶体划痕、裂纹检测等。设备通过更换模具能够适用1～20mL不同标准的瓶型。

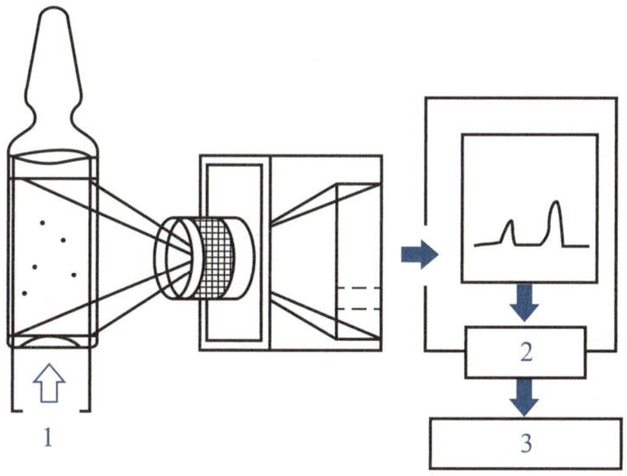

图2-14　异物检查图

1—光；2—处理；3—合格品与不合格品的分选

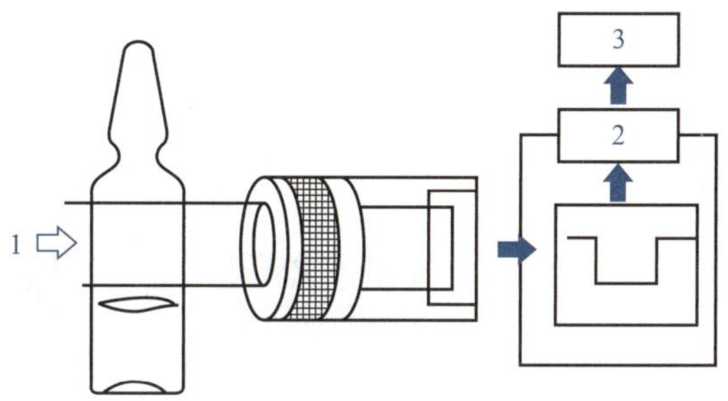

图2-15　空瓶、药液量过少检测图

1—光；2—处理；3—合格品与不合格品的分选

仪器主要由旋瓶装置、光源、图像采集器、数据处理系统和终端显示系统组成。供试品被放置至检测装置后，旋瓶装置使供试品沿垂直中轴线高速旋转一定时间后快速停止，同时光源发出的匀称光束照耀在供试品上，当药液涡流基本消失，瓶内药液因惯性连续旋转，图像采集器在特定角度对旋转药液中悬浮的不溶性物质引起的散射光能量进行连续摄像，采集图像不少于75幅。数据处理系统对采集的序列图像进行处理，然后依据预先设定的阈值自动判定超过一定大小的不溶性物质的有无，或在终端显示器上显示图像供人工判定，同时记录检测结果。再通过机械动作及时将不合格安瓿剔除。

四、小容量注射剂吹灌封工艺

（一）吹灌封工艺简介

吹灌封技术就是将生产线上的热熔塑料型坯吹塑成型（blow）、灌装（fill）和封口（seal）三个工艺步骤整合在同一台设备上的连续式无菌灌装生产技术，刚引进国内的时候也叫作“三合一”技术。

BFS技术是20世纪60年代由德国罗姆来格（Rommelag）集团的工程师Gerhard Hansen发明的一种无菌包装工艺。这一工艺使制瓶、灌装、封口三种操作均在无菌状态下的同一工位完成。BFS工艺的流程非常简洁，即通过高温高压的挤出过程，使塑料达到无菌的状态，随即在同一工位完成容器的生产、灌装及封口过程。BFS设备主要有封闭式与往复式两种，其各自的原理有一定差异，现阶段全世界范围内，均比较推行封闭式BFS设备，因其在灌装过程中完全与外界隔绝，无菌保障能力更优于往复式BFS。

在制药行业，目前BFS技术主要应用于终端灭菌和非终端灭菌无菌液体制剂生产，如滴眼液、注射液、吸入液体制剂等，可满足0.1～1500mL容量的无菌生产。图2-16为应用BFS技术生产的小容量制剂产品常见形式。

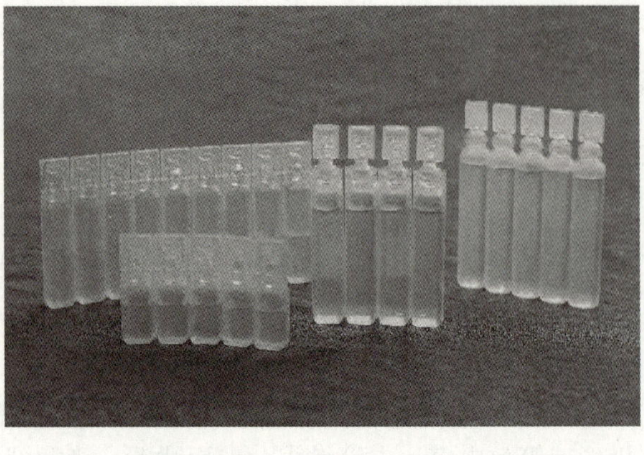

图2-16　BFS技术生产的小容量制剂产品常见形式

（二）BFS无菌灌装工艺流程

BFS无菌灌装工艺流程如图2-17所示。

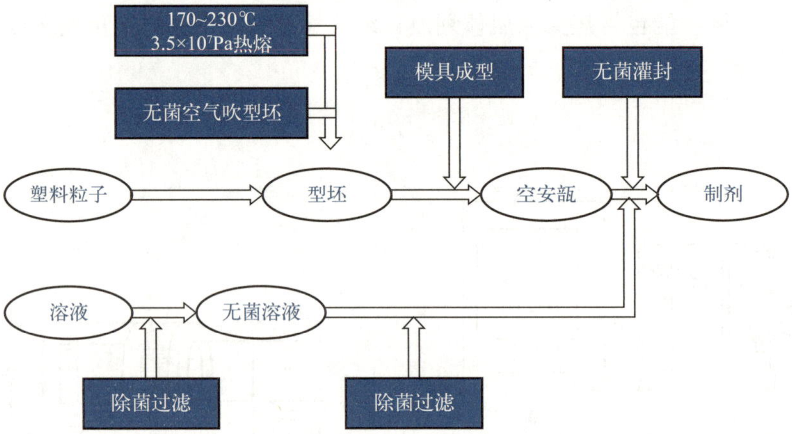

图2-17　BFS无菌灌装工艺流程

生产线由一组无菌配制系统和一台BFS无菌灌装机组成，是目前比较完善的无菌灌装生产线，具备全线CIP/SIP功能，在正压、密闭、层流的保护下运行。容器制作、产品灌装、容器的封口都在A级风淋的无菌保护下完成，能有效地预防工艺过程中可能出现的各种污染和交叉污染。工艺过程中的温度、压力、pH、重量、时间、转速等工艺参数可实现在线监测、实时记录，完全符合无菌工艺的要求。由于BFS无菌灌装生产线有较强的无菌保障能力，产品中不需添加防腐剂，可实现“非最终灭菌”，产品的内在质量高，安全性好。下面详细介绍吹灌封步骤，如图2-18所示。

1. 挤出成型

塑料颗粒在温度为170～230℃、压力为350bar（1bar=10^5Pa）条件下，经过旋转的螺杆连续挤压形成管坯，由无菌空气保护的管坯穿过模具，当管坯到达正确长度时，主模具闭合并把管坯底部密封，切刀切断管坯，管坯顶部被开口保持夹定位，吹灌针机构快速下降到容器颈部部位，由洁净压缩空气或真空或两者并施使管坯成型为与模具的模腔相一致的容器，如图2-18（a）和（b），此时容器顶部保持开口，并保持熔融状态直至随后的灌装完成和封口。无菌空气继续保护模具中敞口的管坯。

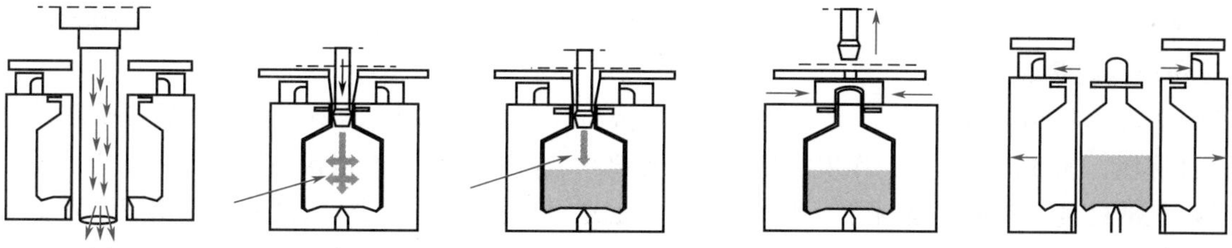

图2-18 吹灌封剖面简图

(a) 熔化塑料颗粒挤成型坯，型坯内部有连续无菌空气吹出；(b) 模具闭合后，无菌空气将型坯吹成瓶型；(c) 除菌过滤后的药液即刻灌入瓶中；(d) 药液灌装完成后，头模立刻闭合封口；(e) 封口后的瓶子从模具中送出

2. 无菌灌装

设备自带的A级风淋装置中的无菌空气对吹瓶、灌装及封口工位进行保护。灌装嘴经容器上端开口采用时间-压力法计量的药液立即被灌装到容器里，并排出容器内的无菌空气，如图2-18（c），此时容器上端仍保持熔融状态。灌装嘴不但有用于灌装的液体管道，还有用于吹制成型的空气管路和用于排放瓶内剩余空气的排气管路。灌装工序置于经过滤的无菌层流空气保护之下以防止污染，无菌层流空气风机的转速自控装置可根据不同的条件自动调节以保证无菌层流空气的流速、风压保持恒定。此特殊设计的灌装嘴还可自动完成在线清洗（CIP）和在线灭菌（SIP）。

3. 封口

当灌装结束吹灌针机构缩回后，头模闭合，将容器上端仍处于熔融状态的开口压合，使瓶子密封，在封口的同时使容器上端成型并冷却，如图2-18（d）。此步骤完成后即得到容器完全密闭的产品。随后是为容器去除飞边，将飞边或废料从容器上去除或将容器分切开来并传送出主机。

设备开始进行下一个生产周期，依次重复，循环运行。

（三）BFS无菌灌装机的组成系统

1. 液压系统

液压系统由液压泵、控制阀门、冷却系统等组成。这个系统可以提供1.6×10^7Pa的压力，主要用于设备运行的驱动，例如模具机构从挤出位置到灌装位置的移动、主模具和头部成型模具的闭合和打开、尾部机械手装置的提升和下降等机械运动。系统提供的压力可以满足PE和PP 2种材质的加工需要。

2. 气动系统

气动系统由空气压缩机、过滤系统、控制减压系统、输送系统等组成。通常情况下需要提供（8～10）×10^6Pa的压力和500L/min的流量。这一系统可分为2个子系统：①通用压缩空气系统，主要用于进行气缸、阀门气动元件的运作；②洁净压缩空气系统，主要用于型坯的支撑空气、容器成型空气、药液灌装系统的动力空气（时间-压力定量法）的除油、除水和除菌过滤。所有与洁净气体接触的部件均使用美国钢铁学会标准（AISI）316/316L/316Ti不锈钢或符合食品级要求、符合规定的塑料或弹性体材料制造。

3. 真空系统

真空系统由水环真空泵、控制阀门、分配系统等组成，用于容器的成型和灌装后管线剩余液滴的吸除。分配系统、管线、控制阀以及模具和灌装嘴内的真空管线，可用85℃的热水进行CIP。

4. 芯轴升降控制及灌装系统

芯轴系统采用了直线式气动机构控制，避免了采用液压件会出现液压油渗漏的风险。通过特制的芯轴单元，可将产品经过精密计量系统灌入容器内，灌装结束后芯轴单元回撤，头模合拢，在真空作用下进行容器的密封。

灌装系统包括除菌过滤器、灌装阀组、灌装嘴（针）、风淋室、导向和驱动装置。将待灌装的产品经除菌过滤后，通过精密计量将产品灌入容器内，同时排出容器内的空气，并在容器颈部上形成“鲁尔接头”。灌装系统可在计算机程序控制下进行CIP/SIP，快速实现不同批次、不同品种之间的转换。

5. 塑坯控制系统

塑坯控制系统由螺杆挤压机（注塑机）、型坯挤出头、温度控制系统等组成。在螺杆挤压机内，塑料粒子被挤压、加热，在压力的作用下被强迫通过挤出头，热熔状态的塑料通过挤出头形成型坯，这时螺杆挤压机的速度（转速）控制挤出型坯的速度。通过调整挤出头成型模的间隙可以调节型坯不同位置的厚度。通过对控制参数的调整，可以对挤出的塑坯速度和厚度进行精确的控制，以保证在同一参数控制下产品厚度是稳定、均一的。

6. 模具机构

模具机构的主模和头模是分开的。模具中设有真空系统、冷却系统和液压驱动系统。真空系统不但可以在容器成型过程中保证容器各部位的壁厚均匀，还可以在生产过程中对模具进行清洁。产品成型模具安装在高强度不锈钢板的合模装置上，可提供较高的合模力，在生产聚丙烯（PP）产品时会体现其优势。在模具上还可以增设批号，完善产品生产过程的可追溯性和防伪能力。

7. 冷却水系统

冷却水系统由控制阀、流量计、压力和温度传感器、流量调节器，以及必要的管线和软管、过滤器组成。冷却水系统可分为以下3个回路。

（1）模具冷却回路 采用冷却介质（通常为12℃冷却水）的封闭循环回路。这一回路的主要作用是使容器在成型后立即得到冷却，以保证在灌装热敏性产品时产品质量不受影响。模具的冷却效果会直接影响产品的质量（如容器的透光率、光洁度、灌装溶液的温度等）。

（2）液压油和挤出机的冷却回路 冷却介质可循环使用或排放。这一回路的作用是调整和控制挤出机及液压油的温度。温度是否稳定会直接影响容器的质量（如容器的光洁度和型坯的壁厚均匀度）。由于给液压油降温的热交换器在液压油箱内，所以要防止泄漏造成液压油变质。

（3）水环真空泵的冷却回路 冷却介质通常被排放掉。这一回路主要用于水环真空泵的密封和降温，应注意流量的变化会影响真空度。

8. 控制系统

控制系统由机载计算机系统、控制屏、传感器等组成。主要作用是监测、控制和调整BFS机器各机构的运行参数。系统中有安全级别的设置，可以防止人为更改工艺参数的风险。

9. CIP/SIP系统

CIP/SIP系统在计算机程序控制下分3个步骤（CIP、SIP、无菌气体吹干）对所有的物料过滤器、管线进行清洗和灭菌。可以快速实现不同产品生产或相同产品不同批次生产环节中的CIP/SIP，而且工艺参数互相关联，分布在不同位置的18个温度传感器保证了系统参数的真实性，使得CIP/SIP验证的稳定性和重现性非常可靠。

10. 辅助系统和公用设施

辅助系统和公用设施由空调、制水、纯蒸汽、配电、水冷机组、空气压缩机、无菌配制系统等组成，是BFS无菌灌装工艺的重要组成部分。辅助系统和公用设施要符合无菌工艺的要求。

因为BFS机器由计算机程序控制运行，所以每一个控制点都是互相联系、环环相扣的，程序在设计时就已将各种安全因素充分考虑在内。正常运行时各种工艺参数（如压差、温度等）不符合预设工艺要求时，设备会自动报警；BFS机器在遇到简单故障时会自动停机进行锁定保护，不经授权更改原设定程序会被拒绝执行；BFS机器几乎不会出现破坏性状况。

（四）BFS工艺验证

基于BFS技术的无菌液体制剂的无菌验证，主要从以下几方面入手。

1. 挤出工艺验证

对于新的吹灌封设备有必要采用一定的方法证明吹灌封设备生产的包装容器是无菌、无热原的，通过对塑料颗粒染菌的对比实验，经《中国药典》（2025年版）四部生物检查法验证容器无菌、无热原。

2. 在线清洁验证

吹灌封设备的在线清洗过程是自动运行的，这些设定的清洗参数需要经过验证，只有通过验证后才能够用于生产，确保生产产品不会带入超过限度的污染物。

清洁验证通常包括设备的评估、清洗操作规程的评估、清洁标识物的选择与残留限度的计算，还应该包括溶液的配制系统、溶液输送管线和称量原材料使用的工器具等。

3. 在线灭菌验证

在线灭菌使用的是饱和蒸汽灭菌，采用设置在管线上固定位置的热电阻来进行控制和监测。在线灭菌过程中，纯蒸汽的影响最大，当纯蒸汽压力不够、纯度不够或者流量不够时，会导致在线灭菌过程某点或者几个监测点的温度达不到设定值或者围绕设定值上下波动，影响结果。

4. 过滤器验证

在吹灌封无菌工艺中会使用产品过滤器和空气过滤器，当然某些产品（例如混悬液）可能不会使用产品过滤器。过滤器的验证包括过滤器性能确认和过滤工艺验证两部分，主要测试项目有微生物截留测试、可提取物测试、与产品的相容性测试、产品吸附测试、完整性测试等。

5. 容器密封性验证

在吹灌封无菌工艺中，容器的封口是自动完成的，容器在灌封完成后立刻由头模进行密封。在封口不严的情况下，采用常规的真空检漏法很容易检测出来，但是极其细小的孔隙，常规方法很难检出。通常采用微生物侵入法验证容器的密封性能。

6. 吹灌封无菌工艺的合格条件

对于一项无菌生产工艺，最终的判断方法就是通过培养基模拟灌装试验，吹灌封无菌工艺也不例外，虽然它被证明具有良好的无菌保障能力，但是每个项目的生产环境、生产条件、人员等并不是完全一样的，而且在2010版GMP附录一“无菌药品”中也规定了所有无菌工艺必须通过培养基模拟灌装试验。

（五）BFS设备

BFS设备包括直线往复式和旋转式两种机型。

传统间歇式BFS设备也称“往复式”BFS设备，采用开放型坯工艺，机器采用线性运动，其设计允许频繁切换，非常适合需要灵活包装的行业。其优点是模具简单，费用低，换规格快，但是在生产时，粒料挤出和型坯切割刀与型坯接触时会产生非活性微粒。因此，为降低微粒的产生，提升产品质量，“旋转式”BFS设备应运而生，其采用圆周运动来实现连续生产，密闭型坯工艺，无须使用切割刀，减少了微粒的产生，是大规模操作的首选。但缺点是模具复杂且贵，不适合频繁切换。

第四节 大容量注射剂的生产

一、大容量注射剂概述

大容量注射剂（large volume parenteral，LVP）通常指体积不小于50mL的液体无菌制剂（常规为50mL、100mL、250mL、500mL等）。其中，供静脉滴注用的大容量注射液又可称为大输液。按其临床用途不同，大容量注射剂可分为体液平衡用输液、营养用输液、血容量扩张用输液、治疗用药物输液、透析制剂、造影制剂等类型。

大输液各包装形式优缺点如表2-10所示。

表2-10 大输液各包装形式优缺点

包装形式	优点	缺点
玻璃瓶	透明度高；化学稳定性高；阻隔性能好	临床使用时，瓶内需进入空气，玻瓶裂缝不容易被发现，污染风险高；使用后废弃物处置难度大
塑料瓶	重量轻；密封好；瓶身无脱落；使用后废弃物处置方便	临床使用时，瓶内需进入空气，污染风险高；部分生产工艺（如吹灌封）产品透光率低，异物检出难度高
软袋	重量轻；临床使用过程中袋内不需进入空气；瓶身无脱落风险；使用后废弃物处置方便。双室袋和三室袋临床即开即用，使用前不需要静脉药物配制	容易物理损伤，导致药液渗漏；不能直立放置，临床使用不方便。其中，双室袋和三室袋焊接工艺控制难度高
可立袋	重量轻；密封好；瓶身无脱落风险；使用后废弃物处置方便；临床使用过程中袋内不需进入空气；可直立放置，临床使用方便	生产工艺要求高，过程控制难度大

对于最终灭菌的大容量注射剂的灌装，建议尽量采用自动化灌装系统，以实现对灌装装量、焊接封口参数的自动调节，必要时应能根据产品特性要求在灌装过程中进行充气保护或抽真空。

灌装过程中应能对中间产品的装量稳定性、可见异物、微粒、微生物、产品密封性等进行有效控制。此外，还应结合产品特性考虑特殊控制要求的实现，如氧敏感品种的残氧控制等。盛装大输液的包装容器不同，其生产工艺也有差异，无论何种包装容器，其生产过程一般包括原辅料的准备、配液过滤、洗瓶（或制袋）、灌封、灭菌、灯检、包装等工序。

大容量注射剂的车间设计要求、生产管理及称量、配液、过滤系统同小容量注射剂相似，请参考前一节内容，此处不再赘述。

二、玻璃瓶大输液的生产过程

玻璃瓶大输液车间布局见图2-19，工艺流程及环境区域划分见图2-20。

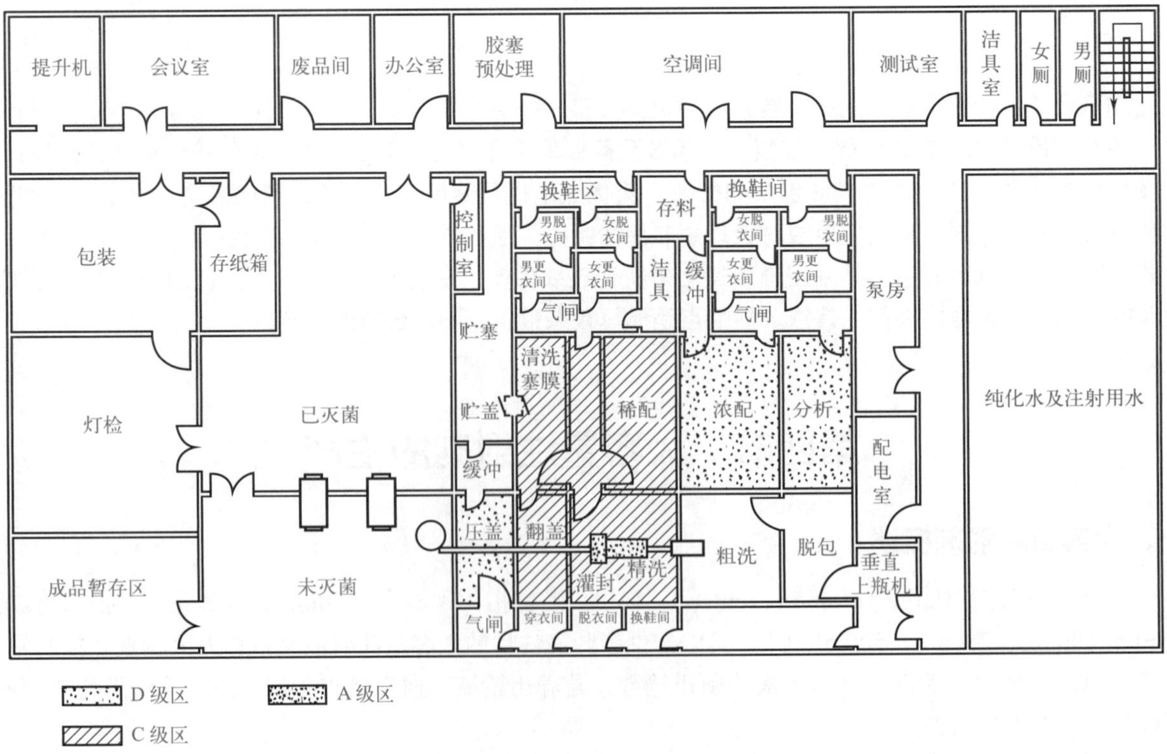

图2-19 玻璃瓶大输液车间布局

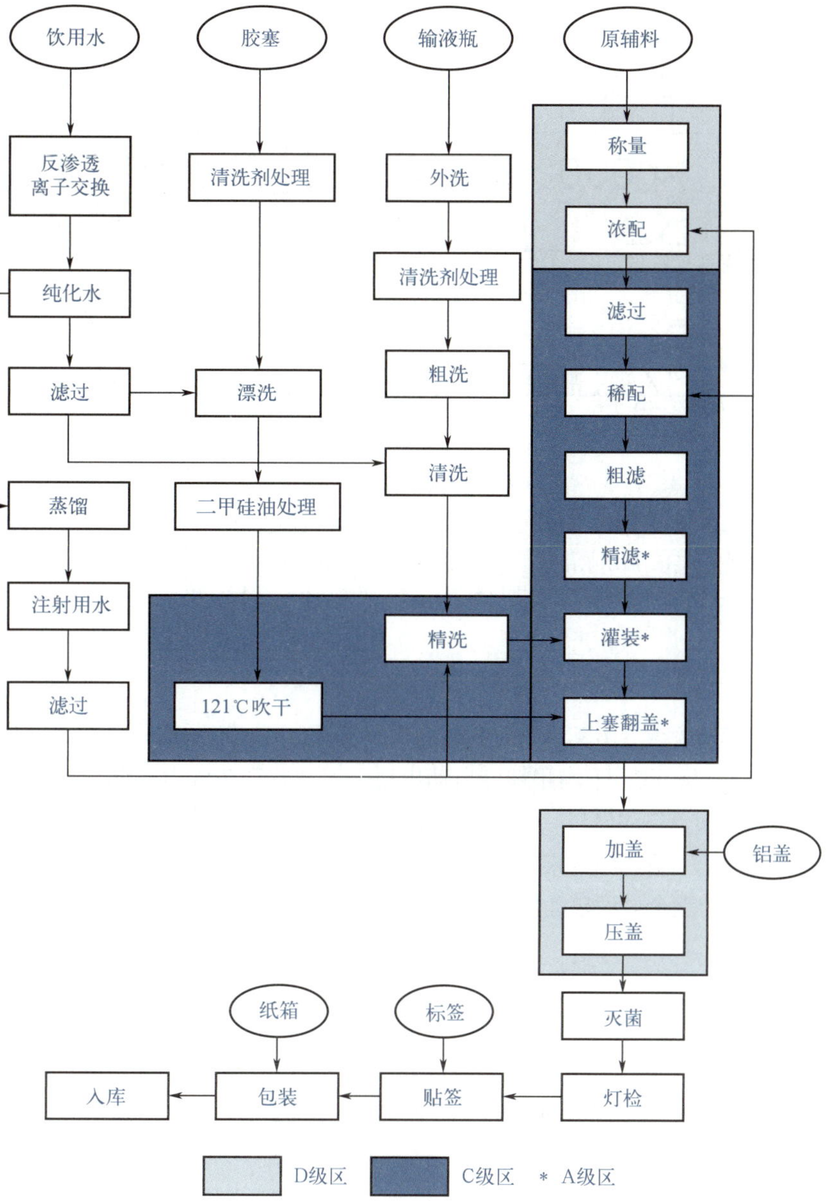

图2-20　最终灭菌大容量注射剂（玻璃容器）工艺流程及环境区域划分

（一）洗瓶

全自动箱式洗瓶机采用全冲洗方式，其工作过程是：待洗瓶子依次经过预洗（自来水内外各喷射1次）、清洗剂冲洗（清洗剂内冲22次、外冲20次）、精洗、第一次温水冲洗（循环水内冲4次、外冲3次）、第二次温水冲洗（循环蒸馏水内冲4次、外冲2次）和最终精洗（注射用水内冲4次、外冲2次）。箱式洗瓶机工位示意图见图2-21。

清洗机开动前，仔细检查各机构动作是否同步，动作顺序是否准确，毛刷和冲水喷嘴的中心线是否对准瓶口中心线。拨盘进瓶、毛刷刷洗与喷水动作应在滚筒或吊篮停止位置进行。如有错位，逐一检查调整复位，直到准确无误，方能开车。

调整规格时，因玻璃瓶的尺寸发生了变化，相应的进瓶拨轮或绞龙、滚筒上的拦瓶架或履带上的瓶套、刷瓶毛刷等规格件应更换。规格件更换后应重新调整所处的位置与间隙，以便洗瓶各工位都正常工作。

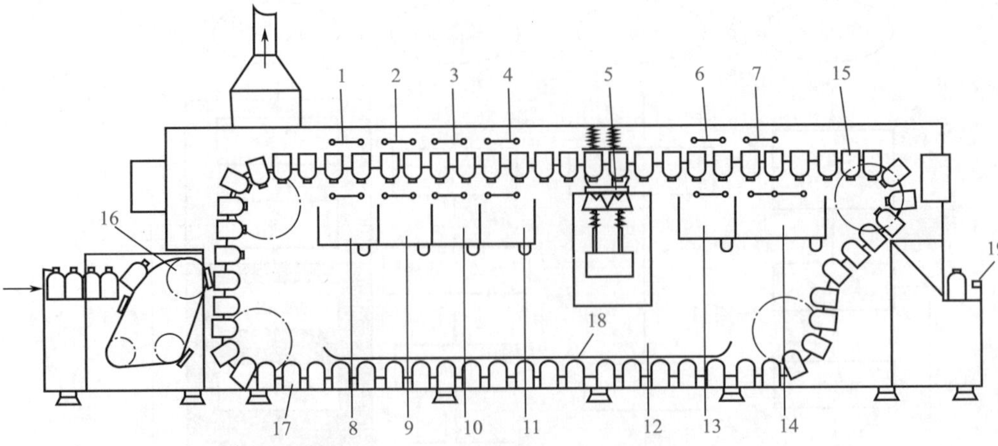

图2-21　箱式洗瓶机工位示意图

1—碱水冲洗；2～4—热水喷淋冲洗；5—毛刷带冷水；6—回收蒸馏水冲洗；7—蒸馏水喷淋冲洗；8—碱水收集槽；9～11—热水收集槽；12—残液收集盘；13—回收蒸馏水收集槽；14—蒸馏水收集槽；15—沥水翻瓶；16—进瓶装置；17—瓶套；18—隔板；19—手控停转

（二）胶塞清洗

胶塞清洗设备内胆部件采用316不锈钢材料制作，外壳采用304不锈钢材料制作，铝盖处理采用人工上料、超声波清洗、热循环风灭菌、干燥和螺旋自动出料工艺。胶塞在强力喷淋、慢速翻滚、超声波等作用下，进行洗涤、灭菌、干燥至自动出料。全部过程由可编程逻辑控制器（PLC）控制下自动操作完成。该设备各道工序的运行状态能在显示器上动态显示，能够直观了解机组运行情况并由记录仪自动记录各工序温度，以便备案查阅和打印。整个过程自动化程度高，劳动强度低，操作简便，节省能源，处理胶塞质量好。

（三）灌装、封口

1. 输液剂灌装机

灌装机的功能是将经质量检查合格的药液灌入洁净的容器中。其有多种机型，按运动形式分有直线式间歇运动灌装机、旋转式连续运动灌装机2种；按灌装方式分有常压灌装机、负压灌装机、正压灌装机和恒压灌装机4种；按计量方式分有漏斗式灌装机、量杯式负压灌装机、计量泵注射式灌装机3种。

使用输液剂灌装设备需注意：当使用与药液接触的零部件有摩擦可能产生微粒的灌装机（如计量泵注射式）时，须加终端过滤器；灌装易氧化的药液时，设备应有充氮装置。

（1）漏斗式灌装机　漏斗式灌装机是用时间和流量控制计量灌装容积的。该机有结构简单的优点。缺点是计量准确度不易调控；无瓶时仍处于灌装状态，所以浪费药液，又污染机器。

（2）量杯式负压灌装机　量杯式负压灌装机由药液量杯、托瓶装置及无级变速装置三部分组成。量杯计量原理见图2-22，误差调节是通过计量调节块在计量杯中所占的体积而定，旋动调节螺母使计量块上升或下降，从而达到装量。盛料桶中装有10个计量杯，量杯与灌装套用硅橡胶管连接，玻璃瓶由螺旋管式输瓶器经拨瓶星轮送入转盘的托瓶装置，托瓶装置由圆柱凸轮控制升降，灌装头套住瓶肩形成密封空间，通过真

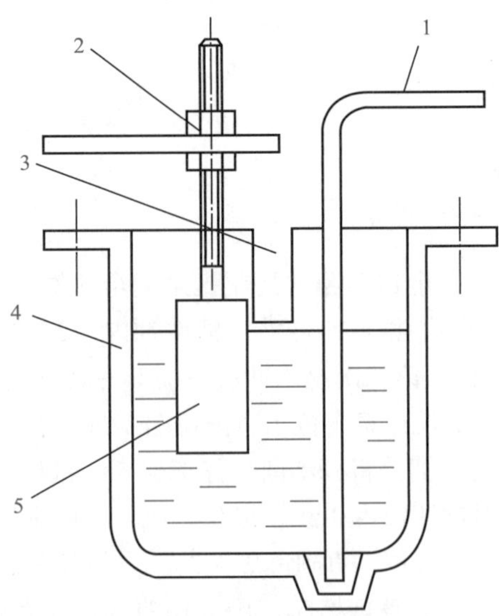

图2-22　量杯计量示意图

1—吸液管；2—调节螺母；3—量杯缺口；4—计量杯；5—计量调节块

空管道抽真空，药液负压流进瓶内。

该机的优点是量杯计量、负压灌装，药液与其接触的零部件无相对机械摩擦，没有微粒产生，机械设有无瓶不灌装等自动保护装置。但是，机器回转速度加快时，量杯药液产生偏斜，可能造成计量误差。

（3）计量泵注射式灌装机　计量泵注射式灌装机是通过注射泵对药液进行计量并在活塞的压力下将药液充填于容器中的灌装机。计量泵计量原理见图2-23，是以活塞的往复运动进行充填，常压灌装。计量原理同样是以容积计量。首先粗调活塞行程，达到灌装量，装量精度由下部的微调螺母调定。

注射泵式计量，与药液接触的零部件少，没有不易清洗的死角，清洗消毒方便。计量泵既有粗调定位，控制药液装量，又有微调装置，控制装量精度。

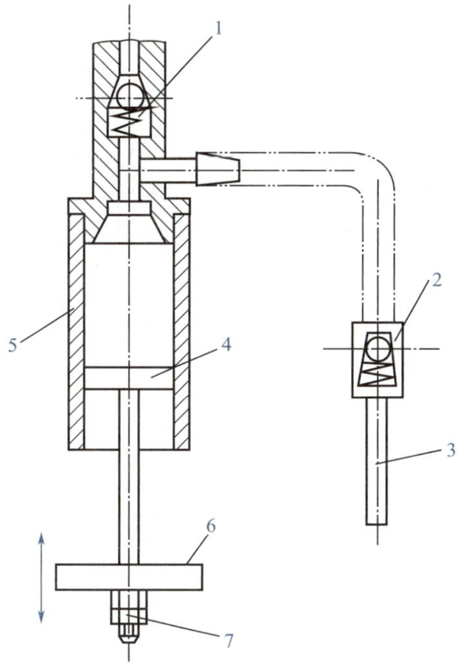

图2-23　计量泵计量示意图

1，2—单向阀；3—灌装管；4—活塞；5—计量缸；6—活塞升降板；7—微调螺母

2. 输液剂封口设备

输液剂封口设备包括塞胶塞机、翻胶塞机、轧盖机等。药液灌装后必须在A级洁净区内立即封口，避免药品暴露在空气中被污染或氧化。

我国常用的封口方式是把翻边型橡胶塞或“T”型橡胶塞塞在药瓶嘴内，胶塞的外面再盖铝盖并轧紧。至2004年底前，我国所有药用胶塞（包括输液、口服液等各剂型用胶塞）一律停止使用普通胶塞，所有药厂的药品橡胶塞都要使用丁基胶塞。

丁基胶塞的内在洁净度、化学稳定性、气密性、生物性能都很好，但是因配方复杂及所加原材料浓度梯度的关系，与一些分子活性比较强的药物封装后，被药物吸收、吸附、浸出、渗透，产生了胶塞与药物的相容性问题，比较突出的是部分头孢菌素类、部分大输液类以及较多中药注射液制剂等。所以通过选用一种惰性柔软涂层，覆盖在胶塞表面，隔离药品与橡胶瓶塞的直接接触，这样可以明显提升与药物的相容性。

塞胶塞机如图2-24所示，该机为回转式，可自动完成输瓶、螺杆同步送瓶、理塞、送塞、加塞等工序的工作。

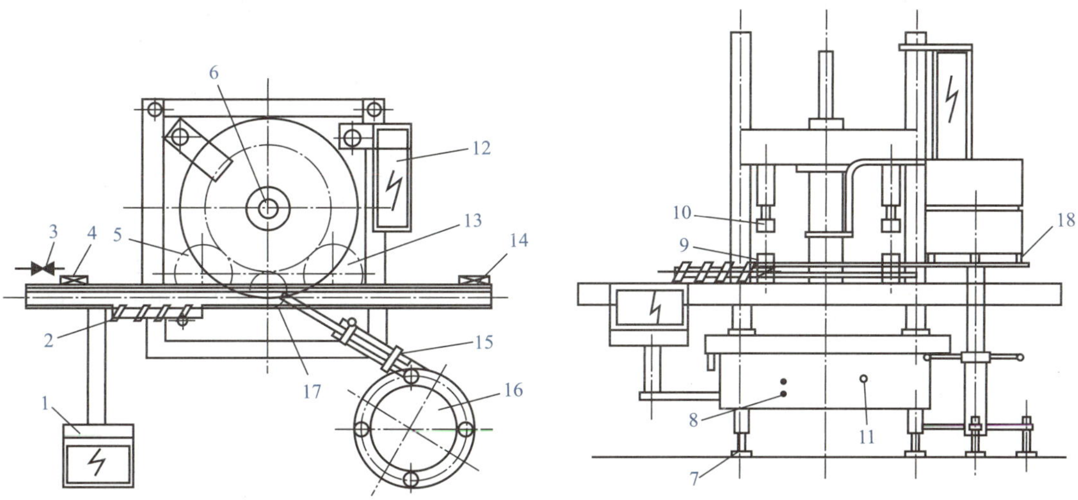

图2-24　塞胶塞机原理示意图

1—操作箱；2—进瓶螺杆；3—压缩空气接口；4—缺瓶检测装置；5—进瓶拨轮；6—真空泵接口；7—调节螺栓及脚垫；8—主轴加油口；9—托瓶盘；10—扣塞头；11—减速机油窗；12—接线箱；13—出瓶拨轮；14—防堆积装置；15—水平振荡装置；16—理塞料斗；17—分塞装置；18—垂直振荡装置

塞胶塞机工作流程为：灌好药液的玻璃瓶在输瓶轨道上经进瓶螺杆按设定的节距分开来，再经进瓶拨轮送入回转工作台的托瓶盘，“T”型塞在理塞料斗中经垂直振荡装置沿螺旋形轨道送入水平振荡装置，在水平振荡的作用下，胶塞送至分塞装置，抓塞机械手再将胶塞传递给扣塞头，扣塞头由平面凸轮控制下降套住瓶肩，形成密封区间，此时真空泵经接口向瓶内抽真空，同时扣塞头在凸轮控制下向瓶口塞入胶塞。图2-25为“T”型塞加塞原理图。进瓶时如遇缺瓶，缺瓶检测装置发出信号，经PC机指令控制相应扣塞头不供胶塞。出瓶时输送带上如瓶子堆积太多，出瓶防堆积装置发出信号，PC机控制自动报警停机。故障消除后，机器恢复正常运转。工业PC机和变频调速器都安装在电器控制箱中。

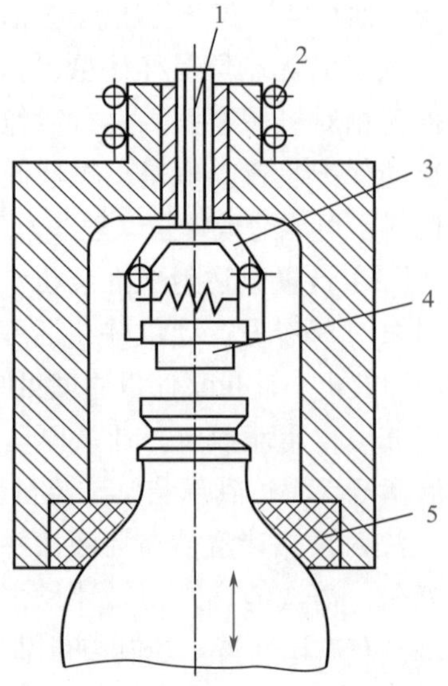

图2-25 “T”型塞加塞原理图

1—真空吸孔；2—弹簧；3—夹塞爪；4—“T”型塞；5—密封圈

（四）轧盖

玻璃输液瓶灌完药液塞上胶塞，最后还要在外面加一层铝盖压紧，才算包装完毕。铝盖有各种型式，根据符合国标的各种铝盖型式有相应型式的轧盖机。

玻璃大输液瓶轧盖机能够进行电磁振荡输送和整理铝盖、挂铝盖、揿铝盖、轧紧铝盖等工序。国内目前普遍使用的是振动落盖机、揿盖机、轧盖机三机合一机。

三、塑料瓶大输液联动生产线

（一）概述

塑料瓶输液包装技术主要是以聚丙烯（PP）和聚乙烯（PE）作为包装容器的材料，是目前大容量注射剂最常见的包装形式。

塑料瓶输液包装技术的优点是：

① 重量轻，瓶重仅为玻璃瓶重的1/5，并不易破损，有利于长途运输。

② 塑料瓶的化学稳定性、阻隔性及与药物的相容性好，有利于药液的长期保存。

③ 工艺先进，生产效率高。塑料瓶装输液生产过程中，制瓶与灌装在同一生产区域，甚至在同一台机器进行，瓶子只需用无菌空气吹洗，甚至无须清洗直接进行灌装，省去了玻璃瓶装输液复杂的清洗工序，生产周期缩短，生产效率提高。

虽然塑料瓶包装技术克服了玻璃瓶包装技术不易运输和生产效率低下的缺点，但是塑料瓶装输液仍然存在一些问题：

① 临床应用中存在输液安全性问题，塑料瓶装输液与玻璃瓶装输液一样，都属于开放式的输液方式，使用过程中仍需插入空气针，建立空气通路，才能使输液顺利滴入，空气中的微生物及微粒仍可通过空气针进入输液，对人体造成损害。

② 塑料瓶透明度不如玻璃瓶，不利于输液澄明度的检查。

③ 塑料瓶的热稳定性不如玻璃瓶，PP塑料瓶不耐低温，遇冷易脆、开裂，PE塑料瓶不耐高温。

（二）塑料瓶大输液联动线生产工艺过程

最终灭菌大容量注射剂（塑料容器）工艺流程及环境区域划分见图2-26。

塑料瓶大输液车间布局见图2-27。

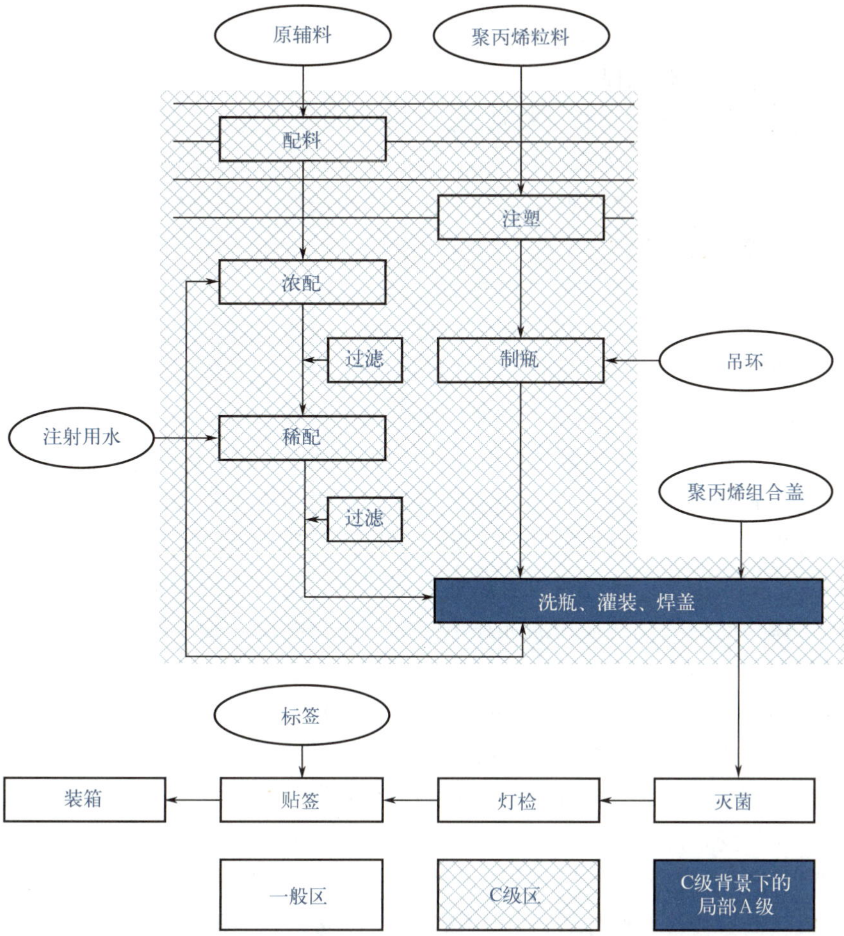

图2-26　最终灭菌大容量注射剂（塑料容器）工艺流程及环境区域划分

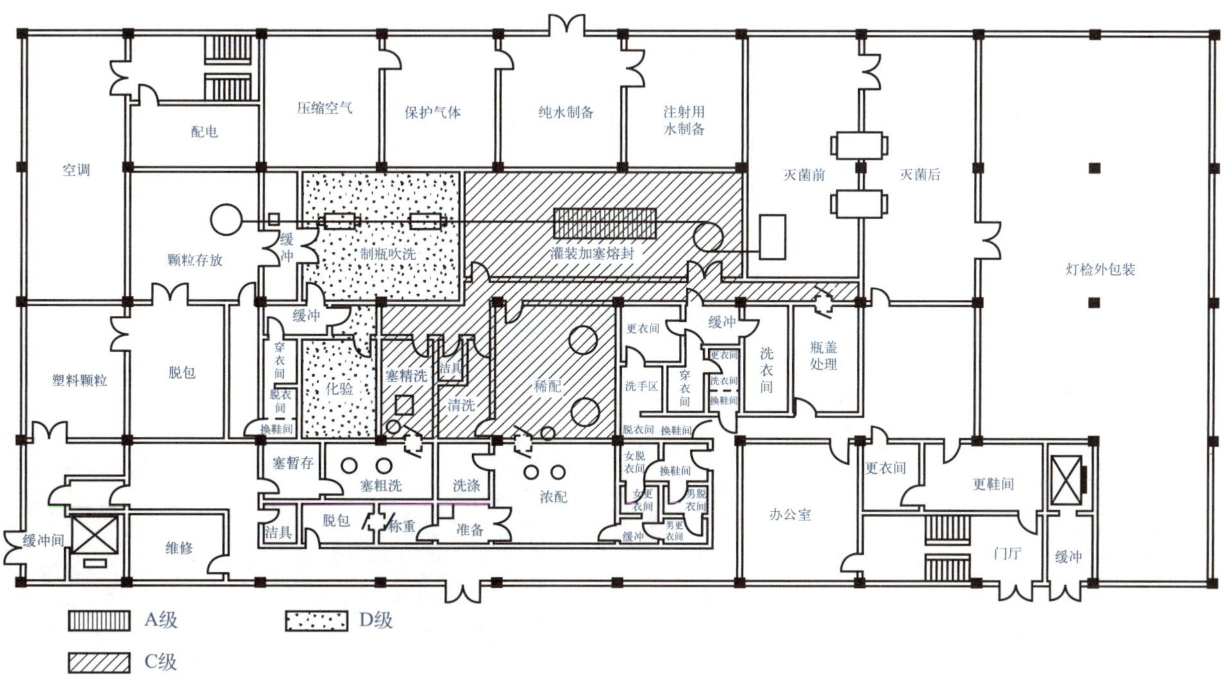

图2-27　塑料瓶大输液车间布局示意图

（三）塑料瓶大输液生产设备

1. 塑料瓶吹瓶机生产线工作流程

塑料瓶吹瓶机为两步法吹塑成型机，先通过远红外线对瓶坯加热，再采用双向拉伸吹瓶工艺吹塑成型。

生产线主要由自动上瓶坯、瓶坯加热、瓶坯转送、吹瓶成型、自动转送出瓶及自动控制等组成，设备可与后续洗灌封联动线实现联机。

（1）自动理送瓶坯、上坯组 注塑机注塑冷却输送过来的瓶坯，由送坯输送皮带将瓶坯从储料斗输送到自动理坯机构，完成自动理坯后，所有瓶坯方向一致。经轨道进入上推机构的旋转坯盘中，瓶坯随旋转坯盘旋转180°，使瓶坯倒立，坯口朝下。上坯机构把倒立的瓶坯固定到加热随行夹具上。

（2）自动上吊环组 固定在随行夹具上的瓶坯经过上吊环工位时，吊环自动落入瓶坯上。生产线具有无瓶坯不取吊环功能，吊环输送采用螺旋振荡盘和洁净压缩空气吹送来实现。

（3）瓶坯加热组 瓶坯随随行夹具在主传送装置的牵引下传送到加热灯箱内进行预热。为了使瓶坯受热均匀，瓶坯随行夹具在主传送运行的同时，随行夹具在自动装置的作用下进行自转。其加热灯箱内设计成立体式多层加热灯管加热方式，可以对瓶坯不同部位的温度进行控制。另外，加热灯箱内的吹风和抽风风量大小均可调，能最大化地调控瓶坯在不同加热段的温度，确保瓶坯受热充分且均匀，提高吹瓶质量和瓶子的透明度。

（4）自动焊接吊环组 经预热后，瓶坯进入吊环焊接工位，带有加热管的焊接机构按照既定凸轮轨迹等距旋转，分别对应瓶坯进行吊环焊接，焊接时间、温度可调。

（5）自动取坯及转送组 取坯机构把已加热均匀充分的瓶坯从随行夹具上夹取下来，并转交到中继站，中继站夹具进行拉伸变距后由接坯夹具交接并转移到拉伸吹瓶成型的托座上。

（6）自动隔膜及拉伸吹瓶组 加热好的瓶坯被转送到拉伸吹瓶成型拖座位置后，合膜机构动作合膜，拉伸吹瓶成型机构的拉伸杆对瓶坯进行高压拉伸吹塑，吹制成输液空瓶。

（7）自动取瓶及转送出瓶组 吹塑成型的空瓶经取瓶夹具，从拉伸吹瓶成型托座上夹取下来，并转交到翻转机构的夹具上，进行180°翻转后，由接瓶夹具进行交接，并放入输瓶轨道上，进入洗灌封自动生产线。

2. 塑料瓶洗灌封生产线

该生产线由离子风清洗、恒压灌装与热熔封口三部分组成，可自动完成上瓶、进瓶、机械手翻转瓶、离子风倒吹清洗、输瓶、定量式灌装与充氮、理盖、上盖、瓶盖与瓶口加热、排空、热熔封口、出瓶等工序。

整条生产线为洗、灌、封三位一体联动机，各工位工作原理如下:

（1）自动上瓶工位 采用离子气自动上瓶技术，经吹瓶机吹制成型的瓶子，经气动轨道输瓶。

（2）消除瓶外静电工位 塑料容器内部往往附着异物，这是因为塑料容器带有电荷，仅采用过滤空气吹洗的方法，尚不足以将带有静电的异物除净。因此，通常采用离子风气洗的方式。经高压离子发生器发射产生带有电荷的离子风（应将电压控制在不产生电火花的安全范围内），使之与容器所带的电荷中和，去除静电，改善吹洗效果。

如图2-28所示，在上瓶轨道部位装有两个离子风扇，离子风对准瓶身，中和瓶身所附带的静电。

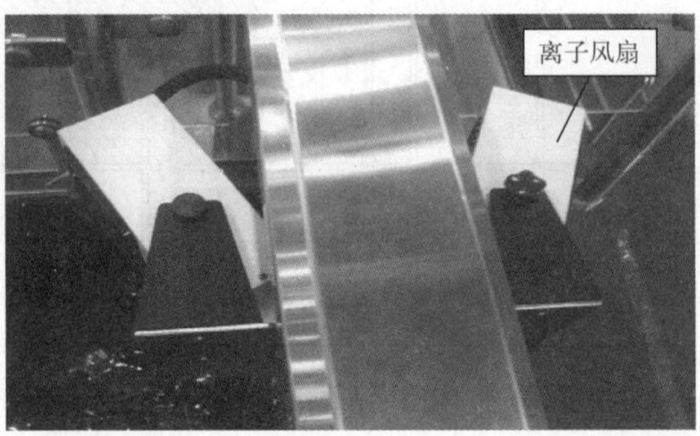

图2-28　消除瓶外静电工位图

（3）离子风清洗工位（图2-29） 因在前道消除静电工序已将瓶外的静电消除，因此塑瓶在气洗工位采用离子气对瓶内进行冲洗，并将瓶内的异物和清洗气体彻底清洗排出。清洗完的瓶子在机械手的作用下，重新正立，然后经过拨轮夹具转接到下一操作工作。

（4）定量式灌装工位（图2-30） 灌装部分包括30个机械手工位和一套灌装系统。洗完后的塑料瓶经中间拨轮机械手交接后进入灌装机的机械手，灌装头插入瓶内同步跟踪灌装，采用液位控制器控制液位实现恒压自流灌装，灌装完的塑料瓶经转接拨瓶机械手交接后进入封口工序。

图2-29　离子风清洗工位图

图2-30　定量式灌装工位图

（5）上盖封口工位（图2-31） 封口部件包括封口机械手部件、加热部件、排气部件、理盖上盖部件。瓶盖经理盖斗整理，依靠离子气吹轨道向托盖盘输送瓶盖。采用连续加热快速压合的封口方式，封口质量好，封口平滑。

（6）出瓶工位（图2-32） 瓶盖焊封完毕，经冷却工位后压盖头升起，瓶子进入出瓶拨轮，出瓶拨轮将瓶子送到输瓶轨道上，机械手张开，输瓶轨道将瓶子带走，完成整个产品的洗灌封工艺。

图2-31　上盖封口工位图

图2-32　出瓶工位图

该机组具有以下性能特点：

① 洗瓶、灌装与焊盖三工位集合于一体，结构紧凑，占地面积小。

② 机械手夹持瓶颈定位交接，绝不擦伤瓶身及瓶底。规格调整极为方便，稍作高度调整即可，无须更换规格件。

③ 独特的气动进瓶装置，完美地实现了与吹瓶机的联线。

④ 采用气动隔膜阀（或气动夹管阀）控制灌装时间，保证计量精确，实现无瓶不灌装，可在线清洗、消毒。

⑤ 独特的热熔焊盖封口技术，瓶盖与瓶口加热温度可控可调。对中准确，受力均匀，可靠地保证

了封口后的质量。

（四）塑料瓶大输液质量控制要点

塑料容器的一般清洗方法尽可能考虑使用离子风吹洗的方法，以提高清洗效果。洁净压缩空气过滤时多用0.22μm孔径滤芯，既可滤除尘埃粒子，又可滤除空气中的浮游微生物。

四、非PVC软袋大输液联动生产线

（一）概述

袋装输液（多层非PVC共挤膜）代表输液产品最高水平，集制袋、灌装、封口一次成型。非PVC多层共挤膜是采用医用药液包装袋生产商多层共挤出技术，使用专门工艺，在洁净环境中，把分别具有特殊性能的若干聚合物共同形成并挤出，不同熔点的药用聚烯烃原料，如聚丙烯、聚乙烯、聚酰胺及多种弹性材料等，经熔融交联，共挤旋转吹塑形成。内层为完全无毒的惰性聚合物，不脱落或降解出异物；中层为致密材料，具有优良的水、气阻隔性能；外层主要是提高软带的机械强度。每一层在洁净环境下由封闭管中挤出，膜袋组成物不会进入药液，且膜筒内部用A级洁净空气充填，加之高挤出过程，保证了膜表面的无菌性。该共挤膜无毒，可121℃灭菌，柔软、透明，能满足输液袋的各种要求。与其他包装形式相比，非PVC软袋大输液具有以下特性:

① 非PVC多层共挤膜输液袋的成分中不含塑化剂，无塑化剂析出的风险。

② 临床应用中无须引入空气，利用自身平衡压力即可使药液滴出，避免在输液过程中带来二次污染。

③ 制袋、印字、灌装在一条生产线上同步快速完成，全过程在空气中暴露的时间更短，产品安全性更高。

④ 对水蒸气透过性极低，使输液浓度保持稳定，可保证产品的储存期。

⑤ 与药物具有很好的相容性，不会与药物发生化学反应，对大部分药物的吸收极低。

⑥ 柔韧性强，可自收缩，药液在大气压力下，可自然通过封闭的输液管路，从而消除空气污染及气泡造成栓塞的危险，有利于医院急救及急救车内加压使用。

⑦ 机械强度高，可抗低温，不怕冷冻，不易破裂，易于运输、储存。

⑧ 软袋上的瓶塞与袋内的药液被内盖隔开，不容易发生因瓶塞穿刺产生的颗粒落到溶液中的情况。

⑨ 使用过的输液袋的处理非常容易，焚烧后只产生水、二氧化碳等氧化物，对环境无害。

⑩ 软袋体积小，重量轻，便于运输、贮藏。

⑪ 非PVC多层共挤膜输液袋不仅可制成50～10000mL不同规格的单室输液袋，同时还可根据临床需要制成不同规格的双室袋或多室袋。针对一些无法事前混合，而临床上混合后输液更有利于药品吸收或有利于患者的情况，此时制成多室袋输液于用前混合再输液，不仅解决了临床用药的难题，而且也极大地方便了临床的使用。

根据输液管与加药管共用与否，非PVC软袋大输液可分为单管单阀非PVC软袋大输液和双管双阀非PVC软袋大输液两种。其中，单管单阀非PVC软袋大输液的输液管与加药管共用；双管双阀非PVC软袋大输液则将输液管与加药管分离，专管专用。

双管双阀非PVC软袋大输液将加药口与输注口分开，其操作相对其他包装形式更为方便、科学，避免加药和输注两个过程的交叉污染，减少了输液反应的发生。双管双阀非PVC软袋大输液目前是国际上公认的最安全、可靠的输液包装形式。

（二）软袋大输液工艺过程

软袋大输液工艺流程及环境区域划分见图2-33。

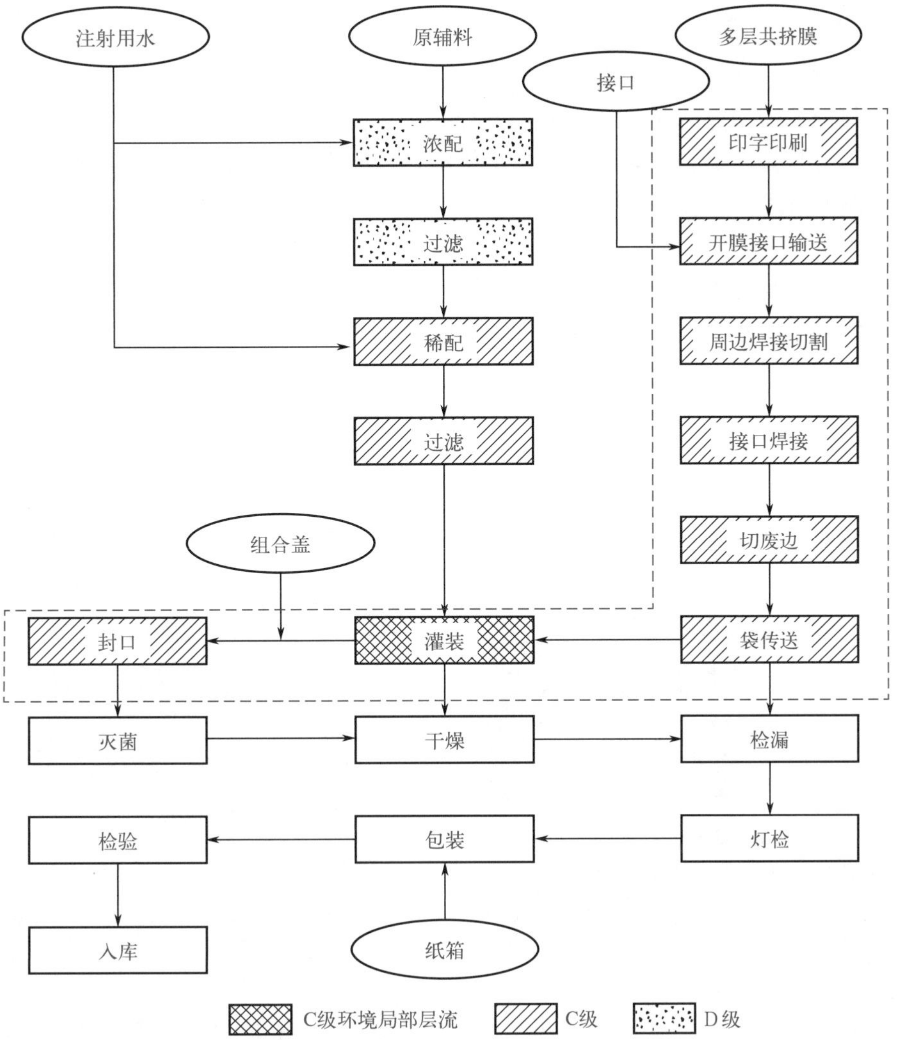

图2-33 软袋大输液工艺流程及环境区域划分

软袋输液制剂多数现场直接进行软袋的生产制备，考虑袋体的密封性，其生产工艺要求更为严格。在C级背景的A级送风条件下，将包装膜（如非PVC多层共挤膜）、口管、组合盖等直接接触产品的包材，在单向流保护下直接加装在有单向流保护的生产设备上。软袋的制作通常有两种方式。一种是加热模具将双层包装膜按照设定的温度和时间进行周边热合和接口热合，制成共挤输液袋送入灌装工位，药液灌装后送入焊盖工位进行焊盖。另一种方式则是加热模具将双层包装膜按照设定的温度和时间进行周边热合和口管热合，制成共挤输液袋送入灌装工位，药液灌装后对袋尾焊接区域进行加热焊接，将尾部完全密封，最后冲切输液挂孔。考虑不同的产品要求，加工工艺会有所区别，如多室袋产品有组合盖熔封、管口熔封、室间熔封等要求。

产品包装如采用现场印字或其他印刷工艺，应考虑印刷材料对袋体本身及产品的影响。软袋设备生产线通常采用离子风去静电装置，对运输、切割等环节产生的微粒进行吹除，吹除效果应进行验证。

胶塞、口管、包装膜等表面微生物污染水平、微粒可以由供应商进行控制，使用前进行必要的检测。制袋过程中，熔封、焊接后各部的拉伸力、开通力等在验证阶段进行相关测定，确保其数据满足产品开发、注册工艺的要求。

塑料容器由于容易受塑料物理性能的影响（温度、压力的不当会导致容器变形），应采用合适的灭菌条件。除灭菌程序应当进行验证外，还应对原料、配液用水、原材料的清洗、过滤、灌装熔封的无菌操作及生产环境进行必要的验证和严格的监控。

（三）软袋大输液生产设备

软袋大输液联动线主要用于制药厂大输液车间100～1000mL软袋输液的生产。该联动线由制袋成型、灌装与热熔封口三大部分组成，可自动完成上膜、印字、口管整理、口管预热、开膜、袋成型、口管热封、袋冷却、撕废边、袋传输转位、袋成型检漏、灌装充气、口盖整理、热熔封口、出袋等工序。各工位工作原理如下所述。

1. 上膜工位

上膜工位（图2-34）是生产线的第一工位，包括褪卷滚筒、缓冲滚筒、导向滚筒三个部分。生产过程中由气动轴滚筒来固定卷膜，由一台电机来驱动卷膜的滚动和停止，由一根缓冲棒来控制膜在运送过程中平稳运行。

2. 印字工位

印字工位（图2-35）属于烫印技术，主要是通过加热加压的方法使色带上的颜料与色带基材剥离，而转于非PVC薄膜的外表升华染色附着结合，从而在软袋的外面印上溶剂或药品的名字、生产日期、批号、有效日期，以及与药品相关的内容。

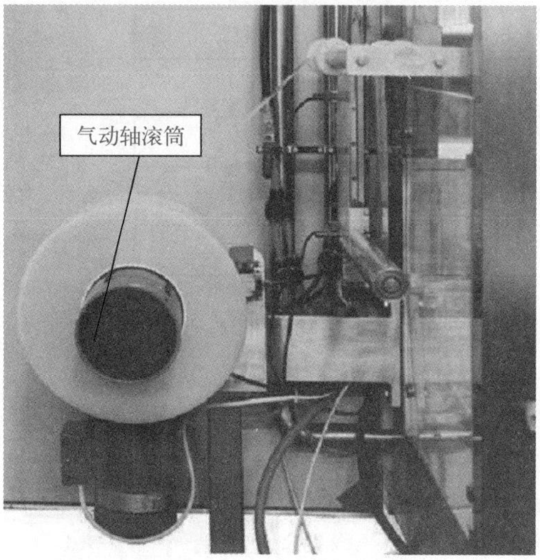

图2-34 上膜工位图

图2-35 印字工位图

3. 口管供送工位

口管供送工位（图2-36）是把径螺旋振荡器与线性口管斜槽整理后的口管通过气动轨道自动输送到接口处，口管被气爪抓取送至同步带支撑定位口处，进入口管预热区。

4. 制袋成型工位

经整理后的口管通过同步带输送至第一口管预热区，预热完成后再将口管输送至第二口管预热区，预热完成后再将接口输入至两层非PVC膜中，加热的上下模具同时运动，完成袋子的外形焊接、口管点焊和袋子外形切割工序，上述工序完成后再通过同步带输送至船形口管最终热合工位完成口管热合。图2-37为制袋成型工位图。

图2-36 口管供送工位图

5. 去除废边工位

当焊接完成的袋子运行到此工位时，由气缸压紧袋子，利用气爪抓紧制袋时剩余的废料并将其撕掉，保证袋子成型完整。图2-38为去除废边工位图。

图2-37　制袋成型工位图

图2-38　去除废边工位图

6. 交接检漏工位

在袋翻转后设有真空检测装置，并配备废袋记录功能。在传输已制成的空袋过程中，当检测到不合格品后，机械手将在其被送入袋灌封的夹具前将不合格袋子自动剔除。图2-39为交接检漏工位图。

7. 灌装工位

药液通过控制单位进行计量灌装，来自检漏工序的袋子通过同步带输送至灌装工位（图2-40）时，气缸机构将袋口定位，灌液针头通过伺服控制系统向下运动，并插入袋内实现灌装。

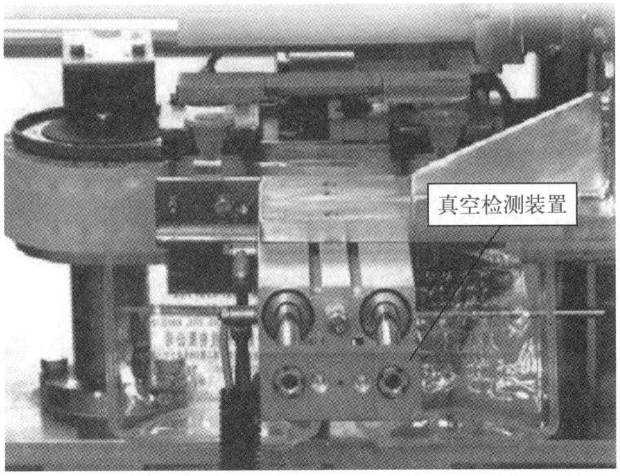

图2-39　交接检漏工位图

图2-40　灌装工位图

8. 封口工位

采用三件组合式复合盖，通过螺旋振荡器把外盖整理后通过气动轨道输送到滑盖轨道中，加热装置向前运动，到达相应位置后将盖与袋子接口处进行加热，达到加热设定的加热效果后，加热装置退出，再通过伺服控制系统将盖压合到接口上，从而完成整个封口工序。图2-41为封口工位图。

9. 出袋工位

灌封完成后的软袋产品用气爪从同步带上取出，然后放至输送带上输送至下一道工序或装盘，同时设备自检不合格的产品自动剔除至废袋收集箱内。图2-42为出袋工位图。

图2-41　封口工位图

图2-42　出袋工位图

五、BFS吹灌封大输液生产简介

静脉输液的发展，经过了从玻璃瓶到塑料瓶再到软袋的历程，制造工艺不断进步，但依然存在细菌、微粒、不溶性污染、漏液等安全隐患。目前，我国已引进国际先进的BFS吹灌封技术，标志着注射剂进入一个新的时代。图2-43为临床使用的BFS吹灌封一体大输液。

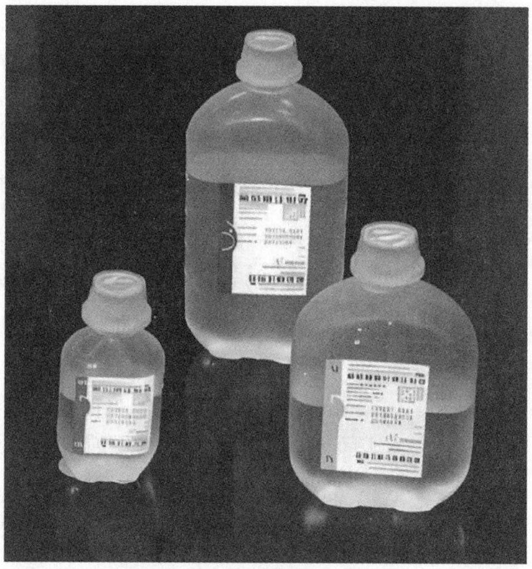

图2-43　临床使用的BFS吹灌封一体大输液

BFS技术生产出的输液产品拥有微粒风险较小、无菌稳定性良好、交叉污染概率小、可自排等优点，被广泛使用。

20世纪80年代，BFS技术被首次引进中国。由于我国客观环境、包装材料透光率及进口粒料价格较高等原因，该技术在国内未获得发展。近年来，随着我国技术进步，BFS技术相关问题得以解决，并在我国逐渐发展。2012年医药工业“十二五”发展规划中将注射剂“吹塑-灌装-密封”三位一体设备作为制药设备发展重点。

关于BFS工艺已在本章第三节“最终灭菌小容量注射剂的生产”中有详细介绍，本节不再赘述。仅与塑料瓶大输液和软袋大输液作对比。

在生产工序上，塑料瓶大输液生产工艺过程需要经过制坯、转运、吹瓶、风洗、灌装、压盖六道生产工序，在整个生产过程中由于人为干预空气暴露时间长；非PVC软袋生产工艺过程需要经过印字、压膜、灌装、压盖四道生产工序，空气暴露时间长；BFS吹灌封技术生产流程只需一道生产工序，吹灌封三个步骤合为一体，生产一支成品全程只需11秒，一步到位，工序少，污染概率大大降低。

灌装区面积上，塑料瓶大输液生产工艺灌装区面积需8m^2，非PVC软袋生产工艺灌装区面积需4m^2，BFS生产线的灌装区面积仅0.3m^2。

在密封性上，塑料瓶与非PVC软袋工艺为保证气密性采用气帘，BFS吹灌封技术采用密闭结构，完全密封，无人为干预，污染概率大大降低。

与传统工艺对比可以看出，BFS吹灌封技术生产工序最少，灌装区面积最小，生产过程全密闭，因此污染概率最小，不溶性微粒最少，满足高标准无菌生产工艺。

第五节　无菌分装注射剂的生产

无菌分装注射剂是将已经用灭菌溶剂结晶法或喷雾干燥法精制而得的无菌药物粉末在高洁净度控制技术下直接分装于洁净灭菌的西林瓶中密封制成的粉针剂，常见于抗生素药品，如青霉素等。无菌分装粉针剂作为非最终灭菌的无菌产品，企业在分装前应对原料设立严格的质量标准和检测要求，以保证分装后产品的质量。若药物能耐受一定的温度，可进行补充灭菌。

粉针剂分装常见的包装形式为西林瓶包装，近年来也有粉液双室袋等新包装形式，以降低医护人员药品配制过程中的人为差错和混淆风险，应对复杂环境下药品配制过程的安全风险，提高医患用药便捷性等。粉针剂相对其他剂型而言，产品的内在质量很大程度上依赖于原辅料、工艺及环境控制的无菌保证水平。通过无菌工艺模拟试验验证无菌工艺的可靠性后方能正式投产，且需定期进行再验证。

在制定合理的生产工艺前，首先应对药物的理化性质进行了解，主要测定内容为：①物料的热稳定性，以确定产品最后能否进行灭菌处理；②物料的临界相对湿度，生产中分装室的相对湿度必须控制在临界相对湿度以下，以免吸潮变质；③物料的粉末晶型，粉末晶型与制备工艺有密切关系，如喷雾干燥法制得的多为球形，机械分装易于控制，而溶剂结晶者有针形、片状或各种形状的多面体等，针形粉末分装时最难掌握；④粉末的松密度（比容），即单位体积内药物的质量，以确定是否适合分装。

2024年6月1日实施的《无菌药品生产污染控制策略（Contamination Control Strategy，CCS）技术指南》中指出：药企需根据风险分析，考虑无菌药品生产过程中各种接触品的潜在污染，如人员、物料、设备、清洁消毒、生产工艺、环境等制定污染控制策略，以降低微生物、细菌内毒素和微粒污染的风险。所有CCS内所列的控制均是在质量体系的基础上，基于风险评估并结合各企业的产品和工艺特点进行设计并贯彻产品生命周期。对于无菌粉针剂这种高风险剂型，CCS的构建至关重要，需对厂房、设施与设备（宏观环境控制）、设备与工器具、物料与内包材、工艺设计与过程、环境与人员、容器密封性、质量控制、质量体系支持等全生命周期过程的进行控制。且需将上述所有要素整合成一份独立的、结构清晰的CCS主文件。该文件应易于查找、阅读和理解。且CCS需通过标准操作规程（SOP）、培训计划和技术文件在整个组织内有效实施。同时需定期（如每年）对CCS所有要素产生的数据（EM、APS、水系统、无菌检验等）进行趋势分析。基于数据回顾、审计发现、产品质量回顾（PQR）、新技术和监管要求，对CCS进行评审和更新。且进行CCS的文件化、实施与生命周期管理。

一、无菌分装注射剂生产车间设计和布局

无菌分装粉针剂大部分属于热不稳定性药物，最终的产品不进行最终灭菌的操作，因此，生产过程必须严格按照无菌操作进行；同时，若无菌分装的药品吸湿性强时，需特别注意和控制分装室的相对湿度，容器、工具的干燥和成品的包装严密性。

无菌分装粉针剂主要生产工序温度为20～22℃，相对湿度为45%～50%。其中瓶子灭菌、冷却、分装、加塞、轧盖等暴露于空间的工序均需设计为B/C级、局部A级保护下的高级别洁净厂房，洗瓶、烘瓶等为D级洁净厂房，包装间及库房为普通生产区。

应将工艺及通风管道安装在夹层内。同时还应设置卫生通道、物料通道、安全通道和参观走廊。车间内人流、物流为单向流动，避免交叉污染及混杂。人流经缓冲间换鞋更衣、淋浴、一更、二更、三更，进入生产岗位。分装原料的进出需经表面处理（用苯酚溶液揩搽），原料的外包装消毒可用75%乙醇擦洗，然后通过有紫外线的传递窗照射灭菌后进入贮存室，再送入分装室。铝盖的处理另设一套通道，以避免人流、物流之间有大的交叉。

车间设计要遵循人流、物流分开的原则，按照工艺流向及生产工序的相关性，有机地将不同洁净要求的功能区布置在一起，使物流短捷、顺畅。粉针剂车间的物流基本上有以下几种：原辅料、西林瓶、

胶塞、铝盖、外包材及成品出车间。进入车间的人员必须经过不同程度的更衣，分别进入D级、C级和B级洁净区。

车间设置净化空调和舒适性空调系统，能有效控制温度、湿度，并能确保培养室的温度、湿度要求；若无特殊工艺要求，控制区温度为18～26℃，相对湿度为45%～65%。各工序需安装紫外线灯灭菌。

一般洗瓶区、隧道烘箱灭菌间、洗胶塞铝盖间、胶塞灭菌间、工具清洗间、洁具室等需要排热、排湿。

级别不同的洁净区之间不低于10Pa的正压差。每个房间应有测压装置。如果是生产青霉素或其他高致敏性药品，分装室应保持相对负压。

二、无菌分装注射剂生产工艺

无菌分装粉针剂的生产工序如图2-44所示，其工艺流程及环境区域划分见图2-45。

图2-44 无菌分装粉针剂的生产工序

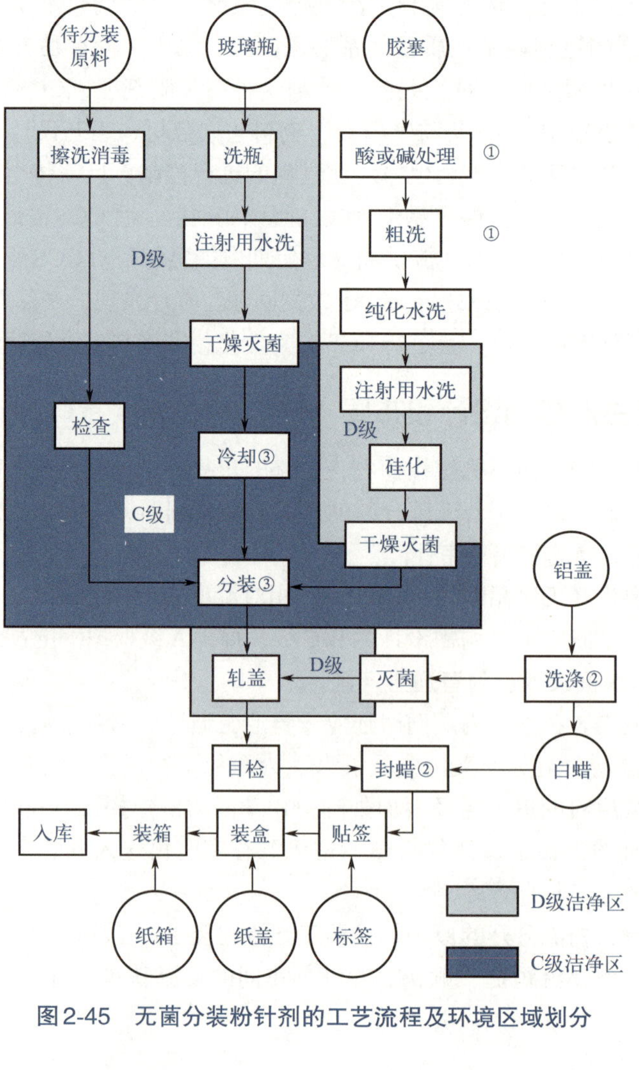

图2-45 无菌分装粉针剂的工艺流程及环境区域划分

1. 无菌分装前的准备工作

① 检查无菌室温湿度、风压并做记录，若不正常应立即通知车间主任和QA并及时处理，待正常后方可通知分装岗位开机。

② 药物粉末无菌原料可用灭菌结晶法、喷雾干燥法或发酵法制备，必要时需进行粉碎、过筛等操作，在无菌条件下制得符合注射用的无菌粉末。原料药粉经传递窗紫外照射后，用75%乙醇溶液将原料粉容器表面擦洗一遍。

③ 使用前核对原料批号、重量，并核对标准装量计算的准确性。

④ 生产前核对清场合格证，经QA批准后方可生产。

⑤ 在进行正式分装前，分别检查胶塞、西林瓶的可见异物及外观，合格后方可使用。

⑥ 确认A级层流罩、自动除湿机已开启，设备运行正常。

⑦ 检查真空及压缩空气指示应正常。

⑧ 投料前必须空负荷运行数分钟，有异常情况立即报告。

⑨ 将原料药加入料桶内，向分装机振荡器内加入胶塞。

⑩ 容器西林瓶及丁基胶塞均按规定方法清洗灭菌，根据F_H值来确定灭菌的效果，隧道烘箱被广泛使用。

2. 分装

分装必须在高度洁净的无菌室中按无菌生产工艺操作进行，分装后小瓶应立即加塞并用铝盖密封。无菌粉末的分装是高风险操作，为最大限度降低产品污染的风险，需在A级环境下进行。药物的分装及小瓶的加塞、轧盖宜在局部层流下进行。目前分装的机械设备有插管分装机、螺旋自动分装机、真空吸粉分装机等。此外，青霉素分装车间不得与其他抗生素分装车间轮换生产，以防止交叉污染。

3. 无菌分装程序

① 按下主电机驱动按钮，观察各运动部位转动情况是否正常，充填轮与装粉箱之间有无漏粉，并及时给予调整。

② 调试装量，调整好装量后，每台机器抽取每个分装头各5瓶，检查装量情况，调试合格后方可正式生产。

③ 西林瓶灭菌后由隧道烘箱出口至转盘，目视检查将污瓶、破瓶检出，倒瓶用镊子扶正。

④ 西林瓶在A级层流的保护下直接用于药粉的分装，分装后压塞，操作人员发现落塞用镊子人工补齐。

⑤ 装量差异检查，每隔30min取5瓶进行检查，装量应在合格范围。如发现有漂移，在线微调，如检查超过标准装量范围，通知现场QA，对前一阶段产品进行检查。如发现不合格的应将前10min的瓶子全部退回按规定处理。

⑥ 在分装过程中，发现分装后的产品有落塞和装量不合格等现象，及时挑出，作为不合格品处理。

⑦分装期间，要求操作人员每30min用75%乙醇溶液进行一次手部消毒。

4. 无菌分装异常情况的处理

① 分装间压差下跌或层流罩不工作时，要停止分装作业，并同时将分装设备停下，不要开层流罩和通往低级别区的门，并减少室内人员行动，如在5min之内会恢复正常运行则原地等候并在恢复正常后继续分装作业。

② 如停机5～30min，操作人员应小心地将层流罩门关上并轻轻离开分装间，故障排除后，先开启层流并运行15min后，再分装。分装前，将生产线用酒精仔细消毒，并将分装线上没塞上胶塞的瓶子及在胶塞振荡器内的胶塞全部取走另作处理。

③ 若故障在1h内不能排除，则不允许重新分装，故障排除后，需按照有关规程重新清洁和灭菌。

5. 灭菌及异物检查

对于耐热的品种，如青霉素，一般可按照前述条件进行补充灭菌，以确保安全。对于不耐热品种，必须严格高洁净度控制技术工艺操作。异物检查一般在传送带上目检。

6. 轧盖、灯检

① 已灌粉盖塞的合格中间产品随网带传出无菌间，在轧盖间轧盖，要求轧盖要平滑、无皱褶、无缺口，若发现轧口松动、歪盖、破盖，应立即停机调整。

② 逐瓶灯检轧好盖的中间产品，将不合格品挑出，每 1h 将灯检情况记录于批生产记录中，在灯检岗位必须查出破瓶、轧坏、异物、色点、松口、量差等不合格品。

7. 印字、贴标签与包装

目前生产上均已实现机械化，印字或贴印有药物名称、规格、批号、用法等的标签，并装盒。此外，青霉素类分装车间应与其他车间严格分隔并专用。

包装前主要准备工作如下。

① 在包装线上必须清场合格，并由QA签字方可包装。

② 如果是同批号内指令改变时，产品可保存在室内。

③ 未用过的已打上上一批号的印刷包装材料，需按指令销毁。

④ 倒空收集废外包装物的器皿。

⑤ 按领料单领取包装材料。

8. 无菌分装工艺中存在的问题及解决办法

（1）装量差异　物料的流动性是影响装量差异的主要因素。药粉含水量和吸潮，药物的晶态、粒度、粉末松密度，以及机械设备性能等因素均能影响装量差异，应根据具体情况采取相应措施，尤其应控制分装环境的相对湿度。

（2）不溶性微粒问题　按现行版《中国药典》通则的规定，注射用无菌粉末应进行不溶性微粒检查。由于制备药物粉末的工艺步骤多，经过一系列处理，污染机会增加，以至于药物粉末溶解后，出现纤毛、小点等澄明度不合要求的情况，导致不溶性微粒检查不合格。应严格控制原料质量，从原料的精制处理开始，注意处理方法，控制环境洁净度，严格防止污染。

（3）无菌问题　由于产品系无菌生产工艺操作制备，稍有不慎就有可能受到污染，而且微生物在固体粉末中的繁殖慢，不易被肉眼所见，危险性大。为了保证用药安全，解决无菌分装过程中的污染问题，应注意生产的各个环节，一般都采用层流净化装置。

（4）吸潮变质问题　药品在储存过程中的吸潮变质，对于瓶装无菌粉末时有发生。一般认为是由于胶塞透气性和轧铝盖不严、松动所致。因此，一方面要对所有橡胶塞进行密封防潮性能的测定，选择性能符合规定的橡胶塞；另一方面，铝盖压紧后瓶口应烫蜡，以防水汽透入。

三、无菌分装粉针剂生产设备

无菌分装粉针剂是通过设备联动线完成的，工艺流程如图2-46所示。图2-47为无菌分装粉针剂联动生产设备图。

无菌分装粉针剂生产过程包括粉针剂玻璃瓶的清洗、灭菌和干燥、粉针剂的分装、盖胶塞、轧封铝盖、半成品检查、粘贴标签等。

1. 西林瓶的洗瓶机

对于无菌产品，玻璃容器的清洗是灌装工序第一环。清洗过程能有效去除杂质。建议使用纯化水或注射用水进行清洗，以避免对容器的再次污染。最终淋洗水应符合注射用水的要求。清洗工艺需要关注以下污染物并对其进行控制：①微生物污染水平（如适用），活菌数量（cfu，指菌落形成单位）；②细菌内毒素（如适用），因微生物生长和降解产生的致热物质；③微粒，一般来自容器生产、包装以及运输过程的固体微粒物质（如玻璃碎片）；④化学污染物，例如，用于表面处理后残余的化学物质。

目前，国内无菌分装粉针剂的分装容器一般为西林瓶，超声波洗瓶机适用于制药业中对管制及模制抗生素玻璃瓶、口服液玻璃瓶和安瓿等小型玻璃瓶的洁净清洗，由超声波清洗槽、传送系统、水（纯化水、注射用水）供应系统、压缩空气供应系统和控制系统组成。按照清洗玻璃传动装置传送方式分类，

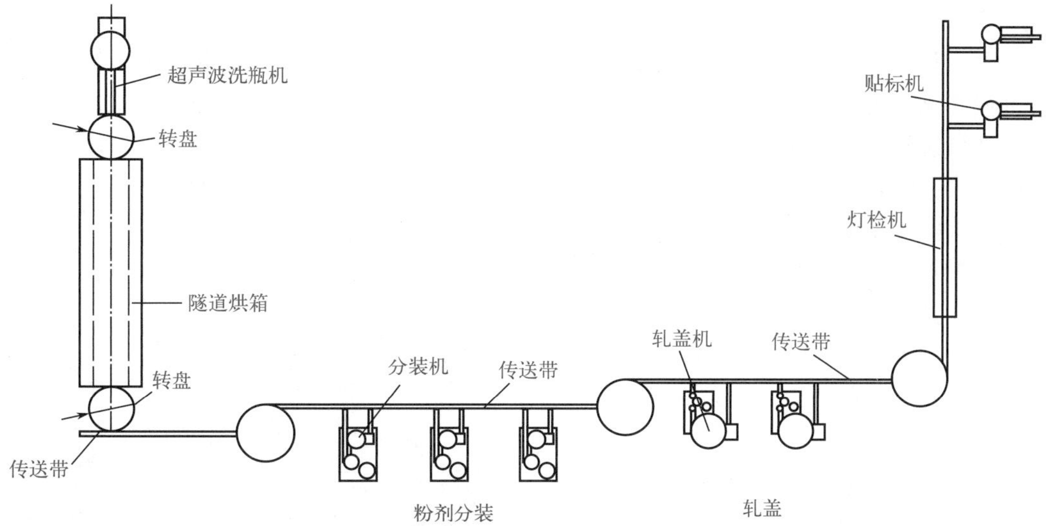

图2-46　无菌分装粉针剂生产设备联动线工艺流程图

图2-47　无菌分装粉针剂联动生产设备图

分为水平传动型和行列式传动型。水平传动型超声波洗瓶机，被清洗的玻璃瓶在传送过程中处在水平面内运动；行列式传动型超声波洗瓶机，被清洗的玻璃瓶在传送过程中处在行列式传动的垂直和水平面内运动。

水平传动型超声波洗瓶机的工艺过程包括：玻璃瓶瓶口向上，由送瓶机构通过网带连续地送入水槽中。送瓶机构由电机、减速器、输瓶网带、过桥、喷淋头等组成，是玻璃瓶排列并输送到清洗装置的传递机构。清洗装置由超声波换能器、送瓶螺杆、提升装置等机构组成，安装在床身水槽中。当玻璃瓶经过过桥时，喷淋头喷水充满玻璃瓶，经过超声波换能器上方时进行超声波清洗，瓶壁的污垢被清洗掉后送瓶螺杆将其连续输送到提升装置，由提升块逐个送入冲洗机构进行清洗。通过输瓶螺杆和提升装置，小瓶被机械手夹持，机械手翻转使瓶口向下，喷针插入瓶内并与瓶同步运动，喷出循环水、注射用水，将瓶的内外壁冲洗干净。瓶上的残留水再经洁净压缩空气初步吹干。机械手再翻转使瓶口向上，与出瓶机构接口时，瓶子被拨瓶盘拨送至干燥灭菌设备上。

行列式传动型超声波洗瓶机的工艺过程与上述水平传动型超声波洗瓶机基本相同，均为超声波清洗加气、水交替反复冲洗，主要区别是超声波清洗后，玻璃瓶传递是行列成排进行的，而水平传动型是依靠机械手单个连续进行的。

2. 西林瓶灭菌干燥设备

清洗结束后符合要求的西林瓶随网带的输送依次进入隧道灭菌烘箱的预热区、高温灭菌区（烘箱设定温度≥350℃，通过高温区的灭菌时间≥5min）和低温冷却区，按“干热灭菌岗位标准操作规程”对西林瓶进行灭菌（根据具体情况设定温度及时间）后自动进入灌装加塞机内进行精确灌装和加塞。网带速度无级可调，温度监控系统可设定、显示、监控、记录和打印。

3. 分装设备

粉末性质（如流动性、堆密度、产尘、湿敏感性）和分装容器的种类，都是分装机构造的决定性因素。粉针剂分装机的要求和液体灌装机一致。需要特别关注的是清洁的区域、部件的安装和拆卸，以及气流。与液体灌装机相比，粉针剂的分装存在两个特点：①使用供料装置在分量盘/分装螺杆料斗内灌入一定量的粉末，然后喷入或由螺杆转动机送入指定的容器内。②在称量室内通过振荡轨道将粉末转移至容器内直到达到预设装量，然后自动停止输送，并进行下一个容器的分装。

（1）无菌粉针剂用分装机　主要分为气流分装（图2-48）、螺杆分装（图2-49）和插杆分装三种。

图2-48　气流分装机

① 螺杆分装机：螺杆分装机通过精确控制螺杆的旋转转数来实现粉体的定量分装。螺杆分装计量与螺杆的结构形式有关，关键是控制每次分装螺杆的转数即可实现精确地装量。该设备主要由进瓶转盘、定位星轮、饲料器、分装头、胶塞振荡饲料器、压盖机构及自动故障停机系统等部分组成。常见配置包括单头与多头两种类型，可适应不同生产规模的需求。螺杆分装机采用步进或伺服电机控制螺杆动作进行粉末分装，通过细分步数来完成分装物料的规格计量，具有稳定性好、计量精度高、适用范围广等优点。对于分装机的性能，重点关注的是装量的稳定性、报警剔除功能、分装操作位置的环境保证能力及其材质。

图2-49　螺杆分装机

螺杆分装机的优点包括：控制每次分装螺杆的转数就可实施精确的装量，相对装量易控制；易装、拆、清；使用中不会产生“漏粉”与“喷粉”现象；结构简单，维护方便，运行成本低。不完善之处在于：对原始粉剂状态有一定要求，当对流动性较差的粉剂进行分装时，要通过改变小搅桨和出粉口来确定装量精度。改善方法可以与供应商沟通后，通过质量协议约定，要求提供的粉末状态适合分装需求。

图2-50（a）为螺杆分装头的结构示意图。粉剂储存于粉斗中，粉斗底部设有落粉头，其内部装有可单向间歇旋转的计量螺杆［图2-50（b）］。该螺杆的每个螺距均具有相同的容积，且与导料管内壁之间保持均匀、适量的间隙（约0.2 mm）。当螺杆旋转时，粉斗中的药粉沿轴向被推送至送药嘴处，最终落入位于送药嘴正下方的药瓶中。通过精确控制螺杆的转角，可实现药粉的准确计量，其容积计量精度可达±2%。为确保粉剂下料均匀流畅，粉斗内还装有一搅拌桨，该搅拌桨连续反向旋转，起到疏松药粉、防止结块的作用。

控制离合器的间歇定时“离”与“合”是确保计量精度的关键。图2-51所示为螺杆计量与控制机构，其工作原理如下：扇形齿轮通过中间齿轮驱动离合器套顺时针转动，此时靠制动滚珠压迫弹簧，带动离合器轴一同旋转，从而使与离合器轴同轴的搅拌叶和计量螺杆随之回转。当偏心轮推动扇形齿轮反向回转时，弹簧压力释放，滚珠仅自转而不带动离合器轴转动。目前也常采用双反向弹簧结构的单向离合器，此类结构比滚珠式更为简单可靠。通过调节螺丝可改变曲柄在偏心轮上的偏心距，进而调整扇形齿轮的连续摆动角度，实现对计量螺杆转角的微调，以达到精确控制剂量的目的。若需较大范围调整装量，则需更换具有不同螺距或根径尺寸的计量螺杆，才能满足相应的计量要求。

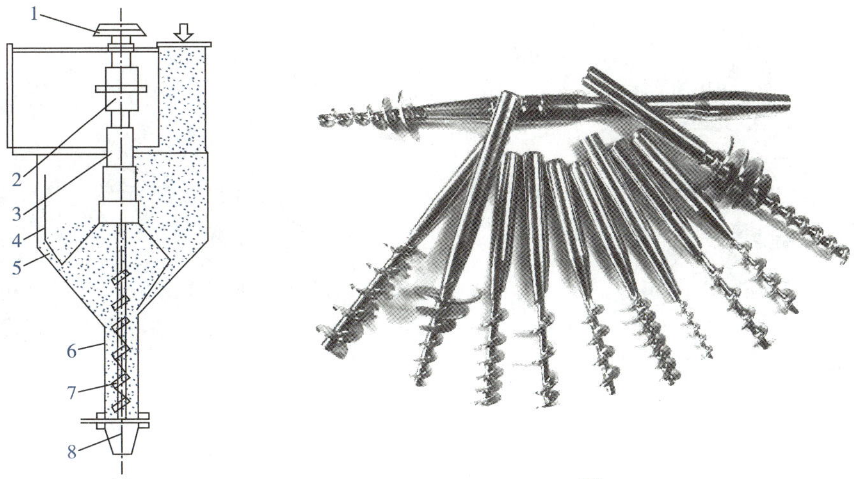

(a)　　(b)

图2-50　（a）螺杆分装头；（b）计量螺杆图

1—传动齿轮；2—单向离合器；3—支承座；4—搅拌叶；5—料斗；6—导料管；7—计量螺杆；8—送药嘴

② 气流分装机：气流分装是一种利用真空定量吸取粉末药物，再借助洁净压缩空气将其吹入西林瓶内的分装技术。该方法具有分装速度快、计量准确性高和自动化程度高等优点，近年来在粉针剂生产中应用日益广泛。然而，该工艺也存在一些缺点，例如分装过程中易产生粉尘、设备清洗与灭菌较为繁琐，以及能耗较大。作为一类较为先进的粉针剂分装设备，气流分装机实现了机械化的半自动流水线生产，显著提高了生产效率和产品质量。典型的气流分装机主要包括以下几个组成部分：粉剂分装系统、盖胶塞机构、床身及主传动系统、玻璃瓶输送系统、拨瓶转盘机构、真空系统、压缩空气系统以及局部净化系统。

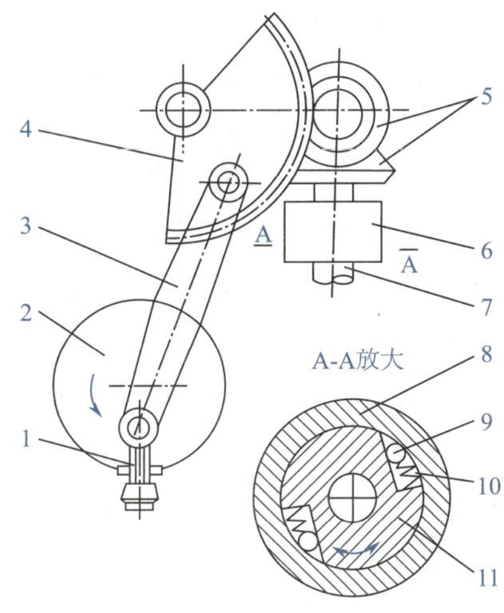

图2-51　螺杆计量与控制机构

1—调节螺丝；2—偏心轮；3—曲柄；4—扇形齿轮；5—中间齿轮；6—单向离合器；7—螺杆轴；8—离合器套；9—制动滚珠；10—弹簧；11—离合器轴

如图2-52（a）所示，其分装过程如下：搅粉斗内的搅拌桨在每次吸粉操作中旋转一周，其作用一是保持由装粉筒落下的药粉处于疏松状态，二是协助将药粉填充至粉剂分装头的定量分装孔中。在真空作用下，药粉从料斗被抽吸至分装盘上特定容积的分装腔内，并在分装盘旋转过程中持续依靠真空保持填充状态。随后，分装盘旋转180°，将定量药粉移送至位于其下方的分装工位，最终通过无菌压缩空气将粉末吹入西林瓶内。分装盘后端面有与装粉孔数相同且和装粉孔相通的圆孔，靠分配盘与真空和压缩空气相连，实现分装头在间歇回转中的吸粉和卸粉。

当发生缺瓶情况时，机器能够自动停车，此时计量孔内的药粉会经由废粉回收系统进行收集，避免物料浪费。为防止细粉阻塞吸附隔离塞、影响装量准确性，在分装孔转至装粉工位前约60°位置时，系统会通入净化空气对吸附隔离塞进行吹扫清洁。装粉剂量的调节通过阿基米德螺旋槽机构实现，该机构可精确调节隔离塞顶部与分装盘圆面之间的相对距离（即改变分装孔深度），从而控制装药容积。为适应不同特性的药粉，分装头可配装多种规格的粉剂吸附隔离塞。目前常用的吸附隔离塞主要有两种类型：活塞柱型和吸粉柱型。其头部滤粉部分通常采用烧结金属或不锈钢纤维压制的隔离刷结构，外部覆以不锈钢丝网。

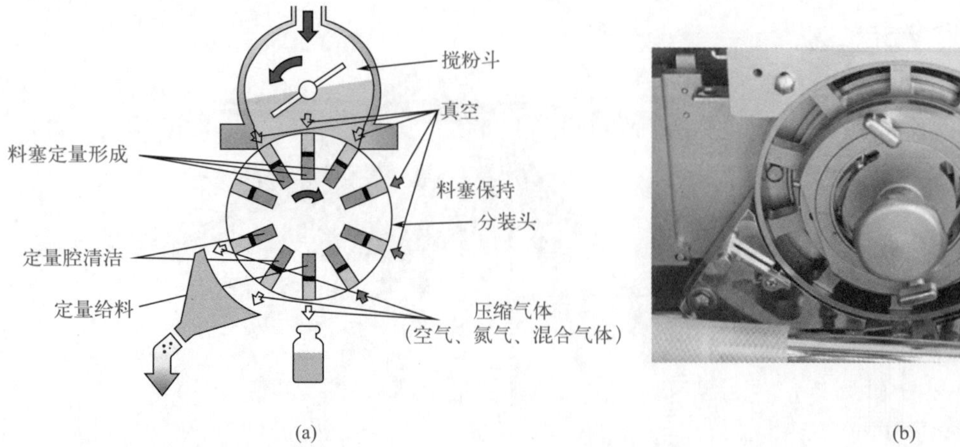

图2-52 （a）气流分装系统的示意图；（b）气流分装头

气流分装机的优点包括：在粉腔中形成的粉末块直径较大，装填速度亦较快，一般可达300～400瓶/分钟；装量精度高；控制自动化程度高。不完善之处在于：对于原粉剂状态有一定的要求，对于不同性状、不同装量的粉剂需要采用不同的插杆或转盘，同时对于大装量规格适用性不强。

（2）无菌分装粉针剂的分装设备的功能部件

① 储料罐（reservoir）：分装时储存粉末。通过料罐或螺旋输送装置上的振荡设施将粉末供给分装系统。

② 连接系统（coupling system）、螺杆输送（helical conveyor）、振荡管（vibration piping）：该系统与容器的连接安装，以及在某些情况下的更换应在单向流保护下进行。

③ 分量盘的供料装置（feed shoe for molds）——振荡器（vibrating bars）：供料装置必须按照装量要求在分量盘内灌入粉末。振荡带或振荡管通过可调振荡参数（时间和振幅）及倾斜度将粉末转移至指定容器。震荡时间可通过称重工位进行控制调节。

④ 除尘系统（aspiration system for developing dust）：在分装粉末时，粉尘的集聚不可避免，导致在单向流环境下的某些区域无法持续满足A级洁净区对动态颗粒数的要求。可考虑在供料装置和分量盘或振荡管之间加装除尘装置。这种捕尘方式也许对单向流内的气流有一定影响，但能限制颗粒在这些工位上的聚集。

⑤ 称量装置（weighing system）——振荡传送装置（vibration conveyor）：在称量和调零后启动振荡传送装置。

⑥ 充气装置（inflation device）：部分产品分装后需充入保护气体，控制残氧量来保证产品质量，因此需要通过充气装置对分装后的产品充入保护气。

⑦ 切口装置（incision device）：针对粉液双室袋的包装容器分装系统设计的切口装置，对呈密封状态的粉体室袋体进行切口，将粉体室切开，传送到开袋工位。切口可能产生颗粒污染物，通过离子风吹洗等方式去除污染物。

⑧ 开袋装置（bag opening device）：粉液双室袋的包装容器的分装系统，通过真空吸盘或其他方式对切口后的袋体进行开袋，便于粉针剂顺利进入粉体室内部；开袋装置应考虑所处环境的控制，防止开袋后的粉体室污染。

⑨ 封口装置（sealing device）：粉液双室袋的包装容器的分装系统，对分装后的粉体室进行密封，该装置通过热合等方式将分装、充保护气体（如需要）后的袋体进行封口，完成产品密封。

⑩ 在线粒子监测装置（on line particle monitoring device）：利用真空泵抽取空气，空气从采样头进入，通过连接软管送到计数器检测后排出。粒子计数器采用光散射原理，当空气中悬浮粒子经过光敏区时，散射出与其粒径成一定比例的光通量，经光电转换、放大及处理后得到被采集粒子当量直径和数量。在线粒子监测装置安装位置应通过评估确定，应能真实反映监测点的粒子状态。

（3）粉针剂分装的常见问题及解决方法

① 料罐问题带来的粉末尾料：料罐内部分装水平线太高，造成大量浪费，可以降低分装水平线；粉末流动性质，湿度太高，则需在分装前进行物料和分装车间的检测；粒径改变，可通过检测进行预防；管子的直径需调整或料罐至耦合系统的宽度不够，可通过调整设置。

② 药粉供给不够导致停机：可能是分装速度太快导致的，可通过降低或调整速度解决。

在生产过程中，灌装设备可能会发生意外故障，需要进行应急维修。此时应评估维修活动对生产线的污染风险，必要时对相应灌装部件进行重新灭菌或对必要的区域进行消毒，并进行额外的微生物取样，取样范围包括维修人员和设备表面以及空气浮游微生物等，取样结果可以帮助评价环境是否被污染，提供更多的信息用于产品放行前评估。

4. 轧盖设备

轧盖机是对已压胶塞的产品瓶用铝盖进行轧紧密封的设备，从而保证产品在长时间内的完整性和无菌性。轧盖机由供瓶部件、连续式输瓶传动部件、振荡加盖器、轧盖刀、电器控制系统等部件组成。在轧盖机中自动完成理瓶、进瓶、加盖、卷边、出瓶，完成轧盖工序。

轧盖机铝盖收边的方式通常为单刀或三刀滚压式。提供轧盖压力的方式有弹簧式和气压式。根据轧盖速度可设置数量若干的轧盖头。

目前较广泛使用的为机械式轧盖机。机械式轧盖机工作原理为：当瓶子进入轧盖工位后，轧盖转盘带着瓶子进行公转，轧盖头也与转盘同步公转，并且轧盖头向下运行至压紧瓶盖，撑开杠杆，使轧盖臂回缩轧盖，轧盖刀在齿轮的作用下做旋转动作，轧盖刀边缘对瓶盖下部进行滚压，使铝盖下端向内收缩，完成轧盖封口，轧盖完成后将瓶子输送至出瓶转盘。其中轧盖刀总成轴承、铝盖压头等部件加压在铝盖、胶塞及瓶子上；轧盖刀、轧刀座、轧盖臂、滚子等部件作用在铝盖上。轧盖刀总成轴承的压力、轧盖刀与瓶子的贴合度、高度、刀具的磨损情况等，均影响轧盖封边效果。

轧盖机的技术要求包括：

① 与产品直接接触的供瓶部件、输瓶传动部件等表面不应在运转中有颗粒脱落，不对瓶子有损伤，并应易清洁。高速进瓶应稳定流畅。

② 轧盖机轧盖无尖峰冲击，封口平顺完好，无伤瓶、松盖现象。

③ 在轧盖过程中有颗粒脱落时不应对药品产生污染，并应易清洁。应安装负压抽风捕尘装置，采集轧盖时产生的铝屑。捕尘装置建议安装在洁净室外，捕尘装置与捕尘口的连接管道应设置止回阀或具有联锁功能的阀门。如不可避免，捕尘装置应易清洁，其排风或者气流不对洁净区的洁净度及气流形态造成影响。

④ 轧盖速度快、可靠、稳定。输送线应尽量减少爬坡设计，避免瓶子在输送线上长时间停留。非最终灭菌产品瓶子在输送过程中应设有倒瓶自动剔废功能。

⑤ 轧盖前产品缺塞或翘塞现象的监测。可配置视觉监测功能，剔除胶塞或轧盖不合格产品。

⑥ 加盖平稳可靠。振动盘内轨道具备反盖剔除功能。具有自动剔除缺塞、翘塞瓶子或未加盖瓶子的功能。加料斗、振动盘、传送装置等与盖子直接接触部件通常为316L不锈钢。非最终灭菌产品加料斗、振动盘、传送装置应满焊，与盖子直接接触的表面经抛光处理，粗糙度$R \leqslant 0.4\mu m$，光滑无死角，结构便于拆卸，易于清洁灭菌。

⑦ 具有剔废数量计数功能。

⑧ 具有无瓶不加盖、无盖不轧盖、过载保护等多种安全保护功能。

⑨ 工作台面的材质和布局对A级区或者A级送风区环境的洁净度及气流方向没有影响。

⑩ 在B级区背景下的A级区，采用无菌轧盖工艺轧盖时，轧盖前的进瓶传送轨道应被A级层流覆盖，在A级层流覆盖下完成添加盖子操作。可安装在线风速监测系统，超出上下限范围应有报警功能。

⑪ 在C级背景下的A级送风环境，结合“洁净控制”生产工艺进行轧盖时，轧盖前的进瓶传送轨道应被A级送风环境覆盖。可安装在线风速监测系统，超出上下限范围应有报警功能。

⑫ 可采用可编程序控制、触摸屏面板操作的电器控制部件。控制系统具有设备运行过程中的生产信息、配方管理、报警信息、日志信息记录及权限管理等功能。

⑬ 可采用变频调速控制、触摸屏面板操作的电器控制部件。

⑭ 相关生产参数（如轧盖速度、产量、剔废数量等）可以记录、打印。轧盖采用气压式的轧盖机时，生产参数应包括轧盖压力。

⑮ 可以根据实际设备考虑需要关注的关键数据，如主机速度、进瓶网带速度、振动盘速度、轧盖压力等。

⑯ 轧盖机所使用的润滑油应至少符合食品级要求。非最终灭菌产品根据产品特性及风险评估选用合适等级的润滑油，风险较高的应选用卫生级润滑油。

第六节　预灌封注射剂的生产

预灌封注射器（prefilled syringe，PFS）因具有计量更准确、便携度更高、污染风险更低、运输储存更便捷，以及临床患者可自我给药等优点，被广泛应用于生物制品、生化类产品、美容产品等高产值产品的包装。预灌封注射剂将“药物储存”和“注射功能”融为一体，是一种技术含量较高的、实用的、新型的剂型，一般主要用于疫苗、生物制品、非最终灭菌的药品或医疗器械。与传统西林瓶或安瓿包装相比，预灌封注射器不仅更容易使用，剂量也更精确，在保护患者及医护人员的安全方面拥有明显优势，如一次性使用，避免使用稀释液后反复抽吸，减少二次污染机会。随着科技的进步，预灌封注射器的装置和种类也在发展，市场上出现了单腔和双腔预灌封注射器。图2-53为预灌封注射器的示意图。

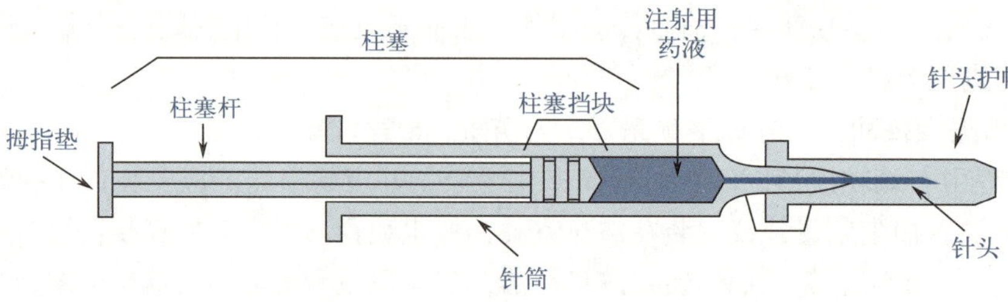

图2-53　预灌封注射器的示意图

一、预灌封注射剂生产车间设计和布局

（一）洁净厂房设计和布局总体要求

洁净厂房也称无尘车间或洁净室，广泛应用于医药行业。GB 50457—2019《医药工业洁净厂房设计标准》规定，医药工业洁净厂房是指包含医药洁净室的用于药品生产及质量控制的建筑物，其中医药洁净室指的是严格控制空气悬浮粒子和微生物浓度，以及温度、湿度、压力等参数的医药生产房间或限定空间。依照设计规范进行厂房建设，保障生产环境达到设定要求的洁净度、温度、湿度、压力等性能，是医药工业产品生产中至关重要的环节。

《药品生产质量管理规范》（Good Manufacturing Practice，GMP）是药品生产和质量管理的基本准则，适用于药品制剂生产的全过程和原料药生产中影响成品质量的关键工序。GMP从生产区、仓储区、质量控制区、辅助区等方面对洁净厂房的设计布局作了详细规定。洁净厂房的设计通常需遵循如下的规范与标准。

（1）**厂房选址和总体布局合理** 厂房的选址、设计、布局、建造、改造和维护必须符合药品生产要求，应当能够最大限度地避免污染、交叉污染、混淆和差错，便于清洁、操作和维护。《医药工业洁净厂房设计标准》中规定，厂区位置的选择不仅要经对技术经济方案的反复比较，还要符合下列规定：一是设置在大气含尘、含菌浓度低，自然环境较好的区域，远离铁路、码头、机场、堆场、工厂等存在空气污染、水质污染、振动或噪声干扰的区域，在不能远离以上区域时，应位于其全年最小频率风向的下风侧；二是医药工业洁净厂房净化空气调节系统的新风口与交通主干道近基地侧道路红线之间的距离宜大于50m。该规定中还明确，厂区的总平面布置应按不同使用功能合理分区，布局符合国家有关工业企业总平面设计要求。同时，医药洁净厂房应根据药品生产特点布局，如青霉素类等高致敏性药品的生产厂房，应位于其他医药生产厂房全年最小频率风向的上风侧。

（2）**人流与物流净化协调合理** 设计人员净化与物流净化时应注意协调、合理、符合洁净度等相关规定要求，如在进行人流净化设计时应考虑：人流路线不能交叉往复，存外衣区域应单独设置，存衣柜应根据设计人数每人一柜，厕所和浴室不得设置在医药洁净室内，且不得与生产区和仓储区直接相通，设计A级以上的垂直单向流洁净室时，需配套设立气闸室等。在进行物流净化设计时应考虑：洁净室的原辅料、包装材料和其他物品出入口，应设置物料净化用室和设施，传递柜应密闭良好，并应易于清洁，传送至无菌生产洁净室的传递柜应有相应的净化设施，避免净化后物料在传递过程中被污染，医药洁净室产生的废弃物应有传出通道，易产生污染的废弃物应设置单独的出口，且具有活性或毒性的生物废弃物应灭活后传出等。

（3）**工艺平面布置和设计协调** 洁净厂房的工艺平面布局应满足药品生产工艺基本要求和空气洁净度级别要求两项基本要求，为此在进行工艺平面的布置和设计时应考虑：在符合工艺条件和噪声要求的前提下，空气洁净度级别高的医药洁净室宜靠近空调机房布置，空气洁净度级别相同的工序和医药洁净室的布置宜相对集中，洁净厂房内各种固定技术设施的布置应根据净化空气调节系统的要求综合协调，医药工业洁净厂房内，宜靠近生产区设置与生产规模相适应的原辅料、半成品和成品存放区域，不同空气洁净度级别医药洁净室之间的人员出入和物料传送应有防止污染的措施等要求。

（4）**噪声与微振控制符合规定** GB 50073—2013《洁净厂房设计规范》中规定：洁净室内的空态噪声级，非单向流洁净室不应大于60dB（A），单向流、混合流洁净室不应大于65dB（A）。为将噪声控制在规定范围内，洁净厂房的平面和空间设计应考虑噪声控制要求，洁净室围护结构应有良好的隔声性能，并宜使其各部分隔声量相接近；洁净室内的各种设备均应选用低噪声产品，对于辐射噪声值超过洁净室允许值的设备，还需设置专用隔声或消声设施。同时，对有微振控制要求的洁净厂房，为减小微小振动对精密仪器、生产工艺等的影响，应符合下列规定：一是在结构选型、隔振缝设置、壁板与地面连接处、壁板与顶棚连接处，按微振控制要求设计；二是对洁净室与周围辅助性站房内有强烈振动的设备和连接处采用主动隔振措施；三是测定洁净厂房内外各类振源对厂房内精密设备、精密仪器仪表位置处的综合振动影响，决定是否采取被动隔振措施。

（二）预灌封生产线洁净厂房设计

预灌封注射剂作为近年来新兴的一种便捷、高效、实用的注射剂剂型，在生产线上与传统注射剂灌装生产线相比，减少了加热通道及传送带等配套设施，但在灌装设备、空气净化系统、无菌生产保障和物料转运等多方面面临全新的、更高规格的设计和建设要求。预灌封生产线洁净厂房设计，可分概念设计和布局设计两个部分。

（1）**概念设计** 它是指在全部的设计过程中将设计概念作为主线贯穿其中的设计方法，可通俗地理解为：如果“设计概念”是一篇文章的主题，“概念设计”就是围绕此主题展开的整篇文章，即先有独立的设计概念，再有基于此的整体的概念设计。预灌封注射剂为达到良好的概念设计，通常需要关注以下方面：一是总体的设计要求，该方面强调预灌封生产线需遵照前述的总体布局合理及工艺平面设计协调等要求，以满足GMP的相关规定；二是无菌隔离工艺，对于预灌封注射剂等无菌产品的生产而言，

“人”是洁净室中最大的污染源，因此该方面强调通过人与环境隔离、限制人员接触、减少操作人员等途径降低污染的风险；三是生产工艺设计，预灌封生产线同一般无菌产品生产线所不同的是对无菌灌装部分进行了改进，即在灌装方式上采用了无菌注射器形式并改进了相关辅助系统。

（2）布局设计 它是指在布局上兼容无菌产品的生产工艺及设备设施，保障生产线能够生产出符合临床要求的药品的设计方法。一个标准合规的建筑布局通常需要兼顾生产工艺和人流与物流便捷流通两方面的需求。预灌封注射剂生产线通常可通过以下几方面实现良好的建筑和布局设计：一是洁净分区，根据相关生产和清洗设施确定GMP区域划分，如A级区存放产品暴露或灭菌组件，视操作特性和无菌技术要求划分B级、C级、D级区，并在特定条件下增加局部A级保护等；二是A级取风设计，使用大面积回风通道进风方式的限制性进出隔离系统（RABS），提供一个较小的洁净环境，从而减少人员对产品带来的污染；三是设置气锁，气锁指设置于两个或数个房间之间（如不同洁净度级别的房间之间）的具有两扇或多扇门的隔离空间。通过设置气锁可以控制不同区域人流、物流的流动带来的污染，其中气锁的大小以及气闸的数量等需要依据具体的洁净度控制要求而定。

二、预灌封注射剂生产工艺

（一）预灌封注射剂生产工艺流程

在预灌封注射剂的生产工艺中，预灌封注射器既可以单独灌装液体制剂或者固体制剂，也可同时将固体、液体分别灌装在一个通过注射剂中间胶塞形成的两个腔体中。就预灌封注射剂的产品形式而言，有固体制剂与液体制剂的形式；也有最终灭菌产品与非最终灭菌产品的形式，但其中多数产品是非最终灭菌产品。下文将从预灌封注射剂的生产特点出发，对预灌封注射剂制备过程中的每项生产工艺进行单独介绍。预充针灌装常见的生产工艺流程如图2-54所示。

图2-54 预充针灌装的一般生产工艺流程

（二）配液

（1）配液系统清洗 清洁和消毒是预灌封注射剂等无菌产品在进行配液环节前的重要工作。为保证预灌封注射剂等无菌产品的生产质量，通常可采用在线清洗（CIP）和在线灭菌（SIP）技术进行配液前的清洁消毒。进行CIP时，管道中的清洗水一般应能在泵的推动作用下呈湍流型（即符合雷诺数$Re \geqslant 4000$），此时的清洗效果易于达到相应洁净要求。进行SIP时，通常是将无菌配液罐及管道系统用饱和蒸汽进行灭菌，利用饱和蒸汽的热穿透性使微生物因蛋白质变性而死亡。清洁和消毒后，即进行配液的物料准备。

（2）物料准备 配制物料所需的洁净区级别需根据产品的具体工艺要求确定。配液所需的工具和容器通常在C级区清洗，采用呼吸袋包装后，经湿热灭菌处理，之后从双扉灭菌柜的B级侧取出，通过层流小车转运至配液室，并与限制性进入屏障系统（RABS）缓冲区对接。传入RABS缓冲区后，脱去一层外包装，再传入A级配液区待用。对于易产生尘埃的物料，操作时应采取物理隔离、设置除尘装置或其他相应措施，以降低污染风险。现场通风设施应合理设计，避免因气流导致交叉污染。

无菌原料在脱去一层包装后，需对其表面进行消毒，然后经C级区传递窗或其他物料通道进入。需检查包装是否完好、有无破损。表面消毒后，物料被放置于通往B级区的传递窗中，经紫外线照射消毒。在B级区内，操作人员剪去另一层包装，使用电子天平称量毛重并记录；随后用75%乙醇擦拭外包装表面，将其α接口与配液隔离屏障系统上的β无菌接口进行无菌对接。通过隔离系统上的手套操作，打开αβ对接门，将无菌原料传至A级层流下的操作平台，等待配液。配液结束后，需对原料的内层包装及容器进行称重，记录数据并进行复核，确保投入的无菌原料量准确无误。

（3）无菌配液　在将经过除菌过滤的溶剂输送至无菌配液罐后，首先打开用于机械密封的氮气阀门，向罐内通入经过除菌过滤的氮气。随后，设定配液罐的搅拌频率并启动搅拌。在A级层流的保护下，操作人员通过隔离系统上的手套操作，打开无菌配液罐的加料口，同时拆除无菌原料的最内层包装，将原料缓慢、均匀地加入罐中。加料完成后立即封闭加料口，并通过呼吸器持续向罐内通入氮气，以维持罐内压力在0.05～0.1 MPa之间，形成正压保护环境，防止外界污染。配液结束后，将所有使用过的工器具和内层包装材料通过RABS的专用废弃物通道移出，并对废弃物料进行称重复核，确保物料平衡。药液需经过规定时间的搅拌或振荡，确保完全溶解。最后，还需对药液的关键品质指标进行检测，包括含量、渗透压和pH值等。其中，含量和无菌保障是注射液的核心质量属性，整个生产过程必须严格遵循经过验证的关键工艺参数，以确保产品质量持续符合规定标准。

（4）除菌过滤　由于许多预灌封注射剂产品无法进行最终灭菌，其生产过程需严格依赖无菌操作技术以控制污染风险。在药液配制完成后，通常采用除菌过滤工艺进一步降低灌装前药液中的微生物负荷。除菌过滤是指在保证药液质量不受影响的前提下，有效去除液体中微生物的过程。为确保过滤效果与药液稳定性，过滤器必须与药液成分具有良好的相容性。为提高除菌保障，生产中通常采用冗余过滤设计，即串联使用两个或以上除菌级过滤器。为最大限度降低微生物繁殖风险，应严格控制从除菌过滤结束至灌装操作的时间间隔。建议药液配制完成后直接过滤至专用无菌缓冲罐中，以缩短过滤后药液的存放时间。过滤器的完整性是保证除菌效果的关键，因此必须在过滤后进行完整性测试。必要时，在过滤前也应对过滤器进行完整性检查。为提高检测效率和可靠性，推荐采用在线完整性测试方式。

（5）无菌取样　在药液完全溶解并混合均匀后，需在灌装前进行溶液取样，以检验理化指标。无菌取样的操作步骤如下：首先，将无菌取样阀与纯蒸汽管道连接。在阀门处于关闭状态下，开启纯蒸汽，对取样阀的液体流道进行流通蒸汽消毒，持续时间不少于15分钟；消毒完成后，通过旋转操作手柄，使阀芯及隔膜打开，药液随之流出。此时收集规定体积的灌装前药液，用于后续含量、pH值、渗透压等理化项目的检测；取样完毕后，反向转动手柄，内置弹簧结构会自动将阀门闭合，确保密封性，同时保持两软管间通道处于连通状态；最后，再次使用纯蒸汽对取样阀流道进行15分钟的流通蒸汽消毒，为下一次无菌取样做好准备。

（三）灌装

灌装是指将过滤洁净的药液，定量地灌注进经过清洗、干燥及灭菌处理的注射器内，并加以封口的过程。灌装工序包含物料传递、灭菌处理和灌装机灌装等多道生产步骤，是预灌封注射剂生产中存在较高污染风险的一道生产工序。其中，物料传递要求在灌装工艺中所有接触到物料的器具，如灌装用胶塞和预灌封注射器等，均应在进行灭菌处理后转运至灌装A级区待用。灌装过程主要包括以下步骤。

（1）灌装机自检　在物料准备就绪后，操作人员需首先确认显示屏上的设定规格与实际灌装要求一致。随后启动真空压塞灌装机的自检程序，调试灌装状态，并检查电源、氮气及压缩空气等气源供应是否正常。操作人员将钥匙切换至手动模式，通过手动手柄操作，进入设置界面，点击“锁胶塞锅”键以安装并固定胶塞锅，随后灌装机执行XY方向自检。操作人员将灌装针头从导筒中取出，在显示屏上选择“赶气泡”功能，排出药液输送管道中的空气，直至管道内充满药液且无可见气泡。随后，操作人员取无菌注射器，放在针头下部，充入药液，样品传出RABS后进行澄明度与装量检测。装量可通过参数微调进行控制，检测时通常将标示装量转换为重量，再通过称重法进行实际校验。确认装量与澄明度合格后，关闭“赶气泡”功能，将针头重新插入导筒复位，即可启动设备开始正式灌装。

（2）蜂巢盒去除外包装　经消毒或灭菌处理的注射器巢盒通过滑轨传入C级区的解包RABS中。操作人员通过RABS手套人工剪开外袋（或经由自动撕袋装置去除外袋），将外袋投入废料桶，并取出巢盒通过滑轨传送至B级区RABS轨道，进入下一撕纸工序。

（3）巢盒去除内衬纸 巢盒进入撕纸工位后，由定位装置夹紧，机械手自动寻边并夹住边角，将封口衬纸撕除并抛入废料箱（也可采用加热封口后再以真空吸除的方式去除衬纸）。随后巢盒夹持装置松开，巢盒由传送带运至吸内纸工位，真空吸盘下降吸走内衬纸并抛废至废料箱，巢盒随后转向进入灌装工位待用。

（4）真空灌装 将胶塞倒入胶塞锅，调整灌装量后，点击开始键启动自动灌装。注射器巢盒经滑轨输送至指定区域，通过机械手或人工方式去除巢盒的外袋与内纸，随后将蜂巢板取出并放置于XY平台。平台上的中心定位板对注射器进行固定与夹紧，XY平台将蜂巢板运送至灌装压塞位置，使注射器依次对准灌装针与插塞杆。

① 加液：在PLC程序的统一控制下，系统通过真空泵、真空缓冲罐、微过滤系统、伺服电机及压缩空气驱动系统协同工作，完成真空加液及压塞操作。当真空腔向下移动时，加液程序启动。首先，真空管路系统开始抽取注射器针管内的空气。待系统检测到真空度达到设定值时，计量泵开始运行，同时灌装针头下降至注射器内，注入药液。加液结束后，真空隔膜阀关闭，停止抽真空，随后氮气阀门开启，向真空腔内充入氮气。之后，真空腔与注射器分离，针头及真空腔均退回初始位置，计量泵停止运行。当前一支注射器灌装完成后，下一支注射器自动移动至针头下方，真空腔再次下降，并通过密封件与注射器喇叭口形成密封，准备执行新一轮的加液程序。

② 压塞过程：在灌装1～3mL预灌封注射器时，当第三排针管开始加液的同时，系统启动压塞程序。胶塞经高频振荡器整理后，沿轨道输送至胶塞站。随后，胶塞插入杆将胶塞转移至胶塞转移杆，转移杆将其运送至压塞工位。此时，压塞工位的真空旁路开启，抽取加液后针管药液上方的空气，当系统检测到真空度达到设定值时，胶塞插杆将胶塞推至针管口部后抬起，胶塞在针管内部真空吸附作用下自然落入，稳定落于药液上方。随后真空旁路关闭，氮气阀门开启，向腔内充入氮气，恢复常压状态，真空腔与胶塞插杆退回初始位置。

压塞完成后，XY平台将注射器运转回起始位置，机械手将已灌装完成的蜂巢板放入空巢盒中，通过传送带输出，并自动开始下一盒的灌装操作。新的注射器蜂巢板由操作人员或机械手从巢盒中取出，固定于中心定位板，由XY平台运送至灌装工位继续进行灌装。传出物料需明确标识品名、批号等信息，经B级区传递窗移交至灯检岗位，对每一支注射剂进行可见异物检查。

首盒灌装确认无误后，系统按上述流程循环运行。全部灌装结束后，将配液罐与灌装机分离，推回无菌配液室进行在线清洗。操作人员通过显示屏操作卸下胶塞锅，关闭电源与气源，并按逆序拆卸灌装机各部件，经小推车通过无菌气闸室转运至C级区进行清洗和灭菌。药液灌装全部完成后，将预灌封注射剂转入灯检工序，同时完整记录品名、批号、规格及生产日期等关键信息。

（四）灭菌

在无菌药品生产中，对微生物和细菌内毒素等污染的防治一直都是制药企业和相关监管部门所关注的重点。当下的预灌封注射剂产品，基本上都是非最终灭菌产品。随着灭菌技术等科学技术的进步和预灌封注射药品的不断推广与普及，有望能有越来越多可最终灭菌的预灌封注射药品推广上市。对于传统的小剂量注射剂，如安瓿和西林瓶液体的最终灭菌，一般采用的是传统脉动真空蒸汽灭菌技术。传统脉动真空蒸汽灭菌技术通过多次交替对灭菌室抽取真空和充入蒸汽（使灭菌室达到一定的真空度后再充入饱和蒸汽），最终达到设定压力和温度，从而实现对耐高温、耐湿物品进行灭菌处理。但是，预灌封注射器的特殊结构性质，决定了传统脉动真空蒸汽灭菌技术并不能很好地适用于预灌封注射剂产品的最终灭菌。因为传统脉动真空蒸汽灭菌技术无法有效地对灭菌过程中预灌封注射器内药品产生的压力变化进行控制，会导致内塞发生位移变化，严重时胶塞会被强制弹出，使得产品灭菌无效，生产失败。

基于此，对预灌封注射剂产品做最终灭菌，就需要在确保胶塞不会在灭菌过程中被弹出的前提下，高效、完整、合格地对产品进行灭菌。目前适用于预灌封注射剂产品最终灭菌的方法主要有蒸汽-空气混合式和过热水喷淋式两种，统称为反压式灭菌法。

（五）灯检

《中国药典》（2025年版）中规定："注射剂、眼用液体制剂应在符合药品生产质量管理规范（GMP）的条件下生产，产品在出厂前应采用适宜的方法逐一检查并同时剔除不合格产品。临用前，需在自然光下目视检查（避免阳光直射），如有可见异物，不得使用。"《中国药典》（2025年版）中同时还规定了可见异物检查法为灯检法和光散射法，且一般采用灯检法，对于灯检法不适用的品种，如用深色透明容器包装或液体色泽较深（一般深于各标准比色液7号）的品种可选用光散射法。

（六）贴标

贴标是在注射器表面张贴一张标签，标明产品品名、规格等产品信息。

（七）包装

预灌封注射剂成品的内包装一般采用泡罩包装的形式。预灌封注射剂常为易碎的玻璃材质，护帽接触碰撞后容易脱落，针头碰撞后容易歪针，因此在包装时需要设计卡槽固定预灌封注射器，以防止其在泡罩内晃动而出现脱落和歪针等质量问题。预灌封注射剂产品的外包装同常见注射剂产品的外包装要求相似，均要求包装材料在贮存、使用中具有性质的稳定性，不对药品生产环境带来污染，在使用过程中不含有对包装产品有影响的物质，不与被包装药品发生反应等。

三、预灌封注射剂生产设备

（一）配液设备

预灌封注射剂的配液系统通常包含无菌配液罐、0.2μm除菌过滤器、预过滤器、卫生泵和输送管道等，其中无菌配液罐和除菌过滤器是该过程中最重要的两个设备。

预灌封注射剂的配液过程是在无菌配液罐中进行的，配液罐又称配制罐，是将一种或几种物料按工艺配比进行混配的混合搅拌容器。包含无菌配液罐在内的配液系统在使用前需进行清洗和灭菌，受限于尺寸和形态的特殊性，该部分往往不能直接放入清洗池内清洗和自动灭菌柜中灭菌。为此，为保证配液罐等使用前的质量，需借助CIP和SIP进行在线清洗和灭菌。CIP进行配液系统的清洗时，配液罐与管道系统连接好后，先使用卫生泵循环喷淋2%氢氧化钠溶液清洗罐体30分钟，再使用注射用水清洗，并于清洗后取清洗水样检查pH、澄明度和电导率等指标。SIP进行配液系统的灭菌时，通常采用蒸汽SIP技术，即先打开纯蒸汽冷凝水排放阀将管道内的冷凝水排放完全，而后关闭排放阀，打开通入罐体的纯蒸汽阀门，在121℃、蒸汽进气压力0.20～0.25MPa下进行系统灭菌30分钟。在注射剂的配液过程中，经除菌过滤的溶剂输入无菌配液罐中，设置搅拌频率并通入已除菌过滤的氮气，无菌原料在打开最后一层内包装后，经由无菌配液罐上的加料口缓慢加入配液罐中。需要注意，在配液结束后应对半成品药液进行渗透压、pH等无菌取样监测，并复核配液工器具、无菌原料内层包装等重量。

因预灌封注射剂产品在生产上多采用非最终灭菌形式，所以在配液结束后通常还需要借助除菌过滤器进行除菌过滤以降低药液的微生物水平。除菌过滤器物理截留的机制主要为"粒径排除"和"吸附隔离"。"粒径排除"指的是药液经过滤孔时，过大颗粒会因无法通过特定孔径而被截留；"吸附隔离"指的是过滤时具有一定表面化学性质的过滤器能够吸附捕获进入滤孔的某些小粒径的微粒或微生物。需要注意的是，过滤时过滤器的入口和压差、过滤工艺温度、过滤时间和冲洗条件等因素都会对过滤的质量产生影响，在每一次过滤除菌前后应立即进行滤器的完整性试验，确认滤膜在除菌过滤过程中的有效性和完整性。

（二）灌装设备

预灌封注射器是先在注射器中灌注药液，以方便医护人员以及患者随时注入药物的一种“药械合一”的器械。灌装机是实现该灌装过程的生产设备。在物料准备就绪后进入正式灌装生产前，通常需要先进行灌装机自检工作，以确认灌装机运行正常，而后才进入正式灌装工序。

灌装机灌装药液时，采用真空灌装的形式，PLC控制驱动真空泵、真空缓冲罐、微过滤系统和伺服电机控制系统等协同配合完成真空加液与真空压塞过程。进行真空加液时，真空管路系统启动，抽取针管内的空气至达到生产设定要求的真空度，而后灌装针在计量泵驱动下先下降后上升，向针管内定量地加入药液，即完成一次加液工作。一次加液结束后，灌装系统会通过真空隔膜关闭真空状态，并向真空腔内充入氮气。之后，真空腔与针管相分离并恢复初始位置，计量泵同时停止运行，待下一支注射器运行至针头位置处时，真空腔向下冲程，开始下一次真空加液过程。进行真空压塞时，胶塞先通过胶塞轨道运送至胶塞站，而后在胶塞插入杆和胶塞转移杆的先后作用下到达胶塞插杆抓胶塞工位，待抽取加液后针管上方空气达到设定要求的真空度时，胶塞插杆会将胶塞送至针管口，使胶塞在真空作用下落入注射器内药液上方，完成压塞工作。首盒灌装无异常出现后，重复上述真空加液、真空压塞过程，直至灌装过程完成。灌装过程完成后，需按上述灌装机安装的逆序拆卸灌装机各零部件，并送至C级洁净区进行清洗灭菌工作。

需要注意的是，预灌封注射剂在灌装过程中可能会出现气泡、未压塞、注射器破碎和装量不合格等异常情况。这类异常情况的出现，大多与灌装机的真空泵、真空腔、中心定位板和计量泵等工艺参数与生产实际不匹配有关。如预灌封注射器本应准确固定于中心定位板上，当中心定位板偏移时，就容易使胶塞插杆在压塞过程中冲击注射器，导致注射器的破碎，这时就应当通过PLC相应地对中心定位板做出调节。实际生产过程中，一个异常情况可能与多个工艺参数是直接挂钩的，因此需要通过PLC全面地、通盘地和细致地对这些工艺参数进行调节，以确保生产出合格合规、高质量的预灌封注射剂产品。

（三）灭菌设备

蒸汽-空气混合灭菌柜是预灌封注射剂产品做最终灭菌时的一种灭菌设备。蒸汽-空气混合灭菌柜在灭菌过程中，通过向灭菌柜腔室内注入高温高压的饱和纯蒸汽和洁净的压缩空气进行灭菌，其采用纯蒸汽直接注入灭菌器及灭菌器内置热交换器加热的方式，而不采用脉动真空的形式。冷却时，采用的是内置热交换器注入冷却水对腔内空气进行冷却。

预灌封注射器在灭菌过程中有几项关键控制点。一是蒸汽与空气的充分混合，为使蒸汽和空气能在灭菌器内充分混合，达到灭菌器内温度的均匀分布，蒸汽-空气混合灭菌柜采用了先进可靠的无轴磁驱风机，该技术具有无须穿透灭菌器箱体转轴，无须密封，不会泄漏的优点。二是灭菌产品内外压差的平衡控制，蒸汽-空气混合灭菌柜在灭菌过程中可将一个温度探头插入注射器中，实时在线监测产品内部温度，进而以此进行压力调节，维持产品内外压差的平衡。三是产品温度控制，采用湿热灭菌法进行预灌封注射剂产品的最终灭菌时，可按设计要求和装载类型的实际需要建立灭菌程序，对于湿热灭菌来说，主要有饱和蒸汽灭菌程序和空气加压灭菌程序两种常用的灭菌程序，其中饱和蒸汽灭菌程序又分预真空和重力置换两种类型；空气加压灭菌程序又分蒸汽-空气混合物（SAM）和过热水灭菌两种类型。蒸汽-空气混合灭菌柜的灭菌过程包含预热升温、灭菌和冷却三个阶段，最终灭菌工艺曲线如图2-55所示。

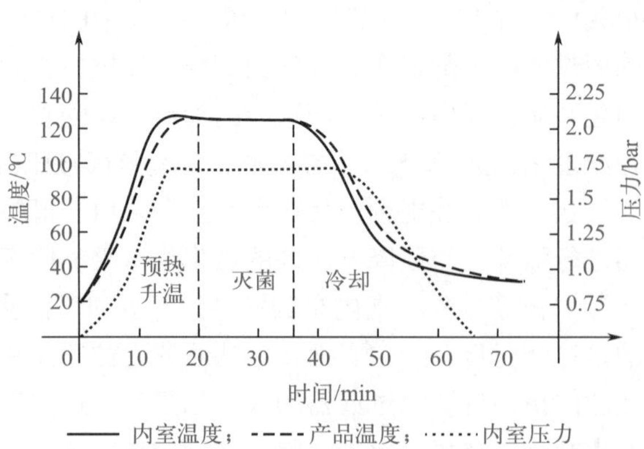

图2-55 最终灭菌工艺曲线

（四）灯检设备

预灌封注射剂灯检工序中的人工灯检是指利用灯检台在暗室中由人工借助澄明度检测仪进行可见异物的检查的方法。YB-Ⅱ型澄明度灯检仪是根据原中华人民共和国卫生部标准WBI-362（B-121）91《澄明度检验细则和判断标准》中装置的各项规定而研制的灯检仪，适用于小容量和大容量等各种注射用各类针剂的澄明度检测。值得注意的是，人工灯检技术存在诸多的不完善因素，如生产效率低下、对检查人员视力要求高、存在一定人为误差和容易漏检细小颗粒等。

除人工灯检外，自动化程度更高的半自动灯检机和全自动灯检机也是常见的应用于预灌封注射剂灯检过程的生产设备。半自动灯检机需人工在借助放大镜的放大作用下进行可见异物的检查，若注射液中存在可见异物，则当注射液经过放大镜时，可见异物会在一定照度下被放大，由此便于人员在另一侧进行检查，剔除不良品。全自动灯检机价格昂贵，但自动化程度高、功能先进，且可以解决诸多人工灯检无法应对的问题，更符合制药设备智能化发展的潮流。全自动灯检机进行可见异物的检查时，先使待检样品在高速旋转装置上旋转一定时间，然后停止，利用注射器内药液会因惯性继续旋转的性质，使用图像采集器连续捕捉由旋转药液中的颗粒引起的光散射或折射的能量信息，数据处理系统对采集的图像信息进行处理和分析后，判断在给定条件下该待测样品是否合格。自动灯检机检测精度更高、适用范围更广，可以用于预灌封注射剂中玻璃屑、金属屑、白点、白块和纤维等多种异物的自动检测。

（五）包装设备

预灌封注射剂产品的内包装采用的是泡罩包装的药品包装形式，泡罩包装是通过泡罩包装机这一生产设备所完成的。通常泡罩包装机按其结构的不同，分为辊式、辊板式和平板式三类；按泡罩材料的不同，又分为铝塑、双铝和带状包装机几类。而在预灌封注射剂产品中，通常选用的是平板式铝塑泡罩包装机。平板式铝塑泡罩包装机进行泡罩包装时，成型膜经平板式加热装置加热软化，在平板式成型装置中利用压缩空气将软化的薄膜吹塑成泡罩，充填装置将被包装物充填入泡罩内，然后送至平板式封合装置，在合适的温度及压力下将覆盖膜与成型膜封合，再经打字压印装置打印上批号及压出折断线，最后冲切装置冲切成规定尺寸的包装板块。

预灌封注射剂的外包装同各种常用药品的包装方法类似，唯一需要特别注意的是每盒预灌封注射剂成品中应配有一支针头，但该针头面积小，导致一般自动包装机难以自动上料，为此在进行预灌封注射剂产品的外包装时，需着重关注自动包装机自动上料针头的需求。

第七节　其他新型注射剂的生产

一、卡式瓶注射剂

卡式瓶由硼硅玻璃制成，类似没有推杆的注射器，相当于“没底的瓶子”。其前部装有橡胶密封保护的注射用针头，瓶口用胶塞铝盖密封，尾部用卤化丁基胶塞密封。这种密封方式主要是通过铝盖将胶塞和瓶口上沿强压密合来实现的，实践证明采用这种密封方式的合格产品是非常可靠的，能实现密封良好。卡式瓶瓶底的密封方式为活塞与卡式瓶壁密合进行密封，这种密封方式类似于一次性注射器，用在内包材上是近几年才出现的。通过泄漏试验检查合格的卡式瓶包材就可以确保密封良好。另外，卡式瓶包装方式能否在有效期内确保持续符合药物的质量标准还需通过药物稳定性试验来确定，只有经过药物稳定试验合格的配套包材才能用于生产。整体来看，卡式瓶是一个相对比较精巧、易碎的密封性包材组合，同样需要经过泄漏试验检查合格和完成灌装后的药物稳定性试验合格来保证产品质量。

卡式瓶置入重复使用的卡式注射架或称注射笔中使用，使用过程中药液不与注射器任何部件接触。

卡式注射剂应用范围非常广泛，可用于以下领域：防生化急救类、止血止痛类、心脏病急救类、胰岛素、解毒类、解热镇痛类、麻醉镇静类、抗生素、干扰素、转移因子、解酒类等。目前，应用最广泛、使用量最大的领域为胰岛素注射剂领域，灌装了胰岛素的卡式瓶被装入卡式瓶注射笔中，由患者自行进行胰岛素注射针头的组装，并完成肌内注射，实现便捷、精准和无菌的给药，降低了患者自主给药的操作难度，使用方便，具备更好的患者依从性。

卡式瓶包装的小容量注射剂的生产工艺主要涉及洗、烘、灌、轧四个部分（图2-56为非免洗免灭型卡式瓶包装的小容量注射剂生产工艺流程，有灭菌步骤，若为免洗免灭卡式瓶，则在灌装前不需要进行洗瓶和干燥灭菌，而是直接对巢盒包装进行脱巢和上料）。

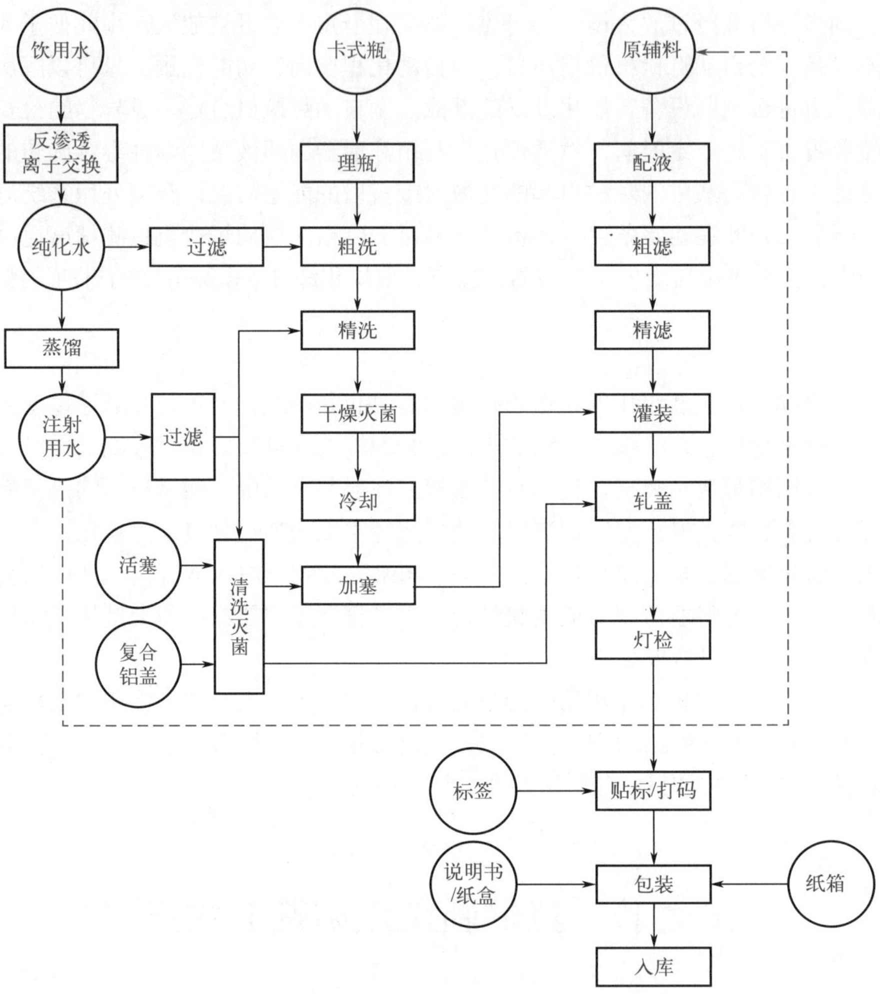

图2-56　卡式瓶包装的小容量注射剂生产工艺流程

该生产工艺流程的关键控制点如下。

（1）无菌环境　在卡式瓶包装的注射液生产过程中，卡式瓶生产也是类似于安瓿需要洗烘灌的，在A级和B级生产环境下进行。

（2）灭菌　卡式瓶包装的注射剂产品大多为生物制剂，遇高热失活，因此生产线不可采用最终灭菌，需要严格采用过程无菌控制。

（3）灌装　底端的橡胶塞将首先被组装到瓶身上，进行初次灌装，当灌装量达到90%时，剩余部分量的控制需要极其精确，不能有多余药液溢出，也不能有多余空气残留在卡式瓶中。进行二次补灌时，现在制药装备多采用激光技术扫描卡式瓶身，一旦液体到达瓶口机器就会停止灌装过程。之后通过铝盖将胶垫和卡式瓶口上沿强压密合，使得整个液体注射剂系统形成一个密闭的、严格无菌的环境。

（4）包材　运输过程中，需要考虑卡式瓶崩塞风险（崩塞是指运输过程中卡式瓶的橡胶塞有向外发生部分位移或全部脱离瓶体的现象），因此需要针对卡式瓶身和橡胶塞的崩塞现象做前期验证。同时，为保证橡胶塞推动的流畅性，一般卡式瓶需经过硅化处理，即过一遍硅油再进烘箱烘干，滑动性测试需满足国家标准（《国家药品包装容器（材料）标准（试行）》、《笔式注射器用溴化丁基橡胶活塞和垫片》中的“活塞滑动性试验”项目等）。在确保活塞滑动性的前提下尽可能减少硅油的使用量，并同样需要对该硅油用量下的药品质量做验证。

二、粉液双室袋

粉液双室袋，又名即配型粉液双腔输液软袋，是无菌静脉注射剂产品领域最高端的产品。该产品于20世纪90年代由日本率先推出，是目前国际上一种先进的即配型包装输液产品，在美国、日本的大输液市场的应用比较广泛。粉液双腔输液软袋产品采用特定的工艺，以粉液双室袋专用的非PVC多层共挤膜为包装材料，将药物粉剂与注射用溶剂包装于同一包装袋的两个腔室内，腔室间靠虚焊缝隔开。在输液前，操作者只需挤压包装袋的液体室，将虚焊缝冲开使两个腔室贯通，从而使软袋内的药物粉剂和注射用溶剂充分混合并溶解，随后将此袋悬挂后即可进行输液，因其无须专门的配制场所即可实现全封闭无菌配制，极大地简化了配制流程，即配即用，保证了输液产品的安全性、有效性，同时可避免因穿刺产生的不溶性微粒进入人体后堵塞毛细管形成血栓，也可避免在配制过程中易因人为粗心而发生差错和污染，影响患者的生命安全，也可避免配制中的抗生素类药物影响护理人员的职业安全，同时可迅速应对紧急情况，在临床受到广泛的认可。

粉液双室袋的发明，解决了在大输液领域最大的风险点之一。在输液的配制过程中，临床医务人员常需要将一些治疗药物添加到注射用溶剂中，配药过程烦琐，容易造成微生物和微粒污染，也不适用于紧急情况。即配型粉液双腔输液软袋解决了此问题，特别是多组分、互相不能长期混溶产品的储存问题，对于提高输液治疗的安全性和便利性都有非常重要的意义。在具备以上优势的同时，此类产品也存在以下不足：①与常规的无菌分装制剂相比，粉液双室袋产品的生产过程更为复杂，影响产品质量的因素更多，即潜在的质量控制风险比大容量注射液以及无菌制剂更高；②生产线、生产设备，以及生产过程的特殊性，可能导致生产成本增加，产品价格更高。

粉液双室袋的生产工艺涵盖了最终灭菌生产工艺和非最终灭菌生产工艺，其中主要包括三个系统：输液配制制袋灌装联动系统、液体注射剂灭菌系统、粉针剂分装系统。大致的生产流程为：制作出焊接完整但未焊盖的双室袋，中间用虚焊隔离条隔开，进行液体注射剂的灌装，焊盖密封，对密封完好的产品采用特定的灭菌工艺灭菌（包含对粉腔室的干燥工艺），灭菌结束后，在A级层流的保护下，将产品自动输送至自动下袋机械手处进行自动传输，在无菌环境中进行粉腔的开腔、灌装、密封和输送，整个过程均在A级层流保护下完成，并且在输送过程中采用双隔离门将物料转送至无菌区，避免污染。与传统的液体注射剂相比，粉液双室袋注射剂产品生产要求更严格、过程更复杂，同时，生产中存在的质量风险更大。

作为一类注射剂，粉液双室袋产品同样面临无菌保证、热原或细菌内毒素、外源性杂质、包装容器、药物的理化性质（如稳定性以及复溶性）五个方面的质量控制风险。针对其无菌保证方面，粉液双室袋产品的生产包含制袋生产系统、液体室灌封灭菌系统、药物粉末灌封系统三个主要生产系统，以及三个系统之间相应的连接输送系统。

粉液双室袋产品的生产工段为：粉液双室袋专用膜上料、卷膜上机、粉体室外表面印字、粉体室与液体室间虚焊、袋周边实焊、接口焊接定型、去废边、袋转移至灌装机位、液体室灌封、灭菌及袋外表面干燥、灭菌后产品传递、粉末灌封、阻隔包装等。其中最特殊的一点在于：粉液双室袋产品的生产包含了湿热灭菌及无菌粉末分装两种不同的生产工艺，即在同一条生产线上涉及了大容量注射剂的最终灭菌生产过程以及无菌分装注射剂非最终灭菌生产过程，因此，厂房设计、生产设备、生产管理、质量控制以及验证等均涵盖了上述两种传统注射剂的特点。另外，如果固体室盛装的是β-内酰胺类抗生素等药物，还需考虑避免不同区域的交叉污染。在完成液体腔室内容物的灌装后，需要对液体室进行灭菌干燥，并且完成粉体腔室的干燥，之后需将中间品卸载并输送至粉末分装部位，此过程需要在A级层流保护下通过自动卸载设备和自动传输装置实现，以降低污染的风险。因此，灭菌柜与粉体室灌封工位之间的连接通道、粉体室药物粉末灌封过程中，均需配置A级层流保护，产品在A级保护区域停留的空间和时间均要远远超过常规无菌制剂。在对粉体室产品进行灌封时，需首先打开原先处于封闭状态的粉体袋部分，然后再在无菌环境下完成粉体制剂的灌装。同时，液体室内容物经灌封、灭菌并转移至粉末分装部位后，生产中使用的软袋夹具经处理将回转至液体室灌封部位循环使用，即从无菌区返回非无菌区。

粉液双室袋产品涵盖了大容量注射液以及无菌制剂的生产特点，因此，与常规大容量注射液及无菌制剂相比，粉液双室袋产品生产过程中染菌的风险很高，对生产线、生产设备的设计要求也要远高于上述包装产品，生产质控也更为复杂。在热原或细菌内毒素方面，粉液双室袋产品，与大容量注射液和无菌制剂的情形类似。在外源性杂质引入的方面，粉液双室袋的设计要求是虚焊部位在平常存放时严格隔离双室，使用时在一定外力下打开，使二室相通，混匀后用于静脉滴注的即配型输液配制系统，由于外力引入，焊接部位可能存在物质剥落进入溶液形成外源性异物的可能，这也对产品的设计和包材的材料特性提出了更高的要求。在包装容器方面，粉液双室袋产品的包材选择至关重要，应具备保护作用、药品相容性、安全性、功能性等特性。在保护作用方面，粉液双室袋的要求是虚焊部位在产品平常存放时能严格隔离双室，在临床使用时在一定外力下虚焊部位即可打开。如果软袋材料选择不当或者焊接工艺存在缺陷，可导致两种情况发生：①虚焊部位在很小的外力作用下即可打开，或者虚焊部位焊接不牢，容易存在泄漏的现象，此时，液体室的溶液可进入粉体室，从而导致粉体室药物快速降解；②虚焊部位焊接过于牢靠，医护人员在临床使用时难以打开虚焊之间的连接，导致临床无法使用。由于以上要求，常规的3层以及5层共挤输液用膜无论是在虚焊开通压力方面，还是在阻隔性能方面，均无法满足该类产品的要求，必须选择粉液双室袋专用膜。在双室袋的质量标准中，除常规的检测项目以外，还需增加开通压力、阻隔性能方面的检测指标。

而对于一些特殊的药品，如对光、湿、氧气等特别敏感的药物，除了采用专用膜以外，还需增加额外的保护性包装。例如：粉体室外层覆铝箔外袋，可采取单侧或双侧覆铝箔的方式，同时，为便于目视检查，铝箔应当易于撕下，有时也会在粉体室内外袋之间填充分子量较小、易于通透的气体（如氦气），并在生产后对产品进行检测。在粉体室和阻隔膜外袋之间，还可使用干燥剂、脱氧剂或者其他技术，以尽量减少湿气、氧气对药物的不良影响。在粉体腔室药品的灌装工段，需要依次完成切口预处理、粉腔切口、粉腔开口、粉剂分装、粉腔热熔封口、产品送出等操作。在切口处需要保障无菌，避免包材外表面可能存在的微粒进入粉体腔室内造成污染。在粉剂分装工段，关键在于控制药粉飞扬，若大量药粉扬起，一方面造成污染，另一方面极有可能影响到焊缝的质量，因此需要对扬粉进行控制。

在相容性方面，需要对液体腔室和粉体腔室分别进行相容性试验，由于塑料包材的特性，重点对浸出物、浸出量、迁移物等进行检测。在安全性方面，除相容性试验，还需要进行生物反应性试验、细胞毒性试验等，展开相应的生物学评价。在功能性方面，软袋的设计应保证袋内各个部位的药物粉末容易被液体浸润、溶解，特别是软袋角落位置，也有利于医护人员观察药物的溶解状态。在药物的理化性质如稳定性以及复溶性等方面，基于无菌制剂无菌工艺的选择原则，对于理化性质稳定可耐受终端灭菌的药物，不得采用无菌保证程度较低的灭菌工艺。因此，固体室内必须是不稳定且需采用无菌分装工艺的药物，而液体室内的药物则必须采用湿热灭菌法，也需重点考察药物的理化性质是否适宜于采用粉液双室袋包装形式，并且稳定性不低于玻璃包装的产品。

综上，粉液双室袋类型的产品在生产过程中存在以下4个关键技术：①软袋薄膜虚焊技术，虚焊性能是粉液双腔输液软袋的最核心技术之一，虚焊性能的保证取决于包材特性、焊接工艺、灭菌工艺等多种因素；②软袋灭菌技术，专用的灭菌工艺和设备，既满足液体制剂的无菌保证，又能确保空的粉腔在粉剂分装时可以打开；③粉剂分装技术，软袋内的粉剂分装不同于西林瓶粉剂分装，需要解决静电吸附影响、封口焊缝防止黏粉等诸多技术难题；④粉腔外覆膜覆技术，粉腔外覆膜是粉剂防护最有效、最可行的方式，目前已有较为成熟的应用是在粉体腔室外覆盖铝箔。粉腔外覆膜覆的性能及与膜材的焊接性能是重点解决的技术。因此，在实际生产过程中，薄膜虚焊工段、灭菌工段、粉剂分装工段、粉腔外覆膜工段都是至关重要的。

粉液双室袋具备其独特的优势，但目前仍存在一些不足，如生产设备技术性要求强、生产工艺稳定性要求高、质量控制风险难度大，因此在我国粉液双室袋仍处于开发和生产的起步阶段。

三、微针技术

微针（microneeding，MN）是一种新型的物理促透技术，由多个微米级的细小针尖以阵列的方式连接在基座上组成，针体一般高10～2000μm、宽10～50μm。微针在生物医学领域有广泛的应用，例如用于生物医学测量系统、药物传输系统及微量采样分析系统等。微针不但体积微小，而且在性能上具有常规器具所不可比拟的特性——精确、无痛、高效、便利，这极大地促进了生物医学的发展。在过去的20年里，微针在经皮给药应用中，能使药物在皮肤上更好地扩散，具有较强的给药能力，已经为皮肤输送各种活性物质铺平了道路，这些微型装置用于装载各种药物和疫苗，包括RNA和DNA等遗传物质。

2005年Miyano制备了首个可溶性微针。可溶性微针由水溶性材料制备而成，将药物分散于针体中，使用时微针根据“戳和释放”原理进行给药，即给药时微针插入皮肤，针体与皮肤间质液接触后溶解，药物在局部释放。与其他类型的微针相比，可溶性微针的制备工艺简单、制备材料丰富、交叉感染风险低、无尖锐废弃物残留，解决了硅、玻璃等微针针头断裂滞留于皮肤内难以处理的问题，且在一定程度上提高了微针的载药量，扩大了微针的应用范围。同时，根据治疗需求选择不同的制备材料及针体形状，可制备出快速释放、控释、缓释以及刺激响应释放药物等新型可溶性微针。第一代微针是硅、氧化硅微针，第二代微针是金属微针，第三代微针为可溶性微针，第四代微针则是近几年发展起来的水凝胶微针。目前可溶微针是整个微针行业的主流，其主要优势为：能实现高效药物递送，精准控制载药量和微针形态，可实现对药物的控释；生产工艺条件温和，保证药物在生产过程中的稳定性；使用生物可降解和生物相容性材料，避免创口感染，安全性高。而制约可溶微针发展的主要障碍是制备材料，制备材料除了需具有生物可降解性质和生物相容性，还必须有足够的机械强度，否则微针无法穿刺皮肤使用。

可溶性微针大多由生物相容性好、毒性低、可塑性佳和低成本的可溶性或可降解聚合物及碳水化合物制备而成。一般可溶性微针的基质材料应符合下列要求：①生物相容性好、无毒，在临床已应用；②材料性质稳定，不影响药物活性；③具有足够的机械强度，能够刺入皮肤而不断裂；④应用广泛，可塑性强；⑤在皮肤中能溶解并控制药物的释放速率。

目前，制备可溶性微针最常用的基质材料是透明质酸钠（HA）和羧甲基纤维素钠（CMC-Na），这2种材料被FDA批准用于非肠道药物产品。此外，较常用的材料包括聚乙烯醇（PVA）、聚乙烯吡咯烷酮（PVP）、硫酸软骨素（CS）、羟丙甲纤维素（HPMC）、碳水化合物材料（如麦芽糖和海藻糖）等。根据材料的力学特性，制备可溶性微针的基质材料可分为韧性材料和脆性材料。韧性材料具有较佳的柔韧性，可塑性较强，制备微针时不易破碎断裂，但微针的机械强度不足，无法刺入皮肤给药，如PVA、CMC-Na等材料；脆性材料制备微针时机械强度佳，但给药时微针易过脆而断裂，如PVP、CS等。

HA是一种具有良好生物相容性、高度黏弹性、可塑性、渗透性的安全可靠的生物材料和药物载体。分子量不同的HA，力学特性不同，制备微针时可根据实验需求选择不同分子量的HA。目前，HA已广泛用于微针的制备，微针给药时，HA可在组织液中迅速溶解，并在体内进行生物降解。

CMC-Na是一种生物相容性好、成本低廉、水溶性稳定的高分子化合物。CMC-Na快速溶于水后呈凝胶状态，制备的微针机械强度不足，固化时易变形。PVA是一种亲水、生物相容性良好、无毒、无致癌、无免疫原性的惰性高分子材料，但使用PVA时其存在不可逆的热凝胶化和长期保存时透明度损失的问题。制备微针时，PVA 能迅速吸收水分，变得柔软，从而增强微针的韧性，但影响微针的机械强度。因此，韧性材料适合与脆性材料混合使用以获得机械性能较好的微针。麦芽糖是一种生物相容性佳、稳定性高、成本低、安全性好的碳水化合物。所有糖类中，麦芽糖制备微针的研究最多。麦芽糖微针机械强度佳，给药时能在皮肤中快速释放有效成分，当皮肤吸收麦芽糖时，其在体内是可生物降解的，肾脏会逐渐将其清除。但是，糖类作为基质制备的微针用途有限。在诊断研究领域，糖类可能会干扰诊断结果，特别是血糖的测定。

目前，应用最为广泛的也是主要运用于注射剂领域的是可溶性微针，包含亚型水凝胶微针，制备工艺上与膜制剂较为接近，主要应用于医疗美容、生物大分子给药、化药递送、疫苗和基因的递送、疾病诊断等领域，应用范围广泛。目前，可溶性微针的制备方法包括溶剂浇铸、光刻、液滴空气吹法、3D 打印、拉伸平版印刷法、热压、微模塑法和超声波焊接等，其中，最常用、最简单、最方便的方法是微模塑法。3D 打印是一种制备可溶性微针的新技术，通过计算机辅助设计（CAD），可以快速设计和打印出微针，且可自定义针密度、长度和形状。常用的 3D 打印技术包括选择性激光烧结（SLS）、立体光刻（SLA）和熔融沉积模型（FDM）。SLS 和 SLA 打印机能够生产小于 100μm 的微针，但这些打印机价格昂贵，而且制备材料大都不具有生物相容性；FDM 用途广泛，成本效益高，可利用生物相容性较好的材料进行打印，如聚乳酸（PLA）和 PVA 等，但 FDM 技术的分辨率低于其他印刷方法，制备的样品不够精细。相关论文报道了新的制备方法，可以将 FDM 技术与湿法蚀刻相结合制备微针，该方法能改善微针的打印尺寸，得到理想的尺寸和形状。光刻技术是一种简单的微针制备工艺，可以精确控制微针的尺寸、形状和制备材料。软光刻技术制备可溶性微针的步骤：先将聚合物膜与微针模具配对，通过加热辊进行填充，然后将填充好的模具放在可溶于水的柔性衬底上，再次通过加热辊分离模具，微针保留在背衬材料上制成微针贴片。此外，加热辊固化也可以使用光固化来代替。软光刻法制备可溶性微针与立体平板拉伸法类似，具有高效和低成本的优势及良好的可扩展性。然而，该方法制备时需要在高温状态下进行，不适用于热敏性药物的制备。

目前，可溶性微针在国内外药典中均无相关标准对其进行评价，且在药物递送领域尚未有上市产品，上市产品均为化妆品，其相关质量标准尚不完善。可溶性微针主要从以下几个方面进行质量评价。

① 物理特性：通常，可以通过目测、利用体视显微镜和扫描电子显微镜（SEM）观察等手段来评估微针的几何结构，表征微针的尺寸、表面形态以及微针在阵列上的分布等。同时，显微镜技术也可以应用于通过荧光素标记药物来分析药物在微针中的分布情况。

② 机械强度：可溶性微针应具备良好的机械强度和韧性，可以插入皮肤并将药物输送到皮下组织，且能抵抗断裂和弯曲破坏。微针的机械强度与制备微针的基质材料、微针的含水量、微针的几何形状等相关。通常，将机械强度实验与插入研究相结合，根据插入力、插入深度、微针穿透成功率等参数进行评价。

③ 体外渗透性：可溶性微针中体外渗透性研究对其给药时间、给药剂量至关重要。采用 Franz 立式扩散池开展微针的体外经皮渗透性研究，将微针贴片作用于中间的皮肤角质层（通常是动物皮肤或人工合成膜）上，以缓冲液为接受液，在不同的时间点进行取样，采用高效液相色谱法、紫外分光光度法等方法定量分析微针贴片中药物的溶出量、溶出速率以及溶出曲线，并观察微针的溶解状态，测量微针长度的变化。

④ 体内药代动力学：微针的体外渗透研究存在一定的局限性，体内药代动力学研究可以对微针贴片的药效学和安全性进行评价。常选小鼠和大鼠进行微针的药代动力学评价，因为在啮齿类动物中，老鼠的皮肤与人类最为相似，且造模较为方便。微针贴片给药前后，分别在相应的时间点抽取适量老鼠的血液进行检测，对药代动力学参数如血药峰浓度（C_{max}）、达峰时间（T_{max}）等进行研究。关于对皮肤刺激性和恢复情况，微针贴片给药后，皮肤最常见的不良反应包括作用部位出现轻微、短暂的红斑和水肿。同时，微针对皮肤的恢复情况可用经皮水分丢失（TEWL）来评价，对比使用微针前后的 TEWL 值差异，通过角质层水分散失的情况来评价皮肤的受损情况，但需要考虑由于皮肤的弹性，微针给药通道

恢复，TEWL 值会随着时间的推移而缓慢降低。

⑤ 稳定性：可溶性微针的稳定性研究主要考察不同温度、湿度对微针贴片的影响。将微针贴片放置于不同温度、湿度的环境中，考察微针贴片的物理和化学稳定性，如微针机械强度、药物稳定性等。

四、固体注射剂

由于短效注射剂需要频繁给药，特别是慢性疾病，需要在长时间内持续给药，这极大地降低了患者依从性，增加患者痛苦，并且药物由于频繁注射，还存在一定的失效风险。因此，长效缓释的固体注射剂应运而生。固体注射剂是一类新型缓控释制剂，是经手术植入或经特殊装置导入皮下或靶部位的控制释药系统，可以实现数周、数月甚至数年的局部或全身给药，降低剂量并减小副作用，还能避免首过效应和胃肠道降解，提高生物利用度，另外其载药量高，体积较小，可延长药物作用时间，特别适合慢性及老年性疾病的长期治疗，提高患者依从性。但是，固体注射剂生产工艺复杂、技术要求高，至今上市产品不多，但近年来随着新技术的开发和应用，固体注射剂得到广泛关注和深入研究，其药物应用范围也由当初的生殖健康扩展到肿瘤治疗、眼部疾病、胰岛素给药、心血管疾病等多种治疗领域。

固体注射剂的药物分散于载体材料中，以柱、棒、丸、片等形式经手术植入给药。根据载体材料不同，可分为非生物降解型和生物降解型。非生物降解型固体注射剂（植入剂）由药物内核和不可降解载体组成，常采用手术将药物植入，或用特制的注射器导入。其特征是需要将一个或多个肉眼可见、不可生物降解的装置植入人体内。这些肉眼可见的装置将终身残留在体内，或者通过小型手术取出。在皮下或者眼内给药多采用注射或者插入的方式，而动脉、子宫或者阴道内则必须采用手术才能给药，但这也使得其对药物释放的控制能更久，甚至长达数年。这类型的固体注射剂的载体材料通过一定制备方法制成，常用材料为硅橡胶、聚氨酯、聚丙烯酸酯、乙烯-乙酸乙烯酯共聚物等。这样的聚合物基质生产较为容易，但因为植入后有一定突释通常无法稳定地实现零级释放动力学。因此，此类聚合物基质的表面通常会包裹一层聚合物膜外壳，用于减缓药物扩散和释放。聚合物膜厚度、植入剂表面积、药物溶解性、聚合物和水分配系数、药物在聚合物中的有效扩散率及一些其他因素共同决定了药物的释放速率，将药物均匀分散于聚合物基质中，药物经扩散作用缓慢释放。除不可降解的聚合物材料，金属材料也是植入剂的常用材料，例如钛、铜。最经典的设计是将药物装载于金属制备的棒状植入剂中，以带孔的盖子控制药物缓释。另有一种设计是以水溶性材料为渗透剂，中间用活塞隔开渗透剂和药物，植入后身体里的生理介质通过植入剂表面的渗透膜进入后溶解水溶性材料，形成的渗透压推动活塞释放药物，药物的递送速率取决于渗透膜对生理介质的渗透性，稳定药物释放速率可以实现长达一年的药物缓释。近几年开发了再填充植入剂，通常是在植入剂的表面有能够以针刺穿的隔膜，通过注射器对植入剂进行药物再填充。此外，还有通过无线控制机械泵调节药物释放速率的植入剂，可以实现精准按需给药。另外一种是生物降解型固体注射剂（植入剂），生物降解型固体注射剂（植入剂）由药物内核和可降解载体组成，所用载体材料在体内可自发降解为单体小分子，降解机制包括水解、酶解、氧化、物理降解等过程，释药结束后不需要再通过手术将其取出，大大提高了患者的依从性。这类材料已部分替代非生物降解材料用于避孕药、抗肿瘤药植入剂的生产，如植入片 Gliadel Wafers 于2000年开始用于术后脑瘤的化疗，亦可将其他不能透过血脑屏障的抗肿瘤药（如卡铂、环磷酰胺）直接植入颅内进行治疗。此类固体注射剂在临床上多运用于眼部植入、鼻泪道植入、化疗植入和成瘾性植入等领域。固体注射剂（植入剂）系统可在特定部位控制药物释放长达数年，且血浆浓度无显著的峰谷波动，具有不可替代的优势。然而，固体注射剂（植入剂）系统的主要问题是，如果材料不能完全降解并引发炎症，则需要手术移除植入剂。此外，复杂且功能化的设计增加了植入剂研究难度和开发成本。因此，固体注射剂（植入剂）系统仍具有广阔的发展空间。

第八节 注射剂生产过程分析技术

一、注射剂实施生产过程分析的意义

（一）定义

近年来，过程分析技术（PAT）在制药行业越来越受到重视，PAT是一种过程控制技术，是一个通过实时测量来设计、分析和控制生产的系统，它在工艺过程中测量原料和中间体物料的关键质量属性及工艺性能、确保最终产品的质量，PAT包括以整合方式进行化学、物理、微生物、数学和风险分析。

PAT 理念最早源于1993年美国分析化学家协会（AOAC）发起的一次论坛，后于2004年由美国食品药品管理局（FDA）正式发布了关于PAT 的制药工业指导原则，同时也是制药工业的第一个正式的法规性指导原则。该指导原则的发布，使得越来越多的制药企业开始重视质量源于设计（QbD）理念，并开始引入PAT 以实现药品生产过程的全程监控，以更好地保证药品的质量。

为了推行科学监管理念，鼓励制药企业不断创新与发展，各国监管部门和组织均对PAT的相关指南、标准或应用做了极大的努力。如FDA 于2006年发布了动态药品生产管理规范（CGMP）工业指南，2011年发布了改版的工艺验证指南，2013年美国注射剂协会发布的第60号技术报告中，均在相关章节阐述了PAT的重要性，以及相关技术规范及要求。2015年FDA 又发布了工业界开发和申报近红外分析方法指导原则草案。同时ICH也发布了多个相关文件，ICH Q8、ICH Q9、ICH Q10和ICH Q12等，来表达产品开发、技术转移、商业化生产等行为中QbD和PAT 理念的重要性，从而细化了PAT在生产过程中需深刻理解的具体范围和要求，是实施PAT 所需的理论基础之一。

同时欧美制药发达国家的药典为协助或推进实行PAT做了大量的工作。其中《美国药典》（USP）两项最主要的工作是：在其PAT 主要分析技术手段——近红外光谱（NIR）和拉曼（Raman）光谱章节中对二者作为PAT 应用工具的应用范围、技术要求、仪器设备性能确认等作了详细的说明和规定。《欧洲药典》（EP）作为欧洲地区唯一的药品质量标准指导性文献，由欧洲药品质量管理局（EDQM）出版发行，其在EP10.0最新版本中增加了目前全球唯一的专门性PAT药典指导原则：PAT（5.25）。其在具体内容中着重于描述分析技术与制造过程的衔接，以此作为加强过程控制和提高过程理解的手段，并同时还新增或修订了PAT相关的多个技术章节，包括近红外光谱、拉曼光谱、化学成像、化学计量学方法用于分析数据等。由上述欧美国家制药领域PAT相关法规、指南及指导原则可知，PAT于2004年由FDA首次在制药工业提出至今，随着各类仪器技术的发展，以及连续制造（CM）、智慧制造等理念的发展，已逐步从构思、实验室阶段逐渐向制药工业应用化发展，并对各国的药监部门如何监管审批提出了新的挑战。

（二）PAT研究的分析工具

目前，PAT研究的分析工具包括光谱技术、光学成像技术、动态光散射、气相色谱（GC）、质谱（MS）、核磁共振（NMR）、红外光谱（IR）、紫外-可见光谱（UV-Vis）及X 射线荧光（XRF）等。其中制药行业研究最多且应用最广的光谱技术是近红外光谱技术、拉曼光谱技术。

1. 近红外光谱技术

由于NIR是PAT最常用的分析工具之一，各国药典都有相关章节的收载。同时欧洲药品管理局（EMA）和FDA都有相关的重要指导原则。2015年FDA发布了工业界开发和申报近红外分析方法指导原则草案，该指导原则明确了制药工业在新药申请及申请主文件中采用NIR方法的开发、验证、变更需考虑的关注点以及需提交的文件资料。NIR具有快速、无损和同时测定多种性质的优势，已逐步应用于药品生产的多个环节，如混合、干燥、压片、包衣、预处理、包装等，为生产过程提供在线、实时的质量信息。现代NIR技术由NIR仪、化学计量学软件技术和统计校正模型3个部分组成。一般操作流程是：根据样品的NIR谱图特性，采用适合的化学计量学方法，建立校正模型，实现定性、定量分析或者在线过程分析。此外，在硬件部分，干涉仪的发展和应用促使傅里叶变换光谱仪的抗震能力大大增强，可实现便携、车载的功能，大大增强了其应用于生产过程环境的适用性。

2. 拉曼光谱技术

尽管近红外光谱技术在制药行业仍占主导地位，但Raman光谱技术的利用正变得越来越广泛。Raman光谱是一种非弹性散射光谱，通过分析其与入射光频率不同的散射光谱来获得分子振动、转动方面的信息，从而应用于分子结构研究。药物的生产过程很容易导致晶型转化，特别是当亚稳态的晶型作为主药的时候。药品开发过程中，最佳的剂型设计、辅料的正确选择、生产方式的制定及溶出试验的监控构成了一套完整的流程。而Raman光谱是唯一一个能够从药品分子的层次，适用于上述整个流程中每一环节的药品晶型实时监测的仪器。《中国药典》（2025年版）、USP、EP都提到了一种最新的拉曼光谱技术——空间位移拉曼光谱（SORS），SORS可分析数毫米厚的样品，也可以对不透明包装内的材料进行化学分析。例如，乙醇是常用的医疗用品和有机溶剂，当其被装在透明聚对苯二甲酸乙二醇酯（PET）塑料中，用传统Raman光谱仅得到包装的光谱信息，而通过SORS 甚至能够获得21mm厚度的PET 瓶内的乙醇谱图。因此，SORS 能够轻松实现原辅料鉴别，减少物料开包检测带来的污染风险，更好地满足日益严格的法规要求。

3. 激光诱导荧光（LIF）技术

LIF技术在药物制剂中的应用是进行荧光材料的选择。LIF技术是一种非破坏性的PAT分析工具，用来分析搅拌动力学和混合一致性，以及药片有效成分的含量。LIF技术在制药行业有非常大的用处，因为近两百种的活性成分中60%有发荧光的特性。在线LIF的好处是获得实时混合动力学的结果，以及减少由于取样所导致的错误和时间浪费。

4. 聚焦光束反射测量（FBRM）技术

FBRM技术可以在原位条件下，实时追踪颗粒和液滴的变化情况。最初是作为实时在线颗粒表征技术而发明的，经不断研究与完善，现能对高浓度的浆料和颗粒体系进行实时测量。FBRM技术独特的设计结构确保即使在高浓度及不透明的溶液体系下，依然能对颗粒粒径和相对颗粒数进行高重复性和高重现性的测量。

5. 激光诱导击穿光谱（LIBS）技术

LIBS技术通过超短脉冲激光聚焦样品表面形成等离子体，进而对等离子体发射光谱进行分析以确定样品的物质成分及含量。超短脉冲激光聚焦后能量密度较高，可以将任何物态的样品激发形成等离子体，LIBS技术原则上可以分析任何物态的样品。LIBS技术以其可原位、在线、同时分析多种元素成分的优点，成为流程工业现场检测关注的重要技术。

（三）特点和意义

相比传统的分析技术，PAT 具有以下优势：促进参数的快速测试而不破坏样品；可以立即做出关键决策和流程调整；提高自动化程度，保证操作人员的安全性；能够确定和解释所有的变异的关键来源；使用的材料所建立的设计空间、工艺参数、制造、环境和其他条件可以准确可靠地预测产品质量属性。

制药行业应用PAT可以加强对生产工艺的理解与控制，通过在线、在位近线测量和控制来缩短生产周期，预防不合格、报废、返工的发生。对于物料、中间产品可以做到实时检测实时放行，提高生产的自动化程度，以改善操作人员安全性并降低人为的差错；提高能源和物料的利用效率，并提高产能，促进连续生产工艺的发展。

二、PAT在药液配制和过滤单元中的应用

（一）原辅料的准备

原料是一切工业生产的起点，原辅料检验是过程质量分析和控制的源头，原辅料质量鉴别是PAT在

生产过程前端的应用。在传统的制药工艺中，各种原料的相关指标和数值，如药物活性成分、添加剂、赋形剂等，通常都需要在进入库存前进行各项指标的检验，以确保合格，之后再将检验合格的原料分门别类送入库存。原辅料检测的内容除化学组成、纯度等化学性质外，还包含一些物理指标，如颗粒大小、晶型、密度等。传统的原料鉴别方法是随机抽样到实验室使用湿化学方法和物理方法进行检测，一个样品的检测往往需用到红外、色谱、滴定仪等多种仪器，检测报告需要几小时甚至1天的时间才能得到。但若采用PAT对原辅料进行检验，可以直接在仓库或卸货现场进行，如采用近红外光谱（NIR）技术对原辅料进行检验，主要检验原辅料的API含量和pH值，分析时间只需几秒钟，甚至无须打开样品内包装，在原辅料投放生产前即可实现对原辅料各项质保的快速检测，并且可通过与过程控制系统的集成，保证只有正确合格的原料才能被投入生产。同时，也可通过与ERP系统的集成，实时监控原辅料合格率、合格原辅料入库储存的数量、储存位置等信息，大大缩短原辅料检验、入库的时间，并可使整个过程趋于智能化和数据集成化。

（二）配液过程

注射剂从剂型上来说是一个风险度很高的一个剂型，由于其给药方式为注射（肌内注射或静脉注射），因此产品经注射给药后，可直接进入肌肉组织或静脉系统快速发挥药效，若产品中存在不良物质，则不良反应的发生也是快速的，甚至极有可能是立即发生的，因此，其生产过程中的各个环节都是尤为重要的，尤其是配液环节，每个工段的关键工艺参数都会对最终产品的质量造成影响。

注射水针剂的合格原辅料经称量、配料后，加入浓配罐，与注射用水充分搅拌后，即可算作完成浓配，经过浓配后的药液采用辅料活性炭吸附脱去杂质与色素，药液由卫生泵输送，经钛棒过滤器过滤进入稀配罐，再往稀配罐中加入注射用水，将药液稀释至工艺所需浓度，由卫生泵输送经钛棒过滤器二次过滤后，送灌装岗位。在此过程中，微生物控制（无菌保证），热原，细菌内毒素，由管道、过滤器或过滤用辅料引入的外源性杂质，包装容器引入的杂质等，都是极可能导致药品污染的风险项。除此之外，还有一些特殊的风险项，如晶格变化带来的复溶速度和稳定性的变化，辅料的不稳定性带来的风险如油类物质、磷脂等（原辅料带入的关键物料属性），API的稳定性、配制过程中API溶解不完全等，这些都是影响最终产品质量的关键参数。在传统的制药工艺下，药厂只能通过对最终产品的检验，或抽检或全检，实现对产品质量的保障，但全检往往具有很强的局限性，只能对外观、可见异物等进行全检，但对于内容物、API等的检测，则只能依赖于抽检，这对于注射剂是极大的风险。

传统配液系统多依赖人工手动完成，该配液过程耗费人力物力多，且难以避免人为因素导致的差错，比如药品称量不准或稀释用注射用水加量偏差，并且目标缓冲液须通过质控的各项检测指标后方可用于生产，配液周期长。配液罐如用于其他液体的配制，还须进行彻底的清洁和验证。并且较大的配液罐和储液罐将占用较多资金和厂房空间。在此背景下，在线配液应运而生，主要存在两种缓冲液在线配制系统，分别为在线稀释系统和在线配液系统。在线稀释系统（inline dilution system，ILD），也可称为多组分混合母液稀释系统，ILD母液中多种组分的盐相互作用，导致溶解度较低，因此其稀释比例均较低，母液罐的体积无明显减小。另一种是在线配液系统（inline conditioning system，ILC），也称为单一组分母液混合配制系统，ILC母液为单一组分，溶解度较高，可进行几十甚至两百倍的稀释配制，因此母液罐的体积可明显缩小，同时无须增加母液罐数量即可灵活配制多种缓冲液。这两种方式均可通过pH、电导、温度等在线监测仪表实现对目标缓冲液的监测，并通过自动反馈控制系统调节各液体的流速及加量。当3种液体（注射用水、母液、pH调节用酸碱）按比例泵入混合室时，浓缩母液被稀释至原倍目标缓冲液。此时，通过在线过程分析仪表（pH、电导和温度探头）对过程溶液进行监测，主要检测过程溶液的温度、API含量、pH值、渗透压等数据，并把测量数据传输给过程反馈控制回路，控制系统将测量数据与目标值进行比对和计算来调节各泵输出情况。通过数据的持续监控与反馈调节，过程缓冲液逐渐趋于目标设定值。当测量值不在可接受范围内时，液体通过废液阀和管路排出系统，直至各检测指标符合要求。只有合格的药液才能进入过滤工段，基于过程分析技术，将母液和稀释液经过系统在线混合，通过传感器反馈，实时调整，最终制备质量合格的缓冲液，整个过程能够做到实时反馈及调节，也解决了传统配液系统占地面积大、需要设备多、洁净区域面积大、配制时间长、pH精度低、电导精度低等问题，可实现实时在线监测，精确比例控制，pH、电导反馈调节，降低人为差错，使产品质量更加可控，同时节约人工成本，减少配液时间，提高工作效率，从药厂投资的角度，在线配液技术可减少储液罐使用，节省空间，降低药厂投入的成本。

（三）过滤过程

由于注射剂给药部位的特殊性，其质量要求及安全风险都非常高，必须保证最终产品的无菌性，也就是药品中不能含有细菌及其他微生物，这也是确保患者安全的重要保障，所以无菌过滤在整个工艺流程中显得尤为重要。在整个大、小容量注射剂不同工艺阶段过滤都有着非常广泛的应用，主要有脱炭过滤、除颗粒和降低微生物负荷的预过滤、冗余过滤和终端产品的除菌过滤等，主要的过滤位点如下。①脱炭过滤：除去活性炭颗粒和胶体杂质，延长下游滤器的使用寿命；②预过滤：进一步除去活性炭颗粒和胶体杂质，延长下游滤器的使用寿命；③预过滤：降低微生物负荷，延长下游除菌滤芯使用寿命；④冗余过滤：去除滤液中细菌和微生物；⑤终端除菌过滤：去除终端滤液中的细菌和微生物。在过滤工段中，常用的PAT方法是通过在线液相色谱分析技术、NIR分析技术检测药液中有效成分的含量、杂质的含量，建立过滤终点判断方法，优化药物过滤工艺，提高药物的得率，减少过滤过程中药物活性的破坏，同时监控多个质量属性，提高产率及生产率。在过滤过程中，目前主要运用PAT检测过程溶液的起泡点，以及是否有泄漏等数据，通过对这些数据的在线检测和控制，实现过滤工段的产品质量保障。

三、PAT在灌封单元中的应用

（一）灌装过程

注射剂类型产品可分为终端灭菌型的注射剂和非终端灭菌型的注射剂。非终端灭菌的注射剂的灌装是在无菌的环境中进行灌装，采用的隔离形式包括限制性进出隔离系统（RABS）和隔离器（isolator）两种，无菌洁净室常见的是采用开放式限制性进出隔离系统（oRABS）形式，这种形式背景环境为B级，隔离器背景为C/D级。不管采用哪一种形式进入无菌区的产品、物料、物品等必须经过灭菌处理。在此过程中，需要对洁净区域进行实时动态监测，洁净区域的动态监测是最终产品放行的必要依据。在生产操作前，要检查、控制好区域内的温度、湿度和压差，一般不对这些数值进行生产过程中的动态监测。在生产过程中，一般主要进行悬浮粒子的动态监测，对悬浮粒子（包括浮游菌、沉降菌）进行监测，同时会对洁净区风速进行监测。原因在于，对于无菌洁净室来说，洁净度达标是它的基本要求，影响洁净度的主要原因就是悬浮粒子（包括浮游菌、沉降菌）。悬浮粒子作为污染物，会对工艺流程或产品起负作用：改变化学成分，影响稳定性、安全性、可靠性；同时增加生产成本、增加维修费用。传统的洁净度监测，实际上是人工监测，由操作人员进入洁净区实施操作，而人体是室内空气环境的主要污染源，通过运用PAT，可采用在线悬浮粒子监测系统，对洁净区环境的洁净度进行实时监测和控制。目前，悬浮粒子的测定方法主要有显微镜法和自动粒子计数法两种，而用于洁净区空气悬浮粒子监测的仪器多为光散射粒子计数器和激光粒子计数器。根据GMP（2010年修订）附录1对在线监控系统提出的要求，悬浮粒子的在线监测应满足以下要求：①根据洁净室级别和空气净化系统确认的结果及风险评估，确定取样点的位置并进行日常动态监控。②在关键操作的全过程中，包括设备组装操作，应当对A级洁净区进行悬浮粒子监测。生产过程中的污染（如活生物、放射危害）可能损坏尘埃粒子计数器时，应当在设备调试操作和模拟操作期间进行测试。A级洁净区监测的频率及取样量，应能及时发现所有人为干预、偶发事件及任何系统的损坏。灌装或分装时，由于产品本身产生粒子或液滴，允许灌装点≥5.0μm的悬浮粒子出现不符合标准的情况。③在B级洁净区可采用与A级洁净区相似的监测系统。可根据B级洁净区对相邻A级洁净区的影响程度，调整采样频率和采样量。④悬浮粒子的监测系统应当考虑采样管的长度和弯管的半径对测试结果的影响。⑤日常监测的采样量可与洁净度级别和空气净化系统确认时的空气采样量不同。⑥在A级洁净区和B级洁净区，连续或有规律地出现少量≥5.0μm的悬浮粒子时，应当进行调查。⑦应当按照质量风险管理的原则对C级洁净区和D级洁净区（必要时）进行动态监测。监控要求及警戒限度和纠偏限度可根据操作的性质确定，但自净时间应当达到规定要求。对于终端灭菌产品，根据欧盟及WHO的无菌药品附录，终端灭菌的注射剂产品的灌装过程，没有悬浮粒子在线连续监测的要求，因此，并不强制药厂对终端灭菌产品的灌装区域进行悬浮粒子在线连续监测。

对于注射剂的灌装工段，不仅有很高的无菌要求，对于灌装精度的要求同样严格，无论是终端灭菌注射剂还是非终端灭菌注射剂，都需要在灌装过程对其灌装精度进行控制和在线监测。传统的灌装量检测采用离线方式、人工取样完成，完成一组装量检测耗时长，无法判定两次检测中间所生产的药品装量是否都合格，同时取样的药品不能再利用，对于生物疫苗、抗肿瘤等高附加值产品，浪费大、交叉污染风险大。对于高活性药物的隔离器灌装线，采用人工取样检测装量极易损害操作人员健康。目前比较常用的灌装精度的监测方式是在线称重装量检测，通过统计不同灌装泵在连续灌装过程中灌装量的变化趋势，设定合适的采样率，采用高精度在线称量技术测量灌装量并自动调整，保证两次采样之间的装量都在合格范围内。

（二）封口过程

注射剂是一套由药液、包材和密封件组成的密闭且无菌的系统，因此，对于注射剂的安全性和稳定性来说，封口过程至关重要。安瓿通过热熔拉丝实现封口，西林瓶和卡式瓶通过加塞轧盖进行封口，BFS通过热熔进行封口。根据2022版欧盟GMP附录1，如果最终容器是通过熔接方式封合的，如BFS、成型-灌装-封口（FFS）、小容量和大容量肠外用药（SVP和LVP）袋、玻璃或塑料安瓿，应在操作中评估、确定、有效控制和监测影响密封完整性的关键参数和变量。玻璃安瓿、BFS单元和小容量容器（≤100mL）的熔封应使用有效的方法进行100%密闭性测试。对于大容积容器（>100mL）的密闭性测试，如果有科学依据，并证明数据基于现有工艺的一致性和高水平工艺控制，那么可以接受减少取样量。应该注意的是，视觉检查不被认为是可接受的完整性测试方法。对使用熔封以外系统的产品，如西林瓶、卡式瓶等，通过加塞轧盖进行封口的注射剂产品，应采用有效的方法抽取样品并检查其完整性。测试的频率应基于对所使用的容器和密封系统的知识和经验，并应采用科学合理的抽样计划。样本大小应基于供应商管理、包装部件规格和工艺知识等信息。因此，目前绝大多数采用西林瓶和卡式瓶进行包装的注射剂产品，大多还是以抽检为主，注射剂的在线监测更多地集中在以热熔连接方式进行封口的注射剂产品上，如安瓿包装的注射剂产品、BFS包装的注射剂产品等。100%在线检测包装密封性的方法主要有三种：高压放电法、顶空分析法和真空衰减法。高压放电法是一种定量检测方法，主要通过在水针容器的两端施加高频高压电，以产生可流过空气、容器壁（玻璃或其他材质）及溶液的微电流。整个检测过程中容器持续旋转，可覆盖容器器身一周。若器身存在微孔或缝隙等缺陷，则溶液的导电性会使微电流增大。通过测量电流的大小可判断容器是否存在泄漏。高压放电法需要产品具有一定导电性，而包装组件相对不导电，且产品不易燃。顶空分析法是另一种定量检测方法，使用特定波长的激光照射穿透容器的顶部空间，通过分析激光波形受不同顶空成分影响而导致的波形变化，可以判断容器内部空间的氧气、水汽或二氧化碳的含量。理论上，如果容器存在泄漏，被放置的时间越长，内部顶空成分变化越明显，检测到泄漏的概率越大。顶空分析法需要透明包装且留有顶部空间、低氧或低水汽含量的产品，因此不适用于棕色包装的产品，不适合满灌类型的注射剂产品。真空衰减法也是一种定量检测方法，适用于顶部具有空气或者充有液体的包装。

此外，某些无菌制剂容器还存在临时性泄漏的可能。典型的临时性泄漏是指容器在加塞过程中因加塞不严，有外部介质通过瓶口渗入，随后又因轧盖工序将胶塞压紧瓶口封合，容器的内外介质交换到此停止，不再产生泄漏。顶空分析法是目前可以检测到临时性泄漏的最佳方法之一。密封性检查方法优先选择能检测出产品最大允许泄漏限度的方法，并对方法的灵敏度进行验证。具体数值会因产品包装形式、检测仪器性能、检测方法参数和测试样品的制备等不同因素而变化。真空衰减法是将容器置于专门的测试腔体中，对测试腔体抽真空。容器内外压差使得容器内部气体通过漏孔泄漏进入测试腔体，主机压力传感器监测到压力的变化，将压力变化值和参考值作比较，以判定容器是否合格。该方法对容器的外观与内容物要求不高，不仅可检测水剂、冻干粉剂类药品容器泄漏，也适用于塑料、铝塑等包装容器。检测精度与测量时间密切相关，一般需要数秒甚至数十秒，故在线检测设备需将体积做得较大以延长测量时间，这导致维护较为复杂。该方法的检测精度同样会受到容器内容物特性的影响，例如微孔被内容物堵塞会导致检测效果大大下降。

容器的密封性检测需要考虑到所使用的容器和其采用的封合系统，除此之外，也有特殊的注射剂产品会监测封合时热熔的温度。

四、PAT在药液灭菌和检漏单元中的应用

（一）灭菌

注射剂的灭菌是关乎药品质量、保证用药安全的重要工艺步骤之一。灭菌工艺研究中应根据药物和制剂的具体情况，选择适宜的灭菌方法，做到既杀死或除去微生物，达到灭菌目的，又保证药物的治疗作用和稳定性。注射剂常用灭菌方法包括湿热灭菌法和过滤除菌法。湿热灭菌法系指将物品放在灭菌器内，利用高压饱和蒸汽等手段进行灭菌的方法。蒸汽潜热大，穿透力强，容易使微生物蛋白质变性凝固，灭菌能力强，因此湿热灭菌是最有效及用途最广的灭菌方法。注射剂制备中常用的湿热灭菌法包括热压灭菌和流通蒸汽灭菌。热压灭菌法系在密闭的灭菌容器内，用压力大于常压的饱和水蒸气加热进行灭菌的方法。若压力和灭菌时间选择适当，该法就能杀死所有的细菌繁殖体和芽孢，灭菌效果可靠。注射剂灭菌中通常采用的灭菌条件为121℃、15分钟或115℃、30分钟。注射剂灭菌也可采用其他温度和时间参数，但必须保证制剂灭菌后的SAL$\leqslant 10^{-6}$。流通蒸汽灭菌法系在不密闭的容器内，用流通蒸汽加热进行灭菌的方法。灭菌时间一般为30～60分钟。由于流通蒸汽的温度最高只能达到100℃，故不能保证杀灭所有的细菌孢子。当药液中加有适当抑菌剂时，经100℃加热30分钟，可杀死耐热性细菌孢子。注射剂中小容量注射液在严格监控灭菌前产品微生物污染的前提下，可采用流通蒸汽灭菌，一般1～5mL的注射液可用流通蒸汽100℃灭菌30分钟，10～20mL的注射液可以100℃灭菌45分钟。凡对热稳定的产品，建议采用热压灭菌。过滤除菌法系用滤过方法除去活的或死的微生物的方法，是一种机械除菌的方法。本法主要用于对热极不稳定的药物小针剂或冻干粉针制剂的除菌。

为保证用药安全，注射剂等要求无菌制剂中SAL不得高于10^{-6}（即每一百万注射剂终产品中存活微生物的不得多于1个）。无菌注射剂的SAL可通过验证确定。无菌检查是灭菌制剂质量控制的一个重要指标。但无菌检查是抽样检查，而微生物污染属非均匀污染，由于抽样的概率问题，SAL不符合要求往往难以用无菌检查结果反映出来，除非是较严重污染的情况。因此，灭菌制剂的无菌保证不能依靠终产品的无菌检查结果，而是取决于生产过程中采用合格的灭菌工艺、严格的GMP管理和良好的无菌保证体系。因此，需要对生产过程中的灭菌工艺进行在线监控。对于终端灭菌的注射剂产品，湿热灭菌法作为一种主要的最终灭菌工艺，灭菌能力强，为热力灭菌中最有效、应用最广泛的灭菌工艺，也是灭菌工艺选择时优先选用的灭菌工艺。不同药品可耐受的最高温度不同、可耐受的灭菌时间不同，同时，为了保证灭菌工艺的稳定性和有效性，需要对灭菌工段中的温度和压力进行在线监测。在最常用的湿热灭菌法中，需要重点在线监测灭菌时灭菌容器内的温度、温度分布，在热压灭菌法中还需监测灭菌容器内的压力，若采用抽真空的方式进行加压，还需要对真空度进行在线监控。

（二）检漏

注射剂制造过程的科学性与规范性主要体现在三个方面：一是需要具备合格的空气环境、生产用水、原料等条件；二是需要严格控制相应的除菌、灌装、灭菌等工艺过程；三是灭菌后的灯检、容器的

检漏工艺也同样非常重要。如果容器出现泄漏，在发现泄漏之前的所有努力都近乎等于零。如果在包装之前没能发现泄漏品并将其剔除，其结果很可能是带有病毒或微生物的产品进入市场用于患者。正因为如此，检漏工艺越来越受到制药行业的重视。《中国药典》有如下规定：注射剂熔封或严封后，一般应根据原料药物性质选用适宜的方法进行灭菌，必须保证制成品无菌。注射剂在灭菌时或灭菌后，应采用减压法或其他适宜的方法进行容器的检漏。

注射剂容器有几种检漏方法：色水检漏法、放电式微孔检漏法、容器局部的真空检漏法（BSV）和容器整体的真空检漏法（LFC）。

色水检漏法是将检漏与灭菌操作在同一灭菌柜中按先后顺序完成的，即产品灭菌结束后，仍留在灭菌柜内，随之进行检漏。这种检漏方式比较传统，最终是通过操作人员根据容器中药液量的变化或颜色的变化来判断容器是否泄漏。所以，此种方法易产生误判，并有二次污染的风险，因此运用逐渐减少，且主要在玻璃包材上使用。放电式微孔检漏法是将电极布置在容器可能泄漏处，施加电压。当容器不泄漏时，产生感应电流很小，作为合格品进入下一工序；当容器泄漏时，瓶壁和电极之间的电容消失，此时因电容所产生的容抗为零，回路产生相对较大的电流，该产品将作为不合格品被剔除。BSV是根据流体的特性，容器的内外压差一定，孔径一定，流量必然一定。通过测量检测舱室内压力的变化即可计算出泄漏的流量，进而判定泄漏孔径的大小，达到科学的定量判断。BSV主要运用于BFS包装的注射剂产品，盛装药液的塑料瓶头被密封之后，还需通过焊接的方式加装具有胶塞的组合盖。瓶头与胶塞之间为气体，通过气体的特性来判别焊接的效果更准确方便。LFC目前是运用最为广泛的检漏方法，适合盛装液体，且实施预封口，又焊有组合盖的容器，如西林瓶等。

五、PAT在质量检查单元中的应用

对于无菌注射剂产品来说，任何一种缺陷都有可能损害产品的质量，因此要求在产品包装之前进行100%的检查，将损坏和有缺陷的产品剔除，这一工序即是灯检。由于人工灯检是靠人眼观察来完成的，而人常常受到情绪、疲劳度、环境等因素干扰，从而会影响灯检结果的可靠性。所以现在绝大多数采用性能稳定、不疲劳、精确、效率高的灯检设备对无菌注射剂进行全检。灯检设备可检测产品的外观缺陷、内容物缺陷和容器的完整性。外观缺陷包括容器表面污迹、划痕、裂纹，轧盖/熔封缺陷，容器玻璃包含物，容器成型缺陷等；内容物缺陷包括产品中的可见异物，如玻璃、纤维等；容器的完整性包括容器有微孔、微裂痕、穿刺性缺陷或泄漏等。

第三章
口服固体制剂生产技术

第一节　概述

一、口服固体制剂简介

口服固体制剂是指通过口服给药、以固体形态存在的药物制剂，是临床应用最广泛的剂型之一，市场占有率达70%以上。常见的口服固体剂型有散剂、颗粒剂、片剂及胶囊剂等。

（一）口服固体制剂的特点

（1）剂量准确　口服固体制剂（如片剂、胶囊剂）每片或每粒的药物含量准确，便于精确控制剂量。

（2）稳定性好　固体剂型对光、热、湿度的稳定性优于液体剂型，储存和运输更方便。通过包衣或胶囊壳可进一步增加药物的稳定性。

（3）携带、服用方便　片剂及胶囊剂等体积小、重量轻，便于患者随身携带。服用时无须特殊设备或操作，患者依从性高。部分剂型（如口腔崩解片、咀嚼片）适合吞咽困难的患者。

（4）掩味效果好　固体制剂可通过包衣、胶囊壳或矫味剂等方式掩盖药物的不良味道，提高患者接受度。

（5）生产工艺成熟　片剂、胶囊剂等生产工艺成熟，易于大规模生产，成本较低。

（6）类型多样　固体制剂可根据药物特性和临床需求设计成不同类型，如普通片剂、缓释片、肠溶片等。

（二）口服固体制剂的生产

口服固体制剂各剂型的生产过程相似，各工序联系紧密，主要包括粉碎、筛分、混合、制粒、干燥等操作单元，生产线适用范围广，一条生产线可以满足多品种多剂型的生产要求。如将固体原料经粉碎筛分得到的粉末混合均匀后分装，即得散剂；将粉末进一步加工成干燥颗粒后分装，即得颗粒剂；将粉末或颗粒用压片机压制，即得片剂；将粉末或颗粒灌装入胶囊壳中，即得胶囊剂。

固体制剂的生产模式目前仍以间歇性的批生产方式为主，其技术成熟、灵活性高、设备通用性强。但由于每个工序独立完成，中间需要停顿和物料转移，故生产效率较低、人为误差风险大、生产周期长。固体制剂的连续生产是一种现代化的生产方式，通过将各个生产步骤无缝衔接，实现物料的连续流动和实时监控。与传统的批生产相比，连续生产在效率、质量和成本控制方面具有显著优势，代表了制药行业未来的发展方向。尽管面临初期投资高、技术复杂、工艺灵活性低等挑战，但随着技术进步和行业推广，连续生产将逐渐成为固体制剂生产的主流模式。

（三）口服固体制剂的发展

口服固体制剂的发展经历了从简单到复杂、从传统到现代的演变。进入21世纪，纳米技术、微球技术等新型制剂技术的应用，进一步提高了药物的生物利用度和靶向性。3D打印技术使个性化药物成为可能，能够根据患者需求定制剂量和释放特性。智能药物递送系统能够根据体内环境变化调节药物释放，提升治疗效果。

目前口服固体制剂的研究热点主要是利用纳米技术和新型辅料，进一步提高难溶性药物的生物利用度；结合基因检测和大数据，开发更精准的口服固体制剂；应用环保型辅料和工艺，减少制药过程对环境的影响等。未来随着科技进步，口服固体制剂将在个性化、精准化和智能化方面有更大突破。

二、口服固体制剂车间设计与布局

口服固体制剂车间的设计和平面布局受所生产的产品品种以及工艺特性的影响，设计阶段即应考虑产品和工艺等基础因素，通过配备相应的设备设施划分单元操作。车间设计和布局应能最大限度地降低发生差错的风险，有利于清洁和维护。口服固体制剂暴露工序区域应当参照GMP无菌药品附录中D级洁净区的要求设置，重点设计如何防止混淆及交叉污染的措施和设施。

（一）口服固体制剂生产环境的基本要求

拓展知识：口服固体制剂车间设计与布局要求

口服固体制剂厂房设施的合理设计和实施是避免产品生产质量风险的最基本、最重要的前提，包括合理的空间设计、人流与物流路线、恰当的隔离设计及合适的建筑装修。工艺布局应按生产流程及所要求的空气洁净度等级，做到布置合理、紧凑，有利于生产操作，并能保证对生产进行有效的管理。应提供适当大小的空间，物流和人流分开设计，在建筑内部设计气锁间、气闸室、更衣室、洁净走廊和非洁净走廊等适当的隔离措施。典型的口服固体制剂车间布局见图3-1。

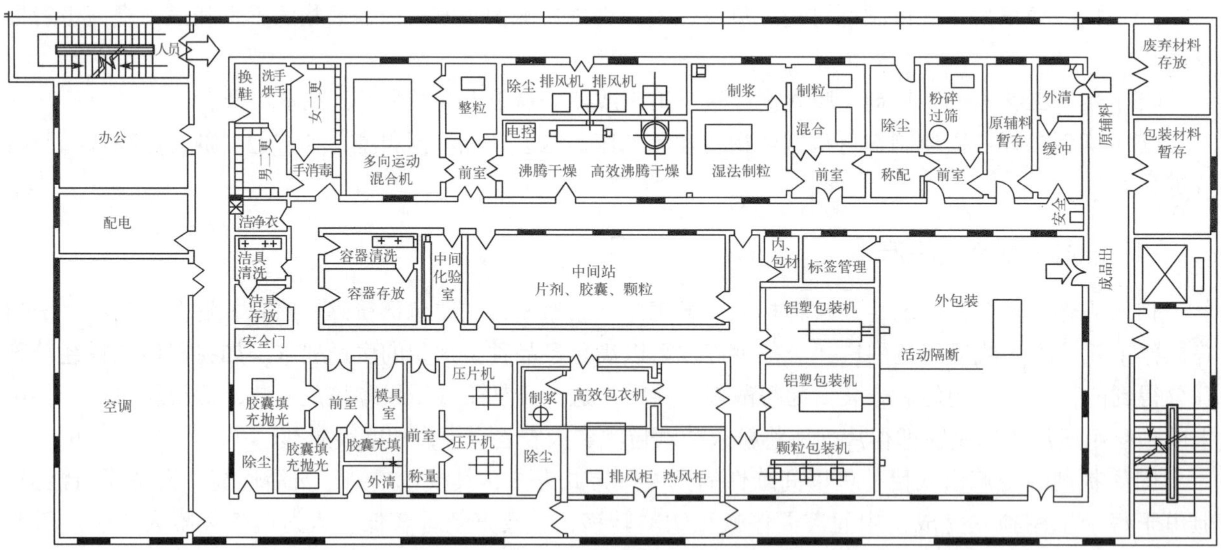

图3-1 典型口服固体制剂车间布局

片剂、胶囊剂、颗粒剂、散剂等口服固体制剂生产环境洁净度设计为D级，如工艺对温度和湿度无特殊要求时，洁净室（区）温度应为18～26℃，相对湿度应为45%～65%；洁净区与非洁净区之间、不同洁净区之间的压差应不低于10Pa，必要时，相同洁净区内不同功能房间之间应保持适当的压差梯度（通常不小于5Pa）；主要工作室一般照明的照度值不宜低于300lx；辅助工作室、走廊、气闸室、人员净化和物料净化用室（区）不宜低于150lx，对照度有特殊要求的生产环节可设置局部照明。

人是药品生产过程中导致污染的主要来源之一。为保证药品质量，GMP要求从事药品生产人员应定期进行健康检查、持健康合格证上岗。各企业需制订人员进入一般生产区和洁净生产区的管理规程，明确规定进入不同洁净度级别洁净区的程序，严格控制人员进入生产区域，按规定着装。通常进入车间的人员经过总更衣（一更）后，一般区生产人员进入一般区工作岗位，洁净区人员经过更换洁净服（二更）后进入洁净区工作岗位。

物料是保证药品质量的物质基础，其质量的优劣直接影响药品的质量。按照GMP规范要求，药品生产企业必须对所有物料进行严格、科学、系统的管理，如原辅料及包装材料的领用及存放，车间形成的中间体、成品的管理等。做到对物料的管理有章可循，使用有标准可依，记录有据可查，从而保证将合格、优质的物料用于生产。为避免原辅料、包装材料外包装上的尘埃和微生物污染药品生产环境，所有原辅料应经脱外包装或经适当清洁处理后从传递窗（或缓冲室）进入生产车间。

（二）口服固体制剂车间设计及布局

通常来讲，不论何种剂型，口服固体制剂的生产除遵守《中华人民共和国药品管理法》《药品生产质量管理规范（2010年修订）》的基本要求外，还需结合口服固体制剂容易产尘、共线和工序不连续的特点，重点从粉尘控制或防护、标识管理、共线生产、足够的中间体物料储存区域或者有效的隔离措施等方面防止污染、交叉污染、混淆和差错。

1. 口服固体制剂车间设计

典型的口服固体制剂生产单元包括：称量配料、制粒/干燥/整粒、总混、压片、胶囊填充、包衣等，以及辅助生产单元（黏合液配制、包衣液配制、容器和模具清洗、物流走道、过程控制、气锁间等）。中药制剂还包括提取、浓缩、收粉等工序。

车间的布局主要按照生产工艺流程设计，称量配料区的位置适宜设置在车间的物流入口，配料区与生产区相连，便于将配好的物料通过洁净走廊直接送达生产区。称配好的固体物料常继续用于湿法制粒或干法制粒，黏合液的配制间宜靠近制粒间。湿颗粒经干燥整粒加入外加辅料总混，之后压制成片剂（需要时包衣）或填充成硬胶囊。最后再经内、外包装得到成品。内包装设置在洁净区，外包装设置在一般生产区，通常靠近运输仓库。

口服固体制剂生产中涉及数量较多的中间产品及成品等，为了便于管理及防止物料混淆，需要设置用于各种物料、待验产品及待包装产品等存放的中间站。车间设计时可采用中间站在中心，其他主要操作间围绕中间站布置，中间站分区管理，各功能间可以通过洁净走廊直接进入中间站，缩短物料运输路线。

（1）提取区　中药制剂的浸膏物提取、浓缩通常设置在一般生产区域，要考虑高温、高湿对生产环境、设备设施及人员的影响，提取区域大多宽阔、高大，应考虑清洁操作的便利；收粉通常设置在洁净区域内，要考虑人员、物料进出的便捷；对于药渣的收集、处理应有合适的方案。

（2）配料区　配料区通常临近仓库，包含物料接收区、物料暂存区、物料预处理区及称量区。整体区域设置应考虑实际生产量的需求，有必要的周转空间。配料区应当考虑适当的粉尘控制，通常使用层流称量罩或其他通风系统来控制称配过程中产生的粉尘，并对员工进行保护。

物料接收区：物料自仓库进入生产控制区的区域，应配备物料进入厂房控制区的净化/消毒措施，应综合考虑物料通道面积、房间换气次数及实际生产周转量需求。

物料暂存区：口服固体制剂车间配料区应设置必要的物料暂存区域，暂存区域面积应满足生产品种和实际生产周转量需求。

物料预处理区：物料预处理区域包括物料的粉碎、过筛或干燥等。此区域粉尘较大，除保持房间相对负压和采用局部处理单元外，还要配备防尘和捕尘措施、对操作人员的特别防护等。对高活性物料的粉碎，要在层流罩下或隔离器内进行，以降低产品暴露和人员接触的风险，以及提高外围一般房间区域的防护级别。在某种情况下，粉碎可产生可燃性尘粒，使房间有爆炸风险，需要进行安全分析和风险评估，确定爆炸风险是否存在，必要时要进行防爆设计。

称量区：称量配料区域存在物料暴露和人员接触物料的风险，通常设置在靠近厂房的物料入口或靠近物料暂存的区域，便于快速把生产所需要的物料从物料容器转移到生产容器中。由于大量物料在该区域周转，需设置必要的捕尘和防止交叉污染措施，通常在布置过程中尽可能采用多个独立的小配料/称量单元或者配料/称量用隔离器，有利于排风和高效率地除尘。称量台应有防震措施，且不影响气流流线。同时在该区域还需配置足够的称量后待投产用物料存储区域，避免混淆和差错发生的风险。

处理高危物料的配料区，对操作人员的安全有特殊要求，在这些区域一般使用防护设备，如固定或者可以移动的称量/配料隔离器。在房间建筑材料的选择上，要考虑使用硬的、可清洁的表面材料，在防护设备出现泄漏时可以对房间进行净化处理。另外在该区域出口可以考虑安装用于员工淋浴的淋浴器，以方便员工在紧急情况下洗澡去除污染。

（3）制粒/干燥区 制粒一般采用密闭的工艺操作，在有防护要求的区域进行。因为在产品传送时可能会产生粉尘，要考虑建筑表面涂料的可清洁性。对可燃性粉尘或易燃液体要采取必需且适当的安全措施。

制粒可以选择高剪切或低剪切的湿法制粒（以水或有机溶剂制备黏合剂）或干法制粒，近几年常采用在密闭工艺下操作的沸腾制粒方式。制粒时产品的投料和传送可以是开放式或者密闭式的。目前大产能制粒机已逐渐普及，在设计时需考虑层高的因素。

干燥常在流化床干燥器中进行，一般属于密闭操作，有时要用到开放式装料和卸料。防爆型流化床干燥器一般配备有防爆门，可水平向外墙开启或者垂直向屋顶开启，提供了平面布局的灵活性，在考虑流化床干燥器的定位时，需考虑防爆门的位置。

制粒与干燥既可以是同一区域，也可以是不同区域，如在不同工序操作，需要设计湿颗粒向干燥设备转移的密闭性及便利性。

（4）总混区 总混区应尽量设置在靠近干燥及物料储存的区域，重点关注物料的流转，需考虑因料斗密封不严导致粉尘扩散引起交叉污染的风险。

（5）压片/胶囊填充区 在压片或胶囊填充时，物料粉粒会以不同的方式［物料桶提升翻转加料、中型散装容器（intermediate bulk container，IBC）直接加料、真空加料、手工加料等］加入压片机或胶囊机中，输送粉粒的管道应注意其清洁、消毒及烘干，设置定期检查，一旦发现问题及时更换。

生产时设备上以及胶囊填充区会有暴露的药品粉尘，故压片机及胶囊机应配有除尘器，在生产过程中应开启除尘器，以除去机器上积聚的药粉。压片或胶囊充填时产品暴露在外，建议配备金属检测器，及时发现金属粒子等污染物。需要对药片或胶囊进行过程控制项目检查或片重检测时，检测仪器可以放置在操作间内部或临近操作间，设计该区域时要方便进行这些操作。但如有多个房间同时压片/胶囊充填不同品种时，应考虑分别单独设置此区域，避免人员共用检测设备带来的交叉污染风险。

（6）包衣区 包衣间如果使用的包衣液中含有有机溶剂，要考虑可燃性液体的使用要求，需要进行安全分析和风险评估，以确定配备相应的安全装置或设计为防爆区。

包衣液配制区一般靠近制粒或包衣操作区，配液操作通常是密闭操作，位于有防护要求的区域。而投料操作可能是开放式操作，需要更高的防护级别，或通过局部的防护措施来保证。

（7）包装区 包装区域不同的包装线之间应采取有效的物理隔离措施以防止混淆。

内包装操作一般在靠近最终操作间的房间进行，因内包装时产品暴露在外，故此区域应设置在D级洁净区。内包装可以是片剂、胶囊剂的内包装，也可以是颗粒剂、干混悬剂等的内包装。

内包装完成后，产品一般不再暴露，故外包装区域通常设置在有防护要求的一般生产区，靠近运输仓库，和内包装区分别设置以防止对内包装区域造成污染。

在设计时还要考虑内、外包装使用包材及成品的储存周转区域，印刷类包材应专区存放，其发放、使用及销毁要受控管理，以降低混淆风险。

（8）辅助及清洁区域　应根据工艺及产能需求设置必要的中转区、清洗清洁区、更衣区、辅助设备区、维修区、公共系统区等辅助区域。清洗站的设计应合理区分未清洁设施存放区、清洁区、干燥区、洁净设备存放区等，实现单向流转，避免交叉污染。设备使用在线清洗（CIP）系统时，应对系统进行确认，避免因管路连接或阀门使用不当，导致不同工艺用水之间串水而引发水系统污染。

2. 口服固体制剂车间布局

口服固体制剂车间的布局主要有以下几种。

（1）一层独立平面布置　一层独立平面布置指车间生产操作功能间（含D级控制区和一般生产区）、辅助功能间、辅机房（空调、除尘、制水、空气压缩机等）全部在同一个楼层的布置，采用钢结构单层设计的厂房适合采用这种工艺布局。

采用这种布局方法存在以下几个问题：辅机房设置分散，难以做到集中管理；部分操作功能间的空调、水、电、气、汽输送管道偏长，同一车间相差好几倍，对有压力要求的公用工程末端方面的使用效果影响较大。该方法的最大好处就是节省建筑成本。

（2）二层工艺布置　二层工艺布置是将公用设施布置在二层，工艺设备布置在一层，工艺生产线采用平面布置，按照工艺要求各工序紧凑布局，物流、人流距离最短，避免往返，物流路线顺畅，方便物料运输和生产操作，最大限度地避免人流、物流交叉，提高生产效率。其次公用管线最短、输送距离相对均衡，动力处于负荷中心，设备维修方便，降低公用工程的能耗。功能分区清晰，便于管理。

这种设计将生产用房、辅助用房、公用工程用房等有机地组合在一起，形成大体量、多功能的设计，保证生产的流畅性和设备维护的便利性，使得工艺更加优化，高效低能。

（3）立体工艺布置　立体工艺布置是包含封闭系统、标准化容器、重力流动系统、人物分流、生产区域独立、自动化区域、自动化原材料运输、信息系统、计算机化控制生产系统、连续化生产等多个要素的集成设计。

一般采用三层建筑，以重力流跨层密闭转运为主要物流形式，所有物料和产品均在标准化设计的容器和管道中流转，减少洁净生产区面积和人工搬运；同时采用计算机化系统如仓储管理系统（WMS）、生产制造执行系统（MES）等对物料和生产流程进行全过程控制，最大限度地减少交叉污染和人为差错。

（4）多剂型车间设置　口服固体制剂车间大多存在多剂型车间，就是将常见剂型如片剂、颗粒剂、胶囊剂的生产工艺集成在一个车间，满足多剂型、多品种的生产需求，这种设计充分利用固体制剂部分工序相同或相近的特点，可参考一层、二层、立体的布置方式，主要区别在于内包装工艺和内包装形式的不同，可通过设置多个内包装区域以满足需求。

三、口服固体制剂的质量控制

固体制剂生产过程的质量控制是确保药品质量的关键，贯穿于从原辅料到成品的每个环节。通过严格的质量控制，可以保证药品的安全性和有效性，确保每批产品的质量一致，减少批间差异，确保药品质量可靠，保障公众健康。药品生产必须符合《药品生产质量管理规范》等法规要求，质量控制是合规生产的基础。通过早期发现和解决质量问题，还可减少返工、报废和召回，降低企业生产成本。固体制剂生产中的质量控制主要内容如下。

1. 原辅料质量控制

应选择合格的原辅料供应商，并定期审核。生产中应对每批原辅料进行检验，确保其符合质量标准。还需严格控制储存条件，防止原辅料变质。

2. 生产过程控制

生产时需验证生产工艺的稳定性和重现性；在生产过程中及时对中间产品进行检验（如检验其颗粒的粒度、水分含量等），对生产工艺的关键参数（如混合时间、压片压力、包衣温度等）进行监控。

3. 环境与设备控制

生产中要控制生产环境的洁净度与温湿度，定期对设备进行验证、校准与维护，确保设备性能稳定。

4. 人员管理

应定期对操作人员进行培训，确保其掌握操作规程和质量要求。严格执行人员卫生要求，防止污染。

5. 包装与标签控制

应对包装材料进行检验，确保包装材料符合标准；对标签进行规范管理，确保标签内容准确无误，符合法规要求。

6. 成品质量控制

对成品应进行全项检验（如含量、溶出度、硬度、崩解时限等）及稳定性考察（如加速试验和长期稳定性试验），确保药品在有效期内质量稳定。

7. 文件与记录管理

应建立完善的文件管理体系，确保所有操作有据可查。保存生产、检验等记录，便于追溯。

8. 不合格品处理

建立不合格品处理程序，防止不合格品流入市场。对生产中的偏差进行调查和分析，采取纠正措施。

9. 质量回顾与改进

定期进行质量回顾，分析质量趋势，改进工艺。定期进行内部审计，确保质量管理体系有效运行。

10. 法规与标准遵循

严格遵守药品生产相关法规和标准（如GMP、药典标准）。及时更新质量标准，确保产品质量符合最新要求。

固体制剂的生产过程中，对各道工序实施严格的质量控制是保证产品质量的有效方法。表3-1所示为常见口服固体制剂生产中各道工序的主要质量监控项目。

表3-1　常见口服固体制剂生产质量监控项目

工序	控制项目	内容	频次
备料	原辅料	异物、检验合格报告书	每批
	药粉、浸膏	细度、相对密度、性状等	每批
	空胶囊	外观、规格、松紧度、溶解时限、干燥失重	每批
配料	物料	核对品名、数量、批号	1次/班
制粒	混合	浸膏浓度、黏合剂浓度、混合时间	1～2次/批或1～2次/班
	颗粒	粒度、均匀度	1次/班
干燥	颗粒	水分、温度	随时/班
整粒	颗粒	外观、含量、粒度（细粉量）	定时/班
压片	素片	平均片重	定时/班
		片重差异、硬度	3～4次/班
		崩解时限	1次以上/班
		外观	随时/班
		含量、水分	每批

续表

工序	控制项目	内容	频次
包衣	糖衣片	外观、片重	随时 / 班
		崩解时限、含量、水分	定时 / 班
	薄膜衣片	外观、片重	随时 / 班
		崩解时限、含量、水分	定时 / 班
装囊	胶囊	装量差异	定时 / 班
		水分、崩解时限、含量	定时 / 班
外检	胶囊	外观	随时 / 班
洗瓶	纯化水	检验合格报告书	1 次 / 月
	瓶子	清洁度、干燥	随时 / 班
PVC 硬片		清洁度、检验合格报告书	每批
铝箔		清洁度、检验合格报告书	每批
包装	分装	装量、封口、瓶签、填充物	随时 / 班
	装盒	数量、说明书、标志	随时 / 班
	标签	数量、内容	每批
	装箱	数量、装箱单、印刷内容	每箱
中间库	成品	整洁、分区、货位卡、状态标识	每批

四、口服固体制剂生产工艺验证

口服固体制剂必须按照GMP要求组织生产，并对其生产过程进行验证，以评价固体制剂生产工艺的可行性和重现性，保证固体制剂生产过程质量稳定，各中间控制项目满足要求，最终产品符合质量标准。固体制剂的工艺验证是确保生产工艺能够持续稳定地生产出符合质量标准的药品的关键步骤。

工艺验证是在符合GMP要求的车间内，按照中试规模或生产规模，对工艺的关键参数、工艺的耐用性及过程控制点进行全面地检验，通过样品生产的过程控制和样品的质量检验，全面评价工艺是否具有较好的重现性以及产品质量的稳定性。

在进行固体制剂的工艺验证时，须找到对产品质量产生影响的关键工艺参数（critical process parameters，CPP），且参数的建立应具有一定的科学性并经过充分证明。工艺验证中所包含的关键工艺参数必须明确，且在验证期间必须严格监控，否则可能会影响产品质量。以湿法制粒工艺为例，其关键工艺参数及考察指标见表3-2。

表3-2　湿法制粒工艺关键工艺参数及考察指标

工序	工艺参数	考察指标
原辅料控制	如必要，粉碎/过筛的筛网目数	粒度分布/粒径、水分
预混	物料的加入顺序（如必要），搅拌速度、搅拌时间	含原料：混合均匀度（如必要）
湿法制粒	黏合剂用量，黏合剂加入时间、速度、温度（如必要）和方法； 搅拌速度、搅拌时间； 切碎速度、切碎时间； 制粒终点判定； 湿整粒筛网目数/尺寸	

续表

工序	工艺参数	考察指标
干燥	① 流化床干燥：预热阶段的进风温度、进风量，干燥阶段的进风湿度（如必要）、进风温度、进风量、物料温度、干燥时间（如必要）、干燥终点判定； ② 烘箱干燥：铺盘厚度、干燥温度、干燥时间（如必要）	干燥均一性
干整粒	筛网目数/尺寸、加料速度、干整粒速度	粒度分布、水分
混合	混合速度、混合时间	混合均匀度、休止角、压缩度、粒度分布
分料（如必要）		含量均匀度
压片	压片机速度、主压力、加料器转速	外观、重量差异、硬度、脆碎度、药片厚度（如必要）、溶出度/释放度/崩解时限（如必要）、含量均匀度
填充	机速、真空度（如必要）	外观、重量差异、溶出度/释放度/崩解时限（如必要）、含量均匀度
灌装	灌装速度、横封温度、纵封温度	外观、装量差异、密封性
包衣	① 包衣液制备：搅拌速度、搅拌时间； ② 预热阶段：锅体转速、进风温度、进风量、预热结束时片床温度（如必要）； ③ 喷液阶段：锅体转速、进风温度、片床温度、蠕动泵转速、雾化压力、进风量、每锅装载量（如必要）、包衣终点判定	外观、包衣增重、溶出度/释放度/崩解时限（如必要）

第二节 散剂的生产

一、散剂的概念和基本要求

拓展知识：散剂的基本要求

散剂系指原料药物或与适宜的辅料经粉碎、均匀混合制成的干燥粉末状制剂。

散剂可分为口服散剂和局部用散剂。口服散剂一般溶于或分散于水、稀释液或者其他液体中服用，也可直接用水送服。局部用散剂可供皮肤、口腔、咽喉、腔道等处应用；专供治疗、预防和润滑皮肤的散剂也可称为撒布剂或撒粉。

散剂在生产与贮藏期间应符合下列有关规定。

① 供制散剂的原料药物均应粉碎。除另有规定外，口服用散剂应为细粉，儿科用和局部用散剂应为最细粉。

② 散剂中可含或不含辅料。口服散剂需要时亦可加矫味剂、芳香剂、着色剂等。

③ 为防止胃酸对生物制品散剂中活性成分的破坏，散剂稀释剂中可调配中和胃酸的成分。

④ 散剂应干燥、疏松、混合均匀、色泽一致。制备含有毒性药、贵重药或药物剂量小的散剂时，应采用配研法混匀并过筛。

⑤ 散剂可单剂量包（分）装，多剂量包装者应附分剂量的用具。含有毒性药的口服散剂应单剂量包装。

⑥ 除另有规定外，散剂应密闭贮存，含挥发性原料药物或易吸潮原料药物的散剂应密封

贮存。生物制品应采用防潮材料包装。

⑦ 散剂用于烧伤治疗如为非无菌制剂的，应在标签上标明“非无菌制剂”；产品说明书中应注明“本品为非无菌制剂”，同时在适应证下应明确“用于程度较轻的烧伤（Ⅰ°或浅Ⅱ°）”；注意事项下规定“应遵医嘱使用”。

除以上基本要求外，散剂应按照《中国药典》（2025年版）规定，进行粒度、外观均匀度、水分、干燥失重、装量差异、装量、无菌或微生物限度等检查，确保产品符合质量要求。

二、散剂生产工艺

散剂的生产过程主要包括粉碎、筛分、混合等工序，工艺流程如图3-2所示。

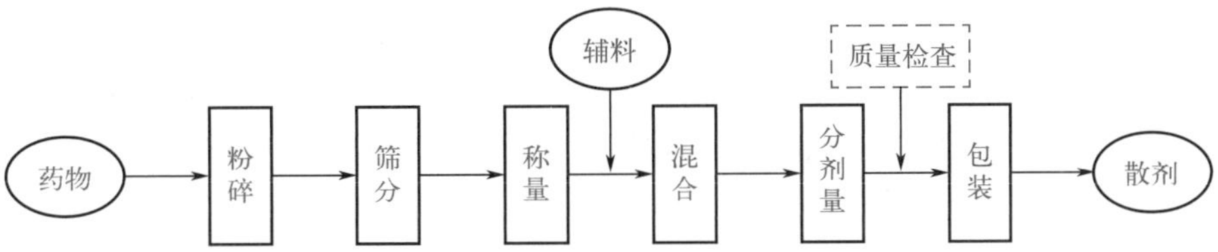

图3-2　散剂生产工艺流程图

拓展知识：散剂的生产有关GMP规定

（一）粉碎

制备散剂的药物一般均需经粉碎及筛分处理，以获得粒度及其分布符合质量要求的粉末。

粉碎是利用机械力将大块物料破碎成颗粒或适宜粒度粉末的操作过程。此过程可获得适宜粒度的粉体，满足制剂成型的需要；也可提高物料的混合均匀性；同时可增加药物的比表面积，促进药物的溶解与吸收。

1. 干法粉碎与湿法粉碎

干法粉碎是指物料经过适当干燥降低水分后再进行粉碎的方法。除某些特殊物料外，大多数物料均采用干法粉碎。

湿法粉碎是指在物料中加入水或其他液体进行研磨粉碎的方法。液体的选用应以物料遇湿不膨胀、不发生相互反应、不影响药效为原则。湿法粉碎时水或其他液体的小分子可渗入粉粒的间隙，减小物料分子间作用力而利于粉碎；粉碎过程无粉尘飞扬，利于劳动保护。

2. 混合粉碎

混合粉碎是指两种或两种以上的物料混合在一起进行粉碎的方法。此法既可避免某些黏性较大的物料单独粉碎时难以操作，也可将粉碎与混合同时进行，提高生产效率。

3. 低温粉碎

低温粉碎是指在粉碎前或粉碎过程中将物料冷却，以增加物料脆性及降低其韧性而便于粉碎的方法。适用于常温下难以操作的熔点低、热塑性及强韧性的物料；也适用于热敏性、易挥发性物料的粉碎，以提高其稳定性。

粉碎时，可根据物料的性质、状态及粉碎程度等，选择合适的粉碎设备和粉碎方法，并及时筛分，保证产品的细度和均匀度。选择粉碎设备时需要了解物料的原始形状、大小、硬度、韧脆性和磨蚀性等有关数据，同时对粉碎产品的粒度大小及分布、粉碎机的生产速率、预期产量、能量消耗、磨损程度及占地面积等有全面的了解，以确定最适合的粉碎设备。

粉碎操作时应注意以下几点：粉碎机启动后，应待其高速运转稳定时再加入物料进行粉碎，否则容易卡住或烧坏电机；避免物料中夹杂金属、泥沙等硬物，否则易引起粉碎机转子卡塞而难以启动，破坏钢齿或筛板；电机不能超速或超负荷运转，电动机及传动机构等应有防护罩，以保证安全，同时要注意防尘、清洁；各种转动机构需保持良好的润滑状态；粉碎过程中应及时分出粒度符合要求的粉末，可避免过度粉碎，减少能量消耗，提高粉碎效率；粉碎机未停定，严禁打开机盖。

粉碎机内附带钢锤、钢齿或钢片的转子的转速是决定粉碎效果的重要因素之一，物料的粉碎程度和粉碎机的生产效率随转子转速的提高而提高。粉碎机筛板的孔径直接影响到粉碎机的生产能力和粉碎细度，孔径越小，收集到的粉料越细，产量越低。

在粉碎或筛选粉末过程中必须采取除尘与防尘措施。工作人员应穿工作服、戴口罩及耳罩，工作场所应有良好通风设备，对长期工作者除有适当的防尘措施外，还应给予适当休息，特别是毒剧药或刺激性较强的药物在粉碎或筛选时更应严格注意劳动保护。

（二）筛分

根据散剂中药物性质及其用途不同，散剂的粒度要求不同。对药物粉末细度的选择，应根据药物的性质、作用及给药途径等而定：易溶于水的药物，可不必粉碎得太细；难溶性药物，为加速其溶解和吸收，应粉碎得细些，利于发挥药效；外用散剂用于皮肤及伤口，应粉碎成细粉或最细粉，以减轻对组织或黏膜的刺激性；眼用制剂应粉碎成极细粉。除另有规定外，化学药散剂通过七号筛（中药通过六号筛）的粉末重量，不得少于95%。

筛分是指将粉碎后的物料粉末通过网孔性工具，使粗粉与细粉分离的操作。粉碎后的物料粉末需经过筛选才能得到粒度范围不同的较均匀粉末，以符合后续制剂生产或临床的需要。多种物料同时筛分兼有混合的作用。筛分的效率主要受以下因素影响：筛分设备的参数（如筛网孔径、面积等）、粉末的性质（如粒度、粒子形态、密度、电荷性、含湿量等），以及操作方法（如振动方式、时间、速度等）等。

筛分时，粉末的加入量不宜过多，以保持粉末在药筛内有适宜的移动空间。但粉末加入量过少、粉层太薄也会降低筛分效率。粉末在筛网上的运动速度不宜过快，以增加粉末落入筛孔的机会。含水量较高的粉末应充分干燥后再过筛，易吸潮的药粉应及时在干燥环境中过筛。富含油脂的药粉单独过筛易结成团块而难以通过筛网，可与其他粉末混合后过筛，或先经过脱脂处理再过筛；含油脂不多时也可先将其冷却后再过筛，可减轻黏着现象。

用于药物制剂生产及检验的筛称为药筛。《中国药典》（2025年版）将药筛分为九个型号，从一号筛至九号筛的筛孔内径依次减小。在工业生产中，常用目数来表示筛号和粉末粗细。“目”即每英寸（2.54cm）筛网长度上的筛孔数目。目数越大，筛孔内径越小，所筛选的粉末越细。药典筛号与工业用筛的规格对照见表3-3。

表3-3 药典筛号与工业用筛规格对照表

筛号	目号	筛孔内径（平均值）	筛号	目号	筛孔内径（平均值）
一号筛	10目	2000μm±70μm	六号筛	100目	150μm±6.6μm
二号筛	24目	850μm±29μm	七号筛	120目	125μm±5.8μm
三号筛	50目	355μm±13μm	八号筛	150目	90μm±4.6μm
四号筛	65目	250μm±9.9μm	九号筛	200目	75μm±4.1μm
五号筛	80目	180μm±7.6μm			

粉末的分等按粉末能通过相应规格的药筛而定。《中国药典》（2025年版）将固体粉末分为以下六种规格：

最粗粉指能全部通过一号筛，但混有能通过三号筛不超过20%的粉末；

粗粉指能全部通过二号筛，但混有能通过四号筛不超过40%的粉末；

中粉指能全部通过四号筛，但混有能通过五号筛不超过60%的粉末；

细粉指能全部通过五号筛，并含能通过六号筛不少于95%的粉末；

最细粉指能全部通过六号筛，并含能通过七号筛不少于95%的粉末；

极细粉指能全部通过八号筛，并含能通过九号筛不少于95%的粉末。

（三）混合

混合是制备散剂的关键工序，其决定散剂的含量均匀度及剂量准确性。实验室多采用研磨混合法与过筛混合法，工业生产中采用容器旋转混合法或搅拌混合法。

物料混合的机制包括剪切混合、对流混合和扩散混合三种方式，实际混合过程中一般是三种方式结合进行。物料的粉体性质（如粒度分布、表面特点、堆密度、含水量、流动性、黏附性等），以及各个组分的比例均会对混合效果产生影响。设备类型如容器的尺寸、挡板的设计、表面的粗糙度及旋转的角度，也会影响混合效果。操作条件如转速、装料体积、装料方式、混合时间等均为混合效果的影响因素，应当选择适当的填充体积、转速和适当的防静电措施以防结块，确保混合均匀。

混合操作时，有以下注意事项：当处方中各成分的比例相差悬殊时，不宜直接混合，应采用将量多成分分次加入的等量递增法混合。操作时首先在量少的成分中加入等体积的量多成分混合均匀，之后再加入与混合物等体积的量多成分混合，如此将量多成分依次倍量加入，直至全部混合均匀。当处方中各成分密度相差较大时，常将质轻的成分先行加入，再加入质重的成分进行混合，防止轻者上浮、重者下沉导致物料分层，影响混合均匀度。在混合容器中加入物料时，常将吸附性弱的物料先加入，再加吸附性强的物料，防止吸附性强的物料黏附在容器上，降低混合均匀度或造成剂量损失。如处方中有液体成分，可用处方中其他固体成分将液体吸附后再混合。

1. 混合生产过程

（1）检查准备　检查确认操作间温湿度符合要求，房间设施清洁消毒在有效期内，无与本批生产无关的文件、物料、产品等。

空机运行，检查并确认混合机功能正常。

领取物料并核对，确认物料信息的正确性。

领取混合用的器具、物品，如混合料斗、筛网等，检查并确认其已洁净。

（2）上料　根据注册工艺要求，按规定的顺序逐个加入所需要的物料。

（3）混合　混合工艺相对比较简单，主要目的是使混合后物料含量是均匀的，且通过加入助流剂、润滑剂等进行混合，以满足后续工序的使用要求。混合的参数一般有混合转速和混合时间等，这也是影响均匀性的关键参数。混合料斗的选择应根据产品批量的大小及产品堆密度测算，使料斗的装载量在确认过的范围内。

混合后的物料若需要暂存，应进行验证，确认物料暂存期内的稳定性及均一性。建议暂存在原混合容器中，若物料需从混合容器中转移出，必要时应考虑转移过程对混合均一性的影响。

（4）清场　生产结束后，需计算本过程的物料平衡和收率，并按混合物料的储存条件要求进行暂存，最后对房间设备设施进行清理清洁。

2. 生产过程控制

混合均匀度是混合工艺的关键质量指标，应对产品全生命周期中关键批次进行考察，如工艺验证、临床研究、上市后变更等批次。考察批次需结合产品特点进行评估，确保产品质量始终如一。根据研究结果并结合质量风险管理，建立商业化生产批次混合均匀度有效控制的策略。

混合均匀度的取样位置应考虑设备的结构特点，确定设备最可能存在的死角，分层进行取样，一般涵盖物料的上、中、下层及卸料区域。混合均匀度取样点建议至少选取10个，每点取样3份，取样量通常在单剂量的1～10倍内，如果取样量大于3倍单剂量应有科学的论证，每份样品应全量转移用于分析，避免二次分样。

拓展知识：散剂的生产设备相关GMP规定

三、散剂生产设备

（一）粉碎

粉碎设备的种类很多，不同的粉碎设备作用方式不同，其作用力有挤压、撞击、撕裂、挫削等，各种粉碎作用力有其特殊适应性，可依据物料的物理特性来选用。

1. 万能粉碎机

万能粉碎机的粉碎方式以撞击作用为主，这类粉碎机具有特殊的撞击装置，如转子部分装有旋锤的锤击式粉碎机；转子部分装有固定或活动的打板，定子部分为带有衬板的柴田式粉碎机；转子与定子部分均装有钢齿的万能粉碎机等。在密闭系统中转子的高速转动下，物料受撞击和劈裂等作用达到粉碎的目的。这类设备对一些黏性、韧性、油润、纤维及坚硬的药材进行干法、低温、混合粉碎较为适宜。

（1）结构　万能粉碎机（图3-3）由加料斗、抖动装置、活动齿盘、固定齿盘、环状筛、出粉口、电机等组成。活动齿盘与固定齿盘呈不等径同心圆排列，使物料在钢齿间粉碎。粉碎过程中会产生大量粉尘，常需配备捕尘装置。

图3-3　万能粉碎机

（2）工作原理　利用活动齿盘高速旋转产生的离心力作用，使粉碎腔中的物料从中心部位被抛向外壁，此过程中物料在活动齿盘与固定齿盘间受到钢齿的冲击、剪切及物料间的撞击作用而被粉碎；细粉随着气流穿过筛板于底部被收集，粗粉留在机内继续粉碎，可实现连续粉碎操作。

（3）特点　万能粉碎机结构简单，操作与维护方便，粉碎强度大，适用于多种干燥物料的粉碎，如结晶性物料、脆性物料、植物药材的根茎等。因粉碎过程容易产热，故不适用于热敏性物料、含大量挥发性成分的物料、熔点低或黏性物料的粉碎。目前有些设备在粉碎腔外配置冷却水降温，使此问题得到改善。因设备不能完全密闭，故操作过程容易产生粉尘，需配备捕尘装置，不适合无菌粉碎及毒剧、刺激性及致敏性等药物的粉碎。

2. 球磨机

球磨机的粉碎方式以研磨作用为主，是一种利用物料在两种坚硬的平面或各种形状的研磨体之间受到撞击、研磨而粉碎的装置。

（1）结构　球磨机（图3-4）由圆桶形罐体、研磨体（常为钢球或石球）、轴承及动力装置等组成。罐体固定在轴承上，由电机通过减速器带动旋转。

（2）工作原理　罐体绕水平轴线回转，使罐体内的研磨体被带到一定高度后由于重力作用落下，利用研磨体圆球起落产生的撞击作用和球与罐、球与球之间的研磨作用而粉碎物料。

当罐体转速较小时，研磨体被提升的高度较低，此时对物料的粉碎主要是研磨作用，撞击作用较弱，粉碎效果不佳。当罐体转速过大时，研磨体所受离心力较大，会随着罐体一起做等速圆周运动，对物料基本没有撞击或研磨作用，无法实现粉碎。当罐体在最佳转速时，研磨体可被提升到一定高度后向下抛落，此时物料受到剧烈的撞击并配有研磨作用，粉碎效果最佳。

除罐体转速外，研磨体的粒径及大小配比、填充率及物料的装量等均会影响粉碎效果，其中罐体转速是影响球磨机粉碎效果的主要因素。

（3）特点　球磨机结构简单、维护方便；粉碎程度高、粉末细；密闭性好、无粉尘飞扬，适应性强。适用于结晶性、吸湿性、挥发性物料，中药浸膏及毒剧、刺激性或贵重药物的粉碎。既适于干法粉碎，也可用于湿法粉碎、无菌粉碎。但能耗较大，粉碎时间长，效率低，操作时伴有较强振动，噪声较大。

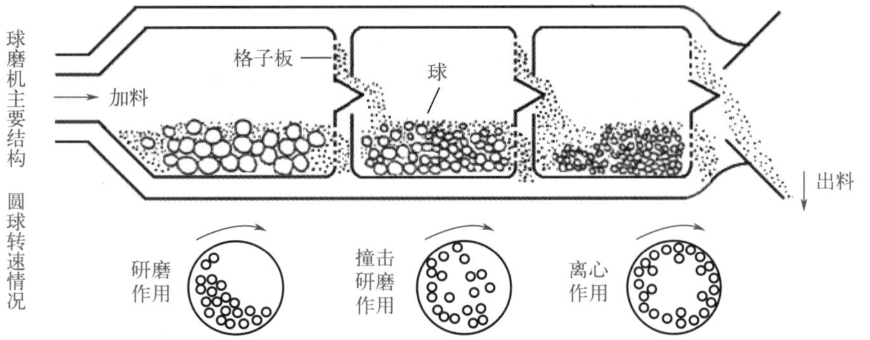

图3-4　球磨机主要结构及工作原理

3. 气流粉碎机

气流粉碎机又称流能磨或气流磨，是利用高速气流作为动力，使粉碎室中的固体物料互相撞击或物料和器壁、冲击板进行撞击，产生变形、破碎而实现粉碎的设备。因粉碎由气流作为动力，整个粉碎室中无须活动部件。

（1）结构　气流粉碎机（图3-5）由高压气体分配室、气流喷嘴、喷射式加料器、粉碎分级室、成品收集器、废气流排出管等组成。

（2）工作原理　压缩空气在自身高压作用下通过喷嘴进入粉碎室，产生速度高达每秒几百米至上千米的喷气流。待粉碎物料经过喷射式加料器进入粉碎室时，在高速喷气流作用下发生物料间、物料与器壁间的剧烈撞击与摩擦作用，实现粉碎。

气流带动物料在粉碎室内做回转运动，把粉碎合格的物料推入成品收集器，而较粗的颗粒由于离心力作用停留在粉碎区继续粉碎。

成品收集器的作用与旋风分离器类似，已粉碎物料会沿着成品收集器内壁螺旋形下降至成品料斗，而废气流夹带部分细粉，经废气流排出管排出，做进一步捕集回收。

（3）特点　与机械式粉碎相比，气流粉碎强度大、粉碎效率高；物料在高速旋转中实现分级，产品粒度细微（可达到微米级）且分布均匀；设备结构简单便于清理，可实现无菌粉碎；由于气流的膨胀降温作用，可用于热敏性及易燃易爆物料的粉碎。但气流粉碎辅助设备多，粉碎成本较高，产量低，噪声较大。

图3-5　气流粉碎机

（二）筛分

筛分设备有手摇筛和机械振动筛。

手摇筛（图3-6）按照筛号大小依次叠放成套，最粗号筛置于顶层，上面加盖，最细号筛置于底层，套在接收器上，其主要用于对少量药粉的分级。

生产中目前最常用的筛分设备是旋振筛（图3-7），属于机械振动筛。

（1）结构　旋振筛由进料口、粗细粉出料口、筛网、电机、弹簧、上下部偏心重锤等组成。

（2）工作原理　旋振筛是由直立式振动电机作激振源，带动电机上下两端偏心重锤旋转，将此旋转运动转变为水平、垂直、倾斜的三维运动后传递给筛面，使物料在筛内形成轨道旋涡。粗料由筛网上部出口排出，细料由下部出口排出。调节电机上、下两端偏心重锤的相位角，可以改变物料在筛面上的运动轨迹。某些旋振筛在筛网下部放置数枚弹跳球，用不锈钢筛板支撑，设备运行时弹跳球会对筛网产生垂直方向的敲击作用，减少物料堵网情况。

旋振筛使用时必须均匀给料，给料量以满足设备处理量为准。一次性给予大量物料，会阻碍物料在筛面上的正常运动，大大降低物料处理量；还会使本身处于不平衡运转的电机负荷骤然增加，而造成电机损坏或降低电机寿命。若给料量达不到设备的处理能力，既浪费能源，又降低了产量。加料如采用有强大冲击力的给料方式，必须加装缓冲料斗，物料直接冲击网面，不但消耗振动源所产生的激振力，更易造成网面破损及筛网疲劳，从而影响产量及筛分过滤的质量。

（3）特点 旋振筛是一种高精度筛分机械，具有噪声低、分离效率高、单位筛面积处理物料能力大、维修费用低、体积小、重量轻等优点，在制药工业中应用广泛。

图3-6 手摇筛

图3-7 旋振筛

（三）混合

制药生产中混合设备常分为两大类：一类为容器固定型混合机，主要依靠容器中的搅拌桨进行混合，如槽型混合机、双螺旋锥形混合机等，其特点是装料量大，既适合干物料的混合，也适合有一定湿度的物料的混合（如制粒前的制软材操作）；另一类为容器旋转型混合机，主要靠容器的翻转带动物料混合，如各种料斗式混合机、二维混合机及三维混合机等，其特点是混合均匀度更高，容器密闭粉尘少，但仅适合干物料的混合，常用于固体制剂生产中的总混操作。

1. 槽型混合机

槽型混合机常用于制药行业的干性或湿性粉状物料的均匀混合。

（1）结构 槽型混合机（图3-8）由混合槽、搅拌桨、固定轴等部件组成。混合槽内轴上装有与其旋转方向呈一定角度的S形搅拌桨，可以正反方向旋转，用以搅拌槽内的药粉。混合槽可自动翻转，方便出料及清洗。

（2）工作原理 工作时，主电机通过蜗轮减速器带动搅拌桨旋转，使物料在混合槽内进行上下、左右、内外各个方向运动的过程中实现均匀混合。混合结束后，可翻转混合槽出料。

（3）特点 槽型混合机装料量大，占地面积小，操作、清洗及维护简单方便；混合时以剪切混合为主，混合时间较长；其广泛适用于制药行业中粉状及湿性物料的混合，也适用于制粒前的捏合（制软材）

图3-8 槽型混合机

操作，特别适合于密度差较大、混合均匀度要求高的物料混合。

2. 固定料斗混合机

（1）结构　固定料斗混合机（图3-9）由混合料斗、机座、驱动系统、控制系统等部件组成。固定料斗混合机的料斗常设计成方锥形，即上部为长方体或正方体结构，下部为圆锥体形结构。方体的顶端设置进料口，锥体下端设置出料口。为了方便出料及清洗，方体结构的四条边呈圆弧形过渡。固定料斗混合机的料斗靠左右臂轴或单一臂轴支撑，称为双臂固定料斗混合机或单臂固定料斗混合机，臂轴可带动料斗旋转。

图3-9　固定料斗混合机

（2）工作原理　方锥形料斗混合机具备多向混合机的特点，其利用料斗翻转轴线与左右（或单一）臂轴的角度，使混合料斗中的物料既能随料斗上下翻动，又能沿斗壁做切向运动，产生上下颠倒、扩散合并、左右掺杂等作用而达到均匀混合的效果。

生产中发现，料斗锥体角度（即料斗锥体部分斜面和水平面的夹角）的大小会影响料斗内物料的混合均匀度及流动性。适当增加锥体部分壁面的倾斜度，可以使混合效果更佳，出料更顺畅，减少物料分层和桶内残留。

工作时，将物料加入料斗后，锁紧斗盖，按工艺要求设定混合时间、混合速度，启动控制系统，即可开始混合作业。到设定的时间后，机器自动停止，混合结束。打开出料口处的出料蝶阀，收集物料。

料斗混合时间通常设定在20min之内，因达到最佳混合状态后会向反方向变化即出现偏析（或叫反混合），使混合与偏析同时进行。当两种作用处于平衡状态时，延长混合时间对提高混合均匀度起不到显著作用。

料斗混合机主轴转速应设定在临界转速的80%以下，以防止料斗中离心场过大，物料出现离心作用而减缓在混合过程中的相对运动速度。

（3）特点　该机主要用于制药工业固体制剂生产中的颗粒与颗粒、颗粒与粉末、粉末和粉末等干燥物料的混合。具有混合批量大、均匀度高、运行平稳等优点，是制药企业总混的常用设备。但固定料斗混合机位置固定，转运物料时不如可移动的自动提升料斗混合机方便。

3. 自动提升料斗混合机

（1）结构　自动提升料斗混合机（图3-10）由混合料斗、机座、回转体、驱动系统、提升系统、制动系统及控制系统组成。料斗形状与固定料斗混合机相同，常设计成方锥形，即上部为长方体或正方体结构，下部为圆锥体形结构。制药企业中习惯用英文Bin代表此类料斗，对应的混合设备就是Bin混合机。常见的可提升Bin混合机有三种：自动提升料斗混合机、单臂提升料斗混合机及双柱式提升料斗混合机，其主要区别是提升方式不同，共同点是料斗均能拆装及利用提升装置升降。

图3-10　自动提升料斗混合机

（2）工作原理　自动提升料斗混合机的混合原理与上述固定料斗混合机相同，物料在旋转的料斗内进行强烈的翻转和高速的切向运动，从而达到最佳的混合效果。其装料系数为50%～80%，混合均匀度最高可达到99%以上。因混合料斗可自由移动、拆卸及用提升装置升降，与前后序工段的衔接非常方便，故在生产中使用更为灵活。

工作时，将混合料斗推到回转体内，操作控制系统，可自动将混合料斗提升到位，并自动夹紧。压力传感器得到夹紧信号后，驱动系统工作，按照设定的时间、转速进行自动混合操作。达到设定的参数后，回转体能自动垂直停止，同时制动系统工作，混合结束。之后提升系统工作，回转体内的混合料斗下降到位，自动停止，并打印工艺数据。工作结束后可将混合料斗推出转到下一工序。

（3）特点　自动提升料斗混合机的料斗系统底部安装有车轮，方便移动与其他工序衔接，实现密闭式转运和输送物料，能有效地控制粉尘与交叉污染，减少物料损失，控制物料分层。在生产中，自动提升料斗混合机可配置多种规格、不同容积的混合料斗，以满足企业不同批量、多品种的混合要求；还可实现产品的设备专用，减少清洁验证的难度，进一步减少不同产品交叉污染的风险，是目前制药生产中应用最广泛的总混设备。

4. V形混合机

V形混合机的混合桶呈字母“V”形，常用于物料流动性良好、物性差异小的粉粒体的混合，以及混合度要求不高而又要求混合时间短的物料混合，也适用于易破碎、易磨损的粒状物料的混合。

图3-11　V形混合机

（1）结构　V形混合机（图3-11）由V形混合桶、水平旋转轴、机架、旋转驱动机构等组成；V形混合桶交叉角为80°～81°，安装在水平轴上，桶顶端设置进料口，底端设置出料口。其有两种形式：对称V形混合机（两端筒体长度相等）与不对称V形混合机（两端筒体一长一短）。运动时两边筒体的物料周而复始地互相掺杂，达到良好的混合效果。

（2）工作原理　V形混合机的混合原理是利用V形桶体的设计利于物料的反复分离与合并。旋转驱动机构带动V形混合桶绕水平轴旋转，物料在混合桶内被反复分散和聚集，最终实现均匀混合。

混合桶的旋转速度通常选择为临界转速的0.7～0.9倍。混合桶转速过低，物料间仅作表面滑动，容易出现离析现象，无法达到充分混合，混合效率低；混合桶转速过高，物料受离心力作用较大，物料会紧贴桶壁与混合桶一起旋转，几乎不产生混合作用。

（3）特点　V形混合机的混料桶结构独特，以对流混合为主，容器内物料流动平稳，混合速度快，混合均匀，效率高，不积料。适用于流动性较好的干性粉状或颗粒状物料的混合。桶内可加入强制搅拌器，可防止物料结团，提高混合均匀度，并可缩短混合时间，更适合较细的粉粒、块状及含有一定水分的物料混合。

5. 二维运动混合机

二维运动混合机是指料桶可同时进行两个方向运动的混合机，两个运动方向分别是料桶的转动和料桶随摆动架的摆动。这两种相互独立的联合作用使筒内物料做二维方向运动。

图3-12　二维运动混合机

（1）结构　二维运动混合机（图3-12）主要由混合料桶、摆动架、机架及动力系统等组成。混合料桶装在摆动架上，由四个滚轮支撑并由两个挡轮对其进行轴向定位，在四个支撑滚轮中，其中两个传动轮由转动动力系统拖动使料桶产生转动。摆动架由轴承组件支撑在机架上，由一组曲柄摆杆机构来驱动。

（2）工作原理　机器运行时，混合料桶绕中心轴旋转的同时，还会随着摆动架前后摆动，使得桶内物料随料桶做翻转运动的同时又随桶的摆动进行左右往复的掺混运动，在这两个运动的共同作用下，物料在短时间内得到充分混合。

（3）特点　二维运动混合机具有混合迅速、混合量大、出料便捷等特点。广泛应用于医药、化工、食品、染料、饲料等行业，尤其适用于大批量固体物料的混合。

6. 三维运动混合机

三维运动混合机又称万向混合机，其料桶具有多方向运转动作，其运动形态是几种运动的叠加，桶体绕中心轴做转动的同时也发生平移运动，桶体两端既有上下运动也有左右运动。此复杂运动促使各种物料在混合过程中加速流动和扩散，同时可避免一般混合机因离心力作用所产生的物料比重偏析和积累现象，混合无死角，可达到理想的混合效果。

（1）结构　三维运动混合机（图3-13）由混合桶、机座、传动系统、多向运动机构、电气控制系统等组成，与物料直接接触的混合桶采用不锈钢材料制造，桶体内外壁均经抛光处理。为使混料桶能在立体三维空间作复杂的平动、转动、摇摆运动，三维混合机设计有独特的主动轴、从动轴及两个轴端的三维运动叉形摇臂结构；从动轴柔性设计，使三维混合机运动更加灵活、轻便。

（2）工作原理　混合桶在主动轴的带动下做多个轴向的运动，包括周而复始的翻转、平移、摇摆等动作，促使物料沿着桶体做环向、径向、轴向的三向复合运动，利用多种物料间的对流、扩散、积聚、掺杂作用，最终实现均匀混合。

图3-13　三维运动混合机

（3）特点　三维运动混合机常用于制药行业中的颗粒与颗粒或粉末等物料之间的混合。该机的混合桶为多方向运动，物料无离心力作用，无比重偏析及分层、积聚现象，更适合于不同比重和不同粒度的几种物料快速均匀混合。桶体装料率大，最高可达90%，混合效率高、速度快，均匀度高于一般混合机。

第三节　颗粒剂的生产

一、颗粒剂的概念和基本要求

颗粒剂系指原料药物与适宜的辅料混合制成的具有一定粒度的干燥颗粒状制剂。

颗粒剂可分为可溶颗粒（通称为颗粒）、混悬颗粒、泡腾颗粒、肠溶颗粒，根据释放特性不同还有缓释颗粒等。

拓展知识：
颗粒剂的基本要求

颗粒剂在生产与贮藏期间应符合下列规定。

① 原料药物与辅料应均匀混合。含药量小或含毒、剧药物的颗粒剂，应根据原料药物的性质采用适宜方法使其分散均匀。

② 除另有规定外，中药饮片应按各品种项下规定的方法进行提取、纯化、浓缩成规定的清膏，采用适宜的方法干燥并制成细粉，加适量辅料或饮片细粉，混匀并制成颗粒；也可将清膏加适量辅料或饮片细粉，混匀并制成颗粒。

③ 凡属挥发性原料药物或遇热不稳定的药物在制备过程应注意控制适宜的温度条件，凡遇光不稳定的原料药物应遮光操作。

④ 颗粒剂通常采用干法制粒、湿法制粒等方法制备。干法制粒可避免引入水分，尤其适合对湿热不稳定药物的颗粒剂的制备。

⑤ 根据需要，颗粒剂可加入适宜的辅料，如稀释剂、黏合剂、分散剂、着色剂以及矫味剂等。

⑥ 除另有规定外，挥发油应均匀喷入干燥颗粒中，密闭至规定时间或用包合等技术处理后加入。

⑦ 为了防潮、掩盖原料药物的不良气味，也可对颗粒进行包衣。必要时，包衣颗粒应检查残留溶剂。

⑧ 颗粒剂应干燥，颗粒均匀，色泽一致，无吸潮、软化、结块、潮解等现象。

⑨ 颗粒剂的微生物限度应符合要求。

⑩ 根据原料药物和制剂的特性，除来源于动、植物多组分且难以建立测定方法的颗粒剂外，溶出度、释放度、含量均匀度等应符合要求。

⑪ 除另有规定外，颗粒剂应密封，置干燥处贮存，防止受潮。生物制品原液、半成品和成品的生产及质量控制应符合相关品种要求。

除以上基本要求外，颗粒剂应按照《中国药典》(2025年版) 规定，进行粒度、水分、干燥失重、溶化性、装量差异、装量等检查，确保产品符合质量要求。

二、颗粒剂生产工艺

颗粒剂的生产工艺主要包括粉碎、筛分、混合、制粒、干燥、整粒等工序。工艺流程如图3-14所示。

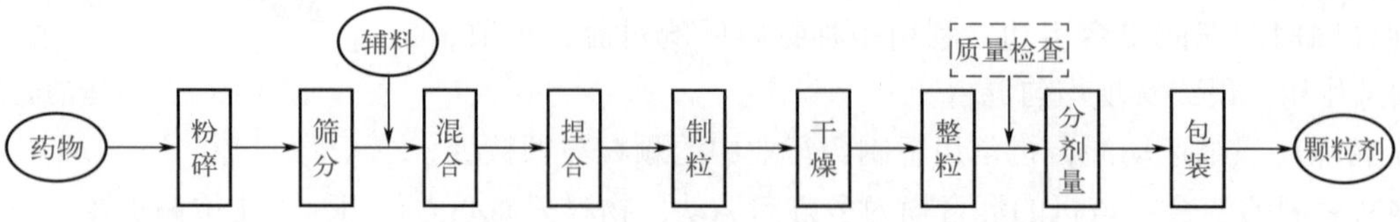

图3-14 颗粒剂生产工艺流程图

颗粒剂粉碎、筛分、混合的操作过程与散剂相同。下文重点介绍颗粒剂生产中的制粒、干燥及整粒方法。

(一) 制粒

制粒是把粉末聚结成具有一定形状与大小的颗粒的操作。此过程有改善物料流动性、可压性，提高原料的混合均匀度，防止粉尘暴露等作用。

制粒通常分为湿法制粒和干法制粒这两种应用最广的制粒技术。近年来，热熔挤出制粒技术也逐渐得到应用，其有利于提高活性成分的溶解度，从而提高其生物利用度，也可掩盖活性成分的不良气味，增加制剂的稳定性。不同的制粒方法所制得的颗粒形状、大小及密度等均有差异，应根据物料的性质、制粒的目的等进行选择。

1. 湿法制粒

湿法制粒是指在物料中加入液体黏合剂或润湿剂进行制粒的方法，又分为高速混合制粒、挤压制粒、流化床制粒及喷雾制粒等。湿法制粒中物料的粒径大小、粒径分布、形态、表面积、在黏合剂中的溶解度、制粒过程中表面被黏合剂润湿的程度等都可能影响制粒的工艺和颗粒的质量，进而影响产品的质量。通常高速混合制粒与挤压制粒所制得的颗粒强度大、粒度分布均匀、流动性好；流化床制粒及喷雾制粒所制的颗粒较松散、密度小，具有良好的溶解性、流动性和压缩成型性。

(1) 高速混合制粒　是指将原料、辅料和黏合剂加入制粒锅中，靠高速旋转的搅拌器的搅拌作用和切碎器的切割作用迅速完成混合并制成颗粒的方法。高速混合制粒机的形式多样，其结构主要由容器、搅拌桨、切割刀组成。操作时先把原料和各种辅料倒入容器中，加盖，把物料搅拌混合均匀后加入黏合剂，搅拌切割制粒。完成制粒后倾倒颗粒或打开安装位于底部的出料口自动放出湿颗粒，对湿颗粒进行整粒，将大团块打散，然后进行干燥，干燥结束后对干颗粒进行过筛整粒。

物料加入和转出高速混合制粒机的方式与设备的布局相关。手工投料会产生大量的粉尘，可以考虑用物料桶或管道连接，采用真空吸料。使用高速混合制粒机还需要考虑配制工艺参数和加入黏合剂的方式，实现自动化控制操作。

制粒过程比较复杂，影响制粒效果的因素较多，如大量的操作参数、原料的占比、物料粒径分布、物料密度等。通常的做法是固定一些操作参数，如干混时间、搅拌桨转速、黏合剂加入量，同时允许有限的几个参数在规定的范围内调整，直至达到制粒终点的控制要求。例如湿混时，湿混时间可以不固定，监控搅拌桨的负荷（如扭矩、电流值），当其达到一定的值即指示制粒终点的到达。

高速混合制粒的关键控制点一般包括加液速度、搅拌桨转速、制粒时间等。加液速度越慢，物料接触黏合剂越充分，颗粒越均匀，但可能导致颗粒变硬，影响颗粒可压性；搅拌浆转速越快，制粒时间越长，颗粒越大、越硬。

（2）挤压制粒 挤压制粒分为挤出制粒和挤出滚圆制粒两种。两种制粒方式操作过程相似。挤出制粒操作过程一般为：原料、辅料混合 ⟶ 捏合（制软材）⟶ 挤出制粒 ⟶ 干燥 ⟶ 整粒。挤出滚圆制粒操作过程一般为：原料、辅料混合 ⟶ 捏合（制软材）⟶ 挤压制粒/成条状 ⟶ 滚圆 ⟶ 干燥。制粒设备有螺旋挤压式制粒机、旋转挤压式制粒机、摇摆挤压式制粒机、螺杆挤出机、滚圆机等。

制软材的过程与高速混合制粒法制软材的过程一致，即将各种原辅料粉末和黏合剂搅拌混合均匀，软材应干湿适宜，以能“手握成团、轻压即散”为标准。挤压制粒的方式有很多种，但其原理相同，即将软材在外部挤压力的作用下通过筛网或辊子制成颗粒。在干颗粒特性和黏合剂类型一定的情况下，黏合剂的加入量、加入方式及速度，混合时间，搅拌浆转速，浆叶的形状等就成为影响软材质量的关键。

颗粒的大小取决于筛网的孔径。制软材加液量会影响颗粒的密度，加液量越多，颗粒密度越大。颗粒密度大小会影响压片工序或胶囊填充等工序，也会影响药品的溶出度/释放度。

关键控制点一般包括加液速度、挤压力度、筛网/挤出板孔径和滚圆时间等。挤压力度越大，孔径越小，颗粒越硬；滚圆时间越长，颗粒越圆整，但硬度越大。

（3）流化床制粒 是指使物料粉末在自下而上的气流作用下保持悬浮的流化状态，将黏合剂液体向流化层喷入，使混合粉末聚结成颗粒的方法，也称沸腾制粒。由于在同一台设备内完成混合、制粒、干燥整个过程，又称一步制粒。设备主要结构有进风系统、流化床锅体、气体分布装置（如筛板）、喷液系统、排风系统等。操作时，把药物粉末与各种辅料加入流化床内，从床层底下通过筛板吹入适宜温度的气流，使物料在流化状态下混合均匀，然后喷入黏合剂，粉末开始聚结成粒，经过连续喷雾和干燥，当黏合剂喷完后，制粒结束，形成的颗粒继续在床层内送热风干燥，到达干燥终点后出料。

流化床制粒所用的空气必须经过过滤和除湿（或加湿），空气的湿度对流化床的制粒效果会有显著影响，在不同的季节，空气的湿度显著不同，若没有加湿或除湿设备可能导致工艺的重现性差。

物料的量占物料斗总体积的35%～90%最为合理。粉末制粒后得到的颗粒堆密度比起始粉末的堆密度会略有升高，但是差异不大，所以只要保证开始投料量处于物料斗最佳体积范围即可。物料斗的底盘开孔率决定了物料流化时的压差，开孔率一般为12%，底盘的孔径通常为100μm左右。

在流化床制粒中，物料粉末靠黏合剂的架桥作用相互聚结成粒。制粒时影响因素较多，除了黏合剂的选择、原料粒度的影响外，操作参数的影响较大。流化床制粒的关键控制点一般有加液速度、物料温度、雾化压力和进风量。加液速度越慢，物料接触黏合剂越充分，颗粒越均匀，但太慢会导致过度喷雾干燥，即黏合剂、溶剂挥发加快，造成物料不能完全润湿，颗粒间不能形成稳定的固体桥，影响颗粒成粒，细粉变多；通过物料温度监控流化床内湿热平衡状态，温度太低，流化床内湿度大，容易造成塌床；雾化压力主要用于将黏合剂雾化成小液滴，雾化压力越大，液滴越小，成粒越均匀，雾化压力过大也会造成喷雾干燥现象；风量起到流化物料和干燥的作用，风量越大，带走水分越快，干燥效果越好，风量过大可能会影响收率。颗粒的质量对后续工序如压片工艺的成败有重要的影响。应用PAT来控制制粒工艺是很有帮助的，如近红外全光谱在线检测水分，颗粒特征分析仪在线检测制粒过程不同阶段颗粒的大小和分布，借此可判断制粒终点。

（4）喷雾制粒 喷雾制粒是指将药物溶液或混悬液用雾化器喷雾于干燥室内的热气流中，使溶剂迅速蒸发以直接制成球状干燥细颗粒的方法。该法在数秒内即完成原料液的浓缩、干燥、制粒的过程，原料液含水量可达70%～80%以上。喷雾制粒过程为：原料液由储槽进入雾化器喷成液滴分散于热气流中，空气经蒸汽加热器或电加热器进入干燥室与液滴接触，液滴中的水分迅速蒸发，液滴经干燥后形成固体粉末落于器底，干品可连续或间歇出料，废气由干燥室下方的出口流入旋风分离器，进一步分离出固体粉末，然后经风机和袋滤器后排出。

喷雾制粒中，原料液在干燥室内喷雾成微小颗粒液滴是靠雾化器完成的，因此雾化器是喷雾干燥制粒机的关键部件。常用的雾化器有压力式雾化器、气流式雾化器、离心式雾化器。雾滴的干燥情况与热气流及雾滴的流向有关。流向有并流型和逆流型，其中并流型较常见。并流型使热气流与雾滴并流进干燥室，颗粒与较低温的气流接触，适用于热敏性物料的制粒，且制得颗粒大小较均匀。逆流型使热气流与雾滴逆流进入干燥室，干燥颗粒与温度较高的热风接触，物料在干燥室内的悬浮时间较长，干燥效果好，制得的颗粒粒径分布较广。

关键控制点一般包括加液速度、物料温度、雾化压力及风量等。这些因素相互作用，影响颗粒的粒径大小、表面形态和密度等。

2. 干法制粒

干法制粒是将药物和辅料的粉末混合均匀，通过机械力压缩成片状、板状或硬条状，再粉碎成所需大小颗粒的制粒方法，常见的方法有压片法和辊压法。干法制粒的生产周期短，生产效率高，适合于易压缩成型、热敏性或遇水不稳定的物料制粒，有利于提高制剂的稳定性。

（1）压片法制粒 是指将待制粒的原辅料混合均匀，用重型压片机压制成大直径的片（块）状，再经过规定大小的筛网进行粉碎和挤碎，制得颗粒。

压片法制粒的关键控制点一般有压力、粉碎刀速度和筛网孔径大小。压力越大，压成饼后颗粒的可压性变差，最终影响崩解时限；粉碎刀速度和筛网孔径的大小共同决定了制得颗粒的大小。

（2）辊压法制粒 是指利用两个相向旋转辊轮之间的缝隙将物料压成板状，再破碎成一定大小的颗粒。

可能影响薄板形成以及颗粒特性的关键参数有：辊压压力、滚轮间隙、进料速度、粉碎刀速度和筛网孔径。粉体应保持稳定地进料，不稳定的进料速度导致饼的密度不均匀，最终会影响粉碎后颗粒大小、粒径分布与其堆密度和硬度。

针对密度小的粉料，若螺杆强制进料很难确保稳定进料时，可考虑在进料过程增加真空吸气，在粉料进入辊压步骤前，将粉料中锁住的空气抽出，使得粉料密度增大，从而确保粉料能稳定进料，故真空吸气是一种能确保粉料均衡进料的方式。

在辊压区内，粉料被高密度化，粉粒被挤压变形或者变碎，最后在辊压缝隙最窄处形成薄板。此时，可以通过控制辊压压力、真空压力和稳定进料，来控制薄片密度，再通过粉碎刀和筛网来控制最终颗粒的粒径。

3. 热熔挤出制粒

热熔挤出技术是利用挤出机将原料均匀分散于聚合物载体的连续制粒工艺。热熔挤出过程中，原料和载体以及各种辅料加入挤出机后，在挤出机的机械力及机筒外加热的作用下，首先将物料熔融，然后进行分布和分散混合，使原料及各种辅料均匀分散于载体中，再进一步进行脱挥操作，最后由挤出机螺杆将物料从机头挤出。热熔挤出完成后，条状物一般需进行粉碎，将条状物粉碎至所需大小的颗粒。常用的粉碎方式主要是机械粉碎，如万能粉碎机、锤式粉碎机等。粉碎过程中粉碎机的粉碎刀转速、筛网孔径大小对颗粒的粒径影响较大，粉碎刀转速越快，筛网孔径越小，粉碎后的颗粒粒径越小。

在热熔挤出工艺中，选择合适的载体至关重要。载体应具备良好的热稳定性和热塑性，与原料相容性好。载体的空隙和微孔结构对药物的释放速率有明显的影响。热熔挤出处方中常常通过加入增塑剂，以降低载体的玻璃态转化温度，增加原料的润湿性，增加挤出物的孔隙率及释药表面积，改善药物释放。

热熔挤出制粒的关键控制参数包括螺杆转速、进料速度、温度等。进料速度和螺杆速度是一组相关联的参数，加料速度相比于螺杆转速过快，会引起加料口物料堆积，而不能连续操作；螺杆转速相比于进料速度过快，物料在机筒中有效填充率偏低。两者共同决定了物料在机筒中的停留时间，停留时间过短会导致物料熔融、混合不充分；停留时间过长会使物料降解加剧。温度是物料改性和成型的关键因素，也是物料热稳定的关键因素。挤出温度可以进行分段控制，一般熔融区温度略高于混合物的玻璃态转化温度；加料口温度一般需要较低的温度控制，避免高温区热传递导致加料口物料熔融，出现加料口物料软化堆积现象；口模的温度控制决定物料挤出形态和压力。

（二）干燥及整粒

干燥是利用热能使湿颗粒中的溶剂汽化，并利用气流或真空带走汽化的溶剂，从而达到去除颗粒溶剂的目的。产品中湿分多为水分，带走湿分的气流一般为空气。

使湿分汽化的加热方式有：热传导加热、对流加热、热辐射加热、介电加热等，对应的干燥设备有：厢式干燥器、流化床干燥器、红外干燥器、微波干燥器，其中厢式干燥器和流化床干燥器为固体制剂中最常用的干燥设备。

1. 厢式干燥

厢式干燥属于常压干燥，小型干燥器称烘箱，大型干燥器称烘房。干燥器内设置有多层支架，物料盘放置于支架上，空气经预热后进入干燥室内，当热空气通过物料表面时，带走物料水分，使物料得到干燥。

厢式干燥产品损耗少，主要适用于少量物料的干燥，如原料量少又很贵重时的产品研发阶段。厢式干燥的缺点是干燥时间长，若颗粒中有可溶性物料，可能会造成其迁移；而且在干燥过程中箱体内的温度均匀性可能较差。设计优良的干燥器通常箱体内每点的温度和设定温度之间的差值小于2～3℃，为了使干燥均匀，达到干燥过程可控，通常需准确控制进风量、进风温度、湿度和干燥时间，从而尽量保证箱内的温度均匀。另外，干燥盘内的物料层不能过厚，必要时在干燥盘上开孔，以使空气透过。

厢式干燥器常用两种方法提高热效率。一种是采用尾气循环法，即将部分从干燥室排出的热空气再次与新鲜空气混合后重新进入干燥室，提高热效率的同时还可调节空气的湿度以防产品发生龟裂和变形。另一种是中间加热法，即干燥室内装有加热器，使空气每通过一次物料盘后再次得到加热，可保证室内上、下层干燥盘内物料干燥均匀。干燥器配备温控功能，对于大多数固体制剂产品，干燥温度设置为60℃即可达到干燥效果。

厢式干燥生产过程一般如下：

（1）检查准备　对用到的区域进行检查确认，包括设备设施、现场文件、温湿度、清洁消毒效期等。

（2）上料　一般采用人工将湿颗粒装入干燥盘中，每个盘中颗粒量需无太大差异，同时需要将颗粒均匀平铺在干燥盘中。

（3）干燥　按批准的工艺进行参数设置，开始干燥，同时在干燥过程中翻盘的均匀性影响最终干燥的均匀性。

此步骤关键控制点有进风量，进风温度、湿度，干燥时间，干燥盘的摆放，颗粒的厚度，待干燥颗粒的量，干燥过程中是否需要翻盘和翻盘的次数应经过验证，并在实际操作中严格遵守。干燥温度需监控，最好能实时记录，并设有超限报警功能。

（4）卸料　将干燥盘中的颗粒收集到容器中，进行下一步过筛整粒操作。收集颗粒时，应避免粉尘扩散。

（5）清场　卸料后，把颗粒转移至符合规定的条件进行暂存，最后对房间设备设施进行清理清洁。

2. 流化床干燥

流化床干燥在口服固体制剂颗粒的干燥中应用广泛。此种干燥是使空气自下而上通过松散的粒状或粉状物料层形成“沸腾床”而进行的干燥操作，是一种动态的干燥过程，干燥效率高。流化床干燥器干燥产品时，将产品由加料器送入干燥器内的多孔气体分布板（筛板）上，经过加热的空气吹入流化床底部的筛板充分与物料接触，热量由空气传入颗粒中，进而将液体转化成蒸汽，在产品呈悬浮状态并上下翻动的过程中完成干燥。干燥后的产品由卸料口排出，废气经过滤袋或旋风分离器，夹带的粉尘被截留，废气经排风系统排出。

流化床干燥器干燥效率高，适用于干燥热敏性物料，但不适用于含水量高、易黏结成团的产品干燥。流化床可采用真空卸料，能避免操作过程中粉尘暴露，还可配备在线清洗功能，避免清洁过程中操作者接触大量粉尘。

流化床干燥生产过程一般如下。

（1）生产前检查　对用到的区域进行检查确认，包括设备设施、现场文件、温湿度、清洁消毒效期和用到的物品器具等，比较难清洁的器具应按活性成分专用，如物料管道（必要时）、流化床过滤布袋或过滤筒等应核对专用标识。

（2）上料　湿颗粒通常是直接由制粒机转移到流化床中，一般为真空吸入或靠重力进料。

（3）干燥过程和过程控制　干燥通常分为三个阶段：一是流化床预热阶段，此阶段先是颗粒升温，颗粒升温至饱和蒸汽的湿球温度，水分流失速度渐渐加快。二是恒速干燥失水阶段，颗粒表面的空气接近饱和，干燥速度由气流的湿度和流速决定。在这个阶段，颗粒表面的温度停留在饱和蒸汽的湿球温度，通常是30℃左右，因产品不同可能会有差异。三是干燥速率下降阶段，此阶段水分的迁移速度较慢，不能保证颗粒表面的空气为饱和蒸汽。干燥速率取决于粉末间架桥形成的孔结构和水分的迁移机制，因此颗粒的温度不再维持在饱和蒸汽的湿球温度，开始接近进风温度。

颗粒干燥的速率与空气的性质（如相对湿度、温度）和颗粒内部水分（如自由水和结合水）有关。如在恒速干燥阶段，颗粒中的含水量较多，其表面的水分汽化扩散到空气中，内部水分及时补充到表面，保持充分润湿的表面状态，所以恒速干燥阶段的干燥速率主要取决于水分在表面汽化的速率，主要受外部条件的影响。此时可通过提高空气温度、降低空气湿度，来提高传热和传质效率；或改善颗粒与空气接触的情况，提高空气流速使颗粒表面气膜变薄，降低传热和传质的阻力，最终提高干燥速率。

在降速干燥阶段，颗粒内部水分向表面移动已不能补充表面汽化水分，颗粒表面逐渐变干，温度上升，其速率主要由颗粒内部的水分向表面扩散的速率决定。而内部水分扩散的速率主要取决于颗粒本身结构、形状和大小等。此时可通过提高颗粒温度，改善颗粒分散程度，以促进内部水分向表面扩散来提高干燥速率，而改变空气的状态和流速对干燥影响不大。

通常，干燥终点由干燥时间和离线样品水分检测结果相结合来确定。也可采用间接的测量方法，如干燥物料温度、出风温度和湿度来推断干燥终点，因为这些参数在整个干燥过程中基本保持不变，只有在干燥速率下降时才开始变化，当这些参数出现变化时开始监测干燥物料的水分，当水分到达控制标准范围内即可停止干燥。另外，近红外技术为实时监测流化床中产品含水量提供了选择，物料的含水量在干燥过程中会发生变化，可以在干燥过程中用近红外仪实时测量产品含水量，从而准确判断干燥终点。

为了证明干燥结束后样品水分是均匀的，一般需要在验证阶段进行确认，在颗粒的上、中、下三层和每层的不同位置取样检验。

（4）卸料　对于小型设备通常只能用手工方式卸料，如手工翻转出料。对于大型的生产设备，通常卸料方式为真空转移或直接从流化床的底部卸料或翻转卸料。一般卸料过程同步进行过筛整粒。

（5）清场　生产结束后，需计算本过程的物料平衡和收率，并按规定的存储条件进行暂存，最后对房间设备设施进行清理清洁。

3. 整粒

通常湿颗粒和干燥后的颗粒，需进行过筛整粒，对较大的团块和颗粒进行打散破碎，使颗粒粒径大小更加均匀并符合质量要求。按照《中国药典》（2025年版）要求，颗粒剂应照粒度和粒度分布测定法（通则0982第二法双筛分法）测定，不能通过一号筛与能通过五号筛的总和不得超过15%。

整粒机的关键部件为转子和筛网，转子常见有圆刀型和方刀型，筛网除孔径大小有不同规格外，还有不同的形状，如圆形、方形、鱼鳞形等。一般湿颗粒整粒，选用方形孔筛网；硬度比较大的干颗粒整粒，选择方刀形转子和鱼鳞形筛网搭配使用，使得颗粒更容易被破碎。

整粒的关键控制参数有转子速度和筛网孔径，两者共同决定过筛整粒后颗粒的粒径大小，如转子速度越快，筛网孔径越小，整粒后颗粒粒径越小。

根据工艺需要，首次整粒后的颗粒可进行二次或多次整粒，如将首次过筛整粒的颗粒通过筛分设备进行筛分，将筛分后得到的大颗粒再次粉碎过筛。整粒设备与干燥设备建议密闭连接，采用垂直下料或真空上料，避免粉尘产生和扩散。整粒过程需要控制出料速度，若速度过快，可能会出现整粒机因颗粒架桥导致堵料的现象。

三、颗粒剂生产设备

（一）制粒

1. 摇摆颗粒机

摇摆颗粒机主要用于将潮湿的粉料或块状的干料挤压研磨通过筛网制成所需的颗粒，广泛应用于制药、化工及食品等行业。

（1）结构　摇摆颗粒机（图3-15）由加料斗、旋转滚筒、刮刀、筛网、夹网轴和机械传动系统等组成。加料斗下部装有可正反方向旋转的滚筒（转角为200°左右），滚筒上固定有若干个棱柱形的刮刀，刮刀底部紧贴着由夹网轴固定的筛网，筛网底部是出料口。筛网可选用金属或尼龙筛网，拆装简易，松紧可调。

图3-15　摇摆颗粒机

（2）工作原理　摇摆颗粒机工作时，旋转滚筒正反方向旋转产生“摇摆”运动，利用滚筒上的刮刀将料斗中混合均匀的湿物料（软材）强制性挤压通过筛网，形成均匀的颗粒。

摇摆颗粒机运行时，加料量和筛网的松紧度直接影响制得颗粒的质量。当料斗中软材较多且筛网较松时，由于滚筒反复旋转能增加软材的黏性，故制得颗粒粗且紧密；反之，则制得的颗粒细且松散。增加黏合剂的浓度、用量，或增加软材通过筛网的次数，均能使制得的颗粒更加紧实。此制粒过程中筛网所受摩擦力较大，筛网易破损。在安装筛网前、生产中与生产结束后均应检查筛网的完整性，如有破损需重新制粒。

（3）特点　摇摆颗粒机结构紧凑、占地面积小、易于拆装和移动；设备操作简便；所制颗粒形状规则，具有较高的均匀性，能满足不同领域的要求；适用范围广，既可用于湿法制粒，也可用于干法制粒及整粒。

2. 高速湿法混合制粒机

高速湿法混合制粒机又称搅拌切割制粒机，是利用搅拌桨混合及高速制粒刀切割，集混合与制粒功能于一体的通用制粒设备。广泛应用于制药、食品、化工等行业中对粉状松散物料进行混合、制粒。

（1）结构　高速湿法混合制粒机（图3-16）主要由物料缸、电气控制系统、搅拌桨及切割刀（图3-17）等组成。缸盖上常设有进料口、视窗、喷浆装置、过滤装置、清洗装置等。设备常配有扶梯平台及安全护栏以方便生产操作。

图3-16　高速湿法混合制粒机

图3-17　高速湿法混合制粒机搅拌桨及切割刀

为了减少容器内湿颗粒结块现象，目前常用整粒湿法混合制粒机，即在湿法混合制粒机的出料口处安装湿法整粒装置，利用整粒刀旋转将结块的湿颗粒打散通过方孔筛网，使湿颗粒更加均匀。某些设备还配置与流化床干燥机联机出料的功能，使得湿颗粒在密闭管道中直接转运进入干燥系统，减少了湿颗粒转运过程中产生的污染及损耗。为减少投料时固体粉末扩散或损耗，生产中常配备真空上料系统或提升加料机进行投料，可进一步控制污染，更加符合GMP要求。

（2）工作原理　高速湿法混合制粒机利用搅拌桨使缸内物料翻动、分散，实现干混、湿混均匀，并甩向器壁后向上运动，再利用切割刀将大块湿物料绞碎、切割，并在搅拌桨的协同作用下继续进行挤压、滚动，最终形成致密的颗粒。

高速湿法混合制粒机在操作时，先将药粉和各种辅料加入料缸中，启动搅拌桨将干物料混合均匀，接着加入黏合剂，继续搅拌制备软材；之后启动切割刀，在搅拌桨及切割刀的共同作用下制成颗粒；完成制粒后倾倒湿颗粒，或由料缸底部的出料口自动放出湿颗粒，送去下一步干燥工序。

常用的加料方式有真空加料、提升加料机加料或人工加料等。黏合剂的加入常采用喷雾的方式，无须停机，在搅拌运行的同时，利用压缩空气将黏合剂通过缸盖上安装的喷枪喷入料缸，使黏合剂分散更加均匀。

影响湿颗粒粒度大小的主要因素有：黏合剂的种类、加入量、加入方式，原料粉末的粒度（粒度越小，越有利于制粒），搅拌、切割速度和时间，搅拌器的形状与角度，切割刀的位置等。

（3）特点　高速湿法混合制粒机可将物料的混合和制粒在同一台设备中完成，生产效率高，制粒速度快，还可降低劳动强度，减少物料转移引起的粉尘污染；可配置PLC，变频调速，利用人机界面设置工艺参数，自动完成混合制粒的工艺周期，并能自动打印所有工艺参数，原始记录真实可靠。

3. 流化床制粒机

流化床制粒机又称沸腾制粒机，制粒时由可调节温度的气流使物料在容器中形成类似沸腾的状态，其可将物料的混合、制粒、干燥操作在一台设备中完成，又称一步制粒机。

（1）结构　流化床制粒机（图3-18）由物料斗、扩散室、捕集室、捕集袋、空气过滤系统、加热系统、喷雾系统（黏合剂供浆罐、蠕动泵、喷枪）、进风系统、排风系统等组成。根据喷枪安装位置不同，喷雾工艺主要有三种：顶喷、底喷和切线喷，其中流化床制粒主要采用顶喷工艺。捕集袋用来捕集制粒过程中漂浮的物料粉末，捕集袋定时抖动，减少物料的损失。常采用聚酯材料，一般为20μm的透过率，最小可达到3～5μm。

（2）工作原理　将物料粉末投入料斗密闭容器内，利用热气流的作用，使粉末悬浮呈流化态循环运动，达到均匀混合；再喷入雾状液体黏合剂润湿容器内的粉末，使粉末逐渐聚集成疏松的颗粒；成粒的同时，由于热气流对其做高效干燥，湿分不断蒸发，此过程重复进行，最终形成均匀的干燥多微孔球状颗粒。

图3-18　流化床制粒机

（3）特点　多功能流化床制粒机可在同一台设备内完成混合、制粒、干燥及包衣等操作，简化了生产工艺；设备占地面积小、劳动强度低、自动化程度高；制得颗粒疏松、粒度均匀，溶解速度快，流动性及压缩成型性好。但本设备生产时能量消耗较大；对物料本身性质有一定要求，如吸湿性物料容易黏壁，物料密度相差太大时难以均匀流化等。

4. 干法制粒机

干法制粒机是新型高效制粒设备，广泛应用于制药、化工、食品等领域的制粒生产，尤其适用于各种活性药物的加工处理，是对湿热敏感药物制粒必不可少的设备。通常采用干法辊压工艺技术，将含水量≤5%的粉状物料压缩成片或块状，再经碎整粒、筛分工艺，使片块状物料制成符合使用要求的颗粒状物料。

（1）结构 干法制粒机（图3-19）由预加料器、定量加料器、强制喂料螺旋加料斗、轧片机、碎整粒机、振动分级筛、回料绞龙、斗式提升机、电控柜等组成。

预加料器：带有机械振动的加料斗，自动控制，定时振动。

定量加料器：采用变频调速，确保加料精度。

强制喂料螺旋加料斗：由变频调速电机、锥螺旋、搅拌刀齿及带视镜窗的锥形加料斗以及喂料口等组成，其作用是进一步完成脱气并进行压力加料。

轧片机：由左右固定轴承座及滑动轴承座、框架结构、两组合金钢轧辊、两个液压油缸、电动自动泵站、硬齿面专用减速器及主电机组成。两组轧辊彼此间有一定间隙，以相同的速度做相向旋转。其中一组轧辊轴承座在机架内不动，另一组轧辊轴承座在机架导轨上滑动，借助液压缸施压使彼此靠紧。

图3-19 干法制粒机

碎整粒机：由切碎箱体、切碎主轴、专用旋转刀片构成。碎整粒是由电机带动主轴做高速旋转，将挤压成型的物料进行破碎整粒的操作。

振动分级筛：带防堵网装置，方便清理筛网，由碎整粒机出来的碎粒粉料经该机筛分成粒状产品及回用粉料。

回料绞龙：将振动分级筛返回的不合格粉状物料输送到加料提升机。

斗式提升机：上下链轮采用组装式结构，用于输送物料。

电控柜：由电控箱体、变频调速控制器、电流表、电压表、指示灯、按钮开关、电压转换开关等电气元器件组成，所有电气集中控制操作。

（2）工作原理 经配料混合好的干粉状物料经定量加料器均匀送入喂料斗，之后从两轧辊上方连续均匀地靠自重及强制喂料进入两轧辊之间，物料先作自由流动，进入咬入区后被轧辊逐渐咬入。随着轧辊的连续旋转，物料占有的空间逐渐减少而被逐步压缩，并达到成型压力最大值。随后压力逐渐降低，压缩得到的块状物料由于弹性复原及自身重量因素，从轧辊脱落而进入碎整粒、筛分装置，最终得到所需粒状合格产品。而粉料口出来的细粉料和不合格的超大颗粒则随回料绞龙重新进入提升机加料口，同新鲜物料混合加入预加料斗而进入下一轮工艺流程。

（3）特点 干法制粒机无须加入其他辅料，干粉可直接制粒，避免某些药物遇水或其他润湿剂引起的稳定性问题；无须干燥过程，有利于保持热敏性药物的稳定性，也便于后续生产流程的衔接和改造；干法制粒工序少，可循环操作，实现连续生产，工作效率高。适应原料范围广，颗粒强度可根据不同物料自由调整，通过调节轧辊的压力控制成品强度；加料和喂料装置采用变频无级调整控制，自动化程度高，可实现一人多机控制，具有劳动强度低及可长期连续运转等特点。

5. 热熔挤出机

（1）结构 热熔挤出制粒的关键设备是热熔挤出机（图3-20），可分为柱塞式和螺杆式。柱塞式由于混合能力不强，逐渐被淘汰。螺杆式挤出机分为单螺杆、双螺杆和多螺杆，目前在制剂领域应用最多的为前两种。单螺杆和双螺杆挤出机都是由加料系统、传动系统、螺杆机筒系统、加热冷却系统、机头口模系统、监控系统及下游辅助加工系统构成。

（2）工作原理 热熔挤出技术是将药物和载体辅料于熔融状态下混合，以一定压力、速度、形状挤出形成产品的技术。热熔挤出过程可分解为喂料—熔融—混合—脱挥—挤出—冷却定型—挤出物后处理等单元。

喂料：将两种或两种以上颗粒或粉末状物料加入逐段控温的机筒中。目前常用的为计重式双螺杆下料方式。

熔融：机筒内根据物料特性选择不同的螺杆元件，螺杆元件从加料部位到机头顺次执行不同的单元操作。螺杆推进物料前移，物料在机械作用力和机筒外加热作用下，在一定的区段熔融或软化。

混合：熔体在剪切元件、混合元件的作用下均匀混合，形成单相高度均匀的分散体。

脱挥：将降解的小分子物质和水分等从物料中脱除。

挤出：分散体通过螺杆运输、增压、混合，最后以一定的压力、速度和形状从机头口模挤出。

冷却定型：物料从挤出机挤出后，使用风冷拉条切粒、微丸造粒、冷却辊配合研磨机等多种方式进行冷却。

挤出物后处理：根据制剂需要进行收卷、切碎或粉碎处理。

（3）特点 热熔挤出制粒工艺适用范围广，可应用于各种熔融性物料如塑料、化工、食品及医药等行业；通过更换模具，可以制备出不同形状大小的颗粒；可以实现连续生产，生产效率高，适用于大批量生产；由于挤出机和切割装置的精密控制，制粒过程中颗粒的形状和尺寸分布相对稳定。但此制粒过程需要高温高压，故能耗较大；对物料的熔融性和流动性要求较高，不适用于一些难熔融的物料；需要专用的挤出机和切割装置，设备投资较大。

图3-20 热熔挤出机

（二）干燥及整粒

1. 热风循环烘箱

热风循环烘箱是一种常用干燥设备，加热方式常采用电加热或蒸汽加热，主要用于不易燃湿分的干燥。广泛应用于制药、化工、食品、轻工和重工业等领域中原料和产品的加热除湿。

（1）结构 热风循环烘箱（图3-21）主要由箱体、烘车、烘盘单元、风机单元、加热单元、进出风高效过滤器及电气控制系统等组成。

（2）工作原理 使用时将待干燥物料放入烘盘，开启鼓风机和加热器，使热空气在干燥室内流动。热空气与各层湿物料接触时进行热交换并把水分带走，部分废气从排风口排出，余下的废气继续循环使用，以提高热利用率。干燥时可不断补充新鲜空气并排出潮湿空气，使箱内能保持适当的相对温度和湿度。

图3-21 热风循环烘箱

（3）特点 热风循环烘箱适用范围广，多用于中药材、药材提取物及颗粒等的干燥，是通用型干燥设备。其最大特点是大部分热风在箱内循环，提高了传热和传质效率，可节约能源。利用强制通风原理，箱内设有可调式分风板，可调节箱内温差，使各层物料干燥更加均匀。热源可采用电、蒸汽、热水、远红外等，选择广泛。

2. 沸腾干燥机

沸腾干燥机又称流化床干燥机，是应用负压沸腾流化技术，使湿物料在热空气中实现沸腾流化状态并进行热质交换，以完成物料干燥功能的设备。

（1）结构　沸腾干燥机（图3-22）系统主要由空气处理单元、沸腾干燥机单元、引风单元（主要由风机及消声器组成）与电气控制单元组成。

图3-22　沸腾干燥机

空气处理单元主要完成空气的净化和热质交换，向沸腾干燥机单元提供符合干燥工艺要求的载热气流。主要包括过滤器（初效、中效、高效）、热交换器、冷热风量比例控制执行器等。其中冷热风量比例控制执行器是关键控制器件，可根据干燥工艺要求对进入沸腾干燥单元的冷热风量进行比例控制，从而使温度处于自动受控状态。

沸腾干燥机单元是系统完成干燥功能的主要场所，包括基座、物料容器推车组件、扩散室、捕集室等部分。基座顶升密封、捕集袋密封采用充气气囊密封，其余主机密封采用带自动补偿及自适应功能的空心矩胶管密封，使主机整体密封良好无泄漏。物料容器为圆锥筒形，底部为不低于120目的不锈钢过风网及气体分散盘，使空气能均匀接触到物料层。器壁设有观察孔和防爆取样器。扩散室为圆柱式结构，内壁经抛光处理，利于物料的流化沉降。捕集粉尘装置的捕集袋采用抗静电纤维织物，过滤面积大，采用双捕集室分时抖袋清灰，使设备工作过程的抖袋频率大为降低。

引风单元主要包括引风口蝶阀、引风机、消声器等。引风机在干燥器内形成负压环境，保证最少量的粉尘泄漏。当沸腾干燥机单元抖袋时，左右引风口蝶阀分时关闭，左右室分时抖袋，实现沸腾干燥机的连续工作，提高生产效率。

电气控制单元的中枢控制器为一台PLC，系统操作终端包含触摸屏及打印机。操作终端安装在机身附近的操作柜上，PLC及其他电气元件安装于独立电气控制柜中，电气控制柜与设备主机系统分离安装。

（2）工作原理　工作时，物料加入沸腾干燥机的料斗中，按工艺要求设定程序和参数，整机开始工作。空气经过空气处理系统过滤、经加热系统加热后，从物料容器底部筛网进入干燥室，湿物料在气流的推动力及自身重力的共同作用下悬浮形成流化状态，热气流穿过悬浮物料，与其进行动态热质交换，水分迅速蒸发，物料被快速干燥。

（3）特点　干燥过程稳定，热能利用率高，生产效率高，自动化程度高。干燥后物料集中在料斗中，且物料容器配有推车组件，方便进一步转运，有效地控制了粉尘和交叉污染，更符合GMP要求。适合对湿粉体、湿颗粒物料进行干燥，广泛应用于制药、食品、化工、饲料等行业生产工艺流程中的物料干燥。

第四节　片剂的生产

一、片剂的概念和基本要求

片剂系指原料药物或与适宜的辅料制成的圆形或异形的片状固体制剂。

中药片剂有浸膏片、半浸膏片和全粉片等。

片剂以口服普通片为主，另有含片、舌下片、口腔贴片、咀嚼片、分散片、可溶片、泡腾片、阴道片与阴道泡腾片、缓释片、控释片、肠溶片与口崩片等。

拓展知识：片剂的基本要求

片剂在生产与贮藏期间应符合下列规定。

① 原料药物与辅料应混合均匀。含药量小或含毒、剧药的片剂，应根据原料药物的性质

采用适宜方法使其分散均匀。

② 凡属挥发性或对光、热不稳定的原料药物，在制片过程中应采取遮光、避热等适宜方法，以避免成分损失或失效。

③ 压片前的物料、颗粒或半成品应控制水分，以适应制片工艺的需要，防止片剂在贮存期间发霉、变质。

④ 片剂通常采用湿法制粒压片、干法制粒压片和粉末直接压片。干法制粒压片和粉末直接压片可避免引入水分，适合对湿热不稳定的药物的片剂制备。

⑤ 根据依从性需要，片剂中可加入矫味剂、芳香剂和着色剂等，一般指含片、口腔贴片、咀嚼片、分散片、泡腾片、口崩片等。

⑥ 为增加稳定性、掩盖原料药物不良臭味、改善片剂外观等，可对制成的药片包糖衣或薄膜衣。对一些遇胃液易破坏、刺激胃黏膜或需要在肠道内释放的口服药片，可包肠溶衣。必要时，薄膜包衣片剂应检查残留溶剂。

⑦ 片剂外观应完整光洁，色泽均匀，有适宜的硬度和耐磨性，以免包装、运输过程中发生磨损或破碎，除另有规定外，非包衣片应符合片剂脆碎度检查法（通则0923）的要求。

⑧ 片剂的微生物限度应符合要求。

⑨ 根据原料药物和制剂的特性，除来源于动、植物多组分且难以建立测定方法的片剂外，溶出度、释放度、含量均匀度等应符合要求。

⑩ 片剂应注意贮存环境中温度、湿度以及光照的影响，除另有规定外，片剂应密封贮存。生物制品原液、半成品和成品的生产及质量控制应符合相关品种要求。

除以上基本要求外，片剂应按照《中国药典》（2025年版）规定，进行重量差异、崩解时限、分散均匀性等检查，确保产品符合质量要求。

二、片剂生产工艺

片剂的生产通常包括原辅料预处理、配料、制粒、干燥、整粒、总混、压片、包衣等工序。下文重点介绍片剂生产中的主要单元操作——压片及包衣方法。

（一）压片

为方便药物服用，可将制得的原辅料颗粒、粉末或微丸压制成一定形状的药片，如圆形、椭圆形及各种异形。药片的形状由冲模决定，冲模上可增加刻字、刻痕等。

片剂应根据药物的性质和临床需要制定处方，选择适宜的辅料和制备方法。根据对原辅料的加工方法不同，分为湿法制粒压片法、干法制粒压片法和直接压片法。

湿法制粒压片法是指先将物料用湿法制粒法制备成颗粒，再进行压片的方法。适合于对湿热稳定的药物。制粒可以改善物料的流动性及可压性，减少粉尘飞扬，防止物料的分层离析，使药物含量更加均匀准确。湿法制粒压片法目前应用最为普遍，通常包括粉碎、筛分、混合、制湿粒、干燥、整粒、总混、压片等工序，工艺流程见图3-23。总混是整粒后压片前的工艺操作，需要向干颗粒中加入片剂处方中尚未加入的其他组分，如润滑剂与外加崩解剂、挥发性成分、小剂量药物或对湿热不稳定的药物等，并最终全部混合均匀。

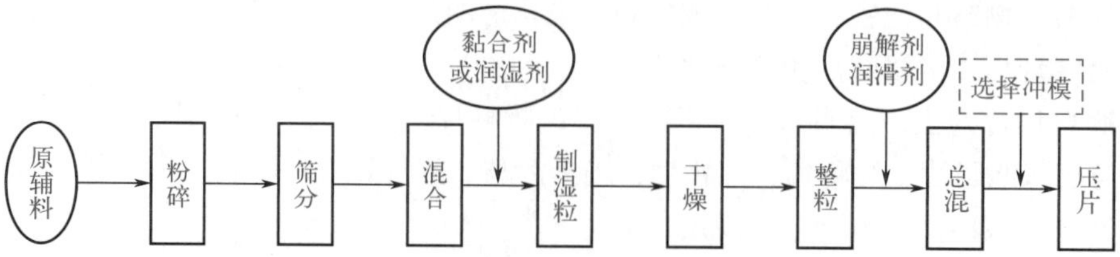

图3-23 湿法制粒压片工艺流程图

干法制粒压片法是指先将物料用干法制粒法制备成颗粒，再进行压片的方法。制粒时不需要加热干燥，更适合于对湿热不稳定的药物。因先将物料制备成颗粒，故可解决直接压片时流动性、可压性不佳的问题。通常包括粉碎、筛分、混合、压块、粗粉碎、整粒、总混、压片等工序，工艺流程见图3-24。

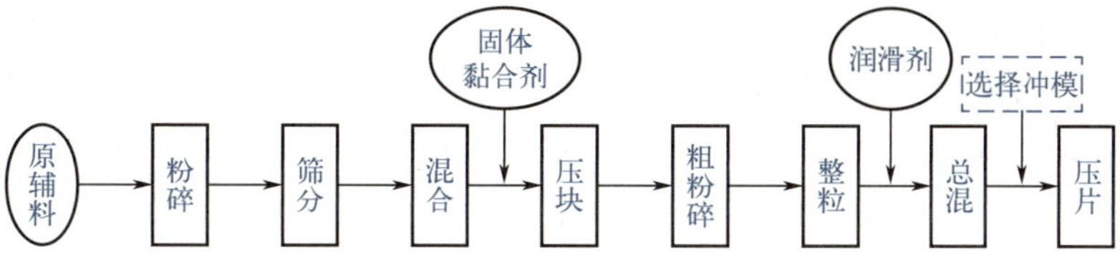

图3-24　干法制粒压片工艺流程图

直接压片法是指将药物粉末与适宜的辅料混合后，不经过制粒而直接压片的方法。通常包括粉碎、筛分、混合、总混、压片等工序，工艺流程见图3-25。此法工艺简单、工序少，省时节能，适用于对湿、热不稳定的药物；但要求物料本身具有良好的流动性和可压性。为克服直接压片的不足，压片机的料斗中常安装电磁振荡器，以使药粉能准确定量填入模孔；此外，还可采用增加预压过程、减慢车速、延长加压时间等措施进一步提高压片效率。

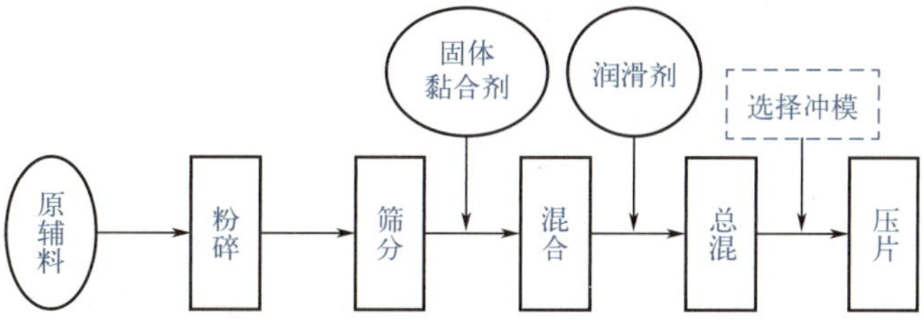

图3-25　直接压片工艺流程图

1. 压片过程

（1）检查准备　对用到的区域进行检查确认，包括设备设施、文件记录、温湿度、清洁消毒效期等。

领取压片用冲模等模具。冲模应专人上锁管理，领取时应核对编号的正确性，检查其外观是否完好，领出后需进行清洁。

领取压片用总混颗粒，需确认总混颗粒的名称、批号、重量及质量状态的正确性，且在规定的暂存期内。

（2）上料　药粉的进料系统可能影响药片质量，低速压片机通常用人工料铲加料，需注意减少粉尘的产生及对操作者的保护；高速压片机的加料方式则包括气动传输和重力加料，颗粒再通过下料管道，进入饲粉器中，此过程为密闭加料，可以有效避免粉尘的产生。多层片各饲粉器之间应有有效防漏粉措施。

（3）压片　药片的硬度由设备压片时的压力决定，片重由中模孔的填粉深度决定。

制粒过程由于物料批次间的细微差异、制粒过程的微小变化等因素的影响，每批颗粒的粒径分布、密度等性质略有差异，故每批产品在正式压片前，需先进行试压片，调整主压力和填充深度参数，以获得满足片重和硬度要求的药片。双层片或多层片，每层均需进行试压，确保每层片重均满足要求，最终药片的硬度、脆碎度、崩解时限（必要时）等其他质量指标均应符合要求。

试压片结束后进行正式压片，压片过程需要开启设备主压力剔除功能，配套使用除粉设备和金属检测设备。药片从压片机出料口出来后，进入除粉设备、筛片机和金属检测设备，合格药片最终进入收集桶中。

压片机常配备有主压力剔除系统。由于主压力直接影响药片硬度，故剔除系统主要是剔除压片过程中主压力超出限度范围所压的药片，避免硬度不合格的药片混入合格药片中，在每批产品生产前需确认剔除系统功能正常。压片配套使用的金属检测机可有效检测并防止金属异物进入产品中。每批产品在生产前及生产结束时均需用标准金属样片（铁、非铁、不锈钢）对剔除功能进行确认，注意样片需避免交叉污染和因差错而混入产品中。

压片的主要操作参数有转台速度、饲粉器速度、填充深度和主压力等。转台速度决定产出量，转台速度越快，饲粉器速度越快，才能确保药粉能及时填入中模孔中；填充深度决定药粉填入中模孔的量，代表的是药片的重量；主压力反馈药片的硬度，药粉有一定的可压缩性，故在药片的可压缩性范围内，主压力越大则硬度越大。进行压片操作时，为保障在恒定转速、稳定的片重和压力下生产出高质量的药片，高速压片系统中设计有以下各种不同的应用模式。

① 片重控制（不带自动调节功能）：为了减少片重的波动，通过设置固定数值的精确定料控制台实现目标片重，再由人工检测片重值。此时，可通过微调药片厚度来达到压力值，进一步达到硬度要求（对于稳定的配方，在大多数经验证的工艺范围内，压片机的主压力与药片的硬度呈同向关系，特殊配方例外）。

② 硬度控制：在固定压力的设定下，通过自动微调药片厚度来达到片重的质量要求。

③ 片重控制（自动调节功能）：通过自动装置检测片重，反馈信号至PLC，联系上述两种方式进行自动调节压力设定，以达到压片机所初设的片重设置。

④ 药片厚度：通过设定的硬度值或者直接设定填料深度来控制。某些情况下，厚度控制是因为有些包装（如泡罩包装）对药片的厚度有相应要求。

某些高产量的设备及自动化系统可以对药片进行称量和数片，如包括IBC在内的专门收置药片的设备，还附带下料口和软质的下料口阀门。

（4）清场　压片结束后，需计算本过程的物料平衡和收率并按存储条件进行暂存，最后对房间设备设施进行清理清洁。

2. 生产过程控制

压片过程的关键质量指标：常规商业化批次生产一般应控制素片的外观、平均片重与单片重量或重量差异、硬度、崩解时限（如需要）、脆碎度与药片厚度。

在压片生产过程的不同阶段，上述控制指标的控制频率及取样量有所不同，具体如下。

首样：外观、平均片重与单片重量或重量差异、硬度、崩解时限（如需要）、脆碎度与药片厚度，除崩解时限和脆碎度按照《中国药典》（2025年版）通则规定取相应的样品量外，其他检测项目的样品检测数量应不少于压片机冲头数。

过程样：外观、平均片重与单片重量或重量差异、硬度需要高频率监测，并根据其变化趋势及时对压片机控制参数进行微调，以保证片重与硬度在内控的标准范围内。崩解时限、脆碎度也需要监测，但检测频率可适当降低。检测样品量一般少于首样，建议结合压片机性能合理制定。

控制标准如下。

外观：重点关注异物点、黏冲、裂片或掉盖等情况。

平均片重与单片重量或重量差异：《中国药典》（2025年版）通则0101规定，平均片重或标示片重在0.30g以下的，重量差异应不超过±7.5%，否则，重量差异应不超过±5%。另外，片剂成品的含量与素片片重直接相关；为了确保成品重量差异与成品含量符合标准要求，压片过程中需对素片的平均片重及单片重量制定更严格的控制标准。例如，成品含量可接受标准为95%～105%，素片平均片重为200mg，则素片平均片重可控制在97%～103%（194～206mg），每一单片的重量在95%～105%（190～210mg），当单片重量出现偏大或偏小值时，应进一步确认重量差异能否满足要求，重量差异不超过±5%。

硬度：根据工艺要求给定控制标准。

崩解时限：《中国药典》（2025年版）通则0921对不同剂型片剂崩解时限的检测条件及控制标准要

求不同，素片的崩解时限控制标准可结合剂型特点、药典标准以及产品的工艺控制要求来制定。

脆碎度：减失重量不得过1%，且不得检出断裂、龟裂及粉碎的片，具体的测试方法及要求见《中国药典》（2025年版）通则0923。

药片厚度：根据产品工艺要求给定控制标准。

（二）包衣

包衣一般是指在片剂（常称其为片芯或素片）、微丸或颗粒的外表面包裹上一定厚度的衣膜的操作。包衣可以实现功能性或非功能性的目的，如：保护药物不受光照、吸潮的影响，增加药物稳定性；改善制剂的外观质量；掩盖苦味或不良气味，增加患者使用顺应性；防止药物的配伍禁忌；改变药物的释放部位及速度，如胃溶型、肠溶型、缓（控）释型等。

包衣过程是一个喷液和干燥的湿热平衡过程，即包衣液喷出后附着在底物上，包衣液中的成膜材料进行延展，延展过程中液体排出、及时干燥。包衣锅内的产品温度或排风温度是重要的控制参数。

包衣的种类主要有薄膜衣和糖衣两大类。其中薄膜衣又分为胃溶型、肠溶型和缓（控）释型三种。

1. 薄膜包衣

薄膜包衣材料主要由高分子聚合物、增塑剂、抗黏剂、色料/遮光剂、速度调节剂和溶剂组成。具体作用及常用材料见表3-4。

表3-4　薄膜包衣材料

组成		作用	常用材料
高分子聚合物	普通薄膜衣	改善产品外观，改善吸潮和防止粉尘等	羟丙基甲基纤维素、甲基纤维素、羟丙基纤维素、聚维酮等
高分子聚合物	缓释用包衣材料	延缓药物释放速率	乙基纤维素和醋酸纤维素
高分子聚合物	肠溶包衣材料	使药物进入肠道释放	醋酸纤维素酞酸酯（CAP）、甲基丙烯酸共聚物、聚醋酸乙烯酞酸酯（PVAP）、羟丙基甲基纤维素酞酸酯（HPMCP）
增塑剂		能降低成膜温度，改变高分子聚合物的物理机械性质，使其具有柔顺性，更易在底物上形成薄膜	酯类（如枸橼酸三乙酯、邻苯二甲酸二乙酯、癸二酸二丁酯等）、甘油、聚乙二醇（PEG）、蓖麻油等
抗黏剂		防止颗粒或片剂在包衣过程中粘连	滑石粉等
色料/遮光剂		能够使产品更加美观，在改善产品性能方面也能起到相应作用，如遮光性	有机色料及其色淀，如日落黄、柠檬黄、赤藓红；无机色料，如二氧化钛、黄色氧化铁、红色氧化铁等；天然色素，如核黄素、胭脂红等
速度调节剂		又称溶出促进剂或致孔剂，遇到水性液体环境会迅速溶解，留下多孔性薄膜作为药物释放的扩散屏障	常用水溶性辅料，如蔗糖、聚乙二醇和表面活性剂等
溶剂		分散或溶解高分子聚合物	水性溶剂和有机溶剂

2. 薄膜包衣过程

包衣常用设备有包衣锅和流化床，此处以采用包衣锅对药片进行包衣为例，说明薄膜包衣过程。

（1）检查准备　对用到的区域进行检查确认，包括设备设施、文件记录、温湿度、清洁消毒有效期。

领取洁净的搅拌罐、喷枪、管道等，搅拌罐的大小应与包衣液量相匹配。

空机运行包衣机，确认设备功能正常，如可正常升温、降温等。

凭记录领取包衣材料和药片，领取时需双人核对领取的重量与记录标识上重量是否一致，同时核对名称、批号等信息是否正确，药片是否在规定的暂存期内。

（2）包衣溶液或混悬液的配制 薄膜包衣溶液或混悬液通常在包衣操作间进行配制，根据工艺规程或批记录中的批处方量，将适量的溶剂加入带搅拌的容器，并按工艺规定的顺序加入其他包衣物料，以一定的速度搅拌，使液面形成漩涡，带动整个容器的液体，直至混合均匀。

混合容器中搅拌桨的高度、桨叶的大小要适宜，能够使物料充分混匀。如为包衣混悬液，为了保证混悬液的均匀性，在包衣过程中搅拌桨应持续搅拌，直至包衣结束。

需关注混悬的包衣液中有无团块，可在包衣液搅拌分散后进行过筛，避免包衣过程喷枪堵塞，影响包衣液的喷射角度和雾化状态。

配制包衣液用的纯化水需现配现取，同时配制好的包衣液需要做暂存期研究，确保包衣液在规定的暂存期内使用。

（3）装料 将待包衣的片芯装载到包衣锅内，通常为手动装料，把片芯从容器中经装料口直接转移到包衣锅中，也可以用气动输送的方式将片芯装载到包衣锅内。

（4）预热 片芯被装载到包衣锅中，在比较慢的速度下转动或间歇性转动，热空气吹入片床进行预热，至出风温度达到要求后，便可以开始喷包衣液。预热结束应取样检测素片片重，用于后续包衣增重的计算。

（5）喷包衣液 在喷液过程中，包衣锅持续转动，使药片不断翻动，同时热风也持续吹入锅内，热量由空气传入药片中，进而将液体转化成蒸汽，蒸汽随热空气排出。滚筒的转动速度是一个关键控制参数，如转速设定过快，会导致片芯磨损；而降低转速，虽然减少片芯磨损风险，但也延长了药片通过喷射区的时间，降低了干燥效率，增加了片面过湿、衣层不均匀的可能性。

喷雾的过程包括雾滴的产生，雾滴从喷枪向片床的移动，雾滴在片芯表面上的润湿、撞击、铺展及蒸发成膜几个阶段。喷雾系统应满足以下要求：能够产生小粒径分布的雾滴；能够处理固体含量在8%～20%、有一定黏度的混悬液；构造简单，易于清洁；喷射角度能够控制和调整。

喷雾的操作条件对薄膜包衣的成败至关重要。在包衣过程中，要求雾滴在到达片芯表面后均匀散布，并形成一定厚度的均匀薄膜；当雾滴从喷枪喷往片床表面时就开始干燥，喷到片面时呈部分干燥状态，沉积到片面后液体变得更浓，同时残留液体被快速蒸发掉以避免片芯将其吸收。过程主要工艺参数如下：锅的转动速度、喷枪到片床的距离、喷射的角度和方向、进风量、进风温度、进风湿度、喷液速度、雾化压力、扇面压力、出风口温度、片床温度。

在气压雾化过程中，包衣液以一定的速率被输送到喷枪，并在相对较低的雾化压力下形成雾滴，喷雾速率和雾化压力的设定要与雾滴的蒸发效率相适应。通常使用多通道的蠕动泵输送包衣液，一个通道供应一个喷枪。雾化压力是影响雾滴粒径大小的关键参数。喷枪到片床的距离、扇面压力、喷射的角度和方向也是影响喷雾效果的重要控制参数。

在这些变量中，任何一个变量的作用都会受到其他一个或多个变量的影响，因此这些因素通常都不是单独起作用的，这些因素综合影响包衣环境的湿热平衡。如为了避免药片粘连，可以选择减小喷速、提高进风温度或进风量、调整喷射角度和雾化压力等方法。包衣过程中关键的工艺参数为片床温度或出风温度，可通过调整上述控制参数使其达到工艺控制的要求。

在包衣过程中，排出的空气中会含有一定量的从亚微米到200～300μm的粉尘微粒。这些微粒来自片剂粉尘或被干燥的包衣物料。为了防止环境污染，必须除去这些粉尘，常用的粉尘除去装置包括旋风分离器、织物滤袋、粉尘收集器和湿洗涤器等。

（6）干燥和冷却 喷雾结束后，可以在包衣锅内继续干燥一段时间，然后降温，再进行卸料操作。

（7）卸料 包衣结束后，包衣片的卸载有多种不同的操作方式，具体如下。

① 操作工用料铲手工卸料，料铲边缘应为弧形，不能造成包衣片损坏。

② 通过包衣锅底部阀门，利用重力卸料。

③ 正向转动包衣锅，利用一个特制的卸料铲斗使包衣片提起，并通过包衣锅门安装的滑道卸到包衣锅前的容器中。

④ 反向转动包衣锅，利用包衣锅中方向特定的固定挡板，在包衣锅反向转动时，片子被提起，并通过包衣锅前的密闭滑道卸到容器中。反向转动卸料是唯一一种可以不用打开包衣锅门的卸料技术。

（8）清场　包衣结束后，需计算本过程的物料平衡和收率并按存储条件进行暂存，最后对房间设备设施进行清理清洁。

3. 缓（控）释包衣及肠溶包衣

基于包衣材料的性质不同，包衣既可调节药物以特定速率释放，也可调节药物在体内特定部位（如胃部或肠部）释放。肠溶衣膜可以阻止药物在胃部释放，防止药物刺激胃黏膜，或避免药物被胃酸或胃内酶类破坏，是缓（控）释包衣的一种类型。

缓（控）释包衣及肠溶包衣和普通薄膜包衣的操作基本一致，区别是要进行不同性质衣膜层的包衣操作，以达到控制药物释放的目的，参数设置变化相对复杂。

在缓（控）释包衣过程中，片芯或基丸质量的均一性对包衣效果有很大影响。如片芯的外观平整度、基丸的形状和大小等都会显著影响衣层的覆盖效果，进而影响产品的释放速率。此外，如果包衣过程控制不好，如包衣物料分散不均匀、片芯过湿，或者在到达片床之前雾滴已经被干燥等都会降低包衣的作用。

4. 糖包衣

糖包衣是一种传统的包衣技术，在生产中依然常有应用。与薄膜包衣不同，糖包衣是多工序过程，且非常依赖操作者的经验和技艺。

糖浆的制备：糖浆熬制材料为蔗糖和纯化水，按照处方配比把纯化水加入蒸汽锅中，加热至沸，慢慢加入处方量的蔗糖，边加边搅拌，保持合适的蒸气压维持微沸状态，至蔗糖溶解，把表面的泡沫撇去，用糖度计确认糖浆浓度符合要求，停止加热，趁热过100目筛，筛至糖浆贮存容器中保温备用。若要增加糖浆的黏度，可加入明胶或阿拉伯胶等；若要加入食用色素，应将色素溶解，逐次加入糖浆中，使颜色由浅至深。包衣过程中糖浆应持续搅拌混合并保温。

糖包衣主要分为以下步骤（表3-5）：包隔离层、包粉衣层、包糖衣层、包有色糖衣层、打光、印字。

表3-5　糖包衣步骤

步骤		作用	常用材料
1	包隔离层	形成一层不透水的屏障，防止糖浆中的水分浸入片芯	10%的玉米朊乙醇溶液、醋酸纤维素酞酸酯乙醇溶液等
2	包粉衣层	尽快消除片剂的棱角，使片芯具有圆整的外观	交替加入糖浆（60%～70%，质量分数）和滑石粉
3	包糖衣层	增加衣层牢固性和甜度，使片面光洁平整、细腻美观	较稀的糖浆（60%～70%，质量分数）
4	包有色糖衣层	使片剂更加美观、便于识别	加入色料的稀糖浆，色料有食用色素、色淀、氧化铁粉、二氧化钛粉等
5	打光	增加片剂的光泽和疏水性	虫白蜡、川蜡、巴西棕榈蜡、硅油等
6	印字	便于标识，提高药物识别度	食用级油墨

5. 生产过程控制

片剂包衣过程的关键质量指标有：外观、包衣增重、崩解时限（如需要）。

外观：重点关注产品刻字是否清晰、是否有色差与花斑、包衣片是否完整、片面是否光滑等，包衣过程需频繁对包衣产品外观进行监控，及时对包衣参数进行微调。

包衣增重：包衣结束后，可将薄膜衣片取样计算包衣增重，包衣增重=（薄膜衣片平均片重-素片平均片重）/素片平均片重，包衣增重的控制标准根据工艺要求制定。

崩解时限：崩解时限的控制标准应结合剂型、工艺及《中国药典》（2025年版）的要求设定，详细的检测方法及标准要求可参考《中国药典》（2025年版）通则0921。

三、片剂生产管理

拓展知识：片剂的生产管理相关规定

1. 原辅料预处理

在生产中，合格物料应经车间缓冲区脱外包装或经适当清洁处理后进入备料室。原辅料预处理的环境和空气洁净度要与注册工艺一致，并有捕尘和防止交叉污染措施。

原辅料预处理前应目检、核对重量，液体原料必要时应过滤。

称量用衡器应定期校验，做好校验记录，并在已校验的衡器上贴有校验合格标识，使用前应由操作人员进行检查或校准。

原辅料的粉碎、过筛等预处理过程，应关注以下控制要点：原辅料应按照规定的工艺选用筛网过筛或粉碎；预处理前核对品名、批号和重量等信息；预处理后的原辅料应贴有标签，写明品名、代号/批号、重量、日期和操作者等信息，用于追溯物料信息；根据物料的性质，确定预处理后物料的储存方式和储存效期；预处理前后，物料应分区存放，并有明显状态标识（如处理前后物料批号发生变化、不同状态物料“代码/批号”不同等）；过筛和粉碎设备应有粉尘控制措施，如设备安装吸尘装置，含尘空气经处理后排放；滤网、筛网/筛锣每次使用前后，应检查其磨损和破裂情况，发现异常要调查原因并及时更换；过筛和粉碎设备可配备除金属装置，去除金属屑或金属异物。

2. 原辅料称量、配料

称量操作开始前应确认称量环境温湿度、压差、局部除尘装置等符合工艺要求。称量用天平/电子秤应按规定在使用前完成校验且在校验有效期内使用。物料如集中称配，原辅料的称量环境要与生产环境空气洁净度级别一致。

称量前检查物料外观，应无明显可见异物、结块等不良情况，发现不良情况及时上报质量部门。

称量操作需按照工艺处方要求/生产指令称量，先称量辅料，后称量原料/活性成分物料；或者原辅料分操作间进行称量操作，最大限度地减少交叉污染的风险。配制的每一物料及其重量或体积应当由他人独立进行复核并确认。称量过程采用完全自动化或计算机化设计的，整个过程应经过验证，能够有效防止差错发生。

称量、配料过程用工器具应经过清洁验证或确认，必要时应根据活性成分专用。

称量、配料后的物料应与称量前物料分开存放并进行标识，至少写明物料品名、批号、重量、日期和操作者姓名等信息。

配料前应先核对原辅料品名、规格、代码、批号、生产厂家、包装情况。

处方计算、称量及投料必须复核，操作者及复核者均应在记录上签名。配料过程中处方计算、称量、投料采用完全自动化或计算机化设计的，整个过程应经过验证。

3. 制粒

制粒使用的容器、设备和工具应洁净、无异物。

投料过程应尽量减少粉尘产生，房间可保持相对负压，可采用真空上料或者无尘投料等方式，投料顺序需符合预定工艺的要求，采用高速湿法制粒机制粒时，按工艺要求设定预混、制粒时间、搅拌转速、切刀转速以及加入黏合剂的量。当混合制粒结束时，将制粒机锅的内壁、搅拌桨和盖子上的物料尽量刮干净，以减少损失。

根据工艺要求，如使用可燃性溶剂，制粒及相关区域应注意防爆。湿法制粒机与流化床设计时应具备抗爆能力，常用的防爆方式有闷爆、泄爆与抑爆。同时岗位上应配备有防爆型仪表和防爆型电气设备，安装有浓度检测报警装置。使用管路输送有爆炸隐患的风险物料时，应严格控制投放物料的速度。设备以及管路等之间设防雷、防静电接地，严格控制房间粉尘等。

4. 干燥

采用流化床干燥时所用的空气应净化除尘，达到D级的要求，同时考虑工艺要求确定是否需要增加除湿的单元，排出的气体要有防止交叉污染的措施。操作中随时注意流化室温度、颗粒流动情况。流化床干燥用滤袋应定期清洗，定期进行完整性检查。滤袋应按活性成分专用，或经评估共用不会造成交叉污染的风险。

采用干燥箱干燥时应按工艺要求控制干燥温度、真空度、铺盘厚度等参数，防止颗粒熔融、变质，并定时记录温度。

5. 整粒

整粒机应尽量采用密闭装置组织生产或采用有效的除尘装置。整粒机的落料管路可选择安装金属探测器或采取其他有效的手段和方法，除去意外进入颗粒中的金属异物。

颗粒剂生产中按照注册工艺需要对制粒后的物料进行过筛处理的，除按照规定选择筛网/筛锣外，对于过筛后的细粉应严格按照工艺规定处理，如是否重新制粒等。

6. 总混

颗粒经干燥、整粒后经物料传输管道或其他方式转移至混合桶内，转移过程应采取措施，减少粉尘暴露。可采用翻滚型混合机、容器型混合机和搅拌型混合机等进行总混，每混合一次为一个批号。

混合机内的装量应经过确认。混合好的颗粒装在洁净的容器内，容器应有标签，写明品名、规格、批号、重量、日期和操作者等信息。

7. 压片

压片室应对洁净走廊保持相对负压，粉尘由吸尘装置排出。

应设有单独的模具室，专用于模具的存放与管理。由专人负责冲模的核对、检测、维修、保管和发放。建立冲模使用档案和冲模清洁保养管理制度，保证冲模质量，提高冲模使用率。

冲模使用前后均应检查品名、规格、光洁度，检查有无凹槽、卷皮、缺角、爆冲和磨损，发现问题应追查原因并及时更换。为防止片重和厚度差异，需控制冲头长度。

如采用刻字冲头，使用前必须核对品名、规格，冲头应字迹清晰、表面光洁。

对于功能性刻痕，要核对刻痕是否完整。

压片前应试压，并检查片重、硬度、厚度和外观等指标，必要时可根据品种要求，增测崩解度、脆碎度、含量、溶出度或均匀度等。符合要求后才能开启压片机，按照规定速度范围连续压片，压片过程中应定时抽样检查平均片重、外观以及其他相关指标，抽检频次和项目应根据设备确认状态以及产品情况评估确定。

压片机的加料宜采用密闭加料装置，减少粉尘飞扬。压片机应有吸尘装置，除去粉尘。

盛放半成品的容器应干燥清洁，容器应有标识，写明品名、规格、批号、重量、操作者和日期。

压片过程中取出供测试的样品，一般情况下不得重新放回原容器中。

8. 包衣

包衣锅内干燥用空气应经过滤，并符合D级要求。

包衣中使用有机溶剂的包衣室和包衣液配制室必须符合防火、防爆要求。

包衣用的糖浆须用纯化水配制，煮沸后滤除杂质。食用色素须用纯化水溶解、过滤，再加入糖浆中搅匀，并做好包衣液的配制记录。

包衣液配制前应核对包衣粉品名、型号、颜色等与工艺要求是否一致。包衣前和包衣过程中包衣材料应充分分散均匀。包衣时，应根据工艺控制包衣锅进风温度、物料温度、出风温度、锅体转速、压缩空气的压力、进风量、锅内负压、喷枪的长度和角度等参数，按工艺要求控制包衣片增重，必要时检测包衣片的水分。采用流化床包衣时，应根据工艺要求控制进风风量、进风温度（必要时控制进风湿度）、喷液速度、雾化压力、物料温度，按照工艺要求控制包衣增重、水分等指标。

包衣完毕后装有包制好的半成品的盛器应有标签，写明品名、规格、批号、重量、日期和操作者等。

9. 内包装

直接接触药品的包装材料和容器，应当符合药用要求。塑料瓶、袋、铝塑材料等内包材的外包装应严密，内包装袋应清洁干燥，必要时采取适当方法对内包装袋外表面进行清洁消毒。

内包装设备根据产品特性，可配备吸尘装置，排出粉尘。设备可配备在线照相、在线称量等剔废和报警功能，确保内包装质量符合要求。

在生产前应核对待包装产品和所用包装材料的名称、规格、重量、质量状态，且应与工艺要求相符。

生产过程中应规定定期检查的频次和项目（包装密封性和外观等），保证生产过程产品的质量合格。

应设模具室，由专人负责模具的核对、检测、维修、保管和发放。建立模具使用档案和清洁保养管理制度，保证模具质量，提高模具使用率。

常用的内包装形式有泡罩包装、瓶装、颗粒分装等，下文以铝塑包装、塑料瓶包装、颗粒分装为例，简述内包装过程的要求。

（1）铝塑包装　应建立批号打印钢字管理制度，规定尺寸要求，对钢字的发放、使用、更换进行管理，保证使用的准确性及字体的一致性。

生产前应按规定调节设备成型温度、热封温度、批号打印温度及位置等，调节剔除功能，确认剔除的准确性，检查批号、版型及密封性合格后进行正式生产。

（2）塑料瓶包装　包装材料应无异物、容器洁净无粉尘。瓶、盖规格应符合要求，确保包装的严密性。

塑料瓶包装应设置数粒装置，可根据产品特点，必要时配备干燥剂投放装置、扭矩检测装置等。确保内包质量符合要求。

生产前确认数粒计数准确、封口严密、包装材料规格正确，确认剔除的准确性，合格后进行生产。生产过程中应规定定期检查的频次、项目（如数粒准确性、包材完整性、封口严密度等），保证所生产产品的质量合格。

（3）颗粒分装　生产前确定合适的分装速度（该速度应在验证确认的范围内），调节设备纵封温度、横封温度、批号打印功率（激光）及位置，调节剔除功能，加入药品进行试生产，确认剔除的准确性，检查装量、批号、外观及密封性合格后进行正式生产。

应定期检查内包装的密封性，确保产品的气密性符合要求。颗粒剂/干混悬剂分装过程中，需要定时检查分装剂量的准确性。

10. 外包装

必须对包装标签的品名、规格、批号、生产日期、有效期等进行复核校对。包装结束后，应准确统计标签的使用数、取样数、损坏数及剩余数，与领用数相符。剩余标签和残损标签按规定处理。

包装全过程应随时检查包装质量。要求贴签端正、批号正确、封口纸平整严密、所装的PVC泡罩和铝箔热压熔合均匀、装盒完整、装箱数量准确及外箱文字内容清晰正确。生产过程中应及时扫描药品追溯码，产品放行后应及时上传药品追溯码信息。

采用自动化包装生产线时，为避免出现系统性质量问题，可利用网络技术、人工智能技术实现产品的主动质量控制。根据包装工艺及质量控制需求可配备伺服过程放料、缺料检测、多料检测、说明书检测、缺盒检测、折射检测、剔废、在线称重等在线监测功能，确保设备关键工艺控制点处在在线检测状态。生产线设计要确保各工位动作可实现电子自动同步性，确保设备各功能之间及各种技术指标参数的吻合程度较好，才可以实现与前后道工序设备的自控联接，以及各功能之间的自动联接、自动检测控制运行。

四、片剂生产设备

（一）压片

在实验室中，压片设备常用单冲压片机和普通旋转式压片机（由均匀分布于旋转转台的多副模具按一定轨迹作垂直往复运动），在工业生产中常用高速旋转式压片机（模具的轴心随转台旋转的线速度不低于60m/min）。

1. 单冲压片机

（1）结构　单冲压片机（图3-26）主要由加料斗、饲粉器、冲模（上冲、下冲、中模）、出片调节器、片重调节器、压力调节器等部件组成。因设备只有一副冲模，故称单冲压片机。

（2）工作原理　单冲压片机工作时，下冲的冲头由中模孔下端进入中模孔，将中模孔底封住，利用加料器向中模孔中填充物料；之后上冲的冲头从中模孔上端进入中模孔，并下行一定距离，将物料压制成片；随后上冲上升离开中模孔，下冲同时上升将药片顶出中模孔，完成一次压片过程；之后下冲下降到原位，准备下一次填充。

图3-26　单冲压片机

（3）特点　单冲压片机的产量一般为80～100片/min，主要适用于新产品试制或小量生产。单冲压片机为上冲加压，压力分布不均匀，易出现裂片，且噪声较大。

2. 多冲旋转式压片机

（1）结构　多冲旋转式压片机的主要工作部件由冲模、工作转盘、加料机构、填充调节机构、上冲和下冲导轨装置、压力调节机构及润滑系统等组成。

① 冲模。冲模是压制药片的模具，上、下冲的工作端面形成片剂的表面形状，中模孔径即为药片的直径。冲模（图3-27）是压片机的主要工作元件，一副冲模包括上冲、下冲、中模三个部分。上、下冲的结构相似，但下冲头的长度比上冲头更长。上、下冲的冲头直径相等，其冲头直径和中模的模孔相配合，可以在中模孔中自由上下滑动，但不存在可以泄漏药粉的间隙。为了确保从每个中模孔中产出的药片重量、尺寸和硬度无太大差异，对冲模的加工精度要求很高，例如下冲杆的长度差异会直接影响中模孔中粉量的多少，导致药片出现重量差异。

图3-27　压片机冲模

冲模结构形状可加工成圆形或异形（含多边形及曲线形）。冲头端面可加工成平面形、斜边形、浅凹形、深凹形、异形等，满足不同产品的需求，如深凹形主要用于压制包衣片芯，异形主要用于压制异形片剂。为了便于识别或调整用量，在冲模端面也可以刻制药品名称、剂量及纵横线条等标志。压制不同剂量的片剂，应选择大小适宜的冲模。

② 工作转盘。旋转式压片机有一个绕竖直轴线旋转的工作转盘，结构如图3-28所示。转盘分为三层，分别为上冲盘、中模盘、下冲盘，每层外缘均匀分布多个（与冲模副数相同）同心通孔。其上下两层的孔直径相同，尺寸与上、下冲外径形成间隙配合，上冲与下冲同心，可以在转盘的孔中做上下滑动。中间一层孔的直径与中模外径配合，中模装入转盘中层孔中，利用中模顶丝与工作转盘紧固一体。当工作转盘旋转时，带动上、下冲及中模做旋转运动；与此同时，上、下冲受各自导轨控制在转盘孔中做上下轴向运动，以完成压片及出片的工作。转盘旋转一周共带动冲模经过加料机构、填充调节机构、压力机构、出片机构以完成连续压片的工艺流程。

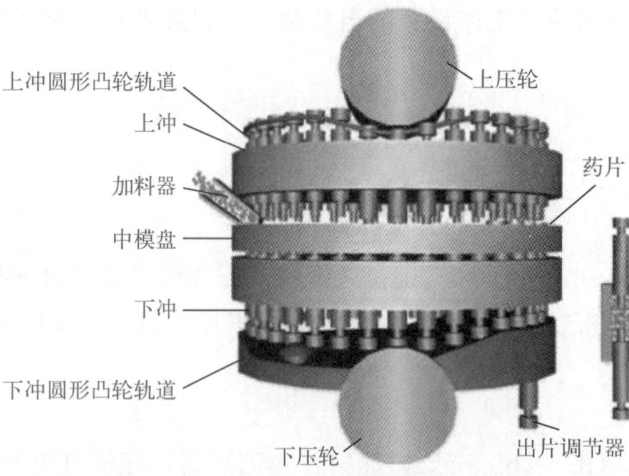

图3-28 旋转式压片机工作转盘结构图

③ 加料机构。普通旋转式压片机（图3-29）采用月形栅式加料器（图3-30），月形栅式加料器固定在机架上，工作时它相对机架不动。其下底面与固定在工作转盘上的中模上表面保持一定间隙（0.05～0.1mm），当旋转中的中模从加料器下方通过时，栅格中的药物颗粒落入模孔中，多层弯曲的栅格板使药物得以多次填充。加料器的最末一个栅格上装有刮料板，它紧贴于转盘的工作平面，可将转盘及中模上表面的多余物料刮除干净。月形栅式加料器多用无毒塑料或铜材铸造而成。

高速旋转式压片机（图3-31）采用强迫式加料器（图3-32），加料器整体结构密封，于出料口处装

图3-29 普通旋转式压片机

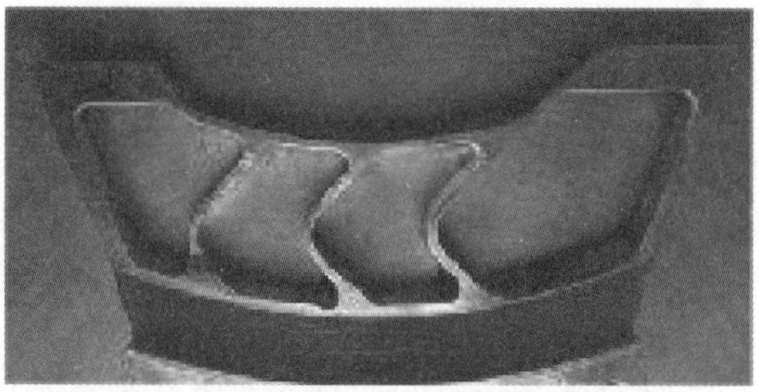

图3-30 压片机月形栅式加料器

图3-31 高速旋转式压片机

图3-32 压片机强迫式加料器

有两组旋转刮料叶，当中模随转盘进入加料器的覆盖区域时，刮料叶迫使药物颗粒多次填入中模模孔中。这种加料器适用于高速旋转式压片机，尤其适于流动性较差的颗粒物料，可提高剂量的准确度。

④ 填充调节机构。在旋转式压片机上调节药物的填充剂量主要靠填充轨，通过调节填充轨上下移动，即可调节下冲在中模孔中的位置，改变封底后的中模孔的实际长度，从而达到调节填充量的要求。

⑤ 上、下冲导轨装置。旋转式压片机的片剂成型是靠上、下冲相向运动完成的。上、下冲的轴向移动靠上、下冲的导轨控制。导轨盘紧固于不转的芯轴上部，上冲的尾部缩径处与上冲导轨的曲线凸缘接触。下冲的导轨较为简单，镶嵌于机架体上，下冲靠重量及上冲的压力压紧于下冲导轨面上。

⑥ 压力调节机构。在对药物颗粒加压的阶段，旋转式压片机的上、下冲正位于机架上的一对上、下压轮之间（此时上冲尾部脱开上冲导轨），此时上、下冲距离最近，将颗粒压制成药片。调节下压轮最高点的位置，可调节压片时下冲上升的最高位置，从而调节压力大小。

高速旋转式压片机通常设置预压、主压两对压轮，压片时颗粒先经预压后再进行主压。在压片过程中预压有利于排出颗粒中的空气，对主压起缓冲作用，且增加了加压时间，有利于保证药片的质量。

⑦ 润滑系统。压片机的冲模高速上下移动，冲模所受的阻力大小是影响其移动的关键，一般压片机均设有润滑系统。润滑系统中润滑时间和间隔非常重要，油量太多易流入产品中造成污染，油量太少润滑不够则冲杆阻力太大，冲杆摩擦力增加。润滑油的纯度也很重要，应选择食品级润滑油。

（2）工作原理 旋转式压片机的基本原理与单冲压片机相似，但避免了单冲压片机瞬时加压无法排出物料间空气的缺点，变瞬时加压为持续逐渐增加压力，延长了加压时间，保证了片剂的质量。

旋转式压片机在扩大生产方面有很大的优越性，其在工作转盘上设置有多组冲模，绕轴不停旋转。工作时，物料颗粒由料斗通过加料器填入其下方转台的中模孔中，当转台转至压片部位时，上冲与下冲位于上下两个压轮之间，此时上、下冲距离最近，将中模孔中的颗粒压制成片；压片后上冲抬起、下冲上升将药片从中模孔内推出，之后转台继续将药片转至出片挡板处推出至成品通道，完成出片。

（3）特点 旋转式压片机所制片剂重量差异较小，因上、下冲相对加压，故压力分布均匀，降低了裂片概率；高速旋转式压片机全封闭、粉尘少，压力大、精度高，噪声低，可自动程序控制，生产效率高。

（二）包衣

生产中使用的包衣设备有普通包衣机、高效包衣机及流化床包衣机等，其中以高效包衣机应用最为普遍。

1. 普通包衣机

（1）结构 普通包衣机（图3-33）主要由包衣锅、传动系统、加热系统和排风系统组成。

图3-33 普通包衣机

包衣锅通常由不锈钢或紫铜等性质稳定且导热性能优良的材料制成，形状常见为荸荠形或球形（莲蓬形）。包衣锅中心轴与水平面夹角为30°～45°，使得包衣片芯既能随锅的转动方向滚动，又有轴向运动，混合分散效果更好。

传动系统控制各个部分的运转，确保整台包衣机正常运行。包衣锅转速常为20～40r/min，保证产生的离心力使锅内的片剂能转至最高点呈弧形运动落下，以做均匀有效的翻转，使衣料分布均匀。

加热系统通常包括两部分，一部分是用通风管向锅内吹入干热空气加热，使喷在物料上的包衣液快速干燥，形成稳定的包衣层；另一部分是利用锅体下部的加热板或煤气管直接对锅体加热，以加速包衣液中溶剂的蒸发。

在包衣机工作过程中，排风系统将锅内空气通过风道排出，送往除尘器净化后排出。

（2）工作原理 包衣时，包衣锅以一定速度旋转，带动片芯在锅内做翻滚、滑动、摩擦运动，分次加入包衣材料溶液，使衣料均匀分布于片面上；同时向锅内通以热风，以除去包衣液中的溶剂，根据工艺要求包若干次，最终得到符合要求的包衣片成品。

（3）特点　普通包衣机主要适用于制药、化工、食品等行业中对片剂或药丸包糖衣、抛光和滚制等，亦可用于试制新品和小批量生产。但此种包衣方式中干热空气只分布于片芯的表面，锅内热空气交换效率低，干燥速度慢。且锅壁旋转时，片剂在底部和锅口部的运动速度较慢，会导致包衣衣层的重量和厚薄不一。

2. 高效包衣机

（1）结构　高效包衣机（图3-34）是目前应用最广泛的包衣设备，通常由主机、热风柜、排风柜、喷雾系统、保温罐等部分组成。

图3-34　高效包衣机

主机包括密闭箱体、包衣滚筒、搅拌器、传动机构及控制系统等；素芯（微丸、小丸或素片等）在滚筒内流线型导流板搅拌器作用下充分翻转，消除了素芯从高处落下的碰撞现象，提高了成品率。

包衣滚筒分为孔式（图3-35）和无孔式两类。有孔式包衣机的热交换是通过网孔进行的，热空气穿过运动状态的片芯间隙，由锅底下的网孔穿过再经排风管排出。无孔式包衣机需要在桶内安装密布小孔的扇形（或鸭嘴形）风桨（图3-36），依靠风桨上的小孔送风排风，常用于小丸包衣。

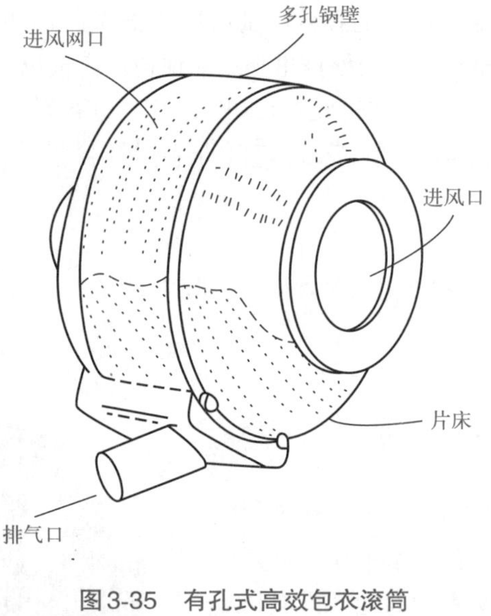

图3-35　有孔式高效包衣滚筒

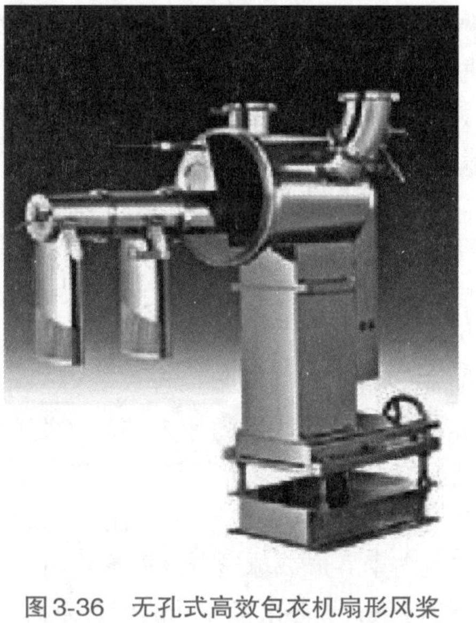

图3-36　无孔式高效包衣机扇形风桨

热风柜包括风机、热交换器，以及初效、中效、高效过滤器等。

排风柜包括厢体、风机、除尘器、清灰机构及集灰箱等，使排出气体符合环保及GMP要求。

喷雾系统由喷枪、蠕动泵、硅胶管等组成。要求喷枪在高压下能喷出均匀雾状溶液，雾化效果好，喷嘴不易堵塞，结构简单易清洗。

保温罐用于对包衣液的保温，包括电加热器、搅拌器、储罐等部件。

（2）工作原理　有孔式高效包衣机包衣时，素芯在包衣机洁净密闭的有网孔旋转滚筒内，不停地做复杂轨迹运动，翻转流畅，交换频繁。由恒温搅拌桶搅拌的包衣介质，经过蠕动泵的作用，从进口喷枪喷洒到素芯上。在排风和负压作用下，热风穿过素芯和旋转滚筒底部的筛孔，再从风门排出，使包衣介质在素芯表面快速干燥，形成坚固、致密、光滑的表面薄膜，整个过程在PLC下自动完成。

无孔式高效包衣机包衣时，素芯在无孔旋转滚筒内做复杂运动。包衣介质由蠕动泵泵至喷枪后喷洒到素芯上，同时热风由滚筒中心的气道分配器导入，经扇形风桨穿过素芯，在排风和负压作用下，从气道分配器另一侧风门抽走，并经除尘后排出，使包衣介质在素芯表面快速干燥。

（3）特点 传统型的包衣机效率低、污染多、噪声大、质量难以控制。高效自动包衣机运行全过程在密闭状态下进行，防爆、防尘，且无粉尘散逸及喷洒液飞溅现象。其热交换效率高，因在负压下加热干燥，热湿气流可穿过素芯层后再排出，使素芯包敷的介质能得到快速均匀的干燥。包衣工艺参数可预先输入PLC，包衣过程能实现程序化及自动化。

3. 流化床包衣机

（1）结构 流化床包衣机（图3-37）主要由空气处理单元、主机、浆液雾化系统、除尘器、离心风机、在线清洗系统、控制系统等组成。

（2）工作原理 流化床包衣与流化床制粒过程相似，即将小丸、小片或颗粒等置于流化床中，底部通入气流，借助急速上升的空气流使物料悬浮于包衣室中并上下翻动形成流化（沸腾）状态，另将包衣材料溶液或混悬液雾化喷入流化床，使物料表面黏附一层包衣材料并在热空气作用下迅速干燥，如法包裹若干层，直至达到规定要求。本法主要用于包薄膜衣。

图3-37 流化床包衣机

液体喷雾方向常见的有三种：顶喷、底喷、切线喷。顶喷即喷枪安装在物料上方，垂直向下喷雾。底喷即喷枪安装在容器底部，垂直向上喷雾，是目前主流的流化床包衣机结构。切线喷即喷枪安装在物料仓侧壁上，喷雾方向为沿着物料运动的切线方向。流化床用于制粒时黏合剂的喷雾常用顶喷，用于包衣时包衣液的喷雾常用底喷或切线喷。流化床各种液体喷雾方式见图3-38。

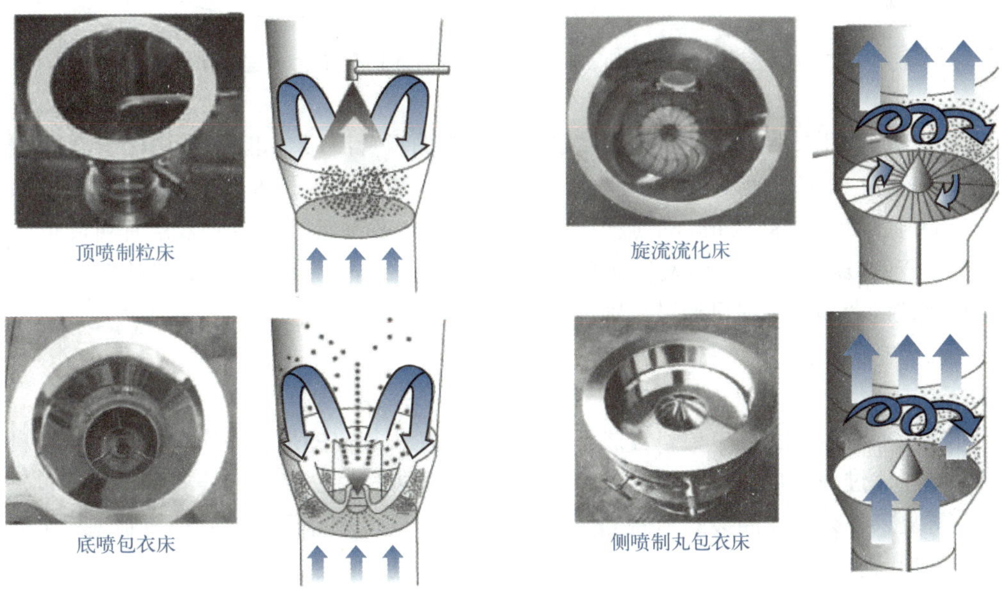

图3-38 流化床各种液体喷雾方式

（3）特点 流化床包衣机干燥效率高，包衣速度快；喷枪与物料间距短，可减少包衣液在到达物料表面前的溶剂蒸发现象，且物料呈有序地循环运动，包衣均匀性好；设备自动化程度高、劳动强度小，产品质量易控制。

五、新型片剂

固体制剂中的新型片剂是利用先进技术或创新设计开发的片剂，旨在改善药物的释放特性、提高患者依从性、优化治疗效果或满足特殊需求。这些新型片剂在复杂释放模式、复方制剂和特殊患者群体中具有广泛的应用前景。随着技术的不断发展，未来将出现更多创新的片剂类型。下文介绍一些常见的新型片剂及其应用和制备工艺。

（一）多层片

多层片（mutilayer tablet）是一种由两层或多层含单一成分或不同成分组成的固体制剂，通常通过分层压片技术制备。近年来，多层片在固体制剂领域中受到广泛关注，成为药物递送系统的重要研究方向，目前已有多个品种获批上市。其中以双层片（外观如图3-39所示）在临床应用中最为常见。

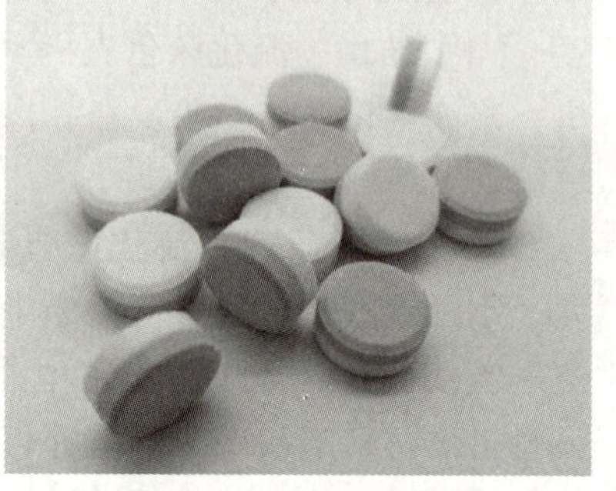

图3-39 双层片外观图

1. 应用

双层片可以设计有速释层和缓释层，每一层可以含有不同的成分或不同释放特性的药物或辅料（图3-40），使其同时具有速释和缓释作用。速释层中的药物快速释放迅速达到治疗效果，缓释层药物缓慢释放以维持血药浓度，如雷公藤双层片、磷酸苯丙哌林双层缓释片、醋酸地塞米松口腔贴片等。还可通过设计肠溶层，保护药物在胃酸环境中不被破坏，实现肠内释放。通过不同层的设计，实现多种药物的分阶段释放，提高治疗效果。

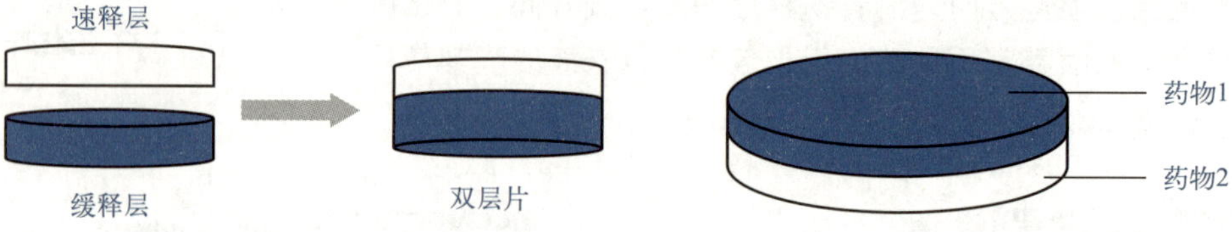

图3-40 速释-缓释型双层片（左）和复方双层片（右）结构示意图

复方双层片常应用于慢性病治疗领域，实现不同药物的组合治疗，如达格列净二甲双胍缓释片、复方阿司匹林双层片等。在联合用药时，某些药物之间可发生协同作用，进一步促进药物的吸收并提高生物利用度，如将降压药和降脂药组合，服用一片药物可达到多种治疗效果。双层片可降低临床用药剂量，服用方便，避免服用多个药物时发生漏服、忘服等现象，从而提高患者用药依从性。

某些不相容性的药物或辅料可通过分别制备、用惰性物质分隔的方式制成双层片剂，以防止相互间发生反应，提高药物稳定性。

2. 制备工艺

目前常用的双层片制备工艺主要是湿法制粒和粉末直压，其目的是获得流动性和可压性良好的总混粉颗粒，以保证压片过程的顺畅。压制多层片对压片机的要求较高，通常需要对标准压片机进行适当的改造以适应这种复杂工艺。在冲头的选择上，使用深凹形冲头可能导致多层片在压制过程中变形；推荐使用标准的中凹形或平面斜角形冲头，以确保多层片的完整性。制备过程中，压片机的旋转速度和压力是影响制剂的关键因素。压力增加，片剂的抗张强度增加，易出现裂片。

双层片的压片原理（图3-41）与单层片的压片原理相似，但并不是两次压片过程的简单叠加。双层片压片机（图3-42）需要具备相应层数的加料系统和压轮。压制双层片时，首先通过压片机第一层加料系统完成第一层药粉过量充填，利用计量导轨提升下冲将中模中过量的药粉顶出，用刮粉器刮除（被刮除的药粉可收集后重新利用或被直接吸除），随后进入第一层预压系统（或主压系统）完成第一层药粉的压制。此时与压制普通单层片不同的是，第一层药柱在出片工位并不提升出片，而是直接过渡进入第二层加料系统中，进行第二层药粉过量充填。利用计量导轨提升下冲将过量的第二层药粉顶出，用刮粉器刮入回粉凹槽后（被刮除的药粉可通过导粉装置回流进入第二层加料系统中回收利用），进入第二层预压系统和主压系统，最终完成双层片的压制成型。

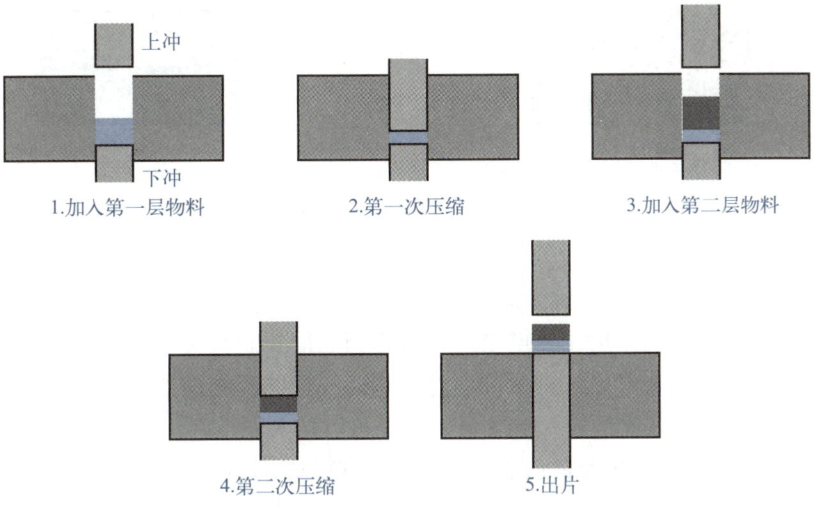

图3-41　双层片压片工艺流程图

双层片的压制过程中，主要面临的挑战有：工艺复杂，生产速度慢、压片效率低；两层物料容易产生交叉污染；第一层物料回收困难、损耗多；第二层药柱的重量差异较大；如何选择各层物料的加入顺序；双层片分界面出现倾斜或分裂等。需通过优化设备、调整处方或压片机工艺参数等方法改进。

图3-42　双层片压片机

（二）渗透泵片

渗透泵片（osmotic pump tablet）是在片芯外包被一层聚合物构成的半透性衣膜，用激光在片剂衣膜层上开一个或多个适宜大小的释药小孔而制成的控释制剂，外观如图3-43所示。

口服渗透泵片后，胃肠道内的水分通过半透膜进入片芯，使药物溶解成饱和溶液或分散成混悬液产生渗透压，膜内外存在的渗透压差使水分持续进入膜内，由于半透膜内容积的限制，药物的近饱和溶液不断地通过激光孔泵出，使得药物以恒定的速率向片外释放，实现控释。

1. 应用

渗透泵型控释片以渗透压为驱动力，以零级释放动力学为释药特征，能够在一定的时间范围内以恒定的释药速率释放药物，释药速率一般不受释放介质pH、搅拌速度、胃肠蠕动、食物等因素影响。体内外相关性较好，可避免普通口服制剂造成的血药浓度波动较大的现象，提高用药的安全性和有效性；且能够在较长时间内维持恒速释药，减少用药频率。

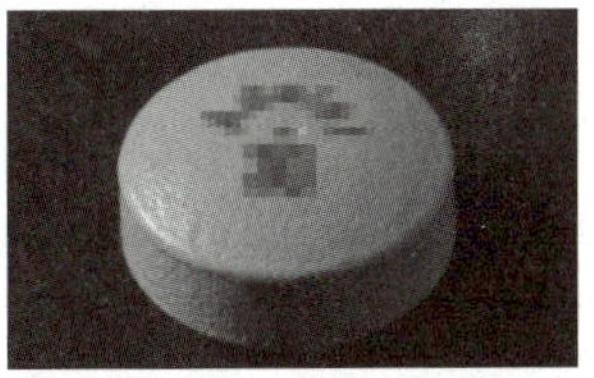

图3-43　渗透泵片外观图

2. 制备工艺

渗透泵片是由药物、具有高渗透压的活性物质和其他辅料压制成固体片芯，并在片芯外包一层半透性的聚合物衣膜，用激光或机械在包衣层上打一个或多个小孔制成的。按结构主要分为单室渗透泵片和双室渗透泵片。双室渗透泵片含有双层片芯结构（图3-44），片芯中的一层是由药物、具有渗透压活性的亲水聚合物和其他辅料组成，可以称之为含药层；片芯的另外一层是由助推剂和其他辅料组成，可以称之为助推层。

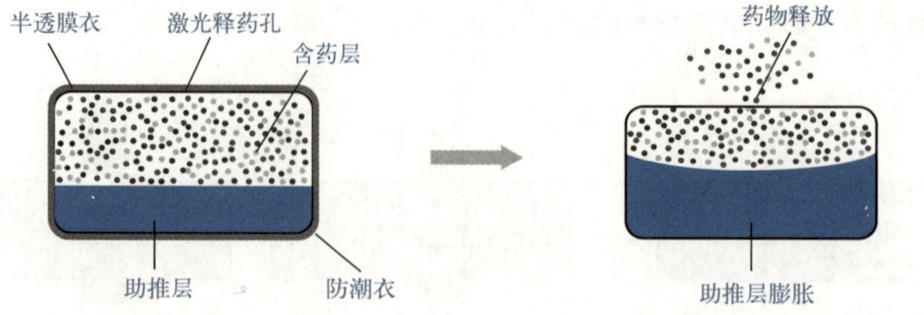

图3-44 双室渗透泵片结构图

常用的半透膜材料有醋酸纤维素、乙基纤维素等，并添加适量的增塑剂以增加膜的柔韧性。渗透压活性物质起调节药室内渗透压的作用，其用量与零级释药时间长短有关，常用氯化钠、乳糖、果糖、葡萄糖、甘露糖等。助推剂能吸水膨胀，产生推动力，将药物层的药物推出释药小孔，常用聚乙烯吡咯烷酮、高分子量聚乙二醇等。除上述组成，渗透泵片中还可以加入助悬剂、黏合剂、润滑剂、润湿剂等。

渗透泵片的常规制备工艺包括含药层制备、助推层制备、压制片芯、功能性半透膜包衣、激光打孔、非功能性薄膜包衣等，可采用干法制粒工艺、湿法制粒工艺和粉末直压工艺等。若选择湿法制粒工艺，因本类制剂含有易吸水辅料，通常选择有机溶剂或有机溶剂和水的混合溶剂为制粒溶剂。若单纯采用纯化水为制粒溶剂时可能存在辅料吸湿溶解、物料结块等现象，需关注纯化水用量范围选择的合理性。

激光打孔为该类制剂特有的工序，需着重对打孔功率、打孔速度、打孔孔径、打孔位置等进行考察，通过研究确定合理控制范围。工艺中要明确激光打孔操作过程及打孔参数，例如：如何识别并确保在含药层进行打孔，如何防止漏打和重打，是否具有在线监测功能，打孔不合格片子如何识别及剔废等。渗透泵控释片激光打孔机（图3-45）是在线式控释药片连续激光打孔设备，从片剂喂料、正反面（双室）识别、打孔到输出等整个过程均可自动完成。

图3-45 渗透泵控释片激光打孔机

（三）包芯片

包芯片（compression coating），又称为片中片（tab-in-tab）、干包衣片（dry-coating），它是由内层和外层组成的一种双层或多层结构片剂（外观如图3-46所示），通常含两组分或多组分药物。

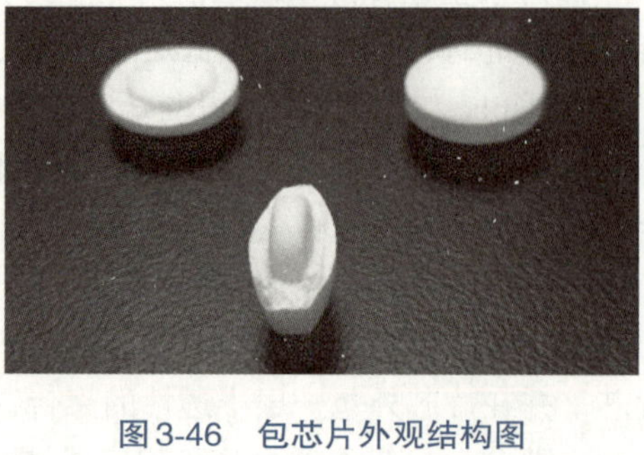
图3-46 包芯片外观结构图

通常包芯片的内层片芯是已预压制好的成片，再通过二次物料填充，在特制的压片机上进行二次压制形成包芯片。也有某些压片机通过设计特制的双冲模具，可以进行多次物料充填，一次压制成型。

1. 应用

（1）缓控释功能 包芯片可以用于开发缓控释制剂（包括控释型、速释型、缓释型、脉冲释药、延迟释药、双峰释药、多相释药等），能够精准设计释药时辰，并且可以很好地控制药物释放的速度和程度。这对于需要在特定时间或特定部位释放药物的治疗方案非常重要，能够提高药物的治疗效果，减少药物的副作用。

例如，针对高血压患者的脉冲式给药包芯片，能够在人体自然节律的驱动下，于特定时段释放药物，从而实现对血压的平稳控制。这一设计同样适用于精神类疾病的治疗，通过精确的定时和定量释放，有助于患者情绪的稳定管理。

（2）改善配伍禁忌　包芯片可以用于开发复方制剂，改善药物配伍禁忌。在一些复方药物的制备中，不同药物之间可能存在相互作用或配伍禁忌问题，包芯片技术可以将不同的药物分别放置在片芯和外层的不同位置，避免药物之间的直接接触，从而解决配伍禁忌的问题。

例如，在抗感染、呼吸系统疾病等领域中，抗病毒和抗感染药物往往需要联合用药。复杂制剂如包芯片或复方制剂能够有效解决联合用药带来的患者依从性问题，提高治疗效果。通过物理隔离避免药物间的化学反应或整合多种药物为单一制剂等方式，可以减少患者服药次数，提升依从性。

（3）药效数字化跟踪　可将芯片（传感器）作为片芯，外层含药物和辅料，实现药效的数字化跟踪。这为药物的研发和临床应用提供了更准确的数据支持，有助于医生和研究人员更好地了解药物的作用过程和效果。

2. 制备工艺

包芯片的特殊结构使得其压制过程成为一个非常特殊的环节。该制剂的生产工艺极为复杂，涉及片芯与外壳的精密压合。在制备包芯片过程中，必须确保不出现碎片、脱壳或片芯中心度不合格等问题；同时，精确控制产品的释放行为也是一大挑战，如肠溶片需要在胃内保持稳定，到达肠道后才能按照设定要求平稳释放等。故包芯片对设备的精度和工艺的精确控制都提出很高要求，其生产效率较低，提高了制剂难度和生产成本。

包芯片的制备方法主要有两种：分步压制法和一步压制法。

（1）分步压制法　分步压制法目前应用较多。制备时需要使用特制的压片设备，此法需要预先把片芯压制出来，再把片芯放入已加入外层物料的模孔中，此时需确保片芯放置的中心度，之后再次加入外层物料，加压成型。工艺流程如图3-47所示。

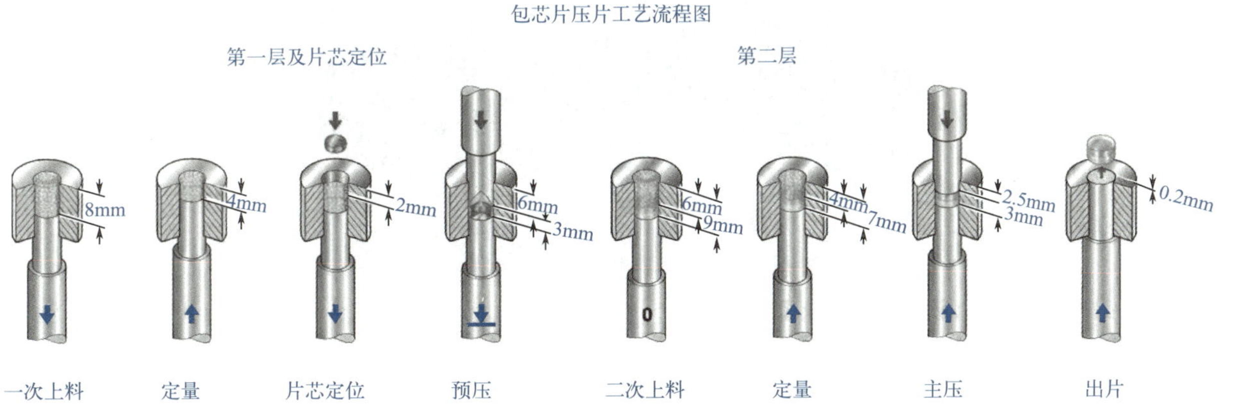

图3-47　分步压制法压制包芯片工艺流程

包芯片的外层通常是含有缓释性能的辅料，通过两次压制将小直径片芯进行包裹，以此来控制药物的释放行为。故压制时对片芯的位置有严格要求，如片芯位置偏离中心，可能会导致外层缓释层材料的厚度不均，引起释放差异。分步压制法的难点还包括压片时片芯和外层材料可能存在的交叉污染；片芯和外层片的黏附力不足；处方设计时受片芯尺寸及重量大小的限制等，其工艺设计和过程控制要求极高。

目前使用分步法的包芯片压片机有研发型（图3-48）和生产型（图3-49）两种。研发型包芯片压片机与单冲压片机结构相似，但配有特制的片芯加料机构。生产型包芯片压片机生产效率较高，其设计有传送轨道将片芯下料器与外层片压片机连接，片芯预压好后加入片芯下料器，通过下料器逐步进入片芯输送轨道平稳地输入外层片压片机的中模孔，进行压制成型。设备同时配备实时视觉成像系统检测片芯的中心度，确保药物释放符合要求。

图3-48 研发型包芯片压片机

图3-49 生产型包芯片压片机

（2）一步压制法 一步压制法也叫一步式干法包衣。此法不需要预压片芯，所有工作都依靠压片机的可变双冲模具（图3-50）一次性压制完成。可变双冲模具的上、下冲头均为双层，内外层可单独或整体升降。

图3-50 可变双冲模具

压片机工作时，下部的外冲不动，内冲下降形成一定空间，加入片剂的外层物料，用上部内冲初步加压；之后继续加入片芯物料，再次加压；随后下部的内冲下降、外冲下降，此时下部外冲与中模孔形成更大的空间，加入外层物料；含有片芯的下部内冲随即上升插入松散的外层物料，此时下部内外冲头高度齐平；最后上部内外冲头同时下降，将所有物料压制在一起形成包芯片。

一步压制法的技术特点是：不需预压片芯，片芯比较疏松，更适合某些可压性差的物料；也不需要单独的步骤来输送片芯；片芯在最终压缩之前一直由下部外冲内缘面固定，因此不会发生错位，片芯中心度能得到保障；片芯是在特殊的可变双冲模具中完成压制，其形状和尺寸可根据模具定制，还可将任意数量和形状的片芯放入药片中需要的位置，以便以最佳方式输送活性药物成分，如具有两个片芯的分割药片、三个片芯的脉冲药片和组合产品等。但一步压制法无法实现在片芯外面包衣来调节释放，只能在包芯片整体成型后进一步包糖衣或薄膜衣；而分步压制法由于片芯是预先压制，故片芯可以根据具体品种要求提前进行包衣处理，故在控制药物的释放行为上会更加灵活。

第五节　胶囊剂的生产

一、胶囊剂的概念和基本要求

胶囊剂系指原料药物或与适宜辅料充填于空心胶囊或密封于软质囊材中制成的固体制剂。胶囊剂可分为硬胶囊和软胶囊。根据释放特性不同又分为缓释胶囊、控释胶囊、肠溶胶囊等。

拓展知识：
胶囊剂的基本要求

胶囊剂在生产与贮藏期间应符合下列有关规定。

① 胶囊剂的内容物不论是原料药物还是辅料，均不应造成囊壳的变质。

② 小剂量原料药物应用适宜的稀释剂稀释，并混合均匀。

③ 硬胶囊可根据下列制剂技术制备不同形式内容物充填于空心胶囊中。

a. 将原料药物加适宜的辅料如稀释剂、助流剂、崩解剂等制成均匀的粉末、颗粒或小片。

b. 将普通小丸、速释小丸、缓释小丸、控释小丸或肠溶小丸单独填充或混合填充，必要时加入适量空白小丸作填充剂。

c. 将原料药物粉末直接填充。

d. 将原料药物制成包合物、固体分散体、微囊或微球。

e. 溶液、混悬液、乳状液等也可采用特制灌囊机填充于空心胶囊中，必要时密封。

④ 胶囊剂应整洁，不得有黏结、变形、渗漏或囊壳破裂等现象，并应无异臭。

⑤ 胶囊剂的微生物限度应符合要求。

⑥ 根据原料药物和制剂的特性，除来源于动、植物多组分且难以建立测定方法的胶囊剂外，溶出度、释放度、含量均匀度等应符合要求。必要时，内容物包衣的胶囊剂应检查残留溶剂。

⑦ 除另有规定外，胶囊剂应密封贮存，其存放环境温度不高于30℃，湿度应适宜，防止受潮、发霉、变质。生物制品原液、半成品和成品的生产及质量控制应符合相关品种要求。

除以上基本要求外，胶囊剂应按照《中国药典》（2025年版）规定，进行水分、装量差异、崩解时限等检查，确保产品符合质量要求。

二、胶囊剂生产工艺

（一）硬胶囊剂生产工艺

硬胶囊剂是指采用适宜的制剂技术，将原料药物或加适宜辅料制成的均匀粉末、颗粒、小片、小丸、半固体或液体等，充填于硬质空心胶囊中制得的胶囊剂。

硬胶囊剂的生产通常包括空胶囊的选择、囊心物的制备、物料充填、包装等工序。以囊心物是颗粒为例，硬胶囊剂生产工艺流程见图3-51。

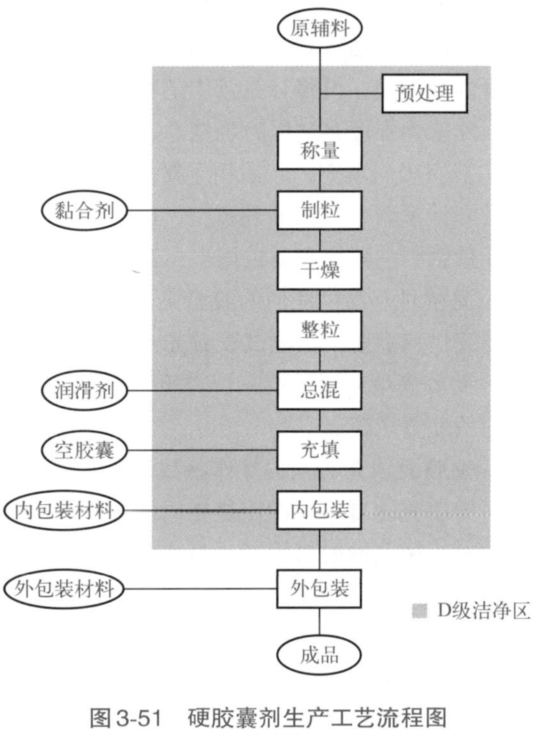

图3-51　硬胶囊剂生产工艺流程图

空胶囊呈圆筒形，由囊帽和囊体两节套合而成，囊帽和囊体接口处有对称可密闭锁合的槽圈，充填物料后可进行锁口，避免漏粉。空胶囊的规格由大到小分为000、00、0、1、2、3、4、5号，号数越大，容积越小。常用规格为0～3号，其对应的容积分别为0.68mL、0.50mL、0.37mL、0.30mL。胶囊填充药物多用容积来控制其剂量，药物的密度或粒度等不同则所占体积不同，为方便服用，通常选择能满足装量的容积最小的空胶囊。

1. 硬胶囊填充类型

（1）粉末/颗粒填充　粉末/颗粒的性质与胶囊填充过程中的产品质量有特定关联，在胶囊灌装工艺中需要关注的粉末/颗粒性质有：流动性、松密度和振实密度、粒子大小和粒度分布、粒子形状、内部颗粒黏着力、水分等。

（2）小丸填充　填充在硬胶囊壳中的内容物是小丸或球状体。一般采用真空将微丸吸入填充管中，断开真空后微丸即落入胶囊囊体中。

（3）片剂填充成硬胶囊　微片或小型胶囊也可填充到硬胶囊中。受限于空胶囊的直径，此法对内容物的尺寸有一定限制，一般需要小于装填的空胶囊内径。采用真空将微片/小型胶囊吸入填充管中，断开真空后，微片/小型胶囊即落入胶囊囊体中。

（4）多组分灌装　某些胶囊充填机可将一种或多种组分填充到胶囊中，此时每个组分需要有独立的灌装站。

2. 硬胶囊填充过程

（1）检查准备　对用到的区域进行检查确认，包括设备设施完好，现场无和本批无关的文件，温湿度符合要求，区域、设备设施及容器具在清洁消毒效期内。

领取硬胶囊填充用物料时，需确认物料的名称、批号、重量及质量状态正确，且在规定的暂存期内。

（2）上料　上料一般采用重力下料或真空上料方式，尽可能密闭操作，避免粉尘的产生。

（3）填充　在生产中物料的填充主要采用全自动硬胶囊充填机。此设备能自动完成空胶囊的帽体分离、物料充填、胶囊锁合及成品排出等功能。硬胶囊填充的关键控制点为装量。填充类型一般包括压缩填充、真空吸料填充等。

压缩填充分为填塞式和插管式两种方式。填塞式一般采用计量盘式填充，计量盘的厚度直接影响装量。填充过程中填充杆多次插入计量盘孔，将粉末压成柱状，填充杆最后一次插入时将柱状粉末推至胶囊囊体中。插管式采用计量管式填充，计量管有一定的容积，填充时计量管插入粉末中，粉末进入计量管中被压缩，再将计量管中的粉末推出至胶囊囊体中。压缩填充需要粉末具有一定的可压缩性和流动性，才能确保填充过程的装量稳定。

真空吸料填充，一般用于微丸、微片、微囊等有一定形状的内容物填充。填充时通过真空将固态药物吸入计量管中，再断开真空，药物即进入胶囊囊体中。真空压力会影响装量，压力太小，在转动过程中计量管中的药物容易被甩出，造成装量偏小；压力太大，则会吸住多余的药物，可能造成装量偏多。

同型号不同供应商的胶囊壳，在尺寸上可能略有差异，容易导致下囊不畅、分囊率低等问题。更换胶囊壳供应商前，需测试胶囊壳上机率。

硬胶囊填充通过填充管对药粉进行定量，为了确保每个填充管的粉量差异在可接受范围内，对填充管的精度要求较高。

硬胶囊填充的关键操作参数一般有填充速度、装量刻度、真空度等。由于填充管的离心力作用，在不同的填充速度下，即使是相同的装量刻度，填充量也可能会有差异。真空度一般用于将囊帽和囊体分离；对于微丸的胶囊填充，真空度也用于微丸的填充，将微丸吸附在真空管中，放入胶囊囊体，再断开真空使微丸进入囊体中。

填充前应对设备进行调试，确认设备各项功能正常后进行试填充，试填充过程至少需要将每个填充管填出的胶囊进行粒重或装量检测，确保每个填充管填出的胶囊均符合装量要求。

硬胶囊填充时物料一直处于运动过程中，其变化可能会导致填充量有差异，故需对胶囊重量（平均重量和单粒重量）进行监控。填充后的胶囊需经过抛光、筛选和金属检测。胶囊进入抛光段时，会随毛刷转动往前运动，使得胶囊外表面的粉尘被除去；之后再进入筛选段，通过真空负压将重量过轻的残次品如空胶囊、囊帽、囊体剔除；剩下的胶囊进入金属检测机，有金属异物的胶囊被自动剔除，合格的胶囊进入产品收集桶。

温湿度对胶囊的质量有一定影响，填充过程需要控制环境的温湿度，一般建议存储温度为15～25℃，相对湿度为35%～65%。同时尽量减少空胶囊壳和胶囊在空气中的暴露时间，避免长时间暴露导致填充过程异常或影响产品质量。

（4）清场　生产结束后，需计算本过程的物料平衡和收率并按存储条件进行暂存，最后对房间设备设施进行清理清洁。

3. 生产过程控制

硬胶囊剂中间过程质量控制指标：一般商业化生产中控制胶囊外观、胶囊重量（平均重量和单粒重量）及装量差异（当单粒重量出现偏大或偏小值时，应进一步确认装量差异能否满足要求）、胶囊锁合长度（如需要）、崩解时限（如需要）。

外观：重点关注胶囊壳的颜色、印字、外观是否圆整光亮、锁合是否牢固，不允许有破头、梅花头、皱皮、破口、缺口、瘪头、气泡等现象。

胶囊重量（平均重量和单粒重量）及装量差异：《中国药典》（2025年版）通则0103胶囊剂项下规定，平均装量或标示装量在0.30g以下的，装量差异应不超过±10%，否则，装量差异应不超过±7.5%（中药±10%）。另外，胶囊成品的含量与胶囊装量直接相关，故胶囊填充过程中胶囊重量的控制标准，应结合成品装量差异与含量的可接受标准适当收严。例如：成品含量可接受标准为95%～105%，理论装量为400mg，则胶囊填充过程平均重量可控制在理论重量的97%～103%，单粒重量控制在理论重量的95%～105%，装量差异不超过±5%。

胶囊锁合长度：根据工艺要求给定控制标准，通常与胶囊壳厂家提供的锁合长度标准保持一致。

崩解时限：《中国药典》（2025年版）通则0921中对不同的胶囊剂成品崩解时限的检测条件及控制标准要求不同，胶囊填充过程崩解时限的控制标准可结合剂型特点、药典对相应成品的控制要求及工艺的要求给定。

（二）软胶囊剂生产工艺

软胶囊剂是指将一定量的液体原料药物直接包封，或将固体原料药物溶解或分散在适宜的辅料中制备成溶液、混悬液、乳状液或半固体，密封于软质囊材中制得的胶囊剂。

软胶囊剂的生产通常包括溶胶、配料、制丸、干燥、拣丸、洗丸、印字、包装等工序，生产工艺流程见图3-52。

1. 溶胶

软胶囊剂的囊材主要成分是胶料、增塑剂、附加剂和水等物质，囊材的性质与处方直接关系到胶囊的成型与美观。最常用的胶料是明胶、阿拉伯胶，也有许多天然的或半合成及合成物质被用来代替明胶制备软胶囊的囊壳，如阿拉伯胶、黄芪胶、琼脂、聚甲基丙烯酸树脂、聚乙烯吡咯烷酮、泊洛沙姆等。增塑剂一般为甘油、山梨醇、丙二醇中的一种或其混合物。附加剂主要包括着色剂、遮盖剂、矫味剂

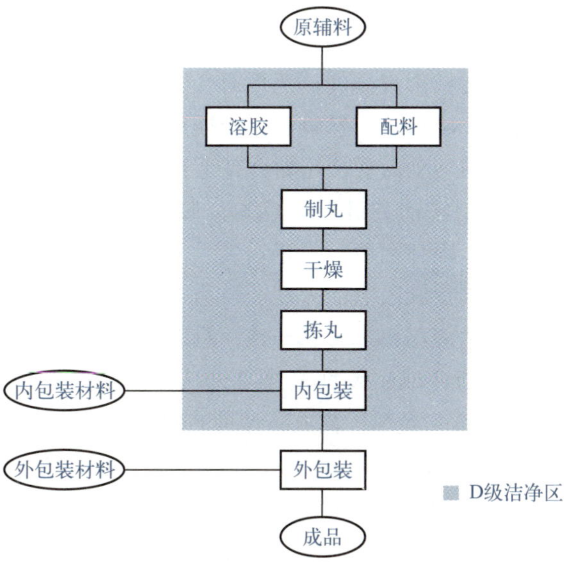

图3-52　软胶囊剂生产工艺流程图

（香料等）和抑菌剂。软胶囊的弹性大小取决于囊壳中胶料、增塑剂及水三者之间的重量比，通常为干明胶：增塑剂：水=1：（0.4～0.6）：1。

溶胶即制备生产软胶囊所需的明胶溶液，可采用水浴式化胶罐或真空搅拌罐，加热温度通常为60～70℃。生产时，将增塑剂、纯化水及附加剂按照规定的比例和顺序，加入密闭容器中，加热搅拌混合，升温至规定的温度后加入明胶颗粒，继续搅拌至明胶全部熔化为胶液，开启真空泵至规定的真空度进行脱泡，直至制得均质胶液。必要时，过100目筛网后使用。在整个溶胶过程中应严格控制溶胶温度和脱气泡时间，溶胶温度过高会破坏明胶的韧性，脱气泡时间过长易导致胶液水分含量降低，胶液黏稠，不利于压制生产。胶液制备终点应检测其黏度和水分。制好的胶液应保温、静置存放，并在规定时间内使用。

2. 配料

软胶囊中填充的液体内容物通常有以下三类：与水不相混溶的挥发性或不挥发性的液体，如植物油或芳香油；能与水混溶的不挥发性的液体，如聚乙二醇和非离子型表面活性剂；能与水相溶而挥发性小的化合物，如甘油、丙二醇和异丙醇。除少数液体药物如鱼肝油、维生素E外，大多数药物需要溶解或分散于液体介质中后再填充。

若药物本身是液态，只需加入适量抑菌剂，或再加入一定量植物油或PEG等，混匀即得。在填充液体药物时，pH应控制在2.5～7.5之间，否则易使明胶水解或变性，导致泄漏或影响崩解和溶出。药物若是固态，首先应将其粉碎过100～200目筛，再与油混合，经胶体磨研匀，或用低速搅拌加玻璃砂研匀，使药物以极细腻的质点形式均匀地混悬于油中。若要添加与水相混溶的液体如聚乙二醇、聚山梨酯80等时，应注意其吸水性；因胶囊壳中水分会向内容物转移，而使囊壳的弹性降低。药液制备好后，应检查其外观，应均匀无异物；必要时检测含量，应在规定的控制范围。

3. 制丸

软胶囊剂的制备分为滴制法和压制法两种。滴制法制得的软胶囊呈球形，外观无缝，称无缝胶丸；常用设备是具有双层喷头的滴丸机。压制法制得的软胶囊形状取决于选择的模具，如椭圆形、橄榄形、筒形等，外观有压缝，称有缝胶丸；常用设备是滚模式软胶囊压制机。

（1）滴制法　软胶囊滴丸机利用两个同心套管的双层滴头分别向外定时、定量地滴出胶液和药液，借助于冷却液的表面张力作用及重力、浮力作用，自然形成球形囊滴，并逐渐在冷却液中冷却成型，成为大小均匀的无缝球形软胶囊。

在滴制过程中，胶液温度、药液温度、冷却温度、滴头大小、滴制速度等因素均会影响软胶囊的质量。需控制胶液、药液和冷却液三者的密度以保证胶囊有一定的沉降速度，同时有足够的时间冷却。

（2）压制法（滚模式压制法）　软胶囊压制机两边的输胶系统将胶液涂到胶带定型转鼓上形成胶带，胶带经冷却定型后揭下。将左右两条胶带由两旁向中央相对合的方向靠拢移动，送入两个平行对应吻合转动的圆柱形滚模间。两条对合的胶带一部分先受到楔形喷体的加热与模压作用而黏合，此时内容物料液泵同步将料液定量输出，经楔形喷体喷入两胶带间形成的由模腔包裹着的囊腔内，喷液完毕后的囊腔随着滚模转动而受挤压黏合完全封闭，形成软胶囊。

压制法的关键控制点为：胶带厚度、设备转速、胶盒温度、喷体温度、内容物装量、冷水温度等。压丸过程应监测制得软胶囊的外观及粒重（平均粒重和单粒重量）。外观形状应与目标形状一致，且表面应光滑；装量的控制标准应结合成品装量差异［见《中国药典》（2025年版）通则0103胶囊剂］及成品含量的要求适当收严。

4. 干燥

软胶囊在成型后胶皮水分含量较高，胶囊偏软容易变形，为使胶囊外壳定形，制好的软胶囊会通过传送带进入定型干燥转笼（图3-53）内，利用风机送风和转笼旋转使

图3-53　软胶囊定型干燥转笼

胶囊壳的水分快速散失而达到定型目的。转笼干燥应注意转笼的转速和时间，因软胶囊在转笼中翻动摩擦会影响胶囊的外观。

干燥过快可能会造成软胶囊外观质量不合格和崩解度变差，因此应在预干一定时间后采用自然风干。通常将预干后的胶囊放于托盘内，在干燥隧道或干燥间内通过空调系统除湿干燥。环境要求一般为：温度30～35℃，相对湿度15%～25%。在干燥过程中应注意分布于托盘四周、中间、上下层位置的软胶囊，有可能因失水速度不同，造成软胶囊水分不均匀。预干的温度和时间、终干的环境温湿度是软胶囊干燥的关键控制点。干燥终点应检查软胶囊的外观和水分，外观应光滑、无粘连、无裂痕等。

5. 拣丸

拣丸工序是为了剔除干燥软胶囊中不合格品，如大小丸、瘪丸、气泡丸、异形丸等。一般拣丸方式是将软胶囊置于灯检台上，人工挑拣。也可利用拣丸设备将粘连或直径不同的胶囊剔除。拣丸过程中应严格控制胶囊出料速度，避免由惯性导致不合格胶囊进入合格区域或合格胶囊进入不合格区域。应从拣丸设备合格产品区抽查软胶囊的外观，确认合格区产品大小及形状均符合规定。

6. 洗丸

洗丸是利用乙醇或异丙醇等清洗溶剂将胶囊表层的油脂去除的操作。关键点是选择合适的溶剂，既要达到清洗的目的，又要确保不因为过多的残留而影响产品质量。洗涤方式主要有冲淋式和浸泡式，以及超声波技术应用等。清洗后的软胶囊应充分晾干，让清洗溶剂彻底挥发，必要时可检测清洗溶剂的残留情况。

7. 印字

印字指在软胶囊囊皮上以适当的方式印上文字或图案。常用的方法有：字模印字法、喷墨印字法、激光刻字法。印字用油墨应为药用级别或食品级别，印字过程需要高频率检测产品外观，确保印字内容正确、清晰。

字模印字法：将文字或图案刻在一硬质模具上，涂上印油，像盖章一样将文字或图案印在胶囊表面。食品级油墨会快速挥发，干燥后色印即留在产品表面。字模印字一般为单色且个别印字会模糊不清，故此法对字和图案的大小有一定要求。

喷墨印字法：此法需使用喷墨印字机，在光感应到胶囊位置后，食品级油墨由特制喷嘴的细微喷射孔定位定量地喷出在胶囊表面，油墨溶剂迅速挥发干燥，完成印字。喷墨印字反应迅速、印字效率高，比字模印字速度快、更清晰。由于喷嘴是平面喷射文字或图案，而胶囊是拱形曲面，故边缘图案或文字可能会变形，要特别注意软件的选配。

激光刻字法：利用激光技术像刻图章般在软胶囊外表面阴（凹）刻下文字或图案，字体细度能达到0.005mm。使用该技术进行印字时各项参数的设计尤为重要，需确保胶囊印字完好且不穿透胶皮而影响产品质量。

三、胶囊剂生产设备

（一）硬胶囊剂生产设备

硬胶囊生产中多采用全自动硬胶囊充填机，此设备可将预套合的空胶囊及药粉直接放入机器上的胶囊斗及药粉斗中后，自动完成充填药粉，制成硬胶囊剂。按照主工作转台的运动方式，全自动硬胶囊充填机可分为间歇回转和连续回转两种类型。

图3-54　全自动硬胶囊充填机

（1）结构　全自动硬胶囊充填机（图3-54）主要由机械部分、气动部分及电气部分组成。机械部分的上部是工作部分，主要包括空胶囊料斗、药粉料斗、胶囊送进机构、工作转台、上下囊板、物料充填机构、废胶囊剔除机构、胶囊锁合机构、成品胶囊排出机构等；下部是机械传动部分，主要包括传动及传动链等机构。气动部分包括利用真空泵吸气进行胶囊帽体分离，利用工业吸尘器进行废囊粉尘清理工作。电气部分常包括专用电子程序控制系统、变频无级调速等装置。

（2）工作原理　全自动硬胶囊充填机的一般工艺过程为：空胶囊自由落料 ⟶ 空胶囊的定向排列 ⟶ 胶囊帽体的分离 ⟶ 胶囊的帽体进行水平分离 ⟶ 胶囊体中充填药料 ⟶ 剔除未被分离的空心胶囊 ⟶ 胶囊帽体再次套合及封闭 ⟶ 胶囊成品被排出机外。

全自动硬胶囊充填机工作时，首先由胶囊送进机构（含排序与定向装置）将空胶囊调整为胶囊体在下、胶囊帽在上的状态，送入模块内，并逐个落入主工作盘上的囊板孔中。真空分离系统利用真空吸力使囊帽留在上囊板孔中，囊体则落入下囊板孔中，实现帽体分离。接着，上囊板连同囊帽一起上升，下囊板向外伸出，使囊体上口置于物料填充机构的下方，药粉被定量填充装置填充进胶囊体。未拔开的空胶囊被剔废机构从上囊板孔中剔除出去。然后，上囊板下降，下囊板缩回，上、下囊板孔的轴线对正，利用囊帽上部固定挡板与囊体底部顶杆的共同作用将囊帽与囊体锁合。最后，出囊机构将锁紧的胶囊成品顶出囊板孔，进行收集。清洁机构将上、下囊板孔中的残留药粉等清除。此时，工作转台完成一个充填周期，进入下一个工作循环。

（3）特点　全自动硬胶囊充填机采用全密闭式操作，体积小、能耗低、更换模具简单、易操作、易清洗；装量准确，料斗内物料低于极限值时可自动停机；可在同一机台上互换各种型号的模具，满足不同生产能力的要求；配有手动及自动控制系统，方便快捷；能自动剔除废胶囊，便于产品回收，提高经济效益；配有空压清洁模具系统，保证了拨囊效果。

（二）软胶囊剂生产设备

完整的软胶囊生产设备包括溶胶设备、药液配置设备、软胶囊压（滴）制设备、软胶囊干燥设备、回收设备等。

1. 软胶囊压制机

目前软胶囊机的主流设备为滚模式软胶囊压制机，主机是软胶囊机的核心设备，其功能是同时完成胶带的制备、内容物（液体或膏状物质）定量供给、胶囊封装成丸。

（1）结构　滚模式软胶囊压制机（图3-55）的主机由机架、供料系统、喷体、滚模、明胶盒、胶皮轮、润滑系统、胶囊输送带等组成。供料系统包括料斗、供料泵、进料管、回料管、供料板组合等。另配有压缩空气、冷水、清洁热水等辅助动力。

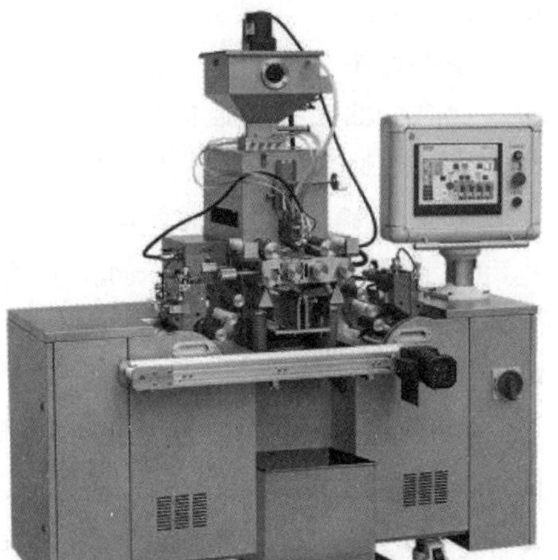

图3-55　滚模式软胶囊压制机

滚模（图3-56）由左右两个组成一套，并分别安装于滚模轴上。滚模上的模孔形状、大小和数量一一对应。两根滚模轴做相对运动，其中左滚模轴既能转动，又能做横向水平移动，而右滚模轴只能转动。

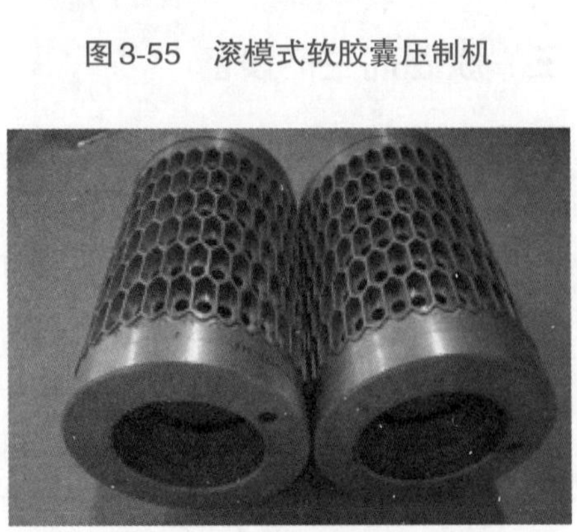

图3-56　软胶囊压制机滚模

（2）工作原理　软胶囊压制机工作时，明胶液经输胶管分别进入两侧预热至60℃左右的明胶盒，胶液由明胶盒底部流出涂布在温度为16～20℃的胶皮轮上，随着胶皮轮的转动及冷却作用，胶液在胶皮轮上定型为一定厚度的均匀明胶带（胶带厚度由明胶盒出液挡板的高度控制）。两边形成的明胶带分别由胶带导杆和送料轴送入两滚模之间，同时，药液由供料泵经导管进入温度为35～40℃的楔形喷体，并通过喷液孔定量注入已夹入旋转滚模的明胶带中。当胶带经过楔形喷体时，其内表面被加热至35～40℃，胶质已软化，故在药液压力的作用下，胶带在两滚模的凹槽（模孔）中很容易形成两个含有药液的半囊。此后，滚模继续旋转所产生的机械压力将两个半囊压制闭合，从而将药液封闭在内形成一个整体软胶囊。随着滚模继续旋转移动，软胶囊被剥离，依次落入导向斜槽和胶囊输送带输出。

（3）特点　软胶囊压制机自动化程度高，生产能力大，计量精确，物料损耗极小，装量差异不超过理论量的±3%。通过改变模具形状可制得不同外形的软胶囊，如球形、橄榄形、筒形及各种异形等。此设备在药品、保健品及化妆品生产中应用广泛。

2. 软胶囊滴丸机

（1）结构　软胶囊滴丸机（图3-57）主要由药液贮槽、明胶溶液贮槽、加热装置、定量装置、滴头、冷却系统、控制系统等组成。

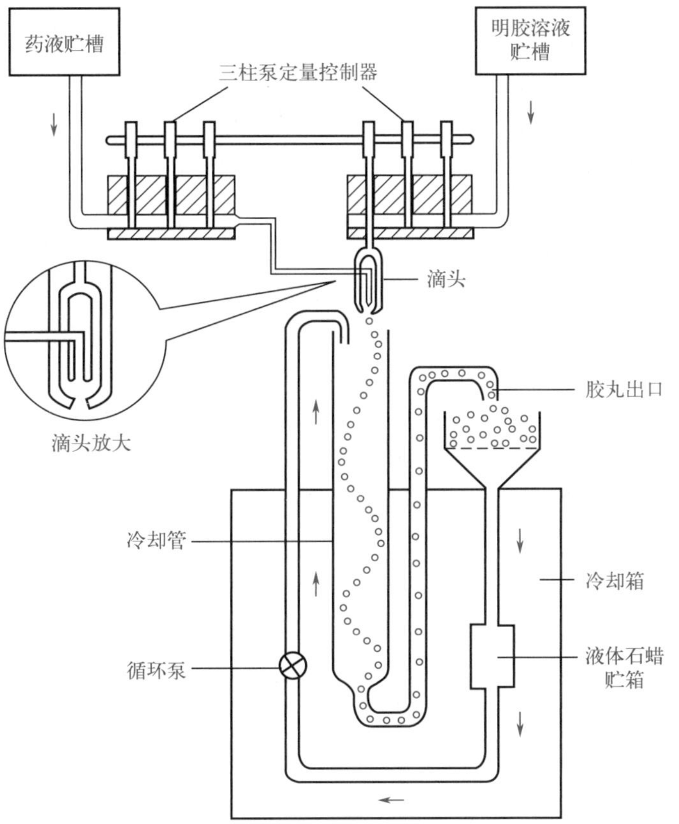

图3-57　软胶囊滴丸机结构图

（2）工作原理　软胶囊滴制生产中一般采用双层滴头的滴丸机。工作时，将油状药液加入药液贮槽，明胶液加入明胶溶液贮槽中，并保持一定温度。在双层滴头的外层通入70～80℃的熔融胶液，内层通入约60℃的药液。冷却管中放入冷却液（须安全无害，和明胶不相混溶，一般为液体石蜡、植物油、硅油等，13～17℃），根据每一胶丸内含药量多少，由计量泵定量，调节好出料口和出胶口。利用明胶液与油状药液为两相，将明胶液、药液先后以不同的速度从同心管双层滴头滴出（先滴胶液再滴药液，停止滴药液再停止滴胶液），使一定量的明胶液将定量的药液包裹后，滴入与明胶液不相混溶的冷却液中，由于表面张力的作用形成球形，并逐渐冷却、凝固形成无缝软胶囊。

（3）特点　软胶囊滴丸机自动化程度高，占地面积小，成品率高，装量差异小，产量大，成本低。广泛应用于药品、保健品、食品、化妆品等行业中滴制式软胶囊（丸）的生产，内容物可为比重不大于1的各种非水溶性油类。

第六节　口服固体制剂包装

包装是为在流通过程中保护产品、方便储运、促进销售，而采用容器、材料和辅助物的过程中施加一定技术方法等的操作活动。

一、包装种类

包装材料的选择需要考虑对产品在运输和存储过程中的保护，同时也要考虑成本。在研发阶段通过实验确认产品对光、湿度等的稳定性，选择合适的包材。例如：对光敏感的产品，在材质上可选择遮光性的包材（如棕色或其他不透明的包材）；对湿度比较敏感的产品，则可以考虑使用双铝包装。

固体制剂产品常用的包装方式有：瓶包装、泡罩包装和袋包装。

瓶包装设备一般由理瓶机、数粒机/粉末灌装机、旋盖机、封口机及贴标机等部分组成，且通常配备自动质控系统，如理瓶机的自动反吹功能，数粒机针对数粒错误、含有断片异常药瓶的剔除功能，旋盖机对旋盖高度异常药瓶的剔除功能，铝箔封口机对瓶口缺铝箔药瓶的剔除功能，贴标机针对无标签、空白签、标签批号错误药瓶的剔除功能等，从而确保所包装产品数量正确，密封性符合要求。

泡罩包装根据封装材料不同，可分为铝塑包装、铝铝包装、纸铝包装等，可以是一条包装线满足上述多种材料要求，也可以是一种或两种。生产过程包括以下步骤：泡罩成型、药片填充入泡孔、铝箔覆膜封合、裁切，主要控制参数为成型模加热温度和冲压成型的压力（如为铝铝包装则为冲压成型的压力）、热封温度及压力包装速度等。泡罩包装机通常配备的质控系统有：覆盖膜信息识别系统，用于确认覆盖膜的正确性；药片填充后的照相剔除系统，用于剔除空药板、缺粒及含残缺片的药板、含颜色及形状异常药片的药板。

袋装包装生产过程包括以下步骤：制袋、灌装、封口、冲切。主要控制参数为灌装速度、小袋封合温度等。袋包装机通常配备的质控系统有：复合膜条码识别系统，用于确认复合膜的正确性；光标定位系统，用于确保每一个小袋印刷内容的完整性；灌装剂量的在线检重剔除功能，用于自动剔除重量异常的产品；冲切剔除系统，用于自动剔除冲切位置偏移的产品。

装盒机由下料单元、说明书折纸单元、包装盒供给单元、推舌单元等组成，全部由机械动作进行装盒。通常配备的质控系统有：对于说明书缺失、缺料、纸盒打不开等问题能自动检测并定位停机的功能；小盒及说明书识别码扫描异常自动剔除功能，以保证小盒与说明书100%的正确性。

为了保证最小包装单元药品的可追溯性，已有多国对此有相应的规定，产品的追溯应满足注册当地的法规要求，例如我国的《药品追溯码标识规范》《药品追溯消费者查询结果显示规范》等。药品追溯系统的组成主要有：条码或二维码生成、打印、读取，上传的计算机硬件和软件，扫描枪，打印机以及追溯码跟踪、查询、存储的信息化平台。

二、包装质量控制

拓展知识：
口服固体制剂包装
的相关规定

1. 包装过程

（1）包材的领用、退回及处理

① 包装材料的领用：根据待包装产品的数量计算出本批需用各种包材的数量，由生产主管制定批包装生产指令。包装岗位人员根据批包装指令到包材仓库领用包材，按指令以最少整数箱备货，包材管理员与岗位操作员共同核对品名、规格、批号、数量，并填写相关记录。

② 包装材料的退回：整批包装生产结束时，包材管理员和岗位操作人员一起称重或点数、核对品种后，指定托盘摆放。称重包材包括：铝箔、PVC、PE膜、复合膜、双向拉伸聚

丙烯烟膜。点数包材包括：塑料瓶、盖、盒、说明书、签、箱皮、纸托，核算物料平衡，贴好物料标签后退回。

③ 废包材的处理：所有废弃包材（包括已打印批号的剩余包装材料）由岗位操作员统计数量，在QA监督下销毁并记录。

（2）瓶包装

① 理瓶：岗位操作员根据包装记录上的理瓶机生产参数进行设定，每批正式生产前应对参数进行核对。岗位操作员将瓶子倒入理瓶机内，通过理瓶机将瓶子理到传送带上，传送至数粒装置处进行灌装。理瓶机上的反吹功能非常重要，可有效避免异物被带入所包装的产品中。

② 数粒装瓶：岗位操作员在数粒机上设定好对应产品的生产参数（如计数设定、数粒速度等）后，将待包装的产品倒入数粒机的料斗内，开启数粒机。设备带自动剔除功能时，应在包装开始前进行剔除功能测试，设备应可以自动剔除计数错误和有残片的药瓶。在包装过程中应周期性检查装量的准确性，以及测试剔除功能。

③ 旋盖：岗位操作员在旋盖机上设定好对应产品的生产参数（如旋盖轮速度等）后，将瓶盖倒入旋盖机的料斗内，开启旋盖机。设备带自动剔除功能时，应在包装开始前进行剔除功能测试，设备应可以自动剔除旋盖后瓶身高度不符合要求的药瓶。

在包装过程中应周期性检查所旋瓶盖的松紧度。

④ 封口：岗位操作员在封口机上设定好对应产品的生产参数后，开启封口机。设备带有自动剔除不含铝箔衬垫的瓶盖功能时，需要在包装开始前对剔除功能进行测试。在包装过程中应周期性检查剔除功能，以及药瓶的气密性。

⑤ 贴标签：岗位操作员首先要核对标签版本的正确性。设备带有标签条码检测系统时，还应该开启标签条码检测功能，100%确认标签的正确性。将标签安装好后，正式开始包装前，需双人核对确认标签上打印的产品批号、生产日期、有效期信息正确。设备带有自动控制系统时，还应该开启并剔除无签、空白签以及标签批号信息不正确的瓶体，并对剔除功能进行测试。在包装过程中应周期性对剔除功能进行测试，并检查标签上产品批号、生产日期、有效期信息的正确性。

（3）泡罩包装　岗位操作员首先要核对印字铝箔版本的正确性。泡罩包装设备带有条码扫描系统时，应开启条码扫描系统，100%确认铝箔的正确性。

先调整好设备参数（如包装速度、热封板温度等），设定好批号和有效期，需双人核对确认板上打印的产品批号、有效期信息正确然后进行产品包装，在包装过程中应人工或者使用自动化设备检测并剔除缺片、有残粒或者空板的泡罩板，并且周期性对泡罩包装设备的剔除功能进行测试，检查铝塑板的气密性。

（4）小袋包装　岗位操作员首先要核对复合膜版本的正确性。设备带有条码检测系统时，还应该启用该功能，100%确认复合膜的正确性。岗位操作员根据包装记录上的生产参数进行设定，每批正式生产前应对参数（如热封温度）进行核对。正式开始包装前，操作员需要对光标对版情况及灌装量进行调试，灌装量应确保能满足《中国药典》（2025年版）通则0104的要求；还需要双人核对确认标签上打印的产品批号/有效期信息的正确性。设备带有自动控制系统时，应该开启并剔除如光标对版超过允许偏差、批号信息不正确、装量异常或冲切位置偏移的小袋。在包装过程中应周期性对自动剔除功能进行测试，确保自动控制系统的有效性。

（5）装盒　岗位操作员首先要核对印字包材（如药盒和说明书）版本的正确性。装盒设备带有自动说明书和药盒条码扫描系统时，应开启条码扫描系统，100%确认说明书和药盒的正确性。正式开始包装前，需要双人核对确认药盒上打印的产品批号、生产日期、有效期信息正确。设备带有药盒批号打印检测系统时，还应该开启并100%检测并剔除批号效期打印不全或者缺失的药盒。在包装过程中应周期性检查标签上产品批号、生产日期、有效期信息的正确性，以及药盒中的说明书和泡罩板等数量正确。盒装线还应该配备检重剔除系统，剔除缺说明书、缺药板的药盒。

（6）药品追溯码关联　药品的最小销售单元上预印或在线打印药品追溯码，中包和大箱上的追溯码在线打印。在药品追溯码赋码系统中扫描各级追溯码，使各级包装单元（小盒、中包、大纸箱）的追溯码建立关联关系。任务结束后，上传关联关系至追溯码系统。

（7）裹包、装箱　包装员在裹包机上设定好对应产品的生产参数后，开启裹包机。应检查每个裹包的外观是否整齐，产品批号、生产日期、有效期信息是否正确后装箱，应确认纸箱的品名、规格、数量、产品批号、生产日期、有效期信息是否正确，正确无误后封箱。

2. 包装过程控制

应检查、检测以下关键质量指标。

（1）产品和包装材料是否正确　领料和上机时人工确认。

（2）打印信息是否正确　包装开始需双人确认产品批号、生产日期、有效期信息的正确性，包装过程中、结束后均需确认打印信息的正确性、完整性和可读性。

（3）包装是否完整　包装开始、结束时应抽查气密性，包装过程中应阶段性抽查气密性，另外，中间过程参数调整或意外停机可能影响到产品气密性时，均应抽查。气密性检测方法参照GB/T 15171—1994《软包装件密封性能试验方法》或ASTM D3078-02（2021）e1《起泡法测定软包装泄漏的标准试验方法》等，所用方法的有效性应进行确认。

（4）装量或数量　包装的开始、中间过程参数调整或意外停机、结束时应抽查产品装量、数量的正确性，可通过称重或人工计数等方法。

三、包装常用设备

1. 铝塑泡罩包装机

（1）结构　铝塑泡罩包装机（图3-58）主要由泡罩成型、物料充填、热封、压印批号与压痕、牵引、板块冲切等装置组成。包装材料常选用药用PVC硬片、药用PTP铝箔及复合膜材等。

图3-58　铝塑泡罩包装机

（2）工作原理　PVC硬片经预热软化后在成型装置中利用压缩空气（或真空）吹（或吸）塑成泡罩，再将物料充填入泡罩，用铝箔覆盖后，在一定的温度及压力下，利用压辊或压板将PVC硬片与含有热熔胶的PTP铝箔热压封合，继续压印批号与压痕，利用切刀进行板块冲切，完成包装过程。

按照泡罩成型和热压封合结构的不同，铝塑泡罩包装机可分为平板式、辊筒式及辊板式三种类型。平板式为间歇动作，辊筒式及辊板式为连续动作。

① 成型。泡罩成型的方式有两种，正压成型和负压成型。正压成型是指利用压缩空气将已经预热软化的PVC硬片吹向成型模具的凹槽底，PVC片依据凹槽的形状发生塑性形变，形成对应形状的泡窝。正压成型的模具常制成平板型，在板状模具上有行列排布的凹槽，平板尺寸规格可根据生产能力确定。负压成型是指通过成型模具凹槽底部的小孔抽真空，将已经预热软化的PVC硬片吸入凹槽，形成泡窝。负压成型的模具常制成辊筒式，成型泡罩尺寸较小，形状简单。

② 物料充填。物料充填常利用物料槽内几只绕垂直轴旋转的板刷，将物料槽内的胶囊或药片强制性刷入泡罩，在料槽出口处可设置绕水平轴旋转的滚刷，将未能进入泡罩的药品刷入泡罩或返回物料槽，进一步提高充填率。高速泡罩包装机常采用轨道式下料器，料斗内的药品顺着下料轨道依次平稳进入泡罩，可减少在物料槽内的碰撞引起的外形缺陷。

物料充填后可安装电眼缺粒检测剔除装置或人工进行缺粒检查，必要时可以人工补粒或拣取多余药粒。

③ 热封。热封的原理是将基本重合的PVC硬片与铝箔内表面加热，依靠特制的封合模具施加压力，使铝塑紧密贴合，完成封口。为确保压合表面的密封性，封合模具上常刻有网纹状或点状纹路，利用较低压力即可实现压合密封。

热封方式有板压式和辊压式。板压式的封合模具为上下两块热封平板，靠上下热封板重力挤压将铝塑封合紧密，其成品外观平整，封合面积较大，故封合所需压力很大。辊压式的封合模具是两个旋转辊筒，驱动辊筒将铝塑送入与热压辊筒的狭窄间隙中，驱动旋转的同时进行热压封合，铝塑封合为线接触，故封合所需压力较小。

（3）特点　铝塑泡罩包装机采用自动控制技术和机电集成技术，可实现自动化操作，性能稳定，工作效率高；适用范围广，灵活性高，可更换包装模板以适应不同产品的包装需求，广泛应用于医药、食品及日用品等各种产品的密封泡罩包装。

2. 颗粒自动分装机

（1）结构　颗粒自动分装机（图3-59）主要由物料斗、回转计量杯供料装置、薄膜输送装置、袋成型器、纵热封合装置、横热封合分切装置、电控部分、机架装置等部分组成。

（2）工作原理　颗粒自动分装机的基本工作过程有制袋、药品的计量及充填、袋的热压封合及切割等。制袋常采用象鼻式或翻领式袋成型器，安装薄膜时需手动将薄膜塞入袋成型器定向导槽，使其由平展状态逐渐形成筒形，加料后配合纵横热压封口模块进行封合成袋。

药品的计量及充填常采用可调节式量杯，调节量杯的体积以改变充填量。

袋的封合是利用预热到一定温度的纵向及横向条形模具的间歇开合完成。纵封和横封模具既可以单独设置配合运行，也可把纵封及横封模具设置成一体呈“L”形，同时进行纵封和横封。切刀可安装在横封模具中间歇运动，封合同时进行分切。

（3）特点　颗粒自动分装机可自动完成制袋、计量、充填、封合、打印批号、切断及计数等全部工作，能降低生产劳动强度，提高药品包装效率；广泛应用于颗粒类药品、食品、农作物等细颗粒物的包装。

图3-59　颗粒自动分装机

3. 塑料瓶包装生产线

（1）结构　塑料瓶包装生产线（图3-60）通常由理瓶、输瓶、计数装瓶、拧盖、封口、贴签、打印批号等机构及电气控制系统等组成。其中自动数粒装瓶机是瓶装生产线的核心组成部分。

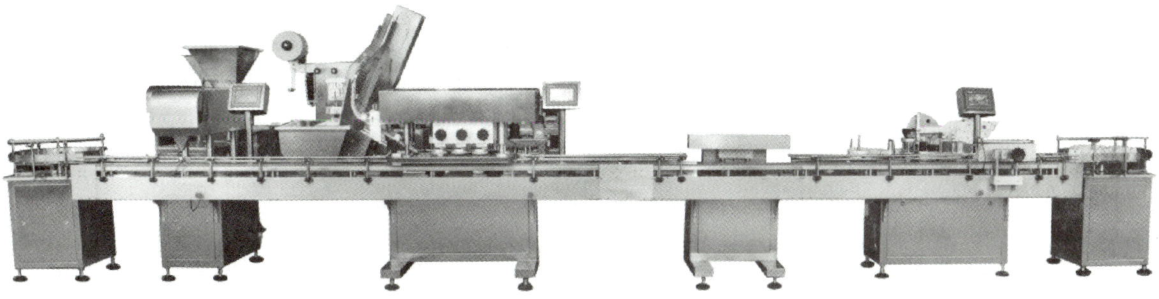

图3-60　药品塑料瓶包装生产线

（2）工作原理 塑料瓶包装生产线的工作流程如下：自动理瓶设备把塑料瓶按一定规律排列整齐，并自动输送到装瓶轨道上；自动数粒装瓶设备按每瓶的装量要求，对药品自动计数并将其灌入瓶中；自动塞入设备按装瓶工艺要求，将辅料（如干燥剂、棉花等）塞入瓶内；拧盖设备自动把瓶盖对准瓶口并旋紧；封口设备对瓶口上的铝箔加热，使铝箔黏合在瓶口上，达到密封的效果；贴签设备自动将标签贴在塑料瓶上（打码机对标签进行批号、生产日期及有效期等信息的打印），最终完成整个包装过程。

（3）特点 电子数粒装瓶机兼容性好，可以对片剂、胶囊剂、丸剂等固体制剂进行计数装瓶。具有无瓶不数、故障自检等多项检测报警控制功能。出料均匀平稳，不损伤物料，保证瓶装准确。

以电子数粒装瓶机为主组成的塑料瓶包装生产线自动化程度高、生产效率高，可配备在线监测和取样、生产全过程追溯系统等智能技术，在制药、保健品、食品、电子等需计数包装的行业得到广泛应用。

第四章

固体制剂连续制造技术

连续制造被定义为物料的连续输入、加工及输出。连续制造线是指包括两个或两个以上单元操作的一体化系统。在制药行业，连续制造适用于原料药（drug substance，DS）和制剂（drug product，DP）的生产。两者之间的关联称为端到端（end-to-end，E2E）连续制造，但是由于原料药和制剂往往在不同工厂生产及技术复杂性等原因，E2E连续制造至今仍较难实现。

固体制剂连续制造技术近年来受到了制药行业的高度关注。与传统的批次制造相比，连续制造技术可以显著提高生产效率、降低成本、提高产品质量一致性、增强生产和供应链灵活性，并缩短产品上市时间。2015年，第一个采用连续制造技术的制剂产品Vertex的Orkambi® 获得EMA和FDA的批准。截至2021年，共有涉及3类工艺生产线、4家公司的9个口服固体制剂上市。其中一些制剂产品采用了连续制造和批次制造组合的方式。

基于连续制造的诸多优势，各药监机构一直在大力倡导连续制造的应用，并推出了相应的指导原则。如FDA于2019年发布了《连续制造的质量考量指导原则》，中国国家药监局药品评审中心于2023年发布了《化药口服固体制剂连续制造技术指导原则（试行）》，以助力ICH 2021年推出的《Q13：原料药和制剂的连续制造》指导原则在国内实施。

鉴于连续化生产的实现需要非常广泛的专业技能和经验，如处方开发、遵循质量源于设计（quality by design，QbD）原则的工艺开发、物料表征、统计、过程控制、建模、过程分析技术等，学术界、工业界及政府机构的各种合作也越来越常见。例如，自第一届国际制药技术协会（APV）连续生产会议于2019年在比利时召开以后，该会议成为学术界、工业界以及监管机构交流信息的重要平台之一。

本章关注固体制剂连续制造技术，将详细介绍相关设备及系统、物料性质研究、工艺模型及过程分析技术（process analytical technology，PAT）、停留时间分布（residence time distribution，RTD）的应用。

第一节　固体制剂连续制造技术的设备及系统

连续制造是21世纪制药工业的新兴技术，具有减少占地面积、减少存储空间、易于工艺放大、灵活的批量控制、加快工艺研发、更好的过程控制等优势，这一系列优势都是以连续制造设备为依托。连续制造设备不仅仅是简单地将上下游设备进行物理连接，而是将各工艺单元进行集成，基于过程控制的参数、关键质量属性及过程控制模型进行实时的前馈或反馈控制，以实现更高层面的控制策略。本节将重点介绍连续制造设备的基本信息。

一、失重式进料器

失重式（loss-in-weight，LiW）进料是固体制剂连续制造的重要组成部分，它可以连续地按照单位时间向系统输出精确计量的物料。精确稳定的连续进料是固体制剂连续制造的先决条件，对最终的产品关键质量属性有重要影响。

失重式进料器虽有不同类型，但工作原理基本相似（图4-1）。LiW料仓置于称重传感器上方，称重传感器可以实时精确称量料仓物料的重量，同时进料螺杆连续输出物料，LiW料仓的物料随着进料过程会持续地减少，可以通过计算单位时间内减少的重量得到实时的进料质量流量（单位kg/h），系统会根据实时的质量流量调整电机马达的转速来控制进料螺杆的转速，以此实现对质量流量的闭环控制，确保实时的进料质量流量在工艺需求的范围内。

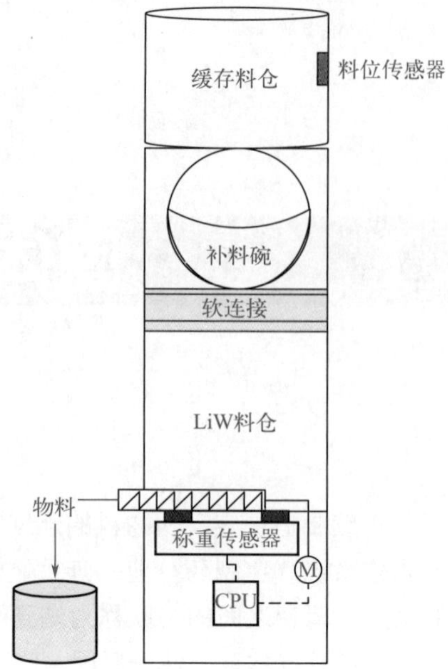

图4-1 失重式进料器工作原理示意图

当LiW料仓的物料逐渐减少时，料仓上方的补料碗通过翻转，将固定量的物料补充到下方的LiW料仓中。在补料过程中，会对下方的称重传感器造成扰动，称重传感器无法精确称量，此时系统会进入体积模式，采用固定的螺杆转速来维持需要达到的质量流量。由于不同物料的性质不同，补料碗体积不同，因此不同的物料均需要研究在LiW料仓中不同料位下的进料参数［即饲料因子（feed factor），单位g/rev］，以确保在体积模式下可以准确进料（图4-2）。

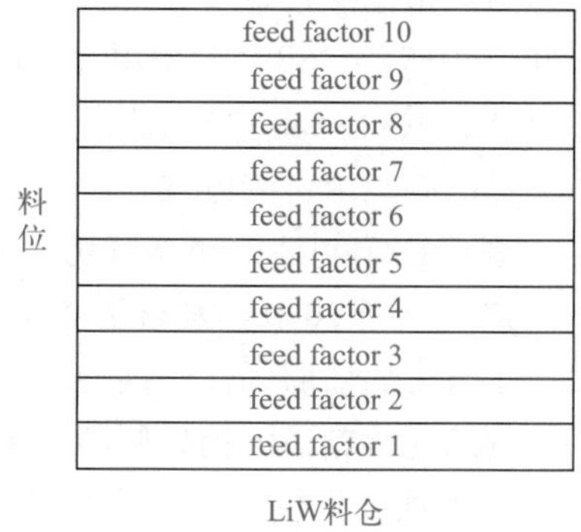

图4-2 进料参数示意图

确保精确的进料质量流量是连续制造进料工艺开发的关键目标。在研究物料特性表征的基础上，不同的进料器硬件配置也是决定进料稳定性的关键因素。通过研究不同螺杆类型、尺寸、转速，不同传动比的变速器，不同尺寸的出料口筛网，以及不同体积的补料碗来确定物料在不同配置下稳定的进料质量流量范围。进料螺杆可以分为单螺杆和双螺杆，单螺杆主要用于自由流动的非黏性物料，双螺杆可用于自由流动及流动性不良的物料。螺杆有不同的类型（包括凹形、螺旋形、弹簧形）及不同的螺距。不同传动比的变速箱（如63∶1、235∶1、455∶1等）可以为螺杆提供不同的转速。不同尺寸的出料口筛网需基于物料的性质进行选择，以确保进料稳定、无结块、无堆积。不同尺寸的补料碗（如1.6L、1.2L、0.8L、0.4L等）结合不同物料最低补料料位进行选择，确保进料稳定。失重法进料过程示意参见图4-3。

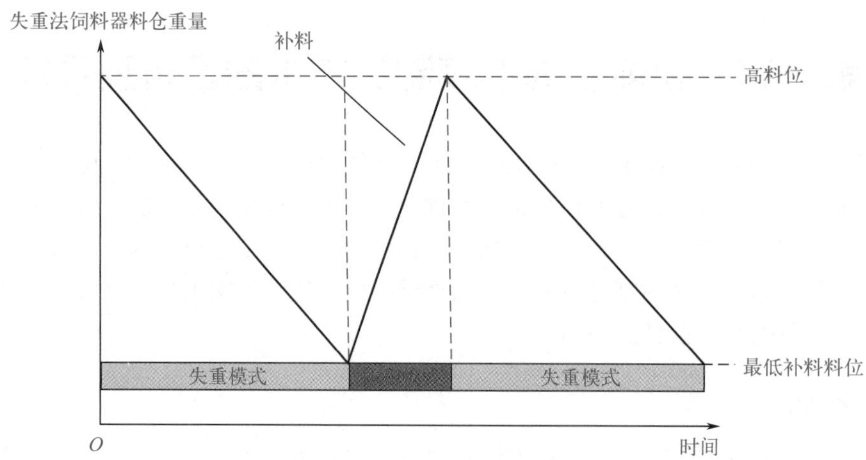

图4-3 失重法进料过程示意图

失重法进料是固体制剂连续制造工艺的重要步骤，基于物料特性表征研究和进料器配置属性进行实验设计，筛选出最优的进料器配置，这对建立连续生产工艺至关重要，也是进行后续工艺参数研究的前提条件。常见的失重式进料器有基伊埃（GEA）集团Compact Feeder、科倍隆（Coperion）公司K-Tron饲料器等。

二、连续混合

混合是固体制剂生产中普遍且重要的工艺单元。混合的均匀度是影响产品质量的关键因素。混合的均匀性也会直接影响压片或胶囊充填之后产品的含量均匀性。

粉末混合有批次混合和连续混合两种模式。传统的批次混合可以采用V形混合机、方锥混合机等设备。粉末装入密闭容器中，通过旋转容器进行混合，一次混合体积最大可达15000L。混合转速和时间是保证混合均匀度的关键参数。连续混合是指物料通过失重法进料器连续地进料，同时物料沿着混合桨在叶轮的推动下前进，并且同时产生轴向和径向混合。随着物料的前移，混合均匀度逐渐提高，最终混合好的物料从混合器的出口排出（图4-4、图4-5）。物料的混合是在空间上实现而非在时间上。物料在混合器中的移动不是完全的平推流移动，而是在叶轮的作用下会产生轴向混合、径向混合以及反混。正是这种三维空间上多个方向的混合，决定了产品具有较好的混合均一性。

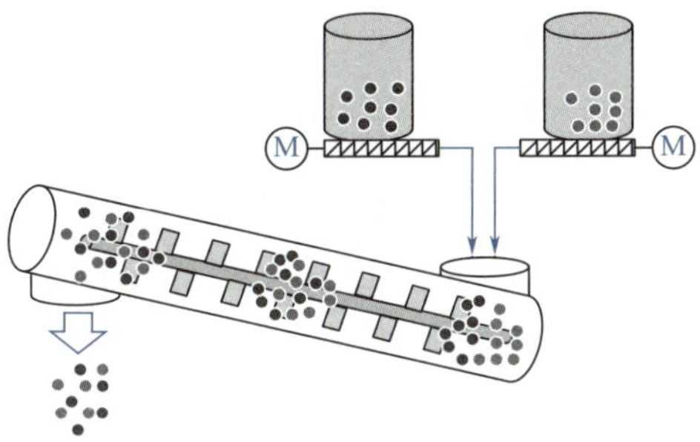

图4-4　连续进料混合示意图

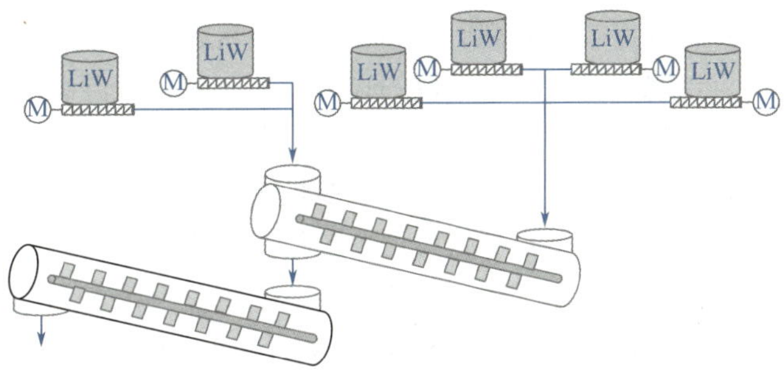

图4-5　串联混合器示意图

混合桨叶轮的设计对物料的混合效果至关重要，通常叶轮的桨叶有不同的类型、角度、数量。以GEA公司CDC系列混合桨为例，0°的桨叶以产生混合为主，45°的桨叶以推动物料前进为主。对于整个连续混合工序，需要通过实验设计筛选出最优的设备配置和参数组合，包括不同桨叶的数量、不同桨叶的组合顺序和搅拌桨转速。

对于连续混合工艺，除了硬件配置和工艺参数外，整个连续混合工艺模型需通过停留时间分布（residence time distribution，RTD）函数进行描述。RTD函数是停留时间的概率密度函数，它描述了物料在系统中的分布情况，用于研究工艺动态和追溯物料。除了搅拌桨配置和物料本身的性质外，RTD函数还与混合器的保留质量、混合器质量流量及搅拌桨转速有关。

三、连续粉末直压

压片是将粉末或颗粒压实，以制得片剂的过程。粉末直压是指不经过制粒过程，直接把药物和辅料进行混合，再将混合物直接压片。连续粉末直压则是将连续混合系统与压片系统连接，实现原辅料的持续加入、连续混合和连续压片的生产工艺。直接压片工艺省去了制粒步骤，生产工艺相对简单，特别适用于对湿、热不稳定的物料。

对于连续粉末直压，旋转式压片机是最好的可以实现连续生产的压片设备。混合好的粉末通过传输管道进入压片机的饲料器，饲料器的旋转桨使物料进入模具中，最终通过旋转到不同的工位下被压实成片剂。其中物料的堆密度和模具的充填深度会影响到最终的片重，而饲料器旋转桨的数量、类型也可以根据物料的不同性质（如堆密度、流动性等）进行设计。旋转式压片机和连续混合装置集成为一个系统，可以协同控制。旋转式压片机的转速根据整个系统的质量流量进行自动匹配，同时旋转式压片机可以通过更换不同类型的转台以匹配不同数量和类型的冲头，最终实现整个系统对不同产品、不同质量流量的生产需求。

压片机可以通过连接自动化过程控制仪器来检测药片质量属性（如片重、片厚、硬度等），并通过检测结果反馈给压片机进行自动调节（如填料深度、压力等）。压出的药片可通过筛片机、金属检测仪等进行处理和检测。

由于连续粉末直压是混合和压片的全连续过程，没有传统批次生产中等待含量或含量均匀度检测的过程，因此在混合和压片工序之间，可以利用过程分析技术（process analytical technology，PAT）对混粉的含量均匀度进行检测。常见的测量含量均匀度的过程分析技术有近红外（near infrared，NIR）光谱或拉曼光谱。PAT仪器的测试探头可安装在混合和压片之间的传输管或压片机的饲料器上。

四、连续湿法制粒

湿法制粒是向混合物中加入黏合剂，通过黏合剂的桥架和黏合作用，使粉末聚在一起制备颗粒的方法。湿法制粒制备的颗粒具有颗粒质量好、压缩成型性好、流动性好等优点，是制药工业常用的一种制粒方式。以高剪切制粒为例，传统的批次湿法制粒主要包含四大步骤：将一定处方量的物料加入制粒锅并混合制粒（加黏合剂）⟶湿整粒⟶流化床干燥⟶干整粒。

连续湿法制粒需要将物料持续地加入系统，同时可以连续地收集干颗粒。湿整粒和干整粒两个过程本是连续的工艺，因此需要实现制粒过程和流化床干燥两个步骤的连续。目前常用的一种方式是采用连续的双螺杆制粒（twin-screw wet granulation，TSG）配合连续流化床（fluidized bed dryer，FBD）进行连续湿法制粒，主要工艺步骤见图4-6，制备的颗粒可直接用于压片或胶囊灌装。

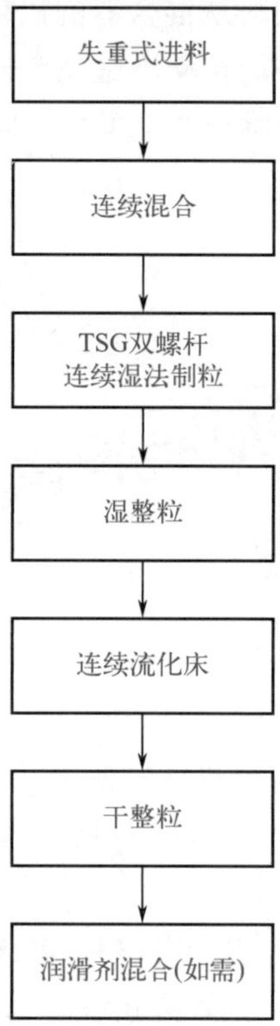

图4-6 连续双螺杆制粒工艺步骤

（一）双螺杆制粒机（twin-screw wet granulator，TSG）

双螺杆制粒机是实现连续湿法制粒的关键设备之一，其工作原理与双螺杆挤出机（twin screw extruder，TSE）类似。其中最关键的部件为螺杆，通过不同类型螺杆组件（混合制粒组件、传输组件等）的组合、不同螺距的组合、不同区域温度的控制及黏合剂的加入，实现物料的传输、制粒。

目前常见的一些双螺杆制粒系统如基伊埃（GEA）集团实验室级别的ConsiGma®1系列和商业化的ConsiGma®GC系列，格拉特（Glatt）集团MODCOS®系列（包括从研发到商业化），博乐（L. B. Bohle）公司QbCon®系列（包括从研发到商业化），以及赛默飞世尔科技（Thermo Fisher Scientific™）Pharma 11系列等。

（二）连续流化床（fluidized bed dryer，FBD）

流化床是一种使气体通过物料的设备。通常设备底部有一个筛板，通过不同的气流流速，使物料在流化床腔室中达到不同的流化状态。由于流化过程是在一个固定的腔室中完成，因此传统的流化床仅适用于批次生产工艺。在整个工艺过程中，物料所处的腔室没有变化，但是物料的状态会随着时间的推移而变化。为了实现连续工艺的流化床干燥，需要对流化床的设计进行优化，以GEA集团和Glatt集团的连续流化床为例。

GEA集团的ConsiGma®GC系列连续流化床，是连续湿法制粒工艺中用于干燥的流化床设备。如图4-7所示，设备将流化床分隔为6个独立的腔室，连续湿法制粒得到的湿颗粒依次分别加入6个腔室中，腔室将依次进入进料、干燥和出料状态，待工艺稳定达到平衡后，整个系统可以实现连续进料和出料。

Glatt集团的MODCOS®系列连续流化床，是连续湿法制粒工艺中用于干燥的流化床设备。如图4-8所示，设备将流化床分隔为10个腔室，分隔10个腔室的隔板和底板会随工艺时间进行旋转。物料从第1个工位进料，随着腔室旋转的过程同时被干燥，当旋转到第10个工位时，物料被排出流化床。

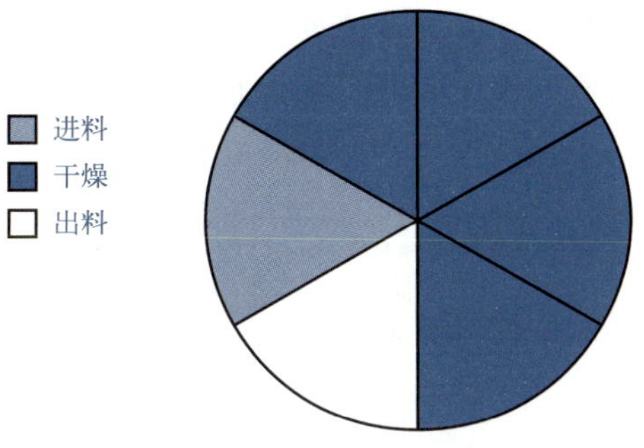

图4-7 GEA集团的ConsiGma®GC系列连续流化床原理示意图

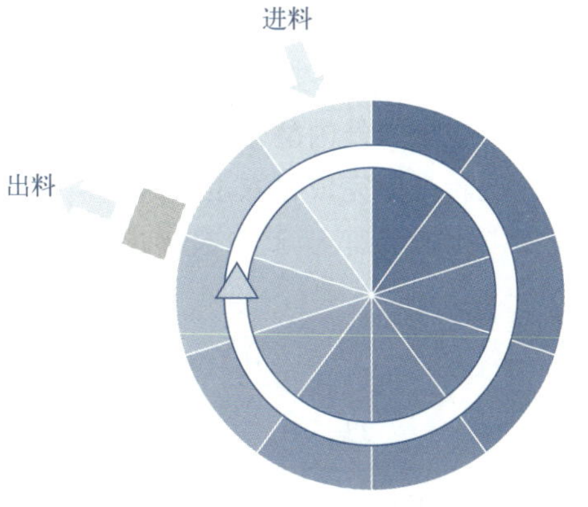

图4-8 Glatt集团的MODCOS®系列连续流化床示意图

连续流化床除了用于湿法制粒的连续干燥，还可以用于连续的流化床制粒或包衣。对于Galtt集团的连续流化床制粒系统，物料通过在腔室内循环，实现制粒或包衣，同时已经完成制粒或包衣的产品，通过筛分装置分流出系统。星德科（SYNTEGON）公司的Xelum系列同样可以实现连续的流化床制粒工艺。

五、连续干法制粒

干法制粒指的是将物料混合后，通过压轮压成块状或带状，再将块状或带状物料研磨或粉碎成颗粒的制粒方式。尤其适用于对水分、溶剂或温度比较敏感的物料。由于干法制粒本质上就是一种连续生产工艺，因此干法制粒非常适合口服固体制剂连续生产线。

类似于连续粉末直压和连续湿法制粒，连续干法制粒系统同样可采用失重法饲料器结合螺杆式混合器进行连续的进料和混合，然后将混合好的粉末用干法制粒机完成连续的干法制粒，最后再通过一个螺杆式混合器完成最后的混合后将物料连续地排出到压片机进行压片。对于干法制粒工艺，类似于批次生产干法制粒工艺，需要对进料速度、螺杆转速、压轮间隙、压轮转速、压轮表面和直径、压轮压力等参数进行控制。

福泰（Vertex）公司采用GEA集团ConsiGma®集成的工艺平台，可以实现连续湿法制粒、连续干法制粒以及连续粉末直压。平台共用压片机，压片之前的混合和制粒工艺平台可以根据不同工艺需求进行切换。同时平台也根据不同的工艺，配备约十处PAT装置，包括NIR仪、拉曼光谱仪等，用于检测含量均匀性、粒度分布等关键性能指标。

六、连续包衣

片剂薄膜包衣是片剂生产中的最后一道工序，也是片剂连续制造中的最后一步。薄膜包衣通常分为美观包衣和功能性包衣，可以用于隔断空气、防湿、避光、改善外观或控制释放等。

传统的批次包衣工艺采用一定（或可切换）体积的包衣锅。包衣锅的直径和长度决定了一次可包衣片剂的体积（批量大小）。传统批次包衣是通过包衣锅缓慢地旋转，使片床在锅底翻滚、混合并形成一定的斜面，通过调节包衣液喷嘴与片床的间距以及包衣液的喷雾状态对片剂进行包衣。传统包衣工艺时间较长，通常需要1～2小时，且批量相对固定。将传统批次包衣锅集成到连续制造中，需要选择体积合适的包衣锅，缓存足够量的物料进行一次包衣，以匹配整线的生产速度。

为了实现全连续的包衣，目前主要有两种连续包衣形式：高通量连续包衣和GEA集团ConsiGma®系列快速包衣。

（一）高通量连续包衣

经典的高通量连续包衣机采用一个圆柱形的旋转鼓，从旋转鼓的一头进料，通过旋转鼓上的叶片配合旋转，使片剂在旋转鼓内翻转同时前移，在前进的过程中，不同的喷枪对前进中的片子进行包衣，最终在片子离开旋转鼓时完成包衣工序（图4-9）。片子在包衣锅停留的时间取决于包衣锅的长度及包衣工艺参数的设定（比如转速）。此包衣方式具有较高的通量，可达100～1500kg/h。

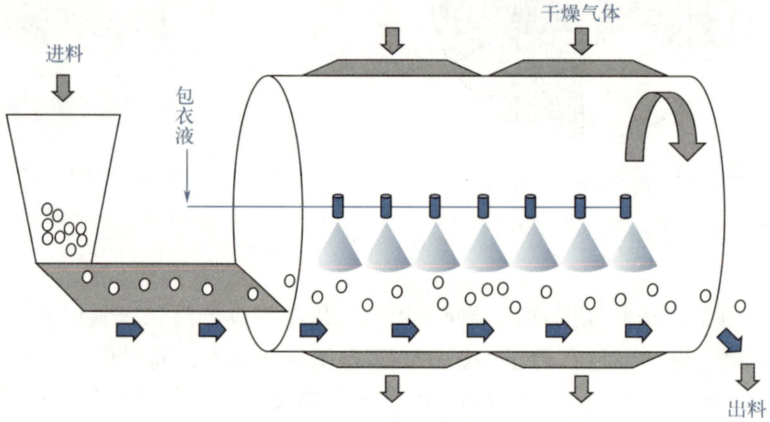

图4-9 高通量连续包衣工艺示意图

（二）GEA集团ConsiGma®系列快速包衣

GEA集团ConsiGma系列快速包衣不同于高通量连续包衣。它采用了类似于传统批次包衣的包衣锅包衣形式，将连续制造生产的片剂分为不同包衣锅次。包衣过程中通过包衣锅快速地旋转（约115r/min）产生离心力，使片子跟随锅壁旋转并成环，再通过一定的降速，降低离心力，最后通过侧上方的空气刀将贴壁的片子吹落形成瀑布，再开启向上喷洒的包衣液，使片子经过包衣液雾状区并翻转，并在下落的过程中完成快速干燥（图4-10）。通过切换不同的包衣锅尺寸，可以调整每锅包衣量在1.5～3kg或5～7kg。同时包衣工艺时间较短（6～12min）。单锅可满足通量达60kg/h，并且可以通过并联多个包衣锅实现产能的扩展。

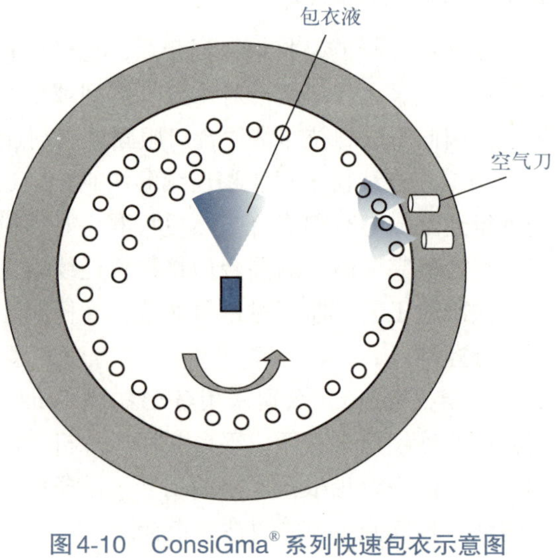

图4-10 ConsiGma®系列快速包衣示意图

（三）DRIAM公司DRIACONTI-T®系列连续包衣

DRIAM公司的DRIACONTI-T®系列包衣机采用了将传统批次包衣和经典连续包衣相结合的技术，药片从一侧连续进入，另一侧连续排出。包衣区域被分隔为不同的腔室，每个腔室之间通过闸门分隔开，每个腔室的工艺过程独立进行，可独立控制工艺参数。当一个工艺步骤完成，所有闸门同时打开，旋转包衣锅使药片同时进入下一个腔室。DRIACONTI-T® 系列连续包衣机更加灵活，可以适用于工艺复杂的连续包衣。

本节重点介绍了几种常见的口服固体制剂连续制造工艺和设备单元。失重法进料和连续混合是连续制造工艺的基础。连续直压工艺相对连续湿法制粒和连续干法制粒工艺更加简单、流程更短，需要基于产品性质进行选择和设计。连续包衣工艺的应用，将更进一步推动口服固体制剂连续制造工艺端到端的建立。深入理解各类连续制造设备，将更有助于最终连续生产工艺的建立。

第二节　固体制剂连续制造技术的物料性质研究

连续生产的关键问题之一是保证每种物料都能以精准的速度给料，从而保证产品拥有良好的质量属性。不同于传统批次生产，连续线中物料在失重式进料器中进行流动进料，以及在进料螺杆中混合，对于物料来讲，除传统的考量因素外，还需要额外考虑物料在失重式进料器中的行为，如物料黏性、摩擦性、吸水性、静电力等。不稳定的饲料则会导致产品质量的不稳定，从而可能造成批生产失败。即使有一种成分在短时间内发生变化，产生的生产扰动也有可能会对下游造成很大影响，所以除了解不同失重式饲料器以及螺杆设计以外，了解原料药及辅料本身的性质对于连续化生产的最终药品质量设计也非常重要。本节主要介绍不同物料属性表征测试以及其在连续生产线中的应用。

一、常用物料流动性质研究表征

粉体的流动性能非常复杂，通常无法用单一数值量化，因此为了解某一种物料全面的性质，通常会进行多方面不同角度的表征测试。多种不同属性的物料测试可以作为建立物料属性库的一种方式。本节罗列了主要的潜在影响工艺的物料表征检测项。

（一）堆密度和振实密度（bulk density and tap density）

堆密度及振实密度是衡量粉体质量的重要指标。堆密度指粉体本身质量除以粉体体积求得的密度；而振实密度为物料经过振实后得到，可通过振实密度仪来进行测量。堆密度及振实密度也可以用于计算物料豪斯纳比（hausner ratio）及卡尔指数（carr index）来反映粉体流动情况，计算公式如下。

$$豪斯纳比=振实密度/堆密度$$

$$卡尔指数=（振实密度-堆密度）/振实密度\times100\%$$

豪斯纳比越接近1，卡尔指数越小，物料流动性越好（表4-1）。

表4-1　卡尔指数及豪斯纳比与物料流动性的对应关系

卡尔指数	豪斯纳比	流动性评价	卡尔指数	豪斯纳比	流动性评价
≤ 10%	1.00 ～ 1.11	非常好	26% ～ 31%	1.35 ～ 1.45	差
11% ～ 15%	1.12 ～ 1.18	好	32% ～ 37%	1.46 ～ 1.59	非常差
16% ～ 20%	1.19 ～ 1.25	良好或中等	＞ 38%	＞ 1.60	非常非常差
21% ～ 25%	1.26 ～ 1.34	尚可			

（二）含水量（water content）

有些物料具有吸湿性，在常规生产车间环境（如相对湿度为45%～65%）放置较长时间后容易有吸水结块等现象，从而造成物料饲料速度不稳定，进而影响产品质量属性，如含量、混合均匀度等。连续生产中需要额外注意吸湿物料的处理以及保存，尤其是当生产周期较长、物料在料桶中储存时间较长的情况。

（三）粒径分布（particle size distribution，PSD）

粒径分布是衡量制剂工艺中物料性质的一个重要指标。通常，粒径大的物料流动性较好，粒径小的物料吸附性强、流动性较差。特别是活性药物成分（active pharmaceutical ingredient，API），其粒径分布对于连续线工艺中饲料的稳定性，最终产品中混合均匀度、含量均匀度、溶出度都尤为重要。物料粒径大，虽然流动性较好，但可能存在混合不匀的问题。相反，物料粒径小，则可能出现物料聚团、黏性增大、饲料困难等问题。因此粒径分布是连续生产饲料速度研究中的关键表征指标，可以通过干法或湿法方式进行测试。

（四）壁面摩擦力（wall friction）

壁面摩擦测试提供了评估粉体与加工设备表面滑动摩擦的途径，主要测量粉体与器壁表面材料的摩擦力，可以通过壁面摩擦角值来反映，对于理解粉体在器壁上的黏附性有很大用处，通常以剪切应力相对于正向应力的曲线来确定壁面摩擦角（φ，见图4-11）。壁面摩擦角越小，粉体与设备表面间的阻力越低。

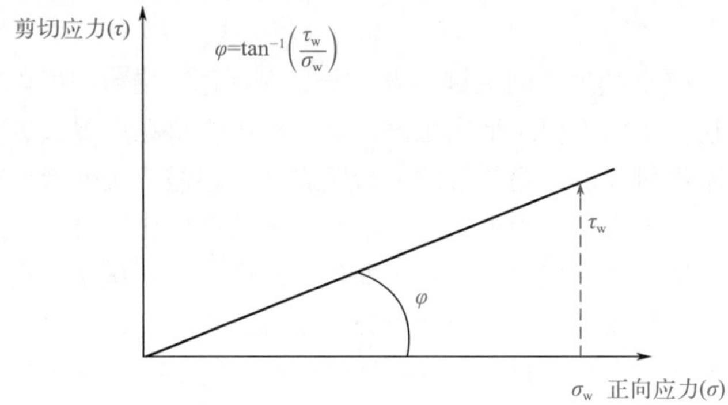

图4-11 壁面摩擦测试结果图

（五）剪切盒流动性（shear cell flowability）

剪切盒流动性测量的是粉体由静到动的过程，对于理解粉体在料斗中的行为有很大帮助。该测试是在给粉体施加不同正向应力大小的条件下进行几次剪切测试，并据此绘制粉体的屈服轨迹。拟合后可确定最大主应力（σ_1）和无约束屈服强度（σ_c），前者与后者的比率即为流动函数（flow index，FF，见图4-12）。流动函数是划分流动性等级的常用参数，通常其值低于4意味着流动性差，高于10则表示流动性良好。

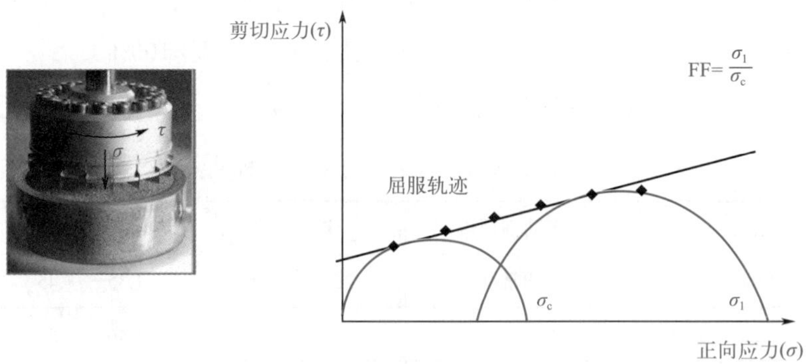

图4-12 剪切盒流动性测试结果示意图

（六）动态流动性（dynamic flowability）

动态流动性测试的是当桨叶或叶轮在粉体物料中旋转并上下移动时粉体受到的阻力情况。如使用FT4粉体流变仪测量，当桨叶在样品中移动时，设备会对旋转阻力和纵向阻力进行测量，通过计算扭矩和阻力所做的功可以测出粉体的流动能（E，见图4-13），也就是桨叶自上而下贯穿粉体样品所需的能量。粉体在螺杆饲料器或主动式饲料器内处于强制流动状态下测量出的特性被定义为基本流动能(BFE)，而当粉体在运动不受约束的情况下，即在低压力填充、低剪切力混合等无约束流动状态下测量出的粉体流动性能量被定义为特别流动能（SE）。约束和无约束流动的机制不同，而不同机制可能与不同加工性能相关联。基本流动能可以反映颗粒破碎、黏结、偏析等行为，而特别流动能则可以反映颗粒间机械咬合的摩擦力。

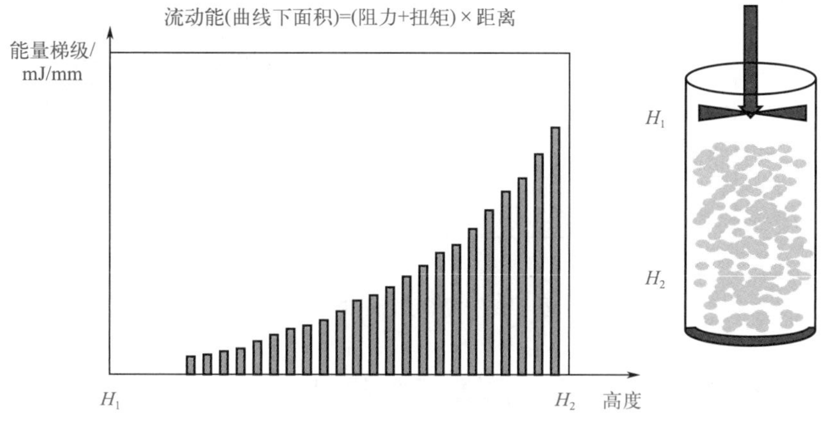

图4-13 流动能测试图

（七）压缩性（compressibility）

压缩性试验主要测量粉体体积随着正常范围内的压力变化而变化的函数关系（图4-14）。压缩性（$CPS\%$）用正向应力下的体积变化百分比来表示。测试可以反映出物料的可压缩性，对于物料在一些工艺操作步骤，如压片、干法制粒、螺旋传输等过程中的体积变化可起到一定预测性。

$$CPS\%=\frac{V_c-V_p}{V_c}$$

式中，V_c为粉体本身体积；V_p为粉体受压后的体积。

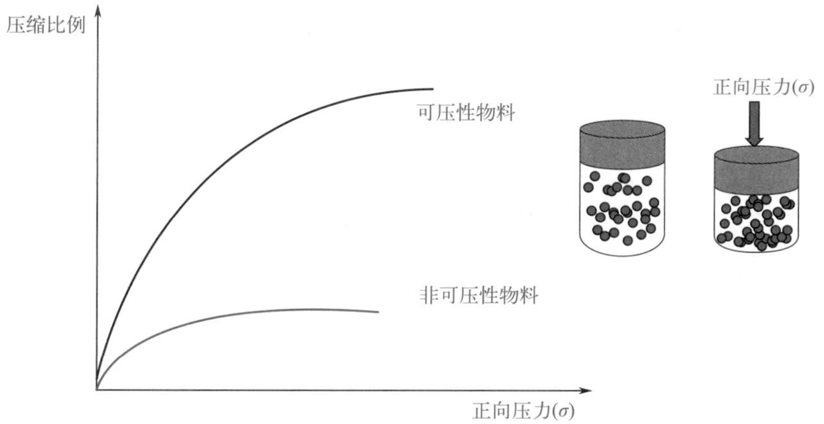

图4-14 压缩性测试示意图

（八）透气性（permeability）

透气性是指空气通过某种物料传输的容易程度。在透气性测试中，从一定体积的物料底部引入向上流动的空气，同时在物料上施加正向压力。粉末上的压降（ΔP）会被记录下来，可用于计算物料在一定压力下的透气性。低气体压降意味着粉体中的气体容易溢出，透气性高（见图4-15）。该测试对于了解粉体在压片及气动传输过程中的性能很有帮助。

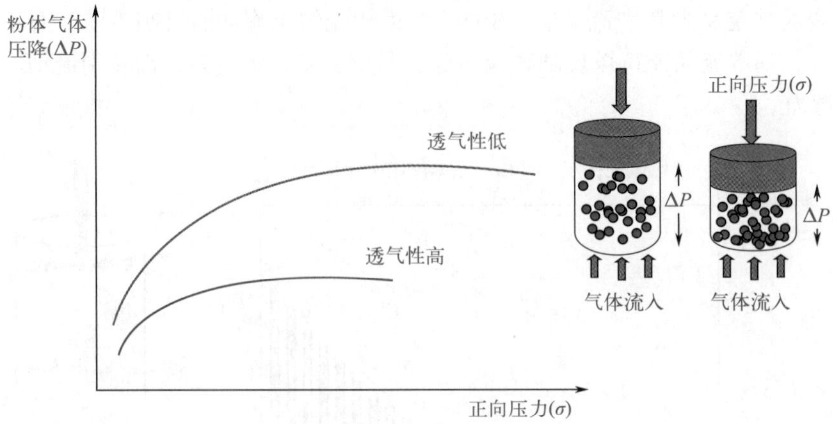

图4-15 透气性测试示意图

二、连续制造中关于物料性质的研究以及行为预测

（一）物料失重式饲料的研究

通常情况下，连续制造中的设备运行速度快、物料消耗速度快。如果使用连续生产线设备，特别是商业化规模设备，摸索参数往往需要耗费大量物料。因此在这一阶段的研发工作中，可以考虑采用独立的失重式进料器研究装置（如K-Tron KT20等）对每种物料进行研究，在获得优化的参数后，再把相关参数转移到连续生产线中进行下一步的混合以及后续的工艺研究。物料失重式饲料的研究主要是摸索物料在失重式饲料器中的流动行为，以确定合适的变速箱设置、螺杆类型、电机转速以及出口筛网等。表4-2列出了GEA集团CDC50设备的不同变速箱传动比对应的螺杆尺寸和饲料速度推荐值。对于流动性较好的物料，如乳糖、微晶纤维素这一类填充剂，饲料速度通常较快，可以考虑使用小的变速箱传动比（如63：1），以及大尺寸的螺杆（如20mm）。相反，对于黏性较大的物料，如硬脂酸镁，则建议使用高变速箱传动比（如455：1）和小尺寸的螺杆，以及出口细筛网，而且在失重饲料下料漏斗中需要使用带有搅拌功能的搅拌挡板以促使物料顺利流动及翻转。对于一些特殊性质的物料，如二氧化硅，由于物料较轻，单独饲料极为不好控制。在这种情况下，建议通过与另一种物料预混合的方式进行饲料，从而实现稳定的饲料速度。

表4-2 GEA集团CDC50设备的不同变速箱传动比对应的螺杆尺寸和饲料速度推荐值

变速箱传动比	螺杆尺寸/mm	物料饲料速度推荐值/（kg/h）（@0.5g/mL）
63：1	10	1.8～28.3
	20	3.5～56.8
235：1	10	0.5～7.6
	20	1.0～15.2
455：1	10	0.2～3.9
	20	0.5～7.9

在对物料失重式饲料的研究中，最关键的是对原料药的研究。由于不同的原料药差别可能较大，甚

至同一种原料药的不同批次都可能会有很大差别，所以在工艺开发阶段通常需要对原料药的饲料行为进行充分的研究，以避免不同批次的原料药的某些性质不同对工艺以及产品质量带来影响。不同于传统批次生产，连续制造中通常确先定整线运行速度。不同运行速度的选择也会导致每个物料的饲料速度变化，从而影响参数的选择。

最近有一些文献报道了物料在不同饲料参数下的研究工作。实际操作中可以使用单因素实验（one factor at a time，OFAT）或实验设计（design of experiments，DOE）进行模型分析，从而优化出最终的饲料参数。表4-3所示为一个原料药饲料研究的实验设计，其中原料药粒径、电机转速、螺杆类型、变速箱传动比为变量，饲料因子和饲料速度相对标准偏差等为响应，可以通过实验设计分析得出相应参数以及优化空间，从而最终确定饲料参数。

表4-3　原料药饲料研究的实验设计

实验设计参数	单位	低值	中间值	高值	响应
原料药粒径	微米（D90）	10	55	220	饲料因子[①]以及饲料速度相对标准偏差等
电机转速	rpm	1500	4000	7000	
螺杆类型	—	10mm 凹面螺杆	20mm 凹面螺杆	10mm 螺旋螺杆	
变速箱传动比	—	455 : 1	235 : 1	63 : 1	

① 饲料因子用于描述螺杆每转一圈输送的粉末量，是根据粉末的质量流量与螺杆转速计算的。

（二）物料性质以及饲料行为预测

最近很多研究报道了通过物料性质来预测物料在连续线中饲料的行为。包括对于不同物料的多种属性进行表征测试，建立物料数据库，使用主成分分析（principle component analysis，PCA）或者聚类分析（clustering analysis）等多元分析方法对数据库进行研究。主成分分析可以根据物料的不同表征检测结果找到相应主成分，并通过向后迭代法用尽量少的主成分捕捉具有代表性的信息。聚类分析可以通过相似度指标简化物料的表征测试，并进一步把相似度高的物料进行归类。一方面，对于新物料来说，在前期通过一些快速表征测试即可了解物料性质并预测该物料的饲料行为，协助螺杆以及相关饲料参数范围的初步选择，从而节省前期开发时间以及减少实验次数。另一方面，通过建立物料数据库，那些原料药昂贵的工艺也可以考虑使用类似物料进行饲料研究，甚至应用于后续在连续生产线中需要使用大量物料的PAT、RTD建模工作中。Yifan Wang等针对20种物料做了44种不同表征测试，并通过多元分析方法将这些物料分为六大类，对于新物料引入也成功建立了相应的研发分析流程，提出对于新物料可以先做表征分析再应用于连续制造设备中，这样可以达到节省物料成本以及研发时间的目的。

本节着重介绍了连续制造中了解物料性质的重要性以及常见的物料性质研究内容。物料粉体是一种复杂材料，单一表征无法全面描述每个工艺步骤或者预测粉体行为，只有通过多元分析才能做到。通过物料性质表征以及多元分析有助于了解以及预测物料在失重式饲料器中的流动行为，从而加快连续制造的前期研发速度。

第三节　固体制剂连续制造技术的工艺模型之PAT的应用

一、PAT的基本概念

过程分析技术（process analytical technology，PAT）是通过及时测量原料和过程中材料的关键质量属性及过程的关键性能特征来设计、分析和控制制造过程的系统，并以此确保最终的产品质量。PAT的目标是基于风险管理指导、控制生产过程，提高对工艺的理解。由此可以看出，与传统实验室离线检测相比，过程分析的主要不同点是检测实时性，这意味着应用过程分析技术可以实现对生产过程的相对趋势做出判断。因此在PAT中，将制造技术与分析技术相结合有助于按照质量源于设计（QbD）进行工艺开发，实现实时放行测试（real-time release testing，RTRT），并支持连续化生产工艺。

过程分析和生产过程的接口是PAT应用的核心，接口分为三种模式：近线（at-line），在线（on-line），线内（in-line）（图4-16）。近线检测是指将样品从生产线取出（自动或人工），在位于生产环境的仪器上完成分析；在线检测是指将样品从生产线取出，完成样品检测后，将样品再次返回生产线（或丢弃）；线内检测是指样品无须从生产线取出，直接在生产线上完成检测。

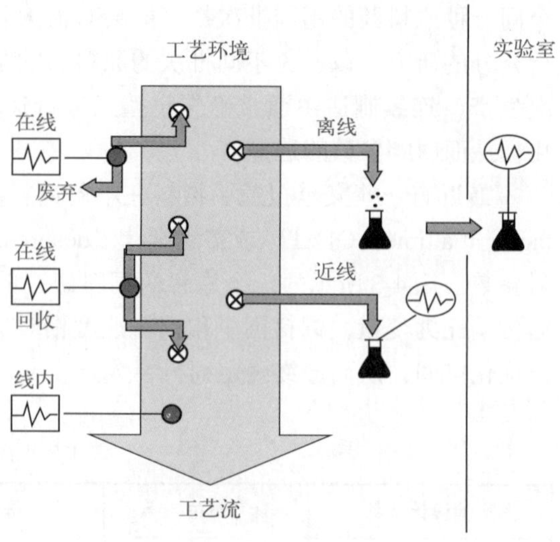

图4-16 接口模式

（一）PAT的组成

PAT由软件和硬件两部分组成。软件部分包括数据采集与仪器控制软件、统计分析软件、化学计量学软件等。硬件部分包括过程分析仪器，以及与过程分析相关的工艺生产设备和仪器等。

软件应用方面：数据采集与仪器控制软件具有存储数据、远程控制仪器、仪器性能诊断和质量监控、加载计量学模型并实时运算的功能。化学计量学软件用于从过程检测数据中发掘有效的信息，将目标分析物和过程检测数据相关联，并建立数学联系。统计分析软件用于实验设计和数据分析，是化学计量学软件和通用数据分析软件的扩展。

硬件应用方面：和实验室分析仪器相同，过程分析仪器分为分析仪和传感器两部分，其作用是检测并反馈检测数据。通常根据检测需求和目的，安装在特定的位置。

（二）PAT的优势和关注重点

1. 优势

传统药品通常采用间断性的批量生产模式，通过离线方式检测从批量生产过程收取的样品。传统的取样检测具有偶然性、滞后性以及耗时等固有性质，这在一定程度上限制了生产和放行效率。而PAT可以实现实时检测并快速反馈，不仅可以减小取样偶然性的影响，保障产品质量，确保工艺参数和产品质量的属性的动态关联，避免生产偏差，还能提升检测通量，缩短检测时间，提升整体效率。同时，PAT的硬件系统包括多种分析仪器和传感器，可以满足多种场景下的不同检测需求。另外，PAT支持实时自动监控和记录生产数据，符合GMP与数据完整性要求。

2. 关注重点

（1）明确对工艺过程的理解 应用PAT的目的是提升对工艺过程的理解和控制。而对工艺过程的理解体现在：①可以解释和识别所有关键变异性的来源；②可以通过工艺的调整实现对变异的管理；③在设计空间内（由物料、工艺参数、生产环境和其他条件构建）准确可靠地预测产品质量属性。增进对工艺过程的理解不仅可以提升对物料和工艺监测及控制系统的把控，也可以为验证程序减负。利用过程分析仪器收集产品和工艺研发数据，可以增进对工艺开发、优化技术转移和控制的洞察和理解。

（2）技术选择和验证 根据工艺和生产需求选择合适的技术，应按需考虑设备的灵敏度、环境适应能力、抗干扰能力和长期稳定性。分析方法应满足需求，方法验证需要符合法规和标准的要求。

（3）应用的难点 PAT中“分析”一词广义地将化学、物理和微生物检测与数据分析相结合。这意味着，在制药领域应用PAT时需要将多变量工具与药品物料性质及其生产工艺的设计，以及数据采集和分析相结合。例如，PAT的应用需要将化学理论知识和统计学分析相结合，使用多元分析关联目标分析物和测量值，建立测量值和目标分析物的数学关系。这要求多部门、多学科协同合作，产学结合。另外，在数据管理和记录方面，过程分析技术会产生大量实时数据，存储、处理、分析和监管庞大的数据对大数据管理和智能系统的应用有着较高的需求。

二、PAT相关的仪器设备

近年来，随着分析技术和相关设备的发展，PAT的应用范围不断扩大。在制药工业领域，PAT也因其具备实时监测的优势被广泛应用于多种分析场景。在固体制剂连续化生产过程中，PAT常被用于监控生产的各个阶段，例如：监测混合、制粒、干燥、包衣等过程。2015年，Fonteyne等在文章中描述了多种应用于连续化生产过程中的分析技术，包括物料转移、连续混合、喷雾干燥、辊压制粒、双螺杆制粒和直压过程。

（一）基本原理和应用

过程分析仪器是过程分析技术应用中非常重要的工具和手段。除了仪器分析的基本要求之外，过程分析更强调时效性、稳健性和取样代表性。仪器科学的发展为PAT提供了充分选择，检测光、声、电、磁响应的各类仪器，在各个过程分析应用中发挥各自的优势。由于具备响应快速、取样灵活、信号响应丰富等优势，通过光信号反馈的过程分析仪器逐渐成为应用的热门选择。常见的光响应过程分析仪器有：紫外-可见分光光度计、近红外光谱仪、拉曼光谱仪、光谱成像仪、聚焦光束反射测量仪等。除光响应过程分析仪器外，其他分析手段，如微波检测仪、声发射技术等也在固体制剂连续制造过程中被广泛使用。

1. 紫外-可见分光光度计

紫外-可见分光光度法是常用的定量方法之一，波长范围通常为220～780nm。可用紫外-可见分光光度法的物料形态广泛，液相和气相样品的定量依据朗伯-比尔定律，固体样品反射测量依据Kubelka-Munk理论。紫外光谱仪与分子中的生色团和助色团相关，主要涉及电子结构中与π电子有关的部分。对于紫外-可见分光光度法的应用，除定量和定性的检测之外，还可用于色度、浊度、纳米粒子和成膜厚度等的检测。有研究人员在探究热熔挤出的连续生产模式下，基于顺序的实验设计的系统方法，使用紫外-可见分光光度计作为在线过程分析工具判断活性药物在辅料中的溶解度，并根据多项独立研究确认最优工艺条件，服务早期产品的开发过程。

2. 近红外光谱仪

近红外（near infrared，NIR）光谱技术是在过程分析技术领域被报道及应用较多的技术。NIR的波长范围被认为是780～2500nm。通常，近红外区可被划分为近红外短波（780～1000nm）和近红外长波（1100～2500nm）两个区域。NIR光谱主要由分子振动的非谐振动使分子振动从基态向高能级跃迁产生，主要反映含氢基团（如C—H、N—H、O—H等）振动的倍频和合频吸收。NIR光谱被证明可用于监测流动粉末的均匀性，并可以优化粉末流动和采样设计。由于NIR光谱仪测量对于由原材料或工艺条件等变化引发的样品物理性质改变敏感，因此需要在整个方法生命周期中获取大量具有代表性的数据。有研究人员提出了一种新型的混合近红外-软探测器，作为对连续直压片剂生产过程中混合效力进行实时监测和反馈的装置。有研究报道在连续混合过程中设置NIR分析仪，并开发和验证了实时监测活性药物含量均匀性的模型。

3. 拉曼光谱仪

单色光照射到物质上，物质分子会发生散射现象，如果散射时光子与物质分子发生能量交换，即不仅光子的运动方向发生变化，且其能量也发生变化，则称为拉曼散射。这种散射光频率和入射光频率不同，称为拉曼位移，而拉曼位移大小与分子振动和转动的能级有关，利用拉曼位移进行物质结构和组成的研究被称为拉曼光谱法。对于非极性基团，如C═C、C—C和S—S等红外吸收较弱的官能团，在拉曼光谱中可以得到吸收强烈的谱带。有研究使用拉曼光谱仪作为在线检测装置，结合偏最小二乘

(PLS)，可以达成实时分析活性药含量、混合均匀度和含量均匀度的目的。

4. 光谱成像仪

光谱成像技术是将光学成像技术和光谱技术相结合，同时获得样品图像和每个空间点的光谱信息，由此反馈各个空间点的组成和结构信息。在制药领域，采用近红外化学成像可以实现药物的高通量分析。例如采用近红外光谱成像结合化学计量学方法可以直观地用于假药和劣质药品的识别，还可以用于药物混合均匀性的分析。有研究使用拉曼光谱仪和近红外光谱仪结合光度成像技术，以获取固态信息和颗粒尺寸数据，然后使用这些多变量数据来预测颗粒的含水量、松密度、振实密度和流动性。

5. 聚焦光束反射测量仪

聚焦光束反射测量是采用聚焦光束照射样品表面，通过分析反射光强度和偏振状态等信息，以得到物质表面光学和电学等信息，可用于表征表面粗糙度、膜厚度等。在固体制剂连续制造中，此技术可以通过测量激光束与粒子接触前后光的反射时长，测量粒子弦长分布，以确定粒子粒度，同时反射数量也可以帮助确定晶体数量。有文章曾报道在高剪切湿法制粒过程中，应用聚焦光束反射测量技术检测颗粒尺寸的演变。

6. 微波检测仪

微波（microwave）的波长在1mm至1m之间，基本性质通常呈现为穿透、反射、吸收三个特性。近年来，微波技术已被报道用于快速无损测量散装固体和颗粒混合物的水分。有文章报道了一种新型多谐振微波传感器，在流化床造粒过程中实现在线水分监测。研究人员对采集的在线数据进一步处理，建立了以卡尔费休（Karl Fischer，KF）滴定法和干燥损失（loss on drying，LOD）法为参考方法的多元线性回归（multiple linear regression，MLR）模型。即使在较高水分含量的情况下，也能实现快速、可靠的工艺过程中的水分控制。

（二）仪器维护和校验

正确且有效地维护和校验检测仪器能够保障仪器的正常运行，避免由于仪器性能不满足标准而引发的数据失真。

三、PAT建模的生命周期管理

基于连续制造（CM）中PAT使用的仪器主要为近红外光谱仪，本节将从CM中所产生的近红外光谱数据建模的角度阐述PAT建模的全生命周期管理。Francisca F. Gouveria等基于ICH Q8、Q9、Q10、Q11，从传统的分析程序验证的三个阶段，即程序设计、程序性能确认、持续程序验证出发，提出了PAT程序开发和生命周期管理的三个阶段：PAT程序设计、PAT程序性能确认以及PAT持续程序验证。其每个阶段的具体实施步骤归纳起来与美国药典对化学计量学建模生命周期的五个阶段一致。这五个阶段分别为：①模型开发：校准；②模型验证；③模型监控；④模型维护和转移；⑤模型再验证。欧洲药品管理局的指南里对定性程序和定量程序有更详细的步骤说明，但归纳起来也包含了美国药典所提到的五个阶段。图4-17是对化学计量学模型生命周期管理

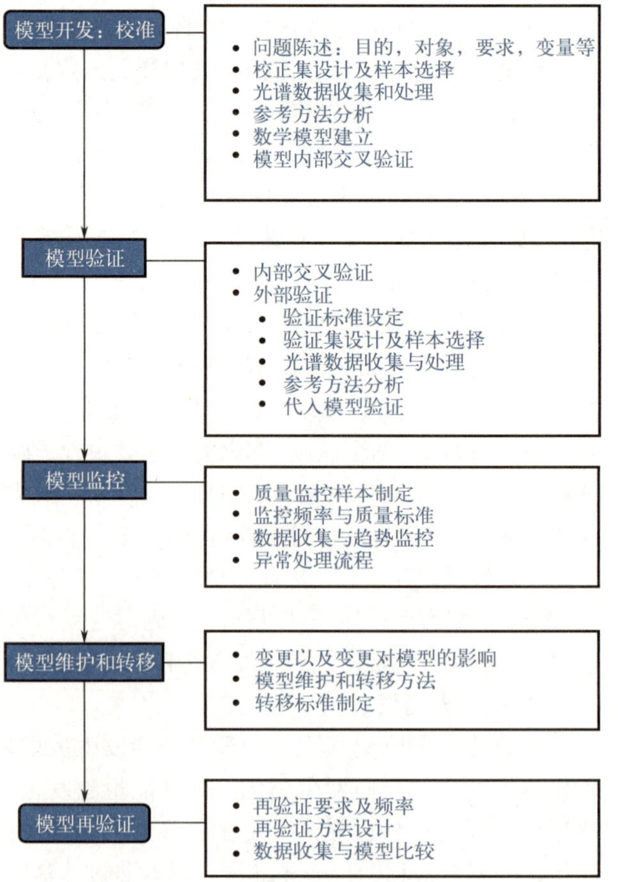

图4-17 化学计量学模型生命周期管理

的概述。本节将针对这五个阶段分别进行阐述，并在模型开发阶段前插入工艺理解与风险评估，这将非常有助于模型的顺利开发。

（一）工艺理解与风险评估

FDA在行业PAT的指南里将PAT的基本框架分为三个部分：工艺理解、原则和工具、实施策略。其中工艺理解部分特别强调了关键变异源的识别和工艺变异的理解与管理，这些都是在开发PAT模型时首先要考虑的，只有找到了影响产品关键质量属性的关键变异因素，才能有针对性地提出有效消除或降低变异的对策。2012年，Margot Fonteyne等通过对连续湿法制粒工艺进行了一个三因子两水平全析因的实验设计，获得不同特征的颗粒，并应用三种不同的PAT工具对水分残留和颗粒流动性进行了多变量建模分析，最终获得了水分残留与NIR数据的相关性，而影像数据对颗粒流动性有很好的预测能力。针对工艺变异源的识别，2013年，Margot Fonteyne等基于设备、产品和工艺变量对连续双螺杆制粒工艺的影响做出了详细的研究，对于产品变量从粉末属性和液体特征两方面分别给出了影响变量。该研究同时也给出了湿法制粒的四个工艺变量对粒径D_{50}和固体形态的影响的两水平全析因实验设计案例，无论是对连续湿法制粒工艺的理解还是对多变量数据的分析都有很好的借鉴意义。针对连续混合，2012年，Fani Boukouvala等研究了连续混合过程的关键工艺变量，包括物料的流速、混合器的转速和填充程度。他们发现这些变量可以显著影响混合均匀性和产品质量。对工艺的理解，除了对过程参数的考察，还需要考虑批与批之间的变异，以及不同制造规模之间的差异。2005年，Robert P. Cogdill在近红外模型开发可行性研究里分别执行了两组实验，第一组设计了一个572个样本的实验，包含13批，每批44个样本，用以评估批与批之间光谱的变异；第二组是一个来自相同制粒工艺的540个样本的实验，并将其分布在3个不同压片规模（单冲压片、小规模旋转压片以及大规模旋转压片）下研究不同压片规模的变异。

在工艺理解的基础上，PAT程序的开发还需要做其他方面的全方位风险评估。欧洲药品管理局在近红外光谱的应用指南里，4.1.5小节特别针对影响近红外光谱数据的变量风险评估作出了详细的说明。在开发近红外光谱PAT模型之前，需要针对指南里列出的潜在影响变量进行充分的风险评估，并针对识别出来的风险进行管理和控制。2018年，Francisca等基于失效模式和效应分析对精益的6M（即人、机、料、法、环、测六个方面）分别进行风险评估。在线NIR测量方面的变异源，尤其是线内NIR测试，因连续工艺粉末动态流动的特性，有诸多挑战。比如，测试探针因沾染粉末而堆积污垢；选择合适的测试样本量、样本体积、样本数等。表4-4汇总了一些常见的PAT建模的影响因素，可供读者在PAT模型开发时参考。

表4-4　常见的PAT建模过程中的变量及其影响

变异来源	关键变量	影响
工艺	工艺关键参数	工艺关键参数的变化，会直接导致产品/中间产品的属性变化，进而影响到光谱数据的值，对模型输入/输出造成影响。比如，混合速度的快慢会直接影响到混合的均匀性，其离心力也会影响到细粉粘壁，那么近红外探头扫描的样本可能是不均匀的，也可能会因细粉过多黏附在探头上造成脏污而影响对真实样本的扫描
原料	原料批次差异	原料批次间的差异，可能导致原料物理或化学属性的差异，比如，含量差异、晶型差异、密度差异等，这些都会影响到光谱数据的收集，进而影响到PAT模型
	原料厂家变化	与批次差异相似，当原料厂家发生变化时，我们需要对其变更前后的原料进行比较分析，以确定厂家变化带来的原料物理化学属性的变化，对光谱吸收会造成什么样的影响
辅料	辅料批次差异	辅料批次差异也可能造成光谱吸收的变化，尤其是当辅料的化学基团与要被检测的原料药化学基团有相似或相同时。在选择波段时也要考虑这一点
	辅料厂家变化	辅料厂家变化和批次差异类似，需比对分析不同厂家所提供的辅料物理化学性质是否有显著不同，因为这也会影响到光谱的吸收

续表

变异来源	关键变量	影响
测量仪器	硬件更换	仪器的硬件更换可能会影响到仪器的精密度和准确性，比如光源更换，不同强度的光源对样本的反射吸收会有影响
	软件升级	软件升级也可能会对数据的采集、处理与分析造成影响
	仪器校正	未经校正合格的仪器，收集到的数据其准确性和精密度都不能保证，基于此而建立的模型也是非常不稳健的
监控方法	测量位置	测量的位置直接反映了样本的代表性，不合理的测量位置会导致样本代表性不足，而产生失真的数据
	测量方法	测量方法的选择会影响到光谱数据的值。比如，选择扫描多次取平均的数据收集方法，与单次扫描取值的方法，出来的光谱数据离散程度会有显著的不同

（二）模型开发：校准

PAT校验模型的开发有以下四个关键步骤。

1. 校正集设计和样本选择

校正集的样本必须包含被测产品配方中的所有化学组分、物理化学属性，浓度范围应均匀横跨样本正常或期望波动的范围，且样本量须足够。校正集样本还必须包含所有生产工艺里可能存在的变量或变更，比如供应商变更、物料批次变更、工艺参数调整等。2008年，Simin Hassannejad Tabasi在对奥比沙星NIR建模的可行性研究里，采用了0%～100%的奥比沙星混合比例的全混合区间的样本光谱研究，并在不同波长下对奥比沙星及辅料基团的光谱吸收强度进行了研究，同时也考察了压片压力对药片脆碎度的影响。2005年，Robert P. Cogdill等在API含量的NIR模型开发中，从两个全析因实验设计的10个商业化批次和13个实验室批次里抽取了500个样本。这两个全析因实验设计的因子变量分别包含了3个不同的API供应商、3个不同的硬脂酸镁供应商、2种不同的制粒水分含量以及2个不同的压片压力。而API的浓度范围则从70%到130%，包含了9个不同的浓度水平。且对参考测试方法——高效液相色谱法（high performance liquid chromatography，HPLC）的测试误差进行了研究和定义。这对于一般PAT校正集的设计非常具有借鉴意义。

2. 光谱数据收集

相较传统分析技术，过程分析技术在数据采集和处理过程方面都有很大的差异。

首先是数据采集方式发生改变。传统分析取样强调均匀性和代表性，取样方式将直接关系到测量和项目实施的成败，然而这对过程分析技术的应用是巨大挑战。按照分析检测器和检测样品的接触方式可将取样方式分为嵌入式和非嵌入式。嵌入式是指将检测器紧贴或者探入被测基质中，其具备直接、便于理解和追溯的优势。但其缺点也很明显，首先是样本附着引发的数据采集装置污染的问题；其次是取样代表性问题。与嵌入式测量不同，非嵌入式测量则无须检测器和待测样品直接接触，不仅降低了检测器污染和机械磨损的问题，并且安装位置相对灵活，对生产过程干扰较小。但非嵌入式测量仍需解决其自身限制和技术阻碍。以光谱分析仪器为例，光谱定量需要遵循朗伯-比尔定律，即物质含量和响应强度呈现一定的线性关系，非嵌入式测量会使检测面临光路距离、采样范围、样本性质和环境变化的多种影响，导致原本的线性关系被破坏，从而导致较大的预测误差和畸变。多样的取样方式是过程分析技术的特点，不同方式都有各自的适用范围和特点，相较传统分析技术，取样方式的变化将关系到后续检测的稳定性和维护等诸多问题，所以需要根据需求进行大量实践和探索，进行合理的选择。

其次，过程分析技术及时性的特点会增大测试数据的总量，如何有效管理和运用庞大的数据集是执行过程分析技术的一大挑战。在制定样品测试计划前，应根据实际应用目的，结合对工艺的了解和数据积累，采用科学理性的设计，有效开展实验，以达成期望。值得注意的是，在对过程分析数据进行采集和处理时，不可随意舍弃数据。由于数据分析方式从熟悉的单变量变为多变量统计分析，测试环境和体系的自由度大，在证明诱发异常数据的根本原因之前，根据有限数据定义和排除可疑数据会增大破坏模型的风险。

另外，光谱采集条件也会影响光谱质量。采集条件包括光谱范围、分辨率和光谱扫描次数。光谱范围的选择受诸多条件的限制，例如光纤距离的长度过长会使2200nm以上的光谱区间无法使用；采用不同测量模式（反射、漫反射、透过、漫透射）测定具有一定厚度的待测物时，可使用的光谱区间也会不同。光谱分辨率是指仪器区分两个相邻吸收峰能力的量度，通常由光谱带宽来表征，即单色器射出的单色光谱带最大强度一半处的宽度，主要取决于仪器的分光系统。在光谱结合化学计量学的实际应用中，一般不追求高分辨率。光谱扫描次数的增加可以通过多次测量取平均的方式达到。这是一种提高信噪比的方法，而光谱信噪比的变化会影响模型的预测能力。Shi等在开发最佳的基于NIR的分析方法时，考虑到基础化学、仪器参数、化学计量学和测量时间之间的基本平衡，使用多元价值指标作为基于NIR的方法开发和优化的指南。此外，美国药典对近红外光谱的理论和实践也有详细的描述。影响光谱的因子，归纳起来主要有以下两个方面。

（1）环境因子 主要考虑环境的温湿度对光谱测量的影响。测试过程中应尽可能地控制环境的温湿度波动。如果没有办法控制，则在校正样本集的设置中需要考虑环境因子。

（2）取样因子 取样需要考虑的因素比较多，比如样本呈现的位置、样本的温湿度、样本厚度、样本的光学性质、样本的固体形态等。其中，在连续线PAT建模光谱采集时，特别需要注意的是光谱的代表性。因为物料是流动的，测量时间、扫描次数、光照强度等都可能会对光谱吸收值产生影响。2008年，Johannes J. Moes在一项新药的三个步骤工艺研发中应用了NIR作为PAT测量仪器。在测量过程中，根据粉末的密度，推算NIR一次测量的样本量为250mg，平均10次扫描的平均值作为一次光谱能量的读数。2013年，Lizbeth Martínez在用NIR作为测量仪器建立连续混合工艺中API含量的PAT模型时，对五个API浓度共取样220条光谱样本，每条光谱来自平均60次扫描。1999年，O. Berntsson针对近红外漫反射光谱的测试方法，基于不同分光仪的设置对比了两种不同的有效单位面积的样本质量的评估方法：辐射传递方程（ERT）方法和层厚变化（VLT）方法。研究结果显示，反射比没有随着样本厚度的增加而变化，而透射比对样本厚度的变化更加敏感，尤其体现在吸收峰值上。单位面积的有效样本质量跟粉末的属性以及其在不同波长下的吸收有很大关系，也会随着粉末属性不同和波长选择不同而产生很大的差异。以上这些在研究取样时可参考。

3. 数学模型的建立

在建立数学模型之前，需要对光谱数据进行预处理。数据的预处理由一系列数学计算对原始数据进行转换而来。常用的光谱数据预处理方法为数字滤波技术，比如求导、小波变换、傅里叶滤波、Savitzky-Golay（SG）滤波等，用以去除或减弱线性补偿和噪声贡献。标准化是对观测值的比例缩放，以使各观测值对模型创建的影响相似。当变量高度相关时，一般采用标准归一化（SNV）和多元散射矫正（MSC）对光谱数据进行标准化处理。2012年，Margot Fonteyne在进行NIR计量化学模型分析之前用中心化和SNV对光谱数据进行了预处理。2008年，Simin Hassannejad Tabasi在对不同的响应变量进行建模前，分别用了二阶导数、SG平滑以增强信号分辨率，同时应用了MSC和SNV以消除光散射的主效应。

美国材料实验协会标准（ASTM）里提到了三种光谱数据的多元回归分析，分别为多元线性回归（multivariate linear regression，MLR）、主成分回归（principal component regression，PCR）和偏最小二乘（partial least squares，PLS）回归。这三种多元回归建模的方法也是目前主要的光谱回归分析方法。下面是三种多元回归方法的简单介绍，具体数学方法可参考相关统计书籍。

多元线性回归用于量化和解释多个特征（自变量）与一个结果（因变量）之间的关系。在光谱数据的多元线性回归模型中，因变量（如API含量）是自变量（如每个波长下的光谱吸收值）的线性组合，每个自变量都有一个对应的权重或系数。其回归方程表示为：$y=M^tb+e$。其中，M^t代表自变量数据即光谱样本数据和截距项常数（列值全为1）的设计矩阵的转置矩阵，它是一个维度为（p+1）×n的矩阵，p代表单个波长的个数；b是回归系数向量，它代表被选择建模的每个波长的回归系数以及截距项系数，是一个维度为（p+1）×1的列向量；e代表回归误差，它是一个维度为n×1的列向量。

主成分回归是一种结合了主成分分析和多元线性回归的统计技术。主要用于处理多重共线性问题，即预测变量之间存在高度相关性的情况。主成分分析首先从原始数据集中找出一组新的、线性无关的变量（主成分），这些变量是原始变量的线性组合。如果我们有p个预测变量，那么第k个主成分可以写作：

$$pC_k=a_{1k}X_1+a_{2k}X_2+\cdots+a_{pk}X_p$$

式中，a_{1k}，a_{2k}，⋯，a_{pk}是第k个主成分的系数；X_1，X_2，⋯，X_p是原始预测变量。然后对主成分进行回归，如果我们选择了m个主成分，那么主成分回归模型可以写作：

$$Y=b_0+b_1pC_1+b_2pC_2+\cdots+b_mpC_m+\varepsilon$$

式中，Y是响应变量；b_0是截距；b_1，b_2，⋯，b_m是主成分的回归系数；ε是误差项。

与主成分回归不同，偏最小二乘回归不仅仅是根据预测变量之间的关系来生成新的特征，而且同时考虑预测变量和响应变量之间的关系。PLS回归提取的偏最小二乘成分是预测变量的线性组合，这些组合能够最大化预测变量和响应变量之间的协方差。第k个偏最小二乘成分可以写作：

$$\mathrm{PLS}_k=b_{1k}X_1+b_{2k}X_2+\cdots+b_{pk}X_p$$

式中，b_{1k}，b_{2k}，⋯，b_{pk}是第k个偏最小二乘成分的系数；X_1，X_2，⋯，X_p是预测变量。

在偏最小二乘回归中，我们使用偏最小二乘成分而不是原始预测变量来进行回归。如果我们选择了m个偏最小二乘成分，那么偏最小二乘回归模型可以写作：

$$Y=c_0+c_1\mathrm{PLS}_1+c_2\mathrm{PLS}_2+\cdots+c_m\mathrm{PLS}_m+\varepsilon$$

式中，Y是响应变量；c_0是截距；c_1，c_2，⋯，c_m是偏最小二乘成分的回归系数；ε是误差项。

2012年，Margot Fonteyne利用PCA对近红外和拉曼光谱数据进行了主成分分析，然后利用PLS回归将主成分分别与响应变量水分、豪斯纳比和颗粒密度等进行回归建立了预测模型。2005年，Robert P. Cogdill利用PLS回归分别对API含量和硬度的校验进行了回归建模，他选择PLS回归而不是多元线性或主成分回归是因为PLS回归是一个经过验证的行业标准因子回归方法，可以很轻松地利用已有的统计工具对其进行优化。而且，PLS回归分析所产生的一系列正交载荷向量对模型解释和异常值检测都非常有用。2013年，Lizbeth Martínez利用PLS回归对线内NIR测量的光谱数据与连续混合工艺里的API含量建立了预测模型，并在长时间运行模拟过程中验证了该模型的有效性。2011年，T. Puchert将预处理过的NIR数据先进行PCA，然后计算主成分分值距离（principal component score distance，PCSD），并计算分值距离的移动区块标准差（moving block of standard deviation，MBSD），最后对MBSD进行PCA，并根据霍特林T^2的预测图确定了混合终点。

根据模型的开发原则，图4-18是采用PLS回归对API含量进行模型建立的得分图示例，其中第一主成分显示了API浓度的变化。图4-19 PLS回归模型的载荷图显示所选波段在第一和第二主成分上都有较高的贡献。使用HPLC和NIR模型分别识别的API浓度的线性关系如图4-20所示，线性斜率为1，截距约为0，决定系数R^2为0.99，表明校准模型线性关系很好。

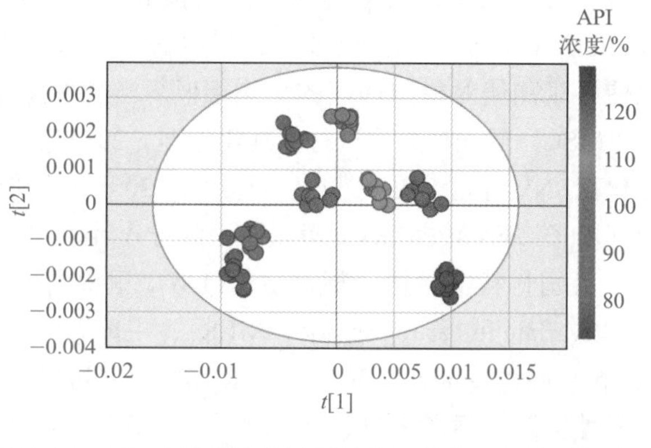

图4-18 PLS回归模型的得分图（t代表X变量的维度，t[1]t[2]分别代表样品点在第一和第二主成分上的投影）

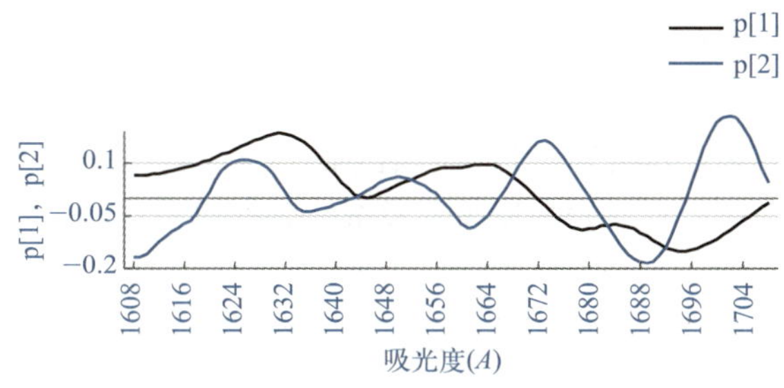

图4-19　PLS回归模型的载荷图（p[1]为第一主成分，p[2]为第二主成分）

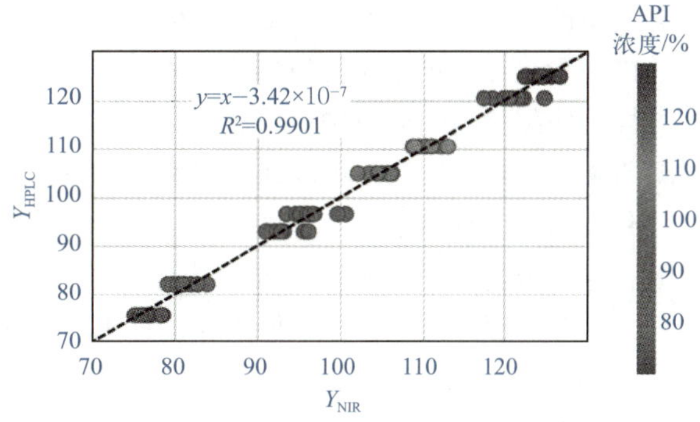

图4-20　校准集HPLC和NIR模型测得的API浓度的线性关系图

4. 模型交叉验证

交叉验证用于估计最优的主成分数量（或潜变量数量），同时可计算出平均预测误差。交叉验证可以防止模型过拟合，并且获得对模型在未知数据上表现的无偏估计。常见的交叉验证方法有：①随机子抽样验证（hold-out）：多次随机划分数据集为训练集和测试集，进行多次训练和测试，最后返回多次测试结果的平均值。②留一交叉验证（leave-one-out）：每次使用一个样本作为测试集，其余样本作为训练集。适用于样本量较小的情况。③留M交叉验证（leave-M-out）：M个对象的所有子集都被一一用于测试集，其他留下的样本作为训练集。④*k*折交叉验证（*k*-fold）：将数据集随机划分为*k*个子集，每次将其中一个子集作为测试集，其余*k*−1个子集作为训练集，进行*k*次训练和测试，最后返回*k*次测试结果的平均值。⑤基于蒙特卡洛模拟的交叉验证（Monte Carlo based cross-validation）：创建大量随机不同样本量的子集，允许任何包含在模型中导致大量重复的对象。

我们以*k*折交叉验证为例简述其操作步骤。假设我们正在使用近红外（NIR）光谱数据来预测某种化合物的浓度。有150个样本的数据集，每个样本包括一系列光谱强度以及对应的化合物浓度。我们决定使用偏最小二乘（PLS）回归模型进行预测，为了评估模型的泛化性能选择使用*k*折交叉验证。在这个例子中，我们设定k=15，即将数据随机分成15折等大小的子集。步骤如下：

① 将150个样本随机排序，并随机分成15折，每折10个数据。

② 从排序后的数据集中，每次选取1折（即折内的全部10个样本）作为测试集，剩下的14折（即140个样本）作为训练集。

③ 训练PLS回归模型，并在测试集上进行评估，记录模型的评估指标［比如均方误差（MSE）］。

④ 重复步骤②和③，直到所有的折都被用作过测试集。

⑤ 在所有的轮次完成之后，我们将得到15个模型性能指标。我们可以计算这15个性能指标的平均值和方差，以了解模型的平均性能和性能稳定性。

*k*折交叉验证可以帮助我们更准确地评估模型在未知数据上的表现，同时提供了模型性能的不确定性估计。

实际应用时还需要注意，有时候单一的验证方式可能不足以评价模型的好坏。这时就需要根据实际情况进行多种验证方式的比较或组合应用。例如，2011年，Valeria Sileoni等在其研究中通过对不同验证方法的比较得出，单一的标准去评价模型是否适用是不足够的，它可能会高估或低估模型的质量。最终在多种比较下，选定5个成分下开发的模型是足够可信的，而该模型预测的误差也跟参考测试方法接近，进一步说明模型的有效性。

（三）模型验证

光谱校正模型方法验证是光谱分析中的关键步骤，旨在确保模型的精度和可靠性。光谱校正模型的验证主要包括内部验证和外部验证两种方式。

内部验证如上述模型开发中步骤4所写，主要通过交叉验证（cross-validation）方式，在训练数据集中进行。外部验证则通过独立的测试数据集进行，这些数据在模型训练阶段并未被使用。通过比较模型预测结果和实际测量值，可以评估模型的预测能力。

外部验证的样本选择有一些关键考虑的点，比如样本主药浓度需要包含所期望的正常主药浓度控制范围，且在浓度范围内均匀分布，样本量要足够多，以用于建立光谱数据与主药浓度数据的关系。如有必要，可考虑额外的包含异常值的验证样本用于测试模型异常值侦测的有效性。

许多研究都强调了外部验证在建立稳健和可靠的NIR模型中的重要性。例如，2001年，Williams和Norris在《近红外技术在农业和食品分析中的应用》一书中详细介绍了外部验证的重要性，并讨论了不同的验证技术。

外部验证的主要目标是评估模型在新数据上的预测能力，常用的评估指标包括均方根预测误差（root mean square error of prediction，RMSEP）和预测决定系数（R^2_{pred}）。2008年，Johannes J. Moes等的研究指出，模型预测的准确性可以透过RMSEP的值来定量评估，它是评估NIR模型预测性能的有效指标。2018年，Fien De Leersnyder等在其研究中除了采用RMSEP值作为定量评估模型预测绩效外，还用了另外一个指标：β概率，即模型预测值与真实值差异低于预定义的允收限（λ）的概率。其数学表达式如下：

$$Pr(|x_i-\mu_i|<\lambda)>\beta$$

对于已建立的校准模型，对响应变量来说，双侧95%的期望允收限被计算出来，即未来测量值将有95%的概率落在这个允收区间内。基于这个区间，观测结果落在被定义的偏差允收限［$-\lambda$，λ］内的概率可以被计算出来。只要β期望公差被包含在预定义的允收限内，模型精度就可接受。同时，回归系数r、斜率和截距被用以评估线性，r越接近1、斜率越接近1、截距越接近0，说明线性越好。

2013年，Valeria Sileoni等对比了不同的验证策略以及长期效应对NIR模型的影响。在对NIR校验模型的长期效应评估里采用了多年的外部验证数据集去验证模型预测能力随时间变化的稳定性。研究结果指出，由于长期的变异未知性，在定义外部验证模型误差时，这个误差需要比内部验证高，但比重现性的限度低。

近年来，机器学习和深度学习技术在NIR模型的构建和验证中得到了广泛的应用，例如卷积神经网络（convolutional neural network，CNN）和支持向量机（support vector machine，SVM）等。这些先进的机器学习算法也为光谱校正模型的验证提供了新的可能性。这些方法能够处理高维、非线性的NIR数据，提高模型的预测精度。

总的来说，光谱校正模型方法验证是一个复杂的过程，需要考虑模型选择、数据预处理、验证方法等多个因素。适合的验证方法能够确保模型的可靠性，提高光谱分析的准确性。

（四）模型监控

GB/T 29858里提到，校正模型验证有效后，应对模型的准确性和精密度以及仪器的性能进行连续监控，以保证模型预测性能。在整个模型的生命周期管理中，需要持续地确保模型性能。

模型监控一般需要制定一些质量控制样品。这些样品属性可参考校正样品的选择，以保证与模型适用性相匹配。通过定期地对质量控制样品进行重复检测，可以监控模型预测值与参考方法测试值的差异，以保证模型预测的准确性；通过监控同一个样品定期重复测量的预测值变化来监控模型预测的重复性。

当发生影响模型预测的事件时，比如，当模型预测发生漂移时，或者预测值发生超趋势限或规格限的时候，需要对事件进行原因调查。如果在监控过程中发生模型失效是由仪器性能所导致时，就需要对仪器性能进行检测和评价，对检测出来的问题进行校正。但是，如果监控过程中仪器发生了维修，比如元器件更换等，应当对维修前后的模型进行预测性能评价，如果维修后模型性能发生改变，需要重新建立模型。

（五）模型维护和转移

当发生下列情况时，需要对模型进行维护和转移。

- 样品需要同时在两台仪器上测试；
- 模型是在A设备上建立的，但未来数据收集需要用B设备上测试；
- 仪器维修对光谱产生较大影响，导致模型预测失效。

模型维护和转移的方法有很多种，以下是三种典型的方法。

1. 模型更新

通过在原校正样本的基础上添加少量新的样本，对模型进行重新校正。2005年，X. Capron等针对有新的没被包含在校正模型内的数据变异源的情况，利用模型扩张理论提出了选择少量有代表性的新样本与原校正样本合并重新建立校正模型的模型更新方法，新样本集的选择根据与原校正样本有最大马氏距离的样本，以便可以用最少的样本来对模型进行有效更新。2009年，John H. Kalivas等在其研究中也采用了模型更新的方法来降低原模型对新条件下的光谱样本的敏感度。也有一些研究针对添加的新样本在所有样本中的权重问题，指出具体在更新模型时可参考并根据实际情况做出合理调整。

2. 标准化

标准化是利用数学的方法对不同仪器上的光谱响应值进行校正，使原模型可以对新条件或新仪器产生的数据进行准确预测。标准化的方法有很多，主要有直接标准化（DS）法、分段直接标准化（PDS）法、单波长标准化（SWS）法、典型相关分析（CCA）法、斜率/偏差矫正法等。其中，分段直接标准化法最为常用。2008年，Yusuf Sulub等人在对片剂含量均匀性的NIR测试多元模型转移算法研究中指出，利用PDS法进行模型转移，相较于用两台仪器对矫正样本进行测试的全球建模方法而言，更加地经济、切实可行，且具有更低的模型预测误差。2001年，Tom Fearn则对各种标准化方法的模型转移进行了描述和方法介绍。2008年，Wei Fan等利用CCA法对NIR校验模型进行转移，并比较了CCA法和PDS法两种不同的转移方法。在其研究对象里，当样本子集足够大、不同仪器的变异信息更充分的时候，CCA法比PDS法更好，体现在其RMSEP更小。2018年，Xiaqiong Fan等在CCA法的基础上开发了一种命名为主成分CCA（PC-CCA）的方法，该方法先将主从仪器的光谱数据进行降维处理提取主成分，结合CCA法获得标准化相关向量的特征向量，通过线性变换及广义逆矩阵计算将从属仪器的主成分分值转换成PLS回归模型潜变量的分值后获取转换后的光谱值，研究指出该方法快捷迅速且有优秀的模型性能。

3. 光谱信号预处理

如前文所述，光谱信号预处理不仅可以有效去除信号噪声、提高建模精度，还可以用于减小不同条件或不同仪器所测得的数据之间的差异，从而建立一个稳健的主模型。光谱信号预处理的方法参考模型开发之“数学模型的建立”相关内容。

（六）模型再验证

当发生一些重大变化时，比如配方变化、原辅料供应商变化、工艺变化、参考方法变更等，则需要对模型进行再验证。PAT模型的再验证是连续生产工艺的一种质量控制过程，用于确保模型的有效性和准确性在改变环境或样本条件下仍然维持。这个过程涉及在新的样本集上测试模型，并比较预测结果和实际结果。

再验证的步骤通常包括以下几个方面。

① 数据收集：收集新的样本数据，这些数据应该代表预期的变化或新的操作条件。

② 预测：使用NIR模型对新收集的样本进行预测。

③ 实际测量：对新的样本进行实际测量，以获取真实结果。

④ 比较：将模型的预测结果与实际测量结果进行比较，分析差异。

⑤ 评估：根据比较结果评估模型的性能。如果预测结果与实际结果相符，那么模型被认为是有效的。如果存在显著的差异，则可能需要对模型进行优化或重新开发。

再验证的重要性在于，它可以确保NIR模型在改变环境或样本条件下仍然能够有效和准确地进行预测。这是一个持续的过程，需要定期进行以确保模型的质量和性能。

PAT具备实时性、精确性和高效的特点，这使得在固体制剂连续生产中集成PAT有很多益处，但在其实践和落实过程中也存在诸多挑战。不同的连续化工艺面临的挑战和问题也不尽相同，比如，在评估连续粉末流或混合粉末的均匀度时，质量流速的变化会影响多变量模型的预测，物料性质的差异也会影响测量结果；在进行双螺杆制粒的水分测量时，预测结果会受到有限的实验量和测量数据延迟的影响；在测试直压工艺过程中活性成分的含量时，粉末流动速度的变化和检测器的位置都会影响分析结果。在仪器和技术的选择方面，检测中使用的传感器和设备的性能、采集数据的准确度和频率，都会影响收集到的数据的质量和最终的结果。在建立和优化分析模型方面，需要深度理解工艺生产过程和产品性质，掌握相关学科知识，实现跨学科的知识共享和合作，形成专业的合作团队。在数据管理和维护方面，也需要具备完善的合规的管理制度和执行准则。

尽管面临诸多挑战，但是随着传感器技术、数据分析方法和控制技术的发展，以及监管机构对药品生产质量控制的要求日益提升，PAT在固体制剂连续生产中的高效集成越发重要。

第四节　固体制剂连续制造技术的工艺模型之RTD的应用

在化学工程及相关领域中，停留时间分布（residence time distribution，RTD）被定义为在连续流系统中，固体或流体物料停留在一个或多个单元操作内的时间概率分布，可通过监测示踪剂在单元出口的浓度来求解。RTD是表征物料传输特性的关键参数，被广泛应用在许多工业场所中，比如化学品、食品、医药产品的连续制造中。此文以医药行业的连续直压工艺为例，对RTD进行进一步解读。

RTD在连续生产中直接影响批次定义。如果RTD在一个连续的过程中非常宽泛（一部分进料被快速处理，另一部分在系统中停留很长时间），不合格物料的追踪将变得困难，且不能获得一个定义较好的批次。因此，较窄的RTD是需要的，即所有物料在过程中保留大约相同的时间。但是，窄的RTD意味着系统中没有混合，从而消除了潜在波动的可能性（例如给料机）。$E(t)\mathrm{d}t$是物料在(t)和$(t+\mathrm{d}t)$之间停留的分数（图4-21）。RTD的理论基础是系统处于稳态，入口和出口的输运仅通过平流进行，流动不可压缩。RTD是基于在过程单位出口处测量的示踪剂（惰性）的浓度$C(t)$确定的。当系统瞬间输入一定量的示踪剂时，停留时间函数$E(t)$定义为：

$$E(t)=\frac{C(t)}{\int_0^{\infty} C(t)\mathrm{d}t}$$

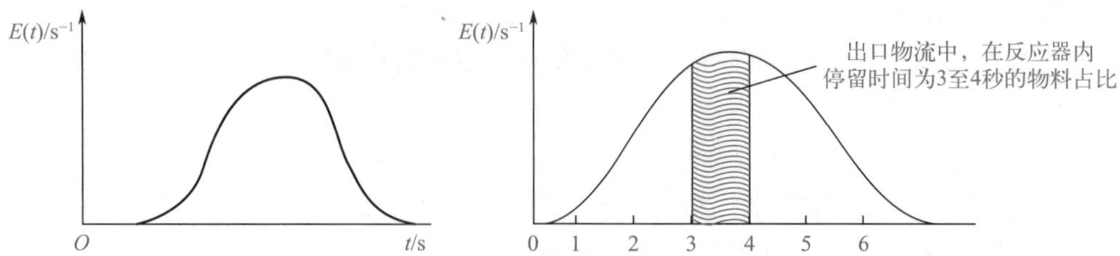

图4-21　停留时间分布示意图

累积分布函数$F(\tau)$定义为：

$$F(\tau)=\int_0^{\tau}E(t)\mathrm{d}t$$

$F(\tau)$是物料在反应器中停留τ时间的分数。

平均停留时间定义为：

$$t_m=\int_0^{\infty}tE(t)\mathrm{d}t$$

方差定义为：

$$\sigma^2=\int_0^{\infty}(t-t_m)^2E(t)\mathrm{d}t$$

内部年龄分布为：

$$I(t)=\frac{1}{t_m}\left[1-F(t)\right]$$

$I(t)\mathrm{d}t$是在t到$t+\mathrm{d}t$之间反应器内的物料的比例。

RTD的测量方法是在入口处向系统中加入示踪剂。示踪剂的浓度根据已知的函数变化，并在出口处测量响应值。所选择的示踪剂不应改变流体的物理特性（例如等密度、等黏度）。一般来说，示踪剂浓度的变化要么是脉冲的，要么是阶跃的。其他函数也是可行的，但它们需要更多的反卷积来解RTD曲线。

一、经典反应器类型

（一）理想的平推流系统（plug flow reactor，PFR）

在理想的平推流反应器中，不存在轴向分散或混合，流体元素以与进入顺序相同的顺序排出。虽然状态变量沿反应器轴有变化，但系统是不随时间改变的。理想的平推流的示意图如图4-22所示。所有流体要素具有相同的停留时间（即体积除以体积流量）。

$$E(t)=\delta(t-t_m)$$

其中δ是狄拉克德尔塔（Dirac delta）函数。显然，平推流反应器的方差为零。

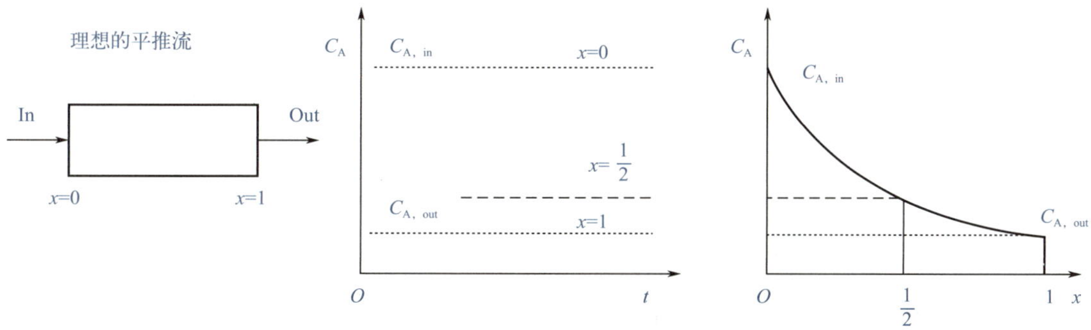

图4-22　平推流反应器示意图（左）及浓度在时间和空间上的变化（右）

（二）理想混合系统（continuously stirred-tank reactor，CSTR）

理想混合系统（在反应工程领域也称为连续搅拌槽反应器）是基于入口进料立即混合到系统主体的假设。此外，整个反应器（以及出口流体）在任何时候都具有相同的、均匀的成分（图4-23）。

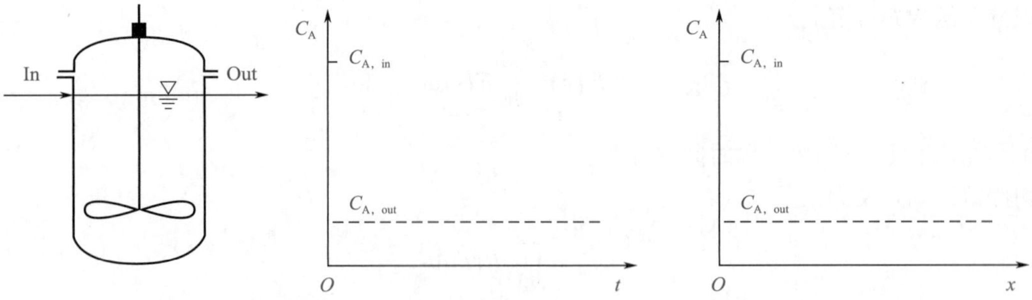

图4-23　理想混合反应器示意图（左）以及浓度在时间和空间上的变化（右）

理想CSTR的RTD呈指数衰减：

$$E(t)=\frac{1}{t_m}\exp\left(-\frac{t}{t_m}\right)$$

因此，$E(0)$已经是$\frac{1}{t_m}$，随后会减小。虽然在实践中没有观察到这一点（因为示踪剂从入口输送到出口需要时间），但对于小规模系统来说，这仍是一个很好的近似。

（三）理想混合系统的串联

理想混合系统的串联（图4-24）是一种介于连续搅拌槽反应器和平推流系统之间的情况。这更接近实际情况，大多数现实生活中的系统都可以通过一系列理想混合系统的串联来建模，其中串联中的反应器数量决定了反混合的程度（反应器越多，反混合越少）。

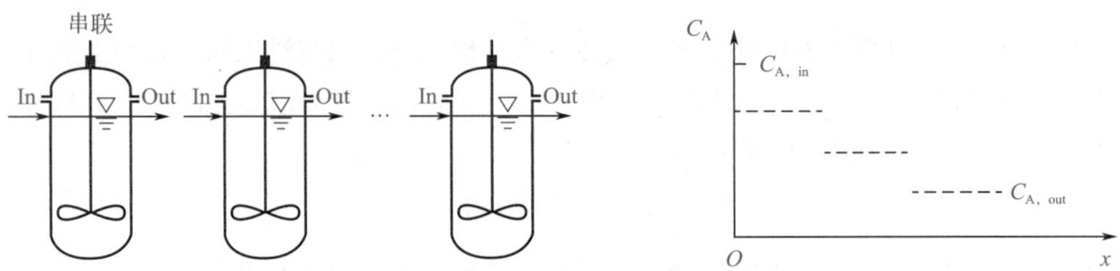

图4-24　理想混合系统串联示意图（左）以及浓度在空间上的变化（右）

不同个数的理想混合系统串联的RTD如图4-25所示。对于单个CSTR，RTD是一个稳定的衰变过程；对于更多的CSTR串联，RTD的宽度变窄并接近平推流反应器的宽度。

实际情况中的RTD总是偏离理想反应器中的RTD，这取决于容器中的混合情况。例如，与理想的平推流行为不同，连续式混粉器总是有非零方差，否则轴向不会发生混合，粉料的波动也不能得到平滑。如果$E(t)$曲线的平均值早于预期时间到达，则容器内必定存在停滞区域和捷径。

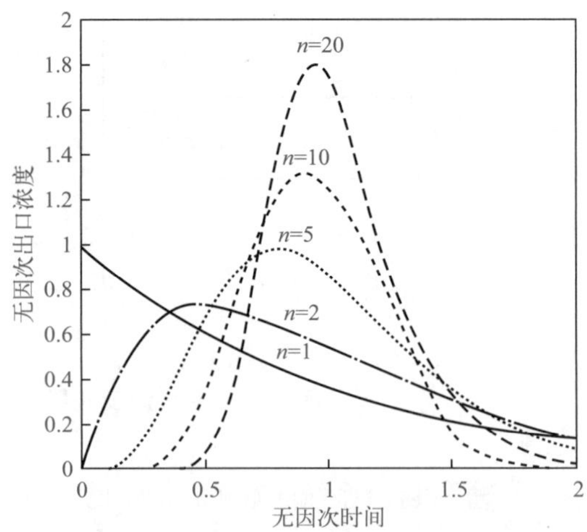

图4-25　不同个数的理想混合系统串联的停留时间分布

（四）连续直压体系中的混合（以CDC-50为例）

CDC-50由三个独立的混合单元组成：混合机1、混合机2和片剂饲料装置。CDC-50采用基于RTD的工艺模型，将每个混合单元定义为两类经典反应器的组合：理想平推流系统和理想混合系统。

CDC-50中的每个混合单元都建模为单个PFR和两个CSTR的组合，如图4-26所示。这种模型结构是由GEA集团在CDC-50的使用中提出的。该模型结构能够充分描述系统的混合能力，同时使回归参数的数量最小化。但是这些理论的数学模型只是表达了系统的混合能力，并没有实际的物理意义。PFR用于模拟由于物理传输引起的延迟（例如管内流动）。在理想的平推流反应器中，所有离开容器的颗粒在系统中的停留时间是相同的（即在容器内待了完全相同的时间）。平推流系统中（径向或轴向）没有混合。CSTR用于模拟产品混合（即搅拌机操作），进料中的各种颗粒在反应器内停留的时间不同，也就是说，物料在容器内停留的时间是有分布的。CDC-50上的两个混合机和片剂饲料装置均采用平推流反应器和两个CSTR的组合进行建模。

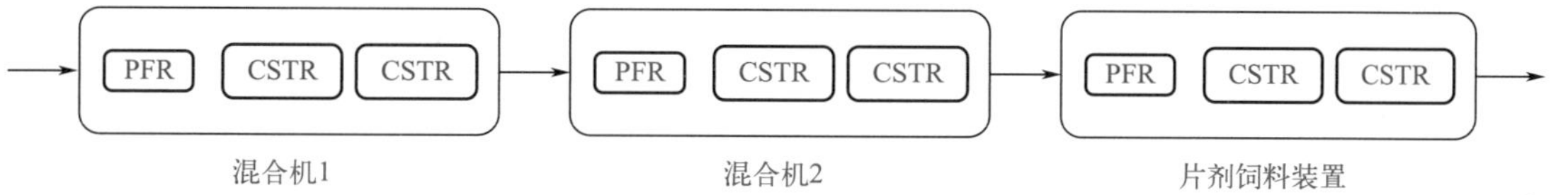

图4-26 混合单元的建模示意图

此外，RTD对所有工艺参数都很敏感，这意味着需要对单元操作的整个设计空间进行调查。这一点尤其重要，因为具有过程控制的连续系统将改变过程参数以保持产品的一致性。所以在求解RTD参数之前，连续系统的所有参数都需要已经确定。更重要的是，浓度曲线的数据集必须完整，并包括整个尾部。如果轮廓线不完整或者尾部很长，RTD是不准确的。如果发生这种情况，可以将尾部推断为指数衰减，这将提高不完整数据集的准确性。

二、RTD在连续直压工艺中的求解方式

（一）卷积

RTD可以被用于追踪通过连续线的物料。由于RTD是系统的脉冲响应或点响应，如果系统响应是线性的（即如果示踪剂不改变共混物的流动特性），则任何时间点都可以像脉冲一样在整个系统中传播。使用卷积积分对混合过程进行表示，即：

$$C_{\text{out}}(t)=\int_0^t C_{\text{in}}\left(t-t'\right)E\left(t'\right)\mathrm{d}t'=\int_0^t C_{\text{in}}\left(t'\right)E\left(t-t'\right)\mathrm{d}t'$$

简写为卷积算子方程：

$$C_{\text{out}}(t)=C_{\text{in}}(t)E(t)$$

只要入口的浓度 C_{in}、RTD和$E(t)$都是已知的，就有可能预测出单元操作出口的浓度。这可以通过递归计算总体RTD扩展到一系列单元操作。例如，对于两个单元进程，可表示为：

$$E(t)=E_1(t)E_2(t)$$

其中$E_1(t)$是第一单元操作的RTD，$E_2(t)$是第二单元操作的RTD。在连续直压的工艺流程中，可以将混合1、混合2及压片步骤分别视作一个操作单元。

这种卷积技术如图4-27和图4-28所示。在图4-27（a）中，第一个RTD $E_1(t)$用时间间隔为2.4s的近似离散化，其中RTD的离散版本现在由一系列柱形表示。图4-27（b）显示了第二个RTD $E_2(t)$，它对图4-27（a）离散近似中的每个元素进行了缩放，并在图4-27（c）中绘制。例如，当t=0时，第一个元

素为0，这就是为什么$E_2(t)$在t= 5s时的峰值为0.36。第二个元素在t= 2.4s时为0.0378，其结果为0.033（0.36×0.0378×2.4），这是在t = 7.4s时缩放响应峰值的值。对于离散近似中的所有元素重复此操作，而对于每个后续近似，时间偏移2.4s（时间间隔）。然后对这些进行求和，如图4-27（d）所示，上面覆盖了Matlab“conv”函数的解。“conv”函数使用与RTD的分辨率相对应的时间间隔，这创建了一个与示例相反的平滑解决方案，示例被限制在2.4s的时间间隔内。图4-28显示了两个单元操作$E_1(t)$和$E_2(t)$ RTD的图，它们的卷积解或整体RTD更宽，平均停留时间更长。

Matlab“conv”函数的广义定义为：

$$E(t_k)=\sum_j E_1(t_j)E_2(t_k-t_j+\Delta T)\Delta T$$

其中，ΔT为两个RTD的时间间隔；t_k和t_j分别为时间数组的第k和第j个点。

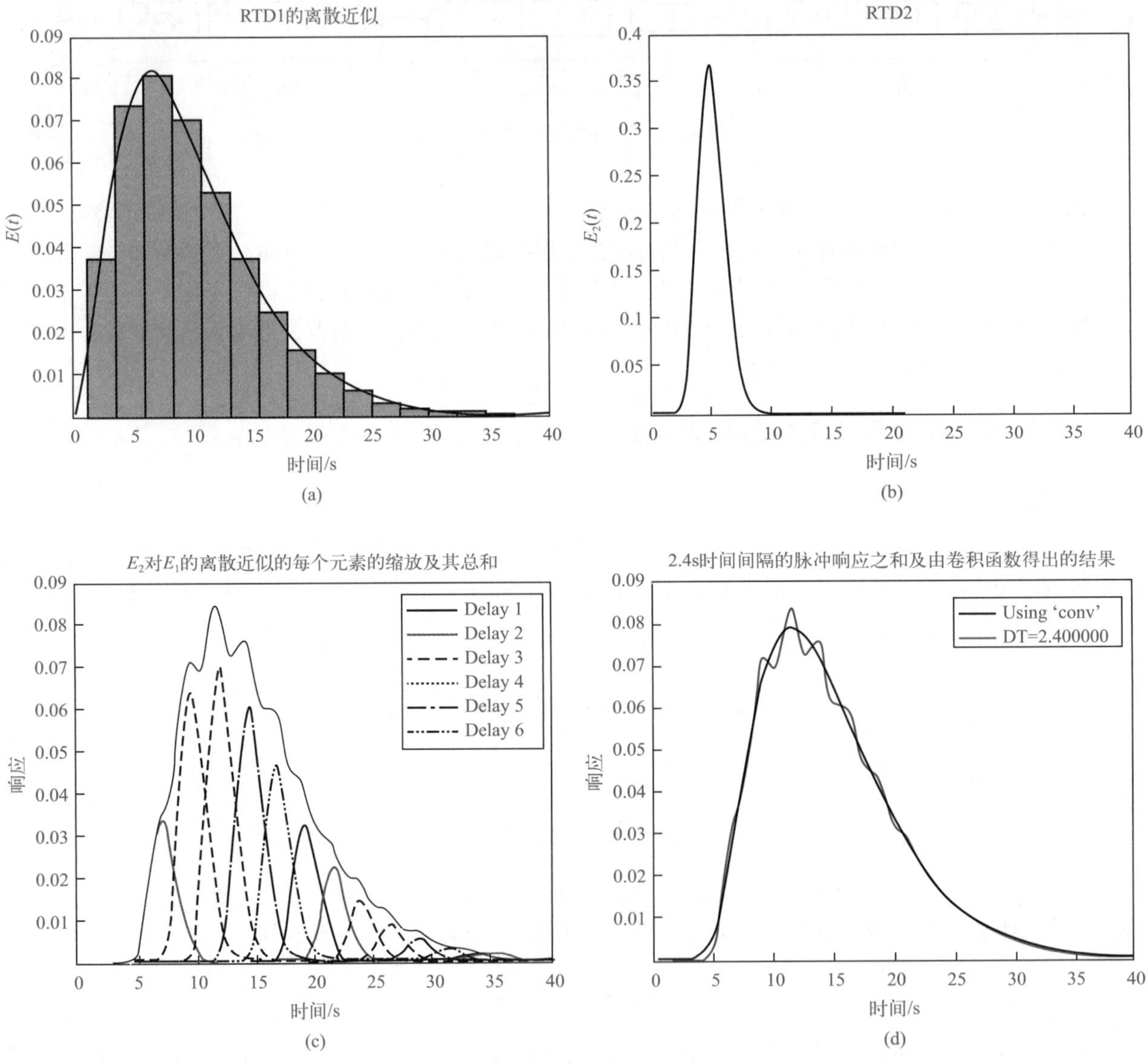

图4-27 卷积技术应用于两个停留时间分布（RTD）E_1和E_2的视图

（a）E_1的离散近似；（b）E_2；（c）E_2对E_1的离散近似的每个元素的缩放及其总和；

（d）2.4s时间间隔的脉冲响应之和及由卷积函数得出的结果

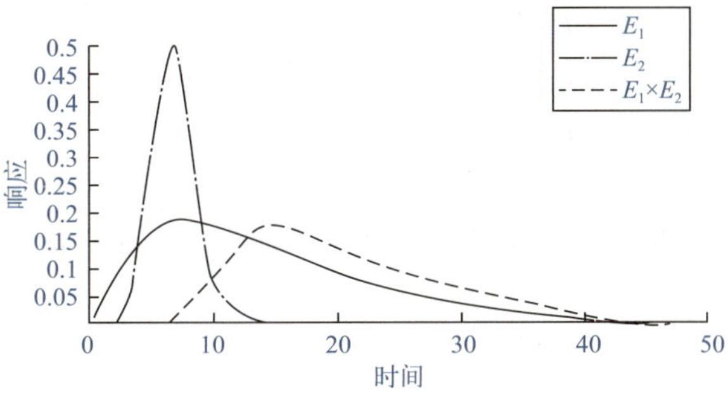

图4-28 停留时间分布E_1和E_2以及它们的卷积（$E_1 \times E_2$）

（二）连续加工系统中原材料的可追溯性

整个过程的RTD可以使用卷积的数学工具结合每个单元操作的停留时间分布（RTD）来确定。图4-29显示了直接压片连续制造系统的工艺流程图。在给料机顶部后，第一个操作单元是混合机1，其次是混合机2，它们都有明显的反混，因此停留时间分布较广。最后是压片机，由于有料斗和料框，压片机内的停留时间更长，但在料框内有少量的反混。通过卷积技术将这三种单元操作结合起来，产生了一个整体的系统RTD，它比任何单个单元操作都更长更宽。整个系统的RTD可以用来追踪整个系统的原材料，一直到成品药片。系统的RTD建模允许在整个过程中跟踪任何过程干扰的演变，从而可以很容易地识别受影响的下游材料，并回溯以确定干扰的来源，使其成为风险管理的有效预测工具。然而，RTD建模需要与其他工具一起使用才能有效。例如，检测干扰的能力取决于在最佳位置是否有合适的传感器。RTD建模可以为物料异常所需的纠正行动提供映射，这些异常以动态流程更改或移除不规范材料的形式出现。其结果是减少了可变性，提高了产品质量。

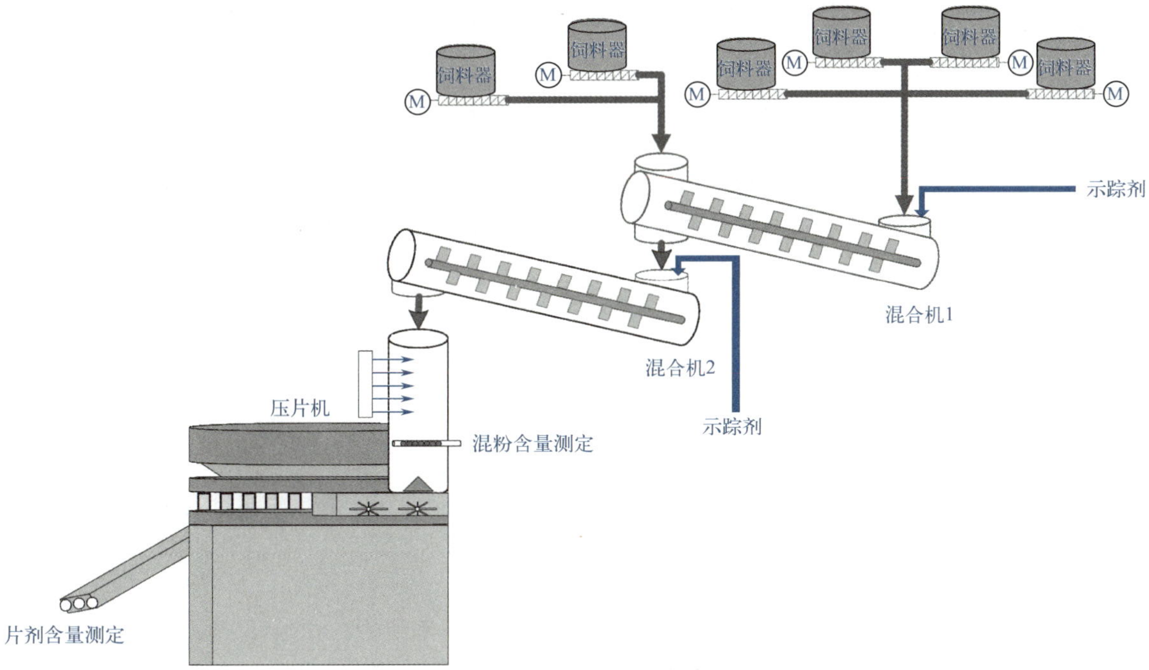

图4-29 使用GEA集团CDC-50的连续直压工艺流程图

（三）RTD的输入信号类型

常用的RTD输入信号类型包括狄拉克德尔塔脉冲（Dirac delta pulse）、脉冲输入（pulse input）和阶跃输入（step input），如图4-30所示。脉冲输入是在t=0时向单元操作入口注入已知量的示踪剂时的输入信号，其浓度在出口作为时间的函数进行测量。脉冲输入最理想的是瞬时注入。尽量减小脉冲注入点与装置入口之间的距离，可以准确地捕获装置内的RTD。如果脉冲注入比RTD窄，则输入脉冲近似为狄拉克德尔塔脉冲。狄拉克德尔塔脉冲在实验上很难实现，但在数学上更容易实现。另一方面，如果注入的扩散与RTD的扩散相当，则脉冲持续时间对RTD是有影响的。在这种情况下，建议使用卷积算法将输入信号转换为输出信号。

阶跃输入在时间t=0时瞬间、均匀且连续地引入（正阶跃）或耗尽（负阶跃）示踪剂。在添加或移除示踪剂后，在输入流中保持恒定的示踪剂流动可能具有挑战性。还有一种输入方式，被称为可变步长输入（variable step change），是一系列阶跃输入的综合，它能更容易地控制示踪剂添加。实际上，任意输入函数，只要是已知的，并且是可以控制的，都可以进行，从而得到所研究的单元运行的RTD。在将示踪剂引入系统的不同输入信号中，脉冲和阶跃输入方法已在药学文献中广泛使用。

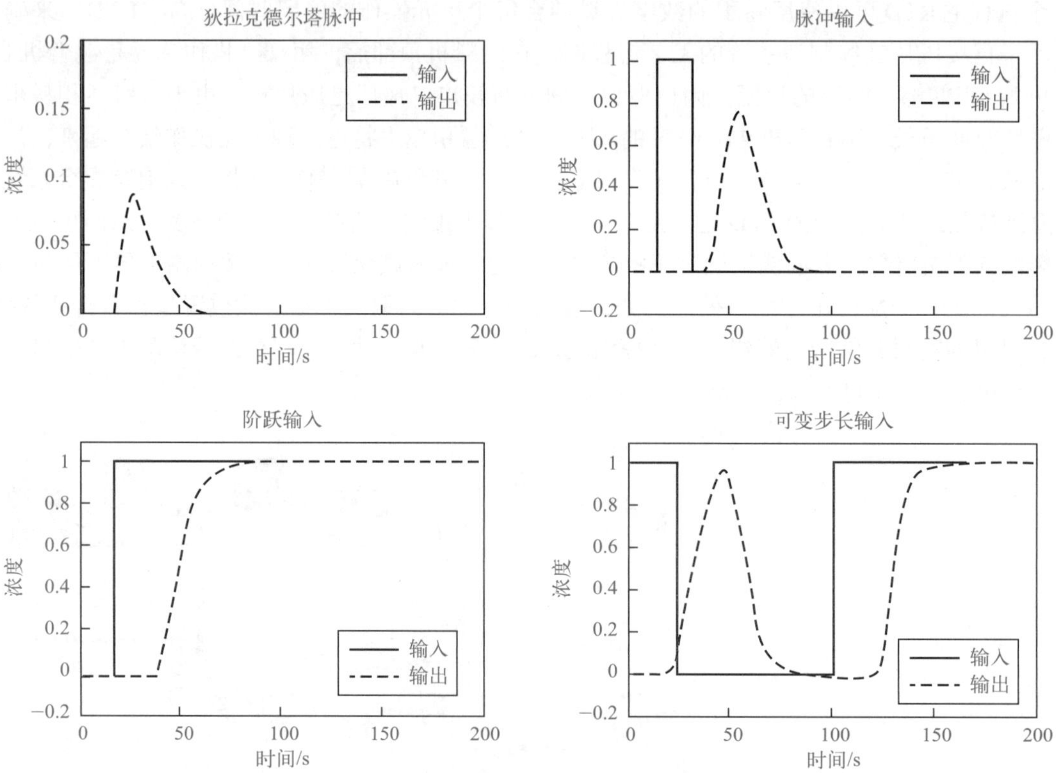

图4-30 不同类型的RTD输入信号（以实线表示）和对应的输出信号（以虚线表示）

三、举例：脉冲方式求解RTD

对连续化系统进行RTD表征的一种广泛使用的方法是进行脉冲实验。脉冲实验是通过向工艺入口添加瞬时和精确数量的示踪剂来进行的，并在工艺出口测量示踪剂浓度随时间的变化。因连续直压工艺中有3个工艺步骤，即应有3组RTD参数，需分步进行求解。

第一步：在混合机2的入口投入混合机2死体积所对应物料重量的5%的示踪剂，在混合机2的出口处利用NIR监测示踪剂的浓度，可求得混合机2的RTD参数。

第二步：将混合机1和混合机2视作一个整体，在混合机1的入口投入两个混合机死体积所对应物料重量的5%的示踪剂，在混合机2的出口处利用NIR监测示踪剂的浓度，可求得一个RTD。因第一步已将混合机2的RTD解出，可利用反卷积的方式求得混合机1的RTD参数。

第三步：在第二步投入示踪剂时，在压片机出口处收集片子，利用HPLC检测片子含量，可求得整线的RTD。因第二步已求得混合机1和混合机2的RTD，可利用反卷积的方式求得压片步骤的RTD参数。不同步骤所得含量结果以及RTD曲线见图4-31。

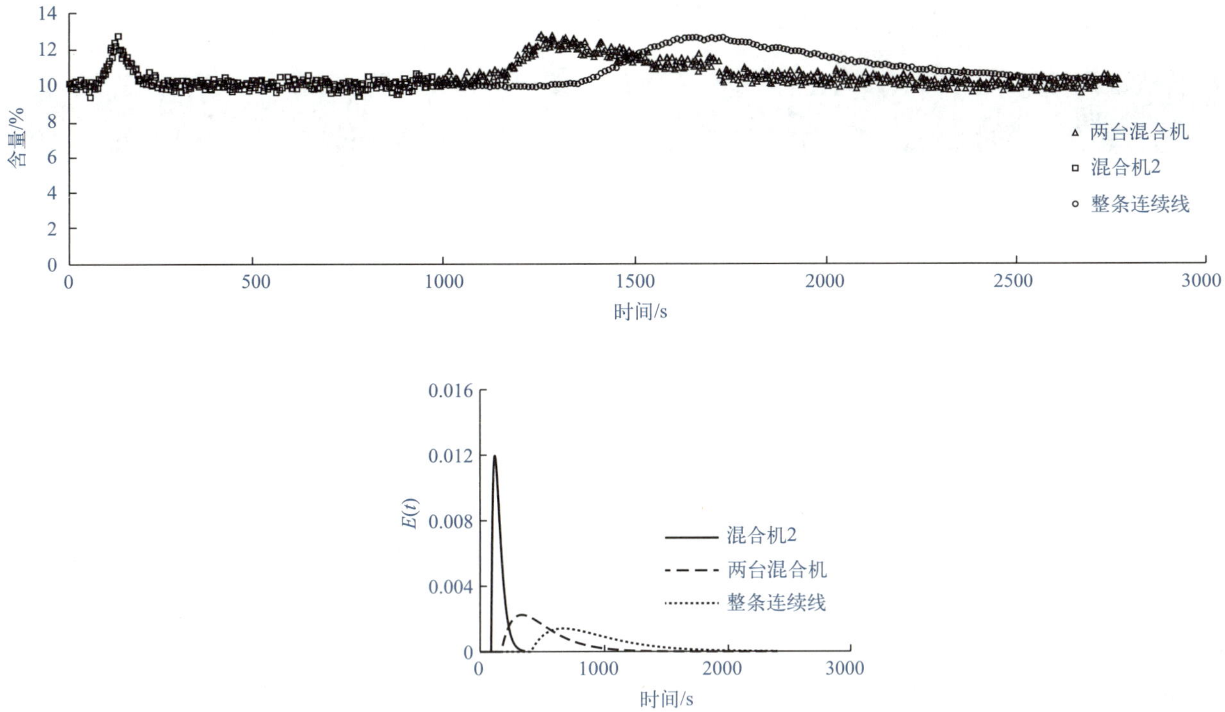

图4-31　不同步骤所得含量结果（左）以及RTD曲线（右）

四、模型验证

将混合机1、混合机2以及压片工序的RTD输入CDC-50系统中，在混合机1或混合机2的入口处投入受到干扰的原料药，在片剂出口处收集片子，对收集的片子进行含量检测（使用HPLC）。结果（图4-32）显示，该RTD参数能识别超出限度的片子，完成剔废，保证收集到的片剂含量在合格范围内。

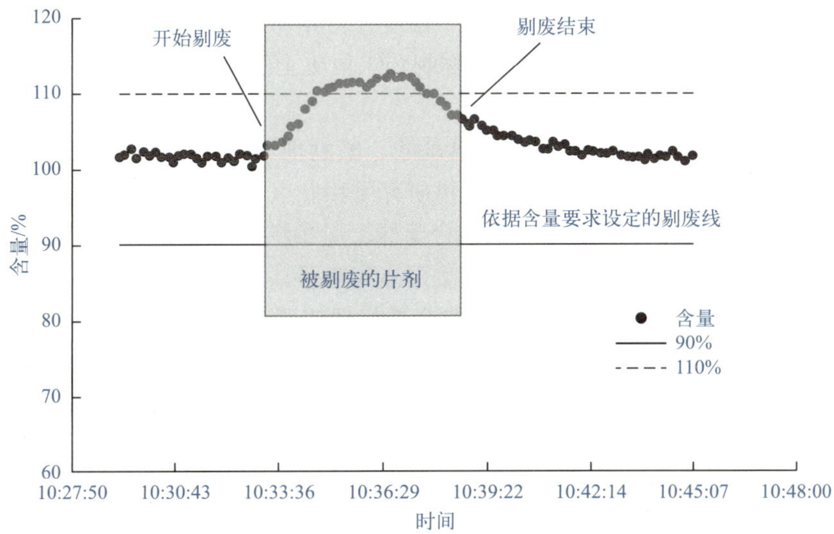

图4-32　剔废示例

第五章

生物药物生产技术

第一节　概述

一、生物制药工业的发展历程

生物药物是利用生物体以及生物的组织、器官、细胞或体液，综合应用生物学与医学、生物化学与分子生物学、微生物学与免疫学、物理化学与工程学以及药学的原理和方法加工制造而成的一大类用于预防、诊断、治疗疾病和康复保健的制品。生物药物与化学药物、中草药并称为人类防病、治病的三大药源。

拓展知识：
“中国干扰素之父”
侯云德

生物制药是指生物药物生产的技术过程。传统的生物制药历史悠久。公元前6世纪的春秋战国时期，我们的祖先已经用造酒之曲来治疗消化道疾病。公元4世纪已经有用海藻治疗瘿病（地方性甲状腺肿）的实践。从生物材料中分离活性物质作为药物，在公元11世纪的《苏沈良方》中就有记载——用男性尿液作为原料制备秋石来滋阴降火、清热解毒。以动物的组织、器官、腺体、体液、分泌物为原料制备的脏器生化药物，其发展经历了直接采用动物的整个脏器，到生产某些脏器制剂，逐渐发展为采用各种生化方法加以分离提取以收获高纯度的目的物的过程。

拓展知识：
我国自主研发“二步发酵法”生产维生素C

20世纪40年代，弗洛里（Florey）和钱恩（Chain）开始工业化生产青霉素。他们成功地制造出了带有搅拌和通风装置的钢制发酵罐，采用了灭菌技术、空气净化除菌工艺、无菌接种技术，制订和完善了发酵过程中pH、温度、营养物质浓度等参数的监控体系，逐渐发展起了完整的液体深层发酵技术。这是生物制药工业史上的重大变革和成就，也为后来若干种抗生素的工业化生产奠定了技术基础。

20世纪50年代以来，维生素、氨基酸、酶制剂等生物药物的发酵生产得到了迅速的发展。20世纪70年代，中国科学院微生物研究所和北京制药厂联合攻坚，将氧化葡萄糖酸杆菌（小菌）和假单胞菌（大菌）组合成混合菌株，用二步发酵法生产维生素C取得成功；用丙酸菌直接发酵生产维生素B_{12}的生产工艺也建立起来了。自从谷氨酸发酵生产首先在日本取得成功后，各种氨基酸产生菌的筛选和生物合成机理的研究日益深入，至目前为止，赖氨酸、苏氨酸等18种氨基酸可用微生物进行生产，并实现了发酵生产的规模化、自动化。酶制剂的工业生产起始于α-淀粉酶，其后葡萄糖异构酶、蛋白酶、纤维素酶、青霉素酰胺酶、L-天冬酰胺酶等品种陆续实现了工业化的发酵生产。此外，肌苷酸、ATP、辅酶A等重要医药品的发酵生产技术也日益成熟，满足了市场的需求。

拓展知识：
生物技术制药领域的创新案例

现在的生物制药工业已经不是单纯地以天然的微生物、动植物作为原料来制药，而是包括天然微生物和人工构建的基因工程菌以及动植物细胞的培养和提取、微生物或其他生物酶催化的生物转化、微生物疫苗等多种类的制药工业体系。

二、生物药物的分类

生物药物的分类目前在学术上仍有分歧。本书采用的是一种相对广泛接受的分类方式——将生物药物的化学本质和化学特性、来源和制造方法、生理功能和临床用途三者相结合进行综合分类。这种分类方式通常将生物药物分为以下四大类。

（一）基因工程药物

基因工程药物是指应用基因工程和蛋白质工程技术制造的重组活性多肽、蛋白质及其修饰物。

基因工程药物包括重组人干扰素α1b、重组人干扰素γ等干扰素类，重组人白介素-2、重组人白介素-11、突变型白介素-2等白介素类，重组人TNF-α和重组人TNF受体等肿瘤坏死因子类，重组人促红素（EPO）、重组人表皮生长因子、重组人粒细胞刺激因子、重组牛碱性成纤维细胞生长因子等生长因子类，重组人胰岛素、重组人生长激素等重组多肽与蛋白质激素类，重组尿激酶原、重组链激酶等心血管疾病治疗剂与酶制剂类，重组乙型肝炎疫苗（酿酒酵母）、乙型肝炎疫苗（CHO细胞）、重组B亚单位/菌体霍乱疫苗和肿瘤疫苗等重组疫苗类，尼妥珠单抗、利妥昔单抗等重组单克隆抗体制品类，聚乙二醇化重组人生长激素等人用聚乙二醇化重组蛋白及多肽制品类等。

据不完全统计，在全球范围内，目前上市的基因工程药物已经超100种。

（二）基因药物

基因药物是以基因作为治疗的物质基础，通过基因导入、基因置换、基因抑制、基因修饰、基因增补等方式操纵遗传物质的表达来治疗疾病。

目前的基因药物按照结构可划分为核酸类药物、重组病毒类药物以及细胞治疗类药物。其中核酸类药物按照种类又可划分为DNA药物（基因治疗用的是重组目的DNA片段、裸质粒等）、RNA药物（如RNAi，即RNA干扰等）及反义寡核苷酸药物（一般是人工合成的，可以通过碱基互补原则结合在靶基因或mRNA上，从而封闭基因的表达）等。核酸类药物的作用原理是借助一定载体将核酸传送进细胞内并进行复制转录，继而在基因层面起到治疗效果；重组病毒类药物是利用人工修饰过的病毒选择性进攻人体病灶部位，以达到治疗疾病的目的，目前大多用于治疗癌症；细胞治疗类药物以细胞为主体，通过基因工程技术对相关细胞进行改造，改造后的细胞直接输送回患者体内用以治疗相关疾病。自1998年美国食品药品管理局（FDA）批准了第一款基因治疗药物Vitravene起，二十多年来，基因药物在曲折中前进，近年来才有快速发展之势（如图5-1所示）。截至2022年年底，全球共有45款基因治疗药物获批上

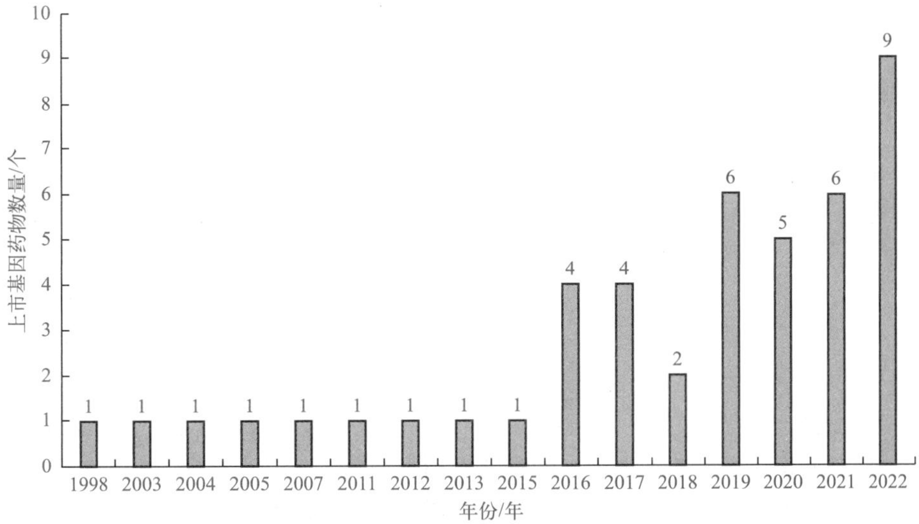

图5-1 全球基因药物上市情况

市。基因药物针对的临床适应证主要有癌症、自身免疫病、遗传病、罕见病等，给常规药物治疗无法治愈的患者带来了生存的希望。由于基因药物主要针对的是疾病的本因，随着基因技术的发展、临床经验的积累和经济水平的提高，基因药物未来必将在人类战胜疾病的过程中发挥更积极、更重要的作用。

（三）天然生物药物

天然生物药物是指从动物、植物、微生物和海洋生物中发现、研究、生产的药物，包括以下几种。

1. 微生物药物

微生物药物包括微生物的初级代谢产物、次级代谢产物，以及借助微生物转化产生的用化学方法难以合成的药物或中间体。

常见的微生物药物包括青霉素、链霉素、四环素、多黏菌素等抗生素类药物，维生素C、维生素B_2、维生素B_{12}、维生素A等维生素类药物，L-谷氨酸、DL-丙氨酸、L-赖氨酸、L-瓜氨酸等氨基酸类药物，肌苷酸、腺苷酸、ATP、CDP-胆碱等核苷酸类药物，L-天冬酰胺酶、尿激酶、链激酶、辅酶Ⅰ等酶与辅酶类药物，克拉维酸、普伐他汀等酶抑制剂，香菇多糖、环孢素A等免疫调节剂，洋葱曲霉中的曲林菌素、链霉菌中的L-156373等受体拮抗剂，用微生物转化法生产的醋酸可的松、醋酸泼尼松等甾体激素衍生物，以相应菌体为原料提取的结核菌素纯蛋白衍生物、卡介菌纯蛋白衍生物、布氏菌纯蛋白衍生物等。

2. 天然生化药物

广义生化药物是指从动物、植物和微生物等生物体中提取的、具有生理活性的化学物质；狭义生化药物指的是从动物的组织、器官、腺体、体液、分泌物及骨、皮、毛等中提取的药物，故也称脏器生化药物。

天然生化药物通常按其化学本质和药理作用分类，包括：甲硫氨酸、谷氨酸、乙酰半胱氨酸等氨基酸及其衍生物类药物，血清白蛋白、丙种球蛋白、胰岛素、催产素、胰高血糖素、促甲状腺激素释放激素、甲状旁腺激素、降钙素、细胞生长因子、促红细胞生成素等多肽和蛋白质类药物，消化酶（胃蛋白酶、胰酶、麦芽淀粉酶等）、抗炎酶（溶菌酶、胰蛋白酶等）、心血管疾病治疗酶（激肽释放酶等）、抗肿瘤酶（谷氨酰胺酶、豹蛙RNase等）、细胞色素C等酶和辅酶类药物，猪肝RNA、牛肝RNA、转移因子、多聚胞苷酸、双链聚肌胞苷酸、肌酐、cAMP、CDP-胆碱、GMP、IMP等核酸及其降解物和衍生物类药物，肝素、硫酸软骨素、透明质酸、胎盘脂多糖等多糖类药物，脑磷脂、卵磷脂、亚油酸、亚麻酸、脱氧胆酸、胆红素等脂类药物，肾上腺素、去甲肾上腺素等生物胺类药物。

3. 海洋生物药物

海洋生物药物是指以海洋生物和海洋微生物为药源，运用现代科学方法和技术制备而成的药物。现有的海洋药物大多数是直接来自海洋生物，也有一些是以海洋生物活性成分为先导物，经人工合成或生物技术转化而获得。

海洋生物药物按照其化学结构类型主要分为多糖类、聚醚类、大环内酯类、萜类、生物碱类、核苷类、多肽与蛋白质类、酶类、甾醇类、苷类和不饱和脂肪酸类等，主要应用在抗癌、预防和治疗心脑血管疾病、抗菌、抗病毒等领域。由于海洋生物的生活环境与陆地完全不同，所以从海洋生物中提取的天然物质往往有独特的生物活性。比如海洋生物毒素（常见的有河豚毒素、海蛇毒素、海葵毒素、芋螺毒素等），主要为多肽和蛋白质类毒素，多为各种神经毒素、心脑血管毒素和细胞毒素的混合物，对哺乳动物的毒性非常强，但经纯化和适当控制剂量后，会产生麻醉、升压、降压、强心、降脂、抗癌、抗病毒等药理作用。

（四）生物制品

我国《生物制品注册分类及申报资料要求》（国家药品监督管理局通告2020年第43号）是这么定义生物制品的：生物制品是以微生物、细胞、动物或人源组织等为起始原材料，用生物学技术制成，用于预防、治疗和诊断人类疾病的制剂。据此，基因工程药物、基因药物，以及很多的天然生物药物，基本上都可以归属于生物制品。但实际上，生物制品的范围远没有这么宽泛。

《中华人民共和国药典》（2025年版）三部收载的生物制品分为预防类、治疗类、体内诊断类和体外诊断类这四大类，另外，微生态活菌制品也属于生物制品。预防类包括伤寒疫苗、皮内注射用卡介苗、重组乙型肝炎疫苗、麻疹减毒活疫苗等。治疗类包括免疫制剂（白喉抗毒素、破伤风抗毒素等抗毒素，抗狂犬病血清、抗炭疽血清等抗血清，抗人T细胞猪免疫球蛋白、抗人T细胞兔免疫球蛋白等免疫球蛋白）、血液制剂（人血白蛋白、人免疫球蛋白、人凝血因子Ⅷ等）、基因工程药物（注射用重组人促红素、注射用重组人干扰素α1b、注射用重组人尿激酶原等）、单克隆抗体（尼妥珠单抗注射液、抗人白介素-8鼠单抗乳膏等）、抗体偶联药物（维迪西妥单抗、德曲妥珠单抗等）、融合蛋白（康柏西普、阿柏西普等）以及其他的生物来源的制品（注射用鼠神经生长因子、注射用A型肉毒素等）。体内诊断类包括结核菌素纯蛋白衍生物、卡介菌纯蛋白衍生物等。体外诊断类包括乙型肝炎病毒表面抗原诊断试剂盒（酶联免疫法）、抗A抗B血型定型试剂（单克隆抗体）等。微生态活菌制品如双歧杆菌活菌胶囊、地衣芽孢杆菌活菌片等，主要用于预防和治疗因菌群失调引起的相关症状和疾病。

三、生物制药的基本过程

尽管提供生物药物的生物资源包括天然的或人工构建的微生物、动物、植物及其组织、器官、细胞与代谢产物，但应用微生物与动、植物细胞培养技术是获得生物药物的主要途径。

（一）微生物制药的基本过程

1. 微生物制药工艺的基本模式

传统的发酵工艺，即利用微生物（可以是自然界存在的微生物，也可以是基因工程的方法构建的微生物，但主要是利用辐照、化学或生物诱变等传统方法改良的微生物）生产生物药物的工艺，常人为地将主要生产过程分为菌种培养、发酵、提取、纯化四个阶段，也就形成了与之对应的四个生产岗位。菌种岗位负责菌种的保藏、转接、培养，为发酵提供足量的、合格的菌种；发酵岗位进一步扩大培养规模，并通过培养条件的控制使微生物进行代谢产物（目的物）的生产；提取岗位根据目的物与培养体系中的其他成分在物理、化学或生物学特性上的区别，将目的物从复杂的生物体系转移到特定的人工液相体系中（通常是水、缓冲液、稀盐溶液或有机溶剂等）；纯化岗位通过更精细、更有针对性的方法或技术将提取液中的目的物与其他成分分离开来，从而提高目的物的纯度，使之达到一定的质量标准。

利用微生物制造生物药物的传统发酵工艺的基本过程如图5-2所示。

利用动物、植物细胞培养技术获得生物药物的生产过程与图5-2有不少相似之处，构建的细胞亦需经过冻存、复苏、扩大培养等然后产生目的物，并通过提取和纯化来使目的物达到一定的质量标准。

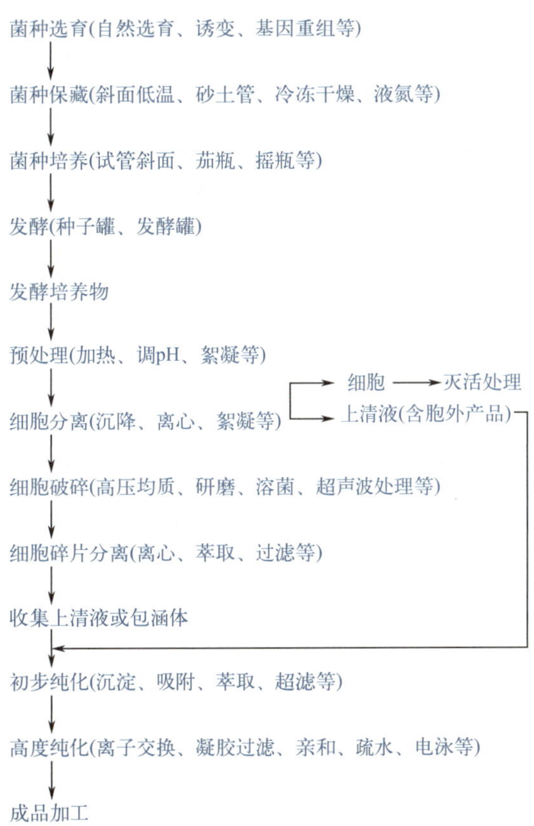

图5-2　利用传统发酵工艺生产生物药物的基本过程

2. 微生物制药工艺中的菌种培养

通过微生物发酵来制药，控制菌种的质量是关键所在。控制包括两个层面，一是确保菌种不被污染，二是确保菌种不变异、不衰退，从而保证产品的产率及质量稳定性。

为了保证菌种的沿革及产品生命周期内菌种的供给，必须建立菌种库。菌种库包括原始菌种库（primary cell bank，PCB）、于GMP条件下制备的主菌种库（master cell bank，MCB）和工作菌种库（working cell bank，WCB）。原始菌种的主要来源一般有外来引进、企业自行选育以及上述两类原始菌种经过诱变、分子筛选以及基因工程定向筛选等手段获得的新菌种。MCB制备时，通常是从PCB出发进行传代增殖，以保证菌种的原始可追溯性；WCB制备时，通常是从MCB出发进行传代增殖，以保证菌种的可追溯性。MCB的制备数量，原则上应能保证产品整个生产周期的使用并异地备份；WCB主要是供生产用，保证生产的正常供给及生产的稳定。主菌种和工作菌种制备完成后，随机抽取一定数量的菌种进行检测（通常包括无杂菌检查、表型特征考察、遗传稳定性考察以及连续三批生产能力稳定性考察、发酵组分考察，有孢子的微生物要进行孢子量检测，大肠埃希菌要进行噬菌体检查等。此外，主菌种还要进行菌种鉴定、外源因子检查和杂质指纹分析等）。检测合格之后，才能入库保藏。

微生物菌种为纯培养物，为了保证发酵产物和组分的批间一致性，在生产过程中，应建立有效的方法，包括控制菌种的传代次数、选择合适的培养条件、采用有效的保藏工艺、确定一定的保藏期限，来保证菌株生物学特性的稳定。对于可允许的传代次数，通常要结合菌种的纯度、存活率、生长特性、生产能力和发酵组分等的考察来确定。MCB和WCB应尽量使用低代次的菌种。以PCB为0代计，WCB一般不超过5代。

实际生产中，菌种培养通常是将合格的WCB作为种子先接种到试管斜面进行培养，再经过茄形瓶斜面扩大后转接到锥形瓶进行摇瓶培养（也有很多工艺是直接从试管斜面转接到锥形瓶）。接种一般在菌种的对数生长期。为防止污染杂菌，菌种能够接触到的所有物品，包括培养基、培养设备以及工具、器皿等，使用前都应经过严格的灭菌；接种、合瓶等有可能暴露菌种的操作，都必须在A级层流下进行。

3. 微生物制药工艺中的发酵过程

摇瓶培养结束后的种子接入种子罐进行种子培养（不同的工艺，种子培养可能是一级或几级，也有的工艺是从锥形瓶直接到发酵罐），培养结束后转移到大罐去发酵（同样，不同的工艺，大罐发酵也可能是一级或几级）。

染菌很容易导致发酵失败，所以发酵过程中应尽可能避免敞口操作，在接种、转种等环节应有严格的控制措施和规程，将污染的风险降低到可控范围。斜面和摇瓶种子接入种子罐中可通过密闭系统以压差方式接种；如果是敞开接种操作，接种前先对相应的环境、管路、阀门进行灭菌，接种应在A级层流或相似的控制环境下进行，或在采取相应的保护措施下进行，以确保操作过程不会污染杂菌。常用的接种保护方式有火焰保护下的压差法接种、火焰保护下的零磅接种、无菌接管机对接压差法接种等。配制完的培养基转移到种子罐或发酵罐内，应先进行湿热蒸汽灭菌，然后再接种、培养。某些不能进行湿热蒸汽灭菌的培养基（如氨基酸和生物素）可采用过滤等方式确保无菌后进入种子罐或发酵罐。培养基灭菌的标准通常是残存活菌浓度$N=10^{-3}$，此标准是一个概率数，即1/1000的失败概率。

发酵过程中，需要对关键的运行参数（通常包括温度、pH、搅拌速度、通气量、压力、溶氧量等）和控制参数（包括糖、氮、磷、盐和某些关键元素浓度）进行监测和调控，还要监控菌体生长情况（如菌体浓度、培养液黏度、菌体外观和生长形态等）、生产能力，保证发酵培养的稳定性，从而保证下游纯化工艺的稳定性以及批次间生产的稳定性。微生物发酵培养过程有时需要补加培养基、缓冲液、消泡剂、气体或其他添加剂。为了防止补料过程中污染杂菌，物料配制完成后应在补料前对其进行湿热灭菌或过滤除菌，然后对补料管路进行灭菌，最后采用密闭系统进行补料。

4. 微生物制药工艺的提取、纯化过程

发酵结束后，无论目的物在细胞内还是细胞外，一般都要进行发酵液的预处理和（或）固液分离，才能进行后续操作。发酵液通常用加热、调节pH、絮凝、凝聚等方法进行预处理，目的是改变发酵液的黏度、颗粒大小、颗粒稳定性等物理性质，使后续的固液分离效果及效率提高。固液分离常用过滤、离心、沉降等方法。对于胞外产物，固液分离后即可从所得的清液中提取目的物；对于胞内产物，固液分离后收集菌体，然后进行破碎（常采用溶菌酶、渗透压冲击、高压均质、超声波等作为破碎手段，有时还会几种方法联用)，菌体破碎后分离掉细胞碎片（常采用离心、过滤、萃取等方法），再从所得溶液中采用沉淀、萃取、吸附、超滤等方法提取目的物。

传统发酵产品的收获、提取工艺和过程直接关系到产品的质量。其目的不仅是分离细胞、菌体和其他悬浮颗粒、培养基等残留物，还希望除去部分可溶性杂质及改变滤液性质，以利于后续的分离、纯化步骤。包括微生物制药在内的生物制药，其目的物很多都是生理活性物质，所以在提取和纯化过程中，防止目的物失活十分重要，应在工艺设计时重点考虑并落实到生产中。根据产品工艺特点及发酵组分构成，对收获和纯化过程中的灭活、菌体/培养基残留（包括基础原料发酵后残留的残糖、残无机盐、残油、残蛋白质、色素等，以及微生物代谢产生的如菌丝自溶后的蛋白、代谢中间体、代谢类似物等）的去除采取科学有效的方法，防止在去除杂质的同时导致产品降解或被污染，从而影响质量。必要时，进行破坏性影响因素试验，确定影响中间产品或原料药质量稳定的关键性因素，并建立相应规程。对于有微生物限度要求的发酵产品，后续收取步骤还需特别关注微生物的控制，可重点从水系统、物料、生产工艺步骤控制、设备/设施要求、清洁与消毒、环境、人员等方面进行管控。提取过程中，应根据产品特性与工艺特点，对设备和工艺以及操作区有比较明确的规定。应当在按尽可能减少污染的要求而设计的设备和区域内进行尽可能快速的操作，以降低微生物大量滋生的风险，从而有效控制污染，保证所得中间产品具有持续稳定的质量。可根据产品的设计工艺，建立每一操作单元的岗位标准操作规程，涵盖人员防护、设备/设施/仪表等检查操作和维护、关键工艺参数控制、中间过程取样、中间体质量标准及分析方法、中间体贮藏等。

从溶液中提取目的物的过程也可称为初步纯化。由此得到的是目的物的粗品，还需进行高度纯化，去除其中的杂质，才能符合相应的质量标准。高度纯化常用的方法有色谱分离（离子交换色谱、凝胶过滤色谱、亲和色谱等）、过滤（微滤、超滤、纳滤等）、透析、电泳等，往往需要两种甚至多种方法联合使用才能有比较好的纯化效果。通过高度纯化所得的目的物，经过检验合格，就可以成为制剂的原料了。

通常情况下，提取、分离及纯化的批次应与发酵批次相对应，可以追溯每批发酵液的质量与最终产品质量的相关性，从而保证最终产品质量的稳定性。分离和纯化过程中尽量采用密闭系统。如果确需使用敞口系统操作，应采取措施，确保生产不受环境微生物污染，从而保证产品质量。若工艺中使用填料，在工艺开发时，应对填料是否适应工艺条件、是否会与填料处理工艺中的物料发生反应进行研究，以确保产品质量。在工艺设计时，应结合工艺实际情况对填料的性能变化趋势以及使用寿命进行研究和评估，并制定合理的检测指标、检测频率及填料更换周期，从而保证产品质量稳定。采用制备柱进行组分分离时，需要对制备柱的填料、洗脱剂及洗脱方式进行筛选，对流速、压力、温度、pH等洗脱条件进行验证，并建立操作规程；应定期进行数据汇总分析，从而指导生产，提高产品质量。

（二）基因工程制药的一般过程

传统的微生物制药，以小分子产品（如抗生素、氨基酸、维生素、核苷酸等）居多，也有大分子产品（如多糖、酶等）。生物技术药是指用重组DNA技术、杂交瘤技术以及其他生物技术获得的细胞、组织、生物体等作为“制药工厂”而生产出的药物。这些药物通常是蛋白质和多肽这类大分子量的物质。利用重组DNA技术生产出来的药物也被称为基因工程药物。

基因工程药物整个工艺过程的主要程序是：获得目的基因→构建DNA重组体→将重组体导入宿主细胞→鉴定筛选阳性克隆→构建基因工程菌（或工程细胞）→培养基因工程菌→分离纯化表达产物→除菌过滤→半成品检定→制剂→成品。以上程序的每个阶段都包含若干操作技术单元，并依产品的性质，随研究和生产条件的不同而有所改变。

拓展知识：基因工程药物的生产工艺及示例

基因工程药物制造过程可分为上游和下游两个阶段。上游阶段主要包括分离获得目的基因、获得重组DNA、阳性克隆的筛选与鉴定及构建基因工程菌（工程细胞）等步骤。下游阶段是从工程菌（工程细胞）的大规模培养直到产品的纯化、制剂，最后得到成品。

基因工程药物制造过程的上游阶段的工作主要在实验室完成，本教材不作详细介绍。基因工程药物制造过程的下游阶段在生物制药企业的生产车间进行，与传统的微生物制药的菌种培养、发酵、产品分离纯化的原理相似，但工艺过程的控制程度不同。总体而言，生产生物大分子的基因工程制药，其工艺过程的控制要严于传统的微生物制药。

（三）单克隆抗体生产的一般过程

单克隆抗体通常采用杂交瘤技术来制备。在细胞融合技术的基础上，将具有分泌特异性抗体能力的单一致敏B细胞和具有无限繁殖能力的骨髓瘤细胞融合，得到B细胞杂交瘤。将这种杂交瘤细胞培养成细胞群，可制备仅针对某一种特定抗原表位的特异性抗体，即单克隆抗体。

典型的单抗制品生产工艺主要包括细胞库制备（主细胞库和工作细胞库）、细胞培养、纯化、制剂生产四个阶段。典型生产工艺流程见图5-3，一般包括工作细胞库制备，细胞复苏，摇瓶扩增，反应器扩增，反应器培养，收获，亲和色谱分离，低pH病毒灭活/去污剂（S/D）灭活，离子交换色谱分离，除病毒过滤，超滤浓缩/换液，原液配制、过滤、分装，原液解冻（如有），配制，混合，除菌过滤，制剂灌装、冻干（如有），轧盖，灯检，贴签包装等步骤。

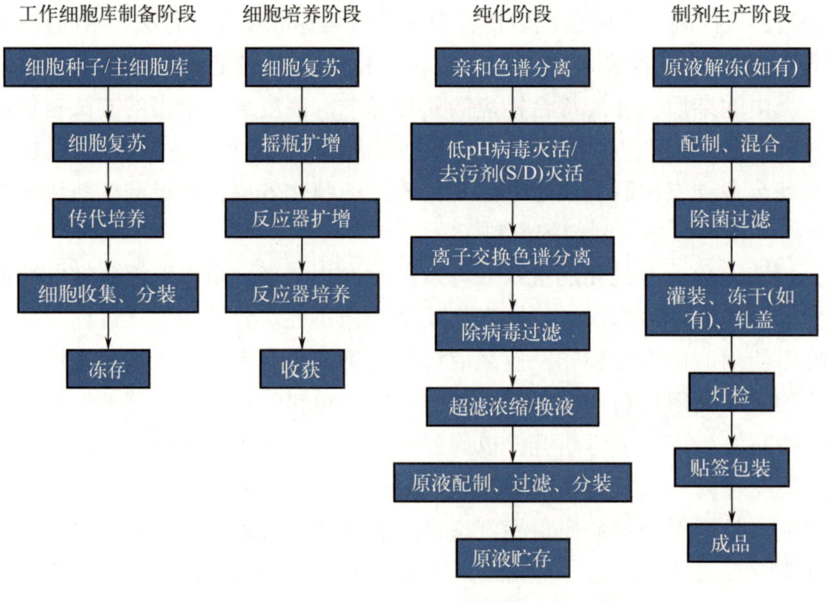

图5-3 单抗制品典型生产工艺流程示意图

现有的单抗制品多通过重组技术由哺乳动物细胞表达生产，每批产品都有一个经鉴定过的共同起源，即保存的细胞库。细胞库的建立是为了保证重组单抗药物生产的稳定性和批间一致性。单克隆抗体的细胞库系统通常包括细胞种子、主细胞库（MCB）、工作细胞库（WCB）。细胞种子通常来源于研究或者开发实验室，一般应在细胞库建立之前完成单克隆筛选，以确保细胞种子库及后续的主细胞库和工作细胞库的均一性。在进入GMP生产之前，细胞种子需要完成无细菌、真菌、支原体和外源病毒等项目的检测，并确认细胞基质没有被污染。取细胞种子通过规定的方式进行细胞复苏、传代、扩增培养，在特定倍增水平或传代水平时，同次的培养物均匀地混合成一批，定量分装于一定数量的安瓿或适宜的细胞冻存管，保存于液氮或-130℃以下，经全面检定合格后，即可作为MCB。由MCB制备WCB的流程与此基本一致。MCB通常被认为是单抗原液，是GMP生产的起始原材料。MCB应尽量在产品的生命周期中保持不变，除非在某些特殊情况下（如每年生产的产品仅需有限的几支细胞时）。所以应尽早制备WCB，尽量避免直接用MCB进行生产，以免MCB消耗过多。MCB的分装数量应考虑放行检验、稳定性考察、产品生命周期中的使用量，并基于贮存安全及备份需求进行制备。WCB相较于MCB，使用频繁，需求量相对更大，其分装数量建议根据其放行检验、稳定性考察、日常生产的使用量，结合细胞库的制备和检验放行周期，以及细胞库制备的产能（传代代次和规模）等综合考虑。

单克隆抗体生产的细胞培养阶段首先是对WCB冻存管进行解冻，然后通过一系列摇瓶培养步骤对细胞进行扩增。合并摇瓶培养扩增的细胞，通过生物反应器（通常包括波浪式生物反应器和搅拌式生物反应器）继续扩增，最终接种至生产生物反应器中培养，进行产品表达。细胞培养工艺有流加补料培养、灌流培养以及浓缩流加补料培养等方式［详见第五章第一节中“（四）动物细胞制药的一般过程”相关内容］。细胞培养反应器主要有不锈钢生物反应器和一次性使用生物反应器两种类型。细胞培养结束后通过离心和（或）深层过滤进行收获。

单克隆抗体生产的纯化阶段主要目的是去除产品相关杂质（如聚合体、降解产物等），去除工艺相关杂质（如培养基成分、宿主细胞蛋白、宿主细胞DNA、脱落蛋白A配基、抗生素、消泡剂、有机溶剂等），调节电荷异构体比例，灭活及去除潜在病毒，同时将单抗分子置换到稳定的缓冲体系内，加入适量稳定剂以利于单抗分子的长期贮存。纯化生产工艺有批生产和连续生产等模式，主要采用可重复使用的柱色谱生产工艺。纯化工序从收集上游澄清收获液开始，首先经过亲和色谱捕获目标抗体分子，然后采用低pH（或其他化学灭活剂）的方法灭活病毒，再通过阴/阳离子交换色谱对产品进行精细的分离纯化，所得纯化液用过滤法除去病毒后，再通过切向流超滤浓缩/换液有效去除低分子量物质，最后添加辅料，配制过滤，分装成原液并进行冷藏或冷冻贮存，等待进入制剂生产阶段。

（四）动物细胞制药的一般过程

动物细胞制药主要涉及细胞融合技术、细胞器移植（尤其是核移植技术）、染色体改造技术、转基因技术、细胞大规模培养技术、产品分离纯化技术等。供生产生物技术药物的动物细胞既有非基因工程细胞（包括原代细胞、二倍体细胞、转化细胞系3类），也有基因工程细胞（通过细胞融合或基因重组技术构建）。与基因工程制药类似，整个制药过程也分为在实验室完成的上游阶段（细胞的取得或构建）和在生物制药企业完成的下游阶段（包括细胞的大规模培养，产品提取、纯化，制剂等过程）。下游阶段的典型工艺流程与单克隆抗体生产的一般过程相似，不再赘述。这里仅介绍动物细胞大规模培养方法和操作方式。

1. 动物细胞大规模培养方法

（1）悬浮培养 悬浮培养是指细胞在反应器中自由地悬浮于培养基内生长增殖。悬浮培养是在微生物发酵的基础上发展起来的，适用于所有的非贴壁依赖性细胞，也适用于兼性贴壁细胞（如杂交瘤细胞、成纤维细胞等）。该培养方法的优点是操作简便，培养条件比较均一，传质和传氧较好，容易扩大培养规模，在培养设备的设计和实际操作中可借鉴许多细菌发酵的经验。不足之处是由于细胞体积较小，较难采用灌流培养，因此细胞密度一般较低。目前在生产中用于悬浮培养的设备主要是通气搅拌式生物反应器和气升式生物反应器。

（2）贴壁培养 贴壁培养是细胞贴附在一定的固相表面进行的培养。它适用于一切贴壁依赖性细胞，也适用于兼性贴壁依赖性细胞。该方法的优缺点与悬浮培养正好相反。优点是适用的细胞种类广（生产中所使用的细胞绝大多数是贴壁依赖性细胞），很多时候细胞贴壁生长将更有效地表达一种产品，生产中容易更换培养液，容易采用灌流培养的方式使细胞达到高密度且不需要特殊的分离细胞和培养液的设备。不足之处是操作比较麻烦，需要合适的贴附材料和足够的面积，培养条件不易均一，传质和传氧较差，不能有效监测细胞的生长，在传代或扩大培养时常常需要用酶将其从基质上消化下来，扩大培养比较困难。贴壁培养常用转瓶培养和中空纤维培养、微载体培养、填充床培养。转瓶培养是将细胞接种在圆筒形培养器（即转瓶）中，培养过程中转瓶不断旋转，使细胞交替接触培养液和空气，从而提供较好的传质和传热条件。早期疫苗的生产大多采用转瓶大量培养原代鸡胚或肾细胞。转瓶培养占空间大、劳动强度大，单位体积提供细胞生长的表面积小，故多用于制备用量较小、价值高的生物药品。

（3）固定化培养 这是将动物细胞与水不溶性载体结合起来，再进行培养的一种方法。细胞固定化是在固定化酶的基础上发展起来的技术，具有细胞生长密度高、抗剪切力和抗污染能力强等优点，细胞易与产物分开，有利于产物分离纯化。细胞的固定化方法包括吸附法、包埋法、共价结合法、交联法等，其形式如图5-4所示。

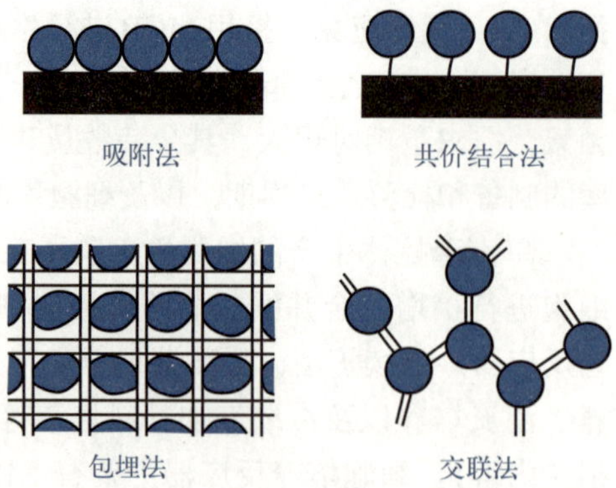

图5-4 细胞固定化的几种形式

吸附法是利用固相载体和细胞之间通过静电引力、黏附力、表面张力等作用，将细胞吸附在其表面而使细胞固定化的方法。操作简便、条件温和、贴附面积大，是动物细胞固定化中最早研究使用的方法。缺点是载体的负荷能力低，细胞易脱落。中空纤维培养、微载体培养是该方法的代表。中空纤维培养的反应器由中空纤维管组成，管壁是多孔膜，O_2和CO_2等小分子可以自由透过膜扩散，动物细胞贴附在中空纤维管外壁生长，可以很方便地获取氧分。微载体培养是以对细胞无害的微小颗粒作为细胞贴附的载体，可提供相当大的面积供细胞贴壁、生长、繁殖。由于载体体积很小，相对密度较小，在轻度搅拌下即可携带贴壁细胞自由地悬浮在培养液内，充分发挥悬浮培养的一切优点。

包埋法是将细胞截留在水不溶性的多孔载体内部或包裹在亲水半透膜微囊内部，使细胞不能逸出，小分子物质可自由出入。优点是步骤简便、条件温和、负荷量大、细胞泄漏少、抗机械剪切；缺点是有扩散限制（大分子物质不能自由出入）及包埋材料的细胞毒性作用。该法较适用于非贴壁依赖性细胞的固定化。

共价结合法是利用动物细胞表面的氨基、羧基、巯基等官能团与载体上的基团形成共价键，从而将细胞固定化的方法。此法细胞与载体结合牢固，但须引入化学试剂，对细胞活性可能有影响，反应条件也不易控制。

交联法是用带两个以上功能基团的试剂处理细胞悬浮液，在细胞间形成“桥”，从而交联成网状结构。此法得到的固定化细胞稳定，但细胞活性降低，还会产生扩散限制。

2. 动物细胞大规模培养的操作方式

（1）分批式操作 分批式培养是细胞规模培养发展进程中较早采用的方式，也是其他操作方式的基础。这种方式是将细胞扩大培养后，一次性转入生物反应器内进行培养。在培养过程中培养液体积不变，也不补充营养物质，待细胞增长和产物形成积累到适当的时间，一次性收获细胞、产物、培养基。分批式操作简单，培养周期短，染菌和细胞突变的风险小。但在培养过程中控制的参数一般只有pH、温度和溶氧量，细胞所处的生长环境随着营养物质的消耗和代谢产物的积累而时刻变化，不能使细胞一直处于最适条件下。

（2）流加式操作 流加式操作又称为补料分批操作。先将一定量的培养液加入反应器，在适宜的条件下接种细胞，进行培养。在培养过程中，随着营养物质的不断消耗，不断地向新系统中补充营养成分，使细胞进一步生长、代谢，直至培养结束后取出培养物。相比于分批式操作，流加式培养能够更好地控制环境参数，使细胞生长和产物积累更容易处于较优状态，但染菌的风险变大。

（3）半连续式操作 半连续式操作又称为反复分批培养。细胞和培养基一起加入反应器，待生长至一定的密度后，每间隔一段时间，取出部分培养物（剩余培养物可视为种子），再用新的培养液补足到原有体积，使反应器内的总体积不变，继续培养。该操作方式的优点是操作简便，生产效率高，可长时期进行生产，反复收获产品，而且可使细胞密度和产品产量一直保持在较高的水平；缺点是染菌和细胞变异、退化的风险变大。

（4）连续式操作 连续式操作是一种常见的悬浮培养方式。将细胞接种培养后，为了防止衰亡期的出现，在细胞达到最大密度之前，以一定速度向生物反应器连续添加新鲜培养基；同时，含有细胞的培养物以相同的速度连续从反应器流出，培养液总体积保持不变。理论上讲，该过程可无限延续下去。连续操作模式下，反应器的培养状态可以达到恒定，有害产物积累有所减少，细胞在稳定状态下生长，可有效地延长分批培养中的对数生长期。但细胞不断被稀释，也会造成产物生产速率降低，培养周期长，容易造成污染，细胞容易变异、退化。

（5）灌流式操作 灌流式操作将细胞和培养基一起加入反应器后，在细胞增长和产物形成过程中，不断地将部分培养液截留细胞后分流出培养基，同时不断地补充新鲜培养基，从而使细胞处于一种营养不断的状态。它与连续式操作的不同之处在于取出部分培养基时，细胞仍保留在反应器内。当高密度培养动物细胞时，必须确保给细胞补充足够的营养以及除去有害的代谢物。灌流培养时，用新鲜的培养液进行灌注，同时又不断地将先前的培养液分流，所以可以确保上述目的的实现。该操作方式是近年来用动物细胞培养生产各种药品中最被推崇的方式。它的优点是：①细胞可处在较稳定的良好环境中，营养条件较好，有害代谢物浓度较低；②可极大地提高细胞密度，从而提高产品产量；③产品在反应器内停留时间缩短，可及时收集并在低温下保存，有利于产品质量的提高；④培养基的比消耗速率较低，加之产量质量的提高，生产成本明显降低。图5-5展示了目前较常见的一种灌流培养系统，主要由新鲜培养基供给系统、细胞培养系统、液位控制器、细胞截留装置、滤过液收获系统和蠕动泵等组成，其中，细胞培养系统和细胞截留装置是核心设备。细胞培养系统较常见的是搅拌式生物反应器；细胞截留系统早期多采用微孔滤膜或旋转膜系统，最近开发的有各种形式的沉降系统或透析系统。灌流培养系统一般配置两个或三个泵，新鲜培养基与细胞培养系统间连有一个泵，收获系统与细胞培养系统间连有一个或两个泵。在细胞培养系统和泵之间有液位电极感应器，它会将信号传给控制器，由控制器来决定是否继续补加新鲜培养基或者将滤过液泵入收获系统中，以保证细胞培养系统内液体体积的稳定。这样培养系统内营养物质始终充足、新鲜，产物滤过后能随时收获，还能及时排除有害代谢产物（如乳酸、氨）等。

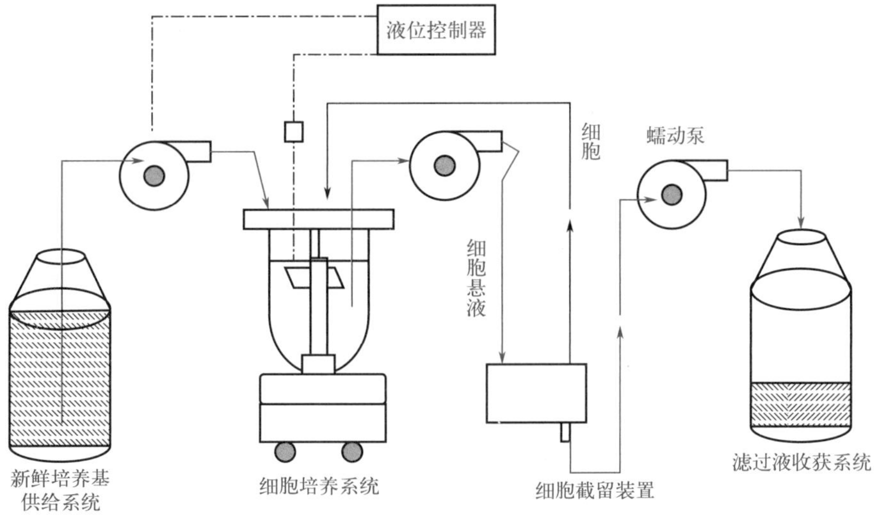

图5-5 灌流培养系统的构成

（五）植物细胞制药的一般过程

到目前为止，已经上市的药物中，单纯利用植物细胞培养制备的品种并不多。2012年5月，美国FDA批准以色列 Protalix Biotherapeutics 公司治疗Ⅰ型戈谢病（旧称高雪氏病）的他利苷酶-α（商品名Elelyso，是β-葡萄糖脑苷脂酶的类似物）上市。该酶是通过胡萝卜细胞悬浮培养技术生产的，是第一个通过植物细胞生产的大分子生物药物。利用植物细胞培养技术工业化生产的次级代谢产物类药物也不是很多，有利用红豆杉细胞生产的紫杉醇、利用希腊毛地黄细胞生产的地高辛、利用日本黄连细胞生产的黄连碱、利用人参根细胞生产的人参皂苷等。

植物细胞的大规模培养方式，主要是悬浮培养和固定化培养。

最适合植物细胞悬浮培养的反应器是气升式生物反应器，用通气代替搅拌，避免了机械搅拌所致的细胞破碎、通气受限制的问题。此外还有鼓泡塔生物反应器、转鼓式生物反应器、搅拌式生物反应器等。操作方式通常分为分批式、半连续式和连续式，操作过程与动物细胞类似。另外，在植物细胞培养过程中，由于次级代谢产物的大量累积发生在细胞生长稳定期，据此可以用两步法培养植物细胞——使用两个反应器，第一个用于细胞生物量的累积，第二个用于次级代谢产物的生产，两个反应器中培养基的营养组分不同。日本科学家就是利用这种方法开发出了世界上第一个植物细胞工程产品——紫芦素。

固定化培养是将悬浮培养的植物细胞包埋于多糖或多聚化合物的网状支持物中进行培养。包埋的基质通常用褐藻酸盐、琼脂糖、聚丙烯酰胺、角叉菜胶。由于这些支持物胶体本身的交联方式对养料、水分及气体有一定的通透性，使得辅助因子能顺利进入，更重要的是在不同程度上维持了细胞的生物活力，从而保证了进行生化反应的酶系的活性。细胞位置的固定使其所处的环境类似于在植物体中所处的状态，相互间接触密切，可以形成一定的理化梯度，有利于次级代谢产物的合成。

目前限制植物细胞培养技术在生物药物生产中大规模应用的因素主要是外源药用蛋白在植物细胞内的表达量普遍偏低，且植物与动物细胞内糖蛋白的糖链结构也不尽相同，由植物细胞表达的蛋白有导致人体产生过敏反应的可能性，这引起了人们对植物源药用蛋白安全性的担忧。有理由相信，随着人类对基因组研究的深入以及植物基因改造研究技术的积累，这些问题会迎刃而解，将来会有更多植物源性生物药物进入市场，造福人类。

（六）酶工程制药的一般过程

酶工程是酶学与工程学互相渗透、结合而形成的生物技术。它是研究酶和应用酶的特异催化功能，并通过工程化过程将相应原料转化成所需产物的技术。1971年，第一届酶工程会议提出，酶工程的主要内容包括酶的生产、分离、纯化、酶的固定化、酶与固定化酶的反应器以及酶与固定化酶的应用等。

酶工程用的酶，目前工业生产中很多都是以微生物发酵法制备的。

固定化酶是指借助于物理和化学的方法把酶束缚在一定空间内并具有催化活性的酶制剂，是近代酶工程技术的主要研究对象。广义的固定化酶包括固定化酶和固定化细胞两类。

酶的固定化方法有包埋法、交联法、载体结合法3种。

包埋法是将聚合物的单体和酶溶液混合，借助聚合促进剂的作用使单体进行聚合，从而将酶包埋于聚合物中的固定化方法，包括凝胶包埋法、微囊化包埋法、纤维包埋法等。凝胶包埋法是将酶定位于凝胶高聚物网格中，常用聚丙烯酰胺凝胶、聚乙烯醇以及天然高分子化合物。微囊化包埋法将酶定位于高分子聚合物制成的具有半透性膜的微囊内，囊直径一般为几微米至几百微米。纤维包埋法是将酶与可以形成纤维的高聚物的混合液通过促凝剂形成纤维后装成酶柱或织成酶布使用。

交联法是用双功能或多功能试剂使游离的酶分子彼此连接成网状结构，从而使酶固定化的技术。常采用的双功能交联剂有戊二醛、异氰酸酯、双重氮联苯胺-2,2′-二磺酸等。酶蛋白的游离氨基、酚基、咪唑基及巯基均可参与交联反应。为了防止酶发生分子内交联和在交联过程中因为化学修饰而引起酶失活，还可以使用第二个载体蛋白即辅助蛋白（常用白蛋白、明胶等）来增加蛋白质浓度，使得酶与其共交联。

载体结合法包括物理吸附法、离子结合法、共价结合法等。物理吸附法是酶被载体物理吸附而结合在载体表面的方法，常用载体有高岭土、硅胶、氧化铝、多孔玻璃等无机载体及纤维素、胶原、大孔合成树脂等有机载体。离子结合法是利用静电作用力将酶吸附在载体表面上，常见载体有DEAE-纤维素、DEAE-葡聚糖凝胶等阴离子交换剂及CM-纤维素、IRC-50等阳离子交换剂。共价结合法是酶蛋白的非必需基团通过共价键和载体形成不可逆的连接，可以形成共价键的基团有游离氨基、游离羧基、巯基、咪唑基、酚基、羟基、甲巯基、吲哚基和二硫键等，常见载体有纤维素、葡聚糖凝胶、琼脂糖等天然高分子衍生物以及聚丙烯酰胺、聚苯乙烯、聚乙烯醇等人工合成的高聚物和多孔玻璃等无机载体。

固定化酶有很多优点，比如：①在多数情况下，酶经固定化后，稳定性有了提高；②固定化酶可重复使用，使酶的使用效率提高、使用成本降低；③固定化酶具有一定的机械强度，可进行柱式反应或分批反应，使反应连续化、自动化，适合现代化规模的工业生产；④极易和产物分离，酶不混入产物中，简化了产品的纯化工艺；⑤固定化酶的催化反应过程更易控制；⑥固定化酶与游离酶相比更适于多酶体系的使用，不仅可利用多酶体系中的协同效应使酶催化反应速率大大提高，而且还可以控制反应按一定顺序进行。但固定化酶一般较适用于水溶性的小分子底物，对于大分子底物不适宜，而且酶经过固定化后，活力有所损失，酶催化微环境的改变还可能导致其反应动力学发生变化。

第二节 生物药物生产工艺设计与车间布局

一、生物制药厂的特点

由于生物制药的特殊性，生物制药厂除具备通用制药厂所需具有的特点外（可参考《药品GMP指南（第2版）-厂房设施与设备》），还有一些专有的特点。

生物制药工厂不仅生产设备费用高、生产工艺复杂、洁净级别和无菌的要求高，而且对生产人员的素质也有非常严格的要求。在其他类型的制药厂中，一般只有无菌注射剂、大输液等特殊剂型的药品在生产到成品阶段才有严格的无菌要求，而在生物制药厂中，从菌种、菌株的制备开始到发酵培养结束都需要严格的无菌保障，在后续的中间产品、成品生产过程中需要进行严格的微生物负荷控制或者无菌控制。由于大部分的生物药物都是热不稳定性产品，不能采用最终灭菌的方式进行除菌，需要采用过滤除菌的生产方式，这就意味着对成品生产过程的无菌控制要求更为严格。另外，在生物制药产品的生产过程中，还需要对病毒进行控制，需要有去除病毒的生产工艺（一般要求至少采用两种不同的去除病毒机制的除病毒工艺），保证成品不受病毒的污染。生物制药生产除了要在生产过程中采取避免污染细菌或者病毒等的控制措施外，使用的所有原材料都需要进行防病毒污染控制，尽量不使用来源于动物细胞的原材料（动物源性原材料如果携带病毒，有引起人畜共患病的潜在风险）。由于生物制药与一般制剂生产有很大的不同，对人员的要求也有所不同：生物制药生产人员应具备必要的生物、发酵和化学类专业知识；生产过程中不可避免地接触化学溶剂、试剂、有毒化学品或活性菌种，因此个人安全意识的培养、个人安全防护的培训在人员资质确认过程中极其重要。

生物制药厂在生产过程中可能会出现潜在的生物危害，主要有：①感染危险，即由于接触活菌体或病毒，人、动物或植物可能患病；②生产过程中的死菌体或死细胞及其成分或代谢物对人体和其他生物产生毒性、致敏性或其他生物学反应；③产品对人体和其他生物的致毒性、致敏性和其他生物学反应；④环境效应，即活菌体或病毒如果泄漏，会对环境造成污染和破坏。为避免可能的污染及生物危害，需要做到以下几点。①合格的生物药品要在满足GMP条件的厂房中生产。实际上这是一个生产管理条件，从原料的投入、运输、包装，都需要一整套的规章制度和流程，合格的药品生产必须满足这一条件。②运输方面。菌种、毒株及具有生物活性的原材料和药品运输时，既要防止受到外界环境的污染，也要防止生物活性成分对环境、人员造成污染危害。对需要管控的原料或生物药品，强制要求企业必须达标，不然就不允许生产。③生产方面。在生产的过程中一系列操作规范是改善环境质量的方法，也是保障药品生产安全的重点，从人员到设施，从生产到包装，再从企业的质量控制出发，GMP标准是基础流程。④为了避免操作人员对生产工艺过程造成污染，也为了防止生产工艺过程可能对操作人员或环境产生污染，生物制药工厂需要高标准的洁净车间控制，生产车间洁净区一般按照不同的洁净度等级标准进行分区管理。生物制药GMP厂房有严格的洁净度要求，按照检测单位体积空气中的悬浮粒子数量及微生物数量，一般分为A、B、C、D等几个洁净度级别，每一个级别都有严格的控制运行标准。为实现各个级别的洁净区控制，在生产车间的设计、建造过程中应按照洁净区设计的具体要求进行施工执行。

二、生物制药的生产环境

1. 生物制药洁净车间控制污染的设计

在制药工厂GMP车间中有三防的概念：防污染、防混淆、防差错。生物制药工厂洁净生产车间防污染的重点在于生产环境防止尘粒、微生物的污染。为保证生物制药过程的防污染控制及生物安全危害防范控制的有效性，生物制药工厂一般选取洁净车间进行生物药物的生产。在生物制药生产车间的设计过程中采取洁净车间相关规范进行设计，这包括以下控制污染的设计概念。

① 洁净区。指需要对环境中的微生物污染进行控制的房间（或区域），其建筑结构、装备及使用均应具有防止污染物的引入、产生和滞留的功能。

② 气锁间。设置于两个或数个房间之间（如不同洁净度级别的房间之间）的具有两扇或多扇门的隔离空间。设置气锁的目的是在人员或者物料出入时对气流进行控制。气锁间有人员气锁间和物料气锁间之分。

③ 气闸、传递窗等。在不同洁净度级别的洁净室的结合部设置的防尘设施，用于人或者物流传递。

④ 气流组织。为保证洁净区内实现不同洁净度级别的洁净室控制，一般在设计中通过不同的洁净室空调及房间设计实现不同类型的气流组织，在气流组织下实现不同的洁净度级别。一般A级采用垂直层流、水平层流，B级、C级、D级采用乱流（一般为顶部送风，墙壁靠下部位设置回风口）。

⑤ 洁净室温/湿度。依据生产工艺要求确定，在无特殊要求时，洁净区温度控制在18～26℃，相对湿度控制在45%～65%。

2. 生物制药洁净车间的污染控制措施

生物制药洁净车间对于尘粒和微生物的污染控制包括污染源控制、散播过程控制和交叉污染控制。

污染源控制是指控制可能产生污染的源头。例如：为了减少或避免大气污染源对洁净区的影响，厂址的选择要考虑大气含尘浓度，厂房的确定要考虑与市政交通干道的距离等；为了控制生产中产生的尘粒污染，产尘操作间（如干燥物品或产品的取样、称量、混合、包装等操作间）应保持相对负压或采取专门的措施；为了控制物料和物品污染，原材料应做好进入洁净区的外包装的清洁消毒，原材料入场需要控制微生物负荷及尽量采用非动物源性物料以控制病毒污染的可能，对进入无菌区内的物品要做到灭菌后传入或严格消毒后传入等；在洁净区内进行生产操作过程中，人是洁净区内最大的污染来源，应严格按照要求做好人员的污染控制，采用符合要求的洁净区用服装，按照洁净区内的要求完成更衣流程，操作过程中动作应轻缓并尽量避免由于人员流动对生产线各个工序造成的污染；无菌操作中严格执行消毒措施；等等。

散播过程控制是指控制尘粒和微生物的散发、传播过程，也就是控制流动污染和表面污染。例如：在干燥设备的进风口安装过滤装置，出风口设置防止空气倒流装置（如止回阀、蝶阀等）；为了严格控制每一步工艺操作过程的微生物负荷水平，在核心的生产工艺过程中考虑增加降低微生物负荷的操作步骤，比如对料液或中间产品进行除菌过滤；等等。

交叉污染控制是指防止生产工艺过程中不同物料、不同区域、不同工艺流程的交叉污染。例如：生产特殊性质的药品，如高致敏性药品（如青霉素类）或生物制品（如卡介苗或其他用活性微生物制备而成的药品），必须采用专用和独立的厂房、生产设施和设备，青霉素类药品产尘量大的操作区域应当保持相对负压，排至室外的废气应当经过净化处理并符合要求，排风口应当远离其他空气净化系统的进风口；在生产过程中存在物料流转的，要防止工艺中间产品或物料对下一个工序造成污染，对有毒区、无毒区要做好隔离措施；等等。

3. 生物制药厂房选址要求

疫苗生产企业、血液制品生产企业与其他企业应保持至少100m的绿化隔离带。疫苗生产车间不得相互影响。除疫苗生产用菌毒种习性相近的疫苗可以采取清场后轮换生产外，一般生产车间应采用独立的建筑物进行生产。厂房位置不合理、密闭性不够、车间布局不合理、厂房洁净消毒不彻底等都可能引起微生物对生产环境的污染，进而增加污染产品的风险。厂房所处的位置应远离风险源（如动物房），厂房应有良好的密封性，应有防虫防鼠设施。

生物制药工厂一般会建有生物实验室，对生物实验室的选址要求可参考表5-1。

表5-1 生物实验室选址要求

实验室级别	平面位置	选址和建筑间距
一级	可共用建筑物，实验室有可控制进出的门	无
二级	可共用建筑物，与建筑物其他部分可相通，但应设置可自动关闭的带锁的门	无
三级	与其他实验室可共用建筑物，但应自成一区，宜设在其一端或一侧	满足排风间距要求
四级	独立建筑物，会有其他级别的生物安全实验室共用建筑物，但应在建筑物中独立的隔离区域内	宜远离市区，主实验室所在的建筑物离相邻建筑物或构筑物的距离不应小于相邻建筑物或构筑物高度的1.5倍

4. 生物制品生产操作对环境洁净度的要求

对于生物制品的生产环境，法规规定：①生物制品生产环境的空气洁净度级别应当与产品和生产操作相适应，厂房和设施不应对原料、中间体和成品造成污染；②对于生产过程中涉及高危因子的操作，其空气净化系统等设施还应当符合特殊的要求；③生物制品的生产操作应当在符合规定的相应级别的洁净区内进行，未列出的操作参照表5-2在适当级别的洁净区内进行。

表5-2 GMP对生物制品生产操作过程的洁净度要求

洁净度级别	生物制品生产操作示例
B+A	无菌药品中非最终灭菌产品规定的各工序，灌装前不经除菌过滤的制品的配制、合并等
C	体外免疫诊断试剂的阳性血清的分装、抗原与抗体的分装
D	原料血浆的合并、组分分离、分装前的巴氏消毒，口服制剂的发酵培养密闭系统环境（暴露部分需无菌操作），酶联免疫吸附试剂等体外免疫试剂的配液、分装、干燥、内包装

三、生物制药的特殊要求

关于生物制品的生产管理，法规明确作出以下规定。①生物制品的生产涉及生物过程和生物材料，如细胞培养、活生物体材料提取等。这些生产过程存在固有的可变性，因而其副产物的范围和特性也存在可变性，甚至培养过程中所用的物料也是污染微生物生长的良好培养基。应对生产过程进行特殊控制。②当原辅料的检验周期较长时，允许检验完成前投入使用，但只有全部检验结果符合标准时，产品才能放行。③用于生产的培养基/培养液应与批准的一致；培养基应进行适用性检查；禁止使用来自牛海绵状脑病疫区的牛源性材料，并应符合《中华人民共和国药典》的相关要求。④应当按照《中华人民共和国药典》、国家药品监督管理部门核准的质量标准、相关质控要求对生物制品原辅料、中间产品、原液及成品进行检验。⑤生产和检定用细胞需建立完善的细胞库系统（细胞种子、主细胞库和工作细胞库）。细胞库系统的建立、维护和检定应当符合《中华人民共和国药典》的要求。⑥生产和检定用菌毒种应当建立完善的种子批系统（原始种子批、主种子批和工作种子批）。菌毒种种子批的建立、维护、保存和检定应当符合《中华人民共和国药典》的要求。⑦应当通过连续批次产品的一致性确认种子批、细胞库的适用性。种子批和细胞库建立、保存和使用的方式，应当能够避免污染或变异的风险。⑧种子批或细胞库和成品之间的传代数目（倍增次数、传代次数）应当与已批准注册资料中的规定一致，不应随生产规模变化而改变。⑨应当在适当受控环境下建立种子批和细胞库，以保护种子批、细胞库以及操作人员。在建立种子批和细胞库的过程中，操作人员不得在同一区域同时处理不同活性或具有传染性的物料（如病毒、细胞系或细胞株）。⑩在指定人员的监督下，经批准的人员才能进行种子批和细胞库操作。未经批准不得接触种子批和细胞库。⑪种子批与细胞库的来源、领用、制备、贮存及其稳定性和复苏、使用情况应当有记录。储藏容器应当在适当温度下保存，并有明确的标签。冷藏库的温度应当有连续记录，液氮贮存条件应当有适当的监测。任何偏离贮存条件的情况及纠正措施都应记录。库存台账应当长期保存。⑫不同种子批或细胞库的贮存方式应当能够防止差错、混淆或交叉污染。生产用种子批、细胞库应当在规定的贮存条件下在不同地点分别保存，避免丢失。⑬在贮存期间，主种子批和工作种子批储存条件应当一致；主细胞库和工作细胞库的储存条件应当一致；另有批准或规定的按照批准或规定的条件储存。一旦取出使用，不得再返回库内贮存。⑭应当采用经过验证的工艺进行病毒去除或灭活处理，操作过程中应当采取措施防止已处理的产品被再次污染。⑮应当明确规定色谱分离柱的合格标准、清洁或消毒方法。不同产品的纯化应当分别使用专用的介质。不同批次之间，应当对色谱分离柱进行清洁或消毒。不得将同一分离介质用于生产的不同阶段。⑯应当对生产过程中关键工艺（如发酵、纯化等工艺）的相关参数进行连续监控，连续监控数据应当纳入批记录。⑰对用于实验取样、检测或日常监测（如空气采样器）的用具和设备，应当制定严格的清洁和消毒操作规程，避免交叉污染。应当根据生产的风险程度对用具或设备进行评估，必要时做到专物专区专用。

生物制药工厂所需要的工艺设备一般都属于高精尖设备，不仅设备价格高，而且设备的运行费用、后期维护、维保费用也都非常高，所以生物制药厂的工艺设备投资庞大。再加上生物制药生产工艺复杂，洁净度级别和无菌要求高，所以对生产人员的要求较高。

生物制药工厂在生产过程中会出现潜在的生物危害，这就要求生物制药工厂在设计时就需要考虑生物危害的防范，防止有生物危害的致病性微生物向外界扩散，避免对人员、环境造成影响。为保证生物安全，通常采取的措施是人员防护、密闭操作（如生物安全柜、负压隔离器）、负压保护、负压排风、排风过滤等。生物制药企业的生产车间（包括生物检测实验室）通常建立三级生物安全屏障。一级屏障：操作对象与操作者之间的隔离（生物安全设备/个体防护装置与措施）。二级屏障：操作空间与外界环境间的隔离（功能分区/单向流/压差保护/厂房密闭）。三级屏障：操作SOP与严格的管理制度（管理规程）。三级屏障必须符合以下几点。①一级屏障设备（如隔离器、生物安全柜、密闭排风罩、工艺生产罐体系统等）、管道及阀门等应有机制，保证使用过程中无病原微生物泄漏。②围护结构的可靠密封，自动门、观察窗玻璃应耐撞击、防破碎。③物理性安全保障设施，包括但不限于外围防护、准入控制系统、监控系统、记录系统、报警系统（必要时，应与公安部门及其他安全保障部门联网）等。④涉及病原微生物操作或贮存的工艺设备、送风机和排风机、照明、自控系统、监视和报警系统等应配备双路供电和不间断电源，保证电力供应。其中防护区照明、生物安全柜、隔离器、送风机和排风机、自控系统、监视和报警系统的不间断电源（UPS）电力供应至少维持30min。应设置不少于60min的应急照明系统。⑤防护区内污物应使用经验证有效的消毒、灭菌方法处理后才能离开防护区。防护区内废水应排入活/毒废水处理系统，经消毒灭菌后排放。防护区内淋浴间的地面液体收集系统应有防止液体回流的装置。防护区内如果有排水系统，应与建筑物的排水系统完全隔离，排水应直接通向本车间的活/毒废水处理系统。防护区排水、通气管口应设两道高效过滤器或其他可靠的消毒装置，同时应使通气管口四周通风良好。

生物药品生产过程中需要进行无菌污染风险控制。无菌污染风险控制是防止外界微生物污染源对产品的污染而采取的措施，包括人员防护、密闭操作（如使用生物安全柜、隔离器、层流保护等措施）、正压保护等。还应当进行双向污染防护，即既要保证产品不受污染也要保证环境（包括人）不被生物活性成分污染，所以在厂房设施设备设计上经常采取正压、负压等措施。当采取的措施可能与产品或者人员产生矛盾时，要充分考虑实际情况，通过加强防护等方式尽可能避免产品受到污染，人员受到影响。

为实现生物安全风险控制与无菌污染风险控制，在HVAC（供热、通风与空气调节）系统设计中需要考虑：①依据生产工艺确定洁净度级别设计、区域划分（有毒有菌区/无毒无菌区）、区域间缓冲、区域间人/物流、物料/废弃物传递、区域间送/回/排风的界面等；②依据生物危害级别确定操作区域是否可以回风，是否有限度循环回风或直排排风，是否需要设计消毒排风；③局部保护区域的送风/排风的启/停对压差的影响，压差是否能实现自动控制；④房间回风/排风、房间排风/生物安全柜排风的关联控制能够保证压差平稳，尤其是像隧道式灭菌烘箱这种大排风量设备启动排风后如何关联控制、稳定房间及设备内外压差。

生物制药工厂由于产品附加值高、生产周期长，对共用介质的要求会更高。①厂区供电要实现双路供电，一路出现问题能够自动切换到另一路上。双路供电最好是从两个电网供电，最差也要实现从两个变电站供电。②生物制药工厂工业蒸汽的消耗量很大，需要工厂所在园区能够持续稳定通过两条管路供应工业蒸汽。如工厂自制蒸汽，需要按照特种锅炉设备管理要求配备锅炉、蒸汽分配站。③生物制药工厂必须要做到生物安全防范符合要求。生产过程产生的废水量较大，可能含有生物活性物质的废水必须经过灭活后再进行污水处理。生产工艺过程中产生的废弃物如果含有生物活性，须经灭活后交由专业危废处理公司进行处理。可能具有生物活性成分的废气也需要经过处理后才能排入大气，如有必要，需要对排放的废气进行过滤，去除致病性微生物后才能排放。

四、生物制药的工艺流程设计

生物制药生产工艺流程是指将生物技术应用于药物的生产，通过使用细胞培养、分离纯化等技术，生产出符合质量标准的生物药物。生物药物的生产工艺较为复杂，周期较长，因此每一个生产环节都需要制定稳健的控制策略，确保最终产品的质量符合要求。

为了获得优质、高产、低耗的产品，工艺流程设计的可靠性、合理性和先进性至关重要。工艺流程设计的基本程序如图5-6所示。①根据实验研究报告对生产方法进行分析处理，初步绘制出可能的工艺流程草图。②对不同的工艺草图进行比较，分析生产工艺及操作控制数据，确定产品方案（品种、规格、包装方式）、设计规模（年产量、日工作班次、每班生产量等）及生产方法。③将产品的生产工艺过程分解成若干个操作单元或工序，并确定每个步骤的基本操作参数（如温度、时间、压力、物料、洁净度级别、单位生产能力、能耗、包装等）和载能介质的技术规格，绘制物料流程图。④工艺流程设计需要遵循保证产品的质量符合规定的标准、尽可能减少能耗、尽量减少“三废”的排放量、有良好的经济效益、确保安全生产等原则，结合生产需要选择合适型号的设备，绘制工艺流程图。⑤结合车间布局设计、生产过程控制方法及控制点，绘制带控制点的工艺流程图。

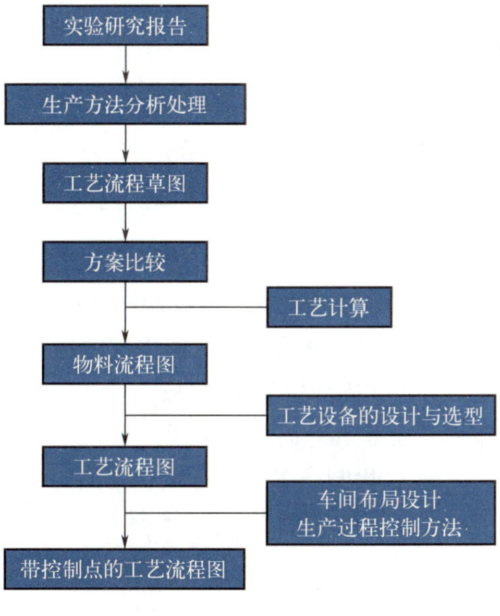

图5-6 工艺流程设计的基本程序

工艺流程图是以图解的形式表示工艺流程。工艺流程设计的不同阶段，工艺流程图的设计深度不同。工艺流程图包括工艺流程框图、设备工艺流程图、物料流程图、带控制点的工艺流程图等。

工艺流程框图是在工艺路线和生产方法确定后、物料衡算工作开始前表示生产工艺过程的一种定性图纸，其作用是定性地表示出从原辅料到产品的工艺路线顺序，包括全部单元操作和单元反应。它是最简单的工艺流程图，主要用于方案比较和物料衡算。在设计工艺流程框图时，首先要对选定的工艺路线和生产方法进行全面的分析和研究，在此基础上确定工艺流程的全部组成和顺序。某单抗生产工艺中细胞培养的流程框图如图5-7所示，图中以方框表示单元操作，以箭头表示物料和载能介质的流向，以文字表示物料及单元操作的名称。

图5-7 细胞培养流程框图

设备工艺流程图是指以设备的图形来表示单元反应和单元操作，箭头表示物料和载能介质的流向，以文字表示设备、物料和载能介质的名称。

物料流程图是经过工艺计算，得出原料、半成品、产品、副产品、废水、废料的量之后，在进行设备选型及计算的基础上绘制的物料流向图。物料流程图主要反映计算的成果，使设计流程定量化。有时由于物料衡算结果庞杂，常按工段（工序）分别绘制流程图。

带控制点的工艺流程图又称管道仪表流程图，是用图示的方法把工艺流程所需要的全部设备、管道、阀门、管件和仪表及其控制方法等表示出来，是工艺设计中必须完成的图样。它是施工、安装和生产过程中设备操作、运行和检修的依据。其中，用设备图形表示单元反应和单元操作。图中要能反映物料及载能介质的流向和连接，要表示出生产过程中的全部仪表、阀门、管件和控制方案，要反映设备间的相对空间关系。带控制点的工艺流程图的绘制可以参考相关专业书籍。

进行生物制药的工艺流程设计，需要依据药物生产工艺仔细分析每一步的工艺要素，包括物料清单、菌毒种清单、毒性、活性、生物危害等级、工艺控制参数、设备配置（包括公用介质配置）、生物防护等级、污染控制措施、洁净度级别控制等，依据各个步骤的工艺要素设计工艺流程。在工艺流程的每个步骤都应有相匹配的人员、设备、操作空间、物料、工艺和操作规程。

在进行工艺流程设计的时候需要提前考虑工艺流程的可实现性，设计的工艺流程在实现工艺目的、质量有保证的前提下要尽量简单。例如：所需要的物料要考虑供应风险，尽量不要采用世界独家的物料供应；由于很多生物药物都是蛋白质类、多肽类，属于热不稳定性产品，要在工艺流程设计中尽量保证药物的稳定性，并尽量在常温条件下生产，要尽量避免在低温条件下生产或者储存（低温条件会对生产车间运行管理造成很大负担）；在生物制药生产工艺流程中微生物负荷的控制是非常重要的，需要在工艺流程设计中尽量考虑微生物负荷控制的可及性，如有必要可适当设置除菌措施以降低微生物负荷；在生物药物实现病毒去除工艺步骤后需要进入无毒区进行操作，以避免二次污染。

整个流程确定后，还需要全面检查、分析各个过程的操作手段和相互连接方法，要考虑非正常生产状态下的预防安全措施，添加必要的备用设备，尽可能简化流程管线。

五、生物制药车间布局

车间布局的目的是对厂房的配置和设备的摆放进行合理的安排。有效的车间布局将会使车间内的设备、管道、阀门、物料等在空间上实现最合理的组合，以降低劳动成本，减少事故发生，增加厂房可利用空间，提高材料的利用率，更加有利于生产。对于生物制药洁净车间的布局，首先必须符合GMP的要求，因此既要考虑车间内部的生产、辅助生产、管理和生活的协调，又要考虑车间与厂区供水、供电、供热和管理部分的呼应，使之成为一个有机的整体，同时还要从工艺、安全、操作、经济、施工、维修及扩建等方面进行考虑。

在生物制药车间设计工艺布局时需要考虑以下几点。①根据工艺流程确定工艺路线、设备清单、主要功能和辅助功能房间的大概数量。②根据客梯/货梯位置及操作的便捷性，设计物流/人流/样品/样本/产品/生产溶液及容器/消毒液/器具/洁具/污物等的基本流向。③根据产品的类型、生物活性/毒性（有活毒/无活毒、有活菌/无活菌）、产品是否暴露操作/无菌操作和工艺要求分区、分级、空调系统分区，确定生物安全防护要求。④根据生产设备、人/物流确定更衣/退更，物流进/出，主要功能房间/辅助功能房间的空间大小，所需要的公用介质的类型、用量、质量要求、检测要求、“三废”排放要求。⑤厂房与设施不应对原料、中间体和成品造成污染。⑥无菌制剂生产加工区域应当符合洁净度级别要求，并保持相对正压。⑦操作有致病作用的微生物应当在专门的区域内进行，并保持相对负压。⑧采用无菌工艺处理病原体的负压区域或生物安全柜，其周围环境应当是相对正压的洁净区。⑨有菌（毒）或额外添加菌（毒）种的操作区域应当有独立的空气净化系统。⑩来自病原体的操作区域的空气不得循环使用。⑪来自危险为二类以上的病原体操作区域的空气应当通过除菌过滤器后排放，滤器的性能应当定期检查。⑫应当对产品的离心或混合操作采取隔离措施，防止操作过程中产生的悬浮微粒导致活性微生物的扩散。⑬培养基宜进行在线灭菌。⑭向发酵罐或反应罐中通气以及添加培养基、酸、碱、消泡剂等成分所使用的过滤器宜进行在线灭菌。⑮应当采取经过验证的工艺进行病毒的去除或灭活处理，操作过程中应采取措施防止已处理的产品被再次污染。总之，车间的布局要满足工艺的要求，满足建筑的要求，满足安装和检修的要求，同时还要满足安全和卫生的要求。

生物制药车间工艺布局设计中要避免出现下列六个普遍问题（即六大不合理）。

① 有毒区/无毒区、有菌区/无菌区、生产区/辅助生产区（准备区/洗消区）的区域划分不合理。有毒区与无毒区要有合理的区域划分，要在车间设计中规划独立的人/物流通道，避免交叉，空调系统要分开设置。有菌区与无菌区尽量设计为独立的人/物流通道。进入无菌区的物品要做到灭菌后进入或者通过经过验证的消毒流程进入，人员从有菌区进入无菌区需要在无菌区更衣后进入，对于更高要求的无菌区，可以将人/物流进入及退出的通道分别设置。生产区与辅助区的设计要合理，要有充足的空间保证车间人员更衣（更衣间要考虑人流高峰时的需求）、办公、休息，要有充足的中间物品周转空间，辅助区要有充足的面积提供充足的操作空间。灭菌后的物品到生产岗位的通道与收集待清洗、灭菌物品的通道要设置合理。无菌区所需物品灭菌后需直接进入无菌区，避免长距离传递。

② 一般区、计算机数控（CNC）、A、B、C、D级区及HVAC系统设计分级不合理。有毒区、无毒区如果有物流通道，需要设计合理的压差控制，保证任何条件下（例如开关门、开关影响房间压差的设备等）无毒区相对于有毒区保持正压。要进行合理设计保证能够维持各级别间的压差梯度，防止由于设计不合理而造成压差梯度混乱。人/物流应该从低级别区域梯次进入高级别区域，避免反复通过低级别-高级别-低级别-高级别……的方式。一般经过更衣进入洁净度级别更高的区域，随着级别升高，房间相对压差（房间相对于大气的压差）升高，为了防止级别最高的房间相对压差过高，可以考虑高级别区域有独立的人/物流通道，便于压差梯度设计。

③ 生物安全防护、污染与交叉污染防护不合理。设计时就要考虑生物安全防范，从硬件角度防止污染与交叉污染。例如灭菌后物品不可以在未经保护下进行传递，物流轨道不可以跨级别运行，跨级别通道（如用于物品或物料传递的鼠洞装置两侧）要有合理的压差，要尽量避免生产中人员进入A级区，对可能污染环境或者人员的区域要保持相对负压等。在有生物活性物质的环境中工作或工作中可能接触到菌毒株的，可以考虑设立独立的人员退更通道，衣物需要单独处理。

④ 人/物流不合理。比如经常会出现更衣通道狭小、更衣/退更设置混乱、物流设置不完善、中间产品没有充足的储存空间、低级别穿越高级别等问题。这些细节都需要在工艺布局设计时充分地考虑、论证。

⑤“三废”处理与排放方式不合理。废水分类排放、废气排放、固废危废的处理也是生物制药车间工艺布局设计中不容易考虑周全的问题。有生物活性的固体废弃物需要灭活后处理，有生物活性的废气排放需要有灭活、过滤、吸收装置，有生物活性的废水需要通过独立管道收集到灭活装置中进行灭活后处理。

⑥ 公用介质系统节能设计不合理。在公用介质系统设计过程中要考虑节能设计，例如蒸汽冷凝水的热能可以回收利用，要避免各用水点使用异常耗水设计，避免超级别用水（例如在一更使用注射用水洗手）。低温和常温注射用水使用点的冷却设计要考虑能耗及注射用水消耗，要尽量控制纯化水、注射

用水使用点数量。缩短循环管路长度，避免循环注射用水温度过高。纯化水、注射用水循环系统应采用合理的灭菌方式。空调系统要考虑如果夜间不生产是否需要降频运行（降频期间需设计合理的洁净区压差控制）等。

生物制品本身的性质复杂，需从产品质量属性出发，基于风险建立完善的工艺控制要求，以稳定、一致地生产出符合安全性、有效性要求的合格产品。

第三节 生物药物生产设备

一、菌种/细胞保藏、扩增、培养用设备

传统发酵的微生物培养和发酵所需的设备包括培养基配制设备（电子秤、配料桶等）、菌种保藏设备（砂土管、冰箱、液氮罐、超低温冰箱等）、灭菌设备（高压蒸汽灭菌器等）、接种设备（超净工作台、接种环等）、培养设备（恒温培养箱、恒温摇床、种子罐、发酵罐等）及辅助设备（SIP设备、CIP设备等）。动植物细胞培养制药所用的设备与此大同小异。培养基配制设备主要是一些称量和分装工具，在其他章节中已有涉及，这里主要介绍菌种保藏、灭菌、接种和培养过程中经常使用的设备。

（一）液氮罐

1. 液相液氮罐

通常所说的液氮罐，是将微生物菌种（或动植物细胞等）在液相氮中进行超低温（-196℃）保藏时所用的设备，所以也可以称为液相液氮罐。

超低温保藏可能对细胞造成伤害，伤害主要有两类：①从常温过渡到低温时，温度低于冰点之后，细胞内外的水分都会结冰，所形成的冰晶会造成细胞膜和细胞器的损伤；②随着温度的降低，细胞外部的水分会首先结冰，使得未结冰的溶液中电解质浓度升高，从而造成细胞膜上类脂蛋白复合体的损伤（这种因溶液中溶质浓度升高而导致的细胞损伤称为溶质损伤），在复温时，水分会因为这种损伤而大量进入细胞内，容易造成细胞死亡。为了防止这两类伤害的发生，可以在溶液中加入甘油、二甲基亚砜、血清白蛋白等作为冷冻保护剂。这些物质中有的能提高细胞膜对水的通透性，在缓慢冷冻过程中使细胞内的水分渗出，减少细胞内冰晶的形成；有的可以和水分子发生水合作用，弱化水的结晶过程，使溶液的黏性增大、冰点降低，从而减少冰晶的形成；有的可以渗透到细胞内，在细胞内外产生一定的浓度，一方面降低细胞内外未结冰溶液中电解质的浓度，从而减轻溶质损伤，同时细胞内水分也不会过分外渗，避免了细胞过分脱水皱缩。在-196℃的液氮中，得到保护的微生物菌种（或动植物细胞等）所有的代谢活动都停止，而生命在延续，菌种得以长期保存。

菌种保藏用的液氮罐一般可分为贮存罐、运输罐两种（图5-8）。贮存罐分内外两层，即内胆和外壳，内外两层间的夹层呈真空状态以增强罐体的绝热性能，夹层中装有绝热材料。液氮罐外壳多为铝合金或不锈钢材料制成，内胆则一般采用耐腐蚀的铝合金材料。外壳的上部为罐口。内胆储存液氮及样品，底部有供固定提筒用的底座。颈管通常由具有极低的导热系数的玻璃钢材料制成，可以把从颈管进入的外部热量控制在最低限度。通过颈管可以将内外两层连接，并保持一定的长度。在颈管的周围和底部夹层装有吸附剂，其作用是吸附与真空夹层接触的各种材料释放的气体或液体，从而延长容器的真空寿命。顶部的颈口是根据液氮的特殊性设计的，其结构中留有孔隙，能缓慢排出液氮蒸发出来的氮气，以保证安全。盖塞由绝热性能良好的塑料制成，以减缓液氮的蒸发。提筒置于罐内胆中，手柄挂于颈口上，用盖塞固定住。贮存罐主要用于液氮的静置贮存，不适合在工作状态下做远距离运输使用。运输罐则在此基础上，为了满足运输的要求，采取了专门的防震措施，在容器底部和侧面采用了特殊的支撑结构。

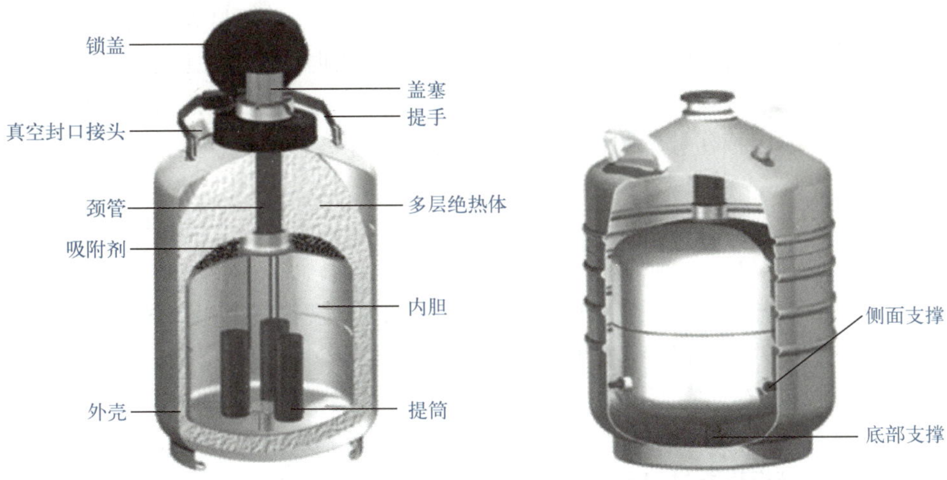

(a) 贮存型　　(b) 运输型

图5-8　液相液氮罐

2. 气相液氮罐

除了上述传统的液相液氮罐之外，近年来气相液氮罐（图5-9）的应用也很广泛。气相液氮罐下部有类似于托盘的隔板，隔板之下是液氮，隔板之上才是储存空间。所以样本不接触液氮，而是被液氮蒸发出来的低温氮气所包围。气相液氮罐内整体温度呈梯形分布：越靠近底部隔板，温度越低；越接近顶部颈口，温度越高。但一般处于-196℃～-150℃之间，可满足样本冻存所需。气相液氮罐不管大小，一般均装配有智能控制器，可显示内部温度，进行相关报警以及液氮的自动补充。气相液氮罐常使用自增压液氮罐补液。将自增压液氮罐与气相液氮罐进液系统接口相连，设定好补液数值（通常是补液高度和停止补液高度），补液过程就能自动完成。

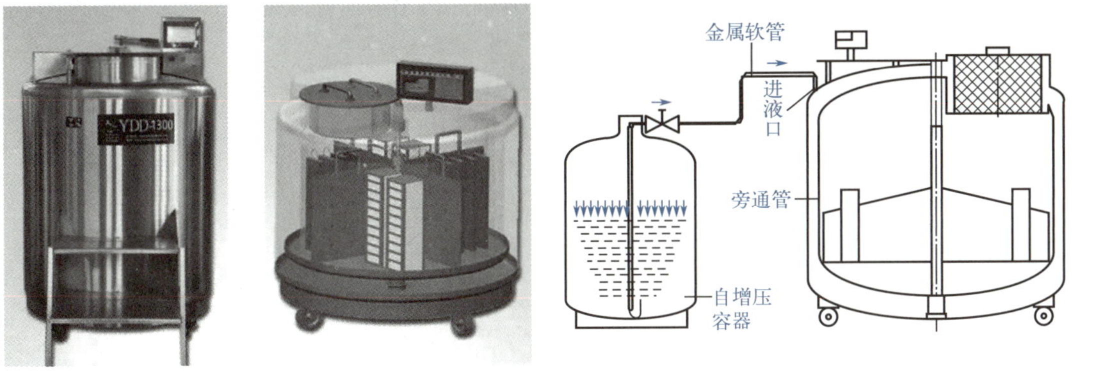

(a) 外形　　(b) 内部构造　　(c) 补液系统

图5-9　气相液氮罐

拓展知识：气相液氮罐的核心优势及使用注意事项

上述两种液氮罐有各自的优势：液相罐储存温度低，液氮消耗少，经济实惠；气相罐容量大，管理方便，避免了液氮浸入冻存管导致的样本交叉感染和取出后的爆管等问题，储存安全系数高。

3. 隔氮型液氮罐

这是一种新型的气相液氮罐，从内至外由箱体、液氮包覆层、真空层构成。该设备的特点是：围绕储存区域的整个箱壁有一层液氮包覆层，将液氮与储存箱隔开，不会有液氮漏入样品的风险，降低了样品与液氮交叉污染的可能性；因为箱底没有液氮，也就省去了制造气相的平台（隔板），所以增加了有效的储存空间；通过气口送气冷却样品，可最大限度地确保整个储存箱的等温性（其内部平均温度可达到-193℃）；罐体内气相循环，开盖时温度变化极小。

液氮超低温保藏法操作简便、高效，保藏期一般可达到15年以上，是目前公认的最有效的菌种长期保藏技术之一。除了少数对低温损伤敏感的微生物外，该法适用于各种微生物的各种培养形式以及动植物细胞的保藏。

（二）超低温冰箱

超低温冰箱又称超低温保存箱、超低温冰柜等。一般常见的低温和超低温冰箱温度分为-20℃、-40℃、-70℃、-86℃等。生物制药过程中，超低温冰箱常用于菌种、细胞、疫苗、病毒、生物材料、生物制品的保存。

超低温冰箱一般有卧式和立式两种箱体。内箱体一般分为多个承物层，每层均设计有可独立开关的内门。外箱体一般由多块冷轧钢板直接拼接而成。自动调温器一般采用铂电阻温度传感器，用于对温度的精确控制。制冷剂现在广泛采用R-508B（SUVA 95），它是由氢氟烃（HFC）和全氟化碳（PFC）组成的共沸制冷剂，消耗臭氧潜能值（即ODP）为0，非常环保，制冷温度可达-80℃甚至更低。此外超低温冰箱根据不同的使用用途还可以选配一些附件，例如：温度记录仪，便于永久记录运行参数；二氧化碳备用系统，用于特殊情况下保证保存环境的气体保持正常状态；电压增压器，可保证压缩机在低压状态下正常工作等。

超低温冰箱的制冷系统一般采用复叠式制冷，即将较大的总温差分成两段或几段，根据各段的温度区间选择合适的制冷循环，再叠加，利用高温制冷量来承受低温段的冷凝负荷，从而更好地降低制冷温度。常见的两级复叠式制冷系统的工作原理如图5-10所示。系统结构上分为高温级部分和低温级部分，选用两台全封闭压缩机作为高、低温级压缩机。其中高温部分用的是中温制冷剂，低温部分用的是低温制冷剂。高温部分的制冷剂蒸发使低温部分的制冷剂冷凝，两个部分通过一个冷凝蒸发器连接形成一个整体。冷凝蒸发器既是高温部分的蒸发器，也是低温部分的冷凝器，这样可以有效地减少冷凝蒸发器的热负荷。在低温级部分，来自蒸发器的低温制冷剂气体，经过低温级回热器，再经过低温级压缩机压缩后进入油分离器，低温制冷剂中的润滑油在油分离器中大部分被分离出来返回压缩机，含油量很少的制

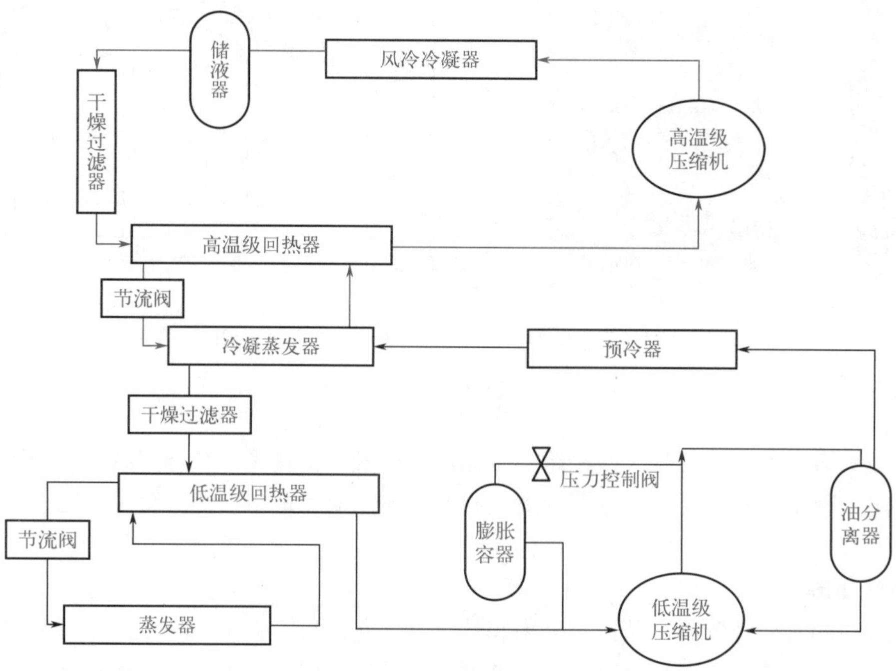

图5-10　复叠式制冷系统的工作原理

冷剂气体进入预冷器中被预冷，然后进入冷凝蒸发器中。在冷凝蒸发器中，低温制冷剂放出的热量被高温制冷剂吸收，高温制冷剂蒸发的同时，低温制冷剂冷凝。冷凝后的低温制冷剂经过干燥过滤器、低温级回热器，再经过节流阀进入蒸发器中，完成一个制冷循环。在高温级部分，在冷凝蒸发器中吸热后蒸发的高温制冷剂气体，被高温级压缩机吸入压缩后进入风冷冷凝器中冷凝。冷凝后的高温制冷剂液体进入储液器，然后经过干燥过滤器、高温级回热器、节流阀进入冷凝蒸发器中，完成一个制冷循环。

（三）高压蒸汽灭菌器

高压蒸汽灭菌器是利用比常压高的压力，把水的沸点升至100℃以上，产生高温蒸汽，从而对物品进行消毒灭菌的设备。高压蒸汽灭菌器由灭菌室、控制系统、保护装置等组成。其工作原理为：通电加热后在密闭的蒸锅内产生蒸汽，因为蒸汽不能外溢，压力不断上升，使水的沸点不断提高，从而锅内温度也随之增加［比如在0.1MPa的压力（表压力）下，锅内温度就可达到121℃以上］，在此蒸汽温度下，可以很快杀死包括细菌及其高度耐热的芽孢在内的各种微生物。生物制药车间常用该方法来对不锈钢器械、玻璃器皿、培养基等进行消毒灭菌。

高压蒸汽灭菌器根据排出腔内原有冷空气的原理不同，分为两大类，一类是目前广泛使用的下排气式高压蒸汽灭菌器，另一类是较为先进的预真空压力蒸汽灭菌器。

下排气式高压蒸汽灭菌器排除空气的原理是利用重力置换。由于水蒸气比同温同压下的空气轻，可以在灭菌室内从上往下把空气从下排气孔排出，使灭菌室内充满饱和蒸汽。预真空压力蒸汽灭菌器排除空气的方式为通过真空泵抽出，这样更利于蒸汽穿透。预真空压力蒸汽灭菌器抽真空方法分为两类：一类是采用一次抽真空，将空气减少至规定要求；另一类是采用脉动真空法，即通过多次抽真空将柜室内冷空气减少至规定要求。预真空压力蒸汽灭菌器灭菌时间短，穿透能力强，甚至有盖容器内的物品也可灭菌，但比下排气式高压蒸汽灭菌器结构复杂，制造成本高。

下排气式高压蒸汽灭菌器分为手提式、立式、卧式等型式。手提式和立式高压蒸汽灭菌器（图5-11）都是实验室和生产企业的菌种岗位较常用的。一般底部加水，水和灭菌室之间以有孔眼的隔板隔开，待灭菌的物品通常放在提篮里，提篮置于隔板上。卧式高压蒸汽灭菌器中较常见的是由灭菌室和外桶组成夹套结构，下方吊装一个独立的蒸汽发生器（水箱），二者以管道相连（图5-12）。蒸汽发生器内的水加热后产生的蒸汽可以储存在夹套内，使灭菌器预热。蒸汽进入灭菌室后，积聚而产生压力。蒸汽的压力增大，温度也随之升高。灭菌结束后，夹套内的高温还能对灭菌室内的物品进行烘干。由于夹套与灭菌室之间设有电磁阀，能阻断两者的通道，在连续重复作业时，夹套内仍可保持一定的压力和温度，这就缩短下一次的加热时间，从而提高工作效率。

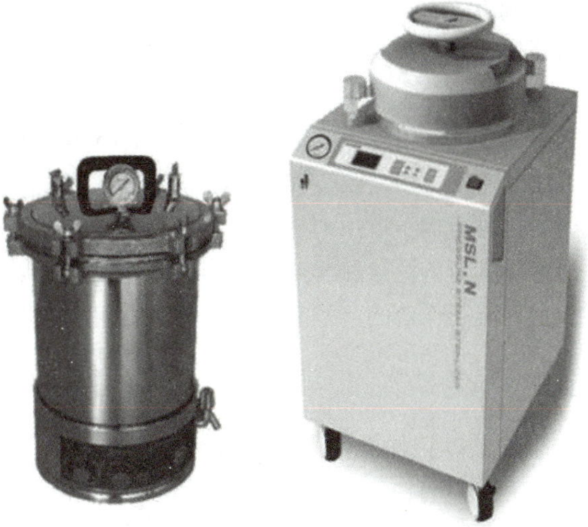

(a) 手提式　(b) 立式

图5-11　高压蒸汽灭菌器外形

（四）超净工作台

超净工作台是为了适应现代化工业、光电产业、生物制药以及科研试验等领域对局部工作区域洁净度的需求而设计的。超净工作台由箱体、底架、台面、风机、初效空气过滤器、高效空气过滤器、LED控制面板、紫外线灯、照明灯、万向轮、导风板等部件构成。在通风前通常用75%的乙醇对台面进行清洁擦拭。初始通风时同时用紫外线灯对工作台内的器材进行杀菌。风机开启后将室内空气吸入初效空气

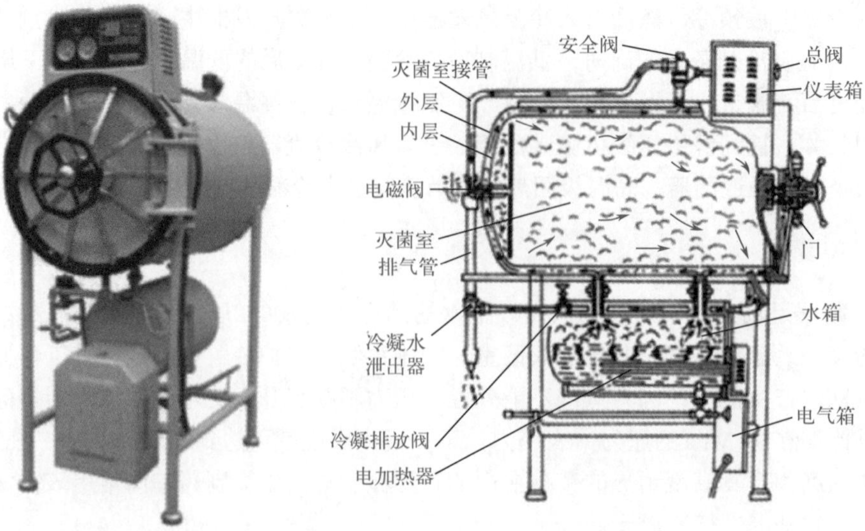

(a) 外形　(b) 内部结构

图5-12　卧式高压蒸汽灭菌器

过滤器进行初滤，初滤后的空气由小型离心风机压入静压箱，再经高效空气过滤器进行二级过滤。从高效空气过滤器出风面吹出的洁净气流具有一定的和均匀的断面风速，可以排除工作区原来的空气，将尘埃颗粒和生物颗粒带走；同时由于风机启动以后，工作台内部可以一直保持正压，所以外面的空气不能通过排风口或操作口进入工作台内部。吸入的空气是经过过滤除菌的，未经除菌的空气又不能进来，这样操作区域可以达到A级的洁净度。

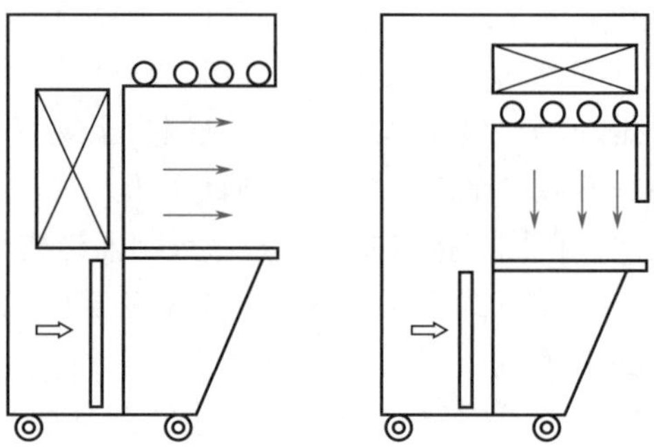

(a) 水平流　(b) 垂直流

图5-13　水平流超净工作台和垂直流超净工作台的气流方向

超净工作台根据气流的方向分为水平流超净工作台［图5-13（a）］和垂直流超净工作台［图5-13（b）］。垂直流工作台的风机和高效空气过滤器都在顶部，噪声相对较大，送出的风垂直向下吹，对着的是台面，可有效防止操作时微生物对操作者的污染和异味对操作者的刺激，所以医药行业为保证操作者的身体健康，多采用垂直流工作台。水平流工作台的高效空气过滤器在后侧，噪声比较小，送出的风往外吹，多用在光学和电子行业。

（五）生物培养箱

生物培养箱是一种通过控制温度、湿度、光照、二氧化碳等环境因素来模拟生物生长环境从而进行生物培养的设备。种类较多，例如恒温培养箱、恒温恒湿培养箱、二氧化碳培养箱、生化培养箱、霉菌培养箱、厌氧培养箱等。不同类型的培养箱有着不同的功能及用途。

恒温培养箱是最基础的培养箱，适用于普通细菌培养和封闭式细胞的培养。恒温培养箱内部的加热方式主要有电热式和隔水式。电热式是采用电热丝直接加热，利用空气对流使箱内温度均匀；隔水式则是通过电热管对箱体外层水套中的水加热再使内部受热。这两种加热方式各有优点：电热式加热比较迅速，可在短时间内使内部达到理想的培养温度；隔水式稳定性好，面对一些突发情况（如断电等），能够在较长时间内保持内部的温度不会发生太大变化，维护样品的稳定培养。

恒温恒湿培养箱可以准确模拟恒温恒湿的环境，一般用于植物培养、育种试验、微生物培养、培养基储存。二氧化碳培养箱是通过在箱体内控制稳定温度、湿度、二氧化碳水平及酸碱度来模拟细胞/组织在生物体内的生长环境，广泛应用于细胞、组织培养和某些特殊微生物的培养。生化培养箱装有电热丝加热和压缩机制冷，所以兼有加热和制冷功能，温度适用范围广，广泛应用于动物、植物、微生物、病毒恒温培养及环境试验。霉菌培养箱为满足霉菌等真核微生物生长对温度和湿度的要求，主要由制冷系统、制热系统和空气加湿器组成，有些霉菌培养箱也会配置紫外线灭菌器。

厌氧培养箱（图5-14）又称厌氧工作站、厌氧手套箱，可为厌氧/微需氧微生物的接种、分离和培养提供无氧/低氧环境。厌氧培养箱相当于在恒温培养箱的基础上增加气体置换装置，在箱体内使用预制的无氧混合气体进行洗吹，达到降低氧浓度的目的。厌氧培养箱内的气体主要有氮气、二氧化碳和氢气：氮气和二氧化碳能维持工作站内部的气体压力和稳定气体组成；氢气是为了提供还原剂，便于厌氧微生物的生长和代谢。厌氧培养箱的箱前透明板上通常有两个手套，方便进行无菌操作。

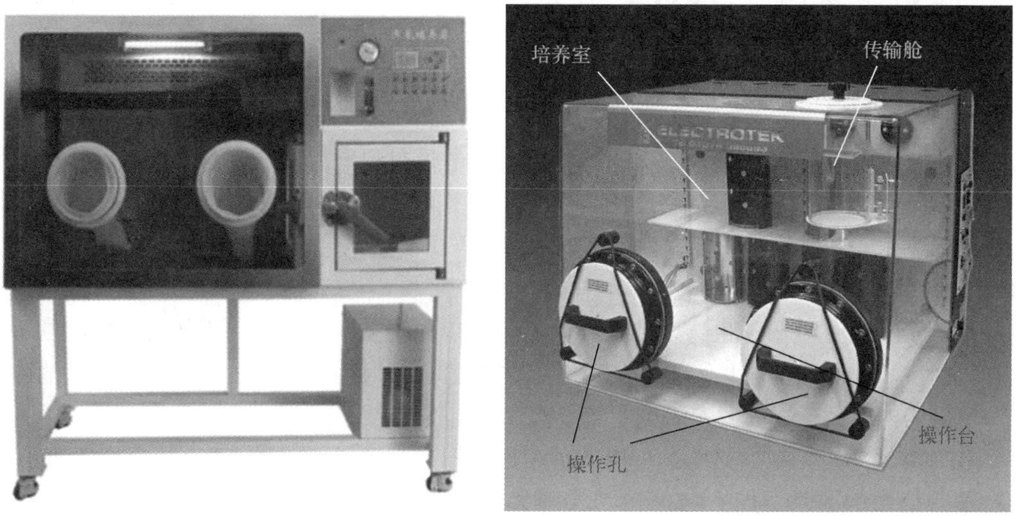

(a) 立式厌氧培养箱　　(b) 台式厌氧培养箱

图5-14　厌氧培养箱

（六）恒温摇床

恒温摇床（图5-15）也称恒温振荡器，是一种多用途的生化培养设备。恒温摇床一般都具有温度控制、无级调速和良好的热循环功能，通过摇床的摇动，达到增加溶氧、传质、体系均一等效果，常用于好氧菌、兼性厌氧菌、动物细胞、植物细胞、真菌、病毒等的恒温振荡液体培养。恒温摇床分为气浴恒

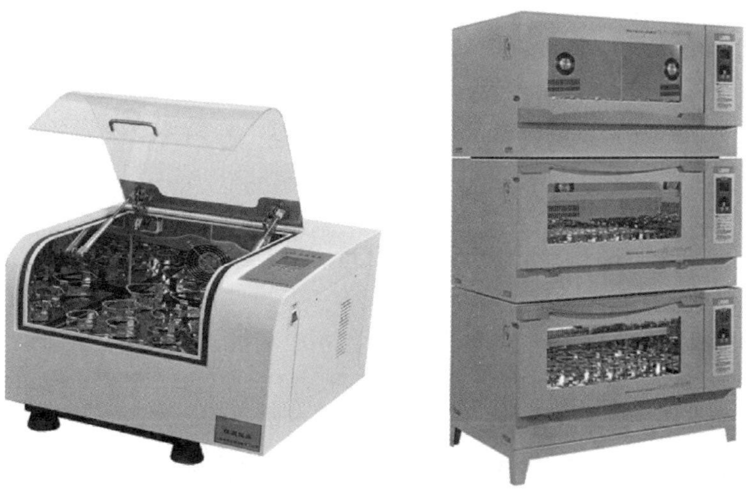

(a) 台式恒温摇床　　(b) 立式恒温摇床

图5-15　恒温摇床

温摇床（又称空气恒温摇床）、水浴恒温摇床、油浴恒温摇床，分别是恒温培养箱和振荡器相结合、恒温水浴槽和振荡器相结合、恒温油浴槽和振荡器相结合。气浴恒温摇床最高培养温度可达70℃，水浴恒温摇床可达100℃，而油浴恒温摇床则更高。

恒温摇床的种类很多，不同的细胞需要的环境条件和生长温度不同，需要选择合适的摇床进行辅助。比如植物细胞培养，除了对温度、pH、气体环境有特定要求外，可能还对光照、湿度有一定要求（离体培养的植物细胞对光照条件不甚严格，因为细胞生长所需要的物质主要是靠培养基供给的。但光照不但与光合作用有关，而且与细胞分化有关，例如光周期可对生殖细胞分化和开花起调控作用，所以以获得植株为目的的早期植物细胞培养过程中，光照条件特别重要），用多功能光照恒温摇床可以满足这些条件。再如哺乳动物细胞，易受机械力损伤，培养时所需的二氧化碳浓度通常是5%，可选择能调节转速并且带有二氧化碳控制系统的二氧化碳恒温摇床。

（七）生物反应器

生物反应器主要是指为细胞培养、微生物发酵、动植物组织培养、生物制品制备等实验、生产提供反应环境的设备。生物反应器的应用领域比较广泛，种类和型式也很多，这里主要介绍微生物培养反应器、细胞培养反应器和一次性生物反应器。

1.微生物培养反应器

微生物培养反应器主要用于生物发酵工程，而且体积相较于细胞培养用生物反应器通常更大，所以习惯性地称之为发酵罐。生产中根据培养的主要目的不同，分为种子罐和发酵罐。种子罐的作用是确保发酵罐培养所必需的菌体量，而发酵罐则主要承担生产目的物的任务。

种子罐和发酵罐构造相似，只是发酵罐的体积比同一条生产线上的种子罐的体积要大很多，通常二者之间存在放大倍数的关系（如1：10、1：20等）。它们各自都附有培养基配制、灭菌和冷却的设施，以及承担补料、通气、除菌、搅拌、在线监测和控制等功能的管路、设备和仪表。种子罐罐体材质有不锈钢、碳钢和玻璃，发酵罐罐体材质一般是不锈钢。

发酵罐主体通常是用不锈钢板制成的柱式圆筒，规模在数升至数千立方米不等。发酵过程可以通过固体培养和液体深层培养完成，工业化大规模的纯种发酵以液体深层通气培养为主。

液体深层通气培养用的发酵罐，有标准式、自吸式、多孔板塔式、气升式、喷射叶轮式、外循环式等多种型式。自吸式发酵罐的关键部件是带有中央吸气口的搅拌器，通过发酵罐内叶轮的高速转动，液体在离心力作用下被甩向叶轮外缘，中心形成负压，发酵罐外的空气通过过滤器不断被吸入罐内。由于是叶轮转动产生的真空，其吸入压力和空气流量有一定限制，因而适用于对通气量要求不高的发酵品种。多孔板塔式发酵罐是将发酵液置于有多层多孔塔板（亦称高位筛板）的细长罐体内，在罐底部通入的无菌空气经过筛板逐渐上升，并带动发酵液同时上升，上升后的发酵液又通过筛板上带有液封作用的降液管下降而形成循环。由于多孔板塔式发酵罐是通过气体分散进行氧的传递，因而其供氧量受到了一定限制。气升式发酵罐、喷射叶轮式发酵罐、外循环发酵罐分别是使无菌空气通过罐内中央管、罐内旋转的喷射管和罐外喷射泵喷出，带动发酵液按照一定规律运行，从而达到气液传质的效果。

在发酵工业中，兼具通气又带搅拌的标准式发酵罐（图5-16）最为常见，被广泛应用于抗生素、氨基酸、酶、柠檬酸等许多品种的生产中。

标准式发酵罐也称机械搅拌式发酵罐，主要部件包括电动机、搅拌桨、控制装置、无菌轴封、空气过滤器、冷却装置、观察孔、传感器（包括温度传感器、pH传感器、溶解氧传感器、生物传感器等）、取样管、进料口、放料口等。这些部件可以按功能概括为五大系统。①机械搅拌系统。发酵罐的基本结构是在高径比为2～4的罐体的顶部（也有在底部的）安装向罐内延伸的机械搅拌器。机械搅拌系统由电机、变速箱、搅拌轴、搅拌桨、轴封和挡板组成，搅拌桨装在搅拌轴上，搅拌轴由电动机带动其旋转，搅拌器的轴封必须严密，以防漏液。常规的搅拌形式有桨式、锚式、涡轮式、推进式、框式。在高径比较大时，可以采用多层搅拌。比较常用的搅拌桨是六叶圆盘涡轮搅拌桨，桨叶外径大概是罐径的1/3。需要一提的是，发酵罐内壁上通常装有挡板，其作用是改变液流方向，由径向流改为轴向流，促使液体剧烈翻动，增加溶解氧。②通气系统。通气系统由无菌空气制备系统、分布装置，出口气体过滤除菌系统、控制系统组成。无菌空气制备系统是一套相对独立的复杂系统，一般由工厂统一制备。无菌空气分布装置一般设置在发酵罐的底部，在最下层的搅拌桨的正下方。来自无菌空气系统的压缩空气（有时候用纯氧）通过空气分布装置进入发酵罐内，借助机械搅拌的作用被很好地破碎和分布，增加了罐内气液接触面积，对氧的传递和发酵液的混合非常有利。对于通气量较大的发酵罐，则采用单管通风。由于进风速度高，又有罐中搅拌桨上涡轮板的阻挡和叶轮的打碎作用，可较好地解决溶氧问题。排气口位于罐体的顶部，出口处安装有过滤器。废气经过滤除菌后才能排出，避免对环境造成污染。测量溶解氧浓度使用的是溶解氧传感器，实时的在线监测数据反馈给控制系统后，可根据反馈信号调整通气速度和搅拌速度。③消泡系统。通气、搅拌会产生泡沫，而泡沫对发酵有不利的影响。通气搅拌罐的装液量一般不能超过容器容积的70% ～80%。这是由于通气、搅拌后液面会有所上升，更重要的原因是，预留部分空间可以避免泡沫冲出罐体，为消除泡沫提供一段缓冲的时间。大型发酵罐内常安装有消泡器。消泡器有多种形式，常见的锯齿式消泡器安装在罐内的顶部，位置要高出液面，固定在搅拌轴上，跟随搅拌轴一起转动，不断将泡沫打破。在很多情况下，仅凭消泡器还不足以及时消除所有的泡沫，因此还需进一步采用添加化学消泡剂的方法消泡。④温度控制系统。温度控制系统由温度测量电极、热交换装置及相应的控制装置组成。由于生物反应和机械搅拌都是放热过程，所以大多数生物反应体系在运行期间需要换热降温。种子罐和小型发酵罐多数是利用夹套换热，大型发酵罐罐内安装有冷却蛇管或冷却列管进行换热。竖式列管还兼有挡板的作用。⑤pH测量与控制系统。该系统由pH电极、酸碱储罐、耐酸或碱的管道、泵等组成。根据不同生物反应体系的实际需要，可以只加酸或加碱，也可以两者都加。在流加培养时，通过碳源或/和氮源的补料也能起到调节pH的作用。

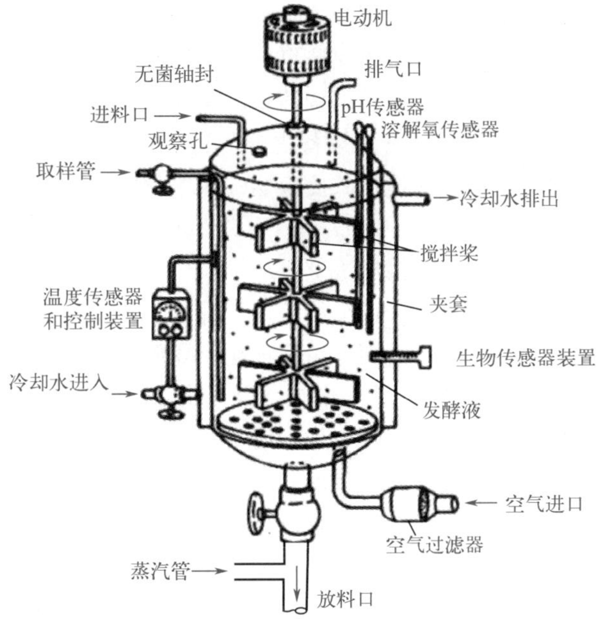

图5-16　标准式发酵罐结构示意图

标准式发酵罐一般都附有CIP、SIP设备，有些发酵罐还配备了尾气分析装置，可在线分析尾气中的氧气及二氧化碳等气体的浓度，以协助判断发酵过程正常与否。

标准式发酵罐不仅可实现自动控制，还可以把相同体积或不同体积的多台发酵罐组成一套联体系统，大大提高了生产效率。

2. 细胞培养反应器

细胞培养反应器主要用于动植物细胞培养、微载体培养、转基因制药工程等。常见的细胞培养反应器的培养形式主要有贴壁细胞培养、悬浮细胞培养和微载体培养三种。细胞培养反应器又可以根据是否有搅拌分为搅拌式生物反应器（图5-17）和非搅拌式生物反应器。由于动物细胞没有细胞壁，因此对剪切作用十分敏感。植物细胞虽然有细胞壁，但由于主要成分为纤维素和果胶，所以耐拉不耐扭，再加上植物细胞比较大，因此对剪切的耐受力也差。为避免搅拌器以及搅拌产生的鼓泡对细胞造成损害，动植物细胞培养中的搅拌式反应器都是经过改进的，包括改进供氧方式、搅拌桨的形式及在反应器内加装辅件等。非搅拌式反应器产生的剪切力较小，在细胞贴壁培养中有较强的优势。比如填充床反应器是在反应器中填入特定的填充物供细胞贴壁生长，营养物质通过循环灌流的方式提供，反应器剪切力小，不会有气泡伤及细胞。气升式生物反应器通过空气循环来搅动培养液，不仅可以保证良好的液体流动，而且还具有较好的氧传递效果，结构简单、操作方便，也是实现细胞高密度培养的常用设备之一。还有中空纤维反应器，也是较常用的非搅拌式反应器，在本章第一节中已有介绍，不再赘述。

图5-17 用于细胞培养的搅拌式生物反应器

3. 一次性生物反应器

除了前面述及的生物反应器外，近年来，一次性生物反应器（属于无菌即用型产品）凭借其免清洁、免灭菌、操作灵活等优势迅速崛起。无论是细胞生长、产物产量方面，还是产物质量方面，一次性生物反应器与传统的不锈钢反应器的表现高度相似。而一次性生物反应器在减少大量清洗、灭菌及相关验证工作的同时，显著提高了操作灵活性并降低了污染风险，同时也缩短了生产周期。如果能够很好地解决成本及生产规模问题，一次性生物反应器未来有可能成为主流生物反应器之一。

一次性生物反应器由外部支撑容器、生物反应袋、控制系统三部分组成。生物反应袋为一次性使用。反应袋内通常集成了喷气头、排气过滤器、管线组、传感器端口和/或传感器（如温度、pH、溶解氧等传感器），有的还配有搅拌器组件，这些也都是一次性使用。外部支撑容器用来固定及支撑生物反应袋，不与培养物接触，可长期使用。

一次性生物反应器分为波浪式生物反应器和搅拌式生物反应器。

波浪式一次性生物反应器通过摇摆的动作来混合，不需要在一次性生物反应袋中使用任何机械搅拌器，适用于各种各样的细胞培养应用（包括分批培养、补料培养和灌注培养等培养工艺），但目前培养规模都不大。波浪式生物反应器形式多样，图5-18是由一个自动控制装置控制两个摇摆平台的波浪式生物反应器。

搅拌式一次性生物反应器（图5-19）使用与传统生物反应器类似的搅拌器，但是搅拌器被整合在一次性生物反应袋中，搅拌器和反应袋通常都使用塑料材质。使用时，将一次性生物反应袋安装在固定生物反应袋的支撑中，再将搅拌器机械地或磁性地连接到驱动器上。搅拌式一次性生物反应器容积规格较多，从数升至数千升都有。

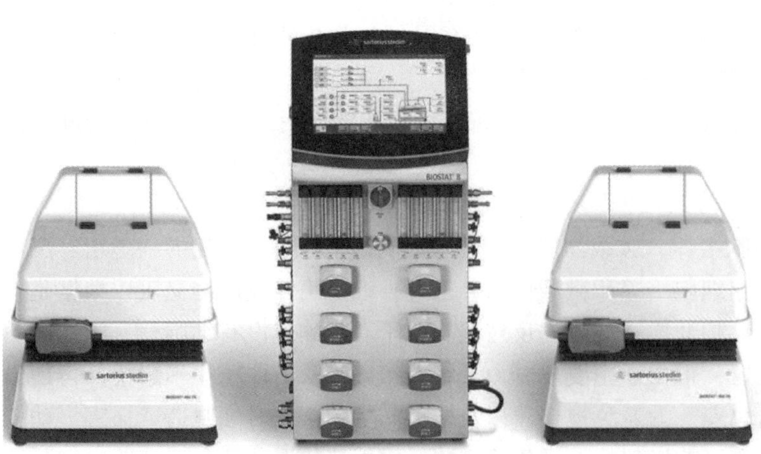
图5-18 波浪式一次性生物反应器

图5-19 搅拌式一次性生物反应器

二、提取和纯化设备

(一)离心设备

离心机是生物制药生产中常用的液-固分离设备(有的也可用来进行液-液分离)。离心机的种类很多,根据分离原理,离心机可分为过滤式离心机和沉降式离心机。

1. 过滤式离心机

过滤式离心机的转鼓壁上开有均匀密集的小孔,转鼓内表面覆盖过滤介质(如滤布等),加入转鼓的悬浮液随转鼓一同旋转,在离心力作用下,悬浮液中的液体经过过滤介质并由转鼓壁上的孔甩出,固体被截留在过滤介质表面。过滤式离心机中最常用的是篮式离心机,也称三足式离心机(图5-20),适用于分离0.01～1mm的悬浮液及粒状和结晶物料,要求物料易于洗涤和过滤。

图5-20 三足式离心机外形

人工卸渣的三足式离心机结构简单,但操作的劳动强度较大,逐渐被自动卸渣过滤式离心机所取代。自动卸渣过滤式离心机的卸渣方式较多,如螺旋卸渣、刮刀卸渣、活塞推渣、离心力卸渣、振动卸渣等。图5-21是一种较为先进的螺旋卸料过滤离心机,其工作原理为:离心机圆锥形转鼓内有螺旋部件(推进器)和差速器,转鼓内表面铺有滤网,在差速器作用下,转鼓和螺旋朝同一方向但以不同速度旋转。物料由进料管连续引入螺旋内筒,加速后从转鼓小端进入转鼓内,在离心力场作用下,悬浮液中的液体经过滤网并由转鼓壁上的孔甩出,经出液管排出设备外,固体则被截留在滤网表面,形成沉渣层。在螺旋的推进下,沉积的固相物连续不断地向转鼓大端推移,经卸料口排出设备外。螺旋推进器的作用不仅是推出沉渣,还会对沉渣进行挤压,进一步脱去其中的水分。如果需要对沉渣进行洗涤,洗涤液可以通过洗涤管加入转鼓内,洗涤液与母液可采用混合排放或分流排放。螺旋卸料过滤离心机可实现自动洗涤、连续运行、自动卸料,分离效率高,但滤网较易磨损,细颗粒固体易漏过滤网进入滤液。

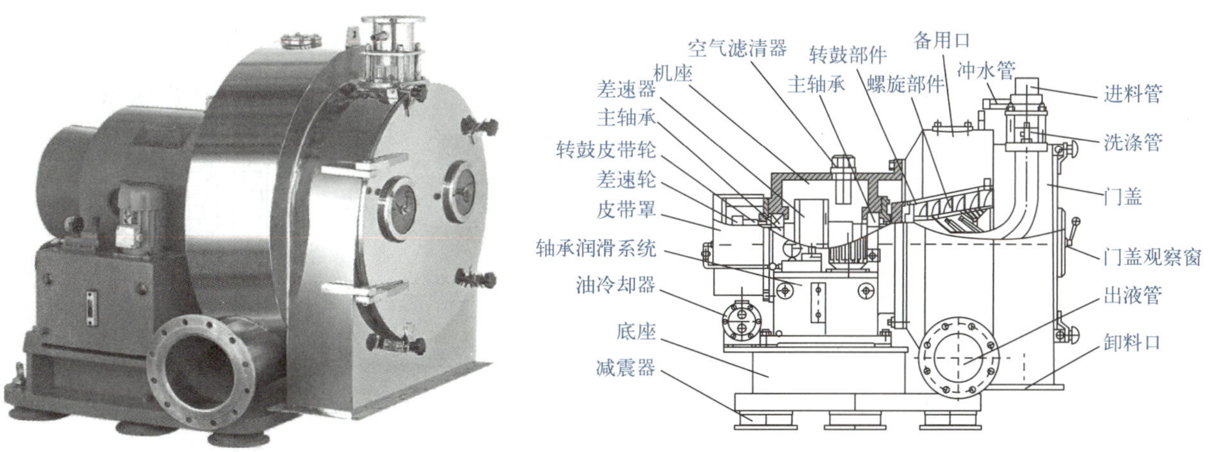

(a) 外形 (b) 结构

图5-21 螺旋卸料过滤离心机

过滤式离心机的相对离心力通常≤3000g。

2. 沉降式离心机

沉降式离心机主要有管式离心机、碟片式离心机、卧式螺旋卸料沉降离心机等。

（1）管式离心机　管式离心机由机头组件、电机传动组件、压带轮组件、转鼓组件、集液盘组件、滑动轴承组件、主轴、进液管、防护罩、手柄等组成。管式离心机转鼓上部连接的是细长的挠性主轴，转鼓下部底轴由径向可滑动阻尼轴承限位，以防止转鼓产生过大的摆动。挠性主轴通过连接座、缓冲器与被动轮连接，电机通过传动带、张紧轮将动力传递给被动轮，从而使转鼓绕自身重心高速旋转，形成强大的离心力场。物料由底部进液口射入转鼓内，在强大的离心力作用下，料液沿转鼓内壁向上流动，因料液不同组分的密度差而分层。管式离心机有液-固分离型［图5-22（a）］和液-液分离型［图5-22（b）］。当用于液-固分离时为间歇操作。料液连续进入转鼓，离心后的上清液流动到转鼓上部并通过集液盘回收，固体沉积在转筒内。当沉渣层影响到液相澄清度时，须停机进行人工卸料（停机后转鼓内的残液在重力作用下从下部残液口流出）。用于液-液分离时通常为连续操作。料液由底部进入转筒内，密度大的液体形成外环，密度小的液体形成内环，流动到转鼓上部各自的排液口，从轻重两个集液盘中分别回收。液-液分离型工作时，如果料液中混有少量固体（密度必须大于液体），则固体沉积在转鼓内壁上形成沉渣层，停机后人工卸除。管式离心机的构造和分离原理见图5-23。

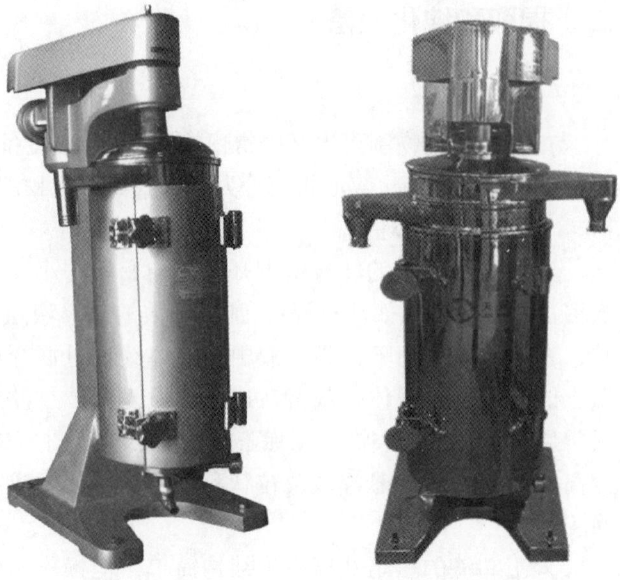

(a) 液-固分离型　　(b) 液-液分离型

图5-22　管式离心机外形

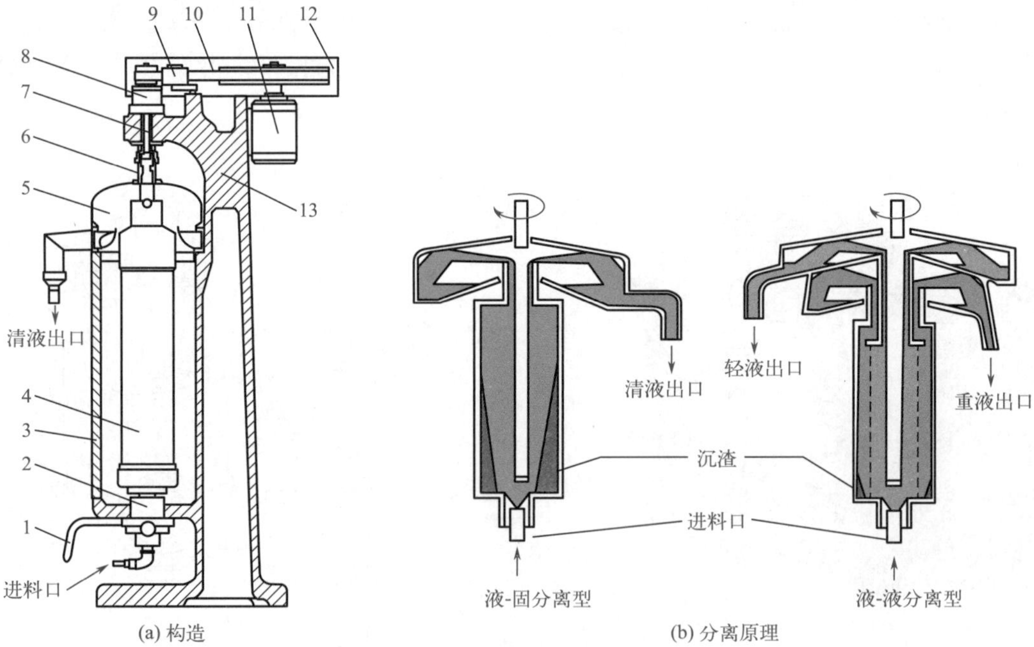

(a) 构造　　(b) 分离原理

图5-23　管式离心机构造和分离原理

1—手柄；2—滑动轴承组件；3—机身门；4—转鼓组件；5—集液盘组件；6—保护套；7—主轴；8—机头组件；9—压带轮组件；10—皮带；11—电机传动组件；12—防护罩；13—机身

管式离心机转速一般为10000r/min以上，有的可以达到20000r/min，相对离心力在12000～24000g

之间，是工业离心机中相对离心力最高的设备之一。适用于液相黏度大、固相浓度低、颗粒细、固-液（液-液）密度差小的悬浮液的澄清或乳浊液的分离。

传统的管式离心机需要频繁地停机拆卸、清除沉渣，造成人力的浪费，也容易造成污染。目前最先进的、利用气动活塞卸料的全自动管式离心机（图5-24）很好地解决了这个问题。全自动管式离心机启动后，物料由泵加压，通过进料口射入转鼓并被加速，固相沿转鼓壁沉积在转鼓内，澄清液流出离心机。准备自动卸料前停止进料，转鼓停止旋转。压缩空气从上部进入转鼓，推动活塞向下运动，将转鼓内的固相挤压并排出至收集容器中。再利用压缩空气向上推动活塞回复到转鼓顶部，机器进入新一轮物料分离。全自动管式离心机一般都配备在线清洗和在线灭菌系统，封闭设计，操作简单，分离效果好，污染风险小，缺点是价格昂贵。

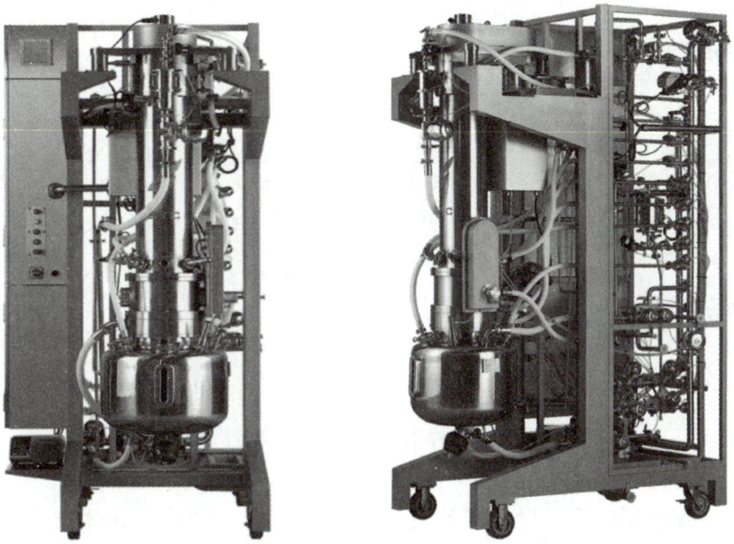

图5-24　全自动管式离心机外形

（2）碟片式离心机　碟片式离心机是立式离心机的一种。按排渣方式可分为人工排渣、喷嘴自动排渣和活塞自动排渣三种机型；按分离功能不同，可分为液-固两相悬浮液的澄清分离和液-液两相（或液-液-固三相）乳浊液的离心分离两种机型。

碟片式离心机［图5-25（a）］主要由转鼓组件、传动系统、进出料装置、机座、机壳、电机及控制系统等组成。机壳大部分为圆筒形或圆锥形，机壳下部固定在机座上，上部装有进出料装置，里面是转鼓组件，转鼓组件安装在机座的立轴上端。机座上安装的电机通过离心离合器、横轴、螺旋齿轮副及立轴带动转鼓高速旋转（除采用螺旋齿轮副外，也可用皮带传动结构或电机直连结构来实现）。转鼓内装有碟片架和一组互相套叠在一起的碟形零件——碟片束，碟片与碟片之间留有很小的间隙（碟片之间的间隙至少为欲分离的最大固体颗粒直径的两倍）。碟片的作用是缩短固体颗粒（或液滴）的沉降距离，扩大转鼓的沉降面积，提高离心机的生产能力。料液由位于转鼓中心的进料管加入转鼓，到达转鼓底腔。对于液-液-固分离［图5-25（b）右半部分］，料液从转鼓底腔经碟片底架由碟片上的分离孔分别流入碟片与碟片的间隙，均匀分布在各碟片间的流道内。以碟片分流孔作为中心，比液体重的固体成分沉降到碟片上，形成的沉渣沿碟片表面滑动而脱离碟片并积聚在转鼓壁上；轻液沿锥形碟片外锥面向轴心流动至上部，经轻液向心泵由轻液出口排出；重液沿碟片内锥面趋向转鼓壁，然后向上流经重液向心泵，由重液出口排出。液-液分离的过程与此类似，只是没有沉渣生成。如果是做液-固分离的，碟片一般不开孔，出液口只有一个。悬浮液经碟片底架下部四周进入碟片之间的间隙；澄清液向中心流动，向上经出液口排出；固体成分由于密度大，向外运动，最后沉积在转鼓内壁［图5-25（b）的左半部分］。

积聚在转鼓内的固体沉渣，视机型的不同，在停机后拆开转鼓由人工清除，或通过排渣系统在不停机的情况下从转鼓中排出。

碟片式离心机的相对离心力一般大于3500g，转鼓的转速一般为4000～12000r/min。虽然碟片式离心机结构复杂，但其分离效率高，生产能力大，且大多设有自动控制系统，能实现自动加料、排渣、清洗、启动、停机等功能，故广泛应用于生物制药、化工、食品加工等行业。

(a) 外形

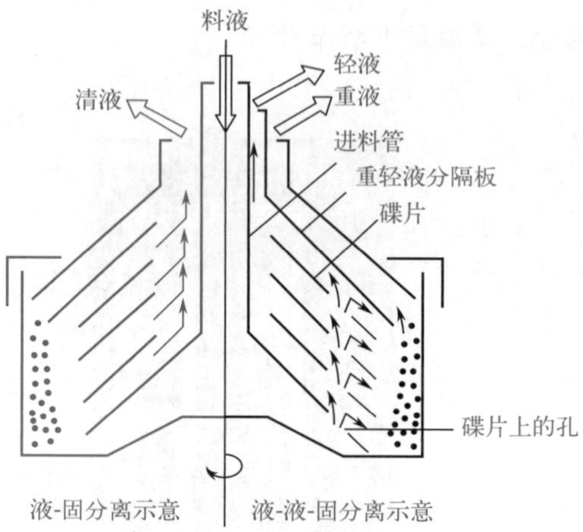

(b) 分离原理

图5-25 碟片式离心机外形及分离原理

（3）卧式螺旋卸料沉降离心机 卧式螺旋卸料沉降离心机（简称为卧螺离心机）由锥形转鼓、螺旋推进器、差速器、主轴承、机壳等零部件组成。如图5-26所示，转鼓通过主轴承水平安装在机座上，并通过连接盘与差速器外壳相连；螺旋推进器通过轴承同心安装在转鼓内，并通过外花键与差速器输出轴的内花键相连。在电机作用下，转鼓带动差速器外壳旋转。由于差速器的变速作用，螺旋推进器以一定的差速（超前或滞后，约1%的转速差）与转鼓同向旋转。待分离的悬浮液从加料管连续进入螺旋推进器的料仓内，经初步加速后，悬浮液经螺旋料仓出料口（出料口位置通常在螺旋推进器的中部）进入转鼓。由于离心力的作用，转鼓内的悬浮液很快分成两相，密度较大的固相物质沉降在转鼓壁上形成外层沉渣，较小的液相则形成内层液环。在螺旋推进器的作用下，沉渣和分离液向相反的方向运动，沉渣被推送到锥段，进一步脱水甩干后经出渣口排出，分离液由转鼓圆柱端的堰口通过管道排出。

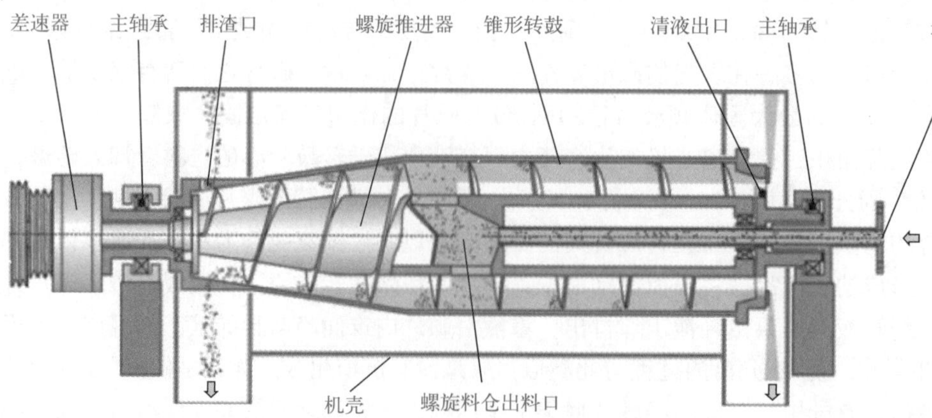

图5-26 卧式螺旋卸料沉降离心机的构造

卧式螺旋卸料离心机规格较多，大多转速在2000～4000r/min之间，相对离心力在1000～2400*g*之间。近几年又出现了高速沉降式螺旋卸料机，其转速在4000～6000r/min之间，相对离心力在3000～4000*g*之间，甚至有的能达到4000*g*以上。卧螺离心机是一种连续操作的固-液分离设备，能在全速运转下，连续进料、分离、洗涤和卸料，最适用于处理难分离的黏性大的物料。

（4）高速离心机与超速离心机　高速离心机和超速离心机结构复杂，由驱动电机、驱动电路、显示面板、压缩机组、钢制机架、电子门锁、转子等部件构成，一般都带有制冷系统，通过程序的设置能实现离心转速可调、离心时间可设定、离心温度可控制三个最基本的功能。

高速离心机的转速一般在10000～30000r/min之间。由于转速较高，产生的离心力大，可以对样品溶液中悬浮物质进行高纯度分离、浓缩、精制。在生物制药中，高速离心机主要用于分离细胞、细胞器、病毒、生物大分子和盐析沉淀物等。

超速离心机的转速通常在30000r/min以上，目前最高转速已达160000r/min，相对离心力达1000000*g*以上。这类离心机又分为制备离心机、分析离心机及制备兼分析离心机，其样品处理量一般在十毫升至数十毫升，多用于蛋白质、酶、核酸、多糖、细胞器的分离纯化及其沉降系数、分子量、扩散系数的分析和构象变化的观察。

（二）过滤设备

1. 板框压滤机

板框压滤机是常见的加压过滤设备，是生物制药工业生产中常用来实现固-液分离的设备。其主要部件包括几部分：①机架。是压滤机的基础部件，两端是止推板和压紧装置，两侧的大梁将二者连接起来。压紧装置用以压紧滤板和滤框。压紧方式包括手动压紧、机械压紧和液压压紧等。②大梁。是承重构件，用以支撑滤板、滤框和压紧板，板、框两侧各有把手支托在大梁上。根据使用环境防腐的要求，大梁可选择硬质聚乙烯、聚丙烯、不锈钢包覆或新型防腐涂料涂覆。③滤室。由滤板、滤框、过滤介质（如滤布等）组成，有的还配置压榨隔膜。滤布除作为过滤介质外，还起密封垫片的作用。

板框压滤机的滤板和滤框交替排列，滤板两面铺有滤布，滤板表面沟槽的凸出部位可以支撑滤布。滤框和滤板的边角上（或中心）有孔，用压紧装置把滤板、滤框、滤布压紧后，这些孔就构成了完整的通道，不同的通道具有通入悬浮液、洗涤水和引出滤液等不同的功能。由供料泵将悬浮液从通道压入滤室后进行过滤，滤液在压力作用下穿过滤布并沿滤板沟槽流入滤板下端的排液孔道，集中排出，固体颗粒被滤布截留在滤框中成为滤渣。过滤完毕，可通入洗涤水来洗涤滤渣。洗涤后，有时还通入压缩空气，除去剩余的洗涤液。最后，打开压滤机卸除滤渣，清洗滤布。板框压滤机的内部结构和工作原理见图5-27。

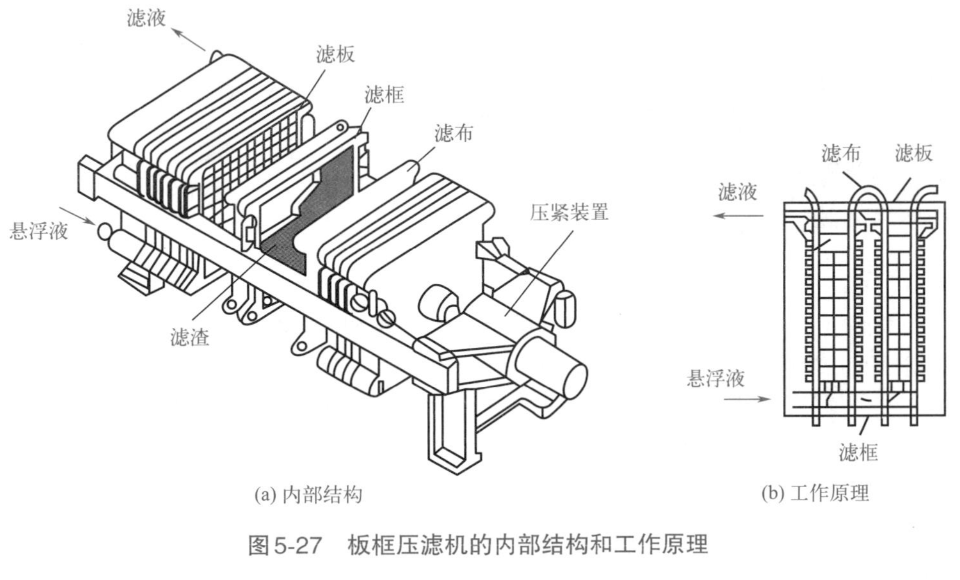

图5-27　板框压滤机的内部结构和工作原理

板框压滤机的优点是过滤面积大，能耐受较高压差，适应性强，同时结构简单，造价低，动力消耗少。缺点是设备笨重，劳动强度大，非生产的辅助时间长（包括解框、卸滤渣、洗滤布、重新压紧板框等）。

自动板框压滤机的出现克服了上述缺点。除压滤机本体外，自动板框压滤机还有液压或电动的紧固装置、开板装置以及清除滤饼装置、滤布清洗装置等。通常它的过滤单元（图5-28）由滤板和隔膜板组成，隔膜板是空心的，隔膜具有弹性。过滤完毕后，即向隔膜内注入压缩气体或高压水，使滤饼压榨脱水。开板后，经过压榨脱水的滤饼即可自动脱落而卸除。待滤饼卸出以后，滤布在原位或者由上部转轮带动而上升，由喷嘴喷出高压水对其进行洗涤。此设备大大缩短了非生产的辅助时间，并减轻了劳动强度。

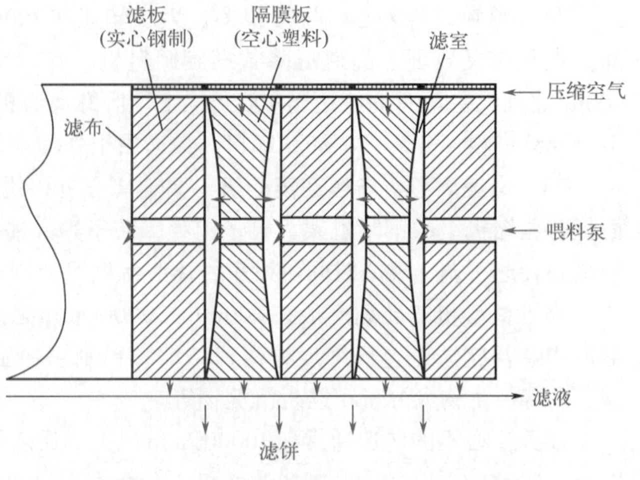

图5-28 自动板框压滤机过滤单元的组成

2. 真空过滤机

真空过滤机包括转筒式真空过滤机、圆盘式真空过滤机、转台式真空过滤机、翻盘式真空过滤机、带式真空过滤机等多种形式，其中较常见的是转筒式真空过滤机。转筒式真空过滤机借助抽吸作用将过滤、洗涤、吹干、卸渣等操作集中在一个旋转周期中依次完成，其外形和工作原理见图5-29。操作过程分为四个阶段：吸滤、洗涤、吸干、卸除固形物。其主要部件是一个覆盖有滤布的转筒，转筒的一部分浸入滤浆中，真空泵通过管道从转筒内部抽吸悬浮液。悬浮液中的液体在压力作用下通过过滤介质进入转筒内部成为滤液，并由真空泵抽吸排出；固体颗粒被截留在过滤介质表面形成滤渣（或称滤饼），从而使液、固相得到分离。分离后的固相随转筒转到洗涤区，经过喷嘴喷出的洗涤液洗涤后，可通过真空泵的作用在第二吸干区再次被吸干，然后到达卸渣区，由刮除装置（如刮刀）将滤饼卸下。

(a) 外形

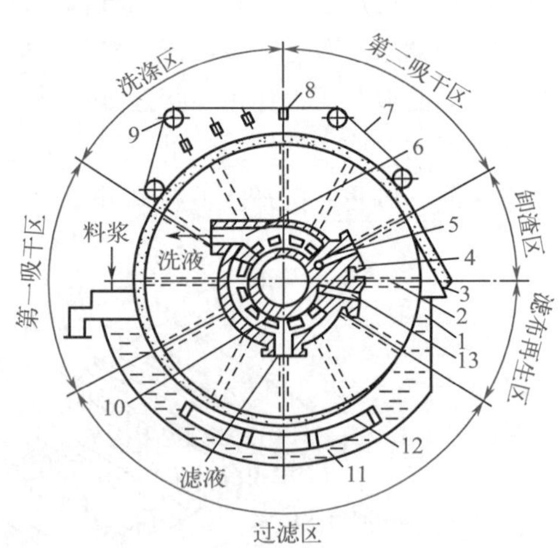

(b) 工作原理

图5-29 转筒式真空过滤机外形和工作原理

1—过滤转鼓；2—吸盘；3—刮刀；4—分配头；5，13—压缩空气管入口；6，10—与真空源相通的管口；7—无端压榨带；8—洗涤喷嘴装置；9—导向辊；11—料浆槽；12—搅拌装置

真空过滤机的优点是处理量大，可进行连续操作，自动化程度高。缺点是耗电量大，由于过滤推动力小，不能用于颗粒较细或黏度大的物料的过滤。

（三）破碎设备

破碎细胞的目的是使细胞内产物获得最大程度的释放。细胞膜强度较差，渗透压的冲击就可能使其破碎。细胞壁较坚韧，且不同微生物、不同植物的细胞壁的结构和组成不完全相同，破碎的难易程度也不同。不同目的物的稳定性存在很大差异，在细胞破碎过程中应防止其变性或被细胞内的酶水解。因而，实际生产中应根据细胞和目的物的特点选择适宜的破碎方法。

细胞的破碎方法很多，常用的有机械法、物理法、化学法、生物法。这些方法在生物药物生产中都有应用，相关的设备也很多，这里仅介绍机械法常用的高压均质机、球磨机和物理法常用的超声波破碎仪。

1. 高压均质机

高压均质机（图5-30）又称高压细胞破碎仪、高压流体纳米均质机。它可以使悬浊液状态的物料在超高压（最高可达414MPa）作用下，高速流过具有特殊内部结构的腔体（高压均质腔），使物料发生物理、化学、结构性质等一系列变化，最终达到均质的效果。

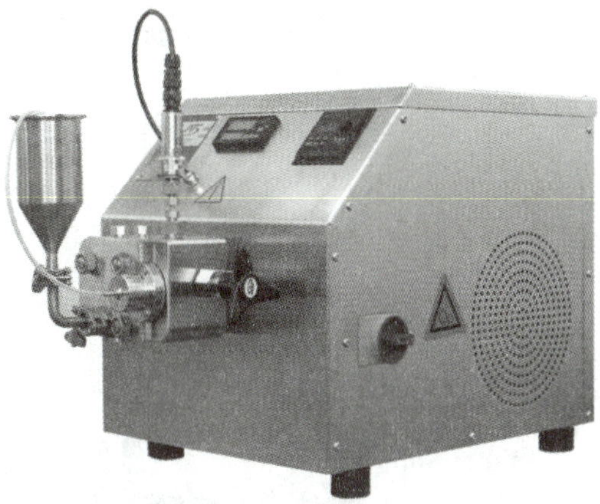

图5-30 高压均质机

高压均质机主要由高压泵、均质阀、调节装置及传动系统构成。均质阀是高压均质机的核心部件，是决定均质效果的主要因素。不同内部结构的均质阀，其工作过程、使用范围和均质效果都不尽相同。以撞击型均质阀为例，工作时，细胞悬浮液在高压泵产生的高压作用下，通过止回阀进入均质阀体内，高速流过阀座和撞击阀之间狭窄的通道，冲出通道后在撞击环上产生剧烈的撞击。由于瞬间减压和高速冲击，细胞同时受到高液相剪切效应、空穴效应、撞击效应而破碎。由于细胞在破碎过程中放出大量的热，为了保护设备，同时避免热敏性目的物失活，高压均质机内有冷却系统，可维持其在稳定温度下工作。在操作方式上，可以根据破碎的难易程度采用单次通过高压均质机或多次循环通过等方式，也可连续操作。

除了上述撞击型均质阀外，目前还有对射型均质阀。对射型均质阀应用了对射流的原理，利用特有的Y形结构，使高压溶液中高速运动的物料自相碰撞，能够有效地避免物料与均质阀腔的碰撞，从而大大提高了腔体的使用寿命，并解决了高速撞击产生的金属微粒脱落的问题。但当物料浓度和黏度较大时，更易发生阻塞。

两种类型的均质阀的均质原理见图5-31。

高压均质机对很多种微生物细胞的破碎都适用，但不适用于一些高度分枝的微生物，因为其菌丝体可能会堵塞均质阀，使操作发生困难。

2. 高速球磨机

高速球磨机又称砂磨机，也是一种常用的破碎细胞的设备。高速球磨机的破碎腔内装有一定直径（0.8～3mm）的氧化锆珠（还可以用无铅玻璃珠、硅酸锆珠等）。当电机启动后，氧化锆珠随搅拌桨转动而进行各种形式的运动，从而在珠子与细胞之间产生摩擦、撞击和剪切效应，使细胞破碎，释放出内含物。在细胞匀浆液出口处设置了珠液分离器来滞留珠子，使细胞破碎和珠液分离能够连续进行。高速球磨机的破碎腔带有夹套，夹套内通冷却剂可以导出细胞破碎时产生的热量，防止生理活性物质的变性失活。

高速球磨机的破碎率较高，在生物药物生产中常用于物料的精磨。由于可以在密封条件下进行粉碎操作，故可用来进行无菌粉碎。与球磨机、辊磨机、胶体磨等研磨设备相比较，高速球磨机具有生产效率高、连续性强、成本低、产品细度高等优点。破碎不同的细胞，工艺条件差异大，可根据细胞的大小、浓度等条件选择玻璃珠的规格和用量。

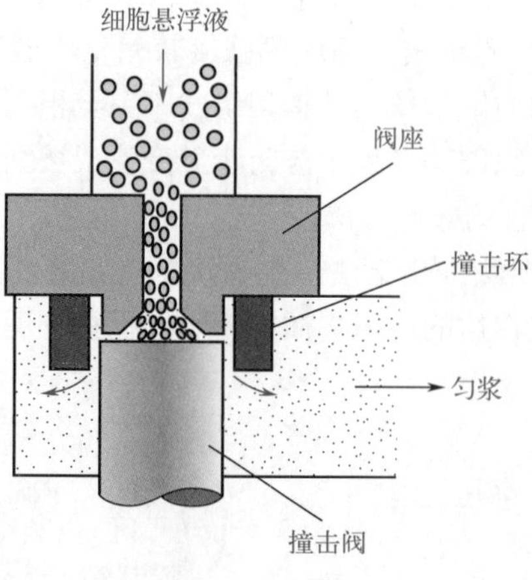

(a) 撞击型均质阀工作原理

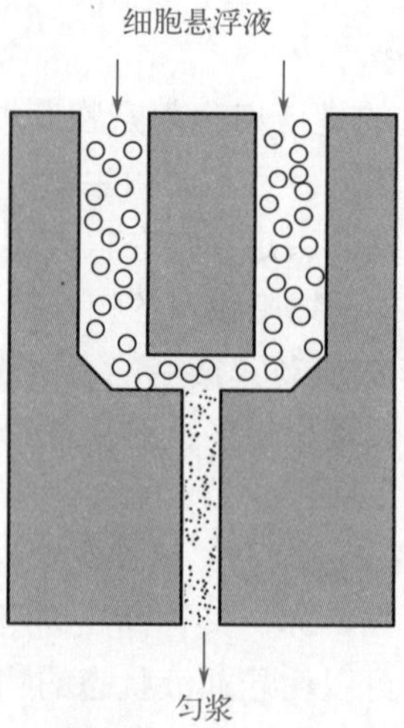

(b) 对射型均质阀工作原理

图5-31 撞击型和对射型均质阀的工作原理

高速球磨机的外形及工作原理见图5-32。

(a) 外形

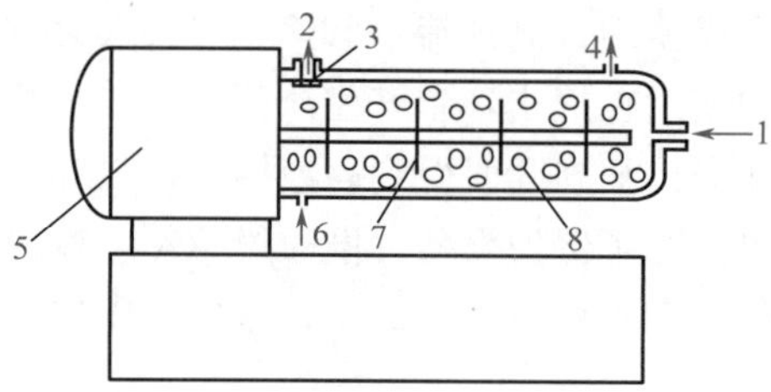

(b) 工作原理

图5-32 高速球磨机外形（左）及工作原理（右）

1—细胞悬浮液；2—细胞匀浆液；3—珠磨分离器；4—冷却液出口；
5—搅拌电机；6—冷却液进口；7—搅拌桨；8—氧化锆珠

3. 超声波破碎仪

超声波对细胞的破碎作用与液体中空穴的形成有关。当超声波在液体中传播时，液体介质质点交替地压缩与伸张，使得液体中的某一小区域交替重复地产生巨大的压力和拉力。由于拉力的作用，出现细小的空穴。这种空穴在超声波的作用下又迅速闭合，产生极为强烈的冲击波压力。由此引起的黏滞性漩涡在悬浮细胞上产生了剪切应力，从而使细胞破碎。超声波振荡器容易引起温度的剧烈上升，操作时须将细胞悬浮液预冷，然后置于冰浴或用冷却液连续通入容器夹套进行冷却。

超声波破碎仪通常由超声波发生器、换能器组件和隔音箱组成。超声波发生器能产生特定频率的信号，这个特定频率就是换能器的频率；换能器组件主要由换能器和变幅杆组成，能把电磁振荡转换成机械振动；隔音箱可以有效地降低工作过程中所发出的噪声，保持工作场所的安静。超声波破碎仪可分为槽式和探头插入式（图5-33）两种型式。一般来说，后者的破碎效果比前者好。

（四）萃取设备

萃取是生物制药工业生产中常用的提取方法之一。广义上的萃取包括液-固萃取和液-液萃取两大类。液-固萃取也称浸取，多用于提取胞内成分，如用酸、醇从胰脏中提取胰岛素，用丙酮从菌丝体内提取脱落酸等，方法较简单，亦不需要结构复杂的设备。狭义上的萃取指的是液-液萃取，即用一种溶剂将目的物从另一种溶剂（如发酵液）中提取出来的方法。根据所用萃取剂性质不同或萃取机制不同，液-液萃取分为多种类型，设备亦有所不同。生物制药生产中常用的液-液萃取设备有萃取罐、分级式萃取设备、连续逆流离心萃取机、超临界流体萃取设备等。

图5-33　探头插入式超声波破碎仪外形

1. 萃取罐

萃取罐由罐体、搅拌器、电机、传动装置、支撑架、进出口管道、阀门、观察口、温度计、压力计等构件组成，通常上部为圆柱形，下部为圆锥形。一般用于目的物在两相中分配系数差别较大的场合。

2. 离心萃取机

离心萃取机是萃取专用的离心机。由于可以利用离心力加速液滴的沉降分层，所以允许加强搅拌使液滴细化，从而强化萃取操作。离心萃取机有分级接触和微分接触两类。前者在离心机内加上有搅拌作用的装置，形成单级或多级的离心萃取机，如卢威式离心萃取机；后者的转鼓内装有多层同心圆筒，筒壁开孔，使液体兼有膜状与滴状分散，如波德式离心萃取机。离心萃取机特别适用于两相密度差很小或易乳化的物系，由于物料在机内的停留时间很短，因而也适用于化学和物理性质不稳定的物质的萃取。

（1）卢威式离心萃取机　卢威式离心萃取机是一种立式逐级接触式离心萃取机，属三级离心萃取机。其主体是固定在外壳上并可随之做高速旋转的环形盘，壳体中央有固定不动的垂直空心轴，轴上也装有圆形盘，圆形盘上开设有若干个液体喷出孔。

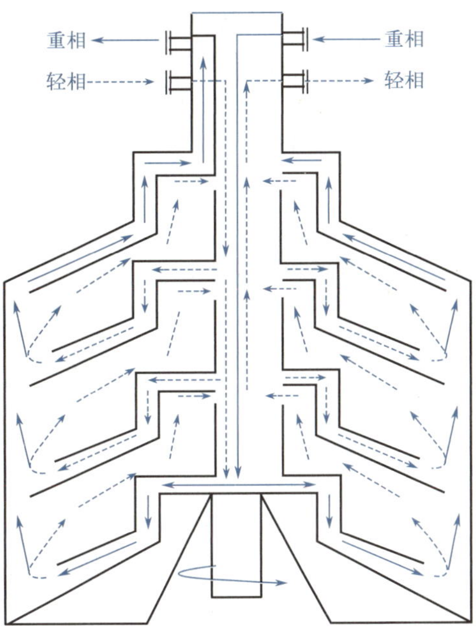

图5-34　卢威式离心萃取机分离原理

萃取操作时，原料液和萃取剂均由空心轴的顶部加入，重相沿空心轴的通道向下流至萃取器的底部而进入第三级的外壳内，轻相由空心轴的通道流入第一级。在空心轴内，轻相与来自下一级的重相混合，进行相际传质，然后混合物经空心轴上的喷嘴沿转盘与上方固定盘之间的通道被甩到外壳的四周，靠离心力的作用使轻、重相分开。重相由外部沿着转盘与下方固定盘之间的通道而进入轴的中心（如图5-34中实线所示），并由顶部排出，其流向为由第三级经第二级再到第一级，然后进入空心轴的排出通道；轻相则沿图5-34中虚线所示的方向，由第一级经第二级再到第三级，然后由第三级进入空心轴的排出通道。两相均由萃取器的顶部排出。

卢威式离心萃取机的优点是可以靠离心力的作用处理密度差小或易产生乳化作用的物系，设备结构紧凑，占地面积小，效率较高。缺点是动力消耗大，设备费用也比较高。

（2）波德式离心萃取机　波德式离心萃取机（图5-35）是一种将溶剂与料液在逆流情况下进行连续萃取的设备，由一水平转轴和随其高速旋转的圆形转鼓以及固定的外壳组成。转鼓中有数个同心圆筒，筒面均匀地开有小孔。同心圆筒几乎充满整个转鼓，但在靠近转轴和鼓外缘处为空隙区域，分别为轻、重相的澄清区。操作时，重相由转鼓中心进入，在离心力作用下逐层向外流动；轻相则由转鼓的外缘进入，在离心力作用下逐层向内流动。两相沿径向逆流通过各层筒面上的小孔，分散并进行相际传质。传质后的混合物在离心力的作用下又分为轻相和重相，前者向内，后者向外。经过多次接触和多次分离，最后的轻相和重相分别被引到转轴的两端流出。

波德式离心萃取机的优点是结构紧凑，物料停留时间短。缺点是结构复杂，制造困难，造价高，维修费用和能耗都比较大。适用于两相密度差小、易乳化、难分相、处理量小及要求接触时间短的场合。

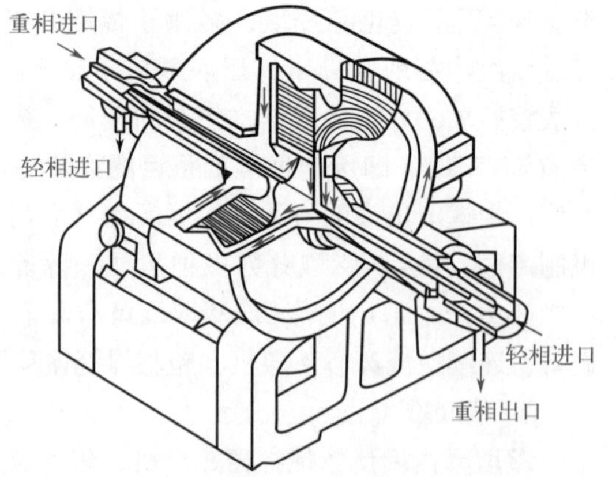

图5-35 波德式离心萃取机分离原理

3. 超临界流体萃取设备

超临界流体萃取是利用超临界流体作为萃取剂，从液相或固相中萃取出特定成分，以达到分离的目的。超临界流体指的是处于临界温度和临界压力以上的特殊流体。它在常温常压下为气体，但当处于其临界温度和临界压力以上时，不会凝缩为液体，只是密度增大，并具有了一些特殊的性质。比如，流体的密度接近于液体，黏度接近于气体，因而具有强大的溶解能力和传质特性。回到常温常压后，它又变为气体，很容易与目的物分离。这样的特殊性能，使得超临界流体很适合作为萃取剂。

超临界流体萃取常用萃取剂有二氧化碳、乙烯、乙烷、戊烷、二氧化硫等，其中最常用的是二氧化碳。因为二氧化碳的超临界温度是所有溶剂中最接近室温的，因此许多热敏生物活性物质的活性不会受损，且在萃取过程中不发生化学反应，同时还具有无味、无臭、无毒、不可燃、价格便宜、纯度高、易提纯与分离、扩散系数大、黏度小等优点。

超临界流体萃取设备主要包括萃取釜、分离器、萃取剂储罐、换热器等部件，其中萃取釜为核心部件。工艺的基本过程分为萃取阶段和分离阶段。首先是将萃取剂冷凝，调节压力和温度，使其成为超临界流体并进入萃取釜。超临界流体与被萃取原料充分接触后，能选择性地溶解出目的物。溶解了目的物的超临界流体经降压进入分离釜。在分离釜内，降压后的萃取剂变为气体，目的物在其中的溶解度降低，从而分离析出。

（五）蒸发设备

生物制药过程中的中间产物和终产物大多对热敏感，受热后容易变性失活，只有在低温、短时间内受热的情况下进行浓缩，才能保证生物药物的质量，因而常采用真空蒸发器进行浓缩。真空蒸发器的特点是真空状态下物料的沸点大大降低，物料液体沿加热管壁呈膜状流动而进行传热和蒸发，传热效率高，蒸发速度快，物料停留时间短，因此特别适合热敏性物质的浓缩。常见的真空蒸发器是薄膜蒸发器，具有很高的传热系数，蒸发强度大。薄膜蒸发器分为三种类型：管式薄膜蒸发器、刮板式薄膜蒸发器、离心式薄膜蒸发器。这里介绍薄膜蒸发器中较常见的管式薄膜蒸发器。

管式薄膜蒸发器由加热蒸发室、料液分配器、汽液分离器等部分构成。根据液膜和蒸汽的流动方向不同，又分为降膜式蒸发器、升膜式蒸发器、升降膜式蒸发器。

降膜式蒸发器的工作原理见图5-36。料液被循环泵送到顶部的分配盘，分配盘将料液均匀分布于加热管中。在真空、重力和气流的作用下，料液呈膜状沿管内壁往下流动，液膜吸收壳程通过管壁传入的加热介质（如蒸汽）的热量而蒸发汽化。由加热管流出的料液与二次蒸汽，在接近真空状态的汽液分离室中分离。分离后的料液可经循环泵、分配盘再次回到加热管，继续加热蒸发；蒸汽进入冷凝器冷凝（如果是一效操作）或进入下一效蒸发器作为加热介质，从而实现多效操作。

升膜式蒸发器与降膜式蒸发器结构相似，但由于液膜和蒸汽的流动方向是由下至上，所以进料口在下面，分离器在上面。

升降膜式蒸发器是在一个加热室内安装两组加热管，一组做升膜管，一组做降膜管。原料液在预热器中加热达到或接近沸点后，被引入升膜加热管束的底部，汽、液混合物经管束由顶部流入降膜加热管束，然后转入分离器，最后浓缩液由分离器底部取出。

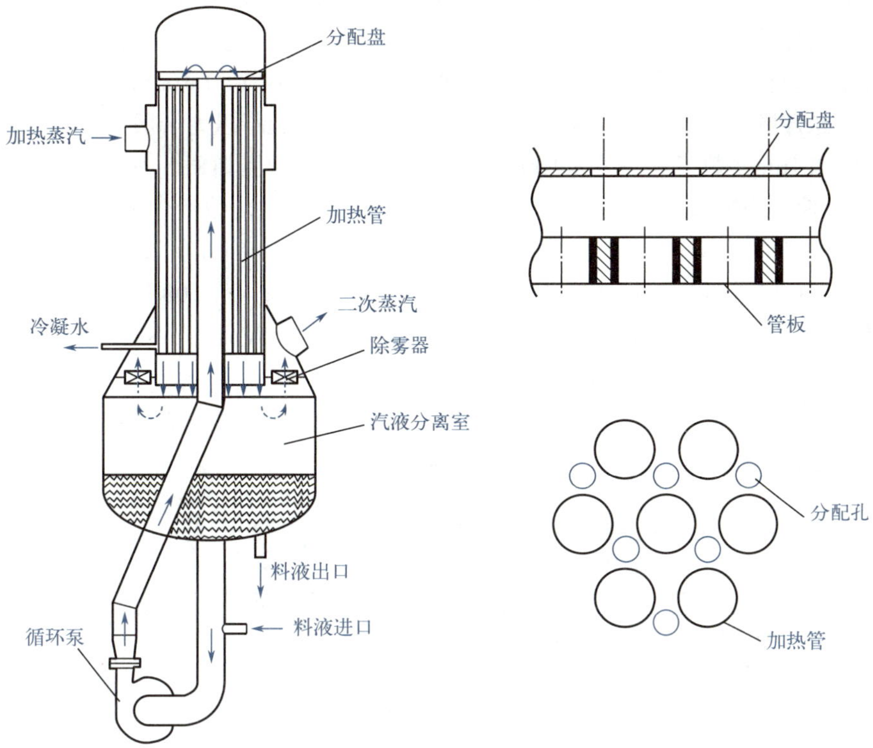

图5-36　降膜式蒸发器工作原理

（六）浸提设备

浸提常用的设备为不锈钢罐。根据外形分类，有正锥形、斜锥形、无锥式、蘑菇式等多种型式；按浸提方法分类，有动态浸提（带搅拌）和静态浸提（无搅拌）两种。

动态浸提罐主要由罐体、搅拌装置、夹套、控制系统及其他附属设备等部分组成。搅拌器和罐盖连为一体的浸提罐，往往还带有罐盖提升装置。有的浸提罐还带有称重系统，可以去皮称重。罐体一般是耐压的圆柱体，罐体上有罐盖、视窗、加料口、出渣口、各种控制管路和一些附件（补料口、CIP工作站接口等）；搅拌装置由驱动马达、搅拌轴和搅拌桨叶等组成，主要作用是提高气-液和液-固混合以及溶质间热量的传递；罐盖提升装置用来提升罐盖，提升方式有气压式、电动液压式等数种形式；夹套用来传热保温，通过温度控制器控制的罐外冷、热水管路及加热系统，调节夹套内的水温，从而使罐内保持温度的稳定；控制系统可控制搅拌速度、温度和pH，以确保浸提在适宜的条件下进行，有利于多得目的物，减少杂质。

实际上只要能满足工艺要求，细胞破碎、萃取、醇沉、盐析等操作都可以选择在不锈钢罐式设备内完成。

（七）膜分离设备

膜分离技术是借助于一定孔径的薄膜，以浓度差、压差或电位差作为推动力，将不同大小、不同形状、不同特性的物质颗粒或分子进行分离、提纯或浓缩的技术。膜分离设备的核心技术就是膜——由有机高分子或无机材料形成的具有特殊选择分离性的不同形态结构的膜。由于膜的结构、分离原理、分离过程各具特点，膜分离设备可分为反渗透设备、超滤设备、微滤设备、纳滤设备、透析设备、电渗析设备等。反渗透、超滤、微滤都需要以压差作为驱动力。纳滤也需要压差驱动，但由于纳滤膜是荷电膜，所以其分离机理为筛分和溶解扩散并存，同时又具有电荷效应。透析的驱动力是浓度差和渗透压。电渗析以电位差作为驱动力。

膜分离设备种类很多，这里仅介绍以压差作为驱动力的设备。它一般由膜组件、泵、阀门、仪表、管路等组成。根据所加的操作压力和所用膜的平均孔径的不同，又可以分为微滤设备、超滤设备、纳滤设备和反渗透设备等。微滤即微孔滤膜过滤，微滤膜的孔径通常在0.1～10μm，允许大分子和溶解盐等通过，但会截留住悬浮颗粒、细菌、直径比较大的病毒等物质，运行压力一般为0.05～0.5MPa。超滤膜的孔径约在0.005～0.1μm，截留分子量为1000～500000，可以截留蛋白质、多肽、酶、核酸等大分子物质，一般操作压力在0.1～0.7MPa之间。纳滤膜孔径在1～2nm左右，截留分子量约为100～1000，可以截留抗生素、寡肽、二糖等小分子有机物，操作压力一般在0.3～3MPa。反渗透膜的孔径比纳滤膜还小，大概在0.1～0.7nm，因此能够有效地去除水中的溶解盐类及分子量大于100的有机物，且允许水分子通过，操作压力常在1.5～10.5MPa之间。这四种膜的性质和功能的比较见图5-37。

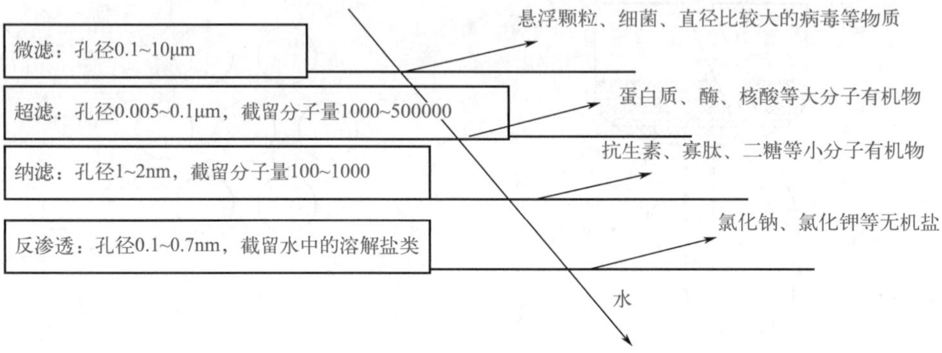

图5-37 微滤、超滤、纳滤、反渗透膜特性的比较

不管是哪种类型的设备，其核心部分都是其中的膜组件。常见的膜组件有板框式、螺旋卷式、管式以及中空纤维式等。

1. 板框式膜组件

板框式过滤组件由滤板、板式膜、支持物交替组成，形成两种液流的流道。由于膜组件可置于均匀的电场中，这种结构也适用于电渗析器。板框式装置也可应用于膜两侧流体静压差较小的超滤。其优点是组装方便，膜的清洗更换比较容易，料液流通截面较大，不易堵塞，同一设备可视生产需要组装不同数量的膜；缺点是死体积大。板框式过滤器膜组件构造及过滤原理见图5-38。

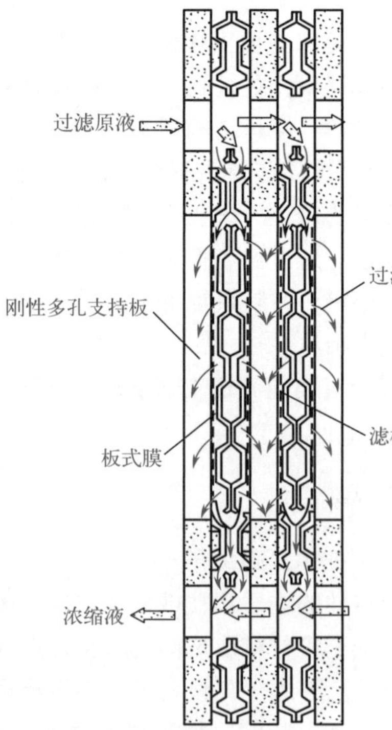

图5-38 板框式过滤器膜组件构造及过滤原理

2. 螺旋卷式膜组件

螺旋卷式过滤器（图5-39）的主要过滤元件是螺旋卷膜。它是在两张膜片之间插入透过液隔网（起支撑作用），两张膜的三个边缘用胶黏结密封，未黏结的边固定在开孔的中心管上，形成膜袋结构，膜袋的开口正对中心管的孔。膜的正面，即料液流经的那面，衬上进料液隔网。进料液隔网与膜袋绕中心管卷绕成螺旋卷状膜芯。把一个或几个卷式膜芯串联安装在膜壳中，组成一个卷式膜组件。加压的料液从膜壳一端的进口进入后，料液在膜表面通过进料液隔网沿轴向流动，透过液则沿着螺旋方向通过膜袋内的透过液隔网而流入中心管中。料液经浓缩后从膜壳的

另一端出口流出，透过液从中心管导出。螺旋卷式过滤器优点是设备比较紧凑，单位体积内的膜面积大，湍流情况良好，过滤效果好。缺点是清洗不方便，料液需要预处理，压降大，膜易堵塞。

3. 管式膜组件

管式膜组件是用圆管支撑管式膜而制成。圆管一般为多孔不锈钢管或耐压的微孔塑料管；分离膜可以附着在支撑管的内表面，也可以附着在支撑管的外表面。管式膜的排列形式有列管、排管和盘管等。管内和管外分别走料液和透过液。

管式膜组件结构简单，清洗安装方便，单根管子可以更换，耐高压，无死角，适宜处理高黏度及固体含量较高的料液。缺点是保留体积大，压降大，单位体积所含的过滤面积小。管式过滤器的膜组件构造见图5-40。

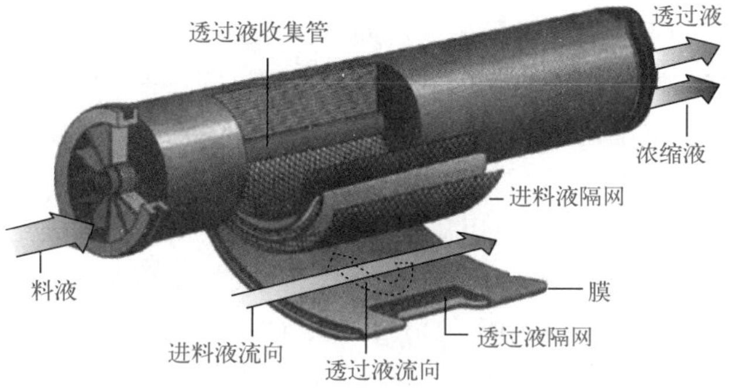

图5-39　螺旋卷式过滤器的膜组件构造

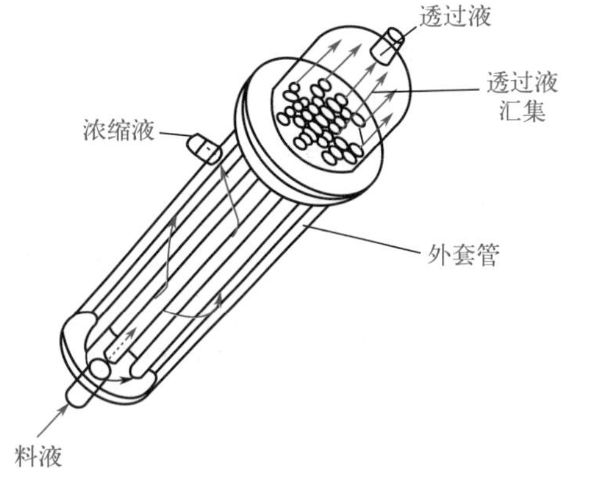

图5-40　管式过滤器的膜组件构造

4. 中空纤维式膜组件

中空纤维超滤器的膜组件和管式膜组件相似，即由中空纤维膜代替了管式膜和支撑管。可根据需要制成不同直径的中空纤维膜管，用环氧树脂将许多中空纤维的两端胶合在一起，形似管板，然后装入管壳中（图5-41）。

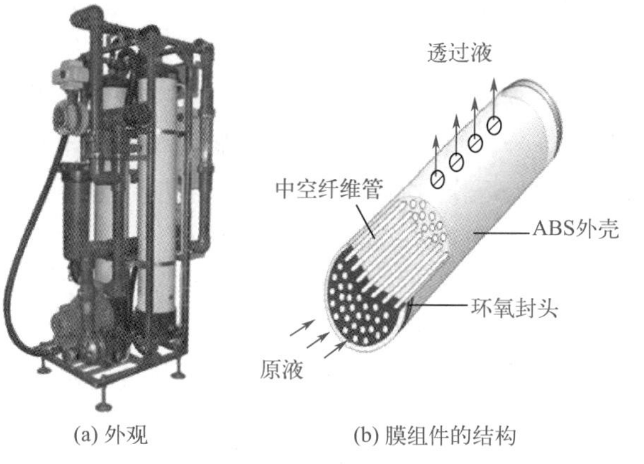

(a) 外观　(b) 膜组件的结构

图5-41　中空纤维超滤器外观和膜组件的结构

中空纤维超滤器内料液的流向有内压式和外压式两种形式（图5-42）。前者原液先进入中空纤维管内部，经压差驱动，沿径向由内向外透过中空纤维孔形成透过液，浓缩液则留在中空纤维管内部，由另一端流出；后者原液在中空纤维管外，经压差沿径向由外向内透过中空纤维孔成为透过液，而被截留的物质则汇集在中空纤维管的外部。两种方式各有优点：内压式操作压力小，过滤无死角；外压式对原液的要求更宽松，抗冲击能力强，清洗更容易。

中空纤维有细丝型和粗丝型两种，前者适合黏度低的溶液，后者适合黏度高或带有固体粒子的溶液。中空纤维超滤器优点是设备紧凑，装填密度大，结构简单，操作方便，单位体积中所含过滤面积大，保留体积小，可以逆洗，操作压力较低（一般小于0.3MPa），动力消耗较低。缺点是料液需要预处理，单根纤维损坏时，需调换整个膜件。

不管何种类型的膜组件，过滤前最好将料液预先处理，除去其中的颗粒悬浮物和某些不纯物，调节适当的酸碱度和温度，这样可以比较好地防止膜孔堵塞，延长膜的使用寿命。

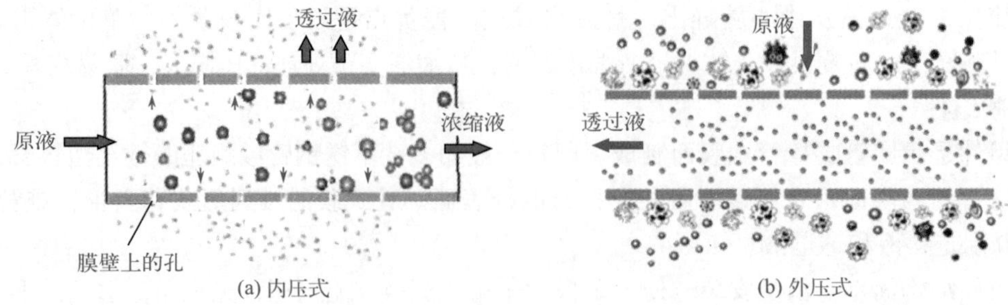

图5-42 中空纤维式膜组件的过滤方式

（八）色谱分离设备

1. 柱色谱法的分类

色谱法是利用混合物中各组分物理化学性质（如吸附力、分子形状及大小、分子亲和力、分配系数等）的差异，使各组分在两相（一相固定不动，称为固定相，也称填料；另一相流过固定相，称为流动相）中的分布程度不同，从而使各组分以不同的速度移动而达到分离的目的。在各种色谱技术中最常见的，也是生物制药下游纯化领域应用最多的，是柱色谱法。

柱色谱法根据分离机理的不同，又可以分为离子交换色谱（以离子交换剂为固定相，依据固定相上的可交换离子、流动相中被分离的各种离子与官能团间的静电力引力不同，经过交换平衡达到分离目的。固定相有Amberlite IRA-401、DEAE-纤维素等阴离子交换树脂，Dowex50、CM-纤维素等阳离子交换树脂）、凝胶色谱（利用凝胶的分子筛作用，根据被分离样品中各组分分子量大小的差异进行洗脱分离。固定相有琼脂糖凝胶、聚丙烯酰胺凝胶、葡聚糖凝胶等）、吸附色谱（利用固定相对不同物质分子吸附能力的差异实现对混合物的分离。固定相常用硅胶、氧化铝等）、亲和色谱（利用生物分子中多数大分子物质具有与某些相应的分子专一性可逆结合的特性而分离纯化。载体常用纤维素、琼脂糖凝胶、葡聚糖凝胶等，配基通过共价键等方式固定在载体上，共同组成固定相）、疏水色谱（利用固定相载体上偶联的疏水性配基与流动相不同分子的疏水基团形成的疏水键强弱不同而进行分离。载体有交联琼脂糖、硅胶等，配基有苯基、烷基等，载体与配基共同构成固定相）、分配色谱（利用两种不相混合的溶剂对待分离组分中不同分子分配系数的差异来实现分离。其中一种溶剂分布在硅胶、硅藻土、纤维素等支持物上，作为固定相；另一种作为流动相）等多种形式。

2. 柱色谱系统的一般工作流程

不管是哪种柱色谱，其一般的工作流程都相似，手动操作通常包括以下几个步骤。①填料预处理：柱色谱使用的填料需要经过预处理，以保证其具有较高的分离效率和稳定性。不同的填料，预处理方法不同。②装柱：将处理好的固定相装填到柱内。③平衡：用平衡缓冲液过柱，使柱床体积稳定及基质充分平衡。④进料（也称上样）：将待分离的原料加到柱床上。⑤洗脱：原料中的不同组分经泵供给的流动相推动，与柱内固定相介质发生有差别的相互作用而得以分离。⑥收集：手动或使用分部收集器收集。⑦检测：采用合适的检测方法检测分部收集的溶液，以判断各组分的位置，从而获得分离后的目的物。⑧清洗：收集结束后用清洗液清洗整个流路。

3. 液相色谱系统的基本组成

随着现代色谱设备不断发展更新，手动操作在科研和生产中已经被自动化程度较高的液相色谱系统所替代。液相色谱系统的基本组成（图5-43）包括以下几部分。①原料及溶剂系统。即储液器，是为色谱系统提供样品液、平衡液、洗脱液、清洗液等的容器。②输液泵。分为普通泵和高压泵，其作用是将储液器中的溶液按程序设定以一定流速稳定地输入到整个流路中。输液泵也可以把待纯化的样品液直接泵送到色谱柱中，但如果样品体积比较小，往往会先用注射进样器将样品注入色谱设备的样品环中，再进入色谱柱。③柱子及填料。柱子由优质不锈钢或厚壁玻璃管或钛合金等材料制成。填料即固定相。分离原理不同，柱内装填的填料也不同。④检测器。用来监测柱末端流动相内已分离的各组分的分布情况。根据需要可选择紫外检测器、示差折光检测器、电导检测器、pH检测器等。⑤记录仪。记录检测器发出的信号，并图示所检测的参数的变化规律。⑥分部收集器。定量地分部收集洗脱液，把柱色谱分离的各种组分收集到不同试管中。

在液相色谱系统中，分离后的各组分先流经检测器，检测后的数据立即输送到记录仪上，根据检测信号可以判断各组分在分部收集器上的位置。目前，集储液器、输液泵、进样器、检测器、记录仪等功能部件于一身的液相色谱仪已广泛用于生物药物的分离纯化，极大地提高了生产效率。

4. 径向色谱

目前普遍应用的柱色谱，属于传统的轴向色谱：其流体在柱内从一端流向另一端，通常是从柱上端往下端，液流沿着中轴重力方向向下流动［图5-44（a）］。径向色谱技术是色谱技术的一次大的变革。径向色谱柱中，流动相携带样品沿径向［图5-44（b）］迁移，可以从色谱柱的周围流向柱圆心（向心式），也可以从柱圆心流向柱的周围（离心式）。在向心式和离心式径向流动模式中，流体的输运行为存在差别。理论和实践都证实，由于柱外效应的影响，样品从柱外流向柱内有利于提高分离效果和收集样品。

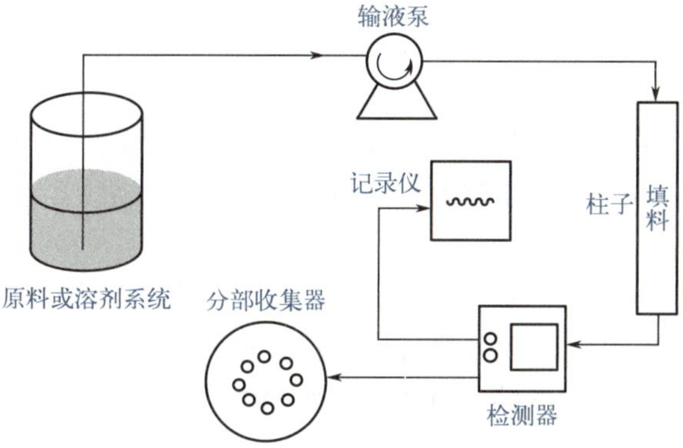

图5-43　液相色谱系统基本组成示意图

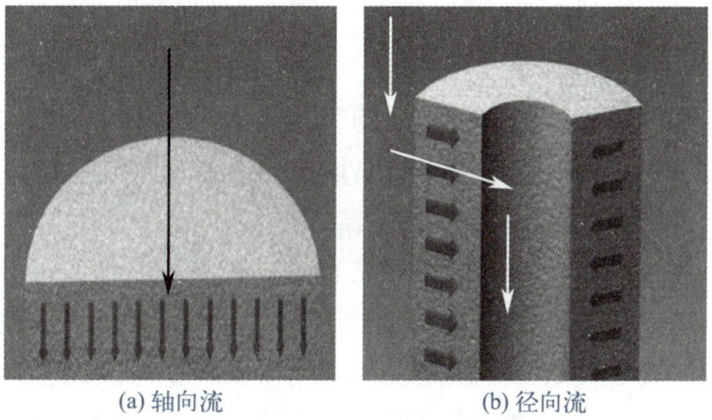

图5-44　轴向流和径向流对照

径向色谱柱被设计成了套筒状，柱子有三个环形通道：外挡板、内挡板以及装载填料的中间通道。通常，径向色谱柱中的流动相从柱顶部进入，通过管路分散至外挡板，再沿径向（垂直于中轴）通过内外挡板之间的填料，向内挡板流动（图5-45）。

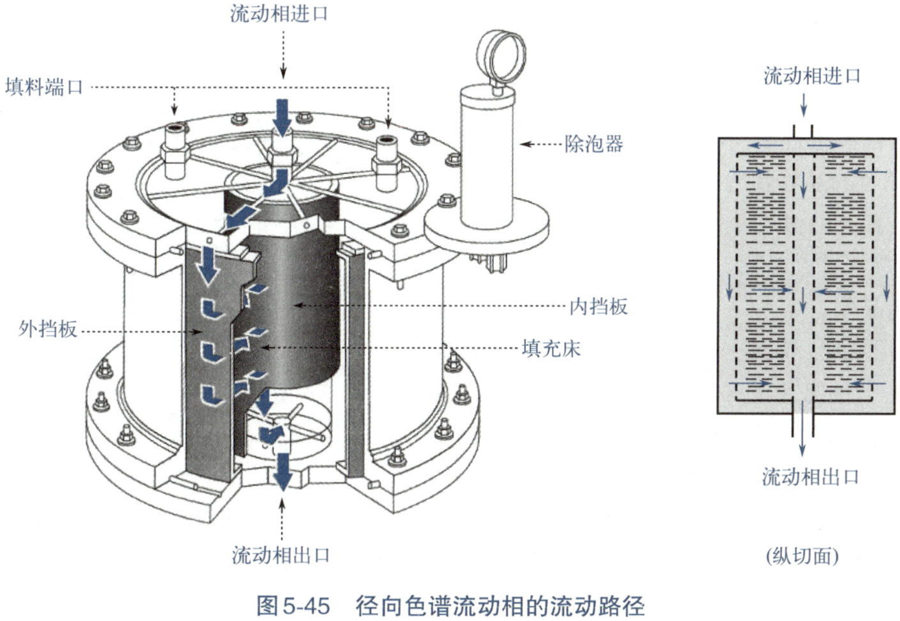

图5-45　径向色谱流动相的流动路径

流动相在径向色谱柱内的线速度情况也不同于传统色谱柱。传统色谱柱内的液流，其线速度一般不变化，而在径向色谱柱内的线速度随位置而变化。因此，在研究流速与柱效之间的关系时，一般采用体积流速这一参数，而不用线速度。

径向柱的装填高度比较低，所以色谱柱内反压通常比较低。传统轴向柱的装柱高度在20cm左右，甚至达到30cm，较高的装柱高度带来较大的反压，限制色谱流速提升；而径向柱一般不超过10cm，所以反压更低，流速更快。较低的反压降使径向色谱可以采用较高的流动相速度，样品出峰较快，对设备的要求也较低，只需通常的低压色谱系统即可满足要求。

总体上来说，径向色谱与轴向色谱相比，具有很多优势。①填料使用次数更多，利用率更高。相同流速的情况下，径向工艺能大幅降低系统反压，有效防止了过高压力压碎填料，增加了填料使用次数，提高了使用率。②分离时间更短。径向工艺反压低，流速快，节省分离时间。另外，径向色谱柱能够有效降低平衡所需的缓冲液体积，节省试剂成本及平衡时间。③柱效更好、分辨率更高。由于径向色谱独特的结构设计，相比于传统轴向柱呈现出更好的柱效及分辨率，有利于难分离混合物的分离纯化。④便于线性放大。径向色谱的放大只需要增加柱长。保持色谱柱直径不变并在相似色谱条件下直接放大，即可线性增加样品处理量，且各组分保留时间及分辨率等基本相同。

（九）结晶设备

结晶是指溶质从过饱和溶液中析出形成新相的过程。在蛋白质的纯化以及抗生素的生产过程中常常包括结晶过程。用于结晶操作的设备又称结晶器，一般是在结晶器中将饱和溶液冷却或蒸发，使其达到一定的过饱和程度而析出晶体。

按溶液获得过饱和状态的方法，结晶设备主要可分为两大类：蒸发式（使溶剂的量减少）和冷却式（溶剂的量不变，降低溶液的温度）。前者又根据蒸发操作压力分为常压蒸发式和真空蒸发式。因真空蒸发效率较高，所以蒸发式结晶器以真空蒸发为主。特定目标产物的结晶具体选用何种类型的结晶器主要根据目标产物的溶解度曲线而定。如果目标产物的溶解度随温度升高而显著增大，则可采用冷却结晶器或蒸发结晶器，否则只能选用蒸发式结晶器。

1. 冷却结晶器

以冷却式连续分级结晶器（图5-46）为例：循环泵从结晶罐上部吸入顶层母液和新料液的混合液，混合液经外部冷却器冷却成过饱和溶液后被送至结晶罐底部，在罐内悬浮液上升时，过饱和度逐渐降低，析出的溶质使得原有晶体不断长大，同时也不断形成新的晶核。溶液以一定的速度向上流动，晶体就按其大小悬浮在不同的高度（有的设备上还装有溢流槽用以排出过量的极小晶粒），成长完全的晶体和母液从罐底出口排出。

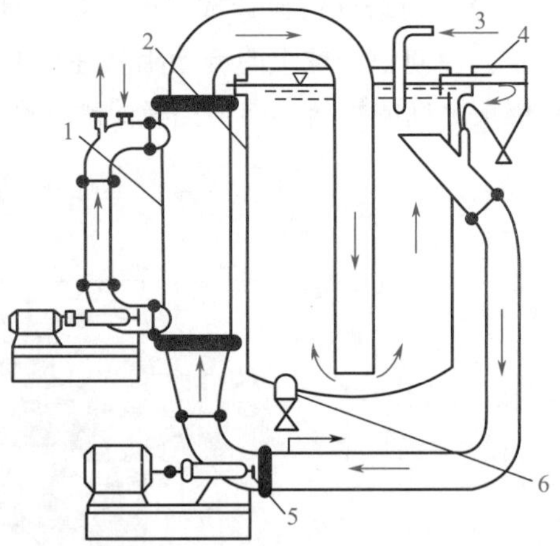

图5-46 冷却式连续分级结晶器工作过程

1—冷却器；2—结晶罐；3—加料管；4—溢流槽；5—循环泵；6—产品出口

此外，还有一些其他类型的冷却结晶器，如摇篮式结晶器、长槽搅拌式结晶器、Howard结晶器等。

2. 蒸发结晶器

蒸发结晶器由结晶器主体、蒸发室和外部加热器构成。图5-47是一种常用的Krystal-Oslo型常压蒸发结晶器。溶液经外部循环加热后送入蒸发室蒸发浓缩，达到过饱和状态，通过中心导管下降到结晶生长槽中。在生长槽中，溶液向上流动的同时晶体不断生长。大颗粒晶体发生沉降，从底部排出产品晶浆（晶体与溶液的混合物）；小颗粒晶体滞留并继续生长；顶层溶液中含有少量微小晶粒，随母液流入循环管，参与下一轮蒸发结晶。

蒸发结晶容易产生的问题是晶粒大小不易控制，且后期蒸发温度高，料液利用效果差，能耗增大。

由于生物药物中许多品种为热敏性质，所以工业生产过程中通常是将蒸发室与真空泵相连，进行真空绝热蒸发，来维持较低温度下的蒸发。

不管是冷却结晶还是蒸发结晶，都可连续操作，亦可间歇操作。连续结晶设备与传统的间歇结晶器相比具有显著的优点：经济性好，操作费用低，操作过程易于控制。由于采用了结晶消除和清母液溢流技术，连续结晶器具备了能够控制产品粒度分布及晶浆密度的功能，结晶主粒度稳定，母液量少。

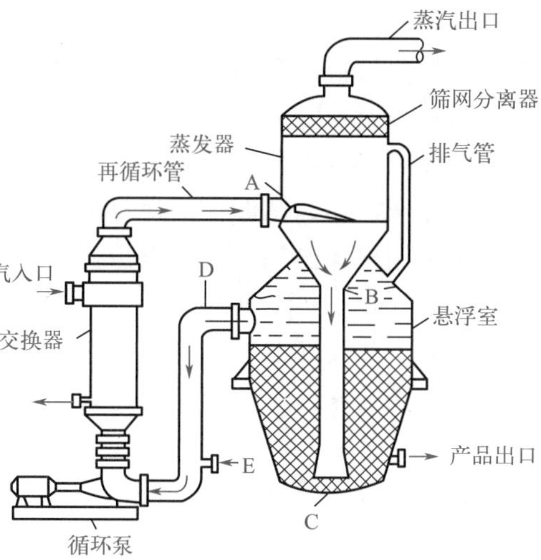

图5-47　Krystal-Oslo型常压蒸发结晶器

A—闪蒸区入口；B—亚稳区入口；C—床层区入口；D—循环流出口；E—结晶料液入口

根据不同产品的工艺要求和产品性状，生物药物生产过程中可能需要涉及干燥工序。生物药物的干燥大致可以采用下述两类方法。一类是从水溶液直接干燥。如链霉素、卡那霉素的精制液直接喷雾干燥成为原料药粉；L-天冬酰胺酶纯化液、卡介苗的半成品溶液通过冷冻干燥，前者制成原料药冻干粉，后者制成注射用冻干制剂。另一类是溶液经结晶后对结晶物进行干燥。如头孢菌素C锌盐的结晶通过气流干燥的方法制成粉末，麦迪霉素的结晶通过真空干燥的方法制成粉末。对于热敏性的生物药物（如酶、蛋白质、疫苗等），冷冻干燥是最常用的干燥方法。跟干燥有关的设备已在其他章节中涉及，这里不再赘述。

三、辅助设备

（一）SIP设备

1. SIP与纯蒸汽

SIP（sterilization in place）即原位灭菌，也称在线灭菌，是指系统或设备在原安装位置不作拆卸及移动的情形下进行的灭菌工作。在线灭菌所需的拆装作业很少，容易实现自动化，从而减少了环境和人员疏忽所致的污染以及其他的不利影响。

生物制药设备的在线灭菌通常采用纯蒸汽进行灭菌。在我国，纯蒸汽通常是以纯化水为原料水（在全球范围内，饮用水、软化水、去离子水和纯化水都可以作为纯蒸汽发生器的原料水），通过纯蒸汽发生器或多效蒸馏水机的第一效蒸发器产生的蒸汽。进入纯蒸汽发生器的原料水，经蒸发、分离后，去除原料水中的颗粒和内毒素，在一定压力下输送到纯蒸汽使用点。当纯蒸汽从多效蒸馏水机中获得时，第一效蒸发器需要安装两个阀门。一个是控制第一效流出的原料水，使其与后面的各效分离；另一个是截断纯蒸汽使其不进入到下一效，而是输送到使用点。

我国不使用饮用水作为纯蒸汽发生器的原料水，主要有以下几个方面的原因。①防止纯蒸汽发生器内部形成水垢。纯蒸汽发生器的运行温度高，原料水的总溶解固体必须处在很低的水平，否则很容易形成水垢。②防止蒸汽发生器及其管道系统腐蚀。在高温条件下，饮用水有很大的腐蚀性，特别是其中的氯离子对不锈钢材料的腐蚀性更大。③防止易挥发物质危及产品质量。饮用水中可能含氨、肼、醛等易挥发物，虽然蒸馏水机及纯蒸汽发生器均有排气装置，它们一旦进入原料水中，就会带来质量风险。

2. 纯蒸汽发生器的构造和运行过程

纯蒸汽发生器是目前生物制药生产过程中对罐类设备、管路系统及过滤器等进行在线灭菌的主要设备。纯蒸汽发生器种类较多，不同燃料的纯蒸汽发生器原理有一些差异。纯蒸汽发生器多为立式，也有卧式的，一般都具有热交换器、蒸发器、分离装置、原料水入口、液位控制器、冷凝水排放口、浓缩水排放口、可编程逻辑控制器（PLC）、冷凝取样检测器、纯蒸汽输出管路等组件。分离空间和分离器可以与蒸发器安装在同一个容器中，也可以安装在不同的容器中。较大产量的纯蒸汽发生器多采用工业蒸汽作为热源，产量较小的纯蒸汽发生器也可采用电加热等方式。以工业蒸汽作为加热源的，往往通过热交换器和蒸发柱进行热交换并产生蒸汽。热交换器和蒸发柱一般为双管板式的设计，以防止来自工业蒸汽的污染。液位控制器自动调整进水量，使蒸馏器内液位达到设定水平。

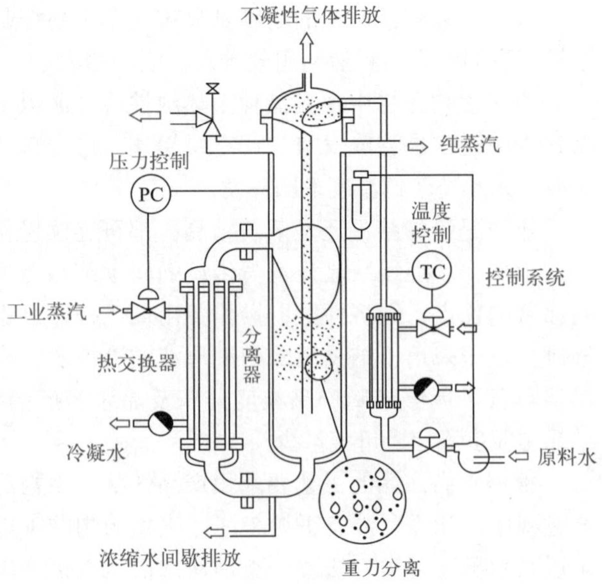

图5-48　纯蒸汽发生器

图5-48是一个比较典型的纯蒸汽发生器。其工作原理为：原料水经过预热后，通过进料泵送入分离器和热交换器的管程中，液位由液面传感器与PLC连接进行控制。工业蒸汽进入热交换器壳程，对热交换器管程中的原料水进行加热，使其达到蒸发温度从而蒸发。产生的蒸汽和未完成蒸发的微小液滴的混合物进入分离器，在分离器的高度行程中通过重力作用将微小液滴分离出去（亦可在此处加一旋风分离器，通过高速旋转，含有不挥发性的热原物质和杂质的微小液滴，被抛向外侧并靠重力下落，进入底部）。分离出微小液滴的蒸汽变成了纯蒸汽，经一个特殊设计的洁净丝网分离装置后从分离器的顶部输出；微小液滴回到原料水中进行重新蒸发。经过取样和在线检测，合格的纯蒸汽通过输出管路进入各个分配系统使用。未能蒸发的浓缩水从分离器底部间歇排放，在原料水中有不能凝结成水的气体，一般通过蒸发器顶部设有的不凝气体连续排放装置排放。可编程逻辑控制器对纯蒸汽发生器的产汽工序进行自动控制。

3. 纯蒸汽的质量控制

纯蒸汽的质量在很大程度上决定了SIP的效果。

纯蒸汽发生器设置取样器，用于取样检测纯蒸汽的质量，其检验标准是纯蒸汽冷凝水是否符合注射用水的要求（此外还要检测与灭菌效果相关的指标，如不凝气体、过热度和干燥度等）。取样器需实时检测纯蒸汽凝结水的电导率及温度，运行时取样器内部蒸汽凝结水为流动状态，单次可连续取样500mL以上。

纯蒸汽的压力是随着工艺要求变化的，所以纯蒸汽发生器的输出口装有压力变送器。在一定的范围内，纯蒸汽发生器的产汽量和气压可通过调节锅炉蒸汽的压力及进水量来控制，因此需要一个锅炉蒸汽的控制阀及蒸发器内部的液位控制装置。锅炉蒸汽的压力必须高于纯蒸汽的压力，压差越大，纯蒸汽的产量就越多。但如果锅炉蒸汽压力和纯蒸汽压力差值太大，通过汽液分离器的气流速度太快，会将雾状水珠带入纯蒸汽，影响蒸汽质量。另外，当纯化水的进水量太大时，来不及蒸发的微小液滴更容易夹带入纯蒸汽中，导致纯蒸汽质量失控，会造成产品质量方面的风险。因此纯蒸汽发生器通常带报警装置和自动关闭功能，防止流速过大。

纯蒸汽分配系统中冷凝水的积聚是纯蒸汽系统发生微生物污染的潜在风险之一。若纯蒸汽夹带着冷凝水，溶于冷凝水中的内毒素就很可能被带入产品中。纯蒸汽使用点的设计通常包括一个便于操作的隔断阀和具有导向性的疏水阀（能迅速排除冷凝水），使用点阀门的供应管道通常被设计成是从顶部主管道到冷凝水疏水阀的一个分支。一套支路疏水装置可以服务于一个使用点或多个相近的使用点。《药品GMP指南（第2版）-厂房设施与设备》中提供了美国机械工程师协会《生物加工设备》推荐的纯蒸汽使用点管路设计，如图5-49所示。

（二）CIP设备

1. CIP清洗系统的构造和清洗过程

CIP（cleaning in place）即原位清洗或定置清洗，是一种按照一定的程序通过泵和管道输送水和清洗液，不移动位置、不拆解生产设备就可以达到清洗目的的全自动或半自动清洗系统。CIP清洗系统通常由清洗液罐、热水罐、加热器、清洗液添加装置、进料泵和回流泵、清洗液送出分配器、各种控制阀门、清洗管路和电气控制箱等部件组成。其清洗对象包括罐体内壁、管道内壁、液缸内壁、盘管外壁及其他液体通道等。根据清洗对象的不同，可分为单回路、双回路、多回路等。

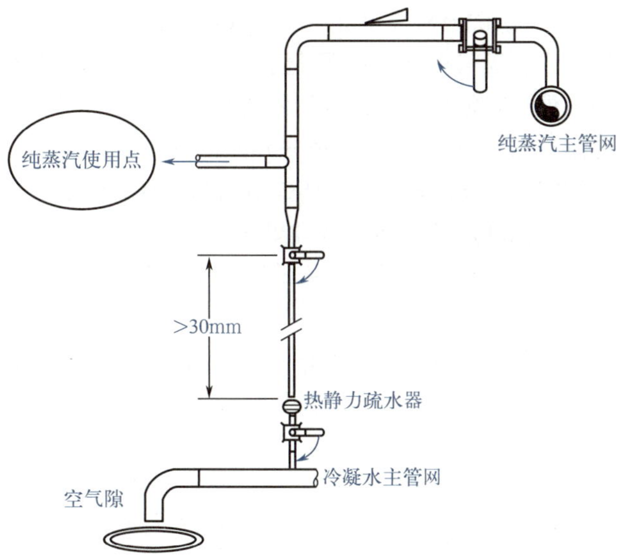

图5-49 纯蒸汽使用点管路设计

典型的CIP系统的构造见图5-50。由于清洗液通常用水、酸和碱，所以图中清洗液罐包括水罐、酸罐和碱罐。实际上有时候水再加一种洗液，比如碱液，就可达到清洗要求；也有时候酸碱联合使用都达不到清洗要求，还要加配其他的清洗液罐，或者在酸碱中添加其他类型的清洗剂。加热器常采用板式加热器、列管式加热器、盘管式加热器，也可采用蒸汽直通式加热。管路按作用可分为进水管路、排液管路、清洗管路、排气管路等。管路中的控制阀门、在线检测仪、过滤器、清洗头等配置按设计要求配备。泵常采用离心冲压式。该种泵的最大特点是过流部位均被抛光，没有死角，易清洗干净，故俗称“卫生泵”。

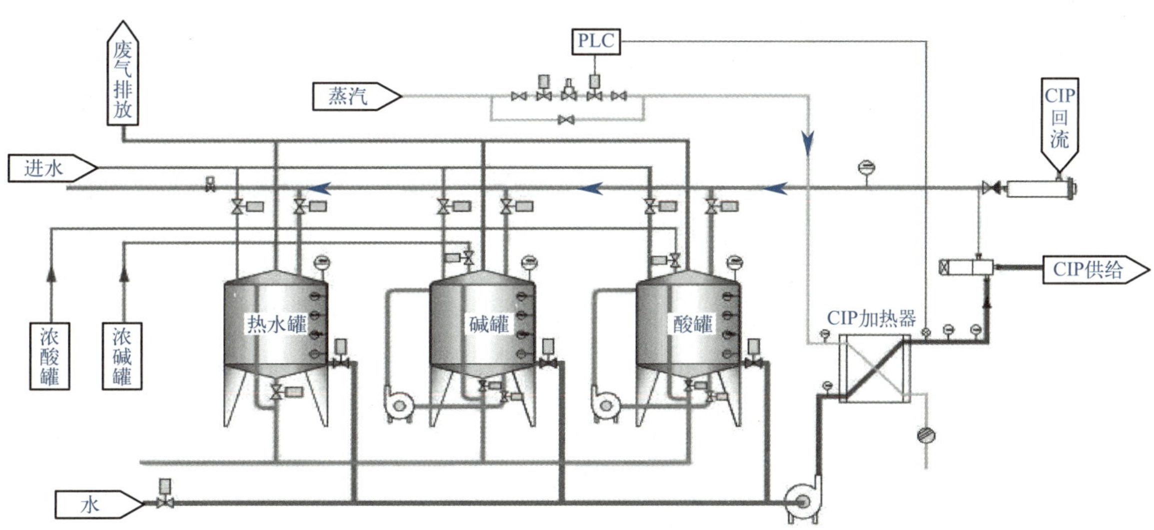

图5-50 典型的CIP系统构造

CIP系统控制有手动控制和自动控制两种方式。手动控制完全由人工操作阀门来完成加液、清洗、排放等功能。自动控制是通过PLC控制柜，利用仪器和仪表来调节流量、温度、浓度、压力等参数，并且按设定的清洗工艺，以设定的时间、工作量、消耗量来完成清洗。自动CIP系统浓酸浓碱的计量添加、清洗液温度、流量等都是自动控制的，清洗程序也是设定后自动执行的。清洗开始后，进料泵将清洗液泵入清洗管道，清洗液通过管道进入设备（如发酵罐）内部。清洗液通常在罐体的顶部安装有与清洗管道连接的喷淋球（如果罐内有搅拌桨或其他部件，还必须安装朝上喷淋的喷淋头，以保证其背面能清洗干净），清洗液从喷淋球中高速喷出，淋洗罐体内壁，并汇集到罐底部，再经回流泵抽回，通过阀门的开、合，既可进行强制循环清洗，也可进入排污管道排污。通常先用纯化水或注射用水清洗一遍，再用碱（酸）液循环清洗，若更换清洗液则用水冲净前一种清洗液，最后再用纯化水或注射用水清洗。一般通过在线检测pH和电导率来判断清洗效果。清洗结束后，可以向被清洗的设备及工艺管道内通入无菌压缩空气，同时开启相关的排放阀门，将管道中蒸汽冷凝水排出，并将整个系统吹干。

2. 影响CIP系统清洗效果的因素

影响CIP系统清洗效果的因素主要有清洗剂种类、清洗剂的浓度、清洗温度、清洗时间和清洗液流速等。

清洗剂包括中性清洗剂、酸性清洗剂和碱性清洗剂。水和表面活性剂均属于中性清洗剂。水几乎是所有清洗剂的基本成分。当污物为完全可溶时，甚至不需要其他清洗成分就能清洗干净。表面活性剂的主要作用是通过降低液体表面张力使水或其他清洗剂更容易湿润和渗透固体污垢表面，方便污垢被分散、冲洗。酸性清洗剂可以溶解设备表面的矿物质沉积物，还可以溶解蛋白质和部分碳水化合物。常用的酸包括硝酸、磷酸、柠檬酸等。由于氯离子对不锈钢有很强的腐蚀性，所以一般不用盐酸。碱性清洗剂是使用最广泛的清洗剂。碱液与脂肪通过皂化反应产生可溶性降解物，稀碱液能溶解蛋白质和一些碳水化合物，所以对这几类污垢都有清洗作用。最常用的碱为氢氧化钠、氢氧化钾、碳酸氢钠等。实际生产中有时还会使用复合清洗剂，如在碱洗和酸洗时，在碱液、酸液中加入其他清洗剂（如表面活性剂、螯合剂、悬浮剂等）。

提高清洗剂浓度可以缩短清洗时间或弥补清洗温度的不足。但清洗剂浓度增高会造成清洗费用的增加，而且浓度过高会造成清洗剂本身不易洗除，因此需要根据实际情况确定合适的浓度。CIP清洗主要以酸碱为主，一般酸的浓度在1%～2%，碱的浓度控制在1%～3%。

提高清洗温度可以改变污物的物理状态，增加污物中可溶性物质的溶解量，增大污物与清洗剂的化学反应速率，同时升温还能减小清洗液的黏度从而提高雷诺数。但温度过高，会造成污物中的蛋白质变性，致使污物与设备间的结合力增大，反而阻碍清洗的进行。通常洗液温度在60～80℃。

清洗时间受许多因素的影响，如清洗剂种类及浓度、清洗温度、产品特性、生产管线布置以及设备设计等。在这些因素都确定后，随着清洗时间的延长，污物残留量先是急剧下降，然后缓慢减少，最后基本不变。所以清洗时间必须合适，太短则不能对污物进行有效去除，太长则未必能提高清洗效果，还会浪费资源。

CIP清洗时保证清洗液流速，可以使清洗液产生一定的机械作用，也就是通过提高流体的湍动性来提高对管道的冲击力，同时在喷淋时有比较好的淋洗效果。

3. CIP系统的优势

CIP系统的运行成本低，结构紧凑，占地面积小，安装、维护方便，无须挪动和拆卸就能有效地对缸罐容器及管道等生产设备进行就地清洗，其整个清洗过程均在密闭的生产设备、缸罐容器和管道中运行，从而大大减少了二次污染的概率，也延长了设备的使用寿命。CIP系统根据生产需要分为一路和多路，其中二路及二路以上的，既能分区同时清洗两个以上的区域，也能在生产过程中边生产边清洗，大大缩短了清洗时间。CIP系统的体外循环系统可有效减少能耗，CIP的回水系统可减少清洗用水。全自动CIP清洗系统，能对清洗液进行自动检测、加液、排放、显示与调整，自动化程度高，操作简单，清洗效果好，因而更符合现代大规模制药工业、食品工业的卫生要求及生产环境要求。

第四节　生物制药过程分析技术

一、PAT在生物制药中的应用概况

过程分析技术（process analytical technology，PAT）是一种用于生产过程的设计、分析和控制的技术体系。它基于对生产过程中的科学和工程原理的认识，以及对原料和生产中的材料及过程工艺的关键质量属性（critical quality attribute, CQA）和关键性能指标（key performance indicator, KPI）的及时测量。该系统的期望目标是提高对生产过程的理解，并可以在预定义的范围内实行自动控制，通过对生产过程的精准调控来确保最终产品的质量。这与当前的药物质量体系的理念，即“产品质量源于设计（QbD）”和“过程而不是终点的检测”是一致的。

在过去的几十年里，生物制药企业在生产过程中已经成功使用了一些传统的传感器进行单变量的在线监测。表5-3列举了生物反应器常见的在线监测工具及其作用。

表5-3　生物反应器常见在线监测工具及其作用

参数名称	参数单位	测定工具	参数的作用、意义
温度	℃	传感器	维持生长，合成代谢产物
罐压	kPa	压力表或传感器	维持正压，增加溶氧
空气流量	m^3/h	传感器	供氧，排除废气
搅拌转速	r/min	传感器	有利于物料混合，提高传质效果
装量	m^3、L	传感器	反映发酵液体积
浊度（透光度）	%	传感器	反映菌体生长情况
泡沫	—	传感器	反映发酵代谢情况
溶解氧	%	传感器	反映菌体生长、代谢情况
pH值	—	传感器	反映发酵液pH值
补料/补前体速率	g/h、kg/h	传感器	反映基质/前体利用情况

但这些传感器容易被污染且对目标分析物没有专属性，难以满足精确过程分析与控制的要求。而大量的跟产品质量直接相关的物理学、化学、生物学或微生物学的属性或特性（CQAs），诸如基质含量、细胞浓度、蛋白质的空间结构、蛋白质浓度、杂质蛋白的残留量、抗原结合活性和中和活性等，只能够采用离线、事后检测的方式，因此不能够及时地反作用于生产过程，也就很难实现真正的在线质量控制。所以确切地讲，目前生物药物产品质量的实现基本上是以经验为主导，存在严重的局限性，使得生物制药生产过程效率不高，产品的质量不够稳定，返工甚至报废时有发生，导致生产成本增加、生产周期延长、生产材料浪费，也制约了行业的发展规模和发展速度。

经验主导的局限亟须革新，而过程分析技术的建立、发展和行业理念的进步，为突破这种局限性提供了无限的可能。

生物制药过程极其复杂，涉及所使用的微生物、培养基、营养液的组成与质量、过程条件、产品收获时间等。正是由于其复杂程度高，更深入地了解并控制该过程需要借助PAT对多变量进行旁线/在线/线内（at line/on line/in line）测量，并利用统计数据建立多元分析测量数据与宽范围操作参数空间之间的关系。这一强大的信息分析方法能够使过程认识、控制具有可操作性，QbD的理念得以贯彻，最终产品质量得到保证。

目前，PAT研究的测量工具包括各种光谱技术、化学传感器、化学成像技术、动态光散射技术、核磁共振技术，以及气相色谱、质谱技术等。化学传感器是最早用于过程监测的。除此之外，生物制药行业研究最多、应用最广的是光谱技术，主要有拉曼光谱技术、红外光谱技术、近红外光谱技术等。

以发酵或细胞培养为代表的生物制药上游环节，是整个生物制药的最关键环节之一。发酵液和细胞培养液的特点是组成复杂，通常气、固、液三相共存，其组分和含量不断变化。因此将PAT用于生物制药过程监测也具有较大挑战。已经应用或正在研究中的光谱技术监测的指标多为与培养环境、发酵条件、细胞生长和产品质量相关的指标，比如：利用微型近红外光谱仪在线监测发酵过程中氨基葡萄糖含量，并据此控制发酵过程，这种便携式仪器的实施能够减少时间和分析成本；利用表面增强拉曼光谱技术以及拉曼光谱联合非线性模型预测控制器，对中国仓鼠卵巢细胞（CHO细胞）培养中营养物浓度等参数进行在线监控；在细胞培养过程中，由在线拉曼光谱分析仪、pH在线检测器、过程气体质谱分析仪、活细胞传感器、在线显微观测仪、在线酶膜传感器、在线低场核磁共振波谱仪等10多个在线检测设备组成的PAT系统，将跨维度的多尺度参数集成和整合，形成工艺数字化管理系统，通过多参数的相关分析了解细胞生长的生理状态，从而提供过程的优化与控制；等等。

生物制药下游加工常用的分离纯化操作包括离心、沉淀、萃取、过滤、分离纯化等。整个处理过程由若干个目的明确的操作单元组成，它们相互影响。在分离纯化中应用PAT，可以及时了解生物产品的纯度变化，建立纯化终点判断方法，优化纯化工艺，提高产品的得率，减少纯化过程中对产品活性的破坏。目前已报道的方法有：采用分子排阻色谱法（SEC），利用带自动进样器的液相色谱系统，可在超滤和渗滤工艺操作过程中同时监控多个质量属性，如在线测量产品纯度和辅料浓度等；在萃取过程中，采用红外光谱和核磁共振波谱来监控有机溶剂混合物，通过优化其比例，可经有机溶剂萃取得到纯化的蛋白质；使用浊度仪在线控制微滤和间歇反冲，以此来避免微滤膜堵塞；等等。

此外，PAT在生物制药生产的一些辅助环节中亦有体现，且技术更为成熟，应用也更多，比如基于PAT的在线缓冲液稀释配制系统、在线原位清洗系统等。

通过生物制药工艺流程得到的纯化产品，还需要经过制剂过程，才能成为商品。制剂生产过程中的PAT的应用在本书的其他章节中有详细的介绍，这里不再赘述。

二、PAT在细胞培养及发酵中的应用

PAT在生物制药行业实施QbD方面发挥着重要作用，可帮助了解过程、提供关于有效过程设计空间的信息以及对过程进行监控，确保符合并保持质量属性。实时分析是这种方法的核心，应争取在原位进行影响质量的数据收集与决策，而不是仅仅依赖于传统的离线、运行后质量保证（QA）与质量控制（QC）方法。

细胞密度是细胞大规模培养过程中最重要的监控参数。通过它，既可以了解微生物发酵或动植物细胞培养过程中生物反应器内细菌或细胞的生长状态，又可以计算出比生长速率、底物消耗率、目的物产率等数据，还能及时判断是否存在杂菌污染等异常情况。传统的离线方法通常是用细胞计数器、琼脂板细胞计数等方法，费力且耗时，且不能及时反映培养过程中活细胞密度的变化。在线活细胞密度分析目前主要有两类，第一类是基于光学检测的光密度计数（拉曼光谱法、近红外光谱法、荧光分析法等），第二类是电容法和电导分析法。

（一）拉曼光谱在线分析技术在细胞培养及发酵中的应用

1. 拉曼光谱的成因与应用

拉曼光谱在线分析技术是一种对化学物质进行实时定性和定量分析的技术。它基于拉曼散射效应，通过激光照射样品并收集散射光谱来获取样品的化学信息。

该技术的基本原理是：当高强度的激光照射样品时，入射光被样品分子散射。大多数散射光与入射光具有相同的波长（颜色），不能提供有用的信息，这种散射称为瑞利散射；极小部分（大约$1/10^8$）光子与样品中的分子相互作用，发生了能量的转移，使得散射光的波长（颜色）与入射光不同，这部分散射称为拉曼散射（这一现象由印度物理学家拉曼发现）。拉曼散射的光子的能量与样品中分子的振动和转动状态有关，所以拉曼散射包含了样品的化学信息。拉曼散射经过CCD（电荷耦合器件）图像传感器处理后，将光信号转换成电信号，就生成了拉曼光谱。拉曼散射光谱中的信号主要包括斯托克斯线和反斯托克斯线。斯托克斯线对应于光子从较高能级的振动状态跃迁到较低能级的振动状态，而反斯托克斯

线对应于光子从较低能级的振动状态跃迁到较高能级的振动状态。这些光谱特征可以通过光谱仪进行测量和分析，再通过多元数据分析的手段对光谱图进行解读，从而推测待测物的化学信息。

与常用的化学分析方法不同，光谱分析法是一种间接分析技术，是用统计的方法在样品待测属性值与光谱数据之间建立关联模型（或称校正模型）。因此，不管是拉曼光谱法还是近红外光谱法，在对未知样品进行分析之前需要搜集大量的用于建立关联模型的样品（或称校正样品），在测量样品光谱图的同时，根据需要使用有关标准分析方法（如化学计量法）进行测量，从而得到样品的各种质量参数数据（称为参考数据）。通过化学计量学软件对光谱进行处理，并将其与参考数据关联，这样在光谱图和其参考数据之间建立起一一对应的映射关系（通常称之为模型），以最大限度地反映被测样本群体常态分布规律。该模型建立后，只要测出物质的光谱数据，就可以通过光谱和质量属性的对应关系，立即得到所需要的质量参数数据。

一张拉曼光谱图通常由一定数量的拉曼峰构成，每个拉曼峰代表了相应的拉曼散射光的波长位置和强度。每个谱峰对应于一种特定的分子键振动，其中既包括单一的化学键，例如C—C、C═C、N—O、C—H等的振动，也包括由数个化学键组成的基团的振动，例如苯环的呼吸振动、多聚物长链的振动以及晶格振动等。获得拉曼光谱后，再结合多元数据分析的手段可以对待测物进行定性和定量的分析。如果在一段时间内获得待测物的多张光谱图，就可以推测待测物在该时间段内的组分变化情况。拉曼光谱图的质量与最后预测结果的准确度息息相关。主要影响光谱图质量的因素有设备本身的分辨率、检测精度、设备运行的稳定性、光谱采集的参数设置是否合理等。

2. 拉曼光谱在线生物工艺分析仪的构造

拉曼光谱在线生物工艺分析仪由主机、显示器、校正器、激光功率计、光纤、探头等部件组成。光路包括激光光源、光纤、探头、含拉曼滤光器的CCD探测器、成像光谱仪等结构，如图5-51所示。

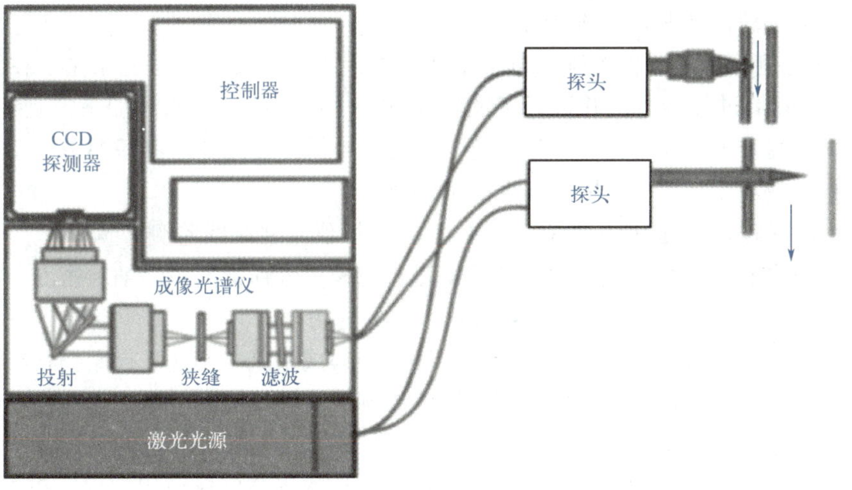

图5-51 拉曼光谱在线生物工艺分析仪的光路组成

3. 拉曼光谱在线生物工艺分析仪监测的基本步骤

拉曼光谱在线生物工艺分析仪的在线监测分为6步。

① 数据采集。使用拉曼光谱仪将激光照射到待测样品上，并收集散射光谱。

② 数据预处理。对采集到的光谱数据进行预处理，以去除噪声和背景干扰，并进行光谱校正和基线校正等处理，以提高数据质量和准确性。

③ 特征提取。从预处理后的光谱数据中提取特征信息。特征提取的目的是从复杂的光谱数据中提取出与待测物性质相关的信息。可以通过计算峰位、峰强度、光谱区域的积分值等来实现。

④ 建立定量或定性模型。使用已知浓度或性质的标准样品，建立定量或定性模型。对于定量分析，

可以使用回归分析等方法，将提取的特征与样品的浓度进行关联，建立校准曲线或模型；对于定性分析，可以使用光谱库匹配或化学计量学方法，将提取的特征与已知的光谱库或模板进行比对，以确定待测物的成分。

⑤ 校准和验证。使用已知样品进行校准和验证，评估模型的准确性和可靠性。校准是根据已知样品的特征和浓度进行模型参数的优化；而验证是使用已知样品进行预测，并与真实值进行比较。

⑥ 分析预测。使用建立好的模型对未知样品进行分析预测。根据待测物的光谱特征和模型参数，可以推断出待测物的浓度或性质。

需要注意的是，准确的定量和定性分析需要建立可靠的模型，并且在建模过程中应考虑样品的变异性、光谱峰的选择和选择的校准样品是否适当等因素。此外，对于复杂样品或多成分混合物的分析，可能需要使用多元分析方法或化学计量学等高级技术来处理数据和解释结果。

4. 应用举例

拉曼光谱分析仪可以对细胞培养和发酵过程中的葡萄糖、乳酸、谷氨酰胺、铵离子、渗透压、细胞活力、活细胞密度、总细胞密度、效价、乙醇、甲醇、甘油、麦芽糖、鼠李糖、果糖、蔗糖、淀粉等许多参数进行在线监测。一般拉曼光谱分析仪的通信系统都是开放的，支持OPC（开放平台通信）协议，可以和其他符合OPC的设备整合起来，方便第三方获取在线检测数据从而进行过程控制。

准确的在线监测首先必须有可靠的模型。来自Biogen公司的团队展示了他们在培养CHO细胞产生单克隆抗体过程中的多组分、多体积的拉曼光谱建模结果，包括来自两个小试规模（3L，200L）和生产规模（2000L）的数据。他们提出了一种简化的方式来完成必要的步骤（包括光谱预处理、光谱区域选择和离群值删除等），生成了一系列单尺度和组合尺度的建模迭代，以评估技术能力和模型的可转移性。跨模型的预测误差分析表明，葡萄糖、乳酸和渗透压是很好的弥合结果的变量。他们还通过预测、验证、检验单尺度和组合尺度模型的性能相似性来确定模型的可靠性。结果显示，在大多数情况下，活细胞密度和总细胞密度都获得了理想的预测结果。

好的过程在线检测分析对过程控制的意义是非常重大的。Biogen公司利用拉曼在线生物工艺分析仪检测CHO细胞培养的过程参数，并进行了闭环控制——通过葡萄糖的添加来控制乳酸的生产速率。PAT的应用，帮助其提升了批间可预测性和稳定性；及时补料，既减少培养基浪费，又维持了高密度培养——最终收获的产物滴度相较于历史数据提高了85%。

国内已有大型的制药公司应用拉曼在线生物工艺分析仪开展在线监测。据了解，他们利用拉曼在线生物工艺分析仪读取在线数据，和离线检测数据进行比较，分别检测了活细胞密度、活力、葡萄糖浓度、乳酸浓度、渗透压等参数，获得了和离线数据比较好的吻合。

来自药明康德的团队建立了一个细胞灌流培养和拉曼集成系统，实现了代谢物在线监测和活细胞密度在线自动控制，这对过程产品质量控制有着深远的影响。几种关键代谢物，包括葡萄糖、乳酸、渗透压、免疫球蛋白G的预测均方根误差（RMSEP）都符合要求。此外，还证明了二阶导数预处理拉曼光谱可以更好地优化活细胞密度模型，也证明了经过统计验证的高精度模型和常规的PID算法（比例、积分、微分）足以在灌流细胞培养中实现自动流加。这些结果有助于加深对灌流细胞培养过程控制的理解，拓宽了拉曼光谱在连续制造中的应用，并提供了一个实用的控制策略，有利于产品质量的控制。

（二）电容法在线活细胞密度分析仪在细胞培养及发酵中的应用

在细胞培养和发酵过程中，利用拉曼光谱进行在线分析有时也会无能为力，比如在微载体悬浮培养过程中无法准确测定活细胞的密度，原因是微载体本身对激光具有阻挡作用。而电容法在线活细胞密度分析仪却可以解决这个问题。

1. 电容法在线活细胞密度分析的原理

如图5-52所示，正常活细胞具有完整的细胞膜，可以阻止带正/负电荷的离子的进出，因此在特定频率的交变电场中，胞内的带电离子可以产生极化现象（但不会损伤细胞），使得活细胞可以被看作极小的电容器。通过检测电容信号，再经过信号处理，可以得到相应的电容值。死亡细胞由于其细胞膜已经受损，所以不能产生极化，因此不会对活细胞的电容信号产生影响。由于电容值的大小与环境中的活细胞数量呈正相关，因此可以用于活细胞浓度的测量。

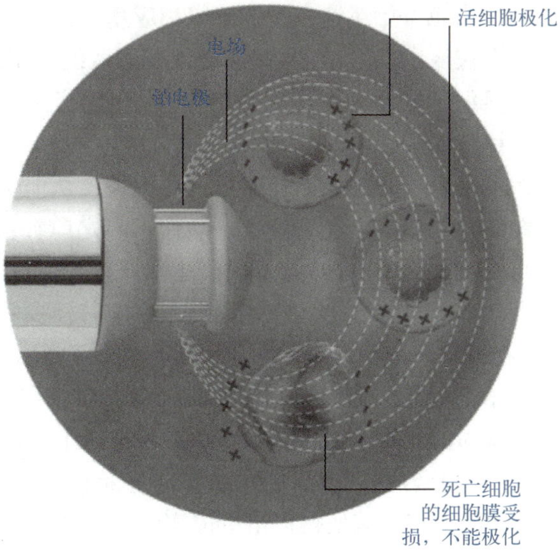

图5-52 电容法在线活细胞密度分析的工作原理

在交变电场下，不仅死细胞，其他因素如细胞碎片、气泡、杂质、微载体等也不会影响到电容法的测量结果，且电容法可以根据不同类型和大小的细胞选择交变电场频率，所以该法适用于动物细胞、真菌、细菌、植物细胞等多个细胞种类。当然，针对任何一个特定工艺，都需要通过跟离线数据拟合，将测量信号与特定的单位数值关联，建立准确的模型，以提高信号的质量，提高测量的准确性。

此方法可以实时监测细胞的生长情况，记录细胞培养液中的活细胞浓度，中途不需要取样，能明显降低取样过程中培养液被污染的风险，从而杜绝了人为因素对检测结果的影响。

2. 应用实例

细胞密度是细胞大规模培养过程中最重要的监控参数。通过选择合适的分析模式，活细胞密度分析仪能在线、准确地检测各类发酵过程中的活细胞密度，与传统离线方法测得的数据具有良好的线性关系，并与细胞代谢活性参数如氧消耗速率、二氧化碳释放率、比生长速率、糖耗速率、产物量等线性相关。

通过电容法测定活细胞量来进行培养过程的优化和控制的例子有很多。国外在培养犬肾细胞（MDCK）进行甲型流感病毒干扰缺损颗粒（IAV DIP）生产的工艺中，使用交替式切向流过滤（ATF）系统截留细胞。交替切向流过滤系统是一种稳健且可扩展的过滤系统，通常采用中空纤维膜和交替切向流，以相对低的剪切力实现高效的细胞保留。本案采用电容探针对活细胞量进行在线监测，并将监测结果通过ArcView转换信号来控制蠕动泵的转速，也就是根据活细胞密度来实时优化和控制灌流和过滤速率（控制过程如图5-53所示。实线表示管路，虚线表示不同类型的信号传输），以便在培养时给细胞提供稳定且有利的生长环境。实验观察到活细胞密度和DIP滴度比之前报道的批次培养模式高出10倍以上。

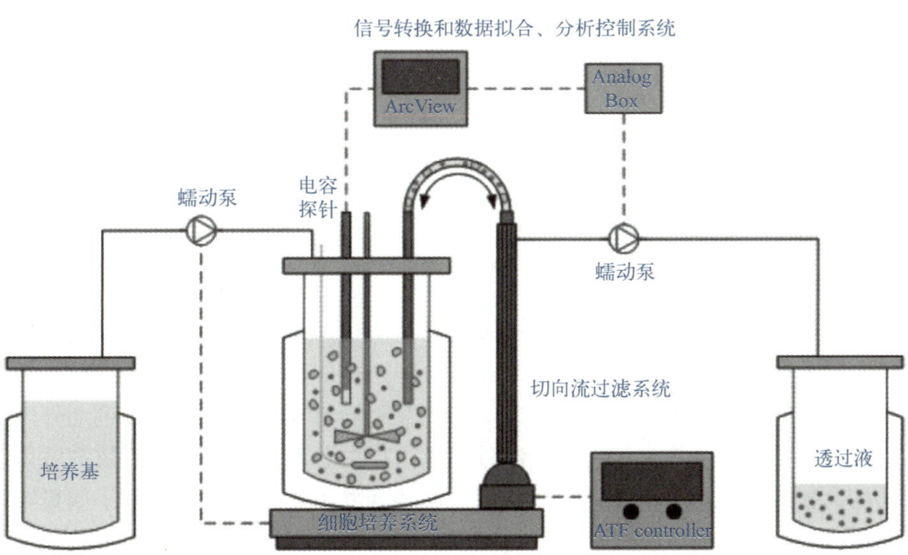

图5-53 电容法作为PAT工具控制灌流速度的过程

国内也开始了这方面的研究和应用。比如在疫苗生产方面，华东理工大学生物反应器工程国家重点实验室在昆虫细胞-杆状病毒载体表达系统（BEVS）上生产病毒样颗粒亚单位疫苗（VLPs），结合PAT利用活细胞密度分析仪表征培养过程中的活细胞密度。他们通过昆虫Sf9细胞的分批和补料悬浮培养，发现细胞代谢活性与在线特征频率（f_c）之间存在相关性。引入了活细胞电极的在线特征频率f_c值进行分析，发现该值与比氧消耗速率呈正相关，从而实现了细胞代谢活性状态的在线监测。以f_c作为细胞代谢活性的在线指征，在细胞代谢活性下降之前补料，使得Sf9细胞在代谢活性明显增强的基础上，最高活细胞密度达到2.1×10^7cells/mL，相比于分批培养的最高活细胞密度1.2×10^7cells/mL，提高了75%。通过分批培养与补料分批培养过程细胞生理特性参数的相关性分析，发现比电容增长速率（μ_ε）与培养体系S期细胞比例之间存在相关性。μ_ε作为细胞增殖活性状态的在线指征参数，可以作为最佳接毒时间的判定依据。此外，他们还发现在线检测参数电容（ε）与最高疫苗产量之间存在相关性，可以作为疫苗最佳收获时间的在线表征参数。以在线f_c值作为补料时间指征，以在线μ_ε值作为病毒感染时间指征，以在线ε值作为病毒收获时间指征，实现了猪圆环病毒2型（PCV2）VLPs的高效生产。相比于分批培养，基于PAT的生产工艺使得疫苗单位体积产量提高了76%，生产周期缩短了24h，为PCV2病毒样颗粒亚单位疫苗大规模生产提供了一种新的高效生产模式。

总体来说，国内对活细胞浓度在线测量的研究起步较晚，用于在线实时监测细胞生长繁殖过程的完整测量系统比较匮乏。由于没有完全掌握其监测系统的核心技术，目前在线细胞浓度监测设备基本依赖进口，价格也居高不下。国内生物制药行业基于PAT的活细胞浓度在线监测应用还不普遍，基本上是一些大型制药公司在使用。

三、PAT在生物药物分离纯化单元操作中的应用

不同生物药物，提取和纯化单元操作差别很大，比较常用的单元操作包括离心、过滤、絮凝、萃取、沉淀、透析、色谱分离等。这些属于生物制药的下游工艺，PAT的应用可以很好地监控各个分离单元产品的实时情况，这更有利于工艺控制，从而实现更稳定的产品质量。可以用于生物药物分离纯化单元操作的PAT很多，由于篇幅限制，只介绍其中两种。

（一）近红外光谱（NIR）检测法在絮凝单元操作中的应用

絮凝常用于发酵培养物的预处理和细胞分离等过程。通过絮凝剂凝集破碎的细胞和其他微粒，可降低溶液的浊度。絮凝剂按照其化学成分可分为无机絮凝剂和有机絮凝剂两类，生物制药中常用的是有机絮凝剂。有机絮凝剂是含有很多活性功能基团的长链线状高分子化合物，不易溶于水。当向胶体悬浮液中加入絮凝剂时，絮凝剂表面的功能基团可强烈吸附胶粒，而且一个絮凝剂分子的许多链节可分别吸附在不同颗粒的表面上，产生架桥连接，形成粗大的絮凝团，有助于过滤、沉淀和离心。常用的絮凝剂有壳聚糖、海藻酸钠、明胶和酰胺类衍生物、聚苯乙烯类衍生物及聚丙烯酸类等。在絮凝剂既定的情况下，絮凝的效果主要受絮凝剂用量、pH值以及操作条件等因素的影响。使用近红外光谱在线监测来控制絮凝剂的添加速度可以更好地提高絮凝效果。

1. 近红外光谱在线分析的基本原理

近红外光谱（波长范围在780～2526nm）属于分子振动光谱的倍频和合频吸收光谱。近红外光区的吸收主要是由低能电子跃迁、含氢原子团（如O—H、N—H、C—H）伸缩振动的倍频和合频吸收等产生的，其中包含了大多数类型有机化合物的组成和分子结构的信息。由于不同的有机物含有不同的基团，不同的基团有不同的能级，不同的基团和同一基团在不同物理化学环境中对近红外光的吸收波长都有明显差别，且吸收系数小，发热少，因此近红外光谱可作为获取信息的一种有效的载体。近红外光照射时，频率和样品中基团振动频率相同的光线将发生共振现象，光的能量通过分子偶极矩的变化传递给分子，该频率的光被吸收，而频率和样品的振动频率不同时，该频率的光就不会被样品吸收。因此，选用连续改变频率的近红外光照射某样品时，由于试样对不同频率近红外光的选择性吸收，通过试样后的

近红外光线在某些波长范围内会变弱，透射出来的光线就携带有机物组分和结构的信息，所以可以用来定性分析，而被吸收的量与样品的含量呈正相关，所以可以用来定量分析，确定样品中某些组分的含量。

2. 应用实例

单元操作工艺为：在酵母匀浆液中以聚乙烯亚胺（PEI）作为絮凝剂，絮凝沉淀细胞碎片、蛋白质和RNA，再离心除去沉淀物。英国的Yeung 等人开发出一种用近红外光谱进行在线分析的多元数据校正模型。他们研究了上述成分在900～2500nm之间的近红外特征，使用多元方法，推导出了用于测定这些物质浓度的校准模型。在他们的操作中，絮凝剂连续添加，絮凝溶液后续离心，近红外光谱用作PAT工具来监测离心分离后这些成分在溶液中的浓度。如果这些成分在离心后的溶液中浓度偏高，说明絮凝剂的量可能不够，需要提高添加速度。近红外光谱测定产生的数据被反馈到控制器来调整聚乙烯亚胺的添加速度（图5-54）。本例中，使用近红外光谱进行在线测定的结果接近传统的离线测定结果，但由于是实时在线测定，没有滞后性，所以这个控制策略是可以用来优化絮凝剂的添加速度的。

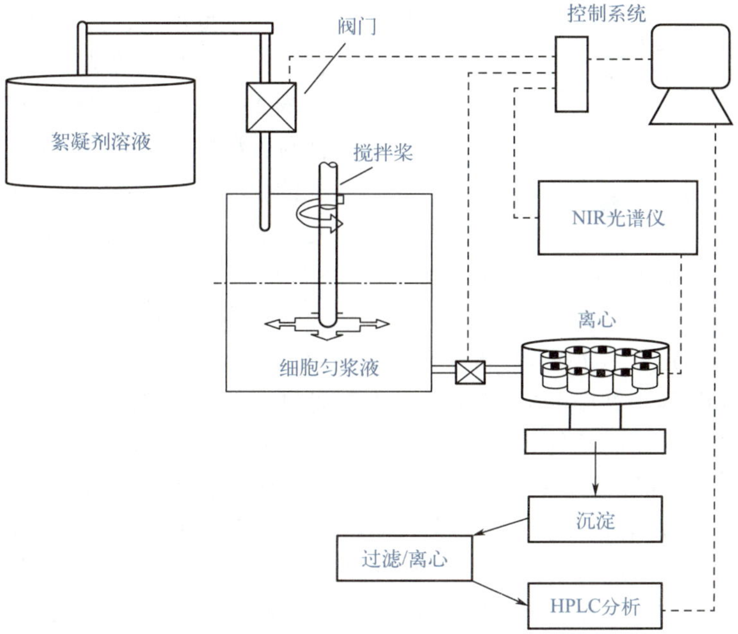

图5-54　NIR法作为PAT工具优化絮凝剂的添加速度的过程

（二）在线浊度监测在过滤分离中的应用

过滤是生物制药下游工艺中应用最广泛、最频繁的手段之一。早期是利用多孔过滤介质进行固-液分离，到现在已发展到用薄膜作为过滤介质进行分子甚至离子水平的分离。过滤效果对下一个操作环节甚至对最终产品的纯度和收率都有很大的影响，所以有必要对过滤过程进行在线监控。浊度是监测过滤性能的直接指标，通过在线浊度监测可以实时反映滤液中颗粒物的含量和杂质的相关信息。对生产过程而言，在线浊度监测一方面提升生产过程的自动化程度，减少人工取样测量工作量，提升生产效率；另一方面，通过实时数据收集，可以及时对工艺过程进行控制和优化。

1. 浊度监测的原理

浊度的监测方法较多，有光散射法、透射法、电导率法、显微镜法等。不同的方法适用于不同类型的悬浊液和不同的测量要求。生物制药中应用较多的在线浊度测量，通常基于透射、散射或散射-透射比值法（图5-55）三种原理。透射法通过检测透射光的强度（对着入射光方向测量，即测直射光强度）判断溶液的浊度；散射法通过检测散射光的强度判断溶液的浊度（根据入射光与散射光角度的不同有前

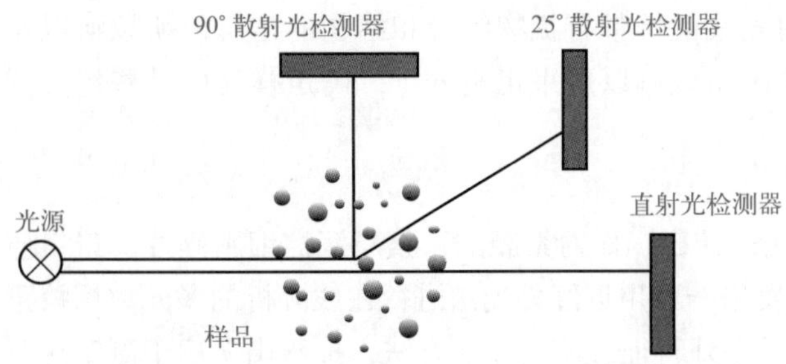

图5-55 散射-透射比值法测量浊度原理示意

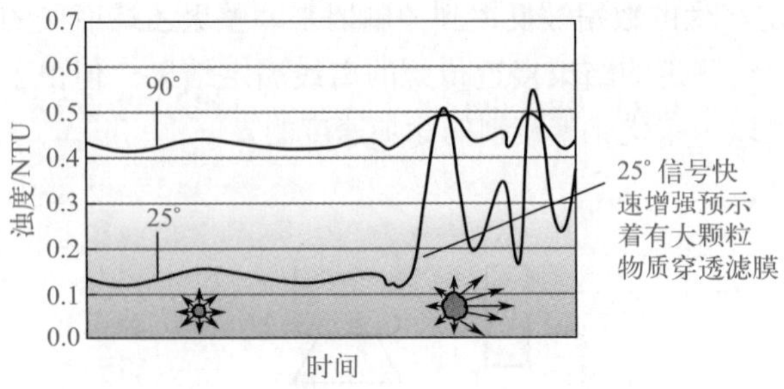

图5-56 侧向散射光和前向散射光对不同直径的颗粒的敏感度比较

向散射、垂直散射等)；散射-透射比值法通过某个角度的散射光与透射光强度的比值计算溶液的浊度。实际上，单纯使用透射或散射的方法，时常受到光源强度变化、溶液颜色、气泡等因素的干扰。散射-透射比值法测量浊度可有效减少相关因素干扰，这是因为散射光强度和透射光强度在干扰因素发生时会有同步的变化，二者的比值可以补偿干扰因素造成的误差。散射-透射比值法一般选择前向、侧向及背向的散射角。以90°散射为例，浊度值大小为90°散射光强度和直射光强度的比值；其他角度的散射浊度值以此类推。

由于不同大小的颗粒物在不同散射方向上的信号强度不同，用散射-透射比值法进行浊度测量时，双角度检测，比如同时测量侧向90°和前向25°，比单角度检测更加可靠。一般而言，随着颗粒物直径接近、超过检测波长，前向散射光的强度将会显著变强，在监测滤膜穿透时往往更加灵敏。通过比较侧向和前向浊度值的趋势异同和相对大小，可帮助判断滤液组分是否发生变化（图5-56）。

2. 应用

在线浊度监测在过滤这一单元操作中的应用意义很大。

在板框压滤的初始阶段，滤液可能是浑浊的。虽然滤液不符合要求，但这是正常的。当滤布上形成滤饼后，浊度值不断降低，滤液逐渐变得澄清。如果滤液又从澄清变为浑浊，则可能是滤布损坏。通过在线浊度的监测可以判断产品何时符合质量要求、滤布是否发生穿透等情况，并进行自动化生产。

在深层过滤中，滤膜载量的大小直接影响滤膜的过滤效果和使用寿命，是衡量过滤性能的一个重要指标。深层过滤往往会记录膜压差、过滤时间、过滤体积、过滤后浊度，并通过这些参数确认深层过滤膜包的生物载量。在细胞收获液澄清时采用深层过滤，为防止对后续除菌滤器及分离工艺等造成过大负荷，大多对滤出液浊度都有要求。膜包进出口压差是衡量载量的简单易用的指标之一（通常在膜刚开始运行时，压力差较小；随着运行时间增加，浓差极化、膜孔堵塞等情况逐渐出现、累积，导致进出口压差和跨膜压差变大)。但压差是一个间接的指标，无法判断滤液质量是否真正符合要求。实际操作中，会遇到压差上升时，浊度值可能仍然较低，此时以压差指标作为过滤终点会造成膜包耗材的浪费；相反，对于浊度明显上升而压差仍然较低的情况，以压差作为过滤终点会造成滤液中杂质含量超标；而对于膜包逐渐破损的情况，在发生微小的渗透时，压差不会出现明显的变化，而浊度则可以检测到这些"偷偷"穿透的颗粒。二者相比，浊度监测更准确、更直观、更灵敏，其监控结果更适合用来反馈调控过滤过程。

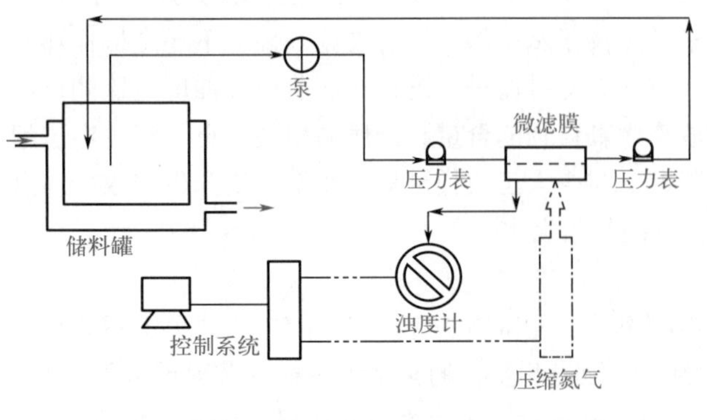

图5-57 在线浊度监测法作为PAT工具在过滤过程中的应用

图5-57概括了一个成功地将在线浊度监测用于过程控制的例子。Kuberkar 等人应用可连

续监测溶液浊度的PAT策略来控制微滤膜的结垢。浊度计在线监测过滤液的浊度，检测结果反馈到控制器，控制器据此来控制压缩氮气进行间歇反冲，防止滤饼形成，避免膜堵塞，从而确保了流量恒定。使用这种控制，对目的物的拦截率超过99.5%；相比于进料，浊度降低超过95%。

四、PAT在生物制药设备清洗过程中的应用

在生物制药过程中，污染物的控制对于产品质量来说是至关重要的，而清洗工艺是防止生产过程中引入污染物的第一道防线。高效清洗工艺的实施、控制和监测并不是很容易。制药工业自动化程度最高的美国，最近的一项调查显示，60%的FDA警告函均引用了美国联邦法规21CFR 211.67里有关设备清洗步骤不充分、监测和归档有缺陷的内容。所以生物制药生产过程中有必要用PAT这个强大的工具，来实时监控、分析清洗过程，保证生产设备每次使用时都处于良好控制状态，确保能持续去除污染物。

生物制药过程典型的工艺残留物有细胞碎片、蛋白质、脂肪、糖和盐，它们来自宿主微生物、培养基、缓冲溶液以及各个工艺环节的添加物。生物制药工业中的大多数清洗操作是基于水溶液的工艺，使用清洗剂来降解和溶解工艺残留物，而清洗剂也属于添加物，必须在CIP清洗流程中洗除。为了保证清洗效果，大多数企业采取的是在线监测淋洗水的电导率和pH的方法，但对于生物制药而言，这可能是不够的。细胞碎片由脂类、多糖、蛋白质、RNA和DNA组成，其干物质状态下含碳量高达50%。此外，生长培养基和缓冲溶液中通常都有含碳的分子——由于生物工艺中碳的普遍存在，总有机碳（TOC）分析应该是常用的PAT监测指标，用以评价去除宿主、产物和加工试剂残留的清洗效率，在适当的情况下，可以用来确定清洗周期的终点。

TOC的检测，目前大多数是在清洗验证时离线进行。通常的做法是提取淋洗水和擦拭棉签，然后利用TOC分析仪来完成检测。这样存在一些缺陷，比如：取样耗时还会增加不确定性和评估的工作量（比如评估样品污染的风险和样品储存的稳定性等）；实验室流程可能延误数据发布，增加设备停机时间；等等。而在线TOC监测，能够弥补这些缺陷，还可以用来优化和评估冲洗过程，便于短时间内做出关键质量决策。

TOC测定的基本原理是：溶液中有机碳通过一定的方式氧化，转化为二氧化碳。在消除干扰物质后，由检测器测得二氧化碳含量，再利用二氧化碳与总有机碳之间碳含量的对应关系，对溶液中的总有机碳进行定量。

常见的TOC分析仪都有两大基本功能：首先将水中总有机碳充分氧化，生成二氧化碳；检测产生的二氧化碳的量，换算成总有机碳。有机碳的氧化方式和二氧化碳检测方式都有很多种，在线监测用的TOC分析仪要兼顾CIP工艺特点，通常采用紫外法或紫外过硫酸盐法将有机碳氧化，采用电导法检测。电导法又分为直接电导率检测法和膜电导率检测法。直接电导率检测法简单，但没有选择性，测量范围小，易被干扰，所以在线监测多是采用膜电导率检测法。样品中的有机碳先经过特定波长的紫外线（或紫外线+过硫酸盐）氧化为二氧化碳。膜电导检测器允许二氧化碳选择性透过膜，而不允许其他导电离子（例如已知会干扰测量并导致TOC读数假高或假低的硫酸根和氯离子）进入测量区。一旦二氧化碳穿过膜，它就会在去离子水中达到平衡，形成碳酸氢盐并由电导池检测出来。本法电导率的增加完全由被氧化成二氧化碳的总有机碳产生，故可精确地用于计算总有机碳。

在CIP过程中，已有企业应用了TOC在线监测，其结果显示了积极的意义。图5-58（a）是利用膜电导检测器在线监测TOC的连续取样装置，图5-58（b）是检测结果。这个瞬时浓度曲线反映了TOC随着清洗时间变化的规律，可以很容易地观察到有机污物清洗除去的时间点。这样的过程分析技术，是根据质量特性的测量结果来评估清洁程度，而非仅仅对预定的时间点进行测量。其结果能评估CIP回路的冲洗特点，帮助优化清洁验证工艺，在保证清洗效果的前提下节省清洁的时间、用料和用水，减少设备停机时间和人为错误，更好地管理风险、提升效率。

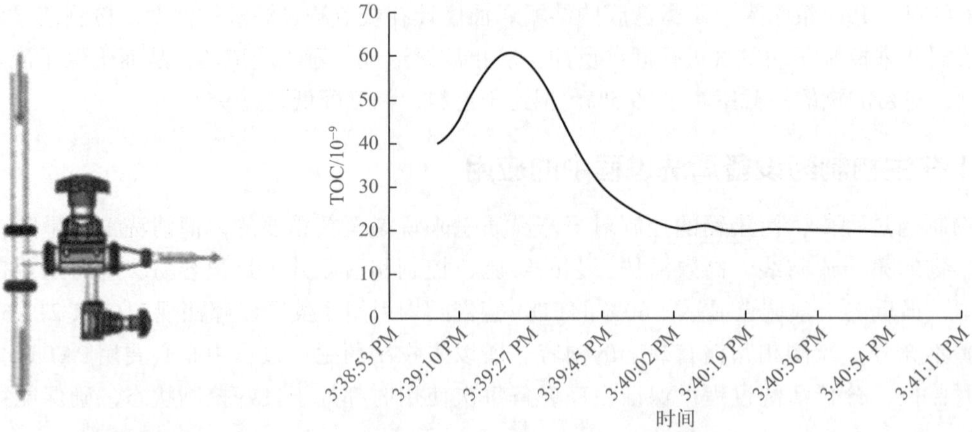

(a) 连续取样装置　　(b) 检测结果

图5-58　利用膜电导检测器在线监测TOC

第五节　生物制药车间设备的再验证

为了确保产品质量和患者的用药安全，在药品生产或检验过程中，经过系统风险评估得出的对产品质量产生直接影响的设备、设施公用系统，在验证、投入使用之后，可能还需要进行再验证，以保证其功能有效、性能稳定、验证状态未发生漂移。本节以原料药L-天冬酰胺酶生产线（实训）的设备为例，介绍生物制药生产线设备的再验证。

一、设备再验证的基本知识

设备再验证是指通过一系列测试和评估手段，确定设备是否能够继续满足其设计用途的过程。在设备生命周期中，由于各种原因，例如设备的使用频率、环境条件变化、部件老化等，设备性能可能会发生变化。通过设备再验证，可以确保设备仍然满足其设计用途，能够保持一致的性能和可靠性。

（一）设备再验证的分类

设备再验证一般分为变更引起的再验证和周期性再验证。

1. 变更引起的再验证

变更引起的再验证是指设备移位、旧设备启用、关键部件更新、维修等变更发生时，必须对设备进行的安装、运行和性能的再确认（即IQ、OQ和PQ）。对此《药品生产质量管理规范》（2010版）有明确的规定——“第一百四十二条　当影响产品质量的主要因素，如原辅料、与药品直接接触的包装材料、生产设备、生产环境（或厂房）、生产工艺、检验方法等发生变更时，应当进行确认或验证。必要时，还应当经药品监督管理部门批准。”

2. 周期性再验证

周期性再验证活动是基于时间的再验证，在某个时间间隔对设备进行评价，以确认其持续符合经验证的合格状态，确保其满足工艺使用的要求。

周期性再验证并不是针对所有的设备。根据《药品GMP指南》（第1版），在再验证管理程序中，可根据设备复杂程度及对产品质量、检验结果的影响对设备进行分类管理。企业一般将设备分为A、B、C三类（见表5-4）。A类设备为关键设备/系统，直接影响产品质量/检验结果，其结构复杂，多有校验需求，需要定期进行设备再验证。B类设备可通过定期校验确保其性能满足生产/检验要求，所以无须进行周期性再验证。C类设备为非关键的GMP设备，多为结构简单且无校验需求，对于此类设备无需进行周期性再验证。

表5-4　生产设备分类原则

设备分类	分类原则	验证要求
A	通过对运行中采集的参数（信号）进行处理，设备和计算机系统可实现相应的反馈并最终实现设备的调整（自动或手动）；该类设备会严重影响到产品的质量/效力/纯度/安全，某些功能的失效还会带来法规风险	需进行完整的验证活动，并通过运行及性能确认，确保其满足用户要求
B	该类设备会影响产品质量，但并非关键性。能设置或测量运行参数（如温度、压力、转速、重量），且这些参数需要定期校验	进行安装及运行确认，对于制造和包装设备，还应考虑性能确认
C	设备结构及功能简单，多无校验需求。此类设备不直接影响产品的效力、质量、纯度和安全	执行安装确认表，并通过功能测试确保设备满足用户要求及设备说明书标准

《药品GMP指南》（第2版）对设备的管理，主要基于从风险的角度出发。指南指出以下几点。制药设备设计和选型应符合预期用途，避免设备自身对生产环境和产品产生污染，以降低对产品质量和患者安全的风险。设备设计和选型的方法可基于科学的质量风险管理和质量源于设计（QbD）理念。企业可以结合产品特性和实际业务流程对设备进行等级划分。ISPE（国际制药工程协会）调试和确认指南中提供了建议的划分方法，可划分为直接影响系统、非直接影响系统［如间接影响系统和（或）无影响系统］。系统划分后便于确定后续对系统需进行的工作，通常情况下，直接影响系统需做调试与确认，非直接影响系统可仅做调试。需注意，以往组件分类可以作为系统分类的子分类进行，新的确认方法下组件分类不再是必要的，整体地从整个工艺流程来识别系统的关键设计要素（CDEs）是更有效、更科学的方法。系统关键性划分的具体标准可以参照ISPE指南卷5：调试与确认系统分类标准，该分类标准由8个问题组成，任何一个问题的结果为“是”，系统则被划分为直接影响系统。［这8个问题是：①该系统是否包含关键方面/关键设计要素（CAs/CDEs）或者执行功能，用于满足一个或者多个包括关键工艺参数在内的工艺需求；②该系统是否与产品或者工艺流程直接接触？这种接触是否有可能影响最终产品质量或者对患者构成风险；③该系统是否用于提供辅料或者制备某种成分或者溶剂（如注射用水），以及该物料的质量是否符合规定的质量标准、是否会影响最终产品的质量或对患者构成风险；④该系统是否用于清洁、消毒或灭菌，系统故障是否导致无法充分清洁、消毒或灭菌，从而给患者带来风险；⑤该系统是否需要建立适当的环境（例如氮气保护、密封工艺、暴露灌装区域空气质量、温度湿度等，当这些参数是CPPs一部分时）以及该过程和系统的故障是否会对患者构成风险；⑥该系统是否使用、生产、处理或存储用于接收或拒收产品、CPPs或电子记录的数据，以符合GMP相关要求；⑦该系统是否提供容器封口或产品保护，其失效将对患者构成风险或导致产品质量下降；⑧该系统是否提供识别信息（如批号、有效期、防伪特征）且无需单独验证，或者该系统是用于验证这些信息的。］

目前很多药企将两版指南结合，按照风险分析的原理与方法，将设备进行分类管理。从设备对产品产生影响的这8个方面（即上面提到的8个问题）评估设备对产品质量和患者的风险，风险的高低程度决定设备的等级和再验证的频次。当然，GMP附录里面对某些设备（如无菌制剂生产设备）有再验证周期的强制要求，则按照要求进行周期性再验证。

（二）设备再验证的实施要求

为确保设备再验证的实施，应建立设备再验证管理程序，对设备再验证加以定义并确认适用范围、再验证过程的职责划分、再验证分类及内容规定等。

1. 实施设备再验证的必备条件

实施设备再验证，应具备以下条件。①设备再验证计划。企业一般会制订验证主（总）计划，作为验证工作的指导性文件，明确各类验证（包括设备再验证）的周期，根据其制订年度或项目（有项目时）的验证计划。②设备分类及再验证要求。在再验证管理程序中，应根据风险评估的结果对设备进行合理分类。GMP附录里面有强制要求的和已纳入变更管理的设备，均必须按要求进行再验证；表5-4中的A类设备需进行周期性再验证；对产品质量特性产生影响的设备、设施、公用系统（水、HVAC等）等根据年度回顾趋势分析的结果确定是否进行设备再验证；不同级别的空调系统应制定各自的高效过滤器检漏周期。

2. 设备再验证的文件与记录管理

再验证管理程序、设备再验证计划、设备分类明细等应定期修订、更新并纳入质量文档的管理当中。设备再验证草案、报告应归档存放，并纳入质量文档的管理中。

（三）设备再验证的内容

1. 变更引发的设备再验证内容

变更引发的设备再验证通常分为3种情况，不同的情形下，验证内容不同。

① 设备移位再验证。应侧重检查在移位过程中可能会对设备/系统造成影响的项目，如移位过程中设备及其部件是否受到损伤、安装的公用系统（如水、电、气、冷热介质）规格及其管路安装是否满足设备要求、相关程序/图纸是否已更新等。如果设备不是整体移位，还应对设备各部件的安装进行检查。最后通过空载或带料测试移位后的设备运行是否顺畅。

② 旧设备重新启用后再验证。设备停用12个月以上重新启用前应进行设备再验证，对设备安装及各项功能重新进行测试（可依据该设备最初验证文件涉及的测试内容），确保启用后的设备状态仍满足生产/检验要求。

③ 设备关键部件更新/维修后再验证。设备关键部件维修/更换后应进行设备再确认，确保维修后设备相关功能仍准确且稳定。此类测试只需涉及改动部分及其相关的功能，无需对设备进行全范围测试。

2. 周期性再验证内容

周期性再验证涉及的设备已正常运行较长时间，与设备初次全面验证不同，再验证应侧重于设备安装运行状态评估和设备功能测试。

（1）设备安装运行状态评估　此项工作一般是年度设备回顾时的内容，通过评估输出再确认需求。可采用问答形式进行，通过以下这些方面来确保设备运行状态处于可控状态：①设备安装环境是否发生改变；②设备公用系统配置是否发生改变；③设备的连接线缆是否发生老化或松动等现象；④设备的相关程序是否齐备；⑤设备是否依据校验程序进行定期校准；⑥设备是否已建立年度预防维修计划；⑦设备日常故障是否均得到有效维修；⑧回顾设备日志和维修记录，确认设备是否有关键部件重复维修或重大维修记录；⑨确认设备当前的使用功能是否都得到了验证；⑩确认设备当前的关键参数设置是否都得到了验证；⑪确认由于设备原因引起的验证偏差均得到有效处理；⑫确认是否有因设备原因引起的不符合事件；⑬确认是否有因设备原因引起的变更控制；⑭确认是否有因设备原因引起的客户投诉；⑮检查设备及其部件外观磨损情况，是否影响设备运行性能；⑯确认设备关键部件是否进行更换；⑰设备安全联锁功能、急停按钮功能是否可以正常使用；⑱确认设备是否存在除⑰以外的其他安全隐患；⑲本次设备再验证范围内，相关法规或程序的设备验证要求是否变化；⑳对设备进行功能测试，测试结果是否符合要求。

（2）设备功能测试　周期性再验证是基于设备一直处于多年的正常运行，设备基础功能无须在再验证中进行测试；原则上无需以带料方式证实设备的性能产出符合质量要求，如有必要可参考近期生产/包装批记录。再验证应涉及以下功能测试：①在上述“设备安装运行状态评估”环节，认定需要进行的功能测试；②对影响产品质量的关键功能（如检测、报警、剔除等功能），应通过模拟最差状况对设备进行挑战性测试，检查相关功能是否准确可靠。

二、生物制药生产线设备再验证示例

（一）L-天冬酰胺酶生产线（实训）简介

1. L-天冬酰胺酶生产的环境条件

L-天冬酰胺酶生产线的称量间、配料室、洗消间、发酵间、提取间、材料间、化验室、摇瓶培养室生产环境的洁净度设计为D级，种子室、纯化间、配液间生产环境的洁净度设计为C级，洁净室（区）温度应为18～26℃，相对湿度应为45%～65%，洁净区与非洁净区之间的压差应不低于10Pa（发酵走廊和外走廊、纯化走廊和外走廊的压差应大于20Pa），相同洁净区内不同功能房间之间应保持适当的压差梯度（通常不小于5Pa），主要工作室一般照明的照度值不宜低于300lx。

2. L-天冬酰胺酶生产线（实训）的工艺过程

L-天冬酰胺酶生产线（实训）从WCB接种到试管斜面开始，通过种子培养、发酵、提取、纯化，最后经过冻干得到原料药冻干粉。整个工艺过程如图5-59所示。

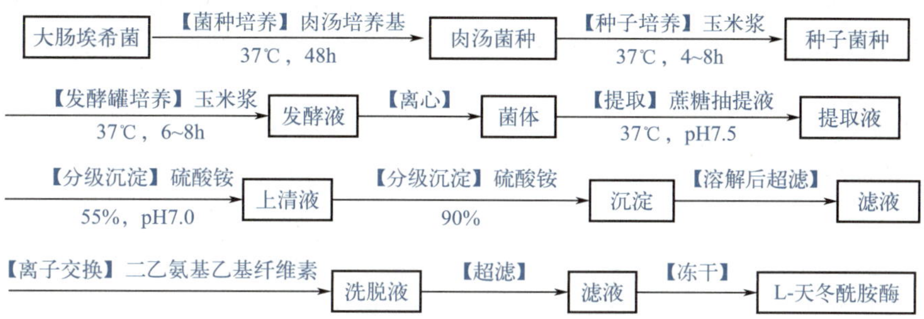

图5-59　L-天冬酰胺酶生产线（实训）的工艺过程

（二）管式离心机变更引起的再验证

在L-天冬酰胺酶生产过程中，管式离心机是从发酵液中分离出菌体的重要设备。管式离心机在首次安装后需要进行验证（IQ/OQ/PQ）；每次在进行设备大修等有可能会影响设备关键性能的操作后也必须进行设备验证（即变更引起的再验证）。变更引起的再验证的测试项目为可能受变更影响的设备关键参数（如转速等），此即为OQ；若变更可能导致设备需重新安装或变更安装位置，则再验证还需包括IQ；而管式离心机分离能力一般是在做产品的工艺验证时一并确认，即为PQ（一般来说PQ针对具体产品而非设备本身，即证明使用该设备可以持续稳定地生产出合格产品）。下面以管式离心机为例，介绍变更引起的再验证。

管式离心机变更再验证方案

验证编号：　　　　　　　　　　设备编号：

方案起草：

部门	人员	签名	日期

方案审核：

部门	人员	签名	日期

方案批准：

部门	人员	签名	日期

1. 目的和背景

1.1　验证目的　因设备主轴更换，可能对设备关键性能参数造成影响，需对L-天冬酰胺酶生产线的GZX-1型管式离心机的转速进行验证。

1.2　验证背景

GZX-1型管式离心机是L-天冬酰胺酶生产线提取岗位的重要设备。离心机采用变频调速、微机控制、触摸开关、数字设置、数字显示，且具有多种保护功能。设备由进料管道、高速管式离心机、PLC电气控制柜等组成。设备于2011年安装，并进行了安装确认、运行确认和性能确认。由于设备长期使用，主轴发生了弯曲，造成转鼓下端盖摆动大，离心机含油轴承磨损过快，更换频繁。为保证人员安全和产品质量，经生产部申请、质量部批准，设备部对主轴进行了更换。主轴为离心机的关键部件，更换后可能对离心机的转速产生影响。本次验证主要是对转速进行确认，确保维修后的转速仍准确且稳定，符合工艺要求。

2. 验证小组

2.1　验证小组成员

组长：

组员：

（注：验证小组成员中一般至少应包括QA人员和设备操作人员）

2.2　验证小组职责

组长：负责验证的日常管理工作和验证的协调，指导方案、报告的起草，批准本次验证方案和报告并组织实施。

组员：______，负责审核验证方案和报告，协助验证方案的实施。

组员：______，负责验证方案的起草，参与实施验证，并复核验证报告。

组员：______，负责审核验证方案和验证报告，确保整个验证过程严格按照验证方案实施，收集验证过程中的数据并进行审核，最终根据验证结果进行评价分析。

3. 培训

参与此次验证的相关人员均需对验证方案进行培训后方能实施验证。

部门	人员名单	培训日期

结论：

检查人/日期：　　　　　　　　　　复核人/日期：

4. 验证前检查

4.1　SOP文件的确认

文件号	文件名称	执行日期

结论：

检查人/日期：　　　　　　　　　　复核人/日期：

4.2　设备的确认

设备名称		电源	
规格型号		电机功率	
设备编号		设备状态	
生产厂家		清洁状态	

结论:

检查人/日期:　　　　　　　　　　复核人/日期:

4.3　验证用仪器仪表确认

名称	型号	编号	制造厂家	校验单位	校正结果	校正人	校正日期
秒表							
转速计							

结论:

检查人/日期:　　　　　　　　　　复核人/日期:

5. 验证实施

5.1　升、降速率确认

5.1.1　测试目的：通过使用秒表来测定离心机的实际升、降速率，验证实际升、降速率符合要求。

5.1.2　测试方法：空载状态下测定。按照《GZX-1型管式离心机标准操作规程》进行管式离心机的组装和操作，设定转速为12000r/min。点击触摸屏上离心机运行按钮（按钮由空心转实心），同时开始用秒表记录时间；当离心机转速显示达到12000r/min时，按下秒表，读出秒表时间t_1。再次点击离心机运行按钮（按钮由实心转空心），同时开始用秒表记录时间；当离心机转速显示达到0时，按下秒表，读出秒表时间t_2。重复做3次，取平均值。可接受标准为$t_{1平均值} \leqslant 1min$，$t_{2平均值} \leqslant 3min$。

5.1.3　测试结果

序号	t_1/min	t_2/min
第1次		
第2次		
第3次		
平均值		

结论:

检查人/日期:　　　　　　　　　　复核人/日期:

5.2　转速确认

5.2.1　测试目的：通过使用转速计来测定离心机的实际转速，验证实际转速符合要求。

5.2.2　测试方法：选择8000r/min、12000r/min、16000r/min三个转速，在空载和带料状态下各测定3次。按照《GZX-1型管式离心机标准操作规程》进行管式离心机的组装。将离心机的压管旋上去并旋紧。在离心机主轴上贴上与转速计配套的反光贴纸。开启离心机，在触摸屏上设定好转速。待触摸屏上显示离心机到达设定转速且运行稳定后，按下转速计上“START”按钮，开启转速计电源，将红光对准转轴上的反光贴纸。再按转速计上“START”按钮一次，开始测定转速。转速显示在LCD面板上，记录数据。可接受标准为离心机实际转速与设定转速误差小于3%。

5.2.3 测试结果

测定转速 设定转速		8000r/min	12000r/min	16000r/min	误差计算
空载	第 1 次				
	第 2 次				
	第 3 次				
带料	第 1 次				
	第 2 次				
	第 3 次				

结论：

检查人/日期： 复核人/日期：

6. 偏差分析

序号	偏差项目	处理情况

结论：

检查人/日期： 复核人/日期：

7. 评价与结论

评价：

结论：

检查人/日期： 复核人/日期：

（三）高压蒸汽灭菌器的周期性再验证

设备的周期性再验证应基于风险评估，即设备性能中有可能发生改变的且改变的性能参数对于工艺是比较关键的，须进行风险管理（周期性再验证是风险管理手段的一种，定期的计量、回顾性分析等也是常用的风险管理手段）。根据设备对产品质量、检验结果的影响程度，设备的复杂程度，以及设备对患者的风险，参照表5-4的分类原则，对L-天冬酰胺酶生产线（实训）的设备进行了分类，确定了A类生产设备清单及周期性再验证需要测试的项目，见表5-5。

表5-5 A类生产设备名称及再验证性能测试项目

序号	设备名称	测试项目
1	高压蒸汽灭菌器	温度、灭菌效果
2	发酵罐	温度、压力、搅拌速度、搅拌时间的控制系统是否准确可靠；温度、压力、酸碱度、溶液浓度是否在规定范围；微生物生长速率和产品生成速率是否达到预期；搅拌效果是否均匀、充分；清洗和消毒是否达到规定要求
3	SIP 系统	温度、压力、灭菌效果
4	蛋白分离纯化系统	柱效、流速准确性、紫外检测器灵敏度
5	超滤系统	超滤膜完整性

现以高压蒸汽灭菌器为例，介绍设备的周期性再验证。

HV-110型高压蒸汽灭菌器再验证方案

文件编号：　　　　　　　　　　　　设备编号：

方案起草：

部门	人员	签名	日期

方案审核：

部门	人员	签名	日期

方案批准：

部门	人员	签名	日期

1. 目的和背景

1.1　验证目的

L-天冬酰胺酶发酵生产是一个纯种培养的发酵过程，在菌种培养和发酵的任何一个环节污染了杂菌，都有可能导致发酵失败。所以，在菌种培养和发酵过程中，除了正常的生产菌外，应保证无其他任何一种微生物存在。高压蒸汽灭菌器主要用于本车间菌种岗位的培养基、玻璃器皿及其他器具的灭菌。为了确保菌种培养过程中没有杂菌污染，设备性能均能符合工艺及规范要求，就必须对高压蒸汽灭菌器进行周期性再验证。

1.2　验证背景

本高压蒸汽灭菌器是下排气式高压蒸汽灭菌器，它可以利用高压湿热蒸汽杀死细菌。设备安装于本车间的灭菌室，型号为HV-110，编号为S101。灭菌条件是121℃、20min。本设备于2011年购进，进行了安装确认、运行确认和性能确认，并通过验证一直用于生产（实训）。按照制定的验证周期的要求，设备有变更时进行再验证，常规再验证每年进行一次。本次验证是验证周期内的常规再验证，旨在证明设备一直处于稳定的运行状态，能达到工艺及GMP的要求。为确保其测试数据准确可靠，性能稳定，特制订本再验证方案，包含OQ、PQ的验证，再验证过程应严格按照本方案规定的内容进行。

2. 验证小组成员与职责

职务	姓名	部门及职务	职责
组长			负责验证的日常管理工作和验证的协调，指导方案、报告的起草，批准本次验证方案和报告并组织实施
成员			对本次验证所用仪表、计量器具进行核查，检查仪器仪表的量程和精度是否符合使用要求，负责提供本次验证所需的资料、图纸和相关文件
成员			执行验证方案，并确保验证顺利进行，同时参与验证方案和报告的起草
成员			收集与验证相关的数据，填写验证相关的表格和文件，对验证报告进行审核
成员			参与验证实施指导、过程监督、结果评价，协调相关部门的交叉工作，确认相关文件的归档工作，负责变更及偏差调查处理、执行确认，审核验证报告

3. 参考依据

3.1 《药品生产质量管理规范》(2010年修订)及《药品GMP指南》(第2版)。

3.2 HV-110型高压蒸汽灭菌器操作说明书。

3.3 空载和满载测试时参考JJF1101—2019《环境试验设备温度、湿度参数校准规范》。

4. 验证前检查

4.1 SOP文件的确认

确认方式：检查相关文件是否是经过审批的最新版本。

可接受标准：相关文件是经过审批的最新版本。

文件名称	文件编号	是否经过审批	是否最新版本
		□是 □否	□是 □否
		□是 □否	□是 □否
结论:			
检查人/日期:		复核人/日期:	

4.2 验证用仪器仪表确认

确认方式：检查相关设备仪表、相关检验仪器是否有校验合格证，且校验合格证在有效期内。

可接受标准：相关仪器、仪表有校验合格证，且校验合格证在有效期内。

名称	型号	编号	制造厂家	校验单位	校正结果	校正人	校正日期
设备压力表							
设备温度传感器							
高精度数字温度计							
无线温度验证仪							
干井式温度校准仪							
结论:							
检查人/日期:				复核人/日期:			

4.3 生物指示剂确认

确认方式：检查生物指示剂的说明书、合格证和微生物室的计数复核结果，确认含菌量。

可接受标准：生物指示剂含菌量≥10^6。

名称	菌种	生产商	生产批号	含菌量
嗜热脂肪地芽孢杆菌				
结论:				
检查人/日期:			复核人/日期:	

4.4 人员确认

4.4.1 目的：在验证开始前，本方案涉及的所有人员必须参加本方案的培训以保证胜任验证工作。

4.4.2 确认方式：对照验证小组成员及参与验证的操作人员清单检查培训记录，所有参加验证的操作人员均应经过培训并经考核合格。

4.4.3 可接受标准：验证小组成员均已经过培训，并在培训记录上签字。

时间：___年___月___日　　地点：________　　培训人：________

培训内容：HV-110型高压蒸汽灭菌器再验证方案　　考核方式：________

参加人员：

姓名	签到	考核结果	姓名	签到	考核结果
本次培训评价：					
检查人/日期：			复核人/日期：		

5. 验证实施

5.1　设备运行确认

5.1.1　设备完好性确认

5.1.1.1　确认目的：确认设备完好无损，可以正常运行。

5.1.1.2　确认内容：确认通电后无断路或漏电现象；打开电源开关，确认指示灯、显示屏等能正常工作；确认灭菌器盖子可以正常开合；确认各功能按键能正常工作；确认空载条件下灭菌器的每种工作模式都能正常设定和运行；确认设备马达运行正常，除正常转动声外，无异常噪声和振动。

序号	检查项目	检查结果
1	有无断路或漏电现象	
2	指示灯、显示屏等是否正常工作	
3	盖子是否可以正常开合	
4	各功能按键是否正常工作	
5	每种工作模式是否都能设定和运行	
6	马达运行情况	
结论：		
检查人/日期：	复核人/日期：	

5.1.2　空载热分布测试

5.1.2.1　测试目的：检查灭菌器腔内的热分布情况，检查灭菌腔内可能存在的冷点。

5.1.2.2　测试方法：设定测量记录的时间间隔为1min，测量记录总时长不少于灭菌器的工作周期。连续测定三次，以确定灭菌过程中温度的重现性。无线温度验证仪软件自动对灭菌过程中的温度均匀性进行分析，即从灭菌室达到设定的灭菌温度并稳定后至灭菌计时结束期间的温度分布分析，分别找出温度最高和最低的数值并将之与平均值相比较，得出空载热分布测定结果。

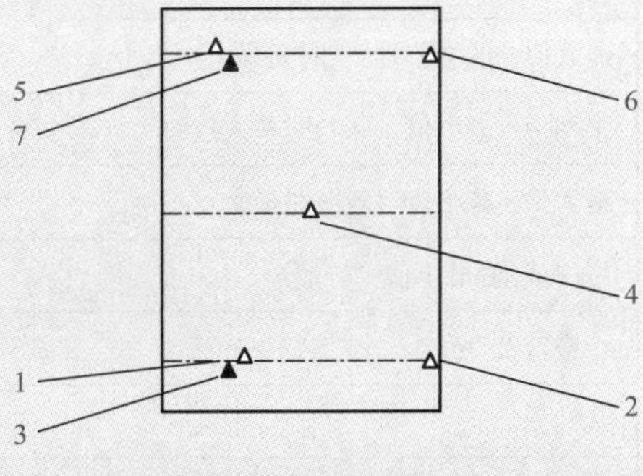

图5-60　探头布点图

5.1.2.3　布点图：取7个温度传感器探头，将其中一个探头置于排气口处，一个置于灭菌器温度传感器旁边，其余如图5-60所示分3层分布在灭菌腔内，应包括可能的冷点，4号探头应在灭菌腔的几何中心。探头不要接触任何固体表面。

5.1.2.4　可接受标准：连续三次灭菌过程温度范围均在121～127℃；连续三次各点F_0值均大于12；在验证前后，无线温度验证仪温度探头的校准均应符合要求（应有验证仪的干井校验）。

空载无线温度验证仪自动生成温度分布验证报表			
温度	空载1	空载2	空载3
最小值（位置）			
最大值（位置）			
最大值-平均值（同一时最大）			
平均值-最小值（同一时最大）			
最大值-最小值（同一时最大）			
F_0值最小值（位置）			
检查及评价：			
结论：			
检查人/日期：		复核人/日期：	

5.2　设备性能确认

5.2.1　满载热分布试验与热穿透试验

5.2.1.1　测试目的：在空载热分布的基础上，确认灭菌器在满载运行时灭菌室的温度分布，确认其装载方式对温度均匀性的影响程度，确定装载中的最冷点，确定最冷点在预定的灭菌程序中获得充分的无菌保证值，即F_0值。

5.2.1.2　测试操作：验证方法同5.1.2.2，布点图同5.1.2.3。将清洁后装满培养基（为大肠埃希菌*E.coli* A.S.1.357的菌种培养用培养基）的锥形瓶放入灭菌器内，自下而上摆满。探头分两组，各7个，热分布探头置于锥形瓶外，热穿透探头插入被灭菌物品内部。

5.2.1.3　可接受标准：连续三次灭菌过程温度范围在121～127℃；程序运行三次各点F_0值均大于12；在验证前后，无线温度验证仪温度探头的校准均应符合要求（应有验证仪的干井校验）。

满载无线温度验证仪自动生成温度分布验证报表			
灭菌温度：		灭菌时间：	
温度	满载1	满载2	满载3
最小值（位置）			
最大值（位置）			
最大值-平均值（同一时间最大）			
平均值-最小值（同一时最大）			
最大值-最小值（同一时最大）			
F_0值最小值（位置）			
检查及评价：			
结论：			
检查人/日期：		复核人/日期：	

5.2.2 生物挑战试验

5.2.2.1 测试目的：将一定量的耐热菌放入待灭菌的产品中，在设定的灭菌条件下进行灭菌，以确认设定的灭菌工艺确实赋予产品必需的无菌保证，即其无菌保证水平≤10^{-6}。

5.2.2.2 测试方法：按满载热穿透试验的放置方法将嗜热脂肪地芽孢杆菌生物指示剂放入待灭菌物品中。嗜热脂肪地芽孢杆菌生物指示剂1～7号分别位于1～7号探头附近，每次试验用7支嗜热脂肪地芽孢杆菌生物指示剂管。将待灭菌物品放入高压蒸汽灭菌器（空间不宜过挤），按照设备的SOP进行操作，设置设备运行温度为121℃，每次连续运行20min。灭菌完毕，取出生物指示剂，置于56℃培养箱培养48h。同时取一支未作灭菌试验的生物指示剂作阳性对照，同时培养，通过观察生物指示剂的颜色变化来判定灭菌效果。验证用生物指示剂灭菌后颜色为紫红色，则表明孢子被杀灭，试验结果记为阴性；培养后其颜色是黄色，则表明有活的微生物，试验结果记为阳性。

5.2.2.3 可接受标准：各次微生物挑战试验后，被灭菌的嗜热脂肪地芽孢杆菌生物指示剂的颜色均应为紫红色（有1支呈黄色则为不合格），阳性对照的生物指示剂应为黄色。合格则证明被灭菌物的无菌保证水平达到了≤10^{-6}。

<table>
<tr><td colspan="4">生物指示剂培养记录</td></tr>
<tr><td>试验日期</td><td></td><td>验证设备编号</td><td></td></tr>
<tr><td>指示剂厂家</td><td></td><td>有效期至</td><td></td></tr>
<tr><td>培养箱名称</td><td></td><td>培养箱编号</td><td></td></tr>
<tr><td>设定温度</td><td></td><td>显示温度</td><td></td></tr>
<tr><td>设定湿度</td><td></td><td>环境湿度</td><td></td></tr>
<tr><td>指示剂编号</td><td>第 1 次</td><td>第 2 次</td><td>第 3 次</td></tr>
<tr><td>1</td><td>□紫红色 □黄色</td><td>□紫红色 □黄色</td><td>□紫红色 □黄色</td></tr>
<tr><td>2</td><td>□紫红色 □黄色</td><td>□紫红色 □黄色</td><td>□紫红色 □黄色</td></tr>
<tr><td>3</td><td>□紫红色 □黄色</td><td>□紫红色 □黄色</td><td>□紫红色 □黄色</td></tr>
<tr><td>4</td><td>□紫红色 □黄色</td><td>□紫红色 □黄色</td><td>□紫红色 □黄色</td></tr>
<tr><td>5</td><td>□紫红色 □黄色</td><td>□紫红色 □黄色</td><td>□紫红色 □黄色</td></tr>
<tr><td>6</td><td>□紫红色 □黄色</td><td>□紫红色 □黄色</td><td>□紫红色 □黄色</td></tr>
<tr><td>7</td><td>□紫红色 □黄色</td><td>□紫红色 □黄色</td><td>□紫红色 □黄色</td></tr>
<tr><td>对照指示剂</td><td colspan="3">□紫红色 □黄色</td></tr>
<tr><td colspan="4">备注：紫红色为无菌生长，黄色为细菌生长良好。</td></tr>
<tr><td colspan="4">结论：</td></tr>
<tr><td colspan="2">记录人/日期:</td><td colspan="2">复核人/日期:</td></tr>
</table>

5.3 灭菌后培养基适用性检查

5.3.1 测试目的：确认培养基在灭菌后能达到使用性能。

5.3.2 测试方法：从每批灭菌后的培养基中，每次取6瓶（注意分别从灭菌锅的不同位置取），分别倒入平皿，接种大肠埃希菌工作种子，并同时作空白对照，于37℃培养72h，记录菌落生长情况。

5.3.3 可接受标准：1～6号平皿有菌落生长，空白对照无菌落生长。

灭菌后培养基适用性检查报告							
平皿号	1	2	3	4	5	6	空白对照
第 1 批							
第 2 批							
第 3 批							
结论:							
检查人/日期:				复核人/日期:			

6. 偏差管理

如发生偏差，填入偏差记录表格中。将与偏差有关的所有信息列入偏差统计表，并进行分析与评价。(如果没有，请在“偏差描述”项下内填写“无”)

偏差记录（编号:　　　　）	
确认（验证）名称	
偏差描述: 偏差分类: ☐严重　　☐微小 实施部门设备工程师/日期:　　　　验证管理员/日期:	
原因调查及处理措施: 实施部门主管/日期:　　　　验证管理员/日期: QA经理/日期:　　　　质量负责人/日期:	
备注:	

偏差统计表
本次确认共发生偏差____个。 偏差号:
对测试结果和原始数据进行审核，偏差关闭情况如下: ☐已完全关闭　　☐未完全关闭 仍有（流水号__________）偏差需要修正。
如有未关闭的偏差，是否影响下一阶段的确认: ☐影响　　☐不影响
QA人员评价:

7.验证方案变更

本方案在实施过程中如发生变更，应填写验证变更记录，并经过批准。将与变更有关的所有信息列入下表，并进行分析与评价。

<table>
<tr><td colspan="2">变更记录（编号：　　　　　　　）</td></tr>
<tr><td colspan="2">变更内容：

变更分类：□关键　　□一般　　□微小
实施部门设备工程师/日期：　　　　验证管理员/日期：
评价及结论：

实施部门主管/日期：　　　　验证管理员/日期：
QA经理/日期：　　　　质量总经理/日期：
备注：</td></tr>
</table>

8.验证总结

<table>
<tr><td colspan="2">验证总结</td></tr>
<tr><td colspan="2">结论：

评价、建议：</td></tr>
<tr><td>总结人：</td><td>总结日期：</td></tr>
<tr><td>审核人：</td><td>审核日期：</td></tr>
<tr><td>批准人：</td><td>批准日期：</td></tr>
</table>

9.再验证

再验证周期为1年。确认设备完好，进行空载热分布测试、满载热分布试验、热穿透试验、生物挑战试验和灭菌后培养基适用性检查。

当灭菌条件发生改变时，需要重新进行再验证。在设备重新安装、移动位置、重要部件更换后也需做再验证。

第六章

冻干粉针生产技术

第一节　概述

注射用无菌粉末又称粉针，临用前用灭菌注射用水溶解后注射，是一种较常用的注射剂型。适用于在水中不稳定的药物，特别是对湿热敏感的抗生素及生物制品。

注射用无菌粉末依据生产工艺不同，可分为注射用冷冻干燥制品（冻干粉针制剂）和注射用无菌分装产品。

注射用无菌粉末的质量要求除应符合《中国药典》对注射用原料药物的各项规定外，还应符合下列要求：①粉末无异物，配成溶液或混悬液后澄明度检查合格；②粉末细度或结晶度应适宜，便于分装；③无菌、无热原。注射用无菌粉末的质量要求与注射用水溶液基本一致。

由于多数情况下，制成粉针的药物稳定性较差，因此，粉针的制造对无菌操作有较严格的要求，特别是在灌封等关键工序，最好采用层流洁净措施，以保证操作环境的洁净度，即无菌生产工艺的要求。

冻干粉针剂是药物的一种制剂形式，是将药用成分及辅料，用注射用水溶解后，配制成一定浓度的溶液，经除菌过滤，再无菌灌装于容器内，经冷冻干燥而制成的注射用粉末状制剂。医药行业主要应用于抗生素、抗毒素、干扰素、疫苗、血制品、中药制剂、化学药品等。

本章主要介绍冻干粉针制剂的相关内容。

一、药品真空冷冻干燥技术的特点及冻干制品的特征与应用

（一）真空冷冻干燥技术的特点及冻干制品的特征

真空冷冻干燥技术广泛应用在医药领域中，该方法制得药品的特征如下：

① 药物是在低温真空条件下进行干燥的，纯度高，结构稳定，生物活性基本不变，药物中的易挥发性成分和受热易变性成分损失很少。

② 冻干制品基本保持原溶液冻结时的体积，疏松多孔、外形美观、色泽均一。

③ 冻干制品遇水极易溶解，能立即恢复原有的药物性质，药效好。

④ 被污染机会少，异物少，能够改善药物的溶解性能，提高制剂的澄明度。

⑤ 冻干制品含水量较低，一般为0.5%左右，制品质量较轻，可长期保存，便于运输。

⑥ 装量准确。因为药物是以溶液形式灌装进入瓶内的，可以精确到微克；其他的干燥方法是以粉末形式填装的，远远达不到这样的要求。

当然该技术也存在一些缺点，如：设备结构复杂、一次性投资大；干燥过程中制冷、加热系统能耗占总能耗的80%以上，生产成本高，效率低；干燥产品呈多孔疏松状结构，暴露于空气中容易吸湿和氧化，对包装和贮藏条件有特殊的要求；产品复溶时可能会出现浑浊现象等。

（二）真空冷冻干燥的应用

真空冷冻干燥主要应用于医药、食品和生物制品的干燥方面。鉴于冷冻干燥的特点，现将它的广泛应用概括如下：

1. 医药工业

① 使药品的贮藏性得到大大改善。药品冷冻干燥之后在真空或氮气下密封，由于无氧气，因此能长时期有效地保存而不致有任何损失。

② 药品能获得更精确的定量。比较药品的粉剂和片剂形式，冷冻干燥有能力使药品的每一单位定量（测量）得更精确。这是由于冷冻干燥时，自动分装能容易和精确地完成定量工作。

③ 灭菌化比较容易。药品制造的最后阶段，生产过程的灭菌很容易与制药容器的灭菌和人员及有关过程相结合，也可以处理大批量产品，在检查过程中能得到无菌化的切实保证。

2. 食品工业

① 在干燥过程中，食品应能保持性状，冻干后当再供给它们水分时，能恢复到以前的活力状态。因此冷冻干燥可用来保持产品的颜色、味道、营养和形状。与别的干燥相比较，冷冻干燥在很低的温度下处理，营养物质不受破坏而得到保护，并保持了食品的原来状态。冷冻干燥的脱水方法能保护组织不被破坏，这也是冷冻干燥的特点之一。

② 产品能容易地贮存和运输。多数食品中水分含量较多，因此在食品贮存和运输过程中应特别注意防止食品的腐败。冻干可除去物质中95%以上的水，重量轻，易于食品运输和长期保存。

3. 生物研究

① 血浆和细菌能够长期贮存。用冷冻干燥脱水细胞不会破坏它的功能，因此当再供给它们水分时，能恢复到以前的活力状态。因此冷冻干燥可用于保存血浆和细菌。

② 内脏器官的保存。冷冻干燥也能干燥活的内脏器官，能不破坏它们的机能而进行贮存，并在使用时供给水分再生。因此，冷冻干燥可以保持组织的功能，防止它们由于氧化而产生腐败。

除了在食品、医药、生物等方面获得广泛应用外，冷冻干燥技术还在其他领域中不断得到新的应用。例如：在材料制备中可作为一种先进的低温化学制备方法，用来制备金属超微粉体，合成金属氧化物、复合氧化物等精细陶瓷粉末；还可用于皮肤、角膜、骨骼等的保存，组织工程支架的制备，以及新型化妆品的研制、饱水文物的脱水、电子显微镜生物样品制备、动物和人体器官样本制作等方面。

总之，利用冷冻干燥技术能够保持物料的结构、性质和形状等特点，这是其他干燥方法无法比拟的。

二、药品冻干的基本原理和基本过程

（一）药品冻干的基本原理

真空冷冻干燥（以下简称冻干）是一个稳定化的物质干燥过程。它是指将含水的物质，先冻结成固态，而后在一定的真空度下，使其中的水分从固态冰直接升华变成水蒸气，以除去水分而保存物质的方法。了解真空冷冻干燥原理，首先须了解水的物性，即水通常具有三种聚集状态（图6-1）。在指定的温度、压力下，水的固、液、气三相可以互成平衡，根据实验数据，将水在各种平衡条件下，温度和压力的对应关系绘制成水的平衡相图（*p*-*T*图）（如图6-2）来研究。

*O*点是固液气三相共存的状态点，称为三相点，其温度为0.01℃，压力为611.71Pa。

真空冷冻干燥就是先将固体湿料冷冻到“三相点”以下，使湿料中的水分变成固态（冰）；然后在真空环境下加热，使冰直接升华为水蒸气逸出，并通过不断移走水蒸气，使物料脱水而干燥（如图6-3）。

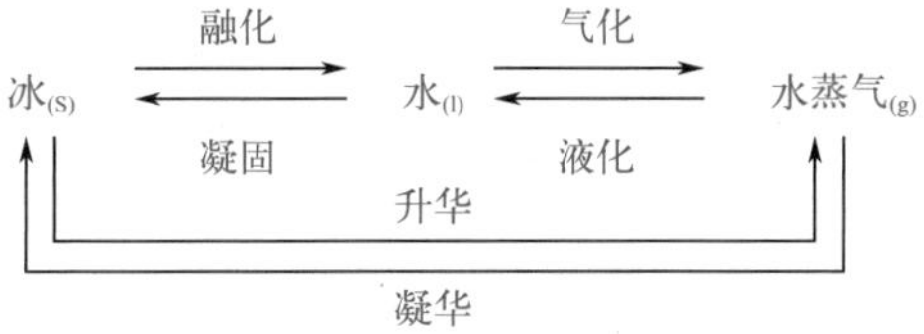

图6-1　水的三种聚集状态

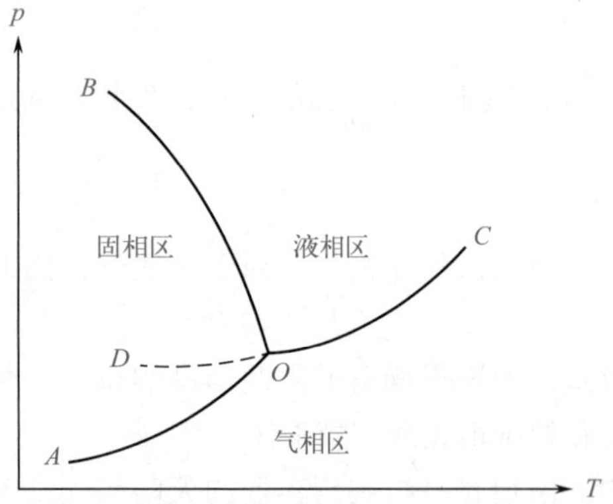

图6-2 水的平衡相图

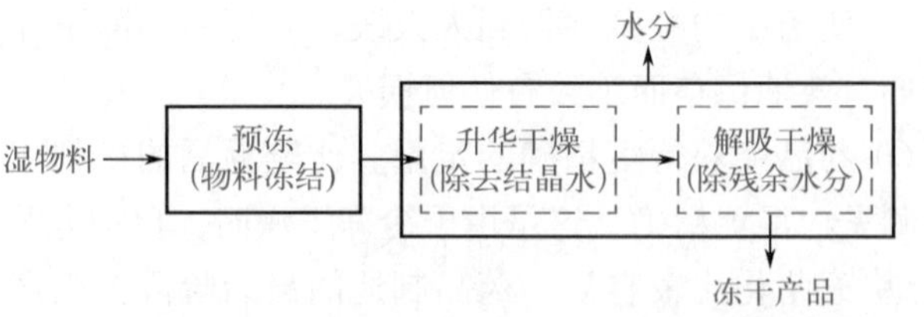

图6-3 湿物料真空冷冻干燥简易过程

而药品的冻干就是将符合药用要求的药物水溶液，在冰冻状态下通过低压升华和解吸附的方法，使制品内水分减少到使其在长时间内无法维持生物学或化学反应的水平。

（二）冷冻干燥的基本过程

总体来说，药品真空冷冻干燥过程主要由以下五个阶段组成：物料的预处理或制备、预冻、一次干燥（升华干燥）、二次干燥（解吸干燥）、封装和储存。通常讲的冻干基本过程，主要指灌装半加塞后的制品在冻干箱完成的冷冻干燥过程，主要包括预冻、一次干燥（升华干燥）、二次干燥（解吸干燥）三个阶段。

制剂药品冻干工艺中，需要冻干的药品需配制成一定浓度的水溶液，即物料的预处理或制备。为了能保证干燥后有一定的形状，一般冻干产品应配制成含固体物质浓度在4%～25%之间的稀溶液，以浓度为10%～15%最佳。

这种溶液中的水，大部分是以分子的形式存在于溶液中的自由水，少部分是以分子吸附在固体物质晶格间隙中或以氢键方式结合在一些极性基团上的结合水。固定于生物体和细胞中的水，大部分是可以冻结和升华的自由水，还有一部分是不能冻结、很难除去的结合水。冻干就是在低温、真空环境中除去物质中的自由水和一部分吸附于固体晶格间隙中的结合水的工艺。

1. 预冻结（预冻）

预冻是指干燥前将物料在低温下进行冻结，使物料固定，为升华干燥做准备，预冻是真空冷冻干燥操作的准备阶段。

预冻的目的是将溶液中的自由水固化，赋予干燥后产品与干燥前相同的形态，防止抽空干燥时起泡、浓缩和溶质移动等不可逆变化发生，尽量减少由温度引起的可溶性物质减少和生命特性的变化。

（1）预冻的方法 溶液的预冻方法有两种：箱内预冻法和箱外预冻法。

箱内预冻法是直接把产品放置在冻干机内的多层搁板上，由冻干机的制冷系统进行冷冻。大量的西林瓶和安瓿进行冻干时为了进箱和出箱方便，一般把西林瓶或安瓿分放在若干金属盘内，再装进箱子。为了改善热传递，有些金属盘制成可抽活底式，进箱时把底抽走，让西林瓶和安瓿直接与冻干箱的金属板接触；对于不可抽底的盘子，要求盘底平整，以获得产品的均一性。为减少人员干预，目前多采用自动进出料系统完成制品从灌装半加塞到冻干箱的转运过程。

箱外预冻法一般是利用低温冰箱、乙醇加干冰或使用专用的旋冻器来进行预冻，旋冻器可把大瓶产品边旋转边冷冻成壳状结构再送进冻干箱。采用旋冻法的大容量血浆瓶要事先冻好并加上导热用的金属架后再进箱进行冷冻，一般不适合大规模生产。

（2）预冻速率 预冻速率指的是在给定时间间隔内，已冷冻的物料的厚度变化除以该时间间隔。

预冻时形成的冰晶大小会影响干燥速率和干燥后产品的溶解度，所以应根据产品不同而试验出一个最佳冷冻速率。实际生产中主要包括快速冻结法（快冻）和缓慢冻结法（慢冻）。快速冻结法一般是先将干燥箱隔板冷却到-45℃左右，再将产品放入；缓慢冻结法是将产品放进干燥箱中后再开始对隔板降温，这样的冷冻过程稍长，温度的变化比较缓慢。

冻结速度越快（快冻），过冷温度越低，所形成的晶核数量越多，晶体来不及生长就被冻结，形成的晶粒数量越多，晶粒越细，复溶速度越快；冻结速度慢（慢冻），形成的晶粒数量越少，晶粒也越粗大，有利于升华过程中水分的排出，但是溶解缓慢。

预冻速率的影响主要体现在预冻过程产生的机械效应和溶质效应会对生物细胞产生一定的破坏作用并引起生化药品失活或变性。对这种现象可采用下列措施解决：①预冻采用速冻法，先将搁板温度降至-45℃左右，再放入产品急速冷冻，形成细微冰晶，使其来不及产生机械效应和溶质效应；②缓冲液要选用溶解度相当的缓冲盐溶液；③加入产品保护剂。

在制品预冻完成后，有必要进行保温，目的是进一步冻牢产品。保温时间的经验值一般是1～3小时，但它与冻干机的性能、制品的装量、制品与隔板的接触紧密度等因素有关，因此，保温时间的长短，还是要根据现场的实际情况和具体的条件由实验来决定。这是关键的一步，这一步做不好就可能会造成性能好的冻干机干燥出不合格的产品；重视了这一步，性能差的机器也能冻出好的冻干产品。这是用户和冻干机生产单位的矛盾，这就要求用户除了购置性能良好的冻干机外，还要探索和研究冻干产品本身的工艺要求。有的用户买了冻干机，就想立刻生产出合格的产品，这是不现实的。因为不同的产品，由于其品种、配方、共晶点温度、崩解温度和终了的允许最高温度不同，甚至装载制剂的容器不同，其冻干工艺也会有很大的差别。这在生产前就应引起足够的认识。因此物料预冻保温的最佳时间一定要通过多次实验来寻求，经验值只能作参考。

2. 升华干燥（第一阶段干燥）

升华干燥也称为第一阶段干燥。将冻结后的产品置于密封的真空干燥箱中加热，其冰晶就会升华成水蒸气逸出而使产品脱水干燥。干燥是从外表面开始逐步向内推移的，冰晶升华后残留下的空隙变成水蒸气的逸出通道。已干燥层和冻结部分的分界面称为升华界面，一般称为水线。在生物制品干燥中，一般情况下升华界面约以1mm每小时的速度向下推进。当除去全部冰晶时，第一阶段干燥基本完成，此时约除去全部水分的90%，主要为自由水。

产品在升华干燥时要吸收热量，1g冰全部变成水蒸气大约需要吸收2805.16J的热量，因此升华阶段必须对产品进行加热。当冻干箱内的真空度降至20Pa（可根据制品要求而定）以下，就可以开始给制品加热，为升华提供能量。根据生产实际，一般冻干箱内的真空度控制在10～30Pa之间最有利于热量的传递，利于升华的进行。

第一阶段升华干燥是冷冻干燥的关键阶段，大部分的水在这一阶段被除去，若控制不好，会直接影响产品的外观质量和冻干时间。若搁板的温度过高，搁板向产品提供的热量大于冰晶升华所吸收的热量，则产品温度持续上升；当产品温度超过其共熔点时，则产生熔化、喷瓶或瓶底变空等现象，影响产品的外观质量。

此外，赋形剂的选择和用量对冻干生化药品的外观影响也很大。由于各个产品的性质各不相同、配方各不相同、离子浓度各不相同，因此对赋形剂的选择和用量要求也各不一样。若控制不好，冻干后的产品外观成为不易溶解的蜂窝状或粉状，而不能成为结构疏松、易于溶解的网状结构，会影响产品的外观质量。对于激素、酶、疫苗等剂量相对较小的热敏型药品，为了增加冻干产品结构的牢固和外观的平整，大多需要添加赋形剂。

3. 解吸干燥（第二阶段干燥）

解吸干燥即解吸附干燥，也称第二阶段干燥。在第一阶段干燥结束后，产品内还存在10%左右的水分吸附在干燥物质的毛细管壁和极性基团上，这一部分的水是未被冻结的。当它们达到一定含量时，就为微生物的生长繁殖和某些化学反应提供了条件。实验证明：即使是单分子层吸附以下的低含水量，也可以成为某些化合物的溶液，产生与水溶液相同的移动性和反应性。因此为了改善产品的贮存稳定性，延长其保存期，需要除去这些水分，这就是解吸干燥的目的。

由于这一部分水分是通过范德瓦耳斯力、氢键等弱分子力吸附在药品上的结合水，因此要除去这部分水，需要克服分子间的力，需要更多的能量。此时可以把制品温度加热到其允许的最高温度以下（产品的允许温度视产品的品种而定，一般为25～40℃，病毒性产品约为25℃，细菌性产品约为30℃，血清、抗生素等可高达40℃），维持一定的时间（由制品特点而定），使残余水分含量达到预定值，整个冻干过程结束。

如果制品共晶点较高，系统的真空度也能保持良好，冷凝器的制冷能力充裕，则也可采用一定的升温速度，将搁板温度升高至允许的最高温度，直至冻干结束，但也需保证制品在大量升华时的温度不得超过共晶点。

在解吸干燥阶段随着产品内逸出水分的减少，冷凝器温度的下降又引起系统内水蒸气压力的下降，这往往使冻干箱的总压力下降到低于10Pa，进而使得冻干箱内对流的热传递几乎消失。根据实际生产经验，为了改进冻干箱传热，使产品温度较快地达到最高允许温度，以缩短解析干燥阶段时间，要对冻干箱内的压强进行控制，控制的压强范围在15～30Pa之间（由制品特点而定）。

由于冻干药品中的残留水分对冻干生化药品的影响很大，残留水分过多，生化活性物质容易失活，大大降低了稳定性。控制冻干药品中的残留水分，关键在于第二阶段干燥的控制。在这一阶段中，温度要选择能允许的最高温度；真空度的控制尽可能提高，有利于残留水分的逸出；持续的时间越长越好，一般过程需要4～6小时（由制品特点而定）；对自动化程度较高的冻干机可采取压力升高试验控制残留水分，一般情况下保证冻干药品的水分含量少于4%。

目前，针对两个干燥阶段的区分，根据实际生产的情况，还存在争论。

除了上述预冻、升华干燥和解吸干燥，即冻干机内冻干过程的三个主要阶段以外，冻干过程结束后冻干机还需完成复压、压塞及出箱操作。

解吸干燥结束之后产品干燥完毕，如果是盘装产品，即可放入无菌空气使箱内恢复到正常大气压，即复压操作，然后打开箱门进行产品的出箱工作。需要注意的是干燥产品极易吸收空气中的水分，因此盘装产品出箱时要对无菌室空气的湿度进行控制，出箱后的产品应立即与大气隔绝，以免影响冻干产品的残余水分含量。

对于冻干制剂，冻干产品由于在真空下进行干燥，因此受氧气的影响很小。如果出箱放入空气，空气中的氧气会立即侵入干燥产品的间隙之中，一些活性基团会很快与氧结合，对产品产生不可逆转的影响。为了避免上述情况，有些产品采用惰性气体密封，例如氮气密封，有些产品采用真空密封。

早期的冻干机没有在冻干箱内设置可以密封所有瓶子的装置，也没有适合密封用的瓶子和塞子，产品出箱后需逐瓶进行密封。如果是安瓿则采用逐一熔封的方法，可以是一边抽空一边熔封的真空熔封，也可用氮气赶走空气后再熔封的充氮熔封；如果是小瓶则需逐一用手塞上可翻口的塞子，再插入针头抽空，并用封蜡密闭针头的插孔，每批产品小瓶数量巨大，需耗费大量人力。

后来发明了箱内密封小瓶的装置以及与之配套的小瓶和塞子。塞子在小瓶分装产品之后经“半压塞”定位在瓶口上，并一起进箱预冻和干燥。塞子上带有通气孔，以便升华水汽通过。冻干结束后需靠机械装置把塞子全部压入瓶口，使小瓶与外界隔离。最早的压塞装置是橡皮袋式，在板层上方有一夹层，夹层中放橡皮袋，平时橡皮袋靠弹簧的力量压扁在夹层中，冻干结束后往橡皮袋中放入空气，橡皮袋在真空中膨胀，把瓶塞压入瓶口，这实际上是利用了大气压的力量。后来又有利用螺杆的力量进行压塞的螺杆式压塞装置。现代冻干机几乎均采用液压方式压塞，压塞设计压力为98kPa。箱内压塞对小瓶有较高的要求，瓶高、瓶口直径、瓶口圆度等的尺寸精度要高，小瓶要厚薄均匀，有一定的强度，否则可能被压破或者影响密封。塞子同样要有高精度，橡胶硬度要合适，与瓶口配合严密，塞子上的通气口不能太小，以免增加升华阻力，半压塞后在瓶口定位可靠。塞子一般采用透气性差的丁基橡胶制造。为了利于塞子在半压塞机械上的传送和减少压塞阻力，塞子要用黏度为$3.5\times10^{-4}m^2/s$左右的医药用硅油进行硅化处理。

冻干结束后，如果是真空压塞，则停机后不放入任何气体，立即开动液压系统进行压塞。压塞完成后使板层恢复原位，然后放入无菌空气，待冻干箱到达大气压之后，打开箱门，取出产品。如果是充氮压塞，则先用氮气进行预放气，到达设定的真空度后进行压塞，压塞完毕之后再次放气，待冻干箱到达大气压之后，打开箱门取出产品。

为防止压塞时损坏设备和产品，小瓶进箱时必须正确放置，因为液压杆的位置是安装在板层的几何中心处，所以必须在板层上放满小瓶，不能把小瓶偏向一边放置。如果放不满，需用带塞子的空瓶填满整块板层，不然在进行压塞时会损坏板层、金属软管和液压系统，也会压破小瓶。

压塞时为了使瓶塞全部压到位，可以在瓶塞压入后保持一段时间。如果板层松开后仍有部分塞子没有压到位，可以再重复压一次。压塞完毕之后，应使板层恢复原位之后再放气到大气压，不然部分小瓶可能会吊在上板层上，影响出箱。

如果冻干结束之后，要等待较长的时间才能出箱，应使板层降温到贮存温度，以防产品受到损害。产品一旦出箱之后，要立即进行密封工作，因为干燥产品很易吸收空气中的水分，使产品的含水量增加，盘装产品尤其要注意这个问题。压塞后的小瓶要立即轧铝盖，压紧瓶塞，以防空气的侵入，铝盖不能轧得太松。需要冷藏的产品在轧盖、贴标签和包装之后要迅速转移到冷库中。

三、冻干粉针制剂的处方设计及冻干曲线

（一）冻干过程的关键要素

冻干过程需要三个关键要素，即:

1. 处方

确定处方是最关键的步骤。溶液的组成关系到冷冻、升华等步骤的实施。处方一般包括：活性成分、赋形剂、冻干保护剂及工艺用水等。

确定处方时，对于给定某物质，首先应了解其结构与特点，测定其共晶点温度，然后根据共晶点温度判断是否需要加入添加剂（包括赋形剂、稳定剂等）。如果需要加入添加剂，考虑加何种物质和加入量。冻干之后，进行外观、水分等项目观察与测定，逐渐修改处方和重复试验直到指标相似或相同为止。药物处方设计中，应考虑药液中固体物浓度保持在4%～25%，在内包装容器中的药液装量厚度一般以控制在10～15mm为宜。

2. 重要的热力学性能（冻干曲线）

冻干曲线就是将搁板温度、制品温度与系统的真空度等参数随时间的变化真实记录下来的曲线图。冻干曲线是冷冻干燥过程控制的基本依据。

除了以上几个要素外，冻干曲线从深层次讲还与制品过冷的程度、结晶的程度、崩解温度或共晶温度、亚稳状态间隙物质的相变化、溶液的结晶热、间隙物质的熔化温度等因素有关。

冻干曲线对于冻干过程尤为重要。产品冻干过程中最重要的参数是制品的温度和干燥箱内的压力。一般通过控制导热油进口的温度来间接控制制品的温度。冻干曲线一般以温度为纵坐标、时间为横坐标，还可以有产品温度、冷凝器温度、真空度等曲线。根据冻干产品的不同性质、冻干机的不同性能，制定出适宜的冻干曲线，既是手工操作冻干机的依据，也是全自动控制冻干机操作的依据。

冻干曲线的制订还与产品的配制工艺、装量的多少、分装容器的种类、设备条件等许多因素有关。即使是同一产品，生产厂家不同，其冻干曲线也不一样。生产厂家应根据各自的具体条件，从试验中制订出最佳的冻干曲线（如图6-4）。冻干产品质量控制要考虑冻干曲线程序的设定。

3. 好的冻干机

好的冻干机应能够：满足GMP要求、性能卓越、能量随意调节、重演性强。

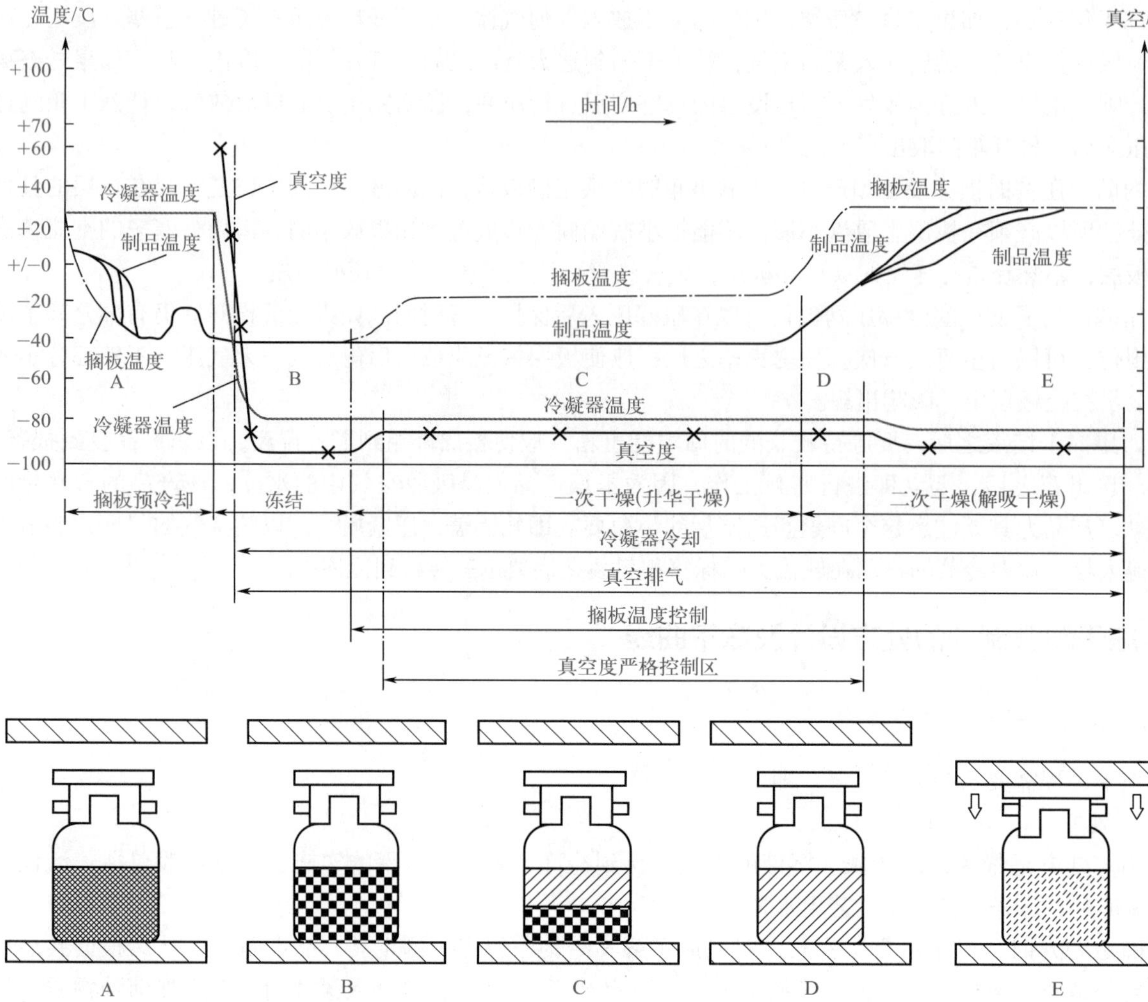

图6-4　冻干曲线示例

（二）冻干曲线的设计参数

制定冻干曲线的设计参数一般包括以下参数。

1. 冻结温度（预冻温度）

理论上冻结的最低温度必须低于产品的共熔点温度，一般预冻温度设置低于产品共熔点温度10～20℃。预冻温度应根据产品的共熔点来决定，多数产品的共熔点在−30～−15℃之间。无条件检测共熔点时，一般将最终温度定为−50～−40℃。

如果冻结温度高于产品的共熔点温度，则产品不能完全固化，真空干燥时会引起液体沸腾，造成喷瓶现象等，导致冻干失败。冻结最低温度与产品的品种、溶液的浓度等因素有关，各种制品的共熔点温度是不同的，同一制品而不同浓度的共熔点温度也会有所不同，需通过试验确定。

2. 冻结时间

样品冻结过程需要一定的时间。若产品装量较多且所用容器底厚也不平整，或未把制品直接放在冻干箱板层上冻干或者冷冻机能力差，则预冻的时间更长一些。预冻所需的时间要根据不同的具体条件来确定。总的原则是，应使制品的各部分完全冻实。预冻时间仅是经验值，根据冻干机不同、总装量不同、物品与搁板之间接触不同，预冻的时间会有差异。

通常冻干箱内的搁板从室温25℃降到−40℃约1.5h，在达到预冻温度后再保持1～2h，确保整箱全部制品完全冻结。具体预冻时间可由试验测得（由制品特点而定）。

3. 冻结速率

冻结速率不同直接影响产品的质量。冻结速率的快慢，对制品冻结中晶粒的大小、活菌的存活率和升华的速率均有影响。冻干设备的最大制冷能力是轻易不改变的，多数情况下产品的冻结速率不能通过设备进行有效的控制，只能以冻结温度和装箱来决定冻结速率。例如，要求冻结速率快，干燥箱应预先降至较低温度再让产品进箱；反之，可在产品进箱后再对箱体降温。一般来说，慢冻晶粒大，产品外观粗糙，不容易损伤活菌，但升华速度快；而速冻则与此相反。因此，需要选择一个合理的冷却速度，以得到较高的存活率、较好的物理性状和溶解度，且利于干燥过程中的升华。速冻和慢冻一般是这样划分的，即制剂温度每分钟降温10～15℃为速冻，每分钟降温在1℃左右的为慢冻。

在目前已有的冻干机上要做到溶液制剂速冻，可以先将搁板预先降温到冰点以下X摄氏度（比如-40℃）后，再将被干燥的制剂迅速放入干燥箱内降温，这样制剂降温的速度较快，得到冻结的晶粒比较细，细小的晶粒不会使生物制品因晶粒长大而造成机械性损伤。快速降温还能避免冻结过程中制品浓缩的现象发生，得到的制剂外观比较均匀、表面积大、多孔性好、干燥后易溶性强。但因为晶粒细小，冰晶体升华后留下的间隙狭小，水分升华的阻力大，干燥速度慢，生产周期延长，而且干燥后的制品特别容易吸湿，给保存带来困难。

慢冻，因被干燥物质的降温是在放入干燥箱后与搁板同步进行的，所以制剂降温的速度比较缓慢。因降温是缓慢进行的，所以当制品降低到一定温度、出现结冰晶体后，有充分的时间让冰晶长大。因此，得到的晶粒较大，冰晶升华后，留下的间隙也大，升华时水分极易溢出，干燥的速度比较快，缩短了冻干（生产）的周期，提高了生产效率。缺点是因为慢冻，制剂容易在冻结过程中出现“过冷”现象。“过冷”现象会引起被干燥制品产生浓缩，均一性差，进而影响冻干产品的外观。

冻结温度、冻结时间和冻结速率是预冻结过程中重要的参数，必须在预冻之前确定这三个参数。预冻结过程是冷冻干燥的第一步。若预冻没有冻好，产品冻结不实，在进入第一阶段升华干燥时，产品可能出现“沸腾”现象而引起喷瓶，或冻干后制品表面凹凸不平，影响外观；如果预冻温度过低，则不仅浪费了能源和时间，而且对某些产品来说还会降低其存活率。

4. 冷凝器降温时间

冷凝器在预冻结结束阶段，只要设备的冷冻能力富裕，抽真空开始之前就可以开始降温。冷凝器开始降温的时间由冷凝器的降温性能来决定。冷阱空载降温的时间可从冻干机的性能表中查得，一般冷凝器的温度，达到-40℃左右，可开始抽真空。性能较好的机器一般提前半小时开始降温。冻干过程结束前，冷凝器的温度应始终在-40℃以下。冷凝器温度过高会影响冻干过程及冻干产品质量。

5. 抽真空时间

预冻结结束时即为开始抽真空的时间。通常要求在半小时左右，箱体内的真空度能达到0.01Pa。抽真空要依次打开真空泵、罗茨泵（大型冻干机）、小蝶阀、中隔阀。真空泵、罗茨泵和真空阀门打开的时间应一直持续到冻干结束。

6. 冻结结束时间

预冻结过程结束后，就停止对干燥箱内搁板层的降温。通常在抽真空的同时或真空度抽到规定要求时，即停止对导热搁板的降温。

7. 升华过程加热的时间

一般认为开始加热的时间就是升华干燥开始的时间（实际上抽真空开始时升华即已开始）。一般当冻干箱内的压力降到10～20Pa时，可打开电加热器给搁板加热。有些冻干机利用真空继电器自动接通加热，即真空度达到预定要求后，加热自动开始；有些冻干机是在抽真空之后半小时开始加热，这时真空度已达到10Pa甚至更高。

8. 干燥箱体真空度控制时间

箱体内进行真空控制的目的是改进干燥箱体内热量的传递。通常在升华干燥阶段时使用，利用掺气法控制，真空度保持在10～30Pa，待产品升华干燥结束后即可停止控制。在解吸干燥阶段，系统应恢复到能得到的最高真空度。恢复高真空状态使用时间的长短由产品的品种、装量和调定的真空度数值来决定，但是具体品种还要具体分析。

9. 不同冻干阶段产品加热的最高允许温度

产品升华时受下列几种温度限制：①产品冻结部分的温度应低于产品共熔点温度；②产品干燥部分的温度必须低于其崩解温度或容许的最高温度（不烧焦或变性）；③最高搁板温度。

当温度上升到一定数值时，液态产品已干部分构成的“骨架”，因刚性降低，产品变得有黏性而塌陷，封闭了已干部分的海绵状微孔，阻止了升华的进行，导致升华速率减慢，所需热量减少，产品因热过剩而熔化报废，这种现象称为崩解。发生崩解的温度叫崩解温度。崩解温度主要由溶液性质和成分所决定。过低的崩解温度会延长干燥时间，甚至是设备所不能达到的，可以通过选择合适的添加剂来提高崩解温度。

搁板加热的最高允许温度应根据产品理化性质而定。在升华干燥时，搁板的加热温度可超过产品的最高允许温度，因为这时的产品仍停留在低温阶段，提高搁板温度可提高升华干燥速度。待大量升华阶段基本结束时，再将搁板温度降至允许的最高温度。但是为了避免搁板温度过高而产生变形或烧坏，搁板温度应限制在某一安全值以下。此时，由于传热产生的温差，板层的实际温度可比产品的最高允许温度略高。

10. 升华速率

产品的升华速率主要由搁板的供热能力和冷凝器的捕水能力决定。在操作上只要是干燥箱的压力维持在允许的最高压力以下，升温速率就允许进一步提高。干燥时间决定于升华速率，而升华速率又决定于制品允许的最高温度、向制品供热的多少和排除升华水蒸气的快慢。这些因素都可以用搁板的最高温度和箱内压力来控制。

正常的升华速率大约每小时使产品下降1mm的厚度。因产品的分装厚度不同，升华时间会增加或减少。厚度大，升华时间长。

11. 校正漏孔的工作时间

校正漏孔的目的是改善冻干箱内的热量传递，通常在解吸阶段使用，以恢复高真空状态。工作时间的长短由产品的品种、装量和设定的真空度值决定。

12. 真空报警工作时间

目前，大型冻干机均设有真空报警装置。在升华过程中，一旦真空度下降至报警设定点，真空报警装置发出报警信号，同时自动切断加热，并启动冷冻机对产品进行降温，以保护产品不致发生熔化。其工作时间通常在从加热开始到校正漏孔使用之前，或从冻干开始到整个冻干操作结束。

13. 冻干的总时间

冻干的总时间是预冻时间、升华干燥时间和解吸干燥时间的总和，主要由产品的品种、瓶子的种类、装箱方式、装量、机器性能等决定，一般需18h以上，有些特殊的产品则需要几天的时间。

冻干曲线参数确定后，整个冻干曲线就能绘制出来，进而制定与之同步的冻干时序。冻干时序是指在冻干过程中，不同时间的各种设备的启闭运行情况。如果冻干过程为手动操作，操作者可按标准操作规程（SOP）的内容，逐步控制冻干机的运行；如果冻干机有自动程序运行装置，可根据冻干程序，进行自动程序控制。

四、冻干粉针剂生产过程的污染控制策略（CCS）

冻干粉针剂是非最终灭菌工艺（无菌工艺）下生产的无菌制剂。对无菌制剂而言，产品的无菌性、热原或细菌内毒素、不溶性微粒均是与安全性相关的极为重要的关键质量属性。《药品生产质量管理规范（2010年修订）》中单独设置了无菌药品附录，全面、系统地阐述了无菌药品相关的GMP规定，以最大限度降低微生物、各种微粒和热原的污染，保证无菌药品的安全性。

质量源于设计的药品研发方法与控制策略。《药品GMP指南》（2023年版）中提出：控制策略

（CS）是指为确保工艺性能和产品质量，基于当前对产品和工艺的理解而建立的一套有计划的控制，包括与原料药、制剂生产所用物料和组件、厂房设施和设备运行条件、过程控制、成品质量标准、相关监测和控制的方法和频次等的相关参数和特性。

无菌制剂控制策略由紧密关联的三个部分组成，即：生产控制策略、质量控制策略、污染控制策略（见图6-5）。

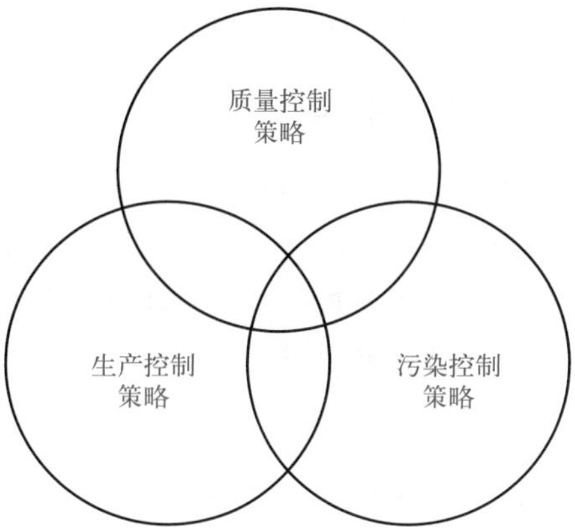

图6-5　无菌制剂控制策略紧密关联的三个部分

其中，生产控制策略基于产品类型、需求、过程和风险建立，在有的药品生产企业中也被称为工艺控制策略；质量控制策略基于对风险的理解，在满足监管要求的生产过程中控制关键质量属性；污染控制策略包括交叉污染控制，可包括控制放行或产品分隔的要求。前两个部分，即生产控制策略和质量控制策略也可统称为生产和质量控制策略。

《药品GMP指南》（2023年版）概述了无菌制剂的控制策略。在生产和质量控制策略、污染控制策略中详细地阐述了制定策略应考虑的原则和具体方法，并结合药品质量管理体系的要求介绍构建无菌保证系统需考虑的因素，概述无菌制剂生产和质量管理的要点和要求。本书结合教学实际，重点介绍污染控制策略。

污染控制策略（contamination control strategy，CCS）的概念源于欧盟《GMP附录1：无菌药品生产》，2022年8月正式发布。根据其定义，污染控制策略是基于对产品和工艺的理解，为确保工艺性能和产品质量而制定的一整套对微生物、热原（或细菌内毒素）和微粒的控制措施。这些控制包括对活性成分、辅料、药物及其包装容器组件、设施和设备的运行状态、中间产品和成品质量标准等相关的参数和属性的设定，以及监控方法和频次。

对于无菌药品，污染控制策略中针对的污染源主要包括三类：微生物、热原（或细菌内毒素）和微粒（如玻璃和其他可见或不可见微粒）。

冻干粉针剂生产过程存在多因素的影响，相对于其他剂型属于高风险剂型。利用CCS理念，采用风险管理原则对人流、物流、环境、设施设备、生产工艺、无菌转移、卫生和消毒等生产各环节进行风险评估，期望有助于研究人员进一步识别并制定无菌药品生产过程的污染控制点。

结合冻干粉针剂生产工艺流程，冻干粉针剂生产过程中的质量控制点可体现在以下几个方面。

（一）原辅料

原辅料的购进均按GMP要求把关，供应商应保持稳定。按批检查微生物限度、细菌内毒素，并确保物料的储存条件。

（二）清洗和准备（包括物料及工器具）

冻干粉针剂生产用的包装材料，如胶塞、西林瓶、铝盖，和生产用工器具等的清洗灭菌场所均设置于D级或C级区域。生产企业应制定相应的标准操作程序（SOP），明确规定包装材料的清洗和灭菌程序及相关参数，并对清洗和灭菌的效果进行验证和日常监控。

（三）药液配制

药液配制是指按照生产品种处方的要求，利用配液系统，把原料、辅料等各种成分进行溶解配制，制成待下一步灌装的药物溶液。药液配制区域的洁净级别一般为C级。目前生产企业的配料系统已实现在线称量、pH检测、温度检测、在线清洗（clean in place，CIP）和在线灭菌（sterilize in place，SIP）。

药液配制过程要确保配制顺序正确，投料顺序、方式、参数等符合工艺规程。

（四）药液过滤除菌

对于冻干粉针剂的药物特点及生产工艺，过滤除菌是目前唯一的除菌手段。通常采用二级过滤的方式过滤药液，使之符合生产标准。过滤器采用SIP进行灭菌，同时规定除菌滤芯在使用前后必须进行完整性测试等。还要对药液从配制结束到除菌过滤的间隔时间进行控制，主要应从微生物控制以及药液稳定性两方面考虑进行时间跨度设定。无菌保持时间通过培养基模拟灌装时间确定，药液稳定性通过产品工艺验证确认。

（五）灌装、半压塞及自动进箱

无菌灌装区域处于B级背景下的A级区，该区域为非最终灭菌产品生产的高风险区域，对于人员无菌屏障系统（工作装备）和人员数量控制都要符合GMP的规定，有严格的要求，避免人员污染以及控制药品在该区域的暴露时间。灌装设备通常要进行设备验证以提供稳定的性能，所在区域要设置限制性进出隔离系统（restricted access barrier system，RABS），以有效保证药液的无菌要求、灌装工位A级区的洁净度，同时避免人员干预。经无菌灌装、半压塞的产品，经过自动进出料系统，转运至冻干箱内，整个过程均在A级区内自动完成。

（六）冷冻干燥

药品的冷冻干燥过程是在制剂型冻干机中完成的。冷冻干燥进出料区域同在灌装功能间，须处于B级背景下的A级区，进料后制品处在冻干机前箱内，为无菌环境。目前冻干机通常能实现CIP和SIP，应确保冻干曲线各项参数都符合产品生产工艺规程。冻干过程中所使用的气体，其无菌性也是影响产品质量的关键性因素，一般通过0.22μm过滤器除菌，要定期进行过滤器滤芯完整性实验。

（七）转运出箱及轧盖

冻干结束后，全压塞过程完成的制品通过自动进出料系统从冻干箱的板层转移到出料平台，进入轧盖机进行轧盖，这个过程称为转运出箱。

轧盖的目的是轧紧瓶颈处已全压的胶塞，从而保证长时间内包装系统的密封性和产品的无菌性。轧盖工序设置于C级或B级背景下的A级区，自动化控制药品从冻干结束到全压塞转运出箱，再到轧盖的全过程，杜绝人员干预对药品无菌性的影响。轧盖过程会产生大量的金属颗粒影响洁净区环境，所以要特别防止微粒污染。轧盖后要取样检查产品的密封完好性。通常，若轧盖设备带有自动剔废功能，则该工序可设在C+A级区，否则只能在B+A级区完成轧盖。

（八）目检、贴标签和包装

完成轧盖的中间产品，其进行目检、贴标签和外包装的工作区域为一般洁净区。目检可通过人工目检、半自动目检和自动目检三种方式进行。因产品在该工序阶段已处于密封状态，受污染的风险很小。

冻干粉针剂生产过程中的污染控制策略涵盖内容较多。欧盟《GMP 附录1：无菌药品生产》指南2.5节中提到，CCS需考虑的要素包括但不限于：厂房和工艺的设计、厂房设施和设备、人员、公用系统、原辅料（包括中间产品）的控制、产品包装、供应商的批准（例如关键组分的供应商、组件的灭菌及一次性使用系统和服务）、外包服务、工艺风险评估、工艺验证、预防性维护保养（设备、公用系统及设施的计划性及非计划性维护保养）、清洁和消毒、监测系统和预防措施（趋势分析、调查、纠正和预防措施）。我国《药品GMP指南》（2023年版）中也指出污染控制策略的制定涉及很广泛的专业知识，需要跨部门团队的协作。

污染控制策略需要考虑的因素如表6-1所示。

表6-1 污染控制策略相关因素

<table>
<tr><td rowspan="2">与生产系统相关的因素</td><td>厂房设计</td><td>设施和设备</td><td>人员</td><td>公用工程和介质</td><td rowspan="4">综合评估污染措施在各因素中的有效性，推进持续改进</td></tr>
<tr><td>清洁和消毒</td><td>环境控制</td><td>供应商和外包服务</td><td>预防性维护</td></tr>
<tr><td rowspan="2">与产品和工艺相关的因素</td><td>产品信息和工艺设计</td><td>物料(原料、辅料、包装材料)和中间产品及其控制</td><td>产品容器及密封系统</td><td>供应商和外包服务</td></tr>
<tr><td>工艺风险评估</td><td>工艺(包括灭菌工艺)验证、清洁验证</td><td>生产过程及环境监测系统</td><td>趋势分析及纠正预防措施</td></tr>
</table>

第二节 冻干粉针车间设计及设备

一、冻干粉针车间特点

冻干粉针车间是生产冻干粉针剂的车间。按新版GMP要求，共有三个洁净工作区域，即：一般生产区，包括冻干机房、灯检及贴签包装区；C级区，包括称量配液区、器具的清洗灭菌区；B级背景下的A级区，包括灌装及转运区、轧盖区。

冻干粉针车间工作区域主要有称量配液区、器具的清洗灭菌区、药液的灌装及转运区、药品冷冻干燥区（包括冻干机械区域）、辅助工作区（灯检区、外包装区等）。

药品冻干生产车间主要包括药物称量、药液配制、药液过滤除菌、器具清洗灭菌、药液灌装、半压塞、转运进箱、冷冻干燥、全压塞、转运出箱、轧盖、灯检、贴签外包装等工序。

冻干粉针生产技术车间培训主要从称量配液岗位、西林瓶洗烘灌封联动线岗位和冷冻干燥岗位三方面进行。

为严格按照GMP规范，做到人物流进、出口分开，功能区齐全，冻干粉针净化车间平面布局往往体现为房间多且紧凑。人员从一般区到无菌区走道，必须经一更、二更、洗手、穿洁净内衣、穿洁净外衣、风淋室后到达。每个洁净房间必须有独立的送、回风口或排风口（便于调出正压），风管布置较复杂。除冻干前室、无菌灌装为A级无菌区外，其他C级区内的工器具前后、胶塞精洗、烘干等均需A级无菌保护。

冻干粉针车间规范要求：洁净区温度20～26℃、湿度45%～65%，冻干前室湿度≤50%。冻干粉针净化车间有较多无菌区，需设计考虑臭氧消毒。

图6-6为冻干粉针剂生产工艺流程图及生产过程控制点。

二、冻干粉针车间设计要求

（一）无菌冻干粉针GMP厂房设计

厂房设施的布局必须进行整体设计，在满足生产、设备和工艺布局要求下，同时考虑房间特定功能，设计合适的气流方向和最佳的人流、物流方向，以便最大限度降低污染、交叉污染风险，同时便于生产操作、清洁和维护。按照《药品GMP指南》（2023年版）的要求，要从以下几方面注意：

1. 高风险区的嵌入式设计

针对无菌制剂，设计时应考虑如下方面：高风险操作区（如无菌配制和灌装）应采取嵌入式的设计（如图6-7），在其外部设置保护区域；人员经过更衣控制，物料和部件则需要经过必要的清洁消毒或灭菌后方可进入无菌操作区域，使外界对无菌环境的影响降到最低。对于嵌入式设计，还需重点关注清洁和消毒的可行性及便捷性。

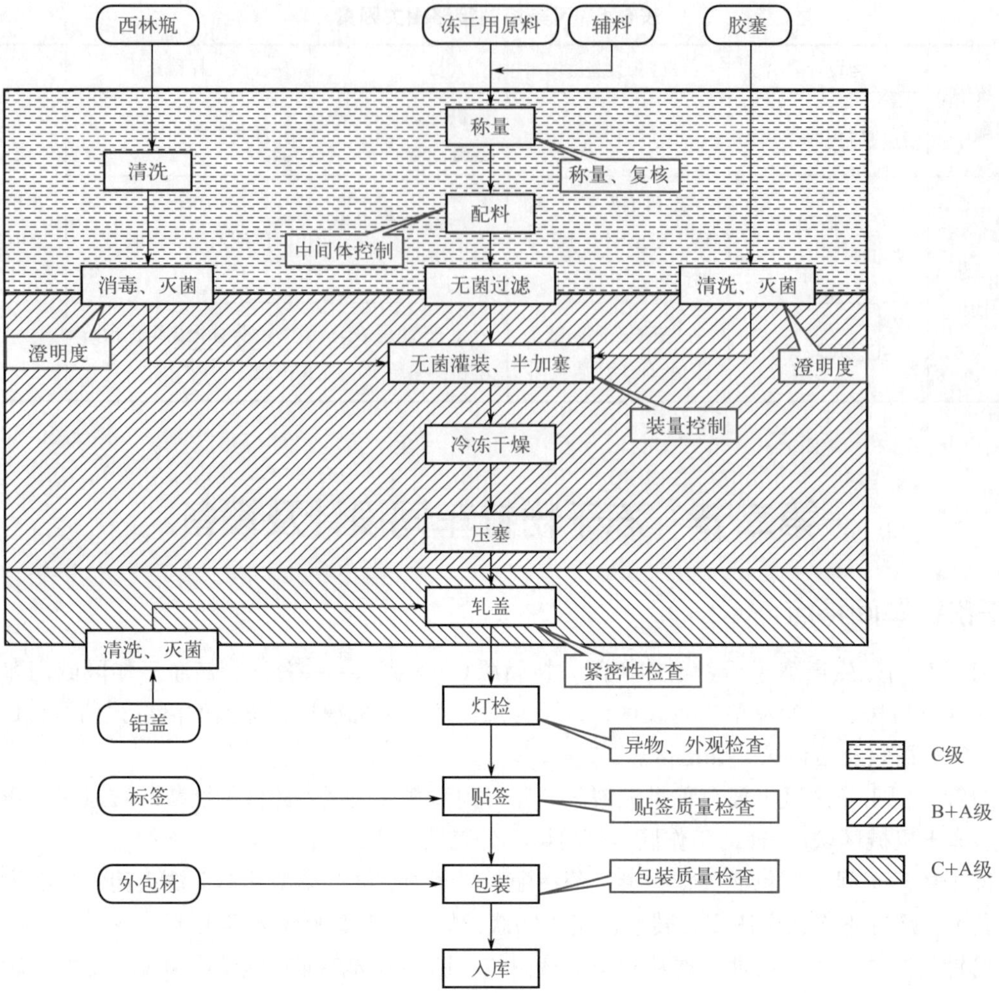

图6-6 冻干粉针剂生产工艺流程图及生产过程控制点

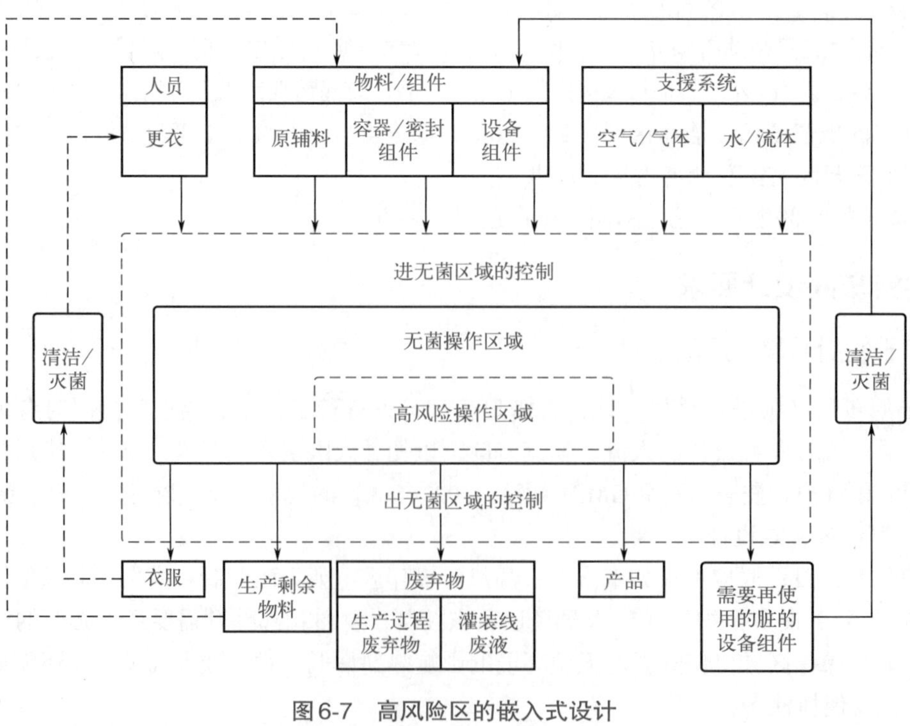

图6-7 高风险区的嵌入式设计

2. 气锁设计

人员、设备和物料应通过气锁间进入洁净区。

气锁的主要功能，一是控制气流组织，有效防止空气污染；二是维持两个区域间压差；三是提供缓冲区域，以控制污染物的侵入或外泄。

气锁是两个不同洁净区间的连接通道，因此可跨越气锁间设立压差监控系统，以监控相邻洁净级别间的压差。气锁可采用联锁系统或光学或（和）声学的报警系统，防止两侧的门被同时打开。

3. 洁净级别确认

洁净级别确认是厂房设施确认的一部分，并需要根据运行情况开展再确认，如日常环境监测有不良趋势或有重大偏差、厂房设施发生变更等。洁净级别确认和洁净区监测是两个环节，应该明确予以区分并分别管理。

洁净区的设计必须符合相应的洁净度要求，包括悬浮粒子达到“静态”和“动态”的标准。房间在使用时会引起环境条件的恶化，因此静态条件下的房间设计和测试应考虑更高的标准（可考虑参照ISO 14644的要求），以确保房间在动态使用条件下满足动态环境管理的要求。

自净时间是评估一个特定洁净室整体性能的重要指标。自净时间的任何重大变动都预示着洁净室存在问题。

4. 压差控制

控制相邻房间压差（气流方向）对保障生产操作起着关键作用。

GMP规定“洁净区与非洁净区之间、不同等级洁净区之间的压差应不低于10Pa。必要时，相同洁净度级别的不同功能区域（操作间）之间应保持适当的压差梯度。”洁净室压差的设计通常是气流由高洁净级别流向低洁净级别。

5. 气流组织（气流方向）

气流应按照预先要求的方向进行流动。适当的气流组织有助于较快地满足环境的温湿度和分级要求，有利于防止有害环境污染物对产品产生不利影响。静态环境下可通过烟雾试验观察单向流系统保护下的气流与设备的相互作用，如果空气因为湍流而产生回流，系统必须重新平衡或调整。动态环境下除上述试验外还需在人员进入操作时，继续考察气流流向，若操作时烟雾回流，应建立操作规程以避免人员进入操作对上述区域的气流组织造成影响，防止污染和交叉污染，确保敞口的无菌操作区域接触到的是首过空气（first air，指在接触暴露的产品和产品接触表面之前没有被中断，从而在到达关键区之前不太可能被污染的经过过滤的空气）。

气流方向检测方法包括示踪线法、示踪剂注入法、用图像处理技术进行气流目检、用速度分布测量进行气流目检等方法。

6. 人员控制

各相关洁净区可考虑设计门禁系统，限制无权限的人员进出洁净区，并对进出洁净区的人数进行控制。此外厂房设计时应考虑通信系统、录像监控系统或观察窗，方便管理人员或其他人员从外部观察、指导内部的操作行为，尽可能减少非必要人员进出洁净区的次数。

洁净区不同房间最大允许进入人数需综合考虑该房间空调净化系统送风的新风量、人员带来的微生物以及微粒污染、空调的自净能力、满足动态洁净度标准等因素确定。可参考相应标准中的计算方式进行计算。

根据不同的空气洁净度等级和工作人员数量进行计算：洁净厂房内人员净化用室和生活用室的建筑面积应合理确定，原则上可按每人2～4m^2进行计算，确定洁净区设计人数，计算时应考虑剔除洁净区设备占有面积。

（二）无菌冻干粉针GMP洁净工程设计

根据GMP（2010年修订）规定，并结合《药品GMP指南》（2023年版）的建议，无菌冻干粉针

GMP洁净工程的设计将除菌过滤、灌装、半加塞、冻干及全压塞设计为B级背景下的A级。同时直接接触药品的包装材料、器具（如丁基胶塞和西林瓶）的灭菌、冷却、装配、存放设计为B级背景下的A级。产品、包材和器具转运过程的环境洁净等级根据2010年版GMP规定，冻干过程中产品属于未完全密封状态，当产品置于完全密封容器内转运时，可在B级生产环境下进行；若产品置于未完全密封容器内转运，则必须在B级背景下的A级生产环境下进行。

1. 主要功能区域划分

① 浓配间、稀配间、灌装间在一条线上，通过管路输送料液。

② 洗烘瓶间、灌装间、冻干间在一条连贯的输送线上，通过配置自动进出料系统转运西林瓶。

③ 轧盖间、灯检间、包装间在一条连贯的输送线上，通过输瓶转盘和输瓶网带传输。

④ 西林瓶和胶塞的存放、清洗灭菌、暂存与灌装机集中于一处。

⑤ 铝盖的暂存、清洗灭菌与轧盖机集中于一处。

2. 辅助间布置

（1）器具清洗间、器具灭菌间与器具存放间 将器具清洗间、器具灭菌间与器具存放间就近浓配间、稀配间设计，要尽量缩短各种容器及过滤器在洁净区内的输送距离。另外，盛放胶塞、铝盖等的容器都需要清洗、处理，因此器具清洗间面积设计要合理，以便实现器具清洗间内待清洁容器和已清洁容器的分区管理。

（2）废弃物专用传出间 在冻干粉针生产过程中会产生一些容易污染环境的物料，譬如废弃的活性炭、废胶塞、废铝盖、原辅料内包材、碎玻璃等，所以需设计废弃物的专用传出间。

（3）原辅料暂存称量间 SICOLAB（实验室设计公司）把活性炭称量间与其他原辅料称量间分开设计，称量工作台上方加捕尘罩，减少对净化区的污染，活性炭称量间还加设除尘间。目前活性炭的使用将在冻干新工艺改革中被废除。同时，原辅料暂存称量间靠近配制间，以缩短物料在洁净区内的传送距离。

3. 设备布置

设备布置时主要满足5个方面的要求：①满足GMP的要求；②满足工艺要求；③满足建筑要求；④满足安装和检修要求；⑤满足安全和卫生要求。在SICOLAB的设计中，两台冻干机均为穿墙设计，与灌装机通过AGV（自动导引车）相连。穿墙布置能有效降低洁净室的面积，AGV能缩短未完全密封状态下的产品的运送时间和暴露时间，同时大大减少人员操作带来的污染。

三、冻干粉针生产设备

（一）称量配液设备

因称量配液设备和最终灭菌注射制剂生产设备基本相同，其已经在第二章“注射剂生产技术”中详细描述，故此章节中不再重复。下面仅针对前面章节没有详细描述的设备进行介绍。

（二）器具清洗灭菌设备

1. 胶塞清洗灭菌机

胶塞的处理分为清洗、灭菌、干燥等工序，这些工序既可以分开，也可以组合成一个连续的处理系统，以消除或减少胶塞在处理过程中可能出现的再次污染的风险。如有需要，还包括硅化工序。

下面介绍KJCS系列全自动湿法超声波胶塞清洗灭菌机（如图6-8）。

图6-8 KJCS系列全自动湿法超声波胶塞清洗灭菌机

（1）主要用途与适用范围 KJCS系列全自动湿法超声波胶

塞清洗灭菌机，是用于制药行业制剂粉针、口服液、输液瓶胶塞的洗涤、硅化、灭菌和干燥等工序处理的专用设备。

（2）结构说明 全自动湿法超声波胶塞清洗灭菌机的结构由清洗箱、清洗桶、变频变速的主轴传动机构、进料装置、超声波、水管路、气动球阀、真空泵、出料装置和自动控制柜等20多个部件组成。本机实现了机、电、仪一体化的同时又增加了多项新工艺、新技术，故具有设计先进合理、结构紧凑、操作方便、清洗灭菌质量高、高效等特点。

① 清洗箱。清洗箱为密封耐压圆筒形结构，功能齐全，上部开有进料孔、照明和观察孔、进水和进气口、硅油加料口、真空泵接口及清洗和冲洗管接口，前门为出料口，两侧有溢流槽，能自动排放漂洗脏物，后盖上安装主传动系统，为本机的主体结构。

② 清洗桶。清洗桶为圆筒带前锥体的筛孔结构，内壁装有两条出料螺旋，两条直板搅拌筋（8万只/批以上设有此筋），用来清洗翻滚搅拌，并作为出料输送螺旋。后封头与传动主轴连接，中心装有喷淋水管，圆周上开有弹簧门，当主轴停止转动、弹簧门与清洗箱上进料口对正时，需清洗的胶塞便可从此门被吸入清洗桶。

③ 主轴传动装置。主轴传动装置由电机串联减速机通过链条带动主轴。主轴装在主轴支架上，采用两点滚动轴承支承，承载负荷大，摩擦力小。主轴内装有小管轴。各轴与箱体的密封面采用高精度机械密封结构，密封性能好。主轴传动速度的改变选用进口的调频器控制，按洗涤工艺要求，由PLC可编程控制，可达到任意转动速度的调控，且运行平稳，调控转速准确。

④ 水管路系统。水管路系统是用来控制胶塞清洗液的进、排放，以及蒸汽灭菌、真空气相干燥等工艺过程。该系统中气动球阀的开、闭由气路汇总板上的二位五通阀控制。二位五通阀的动作由电控柜内的PLC控制，从而实现了系统的自动控制。

气动球阀的空气由外部供给，经空气过滤器、油雾化器进入汇总板，供给的空气压力应不低于0.6MPa。在清洗过程中，需要进水管继续补充清洗液，因为箱中的清洗液，一部分经循环水泵、水过滤器后再经喷淋管进行强力喷淋，一部分清洗下来的漂浮物由清洗箱两侧溢流口溢流，经溢流槽和溢流阀排出。如要进行硅化的胶塞，微量硅油由人工从硅油加料口加入清洗箱。开启蒸汽加热阀加热清洗液（如水温已达到要求，则不另外加热），在清洗桶慢速转动搅拌下进行硅化。硅化完成后打开排水阀和溢流阀，放净清洗液。

⑤ 真空系统。干燥真空系统由水环真空泵直接从清洗箱内抽气经气水分离器排出。真空泵的循环水供给，采用电磁阀控制与真空泵电动机并联的方式。当真空泵启动时，电磁阀即能打开；停机时，电磁阀关闭。

⑥ 灭菌蒸汽系统。打开灭菌蒸汽气动阀门时，热压蒸汽即进入蒸汽喷洒管。向清洗箱内喷洒热压蒸汽，使清洗桶内的胶塞在慢速滚动状态下均匀受热，灭菌效果良好。清洗箱内的蒸汽冷凝水经下部疏水阀连续地自动排出（低温冷凝水也可用手动针形阀排净）。灭菌时清洗箱内的压力应与灭菌温度相适应。

（3）工作原理 需要清洗的胶塞由真空吸料装置吸入清洗桶内。加料完成后，启动主传动轴，清洗桶按顺时针方向慢速转动，胶塞在清洗桶内翻滚搅拌。这时先开通中心喷淋管进行冲洗，然后开启进水阀，使清洗箱内的水充满至上水位，再开启循环水泵。胶塞在强力喷淋、慢速翻滚和超声波清洗等多项功能的作用下被清洗干净。被清洗下来的污物一部分从溢流槽溢流排出，一部分经循环水泵的粗洗、精洗过滤器过滤后截留下来，清洗后清洗液从放水管排放干净。如有硅化处理，则先从硅油加料口加入硅油，加热硅化处理后再放水。清洗液排放干净后，则可向清洗箱内喷洒热压蒸汽，进行灭菌。灭菌处理后，先进行抽真空干燥，并以热风加热再抽真空干燥，重复数次，胶塞的含水量合格后，便可进行常压化处理和出料。

2. 超声波立式洗瓶机

（1）主要用途、适用范围及性能特点 本机适用于制药业中对管制及模制抗生素玻璃瓶、口服液玻璃瓶和安瓿等小型玻璃瓶的洁净清洗。下面以KQCLS12/4超声波立式洗瓶机为例进行介绍（如图6-9）。

性能特点：①立式回转式结构，可通用于水针、西林瓶、口服液瓶的清洗工序；②超声波洗涤与水气交替喷射冲洗相结合的清洗方式，同时节约能源；③3种清洗介质均采用独立喷针，避免了介质交叉污染；④插入瓶内进行冲洗，水、气无压力损失，节约能源，无清洗死角部位，提高洗瓶的澄明度；⑤可观察到整个清洗过程，操作、维护及使用方便。

图6-9　KQCLS12/4超声波立式洗瓶机

（2）结构说明　洗瓶机主要由进瓶网带部件、超声波清洗部件、绞龙提升部件、水气冲洗部件、出瓶部件、水气循环系统组成（如图6-10）。

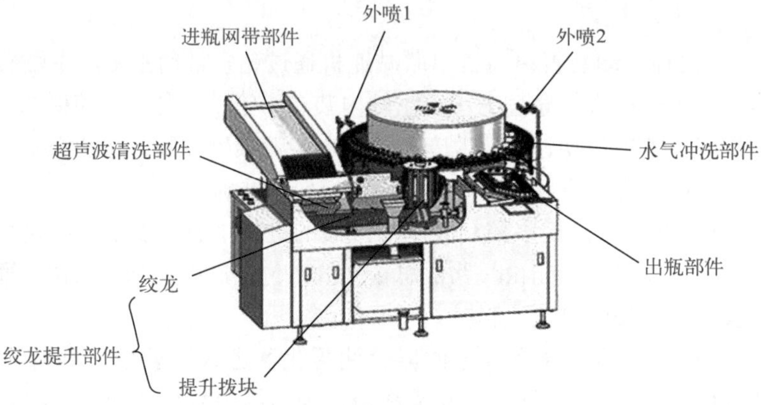

图6-10　KQCLS12/4超声波立式洗瓶机的结构

① 进瓶网带部件。进瓶网带部件主要由电机、网带、调节网带张紧装置、调节网带高度装置等组成。网带为链式网带，传输过程中杜绝了跑偏现象。网带驱动电机由变频器无级调速。调节两墙板后端的螺栓可调整网带的张紧程度。拧松螺母，转动调整螺杆可调整网带的高度。

② 超声波清洗部件。超声波清洗部件主要由走瓶板、喷淋槽、超声波清洗箱、超声波换能器等组成。玻璃瓶由输瓶网带输送到走瓶板上，喷淋槽对瓶子喷水，瓶子注满水后逐渐浸入水中才不至于往上浮。瓶子下滑到超声波换能器表面，利用超声波空化作用所产生的机械摩擦力，清除瓶内外黏附较牢固的物质。在弹片和弹片的相互弹力下，瓶子不至于被卡死而顺利滑走。喷淋槽由挂架支撑，可翻转，拧松螺栓可调整喷淋槽的高度，使之离瓶口距离3～5mm。

③ 绞龙提升部件。绞龙提升部件由绞龙、提升凸轮、拨块和提升轮体等组成。瓶子经过超声波清洗之后下滑到绞龙旁，绞龙的螺纹形状和螺距按特殊的参数制作，能将瓶子分隔成按规律变化的距离，变加速地传送到拨块上，提升轮体旋转带动拨块沿提升凸轮圆柱面上的螺旋槽滑动上升，这样，瓶子被拨块从水箱底部传递到提升轮体的顶部，与机械手进行交接，进行下一道水气冲洗工序。

④ 水气冲洗部件。水气冲洗部件主要由多个机械手、转盘、摆动架、6个喷针架、6组喷针和2组外喷构成。

西林瓶经超声波清洗后由绞龙提升部件中的拨块托出水箱与机械手交接；机械手夹持瓶子由转盘带动旋转，同时翻转过来；6组喷针由摆动架带动往复跟踪随机械手转动的瓶子，跟踪过程中喷针深入瓶口，对瓶内进行水气交替喷射清洗；外喷1对瓶外壁喷循环水，外喷2对瓶外壁喷洁净的压缩空气，至此完成整个清洗过程。瓶子再由机械手翻转过来（瓶子正立）传送到同步带的拨块上。

6组喷针始终各自通过同一清洗介质，不存在交叉使用。第一组、第二组喷针接循环水。第三组喷针接压缩空气。第四组喷针接注射用水。第五组、第六组喷针接压缩空气。

⑤ 出瓶部件。出瓶部件主要由圆弧栏栅、出瓶拨轮、跟踪盘、拨瓶板、长栏栅、短栏栅和滑轨等组成。瓶子由机械手夹持在出瓶拨轮处交接，机械手松开夹子，瓶子自由坠入拨轮容器槽口中，瓶子由跟踪盘托着，一起随着拨轮沿着圆弧栏栅转动，避免了瓶子底部的摩擦。最后由拨瓶板将瓶子从拨轮槽口拨出送至滑轨上，瓶子在长、短栏栅的导向下，由拨轮后面送出的瓶子推到挡瓶板处，挡瓶板与烘干机网带相连，瓶子顺利进入烘箱隧道。

⑥ 水气循环系统。水气循环系统包括压缩空气系统、注射用水系统、循环水系统。

a. 压缩空气系统。压缩空气系统主要由调压器、气动隔膜阀、过滤器、手动隔膜阀、压力变送器、3组喷针和1组外喷等组成（如图6-11），能完成对玻璃瓶的内外壁冲洗，提供各气动隔膜阀的控制气源。

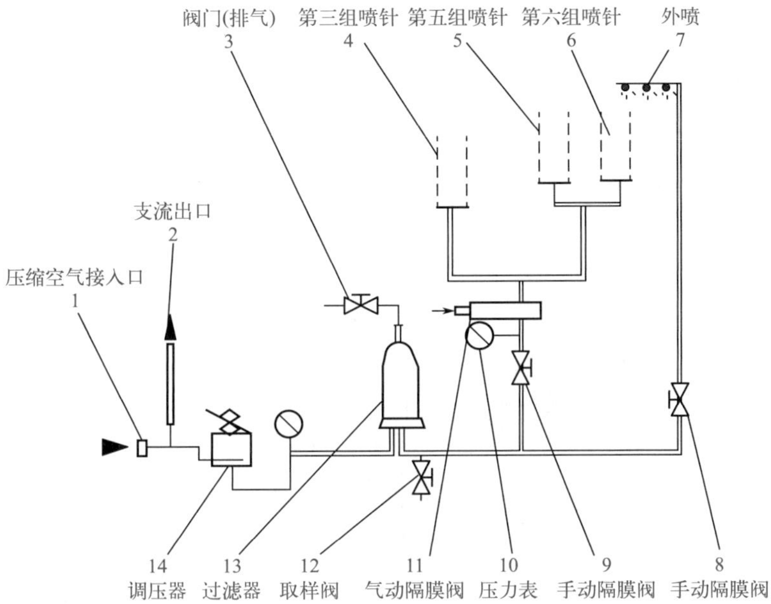

图6-11 KQCLS12/4超声波立式洗瓶机的结构——压缩空气系统

压缩空气由接入口进入，支流出口提供气动隔膜阀的控制气源，接至三连件进入气路板。然后压缩空气通过调压器，再通过过滤器之后分流两支：一支通过手动隔膜阀、压力变送器和气动隔膜阀连接第三、五和六组喷针，清洗玻璃瓶内壁；一支通过手动隔膜阀连接外喷部件，清洗玻璃瓶外壁。手动隔膜阀调节流量和压力；压力变送器实时监控喷针支路压缩空气的压力，可在触摸屏上设置压力上、下限，低于或高于设定值时机器报警；气动隔膜阀控制喷针支路的冲洗时间，冲洗时间由信号凸轮（装在下传动轴上，电器箱后面）控制。

b.注射用水系统：注射用水系统主要由过滤器、气动隔膜阀、手动隔膜阀、压力变送器等组成（如图6-12），完成玻璃瓶内壁的清洗。

注射用水由接入口进入，通过过滤器分流两支：一支通过手动隔膜阀、压力变送器和气动隔膜阀连接第四组喷针，手动隔膜阀调节流量和压力，压力变送器实时监控喷针支路注射用水的压力，可在触摸屏上设置压力上、下限，低于或高于设定值时机器报警，气动隔膜阀控制喷针支路的冲洗时间，冲洗时间由信号凸轮（装在下传动轴上，电器箱后面）控制；另一支通过手动隔膜阀流入超声波清洗水箱，开机前打开手动隔膜阀灌满超声波清洗水箱，然后通过溢水管再灌满储水箱。

c.循环水系统：循环水系统主要由环形水槽、储水箱、循环水泵、过滤器、手动隔膜阀、压力变送器、喷淋槽和超声波清洗箱等组成（图6-13）。机器自身的循环水供给第一、二组喷针清洗玻璃瓶内壁，供给外喷部件清洗玻璃瓶外壁，在玻璃瓶浸入水中超声波清洗前，供给喷淋槽对玻璃瓶内注满水。

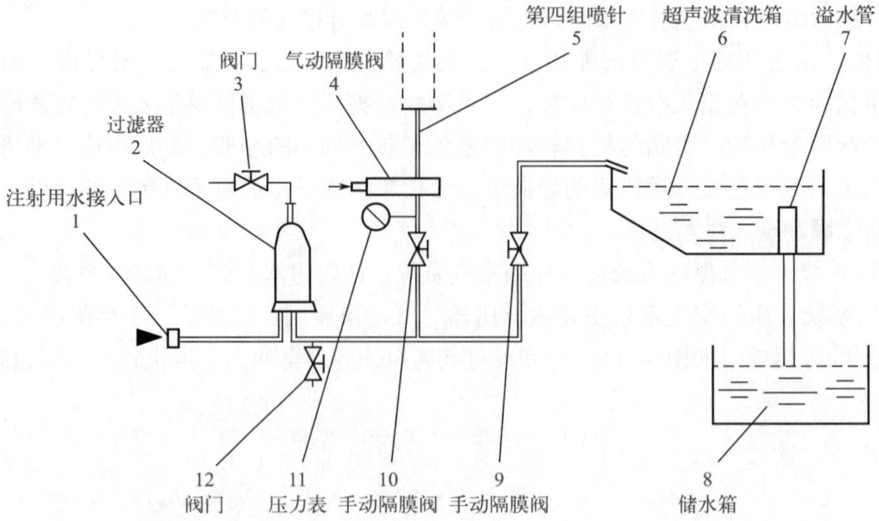

图6-12 KQCLS12/4超声波立式洗瓶机的结构——注射用水系统

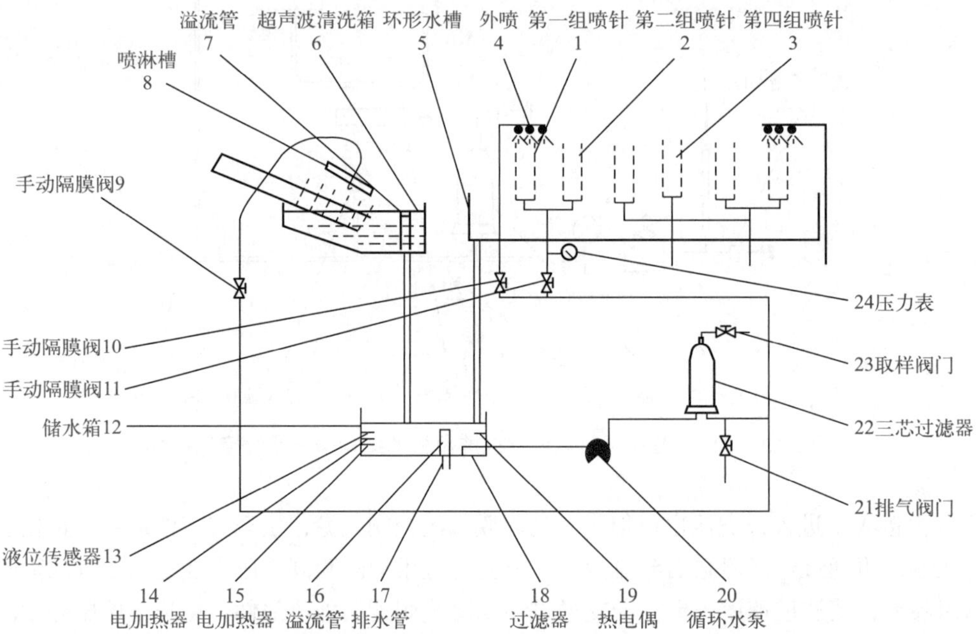

图6-13 KQCLS12/4超声波立式洗瓶机的结构——循环水系统

第一组、第二组和第四组喷针喷完后的水汇集于环形水槽，然后自由流入储水箱，同样超声波清洗箱多余的水也由溢流管流入储水箱。储水箱装有两组电加热器，可以加热保持循环水的温度，温度由热电偶实时监控，可以设定温度的上下限来控制加热器的启动。储水箱内的液面高度由液位传感器实时监控，如果液面过低会报警停机。过多的循环水则通过溢流管再经过排水管排出。储水箱内的水经过过滤器由循环水泵输出，再经过两个三芯过滤器分流成三支：一支通过手动隔膜阀（调节流量或压力）接入喷淋槽对玻璃瓶灌水；一支通过手动隔膜阀（调节流量或压力）接入外喷部件清洗玻璃瓶外壁；一支通过手动隔膜阀（调节流量或压力）和压力变送器（实时监控压力）接入第一、二组喷针清洗玻璃瓶内壁。压力变送器实时监控喷针支路循环水的压力，可在触摸屏上设置压力上、下限，低于或高于设定值时机器报警。

（3）工作原理 本机主要用于水针、口服液、粉针生产过程中对西林瓶的洁净清洗，能自动完成从进瓶、超声波清洗、外洗、内洗到出瓶的全套生产过程。机器上配备有新鲜水、压缩空气、循环水三套过滤系统，滤筒采用目前国内外较流行的褶裙滤芯，过滤精度分别为0.45μm、0.2μm、10μm。新鲜水补充到水箱内作循环水使用，不断更新循环水，多余水由溢流口自行排出。机器还采用电磁阀控制冲洗新鲜水和压缩空气的通断时间，可节省用水、用气。同时水温可自动控制，温度恒定，而且装有液位控制开关，避免机器在无水状态下工作，以保护超声波和加热管不被损坏和干烧。水气压力可通过手动阀门进行调节，并有压力表显示其压力值。循环水装有压力控制开关，以保证其在正常压力下工作。

将从理瓶间输送到洗瓶间的西林瓶放置于洗瓶机输瓶履带上，洗瓶机先通过输瓶履带进瓶，西林瓶在斜斗中注满水再滑入水池中，经过约1分钟的超声波清洗。水池水温控制在50～60℃，使超声波处于最佳工作条件。

超声波清洗技术是利用超声波空化作用所产生的机械摩擦力，清除用一般洗瓶工艺难以清除的瓶内、外黏附较牢固的物质。采用内浸式超声波换能器，噪声低。同时被洗容器直接从换能器上通过，超声波辐射强，功率损失少，清洗效果好，而且超声波功率可以任意调节，可适应各种规格的瓶子。

在水池中绞龙将瓶子分离并送至提升拨块处，变节距绞龙按最佳曲线设计，使瓶子能平稳地自绞龙送入提升拨块中。提升拨块将瓶子自水中平稳地提升并送至大转鼓的机械手上。带有夹头的机械手将瓶子夹住并翻转180°，使瓶口朝下，以便进入下面的冲洗工位。

第一步由高压的循环水冲洗瓶子的外壁，然后第一组喷针插入瓶内冲循环水，第二组喷针冲循环水，第三组喷针冲压缩空气，将瓶内残留的循环水排出。第四组喷针冲注射用水，第五、六组喷针冲压缩空气，将瓶内残留水尽量排出，以便烘干，最后压缩空气冲瓶子外壁，至此完成瓶子的所有清洗工序。采用水、气交替喷射清洗，容器处于倒置状态，喷管直接插于容器内部，这样能充分发挥清洗液及压缩空气的冲刷作用，有效地将容器内的异物及残留水排出，同时各喷针完成各自的冲洗工序，不存在交叉使用。各种清洗液由喷针直接冲入容器内部，无压力损失。

机械手将瓶子翻正，并送至出瓶拨块，然后再通过同步带将瓶子送入烘箱或出瓶盘上。

3. 隧道式灭菌干燥机

隧道式灭菌干燥机（烘箱）的设计一般采用单向流。隧道必须设有预热段（或进瓶区）、高温灭菌段以及冷却段。容器在装置中进行流转，在设定的温度下驻留一定的时间，可达到灭菌及去除热原的效果。容器离开烘干隧道时的温度应该降低到能够避免灌装操作时影响产品，或不改变传输带出口上方的单向流。对最终灭菌效果以及去除细菌内毒素效果的保护措施应进行验证。下面以KSZ420/20B隧道式灭菌干燥机（如图6-14）为例进行介绍。

KSZ420/20B隧道式灭菌干燥机分为预热段、高温加热段（干燥灭菌段）和冷却段三段（图6-15）。干燥灭菌的参数举例：320℃，5min。

图6-14　KSZ420/20B隧道式灭菌干燥机

图6-15　KSZ420/20B隧道式灭菌干燥机结构

（1）设备的用途及性能特点　KSZ420/20B隧道式灭菌干燥机主要适用于安瓿、西林瓶、口服液瓶和其他药用玻璃瓶的灭菌、干燥和冷却。它采用流体层流原理和热空气高速灭菌工艺，前后层流箱及高温灭菌段均为独立的空气净化系统，从而有效地保证了进入隧道的容器瓶始终处在高效过滤器净化空气的保护之下，其生产过程符合GMP要求。

性能特点:

① 采用热空气循环层流对容器进行烘干灭菌的工艺，其热分布均匀，去热原效果好。

② 采用新型链式传输网带，其热容量小，通风率高，对气流组织影响小，便于排除玻璃碎片及送瓶平稳。

③ 高温热风机的轴承采用水冷方式，提高热风机使用寿命。

（2）设备的主要结构和工作原理 本机整个输送隧道密封系统分为三部分完成容器瓶的预热、干燥灭菌、冷却工作，即预热段、干燥灭菌段、冷却段。

① 预热段。预热段主要由层流箱体、低噪声风机、指示用接近感应开关、喇叭罩、高效空气过滤器、密封框等组成。开机后，层流箱体上腔的风机从顶部吸入经过初级过滤的空气然后压入喇叭罩，经过高效空气过滤器后的洁净空气压向容器瓶对容器瓶进行预热，其流经的空气由底座抽风机抽走，此部分由于形成一个层流风道，风道内的空气压强高于箱体外面的空气压强，箱体外面的空气不能进入风道，可始终保持箱体内容器瓶的洁净度。

② 干燥灭菌段。干燥灭菌段主要由烘箱箱体、高温风机、不锈钢电热管、喇叭罩、高温高效空气过滤器和初级过滤器组成。开机后，补充损耗的空气由初级过滤器吸入并汇合腔内的空气，再经过不锈钢电热管加热后，被高温风机吸入，再通过喇叭罩传向各高温高效空气过滤器，此时的高温洁净空气对容器瓶进行干燥和灭菌，空气通过烘箱两侧再次经过加热管加热而形成内循环。烘箱箱体采用了将过滤器与加热管分隔的结构，形成了明显的层流风道，而不致流经的空气形成紊流，并保持箱体内形成均匀的层流压强，避免箱体外的空气进入，可始终保证容器瓶的洁净度。

③ 冷却段。冷却段采用热交换原理：在箱体本身上装有初级过滤器，风机直接吸入排出的热风经过滤器、表冷器后对容器瓶进行冷却，使容器瓶在经过冷却部分后的温度不得高于室温15℃，以方便下道工序进行灌装压塞。热交换使用11℃冷冻水或常温饱和盐水。进水管和出水管均为外螺纹管。

除此外，灭菌干燥机还包括：①容器输送结构，主要由一条两边带竖直挡边的输送网带和驱动辊、张紧轮、减速结构等组成；②预热段排风结构，预热段排风机安装在烘箱进瓶端预热的后墙板下方，进风管上装有调节排风量的调节自锁结构，运行时预热排风机不断地将烘箱进口端的湿热空气抽走，通过排风管排向室外；③容器进、出口门的调节结构，主要由齿轮、齿条、门体、滑座、调节手轮、轴等组成，调节时，先拉出手轮，按所需要的方向转动，通过转轴旋转带动门体作上下移动，调好后将手轮往里压即将其位置固定，按瓶高的要求调节好门的高度；④容器入口信号结构，出现情况可使洗瓶机自动立即停机，避免容器瓶被挤压破碎。

4. 全自动铝盖清洗灭菌机

轧盖工艺可分为“无菌轧盖”（B级背景下的A级送风）和“洁净轧盖”（C级或D级背景下的A级送风）。

下面以SYGS型全自动铝盖清洗灭菌机（图6-16）为例进行介绍。该机按照机电一体化要求进行设计制造，清洗和灭菌在一封闭箱内完成，消除了交叉污染，是医药行业铝盖洗涤灭菌专用设备。

图6-16 SYGS型全自动铝盖清洗灭菌机

（1）设备特点 设备具有结构紧凑、体积小、性能好、操作方便的特点，主要零部件均采用不锈钢材料。

① 主传动控制器采用进口变频调速器，体积小，调速范围大，操作方便。

② 设备采用超声波清洗方式，超声波清洗对铝盖清洗更彻底、更干净。

③ 清洗桶是薄壁圆形桶体，圆周布满筛孔，内有搅拌挡板，后端与传动主轴连接。

④ 清洗槽是方形全密封式不锈钢结构，侧壁有溢流槽，下有排污管，外接循环泵和过滤器。在过滤器与水泵之间装有水取样隔膜阀。

⑤ 管路系统装在主机的后部，有不同规格的电磁阀，整个进、排水全是由电磁阀自动控制的，循环水经过精密过滤器（0.22μm）过滤后喷入清洗槽内，保证水质的洁净度。

⑥ 上部装有新风阀、环风阀、排风阀，可根据需要控制风量，中部装有风机，形成整个循环系统。

⑦ 在清洗桶的中部装有观察孔，该观察孔可看到内滚筒是否工作，可作为水位的观察孔。

⑧ 控制部分装有打印机，能实时存储、打印清洗时间、清洗温度及灭菌温度。

（2）主要结构 SYGS型全自动铝盖清洗灭菌机由主变速电机、主传动轴、清洗桶、清洗槽、水泵、水过滤器、大功率超声波清洗机、循环风机及电控部分等部件组成，结构合理，操作方便。

（3）工作原理 铝盖由进料口（采用人工或真空吸料）加入清洗桶内，进料与进水可同时进行，当水位达到规定高度时，水位传感器工作，自动停止进水。进水进料结束后进行清洗。在转动滚筒的同时，打开副进水阀使漂浮于水面的污物从溢出口排出，同时进行清洗，清洗时间可由触摸屏预置。清洗时间到，以上各部位复位，打开排污电磁阀，把水排掉，然后关上排污电磁阀，重新进水进行精洗。精洗过程中超声波自动开启，水循环喷淋，滚筒转动，副进水开。清洗合格后，按一下出料按钮自动进行出料。

整个程序按进料—进水—粗洗—排水—精洗—排水—灭菌—烘干—出料依次完成。出料完毕，按“停止”结束整个过程。

（三）灌装加塞设备

下面以DGS12A型灌装加塞机（见图6-17）为例进行介绍。本机由进瓶部件、灌装部件、理塞部件、上塞部件和出瓶部件等组成。西林瓶经网带送进灌装拨轮，经灌装拨轮送入灌装部件，灌装泵灌装后，拨轮送出，同时，由理塞部件整理的胶塞直接输送到上塞部件，经减压的塞子被吸附到吸塞盘上，灌装好的瓶子经拨轮送出转动上塞部件时，瓶子被提升，将胶塞加在瓶口并压至合适深度，经出瓶部件送出。用取瓶盘取出瓶子，送至冻干机进行冷冻干燥。

图6-17 DGS12A型灌装加塞机

1. 主要用途

DGS12A型灌装加塞机主要用于制药厂灌装液体类药物，可完成理瓶、理塞、输塞等工序，并同机完成加塞（压塞）工序。凡与药物接触的零件均采用不锈钢或玻璃制品，无污染。采用变频器调整，操作简单，自动化程度高，无瓶不灌，同时可以配置自动计数显示等装置。

图6-18 DGS12A型灌装加塞机主要部件图

2. 主要结构和工作原理

本机采用大拨轮输瓶、往复回转跟踪灌装与旋转跟踪加塞的方式（图6-18），自动完成理瓶、进瓶、灌装、理塞、加塞等工序。其灌装形式可根据用户的要求配置玻璃泵、金属泵、陶瓷泵或蠕动泵进行灌装。

（1）主机 带电机减速机将动力减速传至螺旋伞齿轮传动箱，传动箱一边将动力传至凸轮轴上带动凸轮作控制机构运动，另一边则传输至双联直齿轮。双联直齿轮一个齿轮带动大拨轮转动，完成进瓶及输送瓶运动，另一个齿轮则带动轧盖齿轮转动，轧盖齿轮又带动轧刀头齿轮、出瓶拨轮齿轮及中间输瓶带齿轮转动，从而完成从进瓶到出瓶的一系列工序。灌装动作则由灌装凸轮控制灌装摆杆来回摆动，达到灌装泵的进出液动作。

（2）输瓶装置 该机有两种输瓶方式可供选择：直线式网带输瓶装置及圆盘式输瓶装置。

直线式网带输瓶装置为网带输送机，西林瓶在输送带的推力下源源不断地被送进灌装拨轮，经灌装拨轮进入灌装工位。输送带采用不锈钢网带，送瓶速度可无级变速。

圆盘式输瓶装置通过旋转圆盘和配套机构实现瓶子的自动整理与定向输送。

（3）灌装泵 该机有两种灌装方式可供选择：柱塞泵定量灌装及蠕动泵计量灌装。

柱塞泵定量灌装是采用柱塞泵（可以是玻璃泵或金属泵）加单向阀进行定量灌装，每次的灌装量由灌装泵的行程及泵的大小决定。为保证一定的计量精度，分别采用10mL、30mL、50mL三种规格的泵灌注相应的剂量。灌装泵采用快装结构，从拆卸到安装每一个灌装泵只需几分钟。它采用弹性定位，能有效防止非正常卡顿现象，提高使用寿命及灌装精度。其计量调整既可统调也可微调，调整计量方便快捷。

蠕动泵计量灌装是采用蠕动泵加微电脑控制系统进行灌装及计量，灌装精度与泵头及硅胶管有直接的联系。对于不同的灌注剂量，应用不同的泵头及相应规格的硅胶管。此外，灌装加塞机还配备理塞、上塞部件及出瓶盘。

（四）轧盖设备

轧盖机是对已压胶塞的产品瓶用铝盖进行轧紧密封的设备。轧盖机由供瓶部件、连续式输瓶传动部件、振荡加盖器、轧盖刀、电器控制系统等部件组成。

轧盖机铝盖收边成型的方式通常为单刀滚压式或三刀滚压式。提供压盖压力的方式有弹簧式或气压式。根据轧盖速度可设置数量若干的轧盖头。下面以ZG300C型轧盖机（如图6-19）为例进行介绍。

图6-19 ZG300C型轧盖机

1. 主要用途

ZG300C型轧盖机用于西林瓶的压盖与轧盖工序。可完成理瓶进瓶、分瓶、理盖、落盖、戴盖、轧盖、出瓶工序，凡与包装材料接触的零件均采用不锈钢或无毒工程塑料，无污染。采用变频器调整，操作简单，自动化程度高。

2. 主要结构（如图6-20）和工作原理

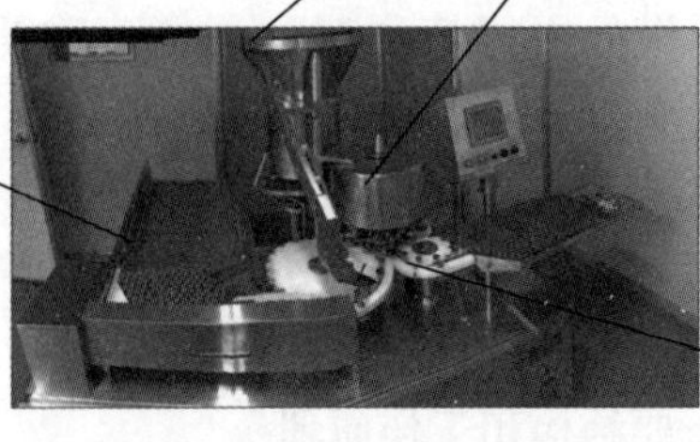

图6-20 ZG300C型轧盖机主要部件图

（1）主机 交流电机将动力传给减速机蜗轮轴，再由蜗轮轴通过双成万向联轴器将动力传到中间拨轮轴，由其上两个齿轮将动力传到压盖头、轧盖头、进出瓶拨轮。压盖头与轧盖头及各拨轮同步动作，还通过锥齿轮、链轮将动力传到进瓶装置及绞龙装置。

（2）理盖斗 理盖斗主要利用电磁共振原理制成。理盖斗内设多通道螺旋线以满足高速理盖要求。调节调高手柄可调节出盖高低，调节振动电压可调节理盖速度。

（3）轧盖部件 轧盖部件主要由轧刀头、轧刀座、轧盖凸轮、轧刀等组成。将以前的三刀轧盖方式或中心单刀轧盖方式改为旁置式单刀轧盖，具有结构简单、运转平稳、工作可靠等优点。盖好盖的瓶子进入轧盖凸轮中，升降座带动瓶子向上运动与轧刀头接触，轧刀头不停地旋转带动瓶子转动，轧刀在轧刀凸轮的控制下向瓶子靠拢，从而完成轧盖动作。轧好后轧刀松开，瓶子下降，再由出瓶拨轮带出。

除此外还包括绞龙、拨轮、输送带装置及出瓶盘等。

（五）无菌隔离系统（屏障系统）

屏障系统被认为是一种控制无菌环境的有效手段，目前行业内除了《中国药典》（2025年版）指导原则9206无菌检查用隔离系统验证和应用指导原则以外，对于屏障系统尤其是应用于无菌注射剂生产的隔离器，缺少较为全面的规范指南。《药品GMP指南》（2023年版）中，参考美国FDA、cGMP、欧盟GMP的相关内容以及ISPE等行业指南，从屏障系统的类型、结构设计、行业应用和验证等角度介绍了该技术在无菌工艺中的应用。因此目前在国内制药业应用时，从结构设计到实际操作，基本与国际水平保持一致。

通过冻干系统设备中的无菌隔离系统能够最大限度地降低人员的干扰（如图6-21），并能够大大降低无菌生产中环境对产品微生物污染的风险。高污染风险的操作宜在隔离操作器中完成。设置在高污染风险操作区的灌装机、冻干机进出料系统以及轧盖机都设置了限制性进出隔离系统（restricted access barrier system，RABS）。生产过程中的干扰使用手套箱进入，尽可能地避免污染。胶塞铝盖的出料也在RABS下进行。

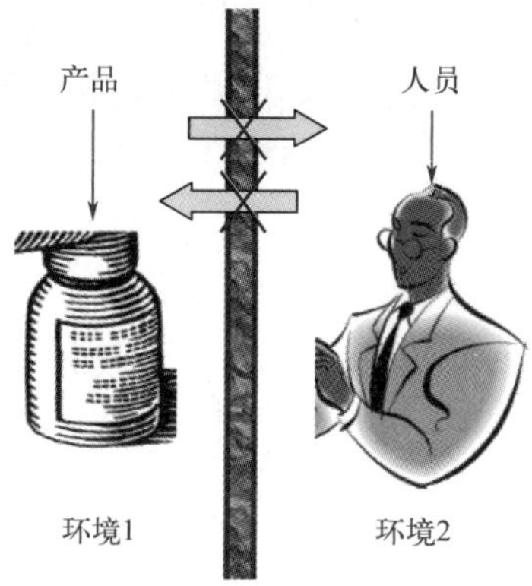

图6-21 人员的干扰

无菌隔离技术目前在国际上主要有两种形式：RABS和隔离器（isolator）。RABS还分为开放式和封闭式两种。合理地使用和操作隔离器、RABS，内部都能形成A级环境。但在设计上，隔离器和RABS还是有许多差异的。

1. 限制性进出隔离系统的分类与设计原理

RABS通常是由硬质材料（例如不锈钢框架上安装钢化玻璃门）制成的物理屏障。内部气流设计为经过高效空气过滤器过滤的单向流，满足A级洁净度要求。该气流为正向气流，即从RABS内部流向背景洁净室。应用于无菌工艺的RABS的背景洁净室环境应为B级。

RABS内部需要用消毒剂/杀孢子剂进行消毒或去除污染。

RABS设计应结合无菌生产工艺，在生产过程中尽可能减少RABS的门开启，甚至不开门。对开门操作应在生产过程的SOP中有所描述并且在执行过程中被监控。一般生产过程中的干预通过安装在门上的手套系统进行操作。

RABS的开门操作应当经过风险分析和实施相应的污染控制措施。例如，在外围安装局部A级送风装置；在开门操作后应对相应的表面进行消毒；操作完成后关上RABS门进行一定时间的自净后再进行生产；评估开门操作前后的环境监测数据等。

RABS分为主动式和被动式。主动式RABS，配置产生单向流的风机和高效过滤器等装置；而被动式RABS，单向流由洁净室吊顶配置的空气过滤单元形成，被动式RABS一般在传统洁净室车间改造的案例中使用较多。

在行业应用中，RABS有开放式限制性进出隔离系统（open RABS，oRABS）和封闭式限制性进出隔离系统（closed RABS，cRABS）之分，对于oRABS与cRABS的定义，在近几年的行业中有一些变化，在不同的法规和指南中定义也有差异。下面是RABS的几种类型。

（1）开放式洁净室 设备以及洗、烘、灌的关键操作完全是由人来完成的（图6-22），而且灌装的所有关键部位完全“对外开放”，没有无菌隔离装置，药品质量无菌控制无法保证。

（2）被动式RABS——开式与闭式

工作原理：利用夹层顶部高效空气过滤器（HEPA）的风，送入操作台面的空间内。单向流风顺着层流罩支架，越过台面直接排入房间内（如图6-23）。

图6-22 开放式洁净室

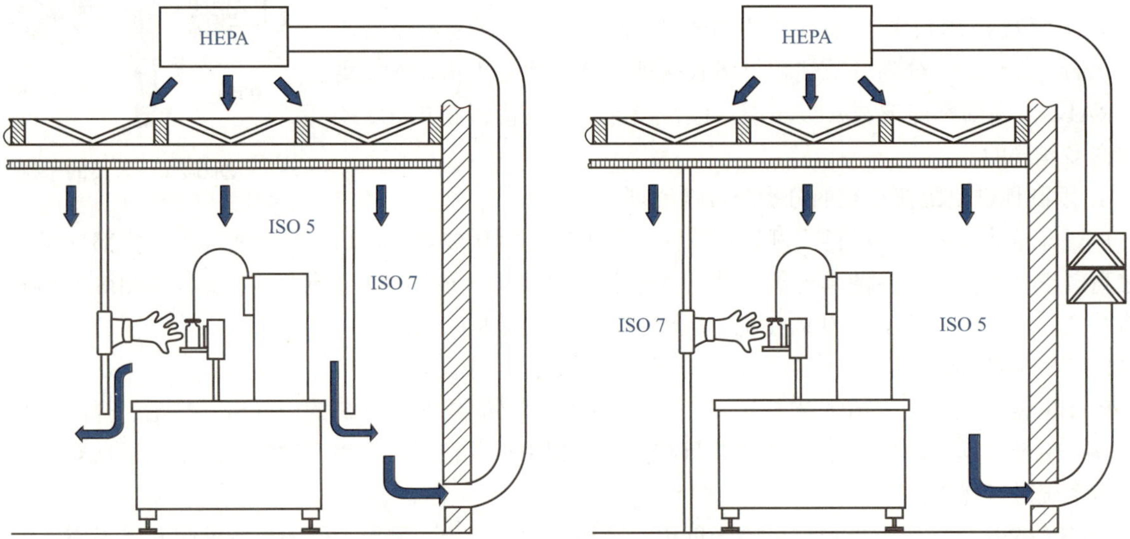

图6-23 被动式RABS——开式与闭式

应用范围：对有A级环境要求的洁净空间，如灌装机、分装机、轧盖机操作台面等。

技术特点：HEPA和层流罩支架不密闭，二者间距约7～15cm，洁净风可从层流罩支架的上、下端排出。由于该环境为持续正压风，所以能达到一定程度上的隔离功效。

（3）主动式RABS

工作原理：利用供暖、通风与空气调节系统（HVAC），直接通过HEPA送入操作台面的空间内。单向流风顺着层流罩支架，越过台面直接排入房间内。在设计主动式RABS时，由于厂房设计的条件不同，一般有顶取风和侧取风两种设计。顶取风设计的RABS对于背景洁净室的环境影响较小（如图6-24）。

应用范围：与被动式RABS相同。

技术特点：HVAC、HEPA和层流罩支架相对密闭，洁净风只能从层流罩支架与设备台面端排出。由于该环境为持续正压风，所以能达到一定程度上的隔离功效。

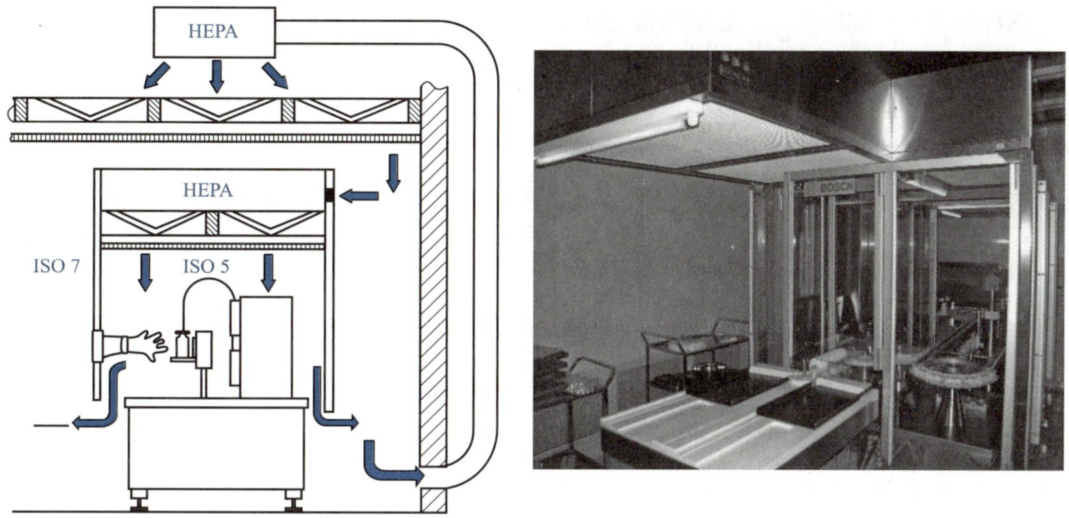

图6-24 主动式RABS

(4)封闭式RABS(cRABS) cRABS是全封闭的隔离系统(如图6-25),和开放式RABS相比,空气净化系统独立,增强了污染防控的功能,解决了药品对空调系统的污染、对操作人员的潜在危害问题。

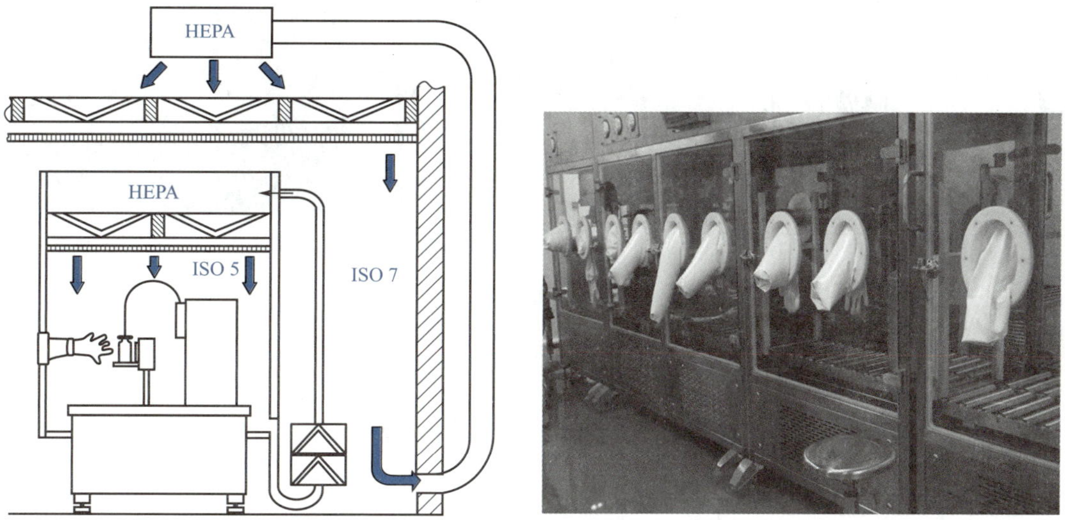

(a) (b)

图6-25 cRABS

工作原理:利用该设备自身风机,在HEPA上、下端打循环风,使操作台面的空间内始终保持正压或负压洁净风,没有风排出箱体外。

应用范围:与被动式RABS相同。

技术特点:设备操作台面全密闭,洁净风反复循环,达到真正程度上的隔离功效。

欧盟GMP中oRABS定义,是指单向流的气流最终流向背景环境。而cRABS是个封闭结构,类似隔离器,有回风通道,形成内部的气流循环。这样的定义令行业中经常将cRABS和隔离器的设计混淆,甚至cRABS一度被认为是可以开门的隔离器。

而在ISPE《无菌生产设施》(第三版)第9章中对cRABS的定义是认为在无菌生产过程中不开门的RABS,而oRABS则是生产过程在受到一定明确的污染控制措施的前提下,极少的特殊情况允许开门。

无论哪种定义，在实际应用中最值得关注的是在生产过程中“干预”应当尽可能避免，对于在生产过程中必须进行的“干预”，是有完善的措施避免核心区域受到污染。

2. 隔离器的分类与设计原理

欧盟 GMP 对无菌隔离器的定义是：一个内部经过可重现性生物净化的区域，其内部环境洁净级别符合 A 级条件，可将其内部与外部背景环境（例如周围的洁净室空气和人员）不被破坏地、连续地隔离。

根据生产工艺的需要，隔离器的设计还可以分为开放式（open isolator）和封闭式（closed isolator）两种形式。

隔离器工作原理：利用该设备自身送风控制单元，在HEPA上、下端打循环风，使操作台面的空间内始终保持正压或负压洁净风，没有风排出箱体外（如图6-26）。

应用范围：与被动式RABS相同，同时适合用于毒性大对操作人员身体有危害药品的生产。

技术特点：设备操作台面全密闭，洁净风反复循环，达到真正程度上的隔离功效。同时带有汽化过氧化氢（VHP）灭菌、气密、清洗和“袋进袋出”过滤器更换装置，C级洁净区背景即可。

图6-26 隔离器

RABS与隔离器在一些条件上有一些区别，如表6-2、图6-27所示。

表6-2 RABS与隔离器的区别

项目	oRABS	cRABS	隔离器
与外界环境密封情况	非密封	密闭	密闭
保护对象	产品	产品和操作者	产品和操作者
气流方向	层流	层流	层流或湍流
内部压力	正压	正压或负压	正压或负压
回风形式	直接房间取排风	自循环	自循环
压力控制	不控制	控制	严格控制
灭菌	手动灭菌	自动 VHP	自动 VHP
外部环境级别（EU-GMP）	B 级	B 级	D 级

(a) oRABS

(b) cRABS

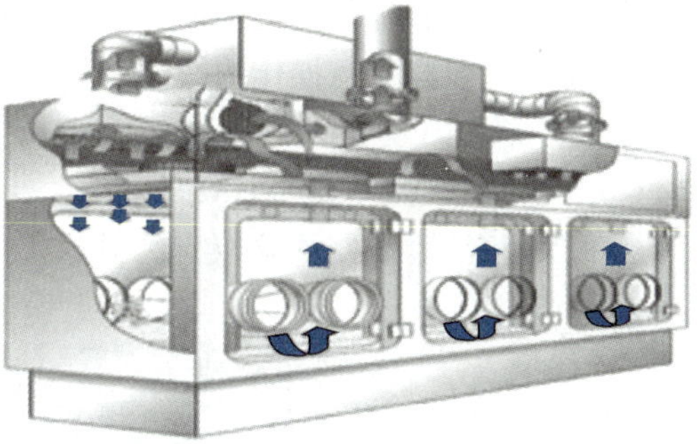

(c) 隔离器

图6-27　RABS与隔离器

（六）自动进出料系统

灌装后的产品为半加塞状态，在层流的保护下，通过合适的方式转移至冻干机中进行冷冻干燥。半加塞产品的转移过程即冻干制品的转运过程，从冻干设备角度来说，即装料与卸料（进出料）。转运应当尽可能采用自动化方式，从而减少污染，以下是转运的几种方式。

1. 人工进出料方式

传统人工理瓶和摆盘后，通过人工搬运至冻干机内，借助辅助工具推入和拉出制品盘（如图6-28）。优点：通道小，易操作，出现倒瓶和错瓶可快速排除。缺点：风险较高，容易染菌，对人员无菌意识和操作方法要求较高，需要强化培训。按GMP要求目前人工转运方式已淘汰。

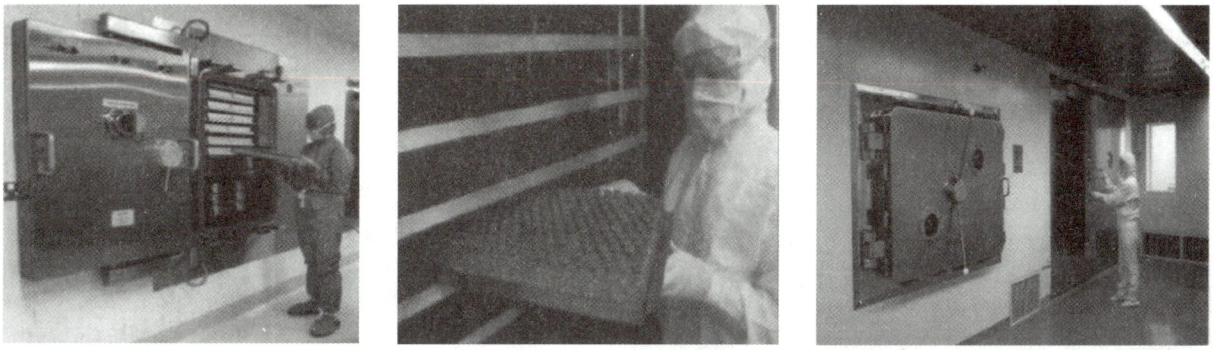

图6-28　手动进出料

人工进出料也可使用移动层流车（图6-29）。如人工整理半加塞西林瓶时使用充电百级移动层流车（也可电动遥控导向驱动）。优点：由于投入成本较低，比传统的人工转运方式污染的概率降低，但对于操作人的作业水平要求较高。缺点：该方式转运无菌灌装后的半加塞制品操作过程比较烦琐，而且需要

图6-29 移动层流车

多次转运，人为参与的过程相对较多，增加了制品的污染概率。按GMP（2010年修订）要求目前移动层流车转运方式也已淘汰。

2. 固定式人工辅助进出料系统（半自动进出料系统）

固定式人工辅助进出料系统（图6-30）由人工参与辅助进行，参与整理灌装后的半加塞瓶套框或装盘，利于后面的输送和固定站的稳定上料、出料。该系统主要适合转运量较少的工艺，一般冻干机20m^{2}规格以下采用该系统进行无菌上料。优点：自动化程度较高、转运稳定、维护和保养成本较低，无菌控制效果相对较好，符合ISPE的无菌隔离要求。缺点：有人参与加框，会在短时间影响oRABS内的单向气流，因为操作时灌装瓶不在加框区域，因而风险较小，再者由于是人为加框，可能会有操作的故障发生。

该系统属于半自动化性质，但稳定性较好，基本符合GMP（2010年修订）要求，但仍然具有人工干预因素，因此，此种转运方式也极少采用。

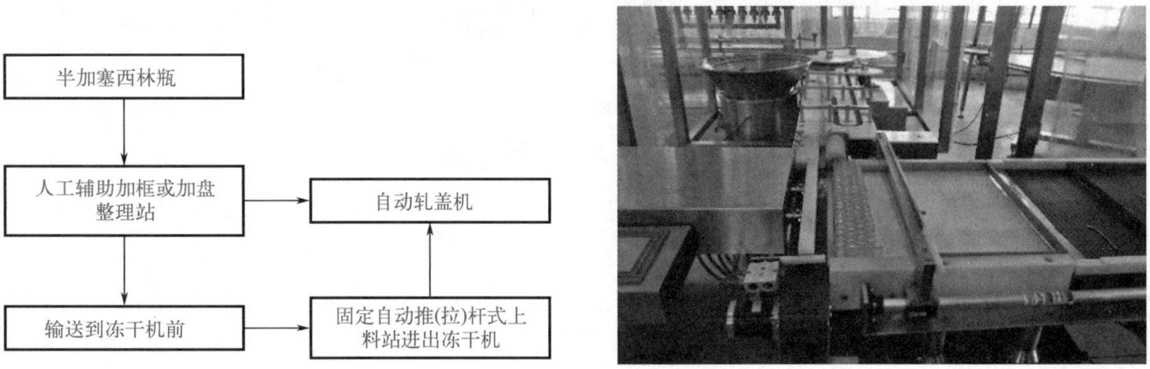

图6-30 固定式人工辅助进出料系统

3. 自动进出料系统

自动化方式转运，减少人员过多干预，从而减少污染，具体的进料方式主要有两种，各有优劣。

（1）固定式（fixed）自动进出料系统　无菌室冻干机的箱前区安装固定式自动进出料系统（如图6-31），进料集成系统与上游的灌装线衔接，出料集成系统与下游的轧盖线相衔接，在整个进出料的过程中西林瓶处于RABS的层流保护下，更加满足GMP的要求。

图6-31 固定式（fixed）自动进出料系统

工艺概括：经半加塞后的西林瓶通过进料集成系统输送到各冻干机前，并通过理瓶系统（也可加框）自动送至冻干机的搁板上，其过程包括与冻干机搁板进行对接，并把产品装入搁板内进行冻干；冻干完毕后可自动将搁板内的产品通过出料集成系统输送至轧盖机，整个过程中由操作人员通过控制PLC系统完成，不用接触产品，从而最大限度防止产品在转运过程中被污染。

过渡系统由活动梳子板、固定梳子板和直线定位系统等组成。活动梳子板在伺服电机和全行程位移传感器的闭环精确控制下实现其与冻干机搁板和固定梳子板的精确对接，从而在固定式自动进出料系统和冻干机搁板之间起到中间桥梁的作用。

该系统同样结合oRABS（或cRABS、隔离器），适合转运量相对较少的工艺，一般冻干机30m^{2}规格以下可采用该系统进行无菌上料。优点：自动化程度高、转运稳定、无菌控制效果较好，节省空间，符合当前法规发展需要，不需要二次改造。缺点：相比移动式自动进出料方式，转运量少，效率不高，转运维护和保养成本较高，发生故障和倒瓶比较麻烦，价格比较昂贵。

（2）移动式（AGV）自动进出料系统　在冻干机箱前区的无菌室铺设转运轨道，自动导向小车（AGV）被束缚于转运轨道而往返运行于两台冻干机、进料站（IS）和出料站（OS）前面，以完成冻干机的进料和出料工作（如图6-32）。

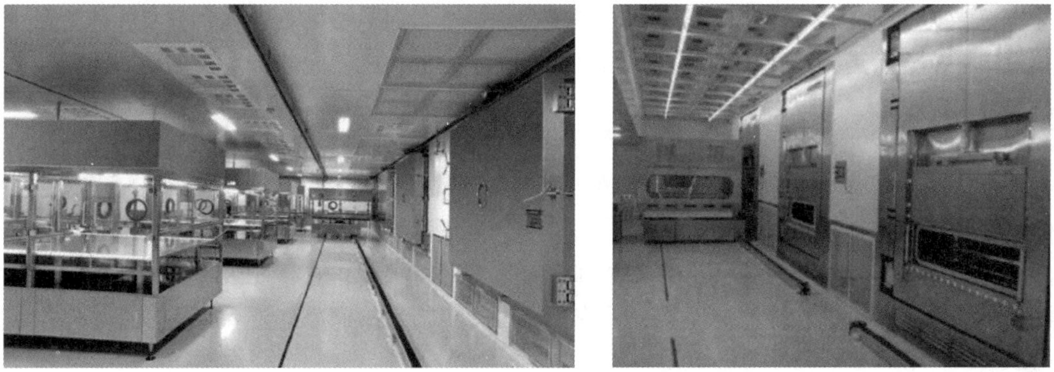

图6-32　移动式（AGV）自动进出料系统

进料站由推进系统、升降系统、截瓶器系统、错瓶器系统、进料输送机、进料站载料台（带有导向轨道）和进料控制系统组成。进料站载料台和冻干机的搁板有相同的尺寸，载料台的左右导向轨道和冻干机内搁板的导向轨道排成一条线。

出料站由出料直线定位系统、出料摇杆系统、出料输送机、出料站载料台（带有导向轨道）和出料站（OS）控制系统组成。出料站载料台与进料站载料台要求相同。

出料站的出料摇杆系统旋转到位，自动导向小车将冻干机中已经冻干好的一个板层量的西林瓶转运至出料站载料台上。自动导向小车捕料系统将出料站载料台上的西林瓶推至合适的位置。出料站出料摇杆系统再旋转到位，开启出料直线定位系统，这样出料摇杆系统中的出料板推动载料台上的西林瓶至出料输送机，出料输送机上的西林瓶按照一定的工艺结合从出料站到轧盖线之间的集成系统以完成西林瓶的逐行出料。

该系统结合oRABS（或cRABS、隔离器）和自动转运系统，主要适合转运量比较大的工艺，一般冻干机30m^{2}以上采用该系统进行无菌上料。优点：自动化程度高、转运量大、无菌控制效果较好，符合当前法规发展，不需要二次改造。缺点：相比固定式自动进出料方式，占用空间较大，维护和保养成本较高，一旦发生故障和倒瓶比较麻烦，价格昂贵。

进料系统由进料缓冲平台（infeed system，IS）、自动转移小车（automated guided vehicles，AGV）和出料平台（outfeed system，OS）组成。与灌装线集成的进料缓冲平台可以收集、移动西林瓶，使西林瓶排列成符合冻干箱板层的形状和大小，然后自动转移小车将排列好的西林瓶转移到冻干箱的板层上。

冻干完成后，自动转移小车再将排列好的小瓶从冻干箱的板层转移到出料平台，进入轧盖机进行轧盖。

（七）冻干设备

真空冷冻干燥机简称冻干机，适用于高档原料药、中药饮片、生物、食品、化工、药物中间体等物料的干燥。

1. 从结构上分类

（1）钟罩型冻干机 冻干腔和冷阱为分立的上下结构，冻干腔没有预冻功能。该类型的冻干机在物料预冻结束后转入干燥过程时需要人工操作。大部分实验型冻干机都为钟罩型，其结构简单、造价低。冻干腔多数使用透明有机玻璃罩，便于观察物料的冻干情况。

（2）原位型冻干机 冻干腔和冷阱为两个独立的腔体，冻干腔中的搁板带制冷功能，物料置入冻干腔后，物料的预冻、干燥过程无需人工操作。该类型冻干机的制作工艺复杂，制造成本高，但原位型冻干机是冻干机的发展方向，是进行冻干工艺摸索的理想选择，特别适用于医药、生物制品及其他特殊产品的冻干。

2. 从功能上分类

（1）普通搁板型 物料散装于物料盘中，适用于食品、中草药、粉末材料的冻干。

（2）带压盖装置型 适合西林瓶装物料的干燥。冻干准备时，按需要将物料分装在西林瓶中，将瓶盖浮盖在瓶口上，然后进行冷冻干燥；干燥结束后操作压盖机构压紧瓶盖，可避免二次污染、重新吸附水分，易于长期保存。

（3）多歧管型 在干燥室外部接装烧瓶，对旋冻在瓶内壁的物料进行干燥，这时烧瓶作为容器接在干燥箱外的歧管上，烧瓶中的物料靠室温加热，通过多歧管开关装置，可按需要随时取下或装上烧瓶，不需要停机。

（4）带预冻功能型 物料预冻过程，冷阱作为预冻腔预冻物料；在干燥过程，冷阱作为捕水器，捕获物料溢出的水分。带预冻功能的冻干机，冷冻干燥过程中物料的预冻、干燥等均在冻干机上完成，冻干机使用效率高，节省了低温冰箱的费用。

3. 冻干粉针剂生产使用的真空冷冻干燥机

冻干粉针剂生产使用的冻干机为制药类真空冷冻干燥机，属于制药机械，不同于食品用真空冷冻干燥机。冻干粉针剂生产使用的冻干机按规格大小可分为下列几种。

（1）LYO-0.2m^2～LYO-1.0m^{2}工艺曲线摸索实验型 主要用于工艺摸索和为工业生产或大规模生产提供实际数据。板层最低温度可达到-45℃，冷阱最低温度可达到-60℃，捕水量为4～20kg。

（2）LYO-2.0m^2～LYO-5.0m^{2}中小型 主要用于细菌、病毒、疫苗、生物制品。板层最低温度达到-55℃，冷阱最低温度达到-75℃，捕水量达到40～100kg。

（3）LYO-7.5m^2～LYO-20.0m^{2}工业生产型 主要用于疫苗、生物产品、血浆、抗生素和保健品。板层最低温度达到-55℃，冷阱最低温度达到-75℃，捕水量达到150～400kg。

（4）LYO-25.0m^2～LYO-50.0m^{2}大规模生产型 主要用于大规模的产品生产。板层最低温度达到-55℃，冷阱最低温度达到-75℃，捕水量达到500～800kg。

一般用板层的有效面积或捕水能力来表示冻干机的规格大小，如表6-3所示。

表6-3 LYO机型的技术参数

机型 /m^2	0.2	0.4	1	2	5	7.5	10	13	15	20	25	30	40
有效搁板面积 /m^2	0.27	0.40	1.06	2.46	4.86	7.56	9.72	12.96	14.40	19.80	24.75	29.70	39.00
排水能力 /kg	4	8	20	40	100	150	200	250	300	400	500	600	800

4. 生产型冻干机设备结构及工作原理

生产型冻干机设备主要由箱体结构、制冷系统、真空系统、循环系统、液压系统、CIP和SIP系统、气动系统、电气控制系统组成（图6-33）。

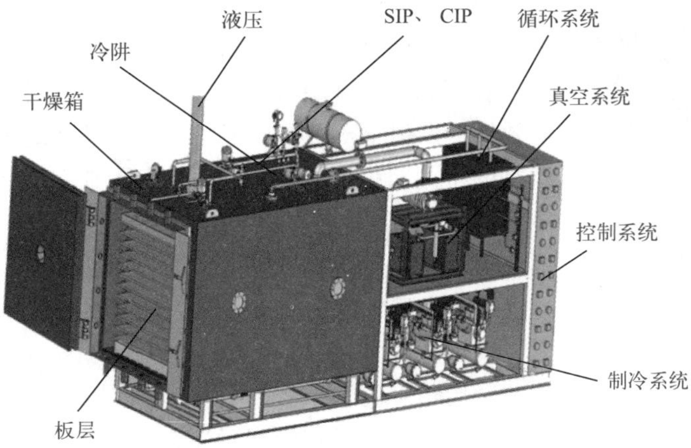

图6-33 真空冷冻干燥机系统示意图

（1）**箱体结构** 冻干机箱体结构一般分为前箱和后箱，前箱也称为冻干箱，后箱也称为捕水箱。

① 冻干箱（前箱）。冻干箱是冻干机中的重要部件之一，它的性能好坏直接影响整个冻干机的性能。冻干箱前箱（图6-34）是一个矩形或圆筒形的容器。箱体材料采用优质不锈钢，箱内表面粗糙度$Ra \leqslant 0.5\mu m$，箱体内角均为满足GMP条件的大圆角。箱体底面略向后方倾斜，排水口设计在最低点，以利于排水。产品的冷冻干燥是在冻干箱中进行的，在其内部主要有放置产品的搁板。搁板采用不锈钢制成，内有载热介质导管分布其中，可对产品进行冷却或加热。

图6-34 冻干机前箱

冻干箱采用无菌隔离设计，箱体前的不锈钢围板与洁净室墙板之间的密封方便可靠，箱门与不锈钢门框采用特殊形状硅橡胶条密封，箱门内壁与冻干箱内壁具有同样的粗糙度。箱门的材料同样采用优质不锈钢，冻干箱门具有较高的平整度，确保在真空下能与密封条紧密贴合。冻干箱箱门的开启角度大于110°，门中央装有观察窗，便于在无菌室观察产品状态。

冻干箱要有足够的强度，应能耐受外部0.1MPa的压力，防止抽真空时箱体变形。箱体外表面还须采用适当的绝热保温层以节约能源和维持产品批量间对温度均一性的要求。如果是具备蒸汽灭菌功能的冻干机，冻干箱还需承受一定的正压。因为冻干机在进行在位蒸汽灭菌时，为了使系统的最冷点达到121℃，一般选用126℃的高温蒸汽来完成。126℃的蒸汽对箱体产生0.14MPa的压力，因此在我国，冻干机箱体属于压力容器。也就是说，具备蒸汽灭菌功能的冻干机的箱体既是外压容器，又是内压容器，外压容器与内压容器在设计上最大的差异在于冻干箱的加强。

对内压容器而言，设计上应严格按照GB/T 150.*X*—2024《压力容器》系列标准执行，并严格遵守国家有关法令、法规、标准、规范和技术条件，还应接受国家有关部门的监督与审查。

冻干箱的设计除应满足强度要求外，还应考虑无菌性。一台能符合GMP要求的冻干机就是冻干技术和无菌技术的完美结合。冻干机箱体的无菌设计主要体现在以下几方面：箱体材料必须选用AISI304或AISI316L，与产品直接接触的材料必须选用AISI316L，箱体内表面粗糙度$Ra \leqslant 0.5\mu m$，箱体内角为圆角，便于清洗，箱体底面略向后方倾斜，排水口设于最低点，以利于排水等。

图6-35 搁板

冻干箱（前箱）里重要的元件是搁板（图6-35），也称为板层。搁板通过支架安装在冻干箱内，由液压活塞杆带动做上下运动，便于进出料和清洗。最上层的一块搁板为温度补偿加强板，它保证箱体内所有制品的热环境相同。每一块搁板内均设置有长度相等的流体管道。这个设计对搁板温度的分布均匀性非常重要。

搁板组由N+1块搁板组成，其中N块搁板是装载制品用的，称为有效搁板。最上一层搁板不装制品，只是使最上层下面的空间与其他制品的空间有相同的温度场，使所有制品有均匀的冷却和加热条件。搁板组上面和下面有刚度很大的支撑板和液压板，使得在压塞时板面变形很小。搁板组的侧面有3～4根导向杆，引导搁板的运动方向。搁板间通常用螺栓吊挂，以便按需要调整其间距。

② 捕水箱（后箱）。捕水箱（后箱）是冻干机前箱后部的箱体，前箱与后箱可位于一个箱体内，中间用一堵不锈钢的墙隔开，墙中间有中隔阀控制前后箱的相通性。前后箱也可设计为两个独立的箱体，中间通过中隔阀相通，捕水箱为独立的捕水罐。

后箱最主要的作用是捕水作用。捕水能力可通过捕水量来反映，捕水量是冻干机性能的重要参数，是指后箱捕水的多少。捕水箱重要的元件是冷凝器，冷凝器又叫捕水器、冷阱、冷凝盘管等。真空泵在冻干机中的主要作用是抽出冻干机系统的气体，以维持升华所必需的真空度。1g水蒸气在常压下的体积为1.24L，而在13.3Pa时1g水蒸气却膨胀为10000L。普通的真空泵在单位时间内抽出如此大量体积的水蒸气是不可能的。这时，冷凝器的作用主要是用来捕捉冻干机箱体内升华出的水蒸气，对升华出的水蒸气形成从冻干箱到冷凝器的压差推动力使其在冷凝器表面结成冰，从而使冷冻干燥得以正常运行。

图6-36 立式圆筒体冷阱

按冷凝器放置位置（以冻干箱为参照物）可分成内置式、后置式、上置式、下置式，通常比较常见的是后置式；按放置方法可分为卧式、立式；若按冷凝器内蒸发器形式可分成螺旋管式、蛇形管式、板式。目前大多数冻干机生产厂商将冷凝器制作为卧式结构，内部为直冷式的蛇形盘管。

按冷凝器箱体（后箱）形状可分为立式圆筒体（图6-36）、卧式圆筒体（图6-37）、卧式方形体（图6-38）。此3种结构的主要区别是：方形体一般和冻干箱连为一体，因此整个冻干机的结构比较紧凑，适合对厂房有限制的企业，缺点是水蒸气的流动不及圆筒形后箱顺畅；卧式圆筒体的占地面积较大，水蒸气的流动较顺畅，但造价较方形体要高；立式圆筒体的占地面积较小，水蒸气的流动相对方形体来说要更顺畅，但不及卧式圆筒体，造价也是最高的。

图6-37 卧式圆筒体冷阱

图6-38 卧式方形体冷阱

（2）制冷系统　制冷系统是冻干机最重要的组成部分，被称为“冻干机的心脏”。理论上制冷系统由制冷压缩机、冷凝器、蒸发器和热力膨胀阀构成，主要是为干燥箱内制品前期预冻供给冷量（前箱制冷）以及为后期冷阱盘管捕集升华水汽供给冷量（后箱制冷）。因此，冻干机前后箱都需要制冷，制冷系统非常重要。

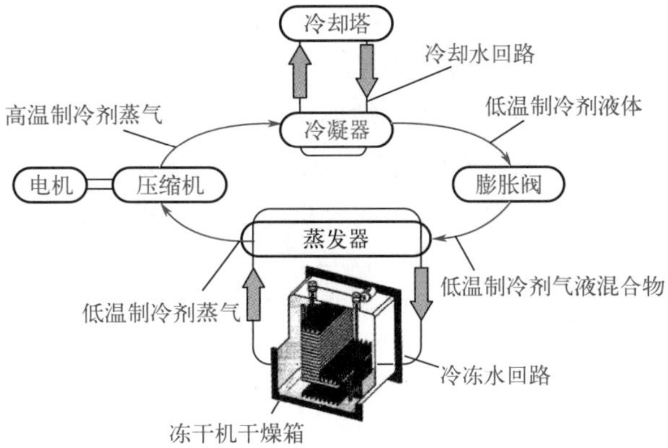

图6-39　冻干机制冷系统示意图

在设计冻干机时，考虑到冻干机对制冷的特殊性要求，其制冷系统（图6-39）主要由以下部件组成：压缩机、制冷剂、油分离器、水冷冷凝器、干燥过滤器、中间冷却器、视液镜、电磁阀、手阀（顶盖阀）、膨胀阀、蒸发器（板式热交换器，后箱冷凝盘管）、汽液分离器、回气过滤器、压力表、压力控制继电器、CPCE（能量调节器）、安全阀、制冷管道等。

（3）真空系统　制品中的水分只有在一定的真空状态下才能进行升华，达到干燥的目的，即冻干机真空系统存在的意义。

系统采用真空泵组，具有强大的抽吸能力，为提高抽真空效率，大型冻干机一般还配备罗茨泵。

真空系统的真空度应与制品的升华温度和冷凝器的温度相匹配，真空度过高或过低都不利于升华。干燥箱的真空度应控制在设定的范围之内，其作用是可缩短制品的升华周期。对真空度控制的前提是真空系统本身必须具有较低的泄漏率。

真空系统是冻干机的重要组成部分，主要由干燥箱、冷凝器、真空泵、罗茨泵、小蝶阀、箱阱隔离阀、真空测试装置［真空仪、真空规管（压力传感器）］、掺气阀、辅助装置、真空管道等组成，见图6-40。

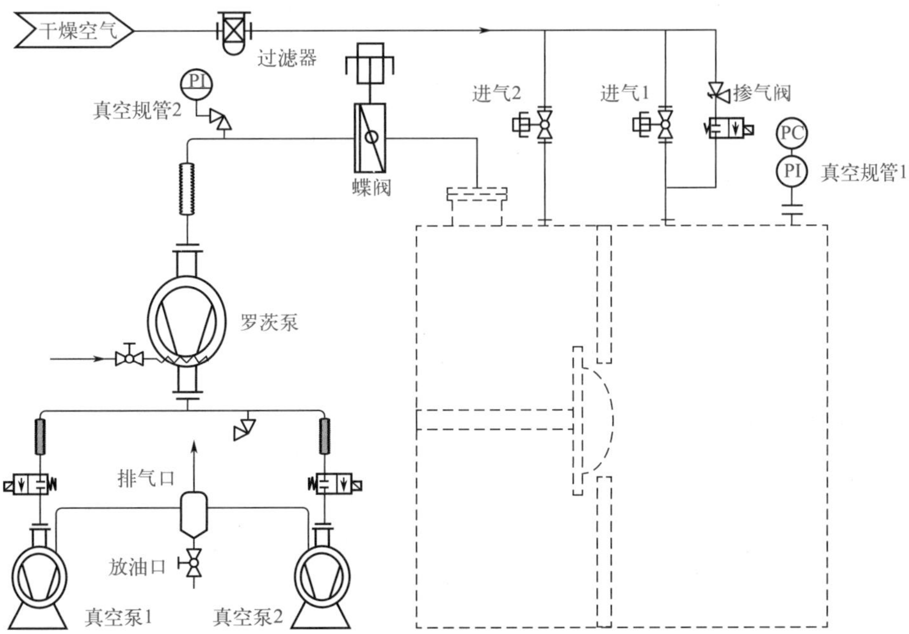

图6-40　冻干机的真空系统及其工作原理图

真空系统的作用主要是在前箱的干燥腔室和冷阱腔体形成一个真空环境，一方面促使干燥腔内制品的水分在真空状态下蒸发（升华），另一方面该真空还会在干燥腔和冷阱之间造成一个真空梯度差（即压力差）环境，使干燥腔内制品中的水汽溢出后更容易流向冷阱而被冷阱盘管捕获，实现水分移除。

（4）循环系统 循环系统是冻干机的重要组成部分，主要由循环泵、电加热器、板式换热器、板层、平衡桶以及辅助装置（如压力表、继电器等）组成，如图6-41所示。

制品的冷冻干燥主要是通过循环系统中循环介质（导热油或冷媒）在板层中的流动与板层上的制品进行热交换的直接作用进行。

循环系统的作用主要是给导热油提供冷、热源及循环的动力和通路。

（5）液压系统 液压系统主要用于板层升降、制品压塞、中隔阀的开启和关闭。液压系统主要由液压泵站、大油缸、小油缸、油管等组成，见图6-42。

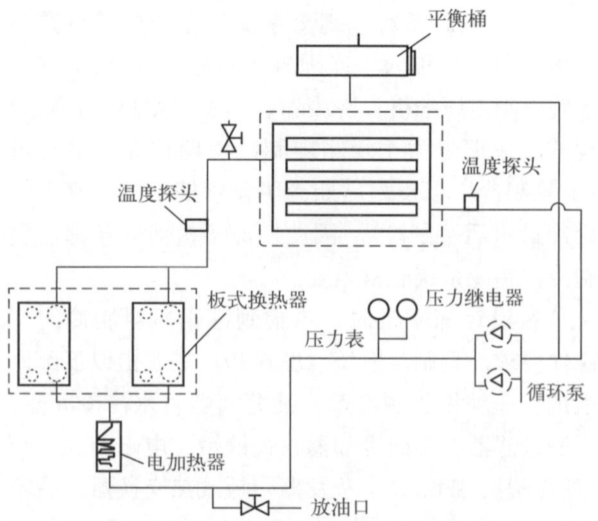

图6-41 冻干机的循环系统示意图

图6-42 冻干机的液压系统

液压系统的作用主要是给搁板在压塞和清洗时提供上下移动及压塞的力。另外，液压系统还给中隔阀的启闭提供前后移动的力及冻干机大箱门上的小门开关。

（6）CIP、SIP系统 CIP（cleaning in place）称为在位清洗，SIP（sterilizing in place）称为在位灭菌。主要由水环泵（图6-43）、阀门、管道、喷淋头和喷球等组成。

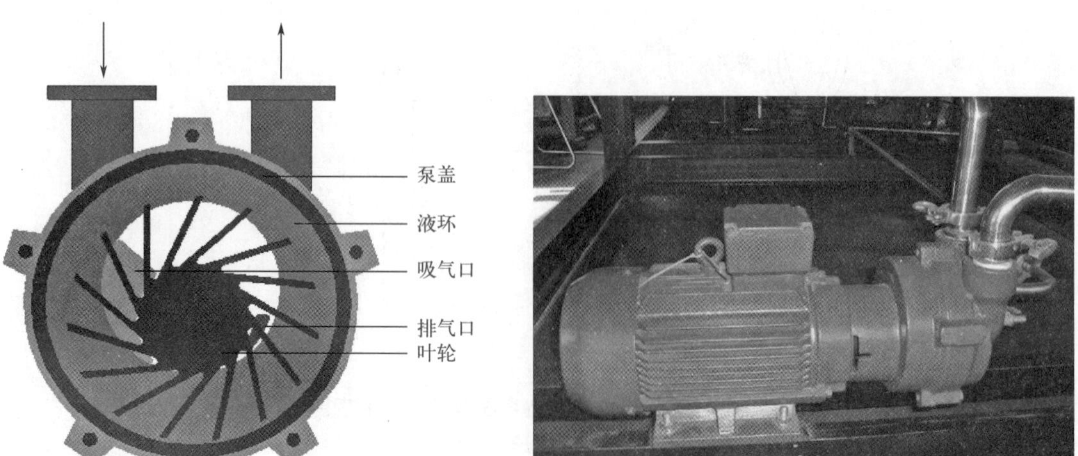

图6-43 水环式真空泵及其工作原理示意图

CIP和SIP系统的作用主要是：CIP系统是给前箱及板层清洗提供清洗水源启闭和排放；SIP系统是给设备在在位消毒灭菌时控制纯蒸汽源的启闭以及箱体容器在灭菌时对蒸汽的压力、温度、时间。

（7）气动系统 主要由气动两联体、气压力传感器、气动电磁阀、气管等组成。气动两联体由减压阀、压力表、分水器、油雾器等组成。气动系统主要是对气动阀的控制作用，如图6-44所示。

图6-44 冻干机的气动系统

气动系统的作用主要是为设备安装的气动隔膜阀、气动球阀启闭提供合适的控制气源。

（8）电气控制系统 电气控制系统由硬件和软件组成，如图6-45所示。

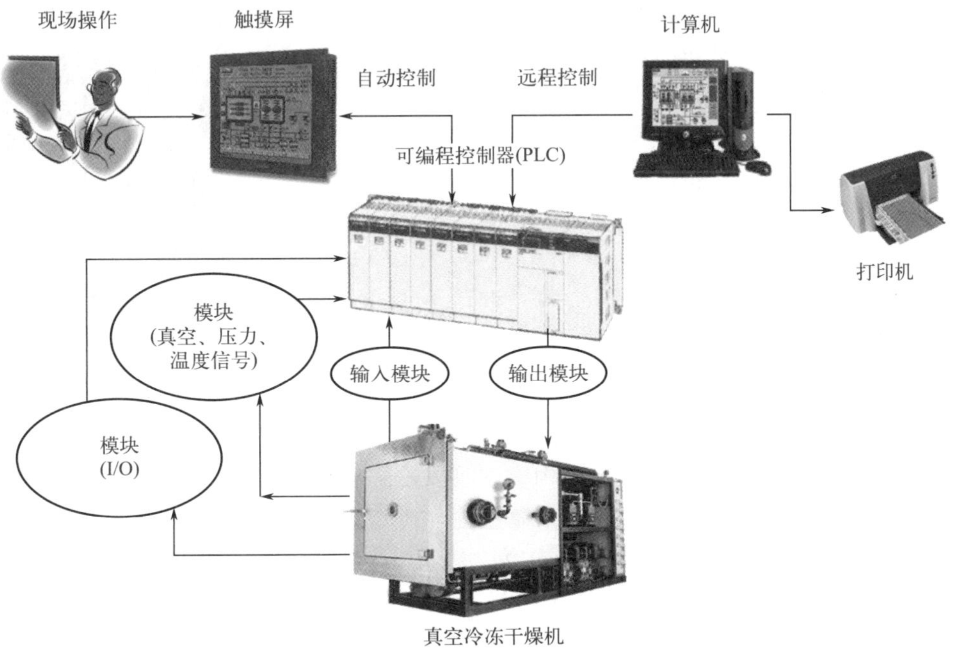

图6-45 电气控制系统的硬件和软件组成

① PLC（可编程控制器）。微处理机控制系统的核心是可编程控制器，它的输出部分主要用于控制各类阀和驱动电机。另有一路PID控制输出、干燥箱制冷阀门、加热回路的固态继电器。其输入部分主要接收各类保护继电器的动作信号。其通信接口用于沟通远程测量模块和触摸屏（或计算机），进行数据交换。PLC有8块模块，分别是2块输入模块、3块输出模块、2块A/D转换模块、1块与PC机通信的COM06的模块。PLC是设备的控制中枢，负责各组件与电控系统之间的通信工作。

② 控制计算机（PC机）。控制计算机用来运行自动程序，显示并记录现场的温度、压力、真空度等数据。冻干结束后打印数据作为历史档案。

③ 触摸屏。触摸屏本身是一台计算机，因此它具有计算机的所有特征。但又不同于计算机，它没有固定的键盘（也可带少量按键），一般也不用鼠标，它的操作是靠接触屏幕进行。可以用形象化的图形或文字来提示按键的作用，因此操作非常简单。触摸屏主要是在现场对冻干机进行操作，是设备的主控平台，在屏幕上可控制主机及各阀门组件。触摸屏能运行手动或自动程序，且能记录曲线数据。

④ 温度传感器。采用标准PT-100探头经过变送器转换成4～20mA信号送到PLC。

⑤ 压力传感器。真空压力传感器采用电阻硅管，经仪表转换成4～20mA信号送到PLC，蒸汽压力传感器直接转换成4～20mA信号送到PLC。

⑥ 压力继电器。系统中用于保护作用的高压、低压、油压差、水压、压缩空气压力、电子热保护等控制器。安装于机组的底架上，包括所需的电源开关、交流接触器、热过载与系统供电电源为三相五线制，电源50Hz/380V，功率根据用户的配置而定。由于系统中有计算机的存在，因此要求用户的供电电网波动及波的干扰小。控制系统专门为冷冻干燥机而设计，系统具有联锁保护，以防止不必要的误操作。

冻干机各个组成系统的正常工作是冻干机运行的基础。充分运用微机处理技术对各个组成的控制进行合理的监控是一种节能而又高效的方法。

电气控制系统的作用主要是对设备进行合适的配电及对设备中使用的软、硬件进行有效的手动和自动逻辑控制。

（八）灯检及外包装设备

对于注射类药物的灯检，药厂一般采用人工灯检法或灯检机进行检测。人工灯检对检测员身体素质要求较高，除需要良好的视力外，还要求在短时间内高度集中注意力，通过轻轻旋转、翻转容器等步骤，分别在黑色和白色的背景下目视检查，并进行重复观察。灯检机的广泛使用大大提高了工作效率和保护了员工视力。下面以JKZ400/25西林瓶冻干剂自动检查机（图6-46）为例介绍西林瓶冻干自动灯检机。

图6-46 JKZ400/25西林瓶冻干剂自动检查机

1. 主要用途

本机适用于制药厂模制或管制西林瓶冻干针剂的可见异物和外观缺陷检测。

2. 主要组成和工作原理

该设备分为如下主要部分：进瓶输送结构、过渡拨轮结构、转盘检测结构、相机光源跟踪结构、出瓶拨轮分离结构、伺服电机控制结构、机身和防护外罩结构等。

当被检药品进入输送带后，由水平输送带将药品送到进瓶拨轮；进瓶拨轮将药品等距分离后，再连续输送到转盘检测区相对应的旋瓶座；与旋瓶座相对应的压头将被检药品压住，确保压头、被检药品和旋瓶座组成独立检测单元；被检药品、压头和旋瓶座随转盘做匀速转动，进入检测区域后，被检药品旋转一周以上，同时高速相机对被检药品进行拍照。共六个检测站，分别是：轧盖缺陷检测站、瓶底部缺陷及药品可见缺陷检测站、四个瓶身及药品缺陷检测站。如果被检项目中存在任一缺陷，经过多帧图像比较，即可进行判定。当被检药品输送到出瓶拨轮时，相对应的压头通过凸轮装置将被检药品松开，检测完的药品进入出瓶拨轮，经过剔瓶装置将合格品与不合格品分离。

3. 检测项目

包括产品缺陷检测、容器外观瑕疵检测以及封口瑕疵检测等项目，主要检测项目如下：

① 铝盖复合盖是否完整，轧盖部分是否均匀美观（如是否有轧歪、飞边、皱折等缺陷）；
② 瓶颈处检查是否有带胶塞；
③ 瓶身上部透明部位是否有药液飞溅形成的冻干点；
④ 瓶身的下部即药品冻干部位冻干是否均匀、是否有冻干缺失部位、冻干表面是否有可见异物；
⑤ 瓶底部位冻干是否均匀无缺失、冻干表面是否有可见异物；
⑥ 瓶内冻干药品部位是否有可见异物；
⑦ 瓶身及瓶底等可见处是否有裂纹；
⑧ 装量过高、过低，空瓶。

第三节　冻干粉针生产过程控制

药品的质量来源于设计，实现于制造过程，因此生产过程的控制是保证冻干粉针质量的关键因素。冻干粉针生产过程中对人员、物料、包装材料、容器和设备都有相应的要求。

一、注射用西林瓶冻干粉针剂制药材料准备

制药材料主要指西林瓶、胶塞、铝盖，首先通过仓库交换室进入缓冲间（工作人员分开管理）。

（1）西林瓶进入理瓶（备瓶）间　双开门传递窗前拆外包，酒精擦拭内包，进入传递窗紫外灭菌30min。西林瓶常用10mL、20mL、30mL等规格。西林瓶制造企业不同，其产品要求不同，有时瓶内壁沾有滑石粉起保护作用（常见于大规格）。

（2）胶塞进入胶塞脱包间（缓冲室高效空气）　经酒精及紫外灭菌操作后进入自动胶塞清洗机。

（3）铝盖进入铝盖脱包间（缓冲室）　经臭氧灭菌后进入自动清洗机。

二、药液的配制与过滤除菌

非最终灭菌产品（可除菌过滤）的药液配制与除菌过滤的工艺流程见图6-47，图中虚线框表示根据不同工艺可选步骤。

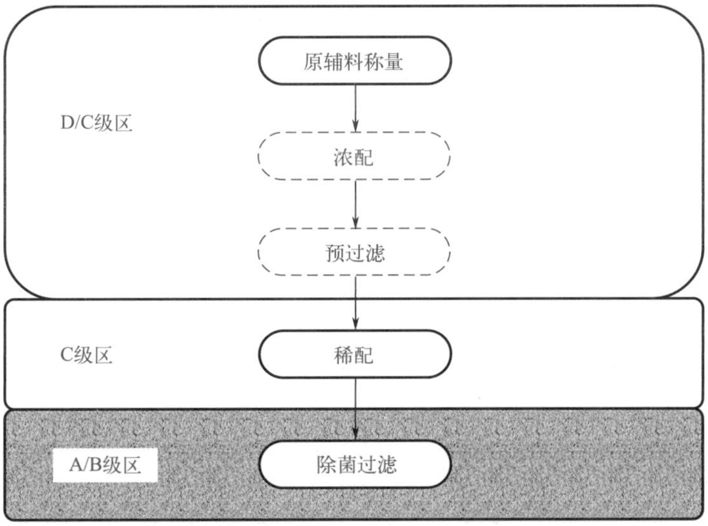

图6-47　非最终灭菌产品（可除菌过滤）的工艺流程图示例

①在配制步骤和环境要求方面，非最终灭菌产品和最终灭菌产品并无明显区别。②因原料药等因素，有些企业目前将浓配与稀配分别设置，也有些企业将二者合并在一个区内完成。③如果使用密闭配制系统，企业可以根据风险评估及验证结果将除菌过滤放在C级区进行

（一）药液的配制

冻干粉针剂药液配制的基本要求同最终灭菌药液的配制，详见第二章“注射剂生产技术”相关内容，故此处不再重复介绍。但与最终灭菌注射剂不同的是：

若使用全无菌工艺进行配制，应在A级环境下对无菌物料进行称量。若配制后药液经除菌过滤，则应在A级送风下进行称量，其背景环境至少符合C级洁净级别的要求。若使用无菌隔离器进行非最终灭菌产品的配制，无菌隔离器背景环境应符合洁净区要求。

无菌物料在背景环境为B级洁净区进行称量时，人员着装须符合B级洁净级别的要求，如使用无菌隔离器称量，人员着装应符合背景环境的要求。必要时，从人员安全出发，宜佩戴防尘口罩和护目镜。

1. 非最终灭菌药液的配制流程

（1）配制开始前关键要素准备和检查内容

① 环境及卫生检查：检查配制间的温湿度、压差、环境卫生状况是否符合生产工艺要求，确认已完成清场工作且在有效期内。

② 公用介质检查及准备：确保压缩空气、保护气体等满足生产需要，各接口无泄漏。

③ 仪器检查：检查如电子天平等仪器完好，校验标识在有效期内。

④ 检查气体过滤滤芯是否在规定使用期限内。

⑤ 设备、器具清洁检查：确认配制系统各设备、设施状态完好，并已清洁消毒灭菌，且在有效期内，器具经清洁灭菌后无菌转运至配制间待用。如果不是无菌投料，配制工具可以灭菌后密闭转移。

⑥ 检查A级区的层流装置，确保层流运行正常（如适用）。

⑦ 检查配制所需的记录、文件、标识等是否均符合规定。

⑧ 按照批生产指令和产品工艺规程，设置工艺参数及配制模块，下载产品配方和填写配方名称及批次、批量，包括工艺参数涉及的物料名称、物料重量、混粉转速/频率、混粉时间等（如适用）。

⑨ 物料准备和检查：按照批生产指令核对生产所需原辅料是否齐全，且包装袋或容器应密封且完好，经消毒或灭菌后经过无菌转运至称量处。如果不是无菌称量，也要通过工具灭菌后密闭转移。

⑩ 消毒液的领取准备：检查即将使用的消毒液应在配制有效期内。

（2）配制过程岗位操作要求

① 根据产品工艺规程计算复核批生产指令的原辅料投料量应准确无误，并双人复核。

② 若使用全无菌工艺进行配制，应在A级环境下对无菌物料进行称量，并双人复核。若配制后药液经除菌过滤，则应在A级送风下进行称量。

③ 按产品工艺顺序及要求逐一核实原、辅料的品名、性状、质量等，准确无误后开始按工艺要求无菌投料，建议采用自动投料设备以降低投料过程的污染风险。

④ 应按照产品工艺规程的规定转速、时间等要求，进行混合。

配制岗位日常生产监控点及监控项目见表6-4。

表6-4 配制岗位日常生产监控点及监控项目

监控点	监控项目
物料	单件鉴别、含量、杂质、细菌内毒素、无菌检查（如适用）、有机残留溶剂、酸碱度、溶液的澄清度、溶液的颜色、水分、不溶性微粒、可见异物、溶解性等（监控项目参考物料质量标准要求进行）
药液除菌滤芯	滤芯材质、型号和生产后完整性； 压差应符合规定要求
气体滤芯	是否在规定使用期限内

续表

监控点	监控项目
环境控制	① 不同粉剂对温湿度要求不一致，对温湿度敏感产品需加强监控 ② 悬浮粒子 ③ 沉降菌（如适用） ④ 表面微生物（取样方法如棉签擦拭法和接触碟法） ⑤ 浮游菌
时限控制	配制开始至配制结束的时限

（3）配制结束后工作

① 剩余物料需在对应称量环境级别下进行密封。如若使用全无菌工艺进行配制，应在A级环境下对剩余无菌物料进行密封；若配制后药液经除菌过滤，则应在A级送风下对剩余无菌物料进行密封。专人确认后进行退库或处理。对于已开封剩余物料的包装流程和密封效果、转移及再次使用流程应有相关研究和要求。

② 生产结束后进行滤芯完整性测试，使用前可通过风险评估确定滤芯完整性测试的必要性。

③ 岗位清场，各设施、设备、工器具拆卸、清洗、消毒、灭菌。

④ 配制系统在线清洗（CIP）和在线灭菌（SIP）等。

2. 配液验证要点

① 配制均一性。

② 配制过程药液稳定性（如适用）。

③ 药液无菌性（如适用）。

④ 均质效果（如适用）。

⑤ 配制最长时限的验证。

⑥ 配制结束后的贮存期限验证。

3. 微生物和细菌内毒素污染水平监控

最终除菌过滤前非最终灭菌产品微生物的限度标准一般≤10cfu/100mL。

产品中细菌内毒素的控制标准，应考虑物料和生产过程中可能引入的风险。物料的引入较多来源于注射用水、原辅料、直接接触产品的包装材料等，应建立相应的细菌内毒素标准。

最终除菌过滤前，待过滤介质的微生物污染水平一般在10cfu/100mL。可以从以下几个方面进行微生物控制：

（1）监控物料的微生物状况　要确定通过除菌过滤工艺生产的无菌保证水平，除了掌握除菌过滤器的对数下降值外，也应监控过滤前产品的微生物负荷。对生产所用物料进行微生物负荷和无菌检测将有利于预测除菌过滤前产品的微生物负荷。

在最初设计阶段，应制订一个适当的取样计划，以便对一定批数的原料逐一进行调查，掌握各种原料药的微生物污染情况，包括批间差异、季节影响等有关情况。调查中微生物计数方法可根据不同情况选用《中国药典》收载的平皿法、薄膜过滤法和最可能数法（MPN法）。此后，根据这一阶段的调查结果，设定微生物污染水平的允许范围，然后定期进行确认。在正常生产时，各个环节应尽可能降低微生物负荷，通常要求除菌过滤前应在10cfu/100mL的标准。

（2）监控工艺用水的微生物负荷和细菌内毒素　与物料一样，应事先监控工艺用水的微生物负荷和细菌内毒素。对于用于清洗与产品相接触的容器或器具的注射用水，还应考虑污染菌的耐热性质（清洗后的容器或器具，一般都应经高压蒸汽灭菌或者隧道烘箱除热原后再使用）。水中微生物易于繁殖，因此应采用有效措施防止污染，并应定期对工艺用水监测中出现的异常趋势进行调查。

(3)监控容器的微生物状况 对于采用除菌过滤的无菌产品，都是将药液过滤后无菌灌装至产品容器中，因此所用容器应无菌。有必要在设计阶段对所用容器在刚购入或刚生产出时进行微生物污染状况调查，以便根据调查结果选择适当的洗涤方法及灭菌方法。

(二)药液的除菌过滤

1. 过滤器种类介绍

制药行业所称的过滤，根据过滤孔径的大小可分成粗滤、微滤、超滤和反渗透四种方式。其中粗滤一般指截留物直径大于10μm的过滤，广泛用于药液的澄清、细胞碎片的去除等。微滤一般指孔径从0.1～10μm之间的过滤，主要目的是去除微生物和药液中的小型颗粒。例如：0.65μm过滤器常用于对真菌的去除，相对孔径的0.22μm（有些过滤器厂家标识为0.2μm）过滤器常用作除菌过滤，而0.1μm过滤器广泛用于去除血清中的支原体。超滤通常用于大分子物质的纯化和浓缩工艺，例如蛋白质、脂肪、糖类、核酸等物质的纯化工艺。另外，超滤还常用于去除一些小分子药品中的热原。反渗透主要用于纯化水的制备。

在无菌制剂的生产中，微滤工艺被广泛使用。尤其是生物制药，在很大程度上依赖过滤系统，对其大量连续的物料进行澄清、纯化和除菌。为了使生产能够高效有序地进行，必须使用规范的方法对流体中的颗粒、胶质和微生物等杂质进行去除。在某些情况下，可能需要使用多步过滤工艺才能完成。

选择正确的过滤器，不仅可以得到满意的产品质量，还可以提高过滤效率，降低过滤成本。预过滤能够减少微生物污染水平、去除颗粒，而这些物质正是造成终端过滤堵塞、过滤效率降低和寿命缩短的原因。通过合理匹配预过滤和终端过滤的流量、容污能力和截留效率，即便对于大批量的药液，也能得到经济的过滤过程。过滤器材质、尺寸和结构的选择，取决于不同的应用和物料的性质，例如颗粒的分布、颗粒的数量、黏度、化学兼容性以及法规的要求。

无菌制剂生产所用的微滤过滤器有多种分类方式。根据使用目的的不同分成三种：澄清过滤器、预过滤器和除菌过滤器。这三种过滤器可能有不同或相同的规格，例如0.22μm规格，可以用于预过滤，也可以用于除菌过滤。对于澄清过滤器经常是指名义孔径，对除菌过滤器而言孔径等级根据细菌截留能力来确定。

除菌过滤器在无菌药品的生产中被广泛使用。除了去除药液中的微生物，过滤器还可以截留药液中的一些颗粒，有利于提高过滤后药液的澄清度。由于过滤过程复杂，并受到诸多因素的影响，例如压力或流速、温度、时间等，因此相对于湿热灭菌而言，风险更高。

除菌过滤器广泛应用于最终灭菌产品和非最终灭菌产品。在两种生产工艺中，根据过滤的目的不同，将过滤分为除菌过滤和减菌过滤。

除菌过滤是指采用物理截留的方法去除液体或气体中的微生物，以达到无菌药品相关质量要求。

相对于除菌过滤，减菌过滤是通过过滤的方法将待过滤介质中的微生物污染水平下降到可接受程度的过滤工艺。减菌过滤器在非最终灭菌工艺中的应用见图6-48。

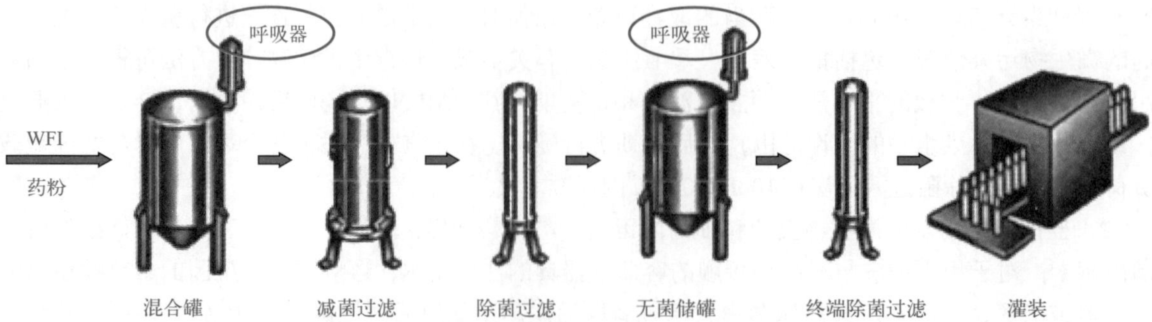

图6-48 减菌过滤器在非最终灭菌工艺中的应用

2. 过滤系统的组成

过滤系统一般组成包括过滤前药液罐、过滤后药液罐、泵、完整性测试仪、过滤器（套筒、过滤芯）、压力测定装置（压力表或压力传感器）、温度记录装置（温度表或温度传感器）、过滤管线、冷凝水处理装置（如疏水阀）等。

无菌产品过滤所用的不锈钢套筒的一般要求为：

① 接触药液的部分应选用316L不锈钢材质。

② 耐高压和高温，例如：121℃，耐压1034kPa。

③ 卫生级夹具的进口和出口。

④ 卫生级软管接口的排气和排水。

⑤ 易于冷凝水的排放。

⑥ 易于冷空气的排放。

⑦ 药液残余少。

⑧ 磨制或电解质抛光。

⑨ 兼容性较好的垫片和O形圈。

3. 过滤器的安装

（1）套筒安装

① 按照方向指示小心安装，不应将套筒反装。药液正常的流动方向应是从外向内。

② 应在易于滤芯安装拆卸的地方安装套筒并保持套筒顶部清洁。

③ 确保套筒进出接口与系统管道的符合性。

④ 安装压力表和压力传感器，以便监控过滤压力和压差。

（2）过滤芯的安装

① 确保安装了正确的滤芯。验明并记录过滤芯外标签上的产品编号符合工艺规程。将包装盒中的合格证存档。

② 记录过滤芯的“身份”号码。除菌过滤芯一般都印有产品编号和批号。有的滤芯的系列号热融在滤芯柱上。

③ 打开过滤器套筒。

④ 用纯水或注射用水浸润套筒底座和O形圈。

⑤ 确保滤芯的卡口上清洁无污物。将滤芯接头垂直向下紧紧插入套筒底座接口，轻轻旋转并向下加压直到接口完全同底座吻合，然后拿掉塑料袋,安装时切勿倾斜，以免损坏接头或O形圈（图6-49）。

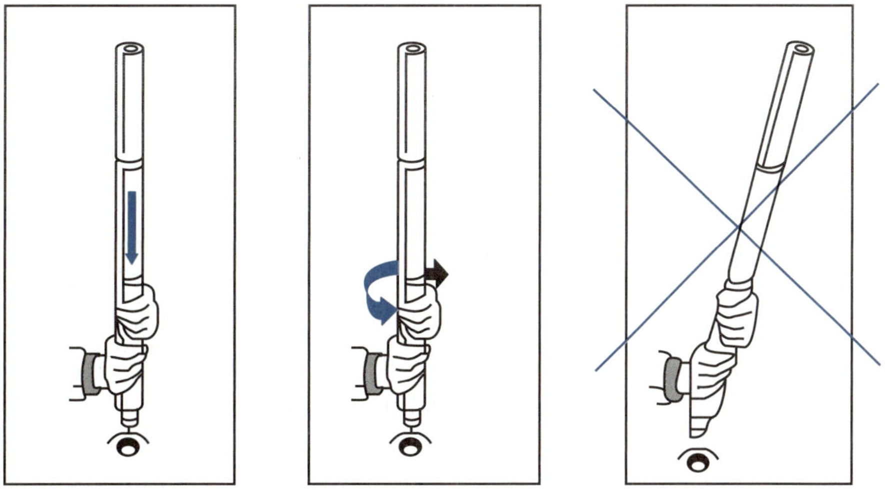

图6-49 过滤器安装示意图

4. 过滤操作过程

（1）规程的制定 在过滤过程的SOP中应制定压差、温度、过滤时间、过滤速度（过滤一定量药液所需的时间）的范围。这些参数必须根据过滤器验证中（细菌截留、析出物、兼容性等）的最差条件而制定。例如，生产过程中所允许的最大压差应不大于细菌截留验证中的最大压差。生产过程的最长过滤时间应不得长于验证中的最长过滤时间。SOP中还应含有压差、温度、流速、过滤时间等关键参数发生偏差时的处理措施。

（2）装置要求

① 过滤系统应有观察压差的装置，最好有自动控制压差、压差报警和记录压差的装置。

② 过滤系统应含有记录过滤时间的装置。如无装置，应人工记录过滤时间。

③ 过滤系统应含有记录温度范围的装置。

（3）培训 过滤操作者应经过适当培训。

（4）过程控制 在生产过程中，应对过滤器的过滤温度、时间、压力、上下游压差、滤芯使用次数等进行记录。

三、胶塞的清洗、硅化、灭菌、干燥与转运

胶塞一般分为天然胶塞和丁基胶塞。天然胶塞主要是由乳胶制成的，其中含有92%～95%的橡胶烃和5%～8%的非橡胶烃。天然胶塞在生产和使用过程中易出现以下几个问题：①一般表面不光滑，对一些微生物、热原及污染性强的物质有很强的吸附性；②易摩擦，用机械搅拌时容易产生更多的不溶性微粒；③化学性质不稳定，易与药液发生反应；④天然橡胶价格便宜、生产工艺简单，但制备过程会对大气造成污染。

丁基胶塞主要由异丁烯和异戊二烯（≤3%）在-90℃超低温下聚合而成，是目前烃类高分子材料中透气性最低的一种，其主要组分为生胶、硫化剂、硫化促进剂、活性剂、增塑剂、填充剂和着色剂。

丁基胶塞结构中引入了活跃的氯、溴原子，形成卤化胶塞。它不仅具备优良的性能，也具备降低抗氧化剂污染、质量稳定、成分单一、安全性高、惰性强等优势。但是丁基胶塞有增加生产成本、价格较高、原材料主要靠进口等劣势。根据《直接接触药品的包装材料和容器管理办法》实施工作中有关事项的通知，2005年1月1日起，新药、已有国家标准药品、进口药品、医院制剂的申请及其变更药包材的补充申请，不再受理采用普通天然胶塞作为包装。

包材丁基胶塞的清洗灭菌关乎整个药品生产过程。清洗灭菌的主要目的是防止清洗胶塞在运输、转运过程中不产生不溶性微粒，并达到灭菌、除热原的效果。一般情况下只能清洗一次，清洗次数过多会造成胶塞发涩，导致生产过程的灌装上塞环节出现胶塞在上塞轨道内不走、压不上塞和掉塞等情况。而且胶塞发涩也会导致冻干粉针剂压塞过程中出现压塞不紧，造成药品气密性差，同时压胶塞不好也会造成轧盖过程中轧盖质量大打折扣，严重影响到药品质量。

胶塞的清洗、硅化、灭菌、干燥等处理的质量对产品质量起至关重要的作用，应严格监控每一步骤的质量情况。如在清洗过程中检测淋洗水的微粒和可见异物，按照验证的要求进行硅化，确认硅油数量、硅化时间等，严格监控灭菌、干燥的时间、温度、压力等，并监测胶塞细菌内毒素，应符合要求。

目前多数企业选用胶塞清洗灭菌机，胶塞的清洗、硅化、灭菌、干燥等步骤可一并完成，能较好满足生产的需要。近年来，不少企业也开始选用即用免洗胶塞。胶塞清洗和准备的工艺流程如图6-50所示，图中虚线框表示根据不同工艺可选步骤。

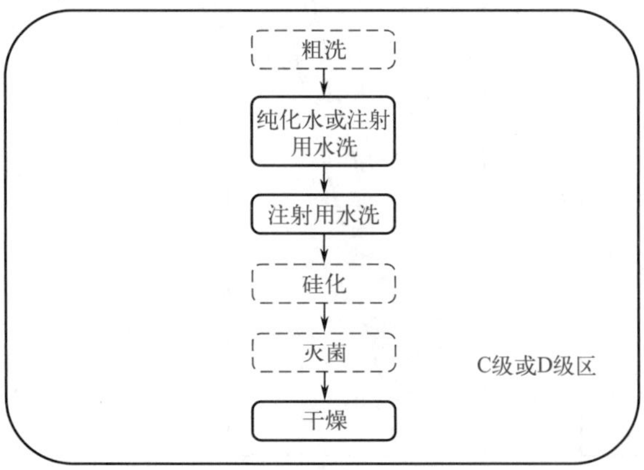

图6-50 胶塞清洗、灭菌、干燥流程

（一）胶塞的清洗

胶塞的清洗通过胶塞清洗机的清洗程序来实现。胶塞清洗机可以采用不同的清洗介质，调节不同的清洗时间等参数。根据胶塞的种类（冻干胶塞、粉针剂胶塞、输液胶塞等）和数量，来规定清洗程序，并对其进行验证。经过清洗的胶塞应该从清洗机转移到已经清洗过的容器中，如果需要，也可转移至可灭菌的容器中进行灭菌。胶塞清洗的质量需要进行持续的监控。

胶塞清洗机采用水力冲洗或者机械搅动来清除黏附的微粒物质，避免微粒再次沉积到别的胶塞上。洗涤过程的初始冲洗至少应使用纯化水，接着用注射用水进行最终冲洗。通常经多次热的注射用水冲洗后能够去除细菌内毒素（也可以采用清洁剂提高去除细菌内毒素的能力）。再对清洗过后的胶塞进行灭菌和干燥，这些措施可以分别进行，但应注意，胶塞上的残留水分可能滋生微生物，进而导致细菌内毒素的产生，应尽量缩短胶塞处于潮湿环境的时间，在最短时间内，在经过滤的蒸汽或热风中进行灭菌和干燥。胶塞清洗工序中应对淋洗水（纯化水和注射用水）进行必要的检查。

（二）胶塞的硅化

为了保证胶塞在灭菌干燥后具有较好的上机性能，必要时可在胶塞清洗过程中进行硅化。常用的硅化工序是在精洗合格后进行的，根据硅化膜厚度的要求，将核定用量的硅油加入清洗箱内。清洗箱内的注射用水温度宜在80～90℃，在稍高的清洗桶转速下进行硅化。

硅化程度不够，在加塞时走机不顺畅，压塞困难；硅化过度，容易造成压塞反弹、跳塞，走机落塞，同时真空干燥时易落塞，起不到干燥的作用，并且会增加不溶性微粒。应控制胶塞每平方厘米比表面积硅油含量。

不同胶塞的硅油含量是不同的，如普通丁基胶塞硅油含量为0.01～0.03mg/cm^2，以实现胶塞硅化度与上机性能、不溶性微粒之间的最优化。可通过如红外分光光度法等控制胶塞硅化度。在胶塞制备中使用的二甲基硅油应符合药品质量控制标准，并且对制剂的安全性、质量或纯度没有不利影响。

（三）胶塞的灭菌

胶塞灭菌一般采用蒸汽灭菌或伽马射线灭菌，但是不建议将胶塞进行二次灭菌后再使用。冻干属于非最终灭菌剂型。非最终灭菌产品的胶塞和产品直接接触，需要保证其无菌的特性，必须经过灭菌处理。

胶塞灭菌工艺一般使用过度杀灭工艺，但是长时间的高温可能会对胶塞带来影响。胶塞灭菌工艺需要进行验证，灭菌后的胶塞应保证其压塞顺畅、密封性完好及相容性合格。

（四）胶塞的干燥

胶塞灭菌后，表面和内部有可能残留水分，对胶塞出料、贮存和环境等有较大风险，一般情况下需要对胶塞进行干燥处理。胶塞干燥的方式有真空干燥、热风干燥等。干燥过程不能对胶塞质量属性带来其他影响。一些产品，如粉针剂产品对水分要求严格，应注意胶塞含水量影响产品的风险，确保胶塞含水量达到工艺要求。

（五）胶塞无菌转运

传统的胶塞处理方式，是把经过清洗、灭菌后的胶塞放置在敞口的容器中，通过人工的方式加入压塞机的料斗内。这种操作方法的弊端是破坏了无菌的连续性，即敞口容器增加了人员与胶塞的接触机会，增大了人员和环境对物料污染的可能性；人工将胶塞加入料斗内，需要打开压塞机的隔离门，也增大了人员对药品污染的可能性。

现今的无菌产品生产广泛采用隔离器技术，就是为了减少人员与药品的接触机会，降低人员对药品污染的可能性，保证药品的安全，确保无菌过程的连续性。因此胶塞清洗灭菌后的转运过程也尤为重

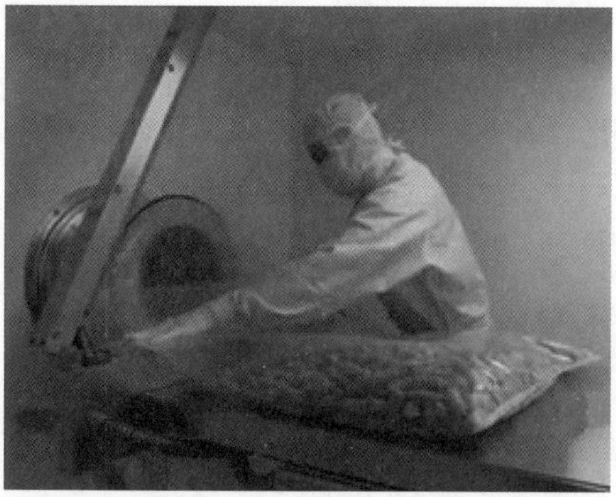

图6-51 无菌袋式的转运系统

图6-52 STS胶塞无菌转运系统

要，通常是在胶塞清洗机出料口安装A级层流保护。打开胶塞机出料口，把经过清洗灭菌后的出料斗挂在出料口，人工出料到料桶，通过层流小车推到灌装线旁，打开灌装线隔离门，人工加料到灌装线料斗。胶塞是直接和药品接触的，在出料、转运、加料过程中不密封而且都存在人与胶塞的接触，有二次污染的可能。

目前，冻干粉针生产企业通常采用无菌袋式的转运系统（图6-51）或STS胶塞无菌转运系统。

无菌袋式的转运系统易于操作，成本最低，可以在洁净间和隔离器之间，实现无菌物料的密闭进出。无菌袋式的转运系统只需使用无菌袋，就可以完成无菌物料的转移，其优点有：不需要α/β阀（即分体阀）；不需要不锈钢料筒；不需要提升柱等辅助设施；不需要对隔离器进行特殊改造，只需留有物料进出口。无菌袋式的转运系统适用于无菌物料（胶塞、铝盖、瓶盖）和无菌原料药，也适用于隔离器工具、仪器、部件和废弃物等领域。无菌袋的灭菌以伽马射线辐照灭菌、环氧乙烷灭菌和蒸汽灭菌等方式进行。

STS胶塞无菌转运系统（图6-52）实现从胶塞机到灌装线的无菌对接，避免了人与胶塞的接触问题，消除了胶塞从清洗灭菌机到灌装线的转运过程中存在二次污染的可能。通过无菌对接阀，实现胶塞机到转运桶和转运桶到灌装线的对接，在整个转运过程中，胶塞完全被封闭在一个密闭的容器中，完全与外界隔离，不与人直接接触。无菌对接阀采用双蝶式，密封性好，耐压，保证胶塞在无菌的条件下转运到转运桶，并且可以在线灭菌，方便快捷。

同时特别需要注意的是胶塞清洗机进料口应在C级洁净区，而胶塞清洗机出料口应在A/B级洁净区域或RABS下，保证无菌转运。

（六）胶塞清洗灭菌的验证

为了确保胶塞的清洁和无菌（无颗粒和微生物），应对胶塞清洗、灭菌、干燥工艺进行验证。由于橡胶是热不良导体，在灭菌工艺验证中应特别注意胶塞的热穿透试验。洗涤操作的验证数据应证明胶塞的细菌内毒素已成功去除到可接受水平。

应验证胶塞从清洗、灭菌到使用的时间限度，以保证产品对无菌特性的要求。如果胶塞清洗液中加入了表面活性剂，则需关注加入活性剂的种类，并确保活性剂的残留不会对产品质量产生影响。

（七）铝盖的清洗和灭菌

铝盖的作用是轧紧瓶颈处已压的胶塞，从而保证产品在长时间内的完整性和无菌性。常用铝塑组合盖，其生产工艺是将铝盖和塑盖倒入热合机相应的转盘内进行热合，即可得到铝塑组合盖。

铝盖的原料为铝合金板。不同规格的铝盖，需要用不同规格的铝合金板进行生产。非最终灭菌药品的铝盖处理需使用“无菌轧盖”（B级背景下的A级）轧盖工艺。“无菌轧盖”工艺的铝盖处理需要进行严格的清洗灭菌，并且清洗灭菌工艺需经过验证。

（八）实例分析：胶塞清洗细菌内毒素挑战试验

漂洗是减少或去除胶塞上细菌内毒素的常用方法。企业应结合供应商去细菌内毒素污染控制情况，评估对产品潜在质量风险的影响。对无法满足工艺需求的应开展去除细菌内毒素挑战试验，证明胶塞清洗工艺能有效去除胶塞附着的细菌内毒素。

细菌内毒素回收率试验：取一定数据具有代表性的胶塞清洗后进行细菌内毒素溶液涂布试验。涂布后进行晾干，然后进行细菌内毒素检测。

$$\text{细菌内毒素回收率}=\frac{\text{晾干后胶塞中细菌内毒素检测量}}{\text{细菌内毒素涂布理论量}}$$

胶塞清洗细菌内毒素挑战试验方法：根据胶塞清洗量评估取一定数量的具有代表性的胶塞（进行标识，区别于阴性胶塞），按照回收率试验方法进行细菌内毒素涂布和晾干后，与其他胶塞按最大清洗量置于胶塞清洗机中进行清洗程序。程序完成后，取出进行挑战的阳性胶塞，进行细菌内毒素检测。

需要注意的是细菌内毒素回收率较低或者回收率重复性较差时，需考虑涂布量的合理性。一般情况下较低的涂布量可能会导致细菌内毒素回收率较低或者回收率重复性较差。

该试验如在生产线进行，应注意阳性胶塞样品对生产环境和设备的污染风险，应用合适的方法去除设备内细菌内毒素的污染。

四、西林瓶的清洗和灭菌

药用玻璃是药物制剂最常用的药品包装材料之一。药用玻璃具有其他材料无可比拟的良好化学稳定性、耐热性、抗机械强度等性能，另外还具有价廉、美观且易于制成不同大小及各种形状的容器的优点。

西林瓶的清洗和灭菌自动化程度比较高，目前多数采用洗、烘、灌联动生产线，可有效提高洗瓶效率，也可避免生产过程中的微生物污染。在生产过程中，应定时抽取西林瓶检查洁净度，控制洗瓶速度、超声波频率（如适用）、注射用水水温（如适用）、注射用水压力、洁净压缩空气压力等，监控隧道烘箱的温度、压差、履带传送速度等。此外，还应定期监测隧道烘箱内的悬浮粒子数等。应规定灭菌后西林瓶的使用时限，以及在隧道烘箱内驻留最长时间。其工艺流程如图6-53所示，图中虚线框表示根据不同工艺可选步骤。

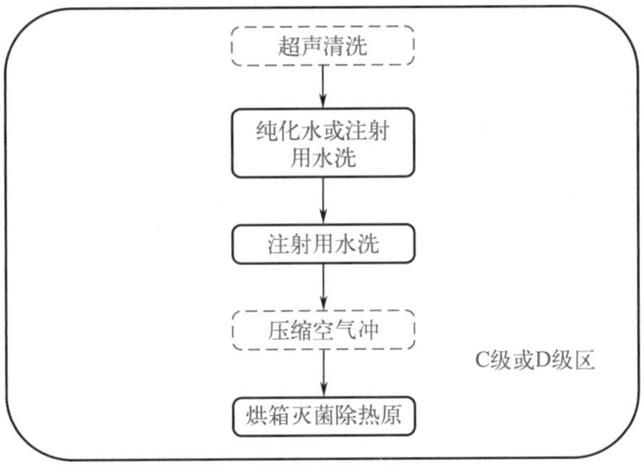

图6-53　西林瓶清洗和灭菌的工艺流程图示例

清洗操作可以去除容器表面的微粒和化学物。容器干热去热原操作，可以灭活微生物和降低细菌内毒素含量。根据容器大小、材质、质量以及装载结构设置具体的灭菌、去热原的温度和时间。

大规模的生产中，通常的方法是容器通过输送机械进行自动流转，采用一体化的清洗设备和隧道烘箱，对容器进行清洗和去热原操作。容器经清洗后，洁净空气将为容器流转到隧道烘箱提供保护，最大程度降低容器二次污染的风险。

清洗设备设计成旋转式或者箱体式系统。清洗介质包括除菌过滤的压缩空气、注射用水或与注射用水相连的循环水。在最后冲淋时使用注射用水。

1. 清洗灭菌程序的步骤

① 超声波（可选）。

② 通过喷嘴用注射用水喷淋容器内外表面。

③ 用注射用水喷淋。

④ 通入除菌过滤的压缩空气吹干（必要时）。

⑤ 灭菌或除热原（必要时）。

清洗程序第一步所用的超声波（容器被灌装后浸入水浴），目的是利用“气穴”效应对杂质进行机械分离（超声波在水中形成空穴）。为防止超声对玻璃瓶质量造成影响，需对超声后的玻璃瓶进行目检，必要时需对超声频率参数进行确认。

清洗机的操作一般分为几个步骤：使用注射用水进行冲淋，之后，使用注射用水至少冲洗一次，然后进行灭菌（必要时）干燥操作。

用注射用水进行喷淋时，应确保清洗用水能在规定时间内排干，否则含有微粒的清洗用水在容器内流转过后，微粒不会随水流走，而是残留在容器内。

应控制冲淋容器时的进水量，以确保在容器内表面实现气体与液体的边界层效应。冲淋次数取决于产品和工艺的要求。

无菌容器须使用注射用水作为最终的清洗介质，且不能掺有任何添加剂。循环水仅适用于初始清洗步骤。

西林瓶的清洗工序应关注包装材料质量（如清洁度等）、工艺用水（注射用水）的质量（可见异物）及洗涤后的容器清洁度。

通常，清洗后或灭菌后的玻璃容器被转移至配有层流的灌装设备或净化操作台上进行灌装，灭菌后的玻璃瓶贮存期限需要进行验证。

2. 清洗工序的验证

（1）清洗工艺验证 所有清洗工艺都须经过验证，下列参数可作为评估整个清洗程序效果的参考：

① 超声频率参数确认（如适用）。

② 水浴、超声波（如适用）维持时间。

③ 水浴温度。

④ 容器中的喷淋水压（如1×10^5～3×10^5Pa）。

⑤ 喷针的型号、喷针插入角度、喷针插入深度。

⑥ 压缩空气的压力。

⑦ 通入压缩空气后的瓶内残留水量。

⑧ 循环次数。

⑨ 洗瓶速度（瓶的破损率）、水压。

⑩ 洗涤后的可见异物、不溶性微粒、微生物指标（后续无除热原工序时，检测细菌内毒素下降值；如有，则检测细菌内毒素负荷）、玻璃瓶内残留水。

清洗程序的有效性可由异物挑战试验和细菌内毒素挑战试验（如适用）来证明。

洗瓶机性能确认时需要进行核黄素、NaCl或标准粒子挑战试验。例如：将NaCl或标准粒子溶液加到待测容器表面，然后将溶液风干（注意避免风干环境可能带来的外来污染）。也可以考虑采用玻璃屑、纸屑等进行污染物挑战。经洗瓶机清洗后，取样检查玻璃瓶电导率或标准粒子数。标准粒子挑战需要进行实验室回收率验证，清洗验证应证明清洗操作能将粒子含量下降三个对数单位。

对于通过冲洗进行去热原工艺，如安瓿、西林瓶等物料清洗后无其他除热原步骤，应考虑在清洗工序进行细菌内毒素挑战试验。挑战试验通常直接将细菌内毒素溶液加到待测样品表面上，然后将细菌内毒素溶液风干（注意避免风干环境可能带来的细菌内毒素外来污染），按清洗程序清洗后检测待测样品细菌内毒素含量。挑战试验前，应用上述方法，先在实验室进行细菌内毒素的回收率验证。清洗挑战应证明细菌内毒素含量低于科学确定的目标水平，如：应证明清洗工艺能降低三个对数单位的细菌内毒素含量或达到基于清洗前细菌内毒素负荷情况制定的细菌内毒素限度。

在清洗表面粒子时，与清洗剂用量相比，其冲淋速率与工艺反复次数才是更重要的因素。例如，如果一次清洗程序就能除掉99%的粒子，3次清洗就可减少6个对数单位。这意味着后续清洗对微粒的作用不大，但仍能进一步去除细菌内毒素。因而在后续工序中，喷淋压力及对容器表面结构的“穿透深度”更为重要，但上述功能是有局限的，限制包括清洗设备本身、时间设定（被清洗对象处于喷淋状态的持续时间）及每小时排出的已清洗物数量。

用注射用水作最后冲淋的步骤尤为重要。进行这一步操作需要确保容器内表面的洁净度与注射用水的性质相符。之后通入经0.22μm孔径过滤器过滤后的压缩空气，使得容器内仅残留少量的注射用水（如10～150mg），然后在隧道烘箱中灭菌时，沉淀到内表面的水分才会尽可能少。

（2）干热灭菌和除热原的验证 干热灭菌和除热原的验证应包括适当的热分布、热穿透研究和细菌内毒素挑战试验，以及使用最差条件下的操作环节、容器特征（如大容量容器）和特殊装载方式，以模拟最差条件下的生产状态进行测试。

进行容器和密闭系统灭菌或除热原的供应商应接受相同的法规要求，与内部操作建立的标准类似。最终产品的生产企业应复核和评估供应商的验证方案和最终验证报告。生产企业经过适当的时间间隔确定了供应商试验结果的可靠性后，可以根据目测鉴别和分析供应商审核证书的结果，判断是否接受该容器或密闭系统。

五、药液的灌装、加塞及转运

注射用冻干粉的西林瓶药液属于非最终灭菌产品的灌装。非最终灭菌小容量注射剂（西林瓶、预充针）灌装工艺流程，如图6-54所示。

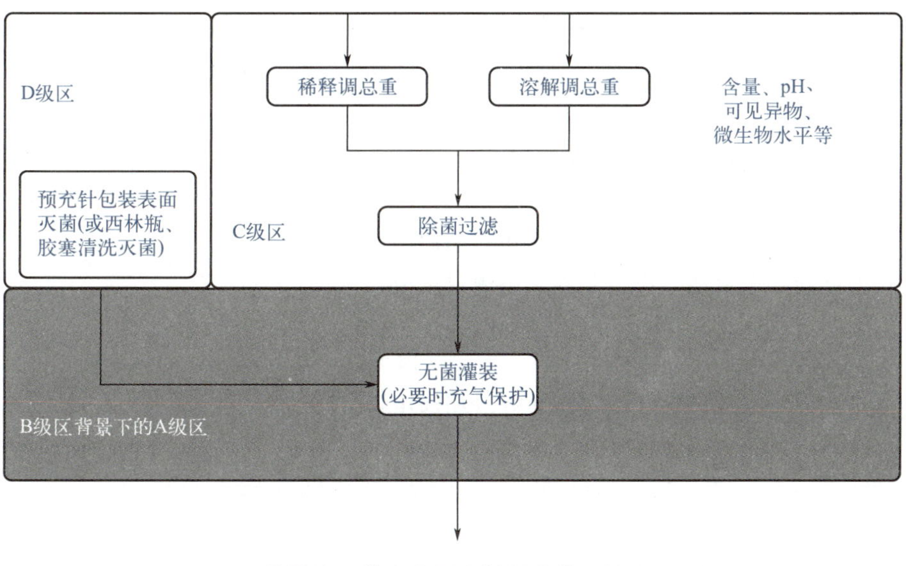

图6-54 非最终灭菌小容量注射剂灌装工艺流程示例图

对于非最终灭菌产品的灌装，由于无法对半成品进行灭菌处理，该类灌装操作必须在B级区背景下的A级区内进行，并且考虑到无菌生产工艺的特殊性，物料转移一般均需要采取防污染措施（如A级保护）。其他方面也和最终灭菌的大容量注射剂一样，建议尽量采用自动化灌装系统。灌装过程中应能对中间产品的装量稳定性、可见异物、微粒、微生物等进行有效控制。

冻干粉针剂的灌装过程和小容量注射剂的要求一致，唯一不同在于灌装后进行半压塞。半压塞的产品在A级保护下或从密封容器内转运至冻干机内。

小容量注射剂的品种很多，其中有些原料药的化学性质决定了无法耐受任何形式的最终灭菌工艺。在这种情况下，需要采用无菌生产工艺进行生产，生产的产品即为非最终灭菌的小容量注射剂或冻干粉针。

西林瓶、安瓿与预充针为市场主流产品。随着行业发展，市场上出现了塑料安瓿水针新产品，其特色生产（吹灌封）系统也已得到越来越广泛的应用。其主要特点是缩短了药液暴露于环境的时间，降低了污染的风险。

药液的灌封必须在无菌环境下进行，并应尽量采用自动化灌封系统。若自动化设备安装在隔离器内，将最大限度地减少污染风险。

（一）灌装准备

根据设备部件或物品是否与产品接触，一般分为直接接触、间接接触、不接触。企业宜根据设备部件与无菌产品接触的不同方式并结合污染控制策略，制定相应的清洁、消毒、灭菌措施。通常在每次生产之前，应对和产品直接接触或间接接触的设备部件进行清洗和灭菌，不与产品接触的物品也需经过适当的方式进行清洗、消毒或灭菌。采用连续生产或阶段性生产模式生产时，企业应在基于风险评估以及验证支持的前提下确定接触部件的清洁、消毒和灭菌周期。

直接接触产品的设备部件（例如灌装容器、过滤器壳体、过滤器以及灌装泵、灌装针、泵芯管、药液管道等）、间接接触产品的设备部件（例如料斗、加塞压塞盘、振荡锅、胶塞传动盘等）应经过灭菌。可通过在线灭菌、湿热灭菌柜等方式实现，或将不适于湿热灭菌的部件采用其他经过验证的灭菌方式进行灭菌。

不与产品直接接触的物品（例如记录纸、笔等）可能是污染的来源，应经过消毒或灭菌，转移需符合无菌制剂物料向洁净区转移的要求。

不同级别洁净区之间压差的检查，房间清场效果和有效期的检查、温湿度的检查。

洗瓶机、隧道烘箱（如果使用的话，介质压力、温度、规格、速度等参数的检查）和灌装设备（包括A级送风）的检查。用于装量控制的计量器具（如称量设备、量筒、容量瓶等）的检查和校准。

检查灌装用器具（注意灭菌有效期、批次、数量、规格件等）。灌装用器具、内包材应采用层流车或双层无菌呼吸袋等无菌保护方式进行转运。

按无菌操作安装灌装设备（泵组、针头、管路、保护性气体过滤器和药液分配器）。

注射剂用包材外观、灭菌有效期等应符合要求，按照无菌要求传递。

灌装准备完成后等待配液岗位药液压滤通知（如适用）。

灌装前确认西林瓶等已清洗、灭菌并输送至灌装工位。

（二）灌装

接收配液岗位药液过滤通知后，启动灌装机（如适用）。

根据已确认的验证结果检查程序选择、参数设定操作符合要求，检查确保灌装药液含量的均一性等操作要求已被执行；如需要，可进行装量调节前的药液循环或排液处理等操作。

进行灌装装量的预备调节。如需要，检查灌装针头的浸入深度，并进行灌装针头在容器内的中心调整。

装量预调节合格后，正式启动灌装。灌装过程中周期性进行设备运行状况、关键内包材组合、封口和压塞工位等质量要求检查。

装量、可见异物等质量控制点，并记录结果。

将灌装和密封好的产品送至中间产品检测实验室（如需要）。

（三）环境监测

① 沉降菌法。

② 定量空气浮游菌采样法。

③ 表面取样法（如棉签擦拭法和接触碟法）。

④ 悬浮粒子监测。

（四）灌装结束

① 拆卸泵组、软管、药液分配器等。

② 灌装机清洁、台面消毒、地面消毒等。

③ 物料、药液等衡算、转移和处理。

④ 按照要求完成记录填写。

（五）人员控制

操作人员应具备良好的卫生和行为习惯，应控制洁净区内的人员数量，需符合无菌制剂洁净区人员行为规范和管理。

每一位操作人员都应在取得相应资质的前提下进行工作，包括无菌更衣、无菌技巧以及执行该项操作的能力，例如部件设定安装、组件的转移及添加、正确执行纠正性干预等，且每年至少参与一次成功的无菌工艺模拟试验。

B级洁净区人员表面应定期进行监测。

（六）控制要点

1. 生产管理控制要点

（1）灌装准备 灌装管道、针头等使用前用注射用水洗净并经灭菌处理。应选用不脱落微粒的软管，且该软管与药液的相容性应符合要求。

直接与药液接触的保护气体或压缩空气系统需经验证。使用前应确保经净化处理，其所含微粒、微生物、含油量等项目应符合要求。所用保护气体纯度应达到规定标准。

无菌装配和无菌操作要求：操作前应检查无菌操作人员的着装，并对手、手臂进行消毒；无菌操作人员禁止在无菌器具上风向进行无菌操作；仅用无菌工具接触无菌器具，禁止用手直接接触无菌器具；无菌器具必须放在无菌容器或无菌区内，脱离无菌区的无菌物品禁止使用；无菌器具一经使用后，必须再经无菌处理后方可使用。企业应根据评估结果制定操作人员双手消毒频率、人员无菌行为规范和消毒频率。

（2）灌装过程 灌装过程中应周期性检查装量，出现偏离时，应及时调整。西林瓶灌装过程除上述检查项目外还应进行压塞的质量检查。无菌器具组装、灌装过程中人员动作、操作频率、次数等应按照无菌工艺模拟试验结果进行控制，不得超出控制要求；若超出控制要求应进行偏差评估。

（3）灌装结束 按操作要求拆卸与物料接触相关的部件和装置，在经验证的期限内进行清洗、灭菌。对灌装区域及设备等进行清洁、消毒。按文件要求进行清场。

2. 质量控制要点

① 药液的装量。

② 药液中的可见异物。

③ 中间产品的微生物污染水平。

④ 除菌过滤器完整性测试。

⑤ 西林瓶压塞质量检查。

3. 验证工作要点

① 灌装速度。

② 药液装量：应覆盖每根灌装针。

③ 充保护气及抽真空效果（必要时）。

④ 灌装过程最长时限的验证：应当根据产品的特性及贮存条件设计相应的取样计划，取样考察项目应包括药液微生物指标和可能受影响的理化指标。

⑤ 灌封后产品密封的完整性。

⑥ 灌装过程中含量的均一性。

⑦ 无菌工艺模拟试验。

⑧ 清洁灭菌效果。

六、药品真空冷冻干燥

控制要点：不同阶段的温度、真空度、时间、全压塞前的真空度及压塞后处理等。

（一）工艺描述

1. 冷冻干燥基本生产过程描述

进箱：根据工艺要求，考虑产品进箱前是否需要低温保存，如5℃左右。

↓

产品预冻(前箱制冷)：设置温度按具体工艺要求，如温度达到−35℃，时间保持30min(保温)，依次打开循环泵、压缩机、板冷阀，同时打开曲线记录。

↓

后箱制冷：预冻结束，关闭板冷阀，打开冷凝器阀，制冷至一定温度(一般为−70~−45℃保持10 min或15min，具体按工艺要求，不同产品温度，时间不同)。

↓

抽真空(前后箱同)：后箱制冷结束，打开真空泵，开启小碟阀，5min后(一般情况)打开控制前后箱相通的中隔阀(也称蘑菇阀)，电脑操作控制界面点击罗茨泵(小型冻干机无罗茨泵)(达到真空要求罗茨泵自动开启运行)，抽真空。

↓

加热：真空度达到要求(例如13Pa，根据工艺要求及机器性能)，开始加热(不同产品加热情况不同，一般采取分段加热，即升高隔板温度，原则是在保证产品质量的前提下，过程越简单越好)，如一次干燥产品温度达到−2℃左右保持几小时(根据产品要求)，进行二次干燥，二次干燥结束，制品保存一段时间(根据前后箱真空度、冷凝器温度、制品与板层温度来判断冻干结束时间，或参考极限真空及冷凝器极限温度判断冷冻干燥终点)。

↓

关机：干燥结束，根据先开后关的原则依次关闭中隔阀、小碟阀，关闭罗茨泵、真空泵，关闭冷凝器阀、压缩机、循环泵。

↓

全压塞：进行充氮气压塞或半充气压塞或真空压塞(根据具体产品工艺要求)。

↓

压塞结束，前后箱进气，注水化霜(有时用蒸汽或热水，霜量大还需注水浸泡)。

↓

依次打开出水阀、溢流阀，打开进水阀(喷淋注水，进水量大于出水量)。

↓

运行CIP、SIP系统，进行前后箱在线清洗，在线灭菌工作。

↓

清场，填写工作记录。

2. 药品真空冷冻干燥机的基本操作描述

以LYO2.0m^{2}规格冻干机为例说明，根据冷冻干燥过程的三个阶段，冻干机操作程序（LYO2.0m^2）通常为：

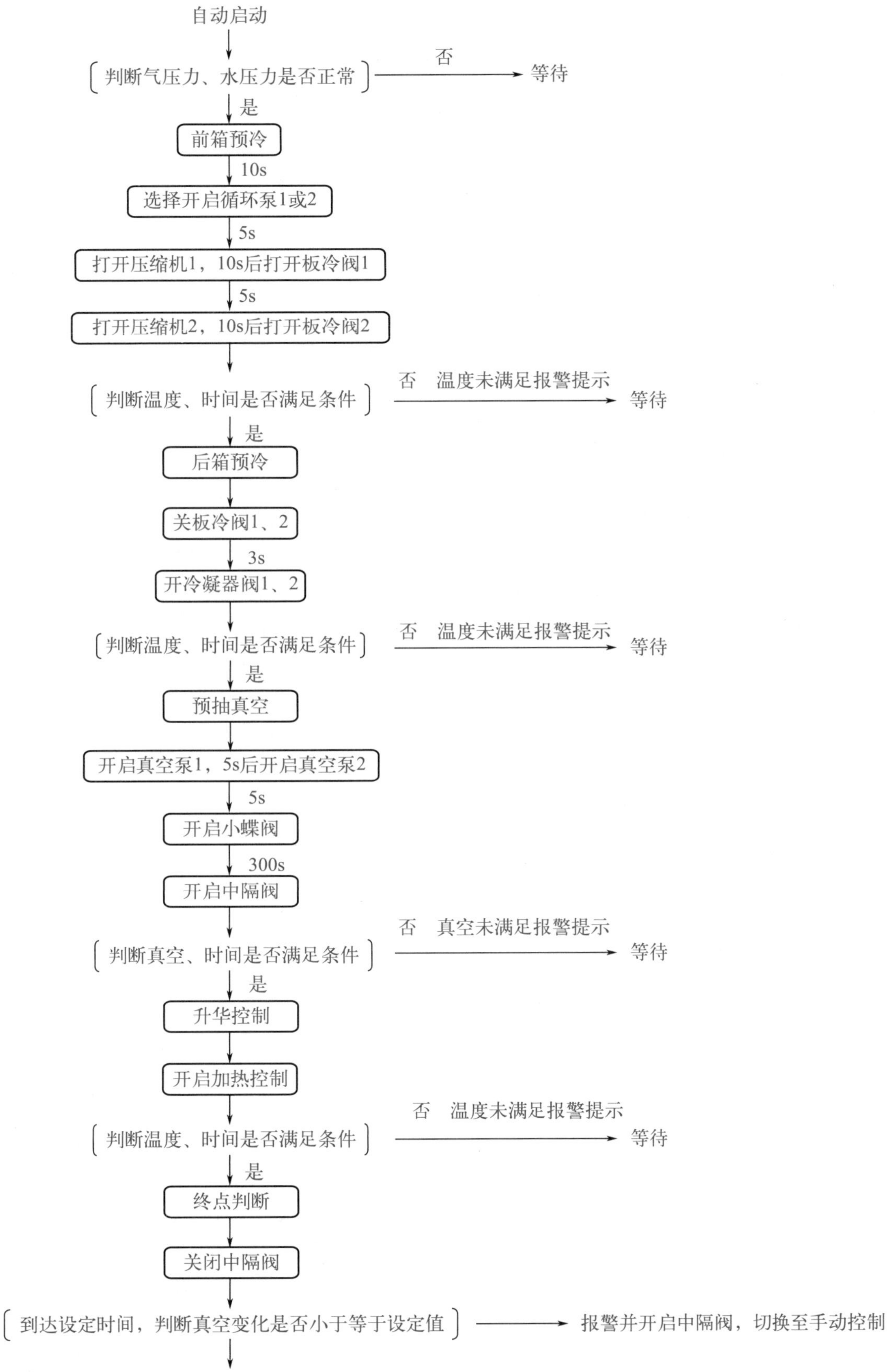

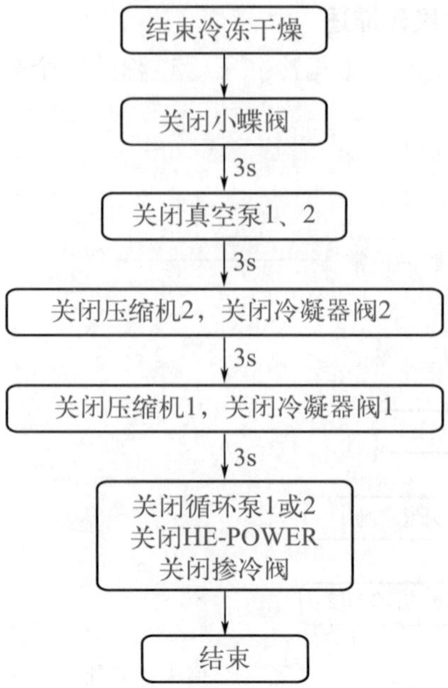

根据产品的冻干曲线进行冷冻干燥（主要包括预冻、一次干燥、二次干燥），冻干曲线应当符合注册批准工艺要求。冻干过程中，尽可能选用自动控制模式，并保证各关键工艺参数符合设定的冻干曲线。

冻干机应当定期灭菌，灭菌的频率应当根据设计和使用过程中与系统污染相关的风险来确定。对于没有采用屏障技术的手动装载或卸载的冻干机，应在每次装载前进行灭菌。对于通过自动化系统装载和卸载或者有密闭的屏障技术保护的冻干机，应当论证其灭菌频率。应当在维护或清洁后进行再灭菌，还应当在无菌工艺模拟（APS）期间适当地调整灭菌循环和使用之间的放置时间；CIP的方法和参数应当进行验证；SIP最常见的方式是蒸汽灭菌法，包括对干燥箱和冷凝器的灭菌；灭菌的压力、温度、时间等应当进行验证。

气体过滤系统在使用前也需要进行灭菌，灭菌的频率应当根据设计和使用过程中与系统污染相关的风险来确定。最常见的灭菌方式是蒸汽灭菌法，灭菌的压力、温度、时间等应当进行验证，气体除菌滤芯应当定期进行完整性测试，定期更换。

（二）冻干过程注意事项

冷冻干燥过程通常由冻干机自控程序根据加载的冻干配方（冻干曲线）自动完成整个过程，无须人员干预，确认加载的冻干曲线正确无误非常关键。

冷冻干燥过程最重要的控制参数主要有温度、时间、真空度（或压力）。

操作人员应当密切关注冻干机的运行情况，包括压缩机低/中/高压、真空泵冷却系统温度、冷凝器的温度变化、真空控制情况等，并制定相应的控制要求，确保在异常发生或者停机前能及时发现相关问题，并进行干预。有以下几个要点：

（1）第一阶段干燥结束 可以通过以下现象判断：①干燥层和冻结层的交界面到达瓶底并消失；②产品温度上升到接近产品共熔点的温度；③冻干箱的压力和冷凝器的压力接近，且两者间压力差维持不变；④当关闭干燥室与冷凝器之间的阀门时，压强上升速率与渗漏速率接近（需要预先检查渗漏的速率）等。通常在此基础上还要延长30～60min的时间再转到第二步干燥，以保证没有残留的冰。

（2）第二阶段干燥结束（冷冻干燥全过程结束） 可以通过以下现象判断：①产品温度已达到最高允许升温，并在此温度保温2h以上；②如果使用了压力控制法，则停止使用该法，并恢复高真空度后保持2h以上的时间；③关闭冻干箱与冷凝器之间的阀门，观察在1min内冻干箱内压力的回升情况（箱体没有泄漏）。如果压力没有明显升高，则说明干燥已基本完成，可以结束冻干。一般关闭1min，压力上升小于1Pa，残余水分在1%～2%之间。如果压力有明显升高，则说明还有水分逸出，要延长时间继续进行干燥。直到关闭冻干箱与冷凝器之间的阀门之后，压力无明显上升为止。即终点判定很重要，一般参考$\Delta p \leqslant 2Pa/min$。

（3）加热 导热油温度要缓慢升温，分区段加热。

（4）预冻 大规格西林瓶预冻更要防止破瓶。

（5）检测冻干产品 是否空洞、融溶、疏松、成型。

（6）冻干产品容易出现的问题 装量不好（过多或过少）；破瓶（包装、轧盖过程）；压口（铝盖压制不好）；药点（黑点）；胶点（飞溅点）；空瓶（灌装区未装液）；结晶（冻干过程条件控制不好）；漏气（塞子拔起或翘起）；瓶内有玻璃屑；划痕（轧盖过紧）；铝盖松动（轧盖不好）；药品萎缩（冻干过程控制）。

（7）压塞后处理 产品在冻干箱内工作完毕之后，需要开箱取出产品，并且对干燥的产品进行密封保存。由于冻干箱内在干燥完毕时仍处于真空状态，因此产品出箱前必须放入空气，恢复常压才能打开箱门取出产品。放入的空气应是无菌干燥空气。

由于产品的保存要求各不相同，因此出箱时的处理也各不相同。有些产品仅需放入无菌干燥空气，然后出箱密封保存即可；有些产品需充氮保存，在出箱时放入氮气，出箱后再充氮密封保存；有些产品需真空保存，在出箱后再重新抽真空密封保存。

干燥的产品一旦暴露在空气中（特别是在潮湿的天气），很快会吸收空气中的水分而潮解，使本来已干燥的产品又增加含水量。因此，产品一出箱就应迅速地封口。如果因产品数量多而封口时间太长的话，应采取适当的措施或分批出箱或转移到另一个干燥柜中。

冷冻干燥的产品由于是在真空下干燥的，因此不受氧气的影响。如果出箱时放入惰性气体，例如氮气，出箱后氧气就不易侵入产品的缝隙。然后再用氮气赶走产品容量内的空气，再封口，则能减轻产品受氧损害的程度。解决产品受空气中水分和氧气影响的最根本办法是采用箱内加塞的办法。该方法需采用特殊装置的冻干箱和特制的瓶与塞互相配合，塞子需稳定地放置在瓶子之上，但未塞紧而是塞上一半，即半加塞工序。由于塞子上有一些可通气的缺口通道，因此并不影响冰的升华。在产品干燥完毕之后，可以在真空下或在放入惰性气体的情况下开动冻干箱的机械装置使整箱的塞子全部压紧，然后放入空气，出箱，再将瓶塞压上轧盖或封蜡使密封性更好。

箱内加塞的机械装置是在冻干箱内特殊设计的，按加塞的动力不同可分为液压和气压两种方法。液压有手动液压和电动液压两种。手动液压是利用手工压千斤顶，借千斤顶的力量来压入塞子；电动液压是借助马达的力量。气压有压缩空气和真空负压两种。压缩空气是利用空压机的压缩空气力量来压入塞子；真空负压是利用冻干箱的真空状态，把外界空气放入箱内的特殊橡皮口袋，使橡皮口袋在真空下产生压力来加塞。根据设计的不同，冻干箱内的板层又有固定式和活动式两种。固定式是冻干箱内放置产品的板层不动，另有一块可上下活动的板来压塞子；活动式是冻干箱内放置产品的板层可上下活动，压塞子也靠板层本身。现在国内大多数是液压马达活动式板层的箱内加塞装置。

箱内加塞对使用的瓶子和塞子有较高的要求。要求瓶子的高度、瓶口内径、塞子外径的误差要小；塞子需采用透气性差的丁基橡胶，天然橡胶不宜采用。此外，箱内加塞还需注意以下几点：

① 由于每一瓶子上边放有一个塞子，虽然还留有通气的缺口和小孔，但毕竟增加了水蒸气的阻力，因此冻干曲线需要作适当的变更，加热需适当减慢，时间需适当增加。

② 由于加塞的总力量较大，为了不使冻干箱内的板层弯曲变形，每一层的产品必须放置均匀，不能偏在一方；如果因为产品少而放不满时，空着的板层必须放置厚薄与瓶塞等高的木块。

③ 加塞的力量不宜调节太大，当然也不能太小。对于活动板层的加压方式由于每层是串联的，即一层压一层，因此总力与每一层的力是一样的，只要计算一层所需的力。每一层的力也就是每一瓶所需的力乘上该层上放置的瓶数。例如，每瓶压塞的力量为4kg，每一板层可放置1000瓶，则压塞的力为：$4kg \times 1000 = 4000kg = 4t$。也就是该冻干箱的压塞力为4t。目前冻干机设备先进，可自动调节压塞的力。

液压泵压力表的指示并非为压塞力。压塞力是液压泵压力表的指示值乘上该机液压活塞的截面积。产品加塞完毕，放气出箱，轧铝盖、灯检、贴上标签后可包装入库，待检验合格后即为正式产品。

（三）冻干制品不合格现象及解决办法

1. 产品抽空时有喷发现象

产品抽空时有喷发现象是由于产品还没有冻结时就抽真空，预冻温度还没有低于共晶点温度，或者已低于共晶点温度，但时间还不够，产品的冻结还未完成。

解决方法是降低预冻温度和延长预冻时间。

2. 产品有干缩和鼓泡现象

产品有干缩和鼓泡现象是由于在升华干燥过程中出现了局部熔化，由液体蒸发为气体，造成体积缩小，或者干燥产品溶入液体之中，造成体积缩小。严重的熔化会产生鼓泡现象，原因是加热太高或局部真空不良使产品温度超过了共晶点或崩解点温度。

解决方法是降低加热温度和提高冻干箱的真空度。应控制产品温度，使它低于共晶点或崩解点温度5～10℃。

3. 产品无固定形状

产品无固定形状是由于产品中的干物质太少，产品浓度太低，没有形成骨架，甚至已干燥的产品被升华气流带到容器的外边。

解决方法是增加产品浓度或添加赋形剂。

4. 产品未冻干完全

产品中还有冻结冰存在时就结束冻干，出箱后冻结部分融化成液体，少量的液体被干燥产品吸走，形成一个“空缺”，液体量大时，干燥产品全部溶解到液体之中，成为浓缩的液体。这种产品出箱时若触摸容器的底部，会有冰凉的感觉，即使产品看起来良好，但残水含量也不会合格。

解决方法是增加热量供应，提高板层温度或采用真空调节。也可能是干燥时间不够，需要延长升华干燥或解吸干燥的时间。

5. 产品颜色不均匀

产品有结晶花纹，这是由于冷冻速率缓慢所致。解决方法是提高冷冻速率，不在0℃左右的温度停留，使产品冻结成较小的晶体。有时产品中能看到一圈颜色较深的分层线，这往往是升华过程中短时间真空不良造成的，短暂停电会产生这种现象。

6. 产品上层好，下层不好

升华阶段尚未结束，提前进入解吸阶段，这等于提前升高板层温度，结果下层产品受热过多而熔化。解决方法是延长升华阶段的时间。

有些产品由于装载厚度太大或干燥产品的阻力太大，当产品干燥到下层时，升华阻力增加，局部真空变化也会引起下层产品的熔化。解决方法是降低板层温度和提高冻干箱的真空度。

7. 产品上层不好，下层好

冷冻时产品表面形成不透气的玻璃样结构，但未做回热处理，升华开始不久产品升温，部分产品发生熔化收缩，产品的收缩使表层破裂，但下层的升华能正常进行。

解决方法是在预冻时做回热处理。

8. 产品水分不合格

解吸阶段的时间不够，或者解吸干燥时没有采用真空调节，或采用了真空调节，但产品到达最高许可温度后未恢复高真空度。

解决方法是延长解吸干燥的时间，使用真空调节并在产品到达最高许可温度后恢复高真空度。

9. 产品溶解性差

产品干燥过程中有蒸发现象发生，产品发生局部浓缩，例如产品内部有夹心的硬块，它是在升华中发生熔化，产生蒸发干燥，产品浓缩造成的。

解决方法是适当降低板层温度，提高冻干箱的真空度，或延长升华干燥的时间。

10. 产品失真空

真空压塞时，瓶内真空良好，但贮存后不久即失真空，可能是瓶塞不配套或铝帽压得太松，漏气而失真空。解决方法是更换瓶塞或调整压铝帽的松紧度。

也可能是产品含水量太高，由水蒸气压力引起的失真空。解决方法是延长解吸阶段的时间。

另外，还有一个与冻干曲线无关而影响产品的质量问题，就是冻干箱内渗漏硅油或液压油，需要生产前做好检查工作。

（四）冻干过程日常维护重点

① 泄漏检查：箱体泄漏检查、波纹套泄漏检查（如蘑菇阀、液压系统、进出料系统）、循环系统泄漏检查（硅油管道是否存在泄漏）、制冷系统泄漏检查。

② 制冷系统：压缩机（油位是否正常、运行声音是否正常、仪表状态是否正常、阀门状态是否正常）、膨胀阀定期清洁，冷冻油定期更换，冷凝器定期清洁，制冷剂充注，干燥过滤器定期更换等。

③ 真空系统：真空泵运行声音是否正常、真空泵油定期更换、真空泵冷却系统定期清洁、真空泵定期保养（如果真空泵出现卡泵、异常声音、无明确原因的停机时需要马上进行保养）。

④ 循环系统：导热油定期更换、导热油量定期检查等。

⑤ 液压系统：运行声音是否正常、板层是否有非正常下降、液压缸密封件定期更换等。

⑥ 气动系统：过滤器定期清洁、排水和更换；油雾器定期添加润滑油；气管定期检查是否漏气等。

七、轧盖

（一）轧盖的目的

轧盖的目的是轧紧瓶颈处已压的胶塞，从而保证产品在长时间内的完整性和无菌性。非最终灭菌产品轧盖工艺一般流程见图6-55。

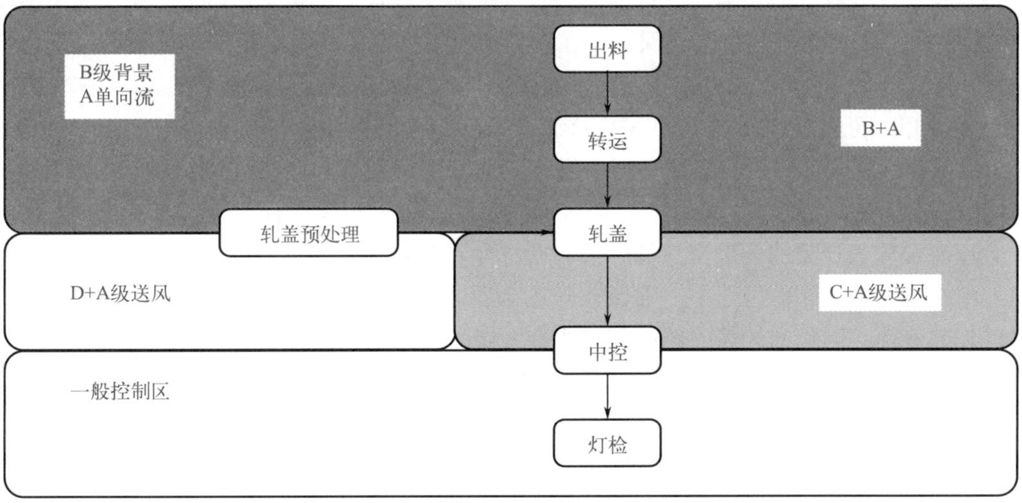

图6-55　非最终灭菌产品轧盖工艺一般流程示例

轧盖的最低要求是D+A级送风

中控：轧盖后产品的中控一般有扭力矩检测、密封性检测等。

对于最终灭菌产品，轧盖操作可在D级区进行

（二）技术要求

轧盖过程会产生大量的金属颗粒，影响洁净区环境，故轧盖区的设计应保证轧盖过程不会对环境要求通常最高的灌装间及灌装过程造成污染。为此宜做到以下两点，以防止微粒对产品的污染：

① 轧盖机和灌装机通常分置于两个房间。

② 轧盖区域安装有抽风或者捕尘装置，用于对产生的颗粒的收集和处理。可采用其他防止微粒污染风险的措施，但应通过针对轧盖机RABS开门、处理碎瓶/倒瓶、处理卡盖（关/开门）动态气流流型等的验证证明其有效性。在已压塞小瓶的铝盖完成轧盖以前，无菌灌装小瓶的密封系统视为处于未完全密封状态，因此，应当在压塞后尽快完成轧盖。

③ 宜使用传感器或不同角度拍照的形式，检查全压塞后未轧盖产品的压塞状态，剔除不良品（如跳塞、压塞不完全、胶塞歪斜、无胶塞）。

④ 未轧盖的产品，在存放、轨道输送的振动中胶塞有缓慢升高的风险，可进行密封性验证或在无菌工艺模拟试验时模拟存放时间，规定产品压塞后至轧盖的时限，压塞后应尽快轧盖。

⑤ 宜对轧盖后产品进行取样，检查产品的密封完整性，如检测铝盖的扭力矩，进行轧盖后产品的密封性检测（常采用压力衰减法、顶空氧检测、高压放电法、色水法等方法）。轧盖后产品应防止铝盖和胶塞松脱，造成二次污染。

（三）轧盖方式

当将铝盖放置在玻璃瓶上后，通常有两种不同的轧盖方法，即旋压卷边和紧压力卷边。自动轧盖机基本为旋压卷边，小型、手动轧盖设备主要使用紧压力卷边。

（四）轧盖过程

对于冻干这样的非最终灭菌产品，GMP（2010年修订）附录一无菌药品第十三条中规定“轧盖前产品视为处于未完全密封状态”，应特别注意防止压塞后未轧盖产品受到污染。

胶塞与西林瓶的密封部位主要是西林瓶的瓶口内侧和胶塞开口上方的侧面进行匹配密封（胶塞和西林瓶是硬性密封，胶塞的塞颈直径大于西林瓶的瓶口内径尺寸）。当压塞不到位或胶塞与西林瓶的尺寸不匹配（公差较大）或有其他缺陷时，产品的密封性就得不到保证。另外，在轧盖时，如果胶塞和铝盖产生相对位移，产品的密封性也得不到保证。在这种情况下，产品就有被微生物污染的风险。

GMP（2010年修订）附录一无菌药品第十三条中增加了对于非最终灭菌产品轧盖的局部环境要求。轧盖操作可以使用“无菌轧盖”工艺——在B级背景下的A级区中进行，也可以使用“洁净轧盖”工艺——在C级或D级背景下的A级送风环境中进行。压塞正确及对其完整性控制越好，对轧盖环境的依赖性就越低。

对于全压塞未轧盖产品的无菌密封性，如果西林瓶和胶塞尺寸的控制得当，压塞正确，产品就已经有相当的无菌密封性。在轧盖过程中，确保轧盖在合适的环境条件下，严格按照要求操作，尽量避免人员对轧盖过程的干扰，剔除未轧盖的倒瓶，减少在A级区外暴露的时间，并在轧盖前检查所有瓶子的压塞是否到位，以全面控制轧盖过程的微生物污染风险。

两种不同的轧盖工艺方式的控制要点如下：

① 在B级区背景下的A级区，采用无菌轧盖工艺轧盖的所有操作应严格遵循无菌操作的要求，铝盖采取适当的灭菌方式进行灭菌，选用合适的干燥方式进行充分的干燥。在生产过程中，应监控灭菌柜的温度、压力、时间以及干燥温度和时间。

目前企业有下述两种处理方式：

a. 选用铝盖清洗灭菌机，铝盖的清洗、灭菌、干燥等步骤可一并完成，能较好满足生产的需要；

b. 将铝盖装袋后使用脉动真空灭菌柜，进行灭菌干燥。

② 在C级或D级背景下的A级送风环境，结合“洁净控制”生产工艺控制进行轧盖液体产品和粉针剂的连接无菌加工区域和轧盖机的传输带、全压塞冻干瓶从冻干机至轧盖机的运输以及轧盖机本身，都需要A级送风。

由于“洁净控制”并不是严格的无菌生产，需要更多的微生物污染风险控制措施，如：

a. 经过验证的瓶塞错位或缺塞探测系统（如红外线高度检测装置、成像检测装置）；

b. 应对铝盖的微生物负荷进行控制；

c. 尽量避免人员对轧盖生产过程的干扰。

须特别注意的是，为了避免产品在这个阶段被污染，有多个因素都很重要，如瓶塞的组合设计、限定操作人员的进入、对操作人员良好的培训、手动干预及跟踪措施的完整程序以及适当的环境条件等，同时应做好验证工作，例如进行密封性验证（轧盖前密封性或轧盖后密封性）。

应避免因内包材尺寸、质量公差等缺陷引起的密封性风险，包括：

a. 选择合适的西林瓶、胶塞及铝盖组成产品的密封系统。应该认识到，铝盖只是起到固定胶塞的作用，真正产品的密封性是由西林瓶和胶塞决定的。在产品的密封系统确定以后，应进行定位器-密封件的完整性验证。西林瓶、胶塞、铝盖的材质、规格或供应商变更时，应评估是否需要重新进行容器密封系统的验证。

b. 企业对购入的西林瓶和胶塞应按质量标准严格控制，尤其要对西林瓶和胶塞的尺寸偏差以及胶塞与容器间的密合性进行检查，保证西林瓶和胶塞的规格尺寸具有良好的匹配度，确保产品的密封性。

c. 企业还有必要在日常生产中，对产品进行抽检，检查铝盖是否存在松动现象，避免出现影响密封完整性的不利因素。

（五）轧盖的环境要求

1. A级区

GMP（2010年修订）附录一无菌药品中对A级区的规定见表6-5、表6-6。

表6-5　A级区空气悬浮粒子的标准规定

洁净度级别	悬浮粒子最大允许数/m^3			
	静态		动态	
	≥0.5μm	≥0.5μm	≥0.5μm	≥5.0μm
A级	3520	20	3520	20

表6-6　A级区微生物监测的动态标准

洁净度级别	浮游菌 cfu/m^3	沉降菌（ϕ90mm）cfu/4h	表面微生物	
			接触（ϕ55mm）cfu/碟	5指手套 cfu/手套
A级	＜1	＜1	＜1	＜1

2. A级送风环境

“A级送风”用来特定描述一种经高效空气过滤器（HEPA）过滤的送风，在送风区域进行检测时，符合A级区悬浮粒子的要求（静态）。“A级送风环境”可按下列要求进行确认和监测。

（1）确认要求

① 确认仅是静态要求。静态是指送风打开，设备处于运行状态，且无操作人员干预的状态。对于轧盖机，当A级送风打开时，轧盖机处于操作中（送入小瓶和瓶盖不是必需的），并且没有操作人员的干扰应达到静态要求。对于有些产品的输送隧道，A级送风打开，传送带启动，并且没有操作者的干扰应达到静态要求。

② 应检测悬浮粒子，并符合A级要求。

③ 应进行烟雾试验，不要求有单向流，但应证明对瓶子的有效保护，并证明没有房间的空气卷入或混入需有效保护的空间。

④ 应有气流速度的限度标准并说明理由。请注意，由于轧盖的风险与产品暴露灌装所受污染的风险有所不同，不强求“A级送风”的风速与A级区相同。

（2）监测要求

① 企业应通过风险评估，规定悬浮粒子和微生物的监测要求。

② 不需要对该区域的悬浮粒子进行连续监测。

3. 产品的灌装和轧盖工序

对于冻干产品及所有的无菌灌装产品的灌装和轧盖工序在以下几个方面非常重要：

在全压塞之前，半压塞的冻干产品应当始终处于A级条件下。

在全压塞之后，小瓶的轧盖可以采用经灭菌的盖以无菌操作形式完成，也可在无菌区之外以洁净的方式完成。在后一种情况下，小瓶应当在A级条件保护下，直到离开无菌操作区域，此后，压塞的瓶子应当在A级送风的保护下，直至完成轧盖操作。

对冻干产品而言，产品自灌装机到冻干机必须在B级背景的A级条件（如单向流空气移动装置）下进行，传送到轧盖设备的过程应该在A级条件下进行。对液体和无菌粉末产品而言，传送到轧盖设备的过程应该在A级条件下进行。对所有非最终灭菌产品而言，轧盖应当至少在A级条件下进行。当轧盖工序在无菌区时，铝盖必须经过灭菌。

对轧盖过程而言，人员数量和动作的限制以及屏障技术的使用有助于使环境符合要求，并减少人员的直接影响。

八、冷冻干燥过程中的PAT应用

为保证冻干药品质量，药品冻干生产过程也需要进行生产过程分析及过程自动化控制（PAT），对药品生产过程中每一要素的数据采集实行过程分析与监控。在冷冻干燥过程中，关键参数的测量和控制应该能够使用与生产工厂相连接的广泛分析技术，并纳入标准程序。国外近几年来已经有成功案例，这对国内制药装备应用与发展有着重大意义。冻干机的冻干过程分析PAT和自动化控制方面将会发生改变，冻干过程控制不仅仅是由现行的传统配方和模式（已设置好的冻干曲线）进行，而是配合由各类相关的传感器采集冻干过程中的数据，并进行计算机分析对比，作出判断决定进入下一阶段，这为产品的品质保证带来了质的飞跃。

在冷冻干燥过程中，关键参数主要包括：产品温度、产品阻力、升华速率、成核温度等。产品温度是决定工艺性能和产品质量属性的关键工艺参数。产品阻力定义为已经干燥的产品层对水蒸气流动产生的阻力。在初级干燥阶段确定干燥速率或冰的升华速率对于工艺性能至关重要。成核温度是冰晶在冷却过程中在溶液中首次形成的温度，它与冰的生长速率结合决定了冰晶的大小和形态。

从冻干过程的每个阶段出发，解析每个阶段的关键控制点，经常使用的PAT包括：

1. 成核控制技术

冻干过程中，冻结阶段冰核的形成是一个随机过程，会导致产品冻结不均匀。样品通常在很宽的温度范围内成核，产生不同大小的冰晶和不同的冰晶结构，导致干燥速度不同，最终导致外观不同。高质量的冻干产品取决于层板温度、腔室压力和时间等明确可控的关键工艺参数（CPP）。随着工艺转移到大规模生产，这些参数可能需要优化，特别是产品容器发生变化时。

Controlyo®控制成核技术（NODT）是一项创新技术，在相同的温度下，以瞬间减压的方式在同一时间让所有物料瞬间成核。在较高的温度下成核，产生更大、更均匀的晶体尺寸，使干燥更加一致。具体可体现在冻干机内的冷冻期间，使用惰性气体对腔室进行加压和减压，以促进均匀成核。装载完成之后加压，待产品在设定的层板温度下稳定后减压，以产生瞬时的、均匀的冰核。在减压之后，通常在-5℃的温度下长时间保持，使冰晶缓慢生长，因此允许较大的冰晶尺寸产生。研究表明，成核温度每升高1℃，一次干燥时间减少3%。在对蔗糖配方进行不同干燥条件的实验中，采用Controlyo®控制成核技术，可将升华干燥的时间从67h缩短到50h。在某些情况下，Controlyo®控制成核技术已被证明可以将冻干周期时间从7.5天缩短到5.5天，提高了生产率并提供了经济效益。

Controlyo®控制成核技术有提高产品批次的均匀性，无引入污染或外来物质的风险，能够通过增加冻干产品的蒸汽通道尺寸，进而减少干燥层的阻力的优势。许多新型生物药物的配方复杂，蛋白质含量高，灌装量大，在冷冻干燥时面临着很大的挑战。使用Controlyo®控制成核技术可以确保较低的产品阻力，并提高批内与批间产品的均一性。因此，该工艺能为产品提供更积极的周期，扩大设计空间，同时可以安装或改装到任何冷冻干燥机上。

2. SMART™/MTM智能工艺开发技术

SMART™技术用于加速初级干燥开发和优化；SMART冷冻干燥技术是一项PAT工具，使用压力温度测量（MTM）技术来确定冻干饼的阻力和升华界面的产品温度。随着AutoMTM允许研究人员在报告关键工艺和产品参数时运行自己的预定周期。SMART™技术已被证明可以节省大量宝贵的开发时间，并提供与过程相关的关键产品数据。通过压力升高测试数据，根据传热和传质方程式，可以计算冰层表面温度、干燥层阻力、冰层厚度、热量流/质量传输，根据检测到的数据自动调整隔板温度和真空度，使样品始终处于目标温度以下。最科学的冻干周期优化方法，不是尝试法。替代T型热电偶的测试方法，减少或消除了对热电偶测试温度法的依赖和误差影响。MTM温度压力测试法——主动智能测试法，大大缩短了用户摸索冻干工艺的时间。

3. TDLAS可调谐半导体激光吸收光谱技术

TDLAS是tunable diode laser absorption spectroscopy的简称，该技术主要是利用可调谐半导体激光器的窄线宽和波长随注入电流改变的特性，通过改变激光器的波长，使激光器的波长扫描被测气体分子的吸收峰，基于朗伯-比尔定律，气体分子对被调制的激光进行吸收，从而根据吸收量实现对气体分子浓度的测量。

TDLAS技术可以对冻干过程进行有效实时监测和测量，在冻干过程中可用于实时水蒸气测量。LyoFlux传感器使用可调谐二极管激光吸收光谱（TDLAS）技术来测量水蒸气浓度和流速，由此可以得出特定配方的升华界面温度。LyoFlux可以在短短三个实验中计算特定产品的工艺设计空间参数，而传统上至少需要5次或6次运行。使用LyoFlux技术，可以通过一次运行获得最大升华速率来确定设备性能。一旦该设备的设备能力建立，可以确定用于产品的小瓶的传热系数Kv。同样，LyoFlux可以通过改变腔室压力和监测各自压力设定点的升华速率，在一次测试中执行多个实验。LyoFlux还可以确定小瓶冷冻干燥过程中的粉饼阻力。这减少了生产冷冻干燥机的使用，并尽可能大限度地减少了进行多组实验所需的停机时间，从而获得产品属性和设备性能数据，以便进一步分析设计空间。

4. 过程和终点监视和控制工具

对于一个冷冻干燥工艺，准确找到冻干过程阶段终点是精准控制冻干工艺成本的重要衡量要点。在冻干过程中，对于一次干燥和二次干燥阶段的终点确定至关重要。一次干燥阶段的终点确定在工艺设计、优化和制造过程中都是一个重要的信息。二次干燥阶段的终点需要精确了解，以确保残留水分和处理时间符合产品稳定性要求。

通常判定冻干过程终点有三种方式：温度差、压力差和压力升。其中较常用的判定方法是通过测定样品和加热隔板间的温度差（差值<1℃）来判断是否达到一次干燥（或二次干燥）的终点。在一次干燥阶段，通常使用热电偶传感器记录产品温度，以帮助确定一次干燥的终点。利用温度差方式判定所需要的配置有可控温加热搁板和样品温度探头，这就需要冻干机选择合适的干燥箱体式结构，以保证这两个重要配件的具备。但如果使用歧管加冻干挂瓶进行干燥时，则可选择压力差或压力升高的方法进行冻干终点判定。通过对这两种判定方法进行分析，可帮助使用者通过视觉控制来评判样品的干燥过程，精准地结束冷冻干燥，从而缩短处理时间并得到可靠的干燥结果。

研究表明，过程分析技术（PAT）在冷冻干燥过程的实时监控中具有高适用性。利用监测干燥室压力，并结合设置压力差和压力升高测试进行自动终点判定来预估干燥时间，无须在干燥过程中对样品进行残余水分含量分析。这种综合方法能够控制冻干过程的时间，同时提供一种跟踪冷冻干燥运行质量及结果的方法。该综合方法可以防止干燥过程过早停止。为了成功地使用和接受在线监测工具，需要满足一定的要求和优选的仪器属性，包括提供整个批次的样品测量代表、提供绝对定量测量能力、监测批内最慢干燥小瓶的测量能力、与工艺程序和流程的兼容性、与清洗和蒸汽灭菌的兼容性、不损害冻干机的真空或无菌状态能力、与相关生产规模的冷冻干燥设备的兼容性。

5. 无线Tempris传感器用于产品温度测量

冻干过程中，由于产品升华时，升华面不是固定的，而是在不断地变化，并且随着升华的进行，冻结产品越来越少，因此造成对产品温度测量的困难。利用温度计来测量会有一定的误差，可以利用气压测量法来确定升华时产品的温度，一般是把冻干箱和冷凝器之间的阀门迅速地关闭1～2秒的时间（切不可太长），然后又迅速打开，在关闭的瞬间观察冻干箱内的压强升高情况，记下压强升高到某一点的最高数值。从冰的不同温度的饱和蒸气压曲线或表上可以查出相应数值，这个温度值就是升华时产品的温度。产品的温度也能通过对升华产品的电阻的测量来推断。如果测得产品的电阻大于共熔点时的电阻数值，则说明产品的温度低于共熔点的温度；如果测得的电阻接近共熔点时的电阻数值，则说明产品温度已接近或达到共熔点的温度。

有些冻干机配备有线温度探头，可实时监测产品温度变化，不过目前一些大型冻干机没有在线测温装置，则需根据实际生产经验进行冻干生产控制。整个过程中我们只能控制板层温度，不能直接控制产品温度。Tempris无线温度传感器可无线、免电池实时测量，无限数据存储并实时提供测量数据，以便存储在连接的可编程序控制器（PC）或SCADA系统上。Tempris无线温度传感器用于实时监测冷冻干燥中小瓶、双室注射器（DCS）和散装产品的温度。Tempris无线温度传感器符合FDA、GAMP5（良好自动化生产实践规范）等标准。配件如穿孔工具等可将传感器定位，实现产品温度数据直接可比性。传感器可消毒且可清洁。

6. RGA技术

RGA是残余气体分析residual gas analysis的缩写，是质谱分析（mass spectrographic analysis）的一个分支，质谱分析是一种将化学物质转化为气相离子，利用运动离子在电场和磁场中偏转原理，分离不同质荷比（mass-to-charge ratio，质量-电荷比）离子的检测分析方法。

RGA技术的一个重要工作条件就是真空环境，由于冻干设备工作时的内部环境本身具有一定的真空度，使得RGAs（残余气体分析仪）在冻干机上的应用更便利，其直接连接在冻干箱体上，如果冻干箱体内的运行环境真空满足仪器运行范围要求，仪器便可无须外接的独立真空泵。通常RGAs供应商会告知用户一个最大运行压力，比如某品牌RGAs的最大运行压力为0.01mbar（$1bar=10^5Pa$），那么如果想要运行RGAs去分析一次干燥，就意味着一次干燥的真空要控制在0.01mbar以下。

在实际冻干生产应用中，RGA技术可通过对冻干箱体内水分分压的监测来判断初次干燥的终点。RGA技术也可检测箱体内的硅油泄漏，比之对一次干燥终点的判断，此用途的应用更受使用者和供应商的推崇。同时通过监测不同质荷比气体组分的分压，RGA技术也有可能将功能扩展到对冻干过程中的其他气体组分信息进行分析，比如对乙醇等溶剂在箱体内的浓度检测。

第四节　冻干制剂生产技术及验证

冻干制剂生产技术及验证主要包括立式超声波清洗机的风险控制与验证、胶塞清洗机的风险控制与验证、隧道烘箱的风险控制与验证、灌装加塞机的风险控制与验证、无菌隔离系统工艺验证、冻干机工艺验证和轧盖机的风险控制与验证等内容。

根据法规要求，设备的设计、选型、安装、改造和维护必须符合预定用途，应当尽可能降低产生污染、交叉污染、混淆和差错的风险，便于操作、清洁、维护，以及必要时进行的消毒或灭菌；应当最大限度地降低微生物、各种微粒和热原的污染；应当建立设备使用、清洁、维护和维修的操作规程，并保存相应的操作记录；应当建立并保存设备采购、安装、确认的文件和记录。

一、立式超声波清洗机的风险控制与验证

立式超声波清洗机的风险控制与验证包括以下五大关键要素：

1. 流程的选择

精洗系统包括循环水管路系统、注射用水管路系统、注射用水降级水系统、压缩空气管路系统。对瓶子内壁、外壁进行水气交替清洗清洁。瓶内壁清洗一般为“三水三气”，即循环用水⟶循环用水⟶压缩空气⟶注射用水⟶压缩空气⟶压缩空气，外壁清洗主要有循环水冲洗和压缩空气吹干两道工序，这是传统的清洗流程。革新清洗流程清洗瓶内壁使用循环用水⟶压缩空气⟶注射用水降级水⟶压缩空气⟶注射用水⟶压缩空气。

革新清洗流程实现了三种不同等级并逐渐递增的清洗介质交替对瓶进行清洗，对于西林瓶及大口径瓶清洗效果更佳。因此为更好地保障瓶的清洗效果，对于西林瓶及大口径瓶建议采用革新清洗流程。

2. 工艺管路洁净度的保证

无菌制剂指南的技术要求：洗瓶机与瓶接触的金属部分宜使用不锈钢AISI316L（或具有相等的防腐蚀性的材质）制造，并提供材质证明。

其中证明材料需要包括：

（1）工艺管路材质的选择及材质证明报告　洗瓶机不锈钢工艺管路应具备材质证明报告，并在设备验收时应对不锈钢管路材质进行现场抽检，确认其为要求的304或316L的材料。

（2）不锈钢管路焊接的方式、焊接记录及检测报告　洗瓶机中不锈钢工艺管路的焊接应采用机器自动焊接（单面焊双面成型），并需具有焊接记录文件及内窥镜检测报告。

（3）管路的连接方式、清洁措施　设备内部非运动管路应采用不锈钢硬管连接，至少应为304材质；应避免采用软管连接。清洗机工艺管路中硬管及软管的连接应为快速卡箍连接，避免采用螺纹卡箍连接。清洗机工艺管路的安装应带有斜度，清洁应配置压缩空气排空系统，防止残留水积存管内及微生物的滋生。

3. 清洗过程的监控及记录

① 水气压力的监测。建议采用数显式压差变送器，可直接显示清洗水气的压力值。

② 水气压力、水温、超声波功率的记录。建议设置微型打印机，实现在线的自动记录及打印。

4. 零部件无菌的设计与制造

无菌药品指南要求洗瓶外罩应装有蒸汽抽取系统，该系统需安装反倒流装置。

① 洗瓶机中的非金属件处理：洗瓶机的底板、凸轮等碳钢件应采用金属烤漆处理，避免采用刷普通的防锈漆处理方法。

② 洗瓶机表面零部件的制作：设备表面零部件应尽量采用圆角、圆弧过渡，避免垂直焊接结构。

③ 清洗介质的控制：水气的控制应采用卫生级（手动、气动）隔膜阀，应避免电磁阀、球阀的应用。

④ 洗瓶机水蒸气的排放：设备应配置防止蒸汽二次挂水处理装置及反倒流装置，排气管路建议设

置电动密闭阀，并可实现与设备联动。

⑤ 洗瓶机水的排放：设备排水口应易于清洁且带有空气阻断功能的装置以防倒灌（见图6-56）。

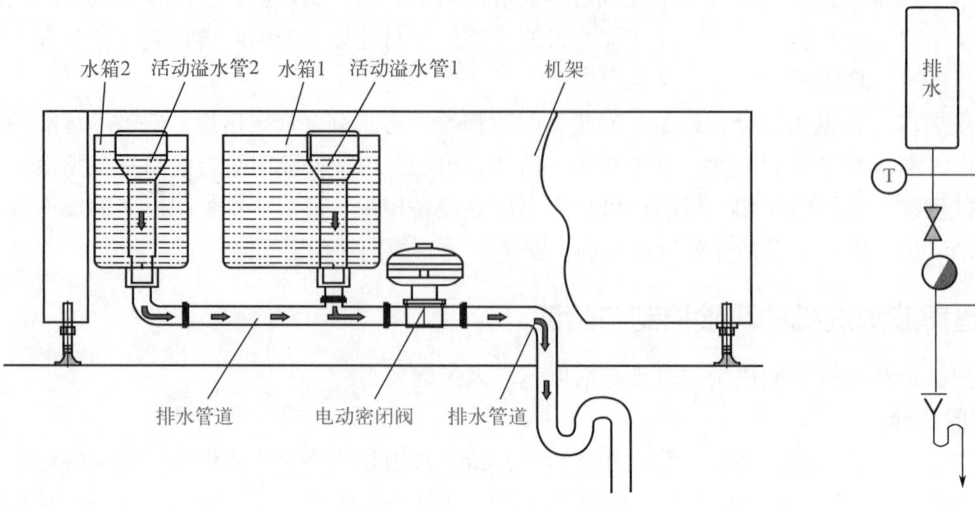

图6-56 洗瓶机水的排放

5. 碎瓶率的控制

确保各路水气的畅通，及时清洁管路及水槽中的杂质，尤其是碎玻璃屑，务必清洁干净，否则容易再次堵塞管路，导致浮瓶、飘瓶的产生，从而导致瓶子被挤压，增加破瓶率。

立式超声波清洗机的风险控制与验证除了以上介绍的五大关键要素外，还包括以下七大工艺和验证要点：

① 压缩空气及水过滤时压力控制：压缩空气、注射用水和循环水的过滤器根据工艺条件需要多大压力进行控制。

② 压缩空气和水的压力确认：不同厂家的瓶子，压缩空气、注射用水、循环水的压力是不一样的，需进行验证确认。

③ 压缩空气及水的过滤器应定时更换：通过过滤器滤芯的完整性测试（如气泡点、扩散流、水侵入和压力衰减测试）进行。

④ 水温的确认：注射用水的水温和循环水的水温是50℃好还是60℃好等进行确认。

⑤ 水的循环次数：根据产量及工艺，循环水清洗多少瓶后进行更换，需确认和验证。

⑥ 清洗时间的确认：根据产量来确认瓶的清洗时间（应避免员工为提前下班，故意将生产速度提高）。

⑦ 瓶的洁净度观察：可见异物检测（灯检法）清洗过程的前、中、后期，具体方法是在清洗机出瓶口分别随机抽取一定数量样瓶，注入注射用水，看是否有可见异物，主要检测50μm以上的微粒（见图6-57）。

图6-57 瓶的洁净度观察方法

不溶性微粒检测光阻法和显微计数法［《中国药典》（2025年版）四部通则0903］，用于检测50μm以下的微粒（≥10μm和≥25μm的微粒）。

二、胶塞清洗机的风险控制与验证

胶塞清洗机的风险控制与验证主要体现在以下方面：

1. 胶塞清洗机的技术要求

① 胶塞清洗机的蒸汽灭菌采用厂F_0值（标准灭菌时间）控制标准，确保灭菌工艺符合要求。

② 胶塞清洗机一般采用负压真空干燥或热风循环干燥胶塞。

③ 胶塞清洗机也可在清洗过程中设有高压喷淋系统，精洗、硅化、灭菌、真空干燥、逆转自动出塞等程序均采用自动控制一次完成。

④ 温度自动控制、显示及记录。

⑤ 胶塞清洗机宜有取样系统。

⑥ 胶塞清洗机需提供安全阀门。

⑦ 胶塞清洗机带有除菌过滤器的通气阀。

⑧ 胶塞清洗机的控制系统（压力、时间等）。

⑨ 胶塞清洗机可提供真空系统用以排除冷空气和干燥灭菌后的胶塞。

2. 胶塞清洗机设备的确认

胶塞清洗机设备确认和工艺验证时应关注以下内容：

① 主要组件：仪器仪表需校验并给予正确标识。

② 胶塞清洗：可见异物、不溶性微粒符合工艺要求。

③ 灭菌温度：需可调，能达到灭菌要求。

④ 标准灭菌时间F_0值需达到要求值。

⑤ 温度均一性。

⑥ 灭菌时间：需可调。

⑦ 胶塞干燥：含水量符合工艺要求。

⑧ 数据安全：备份和恢复。

3. 胶塞清洗灭菌一体机的关键工艺参数

胶塞清洗灭菌一体机包括了胶塞的清洗、硅化、灭菌和干燥处理过程。自动化程度高，是胶塞处理的关键设备。

胶塞清洗的关键工艺参数包括：转速（立式胶塞机为摆动频率）、清洗程序（水温、水量、洗涤时间、洗涤频次等）。

胶塞硅化的关键工艺参数包括：转速（立式胶塞机为摆动频率）、硅化温度、硅化时间、硅油含量等。

胶塞的灭菌关键工艺参数包括：转速（立式胶塞机为摆动频率）、灭菌温度、灭菌时间、灭菌压力等。

胶塞干燥的关键工艺参数包括：转速（立式胶塞机为摆动频率）、真空干燥相关参数（真空度、真空时间、真空频次等）、热风干燥相关参数（热风温度、热风时间、热风频次等）。

4. 胶塞清洗的工艺要点及清洗、灭菌、干燥验证要点

（1）胶塞清洗工艺要点

① 胶塞和淋洗水的目视检测。

② 清洗灭菌过程关键参数的记录和审核。

③ 清洗后待使用的胶塞在贮存过程中应有防止二次污染的措施。

④ 为降低污染风险，清洗后胶塞的存放时间应该小于验证过的存放时间。

（2）胶塞清洗验证要点　为实现清洗、灭菌、干燥后的胶塞符合工艺要求（如可见异物、微生物、不溶性微粒、细菌内毒素等），应对以下内容进行确认。

① 清洗程序确认（清洗时间、清洗频次、水量、水温确认等）。

② 胶塞清洗量、细菌内毒素挑战确认（如适用）。

③ 清洗剂的残留确认（如适用）。

（3）胶塞灭菌验证要点

① 灭菌温度、时间的确认。

② 最大装载热穿透确认、最小装载热穿透确认（如需要）。

③ 微生物挑战试验。

（4）胶塞干燥验证要点

① 干燥方式、干燥温度、干燥频次和干燥时间确认。

② 干燥后的胶塞含水量确认。

③ 清洗灭菌后待使用胶塞的不溶性微粒、可见异物、无菌、热原或细菌内毒素的确认。

④ 清洗后待使用胶塞的贮存条件和贮存时间的确认。

三、隧道烘箱的风险控制与验证

隧道烘箱的风险控制与验证包括以下几个方面：

1. 高效过滤器的安装与高效过滤器完整性测试（PAO测试）

① 负压密封：灭菌干燥机高温高效过滤器应采用负压密封方式，无需使用密封条和打密封胶密封；避免因密封条老化脱落带来对产品污染的风险。

② 高效过滤器完整性测试：新安装或更换后的高效过滤器应通过完整性测试，即检查PAO测试。

2. 过滤器出口风速确认

预热段和冷却段过滤器出口风速为0.36～0.54m/s，高温段过滤器出口风速确认为0.54～0.65m/s；根据工艺条件确认。

3. 烘箱室内的洁净度确认

隧道式烘箱室内的悬浮粒子和洁净度确认应用手持式悬浮粒子检测仪，检测预热段、高温段及冷却段是否符合A级悬浮粒子要求（静态）。

4. 烘箱腔体内壁的焊接方法

隧道式烘箱内腔应采用满焊抛光处理，避免采用点焊结构。

5. 灭菌程序的设定包括对网带传送速度和高温区温度的确认

灭菌程序设计原则：需根据《中国药典》（2025年版）四部通则、GMP（2010年修订）要求及被灭菌产品的特点来设计。在设计灭菌程序时，应当考虑被灭菌产品的完整性、稳定性、无菌保证及经济性等多方面的因素。灭菌时间和温度的选定，在保证达到无菌要求的同时，还应防止灭菌时间过长或温度过高，造成产品降解。总之，灭菌程序的设定应兼顾无菌保证、产品降解、容器密封完好性及整个贮存有效期内的稳定性要求。

根据中华人民共和国制药机械行业标准JB/T 20093—2015《抗生素玻璃瓶表冷式隧道灭菌干燥机》中所论及：干热灭菌的杀菌热力强度 F_H (min)，系参照基准温度 T_0=170℃下的标准干燥灭菌时间得出。合格标准为 $F_H \geqslant 1365$。

$$L = F_s/F_t = 10^{(T_t - T_S)/Z} = F_{250℃}/F_{170℃} = 10^{(170-250)/54} = 0.033$$

$$F_{250℃} = F_{170℃} \times 0.033 = 45\text{min}$$

《中国药典》中要求除热原需满足250℃、45min，说明药典推荐标准程序合理。但仍需注意，药典推荐条件为最基本要求，各干热灭菌器使用厂家应根据企业的实际验证数据设定日常使用时的灭菌周期时间。

（1）灭菌温度过高的风险

① 低硼硅和钠钙玻璃的瓶子受热内应力影响，会析出不溶性微粒和可见异物。

② 低硼硅和钠钙玻璃的瓶子易炸瓶，造成可见异物增加。

③ 高温高效过滤器易损坏，会造成悬浮粒子超标。

（2）控制温度过高带来可见异物增加的风险的具体措施

① 包材的选择：尽量采用中硼硅的玻璃瓶子，减少低硼硅和钠钙玻璃瓶子的使用。

② 如果使用低硼硅和钠钙玻璃瓶子，应在设备选型时，考虑将隧道烘箱的高温段长度加长；通过降低灭菌温度、延长灭菌时间，达到同等灭菌、去热原的效果，从而避免因灭菌温度过高带来可见异物增加的风险。

③ 如果产量过大，选择功率大且灭菌隧道网带过宽的灭菌隧道（例如1.2米宽以上），则会造成温度的热分布、热穿透性过差。

（3）灭菌程序的设定建议

① 非最终灭菌产品灭菌温度建议：在280～300℃之间，根据工艺不同温度可适当调整。

② 最终灭菌产品灭菌温度建议：在200～250℃之间，根据工艺不同温度可适当调整。

以去热原为目标的热风循环隧道灭菌干燥机，应采用国际公认标准，将细菌内毒素下降3log作为依据，F_H作为参考，且应注明采用的T_R及Z值；F_H值不能作为评估去热原效果的标准，但可用于评估热穿透均一性；《中国药典》的原则要求，应从基本原理上去理解，认为只有≥250℃才能去热原，是一个误区；按风险管理、验证及关键参数的控制，是至关重要的。

6. 热（温度）分布的验证

① 做空载和装载的热分布，其温度偏差应在±10℃之内。

② 在热穿透测试的冷点周围应确保设有温度传感器和集中一定数量的生物指示剂（至少放置3支生物指示剂）进行微生物检测。烘箱的热分布检测见图6-58。

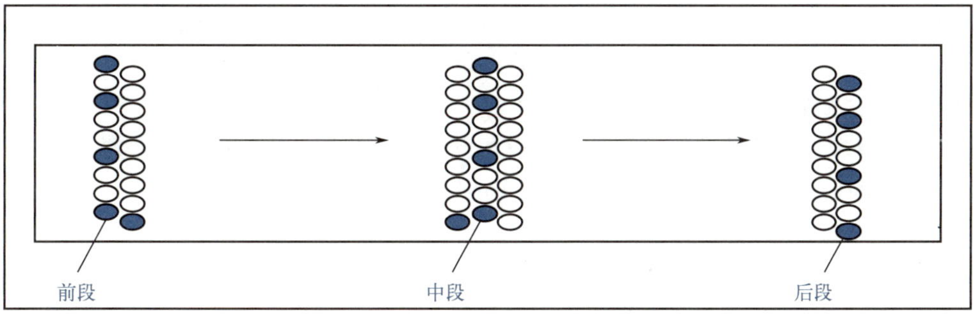

图6-58　烘箱的热分布检测

根据以上要求，温度探头的设置与记录：隧道烘箱应设置多通道记录仪（六或十二通道），温度探头应为双温度探头。

根据以上要求，灭菌干燥机生产开始与快结束时欠载状态下的去热原保障措施：开始生产瓶子走满高温段三分之二时，程序自动控制停留一定时间；结束生产瓶子剩有高温段三分之一时，程序自动控制停留一定时间。

7. 烘箱腔室内碎玻璃屑的处理

根据以上要求，隧道烘箱网带的清洁应配置网带超声波清洗装置，输瓶网带应定期进行清洗。隧道烘箱高温段内部的清洁：高温段网带下方应设置多个清洁口，并采用模块化设计，确保清洁方便快捷，避免设备只能在大修时才能进行清洁。

8. 压差的确认

根据要求，烘箱腔室内外压差、灌装间与洗烘间压差的监测要做到：

① 预热段与洗烘间的压差为正压，建议值为2～12Pa；

② 冷却段与洗烘间的压差为正压，建议值为2～12Pa；

③ 高温段与预热段和冷却段的压差为正压，建议值为不低于5Pa；

④ 灌装间（B+A级区）与洗烘间的压差为正压，建议值为20～30Pa，不建议超过30Pa，特别为超过50Pa时风险较大；不能使用级别套级别的原则。

风门的调节：隧道烘箱各段之间的风门高度调节应合理（一般设为高于瓶口5mm）。

风压的自动调节：烘箱应配置有风压自动平衡系统，能在生产过程中实现风压的自动平衡。

9. 灭菌后的瓶子应做不溶性微粒的检测

用激光检测方法检测50μm以下的微粒，需符合《中国药典》（2025年版）四部通则0903的要求，即小于100mL每个供试品中含有≥10μm微粒不得超过6000粒，≥25μm微粒不得超过600粒。

四、灌装加塞机的风险控制与验证

灌装加塞机的风险控制与验证包括以下几个方面：

1. 设备运行稳定性的保障

建议采用全伺服控制，即利用伺服电机替换传统的机械，既可确保设备的运行更加稳定可靠，又可避免传动过程带来油气污染的风险。

2. 灌装精度的控制

应根据产品的规格、装量的范围、药液的特性进行灌装泵的选择，如陶瓷泵、蠕动泵。灌装加塞机应配置自动取样装置，使生产过程中对装量的检测更加便捷及安全。

对于高附加值、高活性、高毒性或高致敏性产品的生产，灌装系统建议增加在线称重系统，既可避免对药液的浪费及人员的伤害，又可实现在线自动修正灌装装量，对产品灌装的精度更有保障。

3. 加塞合格率的保障

理塞工位建议配置胶塞料位检测与二次传递装置，减少人工上塞频率，提高理塞的稳定性。设备出瓶处建议设置剔除通道，实现对无胶塞（或称重不合格）产品的自动剔除。

4. 物料无菌转运及无菌操作

灌装系统离线清洗、灭菌部件的安装：建议设备设置无菌装配或连接的操作层流保护区域，并采用快速卡箍及模块化设计，最大限度降低离线清洗灭菌部件被二次污染的风险。

5. 无菌生产环境的保证

无菌灌装生产过程的风险控制包括下列几个方面：

（1）生产环境　生产环境要求为B级背景下的局部A级。无菌生产环境的保证是无菌药品生产的前提，悬浮粒子、浮游菌、沉降菌采用动态监测的方式，对悬浮粒子在线监测并设置报警装置。

（2）灌装前准备　检查洁净区的压差、离线清洗灭菌部件的安装、装量的调节与校准、缺瓶、缺塞、胶塞和料位传感器的检测等。

（3）灌装过程　设备灌装速度的设定、灌装过程装量的检查、胶塞的及时添加。必须加强员工在无菌操作和微生物知识方面的培训，避免不规范操作。

（4）灌装结束　设备的清洁、维护及定期对环境的消毒。

（5）灌装加塞机（灌封机）的工艺和验证要点　①风速；②PAO测试；③层流风流形；④尘埃粒子；⑤浮游菌、沉降菌、接触菌；⑥灌装精度；⑦加塞（封口）、轧盖合格率的检测；⑧破瓶率的检测。

五、无菌隔离系统工艺验证

拓展知识：
无菌隔离系统
工艺验证

屏障系统（无菌隔离系统）被认为是一种控制无菌环境的有效手段，前面章节作了详细介绍，GMP法规中规定灌装区属高风险操作区，高污染风险的操作宜在隔离操作器中完成，同时GMP（2010年修订）对无菌隔离系统中的操作进行了法规说明。

（一）屏障系统的首次验证

通常包括设计确认、安装确认、运行确认和性能确认等环节。

1. 设计确认

在设计确认（DQ）中，应关注屏障系统的关键性能，确认其满足法规的一般性要求并考虑用户的使用特点。编制用户需求说明（URS）时，应基于生产工艺过程（从生产准备到生产结束清场）考虑对屏障系统的功能需求。通常在DQ之后执行模型模拟测试。

2. 安装确认

安装确认（IQ）是对屏障系统进行现场检查，确认设备及其配套部件的供应与合同一致，制造符合设计要求，并已按照要求进行正确安装。在安装确认中，对于因设备配置缺失、选材错误、安装不当等造成的风险应重点关注。

3. 运行确认

屏障系统运行确认（OQ）一般包括以下内容：

（1）操作性能　证明所有报警功能均能按照设定的要求正常工作，以及屏障系统可按设定参数值运行。计算机化控制的屏障系统还应进行用户权限测试和数据记录功能测试。

（2）屏障系统完整性　屏障系统在正常运行条件下应保持良好的完整性。完整性测试通常包括：已安装的高效空气过滤器的检漏、隔离器舱体的完整性、手套-袖套组件和半身服的完整性。(《药品GMP指南》中作出了具体说明。)

比如完整性测试中的已安装的高效空气过滤器的检漏项，高效空气过滤器需确认其安装正确，过滤器及安装框架无缺陷和渗漏，应至少对安装于舱体的末端过滤器进行检漏，包括单向流系统的循环高效过滤器和非单向流系统的进风高效过滤器，测试方法可参考现行国家标准《洁净室及相关受控环境　第3部分：检测方法》中附录B.7已装过滤系统泄漏检测。此外，非单向流系统还需评估舱体排风高效过滤器的泄漏风险。

风机滤器单元（机组）(fan filter unit，FFU) 中的高效过滤器应采用液槽密封，避免采用密封条密封。高效过滤器完整测试应合格并有记录。FFU的取风方式（图6-59）包括侧面取风、顶部取风、夹层顶部取风。

但不同取风方式又有各自的优缺点，先用表格总结，如表6-7所示。

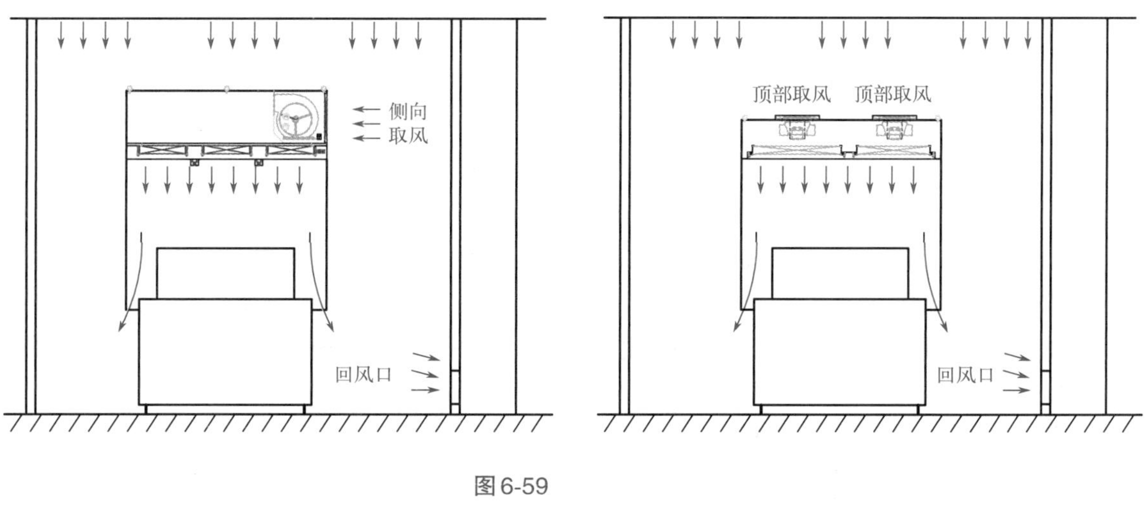

图6-59

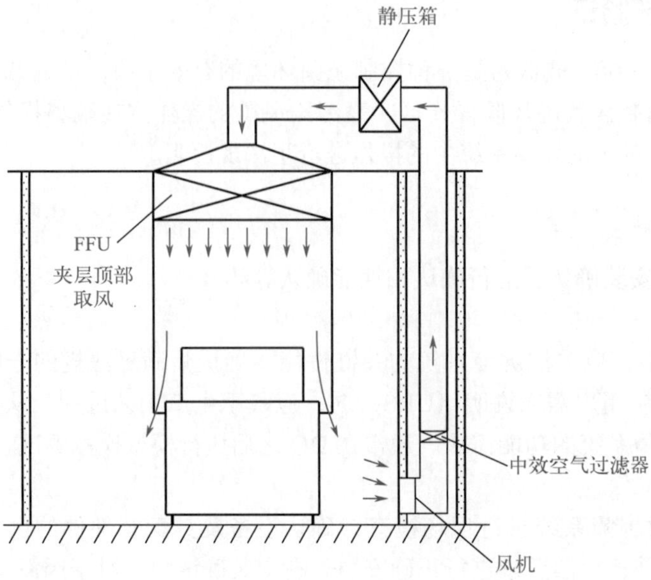

图6-59 灌装区隔离技术采用的不同取风方式

表6-7 灌装区隔离技术不同取风方式的优缺点对比

项目	取风方式	优点	缺点
侧面取风	FFU在侧面取B级房间风	如果送风口和FFU取风口设计合理，在A级区域作气流组织可视录像时单向流较好	若送风口设计不合理，对B级及A级单向气流组织均可能有影响（如在设备前操作面）
顶部取风	FFU在顶部取B级房间风	在A级区域作气流组织可视录像时单向流较好，对B级区域气流组织影响不大	因取风口离房顶太近，不便于清洁
夹层顶部取风	单独由客户接风管直接送风	优点同顶部取风，而且风量损失小，运行成本低	相比以上两种方式前期投入稍有增加

验证资料应有气流组织测试动态录像（包含零部件组装、加料、设备调整与维修等人为干预的动作）。

在线环境监控系统包括：①沉降菌法；②定量空气浮游菌采样法；③表面取样法（如棉签擦拭法和接触碟法）；④悬浮粒子监测。

放置位置选择主要是：①关键进出料区域如产品暴露时间较长区域，人员存在干预区域；②高风险区域如灌装、加塞等区域。

以上区域需通过气流组织测试的验证与确认，验证位置可选择层流出风口30cm处或关键区域30cm半径以内。

此外，完整性测试中的隔离器舱体完整性可通过压力变化法或恒压法验证设备是否达到设计要求，测试期间应维持背景环境的稳定，避免温度和压差的剧烈变化，建议测试起始压力不低于日常设定的工作压力的2倍。手套-袖套组件和半身服完整性泄漏测试，在目视检查的基础上，手套-袖套组件采用手套检漏仪或其他经验证的方法进行物理检测，半身服可采用充入示踪气体（例如氨气）的化学方法或其他适宜的方法进行检测。压差应验证隔离器在静态和动态条件下维持舱体正压差的能力。气流流型测试可参照现行国家标准《洁净室及相关受控环境　第3部分：检测方法》中附录B.3气流方向检测和可视化，采用去离子水雾发生器或者烟雾笔发烟，确认屏障系统内部的气流流型。气流流型测试应分别在静态和动态下进行测试。动态测试应包含生产过程中对生产线的干预操作。气流流型测试可用于确认去污染剂的分布情况。选择气流流型设备时需要避免使用对屏障系统内部有残留的化学品，尤其是配置汽化过氧化氢去污染功能的隔离器。有些烟雾发生介质可能会影响去污染效果，一般推荐水雾发生器。

4. 性能确认

性能确认（PQ）包括以下内容。

（1）去污染效果确认 屏障系统舱体内表面、内部设备及进入舱体的各种物料都应经过处理以降低微生物负荷，用于屏障系统、试验物品的去污染方法应能达到使生物指示剂下降大于6个对数值的目的。可使用某种合适的、高抗性的生物指示剂来验证去污染效果。使用充分数量的生物指示剂进行试验可以从统计学角度证明去污染效果的可再现性以及去污染剂的分布是否合适，尤其要注意那些去污染剂浓度较低的地方。屏障系统内物品和设备满载时需要用更多的生物指示剂进行试验。

考虑到生物指示剂本身可能存在“性能异常”以及“最差位点”的灭菌抗力未知，因此行业内这一阶段通常使用单次一个“最差位点”放置多个生物指示剂的方式进行去污染效力的确认。一般一个位置放3个生物指示剂。

建议首次使用隔离器、特殊物料装载需求等情况，应当在设计确认阶段与隔离器生产厂家充分沟通去污染原理、汽化过氧化氢去污染装载清单、物料放置方案等，并且建议在对去污染关键参数、去污染效果影响的因素、去污染循环开发过程有充分认知的基础上，建立相应的去污染循环开发方案。在工厂验收测试（FAT）阶段对装载方式、去污染循环功能进行确认。如果条件允许，可以与隔离器供应商协商在FAT阶段通过化学指示剂、酶指示剂或生物指示剂等手段对装载后隔离器舱体的汽化过氧化氢去污染效果进行初步确认。

应根据工作流程设计和无菌维持情况，确定屏障系统表面再次进行去污染的频率。

（2）去污染剂残留确认 企业应评估去污染剂残留可能导致的工艺风险。在去污染完成后，应通过能有效测定残留的低浓度量程检测器（或测试管）监测舱内去污染剂的浓度，保证去污染剂残留量不影响产品的质量以及隔离器内微生物检测的结果。

环境中去污染剂浓度应符合现行国家标准《工作场所有害因素职业接触限值　第1部分：化学有害因素》的规定。

（3）屏障系统内部洁净度确认 应确认屏障系统舱体内部的洁净环境，其悬浮粒子（静态的）、沉降菌、浮游菌和表面微生物按照《中国药典》指导原则9205药品洁净实验室微生物监测和控制指导原则进行测定，应符合A级空气洁净度的要求。

离线灭菌的快速传递门（RTP）传递容器，应当根据离线灭菌方式（如湿热灭菌、辐射灭菌等）进行灭菌效果确认，如为商品化的一次性产品，企业应要求制造商提供灭菌验证的证明，并在RTP传递容器与屏障系统对接后，对RTP接口两侧的灭菌面，以及容器内部进行表面微生物采样。

（二）屏障系统的再验证

为保障屏障系统在生命周期内的稳定运行，维持有效的验证状态，应根据风险评估情况制定屏障系统的再验证计划。再验证主要包括以下内容：

① 重要仪器仪表，例如压差仪表、温湿度仪表、风速仪表、流量仪表、粒子计数器、去污染剂浓度传感器以及用于去污染剂称量的天平等，应定期进行校验。

② 屏障系统过滤器完整性测试、风速、气流、压差（针对隔离器）。

③ 汽化过氧化氢去污染系统的关键参数确认和汽化过氧化氢去污染系统的验证。

④ 相关手套完整性测试、环境监测等日常数据的回顾等。

⑤ 屏障系统的周期性回顾和再验证应按照文件化的程序及规定的可接受标准实施。

⑥ 隔离器的再验证计划应围绕完整性（例如，高效过滤器完整性、隔离器舱体完整性、手套完整性等）、去污染程序的有效性、无菌状态的维持能力等关键性能进行评估。

⑦ 再验证的结果应形成记录并保存。

此外，在设备使用中，出现运行程序或参数变更、维护时更换重要配件、发生运行异常并完成维修后、安装场地变更以及长时间停用后的再启用等情况时，也应进行相应的再验证。

六、冻干机工艺验证

（一）制药冻干机设备的GMP验证

根据《药品GMP指南》（2023年版）要求，首先进行设备确认。

冻干机的使用必须保证任何采用无菌灌装的产品在处理后达到所要求的结果：以适当的方式除去水分（除了明确允许的残留水分），且不造成微生物污染，可通过技术设计和确认来保证目标的实现。

在进行冻干机确认时，需考虑以下几个主要因素：①材质，包括管路连接、电子元件、功能部件。②控制系统，包括仪表、空载性能。

对于冻干机设备的安装确认（IQ）和运行确认（OQ）的总体原则可参见本丛书《厂房设施与设备》分册中的相关内容。冻干机具有一些自身特点或影响冻干工艺的设计和功能，需要在以下设备确认中加以关注。

1. 安装确认（IQ）

① 设备布局：确认是否所有关键部件按要求安装放置、是否公共介质接口尺寸正确，设备安全标识的准确性。

②管道及仪表流程图（P&ID）检查：同时需确认设备是否按要求正确连接所需的公共设施。

③ 电路确认：电路、通信线路及标识正确以及电器安全检查。

④ PLCI/O（输入/输出）测试。

⑤ 控制电脑及控制软件验证：检查软件版本，设备、网络的初始设定和界面功能是否满足软件设计规范，控制电脑是否与PLC正常通信，系统性恢复试验等。

⑥ 排水能力确认：排水倾斜度。

⑦ 死角的确认。

⑧ 压力容器文件确认（适用于冻干机箱体和冷阱为压力容器的情况）。

⑨ 搁板安装确认：平整度。

⑩ 冻干机内表面粗糙度确认。

⑪ 材质证明：焊接控制和钝化。

⑫ 仪表校验确认：温度、压力（量程、精确度合适）。

2. 运行确认（OQ）

① 冻干程序及压塞程序（手动、自动）功能测试。

② 化霜程序功能测试。

③ CIP/SIP程序功能测试。

④ 掺气过滤器在线完整性测试程序的功能测试（适用于有此功能设备）。

⑤ 过滤器在线灭菌程序的功能测试（如需单独灭菌）。

⑥ 培养基灌装程序功能测试（适用于有此功能设备）。

⑦ 紧急功能确认。

⑧ 程序运行信息及报警信息的功能测试。

⑨ 开门系统的确认。

⑩ 不同操作模式的功能确认。

⑪ 数据传输的确认。

⑫ 误操作防护功能确认（有效数值范围、数据修改区域、程序不得同时运行等）。

⑬ 密码保护确认（操作权限）。

⑭ P&ID屏幕显示确认。

⑮ 报告功能确认。

⑯ 如匹配自动进出料系统、隔离器等关联设备，需确认交互逻辑功能、搁板装载定位高度、精度等关联测试。

3. 空载性能确认

① 搁板升温降温性能：确认冻干机搁板极限温度（最高、最低）和升降温速率是否达到使用需求。

② 搁板温度均匀性测试。

③ 搁板温度控制精度测试。

④ 系统泄漏率测试。

⑤ 冻干机内波纹管完整性测试。

⑥ 冷阱降温性能：确认冻干机冷阱盘管最低温度和降温速率是否达到使用需求。

⑦ 冷阱盘管捕水能力测试：最大装载量。

⑧ 抽真空能力：确认抽真空速率和极限真空度是否达到使用需求。

⑨ 真空控制测试。

⑩ CIP覆盖率测试。

⑪ SIP温度和SIP期间的温度保持时间确认。

⑫ 冻干机搁板定位效果。

安装确认、运行确认和性能确认一般由制药机械厂（药机厂）和制药厂共同完成。药机厂通过运行确认，将冻干机调至适当的工作状态，同时培训了制药厂的人员；制药厂的人员则通过运行确认学习了操作、日常维护保养的技巧并进行了验收。冻干机验证步骤如图6-60所示。

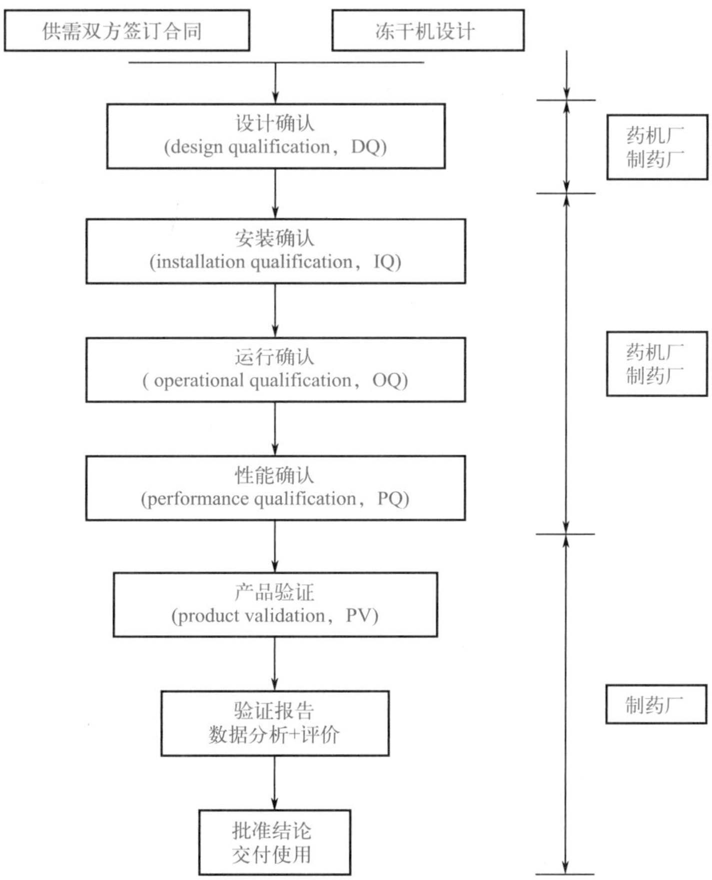

图6-60　冻干机验证步骤

在此主要介绍冻干机验证的设计确认（DQ）、安装确认（IQ）、运行确认（OQ）、性能确认（PQ）四部分内容以供参考。

（1）设计确认（DQ） 通常指对项目设计方案的预审查。包括平面布局、水系统、净化空调系统、待订购设备对生产工艺适用性的审查，以及对供应厂商的选定。设计确认被认为是项目及验证的关键要素，因为设计方面的失误往往会造成事后难以弥补的先天性缺陷。设计确认详细内容见表6-8。

对于制药设备，由于品种多，且涉及专业面较广，制药厂不可能全部掌握。所以一般设计确认采用两种方式进行：一种对于特别熟悉的设备可将设计思想、理念、达到的标准要求、使用条件告知药机厂，待设计好后由双方对设备进行预确认；另一种对不熟悉的设备可将使用条件，要求达到的性能指标告知药机厂，委托药机厂设计确认。

设计冻干机时，首先要考虑目的和要求，技术性能要有一定的先进性、满足合同要求的各项指标，从选材、设计结构、各系统性能方面确认是否适合制药厂的生产工艺、便于安装、维修保养、清洗、消毒等方面的要求，以满足GMP的要求。

表6-8 设计确认

验证项目		确认项	确认文件名称
DQ	设计文件确认	设计图纸	冻干机全套图纸（干燥箱图纸、平面布置图、工艺流程图、电器原理图）
		部品表	材料配置表

（2）安装确认（IQ） 主要是指机器设备安装后进行的各种系统检查及技术资料的文件化工作，如表6-9。

表6-9 安装确认

验证项目		确认项	确认文件名称
IQ1	外购/外协件	外购件进厂检查	外购件检验记录
		箱体检查（包括干燥箱、冷凝器）	箱体检验记录
		电器柜检查	电器柜检验记录
	厂内组装	各主要系统管路检查	过程检验记录
		各系统组装完成检查	
IQ2	现场安装	随机文件的确认	技术资料的检查归档记录
		设备主要部件确认	设备主要部件检查报告书
		设备各系统完整性确认	设备各系统完整性检查报告书
		公用工程检查	公用工程配管报告书
		现场施工工作确认	现场施工工作确认报告书

IQ1（作为药机厂需确认的内容）：在公司进行安装确认，确保机器各部件、系统按设计图纸要求组装，以达到设备的性能要求，保证设备调试运行正常。

IQ2（作为制药厂需确认的内容）：

① 冻干机所提供技术资料的核查，如设备、仪表、材料的合格证书、设备总图、操作说明、安装

说明书、备品备件清单、产品装箱清单等，确认是否齐全，并根据所提供的资料对设备、备品备件的检查验收，检查到货与清单是否相符、是否与订货合同一致。

② 设备的安装检查：设备的安装位置是否合适，配套的公用工程、管路焊接是否光洁，所配备的仪表精度是否符合规定要求，安装是否符合供方提出的安装条件。

（3）运行确认（OQ） 为证明设备或系统达到设定要求而进行的各种运行试验及文件化工作。

安装确认合格后再进行运行确认，按调试程序对机器进行调试后，按冻干机操作规程操作确认冻干机空载各项技术指标能否达到设定要求的一系列活动，如表6-10。

表6-10　运行确认

验证项目		确认项	确认文件名称
OQ1	厂内运行	出厂前各项指标运行	最终检验记录
OQ2	现场运行	计量器具检定 / 校准	计量器具检定 / 校准报告
		用户方试运行检查	现场试运行报告
		操作规程培训	现场培训记录

（4）性能确认（PQ） 就生产工艺而言常指模拟生产试验，如表6-11。

各项技术指标测试：板层温度分布均匀性、板层（制冷剂）的降温速率和最低温度、板层（制冷剂）升温速率和最高温度、冷凝器降温速率和最低温度、抽气速率和极限真空度、真空泄漏率、捕水量。

通过模拟生产考察冻干机运行的可靠性、主要运行参数的稳定性，证明冻干机是否达到设计标准和GMP有关要求而进行的系统性检查和试验。性能确认时至少应草拟好有关的标准操作规程和批生产草案，按草案的要求操作设备，观察、调试、取样并记录运行参数。

冻干机通常用水代替制品进行最大捕水量试验。

在制药厂根据产品的特点设计工艺运行条件，所用原料多数情况下可用替代品替代，且模拟生产至少应重复三次。但对于已使用过同类冻干机，且冻干机运行较稳定，人员已有一定同类设备实际运行经验的生产线，也可跳过模拟生产，直接进行试生产。

表6-11　性能确认

验证项目		确认项	确认文件名称
PQ1	模拟生产	最大捕水量测试	捕水量测试记录数据、曲线
PQ2	模拟生产	冻干产品测试	运行记录数据、曲线

（二）产品冻干工艺验证

产品验证（PV）指在特定监控条件下的试生产。在试生产期间，为了在正式投入常规生产时能确有把握地控制生产工艺，往往需要抽取较多样品，包括半成品及环境监控（必要时）的样品，并需对试生产获得的产品进行加速稳定性考察试验。

除以上提到的验证内容外，冻干机还有一些要求更加详尽的验证内容，如对冻干机灭菌效果的验证、在位清洗验证、气体过滤器性能验证、控制程序验证、冻干曲线验证等。有关内容可参见相关资料。

《药品GMP指南》（2023年版）中指出：

冻干产品的工艺验证应当包括首次验证、影响产品质量的重大变更后的验证、必要的再验证以及在产品生命周期中的持续工艺确认，以确保冻干工艺始终处于验证状态。产品冻干工艺的首次验证需通过一系列正常生产规模的验证试验，逐项确认其设计或中试技术参数在大规模生产中的适用性和重现性。持续工艺确认需通过对该产品与冻干工艺有关的技术数据的原始记录、产品的批生产质量数据等能够客观反映该制品的实际生产状况的数据进行汇总、归纳、分析，并对其进行技术评价，从而得出结论：冻干工艺参数在规定的范围内，是否能始终如一地生产出符合质量要求的产品，确保工艺和产品质量始终处于受控状态。在验证过程中，产品的批量应和常规生产相同，批次不能太少，否则统计的数据可信度不高，从而影响验证结论的可靠性。

冻干工艺验证中产品验证的实际意义是在特殊监控条件下的生产，它是各工艺设备及配套系统安装确认和运行确认的延续，其主要目的是在特定的生产条件下，通过实际生产的形式，系统验证设计工艺条件的可靠性和重现性。冻干粉针剂的验证通常包括下列内容：

（1）冻干关键工艺参数的确认 制品在进行工艺验证前，一般已由技术开发部门通过开发与转移制定了相应的冻干控制程序和冻干参数。在工艺验证阶段，应根据风险评估制定冻干关键工艺参数，逐项确认参数的控制范围，同时对验证的冻干曲线进行确认。

（2）冻干产品关键质量属性的确认 应根据产品的特性制定产品的关键质量属性，并在工艺验证中对关键质量属性进行取样检验。产品冻干工艺验证的取样，一般对板层均匀布点取样的同时适当考虑对板层上特殊点位的取样，如导热油进出口、中隔阀、视镜、进出料小门等。以下简单列举冻干产品的关键质量属性：

① 物理性状和色泽。一般说来，最终产品的物理形状和容器中溶液冻结后的冰晶体的形状相同。药液冻结条件的差异、冻结晶核的分布、大小等因素可造成制品外观的差异，制品的色泽与药物的热稳定性和在二次干燥阶段中制品温度是否偏高，或二次干燥时间是否过长等密切相关。冻干工艺过程中机械设备或公用工程系统出现故障（例如停电、断水等）对最终产品的物理形状和色泽都有较大的影响。

此外，容器内表面化学或物理处理方法不同、真空干燥过程中压力控制精度太差等，也可能造成制品表面收缩度不一致、表层凹凸不平、制品分层、各层色泽不均匀等缺陷。

② 水分。冻干产品的含水量分析验证，以考察相同的工艺条件下产品的含水量和水分均一性为目的。冻干箱内各层搁板温度不一致，造成制品升华速度快慢不一，这往往是导致最终产品含水量波动的直接原因。在验证过程中，通过对制品含水量的统计分析，确认试验采取的冻干曲线是否合适，是否需要延长干燥时间等。同时，依据验证结果调整冻干曲线以获得该制品最佳的运行条件。此项验证一般可安排在制品的扩大生产试验中进行，按事先设定的抽样计划进行抽样分析。

常用冻干产品含水量验证的化验分析方法有卡氏滴定法（KF法）、干燥失重称量法等。一般水溶性物质多采用KF法。该方法计量准确，且可以快速得出水分结果，在抽样试验中尤其适合。含有机溶剂的物质（如生物制品）的水分含量也可采用重量法化验分析，但此方法的精确度差。

一般冻干产品要求平均水分控制在2%以内，单个瓶样品水分也不应大于3%。

③ 溶液的浊度。与粉末分装制品相比较，玻璃瓶冻干粉针剂复溶得到的溶液的澄清度有时较差，这是由于在冻干过程中，在低压条件下，胶塞组分出现了某种程度的解吸附作用，并在靠近胶塞的部位及产品的表面形成雾状。产品表面吸附的挥发性胶塞组分（石蜡和硫等）可能是影响玻璃瓶冻干粉针剂复溶所得溶液的澄清度的重要原因。

④ 不溶性微粒。不溶性微粒的检查方法和标准可采用《中国药典》对不溶性微粒的规定，也可参考美国药典（USP）或日本药局方（JP）的有关规定施行。

⑤ 其他质量检验项目。除上述与冻结干燥过程联系紧密的质量要求外，还有一些质量项目需要控制，例如不溶性微粒、装量差异、pH、复溶效果、吸光度、旋光度等。制品的无菌试验、细菌内毒素试验、毒性试验、热原物质检查等均应符合规定。当药液配制过程中使用乙醇、丁醇、甲醇等有机溶剂

时，还应控制制品中溶剂的残留量。

⑥ 冻干产品的稳定性。结合药典要求，进行成品的稳定性考察。

七、轧盖机的风险控制与验证

1. 轧盖工艺与洁净级别的选择

如果轧盖工序设置在A/B级区：

① 产品始终处于A级气流的保护中，A级送风环境应至少符合A级区的静态要求；

② 轧盖过程中的颗粒产生的问题，应该设置抽风装置；

③ 操作符合无菌工艺要求；未正确轧盖的产品可退回无菌区继续加工；

④ 铝盖需灭菌。

如果轧盖工序设置在A/C或D级区：

① 产品始终处于A级气流的保护中，A级送风环境应至少符合A级区的静态要求；

② 轧盖过程中的颗粒产生的问题，应该设置抽风装置；

③ 对产品在轧盖前的压塞完好性进行检查，未正确轧盖的产品不能退回无菌区继续加工；

④ 铝盖可不灭菌。

2. A级环境的控制

从灌装至轧盖未完成之前产品均为未完全密闭状态，产品需始终处于A级气流的保护中。

3. 轧盖过程带来的铝屑污染的控制

轧盖工位处应设置铝屑自动收集装置。

4. 轧盖前的监测

胶塞未压实或错位的监测。轧盖工序设置在A/C或D级区，轧盖前应设置有对胶塞状态进行监测及自动剔除的装置。

第七章

制药用水与灭菌工艺

第一节　制药用水系统设计

水是药物生产中用量大、使用广的一种辅料，用于药物生产过程和药物制剂的制备。

一、制药用水概述

药典中所收载的制药用水，因其使用的范围不同而分为饮用水、纯化水、注射用水和灭菌注射用水。一般应根据各生产工序或使用目的与要求选用适宜的制药用水。药品生产企业应确保制药用水的质量符合预期用途的要求。

制药用水的原水通常为饮用水。制药用水的制备从系统设计、材质选择、制备过程、储存、分配、使用到维护均应符合药品生产质量管理规范的要求。

制药用水系统应经过验证，并建立日常监控、检测和报告制度，有完善的原始记录备查。

制药用水系统应定期进行清洗与消毒，消毒可以采用热处理或化学处理等方法。采用的清洗与消毒方法，以及化学处理后清洗剂与消毒剂的去除应经过验证。

饮用水可作为药材净制时的漂洗、制药用具的粗洗用水，一般也可以作为饮片的提取溶剂。

纯化水可作为配制普通药物制剂用的溶剂或试验用水，中药注射剂、眼用制剂等无菌制剂所用饮片的提取溶剂，口服、外用制剂配制用溶剂或稀释剂，非无菌制剂用器具的精洗用水，非无菌制剂所用饮片的提取溶剂。纯化水不得用于注射剂的配制与稀释。

注射用水可作为配制注射剂、眼用制剂等的溶剂或稀释剂，以及容器的精洗等。

灭菌注射用水主要用于注射用无菌粉末的溶剂或注射剂的稀释剂。

拓展知识：
制药用水

二、纯化水系统的设计

纯化水为饮用水经蒸馏法、离子交换法、反渗透法或其他适宜的方法制备所得，其质量应符合纯化水项下的规定，不含任何附加剂。

纯化水有多种制备方法，应严格监测各生产环节，防止微生物污染，确保使用点的水质。

从成本的角度考虑，蒸馏法基本上不被采用。离子交换法对水中微生物、有机物的去除效果差；阳离子交换树脂需用酸再生，阴离子交换树脂需用碱再生，再生过程烦琐且不环保；单位时间产水量小。纯化水的制备中，离子交换法基本已被淘汰。

目前纯化水制备方法大多为双级反渗透法或反渗透法（RO）+电去离子（EDI），其中RO+EDI现已成为纯化水制备的主流工艺。

纯化水的质量取决于多种因素，应在设计时加以考虑。纯化水生产线的配置应根据原水水质、水质变化、产水质量要求、投资费用、运行费用、自动化程度、产水量（依据工厂平均用水量和最大用水量而定）等情况综合考虑确定。

（一）系统设计的考虑因素

根据纯化水的用途来选择相应的纯化方法或纯化步骤，选择水处理方法时，应考虑以下因素：

① 水的质量标准；
② 纯化系统的产量或效率；
③ 原水质量以及不同时期的质量变化（比如季节性变化）；
④ 水处理设备操作的可靠性和耐用性；
⑤ 水处理设备在市场上的可获得性；
⑥ 对纯化设备进行维护和保养的能力；
⑦ 运行成本。

水处理设备、储水设备和分配系统的质量标准要求应考虑以下因素：

① 与水接触的材料的浸出对水造成污染的风险；
② 与水接触的吸附性材料的反作用（材料中吸附的污染物进入水中）；
③ 无渗漏；
④ 整体布局形式要避免微生物的滋生和繁殖；
⑤ 对清洗剂和消毒剂（热力消毒和化学消毒）的耐受性；
⑥ 对系统容量和产量的要求；
⑦ 对所有必需的仪器、检测和取样点进行规范，使整个系统的关键质量参数能够被监测。

制药用水的纯化设备、储水设备以及分配系统的设计、布局和规划应该考虑以下物理因素：

① 可用于安装设备的空间；
② 建筑物的结构负荷；
③ 对设备进行良好保养的保障系统；
④ 安全处理可再生物质和化学消毒物质的能力。

（二）预处理单元的设计

1. 预处理的作用

现常见的纯化水制备工艺流程均采用了反渗透，而反渗透对进水水质有一定要求，因此进水必须经过适当的预处理（表7-1）。合适的预处理能减轻膜污染情况，延长膜的使用寿命，保证产水的质量。

表7-1　反渗透进水水质要求及预处理

项目	允许值	超标后可能引起膜污染的类型	预处理解决方法
浊度/NTU	＜1	淤泥、泥沙污染	过滤，絮凝沉淀，微滤，超滤
淤积密度指数（SDI）	＜5	淤泥、泥沙、胶体污染	过滤，絮凝沉淀，微滤，超滤
pH值	3～10	膜元件水解	加酸或碱
水温/℃	5～45	难溶盐沉淀、膜降解	热交换器
COD（化学需氧量，以O_2计）/（mg/L）	＜1.5	有机物污染	活性炭过滤
TOC（总有机碳）/（mg/L）	＜2	有机物污染	活性炭过滤
游离氯/（mg/L）	＜0.1	膜元件氧化	活性炭过滤、加还原剂
铁含量（以总铁计）/（mg/L）	＜0.05	铁污染	氧化+沉淀或过滤
锰含量/（mg/L）	＜0.1	锰污染	使用分散剂

续表

项目	允许值	超标后可能引起膜污染的类型	预处理解决方法
表面活性剂	选择阳离子或两性表面活性剂时要注意	膜元件产水量衰减	避免使用
难溶盐	浓水不发生沉淀	无机盐沉淀	降低回收率、加阻垢剂、软化

注：根据膜的不同，对进水水质的要求会有差异。

预处理的目的有以下几点：

① 降低淤积指数，保证SDI15不超过5.0，争取低于3.0；

② 降低浊度，保证浊度低于1.0NTU；

③ 去除余氯等氧化物；

④ 去除部分有机物；

⑤ 防止结垢；

⑥ 防止微生物污染。

预处理一般可以分为传统预处理和膜法预处理。所谓传统预处理是在膜法预处理出现前反渗透预处理工艺的总称，包括絮凝、沉淀、多介质过滤和活性炭过滤等。随着高分子分离膜技术的不断发展，微滤和超滤逐步出现在反渗透的预处理系统中，并在部分案例中替代了传统预处理工艺。

2. 预处理的方法

（1）混凝沉淀法　混凝的主要对象是原水中的细小悬浮物颗粒和胶体微粒，这些颗粒很难通过自然沉淀和机械过滤器过滤从水中分离出去。

当原水悬浮物含量高，SDI很高时，最好采用传统的混凝-助凝处理工艺，产生的絮体在特别设计的反应空间内长大沉淀，以淤泥形式排掉，上清液进入多介质滤器做进一步的处理。

混凝是向水中定量投加化学药剂（混凝剂），使细小的悬浮颗粒和胶体微粒聚集成较粗大的颗粒而沉淀，得以与水分离使水得到净化的方法。絮凝过滤是指在水中加入絮凝剂，水与絮凝剂在流经砂滤器的过程中反复接触进行絮凝反应，当生成的絮状体达到一定体积后则被截留在砂柱空隙之间，这些被截留的絮状体进一步吸附所流过水中的细小矾花，从而使水体澄清。混凝包括絮凝与凝聚两个过程，因此，将能起凝聚与絮凝作用的药剂统称为混凝剂。常用混凝剂有聚合氯化铁、聚合氯化铝、聚丙烯酰胺等。混凝剂一般加在原水箱中，应定量加入，及时混合，加药装置与原水进水阀连锁。

（2）机械过滤法　介质过滤（即机械过滤）可以有效地除去水中的悬浮物，降低浊度和SDI值，可与混凝沉淀法配合使用。机械过滤利用一种或几种过滤介质在一定的压力下，使水通过该介质以去除杂质。机械过滤器主要是利用填料来降低水体浊度，截留除去水中的悬浮物、胶质颗粒等，使水得到净化。

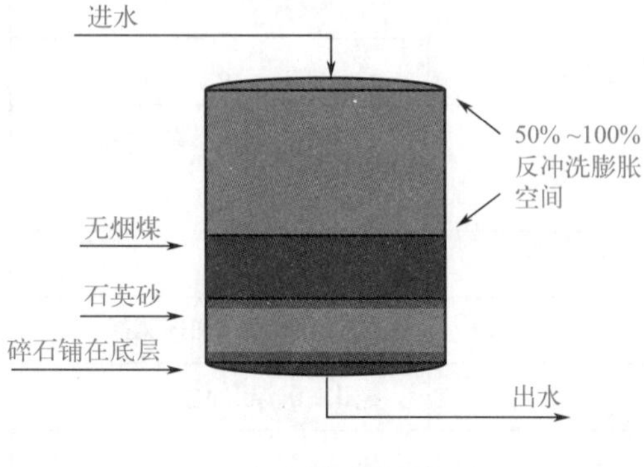

图7-1　多介质过滤器示意图

机械过滤常作为反渗透、纳滤、超滤，以及离子交换除盐系统等的预处理部分。其内装的填料一般为石英砂、无烟煤、颗粒多孔陶瓷、磁铁矿等，根据实际情况选择使用。还可以根据给水质量情况和出水质量的要求，选用单层滤料、双层滤料或多层滤料（图7-1）。当采用石英砂上填充无烟煤的双介质过滤器时，它允许悬浮物等杂质进入过滤层内部，产生更有效的深层过滤而延长清洗间隔。过滤介质的最小设计总床层深度为0.8m，在双介质过滤器中，通常填充0.5m高的石英砂和0.4m高的无烟煤。

（3）吸附法 吸附法是利用多孔性固体物质，吸附水中的某些污染物质在其表面，从而达到净化水体的方法。吸附法能去除的污染物包括有机物、胶体、余氯，还能去除色度和臭味等。

最常用的是颗粒状活性炭。活性炭有很强去除余氯能力。Cl_2、HOCl和OCl^-的总和称为自由氯或残留余氯，以mg/L Cl_2计。活性炭在整个脱氯过程并不是简单的吸附作用，而是在其表面发生了催化作用。

$$C+2Cl_2+2H_2O = 4HCl+CO_2$$

因此，活性炭去除余氯不存在吸附饱和的问题，只是损失少量的炭，所以活性炭脱氯可以运行相当长的时间。当余氯的含量比较高时，还可以在预处理过程加入还原剂来去除余氯。常用的还原剂有焦亚硫酸钠、亚硫酸钠、亚硫酸氢钠等。因为这几种还原剂在水溶液中很容易与空气中的氧气发生氧化还原反应，所以不应一次性配制大量溶液。

活性炭吸附有机物、微生物等，所以炭床上会滋生微生物，因此活性炭过滤器应定期消毒，消毒的方法有：巴斯德消毒、纯蒸汽消毒等。其中纯蒸汽消毒能部分恢复活性炭衰减的吸附能力。

活性炭使用一定时期后，吸附能力会减弱，因此需要定期更换。

为了防止过滤器被污染物堵塞，活性炭过滤器和多介质过滤器都应定期反冲洗。

（4）软化法 当含有钙、镁等硬度成分的水通过反渗透膜时，硬度成分会在反渗透膜表面沉淀，可以采用化学软化或者离子交换等方法对水进行软化。离子交换法常用的为钠型强酸性阳离子交换树脂，树脂上的钠离子与水中的阳离子发生离子交换反应，水中的钙、镁离子被树脂吸附，降低了水的硬度。使用一段时间后，树脂中的钠离子量逐渐减少，失去软化的作用，这时需要用饱和氯化钠溶液再生，恢复树脂的软化作用。再生的频率与水的硬度有关。

树脂会老化降解、中毒，因此也需定期更换。

也可以加入阻垢剂，它们能分散水中的难溶性无机盐，阻止或干扰难溶无机盐在膜表面沉积、结垢，维持膜通量，保证生产正常进行。阻垢剂主要包括一些天然分散剂、膦酸、膦羧酸、膦磺酸和高分子聚合物等，而目前使用的绝大多数阻垢分散剂是高分子聚合物，如多聚丙烯酸盐。

（5）精密过滤法 精密过滤也称保安过滤。精密过滤器一般装在反渗透膜进水的前面，滤膜的孔径一般在3～5μm，作用是滤除微小的颗粒物，防止预处理中的滤材如活性炭、树脂进入反渗透系统，损坏反渗透膜。

精密过滤器的进水口和出水口应设置压力表，其差值可以判断精密过滤器中滤芯的污染程度。当差值大于规定时，需要清洗或更换微孔滤膜。

（6）超滤法 超滤是以压力为推动力的筛分过滤。超滤膜的孔径在0.001～0.1μm范围内（切割分子量为1000～500000）。对水中的悬浮固体、胶体、大分子有机物有较高的去除率；对小分子有机物、无机离子则几乎不能截留。超滤膜一般为非对称膜，超滤膜的活性分离层上有无数不规则的小孔，且孔径大小不一，很难确定其孔径，也很难用孔径去判断其分离能力，因此超滤膜的分离能力用截留分子量来予以表述，将能截留90%的物质的分子量称为膜的截留分子量。实际上溶质分子能否通过超滤膜或者通过多少，还与分子形态、溶液条件及膜孔径的分布差异等有关，即相同分子量的物质被截留的百分率并不完全相同。超滤的分离机制一般认为是筛分作用。

超滤的操作方式有死端过滤和错流过滤。

死端过滤时原料液中液体全部透过超滤膜，大于膜孔径的物质被截留在膜表面，通过周期性反冲洗操作由反洗液带出。此法较错流过滤能耗低，但膜污染严重。错流过滤可以增大膜表面的液体流速，使膜表面凝胶层厚度降低，可以有效降低膜的污染。由于需要更大的水流量，因此相对于死端过滤需要更大的能耗。

超滤用于纯化水的预处理工序时一般采用死端过滤。通过定时的气洗、水反冲洗和水正冲洗，以及定期的化学清洗过程清除截留的杂质。

（7）余氯去除装置 反渗透膜尤其芳香族聚酰胺反渗透膜无法耐受余氯的氧化，因此预处理工序应有余氯去除装置。常用的方法有活性炭法、$NaHSO_3$还原法，现在紫外线除氯技术也慢慢得到应用。如果原水中余氯含量不高，活性炭过滤器就可将余氯含量降到符合要求。如果原水余氯含量高或在预处理工序中采用了加次氯酸钠来控制水中微生物，需在反渗透膜前加入亚硫酸氢钠等还原剂来去除余氯。

（三）反渗透

1. 反渗透的特点

反渗透制备纯化水有以下优点：

① 在常温不发生相变化的条件下，对溶质和水进行分离，能耗较低；

② 杂质去除范围广，不仅可以去除溶解的无机盐类，还可以去除各类有机物如微生物、热原等；

③ 脱盐率高，可达到99%以上。

反渗透的机制有许多模型解释。优先吸附-毛细管流模型：水优先被吸附在膜的表面形成纯水层，膜的表面存在许多孔径为纳米级的细孔，纯水可以通过细孔透过膜，而盐与水形成的水合离子被阻碍不能透过膜。反渗透膜对有机物如微生物、热原的去除，一般用筛分机制解释。

2. 反渗透膜元件

反渗透一般采用卷式膜组件。卷式膜组件也是用平板膜制成的。支撑材料插入三边密封的信封状膜袋，袋口与中心集水管相接，然后衬上起导流作用的料液隔网，两者一起在中心管外缠绕成筒，装入耐压的圆筒中即构成膜组件。使用时进水沿隔网流动，与膜接触，水透过膜，沿膜袋内的多孔支撑流向中心管，然后由中心管导出。

卷式膜组件的设备比较紧凑、单位体积内的膜面积大。其缺点是清洗不方便，膜有损坏时不易更换，易堵塞，对预处理要求高。卷式膜组件结构见图7-2。

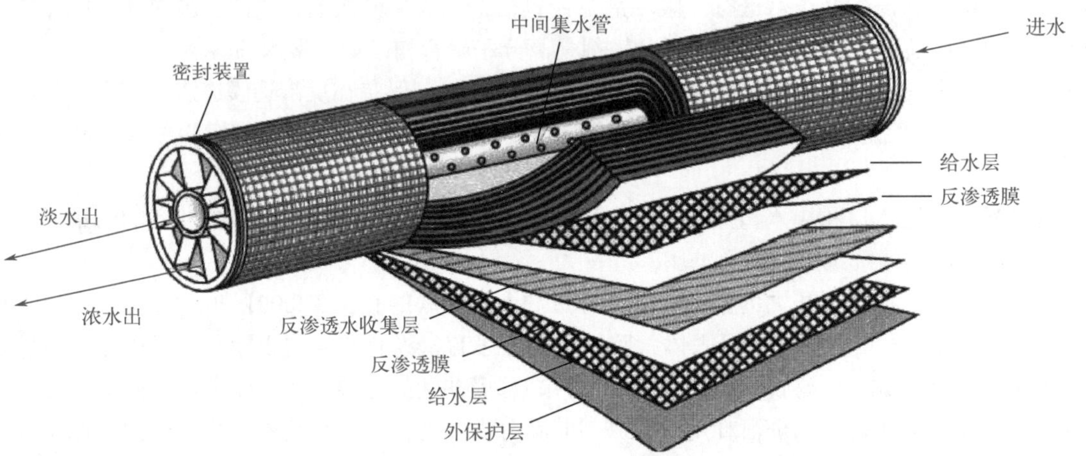

图7-2 螺旋卷绕式反渗透膜示意图

反渗透膜一般为复合膜，膜的表层与支撑层的材料不同。结构上分为起分离作用的很薄的致密表层和起机械支撑作用的多孔支撑层。致密表层的性质和孔径决定分离特性，厚度主要决定传递速率；多孔支撑层主要起机械支撑作用，对分离特性和传递速率影响小。

3. 反渗透膜过滤方式——错流过滤

原料液以切线方向流过膜表面，在压力下透过膜，透过液的流向与原料液流向垂直，又称十字流或切向流。原料液流量越大，流速越快，膜表面截留物质覆盖层越薄，膜污堵现象越轻（图7-3）。

4. 反渗透系统膜组件排列方式

（1）一级反渗透系统　一级反渗透系统通常可以用于一些原水质量较好、含盐量不高，对产水质量不要求达到纯化水的工艺流程中（图7-4）。

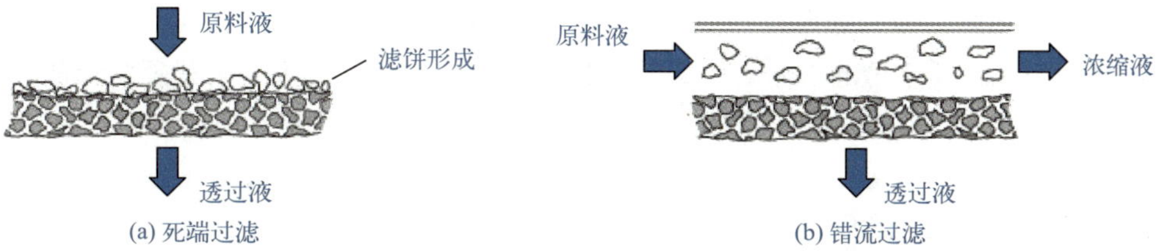

图7-3　死端过滤与错流过滤示意图

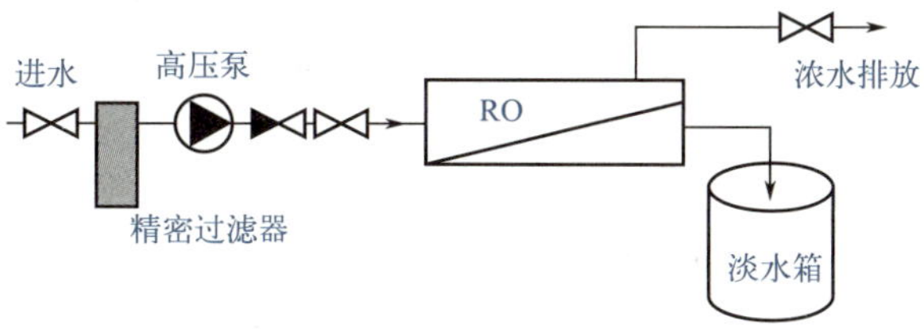

图7-4　一级反渗透系统示意图

① 单段系统：两个或两个以上的膜组件并联在一起，进水、产水和浓水均由总管管路系统分别相连。单支膜元件的回收率在8%～15%之间，为了提高回收率，可以在每一个压力容器内串联更多的膜元件。当回收率高，串联的膜元件多时，因为每支膜元件在水流过时透过部分水，导致膜表面水流量越来越小，杂质含量越来越高，可能在末段产生严重的膜污染现象。单段系统通常用于要求系统回收率小于50%时（图7-5）。

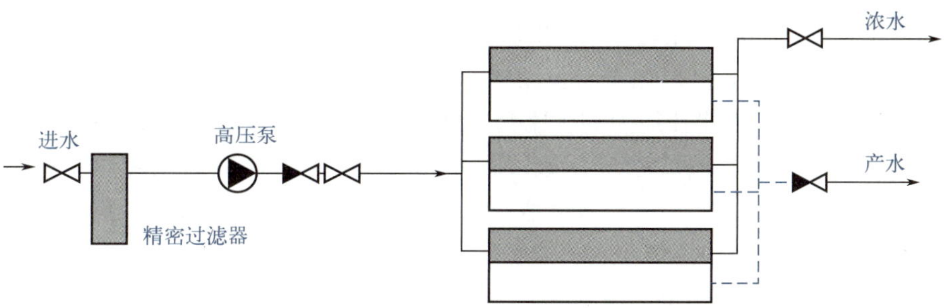

图7-5　单段系统示意图

②多段系统：当要求系统的回收率高于50%时，可以采用多段系统。多段系统是指第一段的浓水作为第二段的进水，第二段的浓水作为第三段的进水，以此类推。每段的进水一部分变成产水，后一段的进水流量会减少，含盐量会升高。为保证每一段的进水流量足够大，防止污染物在膜表面的沉积，后一段压力容器数量都比前一段的压力容器数量少，一般的排列方式是2∶1或4∶2∶1。较高的比值可以有效地增加后段的进水流量。通常，两段系统回收率可以达到50%～75%，三段系统回收率为75%～90%（图7-6）。

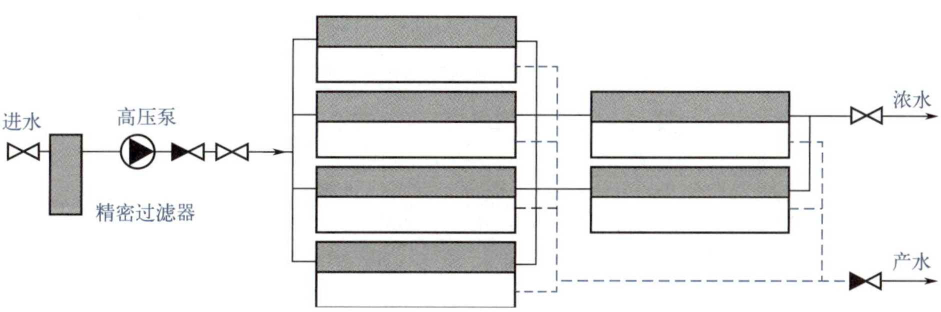

图7-6　多段系统示意图

（2）双级反渗透系统　当一级反渗透的产水质量无法满足要求时，可以采用双级反渗透系统，即一级反渗透的产水作为二级反渗透的进水。二级反渗透的浓水的质量远远高于一级反渗透的进水，因此将其与第一级反渗透的进水混合作为第一级的进水，以提高水的利用率和出水质量（图7-7）。

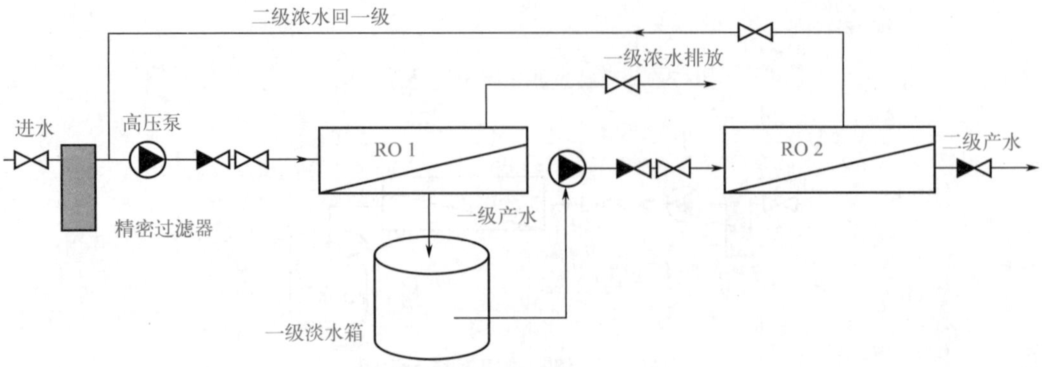

图7-7　双级反渗透系统示意图

当两个高压泵均变频控制时，一级淡水箱（或称中间水箱）可以去除。

5. 反渗透膜性能主要影响因素

反渗透膜的性能主要由水通量（水透过速率）和脱盐率（分离效果）来决定。水通量和脱盐率受操作压力、浓度、温度、流量、pH值以及回收率等因素的影响。

（1）操作压力的影响　水通量的增加与压力成正比，但仅通过增加压力来增加产水量，将导致单位产水能耗的增加以及膜的损坏，因此选择适当的膜元件数量（膜面积）才是经济的。

压力增大时，脱盐率会提高，但是不同膜元件的脱盐率随压力的变化趋势是不同的。原则上说，膜元件的分离层越致密，脱盐率随操作压力的正比变化越不显著，这时脱盐率基本保持一个定值。

（2）给水流量的影响　给水流量对产水量和脱盐率的影响比较缓和。随着给水流量的增加，膜表面的流速也增加，这使得压力随之上升，产水量增加；同时由于流速的增加减少了膜表面的浓差极化，从而提高了脱盐率。

（3）给水含盐量的影响　在一定的压力下，当给水中的含盐量增高时产水量就会减少。这是给水的渗透压变高，有效压力随之降低的缘故。通常含盐量增高时脱盐率会下降。

（4）温度的影响　温度对脱盐率和产水量的影响非常大。对全部类型的反渗透膜元件来说，温度升高，水的黏度降低，膜通量增加。在相同的压力下，温度每上升或下降1℃，产水量可增大或降低3%～4%。因此为了保证产水量，满足正常生产需求，应在反渗透膜进水前安装热交换器，必要时对反渗透进水适当升温。温度对于脱盐率的影响根据膜材质的不同而有所差异，一般而言，温度增高则脱盐率降低，因为当温度上升时，盐的扩散速度就会增大。

（5）回收率的影响　回收率是指产水量和进水流量的比值。在压力一定时，回收率提高，膜表面的浓差极化现象也更加严重，有效压力则相对减小，这导致膜通量下降，脱盐率降低。反渗透系统在设计和调试时，选择回收率的确定与原水质量密切相关。回收率增高，溶解于溶液中的盐会更加接近饱和状态，有可能析出后在膜表面沉淀并结垢，会对膜性能带来很大的危害。

（6）pH值的影响　pH值对反渗透膜元件的影响有两个方面：正常运行时对脱盐率的影响；清洗时不同pH值的清洗效果以及清洗时pH值的范围。

① 反渗透膜在pH值为7.5～7.8时脱盐率最高。

原因之一就是在碱性环境时，水中溶解的二氧化碳会反应形成碳酸根离子和碳酸氢根离子，容易被反渗透膜去除，产水电导率下降。但pH值过高时，将使金属离子形成氢氧化物的沉淀，在膜表面结垢。

预处理工序采用加次氯酸钠控制微生物和加亚硫酸氢钠去除余氯时，需要在反渗透膜前加入氢氧化钠溶液调节pH值。采用双级反渗透工艺的纯化水系统，可以在二级反渗透进水里加入氢氧化钠溶液。加入的氢氧化钠浓度一般为0.01～0.02mol/L，加入量可以从反渗透产水电导率变化情况判断。加入氢氧化钠后，产水电导率开始下降，缓慢地加大加入量，随着加入量的增加，电导率会先下降而后开始上升，电导率在低值时的加入量就是合适的加入量。

② 清洗时反渗透膜元件正常的耐受pH 值范围为2.0～12.0。

通常采用酸性溶液来清洗无机盐垢，采用碱性溶液来清洗有机物污染。在清洗中反渗透膜元件所能耐受的pH值范围还和温度有关。

（四）EDI

电去离子（EDI，electrodeionization）是一种将离子交换技术、离子交换膜技术和离子电迁移技术相结合的纯水制造技术。它巧妙地将电渗析技术和离子交换技术相结合，利用高压直流电场使水中离子定向移动，通过离子交换树脂及选择性树脂膜加速离子移动去除，从而达到水纯化的目的。在EDI除盐过程中，离子在电场作用下通过离子交换膜被清除。同时，水分子在电场作用下产生氢离子和氢氧根离子，这些离子对离子交换树脂进行连续再生。

工作状态下，流经EDI单元的水中的离子化合物会发生三种迁移（图7-8）：

① 离子与阴、阳树脂发生离子交换而结合到树脂颗粒上。

② 离子在电场作用下经树脂颗粒构成的离子通道迁移。

③ 离子经过离子交换膜迁移到浓水室，从而完成水的脱盐过程；在一定的电流强度下，树脂、膜、水之间的界面处因产生浓差极化而迫使水分解成H^+和OH^-，同时再生了树脂。

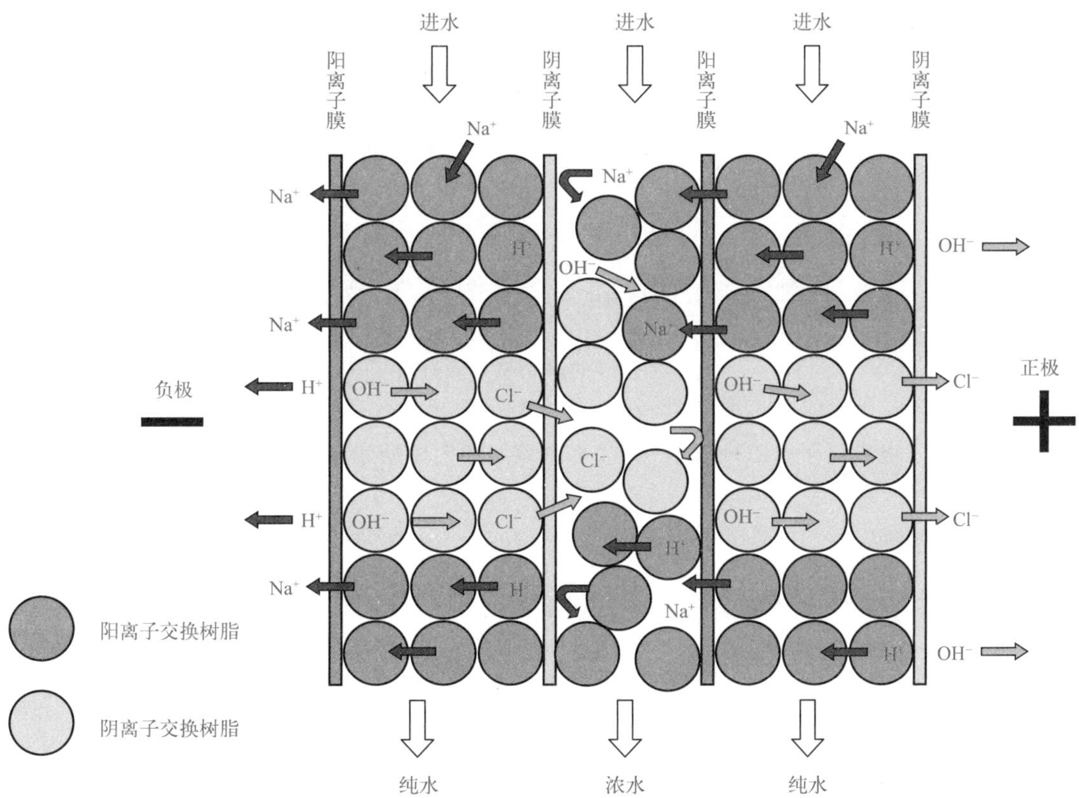

图7-8　EDI工作原理示意图

EDI中，离子交换、离子迁移和离子交换树脂的再生是同时进行的。当进水离子浓度一定时，在一定电场作用下，离子交换、离子迁移和离子交换树脂的再生达到动态平衡，使离子得到分离。

EDI技术与离子交换技术相比有以下优点:

① 产水质量高而稳定;

② 容易实现全自动控制;

③ 连续不间断制水，不因再生而停机;

④ 不需化学药剂再生;

⑤ 运行费用低;

⑥ 厂房面积小;

⑦ 无污水排放。

EDI在水处理中一般用来深度除盐。EDI设备一般以反渗透水作为进水。

纯化水如按制药用水电导率测定法中注射用水测定法测定电导率，电导率按判断法第一步判定符合规定，则不再进行硝酸盐、亚硝酸盐和氨项目的检查。

一级反渗透系统产水电导率稳定在10μS/cm以下，一般在5μS/cm以下；双级反渗透纯化水系统产水电导率一般是2μS/cm（25℃）以下。

通过EDI设备处理后的水，产水电导率约为0.07μS/cm。采用RO+EDI的纯化水系统产水电导率稳定在0.5μS/cm以下，纯化水不再进行酸碱度、硝酸盐、亚硝酸盐和氨项目的检查，能降低成本，因此现在RO+EDI已成为纯化水制备的主流工艺。

（五）典型纯化水系统

① 双级反渗透（RO+RO）纯化水系统如图7-9所示。

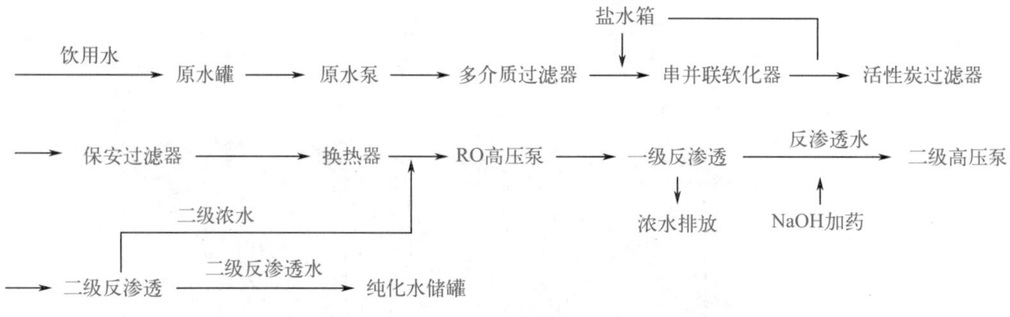

图7-9 RO+RO纯化水系统

② 一级反渗透+电去离子（RO+EDI）纯化水系统如图7-10所示。

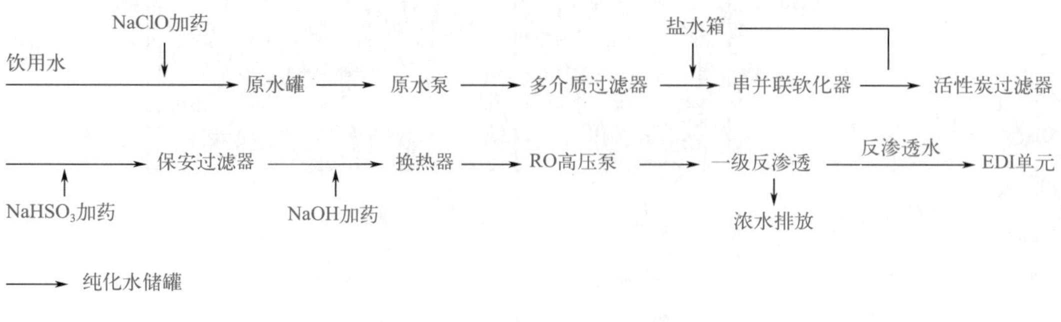

图7-10 RO+EDI 纯化水系统

③ 双级反渗透+电去离子（RO+RO+EDI）纯化水系统如图7-11所示。

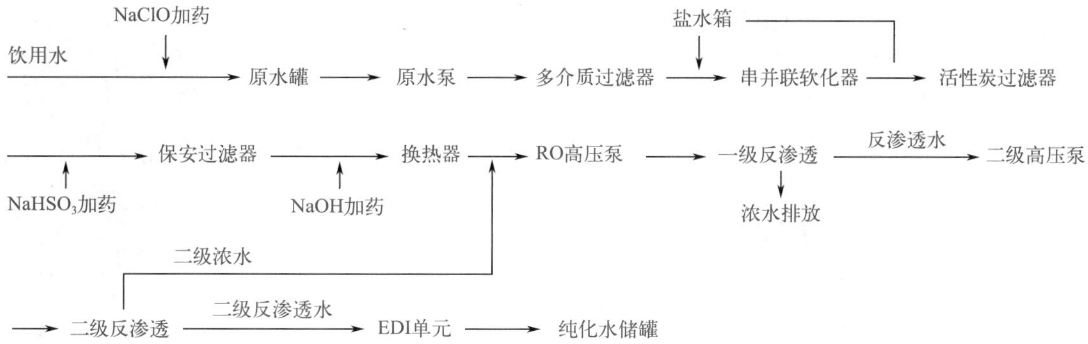

图7-11　RO+RO+EDI 纯化水系统

水泵变频控制，使前级的产水量与后面的进水量匹配，可采用无中间水箱设计。中间水箱的水流动速度慢，可认为是死水，容易滋生微生物。当水泵为定频泵时，应在流程中加装中间水箱。

也可不采用次氯酸钠加药，而采用定期巴氏消毒来控制预处理系统的微生物。

有部分流程采用在纯化水分配系统的主管路上安装微孔过滤器（0.22μm）来除菌过滤以控制微生物，但这将使微孔过滤器成为微生物滋长点，对纯化水质量产生不良影响，因此不建议采用此法。如果需要减少纯化水中的微生物量，可以在用水点的阀门后的管路上加装除菌过滤器。

三、注射用水系统的设计

注射用水为纯化水经蒸馏所得，其质量应符合注射用水的规定；或通过一个等同于蒸馏的纯化工艺制备所得，其制备工艺应符合监管部门的有关程序要求，其质量应符合有关规定。不含任何附加剂。

注射用水在制备、储存和分配过程中，应采取适当的措施确保微生物、细菌内毒素得到充分控制和监测。

注射用水的储存方式和储存期限应经过确认、验证，确保水质符合质量要求。

注射用水与纯化水的质量标准在理化指标上几乎无差异，其质量标准差异主要在生化指标上：注射用水的微生物限度为10cfu/100mL，纯化水的微生物限度为100cfu/mL；注射用水的细菌内毒素量应小于0.25EU/mL，纯化水不做此项检查。

（一）蒸馏法

在国内注射用水现多采用蒸馏法制备。蒸馏设备多采用多效蒸馏水机，多效蒸馏水机有节能的优点。

注射用水须控制细菌内毒素。热原具有水溶性、耐热性和可滤过性的性质。由于其分子量小，因此一般的过滤如微滤无法去除细菌内毒素，需要超滤、纳滤或反渗透才能去除它。由于其具有耐热性，因此进料水即使加热到150℃时也无法破坏其活性，需要250℃，30min以上才能破坏其活性。由于热原具有水溶性，热原存在于水以及混有液（雾）滴的蒸汽中，多效蒸馏水机内有汽水分离装置。我们利用热原具有不挥发性，采用蒸馏法和汽水分离装置来除去热原。通过加热蒸发、汽液分离和冷凝等过程达到去除化学物质和微生物、细菌内毒素的目的。

多效蒸馏水机采用列管式或盘管式换热器，多次利用余热蒸发制水，能较充分利用蒸汽热量，能耗及水耗均较低。

1. 多效蒸馏水机的结构

多效蒸馏水机由蒸发器、预热器和冷凝器组成，通过原料水管、蒸汽管、凝结水管及冷却水管等管道系统输送。

（1）蒸发器

① 蒸馏塔内部结构分为加热室、蒸发室、分离器，加热、蒸发、除沫分离热原几个工艺过程在一

个腔体内完成。双管板蒸发器见图7-12。

② 多效蒸馏水机从蒸发原理上可分为降膜蒸发式与沸腾蒸发式，主要就是进料水布液后进入列管的方向。从顶部进入蒸发室成膜状沿管壁流下，即降膜蒸发式；沸腾蒸发式就是进料水经加热沸腾后，产生二次蒸汽，进行分离，也称升膜式。

降膜蒸发是料液以液膜的形式流经加热表面进行的一种表面蒸发。和普通的蒸发不同，降膜蒸发过程中，没有料液的剧烈沸腾，蒸发一般只在液膜表面发生，是管内气液两相的强制对流换热。

图7-12　双管板蒸发器示意图

③ 汽液分离结构。在蒸发过程中，汽液两相运动接触，会有液滴进入气相。在多效蒸馏水机中，上一效产生的二次蒸汽将作为下一效的热源被冷凝为蒸馏水，如汽液分离不完全，将造成热效率的降低；同时，由于热原的水溶性，汽液两相分离的效果直接影响蒸馏水的质量。

热原的除去效果取决于汽水分离装置。汽水分离装置一般采用以下技术来分离汽水。

a. 重力分离：利用液滴本身的重力来实现分离。从列管中高速流出的汽流经闪蒸室后，其速度将降低到一定的值，汽流经过180°转向向上，会有一定部分液滴从汽流中分离并沉降下来。重力沉降只适用于那些颗粒直径＞50μm的液滴。

b. 导流板撞击式分离：当带有液滴的汽流通过这种通道时，液滴会和挡板发生碰撞并留在上面，最后以液膜的形式经排液管排走。

c. 螺旋离心分离：汽流经过分离器时，螺旋式挡板迫使汽流螺旋上升。它利用液滴和蒸汽粒子的质量相差显著，湿蒸汽在高速螺旋上升时使液滴和蒸汽微粒分离的加速度甚至可以达到重力加速度的几百倍，液滴抛离至器壁上，通过容器壁上的孔隙流回蒸发室而除去。螺旋离心分离运动阻力小，整个分离结构通畅干燥，分离效果好。螺旋离心分离原理见图7-13。

图7-13　螺旋离心分离示意图

d. 丝网除沫器：利用惯性碰撞、气体吸附、截留作用以及静电吸附来实现分离的目的。对于颗粒直径为5μm以上的液滴，丝网除沫器的分离效率在98%以上。但蒸发腔内液位一旦失控，容易造成液滴夹带，当夹带的雾沫量很高时，金属丝网中会产生液层不凝降现象，从而使分离效果下降。丝网除沫器要达到除沫效果，还需要安装在一定的高度。

丝网除沫器的不足之处：蒸汽运行阻力大，能量耗损大；停止使用期间，丝网除沫器处于温暖潮湿状态，易滋生微生物。多效蒸馏水机中不采用丝网除沫器进行汽水分离，在纯蒸汽发生器中装有丝网除沫器进行汽水分离。

为了保证汽水分离效果，汽水分离装置一般同时利用了上述技术中的几种，比如重力分离＋螺旋离心分离＋导流板撞击式分离。

（2）预热器　上一效的纯蒸汽在下一效的预热器中与纯化水发生热交换，纯化水被加热，纯蒸汽被冷凝为蒸馏水。

（3）冷凝器　冷凝器在主机中起三相（纯蒸汽、纯化水和冷却水）交换作用，即预热纯化水，冷凝纯蒸汽成蒸馏水，调节蒸馏水出水温度。冷凝器在整机制水全过程是最后一个重要部件，制成的蒸馏水汇集于此，然后输出。蒸馏水与纯化水、冷却水之间须严格密封分隔，防止相互泄漏、渗透。也有将冷凝器一分为二，纯化水与冷却水分开为两个单独行程的热交换器，壳腔串联连通。

蒸发器、预热器、冷凝器都应采用双管板结构，能有效地防止相互泄漏、渗透，避免污染。冷凝器双管板结构见图7-14。

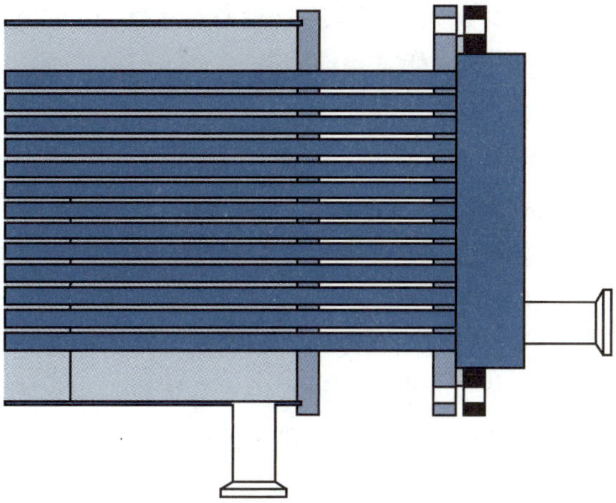

图7-14　冷凝器双管板结构示意图

2. 多效蒸馏水机的工作流程

① 第一效蒸发器以工业蒸汽为热源，其他蒸发器则以前一效蒸发器蒸发产生的纯蒸汽为热源。

② 工业蒸汽在第一效被冷凝后的凝结水被作为废水排放，其他蒸发器以纯蒸汽为热源，纯蒸汽被冷凝为蒸馏水。

③ 纯化水首先进入冷凝器，在冷凝器被首次预热，然后依次进入各效预热器预热，多次预热后，进入第一效蒸馏塔顶部经分水装置，均匀地分布进入蒸发列管与工业蒸汽发生热交换，在蒸发列管内形成薄膜状的水流入第一效蒸发室内蒸发，没有被蒸发的水在压力差作用下进入下一效，在下一效再次蒸发。以此类推。

④ 在末效没有被蒸发的水作为废水被排放，多效蒸馏水机的蒸馏水收率一般在90% ～95%，也就是在末效有相当于纯化水进水流量5% ～10%的水被作为废水排掉。

⑤ 各效产生的纯蒸汽在下一效被冷凝为蒸馏水，末效产生的纯蒸汽进入冷凝器，在冷凝器被冷凝。

⑥ 各效产生的蒸馏水（第一效不产蒸馏水）温度都超过100℃，收集送入冷凝器预热纯化水，在冷凝器被冷却到合适温度。

⑦ 无法被冷凝的气体通过冷凝器上的不凝性气体排放口排出。

多效蒸馏水机流程见图7-15。

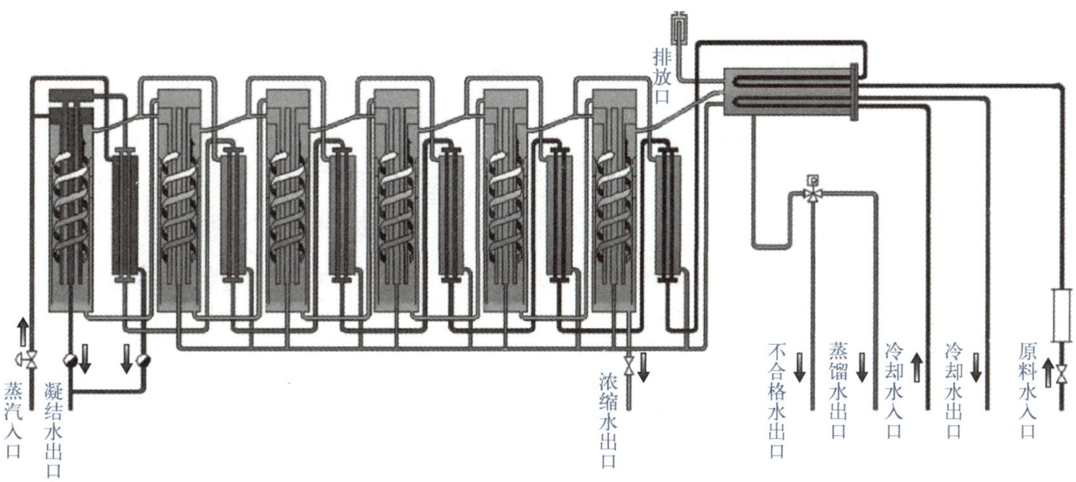

图7-15　多效蒸馏水机流程示意图

3. 多效蒸馏水机的技术要求

（1）材料要求

① 蒸馏水机中凡与水、蒸汽直接接触的零部件材料应无毒、耐腐蚀、不脱落、不与所生产的水质发生反应或吸附，非金属材料应符合食品级要求。

② 蒸馏水机的管壳材料及与蒸馏水、二次蒸汽接触的材料均应采用含碳量不大于0.030%，含Mo、Cr元素的奥氏体不锈钢制造。

（2）表面质量要求

① 蒸馏水机的外表面应无清洁盲区，其表面粗糙度（*Ra*）应小于等于0.8μm，各蒸发冷凝器的内表面粗糙度（*Ra*）应小于等于0.4μm。

② 蒸馏水机的连接管道应排列整齐，无死角、盲管。

（3）性能要求

① 双管板的蒸发器、预热器和冷凝器及连接处应无渗漏。

② 蒸馏水机的原料水供水系统应采用隔膜阀。

③ 蒸馏水机的蒸发器、预热器和各连接管路在停机后，水应能排尽。

④ 蒸馏水机的原料水电导率、蒸馏水电导率和蒸馏水温度应能在线检测，可记录，可追溯。蒸馏水机制得的合格水与不合格水应自动分流。

⑤ 蒸馏水机蒸汽压力超过设定值时应能报警。

⑥ 蒸馏水机的出口蒸馏水温度应为92～99℃。蒸馏水产量不应低于蒸馏水机标示的生产能力。

⑦ 蒸馏水机中凡与注射用水包括二次蒸汽接触的管路和焊缝应做酸洗钝化或电抛光处理。

⑧ 采用自动控制的蒸馏水机应有手动、自动切换操作系统。

多效蒸馏水机效数越多，越节能，冷却水消耗量越少。蒸汽压力高，效数多，冷却水消耗量少。蒸汽压力高，蒸发温度高，有利于对微生物的杀灭控制。

（二）等同于蒸馏的纯化工艺

欧洲药典：允许使用等同于蒸馏的纯化工艺来制备注射用水，采用一级反渗透或双级反渗透装置组合适当的其他技术，例如电去离子（EDI）、超滤或纳滤。前面已经讨论过反渗透、EDI、超滤。

纳滤是一种介于反渗透和超滤之间的压力驱动膜分离方法，因能截留的物质大小约为1nm而得名。它截留的有机物分子量为200～400。

四、制药用水分配系统

（一）常见制药用水分配系统

1. 热储存热分配系统

热储存热分配系统结构如图7-16所示。

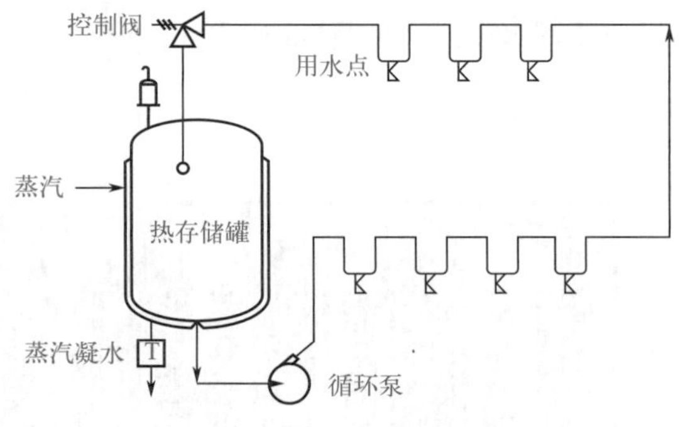

图7-16 热储存热分配系统

优点：适用于产高温水，所有用水点都需要热水供应的情况；能提供极好的微生物控制水平；清洗及消毒灭菌频率低。

缺点：无法提供常温水；循环泵存在气蚀情况；当水温较高，流速较快，管路易产生红锈。

2. 热储存冷却使用后再加热系统

热储存冷却使用后再加热系统结构如图7-17所示。

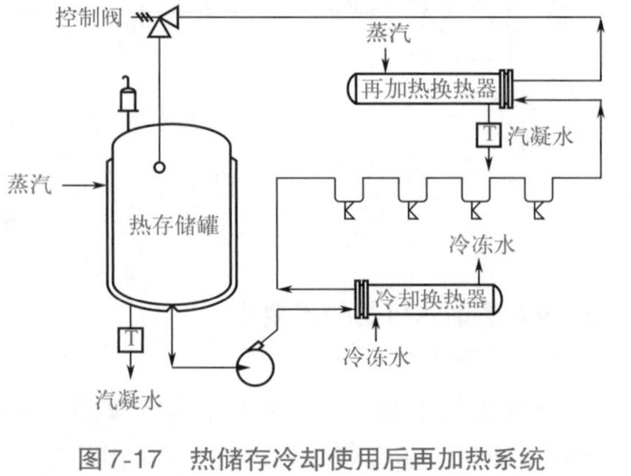

图7-17 热储存冷却使用后再加热系统

优点：适用于管路中有多个低温用水点的情况；能提供极好的微生物控制水平；清洗消毒消耗的水少。

缺点：能耗高。

3. 单储罐平行环状配水系统

单储罐平行环状配水系统结构如图7-18所示。

优点：适用于用水点多、用水点温度要求不同和不宜采用大流速的情况。

缺点：需考虑及解决管路流量平衡问题。

4. 常温储存常温分配系统

常温储存常温分配系统结构如图7-19所示。

优点：适用于常温生产，用水点对常温水、低温水需求较多的情况；系统的资金投入和操作成本小。

缺点：微生物控制不如热储存系统，需经常对系统进行清洗、消毒灭菌。

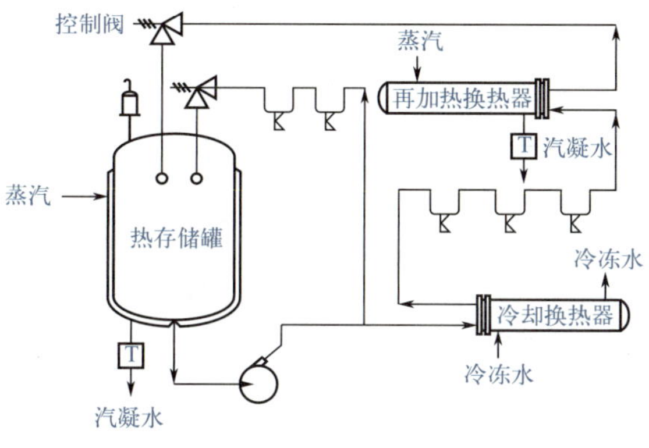

图7-18　单储罐平行环状配水系统

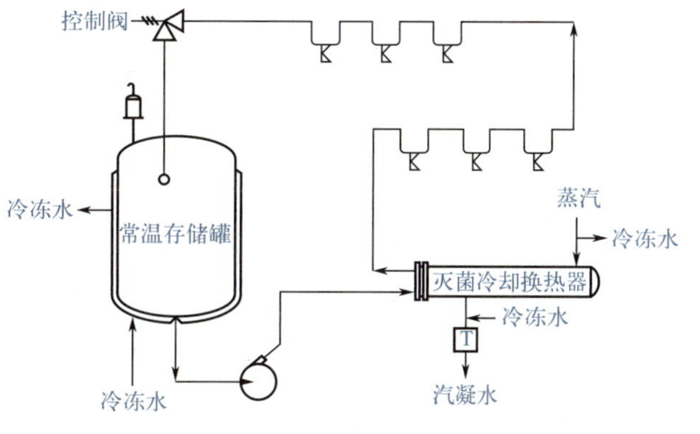

图7-19　常温储存常温分配系统

5. 热储存自带配水系统

热储存自带配水系统结构如图7-20所示。

优点：适用于产高温水，有较多的低温用水点的情况；能耗低。

缺点：储罐内水循环速度慢，储罐至循环泵段易成死水段。

6. 多个储罐循环系统（批量系统）

多个储罐循环系统（批量系统）结构如图7-21所示。

优点：适用于制水方法不太可靠，用水前需做水质检查的情况。

缺点：投资和运行费用较大；操作较复杂。

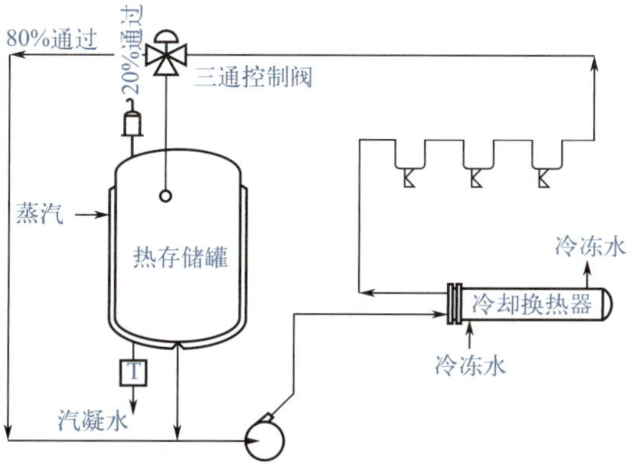

图7-20　热储存自带配水系统

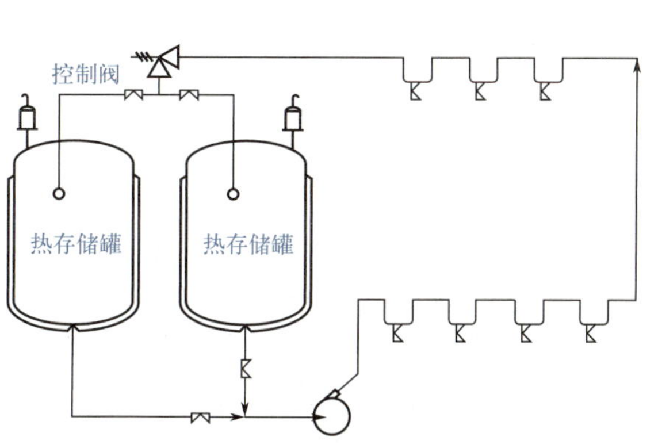

图7-21　多个储罐循环系统（批量系统）

7. 使用臭氧消毒的系统

使用臭氧消毒的系统结构如图7-22所示。

优点：适用于常温储存分配水并允许周期性的自动化消毒的系统。

缺点：使用前必须从工艺水中将臭氧完全去除，可采用紫外线辐射的方法；需证明臭氧已被去除，如使用在线监测。

8. 单罐储存直流配水系统

单罐储存直流配水系统结构如图7-23所示。

优点：适用于资金紧张，持续用水，对微生物要求不严格的情况。

缺点：当不用水时，管道内水是停滞的，容易导致微生物污染，需经常对管道进行清洗、消毒灭菌。

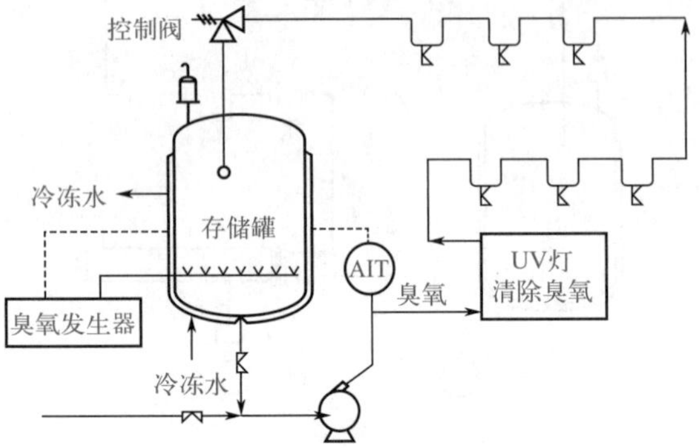

图7-22 使用臭氧消毒的系统

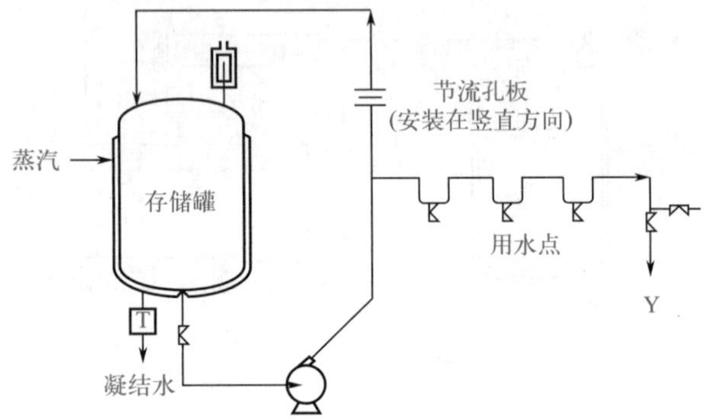

图7-23 单罐储存直流配水系统

（二）制药用水分配系统的组件

1. 储罐

制药用水储罐的容量应考虑以下因素：应满足正常生产时各种用水情况下的储水量；能储备足够的水量，以保证制水设备进行维修时和出现紧急情况时，仍能维持一定时间的正常生产。

优先选用立式储罐，因其占地面积小，回水喷淋效果好，有利于阻止生物膜形成。

当系统采用纯蒸汽或过热水灭菌时，储罐必须耐压。

注射用水若为80℃以上保温储存方式，罐体应采取保温措施，保温层的外壳为304不锈钢保护层。

储罐需采用316L不锈钢材料制造，储罐的内表面应使用机械抛光或机械抛光加电解抛光。

采用多个储罐并联储水时，储罐与储罐之间连接管道的设计和操作应能避免死水段。

为避免空气中二氧化碳溶入水中，导致电导率上升，储罐可以设置充氮保护功能，充氮量可随用水量自动调节，使储罐内部略微保持正压。

制药用水储罐常见的附件有人孔、呼吸过滤器、喷淋球、液位传感器等，注射用水储罐还应有温度传感器。

呼吸过滤器安装于罐体顶部，内装有0.22μm的疏水性除菌过滤器（PTFE 或PVDF），筒体为316L不锈钢，内壁抛光处理，具有卫生级快装接口；过滤器材质应能耐臭氧消毒和（或）纯蒸汽灭菌。注射用水储罐为了避免呼吸器的疏水性滤膜被蒸汽凝结水堵塞，储罐水位下降时内吸破裂造成污染，应选用带电加热或蒸汽加热的呼吸器。呼吸器需定期灭菌，进行完整性测试，再装于罐上进行SIP。

储罐顶部需设置喷淋装置，以确保储罐内表面处于湿润状态，回水的压力与流量应确保喷淋装置能有效地工作。

液位传感器可选用隔膜压力式、称重式、雷达液位计等，不得采用玻璃管水位计。罐体还应安装高低液位报警装置。

2. 泵

制药用水输送泵一般为离心泵，浸水部分为316L不锈钢制造，电抛光并钝化处理。泵应为易拆卸的结构形式，采用易清洁的开式叶轮。泵的出水口采用45°角设计，使泵内结构上部空间无容积式气隙，减少气蚀发生；泵的最大流量能满足高峰用水量加回水流量要求，宜采用变频泵，通过改变泵的转速，使回水流速大于1.5m/s。

3. 换热器

为避免渗漏污染，换热器应采用双管板设计。

4. 管路

出水管应安装在储罐的底部，以保证储罐里的水全部排空。

管道的连接尽量采用惰性气体保护的自动轨迹TIG焊接方式，少用接头。焊接时应先试验，以确定焊接参数。焊接后应进行X射线探伤，焊接内壁内窥镜检查，照相留档。管道阀门安装设计时应考虑可排尽性及坡度，制药用水系统管道的排水坡度一般取1%。整个管路需经试压、清洗、钝化、灭菌后使用。

5. 阀门

阀门应为卫生级隔膜阀。

第二节 制药用水系统的运行与在线检测

一、制药用水系统的运行

（一）纯化水系统运行日常监控记录

纯化水系统运行日常监控记录内容见表7-2。

表7-2 纯化水系统运行日常监控记录

<table>
<tr><td colspan="6">纯化水系统运行日常监控记录表
年 月 日</td></tr>
<tr><td rowspan="8">预处理</td><td>NaClO 加药量 /（L/min）</td><td></td><td></td><td></td><td></td></tr>
<tr><td>多介质过滤器</td><td colspan="4">反冲洗开始时间: 时 分; 结束时间 时 分</td></tr>
<tr><td rowspan="2">串并联软化器</td><td colspan="2">软化器1再生:
是（ ）否（ ）</td><td colspan="2">开始时间: 时 分
结束时间: 时 分</td></tr>
<tr><td colspan="2">软化器2再生:
是（ ）否（ ）</td><td colspan="2">开始时间: 时 分
结束时间: 时 分</td></tr>
<tr><td>活性炭过滤器</td><td colspan="4">反冲洗开始时间: 时 分; 结束时间: 时 分</td></tr>
<tr><td>$NaHSO_3$ 加药量 /（L/min）</td><td></td><td></td><td></td><td></td></tr>
<tr><td>NaOH 加药量 /（L/min）</td><td></td><td></td><td></td><td></td></tr>
<tr><td>保安过滤器压差 /MPa</td><td></td><td></td><td></td><td></td></tr>
<tr><td rowspan="5">一级反渗透</td><td>一级膜前压力 /MPa</td><td></td><td></td><td></td><td></td></tr>
<tr><td>一级膜后压力 /MPa</td><td></td><td></td><td></td><td></td></tr>
<tr><td>一级浓水流量 /（L/min）</td><td></td><td></td><td></td><td></td></tr>
<tr><td>一级淡水流量 /（L/min）</td><td></td><td></td><td></td><td></td></tr>
<tr><td>一级产水电导率 /（μs/cm）</td><td></td><td></td><td></td><td></td></tr>
</table>

续表

二级反渗透	二级膜前压力 /MPa				
	二级膜后压力 /MPa				
	二级浓水流量 /（L/min）				
	二级淡水流量 /（L/min）				
	二级产水电导率 /（μs/cm）				
EDI	纯水流量 /（L/min）				
	浓水流量 /（L/min）				
	纯水电导率 /（μs/cm）				
分配系统	回水流速 /（m/s）				
	回水电导率 /（μs/cm）				
记录人					
记录时间					
备注：操作人员每*N*小时监测记录一次数据					

（二）注射用水系统运行日常监控记录

注射用水系统运行日常监控记录内容见表7-3。

表7-3　注射用水系统（蒸馏法）运行日常监控记录

注射用水系统运行日常监控记录表 年　月　日						
多效蒸馏水机	纯化水流量 /（L/min）					
	工业蒸汽压力 /MPa					
	一效温度 /℃					
	二效温度 /℃					
	三效温度 /℃					
	四效温度 /℃					
	五效温度 /℃					
	蒸馏水出水温度 /℃					
	蒸馏水电导率 /（μs/cm）					
	蒸馏水总有机碳 /（mg/L）					
储存分配系统	注射用水储罐温度 /℃					
	回水温度 /℃					
	回水电导率 /（μs/cm）					
	回水总有机碳 /（mg/L）					
	回水流速 /（s/m）					
记录人						
记录时间						
备注：操作人员每*N*小时监测记录一次数据						

（三）反渗透膜的处理

反渗透膜在使用过程中会出现各种污染现象，如有机物污染、微生物污染、胶体污染、钙类沉积物污染等。为了保证膜的正常使用，应定期清洗膜组件。

反渗透装置运行时如出现下面四种情况，则必须立即进行化学清洗。

① 装置总压差比运行初期增加0.15～0.2MPa。

② 装置脱盐率比上次清洗后下降了2%以上。

③ 装置的总产水量比上次清洗后下降了10%以上。

④ 即使未出现上述情况，一般3～4个月应清洗一次膜组件。

反渗透膜元件污染症状及处理方法见表7-4，RO膜元件清洗液配方见表7-5。

表7-4　RO膜元件污染症状及处理方法

污染物	一般特征	处理方法
钙类沉积物 （碳酸钙及磷酸钙类，一般发生于系统第二段）	脱盐率明显下降 系统压差增加 系统产水量稍降	用清洗液1清洗系统
氧化物 （铁、镍、铜等）	脱盐率明显下降 系统压差明显增加 系统产水量明显降低	用清洗液1清洗系统
各种胶体 （铁、有机物及硅胶体）	脱盐率稍有降低 系统压差逐渐增加 系统产水量逐渐减少	用清洗液2清洗系统
硫酸钙 （一般发生于系统第二段）	脱盐率明显下降 系统压差稍有或适度增加 系统产水量稍有降低	用清洗液2清洗系统
有机物沉积	脱盐率可能降低 系统压差逐渐增加 系统产水量逐渐降低	用清洗液2清洗系统，污染严重时用清洗液3清洗
细菌污染	脱盐率可能降低 系统压差明显增加 系统产水量明显降低	依据可能的污染种类选择三种清洗液中的一种清洗系统

表7-5　RO膜元件清洗液配方

清洗液	成分	配制379L溶液时的加入量	pH值调节
1	柠檬酸 反渗透产品水（无游离氯）	7.7kg 379L	用氨水调节pH值至3.0
2	三聚磷酸钠 EDTA四钠盐 反渗透产品水（无游离氯）	7.7kg 3.18kg 379L	用硫酸调节pH值至10.0
3	三聚磷酸钠 十二烷基苯磺酸钠 反渗透产品水（无游离氯）	7.7kg 0.97kg 379L	用硫酸调节pH值至10.0

（四）机械过滤器的反冲洗

每天或定期对机械过滤器和炭过滤器进行反冲洗，以去除截留的杂质。

反冲洗过程可以通过多路阀控制器自动控制，也可以手动调节阀门状态来进行。下面以手动为例进行说明。过滤器及阀门示意图见图7-24。

① 反洗：开启V3、V4、V1阀门，其余阀门关闭，开启原水泵，反洗5～15min。

② 正洗：开启V1、V2、V5阀门，其余阀门关闭，开启原水泵，正洗5～10min。

③ 运行：开启V1、V2、V6阀门，其余阀门关闭。

机械过滤器和活性炭过滤器应每隔一定时间反洗一次，先反洗后正洗，正洗完毕后再回到运行状态。为提高反洗的清洁效果，可以在反洗时同时通入一定压力的压缩空气。

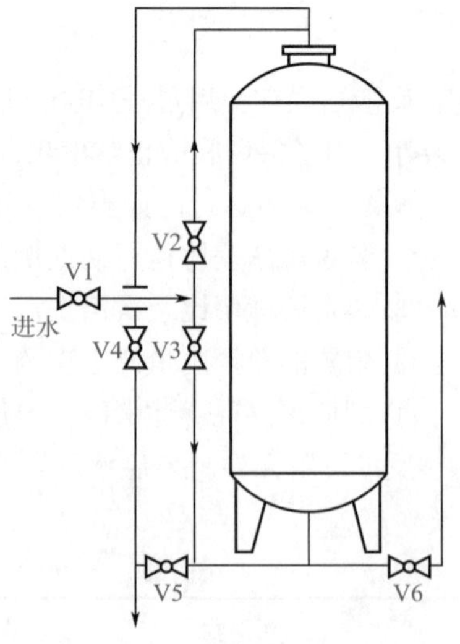

图7-24　过滤器及阀门示意图

二、制药用水系统的在线检测

（一）总有机碳（TOC）

检查制药用水中有机碳总量，用以控制水中的有机物含量。

制药用水中的有机物质一般来自水源、供水系统（包括制备、储存和输送系统）以及水系统中菌膜的生长。

采用经校正过的仪器对水系统进行在线监测，可方便地对水的质量进行实时测定并对水系统进行实时流程控制。

总有机碳检测仪器应具有足够的检测灵敏度，最低检出限小于等于0.05mg/L。

在纯化水产水出口、多效蒸馏水机蒸馏水出口安装总有机碳在线检测仪器，控制产水质量；在循环分配系统回水管路末端安装总有机碳在线检测仪器，控制回水质量，当超出设定值时，实时排水。

制药用水系统中应用的在线TOC检测一般是使用紫外氧化和电导率检测法，TOC检测仪器直接与管路连接，样品不与空气接触，因此不会增加总无机碳。

在《美国药典》（USP）中，已使用总有机碳代替易氧化物的检测。

（二）电导率

检查制药用水的电导率进而控制水中电解质总量。

电导率是表征物体导电能力的物理量，其值为物体电阻率的倒数，单位是S/cm（Siemens）或μS/cm。

水的电导率与水中杂质离子、pH值、温度有关。空气中的二氧化碳等气体溶于水，也可形成相应的离子，使水的电导率增大。纯水中的水分子会发生某种程度的电离而产生氢离子与氢氧根离子，所以纯水的导电能力尽管很弱，但也具有可测定的电导率。水的纯度越高，电导率越小，反之亦然。

测定水的电导率必须使用精密的并经校正的电导率仪，电导率仪的电导池包括两个平行电极，这两个电极通常由玻璃管保护，也可以使用其他形式的电导池。应对电导率仪定期进行校正，每个量程都需要进行单独校正。

温度对样品的电导率测定值有较大影响，电导率仪可根据测定样品的温度自动补偿测定值并显示补偿后读数。水的电导率采用温度修正的计算方法所得数值误差较大，因此采用非温度补偿模式，温度测量的精确度应在±2℃以内。

在纯化水产水出口、多效蒸馏水机蒸馏水出口安装电导率仪，控制产水质量；在循环分配系统回水管路末端安装电导率仪，控制回水质量，当超出设定值时，实时排水。

电导率在线检测代替几种盐类的化学测试，可提高生产效率，降低成本，减少人为因素、环境因素的干扰。在USP中，已经用电导率代替pH值、酸碱度、氨、硝酸盐、亚硝酸盐、重金属等质量指标的检测。水温25℃时，电导率小于等于1.3μS/cm，其他几种盐类的指标都应该是合格的。

（三）温度

制药用水的电导率与温度有关，不同的温度下，水的电导率有差异，因此如果电导率采用在线监测，需测定水的温度。

反渗透膜的膜通量与水温有关，需在反渗透膜进水前安装测温仪表，通过热交换器控制进水温度，以保证产水量。

注射用水存储分配时，为抑制微生物的滋生，需控制温度，如可采用70℃以上保温循环，因此需要实时监测温度。

制药用水系统的巴氏消毒、纯蒸汽灭菌、过热水灭菌也均需要控制和监测温度，因此储罐和循环分配管路也应安装测温仪表。

温度传感器有电阻式温度传感器和热电偶温度传感器等，与罐体和管路的连接采用卫生级卡箍连接。

（四）流速

《医药工业洁净厂房设计标准》（GB 50457—2019）中规定，循环干管的回水流速不宜小于1m/s。回水的流速大于某个值，可保证湍流，避免微生物在管道内壁附着长成生物膜，导致水系统被污染；也能防止极端情况下，管路末段的用水点打开时，空气倒吸进入水循环管路，造成污染。

为保证回水流速，循环泵应变频控制，送水量与用水量相匹配。

（五）液位

液位传感器种类繁多，制药用水系统中使用的有静压液位计、雷达液位计、超声波液位计、差压式液位计等。

储罐设置高液位、中液位、低液位。当原水罐液位达到或高于高液位时，饮用水进水阀自动关闭；当达到或低于中液位时，饮用水进水阀自动开启；当达到或低于低液位时，纯化水制备单元报警并自动停机。当纯化水罐达到或高于高液位时，纯化水制备单元自动停机；当达到或低于中液位时，纯化水制备系统自动开启；当达到或低于低液位时，纯化水输送泵停机报警。也可增加控制液位，进一步细化控制措施。

第三节 制药用水系统验证

一、验证计划

验证计划应当对完成整个验证所需的人员、设备及其他特殊要求进行估计，包含整个项目的时间安排及子项目的详细规划。编制时间进度时，需注意各系统的验证前提条件，如完成纯化水的性能确认后，才能进行注射用水和纯蒸汽的性能确认；完成纯蒸汽的性能确认后，才能进行纯蒸汽在线灭菌工艺验证。

组成有质量部参与的项目团队，负责验证方案的实施、验证的协调工作，保证验证的顺利实施；负责验证数据及结果的审核，验证结果的审批。

项目团队成员一般包括质量部门人员、设备操作维护人员、内部工程师、设备供应商、GMP专家等。

工程部门负责设备的安装、调试，并做好相应的记录；负责建立设备档案；负责仪器、仪表的校正；负责拟订制药用水系统日常监测项目及验证周期；负责收集各项验证、试验记录，报送验证项目团队；负责起草制药用水系统操作、清洗、维护保养的标准操作程序；负责制药用水系统的操作、清洗和维护保养。

质量部门负责验证方案的起草；负责制定各种工艺用水的质量标准、取样程序及检验规程；负责各种工艺用水的检验，并根据检验结果出具检验报告单；负责员工岗位培训及考核。

二、用户需求说明

用户需求说明应该说明制药用水和蒸汽系统在生产和分配系统的要求：水和蒸汽系统的性能要求，关键质量属性的标准如电导率、总有机碳、微生物限度及细菌内毒素等；水系统的产能、储罐的容量等；关键工艺运行参数如流速、流量、温度、压力等；储存与分配方式；消毒方式；各种设备如泵、储罐、换热器的功能说明及材质要求等。

三、设计阶段

分为设计审核和设计确认。

设计审核的目标是验证设计满足相应的法规要求，并确认设计符合预期目的。制药用水设计形成的文件中，功能设计说明和详细设计说明很关键。功能设计说明应包含水的容量和流量，原料水质量，用水点的流量、温度、压力，消毒方法，报警信息，过程控制系统策略，电子数据存储与系统安全等。详细设计说明应包含建造系统的材料，泵、换热器、存储容器和关键仪表技术要求，设备的正确安装，罐体呼吸器设计，电气图，硬件技术说明，软件技术说明等。

设计确认一般包括以下内容：

① 制药用水系统的设计文件需逐一进行检查，确保符合用户需求说明及GMP的所有要求。所有设计文件需经审核，保证其完整、可用且经过批准。

② 制备系统的处理能力能满足生产需求且有一定余量。

③ 储存与分配系统能满足用水点的流量、流速、温度、压力等要求，并能防止微生物的污染与滋生。

④ 设备及部件材质满足GMP要求，设备功能满足用户需求说明。

⑤ 仪表有合格证、校验证书，与管路或设备为卫生级连接，误差和精度满足GMP要求。

⑥ 管路材质符合要求，为卫生级连接，坡度满足排空要求，避免盲管、死角。

⑦ 消毒方法的确认。

⑧ 控制系统符合用户需求说明，如权限管理、数据存储、自控系统等。

四、调试

完整的调试工作包含工厂验收测试、启动/调试和现场验收测试。

工厂验收测试是在设备制造厂，在设备使用方见证下，由供应商进行的测试，以保证设备的各项指标符合用户的验收要求。

启动/调试在机械完工和交付给操作部门之间进行，调试工作由设备供应商进行，并由用户指定的人员进行协调、批准和见证。

现场验收测试可以与现场调试一起进行，目的是保证设备已经按要求完成了组装和调试。

五、安装确认

安装确认是根据用户需求说明和设计说明以及相关文件对收到的设备进行确认，确认用户收到的设备符合相关要求。证实设备正确安装并与设计要求一致。

安装确认需要的测试项目及文件包括:

① 由质量部门批准的安装确认方案。

② 竣工文件包括工艺流程图、管道仪表图等的确认。

③ 系统操作维护手册。

④ 设备和部件的确认，检查设备及部件型号、安装位置、安装方法是否符合设计图纸和安装说明。安装位置是否和图纸一致，安装方向是否正确。

⑤ 仪器仪表的技术参数和校准记录：仪器仪表是否有合格证，是否经过校准并在有效期内。

⑥ 部件和管路材质的确认，应有证明并可追溯。

⑦ 焊接及其他管路连接方法的文件。

⑧ 管路压力测试、清洗钝化的确认。

⑨ 系统坡度和死角的确认。

⑩ 公用工程的确认。

⑪ 自控系统的确认。

六、运行确认

运行确认是通过现有文件记录的形式证明所安装的制药用水系统在预期运行范围内可按预期形式运行。

运行确认内容应包括:

① 制药用水系统标准操作规程的确认。

② 制药用水系统检测仪器的校准。

③ 制药用水系统储罐呼吸器的确认。

④ 制药用水系统自控系统的确认。

⑤ 制药用水制备系统单元操作的确认。

⑥ 制药用水制备系统的正常运行。

⑦ 制药用水储存分配系统的确认。

七、性能确认

为了验证系统及其性能的可靠性和稳定性，应分三阶段进行确认。

（一）第一阶段

第一阶段应持续至少2周。应严加监测系统性能。系统应连续运行，不得有失败或性能偏差。一般来说，本阶段不应将水用于生产。

① 按既定计划进行化学和微生物检测。

② 日常对进厂原水取样、检测和监测，以核查其质量。

③ 纯化过程中各步骤取样、检测和监测。

④ 对每个使用点和其他规定取样点取样、检测和监测。

⑤ 建立适当的运行范围。

⑥ 起草和定稿操作、清洁、消毒和维护程序。

⑦ 证明可制备和送出所需质量和数量的产水。

⑧ 使用和改进操作、维护、消毒和问题解决的标准操作规程（SOP）。

⑨ 核查临时报警水平。

⑩ 起草和改进检测不合格的程序。

（二）第二阶段

第二阶段应持续至少2周的进一步检测期。应在圆满完成第一阶段后，采用所有改进后的SOP对系统进行监测。取样程序一般应与第一阶段相同。在此阶段可将产水用于生产，前提是调试和第一阶段数据证明水质满足要求，且该做法获得QA负责人批准。

该做法应包括：证明系统在既定范围内可持续运行；证明当系统按SOP运行时可持续生产并送出所需质量和所需数量的水。

（三）第三阶段

第三阶段应在圆满完成第二阶段之后再持续至少12个月。取样位置、取样频率和检测可降至第一阶段和第二阶段所证明的既定程序中规定的日常模式。在完成第三阶段确认和验证后，应进行系统回顾审核。其中可包括结果趋势分析和系统性能的评估。如果发现趋势，则应采取适当措施。在此阶段可正常用水（如生产和清洁）。

第三阶段的目的为：证明在较长时间内系统具有可靠表现；确保对季节性变化进行评估。

八、验证报告

验证活动完成后需要完成验证总结报告，对所有验证方案内提到的与验证活动相关的验证工作进行详细总结。验证报告、验证结论经审核无误后得到批准。验证项目负责人签字，企业盖章。

第四节　灭菌工艺过程

一、概述

拓展知识：
灭菌的相关规定

微生物污染是威胁药品使用安全的主要因素之一。为保证使用安全，有的药品在使用前均要求处于无菌状态。药品的无菌状态需要通过适当而有效的灭菌工艺处理来实现。

灭菌是指用适当的物理或化学手段将物品中活的微生物（包括繁殖体和芽孢）杀灭或除去的工艺或过程。细菌的芽孢具有较强的生命力，不易被杀死，因此灭菌效果应以杀死芽孢为准。无菌物品是指物品中不含任何活的微生物，但对于任何一批无菌物品而言，绝对无菌既无法保证也无法用试验来证实。一批物品的无菌特性只能通过物品中活微生物的概率来表述，即非无菌概率（probability of a nonsterile unit，PNSU）或无菌保证水平（sterility assurance level，SAL）。已灭菌物品达到的非无菌概率可通过验证确定。灭菌不仅要实现杀灭或除去所有微生物繁殖体和芽孢，最大限度地提高药物制剂的安全性，同时也必须保证制剂的稳定性及其临床疗效，因此选择适宜的灭菌方法对保证产品质量具有重要意义。

二、常用灭菌方法

灭菌方法可分为两大类：物理灭菌法、化学灭菌法。物理灭菌法是利用蛋白质与核酸具有遇热、遇射线不稳定的特性，采用加热、射线和过滤方法，杀灭或除去微生物，包括干热灭菌、湿热灭菌、辐射灭菌和除菌过滤等。化学灭菌法是指用灭菌剂直接作用于微生物而将其杀灭的方法。灭菌剂可分为气体灭菌剂和液体灭菌剂。

三、湿热灭菌

湿热灭菌是指物质在灭菌器内利用高压蒸汽或其他热力灭菌手段杀灭微生物，具有穿透力强、传导快、灭菌能力强的特点，为热力灭菌中最有效及用途最广的方法之一。药品、玻璃器械、培养基、无菌衣、胶塞以及其他遇高温与湿热不发生变化或损坏的物质均可选用。

（一）湿热灭菌原理

湿热灭菌的原理是使微生物的蛋白质及核酸变性导致其死亡。这种变性首先是分子中的氢键断裂，当氢键断裂时，蛋白质及核酸内部结构被破坏，进而丧失了原有功能。蛋白质及核酸的这种变性可以是可逆的，也可以是不可逆的。虽然微生物功能性结构被破坏，若氢键断裂的数量未达到微生物死亡的临界值，则其分子很可能恢复到原有的形式，微生物就没有被杀死。为使蛋白质有效地变性，如采用高压蒸汽灭菌时，就需要蒸汽有足够的温度和持续时间，这对灭菌效果十分重要。高温饱和蒸汽可迅速使蛋白质变性，在规定操作条件下，蛋白质发生变性的过程即微生物死亡的过程，是可预见和重复的。湿热灭菌条件通常采用121℃×20min或116℃×40min的程序，也可采用其他温度和时间参数。

（二）湿热灭菌的影响因素

1. 灭菌物中微生物的种类和数量

不同的微生物耐热性相差很大，微生物处于不同发育阶段，所需灭菌的温度与时间也不相同。最初微生物数量越少，微生物的耐热性越差，所需要的灭菌时间越短。

2. 灭菌溶液的pH

微生物的存活能力因介质的酸碱度差别而不同。一般微生物在中性溶液中耐热性最大，在碱性溶液中次之，酸性溶液最不利于微生物的生长发育，如pH为6～8时微生物不易被杀灭，pH小于6时，微生物容易被杀灭。

3. 灭菌物的性质

溶液中若含有营养性物质如糖类、氨基酸等，会对微生物有营养保护作用，并增强其耐热性。

4. 蒸汽的饱和度

饱和蒸汽的穿透性比过热蒸汽、干热空气的穿透性强很多，而蒸汽冷凝时会释放大量的潜热传递给被灭菌物，使微生物被杀灭，因此应尽可能使用饱和蒸汽进行灭菌，但对于液体装载，通常需要加入压缩空气加压以平衡包装内外压力，避免包装破损或变形。

（三）湿热灭菌的有关术语及参数

1. 生物指示剂（biological indicator，BI）

生物指示剂是指对特定灭菌方式具有明确而稳定的耐受性的微生物，可以用于帮助开发一个产品的灭菌程序，也可以用于评价一个灭菌程序对灭菌物品的灭菌效果，从而对灭菌程序进行性能确认和定期再确认。生物指示剂还被用来测试无菌隔离系统和无菌环境的消毒效果。它是由特定菌株的纯活性培养物制备而成，也被称作BI挑战系统或微生物挑战系统。细菌芽孢比生长态细胞对胁迫条件（除辐射外）具有更强大的耐受性，生物指示剂一般用细菌芽孢制成。针对不同的灭菌方式选用不同的生物指示剂，常用生物指示剂及其*D*值见表7-6。

表7-6 不同灭菌方法常用生物指示剂及其*D*值

生物指示剂	灭菌工艺	*D*值
嗜热脂肪芽孢杆菌	饱和蒸汽 121℃	1.5min
枯草杆菌黑色变种	干热 179℃	1min
枯草杆菌格罗别杰变种	环氧乙烷（600mg/L）50%RH，54℃	3min
短小芽孢杆菌	γ射线（湿）	0.2min
	γ射线（干）	0.15min

2. *D*值（decimal reduction time）

研究发现，无论是通过物理还是化学方法杀灭某纯种微生物，单位时间内死亡的微生物数量比例（如百分比）是相对稳定的。微生物的灭活符合一级动力学方程，在恒定的热力灭菌条件下，同一种微生物死亡遵循一级动力学规则。例如，在灭菌开始的前两分钟内，有90%细菌死亡，那么在第二个两分钟内，这些剩下的10%的细菌中又会有90%死亡，也就是说在第四分钟结束时，活的细菌数量是起始数量的1/100。同样，在这1/100的存活细菌中，会有90%在第三个两分钟内死亡，剩余活细菌的数量为起始量的1/1000。这个实验我们可以不断进行下去，一直到只剩下一个活细菌为止，而结果都是相同的：每次都继续灭菌两分钟，每次都会发现活细菌的数目都变成之前的十分之一。也就是说，微生物被杀灭的过程不是一个线性表现，而是一个指数式表现，被杀灭到之前数量的十分之一所需要的时间是固定的、相同的（前提条件是纯种微生物受到相同、均一和稳定的灭菌条件），它与灭菌程序中微生物的数量无关。由此，我们引出了*D*值。

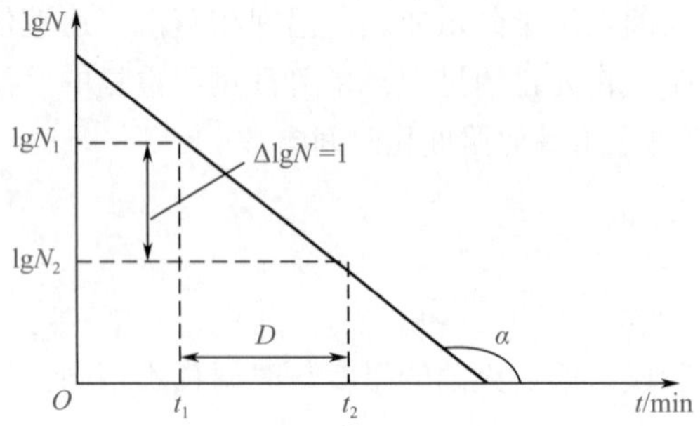

图7-25 ***D*值定义图**

t—灭菌时间；N_1—t_1时的微生物数量；N_2—t_2时的微生物数量

*D*值定义为：在一定灭菌条件下，被灭菌物品中微生物数量减少90%（或下降一个数量级）所需要的时间，又称九成杀灭时间，单位为min（图7-25）。

根据定义，若$\lg N_1 - \lg N_2 = 1$

则
$$D = t_2 - t_1 = \frac{t_2 - t_1}{\lg N_1 - \lg N_2} = -\frac{1}{\tan\alpha} \tag{7-1}$$

即*D*值为该直线斜率的负倒数。*D*值可以根据实验测量数据计算得出。一般生物指示剂都会标明*D*值。

*D*值的影响因素主要有：

① 微生物的种类，不同的微生物具有不同的*D*值，*D*值越大，说明微生物的抗热性越强，因此*D*值又被称为微生物的耐热参数。

② 具体灭菌工艺及其参数。同一微生物，曝热温度*T*越高，*D*值越低（图7-26）。

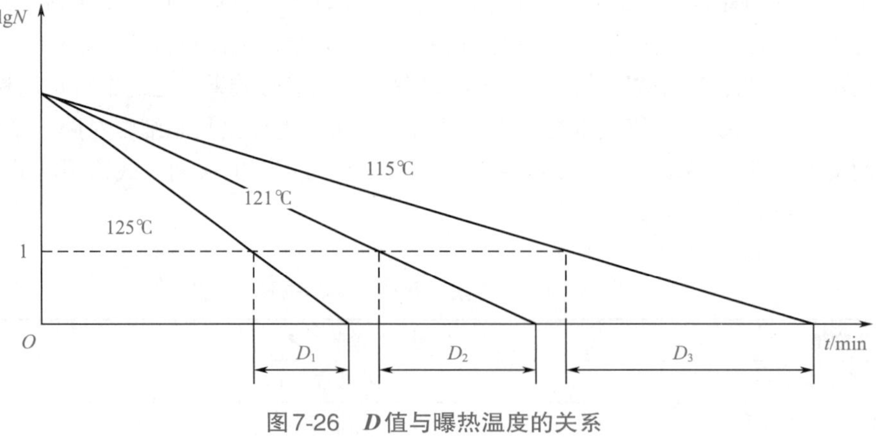

图7-26 ***D*值与曝热温度的关系**

曝热温度升高，lg *N*下降得快，*D*值变小。

③ 微生物的环境介质。表7-7列举了嗜热脂肪芽孢杆菌在不同介质中的*D*值。

表7-7 嗜热脂肪芽孢杆菌在不同介质中的D值

T/℃	介质	D/min
121	葡萄糖	2.4
121	葡萄糖乳酸林格液	2.1
121	注射用水	3.0

3. Z值

前面我们提到，当温度变化时，灭菌过程对芽孢的杀伤力肯定也会发生变化。温度越高，灭菌的速率越快，灭菌需要的总时间也就越短，即D值会降低，芽孢更容易被杀死，其抗力降低了。那么我们如何来衡量在不同温度下芽孢D值的变化呢？我们将多个平行微生物芽孢样品在不同温度下进行不同时间的曝热处理，得到不同温度下的D值，用$\lg D$对温度T作图，得到一条直线，如图7-27所示，即改变相同的温度T，$\lg D$的变化量是固定的。

Z值的定义：使某种微生物的D值变化一个数量级（一个对数单位）所需要变化的温度数值。

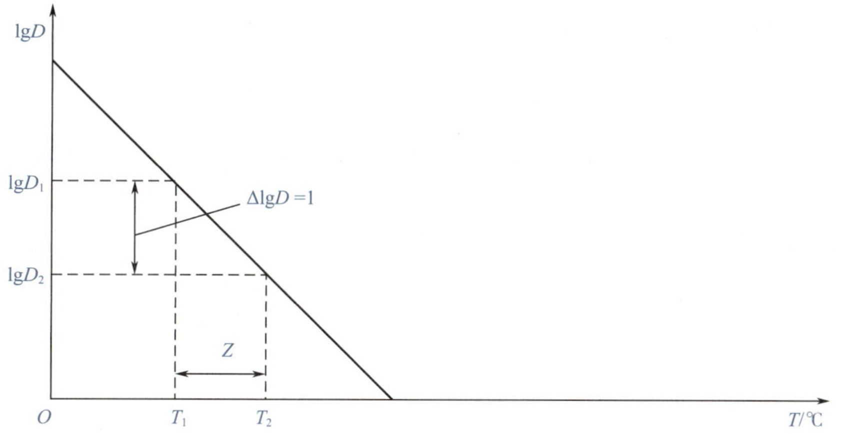

图7-27 Z值定义图

$$Z=\frac{T_2-T_1}{\lg D_1-\lg D_2} \tag{7-2}$$

即Z值为该直线斜率的负倒数。

当温度升高1Z值时，D值变为原来的1/10，即灭菌时间只要原来的1/10就能达到相同的灭菌效果；当温度降低1Z值时，D值变为10倍，即灭菌时间需要原来的10倍才能达到相同的灭菌效果。例如：一种芽孢的D_{121}=2min，Z=10℃，即121℃的灭菌条件下，每2min芽孢数量减少到原来的1/10，当温度升高Z值，即131℃时，D_{131}=0.2min，每0.2min芽孢数量就会减少到原来的1/10；反过来，当温度降低Z值，即111℃时，D_{111}=20min，每20min芽孢数量才会减少到原来的1/10。

Z值越小，斜率越大，升高同样温度，D值变化大；Z值越大，斜率越小，升高同样温度，D值变化小。也就是说，Z值越大，此微生物对温度的变化敏感性越弱，企图通过升高温度来加速杀灭微生物的效果就不明显。因此，Z值被用于定量地描述微生物对灭菌温度变化的敏感性，即温度变化对D值变化的影响，芽孢的抗力随温度变化的情况，也称灭菌温度系数。

不同的微生物种类，有不同的Z值。同种微生物在不同介质中的Z值亦有差异，见表7-8。Z值和D值都代表了某种微生物的特性。

表 7-8 嗜热脂肪芽孢杆菌在不同介质中的 Z 值

介质	Z 值 /℃	平均 Z 值 /℃
葡萄糖水溶液	10.3	9.4
注射用水	8.4	
葡萄糖乳酸林格液	11.3	
pH 为 7 的磷酸盐缓冲液	7.6	

为简化计算，在没有特殊要求时，Z值通常取10℃。

由公式（7-2）得到：

$$D_2/D_1=10^{(T_1-T_2)/Z} \tag{7-3}$$

$$D_T/D_{121}=10^{(121-T)/Z} \tag{7-4}$$

由此，我们可以利用Z值计算不同温度下的D值。因此，有了Z值才能将灭菌过程中不同温度下的灭菌效力进行转换，从而将不同的灭菌程序的灭菌效力加以比较。

例如：对于D_{121}=2min，Z=10℃的芽孢进行121℃灭菌，若使芽孢数量下降15个数量级，需要灭菌15×D_{121}=30min，如果将温度提高到134℃，根据公式（7-4）计算得到D_{134}=0.1min，若使芽孢数量同样下降15个数量级，只需要15×D_{134}=1.5min。这个计算出的灭菌时间就引出F值。

4. F值（特定温度下的灭菌时间）

F值是指在某一特定温度下，给定Z值时，产生给定灭菌效果所需要的等效灭菌时间。因为D值随温度的变化而变化，所以不同温度下达到相同灭菌效果时，F值将随D值的变化而变化。灭菌温度高时，所需的等效灭菌时间就短，灭菌温度较低时，所需的等效灭菌时间就长。F值是由温度T和温度系数Z值来确定的，所以往往也表示成F_T^Z，Z值在无特殊情况下一般默认为10℃，通常不写，即表达成F_T。

数学表达式：

$$F_T = D_T \times \Delta \lg N \tag{7-5}$$

式中，D_T为在温度T时微生物的D值，min；$\Delta \lg N$为在温度T时灭菌程序使微生物数量下降的对数单位。

当药液灭菌前微生物总数为N_0时，则在温度T时将其全部杀灭至10^0个微生物所需要的时间为：

$$F_T=D_T \times \lg N_0 \tag{7-6}$$

5. F_0值（标准灭菌时间）

为了准确评价一个热力灭菌工艺程序赋予被灭菌物品的灭菌效果，需要将不同温度下的灭菌效果转换到一个参照温度（通常设为121℃，因为121℃是湿热灭菌的标准灭菌温度状态）下的灭菌效果，所以有了F_0值。

F_0值是指灭菌过程赋予一个产品相当于121℃下的等效灭菌时间，即F_{121}^{10}值，也称为标准灭菌时间。

一个灭菌程序对微生物的致死效应主要由两大因素决定，即温度和时间。当设定参照温度后，灭菌时间就成了唯一的变量。因此，在参照温度下的灭菌值就是标准灭菌时间。

由公式（7-5）得

$$\frac{F_0}{F_T} = \frac{D_{121}}{D_T} = 10^{(T-121)/Z} \tag{7-7}$$

$$F_0 = F_T \times 10^{(T-121)/Z} \tag{7-8}$$

一个湿热灭菌程序有升温段、保温段和降温段，当灭菌温度呈连续变化状态时，为了准确评价整个湿热灭菌工艺程序赋予被灭菌物品的灭菌效果，需要积分计算累积的F_0值。

整个灭菌过程的F_0值的数学表达式：

$$F_0 = \Delta t \sum 10^{(T-121)/Z} \tag{7-9}$$

式中，Δt为温度T时灭菌的时间间隔，min，一般为0.5～1min；T为每个时间间隔Δt所测的被灭菌物温度，℃。根据计算，低于100℃时，单位时间内，对F_0值的贡献非常低，几乎可以忽略不计，所以一般以100℃作为积分开始和结束的温度。

现代湿热灭菌设备均配有温度记录和数据处理系统，根据温度-时间参数，能直接对整个灭菌程序进行积分计算，得到相应的F_0值。

该计算将不同温度下的灭菌效果转换成参照温度（121℃）下的灭菌效果，也就是说，不管温度如何变化，F_T内的灭菌效果相当于121℃下灭菌F_0的效果。

该F_0值是通过物理学方法计算出来的，记为$F_{\text{PHY, 121℃}}$，称为物理F_0值，它将温度与时间对灭菌的效果统一在F_0值中。

生物F_0值，记作$F_{\text{BIO, 121℃}}$。按公式（7-5）进行计算

$$F_{\text{BIO, 121℃}}=D_{121}\times\Delta \lg N=D_{121}\times(\lg N_0-\lg N_t) \tag{7-10}$$

式中，N_0为灭菌前微生物的污染数；N_t为灭菌后预期达到的微生物残存数。

生物F_0值（F_{BIO}值）用于比较和评价物理F_0值（F_{PHY}）的可靠性和准确性。二者只有在理想状态下完全相等，实际上受诸多因素的限制，如D值和Z值测定中的误差，以及生物指示剂由于放在装载不同部位而达到不同灭菌值等，因此二者多少有些差异，为了确保所有被灭菌产品达到设定的灭菌效果，在灭菌实践中，总是要求F_{PHY}值大于F_{BIO}值。

6. 灭菌率（*L*）

灭菌率L是指在某温度T时灭菌1min的效果所对应的标准（121℃）灭菌时间，即F_0和F_T的比值。

$$L = F_0 / F_T = 10^{(T-121)/Z} \tag{7-11}$$

根据公式（7-11），可得由灭菌率L计算F_0值的公式：

$$F_0 = \Delta t \sum L \tag{7-12}$$

7. 无菌保证水平（SAL）

从理论上讲，无菌产品应当是没有任何微生物污染的产品。但是这种绝对的定义无法建立可以应用的技术标准，也无法用科学的方法来验证。对于一个批次的产品，无菌检查不是也不可能百分之百地检查，而仅以抽样检查的结果作为判定整批产品的无菌性，含有少量微生物污染产品的批次也有可能被误判为合格。产品批次的染菌率越低，这种根据无菌检查的结果来判定整批产品无菌性的风险也就越小。无菌保证水平概念的提出，是人们努力探索确保无菌制剂可靠性所获得的成果之一。

无菌保证水平（SAL），是指灭菌后一个被灭菌品中（或上）单个活菌存在的概率，通常指一项灭菌工艺赋予产品无菌保证的程度，用产品中非无菌品的概率表示，如 SAL=10^{-6}，含义为10^6灭菌产品中存在活菌的产品不超过1个。SAL取的量值通常为10^{-6}或10^{-3}。用这个量值来评价无菌保证水平时，10^{-6}比10^{-3}的无菌保证水平要好得多。

8. 非无菌概率（PNSU）

非无菌概率指无菌产品灭菌后非无菌产品出现的比例，一般灭菌工艺的预期设计终点是非无菌单元出现的概率≤百万分之一，即 PNSU≤10^{-6}或更优。

（四）湿热灭菌的工艺设计与程序开发

湿热灭菌主要有两大工艺模式：饱和蒸汽灭菌工艺（如脉动真空灭菌或称预真空灭菌程序）和空气

额外加压灭菌工艺［如混合蒸汽-空气（SAM）灭菌、过热水灭菌］。饱和蒸汽灭菌工艺通常适用于孔状或固体物品，尤其适用于可以包藏或夹带空气的装载物如过滤器、滤膜、织物、胶塞、管道、不锈钢器具、零部件等，而空气额外加压灭菌工艺通常适用于瓶装或袋装液体制剂的灭菌。

湿热灭菌程序的设计方法主要有两种：过度杀灭法和残存概率法。两种方法都可以使被灭菌物品和材料达到相同的无菌保证水平。

1. 过度杀灭法（overkill method）

采用过度杀灭法时，假设初始菌的数量和耐热性都高于实际微生物，即全部为D值≥1.0min的耐热微生物（常指嗜热脂肪芽孢杆菌），经灭菌后至少下降12个对数单位，达到SAL = 10^{-6}。按公式（7-5）计算，过度杀灭的F_0值不低于12min。很少发现自然生成的微生物有D_{121}＞0.5min的情况，即大多数微生物的耐热性都比较低，因此采用过度杀灭程序能提供很高的无菌保证水平。该法对初始菌数量和耐热性都做了最坏的假设，因此，从技术角度看，对被灭菌品不需要考虑灭菌前的污染问题，无须进行常规的初始菌监控，但生产过程中仍需要注意对污染的控制及对初始菌进行周期监测，并最好定期采用生物指示剂测试。

因此，过度杀灭法设计的灭菌程序可被定义为“能使被灭菌品获得F_{BIO}和F_{PHY}至少均为12的灭菌程序”。欧盟在最终灭菌制剂的法规中将过度杀灭定义为“湿热灭菌121℃下15min”。对于热稳定的物品，灭菌工艺首选过度杀灭法，以保证被灭菌物品获得足够的SAL值，但由于提高F_0值可能会给产品的稳定性或密封系统带来不良影响，应当在处方及工艺上改进，采用充氮保护或多腔室袋将在灭菌过程中容易发生化学变化的组分分隔开等措施。

2. 残存概率法（或称生物负载法，bioburden method）

对热稳定性较差的产品进行灭菌时，所设计的灭菌程序不仅要能充分杀灭产品中的微生物（符合PNSU≤10^{-6}的要求），而且不能使产品组分因受热而导致降解造成不符合质量标准的结果，因此灭菌程序的确认就需研究产品的微生物数量和耐热性。一旦明确了微生物初始数量和耐热性，就可以设计出一个能达到PNSU≤10^{-6}的灭菌程序。

在设计时，N_0和D_T的取值要根据初始微生物的分析，另需加上安全系数，它取决于专业判断、初始微生物数据的波动范围，以及对产品初始微生物常规测试的程度留出安全余地。

按GMP生产的产品，实际微生物初始数量应该是很低的，通常可以达到每个容器 1～100个菌。一般来说，只有从灭菌前产品中分离到的细菌芽孢才需要测D值，将产品在80～100℃的水浴中加热10～15min，可以筛选出耐热性高的微生物。D_T的选择应参照该污染菌的最高耐热值并加上适当的安全值。所选定的安全值与污染菌含量和耐热性测试的频率相关。设计灭菌程序示例见表7-9。

表7-9 残存概率法设计灭菌程序示例

监控项目	实际参数	设计用参数
灭菌前单个产品中污染菌含量，N_0	＜100CUF/产品	1000CUF/产品
污染菌的耐热性，D_{121}	＜0.3min	1.0min
灭菌目标（PNSU）	$N_F=10^{-6}$	$N_F=10^{-6}$
灭菌程序赋予产品的灭菌值 $F_0=F_{PHY}=F_{BIO}=D_{121}\times(\lg N_0-\lg N_F)$	2.4min	9.0min

微生物污染水平的增加或耐热性增强都有可能造成灭菌失败，因此应考虑监控产品初始微生物污染水平和检出菌的耐热性。

关于湿热灭菌工艺的选择和程序的开发可以参考图7-28所示决策树。

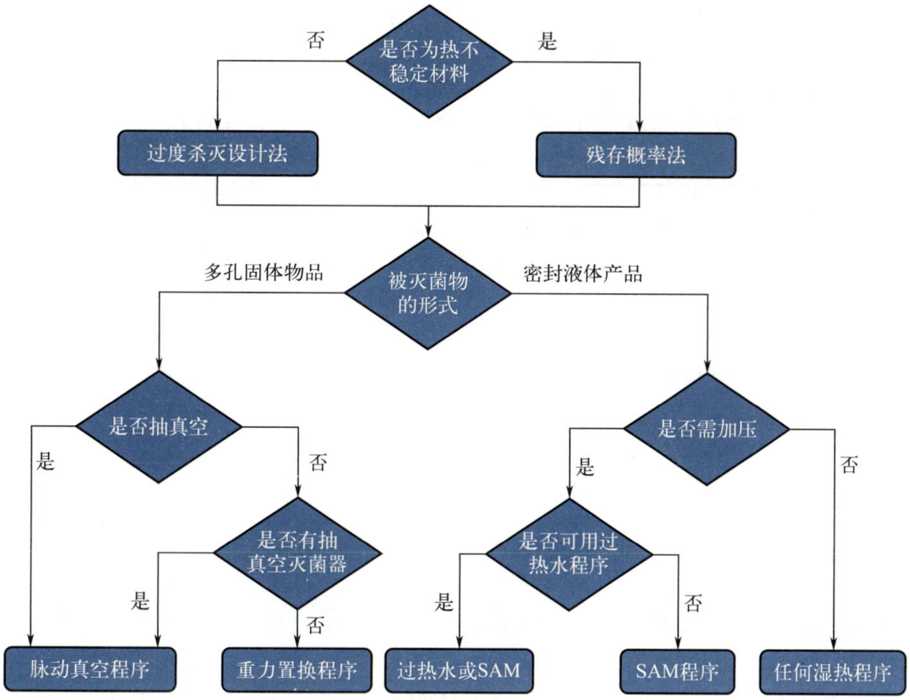

图7-28　湿热灭菌工艺设计决策树

根据工艺设计选用不同的湿热灭菌器，其类型有脉动真空灭菌器、下排式（饱和蒸汽）灭菌器、过热水灭菌器（分喷淋式和水浴式）、蒸汽-空气混合物（SAM）作为灭菌介质的灭菌器等。

四、干热灭菌

干热灭菌是利用高温使微生物或脱氧核糖核酸酶等生物高分子产生非特异性氧化而杀灭微生物的方法。

对于能够耐受高温且不容易被蒸汽穿透或者容易被湿热破坏的材料，通常选用干热灭菌，适用于玻璃、金属设备、器具、不需湿气穿透的油脂类、耐高温的粉末化学药品等，但不适用于橡胶、塑料及大部分药品的灭菌，同时也可用于除热原。由于干热灭菌对微生物的杀灭率低于同一温度下的饱和蒸汽，所以干热灭菌需要更高的温度和更长的时间。干热灭菌条件一般为（160～170）℃×120min以上、（170～180）℃×60min以上或250℃×45min以上，也可采用其他温度和时间参数。

干热灭菌法根据灭菌目的不同，可划分为灭菌工艺、除热原工艺。各国药典对干热灭菌有不同的规定（表7-10）。

表7-10　各国药典干热灭菌条件对比

药典	灭菌条件
《中国药典》（2025年版）	干热灭菌法的工艺开发应考虑被灭菌物品的热稳定性、热穿透力、生物负载（或细菌内毒素污染水平）等因素。干热灭菌条件采用温度-时间参数或者结合F_H值（F_H值为标准灭菌时间，是灭菌过程赋予被灭菌物品160℃的等效灭菌时间）综合考虑。干热灭菌温度范围一般为160～190℃，当用于除热原时，温度范围一般为170～400℃，无论采用何种灭菌条件，均应保证灭菌后的物品的PNSU≤10^{-6}
USP40-NF35	干热除热原工艺测定指标是F_D值。F_D=1即在250℃加热1min内达到的除热原效果。F_D值可对整个过程持续期间（时间）内的温度进行积分。F_D方法被用来比较在不同温度下工作的过程所产生的干热除热原效果。可以使用基本数学来计算在250℃以外的温度下产生的除热原效果，以确定与250℃条件下的等效性。当细菌内毒素下降到NMT（不超过）0.1EU/mL时，除热原工艺被认为可以接受

续表

药典	灭菌条件
EP9.0	常见的干热除热原包括将材料放在250℃条件下至少30min，亦可使用其他温度（高于170℃）和时长组合。工艺验证的标准为可回收细菌内毒素减少至少3个对数单位

（一）干热灭菌工艺

干热灭菌与湿热灭菌的热力学特征相似，一定的灭菌条件下微生物的杀灭也符合对数规则，具体可以参照湿热灭菌部分内容。

为了比较干热工艺的灭菌效果，可采用一个与F_0值相当的等效灭菌值F_H，将灭菌过程换算为参比温度（170℃）后的总灭菌时间，或称标准温度（170℃）下的等效时间。

公式为:

$$F_H = \int_{t_1}^{t_2} 10^{\frac{T-170}{Z}} dt \tag{7-13}$$

式中，F_H为参比温度170℃的标准干热灭菌时间；Z为温度系数，干热灭菌时，Z取20，去热原时，Z取54；t_1为物品升温至100℃的时间；t_2为物品降温至100℃的时间；T为物品温度。

评价干热灭菌程序的相对能力时，灭菌效果必须保证F_H值大于60min，去热原效果必须保证F_H值大于120min。

根据灭菌保证水平的不同，干热灭菌工艺也分为过度杀灭法和残存概率法。灭菌效果应确保灭菌物品的染菌率不超过百万分之一（PNSU$\leqslant 10^{-6}$）。过度杀灭工艺的灭菌效果应能使耐热孢子数量下降12个对数单位或以上。

（二）除热原工艺

对于干热除热原工艺的设计和开发，应综合考虑以下因素:

① 除热原工艺开发前应充分了解待处理物料、容器、部件的细菌内毒素负荷。

② 除热原工艺开发和验证数据应能证明该除热原工艺能持续保证细菌内毒素下降3个对数单位。

③ 除热原工艺开发和验证数据能确保通过除热原工艺处理后的每个样品或容器的细菌内毒素量至少$\leqslant$0.1EU/mL。

④ 除热原工艺开发和验证的结果等效于在250℃条件下至少30min的除热原效果。

五、辐射灭菌

辐射灭菌是利用γ射线、X射线和电子束射线辐射处理产品，杀灭其中微生物的灭菌方法。射线穿透到产品内，作用于微生物，直接或间接破坏微生物的核糖核酸、蛋白质和酶，致使生物体的功能、代谢、结构发生变化从而杀死微生物。目前常用的辐射灭菌多采用^{60}Co源放射出的γ射线、^{137}Cs衰变产生的γ射线、电子加速器产生的电子束和X 射线装置产生的X 射线。γ射线能量高、穿透力强、无放射性污染和残留量、冷灭菌、适用范围广，无菌保障水平稳定可靠，适用于能够耐辐射的医疗器械、药品包装材料、生产辅助用品、原料药及制剂产品等，比如预灌封注射器用橡胶活塞的灭菌。

六、环氧乙烷灭菌

环氧乙烷（ethylene oxide，EO）是一种广谱灭菌剂，可在常温下杀灭各种微生物，包括细菌（芽孢）、病毒、真菌等。它具有很强的化学活泼性和穿透性，是一种比较可靠的低温灭菌方法。环氧乙烷灭菌主要应用于对那些不宜用其他方法灭菌的、热敏感的产品或部件。在制药行业中常用于无菌生产的部件和用品的灭菌，也用于给药器械的最终灭菌，例如:

① 环氧乙烷灭菌用于某些物品的无菌制造工艺，如塑料瓶或管、橡胶塞、塑料塞和盖。

② 环氧乙烷灭菌用于有最终包装的成品。这些产品主要是塑料或橡胶的给药器械。

③ 环氧乙烷灭菌也用于工艺设备，如在制造区内所使用的冻干机。

④ 含氯的物品及能吸附环氧乙烷的物品，不宜使用本法灭菌。

但环氧乙烷本身是有毒气体，且具有易燃易爆性、致畸性，灭菌后需要通过解析工艺去除残留，以避免残留物质对人员产生毒性伤害。

七、除菌过滤

除菌过滤工艺是利用细菌不能通过致密微孔过滤介质的原理，将热不稳定的药品溶液或气体通过微孔滤膜，以除去其中的细菌与杂质，从而达到无菌要求的方法。除菌过滤是无菌药品生产的重要步骤，但是除菌过滤器不能将病毒或支原体全部滤除，可采用热处理方法来弥补除菌过滤的不足。

过滤器的孔径定义基于其对微生物的截留，而非平均孔径的分布参数，除菌过滤中采用的液体除菌过滤器的过滤效率应当达到每平方厘米有效过滤面积的微生物对数下降值（LRV）不小于7。

在无菌制剂的生产中，微滤工艺被广泛使用。微滤一般指孔径在0.1～10μm之间的过滤，主要目的是去除微生物和药液中的小型颗粒。例如：0.65μm过滤器常用于去除真菌，相对孔径0.22μm（有些过滤器厂家标识为0.2μm）过滤器常用作除菌过滤，而0.1μm过滤器也广泛用于去除血清中的支原体。超滤通常用于大分子物质的纯化和浓缩工艺，例如蛋白质、脂肪、糖类、核酸等物质的纯化工艺。另外，超滤还常用于去除一些小分子药品中的热原。

除菌过滤器的孔径分级是以一个过滤器能有效截留并滤除某种特定微生物菌株的能力为依据，而不是由过滤器的实际平均孔径和孔径分布状况来决定。在制药行业中，过滤器的定级方法是采用标准微生物菌株来检测过滤器的过滤性能。美国材料与试验协会（American Society for Testing Materials，ASTM）对除菌级过滤器做以下定义：在不超过30psi（2.7bar[1]）的压差下，每平方厘米的有效过滤表面能100%截留不低于10^7个缺陷短波单胞菌的过滤器被称为除菌过滤器。根据生产商的习惯，这种除菌过滤器的名义孔径往往被定级为0.2μm或0.22μm。与0.2μm的过滤器相比，名义孔径为0.45μm的过滤器也能截留低浓度下的绝大多数微生物（每平方厘米有效过滤表面能100%截留不低于10^4～10^5个缺陷短波单胞菌），此种过滤膜可用于最终灭菌产品罐装前中间产品的过滤除菌。在实际生产中，有些液体可能会含有比缺陷短波单胞菌更小的微生物，如支原体，这时需要采用名义孔径更小的过滤器，如0.1μm。定义此类过滤器的孔径级别时，往往需要采用另外一种细菌或其他支原体。

生产中应根据过滤的需求选择合适的过滤器，首先考虑过滤膜的材质。过滤膜材质的选择主要考虑构成过滤膜材质的物理化学性质是否符合实际工艺的要求。应充分考虑过滤器与待过滤料液的兼容性。过滤器不得因与产品发生反应、释放物质或吸附作用而对产品质量产生不利影响。除菌过滤器不得脱落纤维，严禁使用含有石棉的过滤器。滤膜材质分为亲水性膜材和疏水性膜材，亲水性膜材一般用于液体过滤，例如：亲水性聚偏二氟乙烯（polyvinylidene fluoride，PVDF）、聚砜（polysulfone）、聚醚砜（polyethersulfone，PES）、尼龙（nylon）、纤维素酯（cellulose ester）等。特殊情况下，如有机溶剂的过滤，建议使用疏水性聚四氟乙烯（polytetrafluoroethylene）。疏水性膜材一般用气体过滤和有机溶剂过滤，如聚四氟乙烯和疏水性聚偏二氟乙烯等。严格工艺条件下，应使用绝对疏水材质的气体过滤器，如聚四氟乙烯。

在无菌制剂的生产中，使用的微滤过滤器有多种分类方式，根据使用目的分成三种：澄清过滤器、预过滤器和除菌过滤器。这三种过滤器可能有不同或相同的规格，如0.22μm的规格，可以用于预过滤，也可以用于除菌过滤（对于澄清过滤器经常是指名义孔径，对除菌过滤器而言孔径等级根据细菌截留能力来确定）。

---

[1] 1bar=100kPa。

除菌过滤器在无菌药品的生产中被广泛使用，除了去除药液中的微生物，过滤器还可以截留药液中的一些颗粒，有利于提高过滤后药液的澄清度。由于过滤过程复杂，并受到诸多因素的影响，如压力或流速、温度、时间等，因此相对于湿热灭菌而言，风险更高。

除菌过滤器广泛应用于最终灭菌产品和非最终灭菌产品。在两种生产工艺中，根据过滤的目的不同，也将过滤分为除菌过滤和减菌过滤。

相对于除菌过滤，减菌过滤是通过过滤的方法将待过滤介质中的微生物污染水平下降到可接受程度的过滤工艺。

过滤器在最终灭菌工艺和非最终灭菌工艺中的应用分别见图7-29和图7-30。

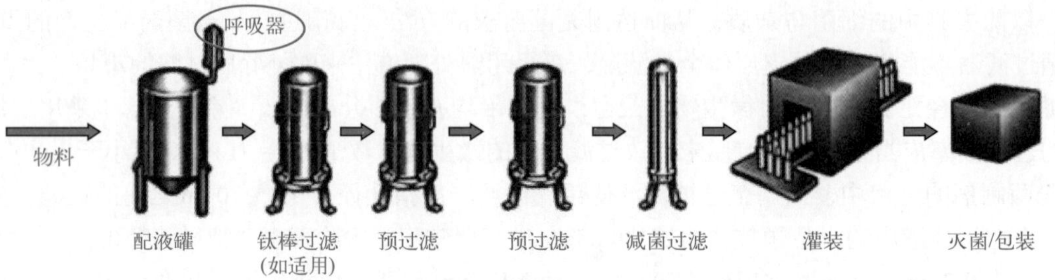

图7-29 过滤器在最终灭菌工艺中的应用

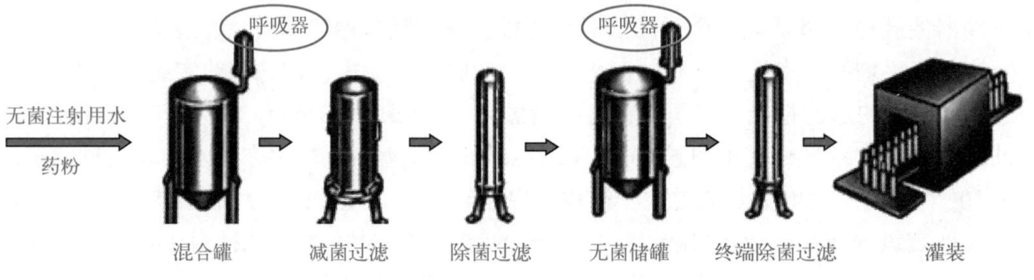

图7-30 过滤器在非最终灭菌工艺中的应用

第五节 灭菌工艺的验证

一、概述及常用验证术语

（一）概述

灭菌产品的无菌保证并不能依赖于最终产品的无菌检验，而是取决于生产过程中采用合格的灭菌工艺、严格的GMP管理和良好的全面质量保证体系。灭菌工艺的确定应综合考虑被灭菌物品的性质、灭菌方法的有效性和经济性、灭菌后物品的完整性和稳定性等因素。灭菌程序的验证是无菌保证的必要条件。灭菌程序经验证后，方可交付正式使用。

灭菌验证通常包括灭菌设备验证和灭菌工艺验证。设备验证内容包括：

① 撰写验证方案及制定评估标准。

② 确认灭菌设备技术资料齐全、安装正确，并能处于正常运行（安装确认，installation qualification，IQ）状态。

③ 确认关键控制设备和仪表能在规定的参数范围内正常运行（运行确认，operational qualification，OQ）。

④ 采用灭菌物品或模拟物品进行重复试验，确认灭菌效果符合规定（性能确认，performance qualification，PQ）。

⑤ 汇总并完善各种文件和记录，撰写验证报告。

灭菌设备性能确认（PQ）和灭菌工艺验证通常是一起进行的，本节仅对性能确认和灭菌工艺验证做介绍。

日常生产中，应对灭菌程序的运行情况进行监控，确认关键参数（如温度、压力、时间、湿度、灭菌气体浓度及辐射吸收剂量等）均在验证确定的范围内。

产品的无菌保证与灭菌前产品被污染的程度及污染菌的特性相关。因此，应严格监控被灭菌品灭菌前的微生物污染水平及污染菌的耐受性，并在生产的各个环节采取各种措施降低污染，确保微生物污染控制在规定的限度内。灭菌后，应防止已灭菌物品被再次污染。

（二）验证的常用术语

1. 挑战性试验（challenge test）

挑战性试验也称为苛刻条件试验，旨在确认某个工艺过程或某个系统的某一组件（如一个设备、一个设施）在设定的苛刻条件下能否达到预定质量要求的试验。其目的是考察参数处在可能出现的最差条件时，产品质量是否会受到影响。

2. 最差状况（worst status，worst case）

最差状况是指导致工艺产品失败的概率显著高于正常运行条件的工艺条件或状态。在常规运行中可能发生，这些条件并非必然会导致产品或加工操作失败。

3. 再验证（监督验证，revalidation）

再验证是指经过验证的一项生产工艺、一个系统、一台设备或者一种原料在使用一个阶段以后而进行的证明其“已验证状态”没有发生漂移的验证工作，关键工艺往往需要定期进行再验证。再验证包括：

（1）强制性再验证 指药品监督管理部门或法规要求进行的验证。

（2）改变性再验证 药品生产过程中，由于各种主观及客观的原因，需要对设备、系统、材料及管理或操作规程做某种变更。有些情况下，变更会对产品质量造成主要的影响，因此需要进行再验证，这类验证称为改变性再验证。

（3）定期再验证 对产品的质量和安全起决定作用的关键工艺、关键设备，在生产一定周期后，即使在设备及规程都没有变更的情况下，也应定期进行再验证，如无菌药品生产过程中使用的灭菌设备、纯化水系统、与药物直接接触的压缩空气等。

二、湿热灭菌工艺的验证

（一）博维-狄克试验（BD试验）或空气移除试验

用于检查高真空多孔物品本身及其灭菌器腔室内的空气是否成功排除。只有空气被有效排除，蒸汽才能有效进入，从而达到理想的灭菌效果。应对灭菌柜进行周期性的BD试验，用于判断灭菌器腔室内空气的排除效果。

试验过程：将测试包放置在灭菌腔内，空载进行灭菌，不需要干燥。试验结束后查看灭菌测试包中的指示卡。

判定方法：蒸汽快速平稳地渗入测试垫板（或测试包），使内部指示卡色条呈现均匀变色，符合要求。

可能的失败原因如下：

① 没有充分进行真空排气作业。

② 排出空气阶段出现泄漏。

③ 蒸汽源中存在不凝性气体。

（二）气密性试验（真空状态下泄漏试验）

气密性试验用于验证在真空阶段的密封性，确保渗入灭菌腔室的气体量不应干扰蒸汽的渗透，并且在干燥过程中不会受到二次污染。

试验过程：将测试压力表安装在灭菌腔室上（设备如具有相应的绝对压力表，可以不再安装），抽真空至内室压力为7kPa（或以下），关闭全部与灭菌室相连的阀门、真空泵，观察时间t_1和压力p_1，至少等待300s，但不得超过600s，让灭菌器的冷凝水汽化，然后记录时间t_2和压力p_2。600s±10s，再记录一次。计算600s内的升压速率。

判定标准：建议不应超出1.3kPa/10min。

（三）空载热分布测试

专用成套的温度验证测量系统，包括软件、标准温度计、有线或无线温度探头等，可对探头进行前校准、后校准，自动记录相关数据，并提供分析结论。

目的：确认空载状态下灭菌室内的温度均匀性和灭菌介质的稳定性，测定灭菌腔内不同位置的温差状况，确定可能存在的冷点。

测试程序：通过风险评估方式确定温度探头的数量和位置（例如蒸汽最难或最易达到的位置、空气最难或最易移除的位置），一般至少选择10个温度探头，编号后固定在水平向和垂直向有代表性的空间内，几何中心和角落应有代表性点，另外在与温度控制传感器相连的冷凝水排放口（低温点）放置探头。连续重复3次测试应符合要求。

注意以下几点：

① 测温探头尖端不能与灭菌腔的金属表面接触，连接线应与设备密封完好。通常情况下，冷凝的排水口是可能的最冷点。

② 验证过程中无论使用有线传感器还是无线温度探头，探头必须进行周期性校验，热电偶探头用于验证前要进行校正，热电阻探头定期进行校正。通常在验证前和验证后全部探头在恒温炉中进行测试。通常可以进行0℃或25℃、125℃两个条件的测试，各探头校准偏差建议应小于±1.0℃（验证设备有特殊要求时，可依据相关要求进行校准）。

③ 探头数量依据灭菌器托盘而定，但为保证热分布测试的代表性，探头必须覆盖被分化成大致体积一致的整个空间，实际操作中建议考虑在以下三个位置放置探头：有可能的冷点附近；设备自带的温度探头附近；冷凝排水口附近。

（四）满载热分布和热穿透试验

满载热分布探头与空载热分布探头放置同一位置，可监控灭菌介质的均匀性和稳定性。其标准为最冷点与灭菌腔平均温度间的差值应不超过±1.0℃，满载热分布可确定灭菌柜满载状态下的最冷点。热穿透是为了确认灭菌柜针对某品种能进行有效灭菌，了解待灭菌产品本身有无达到设定温度，合格标准应保证最冷点在预定的灭菌条件中获得足够的无菌保证值。

（1）过度杀灭法　测试时，通常只考虑连续进行3次热穿透试验，以确保测试点持续到达足够的杀灭效力。

热穿透温度探头放置在最难穿透点、温度热分布较低点的灭菌物品中。一种物品灭菌时探头应均一分布；多种物品混装灭菌时探头放置点应有代表性，获得的温度数据可以确定难灭菌的位置。对于热穿透探头数量没有硬性规定，但F_0值不低于12min。

就重要性而言，通常只关注热穿透数据，而对于热分布温度没有硬性标准。热分布数据多用于考察随着使用时间延长设备本身的性能变化。实施热穿透测试时，如果同时进行热分布测试，则热穿透探头数量和温度分布探头的比例可以通过风险评估进行计算（如1∶1）。

设备负荷应该具备一定灵活性，以便生产作业时部分装载。对均质灭菌物（如胶塞）而言，负载中的冷点非常容易识别，因此部分装载往往视为已验证的整体装载的一部分。

注意：负载的冷点因待灭菌物的包装方式、结构、类型不同而不同。实施热穿透试验前，首先应明确装载布置图。

（2）残存概率法　对于该灭菌方式，一般在蒸汽灭菌柜中很少使用，大部分是应用在过热水灭菌工艺、空气和蒸汽混合式灭菌工艺等，满载热分布和热穿透试验建议分别实施，并制定详细的温度探头分布图。

满载热分布温度探头位置与空载一致。每种装载的连续3次测试应能够证实温度分布的重现性。

热穿透试验探头通常随着灭菌器容积大小而变化。典型的装载托盘或装载车建议至少配置10只探头，全部插入相应的产品容器，将容器固定在难以穿透的位置进行测试。通过验证试验确认热点、冷点、选择的温度控制点之间的关系。

热穿透数据可以证实负载内所获得的最高温度和最大F_0值，应不影响产品的质量稳定性，同时确保最冷点达到足够的杀灭效果。

（五）微生物挑战性试验

热穿透数据只能确认温度，并不能确认真实杀灭微生物的能力，微生物挑战试验可以为负载各位置具有同样的杀灭效率提供必要的证据，通常和热穿透试验同时进行。标定的生物指示剂也可用于F_0的计算，并证实温度探头所获取的温度测试数据。生物指示剂的耐热性应该比产品初始微生物的耐热性强。在过度杀灭法中，通常选择菌种嗜热脂肪地芽孢杆菌（*G. stearothermophilus*）或其芽孢，也可采用其他对湿热灭菌耐热性强的微生物。在残存概率法中典型的生物指示剂包括：生孢梭菌（*Clostridium sporogenes*）、史氏芽孢杆菌（*Bacillus smithii*）和枯草芽孢杆菌（*Bacillus subtilis*）。

生物指示剂的耐热性和菌种浓度宜通过测试确认，特别是当生物指示剂所处的溶液或载体对生物指示剂耐热性有影响时，例如处于葡萄糖溶液中、橡胶胶塞的表面（胶塞表面是多孔性材质，会导致微生物耐热性增加），应在验证试验中，对实际条件下生物指示剂的耐热性进行评估。

在微生物挑战性试验中，生物指示剂可以放置在容器或包装内温度探头的测试点附近，灭菌后的生物指示剂通过复苏、相关的微生物测试程序，应证实灭菌程序可以实现SAL$\leqslant 10^{-6}$的存活概率。

（六）呼吸器的评估

为保证冷却干燥过程中灭菌物品不会被空气二次污染，灭菌设备的呼吸器多采用0.22μm除菌过滤器。重复灭菌的呼吸器必须考虑灭菌效果确认、过滤器完整性和寿命三个方面。验证过程中可以在过滤器的灭菌下游侧放置生物指示剂以确认灭菌效果。在过滤器使用完成后，完整性测试可以以任何方便的方式进行测定。呼吸器的使用寿命可以通过供应商数据和日常运行数据获取。

（七）再验证

灭菌器应定期进行再验证（通常为每年至少一次），再验证活动需要基于风险评估，一般包括温度热分布、温度热穿透、微生物挑战、BD试验，以持续保持验证状态，确保灭菌器能够达到预期的灭菌效果。

当一个灭菌器存在多个灭菌循环和装载时，每年的再验证过程中可基于风险评估选择其中部分循环和装载进行再验证，并在一定的周期内完成所有的灭菌循环和装载的再验证（如三年）。

（八）变更控制

灭菌器腔室、产品支架、装载排列、灭菌介质的供应和分配系统以及灭菌器运行控制模式发生改变，可能需要重新进行热分布、热穿透或微生物挑战试验。待灭菌物质的性能、质量、体积、包装等发生变化时也需要进行评估，必要时重新进行验证。灭菌器停用时宜进行相关确认，以证实其从上次验证到系统退役前时间段的稳定性。

（九）装载方式验证

应该按照灭菌验证的最大装载和最小装载进行风险评估和计算，并设计和管理灭菌过程中的实际灭菌装载的数量和摆放方式，确保生产批次的灭菌装载满足灭菌验证的装载范围要求，持续保持验证状态，确保其能够达到预期的灭菌效果。

三、干热灭菌工艺的验证

（一）空载热分布测试

空载热分布测试是为确定设备空载时的温度均匀度及设备“冷点”进行的测试。通过一组经过校正的温度传感器测定灭菌器腔室内各不同部位温度，并根据所测数据绘制温度分布图，以便于发现灭菌腔室内的冷点和热点。

测试过程中温度传感器至少10支。传感器安装时不应与腔室内金属（如内壁、架子等）接触，且测试过程中至少有一支传感器设置于设备自身控制系统的温度传感器附近。

正常情况下，腔室内各点温度值与设定值之间的误差均应在验证方案规定的范围之内，对于运行温度高于250℃的干热灭菌、除热原系统，其灭菌腔室内空载热分布可接受的合格范围建议为设定值±20℃，或基于工艺需求和风险评估进行制定。此试验应连续进行3次，以证明热分布的重现性。

测试条件应与生产过程相一致，尽可能模拟整个启动、生产、清空的隧道工艺，包括环境温度、相对湿度、作业区空气压力平衡等。记录整个温度变化过程，包括升温与降温过程。升温和降温时间的偏差有助于发现灭菌过程中的设备故障。如测试中温度分布不符合标准，应将此灭菌器进行调整或维修，通常情况下可通过调整进风、回风及循环风挡板，改善气流来解决。

（二）热穿透试验和满载（负载）热分布试验

热穿透试验通常应选择规格和类型有代表性的材料。热穿透试验可证实在最差操作条件（更高的传送带速度和更低的灭菌温度）下的最差装载方式能够达到并维持除热原的温度。对干热烘箱而言，设定温度和时间应该缩短。对隧道式烘箱而言，则尽可能提高输送带速度，降低设定温度。除了难以穿透的物料（如捆扎较紧的物质）外，代表性的装载还包括最小、最大两种装载。

由于空气导热性较差，不同灭菌物品中的冷点和热点有可能变动。如果每种物料以不同的速度加热，则热点和冷点变动的情况更可能发生。因此，对干热烘箱，每次试验过程中都应适当改变温度传感器的位置，以完整地反映热穿透状况，并准确地确定“冷点”。

热穿透状况不仅取决于腔室内的热分布，也取决于灭菌对象的特性、包装情况，所以热穿透试验可更准确地反映出实际使用情况，此项测试更为重要。热穿透状况的数据可以通过将温度传感器放到容器、物料、西林瓶或其他物品的内部并使温度传感器与物品表面接触以反映物品内表面温度。在准备玻璃器具装载时，如果正常清洗过程中玻璃器具会有残留水，应考虑对前工序的洗瓶或玻璃清洗进行控制和要求，或者验证时需要在放置探头的物品中加入相应量的模拟残留水。

验证试验记录中必须有详细、准确的温度传感器分布图和相对应各点的温度值记录，并应在其分布图上分别注明并找出装载状态下的热点和冷点，其热点对热敏感物质十分重要，而冷点则对于验证灭菌、除热原的效果十分重要。

满载（负载）热分布试验中使用的温度传感器安装时也需防止与固体表面接触，以确定满载（负载）对设备内空气热分布的影响。一种物品存在可能增强热分布的均一性，小的物品也可能成为最差的装载条件，因此需要测试系统是否反映出最差的作业条件和更大的工艺保证水平。

热穿透和热分布应同时监控。

为了保证灭菌对象能够在灭菌温度下暴露足够长的时间，灭菌器控制系统的温度设定值常常高于灭菌、除热原过程所要求的最低温度值，产品暴露于最低灭菌温度的全部时间及累积值均应记录于验证文件之中。

容器类物品（如西林瓶）的灭菌过程，在热分布及热穿透测试中若发现若干个“冷点”，在随后的试验中，“冷点”区域的西林瓶或其他容器应有足够的温度传感器加以监测。当热分布和热穿透试验达到设计和验证方案规定的标准时，应连续运行3次，以证明灭菌器的灭菌、除热原过程具有重现性。在重复试验中，必须在“冷点”区域集中安放一定数量的温度传感器和细菌内毒素指示剂，以证明“冷点”区域的干热除热原效果达到规定要求。

（三）微生物挑战性试验

通过微生物或细菌内毒素挑战试验证实灭菌的真实效果，可以和热穿透试验同步实施，也可独立实施。

对灭菌工艺验证而言，可以将生物指示剂放置在每一个冷点（F_H值最小）进行测试；也可选择负载中最冷点和最小F_H值放置，即最差条件情况。通常选择枯草杆菌黑色变种芽孢（*Bacillus subtilis* spores）进行测试，浓度为10^6个/点。

对于除热原工艺的验证，生物指示剂一般选择大肠埃希菌内毒素（*Escherichia coli* endotoxin）进行测试，即细菌内毒素灭活试验。一般将不少于1000单位的细菌内毒素加入待除热原的物品中，证明除热原工艺能够使细菌内毒素至少下降3个对数单位。

细菌内毒素灭活验证时，应在装载条件最差（通常为最大装载）、升温最慢的区域放置样品，每个点放置1～2个样品，且应有一只温度探头放置在物品内部。由于除热原的工艺条件比杀灭孢子的灭菌工艺条件要苛刻得多，所以干热灭菌工艺验证中实施细菌内毒素挑战性试验时，不必再进行生物指示剂挑战性试验。

除热原验证使用的细菌内毒素挑战试剂可使用直接采购的细菌内毒素挑战测试标准品，也可根据情况使用自制细菌内毒素挑战测试样品，但均需在测试前对细菌内毒素标示量进行复核。如果是将细菌内毒素接种/涂布在玻璃瓶中或其他除热原的容器中，推荐使用空气干燥的方法对样品表面的细菌内毒素进行处理，由于固定方法和表面类型有可能影响细菌内毒素的回收率，自制的细菌内毒素挑战的样品需要进行细菌内毒素回收率试验。如果使用直接采购的细菌内毒素标准品，需要对比研究两种容器的热容和传热性（有可能存在标准品容器的穿透性要比产品容器差），用于评估除热原效果。

（四）再验证/周期性再确认

隧道式和干热灭菌烘箱的除热原/灭菌的物品发生变更时，应进行回顾来确定对已有验证状态的影响。应考虑在验证中使用的物品最差情况，以及对物品热传递性的任何影响，通过对设备、工艺、物品变更的评估，来确定是否需要再验证。

设备应周期性进行再确认，隧道式和干热灭菌烘箱的除热原/灭菌工艺中最差装载情况应包括在再确认运行中。再确认应包括满载（负载）运行以评估温度分布情况。

四、除菌过滤工艺的验证

（一）过滤工艺验证项目

过滤工艺验证项目见表7-11。

表7-11 过滤工艺验证项目

工艺验证项目	除菌过滤	减菌过滤
细菌挑战试验 / 细菌截留试验	需要	可选
化学兼容性试验	需要	需要
可提取物 / 浸出物试验	需要	需要
吸附性试验	需要	需要
产品润湿的完整性试验	可选	可选

过滤器不得因与产品发生反应（化学兼容性试验）、释放物质（可提取物 / 浸出物试验）或吸附作用（吸附性试验）而对产品质量产生不利影响。“可提取物”指在人为或极端外力条件（如溶剂、温度或时间）下可从材料中迁移出的任何化学物质。“浸出物”指在正常工艺条件下或存储期间可从接触面移动到药液中的化学物质。潜在的可提取物和浸出物的来源包括但不限于滤膜（如增塑剂、表面活性剂、抗氧化剂、溶剂残留、装置支撑层）和塑料元件（如端盖、滤壳、网罩、密封圈）。可以影响可提取物和浸出物的因素包括工艺流体的化学性质、灭菌过程、接触时间、温度和体积：面积。该检测可以由过滤器的生产商和使用者合作完成。

（二）过滤器的完整性测试

无菌过滤器去除微生物的能力采用平均直径为0.3μm的缺陷假单胞菌进行挑战性试验来证实。这项工作是由过滤器制造商来完成的。但是挑战性试验本身是一项破坏性试验，会对过滤器和生产环境造成污染，不能用来证明将用于实际生产的过滤器的完整性。

过滤系统的完整性测试是非破坏性的、物理性的，通过一系列试验得出的数据进行分析判断，来证明安装是否正确、膜是否破损、孔洞率是否正确，其主要目的是确定是否存在可能影响过滤器截留能力的缺陷。

常用的方法包括：起泡点法、扩散流法和水侵入法。

图7-31是过滤膜的气体流量曲线图，横坐标是上游施加的气体压力，纵坐标是润湿膜下游的气体流量，并对相同结构但不同面积的膜的气体流量曲线进行了比较。可以看出，随着上游压力增大，曲线有3个特征部分：扩散流部分、起泡点区和大量气流部分。这是起泡点法和扩散流法测试的基础。

1. 起泡点法测试原理

当多孔膜材料被合适的浸润液完全湿润后，由于液体的表面张力和相应的毛细管张力的作用，浸润液充满膜孔并驻留在孔中。在滤材的两侧加上气体压差，要克服毛细管压力将孔道中的液体赶走而冒出气泡，气体的压差必须增大到某一临界值（滤器生产厂商根据挑战微生物验证试验数据而制定），这个临界值就是起泡点。如滤器在使用过程中受损，孔径变大，临界压力就会降低。如在使用前后均处于完好状态，则该值应保持不变。起泡点的分辨力随膜面积的增大而降低，因此适用于膜面积较小的过滤器。

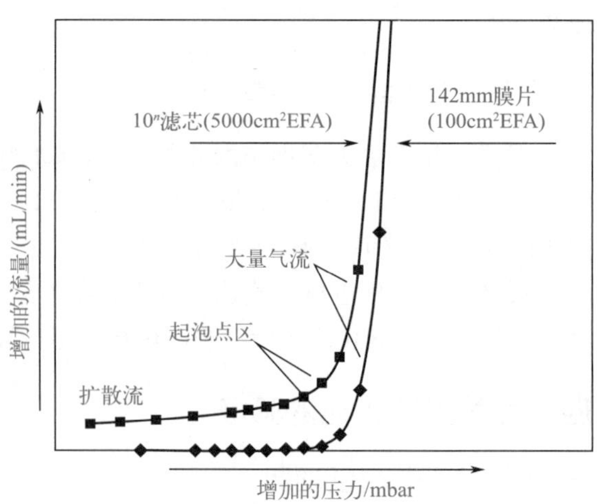

图7-31 过滤膜的气体流量曲线

2. 扩散流法测试原理

扩散流测试是指当气体压力在滤芯起泡点值的80%时，这时还没有出现大量的气体穿孔而过，只是少量的气体先溶解到液相的隔膜中，然后从该液相扩散到另一面的气相中，这部分气体称之为扩散流。以不超过生产商规定的最大流量为准。小面积膜过滤器的扩散流量较小，限制了该法的应用。

3. 水侵入法测试原理

水侵入法专用于疏水性滤芯的测试，疏水性膜抗拒水，孔径越小，把水挤入疏水膜中需要的压力越大，所以在一定的压力下，测量挤入滤膜中的水流量来判断滤芯的孔径。该项检测通常用自动完整性测试仪器进行。

这些检测方法可以手动进行或使用自动完整性测试仪。尽管可以手动测试过滤器的完整性，但是手动操作有时难免会对过滤器下游的无菌状态产生不良影响，最好采用完整性自动测试仪，可以只在过滤器的上游操作，从而避免对过滤器下游造成污染风险。与手动测试相比，自动系统有诸多优点：提高检测灵敏度，最大程度地降低人为带来的偏差，结果更加稳定，自动记录结果软件安全可靠，并且能确保过滤器下游的无菌状态。

过滤器完整性测试的时机选择如图7-32所示。过滤器的完整性测试在过滤前和过滤后均要进行。灭菌前完整性测试是为了确认过滤器在使用前是完好的。灭菌后完整性测试除能确认与灭菌前测试相同的信息外，而且更能说明过滤器是否在灭菌过程中被损坏。当进行灭菌后完整性测试时，需要采取措施确保系统的下游保持无菌。过滤后完整性测试可以发现过滤器在过滤过程中已发生的渗漏或穿孔。

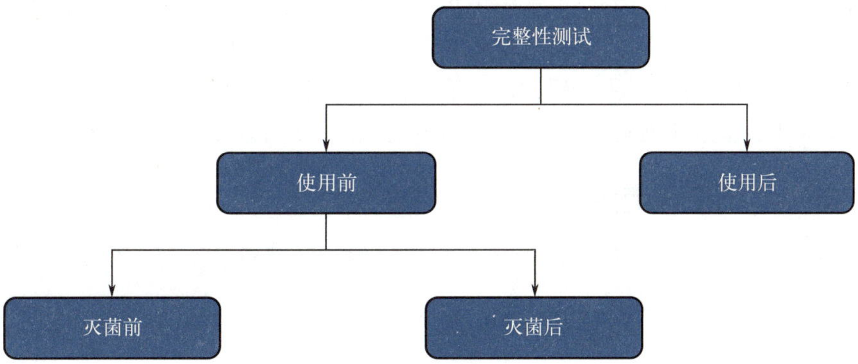

图7-32 过滤器完整性测试的时机选择

第八章

药品生产自控系统及信息化技术

第一节　药品生产自控系统概述

一、药品生产自控系统技术背景

近年来人们对药品生产的质量安全问题日益关注，药品所致的不良反应主要与原药材、质量、生产工艺及临床使用等因素有关。制药生产工艺相关生产工序是多变量、扰动大、非线性的复杂动态过程。对制药生产进行自动化控制，对影响药品质量的关键性工艺参数，如温度、压力、液位、流量、体积、密度、时间、pH值等加以实时监测和分析，避免手工操作带来的人为误差而引起产品的质量差异，将使制药的生产工艺技术和装备水平实现质的飞跃，使产品质量得到有效、科学、严格的控制。

二、药品生产自控系统工程范围

药品生产自控系统工程涵盖了施工的设计、制造、供货、运输、交付、安装、测试、试运行、培训、文件等全套内容。主要内容包括：

生产车间自动化控制系统二次优化设计；

编制控制系统全部设备、材料清单及预算；

系统I/O控制点设计；

自动化控制中央控制室及信息显示中心的设计；

自动化控制系统的设备、阀门和仪表选型及供货；

提出与主体设备厂商相关的自控仪表接口加工制作技术要求，并交付接口设计图纸；

自动化控制系统及现场仪表、阀门的供货及安装；

自动化控制相关的电缆、桥架、气管、保护管的供货及安装；

自动化控制系统仪表、阀门、控制柜及电磁阀箱的接线工作；

自控系统软件开发、控制程序的编写、调试；

单台仪表调校、自控系统联动调试合格验收及交付使用；

对使用方进行日常使用、维护方面的技术培训及售后服务等内容。

三、药品生产自控系统设计目标

结合制药生产企业URS实现制药生产车间各类单体设备的全过程自动化控制，完成控制系统构架网络设计、工艺流程设计、控制方案和过程控制设计。控制程序完全符合产品工艺的单线运行，在每个品种工序内部按照模块化设计，各工序之间明确各控制模块的逻辑关系和实时放行原则，实现整条生产线全过程控制。提高药品生产工艺的稳定性，实现连续化生产，生产过程满足GMP要求，确保药品生产数据完整性，提高生产管理水平及生产效率，节省人力成本，节能降耗，提高产品质量。

四、药品生产自控系统设计原则

设计过程需考虑到以下七点原则。

1. 先进性

GMP/GLP/GAMP：符合药品生产质量管理规范（GMP）、良好实验室规范（GLP）和良好自动化生产实践指南（GAMP）。FDA《美国联邦法规》第21篇第11部分（21CFR Part 11）：满足电子记录和电子签名的要求。采用先进的数据采集与监控（SCADA）系统和分布式控制系统（DCS），保障车间信息化架构的完整性。

2. 模块化

所提供的应用软件、控制软件、硬件设备，严格按照模块化结构方式配置，模块化并非狭义地理解为硬件设备全部是以插拔方式安装的，而应该理解为系统架构思想、管理体系是模块式的，系统软件功能模块、硬件设备具有可重组性，用户可根据实际需求自行编制组合新的功能模块和控制逻辑，或增减相关设备。集成系统是分层式的，满足工程分步实施的要求，方便软、硬件配置的逐步更改及扩充。

3. 开放性

需要从标准化接口、模块化设计、跨平台兼容性、数据共享、系统扩展性、第三方集成、网络架构、用户自定义、供应商中立性和未来技术兼容性等多个方面综合考虑。通过提高系统的开放性，可以增强其灵活性、可扩展性和适应性，从而更好地满足药品生产的复杂需求，并为未来的技术升级和业务扩展奠定基础。

4. 可靠性

提供一个可靠和容错性极高的系统，使系统能不间断正常运行。确保系统发生故障和突发性事件时，仍能正常运行。

5. 安全性

安全性设计需考虑：数据加密与完整性（符合FDA 21CFR Part 11）、网络安全（防火墙、入侵检测）、访问控制（权限管理、电子签名）、设备安全（紧急停机、故障保护）、环境安全（防爆、防污染）及系统冗余与灾难恢复，确保合规性、数据安全和生产连续性。

6. 规范性

本系统的设计均符合制药行业的法律法规，参照GAMP规范的要求和GMP、cGMP的原则，指导我们的医药工业自动化工作，主动地把自动化工作与企业的信息化工作以及药品质量管理工作紧密结合起来。

7. 经济合理性

从系统目标和客户实际需求出发，在最大限度满足客户需要的基础上，确保技术上的可行性，优化设计，保证经济合理性。

五、参考法规指南

① EN 60204-1《机械安全-机械电气设备》。

② 良好工程管理规范。

③《药品生产质量管理规范（2010年修订）》。

④《过程测量与控制仪表的功能标志及图形符号》(HG/T 20505—2014)。

⑤《自动化仪表工程施工及质量验收规范》(GB 50093—2013)。

⑥《电气装置安装工程　电缆线路施工及验收规范》(GB 50168—2018)。

⑦《电气装置安装工程　接地装置施工及验收规范》(GB 50169—2016)。

六、英文简称与描述

药品生产自控系统相关英文简称与描述见表8-1。

表8-1　药品生产自控系统相关英文简称与描述

名称	英文描述	中文描述
BOM	bill of materials	物料清单
BPR	business process reengineer	业务流程再造
CIP	clean in place	在线清洗
DCS	distributed control system	集散控制系统
DQ	design qualification	设计确认
FAT	factory acceptance testing	工厂验收测试
FDA	Food and Drug Administration	美国食品药品管理局
FS	functional specification	功能标准
GA	general arrangement	总布置图
GAMP5	—	良好的自动化生产实践指南
GMP	good manufacturing practice	药品生产质量管理规范
HDS	hardware design specification	硬件设计标准
I/O	input/output	输入 / 输出
IQ	installation qualification	安装确认
LED	light emitting diode	发光二极管
OEM	original equipment manufacturer	原设备制造商
OIP	operator interface panel	人机界面
OIT	operator interface terminals	操作员界面终端
OQ	operation qualification	运行确认
P&ID	process and instrumentation diagram	工艺设备流程图
PLC	programmable logic controller	程序逻辑控制器
PQ	performance qualification	性能确认
SAT	site acceptance test	现场验收测试
SDS	software design specification	软件设计标准
SOP	standard operation procedure	标准操作规程
UPS	uninterrupted power supply	不间断电源
URS	user requirements specification	用户需求标准
VIT	vendor internal testing	供应商内部测试
VGA	video graphics array	视频图形阵列

第二节　药品生产自控系统实施

一、药品生产自控系统需求分析

根据制药企业建设生产车间的URS，逐项进行需求分析确认。

（一）生产工艺设备需求确认

对本项目生产工艺流程进行需求确认，并对自动化控制系统涉及的生产设备数量与布局进行需求确认。例如，某中药提取生产自控系统工艺流程与设备情况见图8-1和表8-2。

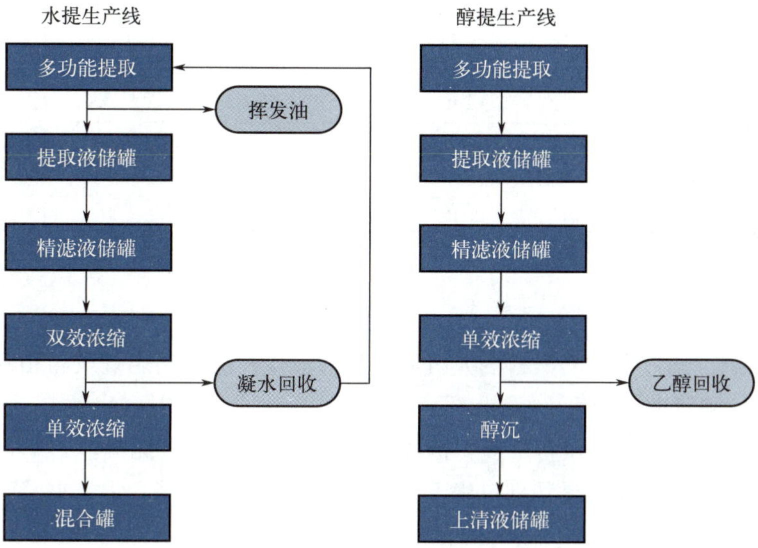

图8-1　提取生产自控系统工艺流程框图

表8-2　自控系统工艺设备情况

序号	水提/醇提	设备名称	数量	单位
1	渗漉工艺	渗漉高位罐	2	台
2	渗漉工艺	渗漉液缓冲罐	2	台
3	渗漉工艺	防爆离心泵	2	台
4	醇提工艺	提取罐	12	台
5	水提工艺	提取罐（水提、渗漉）	6	台
6	醇提工艺	回收乙醇缓冲罐	3	台
7	醇提工艺	轨道出渣车	2	台
8	醇提工艺	防爆离心泵	18	台
9	醇提工艺	提取液过滤器	9	台
10	醇提工艺	提取液储罐	9	台
11	浓缩工艺	纯电蒸发模块	3	套
12	浓缩工艺	浓缩液储罐	3	台

续表

序号	水提/醇提	设备名称	数量	单位
13	浓缩工艺	刮板浓缩器	3	台
14	浓缩工艺	防爆转子泵	3	台
15	浓缩工艺	防爆离心泵	3	台
16	醇沉工艺	醇沉罐（热回流）	4	台
17	醇沉工艺	列管冷凝器	4	台
18	醇沉工艺	醇沉罐	12	台
19	醇沉工艺	过滤器	4	台
20	醇沉工艺	上清液储罐	6	台
21	醇沉工艺	醇沉药渣压榨机	1	台
22	醇沉工艺	防爆离心泵	1	台

（二）控制系统要求确认

采用先进的冗余控制系统，通过有中文语言的人机界面显控，用户必须使用登录名和密码在操作屏幕上登录操作，应设置多级权限管理保护。

所提供的应用软件、控制软件及硬件设备，应严格按照模块化的结构方式配置。

操作站应具有完善的报警功能，能明显区别过程变量报警和系统故障报警。记录报警时间，并保存至少12个月的报警记录。

DCS/PLC和人机界面程序备份，出现故障时，用户可用此备份独立完成安装，还原到初始时的状态。

DCS/PLC及现场仪表、阀门通过UPS供电，断电后保障供电30min。

应提供一个可靠和容错性极高的系统，使系统能不间断正常运行。

控制系统部分：要求具有以太网通信协议。上位机采用工业以太网通信协议。软件需采用原厂的编程组态与监控软件。需采用正版授权软件。采用西门子或AB等同等先进进口软件。

配置一对冗余数据库和系统网络服务器，要求选用DELL专业服务器，CPU（中央处理器）四核（不得以普通高端计算机代替服务器），配置要求：双路四核，英特尔2.6GHz以上处理器，1T以上双路硬盘RAID1配置，16G以上内存。需采用正版授权软件和正版WINDOWS SERVER操作系统。

要求控制系统CPU冗余、电源模块冗余、控制网络冗余。

要求配置全厂各计算机系统的时钟同步服务器，自控系统周期性进行时间同步。

系统后台预设各品种默认工艺参数管理，高级管理人员具备权限才可调整。每次工序自控启动时自动调用默认工艺参数。

生产报表（非历史数据）按业主后期要求进行编制，包含设计文件中的产品品种，包括对管理人员的一套以及归档存档的一套共两套。生产报表格式要求尽量贴近纸质批生产记录。生产报表表现形式设计加入过程数据历史趋势的展示。

（三）现场仪表数据采集要求确认

仪表防爆等级需符合安装区域的防爆等级。

模拟量检测仪表应选择两线制，24V DC供电，4～20mA。

开关量检测仪表选择输出为干接点形式；电磁阀选择低压电磁阀。仪表统一配置成4～20mA电流型仪表。

调节阀阀门定位器，选择4～20mA两线制智能定位器。

流量计需考虑安装位置是否符合其直管段要求。

所有的仪表、阀门的选择均应提供材质证明，以保证符合GMP要求。

终端协议转换网关统一转换成MODBUUS TCP。OPC（过程控制对象链接与嵌入）通信尽量配置成OPC UA。

集成业务包含与设备厂家沟通确定采集协议及地址表、数据清单等，包含采集所需的软硬件供货、安装、调试，包含上位机组态及画面绘制调试。

（四）工艺过程自控需求确认

例如，多功能提取罐工艺自控需求如下。

提取自控：总体要求实现从投料到提取结束的生产流程自控系统。

生产准备、批号和牌号控制：实现操作人员可输入本次投料品名、批号、选择提取方式，随物料运转进行批次流转，后续工段检测非当前品名批次进行报警提示，停止操作，若品名批次一致，按程序顺序执行。

投料控制：人工投料，系统可自动检查投料前罐底门、锁的状态，自动检查相关阀门开关状态。投料桶、门、锁自控系统，开关到位检测，控制系统检测无误后，通过信号灯提示现场人员开始投料。现场人员通过旋钮将投料开始信号反馈至控制室；投料完成后，现场人员通过按钮将投料结束信号反馈至控制室。投料过程可实现手动、自动切换控制，应考虑手自动切换时串气问题。预留自动投料系统对接接口。

溶剂自动加液控制：系统根据工艺设定溶剂的加入方式，自动开启溶剂进阀，程序可选择是否试漏，并通过流量计自动累积加溶剂量，达到工艺设定值，自动停止加液。流量计与设备对应关系为1对1，口径与测量范围需满足工艺及设计要求。

提取罐温度控制：提取罐采用上下两段夹套、罐底盘管加热的多段加热方式；升温过程中通过PID（比例-积分-微分）自动整定实现温度控制，包括加热升温至起沸点的速率控制、起沸点判断和煎煮温度控制（3点温度）；升温、提取温度控制误差不超过±1℃；回流液温度测量、控制，保证二次蒸汽冷却效果与罐内煎煮状态。

提取时间控制：系统可自动进行微沸状态判断，达到工艺设定温度后，可自动计时提取，整个过程需有温度、压力、时间曲线，升温曲线控制。按工艺条件自控系统提取时间，计时误差±3秒。

提取次数控制：实现多次提取过程自动记录并显示，当完成某一步骤后，不可重复进行操作，并自动进行或提示下一步操作。

挥发油收集控制：采取调节控制提取罐底蒸汽压力的方式控制油水温度，保证分离和收集效果。

外循环控制：实现提取过程外循环逻辑控制（上、下温度差或外循环频率计时），保证提取效率。

冷却水联动控制：系统可以自动进行冷却控制，保证冷却效果。并通过回流液的温度变送器实时监测回流温度，控制回流液温度，异常报警。

蒸渣控制（醇提）：蒸渣过程自控系统，保证乙醇回收效果。

出液控制：提取过程结束后，自动进行出液控制，流量计计量出液量，并通过系统控制程序实现出液终点的自动判断。应具备在同时出料与进料的情况下，仍能计量二次或三次出液量，最终汇总出液总量，即不影响浓缩过程。

反堵控制：对出液堵塞会自动判断，包括罐底滤网堵塞、过滤器堵塞，并有相应自动、手动处理手段。

清洗控制：提取出渣结束后，自动完成提取罐清洗，可选择饮用水清洗、CIP系统清洗。

提取过程记录控制：系统实时显示当前生产过程所处阶段，并在关键操作时，进行界面或现场确认提示，整个过程具有温度、时间曲线。

提取工艺控制保护控制：实现提取罐内压力和夹套蒸汽压力监测和控制，并进行异常情况报警和联锁。罐内压力报警自动开启放空阀，放空阀开启后仍报警的需提示现场人员巡视确认。夹套压力报警可自动调节或关闭进气总阀。

阀门位置反馈：提取工段出液阀（过滤器前后）、循环阀、排污阀均需配置位置反馈，与控制过程联锁，异常状况报警。

出渣控制：系统实现与出渣车设备自带的PLC进行通信控制，实现出渣车自动运行至相对应提取罐出渣位置。当工艺运行至出渣时，控制系统给出渣小车发出出渣请求，出渣小车运行至指定位置后，将到位信号反馈至中央控制室，中央控制室操作画面提示人工或视频确认，确认现场安全后，自动打开罐底锁，锁打开到位后，自动打开罐底门，开始出渣，系统画面提示人工确认出渣完成，人工现场检查药渣残留情况，以及人工冲洗罐盖，完成一系列动作后，确认出渣完成，系统自动关闭罐底盖，罐底锁，发出离开信号给出渣小车。

CIP清洗工艺自控：实现CIP过程全自控系统，包括供水、清洗、回水等。碱液罐、纯化水罐、热水罐液位，进出液，出液泵自控系统。具有手自动切换功能，根据设定需求可实现设备、管道的自动在线清洗。通过系统控制水洗、碱洗单元操作，实现设备与管道清洗，清洗回水可就地排放与回收后集中排放。

公用系统自控：蒸汽系统总管压力检测、系统异常报警功能、蒸汽总管流量计量；真空系统真空泵启停控制、缓冲罐真空度监测、真空泵联锁控制、真空泵进水自动检测（压力、开关）与控制；空压系统空压机主管压力监测、空压机联锁控制；冷却循环水供回水总管压力检测、供回水总管温度检测、循环水泵恒压供水自动变频控制、冷却风机变频控制；饮用水系统总管压力检测、总管流量计量、饮用水泵变频控制、水箱液位检测及自动补水控制；中水系统水箱液位检测及自动补水控制；乙醇库乙醇储罐压力、温度、液位检测，乙醇进出液自控系统，计量控制等。

二、药品生产自控系统整体设计

1. 药品生产自动控制系统整体设计方案

结合每个项目规模，同时考虑系统与其他设备单机系统的集成以及系统的未来扩展性，控制系统采用国产/进口冗余控制器（DCS、PLC），实现CPU冗余、电源模块冗余、控制网络冗余。

为了保证项目的顺利实施及将来系统的运行稳定可靠，功能实用，技术先进，满足用户要求，设计系统应遵循以下原则：

以分散控制、集中管理、综合监控的模式，实现制药生产控制自动化、生产管理自动化，利于管理也便于现场操作、安装、调试和维修；

集控系统功能齐全、稳定可靠、先进，操作简便，界面直观、维护方便；

数据采集真实、准确、翔实，管理功能完善，既能满足GMP认证要求，又能满足企业管理者对生产过程实施更科学、更有效、更规范的管理；

系统模块化、结构化设计，各子系统既互相关联又具备独立性，以实现统一管理调度，并可提高系统的安全性、容错性、可维护性及可扩展性；

器件选型合理，保证系统的高性价比、高可靠性和安全性。

2. 药品生产自动控制系统功能要求

① 符合GMP的软件开发思路，包含配方保护功能和参数修改功能；以控制的目标联动单元或目标容器单元编写开发程序。

② 多级的权限管理保护：共设计五层管理权限，对应五项操作权限（监视、检查数据、操作员控制及设定、监控参数修改、数据集增减及口令编辑）。

③ 状态改变报告。
④ 报警信息报告。
⑤ 报告分组/报警管理。
⑥ 监控点历史。
⑦ 动态趋势分析。
⑧ 累积、统计分析功能。
⑨ 数据库上传/下载功能。
⑩ 时间预定功能。
⑪ 设备循环启/停功能。
⑫ 重大设备启/停延时。
⑬ 工业以太网通信，服务器工作站形式可与OA网络无缝连接。
⑭ 生产数据采集形成文件数据库。

3. 网络结构

集中监控系统以网络交换机为核心，以光纤构成的环形工业以太网为主干网，将设备控制层、集中监控层、生产管理层以及单机系统的主控PCS系统连接起来，实现方便快捷的数据交换，由I/O服务器将采集的数据提供给监控计算机进行集中监控和信息查询，同时相应产量、工艺等数据存入文件或生产管理层数据库（图8-2）。

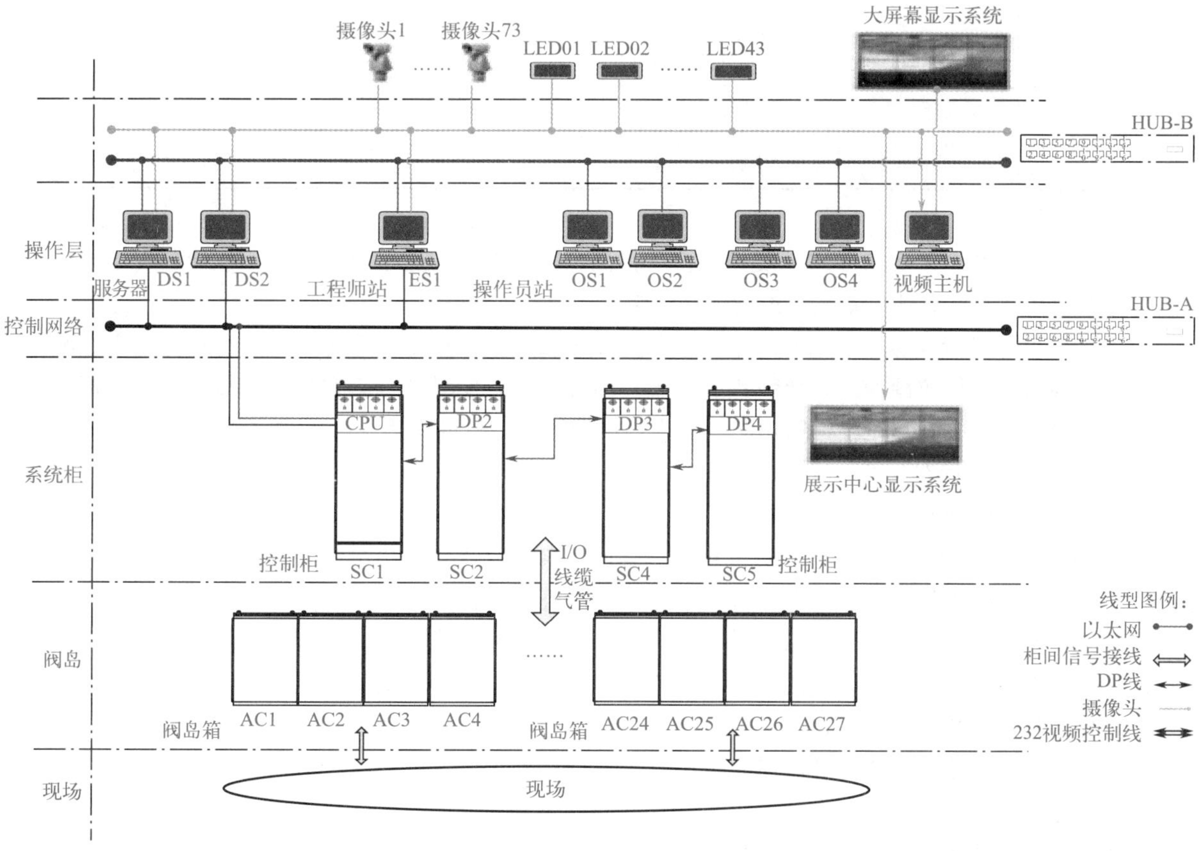

图8-2　控制系统网络架构图

生产车间控制室包含工程师站、操作员站、服务器、系统控制柜及总线阀岛，用于生产设备阀门及仪表信号接入。系统实际控制点位与系统配置点位数量如表8-3所示。

表8-3 生产车间I/O点数清单（例）

序号	信号类型	实际数量	冗余点数
1	电流输入（AI）	600	60
2	电流输出（AO）	400	40
3	开关量输入（DI）	2000	200
4	开关量输出（DO）	1000	100
5	通信点位	600	60
6	合计控制点位	4600	460

控制系统配置量如表8-4所示。

表8-4 控制系统配置量（例）

序号	信号类型	模块数量
1	8路电流输入	83
2	4路电流输出	110
3	16路开关量输入	138
4	16路开关量输出	69
5	通信模块	21
6	模块合计数量	421

工程师站负责整个系统软件的开发和维护，将控制程序加载到过程控制站，远程诊断现场控制器及模块组件的运行状态，自动更新系统配置，在线编程。

对系统各部分进行组态、参数修改、参数整定、报表生成、过程趋势图生成，有批量组态和配方管理功能，在线组态、修改画面。系统编程、组态界面友好，方便易学，工程技术人员经简单培训后即可进行组态编程。具有数据处理和存储功能，将生产数据进行分析处理后上传给生产管理网。

负责设备运行的状态监控、操作、显示、报警、生产信息处理、打印、系统起停命令发送、回路调节、设定值给定、硬件诊测、网络数据交换等。

操作站是整个控制系统的中枢，对上可用以太网与全厂管理计算机网络融为一体，管理层计算机通过以太网将各部门管理计算机、各车间计算机控制系统连成一体，实现数据共享，使各级主管部门能方便、实时地对车间生产运行情况了如指掌。管理层计算机装有数据库软件、人机界面软件（中文）、监控软件、通信软件、报表软件等应用软件。操作站将数据传送给管理层计算机，实现数据上传功能并接收上位管理计算机的指令，通过远程操作站来管理生产数据，从而有效地加强生产管理。对下要周期轮询控制站实时工况和数据，并可进行遥控操作。

4. 系统接地

可以采用单独接地方式，也可以采用等电位接地方式。

当采用单独接地时，此时应保证接地电阻小于4Ω，且单独接地体与其他电气专业接地体应相距5m以上，与独立和防直击雷接地体须相距20m以上。

当采用等电位接地时，要求将建筑物（或装置）的金属结构、基础钢筋、金属设备、管道、进线配电箱的PE（保护接地线）母排形成等电位联结。控制系统在接地网上的接入点应和防雷地、大电流或高电压设备的接入点保持不小于5m的距离。

5. 控制系统供电

设备除能接受上述两路电源外，在各个机柜和站内配置相应的冗余电源切换装置和回路保护设备，并用这两路电源在机柜内馈电。在电源分配柜内又分成控制电源、检修照明电源。其中控制电源可在A、B两路间自动切换，在一路电源故障时自动切换到另一路，以保证任何一路电源的故障均不会导致系统的任一部分失电。确保电源不间断，而检修照明电源可在A、B两路间手动切换。

机柜内的一套冗余直流电源，具有足够的容量和适当的电压，能满足设备负载的要求。

6. 监控显示系统设计

控制室监控层是以当前先进的计算机网络通信技术和计算机图形处理技术为基础，以个人计算机为标准配置的人机界面系统，包括监控计算机，在线编程管理计算机、打印机、网络通信设备等硬件设备，以及计算机操作系统软件、监控组态软件、网络通信软件等各功能软件。

7. 中控室及机柜室安装需求条件

（1）位置　控制室应位于安全区域内（易燃、易爆、有毒、腐蚀环境之外的区域）。

（2）温度、湿度　温度为（21±3）℃（夏季），温度变化率＜3℃/h。相对湿度为50%±10%，相对湿度变化率＜6%/h。

（3）空气净化要求　尘埃＜200μg/m³（微粒＜10μm），H_2S＜10μL/m³，SO_2＜50μL/m³，Cl_2＜1μL/m³。

（4）防静电措施　地面铺防静电地板，高度30cm。

（5）噪声、电磁干扰　控制室的噪声应限制在55dB（A）以下，远离强磁场干扰。

（6）供气/电条件　供气条件：气源压力600～800kPa。总耗气量：操作状态下耗气量0.95m³/min（深化结合实际数量确定）。

市电和UPS双路供电，耗电量：10kVA。

三、药品生产自控系统控制方案设计

① 多功能提取罐自控系统见图8-3。

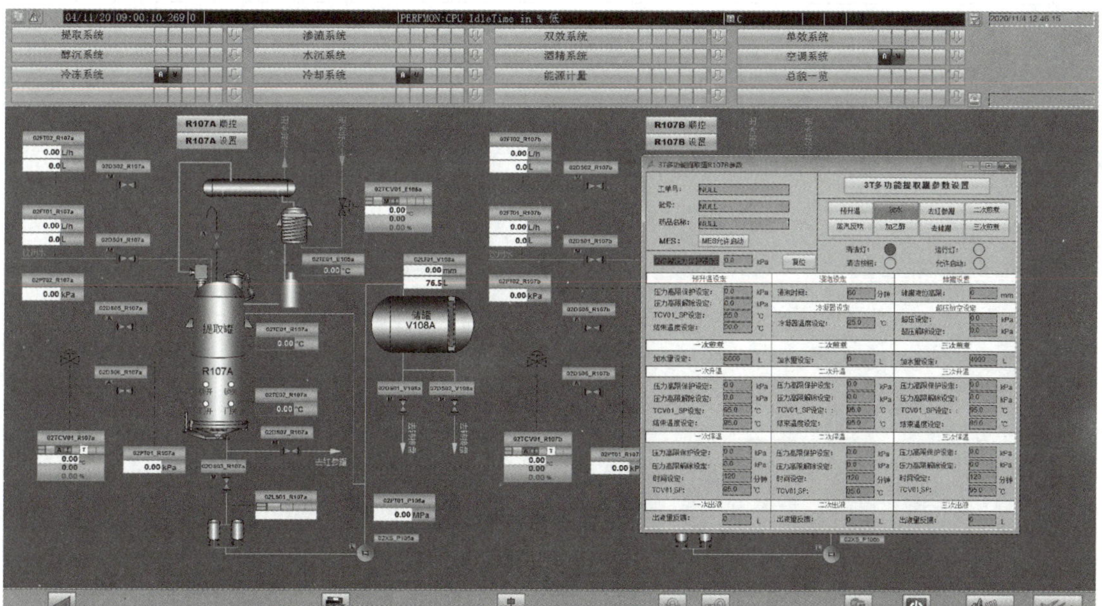

图8-3　多功能提取罐自控系统界面

主要控制功能块见表8-5。

表8-5 多功能提取罐自控系统主要控制功能块

序号	控制功能块	控制功能描述
1	系统自检模块	检测公用系统、设备状态联锁控制，符合条件允许开机
2	品名、批次管理模块	药品品名、批次管理，程序顺序执行
3	投料模块	投料门锁、投料门、投料桶自动开关及到位检测，投料按钮灯显示控制，预留投料通信控制接口
4	温控模块	PID自动调节控制蒸汽阀开度，控制提取罐内温度
5	进/出液模块	流量计精确计量溶剂进量，流量计精确计量出液量，进出液阀门自动开关，外循环自动
6	判堵模块	自动判断罐底滤网、斜板过滤器是否堵料，人工确认后，执行反堵程序
7	冷凝回流蒸渣模块	PID自动调节控制冷却水进量，控制回流温度，蒸渣回流阀门自动切换
8	清洗模块	饮用水自动清洗排污，CIP自动清洗排污
9	出渣模块	出渣门锁、出渣门自动开关及到位检测，出渣通信控制
10	安全联锁模块	设备安全、工艺操作安全联锁控制
11	数据记录模块	生产数据记录、趋势图、曲线图、报表生成

② 提取液储罐自控系统主要控制功能块及关键控制点见表8-6。

表8-6 提取液储罐自控系统主要控制功能块与关键控制点

序号	控制功能块	关键控制点
1	进/出液模块	进出液阀门自控系统，出液泵联锁
2	测容及防跑料模块	液位检测，体积换算，异常状况报警，防跑料控制
3	清洗模块	饮用水自动清洗排污，CIP自动清洗排污

③ 浓缩器自控系统如图8-4所示。

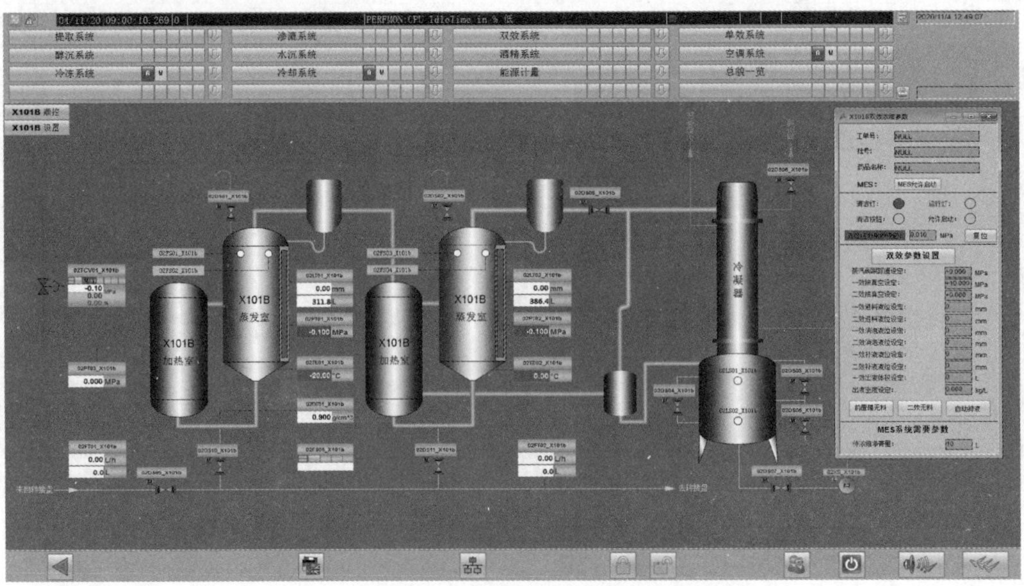

图8-4 浓缩器自控系统界面

主要控制功能块见表8-7。

表8-7　浓缩器自控系统主要控制功能块

序号	控制功能块	控制功能描述
1	系统自检模块	检测公用系统、设备状态联锁控制，符合条件允许开机
2	品名、批次管理模块	药品品名、批次管理，程序顺序执行
3	温控模块	PID自动调节控制蒸汽阀的开度，保证浓缩器内药液有效快速蒸发，浓缩器蒸发状态稳定，异常情况报警
4	真空模块	联动真空系统启停控制，同时监控真空缓冲罐及浓缩罐中真空度，通过装在真空管道上的调节阀使整个浓缩过程中罐内真空稳定，并进行异常情况报警提示
5	进液模块	首次进液与补液自控系统，电容液位计保持蒸发室高低液位平衡
6	消泡模块	平衡调节控制浓缩过程易产生泡沫阶段的系统参数，避免泡沫产生，一旦泡沫达到高位时，可通过调节真空阀门开度或者系统调节蒸汽开度，从而改变系统真空度实现浓缩器消泡，避免跑料
7	终点判断模块	收膏程序采用在线密度计检测浓缩液密度，逐渐浓缩至工艺设定范围，自动判断浓缩终点
8	受液器排液模块	在受液器上加装液位计，当受液器的冷凝液位达到所设定的高液位时，系统启动冷凝液出液泵，开始出液过程当进入受液器的冷凝液位达到所设定的低液位时，停止出液
9	冷却水模块	冷却水自动开关控制
10	清洗模块	饮用水自动清洗排污，CIP自动清洗排污
11	安全联锁模块	设备安全、工艺操作安全联锁控制
12	数据记录模块	生产数据记录、趋势图、曲线图、报表生成

④ 酒精回收塔自控系统如图8-5所示。

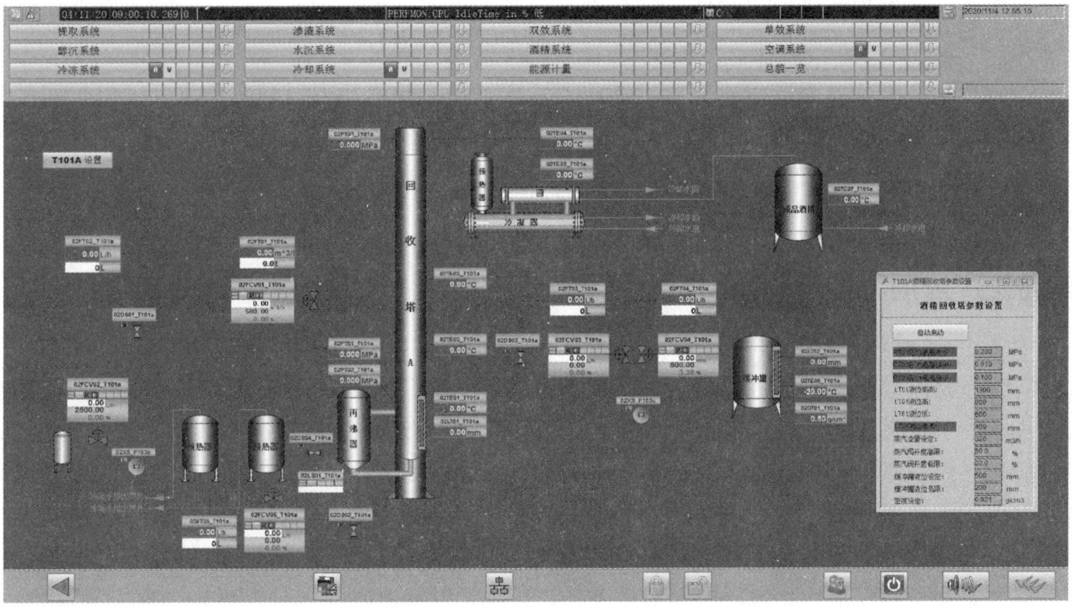

图8-5　酒精回收塔自控系统界面

主要控制功能块见表8-8。

表8-8 酒精回收塔自控系统主要控制功能块

序号	控制功能块	控制功能描述
1	温控模块	PID自动调节实时监测塔内温度，精确调节加热和冷却系统，确保温度稳定在工艺要求范围内
2	进/出液模块	流量计精确计量酒精进量，进液调节阀控制进液速度，出液调节阀控制出液速度，流量计精确计量出液速度、出液量，回流调节阀控制回流速度，流量计精确计量回流速度、出液量
3	浓度检测模块	出液密度计在线监测出液酒精浓度，塔顶温度变送器辅助判断出液酒精合格度
4	排液模块	排液调节阀与排液流量计控制连续排液速度
5	冷却水模块	PID自动调节控制冷却水进液量，控制回流温度
6	安全联锁模块	设备安全、工艺操作安全联锁控制
7	数据记录模块	生产数据记录、趋势图、曲线图、报表生成

⑤ 通信控制及监视：出渣车系统通过对出渣车成套设备控制系统的通信控制，实现中控室监视，并实时显示控制画面。干燥系统、纯化水系统、空压机系统通信控制通过DCS进行集中控制。

⑥ 公共系统控制及监视如下。

系统通过安装在蒸汽系统主管上的压力变送器实现实时系统安全保护，异常情况报警，蒸汽主管流量计计量车间蒸汽使用量；

系统通过安装在压缩空气系统主管上的压力变送器实现实时系统安全保护，异常情况报警；

系统通过安装在循环水系统进/回主管上的压力变送器检测供回水压力，通过安装在饮用水系统进/回主管上的温度变送器检测供回水温度，结合供水变频电机实现恒压供水，结合冷却水塔变频电机实现温度控制；

系统通过安装在饮用水系统进水主管上的压力变送器检测供水压力，结合供水变频电机实现恒压供水，主管流量计计量车间饮用水使用量，实现实时系统安全保护，异常情况报警；

系统通过安装在真空系统缓冲罐内的压力变送器检测真空压力，结合真空变频电机实现真空调节，实现实时系统安全保护，异常情况报警。

四、药品生产公用工程自动控制方案设计

由于药品生产对环境要求非常严格，因此需进行完善的洁净环境自动控制。根据GMP、FDA、EMEA（欧洲药物评审组织）规范的“一站式”药品生产公用工程自动控制系统，范围包括洁净空调控制系统（BMS）、能源管理系统（EMS）、粒子监测系统（PMS）、公用数据采集与监控（SCADA）系统、能源管控系统、智能弱电集成系统、冷冻水站智能集控系统等，通过先进的、完善的控制方案降低能源消耗，保障洁净室环境，减少设备故障，降低维护及运营成本。

药品生产公用工程自动控制系统将监控生产车间、质检车间、综合仓库区域的温湿度、压差、变风量、冷机群控系统、空压群控系统、能源监控系统、HVAC（供热通风与空气调节）系统等（图8-6）。

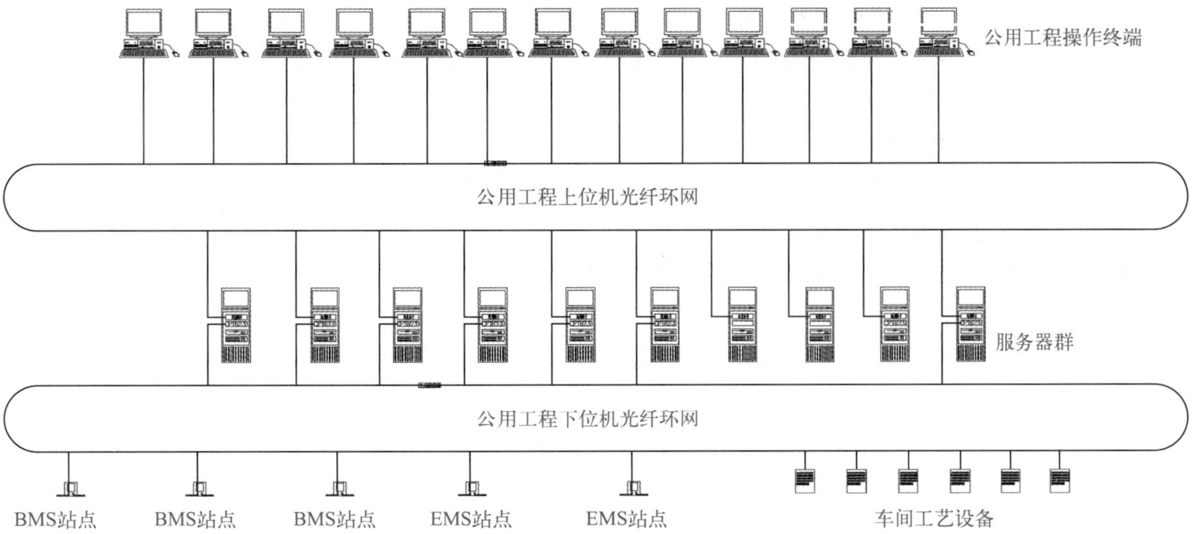

图8-6　公用工程自控系统架构图

1. HVAC系统运行控制策略

AHU（空调处理机组）以空调箱送风总管上的压力传感器回传的压力值来调节AHU内的风机转速，开机顺序为先开启AHU后开启排风机组，关机反之。

由送/回风管路上的露点温度传感器测得的露点温度作为反馈值，通过PLC内部PID控制回路调节表冷器水管回水段的电动调节阀及纯蒸汽加湿段电动调节阀使送风露点温度为设定值。

AHU的初、中、高三级过滤器的压差传感器将压差值回传至BMS系统，压差报警值可在上位机SCADA平台中进行设定。

送/回风温度控制是以出风口的干球温度传感器测得的干球温度作为反馈值，通过PLC内部PID控制回路调节加热段热水回水管路段上的比例式调节阀使送风温度达到设定值。

2. 能源监控系统运行策略

对生产车间内每层动力配电柜及照明配电柜的智能仪表上的能源信息及电力运行参数进行读取（如有功功率、功率因数、电量、相电压、线电压、相电流、线电流等），并根据现场实际情况在BMS系统SCADA平台上组态相关画面显示相关数据信息，对需要归档的数据进行归档；自来水、蒸汽用量均通过现场流量仪表接入BMS系统，并组态相关画面，进行数据归档。

3. 冷机群控策略

低温冷水机组群控是将低温冷水机组及其所配属的冷却水、冷冻水循环泵浦及以上的设备之间的阀门管道等组成视为一个整体的制冷单元。每台低温冷水机组本地所配属的控制站点需通过总线通信协议与BMS系统进行通信。

低温冷水机组的开机顺序为：冷却水泵 ⟶ 冷却塔 ⟶ 冷冻水泵 ⟶ 冷水机组。关机顺序反之。

低温冷水机组的启停应根据低温冷冻水回水总管上温度传感器所检测到的温度值及机组正在运行的工作负载进行判断，系统自动选择是否加载待机低温冷水机组。

所有低温冷水机组的报警信息要在BMS系统的SCADA监控平台上进行显示。所有冷冻水、冷却水泵浦均要实现在BMS系统SCADA平台上进行启停及相关控制，并能实时监控泵浦运行状态。

冷却水变频泵浦以冷却水出水温度作为反馈值控制冷却水泵浦工作频率，以保证冷却水的出水温度在设定值正常范围内。

冷却塔机组根据冷却水出水温度控制已经运行的冷却塔的风扇开启数量，保证冷却水出水温度维持在设定范围。安装室外湿球温度传感器，根据监测到的当前室外湿球温度作为设定值的基准值。冷却水优先控制顺序为冷却水泵变频 ⟶ 冷却塔风扇 ⟶ 冷却水旁通。

冷却塔在冬季制冷工况下的蒸汽加热控制策略：冷却塔开启时，当出水温度低于15℃时，开启蒸汽控制阀门，进行加热；当温度达到18℃时，关闭蒸汽控制阀门，通过旁通阀门调节参与控制冷却水温度。

4. 空压及制氮群控策略

本空压机群控系统通过基于PROFINET的通信协议，将空压机组及其相关系统的相关运行参数及报警信息实时传送至上位机层级服务器中。

在BMS系统SCADA平台上实时监控每台空压机的排气压力和总管道压力，并具备低压和高压报警功能，实现相关联动控制。以总管道压力及其他条件作为判定是否启动备机群控的控制条件。

通过微热式吸附干燥机后段露点温度传感器实时监测露点温度，当露点温度高于报警值时，在SCADA监控平台上弹出报警信息进行提示。

通过后端至生产区域压缩空气管道上的干球温度、露点温度、流量、压力传感器对相关数据进行实时监测，并进行数据归档形成历史曲线图。

5. 温湿度控制策略

不同级别的空调机组根据冬季和夏季不同，对温湿度有不同的需求，净化空调系统的回风或排风干管设置温、湿度传感器。

空调机组冷冻水表冷段、加热段、蒸汽加湿段流量PID调控以控制所对应区域的温度和湿度达到生产工艺要求为标准，所用阀门能够实现远程电动调节；表冷阀门、加热阀门和蒸汽加湿阀门开度能在线显示，并与空调机组进行联锁控制。

表冷器安装露点温度仪（输出值为露点温度），对表冷后温度进行检测并和冷却水调节阀进行联锁控制。

空调机组的新风、送风、回风处各设置风管温湿度传感器，以监测相应温湿度，并与系统中冷却水、蒸汽加热、蒸汽加湿的调节阀做连续控制。

空调机组送风干管加装风量传感器，与风压传感器进行实时比对，报警范围可在SCADA相关组态界面进行设计。

6. 送风风量控制策略

洁净空调机组总送风采用变频调节定风量控制；总送风管上安装风压传感器，稳定控制总风量并显示总送风量，投标方提供最优的变频定风量控制方案。

排风机采用变频调节定风压控制，排风管上风压传感器控制排风机变频器稳定排风压力，并显示排风管压力，排风风机与排风阀门联锁，防止倒灌。

空调机组送/回风总管风量测量装置采用双支风速测片+空气动压传感器形式，每套送风总管风量测量装置分别按照送风总管长边和短边的长度配置风速测片。

新风管安装风量阀，与风机启停联锁，定风量控制。

7. 压差控制策略

通过控制每一个房间的绝对压差，洁净室（区）与非洁净室（区）之间、不同级别洁净室之间的空气静压差应符合要求，不应小于12.5Pa，相同洁净度等级不同操作间之间不应小于5Pa。

空调机组（包括排风风机）所有初效、中效过滤器压差传感器和排风机箱中效过滤器压差传感器均实现远程监控并具备报警功能，当过滤器两端压差超过设定值时报警，提示清洗或进行更换，压差传感器具备现场压差数值显示及模拟量信号回讯功能。

空调机组对应区域，选一个关键房间送风口高效设置一个压差传感器在线监测点，检测高效过滤器堵塞情况，并可产生报警提示工作人员更换过滤器。

每个洁净房间出入门开启和关闭状态均需接入下位机层级PLC信号模块中，通过出入门的开关状态与其房间所属的VAV阀门进行联动控制，确保门开启时VAV（变风量系统）阀门不动。同时在BMS系统的SCADA组态界面完成相关区域的组态并能实时监测到门的状态，门开启后一定时间内触发报警，该时间可设定。

每个洁净房间内的VAV阀门通过AS（自动化站）站点进行控制，以房间内的压差传感器收集到的数据作为反馈值与设定值进行比较，进行PID控制以使房间内压差在设定值范围内。

8. 送、排风联锁控制策略

实现空调机组送风和排风风机现场和远程启停控制、故障报警、运行状态显示、手自动状态显示，空调机组送、回风PID变频调节控制、频率反馈。

新风阀为开关量阀门，并有阀位反馈信号接入下位机PLC信号模块，控制系统检测到给定与反馈不一致时应提示报警信息。

实现风口电动风阀的自动控制、运行状态反馈，并与风机进行联锁控制：风机启动，风阀执行自动控制；风机停止，阀门自动关闭。开启顺序为送、回风阀 ⟶ 风机，关机顺序相反，具有延时功能，延时可设定。送风机与排风机联锁，开启顺序为送风机 ⟶ 排风机，关机顺序相反且每一流程完成后均需延时开启下一流程。

开机顺序应按照洁净等级从高到低的顺序开启。即先开启A级洁净区域然后按照B、C、D的顺序，保证高等级洁净区域相对于其下一等级洁净区域内压力差值为正值。关机流程反之。

9. 空调系统的四种模式控制策略

消毒循环模式：进入模式后首先关闭所有消毒区域内的排风机，在排风机关闭后联锁控制相应空调机组的送风量。通过PLC输出模拟量信号控制空调机组送风机风量调整至达到循环消毒所需的风量［该风量在进入该模式（启动按钮）前可在SCADA平台相关组态画面中进行设置］。所有相关排风均切换至回风模式，新风阀开度以保持消毒区域正压即可。开启消毒剂（臭氧）或灭菌剂［VHP（汽化过氧化氢）］发生器，通过不锈钢管道进入空调系统的回风主管进行作业循环，作业循环的时间可在SCADA平台相关组态画面窗口进行设定。

消毒排风模式：空调机组风机的风量保持循环消毒运行所需的风量，风量可在相关画面上进行设定。进入该模式后新风阀全开，在新风阀全开后，联锁动作开启，消毒排风机并将回风切至消毒排风系统，该步骤运行时间可在SCADA平台相关组态画面窗口进行设定。

正常运行模式：在SCADA平台组态画面有相关模式开启及停止按钮，在组态界面中点击按钮后进入正常运行模式。进入该模式后空调系统按照相关生产工况下的要求进行工作，空调机组、房间的排风机正常开启，消毒排风机处于关闭状态。

停机模式：进入该模式后关闭房间内的排风机、关闭空调机组直至整个空调系统关闭。

上述四种工况在对应每一台AHU空调机组均要在SCADA平台的相关组态画面中以画面窗口的形式进行监控。在工况切换时需保证室内正压。

EMS主要用于洁净区的环境监测，仓储区域的相关环境参数及冰箱温度的监测。该系统是将以上区域的监测数据通过所对应的各类型的传感器通过现场AS站点传送至上位机监控平台。EMS主要包含以下几部分：温湿度监测、相对压差、风速监测等。

PMS在各个车间关键工序（灌装和胶塞、铝盖接收间）均与EMS在该区域的操作屏共用，可以查看悬浮粒子和浮游菌使用点的显示数据，对生产过程中的报警进行查看、复位操作。各车间工艺室及大楼总控室配有指定的SCADA系统进行操作及审计追踪。PMS由在线悬浮粒子计数器、浮游菌采样器、控制系统等部分组成，监测粒径为0.5μm和5.0μm。

10. 公用工程自控系统数据处理策略

过程工艺参数应能以报表和曲线两种形式进行记录。

数据采集点的采集频率：实时显示的数据采集频率至少1次/s，打印数据周期可设置。

所有运行数据能够长期保存（＞3年），并能够导出到电脑保存。数据可以在线连接打印机打印。打印件包含但不限于所有的关键参数报表，曲线趋势，报警故障处理，审计追踪等信息（图8-7）。

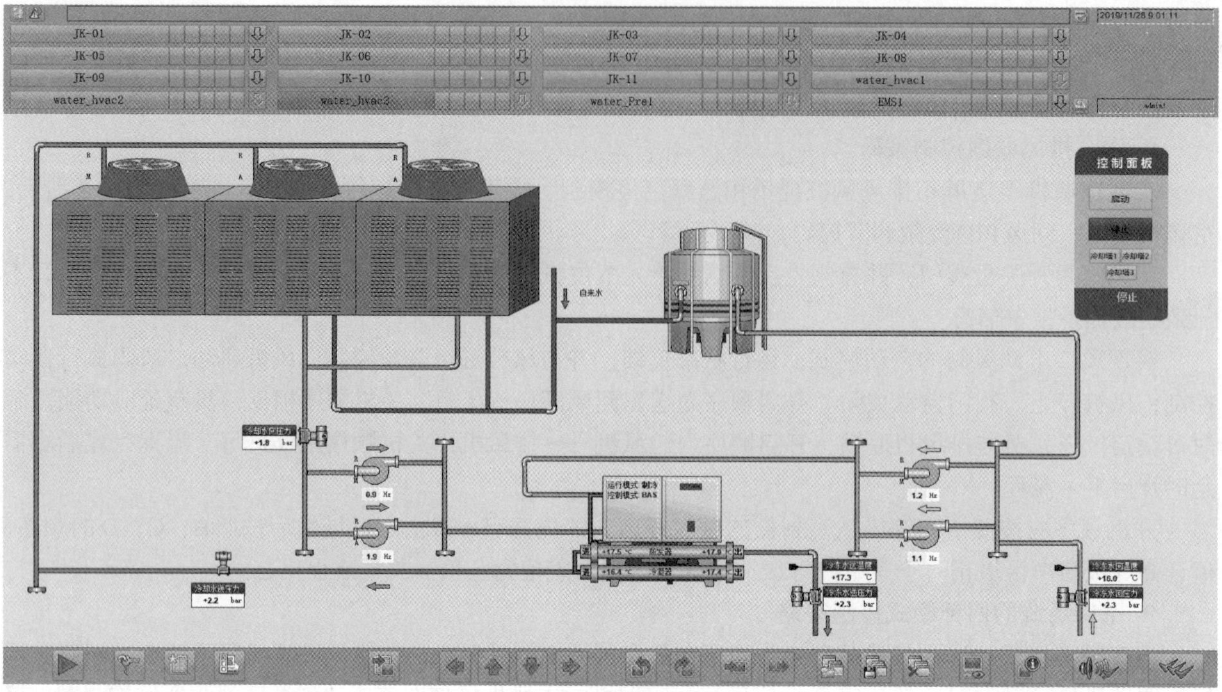

图8-7 公用系统监控界面

11. 公用工程自控系统审计追踪策略

系统的操作权限分为操作员、主管、维护员、管理员四个级别。

修改关键参数时，系统应对修改的日期、时间、修改人、旧值、新值、修改原因进行审计追踪。

审计追踪须记录发生、修改或删除电子记录的任何事件。

所有审计追踪的录入须是由电脑生成的日期时间和操作人员姓名。

任何用户不得编辑审核追踪记录。

具备自动退出登录功能。

断电恢复后，系统处于待机状态，必须由操作人员确认才能继续运行。

系统时钟能与公司控制中心标准时钟进行同步，保证时间的准确性和一致性。

五、药品生产自控系统安装与调试

（一）现场仪表设备安装

1. 一般规定

① 仪表安装前应按设计位号核对其型号、规格及材质。其外观应完好无损，附件应齐全。

② 现场仪表安装时，其位置不得影响工艺操作。显示仪表应安装在便于观察、维修的位置（仪表中心距地面高度宜为1.2～1.5m）。

③ 仪表宜安装在远离机械振动、强电磁场、介质腐蚀、高温、潮湿的场所。

④ 仪表安装时不应敲击及振动，安装后应牢固、平正，不承受配管或其他机械外力。

⑤ 安装在工艺管道的仪表或测量元件，宜在工艺管道吹扫后，压力试验前安装，仪表标定流向应与被测介质流向一致。仪表或测量元件的法兰轴线应与工艺管道轴线一致，固定时使其受力均匀。

⑥ 仪表设备上的接线盒、进线孔的引入口不应向上，以避免油、水及灰尘进入，当不可避免时，应采取密封措施。

⑦ 仪表设备标志牌上的文字及端子编号等应书写或打印正确、清楚。

⑧ 仪表设备（盘、箱、柜、台等）严禁用非机械加工方法开孔或切割。

⑨ 对有特殊要求的设备，安装时应严格按照安装使用说明书进行（图8-8）。

2. 温度仪表安装

① 就地指示温度仪表安装时，应便于观察。

② 温度仪表（热电阻、热电偶等）连接螺纹应与其配合使用的连接头螺纹匹配。

③ 安装在工艺管道上的测温元件插入方向宜与被测介质逆向或垂直，插入深度应处于管道截面1/3～2/3处。

④ 温度仪表应在工艺管道、设备施工完毕后，压力试验前安装。

⑤ 表面温度计的感温面应与被测表面紧密接触，固定牢固。

图8-8　制药现场仪表安装

3. 压力仪表安装

① 测量低压的压力表或压力变送器的安装高度宜与取压点的高度一致。

② 集中安装的压力表或压力变送器应布局合理，排列整齐美观。

③ 压力仪表不宜安装在振动较大的设备和管线上。

④ 被测介质压力波动大时，压力仪表应采取缓冲措施。

⑤ 测量高压的压力表安装在操作岗位附近时，宜距地面1.8m以上，或在仪表正面加保护罩，避免发生泄漏伤人。

⑥ 测量液体或蒸汽压力时，应优先选用变送器低于取压点的安装方案。测量气体（特别是湿气体）压力时，应优先选用变送器高于取压点的安装方案。

4. 流量仪表安装

① 核对流量仪表说明书和工艺管道平面图，设计应能满足流量测量仪表对介质、流向、位置、上下游侧直管段的技术要求。

② 转子流量计应安装在无振动的垂直管道上，上游侧直管段的长度不宜小于工艺管道内径的2倍。前后工艺管道应固定牢固。

③ 电磁流量计的安装应符合下列规定:

流量计、被测介质及工艺管道三者之间应连成等电位，并应接地。

在垂直的工艺管道上安装时，被测介质的流向应自下而上，在水平和倾斜的工艺管道上安装时，两个测量电极不应在工艺管道的正上方和正下方位置。

口径大于300mm时，应有专用的支架支撑。

周围有强磁场时，应采取防干扰措施。

5. 执行器安装

① 执行器安装方向应与工艺管道介质流向一致。

② 调节阀安装应垂直，底座离地面距离应大于200mm，调节阀膜头离旁通管外壁距离应大于300mm。

③ 执行机构应固定牢固，操作手轮应处在便于操作的位置。

④ 执行机构的机械传动应灵活，无松动和卡涩现象。

⑤ 带定位器的调节阀，应将定位器固定在调节阀支架上，并便于观察和维修。定位器的反馈连杆与调节阀阀杆连接应紧密牢固。

⑥ 电磁阀在安装前应按安装使用说明书的规定检查线圈与阀体间的绝缘电阻。

⑦ 执行机构应固定牢固，机械传动应灵活，无松动和卡涩现象，执行机构连杆的长度应能调节，并应保证调节机构在全开到全关的范围内动作灵活、平稳。

⑧ 气动及液动执行机构的信号管应有足够的伸缩余度，不应妨碍执行机构的动作。

6. 现场仪表盘（箱、柜、台）安装

① 仪表盘（箱、柜、台）安装在有振动影响的地方时，应采取减震措施。

② 在恶劣环境或存在爆炸性危险的区域内安装的就地仪表盘（箱、柜、台），其密封性和防爆性能应满足使用要求。

③ 仪表中间接线箱应固定牢固，密封垫圈完好无损。在爆炸和火灾危险场所中安装的中间接线箱多余的进线口应做防爆密封。

④ 仪表保温（护）箱底距地面高度宜为600～800mm，仪表箱支架应牢固可靠，并应做防腐处理。

垂直度要求：箱高度小于1.2m，允许偏差3mm；箱高度大于1.2m，允许偏差4mm。

倾斜度要求：水平方向倾斜度允许偏差3mm。当五个以上成排安装时，允许偏差5mm。

⑤ 仪表盘（柜、台）型钢基础制作应与设备尺寸一致，制成后进行除锈防腐处理，其偏差值应符合规定。

⑥ 单台仪表盘（柜、台）安装应符合以下规定：

垂直度允许偏差1.5mm/m。

水平方向倾斜度允许偏差1mm/m。

⑦ 成排仪表盘（柜、台）的安装除应符合单台仪表安装规定外，还应符合下列规定：

相邻两盘（柜、台）顶部高度允许偏差为2mm。

相邻两盘（柜、台）接缝处正面的平面度允许偏差为1mm。

相邻两盘（柜、台）间接缝的间隙，不大于2mm。

⑧ 根据甲、乙双方商定的标识方法，在现场安装的仪表盘、箱、柜、台上设立醒目标识牌（图8-9）。

图8-9　现场盘柜安装图

（二）仪表线路敷设与DCS配线

施工前除了参照自控仪表的设计走向和标高外，还必须仔细审阅其他专业的相关设计图纸，避免影响设备及管道安装，并本着避开高温、机械损伤，不影响交通及兼顾整体美观的原则进行施工。

严禁从桥架底部开孔引出穿线管，以免桥架中的雨水顺着穿线管流入表计损坏仪表，穿线管中可能积水处在其最低点，应设排水设施。

电缆敷设时要层面清楚、顺序合理，拐弯处摆放整齐，挂上标牌，终端和始端要固定牢固，标记要清晰。为减少强电对仪表信号的干扰，电力电缆与信号电缆应分开敷设，进入桥架后分开摆放，并用金属板隔开，金属板应可靠接地，接地电阻不大于10Ω，本安电缆与非本安电缆也应如上分开敷设。

电缆敷设完毕后，进出控制室处要充填严密。

在机柜、接地系统和UPS安装就位后进行接地、电源、数据通道三个系统配线。

电源配线由电源配电盘分别引至各机柜电源接线端子和输入输出电源接点。要特别注意各电源端子的电压等级，以防错接。

机柜与操作站之间及机柜之间数据通信电缆使用由厂商提供的专用通信电缆，带有适配器、中继器等，配线时按照技术规范和图纸要求对号入座，正确可靠安装。

安装于爆炸危险区域内的仪表、电气设备和材料，必须选用防爆或本质安全型，同时必须检查其防爆等级是否达到设计要求和国家有关规定；防爆接地应保证其接地的连续性。

（三）仪表单体调试

检查核实仪表的型号规格、测量范围等是否与设计相符，并做好相应的位号标识。

仪表安装前必须进行外观检查、性能校验和实际测量范围的调整，并做好单体调试记录。

所使用的标准设备应在有效的检定周期内，并有有效的检定合格证标识，根据被校表的精度来选择满足调试精度要求的标准表。标准表的基本误差不应超过被校表基本误差绝对值的1/3。

压力变送器、液位变送器的校验点应在全量程的0%、25%、50%、75%、100%选取。

由于是防爆区，对温度计全部做导通和绝缘检查，并进行热电性能试验。

压力变送器的单体调试应根据设计所给定测量范围核实变送器的量程，并严格按照仪表说明书进行单体调试，单体调试结束后必须做好位号标识。

液位变送器的迁移量应根据设计提供的介质密度和现场的实际液位高度来计算。

调节阀的泄漏量试验按照设备厂家提供的技术要求进行。

（四）各控制模块编程调试

1. 控制程序要求

简易可行、控制思路明晰、有手自动切换，出现应急情况可手动控制，避免危险操作，功能完备，报警、联锁、互锁齐全。保证生产过程的安全性。

2. 运行准备事项

压缩空气、蒸汽、冷却水、纯化水、电力等所有公用条件准备就绪。

接通电源、溶剂源、气源、控制柜内所有电气开关，控制系统处于正常工作状态。

检查现场手阀和管路连接及设备设施。

检查自控系统阀门和仪表是否处于正常状态，若阀门状态不正常，先查看通道是否导通，在通道导通的情况下，查看气路（包括气源到电磁阀，及电磁阀到现场阀门）是否畅通；若仪表状态不正常，先查看控制通道是否正常，在通道导通的情况下，测量现场仪表的信号线信号输出是否正常，若都正常，则问题原因在于仪表本身。

检查出渣口、门闭装置、锁装置和保险装置是否工作正常。

（五）系统检查及试验

1. 系统试验前提条件

① DCS控制部分应在安装后，进行单独校验并确认合格。

② 气源及电源的供给已确认符合设计要求，能向各仪表正常供气及供电。

③ 各测量、控制、调节回路中各组件之间的接线、接管正确无误。

④ 系统试验的目的是使各测量、控制、调节及联锁报警系统处于可投入运行的状态。

2. 系统试验的主要内容

① 温度测量系统，逐点试验各点，均应显示当时的环境温度，并且现场的实际点与DCS上的显示点应一致。

② 带变送器或转换器的系统温度、流量、液位、压力、差压等参数的测量及调节回路。

有条件时在变送器输入端加上信号，这样可以试验整个系统，若实施有困难，可在变送器输出端向回路输入标准信号（如4～20mA DC、1～5V DC等），但必须注意不论何种试法，试验完成后必须把接线、接管恢复到试验前的状态。

这项试验可以检查显示、报警、调节输出、调节阀的动作是否符合规定的精度和设计要求（如调节器正、反作用，调节阀的动作方向等）。

③ 联锁系统的试验：各主机停车联锁，对各联锁停车项目逐项做假动作试验，联锁信号可从仪表上人为给出或从继电器、接线端子上人为给出，试验从电控系统的主机跳闸回路的继电器动作开始验证，直到主开关分闸（注意：做该项试验时主开关的高压电源绝对不准接入，与业主方有关部门密切配合）。

仪控系统内部的温度、流量、压力、液位等参数的联锁项目，应试验到电磁阀失电，对应的调节阀打开（或关闭）为止。

④ 声光报警系统的试验：人为地闭合各带报警点的仪表接点，对应的声光报警应发出报警，按“确认”按钮则停止闪光及声响。

⑤ DCS的试验，应参照有关的组态，维护说明进行模拟试验。特别应强调的是开关量输入/输出要求的是无源触点还是有源触点，输出能带的容量是多大等必须很清楚。否则高电压（如220VAC）的接入会导致DCS接口板的损坏，DCS试验合格后，才同其他系统联机试验。

以上各项试验可以综合在一起做，在试验时要及时记录，避免重复或遗漏项目，在试验过程中临时的短路接线必须拆除，拆开过的接线必须重新接好。

（六）仪表与系统投运

在完成前述的系统检查及试验后，本系统即具备了投入运行的条件。一般的投运程序及注意事项如下：

① 合上各仪表盘、UPS的电源开关，并再次确认电源电压符合设计要求。然后按工艺过程的操作要求依次打开各取压点，分析点的截止阀。

② 打开向系统里各阀门定位器供气的阀门，再次确认气源压力符合要求。

③ 投运差压变送器时先打开平衡阀，然后打开检测阀，最后全关平衡阀。

④ 按工艺确定的程序投入各种测量、控制、调节仪表及联锁报警系统。

⑤ 仪表投运期间，若需要停止其运行或又要再投运，应与操作人员联系，特别是与联锁报警系统、自动调节系统、控制系统关联的仪表，以便操作人员准备好必要的操作对策。

⑥ 当需要使用“联锁解除”按钮时，也应与操作人员联系，并密切注意被解除联锁的仪表所显示的工艺参数，应尽快恢复联锁。

⑦ 自动调节系统的工艺参数设定值及联锁报警系统的设定值不可随便变更，生产上确定需要改变设定值时，应做好书面记录备查。

⑧ 自动调节系统中调节器PID参数的最佳整定，需在实际试车过程中摸索，若在运转中做了某些调整应把参数值及调整日期、时间记录下来，便于日后分析比较。

⑨ DCS的操作应由专业经过操作培训的人员完成，并熟悉工艺流程及紧急停车逻辑复位等一些重要操作，要了解动作过程并应严格按操作指导进行。

第三节　药品生产信息化系统概述

一、药品生产信息化技术背景

随着智能制造相关概念与软硬件解决方案的提出，制药企业传统的生产模式正在不断受到冲击，药品生产企业在新建生产车间以及原有生产车间数字化改造方面大幅增加投入，通过智能生产装备、数字化物联网络、信息化管控系统建立起智能化制药生产工厂。由于每家企业数字化基础不同、实施人员技术水平不同、投入力度不同，造成实际实施效果良莠不齐，难以满足智能工厂设计要求。

因此，需要根据用户实际需求以及已实施项目经验总结，设计、归纳、总结出相对完整、可控、实用、有效的制药生产车间生产信息化管理整体解决方案。通过将制药生产数控设备与工艺设计系统、生产组织系统和其他管理系统的集成，从整体上改善生产组织与管理，提高制造系统的柔性，提高生产的质量和效率，实现制药生产全流程的自动化、数字化、智能化管理控制，实现药品生产全流程的可追溯、电子化指导生产等现代化数字制药，实现工业化与信息化的“两化融合”，生产过程得到全面规范化管控，实现真正合规、高效、智能的制药生产信息化（图8-10）。

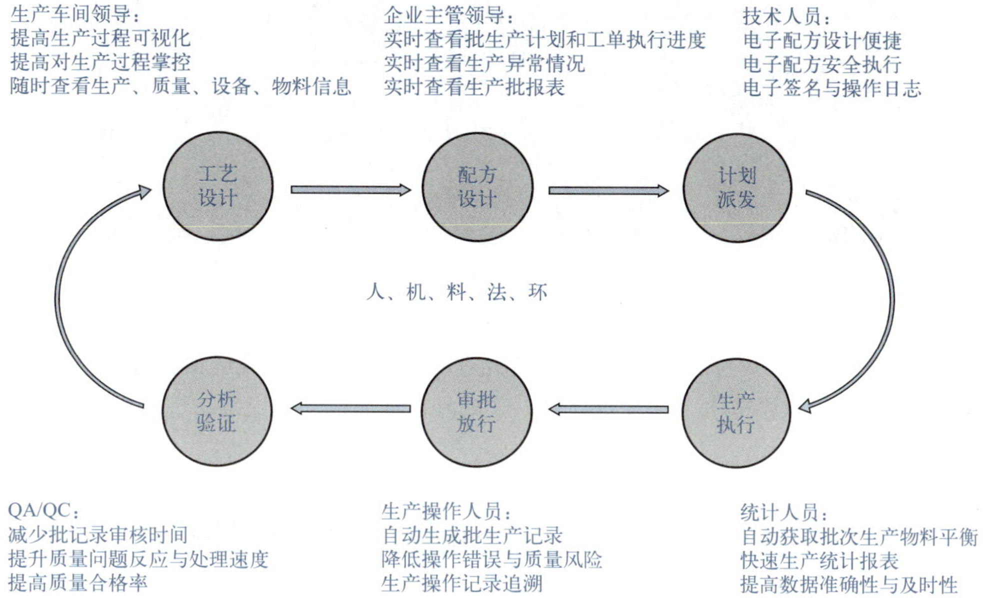

图8-10　制药生产信息化应用效果

二、药品生产信息化建设目标

工艺流程数字化：实现系统后台对加工工序、产品工艺流程的数字化配置管理，提高生产制造过程工艺流程的规范性和精确性，克服传统操作引起的人为差错，提升生产执行管理效率。

作业可视化：提供工位看板，实现车间作业可视化，包括工艺加工过程、工序、作业安排；实现车间管理与计划调度的可视化，包括工序、物料、进度、产量及质量等可视化。

生产资源识别自动化：对车间/功能区（门禁）、物料、人员、设备等生产资源进行赋码［条码/二维码/RFID（射频识别）等］，实现生产过程涉及各类资源的自动化管理。

设备运行/预警管理自动化：通过设备管理的数据采集与监控系统，实现设备运行、维护、预报警控制的数字化、实时化、自动化管理。

数据标准化、结构化：应用主数据描述规范以及主数据管理系统，实现产品制造过程的KPI（关键绩效指标）数据，包括设备、人员、物料、抽样、检测、记录等数据的标准化、结构化。

记录电子化：车间现场记录特别是批生产记录、质量追溯数据的数字化、实时化，提供生产作业、产品质量、设备运行、人效、物料平衡等生产过程所涉及运行分析的数字化报表。

生产装备数据集成：全面采用先进工艺及智能装备，工艺布局合理，智能装备应全面实现联网和数据采集，关键重要装备应实现远程控制和运维。

自动仓储物流管控：建立原辅料、半成品、成品、包材仓储和物流管控系统，通过生产线实际生产计划实时拉动物料的精准配送，采用智能AGV（自动引导车）、自动传送装置，实现仓储和配送的可视化管理，应用智能装备实现关键件的仓储和配送。

智能综合管控：以MES（制造执行系统）为管控核心，以生产计划与执行为主线，基于统一平台，实现计划、执行、现场、物流、质量、设备、资源的集中管控（图8-11）。

图8-11　生产信息化监控中心

全产业链质量追溯管控：在原料基地、药材前处理、生产加工、物流运输和最终使用端广泛采用条形码、二维码电子标签等识别技术，实现对物料、半成品、成品流动的追踪与追溯。

第四节　药品生产信息化系统实施

一、智能化机房建设与组网

制药企业实现药品生产信息化管理，其中智能化机房、数据中心与生产网络的建设是最基础的条件之一（图8-12）。构建新型数据中心，并整合现有的资源，建立基于资源池层的基础软、硬件资源池，并进行动态调度、自动管控和共享使用，为各类业务应用提供标准化、可定制化的运行环境，提高整体运营效率和IT设施的可靠性、安全性，并有效降低运营成本，促进智慧应用建设的跨越式发展，主要包括以下七个系统。

图8-12　机房与监控中心

（一）机房供配电系统

计算机设备供配电系统是计算机系统正常运行的前提和保证，供配电系统提供电源的质量好坏，直接影响着计算机系统的稳定性和可靠性。在实际项目中按照B级供电方式对机房进行设计施工。机房供配电系统采用电压等级220V/380V、频率50Hz的TN-S系统。机房供配电系统应考虑系统扩展、升级，预留备用容量，配电柜/箱应有充足的备用回路。

机房电气工程内容主要包括动力配电系统、UPS配电系统、照明系统等。本次电源设计分界点为机房市电柜总开关位置，机房市电柜总开关下端为本次施工设计范围。

（二）防雷、接地系统

防雷和接地系统在数据机房中起着非常重要的作用，但是在机房建设中却往往不被大家重视。数据机房内电子设备多为精密设备，具有高密度、高速度、低电压和低功耗等特性，这就使其对各种诸如雷电过电压、电力系统操作过电压、静电放电、电磁辐射等电磁干扰非常敏感。近年来由于防雷、接地系统防护措施不力造成电子设备事故也越来越多，直接造成了巨大的经济损失，重要设备损坏使网络陷入瘫痪后造成间接的损失更是惊人。

GB 50174—2017中对机房防雷、接地系统要求如下：

① 电子信息系统机房的防雷和接地设计，应满足人身安全及电子信息系统正常运行的要求。设计除应符合本规范外，还应符合现行国家标准《建筑物防雷设计规范》（GB 50057—2010）和《建筑物电子信息系统防雷技术规范》（GB 50343—2012）的有关规定。

② 保护性接地和功能性接地宜共用一组接地装置，其接地电阻按其中最小值确定。

③ 对功能性接地有特殊要求需单独设置接地线的电子信息设备，接地线应与其他接地线绝缘；接地线与接地线宜同路径敷设。

④ 电子信息系统机房内的电子信息设备应进行等电位联结，并应根据电子信息设备易受干扰的频率及电子信息系统机房的等级和规模，确定等电位联结方式，可采用S型、M型或SM混合型。

⑤ 采用M型或SM型等电位联结方式时，主机房应设置等电位联结网格，网格四周应设置等电位联结带，并应通过等电位联结导体将等电位联结带就近与接地汇流排、各类金属管道、金属线槽、建筑物金属结构等进行连接。

每台电子信息设备（机柜）应采用两根不同长度的等电位联结导体就近与等电位联结网格连接。

⑥ 等电位联结网格应采用截面积不小于25mm^{2}的铜带或裸铜线，并应在防静电活动地板下构成边长为0.6～3m的矩形网格。

（三）综合布线系统

计算机机房是服务器、网络设备和存储设备等核心设备的互联中心，任何一条通道或端口的故障均可能造成整个系统的运行不正常甚至中断，因此计算机机房布线系统的可靠性极其重要。除了一般采用的设备冗余、物理备份以外，布线系统本身由高质量、高可靠性、高密度、线路配架冗余、易扩展模块化产品组成。

综合布线系统必须支持多重协议，除支持IEEE 802.3及IEEE 802.5国际标准外，还应支持其他各种流行的网络协议，符合客户机／服务机体系结构，并满足GB 50311—2016标准。

（四）微模块系统

微模块系统根据高效节能、优化管理的原则设计而成，包含了制冷模块、供配电模块，以及网络、布线、监控、消防等模块。微模块有向外供电接口、制冷接口、网络接口以及通过顶置弱电与强电槽预留综合布线接口。采用列间空调进行制冷，实现了100%的高显热比，有效降低数据中心的整体加湿与除湿能耗，列间空调使气流循环路径最短，在有效冷却的前提下提高数据中心热密度，实现了数据中心的节能制冷。

微模块数据中心系统由高性能机柜系统、配电列头柜系统、热交换机散热系统、消防冷通道系统、综合走线系统及综合监控管理系统组合而成。采用独特的冷热循环通道设计，整个机房内部的冷、热气流交换都在内部封闭空间内完成，与机房外部不联通；其中通道走廊内为冷通道区，机柜后部（200mm空间）为热通道区，通过交换机的冷热循环交换实现对设备的制冷和散热，使得整个制冷系统更高效、节能、环保。

微模块数据中心的综合管理系统包括动力监控、环境监控、安保监控、远程监控、多媒体报警5大监控管理功能，使得整个数据中心机房内所有的物理环境、微环境因素得到了实时的监控管理，机房管理者能在第一时间掌握数据中心机房的运行数据情况。

另外，整个微模块数据中心还配备智能电源管理系统（列头柜）、消防联动顶板系统、自动移门系统、综合走线系统，让整个数据中心配套设施更完善，各项实际应用功能更齐全，为网络设备的安装使用和维护提供了完整可靠的机房综合解决方案。

微模块数据中心图解见图8-13。

图8-13　微模块数据中心组成架构

（五）超融合系统

通过部署虚拟化管理、分布式存储管理、软件定义网络管理、数据库存储集成和资源调度等功能模块，实现资源统一管理。主要功能包括对外提供镜像服务、计算服务、存储服务、网络服务、认证用户管理服务、计量管理服务、数据库服务、消息服务等所需的云平台服务。

支持计算节点物理服务器，分布式存储服务器的部署将通过云平台的自动化功能实现，云平台集成基本的硬件监控模块。云计算管理平台的高可用采用容错系统结构实现，保障所有功能模块高可靠零中断运行（图8-14）。

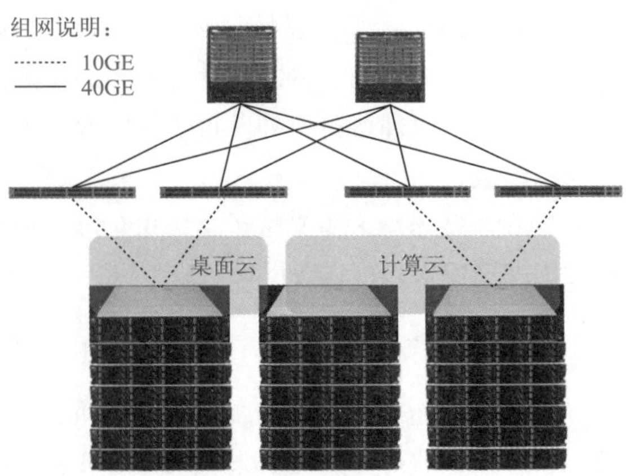

图8-14　超融合服务器架构图

（六）机房备份系统

随着信息技术的快速发展，机房备份已成为任何一个组织和企业必备的关键任务。本文将介绍一种高效可靠的机房备份方案，确保数据安全和业务连续运营。

1. 备份目标

① 数据完整性：保证备份的数据与源数据一致，不发生数据丢失或损坏。

② 效率与可靠性：确保备份过程高效、可靠，不影响正常业务运营。

③ 备份策略：根据业务需求制定合理的备份策略，包括全量备份和增量备份。

④ 数据安全：采取安全措施，防止备份数据被恶意篡改或泄露。

2. 备份方案

① 为确保备份过程的高效性，选用具备大容量、高速度的备份设备，如网络存储设备（NAS）或磁带库。

② 根据业务需求选择适合的备份软件，确保备份效果和后续恢复操作的可靠性。

③ 备份策略有全量备份、增量备份、定期验证备份数据。

全量备份：首次备份所有数据，之后只备份发生变化的数据。适用于数据量较小且变化不频繁的情况。

增量备份：仅备份发生变化的数据，节省存储空间和备份时间。适用于数据量庞大或变化频繁的情况。

定期验证备份数据：定期恢复备份数据，验证备份数据的完整性和可用性。

3. 数据存储和传输

① 存储介质选择：兼顾容量和速度，如磁带、硬盘阵列等，确保数据存储安全、可靠。

② 数据加密：对备份数据进行加密，确保数据在传输和存储过程中的安全性。

③ 网络传输：通过网络进行数据传输时，选择可靠的网络传输协议，确保数据传输的稳定和可靠性。

4. 定期备份测试与恢复

① 定期测试备份数据：定期测试备份数据的完整性和可用性，以确保备份数据的有效性。

② 恢复测试：定期进行备份数据的恢复测试，以验证数据恢复的可行性和恢复速度。

5. 风险和应对措施

① 存储介质故障：不同的存储介质可能存在故障风险，需定期检测存储设备的健康状况，及时替换损坏或老化的设备。

② 网络传输风险：备份数据在网络传输过程中可能会遭受黑客攻击或数据泄露风险，需加强网络安全措施，如使用加密传输协议等。

③ 人为操作失误：备份操作过程中人为操作失误可能导致备份数据异常或丢失，需建立清晰明确的备份操作流程，定期培训操作人员并建立权限管理制度。

（七）网络系统

1. 网络系统总体规划

制药网络系统规划包括三套网络：办公网、生产网、安防网。三套网络按照“专网专用，互相隔离”的原则设计规划。

企业网络注重的是网络的简单可靠、易部署、易维护，因此在总体网络设计中，拓扑结构通常以星型结构为主，较少使用环网结构。

2. 基于星型结构的生产网设计遵循的原则

① 层次化：将生产网络划分为核心层、汇聚层、接入层。每层功能清晰，架构稳定，易于扩展和维护。

② 冗余性：关键设备采用双节点冗余设计；关键链路采用trunk（主干）方式冗余备份或者负载分

担；关键设备的电源、主控板等关键部件采用冗余备份。提高整个网络的可靠性。

③ 安全隔离：生产网络应具备有效的安全控制。按业务、权限进行分区逻辑隔离，对特别重要的业务采取物理隔离。

④ 可管理性和可维护性：网络应当具有良好的可管理性。为了便于维护，应尽可能选取集成度高、模块可通用的产品。

3. 网络布线架构

① WAN连接层：包含网内的各种终端设备和生产设备，例如MES终端、电脑、PDA（工业手持终端）、PLC等。

② 接入层：负责将各种终端接入到生产网络，通常由以太网交换机组成。对于某些终端，可能还要增加特定的接入设备，例如交换机、无线接入的AP（接入点）设备等。

③ 汇聚层：将众多的接入设备和大量用户经过一次汇聚后再接入到核心层，扩展核心层接入用户的数量。汇聚层通常还作为用户三层网关，承担L2/L3边缘设备的角色，提供用户管理、安全管理、QoS（quality of service，服务质量）调度等各项跟用户和业务相关的处理。

④ 核心层：负责整个生产网的高速互联，一般不部署具体的业务。核心网络需要实现带宽的高利用率和网络故障的快速收敛。

⑤ 出口：是生产网到外部公网的边界，生产网的内部用户通过边缘网络接入到公网，外部用户（包括客户、合作伙伴、分支机构、远程用户等）也通过边缘网络接入到内部网络。

⑥ 数据中心区：部署服务器和应用系统的区域，为企业内部和外部用户提供数据和应用服务。

⑦ DMZ（demilitarized zone，非军事区）：通常公用服务器部署于该区域，为外部访客（非企业员工）提供相应的访问业务，其安全性受到严格控制。

⑧ 外联网（extranet）区：与DMZ相似，但它主要是面向合作伙伴提供服务。

⑨ 网络管理区：对网络、服务器、应用系统进行管理的区域，包括故障管理、配置管理、性能管理、安全管理等。

该组网结构具有以下特点：

以核心节点为“根”的星型分层拓扑，架构稳定，易于扩展和维护。

核心层采用双节点冗余设计，关键链路均采用trunk（主干）链路，保证网络的可靠性。

二、数据采集与监控系统

（一）SCADA系统概述

数据采集与监控（SCADA）系统是一套通过网络实现各生产区域、公共区域等设备设施联网的物联网监控系统，采用物联网技术，实现设备设施的状态、运行、工艺数据的采集与存储，利用2D和3D可视化技术以及数据分析技术实现数据的远程图表展示、工艺流程展示、趋势与分析、报警管理与分析等；打通生产现场设备设施级数据，通过物联网平台实现生产现场的监控与管理。

根据用户实际需求，制药SCADA系统采集范围包括：各生产车间及公用工程等设备设施，以及系统、空调集中控制系统等的数据采集、存储、可视化。

（二）SCADA系统架构设计

SCADA系统架构中，底层为车间各单机设备，单机设备控制系统需进行改造或增加通信模块，通过以太网接入网关，网关支持多种协议通信，同时支持接口开发，实现单机设备的集成，各网关通过系统网络连接到数据中心服务器，系统组态、数据处理、脚本编辑等工作在工程师站完成后下载到服务器，服务器上的数据通过终端网络发布到各系统终端，如SCADA客户端、大屏幕、MES服务器、远程终端等。

以各产线为PLC控制器数据采集单元，通过标准协议将各个PLC实时数据汇总到通信网关上，通信网关通过OPC接入SCADA服务器，在数据中心设置两台SCADA服务器。每台服务器具备两块网卡，一块用于连接采集交换机，另一块用于监控交换机，监控站（SCADA客户端）通过监控交换机与服务器连接。SCADA系统共设置三层：数据采集层、数据计算层、综合监控层，详细说明如下。

数据计算层包括：工程师站、DCS服务器、能源管理服务器、监控服务器。

数据库包括DCS实时数据库、能源管理相关的关系数据表结构、数据存储过程及存储数据记录。能源计量相关的实时数据，包含仪表管理、设备管理、报警管理、报表管理等数据，是所有管理功能和流程界面管理的数据基础和依据。

（三）SCADA系统集成方案

制药生产基地的生产车间设备，要求各单机设备配置以太网通信接口和标准通信协议，有的采集点位没有任何的相关仪表设备，因此需要对部分设备进行接口改造和协议转换，设计方案中选用以下转换器，优点在于不用修改源程序可直接读取数据。

针对不同的设备，具体采用以下不同的解决方案：

控制系统有网口支持OPC、Modbus等通信协议可直接连入网关读取数据。

控制系统无通信接口的，可进行改造增加以太网通信模块，然后进行通信。

不支持通信的PLC，需进行改造PLC，更换系统实现通信。

单片机等特殊系统需独立开发接口。

控制系统PLC需带以太网通信接口模块，卖方出厂前组态完成，并提供CPU通信地址、通信波特率、奇偶检验位。

（四）SCADA系统功能设计

生产数据采集与监控系统，主要包含生产监控、报警管理、数据展示、生产报表、数据集成与存储、用户管理等功能（图8-15）。借助SCADA系统对现场的运行设备进行监视和控制，实时监控药品生产一线状况，随时调取企业生产各环节实时在线监控画面，确保按照GMP要求，对所有关键环节的数据监控全方位覆盖。

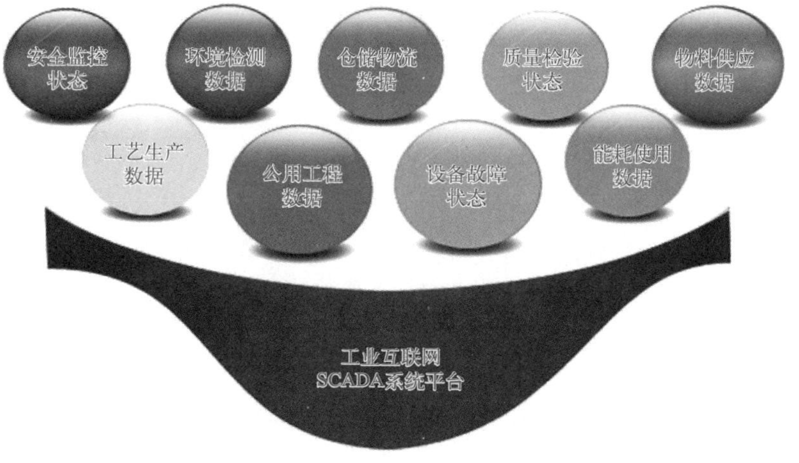

图8-15　SCADA系统示意图

SCADA系统也是MES与自动化系统集成的数据基础与纽带，SCADA系统将数据统一集成后，并与MES交互，将生产数据上传到MES，同样，MES下载参数也是从SCADA系统传到下层各单机设备中，因此SCADA系统在工厂信息化建设中扮演着重要的角色。

1. 生产监控

SCADA系统的最主要功能即生产监控，系统通过通信集成，将车间各独立的设备集成到SCADA系统中进行统一管理监控，解决了车间分散、设备独立等生产问题，用户可以在中控室监控全厂的生产运行状况，包括每一台设备的状态，保证生产的质量和安全，用户在操作终端上实现对生产的监控与管理是建设智能化工厂的第一步（图8-16）。

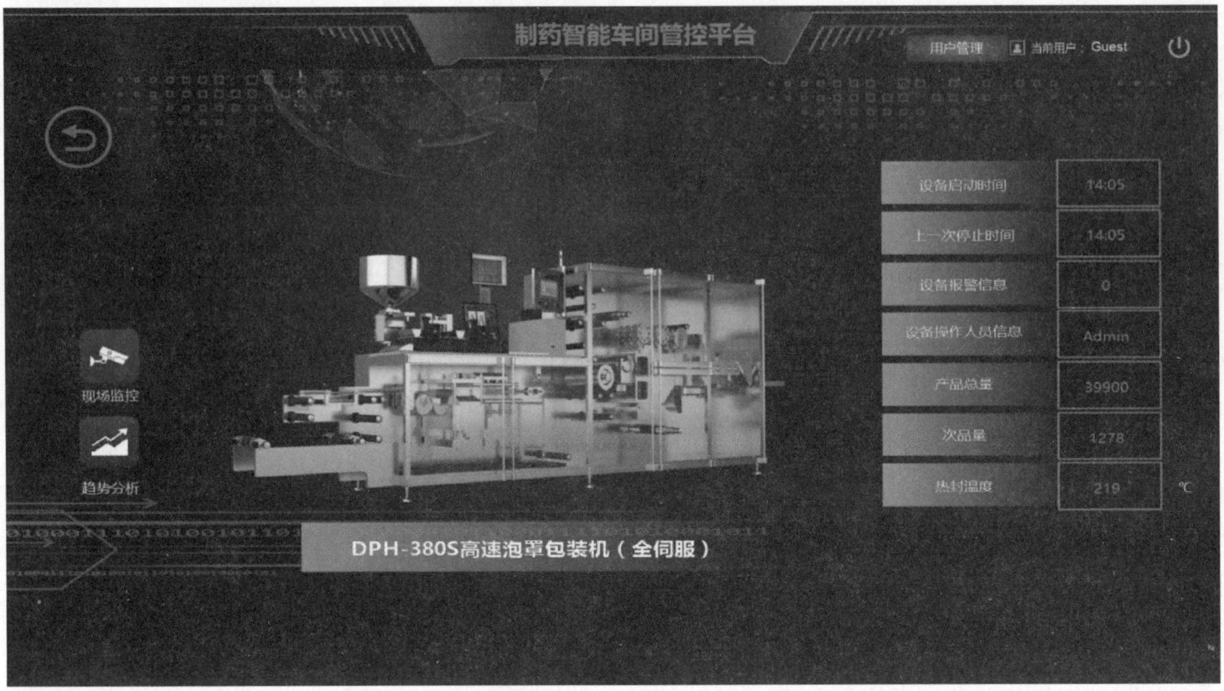

图8-16 SCADA监控图

根据实际的需要，为方便相关人员能快速、清晰地了解到现场的情况，SCADA系统把整个车间的监控流程图细分为各装置流程图、各装置汇总工艺参数实时监控图、全场装置总貌图。根据不同的调度定制不同的流程图画面。

根据工艺要求，将整套装置或所有装置的关键工艺参数点，例如温度、流量、压力、液位、质量、计算统计点、能耗绩效指标、产量指标、负荷、重要设备的开停机状态等集中以流程图或数据表格的形式进行显示。

2. 数据展示

SCADA以图形、动画、报表、趋势曲线等手段展示生产车间的工艺流程、设备的运行状态，系统提供多种数据展示与分析界面，如柱状图、曲线等显示，用户在使用过程中既可查看实时数据，也可以查询历史数据，多样化的数据展示界面可为用户提供最直观的数据分析，帮助用户发现问题所在（图8-17）。

SCADA系统集成了车间的多套设备，对整个车间进行监控，同时各个设备的报警信息也将集成到SCADA系统中，因此对报警信息的有效管理是非常重要的，发生事故后若不能及时发现并排除将会造成极大的经济损失，这对SCADA系统的报警及追忆功能要求很高。报警事件检测平台检测判断，将数据转换为状态，不但对当前的状态进行分析，还可预测出未来一定时间内是否有故障的趋势，真正实现见微知著的作用。系统在检测到异常后可通过声光、语音、短信等多种方式发出报警。

实时报警可以通过在流程图组态过程中进行报警组态，将报警的触发条件和参数，如高限、高高限、低限、低低限报警等输入到报警数据库中然后将实际获取到的实时数据与报警设置参数进行比对，再根据比对的结果进行声光预警提示，告知生产管理人员生产出现异常，保存历史报警事件的发生时间和内容。

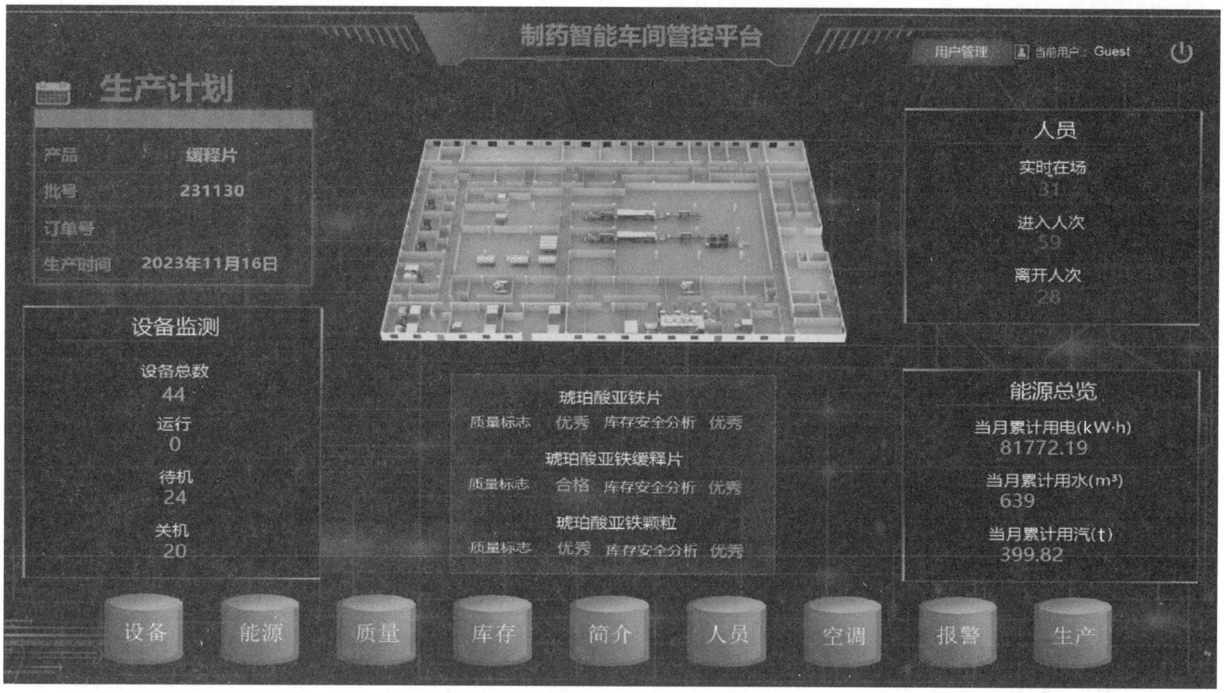

图8-17　SCADA系统数据监控

3. 报表管理

自动生成实时和历史数据报表（如生产、能耗、设备状态），支持自定义报表格式和周期；提供数据导出（如PDF、Excel），便于分析和存档；具备异常事件记录和报警统计功能，辅助故障分析和决策优化，提升生产管理效率（图8-18）。

用户定制报表为用户提供个性化报表开发，以满足用户的生产管理需求。

图8-18　生产报表查看

4. 数据集成

SCADA具有强大的系统集成功能，支持与多种主流PLC通信，包括PROFIBUS（过程现场总线）、Modbus等协议，同时支持OPC通信、数据库读写等功能，系统可以与MES、自动化系统、各单机PLC设备、能源管理系统等进行集成，并将获取的数据进行展示与存储。

5. 数据管理

SCADA通过建立生产工艺信息数据库和生产质量信息数据库，完成全车间生产数据库的建立和存储，并具有数据连续压缩存储5年以上、数据规模100000点以上、客户端单点查询速度20万条记录/s、生产数据自动汇总分析计算、数据冗余备份管理功能。

6. 日志管理

系统提供日志管理功能，可以对系统事件如关键参数修改、设备的调控等操作进行日志记录，记录操作人员、操作时间及操作原因等信息。

7. 用户管理

系统提供用户管理功能，可以设置用户组，对每个用户设置不同权限，用户在使用SCADA系统时，输入账号、密码，根据账号权限进行操作，保证系统的安全。

整个系统根据设备、区域、产线等被划分成多个功能。根据系统的功能清单，建立了标准的访问权限。工程师也可以根据客户化的功能创建新的访问权限，并赋予用户。

工厂初步权限分配如表8-9所示。

表8-9 初步权限分配

ID	部门	用户组	描述
1	信息部	ENGINEER	信息部工程师
2	信息部	IT-MANAGER	信息部负责人
3	设备部	EQ-MANAGER 1	设备管理员
4	生产部	SC-MANAGER 1	生产部领导
5	车间	CJ-MANAGER 1	车间主任
6	车间	CJ-MANAGER 2	车间维护人员
7	车间	OPERATOR	车间操作员（内操）

8. 终端管理

电脑终端放置在中控室，用于监控整个车间的运行状况，同时可以投放到中控室大屏幕用于展示。同时，SCADA系统可以通过网络发布，实现远程监控，主要实现车间生产信息管理数据的网络发布，在满足相应权限的前提下，企业相关领导及生产负责人可随时通过网络了解车间生产信息。该模块包括SCADA软件管理平台的所有数据及界面网络发布，含发布平台、实时数据接口、网络访问权限、界面管理等功能，是所有网络远程访问的基础和依据。

手机和平板电脑，根据企业生产信息化管理需求，设计移动终端管理功能，主要实现工艺生产报警信息的及时通知，以及各品种批次生产的关键数据统计信息定时发布，服务器将相关数据以定时推送或自动触发的方式通知到各相关领导及生产负责人，便于其及时了解生产情况，及时处理现场问题。

现场终端可以是LED显示屏，也可以是触屏电脑，用于显示，一般不用于操作，主要用于显示单台设备信息，让现场操作人员直观地了解设备信息。

三、制造执行系统

（一）MES介绍

随着新版GMP的实施，对制药企业提出了更高的要求，在新规的约束下，制药企业如何通过信息化系统的建设和改进来达到标准，实现更好的管控至关重要。在国家医药工业发展规划中，主要任务之一就是提高医药工业信息化水平，包括加强信息技术在新产品开发中的应用、提高生产过程信息化水平、提高企业管理信息化水平等建设内容，其中生产过程信息化鼓励推广应用制造执行系统，提高生产效率和生产过程可控性，降低生产成本，稳定产品质量，实现产品质量的可追溯性（图8-19）。企业管理信息化建设鼓励企业集成应用企业资源计划、供应链管理、客户关系管理、电子商务等信息系统，推动研发、生产、经营管理各环节信息集成和业务协同，提高企业各个环节的管理效率和效能。

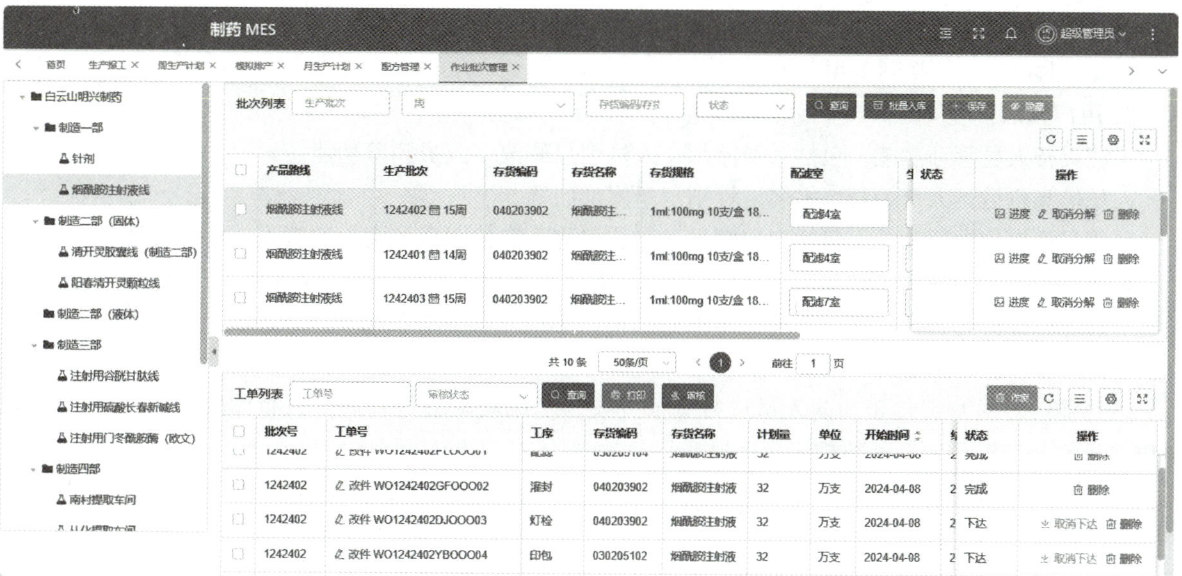

图8-19　制药生产MES操作界面

药品的质量和生产效率至关重要，必须建立生产全周期的生产制造管理体系，从药品生产各个环节进行全方位的合规化、信息化、智能化管理，并与ERP、LIMS、WMS、DCS等进行交互集成，通过信息化和自动化紧密结合的手段，建立一个集生产控制、优化、调度、管理和经营于一体的综合自动化系统，推动生产过程自动化系统（FCS）与企业资源计划（ERP）的信息化综合集成，建立真正和完整的制造执行系统（MES）。

通过制药专用MES，按照符合GMP要求的SOP对生产流程进行管控，实现生产订单、物料管控、生产执行、质量管理、电子签名、追溯分析等全方面管理。

（二）制药MES功能设计

1. 总体设计需求

系统需符合法规和指南要求：符合GMP要求，项目实施应遵循ISPE GAMP5。

系统支持本地化设置，包括：缺省值、日期、时间格式、小数格式等。

所有工厂操作员界面布局都应支持简体中文。

系统支持多个工作环境如配置、测试、验证、生产等并存，并提供工作环境间的数据迁移工具。

通过该系统可以快速访问实时的生产过程数据，并具有标准的操作流程，提高操作员的生产效率和精确度。

数据归档：系统提供合规的数据归档功能，且已归档的数据可以完好无损地在当前系统中恢复。可以在系统中设定自动数据归档或者根据需要由授权人员手工进行数据归档。

系统提供满足21CFR Part 11要求的电子签名管理。系统的关键功能操作或配置，都需使用电子签名授权确认操作。

系统所有操作和配置，以及所有系统实体的变动（增加、删除、改动等），都需自动记录满足合规要求的审计追踪信息。

系统能自动生成符合GMP要求的电子批记录，实现对产品生产过程中的工艺参数、设备状态、运行参数、环境参数、报警数据、超限处理情况、人工操作记录（清场、检查）、收率、物料平衡等计算。

电子批记录可自定义，且应使用计算机产生的可靠且有时间戳记的审计追踪，以便独立记录操作者登录、生产、修改电子记录的日期和时间。更改后的电子批记录不能覆盖之前记录中的原始信息。

系统遵循GAMP5四类软件要求。

应用系统与数据库系统必须支持双机热备运行，避免单机出现故障时无服务器可用，当其中一套系统出现故障时可自动切换到备用系统使用。

2. 用户权限管理

系统具备人员管理功能，包括人员添加、人员信息修改、人员删除功能。

人员信息包括：人员编号、姓名、性别、所属部门等。

系统具备岗位管理功能，包括岗位编号、岗位名称、岗位职责、岗位负责人、电话及地址。

系统必须使用基于角色的访问控制策略。系统管理不同的权限属性，确保只有授权用户才可使用系统；系统具备灵活的人员权限管理，对不同岗位、不同职位的人员可灵活分配权限，系统支持权限分级，并支持对添加的角色进行人员权限分级。

系统能够对具有岗位资质的人员进行登录授权，多级权限进行管理，只有体检合格、经过岗位及GMP培训合格的人员才能获得相应权限。

用户账户支持有效期，有效期到期经提示告警后，账户自动锁定。系统管理员可以人工锁定/解锁用户账户。

系统提供用户操作行为的追踪管理，包括但不限于：用户访问记录、用户操作关键步骤的记录。

管理层根据授权的不同，可随时查询与打印历史数据。在每一批次生产过程中，管理层可通过权限实时观察到整个车间的运行情况。

整个系统被划分成多个功能，根据功能清单，系统可建立标准的访问权限控制。

3. 物料管理

系统能够维护和显示每个物料主数据，至少包含物料代码（唯一标识）、名称、规格、说明、标准单位、类型、领用单位等。系统自动检测物料（指定到批）的状态（合格、不合格、待验），确保用于生产的物料均为合格状态。

系统能对标签进行自定义管理，包括标签添加、标签尺寸定义、条码内容编辑等，并建有标签库，实时进行标签类别、信息的编辑。

系统可根据生产指令要求创建物料领料单。

授权人员可对系统内的物料生产厂家/供应商进行管理，包括新增、修改、失效物料生产厂家/供应商。物料生产厂家/供应商，对象信息至少包括但不限于代码、名称、描述。

系统支持物料标签打印和识别，并支持按用户要求配置物料条码标签格式。

系统提供通过扫描条码快速识别物料标签，并核对物料编码、批次、批次状态、批次有效期等功能。

系统提供线边仓的管理，支持物料批次的移库操作，实时跟踪物料批次所在位置。

系统应支持物料查询管理，可按照选定的筛选条件查询物料主数据。通过物料追踪号可以查询到物料转移的时间及单号等。

系统应提供包括物料批次、物料件号、开始/结束时间、批指令号、物料代码等在内的多种物料检索方式。

MES应能通过接口，向ERP报告所有物料的领料和生产情况，应能支持物料实际使用情况，向ERP报告。MES和ERP的接口，应能支持库存信息的同步。

4. 生产管理

系统支持生产排产，以图形化方式展示内容，可以通过拖拽方式进行日计划排产，图形化内容包括产线划分、日期划分（图8-20）。

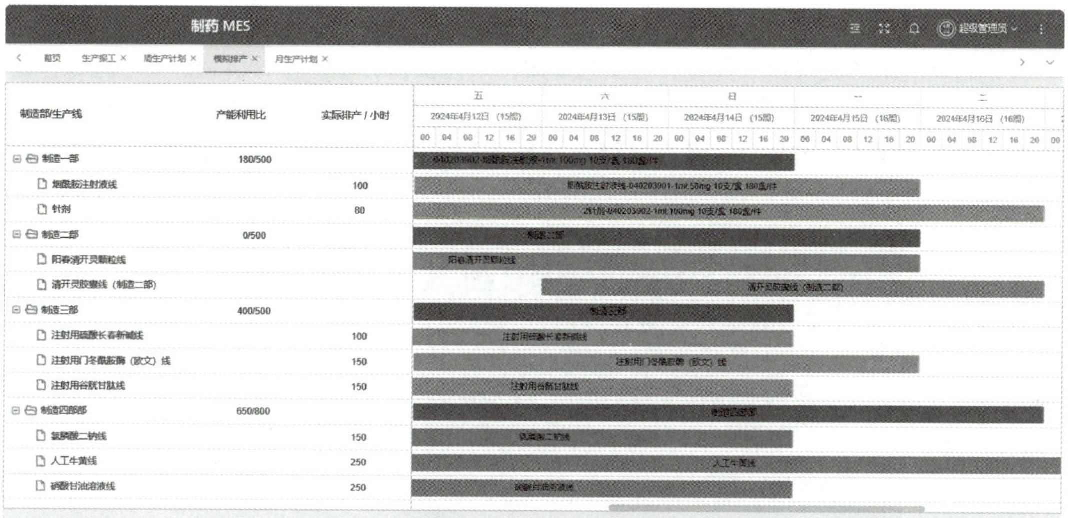

图8-20 MES排产管理

系统支持接收ERP生产订单信息和系统自动创建工单。系统支持能根据已审核通过的处方（配方）手工创建工单。

生产制造执行系统可以根据工单下达生产指令。

工单创建、接收、启动、执行和完成情况均有记录并可追溯。各生产岗位可实时查看下达到本岗位的生产任务，进行对生产任务的启动、执行、暂停、切换等操作（图8-21）。

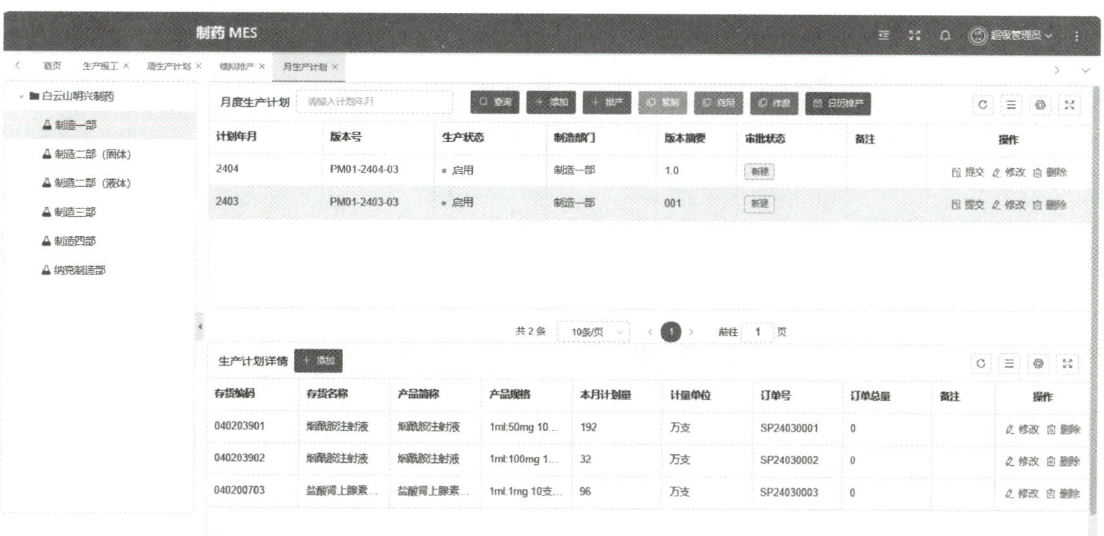

图8-21 MES生产计划管理

根据周计划，各相关人员在MES上进行审批，之后下发到车间，并生成相应的批生产指令，如果因特殊原因需要转产或进行其他临时生产计划调整，可通过系统发起批次变更申请，经审批后执行。

系统除支持按预定义的处方自动驱动工单任务执行外，还应具备在异常情况下手动调整工单任务执行顺序的纠错能力。

系统应支持手动或自动关闭已制造完成的生产工单。系统需确保仅处于关闭状态的生产工单数据可执行归档操作。

系统能够根据生产配方和批指令信息控制各工序操作指令的执行。工位操作工仅当接收到操作指令后才可以执行生产操作。系统能够控制工序操作的关联顺序，确保前工序的操作指令结束之后才可以进行生产。

系统应能自动提取和记录生产过程关键工艺参数、单元操作、子操作等信息，如过程或操作的开始时间、结束时间、最大值、时间长度等。关键工艺参数信息的提取应能实现配置而无需代码。

系统应能与SCADA系统集成，监控车间生产现场设备及环境参数的实时数据，并记录到批次生产中。

系统能对生产过程中的物料领用、称量、发放、使用等每个环节进行控制，避免产品在生产过程中因人为因素造成的投料错误，减少生产过程中的投料误差，提高产品工艺水平。

根据定义的工艺运行要求，电子化地指导生产执行完成，同时记录相关工艺操作、运行状态等数据。

根据生产执行过程，在指定的操作或者工序中，可以预定义可能发生的偏差及其对应的处理流程。

5. 配方管理

系统应支持产品处方的定义，处方对应唯一的产品，从而产品才能匹配到对应的处方流程。

系统具备制造物料清单（BOM）管理（参见图8-22）。

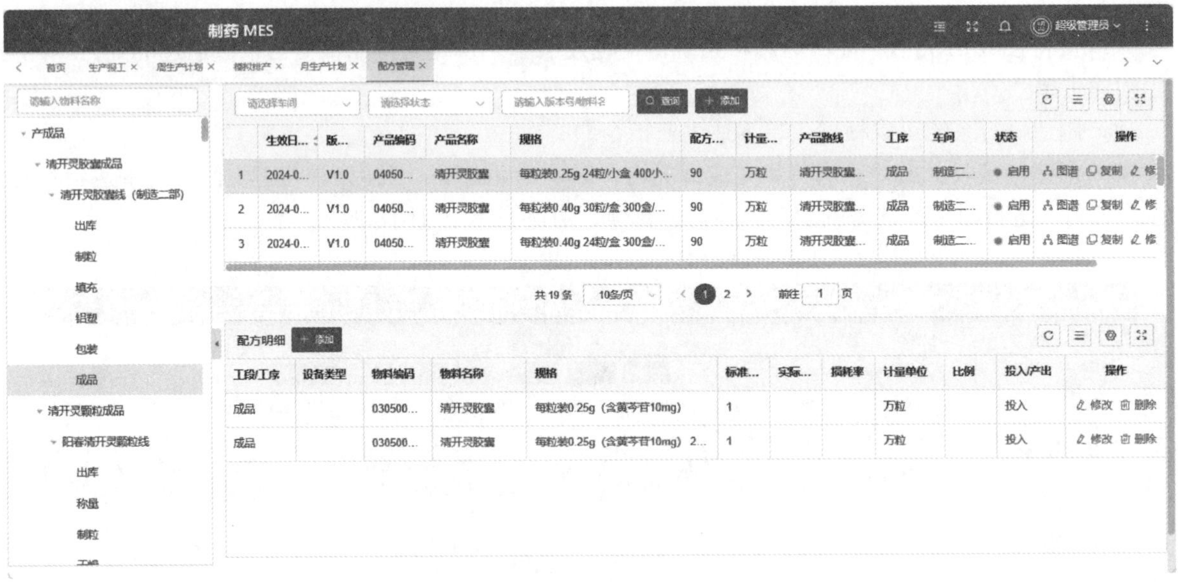

图8-22 MES物料配方管理

系统提供每个产品生产标准的维护管理：支持各个产品生产的工艺过程、关键工艺参数、质量参数管理，其配置和定义，可包括参数、标准值、控制上下限以及参数允差等。

生产配方管理员可对生产工艺路径进行管理，包括查找、新增、修改、删除工艺路径信息。工艺路径对象信息包括但不限于代码、名称、描述、操作。

系统能根据公司工艺规程需要对产品生产配方进行管理。

平台参数统一管理。实现对关键质量参数的统一管理。

系统支持过程描述（生产过程及操作内容），包含SOP模块，支持新增、修改、删除和查询。程序由多个操作组成，每个操作都包含对应的执行页面。生产配方管理员可对过程和操作进行管理，包括查找、新增、修改、删除过程和操作。

制造物料清单（BOM）、工艺过程、关键工艺参数、质量参数等应支持状态管理，只有经正式审核、批准发布后才能用于批生产。

6. 质量管理

生产制造执行系统在生产指令单执行的过程中从自控系统中采集各项在线质量参数。

系统能跟踪和追溯整个车间所有工单的生产状态并管理生产过程中产生的各种偏差，发生偏差后，系统能跟踪偏差并根据配置好的人员权限，由具备权限的人员进行实时处理和更新。所有工单偏差的处理过程和结果都可由更高级管理人员和质量人员进行复核。

生产过程中所有的偏差及异常事件，都会被自动跟踪和记录。在生产过程中，每个工单都能实时显示其偏差的数量、处理过程、处理人及处理结果等，支持相应人员根据偏差等级，进行不同的处理。如不是偏差事件，处理确认后进行记录并关闭提醒。

系统支持对已发生的偏差进行跟踪、记录和审批处理，偏差终审后任何人员权限都不能进行偏差信息修改。

系统支持产品全生产过程审计追踪，权限具备分级管控能力。

对不合格产品进行预先建模处理。

系统支持处方管理、工作流程审核、归档管理。支持处方批准管理，对验证状态的处方进行批准，批准通过后，修改处方状态已生效。支持工艺流程审核、批准、归档管理。

与不同系统对接时，应保证系统间数据传输完整、准确、一致。数据传输具有稳定性。

质量模块提供按照物料类型、批次、时间等查询质量数据的偏差记录和纠偏结果。

MES从ERP对接基础数据，包括生产物料、生产设备、组织结构信息。

在MES中以基础数据为基础做物理模型建模，内容包括生产线建模、工艺路线建模、工段建模、生产设备建模等。

在MES中做生产组织建模，内容包括班次、班组、倒班、生产日历等。

在MES中以物理模型建模和生产组织建模为基础，进行逻辑模型建模，内容包括产品路线、产品段、逻辑工序、逻辑参数等。

（三）MES流程设计

1. MES流程设计内容

根据实际项目需求，MES实施具体内容如下。

实施范围：生产线x条，生产品种x个。

打通对接系统：ERP、WMS、SCADA系统。

涉及部门：生产部、仓库/物流部、设备部、质检部、信息部。

MES设计从原料获取到生产执行再到成品入库，结合ERP、WMS、SCADA系统、自动化系统，通过该项目的实施，打造数字化、网络化和智能化生产车间。

2. 生产流程设计

原辅料经拆包后在车间暂存，之后根据生产工单，提取车间进行提取、浓缩等一系列工序操作；制药车间进行制粒，总混等一系列工序操作。系统对称量投料工序进行称量管控，操作人员根据提示进行物料选择、确认、称量等操作，其间系统会自动记录物料的使用情况和称量的结果，同时记录称量配料过程中可能发生的报警等信息。

在生产前会调用MES的系统集成、工单管理、设备管理等模块，从ERP获取药品的生产指令，并生成生产工单进行发布；从WMS获取物料领用信息，并在进入生产车间时进行脱包赋码。

MES执行生产，在生产中的提取、浓缩、干燥、粉碎、制粒、总混、包装等各工段主要用到其设备管理、系统集成（OPC）、电子批记录和电子签名，在生产之前需要选择设备，设备管理模块能够确保所使用的设备是已清洁、未被占用、合适类型和在清洁有效期内的，避免因用错设备，或者设备未清洁而误使用造成的物料交叉感染；同时还需要选择配方，不同工序的设备依据不同配方，各工段都需要获取相应的生产数据，则需要调用MES的系统集成（OPC）模块。电子批记录模块能够确保生产按照已经设计好的生产流水线一步步往下执行，确保生产合规。电子签名模块需确保在特定房间的特定电脑上由特定权限的人执行相应的生产操作，符合GMP要求。外包过程用到了MES中的设备管理、物料流转、称量配送、制造声明、偏差管理和电子签名功能模块；外包完成后需要进行制造声明，需进行取样，取样不合格需进行偏差处理。

生产完成后，MES会调用电子批记录模块自动生成电子批记录，可以调用质量追溯模块，进行物料的族谱追溯，可以调用审核放行模块实现车间主任、质量经理和质量授权人对产品进行审核放行操作；可以调用系统集成模块（ERP）将物料消耗数量和最终产品产出数量提供给ERP，以便ERP做成本分析。

3. 生产前准备流程

（1）排产排程　ERP下发销售计划或管理人员使用MES录入销售计划，MES根据销售计划自动生成生产计划，系统根据生产计划自动生成提取生产工单，上级批准后，生产部门执行经过批准的生产工单。

接收ERP下达的生产任务，按照既定的规则自动地关联相应的配方和生产指令模板（电子批记录模板），关联完成后自动生成最终产品的生产任务，生产任务生成后，计划员可以选择自动发布也可以手动发布，然后提交生产部主任进行生产任务的审批。审批完成后，系统将自动启动生产工单，每个工单分为若干个执行任务，如提取、制剂、包装、外包等，这样就实现了生产任务的调度。排产排程功能还具备审计跟踪能力。

（2）制订物料需求计划　根据生产计划和配方自动生成物料的需求计划。

（3）物料出库　原药材库收到物料出库请求后，按照物料请求单进行出库管理。仓库人员根据车间发来的请料单，进行物料出库确认，可进行解托/拆包出库，出库完成后对MES库存进行更新。

（4）接收代办任务　在MES服务器中自动启动提取生产段生产工单，工单以代办任务形式通知提取段的MES客户端。

各个车间的各个生产工单以代办任务形式通知各个工作中心（车间）各个工作站各个岗位的相关生产人员。左边列表显示已完成的和正在进行的生产任务，中间工作区显示待办的生产任务，右边列表显示各个批次的生产任务。每个生产任务执行完成后会自动驱动生产线上的下一个任务。每个任务都显示当前用户的登录信息，如用户名、已登录的工作站计算机名称、已登录的工作中心、登录人员当前具有的工作权限。

（5）设备选择　只有满足设备状态是可使用（未被占用）、清洁的、在有效期范围内三个条件的才可以被选择；若设备类型不符合要求、设备被占用、未清洁或者不在有效期范围内，则设备不可选择。有效避免因设备未清洁、被占用或者清洁已过有效期而误使用，造成物料被污染。设备选择后，在投料时扫描设备条码进行设备选择确认。

（6）生产前检查　接收到生产前检查任务后，操作人员先是扫描现场的设备，确保操作人员确实到现场进行生产前检查，然后按照GMP要求，对各个生产环节都进行生产前检查，主要针对人机料法环五大方面进行，比如操作员的操作权限、电子签名；生产料筒、台秤是否已经清洁，在有效期范围内；物流包装是否完好，物料是否已过期；公用系统是否具备条件，环节温度是否符合要求等。所有检查项都合格后，MES自动判断本次生产前检查合格（避免发现有子项检查不合格，但最终判断合格的现象）。检查合格后在相关软件上进行电子签名确认。

生产人员可以依据不同的生产前检查的类型逐项进行确认。确认后由检查人员和工序负责人进行电子签名。生产前检查需到现场进行设备扫描，实现到现场签名的目的。

（7）工艺参数下载　MES将生产工艺参数统一管理，由于生产车间单机设备较多，MES通过SCDA与各单机设备集成，并在生产前将生产工艺参数下载到SCADA系统，传入各单机PLC。

4. 生产流程

（1）称量配料　称量人员在称量室接收到称量任务后，会按照称量清单进行称量，通过条码扫描枪确保被称配料的种类和批次的准确性，可以按照SOP要求进行分包。称量按使用场景支持按工单称量或集中跨工单称量，两种模式分别应对不同的业务需求。称量完成后会自动生成称量配料报告。称量所用的台秤必须满足GMP要求，必须是经过校准的而且在有效期范围内。称量配料报告自动记录称重数量，需要称量人、复核人、班组负责人、QA进行电子签名。在后清场工序中，清场人依据不同的清场类型逐条进行确认。确认后需要清场人的电子签名和工序负责人签名。如果清场合格，在清场报告中生成电子版的清场合格证。

（2）各单机设备工序　药品车间由各单机设备组成流水线，因工艺限制无法实现联动，因此MES在此过程中，需要人工配合执行，以总混为例，制药工单执行到总混步骤，需人工启动总混设备，在总混设备运行过程中，MES通过SCADA系统获取必要参数，如设备本身不带，而批记录中需要的数据，MES会设置人工录入功能。在总混结束后，需要操作人员进行电子签名，此工段生产结束，后面各单机设备的生产工序与此类似。

（3）成品包装　处理流程见图8-23。

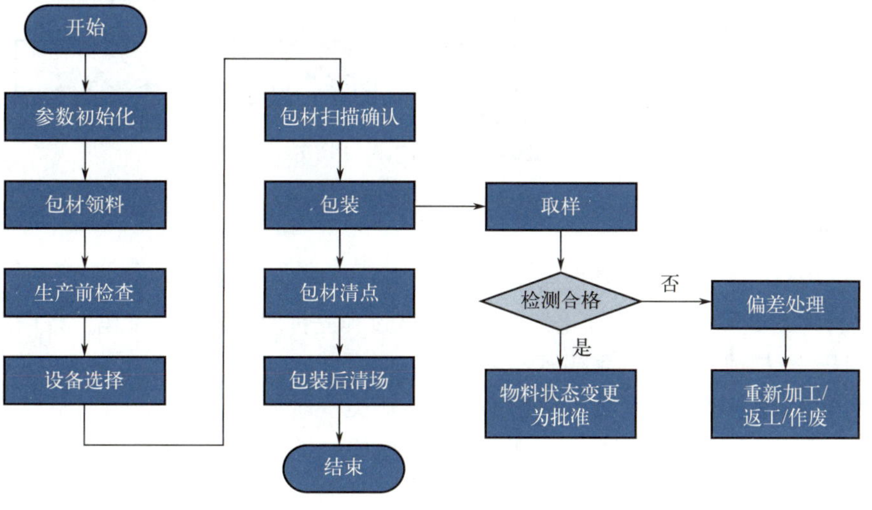

图8-23　成品包装处理流程

MES启动成品包装工单，在MES客户端打开待办任务，首先进行印字烘干机、塑封机、包装机选择，选择完成后进行生产前检查（包含DCS开机自检，检查公用系统气是否满足要求），生产前检查完成后，MES下载工艺参数（包装的速度）。

MES进行包材的备料，通过扫描枪确认领料。

工艺参数下载后自动启动包装机，自动剔除不合格的包材，MES记录包装机启动和停止时间，记录包装总数、不合格包装数量和合格包装数量。

MES自动记录装配物料的总重，以便后期进行物料平衡计算。

通过皮带检重剔除不合格产品，合格产品进行原配贴标和电子标签赋码操作，此时MES记录最终包装合格产品数，记录包材使用情况，MES记录此时包装产品的总重量、废料重量，MES计算制粒的物料平衡［包装物料平衡=（包装后产品总重量+废料重量）/清膏总重量×100%］。

MES对最终产品进行取样，打印取样标签（包含取样物料批号、物料品名、物料代码、取样人、取样地址和取样时间），将物料送到化验室，在化验室扫描取样标签后进行检测；检测合格后将最终产品的状态切换为批准状态，检测不合格则按照设定的偏差流程进行偏差处理，如重新加工、返工或者作废处理。

（4）检验 根据工艺要求，MES在需要检验的工艺阶段设置检验，如提取浓缩结束，半成品、成品包装后，此时物料的状态为待检状态。MES通过抽样检查等方法，将检查结果录入系统。当取样检测合格后，则物料的状态切换为批准状态；如果物料取样检测不合格，则进行相应的偏差处理，如重新加工、返工或者作废。

（5）入WMS库 包装后的产品检验合格后，MES将包装信息（批次号、物料代码、物料名称）发给WMS，MES通知WMS启动WCS（仓库控制系统），WCS启动物流转运系统和AGV系统，完成物料的入库操作，入库后WMS将箱子（容器）代码发回给MES（图8-24）。

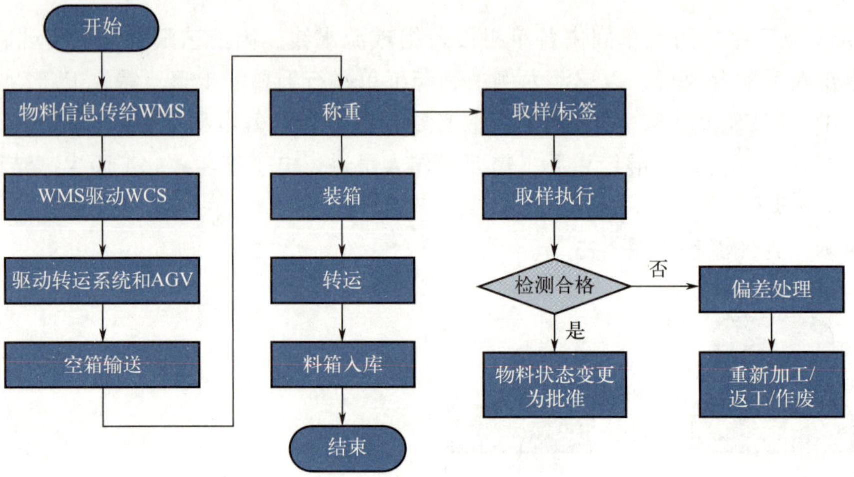

图8-24 入库管理流程

入库完成后，WMS将入库的物料最新库存信息传输给MES，入库物料的存储位置在WMS里进行管理，MES只是管理到区域级别，不细化到位置。取样过程先打印取样标签条码，条码内容涵盖物料名称、代码、批次号、取样地点和取样条码等。

（6）生产后清场/设备清洗 清场人依据不同的清场类型逐条进行确认。确认后需要清场人的电子签名和工序负责人签名。如果清场合格，在清场报告中生成电子版的清场合格证。

（7）电子签名 电子签名功能用于确保数据的完整性和合规性（符合FDA 21CFR Part 11），支持用户在关键操作（如批记录审核、工艺变更）中进行身份验证和签名，记录操作时间、人员及原因，提供审计追踪，防止篡改，满足GMP要求。

（8）审核放行 生产过程中，MES通过自动数据采集，将采集到的数据与标准生产参数以及LIMS数据对比，实现基于偏差的审核放行，电子签名的统一审查。

（9）电子批记录 药品车间各单机设备过多并且互相独立，在生产过程中，MES通过SCADA系统与每台设备进行通信。生产时，药品成品加工工单启动后，在MES客户端上选择各单机PLC设备，下载工艺参数，各单机PLC按照顺序自动生产，依次按制剂到包装的工艺顺序执行生产，在生产过程中，SCADA系统收集提取DCS和各单机PLC设备数据，将数据通过OPC协议传入MES，最后形成批生产记录。

MES会自动记录生产过程中的实际生产数据，记录操作人的操作记录，记录相关的电子签名，最后形成一套完整的符合实际生产情况的批生产记录。批记录中的生产数据可以以表格形式呈现，也可以以趋势图形式呈现。如果有偏差和报警信息，批记录里也会记录偏差和报警信息以及偏差的处理过程。最后产品放行时，需要生产主任、质量经理和质量授权人对批生产记录进行审核放行和电子签名确认。

5. 生产结束

制药生产工单结束后，MES自动释放设备，将生产过程及电子批记录存储，留待后期查询使用，达到生产全过程质量追溯的目的，同时MES将生产数据上传到ERP，供ERP使用。

四、实验室信息管理系统

制药行业中的实验室信息管理系统（LIMS），是一种专门为制药实验室管理和数据跟踪而设计的软件系统。它的主要目的是帮助制药实验室有效地管理资源、数据和样本，提高生产力和数据质量。LIMS作为成熟的软件产品，检验流程可以灵活地自由定义，样品检验信息可支持多条件检索（如通过样品名称、批号、规格、供应商、日期检索）。系统提供样品检验状态查询功能，可随时查询样品的检验状态，如待检、在检和已完成，以及样品的检验进度和结果，也可查询剩余样品的处理信息，对于需要特殊处理的样品有提示可定义样品的检验周期，对于即将到期但未完成的样品自动提醒相关人员。

以下从制药企业实验室资源管理、生产样品检验流程管理、公用系统业务管理等多方面进行详细描述LIMS的技术方案。

（一）实验室资源管理

1. 人员管理

LIMS的组织架构模块可以为制药企业提供组织结构的管理，在此可以分级定义制药企业的各检验部门和质量部门，部门下设岗位，岗位下管理各人员。在组织结构模块，可以将每个人根据实际工作情况放置在不同的岗位，做到合理授权，当有检测分析任务流转到该授权岗位时，该岗位的授权人员就可以看到检测任务。系统也支持将一个用户归属多个班组，这样就可以具有对多个班组、岗位数据的访问权限。通过这样的预先设置，当用户登录系统时，系统将自动将其可操作信息过滤到该客户所归属的班组、岗位权限下。

LIMS在角色管理模块中可以设置每一个角色或用户能够进入的各功能模块，并进一步细化权限。使用模块中各功能时，都必须经过授权。通过角色授权后，每一用户在控制台能看到的只是自己角色范围内的功能模块。对于执行中的任务或流程可以进行转移，但只能转移到拥有同一角色的人员下。

2. 仪器设备管理

LIMS支持对实验室各类检验设备的类型进行管理，如气相仪器、液相仪器、液质联用仪器等。这样一方面便于设备的分类管理，另一方面可对不同的设备类型定义其维护事件，如计量、确认、自校、期间核查、维修保养等。可以设置仪器性能检查校准周期，如天平的每日校准，近红外光谱分析仪、紫外光谱分析仪的季度校准等。

在LIMS中可将实验室的所有仪器设备、设施按不同的类型、实验室、岗位进行分类管理，与设备管理软件进行信息对接、互换。

在LIMS中，计量设备管理与仪器设备管理相似，共用设备功能模板，且可为计量设备配置专用的设备信息表单，可按指定规则生成设备编号。对于计量设备同样支持台账管理、计量设备状态管理、有效期管理、标签管理，以及周期性维护、校准管理、维修和报废管理。

通过LIMS对计量器具的管理实现计量器具以数据库的形式存储，可对其进行按时备份并可恢复。支持手机、平板扫描计量设备上的标签实现计量信息的读取。

3. 材料及试剂耗材管理

LIMS按原料、辅料、产品、中间体、包装材料等不同类型对实验室物料进行管理。可按材料类型定义需要的基本信息，如菌种类材料包括菌种代数，需支持上传证明书等附件，系统为每种物料生成唯一的物料代码，并对物料的存储条件、供应商以及理化属性进行管理。

支持在系统中设置常用物料的库存报警低限，当库存中物料低于定义的报警低限时能够自动提醒相关人员。

4. 质量标准库管理

LIMS的方法管理可对实验室的检验方法（如药典、食品等用到的检验方法）进行管理，对方法进行分类管理，包括方法名称、描述、关联的仪器类型、检测时间等，并提供检验方法、仪器操作方法等SOP、说明手册等文件与系统进行链接。在相关SOP或说明手册已关联至相关分析方法后，在结果录入界面，分析员可以直接调用，方便分析人员及时查阅分析方法和完整的SOP文档。

（二）生产样品检验流程管理

LIMS中的生产样品检验流程可以满足制药企业对生产样品检验的流程需求，检验流程可以分为：样品清验、样品取样、实验室样品接收、岗位样品接收及任务分配、结果录入、检测结果复核、检验报告单的审核与发布、批检验放行。在整个检验业务流转过程中，系统自动记录每个样品每个步骤的审核人、审核时间、审核意见以及样品的状态，便于其他用户查询统计。

（三）公用系统（压缩空气系统、水系统、环境监测系统等）业务管理

LIMS提供公用系统配置平台，在该平台上可以维护企业的各个生产车间或检验区域的平面图，并标注需要进行环境监测的采样点（含水点）信息。用户可按采样区域［包括实验室（站点）、建筑、房间信息］对每个检测位置（点）进行分类管理，并为每个采样点/检测点设置不同的检测指标、检测项目、检验方法、检测频次（通过设置检测频次可以实现系统自动进行检测提醒或自动下检测任务）、取样个数以及质量标准（包括法定标准、警戒线、纠偏线）等。

（四）委外检测管理

当实验室出现仪器故障，或因某一特殊检测项目不具备检测能力时，需要委托外部具有相关资质的实验室进行分包管理。针对此类情况，可以根据委托的实际情况采取不同的分包委托外部检测方式。

对于制药企业来说，稳定性检测是保证药品质量的重要环节。系统可支持创建、批准和执行稳定性考察方案，进行稳定性考察。对样品进行稳定性试验时，可与同批次样品信息进行关联，进行药品、生物制品质量的稳定性评估。

（五）稳定性考察方案管理

LIMS支持用户自定义样品的稳定性考察方案。稳定性考察方案需要经过批准并对相关人员进行培训才能实施。稳定性考察方案包括考察类型（长期、加速、持续稳定性）、试验级别、试验目的与方向、各岗位职责、批次、质量标准、考察条件、取样时间点、采样方案（样品总量、样品成分）、留样方案、包装规格、样品存放位置等信息，并且可以为其中每项内容设计试验方案，并规划出每个时间间隔的检测项目、取样要求，系统支持根据设定的富余量自动计算方案中的计划库存量。系统提供网络化的界面创建和管理稳定性考察方案。

五、仓库管理系统

仓库管理系统（WMS）作为现有的ERP、MES的辅助管理系统，需要合理利用物料编码、成品药监码等现有的编码体系进行信息化管理。通过WMS的实施，从原材料入库开始，至产品出库发货，全面实现条码化管理、识别控制及信息追踪，实现仓库的管理电子化、质量状态识别追踪自动化，合理规划库存物品，采集存储相关信息。

（一）入库业务管理

入库业务包括原料、辅料、包材等的采购订单入库，生产订单的成品、半成品的入库，生产线上原

料等的退料，以及销售退货的入库等。

入库收货时实现条码和货物托盘整合。

入库管理需具备以下功能：自动提示空库位，根据一定的规则自动分配库位，对每个库位货物状态能够清晰查询，且零头托盘、取样托盘等信息可在系统中查询。

生产车间现场中间库的入库管理需具备以下功能：支持称量复称后的原料、辅料以及包装材料等入库；生产前作业物料、预处理物料的入库，中间品、半成品、成品订单的入库；以及入库的纠错功能。

理货员完成入库上架操作后，将手持设备的数据同步回系统。

入库管理中，可以进行手工指定库位，即由库管员指定第一个起始库位后自动分配。

（二）出库业务管理

出库业务包括销售订单出库、生产订单原料发货、质检取样、其他领用、销毁出库等。

生产车间现场中间库的出库管理需具备以下功能：生产前作业、预处理订单原料的发货，中间品、半成品、成品订单中物料的发货，验证、稳定性等订单物料的发货，质检取样、其他领用等，以及对发货的修错功能。

生产车间现场订单发货时，只显示ERP、MES非限制使用的库存，可以指定货位或手工指定货位进行发货；不显示ERP、MES已冻结等其他状态下的库存，不可以进行发货。

其他出库业务，如不合格、报废等出库，必须按照GMP要求进行操作。

库存管理：无论是调拨入库、调拨出库还是库内移库等业务，都要求可以做到自动分配库位或手工指定库位；理货员完成操作后，将手持设备的数据同步回系统；可以实现库存冻结、库存调整等特定操作，并有操作日志查询。

库存管理的范围：库管员可以对库存进行任何库存管理需求上的操作，车间只能指定物料批号领用，不能指定仓位操作。

（三）质量状态管理

GMP整体要求：对原辅物料、包装材料、中间品、半成品、成品的质量状态进行管理时，以电子标签系统管理的其管理水平不低于现有质量管理水平，即需保持与原以件为单位进行GMP要求的物料同等的管控标准。

入库业务涉及的原辅料、包装材料、中间品、半成品、成品，在各自库位可以按托盘、每件以手持设备查询其待验状态与取样信息。

在库的物料质量状态由待检状态转变为合格状态（非限制使用）或非合格状态（冻结）时，各物料每件、每托盘以手持设备查询其质检状态，且状态结论与ERP、MES保持一致。

ERP、MES中物料由于超过时效期或有效期或经由手动操作（异常时），物料质量状态由合格状态转变为冻结状态。每个物料、每个托盘以手持设备可确认其冻结状态。

ERP、MES中物料由冻结状态转变为待验状态的，各物料每件、每托盘以手持设备可以确认这种状态的改变，且后续处理中，物料状态再次改变的，实物的终端确认结果应与ERP、MES中的变化保持一致。

用于下一步生产的物料（原辅物料、中间体、半成品等），每件物料均应能以手持设备识别其品名、物料编号、批号、数量、质量状态，且可打印作为凭证用于生产记录追踪。

原辅物料、包装材料由生产车间返回仓库时，每件物料信息与质量状态应能以手持设备确认，其状态应与ERP、MES保持一致。

（四）盘点管理

可以指定物料、库位、理货员等，生成盘点任务，并将盘点任务发放到相关理货员的手持设备上；

理货员盘点完成后，可将数据同步回系统，并自动生成差异清单；

根据盘点差异，可以增加、修改、删除和导出盘点差异数据，也可以重新盘点。

（五）查询及统计分析

实现各种现场作业任务的查询或统计分析；

实现作业人的追溯查询，可以根据不同的权限设置不同级别的查询；

实现基于库位的库存信息的多维度查询和导出；

提供用户自定义查询分析条件、输出内容、格式的报表工具，并支持各种图表，Excel等的导出和打印；

可以图形化显示各库位存放货物的情况，以及货物状态及数量；

实现对工作量和工作效率的统计分析。

（六）主数据维护

提供多仓库、多货主等的设置和定义功能；

提供库区货位设置功能，可以新增、删除、批量导入库区和货位；

提供货位分配功能；

可以对物料、客商、生产商主数据进行维护（添加、修改、删除和批量导入）；

可以添加、修改和删除用户，可以分配相应的操作权限给用户。

主数据接口：如果目标系统是用主数据编码的，需要实现置换；如果是用对照的，需要实现对照。

（七）与ERP、MES集成接口的要求

WMS应根据ERP、MES的业务流程和相应的业务需求，完成WMS与ERP、MES之间的接口实施。

接口程序要求：必须考虑处理能力、处理速度、容错能力、错误机制、接口程序兼容性等问题，不能影响正常的业务工作，不会干涉其他系统的正常运作。

需确保WMS与ERP、MES的业务数据保持实时同步，并有有效的机制保证达到这一目标，同时避免ERP、MES资源被大量占用。

接口的开发实施不得对原ERP、MES产生任何不利影响。

至少要支持万维网服务（Web service）这一基本的ERP、MES接口模式。

六、能源管理系统

能源管理系统通过自动化与信息化技术结合实现厂区的水、电、汽等统一管理与监控，配置数据采集、过程监视与控制，将水、电、汽仪表接入实现能源监控点的采集。采用专业能源管理系统平台，建立集能源调度、能源管理为一体的能源管控体系，实时监视工程楼与提取车间水、电、汽能源介质的分配及消耗，准确掌握各用能工序以及关键耗能设备的能源使用状况（图8-25）。

能源系统网络实施与布线设计，在能源计量仪表、动力设备及其他控制系统的基础上，按照能管系统实现二级能源数据集中监控的要求，补充能源计量仪表、配合自动化系统、建设和完善能源管理主干网络，集中监控二级能源计量数据、重点耗能设备能效数据以及与能源系统相关的生产数据，在系统中实现能量流和主生产工序质量数据、运行状态数据等重要生产数据的综合集成和管理。

通过能源管理系统平台，实现综合、全面、实时的能源管理与监控，改进能源管理措施，准确监控各个能源点，将获取的数据进行分析汇总，实现能源的事前调度和管理，准确监测能源使用情况，准确进行能源的产耗预测、优化调度与控制，提高能源管网和设备的操作安全和运行效率，提高能源的利用效率，减少蒸汽和电力损耗，保证能源系统安全、经济、合理运行。

图8-25　能源监控图

能源管理平台可集成上层ERP系统等平台，上传能源部分数据，供上层系统统计、分析、核算使用，上层系统可将能源需求计划等数据下发到动力系统监控，能源管理中心人员可根据能源计划对能源进行管控和调整。

通过集成底层水电气仪表，融合现场通信技术、数据库技术、HMI（人机交互界面）技术、C/S（客户机/服务器）技术等的一体化的能源管理监视系统方案，系统构架可分为三层：数据采集层、能源监控层、综合监控层。

能源管理服务器用于计算、存储、分析等，实现能耗统计、对标考核、预警报警、能效分析、能耗控制、数据管理等功能。

第五节　GMP计算机化系统验证

一、系统的GMP计算机化系统验证

GMP提供了药品生产和质量管理的基本准则，药品生产必须符合GMP的要求，药品质量必须符合法定标准。GMP认证是国家依法对药品生产企业（车间）和药品品种实施GMP监督检查并取得认可的一种制度，是国际药品贸易和药品监督管理的重要内容，也是确保药品质量稳定性、安全性和有效性的一种科学先进的管理手段。

GMP的三大要素：将人为产生的错误减小到最低；防止对医药品产生污染和低质量医药品的产生；保证产品高质量的系统设计。

目前，随着药品生产的国际化合作和药品商品国际化发展步伐的加快，对药品生产过程控制的要求也是越来越高。而过程自控系统（PAS，process automation system）作为制药生产过程设备中的关键部分，对它的要求在最近几年里有了相当大的提高。正是由于计算机化系统和自控系统在制药企业中的使用，使得计算机控制系统的硬件和软件需要验证。因此，如何有效地进行计算机化系统验证（CSV，computerized system validation），使它符合FDA、EU以及TGA等官方组织机构的要求，就成为一个关键的问题。

计算机系统验证：对用于药品开发及生产的计算机系统，是否按照要求的规格进行合理的开发，且在运用开始后是否进行合理的管理，做出评估和确认的行为称为计算机化系统验证（CSV）。实施单位应对验证环境下的控制系统实施具有相应的工程经验，将自动化施工周期与计算机系统验证密切结合起来，以确保施工完成的同时整个验证文件能够同步完成。

下面详细阐述了提供的控制系统集成调试与验证服务方案。该方案包含了在实施系统验证的计划、实施和质量管理文档交付等方面的活动、策略和流程。

二、项目周期及验证策略

项目将根据系统验证模型进行开发、实施和测试（图8-26）。整体验证涉及以下几个阶段：

计划阶段：用于规划项目验证活动，包括项目的组织结构，各部门/人的职责，项目计划，文件交付、审核和批准等。

规范阶段：将所有的需求转化为系统的硬件和软件的技术设计，包括功能设计说明、软件设计说明、硬件设计说明等。

配置和编程阶段：建造定制硬件，进行软件编程。

验证阶段：在现场操作环境下，对系统进行一些必要的测试，包括出厂验收测试、现场验收测试、安装确认和运行确认。

报告阶段：对整个项目的验证工作的总结，如测试方案的执行结果、测试执行过程中偏差汇总及相关的处理结果等。

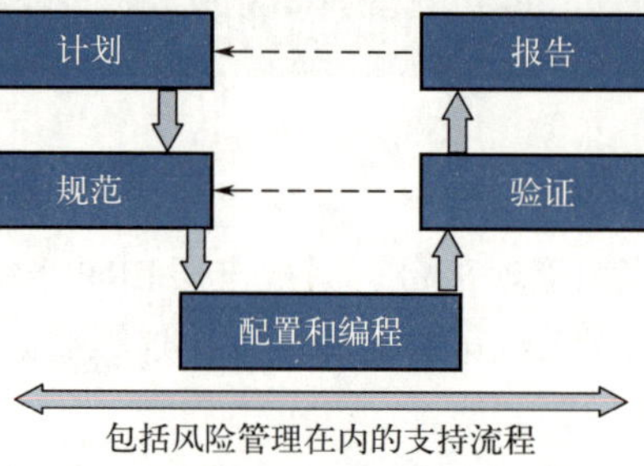

图8-26 计算机系统验证模型

三、系统设计

所有的设计需求都被转化为计算机系统硬件和软件的技术设计，具体内容如下。

（1）控制系统配置图设计 包括系统的PID图、I/O（输入/输出）接线图、控制器件排列图。

（2）硬件设计 包括所有I/O（输入/输出）接口模板及型号、CPU、通信模块、人机界面控制器、选择显示屏、电子元件、电线、电缆、中间继电器、存储器、打印机、辅助电源、其他器件等。

（3）软件设计 PLC所要求的功能被转化成软件，再通过所选择的硬件来实现。软件设计包括以下3部分。

① 系统软件作为分类1（GAMP5），在安装确认（IQ）时仅鉴别并记录其版本号即可。

② 应用软件根据需求定义中所要求的各种控制方式来设计，其可以被集成或重新开发，可作为分类4（可配置软件）来实施验证。

③ 一个系统可以产生大量的数据，有一些数据需要存储在一个独立的系统中以便查询和追踪。为了保证数据的完整性，必须设计数据的传送流程及存储地址。

四、质量风险管理和风险评估

根据GAMP5相关描述，风险管理应遵循以下五个步骤（图8-27）。

风险评估用于确定所有的潜在危险及其对患者安全、产品质量及数据完整性的影响，并对其进行评估。它用于根据需要对自控系统以及风险控制措施结果进行系统的测试。

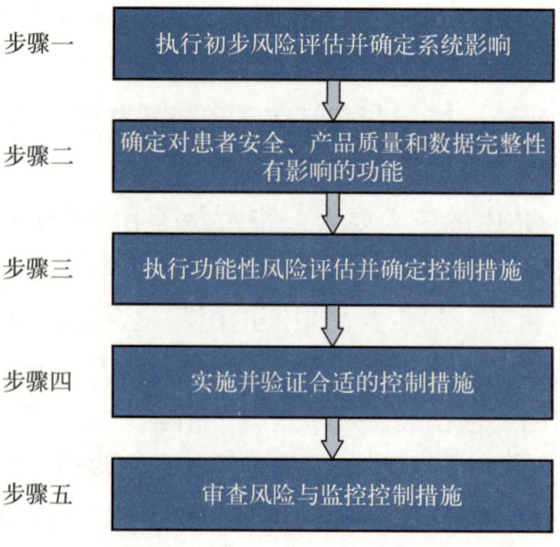

图8-27 风险管理步骤

五、出厂验收测试

出厂验收测试（FAT）是在设备发货之前在工厂进行的测试，用来证明已按照设计要求配置系统，性能符合工艺需求。FAT的测试方法主要是单元测试（白盒测试法），对系统的每一个模块进行单独测试，其目的是找出与模块的内部逻辑有关的错误。

六、现场验收测试

现场验收测试（SAT）是在设备发货后在客户现场进行的测试。SAT的测试方法主要是集成测试（黑盒测试），着重测试软件功能，故也称作功能测试。主要内容包括设备校验或确认，I/O（输入/输出）信号测试，控制回路测试，数据采集、传送、存储信号测试，其他测试等。

七、安装确认

安装确认的目的是保证系统的安装符合设计标准，并保证所需技术资料俱全。确认内容包括各种标准清单、操作程序、人员培训、部件安装（包括系统部件、软件安装）、网络、电路图、公用系统等的确认。

八、运行确认

系统运行确认的目的是保证系统及其运作符合需求标准。系统运行确认应在一个与正常工作环境隔离的测试环境下实施，但应模拟生产环境。具体包括系统安全性测试、操作人员接口测试、报警测试、互锁功能测试、数据的采集及存储测试、应用程序备份与恢复测试、断电/修复测试、审计跟踪确认测试等。

九、验证计划表及文件清单

为了保证在实施过程中提供完整的文档，所需的项目文件如表8-10所示。

表8-10　验证文件清单

序号	项目阶段	文件名称	计划工作日	阶段跟踪
1	计划阶段	初步风险评估（SA）	1	合同签订之后项目成立初期完成
2		用户需求标准（URS）	3	
3		质量及项目计划（QPP）	2	
4		验证计划（VP）	2	
5	规范阶段	功能规范（FS）	2	设计阶段，和设计同步进行，FS/DS/RA/DQ需在进场前完成软硬件设计的工作
6		硬件设计标准（HDS）	2	
7		软件设计标准（SDS）	3	
8		功能性风险评估（RA）	3	
9		设计确认（DQ）	2	
10	验证阶段	工厂验收测试方案	3	在系统开发完毕后，公司对系统进行内部测试
11		工厂验收测试报告	2	
12		现场验收测试方案	3	在工厂测试报告审核通过后，现场进行测试方案及报告的确认
13		现场验收测试报告	3	
14		安装确认方案	3	在现场验收测试报告审核通过后，对安装方案的确认审核
15		安装确认报告	2	
16		运行确认方案	3	在安装确认报告通过后，对运行方案的确认审核
17		运行确认报告	2	
18	报告阶段	验证总结报告	3	在系统整体验收后，对系统的验收总结及追溯性总结
19		可追溯性矩阵	3	

参考资料

[1] 国家药品监督管理局食品药品审核查验中心组织编写 . 药品 GMP 指南[M]. 2 版 . 北京：中国医药科技出版社，2023.

[2] 药品生产监督管理办法.2020年1月22日国家市场监督管理总局令第28号公布，自2020年7月1日起施行.

[3] 中华人民共和国药品管理法（含草案说明）[M]. 北京：中国法制出版社，2019.

[4] 梁毅 . GMP教程 [M]. 5版 . 北京：中国医药科技出版社，2023.

[5] 国际人用药品注册技术协调会 .《Q9（R1）：质量风险管理》ICH Q9: Quality Risk Management. 2022.

[6] 国际人用药品注册技术协调会 .《Q10：药品质量体系》ICH Q10：Pharmaceutical Quality System.2008.

[7] 马爱霞 . 药品 GMP 车间实训教程 [M]. 北京：中国医药科技出版社，2016.

[8] 陈宇洲 . 制药设备与工艺 [M]. 北京：化学工业出版社，2020.

[9] 国家药典委员会 . 中华人民共和国药典(2025年版) [M]. 北京：中国医药科技出版社，2025.

[10] 吴正红，周建平 . 工业药剂学学 [M]. 北京：化学工业出版社，2021.

[11] 马贤鹏 . 预灌封注射剂技术与应用 [M]. 上海：上海科技出版社，2017.

[12] 宫锡坤 . 生物制药设备 [M]. 北京：中国医药科技出版社，2005.

[13]（美）森克 · 恩迪（Cenk Undey),（美）邓肯 · 洛（Duncan Low),（美）乔斯 ·C. 梅内塞斯（Jose C.Menezes),（美）梅尔·科克（Mel Koch) . 过程分析技术在生物制药工艺开发与生产中的应用 [M]. 褚小立，肖雪，范桂芳，等译 . 北京：化学工业出版社，2019.

[14] 王建涛 . 固体制剂技术实训 [M]. 郑州：郑州大学出版社，2017.

[15] 邓祥元 . 生物工厂工艺设计 [M]. 北京：化学工业出版社，2019.

[16] 闫凤美 . 制药设备与车间设计 [M]. 北京：化学工业出版社，2022.

[17] 吴正红，周建平 . 药物制剂工程学 [M]. 北京：化学工业出版社，2022.

[18] 张立冬 . 关于双层压片机压片技术及常见问题的探讨 [J]. 现代盐化工，2023，5：79-82.

[19] 化磊召，易小平，储炬，等 . 基于 PAT 的 PCV2 VLPs 生产过程优化与控制研究 [J]. 中国生物工程杂志，2018，(8)：50-58.

[20] 许丽佳 . 热熔挤出技术在制药领域的研究进展 [J]. 医药化工，2019，45（12）：222-223.

[21] 张功臣 . 制药用水系统 [M]. 2 版 . 北京：化学工业出版社，2016.